国家出版基金项目
NATIONAL PUBLICATION FOUNDATION

"十四五"
国家重点出版物
出版规划项目

城镇水系统污染管控
与饮用水安全保障技术
丛书

城镇给水材料设备性能评估及验证

贾瑞宝　孙韶华　李桂芳　等　编著

PERFORMANCE EVALUATION AND VERIFICATION OF
MATERIALS AND EQUIPMENT
IN URBAN WATER SUPPLY

化学工业出版社
·北京·

内容简介

本书包括净水材料、净水设备、供水器材、小型供水设备、检测仪表设备五篇共26章，主要介绍了目前城镇供水系统中常用的5大类27种关键材料和设备的产品概述、行业调研、技术评估及应用验证等技术内容，通过文献查阅、实地勘查、会议研讨、问卷调查、专家咨询等方式开展了系统深入的调研分析，梳理总结了产品分类、主要性能指标、标准规范、技术原理、国内外生产与应用状况、典型应用案例等；研究构建了产品技术评估方法，展示了综合评估结果；建立了产品的应用验证流程，验证了重点流域典型案例的产品应用效果；在此基础上明确了城镇供水系统关键材料设备的行业应用特点、技术短板和需要关注的主要问题。

本书具有较强的技术应用性和可操作性，可供从事城镇水系统污染监控与饮用水安全保障领域的科研人员、工程技术人员和管理人员参考，也可供高等学校环境科学与工程、市政工程及相关专业师生参阅。

图书在版编目（CIP）数据

城镇给水材料设备性能评估及验证 / 贾瑞宝等编著. --北京 : 化学工业出版社, 2024.12
（城镇水系统污染管控与饮用水安全保障技术丛书）
ISBN 978-7-122-45425-6

Ⅰ.①城… Ⅱ.①贾… Ⅲ.①城镇-给水工程-材料-研究 Ⅳ.①TU991

中国国家版本馆CIP数据核字(2024)第072722号

责任编辑：卢萌萌　张　龙　刘兴春　刘　婧
文字编辑：向　东
责任校对：宋　玮
装帧设计：王晓宇

出版发行：化学工业出版社
（北京市东城区青年湖南街13号　邮政编码100011）
印　　装：北京建宏印刷有限公司
787mm×1092mm　1/16　印张38¼　字数955千字
2025年10月北京第1版第1次印刷

购书咨询：010-64518888　售后服务：010-64518899
网　　址：http://www.cip.com.cn
凡购买本书，如有缺损质量问题，本社销售中心负责调换。

定　　价：298.00元

“城镇水系统污染管控与饮用水安全保障技术丛书”编委会

《城镇给水材料设备性能评估及验证》编著者名单

编　著　者： 贾瑞宝　孙韶华　李桂芳　宋武昌　辛晓东　潘章斌　陈发明　逯南南　王明泉　冯桂学　姚振兴　周维芳　陈兴厅　马中雨　张　倩　陈才高　李　露　贺珊珊　孙　健　易　娟　孙岳锋　王永磊　陈文兵　高玉婷　鞠　玲　许伟颖　赵艳侠　王立国　丁香财　肖盛隆　魏林生　吕鹏飞　陈　忱　杨　波　邓嘉辉　韩双来　池文君　王志彬

编著单位： 山东省城市供排水水质监测中心

中国市政工程中南设计研究总院有限公司

深圳市水务（集团）有限公司

山东建筑大学

济南大学

青岛国林科技集团股份有限公司

海南立昇净水科技实业有限公司

聚光科技（杭州）股份有限公司

浙江联池水务设备股份有限公司

丛书序

FOREWORD

水是生命之源，是人类社会赖以生存和发展的基础性战略资源，更是维系生态环境平衡的核心要素。饮用水安全处于水安全战略的核心地位，直接关乎广大人民群众的身体健康与生命安全，是最具基础性、普惠性的民生工程，对维护社会和谐稳定以及推动经济社会高质量发展起着至关重要的支撑作用。当前，加强城镇水环境系统治理，保障饮用水安全，是不断满足人民日益增长的美好生活需要的基本要求，更是推动国家治理体系和治理能力现代化的一项重要内容。

近年来，国家相继出台了系列关于城镇水安全的政策文件，并明确指出市政给排水系统是关系民生的重点，凸显了强化城镇水系统污染管控和保障人民饮用水安全的重要性、必要性和迫切性。同时，随着“水体污染控制与治理”国家科技重大专项的顺利收官，我们在饮用水安全保障领域取得了众多创新性强、集成度高及可推广、可复制的重大科技成果，为了更好地服务于城镇水系统安全与韧性能力建设，我们策划组织了“城镇水系统污染管控与饮用水安全保障技术丛书”的编写和出版。

本丛书立足国家“水专项”研究成果，围绕城镇水系统污染管控与饮用水安全保障两大核心主题，紧贴我国当前水污染治理的研究热点、难点和重点问题，按照“检测分析-风险评估-污染控制-支撑保障”的技术路径，聚焦城镇水环境及饮用水水质检测、新污染物筛查与检测、污染控制与治理、水处理设备材料评估及应用等行业热点研究领域，系统总结了水系统污染管控与水质保障的新技术、新发展及典型工程化应用成效，旨在落实“增强全社会生态环保意识，深入打好污染防治攻坚战”的国家战略要求，为城镇水环境保护及饮用水安全保障提供理论参考、技术支撑和案例借鉴。

“城镇水系统污染管控与饮用水安全保障技术丛书”的出版，对于推动我国城镇水污染治理与饮用水安全保障技术的创新发展，城镇水务行业的技术升级具有重要意义。本丛书的策划编写得到了生态环境部国家水专项办、住房和城乡建设部水专项办以及水专项饮用水主题专家组的大力支持，吴丰昌、邵益生、杨敏、张晓健、宋兰合等专家给予了大量指导和帮助。衷心期望广大读者能够从这套丛书中汲取知识与智慧，共同推动我国城镇水系统现代化建设和饮用水安全保障事业高质量发展。

中国工程院院士

2025 年 6 月

前言

PREFACE

“十三五”期间，国家水体污染控制与治理科技重大专项设立了“城镇供水系统关键材料设备评估验证及标准化”（2017ZX07501003）课题，结合我国城镇供水系统关键材料设备的技术发展现状，课题组系统总结了国家水专项已取得的相关材料设备技术成果，在深入调研评估我国自主开发的臭氧发生器、膜材料装置、检测仪表设备等关键装备基础上，开展了系统化的产品技术性能测试和技术经济性分析，评估了国产化产品的技术适用性、使用可靠性、性能稳定性和市场应用前景，提出了行业推广的技术条件与应用对策，建立了适于我国城镇供水行业特点的材料设备产业化与标准化技术体系。同时，集成应用水专项研发的关键技术成果，重点研发臭氧发生器成套装备、超滤膜集成装备、移动式水质监测车、常规一体化供水成套装置等关键设备，形成标准化、模块化全流程饮用水安全保障系统化装备。本书是水专项“城镇供水系统关键材料设备评估验证及标准化”课题的重要成果之一，涵盖城镇供水系统关键材料设备中 5 大类 36 种产品的行业调研、技术评估和应用验证等主要技术内容。

本书由净水材料、净水设备、供水器材、小型供水设备、检测仪表设备五篇 26 章组成，内容包括净水材料 4 种、净水设备 5 种、供水器材 5 种、小型供水设备 5 种、检测仪表设备 7 种共 26 种关键材料和设备产品。每篇各章节均包括产品概述、行业调研、技术评估及应用验证等技术内容，其中产品概述主要包括产品分类、性能指标、标准规范等，行业调研包括产品的生产技术原理、国内外生产与应用状况、国内典型应用案例，技术评估包括产品的技术评估方法及专家评估结果，应用验证包括产品的应用验证流程和典型案例的验证效果。

本书由课题承担单位山东省城市供排水水质监测中心组织编写，山东建筑大学、济南大学、中国市政工程中南设计研究总院有限公司、深圳市水务（集团）有限公司、青岛国林科技集团股份有限公司、海南立昇净水科技实业有限公司、聚光科技（杭州）股份有限公司、浙江联池水务设备股份有限公司等单位共同参与完成。本书由贾瑞宝、孙韶华、李桂芳等编著。具体编著人员及分工如下：第一篇由辛晓东、王明泉负责，其中第 1 章由辛晓东编著，第 2 章由陈才高、李露编著，第 3 章由冯桂学编著，第 4 章由姚振兴、许伟颖、赵艳侠编著。第二篇由潘章斌、宋武昌、王永磊负责，其中第 5 章由丁香财、肖盛隆、魏林生编著，第 6 章由李桂芳编著，第 7 章由姚振兴编著，第 8 章由易娟、孙岳锋编著，第 9 章由王永磊、鞠玲编著。第三篇由李桂芳负责，其中第 10 章由易娟、孙岳锋编著，第 11 章由吕鹏飞、陈忱、王立国编著，第 12 章由宋武昌、陈文兵、高玉婷编著，第 13 章、第 14 章由易娟、孙岳锋编著。第四篇由贾瑞宝、陈发明负责，其中第 15 章由池文君、王志彬编著，第 16 章由吕鹏飞、陈忱编著，第 17 章、第 18 章由贺珊珊、孙健编著，第 19 章由周维芳编著。第五篇由孙韶华、逯南南、马中雨负责，其中第 20 章由易娟、孙岳峰编著，第 21 章由孙韶华、逯南南、马中雨编著，第 22 章由陈兴厅、张倩编著，第 23 章、第 24 章、第 25 章由杨波、邓嘉辉、韩双来编著，第 26 章由陈发明编著。全书最后由贾瑞宝、孙韶华、李桂芳统稿并定稿。

本书的组织编写和出版首先要感谢住建部水专项办、山东省住建厅水专项办和国家水专项饮用水主题专家组的大力支持，感谢邵益生、杨敏、张晓健、王占生、沈裘昌、尹大强、张土乔、张金松、崔福义、郄燕秋、刘书明、张克峰等专家的指导和帮助，特别要感谢在项目实施方案、技术评估、成果咨询等各个环节给予指导和帮助的孙文俊、王洪波、徐征和、武道吉、邱立平、阎良国、王立国等各位专家，感谢在行业调研中协助收集基础资料，以及在技术评估和应用验证中提供样品采集、样品测试及现场运行数据记录与收集的各个单位，包括清华大学、山东建筑大学、济南大学、山东师范大学、清华苏州环境创新研究院、工控网（北京）数据技术有限公司、工控网（上海）信息技术有限公司、杭州绿洁环境科技股份有限公司、乌鲁木齐博峰源环境监测有限责任公司、上海权邦检测技术中心、武汉市水务集团有限公司、力合科技（湖南）股份有限公司等。最后，还要感谢化学工业出版社的工作和辛勤劳动。

城镇供水系统材料设备点多面广、种类繁杂，本书未能涵盖全部产品，只涉及水专项课题重点研究的部分关键材料设备研究成果。书中大部分调研数据截至 2019 年底，部分调研厂家以代码表示，并按照数据收集顺序编码，不同数据表格中的相同厂家代码会不一致。书中附上了主要参考文献，由于内容较多未能将文献在文中一一列举。另外，书中涉及参考文献资料来源复杂、采集信息参差不齐，限于编著者的专业背景和文字水平，对诸多问题的理解认识还不够系统深入，难免存在疏漏和不足之处，敬请读者批评指正。

编著者
2024 年 8 月

目录

CONTENTS

第一篇　净水材料

第二篇 净水设备

第四篇 小型供水设备

第五篇 检测仪表设备

第一篇

净水材料

净水材料种类繁多，应用历史悠久，可以追溯到300多年前用明矾处理浑水的记载。新中国成立之前，广州、北京、汉口和杭州的水厂因为水源水质量较差，过滤之前采用加矾、加炭等方式降低水的浊度及去除臭和味，这一时期的大部分自来水厂的滤池是以砂石层过滤为主，并采用漂白粉或者氯气对出厂水进行消毒。20世纪50年代，天津、北京和上海的水厂开始应用活化硅酸、氯化亚铁等助凝剂。70年代，供水公司开始在沉淀池投加高分子聚丙烯酰胺；同期，锰砂滤料除铁除锰技术在我国东北等地下水源水中铁和锰含量超标的地区开始推广应用。

改革开放以来，我国工业化进程加速导致水源水污染加剧，1985年《生活饮用水卫生标准》（GB 5749—85）规定了饮用水的质量标准。为了确保饮用水供水质量，城镇供水系统对净水材料的需求大幅增长。常规处理工艺中硫酸铝、硫酸亚铁、三氯化铁、聚氯化铝等混凝剂，活化硅酸、聚丙烯酰胺等助凝剂，臭氧、高锰酸钾等氧化剂，pH调节剂以及复合无机絮凝剂得到广泛应用；预处理工艺中，开始推广高锰酸钾及高锰酸盐复合剂预氧化技术；臭氧-活性炭联合使用的深度处理技术也得到大力推广。此外，消毒工艺中，除氯消毒外，开始采用氯胺、二氧化氯等消毒剂。

2006年，《生活饮用水卫生标准》（GB 5749—2006）对饮用水中的有毒有害物质含量做出更为严格的规定。2022年，《生活饮用水卫生标准》（GB 5749—2022）对嗅味物质、消毒副产物前体物及新型有机污染物提出了新的管控要求。与此同时，由于水源水污染问题进一步加剧，天然大分子有机物、氯消毒副产物、藻类及藻毒素、臭和味、致病微生物、铁锰、重金属等很难通过常规水处理工艺得到高效去除。因此，强化常规水处理工艺、预处理工艺、深度处理工艺相继在水源水污染严重的自来水厂得到推广和应用。应用铝系混凝剂、铁系混凝剂以及有机混凝剂的强化混凝工艺，臭氧、活性炭、高锰酸盐复合药剂等预处理技术，臭氧-活性炭、膜分离等深度处理工艺以及石英砂-活性炭联合过滤技术都得到了推广和应用。在消毒工艺中，除氯消毒外，次氯酸钠、二氧化氯等消毒剂的应用得到进一步推广。

目前，城镇供水领域应用的净水材料种类繁多，功能各异。根据《涉及饮用水卫生安全产品分类目录（2011年版）》，净水材料可以分为三大类，分别是水处理材料、化学处理剂和防护材料。

（1）水处理材料

水处理材料包括活性炭、石英砂、无烟煤、活性氧化铝、陶粒、沸石、锰砂、铜锌合金（KDF）、微滤膜、超滤膜、纳滤膜、反渗透膜、聚丙烯棉、离子交换树脂等及其组件。

在预处理、过滤/强化过滤以及深度处理工艺中，活性炭和石英砂发挥了十分重要的净水作用。石英砂是目前水厂滤池应用最广泛的滤料，一般选用精制石英砂作为饮用水过滤的滤料。我国目前用于水处理的石英砂滤料基本上以国产为主，不同厂商的产品价格差异不大，精制石英砂滤料的生产厂商以福建较为集中。石英砂、无烟煤、陶粒等不同材质的滤料在不同水质和不同类型滤池的使用效果目前也没有相应的验证数据。

活性炭发达的孔隙结构和巨大的比表面积可以吸附水中溶解性有机物，在预处理、深度处理以及强化过滤工艺中均有广泛应用，具有明显的净水效果。不同工艺环节应用的活性炭种类各有不同，粉末活性炭和颗粒活性炭在供水领域均有应用。目前我国供水领域应用的粉末活性炭和颗粒活性炭基本上以国产为主，山西、宁夏、内蒙古、新疆、福建、江西等地是主要产区。我国生产废水处理用活性炭的厂商众多，但是不同厂商的产品质量差异较大，价格也有一定的差距。目前活性炭在饮用水处理领域的效果已经得到广泛认可。此外，对于不同类型、材质、参数的活性炭在不同水质条件下的投加量、反应时间等条件都是根据经验值摸索，没有相应的规范或指导性文件。

（2）化学处理剂

化学处理剂分为混凝剂（聚氯化铝、聚氯化铝铁、硫酸铁、硫酸亚铁、氯化铁、氯化铝、硫酸铝、聚硫酸铝、聚硫氯化铝、聚磷氯化铝、聚硅酸铝铁、聚磷酸铝铁、聚硫酸铁、聚氯化铁、聚丙烯酰胺、硅酸钠及其复配产品）、阻垢剂（磷酸盐类、硅酸盐类及其复配产品）、消毒剂（次氯酸钠、二氧化氯、臭氧）等。

混凝是常规水处理工艺中非常重要的一个工艺过程，分为凝聚和絮凝两个阶段，是影响后续净水工艺效果的关键环节。混凝剂、助凝剂、絮凝剂等产品的性能和适用范围是影响混凝效果的关键因素。绝大多数以地表水为水源的水厂都需要用到混凝剂，是应用最广泛的净水材料。混凝剂种类很多，生产厂商也更加繁多。目前常用的混凝剂包括铁系混凝剂、铝系混凝剂以及有机高分子混凝剂。近年来，以聚氯化铝为代表的铝系混凝剂因具有应用范围广、易快速形成大的矾花、适宜的 pH 值和水温范围较宽、碱化度高等优点得到广泛应用。目前聚氯化铝基本上是以本土生产为主。不同种类的混凝剂产品价格和使用量有明显差异，而且不同的水源水适用的混凝剂的混凝效果也有一定差异，但目前这些差异没有明确的数值量化指标，需要梳理、验证和评估。

在消毒工艺中，已经应用了 100 多年的氯消毒产生的副产物对身体健康的影响得到越来越多的重视，于是国内外水厂将氯胺、次氯酸钠、二氧化氯等消毒剂先后用于饮用水消毒，臭氧和紫外线消毒也开始成为新的辅助消毒方式。但目前氯消毒仍然是主流的消毒技术，次氯酸钠作为含氯消毒剂是目前常用的饮用水消毒剂。二氧化氯因为原料简单、使用方便等优势开始在自来水厂得到广泛应用。无论次氯酸钠还是二氧化氯对储运均有较高的要求，很多水厂采用次氯酸钠发生器或二氧化氯发生器现场制备，特别是二氧化氯基本上是现场制备。高锰酸盐复合药剂作为强氧化剂具有消毒、助凝作用，在预处理工艺中可以去除水中的有机物，消毒的同时改善水质，但由于稳定性等因素一直未能被广泛应用。目前我国供水领域应用的消毒剂基本上以本土生产为主。

（3）防护材料

防护材料在延长输水管线的寿命、避免输水管网二次污染等方面具有十分重要的作用，常用的输出管材内衬的防护材料包括环氧树脂、聚酯、丙烯酸树脂、聚氨酯等涂料。目前我国环氧树脂涂料的年产量为 420 万吨，主要分布在广东、江苏、上海、山东、浙江等地，但在供水管材上的应用比例仍然很小。随着《“十三五”挥发性有机物污染防治工作方案》推进，环氧树脂粉末涂料因为环保、耐腐蚀性好等优点，开始广泛用于市政供水、油气、化工产品等输送管道的内外壁防腐涂装。目前相关涂料的标准有《环氧树脂防水涂料》（JC/T 2217—2014）、《水性环氧树脂防腐涂料》（HG/T 4759—2014）、《热固性和热塑性粉末涂料》（HG/T 2006—2022）、《溶剂型丙烯酸树脂涂料》（GB/T 25264—2010）、《聚氨酯防水涂料》（GB/T 19250—2013）以及《球墨铸铁管和管件 聚氨酯涂层》（GB/T 24596—2021）。

调查发现，防护材料在输配水管网的应用目前仍未普及，尽管树脂类防护涂料能经受大多数化学介质的侵蚀，对金属底材具有良好的附着力，但水泥内衬仍然处于主流应用的地位。这主要是由于防护材料自身的技术性能、质量标准以及应用标准等尚不够完善，不能满足用户需求，也是相关机构、科研单位和供水企业未来需要量化梳理，评估验证的重要产品之一。

我国目前城镇供水领域应用的大部分净水材料均已经实现了国产化，无论是水处理材料、化学处理剂还是防护材料，在实际应用中都保持着相对较高的国产化比例。而且部分水处理材料和化学处理剂还具备一定的出口能力，实现了一定规模的出口业绩。以活性炭为例，根据调研统计，2019 年我国活性炭产量约 70 万吨，其中煤质活性炭产量约 45 万吨，木质活性炭产量为 25 万吨，出口份额超过 30%，其中用于城镇供水领域的活性炭约为 25 万吨。

第 1 章 活性炭

1.1 产品概述

活性炭材料是经过加工处理所得的无定形碳，一般为黑色粉末状或块状、颗粒状、蜂窝状的无定形碳，也有排列规整的晶体碳。具有很大的比表面积，对气体、溶液中的无机或有机物质及胶体颗粒等都有良好的吸附能力。活性炭材料主要包括活性炭（activated carbon，AC）和活性碳纤维（activated carbon fibers，ACF）等。活性炭材料作为一种性能优良的吸附剂，主要是由其独特的吸附表面结构特性和表面化学性能决定的。活性炭材料的化学性质稳定，机械强度高，耐酸、耐碱、耐热，不溶于水与有机溶剂，可以再生使用，已经广泛应用于化工、环保、食品加工、冶金、药物精制、军事化学防护等各个领域。目前，活性炭材料被广泛用于污水处理、大气污染防治等领域，在治理环境污染方面越来越显示出其较好的应用前景。

1.1.1 产品分类

1.1.1.1 产品成分

活性炭 80% ～ 90% 以上由碳元素组成，这也是活性炭为疏水性吸附剂的原因。除了碳元素外，还包含有两类掺合物：一类是化学结合的元素，主要是氧和氢，这些元素是由于未完全炭化而残留在炭中，或者在活化过程中外来的非碳元素与活性炭表面化学结合，如用水蒸气活化时活性炭表面被氧化或水蒸气氧化；另一类掺合物是灰分，它是活性炭的无机部分。

活性炭是以含碳为主的物质作原料，经高温炭化和活化制得的疏水性吸附剂。活性炭的主要原料几乎可以是所有富含碳的有机材料，如煤、木材、果壳、椰壳、核桃壳、杏核、枣核等。这些含碳材料在活化炉中，在高温和一定压力下通过热解作用被转换成活性炭。在此活化过程中，巨大的比表面积和复杂的孔隙结构逐渐形成，而所谓的吸附过程正是在这些孔隙中和表面上进行的，活性炭中孔隙的大小对吸附质有选择吸附的作用，这是由于大分子不能进入比它孔隙小的活性炭孔径内的缘故。活性炭含有大量微孔，具有巨大无比的比表面积，能有效地去除色度、臭和味，可去除二级出水中大多数有机污染物和某些无机物，包含某些有毒的重金属。

1.1.1.2 产品分类

国家标准《活性炭分类和命名》（GB/T 32560—2016）对活性炭进行了合理分类。标准指出，活性炭按制造使用的主要原材料分为四类，按制造用主要原材料及产品形状分为16种类型，见表1-1。

表1-1 活性炭分类及用途汇总表

制造原材料	产品形状	用途
煤质活性炭	柱状煤质颗粒活性炭	气体分离与精制、溶剂回收、烟气净化、脱硫脱硝、水质净化、污水处理、催化剂载体等
	破碎状煤质颗粒活性炭	气体净化、溶剂回收、水质净化、污水处理、环境保护等
	粉状煤质活性炭	水污染应急处理、垃圾焚烧、化工脱色、烟气净化等
	球形煤质颗粒活性炭	炭分子筛、催化剂载体、防毒面具、气体分离与精制、军用吸附等
木质活性炭	柱状木质颗粒活性炭	气体分离与精制、黄金提取、水质净化、食品饮料脱色等
	破碎状木质颗粒活性炭	空气净化、溶剂回收、水质净化、味精精制、乙酸乙烯合成催化剂等
	粉状木质活性炭	水质净化、注射针剂脱色、糖液脱色、味精及饮料脱色、药用等
	球形木质颗粒活性炭	炭分子筛、血液净化、饮料精制、气体分离、提取黄金等
合成材料活性炭	柱状合成材料颗粒活性炭	气体分离与净化、水质净化、烟气净化、污水处理、环境保护等
	破碎状合成材料颗粒活性炭	净化空气、脱除异味、环境保护、上水与污水处理等
	粉状合成材料活性炭	水质净化、垃圾焚烧、化工脱色、烟气净化等
	成型活性炭	净水滤芯、净水滤棒、净空蜂窝体、环境保护、过滤吸附等
	球形合成材料颗粒活性炭	炭分子筛、气体分离、水质净化、催化剂载体等
	布类合成材料活性炭（碳纤维布）	防毒服、气相除臭、高电容电磁、香烟过滤等
	毡类合成材料活性炭（碳纤维毡）	溶剂回收、气相除臭、净空滤器、净水滤器等
其他类活性炭	沥青基微球活性炭	航天舱空气净化、血液净化、军用高效吸附等

注：活性炭命名规则见国家标准《活性炭分类和命名》（GB/T 32560—2016）。

（1）按材质分类

1）木质活性炭

以木屑、木炭、果壳等为主要原材料，经炭化、活化制成的多孔性吸附剂。以优质木材为原料，外形为粉末状，经高温炭化、活化制成，具有孔隙结构较大的特点。孔隙结构大，能有效吸附液体中的颜色物质及各种杂质。

木质活性炭优点包括：

① 木质柱状活性炭使用寿命为普通煤质活性炭的4～5倍；

② 木质柱状活性炭具有高吸附性和脱附性，从而大大提高溶剂的回收率；

③ 木质粉状活性炭高强度、低灰分，孔径分布合理；

④ 木质柱状活性炭性价比高，适合各种场所的有机气体回收利用；

⑤ 木质柱状活性炭着火点高，使用安全。

2）煤质活性炭

以褐煤、泥煤、烟煤、无烟煤等煤为主要原材料，经炭化、活化制成的多孔性吸附剂。

外形分别为柱状、颗粒、粉末、蜂窝状、球形等形状，具有强度高、吸附速度快、吸附容量高、比表面积较大、孔隙结构发达、物理化学特性好、孔隙根据需求大小可控等特点。

煤质活性炭主要用于高端空气净化、废气净化、高纯水处理、废水处理、污水处理、脱硫，并可有效去除气体与液体中的杂质和污染物，以及各种气体分离和提纯，还可广泛用于各种低沸点物质的吸附回收、脱臭除油等。

（2）以外观分类

按照外观分类，可分为粉末活性炭、颗粒活性炭、不定形颗粒活性炭、柱状活性炭、球形活性炭，以及其他形状的活性炭。城镇供水系统中常用的活性炭为颗粒活性炭和粉末活性炭。

1）颗粒活性炭

颗粒活性炭常常应用于吸附分子，颗粒活性炭吸附性决定应用性，而吸附性与各种炭的孔大小分布相关。以水蒸气活化的泥煤基、褐煤基和椰壳基颗粒活性炭为例，泥煤基颗粒活性炭具有微孔和中孔，可供多种应用；褐煤基颗粒活性炭中孔较多，提供优良的可入性；椰壳基颗粒活性炭主要是微孔，仅适用于低分子的去除。

利用化学品活化的颗粒活性炭具有多孔性，其孔径在微孔和中孔范围。相较水蒸气活化的活性炭，化学品活化的活性炭的孔表面带有较多负电荷。颗粒活性炭中，微孔为主的品种主要用于气相应用的黄金回收，既有微孔又有中孔的品种大都适于液相应用，如水中吸附小分子和大分子的杂质。

2）粉末活性炭

以粒度＜ 180μm 为主的活性炭称为粉末活性炭。粉末活性炭以优质木屑、椰壳、煤质为原料，经系列生产工艺精加工而成，具有过滤速度快、吸附性能好、脱色除味能力强、经济耐用等优点，广泛应用于食品、饮料、医药、自来水、油脂等行业，在酿酒、污水处理、电厂、电镀等领域应用也较为普遍。

粉末活性炭在处理水中突发臭和味、工业污染物方面有很好的应用。在使用粉末活性炭时，应根据所要去除污染物的种类和浓度开展吸附试验，以确定活性炭种类、所需的粉炭量及接触时间。

3）柱状活性炭

柱状活性炭是采用优质木屑、椰壳、煤等为原料，经粉碎、混合、挤压、成型、干燥、炭化、活化而制成。由于采用优质木屑、椰壳为原料，制成的柱状活性炭灰分低、杂质少、气相吸附值占优势。产品孔径分布合理，大大提高了产品的使用寿命（平均 2 ～ 3 年），是普通煤质炭的 1.4 倍。

这一类活性炭可用于气相吸附、有机溶剂回收（苯系气体甲苯、二甲苯，醋酸纤维行业中的丙酮回收）、杂质和有害气体去除及炼油厂、油库过量汽油回收。

1.1.2　性能指标

1.1.2.1　煤质活性炭

根据国家标准《煤质颗粒活性炭　净化水用煤质颗粒活性炭》（GB/T 7701.2—2008）及行业标准《生活饮用水净水厂用煤质活性炭》（CJ/T 345—2010），煤质颗粒活性炭主要性能指标有孔容积、比表面积、漂浮率、水分、强度、装填密度、pH 值、水溶物、粒度、苯酚吸附值、有效粒径、均匀系数、锌（Zn）、砷（As）、镉（Cd）、铅（Pb）、汞（Hg）、碘吸附值、亚甲蓝吸附值、2- 甲基异莰醇吸附值等。

1.1.2.2 木质活性炭

根据国家标准《木质净水用活性炭》（GB/T 13803.2—1999）中的要求，木质活性炭的主要质量指标有碘吸附值、亚甲蓝吸附率、强度、表观密度、粒度、水分、pH 值、灰分等。

此外，氰化物、氯化物、硫酸盐、硫化物、酸溶物、重金属、铁含量、钙镁含量、锌含量、未炭化物等指标可用以表征木质活性炭的安全性；四氯化碳吸附率、苯酚吸附值、硫酸奎宁吸附值、乙酸吸附值、乙酸锌吸附值、焦糖脱色率等指标可用以表征其吸附性能。

1.1.2.3 指标基本概念

① 表观（堆积）密度［apparent (bulk) density］：在规定条件下包含孔体积和颗粒间空隙体积的单位体积活性炭的质量。

② 水溶物（water-extractable material）：在规定条件下用水从活性炭中溶解出的物质。

③ 酸溶物（acid-extractable material）：在规定条件下用酸从活性炭中溶解出的物质。

④ 灰分（ash）：活性炭在规定条件下灼烧之后的残渣。

⑤ 抗碎强度（shatter strength）：活性炭颗粒承受一种连续的逐渐增加的外加力时抵抗破碎的能力。

⑥ 孔容积（pore volume）：单位质量活性炭孔的总体积。

1.1.3 技术标准情况

目前，活性炭方面的国内外现行标准多为产品标准和测试标准，缺乏活性炭使用的系统指导文件。

1.1.3.1 国内标准

（1）产品质量标准

GB/T 7701.2—2008　煤质颗粒活性炭　净化水用煤质颗粒活性炭

GB/T 13803.2—1999　木质净水用活性炭

CJ/T 345—2010　生活饮用水净水厂用煤质活性炭

（2）技术标准

GB/T 12496.1—1999　木质活性炭试验方法　表观密度的测定

GB/T 12496.2—1999　木质活性炭试验方法　粒度分布的测定

GB/T 12496.3—1999　木质活性炭试验方法　灰分含量的测定

GB/T 12496.4—1999　木质活性炭试验方法　水分含量的测定

GB/T 12496.5—1999　木质活性炭试验方法　四氯化碳吸附率（活性）的测定

GB/T 12496.6—1999　木质活性炭试验方法　强度的测定

GB/T 12496.7—1999　木质活性炭试验方法　pH 值的测定

GB/T 12496.8—2015　木质活性炭试验方法　碘吸附值的测定

GB/T 12496.9—2015　木质活性炭试验方法　焦糖脱色率的测定

GB/T 12496.10—1999　木质活性炭试验方法　亚甲基蓝吸附值的测定

GB/T 12496.11—1999　木质活性炭试验方法　硫酸奎宁吸附值的测定

GB/T 12496.12—1999　木质活性炭试验方法　苯酚吸附值的测定

GB/T 12496.13—1999　木质活性炭试验方法　未炭化物的测定

GB/T 12496.14—1999　木质活性炭试验方法　氰化物的测定

GB/T 12496.15—1999　木质活性炭试验方法　硫化物的测定

GB/T 12496.16—1999　木质活性炭试验方法　氯化物的测定

GB/T 12496.17—1999　木质活性炭试验方法　硫酸盐的测定

GB/T 12496.18—1999　木质活性炭试验方法　酸溶物的测定

GB/T 12496.19—2015　木质活性炭试验方法　铁含量的测定

GB/T 12496.20—1999　木质活性炭试验方法　锌含量的测定

GB/T 12496.21—1999　木质活性炭试验方法　钙镁含量的测定

GB/T 12496.22—1999　木质活性炭试验方法　重金属的测定

GB/T 30202.1—2013　脱硫脱硝用煤质颗粒活性炭试验方法　第 1 部分：堆积密度

GB/T 30202.2—2013　脱硫脱硝用煤质颗粒活性炭试验方法　第 2 部分：粒度

GB/T 30202.3—2013　脱硫脱硝用煤质颗粒活性炭试验方法　第 3 部分：耐磨强度、耐压强度

GB/T 30202.4—2013　脱硫脱硝用煤质颗粒活性炭试验方法　第 4 部分：脱硫值

GB/T 30202.5—2013　脱硫脱硝用煤质颗粒活性炭试验方法　第 5 部分：脱硝率

GB/T 35565—2017　木质活性炭试验方法　甲醛吸附率的测定

GB/T 35815—2018　木质活性炭试验方法　甲苯吸附率的测定

GB/T 7701.1—2008　煤质颗粒活性炭　气相用煤质颗粒活性炭

GB/T 7701.2—2008　煤质颗粒活性炭　净化水用煤质颗粒活性炭

GB/T 7701.3—2008　煤质颗粒活性炭　载体用煤质颗粒活性炭

GB/T 7702.1—1997　煤质颗粒活性炭试验方法　水分的测定

GB/T 7702.2—1997　煤质颗粒活性炭试验方法　粒度的测定

GB/T 7702.3—2008　煤质颗粒活性炭试验方法　强度的测定

GB/T 7702.4—1997　煤质颗粒活性炭试验方法　装填密度的测定

GB/T 7702.5—1997　煤质颗粒活性炭试验方法　水容量的测定

GB/T 7702.6—2008　煤质颗粒活性炭试验方法　亚甲蓝吸附值的测定

GB/T 7702.7—2023　煤质颗粒活性炭试验方法　第 7 部分：碘吸附值的测定

GB/T 7702.8—2008　煤质颗粒活性炭试验方法　苯酚吸附值的测定

GB/T 7702.9—2008　煤质颗粒活性炭试验方法　着火点的测定

GB/T 7702.10—2008　煤质颗粒活性炭试验方法　苯蒸气　氯乙烷蒸气防护时间的测定

GB/T 7702.13—1997　煤质颗粒活性炭试验方法　四氯化碳吸附率的测定

GB/T 7702.14—2008　煤质颗粒活性炭试验方法　硫容量的测定

GB/T 7702.15—2008　煤质颗粒活性炭试验方法　灰分的测定

GB/T 7702.16—1997　煤质颗粒活性炭试验方法　pH 值的测定

GB/T 7702.17—1997　煤质颗粒活性炭试验方法　漂浮率的测定

GB/T 7702.18—2008　煤质颗粒活性炭试验方法　焦糖脱色率的测定

GB/T 7702.19—2008　煤质颗粒活性炭试验方法　四氯化碳脱附率的测定

GB/T 7702.20—2008　煤质颗粒活性炭试验方法　孔容积　比表面积的测定

1.1.3.2　国外标准

国外活性炭检测项目与国内有所不同，其中美国 ASTM、美国 ANSI/AWWA、日本 JIS、日本 JWWA、法国 NF EN 标准的检测项目各有侧重。从发展趋势看，各国标准有向 ASTM 靠拢的趋势。

（1）美国

ASTM　D2652—2011　有关活性炭的术语

ASTM　D2854—2009（2014）　活性炭的表面密度试验方法

ASTM　D2862—2010 颗粒状活性炭粒径分布的试验方法

ASTM　D2866—1994（2014）　活性炭总灰含量的试验方法

ASTM　D3466—2066（2011）　颗粒活性炭着火温度的试验方法

ASTM　D3467—1994　活性炭对四氯化碳吸附率的试验方法

ASTM　D3687—2007（2012）　用活性炭管吸附法收集的有机化合物蒸气分析的标准实施规程

ASTM　D3802—2010　活性炭球盘法强度测试方法

ASTM　D3838—2005（2011）　活性炭的 pH 值试验方法

ASTM　D3860—1998（2014）　用水相等温线技术测定活性炭吸水力的规程

ASTM　D4069—1995（2014）　用于从气流中除去气态放射碘的浸渍活性炭的规格

ASTM　D4607—2014　测定活性炭碘值的试验方法

ASTM　D5160—1995（2008）　活性炭气相吸收测试指南

ASTM　D5832—1998（2003）　活性炭样本中的活性挥发物测定的标准试验方法

ASTM　D5919—1996（2017）　用 ppb 浓度的吸附剂微量等温线法测定活性炭吸附容量的标准操作

ASTM　D6646—2003（2014）　测定颗粒和丸状活性炭加速硫化氢漏过容量的试验方法

ASTM　E1412—2012　通过用活性炭的被动顶部空间浓缩法从火灾残留物中分离可燃液体残渣

ASTM　UOP802—1980　活性炭粒子的磨损

ANSI/AWWA　B600—2010　粉状活性炭标准

ANSI/AWWA　B604—2012　颗粒状活性炭标准

ANSI/AWWA　B605—2007　再生粒状活性炭

（2）日本

JIS　K1474：2007　活性炭试验方法

JIS　K0050：2011　活性炭化学分析方法通则

JWWA　A114—2006　水道用颗粒活性炭

（3）韩国

KS M　1210—1986 粉状活性炭

KS M　1421—2008 粉状活性炭的测试方法

（4）德国标准

DIN EN　12915-2:2009 饮用水处理用产品　颗粒状活性炭　第 2 部分：再生颗粒状活性炭

（5）法国标准

NF EN　12915-1: 2003 用于人类用水的化学品　颗粒活性炭　第 1 部分：原始颗粒活性炭

（6）俄罗斯

rOCT　木质粉状活性炭技术要求

1.2　行业调研

1.2.1　国内外生产状况

1.2.1.1　生产工艺

（1）煤质活性炭

煤质活性炭生产过程主要包括备煤、成型、炭化、活化以及产品后处理几个步骤。根据具体的活化方式，煤质活性炭在生产过程中可以分为物理活化、化学活化以及物理化学活化。其中，物理活化方式主要就是利用水蒸气、烟道气以及二氧化碳等气体在高温以及炭化中发生的氧化还原反应进行活化处理，生产二氧化碳、氢气等气体，再利用碳烧失实现造孔的效果。而化学活化方式就是通过化学试剂将原料浸润，在混合之后，对其进行炭化以及活化处理，再通过回收化学药品等流程进行制作。

通过化学活化法制作的活性炭比表面积较大，但因为生产过程中对于设备具有较为显著的腐蚀性，活性炭产品中也会残留活化剂，必须要对其进行清洗，这样不仅会增加成本，还会造成较为严重的污染问题，此种方式逐渐被淘汰。现阶段，我国在煤质活性炭的处理过程中主要应用的方式是物理活化方式。此工艺主要分为原煤破碎活性炭生产工艺、成型活性炭生产工艺以及粉末活性炭生产工艺。

1）原煤破碎活性炭生产工艺

原煤破碎活性炭生产技术是一种将原煤破碎处理，再进行炭化、活化、破碎、包装生产的工艺过程，其主要的流程具体如图 1-1 所示。此种技术工艺简单，操作灵活，投资不高，具有成本低廉的特点，可以在一些物理强度较高且反应性较强的原煤中应用。其产品主要是在水处理中应用，而一些大粒径的活性炭产品则主要在食品工业的脱色领域中应用。

图 1-1　原煤破碎活性炭生产工艺流程

2）成型活性炭生产工艺

成型活性炭结合具体的状况可以划分为不同的类型，主要有压块活性炭、球形活性炭以及柱状活性炭。

压块活性炭生产工艺在国外的应用范围广泛，我国则是在20世纪90年代的后期开始应用。在生产中，主要是通过干法造粒处理，对原煤的黏结性有着一定的要求，其具体的生产工艺流程如图1-2所示。

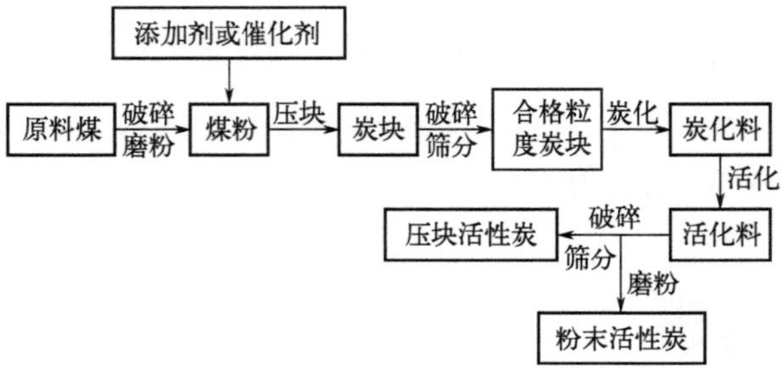

图1-2　压块活性炭生产工艺流程

柱状活性炭生产工艺是在我国应用范围较广的工艺，其工艺较为复杂。此种工艺手段较为成熟，生产的设备也相对较为可靠，在生产中对于原料的要求不高，生产的活性炭孔隙分布均匀，具有良好的产品吸附性能以及可调性，机械强度也较高；在实践中应用范围较为广泛，可以在液相吸附以及气相吸收中应用，具体的工艺流程如图1-3所示。

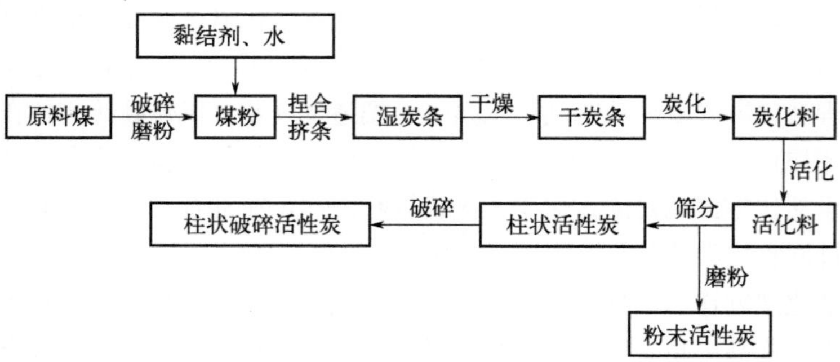

图1-3　柱状活性炭生产工艺流程

球形活性炭生产工艺流程与柱状活性炭的生产工艺流程大致相同，具体如图1-4所示。

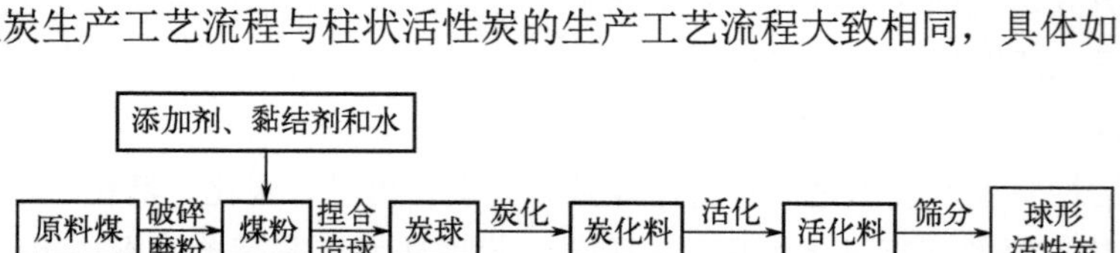

图1-4　球形活性炭生产工艺流程

3）粉末活性炭生产工艺

粉末活性炭的生产工艺较为简单，在操作中原煤磨粉并符合粒度要求之后再进行炭化、活化处理，即可获得成品。此种类型的活性炭主要是作为副产品生产，价格也相对较低。在一般状况下，都是将原煤破碎活性炭以及成型的活性炭余下的活化料进行处理，形成粉末活性炭，其主要是在上下水处理以及土壤改良中应用，在垃圾焚烧产生的烟气处理中应用也较为广泛。

调研企业中，明确了27家企业的活性炭活化工艺。如图1-5所示，其中仅采取化学法活化的企业共2家，采取物理法活化的企业18家，7家企业既可以采取化学法活化也可以采取物理法活化。

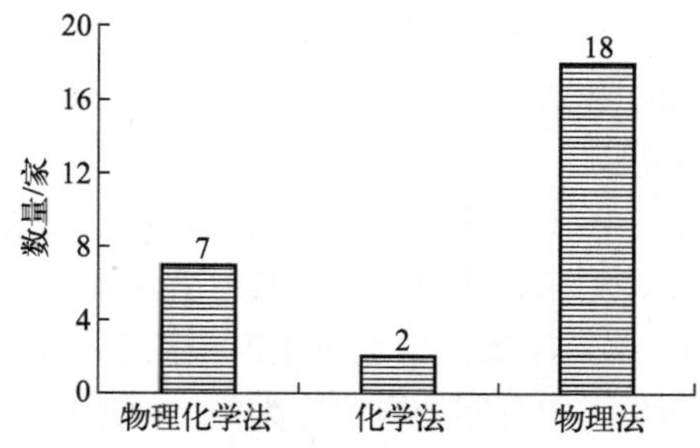

图1-5　调研企业活性炭的活化类型

（2）木质活性炭

木质活性炭的生产分为化学法和物理法。

1）化学法生产木质活性炭

该法的成熟工艺为氯化锌法。国内木质活性炭生产厂大多采用该法，其活化原理为：氯化锌在炭化活化中有脱水作用，使有机木质原料中的氢、氧元素以水的形式逸出，如此可降低炭化活化温度，改变热解路线，另外氯化锌溶液对木质原料有溶解、侵蚀作用，故可顺利渗透到原料内部，到达木质原料中纤维形成的细孔中，以实现完全活化，活化过程中氯化锌多数留在炭中起骨架作用，而形成的炭则沉积在骨架上，当最后用水洗掉氯化锌后，则炭形成多孔，从而具有吸附、脱色作用。

2）物理法生产木质活性炭

该法的基本原理是用高温水蒸气、高温烟道气（CO_2气体）及高温空气对炭进行活化。首先将木质原料在高温下炭化，取出后粉碎成直径5～25mm的小块，然后用高温水蒸气在活化炉中进行活化。高温水蒸气从活化炉上端导入，待活化反应完成后，成品活性炭从反应活化炉底部取出。高温下的炭化反应是吸热反应，在开始的炭化过程中需要加温，使整个活化炉中的温度不低于80℃，反应进行中产生的氢气和一氧化碳燃烧后均放出热量。在实际生产过程中，由炭化反应释放出氢气和一氧化碳燃烧后放出的热量足以补充该反应所需的热量，使活化炉中的温度保持在80～90℃之间，这样在不加热的情况下能使活化反应正常进行。

1.2.1.2　国内生产现状

我国活性炭产业起步于20世纪50年代，目前产量、品种、质量和应用都有了很大提高，尤其是20世纪90年代以后，我国活性炭产业得到快速发展，在设备引进、消化吸收、改造或制造工艺方面均有长足的进步。改革开放以来，随着工业的发展、民用产品的丰富，活性炭的应用领域逐步扩大，尤其是随着环保力度不断加大，国内外燃煤火力发电厂汞吸附活性炭需求量不断增长，活性炭的出口量也逐年上升。经过几十年的快速发展，我国活性炭产业目前已基本形成了独立、完整、初具规模的工业体系。我国活性炭生产企业已由20世纪80年代初的几十家增加到目前的300余家，总生产能力达到50万吨，活性炭品种几十个，牌号达100多种，其中，煤基活性炭生产企业近200家。2018年我国活性炭产量约67.0万吨，其中煤质活性炭产量约43.0万吨，木质活性炭产量在20.0万吨以上。

目前，我国活性炭产业呈现出如下几方面的特点。

（1）工业布局

煤质活性炭生产主要集中在山西和宁夏，目前这两大基地的煤质活性炭产品产量占全国煤质活性炭产量的90%左右；果壳活性炭生产以河北为主；木质活性炭生产主要集中在福建、江西、浙江南部及东北地区。我国活性炭生产企业众多，但年产能达到万吨规模的屈指可数。

图1-6展示了国内调研企业的地理位置分布情况。活性炭生产企业主要分布在我国华北、华东、西北地区，其中山西省、江苏省、宁夏回族自治区企业数量较多，分别有16家、12家、11家。活性炭生产企业的分布情况与我国自然资源的地理位置分布基本一致，以山西省、宁夏回族自治区为例，两地拥有较为丰富的煤炭资源，在生产煤质活性炭方面具有得天独厚的自然地理条件。相应的，山西省、宁夏回族自治区所生产的活性炭大多为煤质活性炭，少有椰壳、果壳及其他木质活性炭的生产。我国木质活性炭产能主要集中在江西、福建和浙江等地。

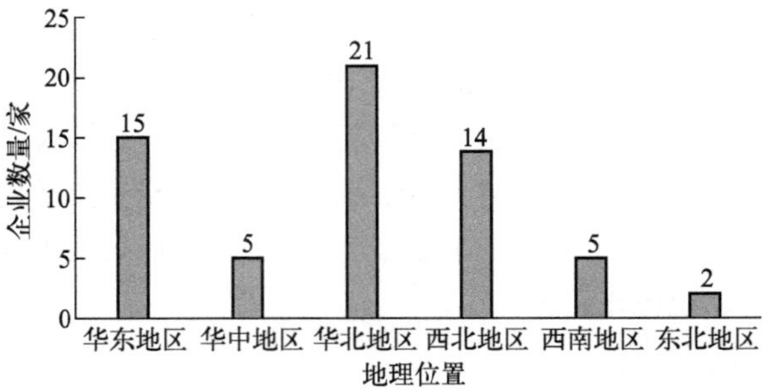

图1-6 国内调研企业的地理位置分布情况

（2）原料

以木质原料生产的活性炭所占比重逐渐下降，以煤为原料生产的活性炭所占比重呈上升趋势。木质活性炭所占比重从20世纪70年代占我国活性炭总产量的80%下降到90年代的不足30%，同期煤质活性炭从15%上升到70%，而且这种趋势至今一直没有改变，煤质活性炭是以煤为主要原料制成的活性炭，原料煤的物理化学性质对煤质活性炭的产品性能有重大影响。近年来，我国在活性炭原料煤处理方面加大了研发力度，研究开发的活性炭原料煤深度脱灰技术能够生产灰分极低（灰分约2%以下）的超低灰煤。而以超低灰煤为原料生产的活性炭，杂质含量低、附加值高，成为新一代的优质活性炭产品。另外，采用压块成型技术可以生产出强度高、孔隙结构可调、孔径分布均匀、无漂浮且在液相中下沉速度快、吸附性能优越的活性炭产品。

（3）产品用途

从20世纪70年代，活性炭的应用范围还主要集中在食品、军事、医药、化工等行业。随着工业技术的不断发展、各国环保意识的提高，目前活性炭的应用已经扩展到了国民经济的各个领域。

（4）产品特点

由于原料的优化、应用领域的拓展，目前国内的活性炭产品已经逐步向多品种、高附加值方向发展。随着出口量的增加以及企业技术的不断革新，国内外客户对活性炭产品的要求不断提高，国内活性炭产品的品质也随之不断提升。

1.2.1.3 国外生产现状

随着世界工业的发展以及环境保护要求逐步提高，世界范围内活性炭的生产量和消费量逐年增加。2018年，全球活性炭需求量约165.0万吨，同比增长6.7%；2013～2017年的年均复合增长率为6.3%。由于公众对于空气及水污染会对健康造成危害的意识越来越强，使得全球对活性炭的需求持续增长。

（1）美国

从20世纪80年代末开始，我国一直是美国最大的活性炭输出国，主要输出中、低档活性炭产品，因此，美国的活性炭市场需求与我国活性炭产业发展关系十分密切。与此同时，美国又是世界上最大的活性炭生产国和消费国之一。水处理已经成为当今美国活性炭的主要应用领域之一，水处理用粉末活性炭用量已经达到50%左右。

在美国，生产活性炭的公司一般都是生产能力大、企业实力雄厚、市场竞争力强的联合企业。其中，卡尔岗炭素（Calgon Carbon）公司和诺瑞特（Norit）美洲公司是美国规模较大的活性炭生产企业，这2家企业的活性炭产量约占全美活性炭总产量的70%。其中，Calgon Carbon公司也是世界上最大的活性炭生产企业之一，年生产能力超过8万吨，约占美国活性炭总产量的40%；Norit美洲公司的年生产能力约7.5万吨，约占美国活性炭总产量的30%。目前美国是世界上最大的活性炭生产国和消费国，美国活性炭市场是世界上一个成熟的市场。大多数其他活性炭品种，无论是低端产品、中端产品还是高端产品往往在各个层面都饱和。

（2）日本

日本是世界活性炭使用量仅次于美国的国家，位居全球第二位。日本也是我国第一大活性炭出口目的地。2009年，日本活性炭年生产能力为10.22万吨，进口活性炭8.43万吨，出口活性炭0.68万吨。日本主要活性炭生产企业包括卡尔岗三菱化学株式会社、武田药品工业株式会社及二村化学工业株式会社，主要生产高质量、高档次的活性炭产品，其生产能力每年都在1万吨以上。

（3）西欧

我国活性炭出口的3大地区除东亚、美国之外，欧洲市场也是我国传统的活性炭出口目的地。2009年西欧各国活性炭消耗量为14.9万吨，主要消费国是德国、法国、意大利、英国和西班牙等。其中最大的Norit公司年生产能力为4.6万吨，占欧洲整个活性炭产量的52%。

近几年，传统的活性炭生产强国如美国、日本、欧洲等发达国家及地区的活性炭生产呈现出逐步减少的态势，中、低档品种十分少，甚至已经基本不生产。从其市场需求角度看，由于活性炭应用领域的不断扩展，活性炭产品的应用也不断深化，尤其是汽车工业、溶剂与废气回收工业、空气净化工业、食品工业、水处理等行业的兴起，使活性炭需求也在不断发生变化。

1.2.2 国内外应用状况

活性炭作为有着发达孔隙结构、巨大的比表面积和优良的吸附性能的含碳物质，其所具有的吸附功能是其他物质所不可替代的。自从20世纪初问世以来，活性炭的应用领域（图1-7）随着人们对其研究的不断深入而日益扩展，应用数量也不断增加。

图 1-7　活性炭应用领域

活性炭最广泛、最传统的应用领域是作为吸附剂使用，其具体应用领域包括食品工业、制药工业、饮用水净化、废水处理、气体净化、化工冶炼等多个应用领域。同时活性炭也经常被作为催化剂及催化剂载体应用；此外，活性炭近年来也被开发成为高能量密度物质和电力能源的储存介质，在天然气、电能储存等多个新兴领域得到应用。虽然从理论上讲，含碳元素较高的材料均可以作为活性炭的原料，但是在诸多材料中，只有木质活性炭和煤质活性炭能够大规模地进行工业化生产和应用。

粉末活性炭具有过滤速度快、吸附性能好、脱色除味能力强、经济耐用等优点，产品广泛应用于食品、饮料、医药、自来水、油脂等行业，在酿酒、污水处理、电厂、电镀等领域应用也较为普遍。粉末活性炭投加作为一项应急性的水质改善手段，只要正确解决技术使用上炭种选择、投加点、投加方式、投加量等问题，就可以较好地提高水厂的出水水质，特别是对有机物色度等水质指标的改善。

工业发达国家近几年活性炭的应用表明环保问题是推动活性炭生产发展及消费量增加的主要推动力，而且在近几年内环保问题仍然是活性炭生产发展及消费量增加的主要推动力。据统计，美国在 1994 ～ 1998 年期间活性炭消费增长率约 3.5%，颗粒活性炭消费增长率为 3.7%，粉末活性炭消费增长率为 3.3%。美国活性炭主要应用领域为饮用水处理、工业废水处理和脱色处理。其中粉末活性炭的使用均多于颗粒活性炭。西欧活性炭的消费增长速度在 1994 ～ 1998 年间低于美国为 0.7%，西欧主要活性炭应用领域由高至低依次为食品工业、化工 / 制药工业、水处理、气体处理。欧洲严格的环保法规和传统工业是欧洲活性炭需求增长的推动力。但在欧洲粉末活性炭需求量将下降，颗粒活性炭需求量将增加。1994 ～ 1998 年日本活性炭年需求增长率为 1.9%，日本的活性炭大多用于水处理和气体吸附。

通过网络调研、函调和实地调研等形式进行活性炭应用状况的调研，对我国南北方不同流域、不同季节、不同类型水源和不同混凝工艺水厂使用活性炭类型、生产厂家、规格、使用过程中存在的问题以及产品出水水质、产品技术经济性等内容进行了调研评估，形成活性炭用户清单，共涉及运用活性炭处理的给水厂 85 家，分布在黑龙江省、河北省、北京市、天津市、山东省、河南省、江苏省、浙江省、江西省、上海市等 16 个省（自治区、直辖市）。

（1）给水厂应用宏观情况分析

1）水厂地理位置

本次调研的用户从地理位置上的分布来看，覆盖了珠江流域、长江流域、黄河流域、海河流域、太湖流域、辽河或松花江流域 6 大流域。

太湖流域使用活性炭的用户最多，共 38 家，活性炭工艺的处理规模也最大，为 $955\times10^4m^3/d$，占比 31.58%；长江流域使用活性炭的用户次之，共 29 家，处理规模同样位列第二，共计 $767.5\times10^4m^3/d$，占比 25.38%；辽河或松花江流域的用户最少，处理规模也最小，仅 0.7%。

水厂处理工艺中，使用活性炭最多的省（直辖市）分别是浙江、广东、江苏、上海，分别共 16 家、15 家、14 家、8 家给水厂使用了活性炭工艺，但广东省处理规模最大，这几个省（直辖市）的处理规模分别为 $3.22\times10^4m^3/d$、$5.45\times10^4m^3/d$、$3.91\times10^4m^3/d$、$2.42\times10^4m^3/d$。

辽河或松花江流域一带使用活性炭的给水厂样本较少，一方面可能是没有收集到相关水厂信息，另一方面可能与东北地区对饮用水的深度处理需求较少有关。

经济发达地区，水源水受微污染相对严重的东部、南部的省（自治区、直辖市）多采用活性炭深度处理工艺。这可能与人们对水质要求较高、经济较好可承担较高水平的水费，以及水源受污染较严重有关。

2）近年来臭氧 - 活性炭深度处理工艺的发展趋势

饮用水深度处理技术可以将常规处理工艺不能去除的微量有机污染物和消毒副产物或前体物去除，提高和保证饮用水水质安全。

从工艺本身的优越性来说，臭氧 - 活性炭深度处理工艺集臭氧氧化、活性炭吸附、生物降解、臭氧消毒于一体，出水水质好，提高了水中有机物的有效去除率，并且改善了饮用水口感。在经济社会迅速发展的今天，人们对于饮用水水质具有较高要求，臭氧 - 活性炭生物处理工艺应运而生。从水厂后期运行的经济性角度来说，臭氧 - 活性炭工艺有效延长了活性炭再生周期，减少了一定时间范围内水厂购买活性炭的次数。

图 1-8 展示了臭氧 - 活性炭工艺近些年来在我国水厂应用的增长趋势，臭氧 - 活性炭工艺已越来越成为当今饮用水深度处理的主流工艺之一。在所调查出深度处理工艺建成时间的 58 家给水厂中，有 41 家水厂建成于 2005 ～ 2015 年，2016 年至今共 10 家建设了活性炭深度处理单元。2007 年 1 月 1 日起，国家开始实施《生活饮用水卫生标准》，深度处理工艺的建设与标准的实施可能存在一定关联。

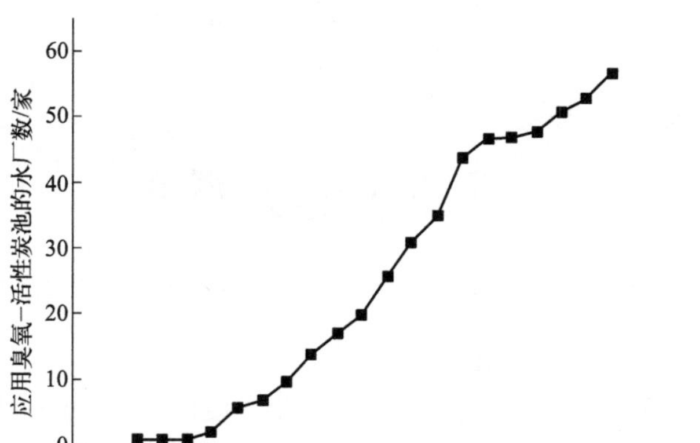

图 1-8　臭氧 - 活性炭工艺近年来在我国水厂应用的增长趋势

（2）给水厂处理工艺情况分析

1）水厂所采用的原水特点

本次调查中，明确了 79 家水厂的水源类型。各水源类型占比情况如图 1-9 所示。

① 在所调研企业中以江河水作为水源的水厂有 37 家，占总体的 46.84%，其中典型的以

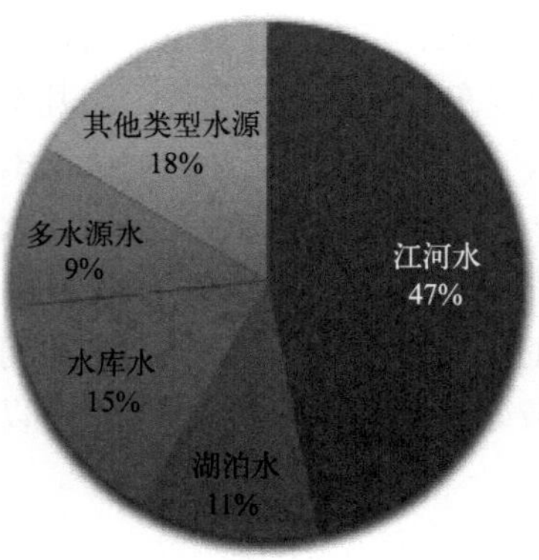

图 1-9　我国应用臭氧 - 活性炭工艺的水厂的水源类型

黄河水作为水源的水厂有 4 家，以长江水作为水源的有 4 家，以黄浦江水作为水源的有 6 家；

② 以湖泊水作为水源的水厂有 9 家，占总体的 11.39%，其中典型的以太湖水作为水源的水厂有苏州市相城水厂等 6 家，主要分布在江苏、浙江境内；

③ 以水库水作为水源的水厂有 12 家，占总体的 15.19%，主要分布在河北、山东、江苏、广东等地；

④ 以多种水源水作为水厂水源的有 7 家，占总体的 8.86%；

⑤ 其他类型水源水包括南水北调水、草原水、地表水及经湿地自然净化水等。

2）处理规模

全国范围内活性炭用户处理规模约（4.5 ～ 5）×$10^7m^3/d$。

在本次调查中，明确了 84 家水厂的深度处理规模。图 1-10 展示了所调研水厂深度处理规模的基本分布情况，其中处理规模 $10×10^4m^3/d$ 的有 20 家，占总体的 24%；处理规模为（10 ～ 50）×$10^4m^3/d$ 之间的有 50 家，占总体的 59%；处理规模＞ $50×10^4m^3/d$ 的有 14 家，占总体的 17%。水厂的深度处理规模在各个区间分布较均匀，即臭氧 - 活性炭工艺的使用并不受水量限制。

在已知处理规模的 84 家水厂中，处理规模最小的为 $10000m^3/d$, 处理规模最大的为 $1.0×10^6m^3/d$。

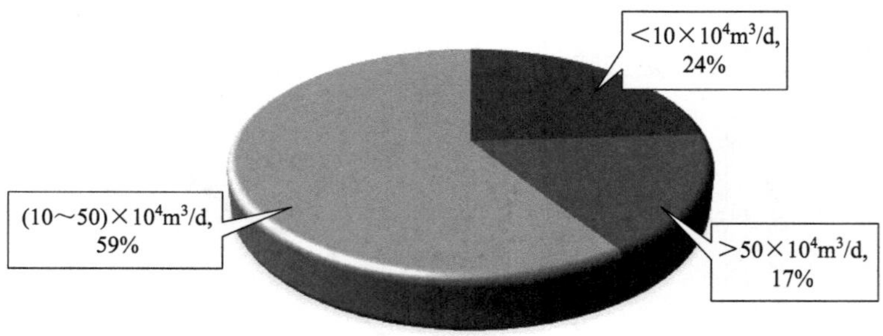

图 1-10　我国应用臭氧 - 活性炭工艺的水厂的深度处理规模

3）粉末活性炭的投加及预处理工艺

粉末活性炭比颗粒活性炭的单体体积要小，外形粒度以 0.18mm 为界限，粒度≥ 0.18mm 的即为颗粒活性炭，粒度＜ 0.18mm 的即为粉末活性炭。颗粒活性炭可用于液相和气相，一般是用于处理需要连续通过活性炭的气体。颗粒活性炭的特点是：适用于连续工艺与自动控制，因价格较高大量使用时应予再生，且较易再生。对比之下，粉末活性炭用于液相，价格较低，加入液体后经搅拌混合、过滤或沉降，而得所要的液体。粉末活性炭的特点是：适用于间歇工艺、易控制加入量、可利用现成过滤设备，在水厂中一般以湿式投加的方法用于水质应急性改善。

① 在预处理工艺中，主要包括预沉处理、生物预处理、化学预处理、粉末活性炭吸附预处理等工艺方法。在所调研的水厂中，各水厂预处理工艺不尽相同，多通过预氯化、臭氧预氧化、高锰酸钾预氧化等进行化学预处理以及投加粉末活性炭进行预处理。

② 为了应对水厂进水水质突变和藻类暴发等紧急情况的发生，粉末活性炭被应用于水厂预处理工艺，以此来保证出厂水的水质稳定，降低后续工艺的处理负荷。粉末活性炭有干式投加和湿式投加两种方式，水厂中大多采用湿式投加，湿式投加可以做到在避免扬尘污染的同时精确投加量。粉末活性炭的粒径选择多为 200 目，符合现行的行业标准《生活饮用水净水厂用煤质活性炭》（CJ/T 345—2010）的相关规定。

③ 在已经调查的确定投加粉末活性炭的 25 家水厂中，有 23 家水厂明确了粉末活性炭的投加位置，其中 8 家水厂是在原水中投加粉末活性炭。粉末活性炭的投加量应根据水质、水量的变化及时调整，已经调查到的投加量均在 10 ～ 30mg/L 范围内。

从投加粉末活性炭的水厂的地理位置分析，有 5 家水厂位于浙江省，数量占总体的 21.94%，深度处理规模占总体使用粉末活性炭水厂规模的 22.55%；有 6 家水厂位于江苏省，数量占总体的 26.1%，深度处理规模占总体使用粉末活性炭水厂规模的 19.18%；有 2 家水厂位于北京市，数量占总体的 8.7%，深度处理规模占总体使用粉末活性炭水厂规模的 18.38%。

大部分使用粉末活性炭的水厂位于江浙一带，位于北京市的水厂虽然少，但深度处理规模占比较大，这可能与水源水受当地工业污染物的影响有关，且这些地区经济发展速度较快，居民生活水平日益提高，对水质具有较高要求，居民有能力承担更高的水处理成本。

从投加粉末活性炭的水厂的水源分析，有 9 家水厂以江河水作为水源，数量占总体的 39.13%，深度处理规模占总体使用粉末活性炭水厂规模的 32.53%；有 2 家水厂采用多种水源，数量占总体的 8.7%，深度处理规模占总体使用粉末活性炭水厂规模的 18.38%；有 3 家水厂以江河水作为水源，数量占总体的 13.04%，深度处理规模占总体使用粉末活性炭水厂规模的 15.58%。

考虑到江河水中悬浮物和胶态杂质含量较多，浊度高于地下水，易受工业废水、生活污水及其他各种人为污染，因而水的色、臭、味变化较大，有毒或有害物质易进入水体，所以大部分以江河水作为水源的水厂都投加粉末活性炭进行预处理。

4）活性炭池处理水的运行成本

从调查结果来看，活性炭池处理水的运行成本均在 1 元 /m^3 水以下，在调查过程中明确运行成本的水厂，运行成本大多为 0.2 ～ 0.5 元 /m^3 水。运行成本的差异性与地区之间虽存在一定关联，但并不是绝对的，影响因素不仅取决于不同水厂处理流程的差异，还与当地经济发展水平、原水与出水水质标准等有关。

（3）活性炭深度处理的技术与性能分析

1）有机物去除效果

臭氧 - 活性炭工艺在去除有机污染物、降低天然有机物含量、减少消毒副产物等方面，具有一定的技术优势。投运之初，活性炭滤池依托物理吸附及生物降解作用，对氨氮、耗氧量的平均去除率较高，总体去除效果与常规处理相比也有较大提高。

以深圳某水厂为例，分析了原水、出厂水有机物指标去除情况。从已经掌握的数据来看，相比采用常规处理工艺，采用臭氧 - 活性炭进行深度处理的水厂对 COD、TOC、UV_{254} 等指标的去除率有了明显提升。随着运行时间的不断延长，物理吸附效果逐渐减弱，在无外界因素的前提下，活性炭滤池对各项指标的去除效率下降，但仍保持了良好的效果。

2）净水用活性炭采用的基本指标及水厂采用活性炭的实际情况

煤质活性炭相对于木质和椰壳活性炭来讲来源广且价格低，因此煤质活性炭被广泛应用于深度给水处理中。经过调查，在我国使用臭氧 - 活性炭深度给水处理的水厂中，大都选用 ϕ1.5mm 柱状活性炭或 8 ～ 30 目的颗粒破碎活性炭。且 8 ～ 30 目颗粒破碎活性炭相对于 ϕ1.5mm 柱状活性炭来说，表面生物膜更多，对有机物去除效果更好，更适合于活性炭滤池的运行，因此应用更多。调研了 60 家水厂炭池所用活性炭的材质、规格和形态，其中有 13 家水厂采用煤质柱状活性炭，数量上占总体的 21.67%，处理规模占总体的 18.59%；32 家水厂采用煤质压块破碎活性炭，数量上占总体的 53.33%，处理规模占总体的 37.4%；5 家水厂同时使用两种活性炭，数量上占总体的 8.34%，处理规模占总体的 8.2%。柱状活性炭的使用多见于我国早年间使用臭氧 - 活性炭深度处理工艺的给水厂，而后逐步发展为破碎活性炭。

从活性炭的成本、使用寿命等方面考虑，水厂选用的活性炭的碘吸附值、亚甲蓝吸附值等指标也不是越高越好。在能调查到相应数据的样本中，各水厂所选用的活性炭的碘吸附值、亚甲蓝吸附值、漂浮率、孔容积等指标不尽相同，但都符合行业标准 CJ/T 345—2010 的要求。对旧炭的碘吸附值、亚甲蓝吸附值、2- 甲基异莰醇吸附值等指标进行检测的水厂较少，杨树浦水厂的试验表明，活性炭的使用年限对其强度的影响不大，而且活性炭的碘吸附值和亚甲蓝吸附值与有机物的去除效果也没有必然的对应关系。

尽管各水厂所选用活性炭的具体指标有差异，且这种差异在投入运行初期的处理效果可能较明显，但随着活性炭运行时间的延长，碘吸附值及亚甲蓝吸附值均会降低，且下降程度在运行初期更大，活性炭在使用过程中将从以吸附为主转向以生物作用为主。

3）生物炭运行效果、水厂出水达标率

投运之初，活性炭滤池依托物理吸附及生物降解作用，随着运行时间的增长，吸附效果逐渐减弱，主要以生物降解为主，活性炭滤池对各项指标的去除效率下降。另外，BAC（生物活性炭）滤池的停留时间对有机物的处理效率有较大的影响。

在调研的水厂中，部分水厂对活性炭深度处理工艺的处理效果进行了详细的实验分析，实验数据均显示，在活性炭池运行稳定后，对有机污染物、氨氮、消毒副产物等的去除具有显著效果，出厂水水质稳定且可以达到《生活饮用水卫生标准》（GB 5749—2022）和《城市供水水质标准》（CJ/T 206—2005）中所规定的要求。如郑州市某水厂，自 2013 年秋季投入运行后，由于水温持续下降，直接影响了生物膜的形成，其生物膜相对成熟期在次年 4 月，在生物膜成熟后生物降解作用增强，BAC 出水氨氮浓度基本控制在 0.1mg/L 以下。苏州某水厂在投运之初，活性炭滤池依托物理吸附及生物降解作用，对氨氮、耗氧量的总体去除效果与常规处理相比分别提高了约 50%；随着运行时间的不断延长，物理吸附效果逐渐减弱，在无外界因素的前提下，活性炭滤池对各项指标的去除效率虽有所下降，但仍保持了良好的效果。

由于受温度的影响，当水温低于 15℃时，生物降解作用会受到明显抑制，因此水厂的生物成熟周期在 30 ～ 60d。活性炭上的生物膜可利用的物质浓度高，下向流活性炭滤池的生物降解作用明显高于上向流活性炭滤池。

4）生物量

调研显示，水厂生物膜技术较成熟，且以生长在活性炭表面和大孔内为主，随着炭层厚度增加，生物量逐渐减少。主要微生物分布在 50cm 以下、150cm 以上的炭层中，在这部分炭层中生物膜丰富，微生物种类较多。微生物数量与季节性温度变化呈正相关。

5）活性炭层厚度、石英砂层厚度和水厂用炭量

炭层厚度的选择对于下向流活性炭滤池炭层厚度，根据《室外给水设计标准》（GB

50013—2018）建议，宜为 1.0 ～ 2.5m，上向流活性炭滤池炭层厚度宜为 1.0 ～ 2.0m。在炭床下部增加一层石英砂，可以有效阻止脱落的生物膜进入滤后水影响出水水质。根据调研数据分析发现，上向流活性炭滤池中炭层厚度多为 2.5m，个别水厂炭层厚度可达 3.0m；下向流活性炭滤池中炭层厚度多在 2.0m 左右；水厂滤池石英砂层厚度多在 0.3 ～ 0.6m 之间。已知加入石英砂垫层的水厂共有 37 家，加入的石英砂层厚度多在 0.3 ～ 0.6m 之间，可以减少滤池生物泄漏，且在反冲洗时尽量保持滤层的稳定性。

通过水厂活性炭滤池格数、活性炭滤池单个面积和活性炭层厚度等可以进一步估算出水厂用炭量。已知用炭量的水厂有 44 家，其中用炭量＞ 1000m^3 的水厂有 31 家，占总体的 70.45%；用炭量＞ 3000m^3 的水厂有 9 家，数量上占总体的 20.54%，深度处理规模占 84 家水厂合计处理规模的 25.61%，水厂用活性炭量与处理规模呈现出关联性。

6）活性炭层膨胀率

《室外给水设计标准》（GB 50013—2018）规定，下向流颗粒活性炭滤池单水经常性冲洗及定期大流量冲洗时膨胀率宜为 15% ～ 20%；上向流颗粒活性炭滤池最高设计水温时炭层膨胀率应＞ 25%，最低设计水温时正常运行和冲洗时炭层膨胀面应低于出水槽底或出水堰顶。

调研发现，对活性炭层膨胀前后进行数据统计的水厂较少，所得样本数据因此较为贫乏。以浙江省嘉兴市贯泾港水厂为例，水厂采用上向流活性炭滤池进行深度处理，炭层厚度 2.0m，采用砾石承托层厚 0.45m，上升流速 12m/h，膨胀后 2.5m，膨胀率 25%，冬季膨胀率更高，且无明显的跑炭现象存在，实际运行效果良好。

7）滤池反冲洗强度和反冲洗周期

随着活性炭滤池运行时间的增长，活性炭孔隙和滤料间隙越来越小，吸附能力也有所下降，影响滤池出水水质，所以应定期对活性炭滤池进行反冲洗。冲洗应满足两种滤料冲洗效果良好和冲洗不流失的要求。

研究表明，气水联合反冲洗的冲洗方式可以使滤池反冲洗效果达到最佳。通过分析已经获得的数据发现，我国应用臭氧 - 活性炭深度处理工艺的水厂在冲洗滤池时多采用气水联合反冲洗的方式，且气冲强度多在 15 ～ 17L/（m^2 • s）之间，水冲强度多在 6 ～ 12L/（m^2 • s）之间，反冲洗周期受季节影响，长则 14 ～ 21d，短则 2 ～ 3d。其中有 46 家水厂采用气水联合反冲洗的形式，占总体的 66.67%；有 7 家水厂采用单独气洗的方式，占总体的 10.14%；有 1 家水厂采用单独水洗的方式，占总体的 1.45%；另外还有 15 家水厂的滤池反冲洗周期已知，但反冲洗方式和强度未知。

V 型滤池开发较早，在国内外运用较多，工艺比较成熟，实际运行过程中效果均较好。其主要缺点是反冲洗耗水量大，构筑物结构比翻板滤池复杂。

翻板滤池作为一种较新的池型，表现出了构筑物简单、反冲洗水量小等优点。其主要缺点表现为翻板阀安装、操作均要求十分严格，由于滤池单侧进出水，排水路线长，使反冲洗时间延长，为保证出水水质，尚需排除初滤水。据实际应用，在使用中并没有体现出省水的优点。翻板滤池另一优点是反冲洗时不跑炭。而 V 型滤池跑炭的主要环节并不是发生在反冲洗阶段，而是发生在进水阶段。由于进水流经 V 型槽造成的水流扰动使炭层表面部分旋起，进入漂浮状态，在排水槽上部的漂浮炭沉入排水槽后，最终在滤池排水时造成炭的流失。

8）不同流向臭氧 - 生物活性炭工艺的分析

根据炭滤池和砂滤池的相对位置不同，可将臭氧 - 生物活性炭工艺分为前置和后置两种。

在对国内使用臭氧 - 活性炭工艺水厂的分析过程中发现，上向流臭氧 - 活性炭工艺多为前置式，下向流臭氧 - 活性炭工艺多为后置式，少数水厂采用前置式。前置上向流工艺，炭层处于流态化，有一定的膨胀率，水头损失较小，反冲洗周期延长，且反冲洗时一般需要气冲。与前置上向流相比，后置下向流活性炭负荷小，可以延长活性炭滤料的使用寿命，减少运行成本，但其水头损失较大，通常运行 3 ～ 6d 需要进行反冲洗。

在调查过程中明确了 52 家水厂的活性炭滤池流向，其中有 12 家水厂采用上向流活性炭滤池，数量上占总体的 23.08%，处理规模占总体的 11.83%；其他 40 家水厂均采用下向流活性炭滤池，数量上占总体的 76.92%，处理规模占总体的 50.9%。

在 12 家采用上向流活性炭滤池的水厂中，有 8 家水厂的滤池投产时间在 2010 年后，数量上占总体的 66.67%。可见在 2010 年之前，我国采用臭氧 - 活性炭深度处理工艺的给水厂滤池多采用下向流形式。使用上向流滤池的水厂一般采用前置上向流形式，后与砂滤池联用。流化态的活性炭层使得整个炭层得到充分利用，附着在活性炭上的微生物的胞外代谢物更易洗脱，充分发挥生物活性炭工艺的生化降解作用。后续的砂滤池既能起到去除浊度的作用，又能防止炭滤池的生物泄漏问题，保证了出水水质的稳定。

9）活性炭的更新与再生

活性炭是否可持续使用主要依据活性炭是否破损、是否影响过滤等来判断。如耗氧量去除率＜ 15%，则不需要全部换炭，换部分炭即可。当发现滤池炭层凹陷时，应立即停池并检查漏炭原因，如滤头是否损坏、冲洗是否跑炭、滤板结构是否损坏等。当滤料损失率＞ 10% 时，应补炭至炭层设计厚度。研究表明，原煤破碎活性炭颗粒的棱角较多、耐磨性低，如果考虑再生，其损耗也比较大，而压块破碎活性炭及 1.5mm 柱状活性炭强度高、耐磨性好，更加适合再生。从已有数据来看，换炭周期最短为 3 年半，最长为 10 年。

1.2.3 典型应用案例

济南某水厂，总设计规模 $4.0\times10^4m^3/d$，以黄河水为水源。原设计针对黄河水含砂量较多、浊度较高的特点，采用常规处理组合工艺。2001 年，该水厂开始以引黄水库——鹊山水库为水源，由于引黄水库水污染较严重，原有常规处理工艺出水已无法满足国家《生活饮用水卫生标准》的要求。因此，在“十一五”国家水专项研究成果的基础上进行了工艺改造，建成了以臭氧 - 活性炭深度处理工艺为核心的示范工程，可有效解决高有机物及臭和味问题。

采用了国家“十一五”水专项课题研究成果“中置式高密度沉淀池”和“臭氧 - 上向流生物活性炭 - 砂滤集成技术”等深度处理关键技术，主体工艺为“中置式高密度沉淀池→臭氧催化氧化接触池→上向流生物活性炭滤池→ V 型砂滤池→液氯消毒”。

水厂示范工程于 2010 年 12 月 1 日正式开工建设，2011 年 6 月建成通水。示范工程项目设计规模为 $20\times10^4m^3/d$。示范工程建成投产后，臭氧 - 生物活性炭 - 砂滤组合工艺可以承受一定范围的浊度变化冲击，对高密度沉淀池出水浊度要求较小，臭氧进水浊度＜ 8NTU 时，组合工艺对有机物指标有较稳定的去除效果。长期运行结果显示，进水浊度在 4NTU 以下变化时不会引起后续工艺去除率的变化，这种集成工艺具有较好的抵抗浊度冲击的能力，对高密度沉淀池的出水浊度要求较小。

长期运行结果显示，臭氧 - 活性炭工艺对嗅味物质具有较好的稳定的去除效果，工艺出水 2- 甲基异莰醇与土臭素均低于标准规定的限值。

1.3　技术评估

从产品调研结果来看，厂家用于评价活性炭的依据为产品标准内指标，重点关注强度、孔容积、碘吸附值、亚甲蓝吸附值、灰分等。从相关标准来看，关于煤质活性炭主要性能指标包括孔容积、比表面积、漂浮率、水分、强度、装填密度、pH 值、水溶物、粒度、苯酚吸附值、有效粒径、均匀系数、锌（Zn）、砷（As）、镉（Cd）、铅（Pb）、汞（Hg）、碘吸附值、亚甲蓝吸附值、2- 甲基异莰醇吸附值等 20 项，木质活性炭的主要质量指标包括碘吸附值、亚甲蓝吸附值、强度、表观密度、粒度、水分、pH 值、灰分等。从用户角度来看，颗粒活性炭关注的重点在于活性炭的运行去除效果、稳定性等方面，如对有机物的去除效果、生物炭运行效果、活性炭流失率、膨胀率等；粉末活性炭的吸附去除效果方面，如对有机物的去除效果、接触时间等。

因此，根据调研结果，参照相关标准规范，结合生产企业和用户关注的主要问题，筛选颗粒活性炭 17 项评估指标、粉末活性炭 15 项评估指标，见表 1-2、表 1-3。

表 1-2　颗粒活性炭评估指标

序号	评价指标	序号	评价指标
1	碘吸附值	10	生物量
2	亚甲蓝吸附值	11	活性炭流失率
3	强度	12	活性炭膨胀率
4	孔容积	13	产品价格
5	有机物去除效果	14	使用寿命
6	生物炭运行效果	15	产品标准
7	金属杂质	16	是否出口及比例
8	水厂出水达标率	17	国产化占有率
9	漂浮率		

表 1-3　粉末活性炭评估指标

序号	评价指标	序号	评价指标
1	碘吸附值	9	水溶物
2	亚甲蓝吸附值	10	粒度
3	孔容积	11	产品价格
4	平衡吸附时间	12	投加量
5	有机物去除效果	13	是否出口及比例
6	吸附容量	14	国产化占有率
7	金属杂质	15	产品标准
8	2- 甲基异莰醇吸附值		

1.3.1 评估指标体系

结合产品的技术先进性、性能稳定性、技术可靠性、经济适用性、国际竞争力等方面，选取技术先进性、技术可靠性、性能稳定性、经济适用性、国际竞争力5项指标作为一级评估指标集，根据表1-2、表1-3筛选的性能评估指标，进一步细化分解二级评估指标，形成评估矩阵，如图1-11、图1-12所示。

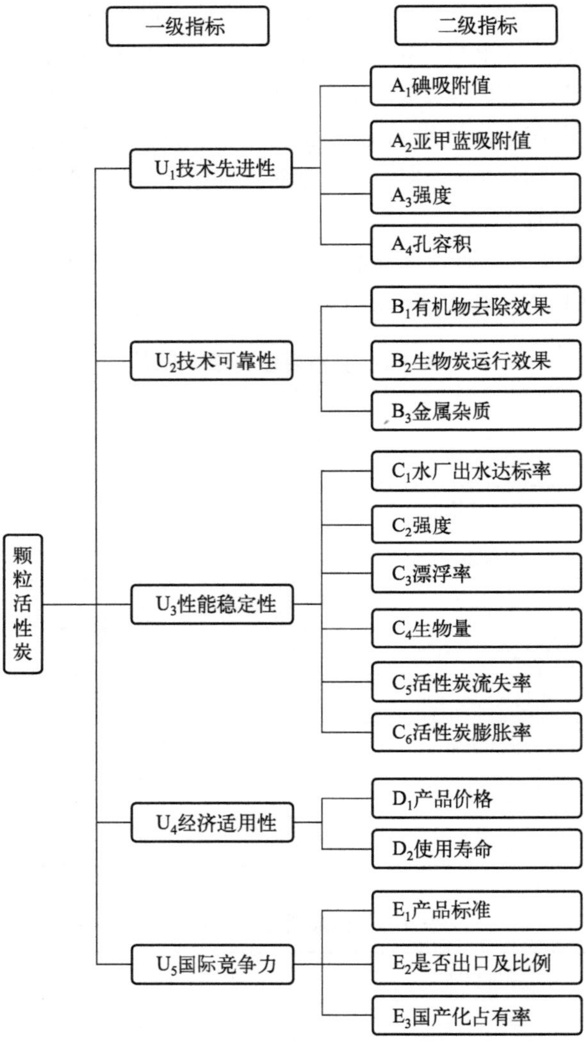

图1-11 颗粒活性炭评估矩阵图

1.3.2 评估指标赋值

1.3.2.1 颗粒活性炭一级指标

将颗粒活性炭评估一级指标分为技术先进性、技术可靠性、性能稳定性、经济适用性及国际竞争力5个，结合颗粒活性炭产品及应用特点，对5个一级指标分别赋予权重及建议值，

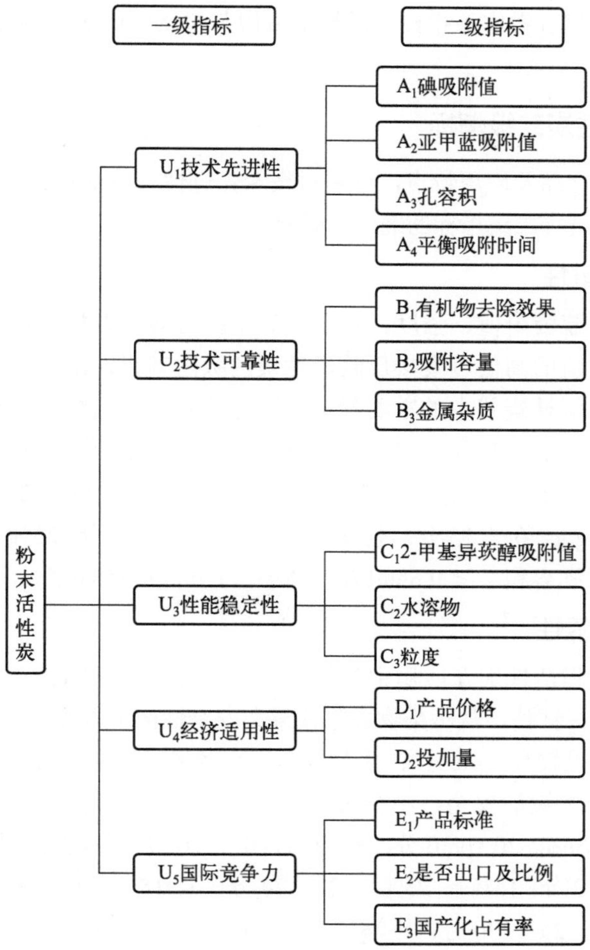

图 1-12　粉末活性炭评估矩阵图

分别为 U_2 技术可靠性（0.30）＞ U_3 性能稳定性（0.20）= U_1 技术先进性（0.20）= U_4 经济适用性（0.20）＞ U_5 国际竞争力（0.10），理由如下：

颗粒活性炭作为活性炭滤池主要填料用于水厂净化工艺时，首先应保证技术可靠，能保障污染物（尤其是有机污染物）的去除效果和出水水质。因此将 U_2 技术可靠性放在权重首位，建议权重赋值最高，为 0.30。

其次，在保证技术可靠的前提下，其技术先进性、性能稳定性也很重要。由于活性炭滤池在运行过程中去除效果及出水水质与活性炭的性能稳定有密切关系，相关指标如活性炭生物量、膨胀率、漂浮率、流失率等，因此 U_3 性能稳定性放在权重第二位，建议赋值 0.20。

再次，对于颗粒活性炭为主要填料的活性炭滤池，属先进的水厂工艺；而活性炭的生产工艺不同，先进生产技术下的活性炭性能更加优越、关键指标可控，由此可见 U_1 技术先进性是评估活性炭的重要指标，建议赋值 0.20。

随着活性炭滤池的应用越来越广泛，其成本、使用寿命等经济性指标成为水厂关注的重点，因此将 U_4 经济适用性放在权重第 4 位，建议赋值 0.20。

相对国际活性炭发展现状，国内活性炭的发展及在国际市场的竞争力也是评估我国活性炭产品的重要指标，综合考虑该指标对活性炭应用与市场的影响，因此 U_5 国际竞争力建议赋值 0.10。

1.3.2.2 颗粒活性炭二级指标

结合颗粒活性炭产品及应用特点，分别对技术先进性、技术可靠性、性能稳定性、经济适用性及国际竞争力进行二级指标的细化和赋分。

（1）U_1 技术先进性

碘吸附值、亚甲蓝吸附值、强度、孔容积等指标可体现颗粒活性炭的技术先进性。碘吸附值、亚甲蓝吸附值的高低可直接反映活性炭的吸附效果，是评价活性炭去除效果的重要指标；强度是反映活性炭状态的重要指标，孔容积是反映活性炭结构及吸附性能的重要指标，因此权重均为 25。碘吸附值：＞950mg/g，20 ～ 25 分；800 ～ 950mg/g，15 ～ 20 分；＜ 800mg/g，0 ～ 15 分。亚甲蓝吸附值：＞180mg/g，20 ～ 25 分；120 ～ 180mg/g，15 ～ 20 分；＜120mg/g，0 ～ 15 分。强度：＞90%，20 ～ 25 分；85% ～ 90%，15 ～ 20 分；＜ 85% : 0 ～ 15 分。孔容积：≥ 0.65mL/g，15 ～ 25 分；＜ 0.65mL/g，0 ～ 15 分。

（2）U_2 技术可靠性

技术可靠性主要指活性炭在应用中的技术可靠性，以有机物去除效果、生物炭运行效果、金属杂质 3 项指标评估，从污染物去除效果和安全性两个方面评价。由于活性炭以有机物去除为主，因此权重较高（40 分）；生物炭的运行效果可说明该技术长期可靠，权重为 30 分；金属杂质说明活性炭的安全，不会引入污染，权重为 30 分。有机物去除率：＞ 70%，30 ～ 40 分；40% ～ 70%，20 ～ 30 分；＜ 40%，0 ～ 20 分。生物炭运行效果：对 COD_{Mn} 去除率＞ 25%，20 ～ 30 分；15% ～ 25%，10 ～ 20 分；＜ 15%，0 ～ 10 分。金属杂质：满足 CJ/T 345 的质量要求，25 ～ 30 分；不满足 CJ/T 345 的质量要求，0 分。

（3）U_3 性能稳定性

包括水厂出水达标率、强度、漂浮率、生物量、活性炭流失率、活性炭膨胀率 6 项指标。水厂出水达标率是反映活性炭性能稳定最直接的指标，故权重较高（30 分）；强度、漂浮率是反映活性炭状态的重要指标，故权重赋值分别为 20 分、15 分；生物量也是反映活性炭性能稳定性的重要指标，活性炭吸附性能好，生物量才会高，说明生物炭作用理想，故权重为 15 分；活性炭膨胀率和流失率也是反映活性炭性能稳定性的重要指标，膨胀率高、流失率低，说明活性炭状态稳定，故权重均为 10 分。水厂出水达标率：＞ 98%，25 ～ 30 分；90% ～ 98%，20 ～ 25 分；＜ 90%，0 ～ 20 分。强度：＞ 90%，15 ～ 20 分；85% ～ 90%，10 ～ 15 分；＜ 85%，0 ～ 10 分。漂浮率：不规则煤质炭，≤ 3%，15 分；不规则煤质炭，＞ 3%，0 分；柱状煤质炭，≤ 2%，15 分；柱状煤质炭，＞ 2%，0 分。生物量：＞ 80nmol P/g，10 ～ 15 分；60 ～ 80nmol P/g，5 ～ 10 分；＜ 60nmol P/g，0 ～ 5 分。活性炭流失率：＜ 10%，5 ～ 10 分；≥ 10%，0 ～ 5 分。活性炭膨胀率：＞ 25%，5 ～ 10 分；10% ～ 25%，10 ～ 15 分；＜ 10%，0 ～ 10 分。

（4）U_4 经济适用性

包括产品价格和使用寿命两项指标。产品价格是直接反映经济适用性的重要因素，权重适当调高（55 分）。使用寿命可间接反映经济适用性，寿命越长，更换频次越低，所需费用越低，权重为 45 分。产品价格：低于行业平均水平，41 ～ 55 分；与行业平均水平相当，25 ～ 40 分；高于行业平均水平，0 ～ 25 分。使用寿命：5 年及以上，31 ～ 45 分；5 年以下，0 ～ 30 分。

（5）U_5 国际竞争力

包括产品标准、是否出口及比例、国产化占有率 3 项指标。产品标准反映了该产品在国内的整体发展水平，水平越高，国际竞争力越强，故权重赋值 30 分；是否出口及比例反映了企业产品在国际上的销售情况，比例越高，说明在国际市场占有率越高，权重赋值 20 分；国产化占有率越高，说明国产化水平越高，产品竞争力越强，是走向国际提高国际竞争力的基础，权重赋值 50 分。产品标准：具备国家质量与应用标准且更新及时，30 分；具备行业质量与应用标准且更新及时，25 分；团标、地标，20 分；企标，10 分；无，0 分。是否出口及比例：出口，5 ～ 20 分；未出口，0 分。国产化占有率：国产化占有率高于 70%，35 ～ 50 分；国产化占有率在 70% ～ 50%，20 ～ 35 分；国产化占有率低于 50%，0 ～ 20 分。

1.3.2.3　粉末活性炭一级指标

结合粉末活性炭产品及应用特点，对 5 个一级指标分别赋予权重及建议值，分别为 U_2 技术可靠性（0.30）＞ U_3 性能稳定性（0.20）= U_1 技术先进性（0.20）= U_4 经济适用性（0.20）＞ U5 国际竞争力（0.10）：

粉末活性炭作为应急投加吸附剂用于水厂净化工艺时，首先应保证技术可靠，能保障污染物（尤其是有机污染物）的吸附去除效果和水质。因此将 U_2 技术可靠性放在权重首位，建议权重赋值最高，为 0.30。

其次，在保证技术可靠的前提下，其技术先进性、性能稳定性也很重要。由于活性炭的吸附去除效果与活性炭的性能稳定有密切关系，相关指标如 2- 甲基异莰醇吸附值、粒度等，因此 U_3 性能稳定性放在权重第二位，建议赋值 0.20。

再次，对于粉末活性炭吸附技术，属先进的水厂应用技术；而活性炭的生产工艺不同，先进生产技术下的活性炭性能更加优越、关键指标可控，由此可见 U_1 技术先进性是评估活性炭的重要指标，建议赋值 0.20。

随着活性炭的应用越来越广泛，其产品价格、投加量等经济性指标成为水厂关注的重点，因此将 U_4 经济适用性放在权重第 4 位，建议赋值 0.20。

相对国际活性炭发展现状，国内活性炭的发展及在国际市场的竞争力也是评估我国活性炭产品的重要指标，综合考虑该指标对活性炭应用与市场的影响，因此 U_5 国际竞争力建议赋值 0.10。

1.3.2.4　粉末活性炭二级指标

结合粉末活性炭产品及应用特点，分别对技术先进性、技术可靠性、性能稳定性、经济适用性及国际竞争力进行二级指标的细化和赋分。

（1）U_1 技术先进性

碘吸附值、亚甲蓝吸附值、孔容积、平衡吸附时间等指标可体现粉末活性炭的技术先进性。碘吸附值、亚甲蓝吸附值的高低和平衡吸附时间的长短可直接反映活性炭的吸附效果，是评价活性炭去除效果的重要指标；孔容积是反映活性炭结构及吸附性能的重要指标，因此权重均为 25 分。碘吸附值：＞ 900mg/g，20 ～ 25 分；800 ～ 900mg/g，15 ～ 20 分；＜ 800mg/g，

0～15分。亚甲蓝吸附值：＞150mg/g，20～25分；120～150mg/g，15～20分；＜120mg/g，0～15分。孔容积：≥0.65mL/g，20～25分；＜0.65mL/g，0～20分。平衡吸附时间：烧杯试验，以40mg/L活性炭去除土臭素、2-甲基异莰醇为目标，接触时间＜1h，20～25分；1～2h，10～20分；超过2h或无法达到去除要求，0～10分。

（2）U_2 技术可靠性

技术可靠性主要指活性炭在应用中的技术可靠性，以有机物去除效果、吸附容量、金属杂质3项指标评估，从污染物去除效果和安全性两个方面评价。由于活性炭以有机物去除为主，因此有机物去除效果权重较高（40分）；吸附容量的大小可说明该技术可靠，权重为30分；金属杂质说明活性炭的安全，不会引起污染，权重为30分。有机物去除效果：烧杯试验，以40mg/L活性炭去除土臭素、2-甲基异莰醇1h，去除率＞70%，30～40分；40%～70%，20～30分；＜40%，0～20分。吸附容量：＞200ng/g，20～30分；150～200ng/g，10～20分；＜150ng/g，0～10分。金属杂质：满足CJ/T 345质量要求，15～30分；不满足CJ/T 345质量要求，0分。

（3）U_3 性能稳定性

包括2-甲基异莰醇吸附值、水溶物、粒度等3项指标。2-甲基异莰醇吸附值是反映粉末活性炭性能稳定最直接的指标，故权重较高（40分）；水溶物、粒度是反映活性炭状态的重要指标，故权重值均为30分。2-甲基异莰醇吸附值：≥4.5μg/g，30～40分；＜4.5μg/g，0分。水溶物：≤0.4%，30分；＞0.4%，0分。粒度：90%以上活性炭达200目，20～30分；不足90%活性炭达200目，0分。

（4）U_4 经济适用性

包括产品价格和投加量两项指标。产品价格是直接反映经济适用性的重要因素，权重适当调高（55分）。投加量可间接反映经济适用性，投加量越小，使用成本越低，权重为45分。产品价格：低于行业平均水平，41～55分；与行业平均水平相当，25～40分；高于行业平均水平，0～25分。投加量：＜10mg/L，41～45分；10～40mg/L，25～40分；＞40mg/L，0～25分。

（5）U_5 国际竞争力

包括产品标准、是否出口及比例、国产化占有率3项指标。产品标准反映了该产品在国内的整体发展水平，水平越高，国际竞争力越强，故权重赋值30分；是否出口及比例反映了企业产品在国际上的销售情况，比例越高，说明在国际市场占有率越高，赋值20分；国产化占有率越高，说明国产化水平越高，产品竞争力越强，是走向国际提高国际竞争力的基础，赋值50分。产品标准：具备国家质量与应用标准且更新及时，30分；具备行业质量与应用标准且更新及时，25分；团标、地标，20分；企标，10分；无，0分。是否出口及比例：出口，5～20分；未出口，0分。国产化占有率：国产化占有率高于70%，35～50分；国产化占有率在70%～50%，20～35分；国产化占有率低于50%，0～20分。

1.3.3 评估指标体系应用

邀请涵盖高校研究机构、生产企业、设计院所等在内的10名专家根据建立的评估体系对颗粒活性炭和粉末活性炭分别进行了专家评估，赋值结果显示国内颗粒活性炭和粉末活性炭生产和应用的技术就绪度整体达到 9 级。评估打分表及评估结果图分别见表 1-4、表 1-5，以及图 1-13、图 1-14。

表 1-4　颗粒活性炭评估打分表

序号	U_1 技术先进性		U_2 技术可靠性		U_3 性能稳定性		U_4 经济适用性		U_5 国际竞争力	
	分值 / 分	权重	分值 / 分	权重	分值 / 分	权重	分值 / 分	权重	分值 / 分	权重
1	91	0.2	88	0.3	92	0.2	100	0.2	88	0.1
2	90	0.2	91	0.3	89	0.3	97	0.1	90	0.1
3	89	0.2	91	0.3	83	0.2	98	0.2	92	0.1
4	91.6	0.2	91	0.3	86.7	0.2	97.5	0.2	86	0.1
5	91	0.2	93	0.3	87	0.2	98	0.2	88	0.1
6	96	0.2	98	0.3	90	0.2	97	0.2	95	0.1
7	92	0.2	91	0.3	87	0.2	97	0.2	87	0.1
8	91	0.2	91	0.3	84	0.2	97	0.2	88	0.1
9	90	0.19	88	0.28	88	0.19	89	0.22	88	0.12
10	91	0.2	88	0.3	92	0.2	100	0.2	88	0.1
计算结果	技术就绪度（TRL）	明确需求（TRL1）	技术方案（TRL2）	通过论证（TRL3）	小试研究（TRL4）	中试研究（TRL5）	形成产品（TRL6）	三方评估（TRL7）	标准化（TRL8）	推广应用（TRL9）
	$B = WR$	0	0	0	0	0	0	0	2.33	2.67

注：B 表示评估模糊计算结论；W 表示权重向量；R 表示评估矩阵。

表 1-5　粉末活性炭评估打分表

序号	U_1 技术先进性		U_2 技术可靠性		U_3 性能稳定性		U_4 经济适用性		U_5 国际竞争力	
	分值 / 分	权重	分值 / 分	权重	分值 / 分	权重	分值 / 分	权重	分值 / 分	权重
1	91	0.2	91	0.3	96	0.2	92	0.2	86	0.1
2	89	0.3	91	0.25	88	0.25	93	0.1	95	0.1
3	92	0.2	89	0.3	92	0.2	92	0.2	86	0.1
4	86.5	0.2	92	0.3	90.5	0.2	92	0.2	87.5	0.1
5	94	0.2	93	0.3	93	0.2	94	0.2	89	0.1
6	95	0.18	95	0.25	96	0.2	100	0.25	100	0.12
7	87	0.2	90	0.3	91	0.2	92	0.2	86	0.1
8	87	0.2	91	0.3	91	0.2	92	0.2	87	0.1
9	88	0.2	88	0.29	88	0.2	89	0.19	88	0.12
10	91	0.2	91	0.3	96	0.2	92	0.2	86	0.1
计算结果	技术就绪度（TRL）	明确需求（TRL1）	技术方案（TRL2）	通过论证（TRL3）	小试研究（TRL4）	中试研究（TRL5）	形成产品（TRL6）	三方评估（TRL7）	标准化（TRL8）	推广应用（TRL9）
	$B = WR$	0	0	0	0	0	0	0	2	2.89

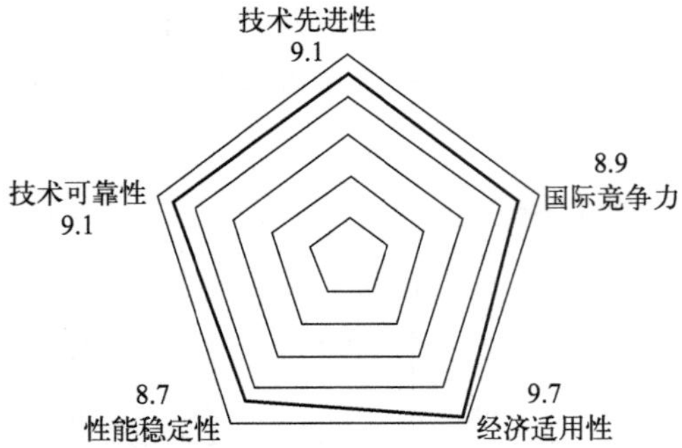

图 1-13 颗粒活性炭评估结果图

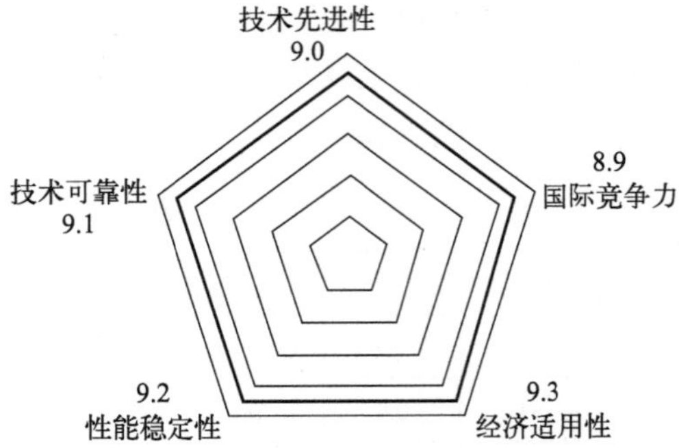

图 1-14 粉末活性炭评估结果图

1.4 应用验证

颗粒活性炭的验证采用了实验室验证及生产验证两种形式。其中，实验室验证主要按照《生活饮用水净水厂用煤质活性炭》（CJ/T 345—2010）要求，对不同品牌的颗粒活性炭的质量进行合格性判定，选取性能验证合格产品开展进一步的技术验证。生产验证主要评价不同产品的不同流域、不同规模、不同水质条件、不同工艺条件下的技术应用效果。

粉末活性炭的验证采用了实验室验证、中试验证及模拟生产验证三种形式。其中，实验室验证主要按照《生活饮用水净水厂用煤质活性炭》（CJ/T 345—2010）、《木质净水用活性炭》（GB/T 13803.2—1999）要求，对不同品牌粉末活性炭的质量进行合格性判定，选取性能验证合格产品开展进一步的技术验证。模拟生产验证主要考察粉末活性炭实际应用效果。

1.4.1 验证指标筛选

利用颗粒活性炭、粉末活性炭实际应用中的高频指标作为重点，结合文献梳理和实地调查研究进行指标的海选。根据可观测性原则将数据无法获得的海选指标删除，保证初步筛选后的指标体系可以量化，然后对初步筛选的指标数据进行标准化分析（表 1-6、表 1-7）。

表 1-6 颗粒活性炭关键指标筛选结果

序号	准则层	指标	筛选结果
1	X_1	$X_{1.1}$ 孔容积	相关性分析删除
2		$X_{1.2}$ 比表面积	主成分分析删除
3		$X_{1.3}$ 漂浮率	主成分分析删除
4		$X_{1.4}$ 水分	不可观测删除
5		$X_{1.5}$ 强度	保留
6		$X_{1.6}$ 装填密度	保留
7		$X_{1.7}$ pH 值	不可观测删除
8		$X_{1.8}$ 水溶物	主成分分析删除
9		$X_{1.9}$ 粒度	不可观测删除
10		$X_{1.10}$ 碘吸附值	相关性分析删除

续表

序号	准则层	指标	筛选结果
11	X_1	$X_{1.11}$ 亚甲蓝吸附值	保留
12		$X_{1.12}$ 苯酚吸附值	不可观测删除
13		$X_{1.13}$ 有效粒径	不可观测删除
14		$X_{1.14}$ 均匀系数	不可观测删除
15		$X_{1.15}$ 锌（Zn）	不可观测删除
16		$X_{1.16}$ 砷（As）	不可观测删除
17		$X_{1.17}$ 镉（Cd）	不可观测删除
18		$X_{1.18}$ 铅（Pb）	不可观测删除
19		$X_{1.19}$ 汞（Hg）	不可观测删除
20	X_3	$X_{3.1}$ 碘吸附值	主成分分析删除
21		$X_{3.2}$ 亚甲蓝吸附值	主成分分析删除
22		$X_{3.3}$ 强度	主成分分析删除
23		$X_{3.4}$ 膨胀率	保留
24		$X_{3.5}$ DOC 去除率	主成分分析删除
25		$X_{3.6}$ UV_{254} 去除率	相关性分析删除
26		$X_{3.7}$ COD_{Mn} 去除率	删除
27		$X_{3.8}$ 土臭素去除率	相关性分析删除
28		$X_{3.9}$ 2- 甲基异莰醇去除率	保留
29		$X_{3.10}$ 运行成本	保留
30		$X_{3.11}$ 水容量	保留
31		$X_{3.12}$ 孔容积	保留
32		$X_{3.13}$ 色度去除率	主成分分析删除
33		$X_{3.14}$ 生物量	主成分分析删除

表 1-7　粉末活性炭关键指标筛选结果

序号	准则层	指标	筛选结果
1	X_1	$X_{1.1}$ 孔容积	保留
2		$X_{1.2}$ 比表面积	相关性分析删除
3		$X_{1.3}$ 水分	保留
4		$X_{1.4}$ 装填密度	主成分分析删除
5		$X_{1.5}$ pH 值	删除不可观测指标
6		$X_{1.6}$ 碘吸附值	主成分分析删除
7		$X_{1.7}$ 亚甲蓝吸附值	主成分分析删除
8		$X_{1.8}$ 苯酚吸附值	删除不可观测指标
9		$X_{1.9}$ 2- 甲基异莰醇吸附值	保留
10		$X_{1.10}$ 水溶物	主成分分析删除

续表

序号	准则层	指标	筛选结果
11	X_1	$X_{1.11}$ 粒径	删除不可观测指标
12		$X_{1.12}$ 锌（Zn）	删除不可观测指标
13		$X_{1.13}$ 砷（As）	删除不可观测指标
14		$X_{1.14}$ 镉（Cd）	删除不可观测指标
15		$X_{1.15}$ 铅（Pb）	删除不可观测指标
16		$X_{1.16}$ 土臭素去除率	保留
17		$X_{1.17}$ 2- 甲基异莰醇去除率	主成分分析删除
18		$X_{1.18}$ 色度去除率	主成分分析删除
19		$X_{1.19}$ DOC 去除率	相关性分析删除
20		$X_{1.20}$ UV_{254} 去除率	主成分分析删除
21		$X_{1.21}$ COD_{Mn} 去除率	保留
22		$X_{1.22}$ 价格	保留

① 对于颗粒活性炭，基于相关性分析将 X_1 准则层相关系数大于 0.75、X_3 准则层相关系数大于 0.8 的指标筛选保留；在相关性分析的基础上，利用主成分分析筛选各准则层内剩余的指标，筛选准则层 X_1、X_3 的累积方差贡献率达到 75%，是各个主成分中因子负载绝对值较大的指标。

② 对于粉末活性炭，基于相关性分析将 X_1 准则层相关系数大于 0.7 的指标筛选保留；在相关性分析的基础上，利用主成分分析筛选各准则层内剩余的指标，筛选准则层 X_1 的累积方差贡献率达到 75%，是各个主成分中因子负载绝对值较大的指标。

1.4.2 验证指标体系

将相关 - 主成分分析法得到的颗粒活性炭指标体系按照文献调查、实地调研及上述小试、中试和生产试验结果对评价指标进行等级划分，其中装填密度、膨胀率、水容量、孔容积等指标分为合格、不合格两个等级，强度、运行成本两项指标分为优、良、合格、不合格 4 个等级，2- 甲基异莰醇去除率指标分为优、良、中、差 4 个等级，亚甲蓝吸附值指标分为优、良、中 3 个等级（表 1-8）。

表 1-8 颗粒活性炭评价指标的等级划分

指标	等级
强度（小试）	优：＞ 95%；良：90% ～ 95%；合格：85% ～ 90%；不合格：＜ 85%
装填密度（小试）	合格：≥ 380g/L；不合格：＜ 380g/L
亚甲蓝吸附值（小试）	优：＞ 200mg/g；良：180 ～ 200mg/g；中（新炭为不合格）：＜ 180mg/g
膨胀率（生产）	下向流：＜ 15%，不合格；≥ 15%，合格 上向流：≥ 25%，合格；＜ 25%，不合格
2- 甲基异莰醇去除率（生产）	优：＞ 70%；良：50% ～ 70%；中：20% ～ 50%；差：＜ 20%
运行成本（生产）	优：＜ 0.3 元 /m^3；良：0.3 ～ 0.5 元 /m^3；合格：0.5 ～ 0.8 元 /m^3；不合格：＞ 0.8 元 /m^3

续表

指标	等级
水容量（生产）	合格：< 0.5%；不合格：≥ 0.5%
孔容积（生产）	合格：≥ 0.65mL/g；不合格：< 0.65mL/g

将相关 - 主成分分析法得到的粉末活性炭指标体系按照文献调查、实地调研及上述小试、中试和生产试验结果对评价指标进行等级划分，其中孔容积、2- 甲基异莰醇吸附值等指标分为合格、不合格两个等级，水分、价格两项指标分为优、合格、不合格 3 个等级，土臭素去除率、COD_{Mn} 去除率两项指标分为优、良、中、差 4 个等级（表 1-9）。

表 1-9　粉末活性炭评价指标的等级划分

指标	等级
孔容积（小试）	合格：≥ 0.65mL/g；不合格：< 0.65mL/g
水分（小试）	优：< 5%；合格：5% ～ 10%；不合格：> 10%
2- 甲基异莰醇吸附值（小试）	合格：≥ 4.5μg/g；不合格：< 4.5μg/g
土臭素去除率（小试）	优：> 80%；良：60% ～ 80%；中：40% ～ 60%；差：< 40%
COD_{Mn} 去除率（小试）	优：> 50%；良：30% ～ 50%；中：30% ～ 15%；差：< 15%
价格（小试）	优：< 7000 元 /t；合格：7000 ～ 10000 元 /t；不合格：> 10000 元 /t

1.4.3　验证指标体系应用

基于建立的验证体系，以济南某水厂、长沙某水厂为例，对颗粒活性炭进行生产性验证；以东营某水厂、无锡某水厂为例，对粉末活性炭进行验证。

（1）济南某水厂

该水厂一、二期工程处理规模均为 $2.0\times10^5m^3/d$，处理工艺均采用絮凝 - 斜管沉淀 - 普通快砂滤 - 氯消毒常规工艺。一期改造示范工程采用“臭氧 - 微膨胀上向流生物活性炭 - 砂滤组合工艺”，处理规模 $2.0\times10^5m^3/d$。上向流生物活性炭滤池共 12 组。活性炭采用煤质压块破碎炭，均质滤料，粒度 12 目 ×40 目，有效粒径 0.85mm，均匀系数< 1.3。活性炭滤池采用微膨胀上向流运行模式，活性炭吸附池单格有效面积 $60.48m^2$，设计空床滤速 12m/h，活性炭滤层厚 3.0m，接触时间 15min，膨胀率控制在 10% ～ 30% 范围内。活性炭滤池采用气冲，反冲周期为 15d，冲洗强度 15L/（m^2 • s）。示范工程总投资 1.3 亿元，其中臭氧 - 生物活性炭单元的投资成本为 192 元 /（m^3 • d），运行成本为 0.16 元 /m^3。验证评估结果见表 1-10。

表 1-10　济南某水厂在用颗粒活性炭验证评估结果

验证指标	验证结果	评估结论
强度（小试）/%	95	优
装填密度（小试）/（g/L）	≥ 380	合格
亚甲蓝吸附值（小试）/（mg/g）	105	中
膨胀率（生产）/%	25	合格
2- 甲基异莰醇去除率（生产）/%	68	良

续表

验证指标	验证结果	评估结论
运行成本（生产）/（元 /m^3）	0.16	优
水容量（生产）/%	0.38	合格
孔容积（生产）/（mL/g）	0.67	合格

对该水厂在用颗粒活性炭进行验证，亚甲蓝吸附值较低，评估结果为中；其余指标均合格或可达到优良。说明目前该水厂在用活性炭整体性能良好。

（2）长沙某水厂

该水厂采用深度处理工艺。一期工程日供水量为 1.0×10^5t，高峰时可制水 1.2×10^5t。2020 年投入 2000 余万元新建一体化净水装置，增加 5.0×10^4/d 的产能规模。该水厂采用“混凝 / 沉淀 / 砂滤 / 臭氧 / 活性炭 / 消毒”处理工艺。V 型炭滤池滤料为煤质柱状颗粒活性炭，炭层厚度为 1.5m，承托层 0.25m，滤速为 12m/h。炭滤池反冲洗方式为气水分别单独反冲，先气冲 6min，再水冲 6min，气冲和水冲强度分别为 16L/（$m^2\cdot s$）和 10L/（$m^2\cdot s$），反冲洗周期为 10d。

验证实验方法：取水厂炭池进出水进行水质指标检测，并对在用活性炭部分指标进行检测。由划分的评价指标等级对验证地点指标进行验证，验证评估结果见表 1-11。

表 1-11　长沙某水厂在用颗粒活性炭验证评估结果

验证指标	验证结果	评估结论
强度（小试）/%	95	优
装填密度（小试）/（g/L）	—	
亚甲蓝吸附值（小试）/（mg/g）	153.6	中
膨胀率（生产）/%	40	合格
2- 甲基异莰醇去除率（生产）/%	—	
运行成本（生产）/（元 /m^3）	0.28	优
水容量（生产）/%	0.16	合格
孔容积（生产）/（mL/g）	0.74	合格

对该水厂在用颗粒活性炭进行验证，亚甲蓝吸附值较低，评估结果为中；其余指标均合格或可达到优。说明目前该水厂在用活性炭整体性能良好。

（3）东营某水厂

东营某水厂一期工程处理规模为 $1.0\times10^5m^3/d$，2009 年完成活性炭 + 超滤膜组合深度处理工艺改造。工艺流程为：预氧化 + 粉末活性炭 + 混凝 / 平流沉淀 / 砂滤 / 炭滤 + 超滤 + 消毒。组合工艺投产以后，出厂水水质明显改善，全面达到《生活饮用水卫生标准》（GB 5749—2022），尤其对浊度、颗粒物、菌落、病原微生物及藻类显示了良好的控制效果。2018 年增加的纯氧 - 活性炭有效提升了对臭和味等小分子污染物的去除，水质得到进一步提升。

验证实验方法：取水厂现存粉末活性炭，对活性炭部分指标进行检测，同时进行烧杯去除实验考察粉末活性炭的土臭素去除率、COD_{Mn} 去除率。由划分的评价指标等级对验证地点指标进行验证，验证评估结果见表 1-12。

表 1-12　东营某水厂在用粉末活性炭验证评估结果

验证指标	验证结果	评估结论
孔容积（小试）/（mL/g）	≥ 0.65	合格
水分（小试）/%	≤ 10	合格
2- 甲基异莰醇吸附值（小试）/（μg/g）	4.5	合格
土臭素去除率（小试）/%	＞ 80	优
COD_{Mn} 去除率（小试）/%	＞ 40	良
价格（小试）/（元 /t）	4500	优

对该水厂在用粉末活性炭进行验证，各指标均合格或可达到优良。说明目前在用粉末活性炭整体性能良好。

（4）无锡某水厂

该水厂目前采用混凝 / 沉淀 / 臭氧 - 活性炭 / 超滤 / 消毒工艺，建设规模为 $6.0\times10^5 m^3/d$。

验证实验方法：取水厂现存粉末活性炭，对活性炭部分指标进行检测，同时进行烧杯去除实验考察粉末活性炭的土臭素去除率、COD_{Mn} 去除率。由划分的评价指标等级对验证地点指标进行验证，验证评估结果见表 1-13。

表 1-13　无锡某水厂在用粉末活性炭验证评估结果

验证指标	验证结果	评估结论
孔容积（小试）/（mL/g）	≥ 0.65	合格
水分（小试）/%	≤ 10	合格
2- 甲基异莰醇吸附值（小试）/（μg/g）	4.5	合格
土臭素去除率（小试）/%	70	良
COD_{Mn} 去除率（小试）/%	50	良
价格（小试）/（元 /t）	4000	优

对该水厂在用粉末活性炭进行验证，各指标均合格或可达到优良。说明目前该水厂在用粉末活性炭整体性能良好。

第2章 滤料

2.1 产品概述

滤料在城镇供水系统过滤单元中起着关键作用，可通过滤料颗粒间空隙及滤料表面特性有效截留、吸附水中的悬浮固体、有机物、重金属、细菌等物质，对浊度、高锰酸盐指数、UV_{254} 等指标有明显的去除效果，是城镇供水系统中关键的净水材料。

随着过滤技术的发展，滤料也在不断地发展，由天然滤料发展到人工合成滤料，由单层滤料发展为多层滤料联用，由传统粒径发展成多种规格粒径。

纵观整个供水行业，石英砂滤料因为较好的力学性能、较低的价格，在供水行业中使用最为普遍，本章主要对石英砂滤料的调研情况展开介绍。

2.1.1 产品分类

供水行业中石英砂滤料根据规格主要分为两大类：第一类为细砂滤料；第二类为均匀级配粗砂滤料。现分别介绍这两类石英砂滤料。

（1）细砂滤料

细砂滤料的规格一般为 0.5 ～ 1.0mm、0.5 ～ 1.25mm 或有效粒径 d_{10} = 0.55mm±0.05mm 且 K_{80} < 2.0，多用于普通快滤池、双阀滤池等，设计高度一般为 700mm。

（2）均匀级配粗砂滤料

均匀级配粗砂滤料规格一般为有效粒径 d_{10} = 0.95mm±0.05mm 且 K_{60} < 1.6、有效粒径 d_{10} = 1.05mm±0.05mm 且 K_{60} < 1.5（威立雅）（得利满 K_{60} < 1.6）、有效粒径 d_{10} = 1.35mm±0.05mm 且 K_{80} < 1.6。此类规格的石英砂滤料多用于 V 型滤池或 TGV 高速滤池。

2.1.2 性能指标

根据滤料的作用机理及滤池运行方式要求滤料具备以下性能要求：

① 应具有良好的机械强度，因滤料在周期性反冲洗过程中相互摩擦碰撞会加大滤料的破碎率和磨损率；

② 应具有良好的化学稳定性，在水处理过滤中能耐腐蚀、耐冲刷，不溶出有毒有害物质；

③ 应具有一定的级配和适当的孔隙率，此是影响过滤效果的关键因素；

④ 应价格便宜，有助于市场应用和推广。

滤料在应用中的性能需求决定了滤料的生产工艺及性能指标要求，石英砂滤料可满足以上要求。现对应用较为常见的天然滤料代表——石英砂滤料展开叙述。

石英砂滤料性能指标见表 2-1，主要指标及含义如下。

① 破碎率：洗净干燥过筛的滤料经振荡筛分后，通过孔径 0.5mm 试验筛并截留在孔径 0.25mm 试验筛上的滤料质量分数。

② 磨损率：洗净干燥过筛的滤料经振荡筛分后，通过孔径 0.25mm 试验筛的滤料质量分数。

③ 密度：在密实状态下单位体积滤料的质量。

④ 含泥量：滤料中粒径小于 0.08mm 的碎屑和尘土的质量分数。

⑤ 轻物质含量：滤料中密度不足 $2g/cm^3$ 的物质所占质量分数。

⑥ 灼烧减量：滤料在温度为（850±10）℃高温下灼烧 30min，滤料的减重所占质量分数。

⑦ 盐酸可溶率：滤料在 1+1 盐酸溶液中溶解后的减重所占质量分数。

⑧ 含硅量：石英砂滤料中以 SiO_2 计所占的质量分数。

⑨ 有效粒径（d_{10}）：滤料经筛分通过筛孔累积质量分数为 10% 时的滤料粒径。

⑩ 均匀系数（K_{60}）：经筛分，通过陶粒滤料质量 60% 的筛孔孔径与通过质量 10% 的筛孔孔径的比值。

⑪ 不均匀系数（K_{80}）：经筛分，通过陶粒滤料质量 80% 的筛孔孔径与通过质量 10% 的筛孔孔径的比值。

⑫ 小于最小粒径含量：对于粒径范围为 $d_1 \sim d_2$ 的滤料，粒径小于 d_1 的含量。

⑬ 大于最大粒径含量：对于粒径范围为 $d_1 \sim d_2$ 的滤料，粒径大于 d_2 的含量。

表 2-1　石英砂滤料性能指标

滤料种类	主要性能指标
石英砂滤料	破碎率、磨损率、密度、含泥量、轻物质含量、灼烧减量、盐酸可溶率、含硅量、小于最小粒径含量、大于最大粒径含量、有效粒径、均匀系数、不均匀系数、粒径范围

2.1.3 技术标准情况

对国内外石英砂滤料进行检索，共检索出 10 个标准，详见表 2-2。

表 2-2　国内外滤料相关标准列表

序号	名称	标准号	发布年份	发布部门
1	Granular filter material	ANSI/AWWA B100-16	2016	美国国家标准学会 美国水工业协会
2	Products used for treatment of water intended for human consumption—Silica sand and silica gravel	BS EN 12904:2005	2005	英国标准组织
3	水处理用滤料	CJ/T 43—2005	2005	中华人民共和国建设部
4	石英砂滤料的检测与评价	DL/T 336—2010	2010	国家能源局
5	石英砂中二氧化硅含量测定方法	YB/T 4225—2010	2010	中华人民共和国工业和信息化部
6	室外给水设计标准	GB 50013—2018	2018	中华人民共和国住房和城乡建设部，国家市场监督管理总局

续表

序号	名称	标准号	发布年份	发布部门
7	城镇给水微污染水预处理技术规程	CJJ/T 229—2015	2015	中华人民共和国住房和城乡建设部
8	上向流滤池设计规程	CECS 451—2016	2016	中国工程建设标准化协会
9	炭砂滤池设计标准	T/CUWA 20055—2022	2022	中国城镇供水排水协会
10	含铁含锰地下水接触氧化法给水处理技术规程	T/CECA 20011—2021	2021	中国勘察设计协会

石英砂滤料执行行业产品标准《水处理用滤料》（CJ/T 43—2005），对比国内标准与美国水工业协会AWWA标准“Granular filter material”（ANSI/AWWA B100-16），国内标准对灼烧减量要求＜0.7%，国外标准无要求；国内标准要求盐酸可溶率＜3.5%，国外标准要求＜5%；国内标准对大于最大粒径含量及小于最小粒径含量要求不超过5%，英国标准“Products used for treatment of water intended for human consumption—Silica sand and silica gravel”（BS EN 12904:2005）要求超过0.5～0.8mm范围的滤料不超过5%，而当粒径在0.8～2mm时超标的滤料不超过10%。对比国外标准，国内标准在指标的全面性及指标取值的严格性上均优于国外标准，国内外滤料相关指标及技术要求对比情况见表2-3。但国内标准在年限及内容完整性上较国外标准有一定差距，国内标准在术语的解释、产品的抽样方法、产品的技术规格及相关指标的检测方法等方面还有待完善。

表 2-3　国内外滤料相关指标及技术要求对比表

滤料分类	指标	美国水工业协会标准 AWWA B100-16	英国标准组织 BS EN 12904:2005	城镇建设行业标准 CJ/T 43—2005
石英砂滤料	密度 /（g/cm^3）	＞2.5	2.5～2.8	2.5～2.7
	松散堆积密度 /（g/cm^3）	—	1.4～1.7	—
	包装密度 /（g/cm^3）	—	1.5～1.9	—
	含泥量 /%	≤2	—	＜1
	盐酸可溶率 /%	＜5	＜2或＜5	＜3.5
	含硅量 /%	≥85	≥96或≥80	≥85
	密度小于2g/cm^3轻物质含量 /%	—	—	≤0.2
	灼烧减量 /%	—	—	≤0.7
	破碎率与磨损率之和 /%	—	—	＜2
	＞25.4mm含量 /%	≤25	—	—

纵观目前供水行业中滤料涉及的标准，我国滤料标准化情况有以下几方面的问题：

① 标准体系不健全。产品标准中国标缺失，只有3个行标对6种滤料产品进行规范和指导，地方标准、团体标准缺失，新型滤料标准缺失。

② 标准年限较长。大部分标准使用已经超过10年，随着水质要求的提高对水处理用滤料的要求也更加严格，相关滤料标准应针对目前水质标准及市场需求进行修订，更好地指导生产企业和用户进行生产及使用。

③ 标准内容需要更新。有的滤料比如瓷砂、沸石、矿石破碎滤料等无法找到权威的标准进行参考，相关标准的术语和定义缺失，滤料的种类及常用规格不清楚，滤料的检验规则、检验方法需要补充完善。

④ 需加大标准引入力度。应吸收国外滤料标准在系统性及发展性上的优点，健全国内滤料行业标准体系，更好地规范及指导滤料行业的健康发展。

针对上述问题，国内已有许多部门在开展滤料标准化的研究工作，中国市政工程中南设计研究总院有限公司作为水处理滤料行业标准起草单位一直在跟踪水处理用滤料市场需求及国外标准情况，以修订我国水处理用滤料产品标准。

2.2　行业调研

2.2.1　国内外生产状况

2.2.1.1　生产工艺

石英砂滤料原材料一般来源于海底、近海海岸或者内陆河流、山体中，其中包含贝壳、泥沙、云母等杂质。一般生产工艺一方面要将杂质去除，另一方面要筛分出粒径规格合适的滤料供用户使用。对于粒径较大的石英砂矿，还需要采用人工破碎的生产方式。现根据天然石英砂及人工破碎石英砂滤料生产方式介绍如下。

（1）水洗筛分生产方式

水洗筛分工艺：天然石英砂原料→水洗筛分→烘干→鼓风吹脱贝壳→成品。

1）水洗筛分

水洗筛分工艺成本较低，使用较多，其中水洗筛分用到的筛分设备为滚筒圆筛，筛有一半浸没在洗砂池中，一组滚筒圆筛约 9m 长，分为 9 格，每格宽度 0.9 ～ 1m，9 格筛网孔径由细到粗，筛网孔径由用户自己根据原砂的尺寸进行选取。滤料进入到圆筛中，通过圆筛的滚动，清洗掉滤料中的泥沙，泥沙随水流排走，清洗干净的滤料通过筛网逐级从细到粗落入洗砂池各隔断中，再通过抽砂泵将洗砂池中不同规格的石英砂滤料抽至砂堆进行自然干燥，对于贝壳较多的砂还需进行后续烘干、吹脱贝壳处理。

2）烘干

经过水洗筛分的石英砂滤料若含有没有洗脱干净的贝壳类较轻的物质，需采用烘干机进行干燥。烘干机一般采用煤炭等提供热源。这一处理步骤将增加生产石英砂的成本。

3）吹脱贝壳

一般采用鼓风机对烘干后的石英砂滤料进行风力筛选，可以将密度小、颗粒细的贝壳从石英砂颗粒中吹脱分离出去。

（2）干筛工艺

干筛工艺：天然石英砂原料→水洗→烘干→筛分（筛分时吹脱贝壳）→成品。

1）水洗

一般采用水洗机进行，主要是去除原料中含有的贝壳、泥沙、云母及漂浮物等。

2）烘干

经过水洗的石英砂在筛分前必须进行干燥，采用烘干机进行干燥。烘干机一般采用煤炭等提供热源。

3）筛分

烘干后的石英砂滤料通过传送带输送至直线筛上，经过不同尺寸的筛网可将石英砂筛分成不同级别，一般筛网尺寸有 0.5mm、0.6mm、0.8mm、0.9mm、1.0mm、1.25mm、1.4mm、1.6mm、2mm 等。在筛分过程中有少量颗粒小、质量轻的贝壳可通过鼓风机吹脱掉。

4）成品级配

根据客户的规格要求将不同尺寸的石英砂滤料进行配比混合，再进行装袋。

（3）破碎石英砂生产方式

破碎石英砂生产方式：选矿（原材料）→破碎→水洗→烘干→筛分→成品。

目前市场上还是以天然石英砂为主，天然石英砂中海砂占比约 80%。天然石英砂产品特点：耐磨损，颗粒圆润，规格较多，常用规格有 0.5 ～ 0.8mm、0.8 ～ 1.25mm、0.9 ～ 1.4mm、1 ～ 2mm 以及均质滤料 d_{10} = 0.9 ～ 1.0mm，K_{80} ≤ 1.4。砾石承托料主要规格有 2 ～ 4mm、4 ～ 8mm、8 ～ 16mm、16 ～ 32mm。

通过矿石破碎得到的石英砂滤料棱角较多，颗粒粗糙，耐磨损能力不及天然石英砂，但在当前自然资源开采受限情况下可以作为天然石英砂砂源的补充。产品的常用规格有 0.5 ～ 1.25mm、0.8 ～ 1.25mm、0.9 ～ 1.4mm、1 ～ 2mm、2 ～ 3mm。

石英砂滤料生产设备主要有采砂船、铲车、滚筒筛、浮选机、洗砂机、直线筛、输送带、抽砂泵、烘干机、鼓风机、货车等；主要生产构筑物有洗砂池及存砂库等。

2.2.1.2 国内生产现状

（1）基本状况

根据住房和城乡建设部水处理滤料质量监督检测中心对石英砂滤料生产厂家 2020 年实际调研情况，全国石英砂滤料厂家生产规模不一，主要为 15 家规模较大的生产企业，最高年产量为 15 万吨，最小年产量为 1 万吨，15 家生产企业产能约占全国滤料产能的 75%。对福建、广东、广西、湖南、湖北、成都、山东等地 15 家有代表性滤料生产企业进行调研。15 家企业石英砂滤料总产能规模约为 124.5 万吨 / 年，预计全国石英砂滤料生产企业产能为 166 万吨 / 年。从 15 家滤料生产企业生产规模调研数据看，福建省所占比例最大，高达 50.60%，其次是湖南省 12.85%、广东省 11.24%、山东省 10.04%、江西省 6.43%、广西壮族自治区 5.62%，其他地方 3.22%，分布见图 2-1。

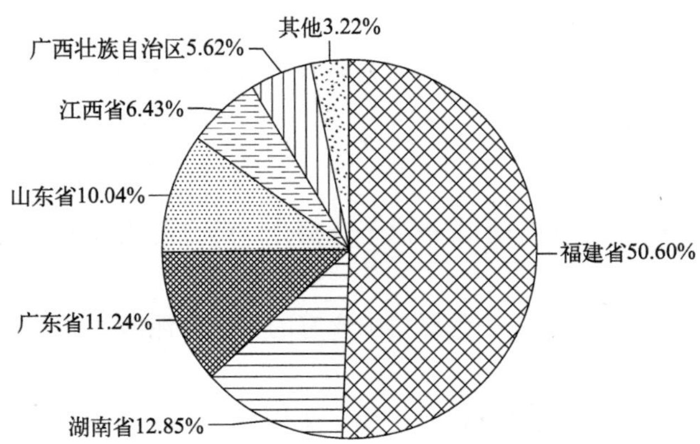

图 2-1　石英砂滤料生产企业生产规模分布情况

根据调研数据，全国 2015 年石英砂产能为 $1.025 \times 10^6 m^3$，2018 年石英砂产能为 $1.55 \times 10^6 m^3$，平均每年产能增长率为 8.94%。随着供水行业水质要求提升，新建水厂及改扩建水厂的持续需求，以及污水处理提标改造需求，石英砂滤料需求量稳定上升。

（2）产品性能

石英砂滤料目前有行标《水处理用滤料》（CJ/T 43—2005）进行规范，石英砂滤料各项性能指标要求见表 2-4。通过广泛的调研了解到 90% 以上的滤料产品是合格的，甚至各项指标要优于行标《水处理用滤料》（CJ/T 43—2005）指标要求。

表 2-4 石英砂滤料性能指标要求

序号	性能指标	单位	指标要求
1	破碎率与磨损率之和	%	＜2
2	密度	g/cm^3	2.5 ～ 2.7
3	含泥量	%	＜1
4	灼烧减量	%	≤ 0.7
5	盐酸可溶率	%	＜3.5
6	密度＜ $2g/cm^3$ 的轻物质含量	%	≤ 0.2
7	含硅量（以 SiO_2 计）	%	≥ 85

1）规格

石英砂滤料规格的表述一般采用粒径范围 d_1 ～ d_2 或者有效粒径及均匀系数 K_{60}（不均匀系数 K_{80}）进行表述，若采用粒径范围表述，需满足小于 d_1 含量及大于 d_2 含量不超过 5%。

通过对住房城乡建设部水处理滤料质量监督检测中心的检测业务进行调研了解到，石英砂常用规格为 0.8 ～ 1.25mm、0.9 ～ 1.4mm、d_{10} = 0.95mm±0.05mm 且 K_{60} ＜ 1.6、0.6 ～ 1.25mm、d_{10} = 0.9 ～ 1.2mm 且 K_{60} ＜ 1.6，各规格占比分别为 16%、15%、15%、10% 及 6%。

无烟煤滤料常用规格为 0.8 ～ 1.6mm、0.8 ～ 1.8mm、1 ～ 2mm。陶粒滤料常用规格为 3 ～ 5mm、4 ～ 6mm、6 ～ 9mm。锰砂常用规格为 0.5 ～ 1.0mm、1 ～ 2mm、2 ～ 4mm，瓷砂常用规格为 0.9 ～ 1.6mm。

2）盐酸可溶率

石英砂滤料中可溶于 1+1 盐酸的成分主要有贝壳、云母等杂质，也有可能是溶于盐酸的金属氧化物等。对 32 个调研样本的盐酸可溶率进行分析（见图 2-2），石英砂滤料盐酸可溶率范围在 0.05% ～ 2.86%，所有样本的盐酸可溶率均低于行标《水处理用滤料》（CJ/T 43—2005）要求的 3.5% 及美国 AWWA 标准“Granular filter material”（ANSI/AWWA B100-16）要求的 5%，但若对比英国标准“Products used for treatment of water intended for human consumption—Silica sand and silica gravel”（BS EN 12904:2005）石英砂一级品 2% 的要求，有 2 个样本的盐酸可溶率超过 2%。

3）破碎率与磨损率之和

石英砂滤料主要成分为 SiO_2，含量一般为 85% 以上，决定了石英砂滤料具备较强的耐破碎磨损性，使用年限长，所以用石英砂滤料的破碎率与磨损率之和可以直接判断石英砂滤料的强度，了解使用过程中特别是冲洗过程中的破碎磨损情况。对全国各个地方的 17 个用户共计 32 个样本进行调查（见图 2-3），了解到石英砂滤料的破碎率与磨损率之和范围为

0.17% ～ 1.4%，低于行标《水处理用滤料》（CJ/T 43—2005）要求的 2%，32 个样本破碎率与磨损率之和均＜ 1.5%，其中 90% 样本＜ 1.2%。对比同类过滤材料和无烟煤滤料，12 个样本破碎率与磨损率之和范围为 0.27% ～ 1.66%（见图 2-4）。可以看出在过滤材料中石英砂滤料的破碎率与磨损率之和较低。

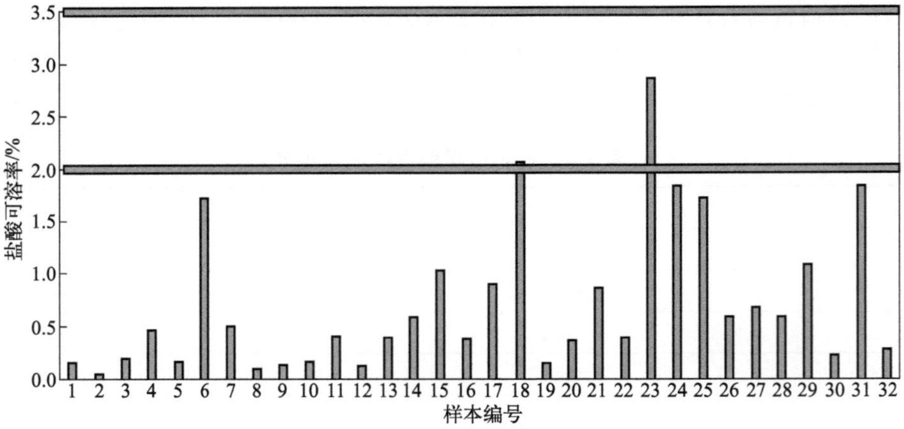

图 2-2　石英砂滤料盐酸可溶率指标

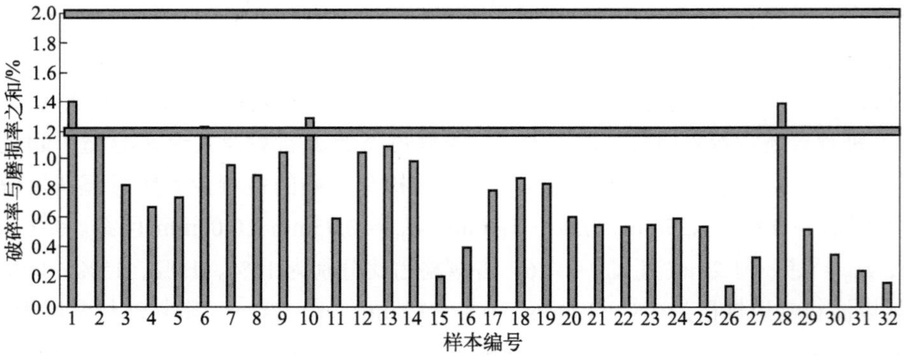

图 2-3　石英砂滤料破碎率与磨损率之和指标

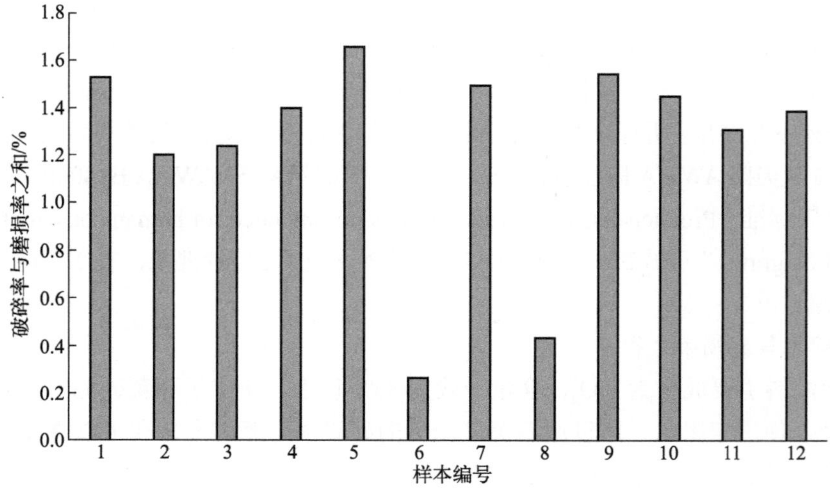

图 2-4　无烟煤滤料破碎率与磨损率之和指标

4）使用寿命

石英砂滤料主要成分为 SiO_2，硬度较大，耐破碎磨损，一般可使用较长时间。目前还没有统一的评判石英砂达到使用寿命的标准，经过调研用户判断石英砂达到使用寿命的主要因素有 3 个方面：

① 石英砂滤料使用较长时间后，表面附着有机物质或其他影响过滤效率的物质，导致滤水效率降低、出水水质变差、冲洗周期变短，这和水源水质及运行工况有一定的关系；

② 长时间使用后，因为原水中含铁含锰，或预氧化投加高锰酸盐的原因，滤料在使用一定年限后变黑色或棕色，影响感观；

③ 石英砂滤料长时间使用后，滤料颗粒经碰撞磨损，颗粒变圆、球形度变高，出水水质变差。

经过调研了解（表 2-5），用户石英砂滤料使用寿命多在 10 年以上，水质差时使用寿命在 7 ～ 8 年。对比其他过滤用滤料，陶粒滤料使用寿命一般在 5 ～ 6 年，无烟煤滤料水质好时为 5 ～ 6 年，水质差时在 2 年左右；锰砂滤料在 3 ～ 5 年；瓷砂滤料为人工合成滤料，强度较高，使用寿命在 10 年以上。相比而言，石英砂滤料使用寿命较优。

表 2-5　各滤料使用寿命

滤料种类	石英砂滤料	无烟煤滤料	陶粒滤料	瓷砂滤料	锰砂滤料
使用寿命	水质好 10 年以上，水质差 7 ～ 8 年	水质好 5 ～ 6 年，水质差 2 年左右	5 ～ 6 年	10 年以上	3 ～ 5 年

5）产品售价

石英砂滤料原材料为天然矿物，来源广泛，加工工艺简单，成本较低，通过调研了解到石英砂滤料不包含运输费用，大部分价格在 300 ～ 500 元 /t 之间，在同等滤料中价格最低，陶粒滤料价格一般在 700 元 /t 左右，瓷砂滤料在 1500 元 /t 左右，无烟煤滤料在 1600 元 /t 左右，综合比较石英砂滤料在产品售价上具有一定的优势，经济性较好。

2.2.2　国内应用状况

2.2.2.1　国内应用现状

目前石英砂滤料在供水行业已得到广泛的推广和应用。

从处理规模上看，石英砂滤料的应用规模覆盖了大、中、小不同规模的水厂，调研案例里最小的水厂规模为 $30000m^3/d$，最大的水厂规模为 $8.2\times10^5m^3/d$。可见，石英砂滤料适用于不同规模的水厂。

从滤料种类及组合形式上看，石英砂滤料可单独使用，也可与无烟煤、活性炭等密度较小的滤料组合使用。石英砂滤料和无烟煤滤料组合使用时，无烟煤滤料置于上层，石英砂滤料置于下层，煤砂双层滤料过滤周期可延长至普通砂滤池的 2 ～ 4 倍，大大减少了厂区的能耗损失和运行成本，根据调研，目前已有部分水厂使用了煤砂双层滤料，出水水质稳定。煤砂双层滤料滤池的单池过滤面积一般不宜大于 50 ～ $60m^2$。炭砂双层滤料能在同一构筑物中实现炭吸附和砂过滤的功能，从而明显节省投资，减少工程占地。现有老旧水厂的改造和新建水厂用地紧张，或受经济条件限制，同时水源地受到有机物污染的情况且原水浊度不高时，宜采用炭砂双层滤料。在有的水厂改造工程中，由于炭吸附池的出水直接进入清水池，可能存在生物泄漏或出水浊度不达标的情况，故而也可将炭吸附池池底一定厚度的活性炭替换成细砂滤料，提高对浊度的去除能力，同时提高出水生物安全性。

从滤料规格及滤层厚度上看，细砂滤料的规格一般为 0.5 ～ 1.0mm、0.5 ～ 1.25mm、0.6 ～ 1.25mm 或有效粒径 d_{10} = 0.55mm±0.05mm 且 K_{80} < 2.0，滤层厚度一般为 700mm 左右；均匀级配粗砂滤料规格一般为有效粒径 d_{10} = 0.95mm±0.05mm 且 K_{60} < 1.6、有效粒径 d_{10} = 1.05mm±0.05mm 且 K_{60} < 1.5，滤层厚度为 1000 ～ 1400mm，多用于 V 型滤池；有效粒径 d_{10} = 1.35mm±0.05mm 且 K_{80} < 1.6，滤层厚度 2000mm，这一规格滤料主要用于 TGV 高速滤池，其滤速一般为 12 ～ 20m/h。对于煤砂或炭砂双层滤料中的石英砂滤料规格一般使用有效粒径 d_{10} = 0.5 ～ 0.7mm 且 K_{80} ≤ 1.5，滤层厚度为 500 ～ 800mm。根据《室外给水设计标准》（GB 50013—2018）规定，滤层厚度与滤料有效粒径之比（L/d_{10} 值）应满足：细砂及双层滤料应大于 1000，粗砂滤料应大于 1250。

从滤速上看，根据调研，国内水厂大部分滤池过滤速度在 7 ～ 10m/h 能保证较好的过滤效果及满意的制水量。也有部分水厂滤池滤速为 11 ～ 17m/h，所用滤料有效粒径 d_{10} = 1.35mm±0.05mm 且 K_{80} < 1.6，滤层厚度 2000mm，过滤池型为威立雅 TGV 高速滤池。这类滤料在过滤过程中，被截留的污染物在高滤速下能迁移至底层滤料间隙，发挥了整个滤层的截污能力。高滤速滤池直接减少了占地和所需的土建工程量，在供水行业中也得到了一定的推广应用。

2.2.2.2 应用效果

石英砂滤料通过对水中杂质的截留、吸附等作用可以有效地去除水中的悬浮物、细菌病毒等污染物。通过对滤池的进出水数据进行调研，获取了 17 个样本，结果证明滤料对浊度、COD_{Mn} 及 UV_{254} 有良好的去除效果，出水均能达到国标要求，具体情况如下。

（1）浊度去除效果

浊度去除率影响因素较多，除了石英砂滤料本身的设计参数外，进水水质、前端混凝沉淀处理效果、水厂运行管理水平都有着一定程度的影响，但鉴于水厂管理运行有着统一的标准进行指导，且沉淀出水浊度基本控制在 1 ～ 3NTU，那么通过对浊度去除率的比较，对标国外，可以综合判断石英砂滤料的技术水平。对国内各流域水厂的滤池进出水浊度进行调研，获取 17 个样本，进水浊度在 1 ～ 3.24NTU，出水浊度在 0.08 ～ 0.45NTU，浊度去除率在 78.54% ～ 94.69%（见图 2-5）。

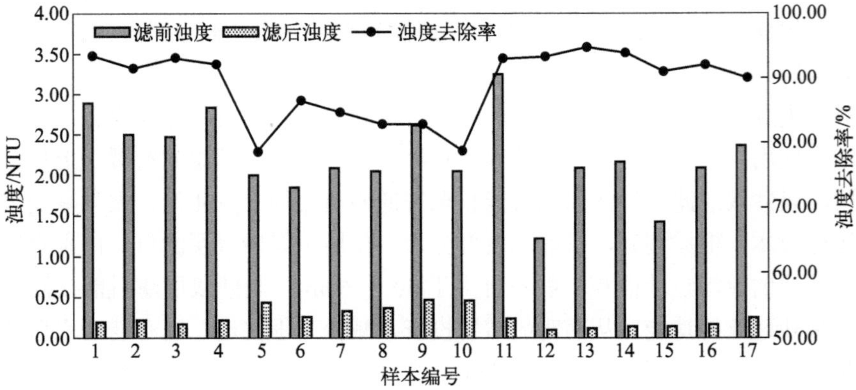

图 2-5 石英砂滤料浊度去除率指标

（2）COD_{Mn} 去除效果

水中的有机物通过絮凝沉淀大部分在沉淀池得到了去除，但还有部分被吸附、包裹在悬浮颗粒中进入到滤池，在过滤单元通过截留及吸附等形式得到了去除。所以石英砂滤料对 COD_{Mn} 也有一定的去除效果。

从调研的部分案例了解到高锰酸盐指数 COD_{Mn} 的去除率与进水水质、滤池前端的混凝沉淀效果及滤池的滤层厚度、滤速和滤料的级配都有一定的关系。根据调研情况，滤池进水 COD_{Mn} 范围为 1.62 ～ 2.82mg/L，经过过滤，出水 COD_{Mn} 在 1.31 ～ 2.18mg/L、COD_{Mn} 去除率在 7.41% ～ 40%。

（3）UV_{254} 去除效果

UV_{254} 是衡量水中有机物指标的一项重要控制参数，经近 20 年的不断研究已被水处理研究和管理人员普遍接受和使用。水中的某些有机物通常在 254nm 波长处出现吸收峰，因此该波长下的吸光度（UV_{254}）可以作为反映水中有机物浓度的综合指标。

滤池对 UV_{254} 也有一定的去除效果，通过对各流域水厂滤池的进出水水质进行分析了解，滤池进水 UV_{254} 的范围为 0.030 ～ 0.050cm^{-1}，出水 UV_{254} 的范围为 0.018 ～ 0.046cm^{-1}，去除率为 4.88% ～ 40%。

2.2.3 典型应用案例

（1）济南某水厂

济南某水厂，设计气水反冲 V 型滤池 2 座，每座 $2\times10^5m^3/d$，2 座滤池中间设置冲洗泵房，负责提供反冲洗用水和气，并提供滤池中所有气动阀门的压缩空气气源。

每座滤池设 10 格滤池，设计滤速约 8m/h，可单独检修。滤料采用天然石英海砂，有效粒径 d_{10} = 0.95mm，不均匀系数 K_{80} = 1.4，滤层厚度 1200mm，粗砂厚度 100mm。采用长柄滤头配水，每平方米布置 49 个滤头。

滤池采用气水反冲洗，反冲方式为单气冲、气水混合冲和清水漂洗。气冲强度 15.3L/（$m^2\cdot s$），水冲强度 4.5L/（$m^2\cdot s$）。各阶段冲洗大致时间：2 ～ 4min、2 ～ 4min、6 ～ 8min。表面扫洗强度 2.22L/（$m^2\cdot s$）。

冲洗泵房设置冲洗水泵、鼓风机各 2 套（1 用 1 备）。气水同冲的冲洗水量由水泵出口电动阀门调节。压缩空气由 2 套空压机系统提供（1 用 1 备）。

目前改造工程滤池（东滤池）和未经改造滤池（西滤池）均为石英砂滤料，有效粒径 d_{10} = 0.95mm，不均匀系数 K_{80} = 1.4，滤层厚度 1200mm。对 2018 年 6 月至 2019 年 5 月东滤池进出水浊度及高锰酸盐指数进行统计，如表 2-6 所列。

表 2-6 各构筑物出水水质情况

项目	沉淀池出水	V 型滤池出水	去除率 /%
浊度 /NTU	2.08	0.32	84.62
高锰酸盐指数 /（mg/L）	2.29	1.73	24.45

（2）武汉某水厂

该水厂净水能力为 $8.2\times10^5m^3/d$，一期到五期设计供水能力分别为 $2.0\times10^5m^3/d$、1.2×

$10^5m^3/d$、$2.0\times10^5m^3/d$、$1.0\times10^5m^3/d$、$2.0\times10^5m^3/d$。

工艺流程：浮船取水—投加混凝剂—混合—预氯化—孔室网格絮凝池—斜管沉淀池—V型滤池—消毒—清水池—送水泵站。仅二期为双阀滤池，其他为V型滤池。V型滤池滤料厚度为1200mm，石英砂规格为0.9～1.4mm，单组滤池尺寸为11.8m×7.1m×4.1m，滤池运行周期为48h，滤速8m/h，反冲强度为5.4L/(m^2·s)。

出水浊度基本＜0.3NTU。当沉淀池出水浊度控制在2NTU以下时，滤池出水浊度可控制在0.1NTU以下。

（3）福州某水厂

该水厂设计规模为$3.0\times10^5m^3/d$，目前运行规模$2.6\times10^5m^3/d$。

水厂采用V型滤池，滤料厚度为1350mm，石英砂规格为0.9～1.4mm，滤池运行周期为48h，滤速10m/h，冲洗方式为气水反冲洗，冲洗时间为18min，气冲强度为15L/(m^2·s)。

在水温为10℃的进水条件下，滤池进水浊度为1.2NTU，出水浊度为0.08NTU，浊度去除率为93.33%；滤池进水高锰酸盐指数为0.7mg/L，出水为0.6mg/L，高锰酸盐指数去除率为14.29%。

冲洗水耗317L/m^3，冲洗电耗1kW·h/m^3。2003年投入使用，2018年换砂一次，换砂后滤料使用效果良好。

2.3 技术评估

从调研结果来看，厂家用于评价滤料的指标主要有破碎率、磨损率、密度、含泥量、盐酸可溶率、有效粒径、均匀系数、不均匀系数、粒径范围9个指标；从相关标准看，除调研涉及的部分指标外，用户更关注产品标准、使用寿命、产品售价等指标。根据调研结果，参照相关标准规范，结合生产企业和用户关注的主要问题筛选出8项评估指标，如表2-7所列。

表2-7 滤料评估指标

序号	评估指标	序号	评估指标
1	浊度去除率	5	破碎率与磨损率之和
2	盐酸可溶率	6	使用寿命
3	滤后水浊度达标率	7	产品售价（不含运费）
4	产品标准	8	是否满足国外有关标准

2.3.1 评估指标体系

结合产品的技术先进性、性能稳定性、技术可靠性、经济适用性、国际竞争力等方面，选取技术先进性、技术可靠性、性能稳定性、经济适用性、国际竞争力5项指标作为一级评估指标集，根据筛选的8项性能评估指标，细化分解二级评估指标，形成滤料的评估矩阵，如图2-6所示。

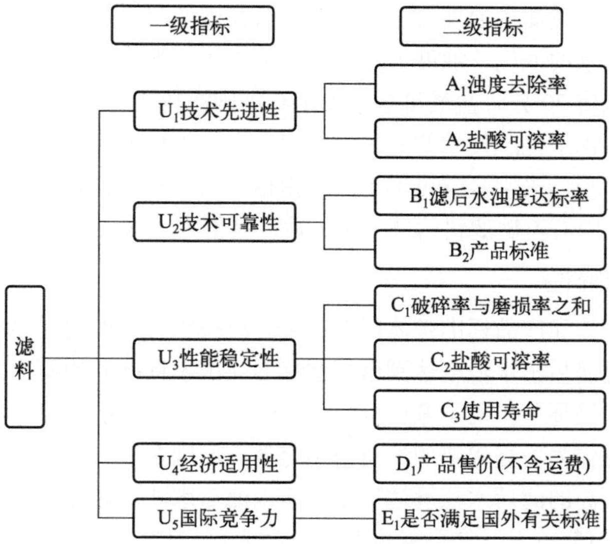

图 2-6　滤料评估矩阵图

2.3.2　评估指标赋值

2.3.2.1　滤料一级指标

据课题研究需要和任务合同书要求，将石英砂滤料评估指标分为技术先进性、技术可靠性、性能稳定性、经济适用性及国际竞争力 5 个，结合石英砂滤料生产及应用方面的特点，对 5 个一级指标分别赋予权重及建议值，分别为 U_4 经济适用性（0.30）＞ U_2 技术可靠性（0.25）＞ U_1 技术先进性（0.20）＞ U_3 性能稳定性（0.15）＞ U_5 国际竞争力（0.10），理由如下：

石英砂滤料为天然过滤材料，在国内外已使用 100 余年，可以有效地截留水中的悬浮物质。石英砂滤料之所以能得到广泛的推广应用，主要是因为石英砂滤料具备明显的经济适用性和技术可靠性。建议 U_4 经济适用性和 U_2 技术可靠性权重分别为 0.30 和 0.25。

石英砂滤料经过近百年的技术发展，在生产加工、技术应用上不断进步和提升，具有一定的技术先进性，建议 U_1 技术先进性权重为 0.20。

石英砂滤料主要成分为 SiO_2，含量一般为 85% 以上，决定了石英砂滤料具备较强的耐破碎磨损性，使用年限较长，说明了石英砂滤料具备一定的性能稳定性，也是石英砂滤料作为过滤介质的一个重要因素，建议 U_3 性能稳定性权重定为 0.15。

石英砂滤料有国内行业标准进行规范，各项指标严于国外标准，具备一定的国际竞争力，U_5 国际竞争力方面的权重建议为 0.10。

2.3.2.2　滤料二级指标

结合石英砂滤料特点，分别对技术先进性、技术可靠性、性能稳定性、经济适用性及国际竞争力进行二级指标的细化和赋分。

（1）U_1 技术先进性

浊度去除率和盐酸可溶率指标可体现滤料的技术先进性。其中，浊度去除率指水厂沉淀池出水经过石英砂滤料过滤后浊度的去除情况。石英砂滤料可以有效地截留沉淀后出水中的悬浮物质，保证出厂水的浊度。浊度去除率指标是直接反映石英砂滤料技术先进性的一项非常重要的指标，故赋值 70 分。盐酸可溶率表示石英砂滤料在（1+1）盐酸中能溶解的物质的含量。石英砂滤料中由于生产技术的先进性程度会直接表现为含有的杂质如贝壳、云母、金属氧化物等杂质的多少，采用盐酸可溶率这一指标可以判断石英砂滤料中杂质的多少。盐酸可溶率指标可用于判断石英砂滤料的技术先进性，赋值为 30 分。

（2）U_2 技术可靠性

滤后水浊度达标率和产品标准是体现石英砂滤料技术可靠性的重要指标。滤后水浊度达标率指石英砂滤料过滤后出水浊度达到出厂水标准（国家标准）的概率。石英砂滤料一般用于水厂工艺末端的过滤环节，用于截留沉淀后出水中的悬浮物质，保证出厂水的浊度。石英砂滤料之所以能一直作为占据优势的滤料使用至今，原因在于石英砂滤料具备较优的悬浮物截留功能，表现为较高的滤后水浊度达标率。所以滤后水浊度达标率是技术可靠性的二级指标中的重要指标，赋值 50 分。产品标准是保证技术可靠性的重要指标，是产品生产质量的标尺。对比国内外标准情况，评估国内标准的发展水平，赋值 50 分。

（3）U_3 性能稳定性

破碎率与磨损率之和、盐酸可溶率和使用寿命可用于评估石英砂滤料的性能稳定性。破碎率与磨损率之和表示石英砂滤料在一定的撞击频率和时间下的损耗。根据石英砂滤料工作特性，石英砂滤料在过滤一定时间后，截留的悬浮固体会堵塞滤层，导致滤水效率降低，需要进行冲洗，冲洗会产生一定的摩擦，需要滤料具备较强的耐破碎和磨损性能，所以将石英砂滤料的破碎率与磨损率之和作为产品性能稳定性的一项重要指标，赋值 50 分。盐酸可溶率表示石英砂滤料在（1+1）盐酸中能溶解的物质的含量。石英砂滤料原材料来源于海里、山体里或河里，会夹带一些贝壳、云贝或者伴生矿石，这些杂质成分一般破碎磨损率较高，易溶于盐酸，若含量高会对滤料的稳定性有一定的影响，所以将盐酸可溶率作为性能稳定性的评估指标是必要的，建议赋值 30 分。使用寿命：石英砂滤料在水厂中使用的年限。寿命越长，稳定性越好。所以将使用寿命作为性能稳定性第三项指标，赋值 20 分。

（4）U_4 经济适用性

产品售价（不含运费）指每吨石英砂产品的售价，不包含运费，是直接体现。石英砂滤料的经济适用性主要体现在其较低的产品售价（不含运费），产品售价（不含运费）赋值 100 分。

（5）U_5 国际竞争力

是否满足国外有关标准可用于评价石英砂滤料的国际竞争力。对比国内外标准，判断石英砂滤料是否满足国外标准，若满足并优于说明国际竞争力高，反之则低，赋值 100 分。

具体评估指标分配及权重和赋分与打分规则如表 2-8、表 2-9 所列。

表 2-8　滤料评估指标分配及权重和赋分表

一级指标	权重	二级指标	满分 / 分
U_1 技术先进性	0.20	A_1 浊度去除率	70
		A_2 盐酸可溶率	30
		汇总	100

续表

一级指标	权重	二级指标	满分 / 分
U_2 技术可靠性	0.25	B_1 滤后水浊度达标率	50
		B_2 产品标准	50
		汇总	100
U_3 性能稳定性	0.15	C_1 破碎率与磨损率之和	50
		C_2 盐酸可溶率	30
		C_3 使用寿命	20
		汇总	100
U_4 经济适用性	0.30	D_1 产品售价	100
		汇总	100
U_5 国际竞争力	0.10	E_1 是否满足国外有关标准	100
		汇总	100

表 2-9　滤料技术评估打分规则

一级指标	二级指标	满分 / 分	打分规则
U_1 技术先进性	A_1 浊度去除率	70	＞90% 为 65～70 分；75%～90% 为 60～65 分；＜75% 为 45～60 分
	A_2 盐酸可溶率	30	＜2% 为 27～30 分；2%～3.5% 为 24～27 分；＞3.5% 为 20～24 分
U_2 技术可靠性	B_1 滤后水浊度达标率	50	＞95% 为 45～50 分；80%～95% 为 40～45 分；＜80% 为 30～40 分
	B_2 产品标准	50	具有国标为 45～50 分；具有行标为 40～45 分；具有团标为 35～40 分
U_3 性能稳定性	C_1 破碎率与磨损率之和	50	＜1% 为 45～50 分；1%～2% 为 40～45 分；＞2% 为 30～40 分
	C_2 盐酸可溶率	30	＜2% 为 27～30 分；2%～3.5% 为 24～27 分；＞3.5% 为 20～24 分
	C_3 使用寿命	20	＞8 年为 16～20 分；5～8 年为 12～16 分；＜5 年为 10～12 分
U_4 经济适用性	D_1 产品售价	100	400～800 元 /t 为 90～100 分；其他为 70～90 分
U_5 国际竞争力	E_1 是否满足国外有关标准	100	优于国外标准，为 90～100 分；和国外标准一致，为 80～90 分；低于国外标准，为 70～80 分

2.3.3　评估指标体系应用

邀请涵盖高校研究机构、生产企业、设计院所等在内的 10 名专家根据建立的评估体系对滤料进行了专家评估，赋值结果显示国内滤料生产和应用的技术就绪度整体达到 9 级，实现了行业大规模应用。评估打分表及评估结果分别见表 2-10、图 2-7。

表 2-10　专家评分汇总表

序号	U_1 技术先进性		U_2 技术可靠性		U_3 性能稳定性		U_4 经济适用性		U_5 国际竞争力	
	分值 / 分	权重	分值 / 分	权重	分值 / 分	权重	分值 / 分	权重	分值 / 分	权重
1	93	0.2	93	0.25	91	0.15	98	0.3	95	0.1
2	90	0.19	91	0.26	91	0.16	91	0.29	91	0.1
3	96	0.2	94	0.2	96	0.3	90	0.2	95	0.1
4	93	0.2	94	0.25	95	0.15	96	0.3	95	0.1
5	96	0.2	96.5	0.25	92.5	0.15	96	0.3	95	0.08
6	96	0.25	95	0.25	95	0.15	98	0.25	95	0.1
7	98	0.2	98	0.25	100	0.15	100	0.3	95	0.1
8	96	0.2	97	0.25	94	0.15	98	0.3	95	0.1
9	95	0.2	96	0.25	93	0.15	98	0.3	95	0.1
10	93	0.2	93	0.25	91	0.15	98	0.3	95	0.1
计算结果	技术就绪度（TRL）	明确需求（TRL1）	技术方案（TRL2）	通过论证（TRL3）	小试研究（TRL4）	中试研究（TRL5）	形成产品（TRL6）	三方评估（TRL7）	标准化（TRL8）	推广应用（TRL9）
	$B=WR$	0	0	0	0	0	0	0	0.22	4.78

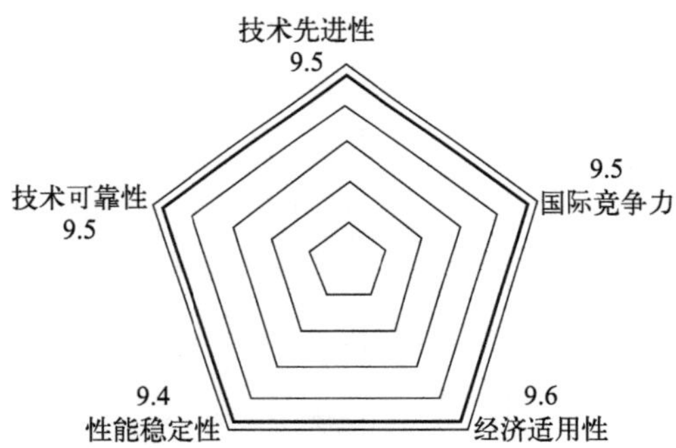

图 2-7　滤料评估结果图

2.4　应用验证

滤料的验证采用了实验室验证及生产验证两种形式。其中，实验室验证主要针对不同产地不同规格的滤料进行，滤料检测地点为滤料第三方评估验证基地。生产验证主要针对不同流域不同规格的滤料开展，通过对工艺效果指标、经济指标及性能指标进行验证。产品验证技术路线如图 2-8 所示。

2.4.1　验证指标筛选

利用滤料实际应用中的高频指标作为重点，结合文献梳理和实地调查研究进行指标的海选。根据可观测性原则将数据无法获得的海选指标删除，保证初步筛选后的指标体系可以量

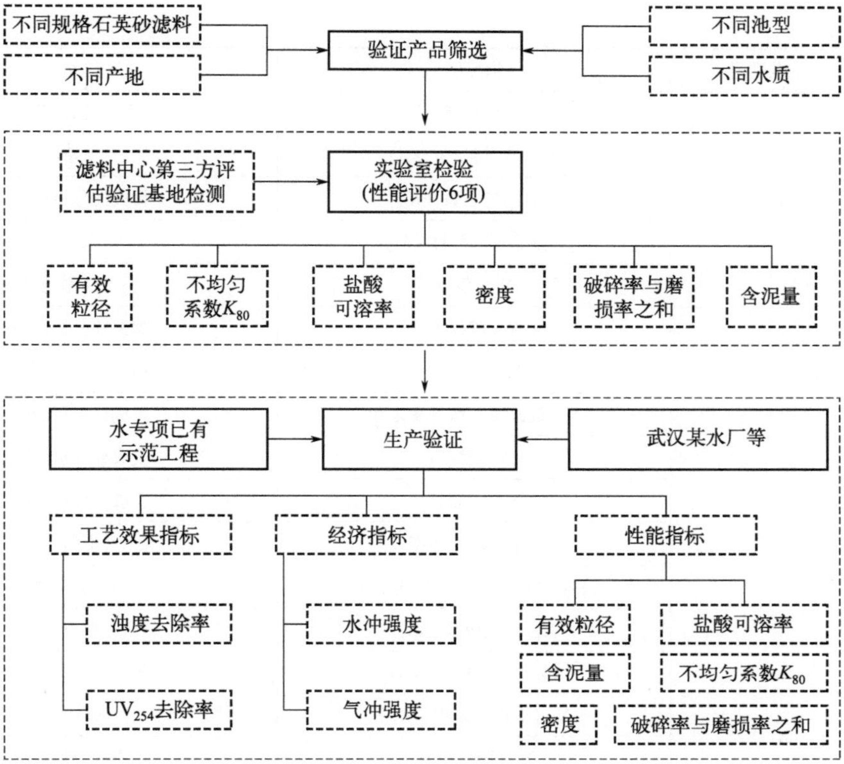

图 2-8　滤料产品验证技术路线

化，然后对初步筛选的指标数据进行标准化分析，基于相关性分析将 X_1 准则层相关系数大于 0.90、X_3 准则层相关系数大于 0.80 的指标筛选保留。在相关性分析的基础上，利用主成分分析筛选各准则层内剩余的指标，筛选准则层 X_1 的累积方差贡献率达到 79%、准则层 X_3 选取累积方差贡献率达到 80% 时各个主成分中因子负载绝对值较大的指标。

经过初步筛选和相关性、主成分定量筛选，从 35 个海选指标中筛选出分别适用于小试、生产测试的 11 个指标，如表 2-11 所列。

表 2-11　滤料的指标筛选结果

序号	准则层	指标层	筛选结果
1	X_1 小试	$X_{1.1}$ 破碎率	相关性分析删除
2		$X_{1.2}$ 磨损率	相关性分析删除
3		$X_{1.3}$ 破碎率与磨损率之和	保留
4		$X_{1.4}$ 密度	保留
5		$X_{1.5}$ 密度＜ $2g/cm^3$ 的轻物质含量	不可观测删除
6		$X_{1.6}$ 含泥量	保留
7		$X_{1.7}$ 灼烧减量	主成分分析删除
8		$X_{1.8}$ 盐酸可溶率	保留
9		$X_{1.9}$ 含硅物质（以 SiO_2 计）	主成分分析删除
10		$X_{1.10}$ 小于最小粒径含量	不可观测删除

续表

序号	准则层	指标层	筛选结果
11	X_1 小试	$X_{1.11}$ 大于最大粒径含量	不可观测删除
12		$X_{1.12}$ 有效粒径（d_{10}）	保留
13		$X_{1.13}$ 均匀系数（K_{60}）	相关性分析删除
14		$X_{1.14}$ 不均匀系数（K_{80}）	保留
15		$X_{1.15}$ 售价	不可观测删除
16	X_3 生产	$X_{3.1}$ 破碎率	相关性分析删除
17		$X_{3.2}$ 磨损率	相关性分析删除
18		$X_{3.3}$ 破碎率与磨损率之和	主成分分析删除
19		$X_{3.4}$ 密度	主成分分析删除
20		$X_{3.5}$ 含泥量	主成分分析删除
21		$X_{3.6}$ 盐酸可溶率	保留
22		$X_{3.7}$ 含硅物质（以 SiO_2 计）	相关性分析删除
23		$X_{3.8}$ 有效粒径（d_{10}）	保留
24		$X_{3.9}$ 均匀系数（K_{60}）	相关性分析删除
25		$X_{3.10}$ 不均匀系数（K_{80}）	保留
26		$X_{3.11}$ 吨水电耗	主成分分析删除
27		$X_{3.12}$ 吨水水耗	相关性分析删除
28		$X_{3.13}$ 滤速	相关性分析删除
29		$X_{3.14}$ 滤层厚度	保留
30		$X_{3.15}$ 运行周期	保留
31		$X_{3.16}$ 水冲强度	保留
32		$X_{3.17}$ 气冲强度	保留
33		$X_{3.18}$ 膨胀率	相关性分析删除
34		$X_{3.19}$ 浊度去除率	保留
35		$X_{3.20}$ UV_{254} 去除率	相关性分析删除

2.4.2 验证指标体系

滤料的性能指标之间存在一定的相关性，处理效果指标之间也存在不同的相关性。根据主成分分析，滤料的指标主要分为性能、效果、经济三方面，性能中主要起作用的指标为有效粒径、不均匀系数（K_{80}）、盐酸可溶率及破碎率与磨损率之和等，效果中主要起作用的指标包括浊度去除率和 UV_{254} 去除率，经济中主要起作用的指标是运行周期、水冲强度及气冲强度等。经过验证指标的筛选过程，初步筛选去掉了无法获取数据的指标，相关性分析删除同一准则层内相关系数大的指标，避免了指标反映重复信息，主成分分析删除了主成分中因子负载系数绝对值小的指标，保证了筛选出的指标对评价结果有显著影响。即从 15 个小试测试指标中筛选出 6 个指标，从 20 个生产验证指标中筛选出 8 个指标，其中小试测试指标筛选出的 6 个指标与生产验证指标中筛选出的 8 个指标中有 3 个指标重复，因此，总共筛选出 11 个指标，包括有效粒径、不均匀系数（K_{80}）、密度、含泥量、盐酸可溶率、破碎率与磨损率之和、滤层厚度、运行周期、水冲强度、气冲强度及浊度去除率。这些指标涵盖了产品质量、应用效果、经济性能等几个方面，筛选出的指标具有较好的合理性。

将以上得到的指标体系按照文献调查、实地调研和上述小试和生产验证结果对评价指标进行等级划分，其中有效粒径、密度、含泥量、滤层厚度、水冲强度及气冲强度 6 项指标分为合格、不合格两个等级，不均匀系数 K_{80}、盐酸可溶率、破碎率与磨损率之和、运行周期及浊度去除率 5 项指标分为优良、合格及不合格三个等级。具体等级划分规则见表 2-12。

表 2-12　评价指标的等级划分

指标	等级
有效粒径	细砂滤料：0.5 ～ 0.65mm 合格，否则不合格
	均质滤料：0.8 ～ 1.25mm 合格，否则不合格
不均匀系数 K_{80}	细砂滤料：＜ 1.6 优良，1.6 ～ 2 合格，＞ 2 不合格
	均质滤料：＜ 1.4 优良，1.4 ～ 1.6 合格，＞ 1.6 不合格
密度	石英砂滤料：＞ 2.5g/cm^3 合格，否则不合格
含泥量	≤ 1% 合格，＞ 1% 不合格
盐酸可溶率	＜ 2.0% 优良，2.0% ～ 3.5% 合格，＞ 3.5% 不合格
破碎率与磨损率之和	＜ 1% 优良，1% ～ 2% 合格，＞ 2% 不合格
滤层厚度	细砂滤料：≥ 700mm 合格，＜ 700mm 不合格
	均质滤料：≥ 900mm 合格，＜ 900mm 不合格
运行周期	＞ 48h 优良，24 ～ 48h 合格，＜ 24h 不合格
水冲强度	细砂滤料：8 ～ 10L/（m^2·s）合格，否则不合格
	均质滤料：4 ～ 8L/（m^2·s）合格，否则不合格
气冲强度	细砂滤料：15 ～ 20L/（m^2·s）合格，否则不合格
	均质滤料：13 ～ 17L/（m^2·s）合格，否则不合格
浊度去除率	＞ 90% 优良，75% ～ 90% 合格，＜ 75% 不合格

2.4.3　典型产品验证案例

基于建立的验证体系，以济南某水厂为例，对滤料进行生产性验证。该一期改造后采用的主体工艺为“高密度沉淀池—V 型滤池—臭氧接触池—上向流生物活性炭滤池”，二期主体工艺为“隔板絮凝—机械絮凝—斜管沉淀—双阀滤池”。

一期 V 型滤池，12 格双排布置，单格滤池面积为 91.26m^2，滤速为 8m/h；滤料采用石英砂滤料，滤层厚为 1.2m，有效粒径 d_{10} = 0.85mm±0.05mm，不均匀系数 K_{80} ＜ 1.4；下设粒径为 2 ～ 4mm 的承托层，厚为 10cm。滤池气冲 - 气水合冲 - 水冲加表面扫洗冲洗方式，长柄滤头布水布气。气冲强度为 15.3L/（m^2·s），气冲时间为 5min；气水合冲 - 气冲强度为 6.6L/（m^2·s），气水合冲 - 水冲强度为 2.5L/（m^2·s），气水合冲时间为 7min；水冲强度为 4.7L/（m^2·s），水冲时间为 5min；表面扫洗强度为 2.22L/（m^2·s），表扫时间为 1min。

二期双阀滤池，12 格双排布置，单格滤池面积为 96m^2，滤速为 8m/h；滤料采用石英砂滤料，滤层厚为 1.0m，有效粒径 d_{10} = 0.60mm±0.05mm，不均匀系数 K_{80} < 1.5。滤池采用气水反冲洗加表面扫洗方式，气冲强度为 15.3L/（m^2 • s），气冲时间为 7min；水冲强度为 8L/（m^2 • s），水冲时间为 5min；表面扫洗强度为 2.22L/（m^2 • s），表扫时间为 1min。

验证实验方法：取滤池滤料进行检测分析，并取滤池进出水进行水质指标检测，根据滤池日常运行状况对部分指标进行数据获取及观测。由划分的评估指标等级对验证地点指标进行验证。

对该水厂双阀滤池及 V 型滤池石英砂滤料进行生产性验证，验证结果表明，过滤效果指标浊度去除率分别为 81.2% 和 82.6%，达到合格要求；滤料有效粒径、不均匀系数 K_{80}、密度、含泥量、滤层厚度等指标达到合格标准，其中破碎率与磨损率之和指标达到优良，V 型滤池使用的均质滤料盐酸可溶率为 1.99% 达到优良；运行周期分别为 24h 和 48h，达到合格标准，水冲强度及气冲强度也在合格范围内。具体验证结果如表 2-13 所列。

表 2-13　滤料验证评估结果

验证指标	验证产品型号			
	细砂滤料 0.6 ～ 1.25mm		均质滤料 0.8 ～ 1.25mm	
	验证结果	评估结论	验证结果	评估结论
有效粒径 /mm	0.61	合格	0.83	合格
不均匀系数 K_{80}	1.57	优良	1.43	合格
密度 /（g/cm^3）	2.58	合格	2.63	合格
含泥量 /%	0.89	合格	0.13	合格
盐酸可溶率 /%	2.25	合格	1.99	优良
破碎率与磨损率之和 /%	0.48	优良	0.16	优良
滤层厚度 /mm	1000	合格	1200	合格
运行周期 /h	24	合格	48	合格
水冲强度 /［L/（m^2 • s）］	8	合格	4.7	合格
气冲强度 /［L/（m^2 • s）］	15.3	合格	15.3	合格
浊度去除率 /%	81.2	合格	82.6	合格

第3章 混凝剂

3.1 产品概述

3.1.1 产品分类

随着经济发展及人民生活水平的提高，人们对水质的要求也不断提高。在水处理过程中，通过向水中投加混凝剂或絮凝剂来破坏胶体的稳定性，以达到水质净化及质量提高的目的，这种方法称为混凝沉淀法。

混凝剂种类繁多，至少有 200 ～ 300 种。按照其在混凝过程中所起到的作用，混凝剂可以分为凝聚剂和絮凝剂两类。如传统的硫酸铝、三氯化铁等实际上属于凝聚剂。根据混凝剂的化学成分与性质，混凝剂还可以分为无机混凝剂、有机絮凝剂和微生物絮凝剂三大类。本书选择无机混凝剂中较为经典的铝系混凝剂作为主要研究内容。

铝系混凝剂，又称铝盐混凝剂，主要是指正三价铝离子和酸根阴离子组成的无机盐，一般来说为白色或无色晶体，易溶于水，个别不溶于水。铝系混凝剂是现代供水和废水处理混凝技术中最传统、应用最广泛的无机盐类混凝剂。主要有硫酸铝、氯化铝、明矾、聚氯化铝、聚硫酸铝、聚磷氯化铝、聚硅酸铝铁、聚磷酸铝铁、碱式硅酸硫酸铝等。其中硫酸铝是世界上水处理中使用最早、应用最多的混凝剂。

聚氯化铝通常有固体和液体两种形态，其固体纯品为无色、透明、易龟裂的玻璃品，含杂质时为黄褐色；液体为无色或淡黄褐色透明液，无毒，无臭，易溶于水，有涩味，其对水中的细菌、微生物和藻类的去除率比传统的净水剂硫酸铝高 3 ～ 5 倍。聚氯化铝还具有吸附活性高，絮凝体大、沉降快、澄清处理时间短，适宜 pH 值范围（5 ～ 9）宽的特点，被广泛应用于净化饮用水、给水的特殊水质处理，以及工业废水处理等。

聚硫酸铝为透明澄清溶液，稳定性较差，其稳定性随碱化度升高而降低，必须投加稳定剂提高其稳定性。由于其贮存稳定性较差，因而其应用不如聚氯化铝广泛。其分子结构庞大，吸附能力强，净水效果优于所有传统的无机净水剂。投入原水后形成的絮凝体大，沉淀速度快，活性高，过滤性好。且对各种原水的适应性强，对水的 pH 值影响极小（pH 值为 4 ～ 11）。不论原水浊度高低、废水污染物浓度大小，其净化效果显著。用量少，对设备、管道腐蚀性小，操作方便，投药量小，净化成本低。

聚硫酸铝铁又叫聚硫酸铁铝、复合硫酸铝铁，其主要成分为 $[Al(OH)_nSO_4]_m[Fe_2(OH)_nSO_4]_m$，是在聚硫酸铁和聚硫酸铝的基础上发展起来的，兼具铝盐的净水效果和铁盐的安全无害的优点，还具有盐基度高、矾花大、絮凝沉降快、用量少、去除率高、应用领域广泛等优点。其对高浊度水、工业用水、有机污水等适应性强，不需添加其他助剂；适应 pH 值范围广，并可调节 pH 值，因而对设备无腐蚀作用；用该产品净化过的饮用水中可增添钙质与铁质，对人体大有益处，能降低水的硬度，净化后的水不需要加氯气，比聚氯化铝和其他净水剂都有更大优势；无毒副作用，含铝成分低，比同类产品更安全、更节省；用量少，效果好，能节省费用。与其他同类产品相比，最大的优势在于它用量少，效率高。

3.1.2 性能指标

决定铝系混凝剂性能最重要的是混凝效果。投加混凝剂可使水中的细小颗粒相互聚集形成絮状大颗粒，其主要是为了改变水中黏土和细菌等悬浮固体的存在性质和状态，形成高质量的钒花，使钒花在重力作用下从水中分离出去，从而达到混凝效果。铝系混凝剂的混凝效果除与水的温度、pH 值、浊度、有机污染物及混凝剂投加方式、水力条件等相关外，还与混凝剂的种类及相关性能指标紧密相关。参照相关标准规范，铝系混凝剂的性能指标主要有氧化铝的质量分数、盐基度、密度、不溶物的质量分数、pH 值、杂质的质量分数等。

（1）氧化铝的质量分数

氧化铝的质量分数是铝系混凝剂的有效指标，指氧化铝所占的比值，一般用 % 表示。

（2）盐基度

引起铝系混凝剂形态多变的基本成分是 OH^-，衡量铝系混凝剂中 OH^- 的指标叫盐基度，盐基度对混凝效果影响明显，一般用 % 表示。

（3）密度

密度是对特定体积内的质量的度量，液体铝系混凝剂的密度可作为铝系混凝剂的一项质量保证，一般以 20℃时的值（g/cm^3）来表示。

（4）不溶物的质量分数

盐类矿产中包含于固体盐层及卤水内的不溶于水的杂质所占的比值。使铝系混凝剂中的不溶物的质量分数控制在一定范围内，能够保证用户的管道畅通，同时提高药剂使用率。一般用 % 表示。

（5）pH 值

由于铝系混凝剂的水解产物直接受到水体 pH 值的影响，所以混凝剂水溶液的 pH 值对混凝效果影响程度较大，一般以 10g/L 混凝剂水溶液的 pH 值表示。如聚氯化铝的 pH 值一般要求在 3.5 ～ 5.0。

（6）杂质的质量分数

混凝剂溶于水时除了会溶出有效成分铝外，还会溶出一些杂质成分，如铁、砷、铅、镉、汞、铬等，这些有害元素是衡量卫生状况的重要指标，因此测定铝系混凝剂中杂质的质量分数意义重大。杂质的质量分数一般包括铁的质量分数、砷的质量分数、铅的质量分数、镉的质量分数、汞的质量分数、铬的质量分数等，一般用 % 表示。

3.1.3　技术标准情况

铝系混凝剂品种多样，用途广泛，因此其相关产品质量标准也数量繁多。单就品种覆盖情况而言，欧盟标准最全面，我国标准覆盖面紧随其后，美、日的产品标准种类明显偏少；各国普遍使用的铝系混凝剂包括硫酸铝、聚氯化铝、聚硅硫酸铝等；目前只有欧盟针对多种新型的复合铝盐混凝剂如硫酸铝铁等制定了标准，走在了世界前列。

欧盟的各项指标要求最为严格，除了汞含量和水不溶物含量外，各项指标都严于我国标准，在 2016 年修订后欧盟标准更加严格；我国标准中 Al_2O_3 含量略低于美国标准，而优于日本标准。由于欧盟标准中规定的是有效铝含量，单位不同，暂不做对比；有毒有害物质含量方面，我国标准也要严于日本标准，但有多项指标未列入考察范围，如日本标准中的锰和氨态氮，以及欧盟标准中的镍、锑、硒等。

国外相关标准如表 3-1 所列。

表 3-1　铝系混凝剂国外相关标准一览表

铝系水处理药剂	国外标准	颁布国家或地区及时间
硫酸铝	EN 878:2016 JIS K1450:1996 AWWA B403—2009	欧盟，2016 年 日本，1996 年 美国，2009 年
氯化铝	EN 881—2004	欧盟，2004 年
聚氯化铝	JIS K1475—1996 AWWA B408—2010 EN 883:2004	日本，1996 年 美国，2010 年 欧盟，2004 年
聚硅硫酸铝	EN 886:2004	欧盟，2004 年
硫酸铝铁	EN 887:2004	欧盟，2004 年
氯化铝铁（Ⅲ）（单体） 氢氧氯化铝铁（Ⅲ）（单体）	EN 935:2004	欧盟，2004 年
多铝氢氧化氯硅	EN 885:2004	欧盟，2004 年

国内现行标准分为基础标准、通用标准和专用标准，标准是保证混凝剂质量的重要标尺，主要对混凝剂的性能指标及安全性进行规定。

国内标准中基础标准共有 2 个，《水处理剂产品分类和命名》（HG/T 2762—2019）和《水处理剂混凝性能的评价方法》（HG/T 4331—2012），对涉及水处理剂的产品、命名及性能评价方法等进行了详细规定。适用于水处理混凝剂配方筛选、投药量控制、设计参数提供等。

通用标准共有 14 个，对铝系混凝剂的各具体品种如聚氯化铝、硫酸铝、聚硅硫酸铝、聚硫酸铝、氯化铝、氢氧化铝等做了具体要求，包括试验方法、检验规则、包装、运输和贮存等，对混凝剂适用范围等也做了具体规定。《水处理剂　极限粘数测定方法通则》（GB/T 22593—2008）、《水处理剂　密度测定方法通则》（GB/T 22594—2018）对水处理剂的特定参数极限粘数、密度等的测定方法进行了详细规定。

专用标准共有 10 个，包括水处理剂中金属杂质含量的测定方法，以及对重要参数阻垢性能、缓蚀性能进行了详细规定，同时对具体适用范围如废水用聚氯化铝和生活饮用水用聚氯化铝进行了详细规定。在《生活饮用水用聚氯化铝》（GB 15892—2020）中，对生活饮用水用聚氯化铝范围、规范性引用文件、分子式、产品分类及要求进行了规定，对混凝剂的性能指标规定了详细的试验方法，如盐基度、密度、金属含量的测定等。内容同时包括检验规则、标志、包装、运输和贮存，附录A中对混凝性能的测定装置及试验步骤进行了解释。

基于以上的标准规范，可以看出针对混凝剂产品性能的评价、混凝剂经济评价、使用效能的评价等缺乏具有可操作性的指导性文件，建立可操作性、可参考性强的技术规程，能够对我国各地城镇供水系统水质处理起到重要的指导和规范作用。目前，供水行业水质处理混凝剂标准化建设正处于探索性阶段，供水水质安全、有效的需求与管理对规范要求和当前较为落后的标准规范体系之间存在显著差距。因此，编制了《城镇给水厂混凝药剂应用技术规程》（T/CAQI 151—2020）对城镇给水厂混凝药剂的应用进行了规范指导。该标准适用于城镇给水厂用混凝药剂，可作为质量检验、种类选择、投加量优化、储存与运输的技术依据。内容包括适用范围、术语与定义、混凝剂选择、质量检验、投加及效果评价、储存与运输等。本规程的编制和发布，将指导各地在使用各类混凝剂过程中的种类选择、质量检验、合理投加及效果评价、储存与运输等，推动其向科学化、规范化、高效化方向发展，切实提高供水行业混凝剂处理效能，在降低供水成本的同时保障供水水质安全，发布单位为中国质量检验协会，已实施。

针对硫酸铝混凝剂产品，GB 31060—2014将产品分为两类，Ⅰ类为饮用水专用，Ⅱ类为工业用水、废水、污水处理用，每一类产品中又分别对固态产品和液态产品进行了规定。日本和欧洲同样仅对饮用水用硫酸铝制定了标准；而美国的硫酸铝混凝剂标准并未区分饮用水和非饮用水用。

针对聚氯化铝混凝剂产品，国内现有2个国家标准，其中GB 15892—2020针对生活饮用水用聚氯化铝做出了规定，GB/T 22627—2022针对工业给水、废水和污水及污泥处理用聚氯化铝做出了规定；美国标准AWWA B408—2010中未做分类，仅规定如果用于饮用水，需符合NSF/ANSI 60标准要求；欧盟标准EN 883：2004和日本标准JIS K1475：1996仅对饮用水使用做了规定。值得一提的是，目前仅我国国标对固体产品和液体产品都做了规定，而其他各地区标准仅规定了液体产品。

GB 15892—2020与其他几个地区的标准相比，我国的饮用水处理用聚氯化铝标准还有很多不足：首先，检测项目要明显少于其他几个标准，例如铁含量在日本和欧洲标准中为一个重要的参数，而我国标准中并无该项，此外欠缺的还有铜、锌、锰、镍、锑、硒、硫酸根、氨态氮等指标；其次，砷、铅、镉、汞、铬等有害物质限量标准高于其他各地区标准；再次，密度指标低于其他各地区标准。当然，我国产品也有自己的优势，例如盐基度要远高于其他各地区标准，而据文献报道，盐基度的提升可以大幅提高产品的净水效率。除了美国标准外，其他各地区标准中的有效物质含量规定均相近。此外还应注意的是，日本和欧洲的标准中规定产品必须完全溶于水，但却未对不溶物含量做规定，美国标准在该项目上率先采用浊度指标加以限制，大大方便了产品的检测。

除了上述几种铝系混凝剂外，我国现还有氯化铝和聚硅硫酸铝两个行业标准，分别为HG/T 3541—2011和HG/T 4537—2013，前者可以同时用于饮用水和非饮用水，而后者只适用于非饮用水，两个标准的内容要求也都低于对应的欧盟标准EN 881：2004和EN 886：2004。此外，欧盟标准中还有很多新型的铝系混凝剂标准，比如碱式氯化铝、氢氧氯化铝硫酸盐（EN 881：2004）、聚硫氯化铝（EN 886：2004），氯化铝铁和氢氧氯化铝铁（EN 935：2004）、多铝氢氧化氯硅（EN 885：2004）等，现在这些产品的国内标准还是空白。

国内相关标准清单如表 3-2 所列。

表 3-2　铝系混凝剂国内相关标准一览表

标准类型	标准名称
基础标准	《水处理剂产品分类和命名》（HG/T 2762—2019）
	《水处理剂混凝性能的评价方法》（HG/T 4331—2012）
通用标准	《水处理剂　极限粘数测定方法通则》（GB/T 22593—2018） 《水处理剂　密度测定方法通则》（GB/T 22594—2018） 《水处理剂　氯化铝》（HG/T 3541—2011） 《水处理剂　聚硅硫酸铝》（HG/T 4537—2013） 《水处理剂　缓蚀性能的测定　动电位极化曲线法》（HG/T 4543—2013） 《水处理剂　铝酸钠》（HG/T 4819—2015） 《水处理剂　聚硫酸铝》（HG/T 5006—2016） 《水处理剂　聚氯化铝铁》（HG/T 5359—2018） 《水处理剂　硫酸铝铁》（HG/T 5565—2019） 《水处理剂　氯化铝铁》（HG/T 5566—2019） 《水处理剂　复合混凝剂》（HG/T 5698—2020） 《水处理剂用三水铝石》（HG/T 5007—2016） 《水处理剂用氢氧化铝》（HG/T 5567—2019） 《水处理　聚氯化铝》（GB/T 22627—2022） 《水处理剂　硫酸铝》（GB/T 31060—2014） 《水处理剂阻垢性能的测定　碳酸钙沉积法》（GB/T 16632—2019）
专用标准	《水处理剂　砷和汞含量的测定　原子荧光光谱法》（GB/T 33086—2016） 《水处理剂中铬、镉、铅、砷含量的测定　电感耦合等离子体发射光谱（ICP-OES）法》（GB/T 37883—2019） 《水处理剂阻垢性能的测定方法　鼓泡法》（HG/T 2024—2009） 《水处理剂　阻垢缓蚀剂Ⅱ》（HG/T 2430—2018） 《水处理剂　阻垢缓蚀剂Ⅲ》（HG/T 2431—2018） 《水处理剂　镍、锰、铜、锌含量的测定　电感耦合等离子体发射光谱（ICP-OES）法》（HG/T 5747—2020） 《水的混凝、沉淀试杯试验方法》（GB/T 16881—2008） 《水处理剂缓蚀性能的测定　旋转挂片法》（GB/T 18175—2014） 《生活饮用水用聚氯化铝》（GB 15892—2020）
规程	《城镇给水厂混凝药剂应用技术规程》（T/CAQI 151—2020）

3.2　行业调研

3.2.1　国内外生产状况

3.2.1.1　技术原理

在混凝过程中投加铝盐混凝剂后会发生金属铝离子水解和聚合反应，水解和聚合产物与水体颗粒进行电中和脱稳、压缩双电层、吸附架桥或黏附卷扫和沉淀物网捕等作用，生成粗大絮凝体以分离去除，从而完成混凝过程。

图 3-1 显示的是混凝剂胶体双电层结构示意图。

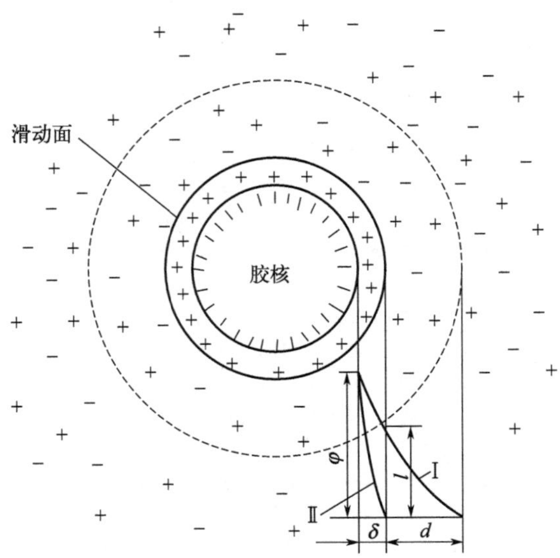

图 3-1 胶体双电层结构示意

在未加混凝剂之前，水中的胶体和细小悬浮颗粒本身质量很轻，受水的分子热运动的碰撞而做无规则的布朗运动。首先，颗粒都带有同性电荷，它们之间的静电斥力阻止微粒间彼此接近而聚合成较大的颗粒；其次，带电荷的胶粒和反离子都能与周围的水分子发生水化作用，形成一层水化壳，也阻碍各胶体的聚合。一种胶体的胶粒带电越多，其电位就越大；扩散层中反离子越多，水化作用也越强，水化层也越厚，因此扩散层也越厚，稳定性越强。

在水的混凝沉淀处理过程中影响混凝效果的因素比较多。其中有水样的影响：对不同水样，由于废水中的成分不同，同一种混凝剂的处理效果可能会相差很大。还有水温的影响，其影响主要表现在：a. 影响药剂在水中起化学反应的速度，对金属盐类混凝影响很大，因其水解是吸热反应；b. 影响矾花的形成和质量，水温较低时，絮凝体形成缓慢、结构松散、颗粒细小；c. 水温低时水的黏度大，布朗运动强度减弱，不利于脱稳胶粒相互凝聚，水流剪力也增大，影响絮凝体的成长。

3.2.1.2 国外生产现状

铝系混凝剂在水处理工业中占有重要位置，是水处理药剂和材料的支柱产业。从 20 世纪 30 年代开始，在欧盟、美国、日本等陆续有化学家研究铝的碱式盐，同时在给水处理方面也逐步发展了铝盐溶液形态研究。在实验室以多种方法制备了碱式铝盐后，人们研究了其化学组成与特性，先后提出了碱式铝、羟基铝、络合铝、聚合铝等名称以及相应的化学概念，并发现这些比普通铝盐有更高的混凝效果。在美国，1965 年的生产量就达到了数万吨，但在 20 世纪 70 年代才应用于水处理领域中。在日本，有科学家提出了几种碱式铝盐的工业制造流程，并用小批制品进行了半生产试验，肯定了其优良的使用性能，同时也逐步实现了产品的工业化和现代化，20 世纪 80 年代聚合铝的生产和应用达到了鼎盛时期。

美国于 1884 年发明硫酸铝以后，在 1984 ～ 1997 年间，其工业硫酸铝（17% Al_2O_3）的产量基本稳定在 104.7 万吨，1997 年达到 126.8 万吨。1993 年，硫酸铝曾经在美国最重要的

50 种化学品中名列第 43 位。在全球水处理化学品低速增长的态势下，聚氯化铝名列增长的前列。1997 年北美水处理化学品市场消耗量高达 13 亿美元，其中硫酸铝和聚氯化铝分别占据市场量的 14% 和 5%。由于美国实施安全饮用水法案，严格限制消毒副产物和总有机碳含量，美国硫酸铝的年增长率在 2% ～ 5% 之间。硫酸铝中有 45% 用于市政水处理，其中以聚氯化铝为主，其年增长率在 15% ～ 20% 之间。

（1）硫酸铝

对于硫酸铝的生产，主要原料为铝土矿、氢氧化铝等。国外主要以生产液体硫酸铝为主，其制备方法主要有以下 4 种。

① 明矾石法。明矾石经煅烧、粉碎后用硫酸溶解，滤去不溶物得到硫酸铝和钾明矾混合溶液，迅速冷却结晶除去钾明矾，母液经蒸发浓缩、冷却固化即得硫酸铝成品。

② 高岭土法。经 700 ～ 800℃煅烧粉碎至一定粒度的高岭土，与一定浓度的硫酸在间歇蒸煮反应槽中 105 ～ 110℃反应 5h，然后反应料浆进入料浆储槽以便后续生产过程的连续化，经沉降分离后上部清液送入蒸发结晶器蒸发浓缩，冷却凝固打碎即为块状或片状硫酸铝产品。

③ 氢氧化铝 - 硫酸反应法。氢氧化铝与硫酸反应，反应液经沉降、浓缩，再冷却固化，经粉碎筛分，制得硫酸铝成品。

④ 铝土矿硫酸反应法。共分为三种方法：一是铝土矿与硫酸的常压法，但由于铝的浸出率低，未得到大规模采用；二是煅烧矿与硫酸的常压法，但该法的能耗高；三是铝土矿与硫酸的加压法，目前被广泛采用。

（2）氯化铝

① 铝锭法。铝锭法也称金属铝法，是将氯气直接通过熔融的金属铝，由两者直接接触反应制取。

② 铝氧粉法。以铝氧粉、氯气及碳（以煤油、焦油或重油作原料）三者共同反应制取。国外 20 世纪 60 年代后期曾对铝氧粉法制氯化铝的反应机理进行研究，认为铝氧粉法制氯化铝的反应式为：

$$\frac{1}{3}(m+2n)\,Al_2O_3+(m+n)\,C+(m+2n)\,Cl_2 \longrightarrow 2AlCl_3+mCO+nCO_2$$

提高反应温度，选择适当的反应速度，增加铝氧粉的表面积和氯气浓度有利于反应进行。

③ 煤矸石盐酸法。对煤矸石进行焙烧、酸浸可以制备氯化铝。铝锭法和铝氧粉法以金属铝和工业氧化铝为原料，生产成本较高。而煤矸石盐酸法以煤矸石为原料，能够降低生产成本，但是此方法生产效率较低。

④ 铝酸钙盐酸法。铝酸钙极易溶于盐酸，在较低浓度时其铝溶出率可达 90% 以上，且价格低廉。所以，有学者采用工业稀盐酸和铝酸钙制备结晶氯化铝。

先对稀盐酸预热并搅拌，搅拌过程中加入一定量的铝酸钙，当温度升至浸出温度后恒温，持续搅拌进行浸出反应，保持反应液体积不变。酸浸反应结束后，自然沉降 24h，进行离心固液分离，对固体残渣进行洗涤，将洗涤液与分离出的原浸出液混合，混合后的液体经浓缩结晶、离心分离，得到固体结晶氯化铝。

以工业稀盐酸和铝酸钙制备结晶氯化铝，为低浓度工业废盐酸的处置和利用提供了新思路。

（3）聚氯化铝

聚氯化铝的制备方法很多，国外一般采用氢氧化铝与盐酸溶液加压溶解法，是以创造促使铝盐不断水解、聚合的条件为基本出发点，控制浓度、酸碱度、湿度、碱化度及加碱速度、搅拌速率、陈化时间和陈化温度等条件，得到水解 - 聚合程度不同的产物。

聚氯化铝的生产技术可以分为金属铝直接溶解法、结晶氢氧化铝法、硫酸铝法、铝矿物原料法、氯化铝原料法和电解法等几种。

① 金属铝直接溶解法所用原料主要是铝加工过程的下脚料，如铝屑、铝灰和铝渣、铝材加工废渣等，在工艺上又分为酸法、碱法、中和法三种。

② 结晶氢氧化铝法是将氢氧化铝与盐酸和水按一定比例，在合适的温度和压强下反应，熟化后制得聚氯化铝产品。其生产工艺简单，是 20 世纪 80 年代普遍采用的一种工艺。但此法生产出的产品盐基度不高，通常在 30% ～ 50%。此法生产出的产品杂质较少，但以氢氧化铝为原料生产成本较高，制得的产品多用于饮用水。

③ 硫酸铝法主要通过控制 $Al_2(SO_4)_3$ 溶液浓度、氨水浓度、终点 pH 值、温度、凝胶的洗涤次数及陈化时间来控制产品质量。该法技术条件可靠、腐蚀性较小、劳动环境较好、原料来源广泛。

④ 铝矿物原料法比较复杂，以黏土矿物和铝土矿为原料。但是这些矿物的铝不容易被溶出，必须经过一系列的溶出过程。

此外，还有氯化铝原料法、电解法制备聚氯化铝。尽管聚氯化铝在日本、俄罗斯、欧洲等国家和地区已有相当规模的生产及应用，但其基础理论研究始终停留在作用机理上，其高效作用尚缺乏深入的科学验证和理论分析，在很大程度上影响了其进一步开发及应用。

3.2.1.3 国内生产现状

（1）国内生产厂家分布

调研了铝系混凝剂生产厂家 76 家，调查铝系混凝剂产品 92 个。调查结果显示，目前铝系混凝剂生产厂家产品主要有聚氯化铝、碱式氯化铝、硫酸铝、聚硫酸铝等。其中，聚氯化铝产品数量最多，为 76 个，占比 82.6%；其次是碱式氯化铝产品 9 个，占比 9.8%；硫酸铝产品 5 个，占比 5.4%；聚硫酸铝产品 2 个，占比 2.2%。同时，笔者及其团队对 92 个铝系混凝剂产品产地进行区域划分，其主要分布在华北、华东、华中、华南、东北、西南等 6 个区域，其中，铝系混凝剂产品产地位于华中区域的最多为 38 个，占比 41.3%；华东区域 22 个，占比 23.9%；华北区域 20 个，占比 21.7%；西南区域 7 个，占比 7.6%；华南区域 4 个，占比 4.3%；东北区域 1 个，占比 1.1%。

（2）国内生产厂家规模

对铝系混凝剂生产情况进行调研并进行分析，重点调研了 6 家年产量超过 10 万吨的铝系混凝剂企业，其生产规模情况如表 3-3 所列。

表 3-3 铝系混凝剂的生产厂家及规模

序号	生产厂家	生产规模 /（万元 / 年）	产品	Al_2O_3 含量 /%	年产量 / 万吨	出口量 /（万元 / 年）	研发投入 /（万元 / 年）	用户区域分布	典型用户名称
1	巩义市某净水材料有限公司	30000	聚氯化铝	29	30	2000	500	全国、东南亚	怡宝饮料有限公司

续表

序号	生产厂家	生产规模 /（万元 / 年）	产品	Al_2O_3 含量 /%	年产量 / 万吨	出口量 /（万元 / 年）	研发投入 /（万元 / 年）	用户区域分布	典型用户名称
2	深圳市某科技有限公司	4.5 亿元 / 年	液体聚氯化铝	＞ 10	30		1000	山东、山西、河南、江苏、广东等	济南水发集团
3	巩义市某聚合物有限公司	5000	聚氯化铝	28 ～ 30	20	5000		东南亚	
4	广西某环保科技有限公司	1200	聚氯化铝	≥ 28.0	10	10	200	广西、广东、福建、云南、贵州、四川、东南亚	百色中环水务有限公司，骏杰发展有限公司，广州沃森化工科技有限公司，广东华锋碧江环保有限公司，广州岸碧化工科技有限公司
5	河南某环保科技有限公司	1 亿元 / 年	聚氯化铝	≥ 30	10	1000	50	全国	上海太和，内蒙古久泰能源，陕西蒲洁能源，蒙牛集团
6	山东某净水材料有限公司	—	液体聚氯化铝	10	10	20000	300	全国	东营自来水厂，阳江自来水厂，江门自来水厂，汕尾自来水厂，湛江自来水厂

另外，没有列入表格的其他被调研企业，例如：巩义市某公司 1 的聚氯化铝和碱式氯化铝生产规模均为 5000 万～ 1 亿元 / 年，保质期为两年且均为固体形态；巩义市某公司 2 的聚氯化铝和碱式氯化铝生产规模均为 3000 万～ 5000 万元 / 年；郑州某公司的聚氯化铝和碱式氯化铝生产规模均为 501 万～ 2000 万元 / 年；天津某净水材料有限责任公司的聚氯化铝生产规模为 80000t/a；济源市某公司的聚氯化铝生产规模为 5000 万～ 1 亿元 / 年；淄博某公司既生产固液聚氯化铝，也生产固液聚氯化铝铁，还生产固体聚丙烯酰胺，生产的混凝剂种类较多、较全面，产品标准依据 GB 15892—2020；济宁某公司生产聚氯化铝，质保期为一年；天津某供水安装工程有限公司生产聚氯化铝，其生产规模为 9000 万元 / 年，产品具有较大的分子量，凝聚能力强，形成矾花絮体大，沉降速度快，此外生产的高纯聚氯化铝规模为 9000 万元 / 年，液体产品贮存期为一年，固体产品为两年。

（3）产品性能

根据《生活饮用水用聚氯化铝》（GB 15892—2020）的要求，氧化铝含量为液体产品≥ 10.0%，固体产品≥ 29.0%；日本工业标准《给水用聚氯化铝》（JIS K1475：2006）规定液体产品氧化铝含量 10.0% ～ 11.0%；美国给水工程协会标准 ANSI/AWWA B408—2010 规定液体产品氧化铝含量 5% ～ 25%。GB 15892—2020 规定盐基度 45.0% ～ 90.0%，不溶物的质量分数≤ 0.1%。调研收集了 6 家生产企业（见表 3-3）的氧化铝的质量分数、盐基度、不溶物的质量分数、pH 值（10g/L 水溶液）4 项指标。

从调研结果看，除了深圳市某科技有限公司和山东某净水材料有限公司的液体产品氧化铝（Al_2O_3）的质量分数为 10% 外，其余 4 家生产企业的固体产品氧化铝（Al_2O_3）的质量分数皆为 28% ～ 30% 之间。调研的 6 家生产企业的二级评估指标之一盐基度为 60% ～ 90%。

巩义市某净水材料有限公司、深圳市某科技有限公司和河南某环保科技有限公司 3 家企业的 pH 值（10g/L 水溶液）为 3.5 ～ 5.0，其余 3 家企业的 pH 值（10g/L 水溶液）介于 4 ～ 9 之间。河南某环保科技有限公司的不溶物的质量分数介于 0.4% ～ 0.6% 之间，巩义市某净水材料有限公司小于 0.4%，深圳市某科技有限公司小于 0.2%，巩义市某聚合物有限公司小于 0.15%，山东某净水材料有限公司为 0.1%，广西某环保科技有限公司最小，为 0.03%。

（4）市场行情

1）供需状况分析及未来需求量预测

生产铝盐混凝剂对原料需求量比较大，厂址往往选择建造在距离原料产地较近的地方，就地取材，这样做会节省一部分交通运输费用。根据调查，实际水厂应用时一般是以两种或多种药剂组合的方式进行协同处理，且有大量研究表明，铝盐在使用过程中会产生不利于人体健康的潜在危害，同时有可能引发人体出现贫血甚至脑类疾病等情况。所以，传统的铝盐混凝剂（明矾、硫酸铝等）在实际应用过程中渐渐被铁盐以及无机高分子类絮凝剂替代，产量相应减少。

2）价格预测

2017 年，我国市政水处理、电力、油气、采矿、化工、食品和饮料、造纸、其他领域水处理药剂市场规模分别为 12.88 亿美元、5.53 亿美元、4.97 亿美元、2.50 亿美元、2.69 亿美元、2.42 亿美元、2.13 亿美元、3.98 亿美元，2017 ～ 2022 年上述行业水处理剂市场规模复合年均增长率分别为 9.70%、9.10%、8.80%、7.50%、6.60%、6.90%、5.70%、6.30%。随着我国水资源短缺问题日益严重，环境保护的政策法规不断完善，以及人们对环境的关注程度逐步提升，我国对水处理药剂需求持续增加。

共有 26 家混凝剂生产厂家提供了聚氯化铝的单价，均价为 1643 元 /t；共有 5 家混凝剂生产厂家提供了聚丙烯酰胺的单价，均价为 15160 元 /t；共有 5 家混凝剂生产厂家提供了聚硫酸铁的单价，均价为 958 元 /t；共有 5 家混凝剂生产厂家提供了聚氯化铝铁的单价，均价为 1550 元 /t；共有 1 家混凝剂生产厂家提供了聚硫酸铝铁的单价，为 360 元 /t；共有 1 家混凝剂生产厂家提供了喷雾聚氯化铝的单价，为 2000 ～ 2100 元 /t；共有 1 家混凝剂生产厂家提供了活性炭的单价，为 3500 ～ 9800 元 /t。根据调查结果，预计各种混凝剂的单价将在其上下浮动。

3）进出口状况分析

根据调查结果，河南某自来水材料总厂出口额度 1000 万元 / 年；郑州某化工公司出口额度 5000 万元 / 年；巩义市某净水材料有限公司出口额度 2000 万元 / 年；广西某环保科技有限公司饮用水级聚氯化铝出口规模为 1.5 万吨 / 年，高纯度聚氯化铝出口规模为 0.5 万吨 / 年，工业级聚氯化铝出口规模为 10 万吨 / 年；巩义市某聚合物有限公司聚丙烯酰胺出口规模为 5000t/ 年，聚氯化铝出口规模为 5000t/ 年，喷雾聚氯化铝出口规模为 5000t/ 年；江苏某水处理化学品有限公司高纯饮用水级液体聚氯化铝出口额度 500 万元 / 年，普通饮用水级固体聚氯化铝出口额度 800 万元 / 年。

4）产量走势分析

我国硫酸铝（含液体）生产厂家近 200 家，从业人数超万人，年生产能力（按固体折算）10 万吨以上企业有衡阳某公司、山东某公司两家企业，5 万吨以上企业有淄博、江苏太仓、河南焦作等地的化工厂等企业，国内硫酸铝年产能超过 130 万吨，年产量达到 110 万吨，年出口量 10 万吨以上，是世界上最大的硫酸铝生产国，近年来由于产品转型升级，产品供大于求，产量逐步萎缩，产能向优势企业集中。

目前，我国聚铝（含液体）生产厂家超过 300 家，从业人数超 2 万人，年生产能力（按固体折算）5 万吨以上企业有衡阳、巩义的两家企业，年生产能力（按固体折算）3 万吨以上企业较多，有山东中科、广西平果峰华、江苏宜净、河南科泰、河南瑞达、河南永兴、洛阳裕龙、焦作爱尔福克、河南嵩山、河南益民、山东嘉华、山东华清、深圳长隆、浙江嘉善等企业，国内聚氯化铝年产能超过 180 万吨，年产量达到 150 万吨，年出口量 10 万吨以上，是世界上最大的聚氯化铝生产国。

近几年来对于高效混凝剂研究较多，各类混凝剂层出不穷，其使用效果的优劣往往成为评价其好坏的一项重要因素。目前水污染状况存在复杂性、突发性、多样性等特点，而传统的混凝剂效果试验较为复杂，且不能较为迅速、准确地检验不同混凝剂的适用性，增加了水处理的成本。不同类型的混凝剂在使用时均存在不同的优缺点，因此在实际水厂应用时一般是以两种或多种药剂组合的方式进行协同处理，以期在提高水处理效果的同时将其缺点最小化。

3.2.2　国内外应用状况

3.2.2.1　国外应用现状

铝盐混凝剂是现阶段在给水处理中应用的最常见无机盐混凝剂，每年全世界大约 40% 的硫酸铝产量用来做混凝剂。早在 8 ～ 9 世纪，俄罗斯第一次生产明矾用于染色固色剂，到 19 世纪末期，明矾作为混凝剂用于水处理中，后被广泛应用。20 世纪 60 年代，聚氯化铝开始在日本应用到了水处理中。

混凝剂在低成本和广泛应用方面效果显著，甚至可以在偏远地区实施。主要是需要更好地了解如何更好地优化各种条件可以使混凝系统更有效。例如，减少投药速度可以进一步提高成本效益，以及减少污泥体积和污泥处理成本。今后的研究需要探索机会，以提高混凝系统的效率，更好地了解参数控制凝聚，并探索、调查新方法及材料。

传统无机混凝剂存在几个缺点，包括形成大量的污泥、成本高、产生消毒副产物，以及最佳的混凝剂剂量受源水和温度影响。金属盐是酸性的，有时在凝固过程中需要额外的水缓冲。此外，铝盐的硫酸根和氯会增加产品水的腐蚀性。处理水中的残余铝可能会对动物和人类造成植物毒性和疾病状态的潜在风险，例如阿尔兹海默病等。此外，据文献报道，阳离子聚合物在高剂量下是有毒的。

另外，在水的预处理过程中，去除有机物往往需要较高的混凝剂用量，从而导致污泥量的增加。污泥处置是另一个挑战，因为污泥通常含有超过 90% 的水、残留的铝，以及大量的无机和有机物质。地表水中含有生物物质，包括有毒的藻类和真菌，而天然有机物是这些生物的主要营养物。在混凝过程中，蓝藻细胞、有毒化合物、重金属等被转移到污泥中，对健康构成威胁，并存在安全处理的问题。为了处理污泥需采用各种物理、化学和生物技术对污泥浓缩、调节、脱水、稳定和干燥。

目前使用最广泛的铝系混凝剂是硫酸铝，其次是氯化铝、明矾等。然而明矾作为混凝剂时会导致较高的出厂水铝残留，尤其是在低温低浊期，会造成健康风险。也可能会引起其他混凝问题，如自发絮凝等。虽然控制水体的 pH 值可以避免自发絮凝的产生，但是浊度和天然有机物的去除也可能会受到影响。

澳大利亚水质量及水处理研究中心 Chow 等研究发现，增加明矾的用量可以有效地去除水中的天然有机物（NOM），且对大分子量的物质更为有效。混凝时的水体 pH 值对混凝效果至关重要，明矾混凝剂投加量在 5 ～ 100mg/L（以铝计）时，最优的 pH 值范围为 5.0 ～ 6.5。此时平均的 DOC、UV_{254}、三卤甲烷生成势（THMFP）、浊度去除率分别为 25% ～ 67%、44% ～ 77%、25% ～ 66%、97%。

近年来，科学家开始研究聚氯化铝、聚硫酸铝等预水解混凝剂，通过对氯化铝进行不同碱度比的部分中和，制备了聚氯化铝，并不断推广应用。在混凝过程中，预水解氯化铝可以增加氯化铝的含量，而氯化铝又被认为是去除污染物最有效的方法。因为预水解混凝剂较大的分子量及较高的正电荷，预水解混凝剂被认为是最有效的铝系混凝剂。据报道，预水解聚合物絮凝剂相对传统的絮凝剂具有温度和 pH 值依赖性小、碱消耗量小的优点，但待处理水的特性（如碱度，pH 值，NOM 含量）在选择合适的絮凝剂方面起主要作用。因此，没有发现预水解混凝剂在所有情况下都能提高天然物的去除效率。

活化二氧化硅助凝剂可以提高聚氯化铝的架桥能力，因此高分子铝盐混凝剂和添加活性二氧化硅的混凝剂近年来成为研究热点。与聚氯化铝相比，其具有较大的分子量及较小的表面电荷比。有研究发现，聚硅酸氯化铝混凝剂在去除低温低浊水的天然有机物和浊度方面要优于聚氯化铝。但其碱性和二氧化硅含量以及制备工艺对混凝性能的改善比较重要。

本调研通过文献收集了国外 16 家水库的工程地点、目标污染物、混凝方式及投加量、混凝效果等信息。国外典型水库混凝工艺案例见表 3-4。

表 3-4　国外典型水库混凝工艺案例

序号	工程地点	目标污染物	混凝方式	混凝剂投加量 /（mg/L）	混凝效果 /%
1	澳大利亚 Myponga 水库	DOC	明矾	100	68
2	维多利亚 Moorabool 水库	DOC	明矾	80	59
3	澳大利亚 Hope Valle 水库	DOC	明矾	30	42
4	土耳其 Elmali 水库	DOC	光催化氧化 + 明矾	80	50
5	土耳其 Omerli 水库	DOC	光催化氧化 + 明矾	50	36
6	土耳其 Buyukcekmece 水库	DOC	光催化氧化 + 明矾	60	37

续表

序号	工程地点	目标污染物	混凝方式	混凝剂投加量 /（mg/L）	混凝效果 /%
7	美国 Terkos 湖	UV_{254}	明矾	80	72
8	美国 Buyukcekmece 湖	UV_{254}	明矾	80	69
9	美国 Omerli 湖	UV_{254}	明矾 + 氯化铁	80	55
10	西班牙 Bakio 水厂	THMFP	明矾	20	32
11	西班牙 Bakio 水厂	THMFP	聚氯化铝	60	46
12	新加坡 Choa Chu Kang 水厂	DOC	明矾	5	45
13	新加坡 Choa Chu Kang 水厂	浊度	明矾	5	97
14	澳大利亚 Hope Valley 水库	DOC	硫酸铝	20	16
15	开罗 El-Fostat 水库	TOC	聚氯化铝	10	34
16	澳大利亚 Myponga 水库	NOM	明矾	100	60

从表 3-4 可以看出，国外应用混凝剂进行水处理的范围比较大，应用比较普遍的混凝剂主要有明矾、聚氯化铝和硫酸铝，混凝剂投加量范围差距比较大，主要目的是去除天然有机物和浊度。可见，铝系混凝剂在国外的自来水厂早已被认可且大规模应用，运行稳定，出水水质可以保证，且有效解决了存在的浊度、天然有机物等水质问题。

3.2.2.2　国内应用现状

通过不同方式共调研了 17 家铝盐混凝剂用户，用户的处理规模、分布区域、产品形态各不相同。同时对不同用户进行了沉淀出水浊度、出厂水残余铝等指标的调研分析。

（1）用途概述

混凝剂的主要作用是去除水体中的污染物，一般对胶体物质的去除率可高达 90% 以上，对溶解性有机物的去除率至少高于 20%。我国水处理中使用的混凝剂种类繁多，常用的有铝盐、铁盐及一些复合混凝剂等。其中，聚氯化铝（PAC）作为一种无机高分子多核高效混凝剂，是我国生活饮用水净化的主导铝盐产品，在技术和原料方面都有很大优势。通常，Al（Ⅲ）混凝剂以浓缩液体的形式直接加入到待处理的水中，Al（Ⅲ）离子迅速水解，产生一系列 Al(Ⅲ)物种，在混凝中起着至关重要的作用。一般饮用水厂在使用 PAC 作为混凝剂时，对重金属的去除率一般在 15% ～ 75% 之间。因此，聚硫酸铝所引入的重金属相对于饮用水限值所占比例很小，且在混凝作用下大部分可被去除，并不会超出饮用水限值。即使混凝剂没有去除重金属离子，其增加的重金属离子比例一般不会超过国家饮用水最高限量的 2%。多年来，我国针对 PAC 已开展了多项关于原料及制备工艺方面的探索研究，其工艺路线和生产体系已基本满足饮用水处理的发展需求。

（2）国内主要应用情况

采用铝系混凝剂对饮用水进行混凝处理，是水源净化的一条重要途径。由于铝系混凝剂在使用时会在水体中有一定的残留，对环境造成二次污染，因此随着人们环境和健康意识的提高而受到影响。在处理吨水成本上，高效复合混凝剂相比传统的聚氯化铝具有更优的性能价格比和较强的市场竞争力。表 3-5 显示的是国内部分地区的铝系混凝剂的应用情况。

表 3-5　铝系混凝剂在国内部分地区应用情况

水司属地	原水水质	混凝剂	投加量 /（mg/L）
武汉市	浊度 50 ～ 800NTU，平均 219NTU；水温 1 ～ 30℃	碱式氯化铝	平均 26.1
株洲市	浊度 30 ～ 900NTU，水温 3 ～ 30℃	硫酸铝	2 ～ 32
北京市	浊度小于 50NTU	三氯化铁	5.0
上海市	浊度 12 ～ 460NTU，平均 63NTU；水温 3.5 ～ 32.5℃，平均 17.9℃	碱式氯化铝、精制硫酸铝、液铝等	15 ～ 30
天津市	浊度 4 ～ 60NTU，平均 20 ～ 25NTU；水温 0 ～ 25℃	硫酸亚铁	10 ～ 20
广州市	浊度夏季为 60 ～ 150NTU，冬季为 20 ～ 40NTU，平均 100NTU；水温 20 ～ 31℃	铝盐、碱式氯化铝	30 ～ 40
南昌市	浊度 20 ～ 800NTU；水温 4.5 ～ 37℃	精制硫酸铝，洪峰时加聚丙烯酰胺助凝剂	8 ～ 12
南宁市	浊度 5 ～ 900NTU；水温 11 ～ 32℃	碱式氯化铝、精制硫酸铝	20
福州市	浊度 7 ～ 300NTU	硫酸铝、明矾	13. 2 ～ 28.9
成都市	浊度 6 ～ 1200NTU，平均 100NTU；水温 5 ～ 24℃	三氯化铁、碱式氯化铝，高浊度时加聚丙烯酰胺助凝剂	22 32
大连市	浊度 10 ～ 300NTU	精制硫酸铝	5 ～ 60
无锡市	浊度 6 ～ 200NTU	液铝、精制硫酸铝、三氯化铁	13 ～ 30
宜昌市	浊度 10 ～ 3000NTU.	碱式氯化铝	3 ～ 5
厦门市	浊度 20 ～ 300NTU	精制硫酸铝	10 ～ 28
长春市	一厂进水浊度 10 ～ 10000NTU	硫酸铝、碱式氯化铝，加活化硅助凝	50 ～ 85 活化硅 5.0 ～ 8.5
	二水厂进水浊度 8 ～ 1800NTU	硫酸铝	25 ～ 70
吉林市	浊度 5 ～ 6000NTU	硫酸铝	30
南通市	浊度 60 ～ 1000NTU	三氯化铁	10 ～ 13，平均 11
随州市	浊度 20 ～ 15000NTU	碱式氯化铝	8 ～ 9
辽源市	浊度 5 ～ 24000NTU	碱式氯化铝、精制硫酸铝	5 ～ 150，平均 45
攀枝花市	浊度 150 ～ 1500NTU	碱式氯化铝、三氯化铁	0.7 ～ 13.7，平均 7.0
潮州市	浊度 10 ～ 4000NTU	碱式氯化铝	3 ～ 15
松江县	浊度 40 ～ 100NTU	碱式氯化铝	14 ～ 20，平均 18
绍兴市	浊度 10 ～ 150NTU	硫酸铝	12 ～ 18

3.2.3　典型应用案例

（1）东营某水务公司

东营某水务公司水厂 1 设计水处理能力 $2.0\times10^5m^3/d$。水厂原有工艺流程为水库→提升泵房→钟罩式脉冲澄清池→双阀滤池→清水池→清水泵房。近年来，供水公司对水厂常规处理工艺钟罩式脉冲澄清池、双阀滤池进行了改造，将钟罩式脉冲澄清池改造为絮凝反应及斜管沉淀池，双阀滤池改造为V型滤池。其水厂2设计规模为$6\times10^4m^3/d$，2007年进行了$6\times10^4m^3/d$的常规工艺改造。其水厂3设计供水规模为$1.0\times10^5m^3/d$，2002年和2005年分别进行了$5\times10^4m^3/d$的常规工艺改造。

（2）哈尔滨某水厂

哈尔滨某水厂，原水来自松花江水源地，目前一期建设完毕已投入运行，日供水能力22.5万吨，二期正在建设过程中。水厂一期工艺采用深度处理工艺，工艺流程为混凝→沉淀→快速滤池→臭氧→紫外→沸石活性炭→生物活性→消毒，净水剂采用聚氯化铝（氧化铝含量约为8%），消毒剂采用次氯酸钠（有效氯为5%）。松花江哈尔滨段上游由2条河流汇聚而成：一条河流为来自吉林的西流松花江，其主要污染物种类为氨氮（一般冬季含量较高）；另一条河流为嫩江，主要污染物种类为高锰酸盐指数。目前随着上游对污染企业的治理工作不断加强，原水水质较往年明显好转，依据《地表水环境质量标准》（GB 3838—2002）的要求，松花江哈尔滨段全年水质均能满足地表水Ⅲ类水体的标准限值。

（3）上海某水厂

上海某水厂水源取自青草沙水库，为我国最大的江心水库，最大有效库容达$5.53\times10^8m^3$，设计有效库容为$4.35\times10^8m^3$，其水质要求达到国家Ⅱ类标准。水厂一期工程（$4.0\times10^5m^3/d$）于1997年建成投产，采用平流式沉淀池→V型滤池的常规处理工艺；2006年二期扩建工程（$2.0\times10^5m^3/d$）竣工投产，采用Actiflo澄清池→Filter TGV滤池处理工艺；2010年3月该水厂$6.0\times10^5m^3/d$深度处理工程投入运行，该水厂净水深度处理工艺主要包括预臭氧、中间提升、后臭氧、活性炭吸附和紫外线（UV）消毒等工艺设施，其工艺流程如图3-2所示。

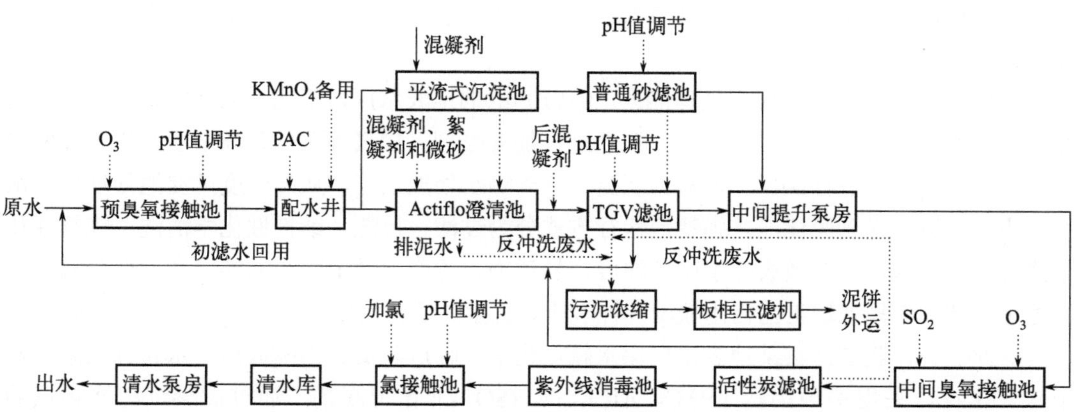

图3-2 上海某水厂净水深度处理工艺流程

水厂共建有3组Actiflo澄清池，总占地面积为$1600m^2$，所用混凝剂为聚氯化铝，每组Actiflo澄清池包括混凝池、投加池、絮凝熟化池以及斜管沉淀池，单组设计处理能力为$2900m^3/d$，是一种通过使用微砂帮助絮团形成的紧凑工艺，具有占地面积小、沉淀效率高的特点，具体工艺流程如图3-3所示。

经Actiflo配水井，水流进入混凝池进行快速混合。投加池中投加作为絮体凝核的微砂，提高絮凝效果并增加絮体的重量；所投加的高分子助凝剂（PAM）具有吸附架桥作用，加大了絮体、悬浮固体和微砂之间的黏结，形成更大、更重的絮体。含微砂的污泥沉淀在斜管沉淀池底部，旋转刮板将污泥混合物刮向中心坑内。污泥循环泵24h连续抽取坑内污泥到Actiflo系统投加池上方的水力旋流装置，借助离心力使泥浆和微砂得到很好的分离。泥浆从旋流器上部流出，进入排泥水处理系统，约占回流量的80%；分离出的微砂则由旋流器的下部流出，直接投到投加池中继续参与反应，约占回流量的20%。

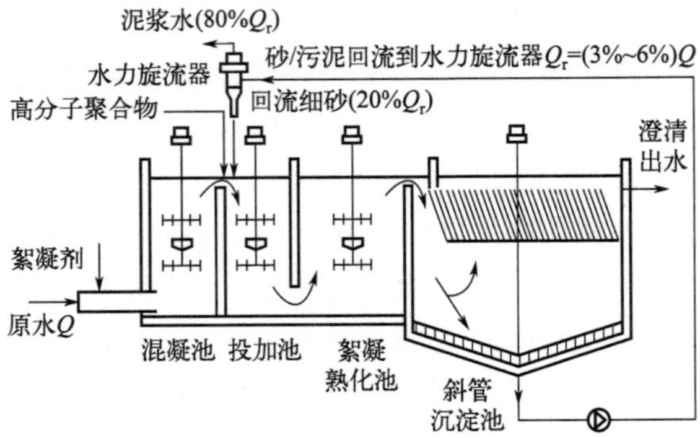

图3-3　Actiflo澄清池工艺流程

（4）乌鲁木齐某水厂

乌鲁木齐某水厂占地面积$6.9\times10^4m^2$（约合103亩），地面平均标高1002m。始建于1995年，1997年正式投入运营。原水取自乌拉泊水库，取水管线全长约8.4km，管径1.2m，沿途经过八一闸、二建闸、兰新铁路、904电台等地进入厂区。原工艺设计水量为$6.6\times10^4m^3/d$，分一期、二期。主要水处理设施包括机械搅拌澄清池、V型滤池、加药间、加氯间和泵房等。源水经过投加混凝剂，进入机械搅拌澄清池，经混凝、絮凝、沉淀、澄清进入V型滤池进行过滤，滤后水再经加氯消毒进入清水池及供水管网，水厂要求全年控制出厂水浊度不超过0.6NTU。

2011年，水厂新建一座日处理能力$1.0\times10^5m^3$的地表水厂，工艺上采用中置式高密度沉淀池+浸没式超滤膜过滤组合工艺。在经过投加混凝剂、加氯等预处理环节后，进入2座中置式高密度沉淀池进行混凝、絮凝、沉淀、分离等水处理工艺，从高密度沉淀池处理后的水经过集水渠道输送到膜滤池。膜滤池运行方式分为过滤、反洗、维护性化学清洗、恢复性化学清洗。超滤膜可以有效去除水中的浊度、悬浮物、色度、微生物（如细菌和大部分病毒）。膜处理工艺和常规处理工艺相比较，各种水质和流量的适应性更强，出水水质更加稳定。

除此之外，我国沛县某地表水厂原水氟化物常年临近限值，为降低出厂水超标风险，基于水厂工况，采用多种铝盐［PAC、$AlCl_3$、$Al_2(SO_4)_3$］作混凝剂，通过混凝沉淀烧杯试验和中试研究确定了不同铝系混凝剂的除氟效果。结果表明：$AlCl_3$和$Al_2(SO_4)_3$除氟率可达45%，且随着投加量增加而增大，更换混凝剂强化混凝的方案为水厂在应急除氟时提供了选择。

上海某水厂采用常规给水处理工艺，包括混凝、沉淀、过滤、消毒工序。其中，2009～2015年采用聚硫氯化铝药剂，自2016年起，为确保出厂水Al^{3+}含量达标，冬季（11月至次年3月）采用聚硫氯化铝药剂、夏季（4～10月）采用$Al_2(SO_4)_3$药剂。采用聚硫氯化铝作为混凝剂，其投加量与原水水温成反比，与原水浊度、亚硝酸盐含量、碱度成正比；采用$Al_2(SO_4)_3$作为混凝剂，夏季其投加量与原水浊度成反比，与原水水温成正比，是同期聚硫氯化铝投加量的 2 倍。

郑州市某水厂在 2012 年对絮凝沉淀池及加药系统进行了系统改造。在混合搅拌机前同时投加 PAC 和活化硅酸钠的混凝效果优于先投加 PAC 后投加活化硅酸钠的混凝效果。采用混凝法处理饮用水多用于含泥沙的江河水和各种受污染的水。

四川某煤矿以矿井井下水作生活用水，水中含有大量的悬浮物、有机物、机油和大肠杆菌。使用氯化铝处理后，水达到了透明、无异味、大肠杆菌少于 35 个 /L，各种指标均符合饮用水卫生标准。

西川某自来水厂取用西川河水，含泥沙较多。采用聚氯化铝作混凝剂、聚丙烯酰胺作助凝剂，处理后泥沙、色度、细菌等的去除率较高。

3.3 技术评估

3.3.1 评估指标体系

从产品调研结果来看，评价铝系混凝剂的主要性能指标有氧化铝（Al_2O_3）含量、盐基度、密度、水不溶物含量、pH 值、氨态氮（N）含量、砷（As）含量、铅（Pb）含量、镉（Cd）含量、汞（Hg）含量、六价铬（Cr^{6+}）含量等 11 个；从相关标准看，除调研涉及的部分指标外，对其他金属、重金属等亦有要求；而用户同时也对污染物的去除率、投加混凝剂后的出水指标情况、成本等指标有所关注；另外，从整个混凝剂行业来看，产品相关标准、出口比例、市场占有率等指标亦对混凝剂的整体评价有所影响。因此，根据调研结果，参照相关标准规范，结合生产企业和用户关注的主要问题，考虑行业的发展等筛选出铝系混凝剂评估指标 16 项，具体见表 3-6。

表 3-6 铝系混凝剂评估指标

序号	评估指标	序号	评估指标
1	氧化铝的质量分数	9	沉淀出水浊度
2	盐基度	10	出厂水铝浓度
3	不溶物的质量分数	11	矾花生成情况
4	适用 pH 值范围	12	药剂成本
5	浊度去除率（烧杯试验）	13	制水成本
6	耗氧量去除率（烧杯试验）	14	产品标准
7	出水铝浓度（烧杯试验）	15	是否出口及比例
8	重金属杂质	16	市场占有率

结合技术先进性、技术可靠性、性能稳定性、经济适用性、国际竞争力等方面，选取技术先进性、技术可靠性、性能稳定性、经济适用性、国际竞争力 5 项指标作为一级评估指标集，在一级评估指标的基础上将其进一步细化分解为 16 项二级评估指标，形成评估矩阵图，具体如图 3-4 所示。

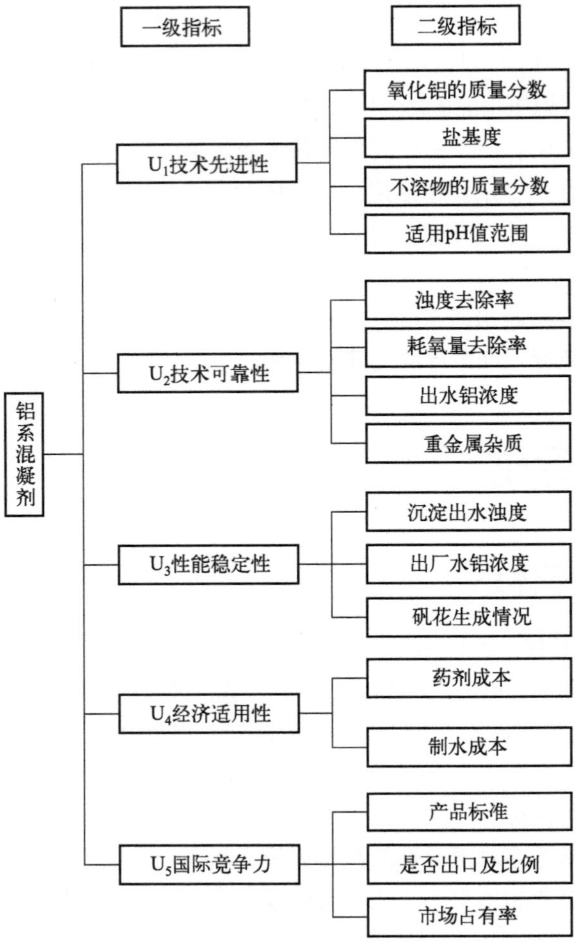

图 3-4　铝系混凝剂评估矩阵图

3.3.2　评估指标赋值

3.3.2.1　混凝剂一级指标

将铝系混凝剂评估指标分为技术先进性、技术可靠性、性能稳定性、经济适用性及国际竞争力 5 项，结合铝系混凝剂技术及材料特点，对 5 项一级指标分别赋予权重及建议值，分别为 U_2 技术可靠性（0.30）＞ U_3 性能稳定性（0.25）＞ U_1 技术先进性（0.20）＞ U_4 经济适用性（0.15）＞ U_5 国际竞争力（0.10）。

铝系混凝剂作为水处理药剂材料，涉及千家万户的身体及生命安全，因此需要保证其技术可靠。其对典型污染物例如浊度、耗氧量、重金属等的去除必须达到一定效率，出水铝浓度应能控制在标准限值以下。只有在技术可靠性指标能够保证的情况下才能将混凝剂应用于实际生产。因此 U_2 技术可靠性放在权重第一位，建议赋值 0.30。

由于在水厂的实际生产中需要保证水质持续达标，若混凝剂的性能指标不稳定，就会对出厂水质造成较为严重的影响，从而不能精确掌控水厂的处理工艺参数。因此 U_3 性能稳定性放在权重第二位，建议赋值 0.25。

随着混凝剂生产的日益发展，其产品质量需要不断提高，其氧化铝的质量分数、盐基度、不溶物的质量分数、适用 pH 值范围等参数需要不断得到提高，以适应市场化的发展。因此 U_1 技术先进性放在权重第三位，建议赋值 0.20。

铝系混凝剂作为水处理药剂使用的时候，需要大量应用于生产，以保证水厂持续有效运行，所以应保证经济适用性。因此将 U_4 经济适用性放在权重第四位，建议赋值 0.15。

相对国际混凝剂发展现状，国内铝系混凝剂经历了三个阶段：20 世纪 70 年代，从国外引进；20 世纪 80 年代到 2000 年左右，处于创新、研发及产业化阶段，建立起了我国具有自主知识产权的水处理药剂及技术体系；2001 年以后，进入了产业化阶段。因此将 U_5 国际竞争力放在权重的最后一位，建议赋值 0.10。

3.3.2.2　混凝剂二级指标

结合铝系混凝剂技术及材料特点，分别对技术先进性、技术可靠性、性能稳定性、经济适用性及国际竞争力进行二级指标的细化和赋分。

（1）U_1 技术先进性

氧化铝的质量分数、盐基度、不溶物的质量分数、适用 pH 值范围等指标可体现铝系混凝剂的技术先进性。其中，氧化铝的质量分数、盐基度、不溶物的质量分数是技术先进性最有效、最权威的指标，故赋值最高，分别为 30 分；铝系混凝剂的适用 pH 值范围越宽，其水处理效果越好，因此为评价铝系混凝剂技术水平的重要指标，但因为目前市场上的铝系混凝剂的适用 pH 值范围都相差不大，故赋分 10 分。其中，氧化铝的质量分数 $\geqslant$ 25% 为 26 ～ 30 分，氧化铝的质量分数 10% ～ 24% 为 0 ～ 25 分；盐基度 60% ～ 90% 为 20 ～ 30 分，盐基度 45% ～ 60% 为 10 ～ 20 分，盐基度 $<$ 45% 为 0 ～ 10 分；不溶物的质量分数 $\leqslant$ 0.1% 为 10 ～ 30 分，不溶物的质量分数 $>$ 0.1% 为 0 ～ 10 分；pH5 ～ 9 之间为 5 ～ 8 分，高于这个范围为 8 ～ 10 分，低于这个范围为 0 ～ 5 分。

（2）U_2 技术可靠性

在混凝剂用于实际生产前，必须保证混凝剂的主要参数达标，才能将之应用于实际生产。因此，实验室的试验数据，比如浊度去除率、耗氧量去除率、出水铝浓度等在实验室数据可靠时，其技术可靠性才高。其中，浊度去除率为混凝剂去除效果的关键性指标、出水铝浓度为混凝剂原料质量参考的重要参数，因此各赋分 30 分；耗氧量去除率为混凝剂去除有机物效果的重要参数，重金属杂质为混凝剂产品质量参考的重要依据，因此各赋分 20 分。浊度去除率 $\geqslant$ 50% 为 20 ～ 30 分，30% ～ 50% 为 10 ～ 20 分，$<$ 30% 为 0 ～ 10 分；耗氧量去除率 $\geqslant$ 30% 为 15 ～ 20 分，10% ～ 30% 为 10 ～ 15 分，$<$ 10% 为 0 ～ 10 分；出水铝浓度 $<$ 0.2mg/L 为 5 ～ 20 分，$\geqslant$ 0.2mg/L 为 0 ～ 5 分，测量值越低越好；重金属杂质满足产品的质量要求为 10 ～ 20 分，不满足质量要求为 0 ～ 10 分，含量越低，分值越高。

（3）U_3 性能稳定性

根据铝系混凝剂的工作特性，水厂采用混凝剂的主要目的即为降低出水浊度，因此沉淀出水浊度指标最能反映混凝剂的性能稳定性，因此赋分最高，为 50 分；另外，出厂水铝浓度也是需要重点关注的水质指标之一，部分水厂会因为混凝剂投加量过大或原水 pH 值较高产生残余铝超标现象，因此赋分次之，为 30 分；矾花生成情况是反映混凝效果好坏的过程控制因素，矾花越结实、密度越大则沉降性能越好，矾花密度越小则沉降性能较差，混凝效果不好，水厂有经验的水处理工艺运行工可通过观察絮凝池矾花生成情况来判断混凝效果，因此矾花生成情况被列为评估指标之一，赋分为 20 分。沉淀出水浊度≤ 0.5NTU 为 30 ～ 50 分，0.5 ～ 1NTU 为 10 ～ 30 分，≥ 1NTU 为 0 ～ 10 分；出厂水铝浓度≤ 0.2mg/L 为 10 ～ 30 分，＞ 0.2mg/L 为 0 ～ 10 分，含量越高，分值越低；矾花生成较好为 15 ～ 20 分，矾花生成一般为 10 ～ 15 分，矾花生成较差为 0 ～ 10 分。

（4）U_4 经济适用性

对于混凝剂来说，主要成本来自药剂购买，药品价格是影响经济适用性的主要因素，因此赋分，为 50 分；混凝工艺段除药剂成本之外，制水成本主要包括药剂投加设施运行电耗、耗材等费用，对经济适用性来说，其重要性与药品成本相当，因此赋分 50 分。药剂成本：低于行业平均水平为 41 ～ 50 分，与行业平均水平相当为 25 ～ 40 分，高于行业平均水平为 0 ～ 25 分；制水成本：低于行业平均水平为 31 ～ 50 分，与行业平均水平相当为 21 ～ 30 分，高于行业平均水平为 0 ～ 20 分。

（5）U_5 国际竞争力

产品标准是保证混凝剂质量的重要标尺，产品标准越完善、产品质量越高，是体现国际竞争力的重要因素之一，因此赋分权重较高，为 40 分；混凝剂产品出口也是体现国际竞争力的指标之一，鉴于混凝剂的产品特点及运输成本较高，水厂一般采取当地采购，因此出口份额较少，仅有靠近东南亚的部分省份有混凝剂产品出口情况，因此赋分较低，为 20 分；市场占有率是最直接体现行业内产品竞争能力的指标，市场占有率高，一方面说明产品竞争力强，同时能收到用户的反馈而不断改善产品、提高产品质量、完善服务体系，是走向国际市场提高国际竞争力的基础，故赋分 40 分。具备国家标准为 40 分，行业标准为 30 分，团标、地标为 20 分，企标为 10 分，无标准为 0 分；出口得 5 ～ 20 分，未出口为 0 分；市场占有率高于 70% 为 25 ～ 40 分，市场占有率在 50% ～ 70% 为 15 ～ 25 分，市场占有率低于 50% 为 0 ～ 15 分。

具体评估指标分配及权重赋分及打分规则如表 3-7、表 3-8 所列。

表 3-7　铝系混凝剂评估指标分配及权重和赋分表

一级指标	权重	二级指标	满分 / 分
U_1 技术先进性	0.20	A_1 氧化铝的质量分数	30
		A_2 盐基度	30
		A_3 不溶物的质量分数	30
		A_4 适用 pH 值范围	10
		汇总	100
U_2 技术可靠性	0.30	B_1 浊度去除率（烧杯试验）	30
		B_2 耗氧量去除率（烧杯试验）	20
		B_3 出水铝浓度（烧杯试验）	30
		B_4 重金属杂质	20
		汇总	100
U_3 性能稳定性	0.25	C_1 沉淀出水浊度	50
		C_2 出厂水铝浓度	30
		C_3 矾花生成情况	20
		汇总	100

续表

一级指标	权重	二级指标	满分 / 分
U_4 经济适用性	0.15	D_1 药剂成本	50
		D_2 制水成本	50
		汇总	100
U_5 国际竞争力	0.10	E_1 产品标准	40
		E_2 是否出口及比例	20
		E_3 市场占有率	40
		汇总	100

表 3-8　铝系混凝剂评估指标及打分规则

权重	一级指标	二级指标	满分 / 分	打分规则	说明
0.20	U_1 技术先进性（100）	A_1 氧化铝的质量分数	30	≥ 25%，26 ～ 30 分；10% ～ 24%，0 ～ 25 分	根据 GB 15892《生活饮用水用聚氯化铝》的要求，液体产品氧化铝含量 10%；日本工业标准 JIS K1475：2006 规定液体氧化铝含量 10.0% ～ 11.0%；美国给水工程协会标准 ANSI/AWWA B408—2010 规定液体氧化铝含量 5% ～ 25%。盐基度 45% ～ 90%。不溶物质量分数≤ 0.1% 鉴于 A_1 ～ A_3 指标均属于标准内质量指标，权重平均分配，A_4 适用 pH 范围权重较低
		A_2 盐基度	30	60% ～ 90%，20 ～ 30 分；45% ～ 60%，10 ～ 20 分；＜ 45%，0 ～ 10 分	
		A_3 不溶物的质量分数	30	≤0.1%，10～30 分；＞0.1%，0～10 分	
		A_4 适用 pH 范围	10	在 pH5 ～ 9 之间，5 ～ 8 分；高于这个范围，8 ～ 10 分；低于这个范围，0 ～ 5 分	
0.30	U_2 技术可靠性（100）	B_1 浊度去除率（烧杯试验）	30	≥ 50%，20 ～ 30 分；30% ～ 50%，10 ～ 20 分；＜ 30%，0 ～ 10 分	技术可靠性从污染物去除效果和安全性两个方面评价，以实验室烧杯试验和检测结果作为评价依据，由于混凝剂以胶体颗粒及微小悬浮物去除为主，因此浊度去除率权重较高（30 分），其次是耗氧量去除率（20 分）；安全性方面关注出水铝浓度（30 分）和重金属杂质（20 分），不能引入污染物
		B_2 耗氧量去除率（烧杯试验）	20	≥ 30%，15 ～ 20 分；10% ～ 30%，10 ～ 15 分；＜ 10%，0 ～ 10 分	
		B_3 出水铝浓度（烧杯试验）	30	＜0.2mg/L，5～20 分；≥0.2mg/L，0 ～ 5 分。测量值越低越好	
		B_4 重金属杂质	20	满足产品的质量要求，10 ～ 20 分；不满足质量要求，0 ～ 10 分。含量越低，分值越高	
0.25	U_3 性能稳定性（100）	C_1 沉淀出水浊度	50	≤ 0.5NTU，30 ～ 50 分；0.5 ～ 1NTU，10 ～ 30 分；≥ 1NTU，0 ～ 10 分	沉淀出水浊度是反映活性炭性能稳定最直接的指标，故权重较高（50 分）；出厂水铝浓度是反映铝系混凝剂的重要指标，故权重赋分 30 分；另外生产过程中沉淀池中矾花生成情况作为过程控制，也具有重要的影响，有经验的运行工可以根据经验观察出矾花的生成情况好坏，故权重赋分 20 分
		C_2 出厂水铝浓度	30	≤0.2mg/L，10～30 分；＞0.2mg/L，0 ～ 10 分。含量越高，分值越低	
		C_3 矾花生成情况	20	观察法：矾花生成较好，15 ～ 20 分；矾花生成一般，10 ～ 15 分；矾花生成较差，0 ～ 10 分	

续表

权重	一级指标	二级指标	满分 / 分	打分规则	说明
0.15	U_4 经济适用性（100）	D_1 药剂成本	50	低于行业平均水平，41 ～ 50 分；与行业平均水平相当，25 ～ 40 分；高于行业平均水平，0 ～ 25 分	混凝剂价格是直接反映经济适用性的重要因素，分值适当调高。吨水制水成本可间接反映经济适用性，其中包含投加量、投加方式、投加设施维护等费用。这两者在影响水厂生产成本方面重要性差不多，因此平均分配权重
		D_2 制水成本	50	低于行业平均水平，31 ～ 50 分；与行业平均水平相当，21 ～ 30 分；高于行业平均水平，0 ～ 20 分	
0.10	U_5 国际竞争力（100）	E_1 产品标准	40	具备国家标准：40 分；行业标准：30 分；团标、地标：20 分；企业标准：10 分；无：0 分	产品标准反映了该产品在国内的整体发展水平，故赋分 40 分。目前我国聚氯化铝主要出口东南亚、爱尔兰、非洲、西亚等国家和地区，出口比例越高，说明在国际市场占有率越高，赋分 20 分。市场占有率越高，说明国产化水平越高，赋分 40 分
		E_2 是否出口及比例	20	出口得 5 ～ 20 分，未出口 0 分	
		E_3 市场占有率	40	市场占有率高于 70%，25 ～ 40 分；市场占有率在 50% ～ 70%，15 ～ 25 分；市场占有率低于 50%，0 ～ 15 分	

3.3.3 评估指标体系应用

邀请涵盖高校研究机构、生产企业、设计院所等在内的 10 名专家根据建立的评估体系对铝系混凝剂进行了专家评估，赋值结果显示国内铝系混凝剂生产和应用的技术就绪度整体达到 9 级，仍需进一步提高技术先进性及性能稳定性。评估打分表及评估结果分别见表 3-9、图 3-5。

表 3-9 铝系混凝剂专家评分汇总

序号	U_1 技术先进性		U_2 技术可靠性		U_3 性能稳定性		U_4 经济适用性		U_5 国际竞争力	
	分值 / 分	权重	分值 / 分	权重	分值 / 分	权重	分值 / 分	权重	分值 / 分	权重
1	89	0.2	91	0.3	90	0.25	96	0.15	91	0.1
2	91	0.2	94	0.3	86	0.25	93	0.15	88	0.1
3	84	0.2	90	0.3	90	0.25	63	0.15	92	0.1
4	89	0.2	88	0.3	85	0.25	96	0.15	91	0.1
5	86	0.2	91	0.3	88	0.25	96	0.15	91	0.1
6	85	0.2	90	0.3	88	0.25	96	0.15	94	0.1
7	89	0.2	91	0.3	88	0.25	96	0.15	91	0.1
8	86	0.2	91	0.3	88	0.25	96	0.15	91	0.1
9	84	0.2	91	0.3	88	0.25	93	0.15	89	0.1
10	89	0.2	91	0.3	90	0.25	95	0.15	91	0.1
计算结果	技术就绪度（TRL）	明确需求（TRL1）	技术方案（TRL2）	通过论证（TRL3）	小试研究（TRL4）	中试研究（TRL5）	形成产品（TRL6）	三方评估（TRL7）	标准化（TRL8）	推广应用（TRL9）
	$B=WR$	0	0	0	0	0	0	0	2.42	2.53

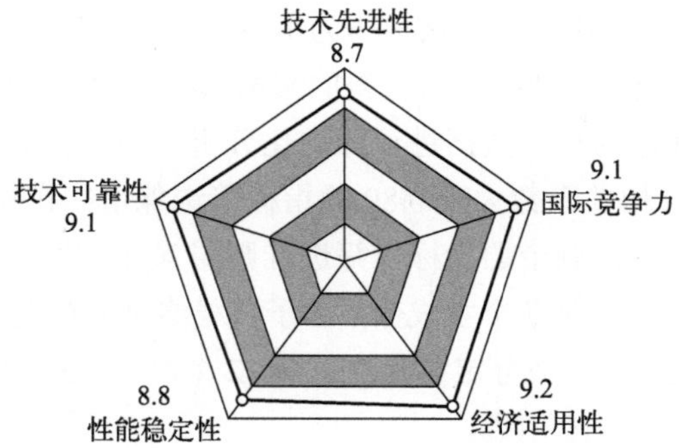

图 3-5　铝系混凝剂评估结果

3.4　应用验证

3.4.1　验证指标筛选

铝系混凝剂的验证采用了实验室验证及生产验证两种形式。其中，实验室验证内容分为合格性指标和性能指标，合格性指标包括氧化铝的质量分数、盐基度、密度、不溶物的质量分数、pH 值、砷的质量分数、六价铬的质量分数、汞的质量分数、铅的质量分数、镉的质量分数等，性能指标包括除浊度效能、除耗氧量效能、除 TOC 效能、除 UV_{254} 效能、残余铝浓度等。生产验证内容包括采购价格、投药量、药剂成本、制水成本、混凝时间、除浊度效能、除耗氧量效能、除 TOC 效能、除 UV_{254} 效能、残余铝浓度、应用规模（水厂水量）等。产品验证技术路线如图 3-6 所示。

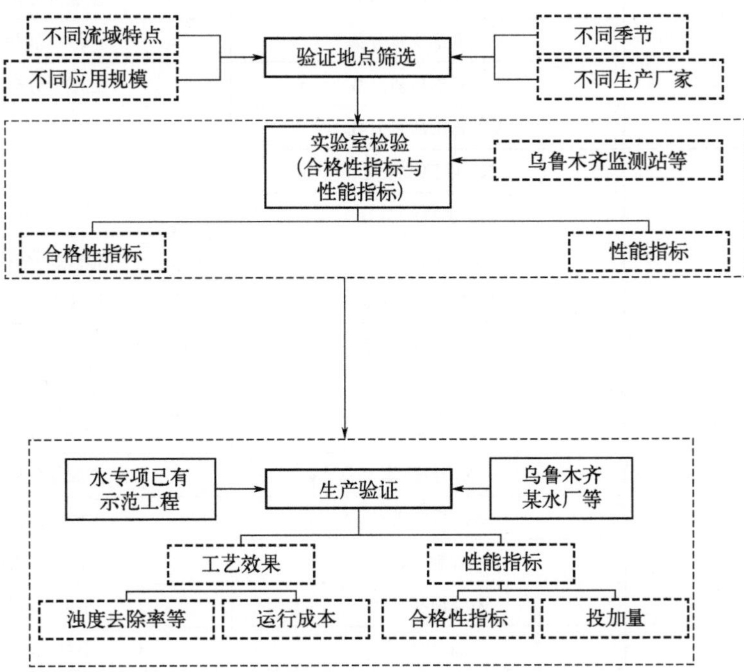

图 3-6　铝系混凝剂产品验证技术路线

利用铝系混凝剂实际应用中的高频指标作为重点，结合文献梳理和实地调查研究进行指标的海选。根据可观测性原则将数据无法获得的海选指标删除，保证初步筛选后的指标体系可以量化，然后对初步筛选的指标数据进行标准化分析，基于相关性分析将 X_1 准则层相关系数大于 0.90、X_2 准则层相关系数大于 0.80 的指标筛选保留。在相关性分析的基础上，利用主成分分析筛选各准则层内剩余的指标，筛选准则层 X_1 的累积方差贡献率达到 75%、X_2 选取累积方差贡献率达到 85% 时各个主成分中因子负载绝对值较大的指标。

经过初步筛选和相关性、主成分定量筛选，从 32 个海选指标中筛选出分别适用于小试、生产测试的 7 个指标，如表 3-10 所列。

表 3-10　铝系混凝剂的指标筛选结果

序号	准则层	指标层	筛选结果
1	X_1 小试	$X_{1.1}$ 氧化铝的质量分数	主成分分析删除
2		$X_{1.2}$ 盐基度	保留
3		$X_{1.3}$ 密度	主成分分析删除
4		$X_{1.4}$ 不溶物的质量分数	主成分分析删除
5		$X_{1.5}$ pH 值	主成分分析删除
6		$X_{1.6}$ 除浊度效能	保留
7		$X_{1.7}$ 除耗氧量效能	相关性分析删除
8		$X_{1.8}$ 除 TOC 效能	保留
9		$X_{1.9}$ 除 UV_{254} 效能	相关性分析删除
10		$X_{1.10}$ 残余铝含量	保留
11		$X_{1.11}$ 砷的质量分数	不可观测删除
12		$X_{1.12}$ 六价铬的质量分数	主成分分析删除
13		$X_{1.13}$ 汞的质量分数	不可观测删除
14		$X_{1.14}$ 铅的质量分数	主成分分析删除
15		$X_{1.15}$ 镉的质量分数	不可观测删除
16	X_2 生产	$X_{2.1}$ 除浊度效能	保留
17		$X_{2.2}$ 除 TOC 效能	保留
18		$X_{2.3}$ 除耗氧量效能	相关性分析删除
19		$X_{2.4}$ 除 UV_{254} 效能	相关性分析删除
20		$X_{2.5}$ 残余铝浓度	保留
21		$X_{2.6}$ 应用规模	不可观测删除
22		$X_{2.7}$ 采购价格	不可观测删除
23		$X_{2.8}$ 投药量	主成分分析删除
24		$X_{2.9}$ 药剂成本	主成分分析删除
25		$X_{2.10}$ 制水成本	主成分分析删除
26		$X_{2.11}$ 混凝时间	不可观测删除
27		$X_{2.12}$ 出口量	不可观测删除
28		$X_{2.13}$ 生产规模	不可观测删除

续表

序号	准则层	指标层	筛选结果
29	X_2 生产	$X_{2.14}$ 自控水平	不可观测删除
30		$X_{2.15}$ 应用业绩	不可观测删除
31		$X_{2.16}$ 产品质量认证	不可观测删除
32		$X_{2.17}$ 售后服务	不可观测删除

3.4.2　验证指标体系及等级划分

铝系混凝剂的性能指标之间存在一定的相关性，处理效果指标之间也存在不同的相关性。根据主成分分析，铝系混凝剂的指标主要分为性能、效果、经济三方面，性能中主要起作用的指标为盐基度，效果中主要起作用的包括除浊度效能、除 TOC 效能、残余铝浓度等，经济中主要起作用的是投药量、药剂成本、制水成本等。不同产品的指标相关性会受检测条件的影响而有所变动。而经过验证指标的筛选过程，初步筛选去掉了无法获取数据的指标，相关性分析删除同一准则层内相关系数大的指标，避免了指标反映重复信息，主成分分析删除了主成分中因子负载系数绝对值小的指标，保证了筛选出的指标对评价结果有显著影响。即从 15 个小试测试指标中筛选出 4 个指标，从 17 个生产测试指标中筛选出 3 个指标，主要包括铝系混凝剂的盐基度、除浊度效能、除 TOC 效能、残余铝浓度等。这些指标涵盖了产品质量、应用效果等几个方面，由于不同混凝剂的生产成本之间相差不大，因此筛选出的指标具有较好的合理性。

将以上得到的指标体系按照文献调查、实地调研及上述小试和生产试验结果对评价指标进行等级划分，筛选出的 7 个指标分为优良、合格、不合格三个等级。具体等级划分规则见表 3-11。

表 3-11　评价指标的等级划分

指标	等级
盐基度（小试）	60% ～ 95% 优良；30% ～ 60% 合格；＜ 30% 不合格
除浊度效能（小试）	≥ 50% 优良；30% ～ 50% 合格；＜ 30% 不合格
除 TOC 效能（小试）	≥ 30% 优良；10% ～ 30% 合格；＜ 10% 不合格
残余铝浓度（小试）	＜ 0.2mg/L 合格；≥ 0.2mg/L 不合格
除浊度效能（生产）	≥ 50% 优良；30% ～ 50% 合格；＜ 30% 不合格
除 TOC 效能（生产）	≥ 30% 优良；10% ～ 30% 合格；＜ 10% 不合格
残余铝浓度（生产）	＜ 0.2mg/L 合格；≥ 0.2mg/L 不合格

3.4.3　典型产品验证案例

基于建立的验证体系，以济南某水厂为例，对铝系混凝剂进行生产验证，验证技术路线见图 3-7。该水厂坐落在济南西部，以引黄水库为水源，于 1986 年建成一期工程，供水规模 $2\times10^5m^3/d$。1994 年建成二期工程，设计供水规模 $2\times10^5m^3/d$。两期工艺并行运行，总设计规模 $4\times10^5m^3/d$。水厂原有一期和二期工程工艺均为常规处理工艺，包括机械混凝、斜管沉淀、砂滤和消毒四个基本单元。根据水厂存在的处理工艺问题及原水水质特点，采用的新型主体工艺为“中置式高密度沉淀池→臭氧催化氧化接触池→上向流生物活性炭滤池→V型砂滤池→液氯消毒”。工艺单元包括高密度沉淀池、臭氧接触池、上向流生物活性炭滤池、V型砂滤池及其配套设备及消毒等。新型主体工艺适合用于引黄水库水的处理，且目前采用的运行参数可以保证进水水质条件下的出水水质达标。

图 3-7　济南某水厂验证技术路线

验证实验方法为取水厂混凝剂进出水进行水质指标检测，并根据日常运行状况及混凝剂使用说明书对部分指标进行观测。由划分的评价指标等级对验证地点指标进行验证。

本应用案例为机械混凝，生产验证主要采用了盐基度（小试）、除浊度效能（小试）、除TOC效能（小试）、残余铝浓度（小试）、除浊度效能（生产）、除TOC效能（生产）、残余铝浓度（生产）等性能指标。结果表明，两种混凝剂产品各项指标均为合格，其中在盐基度、除浊度效能（小试）和除浊度效能（生产）方面达到优良。具体验证结果如表3-12所列。

表 3-12　铝系混凝剂验证评估结果

验证指标	型号 1		型号 2	
	验证结果	评估结论	验证结果	评估结论
盐基度（小试）/%	72	优良	70	优良
除浊度效能（小试）/%	97.7	优良	84	优良
除TOC效能（小试）/%	26.2	合格	21.5	合格
残余铝浓度（小试）/（mg/L）	0.152	合格	0.0069	合格
除浊度效能（生产）/%	95.6	优良	55	优良
除TOC效能（生产）/%	20.2	合格	25	合格
残余铝浓度（生产）/（mg/L）	0.021	合格	0.0080	合格

第4章 次氯酸钠溶液

4.1 产品概述

4.1.1 次氯酸钠特性及消毒原理

4.1.1.1 次氯酸钠特性

次氯酸钠（sodium hypochlorite）属于含氯消毒剂，并且是含氯消毒剂中被广泛应用的一种。次氯酸钠溶液是一种用途极为广泛的广谱杀菌灭藻的强氧化剂，杀菌效力同氯气和氯的化合物相比，具有相同的氧化性和相当的消毒作用；同其他消毒剂相比较，次氯酸钠能与水以任意比互溶，目前在水处理领域中是一种较为理想的消毒方式。次氯酸钠的优势在于具有较低的制备成本、较容易的制备工艺，并且对芽孢、真菌、细菌、病毒都有着很好的杀灭效果，而其劣势则在于次氯酸钠具有明显的不稳定性，储存次氯酸钠的过程中很容易因为次氯酸钠中有效氯分解而导致次氯酸钠的使用效果降低，也正因为如此，不断提高次氯酸钠的稳定性是次氯酸钠生产中一直被关注的重要课题。

次氯酸钠固体为白色粉末，次氯酸钠溶液呈微黄色。工业上的次氯酸钠溶液有效氯含量一般为10%～13%。成品溶液分解损失本就较大，特别当气温较高时，分解速度更快。当温度处于15℃以下时，次氯酸钠水溶液处在一个相对稳定的状态，而温度越高则次氯酸钠水溶液的分解也就越剧烈；至70℃，次氯酸钠水溶液会猛烈分解，大量产生的活性氧甚至会引发爆炸，其原因是次氯酸钠溶液中出现自氧化歧化过程，使次氯酸钠转化为氯化钠和氯酸钠。

一般制水厂使用的A型Ⅱ级成品次氯酸钠溶液的有效氯浓度约为10%，需存放在避光、密封且耐酸碱材料制成的容器中。随着存放时间的延长，次氯酸钠的有效成分会不断降低，消毒与净化的作用会逐步减弱。为了了解次氯酸钠有效氯成分的降低过程，掌握其衰减趋势，使其在实际制水生产中发挥最大化消毒与净化的作用，相关研究运用对比试验，对次氯酸钠溶液中有效氯成分的衰减规律进行了监测。如图4-1所示，在相同的试验条件下［在实验室内通过恒温空调控制温度，使其保持在（25±2)℃］，有效氯浓度约10%的次氯酸钠溶液衰减最快，8%左右的次氯酸钠溶液次之，5%左右的次氯酸钠溶液衰减最为平缓。

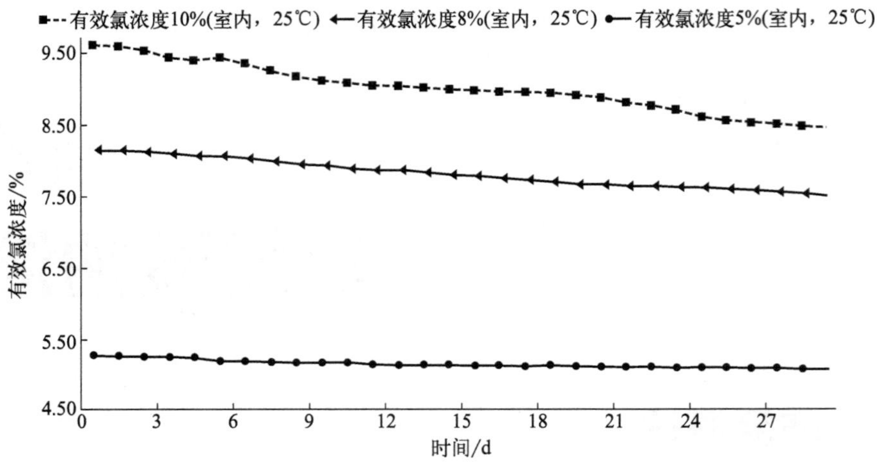

图 4-1　次氯酸钠有效氯衰减曲线

4.1.1.2　次氯酸钠消毒原理

(1) 次氯酸钠消毒杀菌原理

首先，次氯酸钠消毒杀菌最主要的作用方式是通过它的水解作用形成次氯酸，次氯酸再进一步分解形成新生态氧 [O]，新生态氧的极强氧化性使菌体和病毒的蛋白质变性，从而使病原微生物死亡。根据化学测定，次氯酸钠的水解会受 pH 值的影响，当 pH 值超过 9.5 时就会不利于次氯酸的生成，而对于 10^{-6} 级浓度的次氯酸钠在水里几乎是完全水解成次氯酸，其效率高于 99.99%。其过程可用化学方程式简单表示如下：

$$NaClO+H_2O = HClO+NaOH$$

$$HClO \longrightarrow HCl + [O]$$

其次，次氯酸在杀菌、杀病毒过程中，不仅可作用于细胞壁、病毒外壳，而且因次氯酸分子小，不带电荷，还可渗透入菌（病毒）体内与菌（病毒）体蛋白、核酸和酶等发生氧化反应或破坏其磷酸脱氢酶，使糖代谢失调而致细胞死亡，从而杀死病原微生物。

$$R—NH—R+HClO \longrightarrow R_2NCl+H_2O \text{（细菌蛋白质）}$$

次氯酸钠的浓度越高，杀菌作用越强。同时，次氯酸产生出的氯离子还能显著改变细菌和病毒体的渗透压，使其细胞丧失活性而死亡。

(2) 影响次氯酸钠消毒杀菌作用的因素

① pH 值：pH 值对次氯酸钠消毒杀菌作用影响最大。pH 值升高，在碱性环境下次氯酸钠以次氯酸根的形态存在，其消毒杀菌作用减弱；pH 值降低，其消毒杀菌作用增强。

② 浓度：在 pH 值、温度、有机物等不变的情况下，有效氯浓度增加，杀菌作用增强。

③ 温度：在一定范围内，温度的升高能增强杀菌作用，此现象在浓度较低时较明显。

④ 有机物：有机物能消耗有效氯，降低其杀菌效能。

⑤ 水的硬度：水中的 Ca^{2+}、Mg^{2+} 等离子对次氯酸盐溶液的杀菌作用没有任何影响。

⑥ 氨和氨基化合物：在含有氨和氨基化合物的水中，游离氯的杀菌作用大大降低。

⑦ 碘或溴：在氯溶液中加入少量的碘或溴可明显增强其杀菌作用。

⑧ 其他：硫代硫酸盐和亚铁盐类可降低氯消毒剂的杀菌作用。

次氯酸钠属于高效的含氯消毒剂，就消毒杀菌而言，它还是具有明显优势的。次氯酸钠一般由电解冷的稀食盐溶液或由漂白粉与纯碱作用后滤去碳酸钙而制得。作为一种真正高效、广谱、安全的强力灭菌、杀病毒药剂，它同水的亲和性很好，能与水以任意比互溶，它不存在液氯、二氧化氯等药剂的安全隐患，且其消毒杀菌效果被公认为和氯气相当。也正因这一特点，所以它消毒效果好，投加准确，操作安全，使用方便，易于储存，对环境无毒害，不存在跑气泄漏，可以在任意环境工作状况下投加。

4.1.2　性能指标

综合考虑技术先进性、技术可靠性、性能稳定性和经济适用性等，次氯酸钠溶液的主要性能指标包括有效氯浓度、游离碱、重金属、铁、砷、氯酸盐占有效氯的比、微生物指标合格率、有效氯衰减率和原料成本等。

4.1.3　技术标准情况

4.1.3.1 《次氯酸钠》(GB 19106—2013)

本标准规定了次氯酸钠的要求、采样、试验方法、检验规则及标志、包装、运输和储存。适用于氢氧化钠经氯化而制得的次氯酸钠。

4.1.3.2 《含氯消毒剂卫生要求》(GB/T 36758—2018)

本标准规定了含氯消毒剂的原料要求、技术要求、应用范围、使用方法、运输储存包装要求、标识要求、检验方法。适用于以有效氯为主要杀菌成分的消毒剂，包括次氯酸钠、次氯酸钙、液氯、氯胺、二氯异氰脲酸钠、三氯异氰脲酸、氯化磷酸三钠、二氯海因和次氯酸等，但不包括以它们为杀菌成分之一复配的消毒剂。

4.1.3.3 《次氯酸钠溶液包装要求》(GB 19107—2003)

本标准规定了用于盛装次氯酸钠溶液（漂白水或漂白液）的包装容器的要求、性能试验和检验规则。适用于次氯酸钠溶液的包装。

4.1.3.4 “Chemicals used for treatment of water intended for human consumption—Sodium hypochlorite” [EN 901: 2013 (E)]

本标准为欧盟标准，适用于饮用水次氯酸钠消毒，描述了次氯酸钠的性质和相应的检验方法，给出了次氯酸钠使用的信息，确定了相应的安全操作规程。

4.2　行业调研

4.2.1　国内外生产状况

自 19 世纪，次氯酸钠能够被氢氧化钠和氯气反应制备以来，它被广泛用于消毒剂和漂白剂。在 20 世纪 70 年代，美国已经将次氯酸钠应用于饮用水消毒，20 世纪末应用规模开始增加，产业化生产也随之增大。日本研究次氯酸钠也开始较早，20 世纪 80 年代已经开发了连续生产次氯酸钠溶液的二级反应方法。我国从 20 世纪 80 年代开始研究次氯酸钠，虽然相比较美国、日本而言对次氯酸钠所开展的研究起步较晚，但是从 90 年代以来次氯酸钠的研究与生产都取得了迅猛的发展，参与次氯酸钠研制与开发的科研院所及高校也在我国次氯酸钠行业形成发展雏形的过程中发挥了重要的先导作用。

4.2.1.1 生产工艺

次氯酸钠的制备方法从反应原理归纳有 4 种（表 4-1），其中序号 1 苛性钠溶液的氯化是唯一大规模生产次氯酸钠溶液的工业方法。

表 4-1 次氯酸钠制备方法介绍与比较

序号	原料	反应方程式	简况	比较
1	苛性钠，液氯或氯气	$2NaOH + Cl_2 \longrightarrow NaClO + NaCl + H_2O$	向苛性钠溶液中通氯。生产装置分间歇和连续两大类，设备有槽式、塔式、管道反应器等。有用人工控制，也有自动控制	经济合理，可制各种有效氯含量的溶液，是大批量生产的主要方法
2	碳酸钠，液氯或氯气	$2Na_2CO_3 + Cl_2 + H_2O \longrightarrow NaClO + NaCl + 2NaHCO_3$	把氯气通入碳酸钠溶液中，因碳酸钠溶解度低，所以成品有效氯低，仅在 4%	比上法需要 2 倍的钠，原料费用高，但反应热低，不需要冷却装置，pH 值在 8.5 ～ 9 之间。此法生产的次氯酸钠溶液基本不含游离氢氧化钠，且稳定性较强
3	漂白液与纯碱溶液，漂白液与硫酸钠溶液	$Ca(ClO)_2 + Na_2CO_3 \longrightarrow 2NaClO + CaCO_3$ $Ca(ClO)_2 + Na_2SO_4 \longrightarrow 2NaClO + CaSO_4$	在储槽内进行复分解反应，控制温度不超过 35℃，生成有效氯 1% 的次氯酸钠溶液，碳酸钠或硫酸钠也同时与氯化钙反应	生产量少，仅用于洗衣房
4	次氯酸钙与氯化钠溶液		使含 5% 有效氯的 $Ca(ClO)_2$ 溶液通过阴离子交换树脂，然后用水及 15% 的食盐溶液再生	

4.2.1.2 国内外产业发展现状

（1）国外产业发展

2003 年美国次氯酸钠的总生产能力约为 25.5 亿加仑 / 年（1 加仑 = 3.78541dm^3），其中家用次氯酸钠生产能力为 10 亿加仑 / 年，工业用次氯酸钠生产能力为 15.5 亿加仑 / 年。2001 年和 2002 年家用次氯酸钠的需求量分别为 5.32 亿加仑和 5.4 亿加仑，工业用次氯酸钠的需求量分别为 2.75 亿加仑和 2.78 亿加仑，与需求量相比，生产能力远未充分利用。2006 年美国的次氯酸钠总需求量达 8.61 亿加仑，其中家用次氯酸钠的需求量为 5.69 亿加仑，工业用次氯酸钠的需求量为 2.92 亿加仑。由于次氯酸钠产品是低浓度溶液，运输成本较高，所以美国次氯酸钠进出口业务少。

美国家用次氯酸钠 80% 用于家庭漂白和消毒，18% 用于公共场所和饭店的消毒，2% 用于住宅水池和温泉的消毒杀菌；工业用次氯酸钠 45% 用于市政和工业水处理，33% 用于商业和游泳池处理，5% 用于商业洗衣店的漂白，5% 用于清洗洗碗机，4% 用于织物漂白，4% 用于化学试剂。

1997 ～ 2002 年美国家用次氯酸钠需求量的年均增长率为 1.1%，2003 年需求量的年均增长率为 1.5%，2006 年需求量的年均增长率为 1.3%。在远离工厂的地方，尤其是高温地区，现场制备次氯酸钠溶液是更佳的选择，但这限制了市场的发展。美国工业用次氯酸钠需求量的年均增长率为 0.6%。次氯酸钠的最主要用途——水处理是一个快速增长的行业，期间需求量的平均增长率达到 3.3%。1999 年，美国环境保护组织要求使用者制订紧急应对计划，因而对安全性要求比较高的地区，特别是人口密集地区，更倾向于以次氯酸钠代替氯作为饮料、废水和冷却水的处理剂。由于市政和工业用水处理剂需求的不断增长，2006 年工业用次氯酸钠的需求量的平均增长率达 1.2%，其中液体洗碗清洁剂和商业洗衣漂白剂市场的年均增长率分别为 3% 和 2%，木浆漂白剂市场需求量将逐渐减少。表 4-2 列出了部分国外次氯酸钠溶液生产厂家。

表 4-2　国外次氯酸钠溶液生产厂家

种类	厂家名称
药剂	Alfa Chemistry
药剂	Sigma-Aldrich
药剂	Aditya Birla Chemicals
药剂	HBC Chem Inc.
药剂	Shreeji Aqua

根据日本产经省统计数据：2012 年日本次氯酸钠产量为 92.23 万吨（浓度为 12%），同比下降 1.4%；当中一季度次氯酸钠产量为 209104t，二季度次氯酸钠产量为 225040t，三季度次氯酸钠产量为 261870t，四季度次氯酸钠产量为 226287t（如图 4-2 所示）。

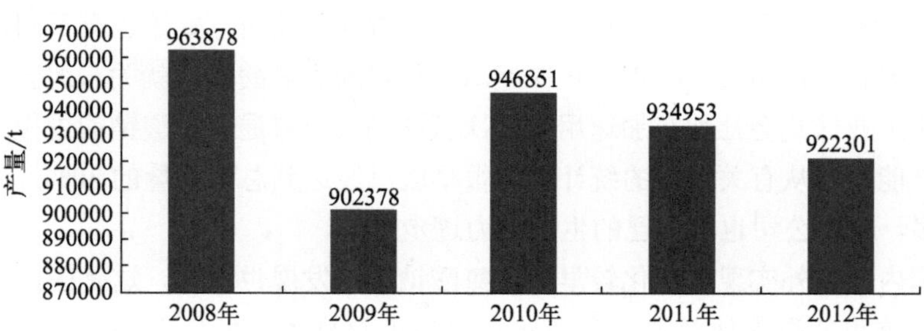

图 4-2　2008 ～ 2012 年日本次氯酸钠（浓度为 12%）产量

（2）国内产业发展

我国国内对次氯酸钠需求量甚大。从消毒剂产业链来看，我国企业布局较为完善、产业链简单。从我国消毒液主要生产企业来看，大部分企业生产的是次氯酸钠。从近年来我国消毒剂产品进出口数据来看，消毒剂的进口和出口金额持续上升。智研咨询发布的《2020—2026 年中国消毒剂行业市场运行格局及投资前景分析报告》数据显示：2019 年出口总量为 5.24 万吨，出口金额为 1.17 亿美元，产量 49.3 万吨，同比增长 9.1%，产值规模为 103.4 亿元，同比增长 0.6%；进口总量为 3.54 万吨，进口总额 1.85 亿美元，占国内消毒剂产值的比重约 13%。在新型冠状病毒感染疫情影响下，2020 年进口总量及金额进一步增长，全年产量或超过 57 万吨。

当前我国的次氯酸钠行业年销量持续增加，生产工艺方法也得到了不断的创新和改进，并且次氯酸钠的应用范围也得到了扩大。然而我国当前的次氯酸钠研制和发展与一些发达国家相比仍旧有着一定的差距，这些差距主要体现在以下几个方面：一是我国在次氯酸钠的生产技术方面欠缺创新性，虽然科研院所及高校为我国次氯酸钠的发展发挥了科研支撑作用，但是我国当前在次氯酸钠的生产中并没有在生产成本、产品纯度以及科研成果转化方面形成明显突破，这也是我国许多以次氯酸钠为主要产品的企业所具有的行业竞争力欠缺的重要原因之一；二是在我国次氯酸钠研制起步较晚的影响下，我国有能力生产稳定性次氯酸钠的企业存在产品质量不高、企业规模过小、生产经验共享存在障碍、重视短期暴利等情况，也在很大程度上阻碍了次氯酸钠技术的推广以及次氯酸钠行业潜力的挖掘。

在应用技术方面，一般的科研单位仅仅强调对生产工艺所进行的输出，而对次氯酸钠生产过程中所应该开展的技术指导和开发未引起足够重视，这在很大程度上导致我国次氯酸钠生产工艺的科研工作和生产工艺的实践应用工作产生了脱节，从而对次氯酸钠生产工艺的科研和应用形成双重阻碍。

从以上问题可知，次氯酸钠行业的技术进步需要实现技术以及市场效果的全面发展，而这种发展要求我国在次氯酸钠的生产及技术开发中不仅要重视科研开发，同时政府部门有必要制定和贯彻强制性应用法规，从而让次氯酸钠行业取得更好更快的发展。

（3）国内外生产现状对比

当前制备次氯酸钠的方法主要包括电解法和化学法，其中液碱氯化法是主要的化学法，同时也是我国在次氯酸钠溶液制备中使用的主要方法，而次氯酸钠的固体制备，还需要对其制备方法做出进一步的研究以方便次氯酸钠固体的使用及其运输。国外的生产方式有连续反应法（美虎克化学公司）、槽式反应器生产法、管式连续反应法、电解法（日氯工程公司）等。

不同国家的水质等因素不同，对应的药剂生产方法和使用形式等也有不同，例如日本的低盐次氯酸钠因容易使用这一特点，正在逐渐取代普通次氯酸钠，就关东地区而论，像鹤见曹达和旭电化工业株式会社就在加速用低盐次氯酸钠代替普通次氯酸钠的进程。日本低盐次氯酸钠的生产能力，从有关公司的统计看，很早就已经达到总需要量的 30%，并且到目前为止增加了更多，相关公司也将自己的生产能力逐步扩大。

相较于国内，国外实现工业化较早，次氯酸钠生产发展也较早，这是国内相关企业所不具备的优势，这也使得国外产生了像 Sigma-Aldrich 这样的大型化工企业。但是随着次氯酸钠消毒在国内的广泛推广，国内各大水厂正在逐步改变，使用次氯酸钠消毒，这会使得未来国内次氯酸钠的需求量大幅增加，从而促进国内相关生产企业的发展。次氯酸钠以其安全方便的优势，成为消毒剂的重要来源，这也促进了国内次氯酸钠生产企业的发展。

目前国内外对次氯酸钠溶液稳定性的研究开发非常重视，已公开稳定型次氯酸钠溶液制备方法专利和论文几百篇。

（4）国内生产厂家及规模

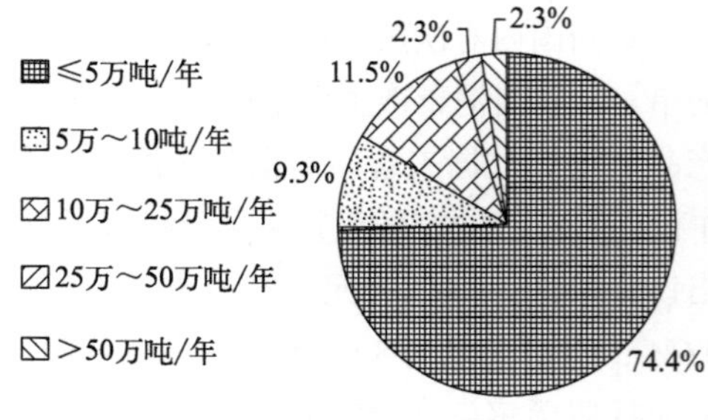

图 4-3　国内次氯酸钠生产厂家规模百分比图

经调研国内次氯酸钠生产厂家（如图 4-3 所示），其中生产规模≤ 5 万吨 / 年的有 32 家，5

万吨 / 年＜生产规模≤ 10 万吨 / 年的有 4 家，10 万吨 / 年＜生产规模≤ 25 万吨 / 年的有 5 家；25 万吨 / 年＜生产规模≤ 50 万吨 / 年的有 1 家，50 万吨 / 年＜生产规模的有 1 家。

生产厂家的分布位置很广，全国几乎每个省区市都有次氯酸钠生产厂家，不过因次氯酸钠溶液运输的特殊性，他们的供货用户基本在其所在地及其周围省区市，当然也有全国范围内次氯酸钠配送的生产厂家。他们产品的生产标准都符合 2014 年国家质量监督检验检疫总局发布的《次氯酸钠》（GB 19106—2013）。

4.2.2 国内外应用状况

次氯酸钠与液氯消毒效果相当，但在运输及使用过程中较液氯更安全。次氯酸钠溶液由于其持续消毒效果好、投加设备简单，极大降低了全过程风险，因此正逐步替代液氯消毒。次氯酸钠在国内外水厂中的使用比较普遍。

4.2.2.1 国内主要应用情况

液氯消毒因其价格低廉、技术成熟、操作简便和广谱杀菌等优点，被广泛用于各大供水厂。但是，氯气是一种具有强烈刺激性的剧毒危险品，被列入我国危险化学品目录，使用过程中一旦发生泄漏，将会产生极大破坏。由于氯气存在的巨大安全隐患和国家对危险化学品的管控越来越严格，它的使用在各地水厂正在受到不同程度的限制。为了替代液氯消毒，保证供水安全，与氯消毒机理类似、潜在公共危害程度小的一种新型的消毒剂次氯酸钠受到普遍关注，在我国北京、上海、浙江、江苏和新疆等省（自治区、直辖市）的供水厂已经开始了应用。在其他地方也有开展应用案例，2020 年 8 月才完成次氯酸钠加氯消毒系统改造的荔枝沟水厂，就是将二氧化氯消毒系统升级为了次氯酸钠原液投加系统；汕头市粤海水务有限公司月浦水厂于 2019 年年初，对月浦水厂进行次氯酸钠投加系统的全面升级改造，使用次氯酸钠代替液氯，同年 5 月，改造完工，水厂进入试运行阶段，运行情况良好；济南水务凤凰路水厂、江东水厂、浙江金华金沙湾水厂、杭州九堡供水泵站等，都是使用次氯酸钠作为消毒剂的水厂。

通过调研，笔者发现近十几年来次氯酸钠在许多水厂中逐渐代替液氯作为消毒剂使用，在国内替代改造比较早并且改造水厂数量比较多的地区有北京、上海、浙江、广东等地，比如像上海的闸北水厂在 2006 年时就改为次氯酸钠消毒方法，规模 80 万吨 /d 的泰和水厂从 2012 年 6 月底次氯酸钠消毒系统调试成功，7 月开始正式运行。

从运行的情况来看，次氯酸钠消毒效果好，投加准确，操作安全，使用方便，易于贮存，对环境无毒害，不存在跑气泄漏现象，可以在任意环境工作状况下投加，以及北京南水北调工程配套水厂中规模最大的郭公庄水厂也使用了次氯酸钠消毒，深圳的观澜坑水厂二期主消毒采用次氯酸钠溶液消毒，盐田港水厂曾经用过液氯、二氧化氯作为消毒剂，最终使用次氯酸钠药剂作为消毒剂；嘉兴市安监局要求嘉兴五县市内所有饮用水厂必须于 2016 年底前将液氯消毒工艺更换为其他更为安全的消毒工艺，所以当时水厂停用液氯消毒并改用更安全的消毒方式已是大势所趋；在 2017 年，杭州水务的清泰水厂、南星水厂等在原有工艺的基础上进行了次氯酸钠投加系统改造，以次氯酸钠成品药剂（溶液）取代液氯作为消毒剂，大大降低了生产运行的风险。

次氯酸钠成品药剂较广泛地应用于大中小型水厂，实际总共调研 74 家水厂。其中应用规模≤ $5\times10^4m^3/d$ 的有 12 家，$5\times10^4m^3/d$ <应用规模≤ $10\times10^4m^3/d$ 的有 13 家，$10\times10^4m^3/d$ <应用规模≤ $25\times10^4m^3/d$ 的有 25 家，$25\times10^4m^3/d$ <应用规模≤ $50\times10^4m^3/d$ 的有 19 家，$50\times10^4m^3/d$ <应用规模的有 5 家（如图 4-4 所示）。调查中的 89% 的水厂都是使用地表水作为水源水，其中有水库水及河流、溪流水等，另 10% 左右的水厂使用地下水或者使用地下水的同时也使用地表水作为水源水。水厂由液氯消毒改造为次氯酸钠消毒后的制水成本相对会升高，但次氯酸钠消毒对水质安全性带来的贡献和成本的增长对应，这也是目前次氯酸钠代替液氯消毒在水厂中应用有增长趋势的原因之一。

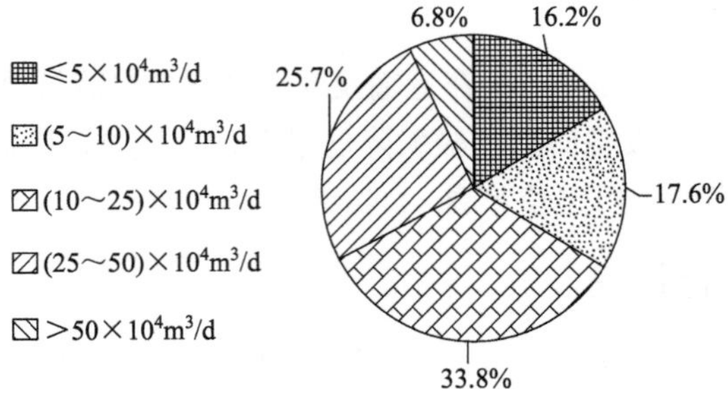

图 4-4　次氯酸钠水厂应用规模百分比图

4.2.2.2　国外主要应用情况

俄罗斯大部分地区的自来水处理本是采用较为传统的液氯消毒法，而某些大城市，比如莫斯科的水厂已由液氯消毒改成次氯酸钠消毒。次氯酸盐用于自来水行业饮用水消毒已有一百余年的历史，1904 年新泽西州的泽西市成为全美第一个使用次氯酸盐进行公共给水消毒的城市。

1998 年，美国消毒系统委员会对使用地表水和使用地下水为水源的小型自来水厂的消毒状况分别进行了调查。61% 的以地下水为水源的水厂使用氯气消毒，其他的水厂使用液体或粉末状的次氯酸盐作为消毒剂，另有 6 家水厂（3%）同时使用氯气和次氯酸盐作为消毒剂。小型水厂中规模较大一点的水厂都倾向于使用氯气而不是次氯酸盐作为消毒剂。所有服务人口为 25 ～ 100 人的水厂、58% 的服务人口为 101 ～ 500 人的水厂都使用次氯酸盐作消毒剂，而只有 46% 的服务人口为 501 ～ 3300 人的水厂和 19% 的服务人口为 3301 ～ 10000 人的水厂使用次氯酸盐。在所有的消毒剂中，氯气使用最为广泛，占水厂的 82%。有 26% 的水厂，尤其是服务人口为 501 ～ 3300 人的水厂使用各种形式的次氯酸盐作为消毒剂，只有 7% 的水厂使用二氧化氯，同时使用臭氧或紫外线消毒的没有报道。有些水厂使用多种消毒剂，主要是氯气和次氯酸钠组成的复合消毒剂。2017 年，美国对 300 多家使用自由氯的水厂开展的调研显示，有 155 家水厂使用商品次氯酸钠溶液，133 家使用氯气，33 家使用次氯酸钠发生器，17 家使用固体次氯酸盐，2 家使用其他形式消毒剂。使用商品次氯酸钠溶液的比例占到 56%，较之前其使用越来越普遍。

4.2.3　典型应用案例

（1）济南水务凤凰路水厂

对于次氯酸钠的使用情况，在进行网上调研的同时到济南水务凤凰路水厂进行了现场实地调研，水厂目前消毒使用的是商品次氯酸钠溶液，由相关厂家负责提供运输，药剂生产厂家派专人进行培训、定期反馈，凤凰路水厂使用该厂家成品药剂进行预氧化处理。

凤凰路水厂工艺流程见图 4-5。

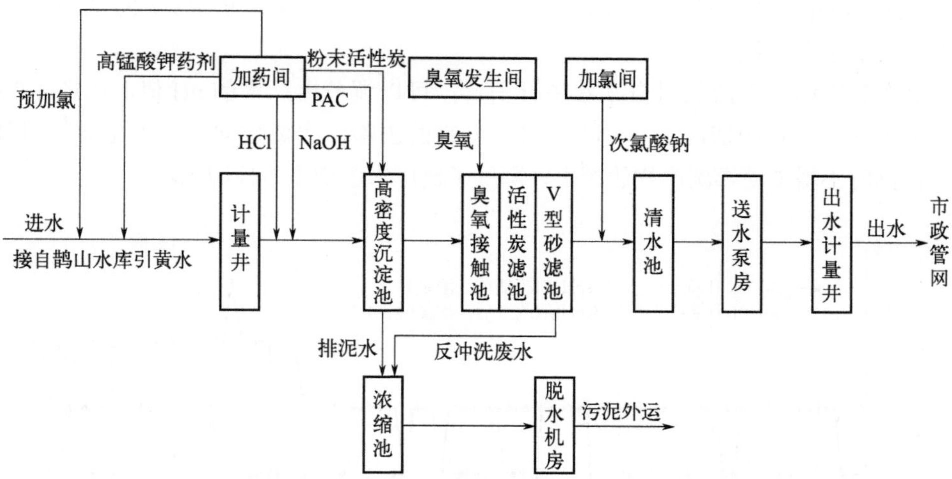

图 4-5　凤凰路水厂工艺流程

（2）宁波江东水厂

江东水厂在使用液氯消毒时设计加氯量为 2mg/L，前后加氯量之比为 6∶4，采用次氯酸钠消毒后拟维持原有的加氯量（以有效氯计）与前后加氯比例。次氯酸钠商品液有效氯浓度为 10%，则每天需要次氯酸钠原液为 4000kg。次氯酸钠原液稀释至约 5% 后作为储备液进行储存与投加。

江东水厂采用次氯酸钠消毒后工艺流程如图 4-6 所示。水厂共设立了前加、后加和补加三处次氯酸钠投加点，前加点位于原水管的管道混合器上，主要作用是当原水中有机物含量较低时氧化部分有机物并防止沉淀池中藻类滋生；后加点位于滤池出水进入清水池前的管道上，次氯酸钠与滤后水混合后在清水池中充分接触，起到消毒的作用；补加点位于清水池后段，当发现清水池中次氯酸钠消耗较快、出厂水余氯不足时，便立即开启补加点，保证出厂水中的余氯量。

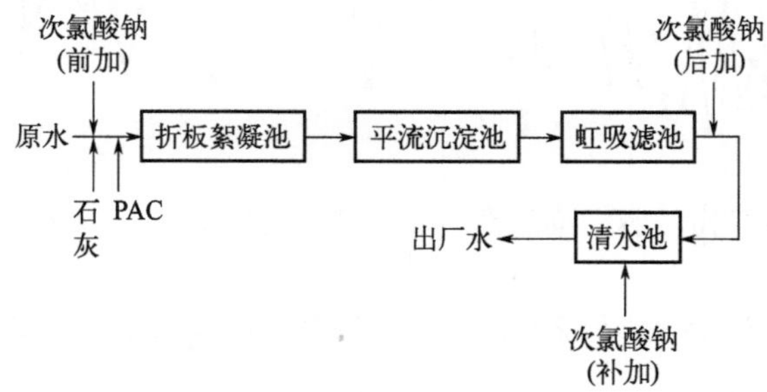

图 4-6　江东水厂采用次氯酸钠消毒后工艺流程

（3）汕头市粤海水务有限公司月浦水厂

月浦水厂隶属于汕头市粤海水务有限公司，平均供水量为 $15\times10^4m^3/d$。厂区位于汕头市月浦街道护堤路西侧，占地 $0.146km^2$，原消毒方式为液氯消毒，为提高供水的安全性，水厂于 2018 年对次氯酸钠替代液氯作为消毒剂进行了可行性研究，于 2019 年年初在月浦水厂进行次氯酸钠投加系统的全面升级改造，并在同年 5 月改造完工后进入试运行阶段，运行情况良好。此次改造排除了月浦水厂的危险源，为确保汕头市的安全供水贡献了力量。

通过实际运行发现：

使用次氯酸钠代替液氯对自来水进行消毒，可以调节出厂水的 pH 值，如图 4-7 所示。在原水水质基本一致的情况下，对于有机污染物的去除，次氯酸钠的效果比液氯明显（见图 4-8），同时不增加消毒副产物的产生，降低了出厂水水质不达标的风险。

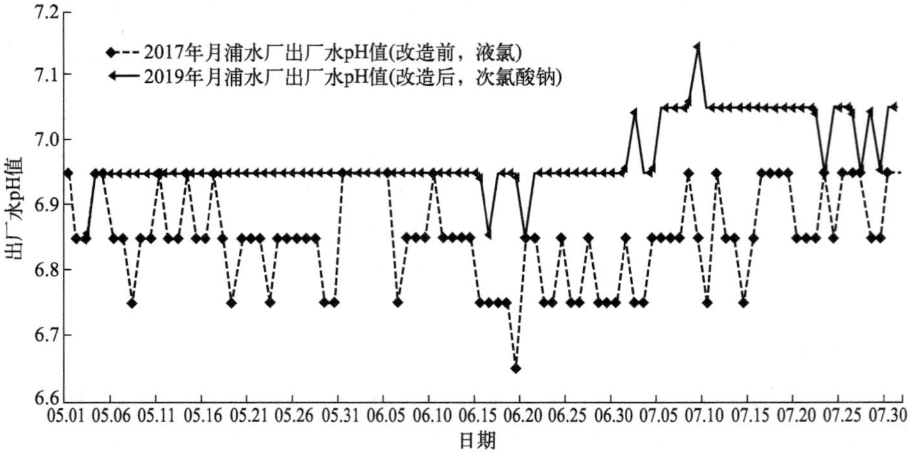

图 4-7　月浦水厂 2017 年与 2019 年出厂水 pH 值对比

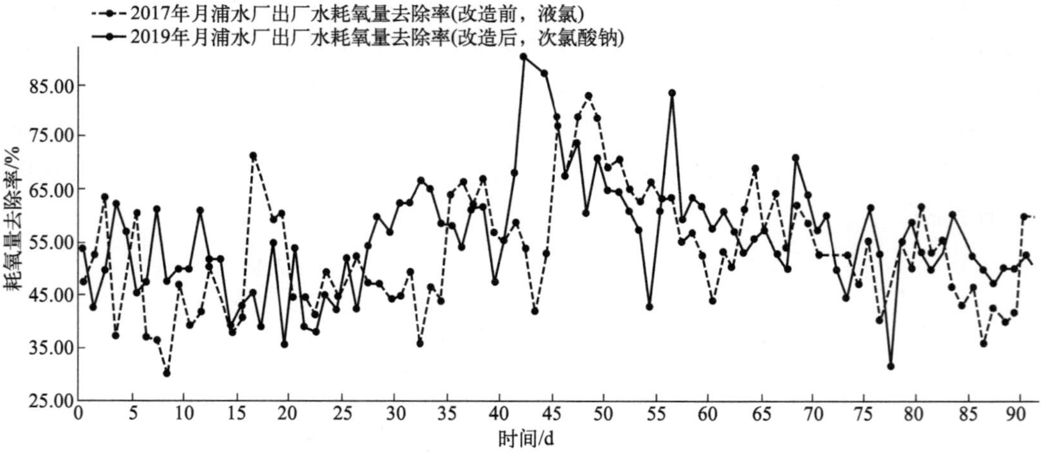

图 4-8　月浦水厂 2017 年与 2019 年出厂水耗氧量去除率对比

在试验条件相同的情况下，使用同等投加量、不同浓度有效氯的次氯酸钠溶液对原水进行需氯试验，氯耗结果趋近，表明使用有效氯含量为 5% 左右的次氯酸钠溶液并不会影响实际制水生产的消毒效果。

在储存条件允许的情况下，可先将次氯酸钠溶液稀释至有效氯含量 5% 左右进行存放，之后再使用此浓度的溶液对自来水生产的过程水进行消毒，不仅会减少次氯酸钠有效氯成分浓度的降低，增加实用性、提高经济效益，还会降低实际生产的化学危险性，减少自来水厂的管理难度。

（4）美国加利福尼亚州 21 世纪水厂

橙郡水管理局的 21 世纪水厂在将污水回用于海水入侵防治上有丰富的经验，因此，其决定与橙郡卫生管理局合作，在 21 世纪水厂建立全新的地下水补给系统（Groundwater Replenishment System，GWRS），希望该系统不但能满足橙郡北部和中部地区用水需求，同时也能补给地下水，解决海水入侵问题，保护当地的自然生态环境。经过十几年的设计和建造，该地下水补给系统于 2008 年 1 月开始运行，是目前世界上最大的回用水间接用于饮用水和用于生态补给的污水净化项目。

三段深度净化工艺：GWRS 对经过二级处理的污水采用结合了微滤、反渗透和紫外线 - 过氧化氢的三段深度处理工艺进行深度处理，再将其回注到地下含水层中，之后再进一步用于周边地区居民的饮用水供应。

三段深度净化工艺保证了 GWRS 生产的再生净化水在主要污染物、消毒副产物、药品、激素等指标上达到甚至优于联邦标准。二级处理出水在进入 GWRS 前会先经过过滤器和次氯酸钠的处理，以减少其中的生物附着物堵塞和微滤膜污染。GWRS 净化水水质非常好，这一系统每天可以生产 37.9 万立方米高品质净化水，和其他水源一起为橙郡的地下水补给，同时满足橙郡北部和中部 85 万居民的用水需求。

（5）Coquitlam 水处理厂

自 20 世纪 40 年代以来，大温哥华地区就使用氯气对饮用水进行消毒，并在 Seymour、Capilano 和 Coquitlam 三个水源水库一直使用氯气。2017 年，Coquitlam 水处理厂投资 430 万美元花费两年时间安装次氯酸钠消毒系统以取代氯气消毒系统，原氯气系统被拆除后重新安装了 4 个新的 3.5 万升次氯酸钠储存罐。该水厂是大温哥华地区内最后一个由以前氯气消毒升级改造为次氯酸钠消毒的饮用水给水厂。次氯酸钠消毒系统于 2018 年春季完成，整个夏季运行良好，满足了系统的高需求。新的消毒系统为大温哥华的工作人员提供了一个更安全的工作环境，同时减少了维护成本，例如购买氯气设备和备件的费用。

综上所述，提出以下建议：

① 综合考虑消毒成本和消毒安全，建议供水行业合理推进商品次氯酸钠溶液的应用。商品次氯酸钠溶液消毒成本费用较液氯略高，但是为响应国家防恐号召，杜绝储存液氯存在的安全隐患，略高的消毒成本对于作为公用事业的供水行业是可以接受的。因此，建议在具备运输距离较短、储存周期较短等条件的地区，可以用商品次氯酸钠溶液代替存在安全隐患的消毒剂。

② 为指导商品次氯酸钠溶液在供水行业的应用，建议国家编制具有强制性要求的应用规范。已有团体标准《城镇给水次氯酸钠应用技术规程》（T/CAMIE 13—2020），在一定程度上能够规范商品次氯酸钠溶液在供水领域的应用，因其不具备强制性，在行业内无法被广泛了解和执行，因此，短期内在无法制定强制性指导规范的情况下建议国家行业主管部门或者技术行业组织对现有的团体标准进行宣贯和推广。

③ 就次氯酸钠的生产而言，建议商品次氯酸钠生产厂家对产品技术指标进一步提高，以满足市场对更高质量的消毒剂的需求。生产厂家对每批次产品均需提供具备资质的检测单位提供的检测报告，保证产品质量符合国家有关标准。针对国家标准尚未规定的氯酸盐等指

标，企业应该对标国际标准要求，也可参考相关的行业标准和团体标准，对这些指标进行检测并满足标准要求，以适应行业不断增长的技术要求。

④ 就次氯酸钠的应用而言，用户在商品次氯酸钠溶液消毒设计、应用和运行维护阶段要严格执行国家、行业和团体相关标准，使产品的使用更高效和更安全。用户应及时关注各级标准的编制和发布工作，尤其是对于技术薄弱的地区，无论是消毒工艺的改造，还是改造完成后的运行维护，均应参考依据标准，以免造成不必要的安全事故。

4.3 技术评估

根据实际调研结果，依据次氯酸钠溶液有关产品的国家标准，分析总结次氯酸钠溶液的研究进展，充分考虑用户深切关注要素，最终筛选确定了 16 项二级评估指标。根据分析确定的模糊数学评估模型，按照技术先进性、技术可靠性、性能稳定性、经济适用性及国际竞争力等 5 个一级评估指标类别，将 16 项二级评估指标进行了归类，其中：

① 技术先进性指标包括有效氯浓度、游离碱、重金属、铁和砷等，共 5 项。

② 技术可靠性指标包括产品标准和氯酸盐占有效氯的比等，共 2 项。

③ 性能稳定性指标包括微生物指标合格率、消毒副产物合格率和有效氯衰减率（浓度 10%，25℃，储存 10d）等，共 3 项。

④ 经济适用性指标包括吨水建设费用（基建和设备等）、设备运行成本（原料消耗和电耗等）和设备维护费用等，共 3 项。

⑤ 国际竞争力指标包括企业商品次氯酸钠溶液生产规模、行业认可度、是否出口等，共 3 项。

具体指标分类情况见表 4-3。

表 4-3 商品次氯酸钠溶液评估指标

序号	指标名称	序号	指标名称
1	有效氯浓度（以 Cl 计，%）	9	消毒副产物合格率
2	游离碱（以氢氧化钠计，%）	10	有效氯衰减率（浓度 10%，25℃，储存 10d）
3	重金属（以 Pd 计，%）	11	吨水建设费用（基建和设备等）
4	铁（%）	12	设备运行成本（原料消耗和电耗等）
5	砷（%）	13	设备维护费用
6	产品标准	14	企业商品次氯酸钠溶液生产规模
7	氯酸盐占有效氯的比（%）	15	行业认可度
8	微生物指标合格率	16	是否出口

4.3.1 评估指标体系

结合技术先进性、技术可靠性、性能稳定性、经济适用性、国际竞争力等方面，选取技术先进性、技术可靠性、性能稳定性、经济适用性、国际竞争力 5 项指标作为一级评估指标集，根据表 4-3 筛选的 16 项性能评估指标，进一步细化分解二级评估指标，形成评估矩阵图（图 4-9），并对各个指标的权重进行赋分（详见表 4-4）。

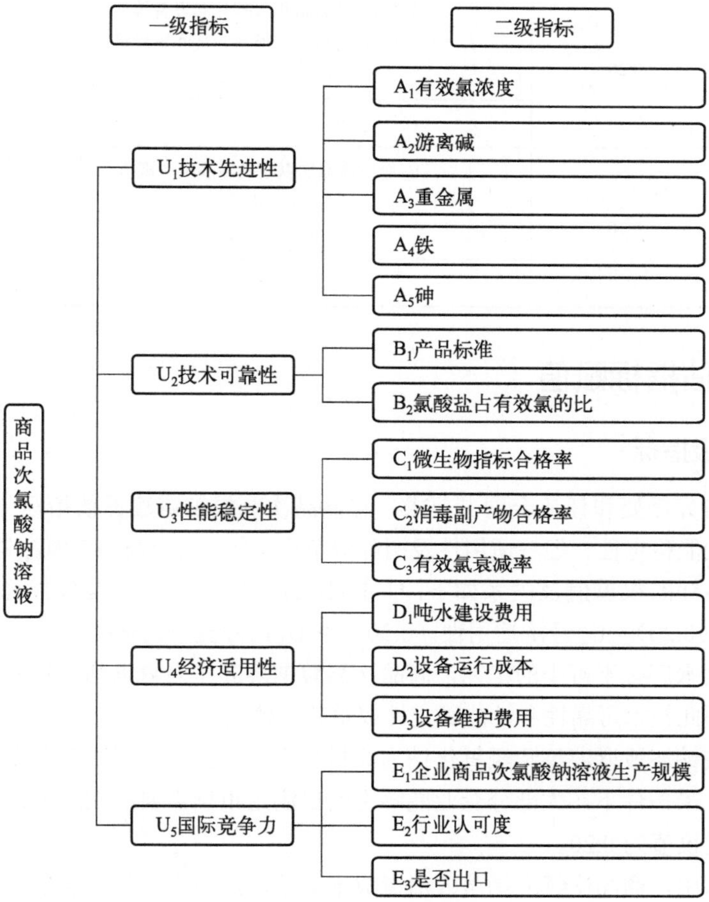

图 4-9 商品次氯酸钠溶液评估矩阵

表 4-4 商品次氯酸钠溶液评估指标分配及权重和赋分

一级评估指标	权重	二级评估指标	赋分 / 分
U_1 技术先进性（100 分）	0.20	A_1 有效氯浓度（%，以 Cl 计）	20
		A_2 游离碱（%，以氢氧化钠计）	20
		A_3 重金属（%，以 Pd 计）	20
		A_4 铁（%）	20
		A_5 砷（%）	20
		汇总	100
U_2 技术可靠性（100 分）	0.25	B_1 产品标准	60
		B_2 氯酸盐占有效氯的比（%）	40
		汇总	100
U_3 性能稳定性（100 分）	0.25	C_1 微生物指标合格率	40
		C_2 消毒副产物合格率	30
		C_3 有效氯衰减率（浓度 10%，25℃，储存 10d）	30
		汇总	100

续表

一级评估指标	权重	二级评估指标	赋分 / 分
U_4 经济适用性（100 分）	0.20	D_1 吨水建设费用（基建和设备等） D_2 设备运行成本（原料消耗和电耗等） D_3 设备维护费用	50 25 25
		汇总	100
U_5 国际竞争力（100 分）	0.10	E_1 企业商品次氯酸钠溶液生产规模 E_2 行业认可度 E_3 是否出口	50 40 10
		汇总	100

4.3.2 评估指标赋值

4.3.2.1 一级指标

根据课题研究需要和任务合同书要求，将商品次氯酸钠溶液评估指标分为技术先进性、技术可靠性、性能稳定性、经济适用性及国际竞争力5个，结合商品次氯酸钠溶液技术特点，5 个一级评估指标的权重值及关系如下：U_2 技术可靠性（0.25）= U_3 性能稳定性（0.25）＞ U_1 技术先进性（0.20）= U_4 经济适用性（0.20）＞ U_5 国际竞争力（0.10）。

消毒作为供水厂必不可少的工艺，商品次氯酸钠溶液作为消毒剂，其可靠性和稳定性事关供水安全，因此技术可靠性和性能稳定性权重建议值均为 0.25。

商品次氯酸钠溶液以液氯和氢氧化钠为原料生产，其生产原理明确、生产工艺成熟，在现有平均技术水平条件下，大部分企业能够生产出满足市场需要的次氯酸钠发生器，所以技术先进性权重建议值为 0.20。

在城市供水中，商品次氯酸钠溶液消毒成本高于液氯消毒，相较于水厂使用液氯承担的安全风险，供水成本的适当增加是合理的，所以经济适用性权重建议值为 0.20。

随着国家对液氯的使用和运输管控越来越严，商品次氯酸钠溶液在供水厂的需求量不断增大，国内生产能力也不断增强，同时涌现出一批市场开拓先锋，具备一定的出口能力，所以国际竞争力权重建议值为 0.10。

4.3.2.2 二级指标

结合商品次氯酸钠溶液技术特点，分别对技术先进性、技术可靠性、性能稳定性、经济适用性及国际竞争力进行二级指标的细化和赋分。

（1）U_1 技术先进性

A_1 有效氯浓度（以 Cl 计），赋分 20 分：≥ 5%，18 ～ 20 分；＜ 5%，0 分。A_2 游离碱（以氢氧化钠计），赋分 20 分：0.1% ～ 1.0%，得 18 ～ 20 分；超出 0.1% ～ 1.0% 范围，得 0 分。A_3 重金属（以 Pd 计），赋分 20 分：≤ 0.001%，得 18 ～ 20 分；＞ 0.001%，得 0 分。A_4 铁，赋分 20 分：≤ 0.005%，得 18 ～ 20 分；＞ 0.005%，得 0 分。A_5 砷，赋分 20 分：≤ 0.0001%，得 18 ～ 20 分；＞ 0.0001%，得 0 分。

（2）U_2 技术可靠性

B_1 产品标准是判定商品次氯酸钠溶液是否合格的重要依据，能够代表该行业发展的规范性，赋分 60 分：有国家标准，50 ～ 60 分；行业标准，40 ～ 50 分；团标、地标，30 ～ 40 分；企标，20 ～ 30 分；无任何标准，0 分。B_2 氯酸盐占有效氯的比反映了商品次氯酸钠溶液的安全性，赋分 40 分：≤ 3.0%，得 40 分；3.0% ～ 5.4%，得 25 ～ 39 分；＞ 5.4%，得 0 分。

（3）U_3 性能稳定性

性能稳定性主要考虑商品次氯酸钠应用效果，选择 C_1 微生物指标合格率和 C_2 消毒副产物合格率分别反映商品次氯酸钠应用过程的正面效果和产生有害副产物的情况。微生物指标包括总大肠菌群、耐热大肠菌群、大肠埃希氏菌和菌落总数等，微生物指标合格率赋分 40 分：微生物指标合格率 100%，得 40 分；95% ～ 99%，得 30 ～ 39 分；＜ 95%，得 0 分。消毒副产物包括三卤甲烷、卤乙酸和氯酸盐等，消毒副产物指标合格率赋分 30 分：消毒副产物指标合格率 100%，得 30 分；95% ～ 99%，得 20 ～ 29 分；＜ 95%，得 0 分。商品次氯酸钠溶液的储存会带来有效氯的衰减，进而影响有效氯的浓度和氯酸盐的生成，C_3 有效氯衰减率赋分 30 分：＜ 10%，得 30 分；10% ～ 15%，得 10 ～ 29 分；＞ 15%，得 0 分。

（4）U_4 经济适用性

D_1 吨水建设费用（基建和设备等）含设备购置和安装费用及基建费用等，是设备推广使用的重要因素，赋分 50 分：低于行业平均水平，50 分；与行业平均水平相当，40 ～ 49 分；高于行业平均水平，0 ～ 40 分。D_2 设备运行成本包括设备运行产生的电耗、药耗、人工费用等，赋分 25 分：低于行业平均水平，25 分；与行业平均水平相当，15 ～ 24 分；高于行业平均水平，0 ～ 15 分。D_3 设备维护费用是指设备在使用期间日常维修维护的费用，赋分 25 分：低于行业平均水平，25 分；与行业平均水平相当，15 ～ 24 分；高于行业平均水平，0 ～ 15 分。

（5）U_5 国际竞争力

E_1 企业商品次氯酸钠溶液生产规模反映了企业已取得的经济效益和社会效益，其大小能够反映国际竞争潜力，故赋分 50 分：≥ 6000 万元 / 年，得 50 分；3000 万～ 6000 万元 / 年，得 47 ～ 49 分；1200 万～ 3000 万元 / 年，得 42 ～ 46 分；＜ 1200 万元 / 年，得 0 ～ 41 分。E_2 行业认可度包括取得专利情况、参加标准制（修）订情况等，反映了企业的创新和行业引领能力，赋分 40 分：专利个数≥ 3 个，参与制（修）订标准（国家标准、行业标准、团体标准或地方标准）≥ 1 个，得 40 分；专利个数 1 ～ 2 个，参与制（修）订标准（国家标准、行业标准、团体标准或地方标准）≥ 1 个，得 10 ～ 30 分；无专利，无参与修订标准，得 0 ～ 10 分。E_3 是否出口在一定程度上反映了产品在国际市场上的位置，故赋分 10 分：出口，得 1 ～ 10 分；未出口，得 0 分。

4.3.3 评估指标体系应用

邀请涵盖高校研究机构、生产企业、设计院所等在内的 10 名专家根据建立的评估体系对商品次氯酸钠溶液进行了专家评估，赋值结果显示国内商品次氯酸钠溶液生产和应用的技术就绪度整体达到 8 ～ 9 级，具备行业大规模应用的条件。评估打分表及评估结果分别见表 4-5、图 4-10。

表 4-5　商品次氯酸钠溶液专家评估打分汇总

序号	U_1 技术先进性		U_2 技术可靠性		U_3 性能稳定性		U_4 经济适用性		U_5 国际竞争力	
	分值 / 分	权重	分值 / 分	权重	分值 / 分	权重	分值 / 分	权重	分值 / 分	权重
1	95	0.2	85	0.25	86	0.25	78	0.2	72	0.1
2	93	0.1	90	0.25	88	0.25	83	0.3	94	0.1
3	92	0.2	85	0.25	83	0.25	83	0.2	74	0.1
4	96	0.2	83	0.25	89	0.25	83	0.25	73	0.05
5	92	0.2	95	0.25	87	0.25	84	0.2	75	0.1
6	95	0.2	90	0.25	90	0.25	91	0.25	92	0.05
7	95	0.2	85	0.25	86	0.25	83	0.2	72	0.1
8	95	0.2	85	0.25	86	0.25	83	0.2	72	0.1
9	89	0.19	88	0.26	88	0.26	88	0.19	88	0.1
10	95	0.2	85	0.25	86	0.25	78	0.2	72	0.1
计算结果	技术就绪度（TRL）	明确需求（TRL1）	技术方案（TRL2）	通过论证（TRL3）	小试研究（TRL4）	中试研究（TRL5）	形成产品（TRL6）	三方评估（TRL7）	标准化（TRL8）	推广应用（TRL9）
	$B=WR$	0	0	0	0	0	0	0.79	2.9	1.34

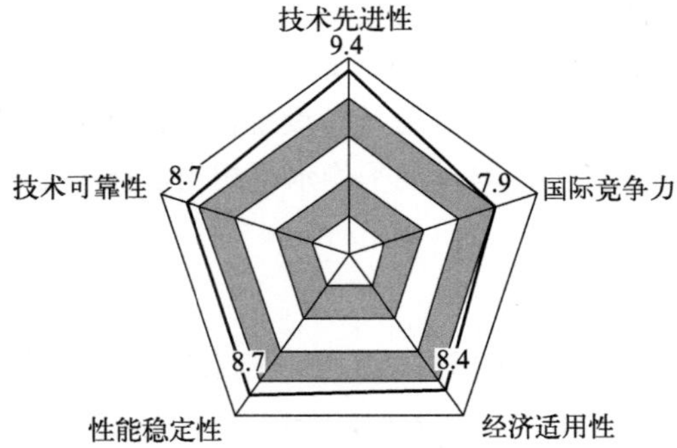

图 4-10　次氯酸钠溶液评估结果

4.4　应用验证

在对我国商品次氯酸钠溶液产品发展现状及应用情况进行系统调研的基础上，按照产品的技术先进性、技术可靠性、性能稳定性、经济适用性和国际竞争力 5 个方面筛选出的关键技术性能及经济指标，选择了黄河流域、太湖流域和长江流域的 5 个典型供水厂作为验证地点，开展了实际生产验证。收集了不同生产厂家产品技术指标以及各个水厂不同季节的应用效果水质数据，形成了针对商品次氯酸钠溶液的验证评估标准化流程，基于数据统计分析构建了科学验证指标体系，为水厂评价次氯酸钠溶液性能和应用效果提供了技术支撑。

4.4.1　验证指标筛选

以一级指标为纲，参照产品国家标准，充分考虑用户深切关注要素，保证指标的广泛性和丰富性，从产品性能指标、应用效果指标、经济性指标等方面，基于产品调研和评估成果以及验证目的，共确定 29 项评估指标，删除不可观测指标，不可观测指标包括数据数值趋同、数据可量化程度低和数据存疑等，共保留 16 项指标。通过计算两个评价指标之间的相关系数，消除评价指标所反映的信息重复对评价结果的影响，简化指标体系。相关性分析筛选指标的优点在于剔除信息重复的指标，从而保证筛选出的指标反映信息的不重复。当 X_1 准则层中不同指标之间相关系数大于 0.80 时，保留其中一个指标。在相关性分析筛选出的指标的基础上，利用主成分分析筛选准则层内剩余指标，选取累积方差贡献率达到 90% 时各个主成分中因子负载绝对值较大的指标。经过初步海选、不可观测删除和数学分析计算筛选，从 29 个海选指标中筛选出 5 个指标，保留的指标详见表 4-6。

表 4-6　商品次氯酸钠溶液验证指标筛选结果

序号	准则层	指标层	筛选结果
1	X_1 生产验证	$X_{1.1}$ 有效氯（商品次氯酸钠溶液）	保留
2		$X_{1.2}$ 游离碱	主成分分析删除
3		$X_{1.3}$ 重金属	不可观测删除
4		$X_{1.4}$ 铁	不可观测删除
5		$X_{1.5}$ 砷	不可观测删除
6		$X_{1.6}$ 氯酸盐（商品次氯酸钠溶液）	保留
7		$X_{1.7}$ pH 值	主成分分析删除
8		$X_{1.8}$ 余氯（出厂水）	保留
9		$X_{1.9}$ 氯酸盐（出厂水）	主成分分析删除
10		$X_{1.10}$ 总大肠菌群	不可观测删除
11		$X_{1.11}$ 耐热大肠菌群	不可观测删除
12		$X_{1.12}$ 大肠埃希氏菌	不可观测删除
13		$X_{1.13}$ 菌落总数	不可观测删除
14		$X_{1.14}$ 三氯甲烷	保留
15		$X_{1.15}$ 一氯二溴甲烷	主成分分析删除
16		$X_{1.16}$ 二氯一溴甲烷	主成分分析删除
17		$X_{1.17}$ 三溴甲烷（出厂水）	主成分分析删除
18		$X_{1.18}$ 二氯乙酸	主成分分析删除
19		$X_{1.19}$ 三氯乙酸	主成分分析删除
20		$X_{1.20}$ 需氯量	相关性分析删除
21		$X_{1.21}$ 氯投加量	保留
22		$X_{1.22}$ 制水消毒成本	主成分分析删除
23		$X_{1.23}$ CT 值	主成分分析删除
24		$X_{1.24}$ 万吨水建设费用	不可观测删除
25		$X_{1.25}$ 设备维护费用	不可观测删除

续表

序号	准则层	指标层	筛选结果
26	X_1 生产验证	$X_{1.26}$ 企业生产规模	不可观测删除
27		$X_{1.27}$ 行业认可度	不可观测删除
28		$X_{1.28}$ 出口量	不可观测删除
29		$X_{1.29}$ 产品标准	不可观测删除

4.4.2 验证指标体系及等级划分

通过以上验证指标筛选流程，将相关 - 主成分分析法得到的指标体系按照文献调查、实地调研及生产试验结果对评价指标进行等级划分，具体评价指标的等级见表 4-7。

表 4-7 评价指标的等级划分

验证指标	等级划分
有效氯（商品次氯酸钠溶液）	有效氯浓度≥ 5%，合格；＜ 5%，不合格
氯酸盐（商品次氯酸钠溶液）	氯酸盐占有效氯的比≤ 3.0%，优良；3.0% ～ 5.4%，合格；＞ 5.4%，不合格
余氯（出厂水）	余氯浓度≥ 0.3mg/L 且＜ 4mg/L，合格；＜ 0.3mg/L 或＞ 4mg/L，不合格
氯投加量	通常情况水厂投加氯浓度 1 ～ 4mg/L，该指标保证微生物指标、余氯和消毒副产物指标满足《生活饮用水卫生标准》要求时，均合格
三氯甲烷（出厂水）	三氯甲烷浓度≤ 0.6mg/L，合格；＞ 0.6mg/L，不合格

4.4.3 典型产品验证案例

本验证评估指标体系通过济南某水厂的运行数据来验证。

济南某水厂设计建设规模为 $1.0\times10^5 m^3/d$，为济南市东部城区约 $36km^2$ 内的 50 万余人进行供水服务。采用深度处理工艺流程，水厂建设有高密度沉淀池、V 型砂滤池、臭氧接触池、活性炭滤池、清水池、臭氧发生间、综合加药间、吸水井、送水泵房及变配电室、污泥脱水机房、污泥浓缩池等，水源来自黄河水，经东联供水管网输送到济南某水厂作为其主要水源。济南某水厂自 2019 年 6 月新增了次氯酸钠投加系统，加注工艺流程为：储液池→计量泵→输水管道。加氯点的设置：水厂加氯点有 2 个，分别设在原水总管和滤后出水总管上，投加有效氯浓度为 10% 的次氯酸钠溶液。验证评估结果见表 4-8。

表 4-8 济南某水厂商品次氯酸钠溶液验证评估结果

验证指标	验证结果			
	第一次	第二次	第三次	评估结论
有效氯（商品次氯酸钠溶液）/%	10.6	10.5	10.8	合格
氯酸盐（商品次氯酸钠溶液）/%	2.8	1.4	1.5	优良
余氯（出厂水）/（mg/L）	0.35	0.48	0.67	合格
氯投加量 /（mg/L）	1.5	1.4	1.3	合格
三氯甲烷（出厂水）/（mg/L）	0.030	0.006	0.005	合格

对济南某水厂使用的商品次氯酸钠溶液应用情况进行了验证，各项指标均达到合格或优良。

第二篇

净水设备

20 世纪初，自来水净化技术已基本形成为目前最常用的“混凝 - 沉淀 - 过滤 - 消毒”常规处理工艺，这种工艺至今仍被世界上大多数的水厂所用。1906 年，广州增埗水厂开始使用自动氯气杀菌机进行加氯消毒，为我国较早使用加药消毒设备的水厂。1936 年，美国的 Milton Roy 父子发明了世界第一台用于供水的柱塞式加药计量泵。随着技术的逐步完善，目前水厂加药使用的计量泵主要是隔膜计量泵。进入 21 世纪，计量泵驱动技术得以发展，除了传统的电机驱动方式外，还有电磁驱动和气动马达驱动的新型计量泵。近年来，电磁驱动的计量泵（简称电磁计量泵）在我国水处理加药过程得到了非常广泛的应用，目前计量泵是全自动投溶药设备的核心组成。20 世纪 70 ～ 80 年代，工程技术人员研究出许多经济实用的净水技术和工艺设备，包括用于气浮池快速澄清工艺及快速过滤工艺的气浮设备、斜管斜板、滤池配水器材等过滤分离设备，并得以快速推广和应用。

净水工艺是城镇供水系统中最重要的工艺之一，市政供水系统从“源头到龙头”主要包括水源地取水、水厂的“混凝 - 沉淀 - 过滤 - 消毒”、管网输送到用户的过程。用户端的饮用水能否满足相应的质量标准，主要取决于净水工艺中净水设备的质量性能。目前，我国大部分水源水都被不同程度污染。水厂针对污染的净水工艺技术包括：a. 针对水源水的污染特性，增加预处理工艺，包括投加化学氧化剂、吸附剂、生物填料等；b. 增加活性炭吸附或生物活性炭（臭氧 - 活性炭联用）等深度处理工艺，在没有条件建活性炭滤池时在过滤前投加粉末活性炭；c. 使用氯、二氧化氯、次氯酸钠等消毒剂以及臭氧和紫外线等辅助消毒；d. 采用膜分离技术替代常规工艺和深度处理工艺去除部分溶解性无机盐等。加药消毒设备、过滤分离设备以及阀门和配件等净水设备直接影响水处理工艺的净水效果。

加药消毒设备是城镇供水处理工艺中最重要的一类设备，直接影响水处理的质量，其主要作用包括混凝、调节 pH 值和消毒等，投加药剂的种类包括各种混凝剂、消毒剂、粉末活性炭等。目前常用的加药消毒设备包括臭氧发生器、二氧化氯发生器、紫外线发生器、投药溶药设备、次氯酸钠发生器、加氯机等。臭氧发生器在我国的应用起步较晚，早期受关键核心器件研发、集成设备研制、标准化缺失等因素的制约，我国自主生产的臭氧发生器在实际运行中存在一些尚未解决的技术问题。为解决以上问题，青岛国林环保在业内率先研发了 20 ～ 80kg(O_3)/h 的系列臭氧发生器产品，实现 90% 以上的国产化率，明显提升了自主知识产权产品在我国的市场占有率，但目前仍有国外品牌的臭氧发生器应用在城镇供水领域。住建部《水处理用臭氧发生器》（CJ/T 322—2010）详细规定了产品整体要求、试验方法、设计、制造、检验、验收等，但目前已经不能满足产品技术发展的需求，需要推动标准的相应修订。

二氧化氯发生器国内生产厂商众多，产品的准入门槛低导致产品性能差异较大。目前常用的二氧化氯发生器包括基于化学法原理的二氧化氯发生器和基于电解法原理的二氧化氯发生器。其中，电解法二氧化氯发生器在国内的应用越来越广泛，由于原料利用条件的优势，目前具有良好的发展趋势。紫外线发生器目前进口比例约为 50%，部分我国自主生产的产品已经推广应用，但仍未有形成大规模的普及。投药溶药设备则基本上实现了国产化。湖南、山东等地聚集了一批投药溶药设备厂商。紫外线发生器和二氧化氯发生器的选型、药剂投加目前都缺乏相应的标准规范，紫外线发生器现有标准仅规范了紫外线消毒设备的设计和应用，二氧化氯发生器在供水行业的应用范围并没有明确界定，供水企业在实际应用过程中缺乏相应的指导性文件或标准规范、缺乏针对不同水源及工艺类型条件下的水厂二氧化氯发生器选用及使用技术指南，直接影响企业的供水安全及运行成本。而且限于原有标准制订时行业整体产品技术水平相对较差，原标准在技术指标、结构及要求、应用范围等许多方面已落后于目前的发展需要，需要及时制（修）订。溶药加药装备方面，目前需要重点推进基于自动控制、计量稳定准确、使用方便的溶药加药设备性能评价方法及其技术标准指导。

过滤分离设备主要包括气浮、膜分离、固液分离、过滤设备，软化除盐设备，离子交换设备，压滤机等。气浮技术能够解决传统沉淀工艺无法解决的难题，如低温低浊、高藻水体固液分离问题，具有投资少、占地面积小、自动化程度高、操作管理方便等特点。但气浮设备等检测、评估方法标准也不够系统和完善。

第5章 臭氧发生器

5.1 产品概述

臭氧发生器是氧气通过介质阻挡放电产生臭氧的装置，包括臭氧发生室、电源装置、控制装置、冷却装置、仪器仪表等部分。已广泛用于饮用水深度处理、市政污水处理、中水处理、工业废水处理、烟气脱硝、精细化工、纸浆漂白、中间体合成、纺织脱色、香料合成、废旧轮胎处理、疾病治疗、食品饮料加工、仓储运输等领域。

臭氧发生器成套设备是饮用水深度处理的关键设备。针对我国水源微污染水质的特点，臭氧 - 活性炭深度处理技术具有应用经验成熟、实施效果优秀、技术完善和经济成本低的优点，是目前国内经济有效的饮用水深度处理技术之一。臭氧发生器成套设备主要包括臭氧发生器、臭氧投加设备、尾气破坏设备、配套设备、智能化控制系统等，工程应用中需要根据不同的水质及变化、不同的处理水量及变化、不同的臭氧应用目的，来选择适当的工艺及相应规格的设备。

5.1.1 产品分类

目前工业应用的大型臭氧发生器都采用介质阻挡放电方法，介质阻挡放电其具体分类方法有以下几种。

① 按臭氧发生单元的结构形式分为管式和板式。

目前应用的大型臭氧发生器普遍采用管式，板式近些年也开始采用且有一定的发展潜力。用于饮用水处理用臭氧发生器绝大多数采用管式，也有个别采用板式。

② 按放电频率分为工频（50Hz、60Hz）、中频（100Hz ～ 1000Hz）和高频（≥ 1000Hz）。

目前市场上主要采用中高频臭氧发生器，频率范围在 600 ～ 4000Hz。工频臭氧发生器放电所需的电压高，臭氧出气浓度低，体积大，效率低，目前处于逐步淘汰的阶段。

③ 按供气气源分为空气源型和氧气源型。

氧气源型包括液氧源型和富氧源型，自来水厂臭氧系统一般采用液氧源的居多，也有采用富氧源的。采用富氧源时，臭氧规模较小的采用变压吸附（PSA）现场制氧，臭氧规模较大的采用低压吸附真空解吸（VPSA）现场制氧。供氧设备可选择采购或租赁两种方式。

④ 按冷却方式分为水冷却式和空气冷却式。

用于饮用水处理的臭氧系统采用水冷却型设备，用于空气消毒、果蔬保鲜等领域的小型臭氧发生器多为空气冷却。

⑤ 按臭氧发生单元的固定形式分为立式和卧式。

一般用于水处理的大型臭氧发生器多采用卧式，小规格设备多采用立式。

⑥ 按臭氧产量分为小型臭氧发生器（$<$ 100g/h）、中型臭氧发生器（100g/h ～ 1kg/h）和大型臭氧发生器（$\geqslant$ 1kg/h）。国产品牌单台臭氧发生器臭氧产量最高达 135kg/h。

5.1.2　性能指标

衡量臭氧发生器的主要性能指标包括臭氧产量、臭氧浓度与臭氧电耗，以及使用寿命。

(1) 臭氧产量

臭氧产量是指臭氧发生器单位时间产生的臭氧量（标准状态下），臭氧产量是臭氧浓度数值与臭氧化气流量（标准状态下）数值的乘积，计算公式为式(5-1)。

$$D=CQ \tag{5-1}$$

式中　D——臭氧产量，g/h（达到或超过 1000g/h 的臭氧发生器的臭氧产量换算成 kg/h 表示）；

C——臭氧浓度，g/m^3 或 mg/L；

Q——臭氧化气流量，m^3/h。

(2) 臭氧浓度

臭氧浓度是指臭氧发生器出气中的臭氧含量（标准状态下），臭氧浓度为臭氧质量与标准状态下体积的比值，按式(5-2)；或臭氧浓度为臭氧质量与气体质量的比值，按式(5-3)。

$$C=\frac{m}{V} \tag{5-2}$$

式中　C——臭氧浓度，g/m^3 或 mg/L；

m——臭氧质量，g 或 mg；

V——标准状态下体积，m^3 或 L。

$$C=\frac{m}{M}\times100\% \tag{5-3}$$

式中　C——臭氧浓度，%；

m——臭氧质量，g；

M——气体质量，g。

臭氧浓度通过碘量法或紫外吸收法测定。大型介质阻挡放电臭氧发生器空气源臭氧浓度为 20 ～ 40mg/L，氧气源为 100 ～ 180mg/L。

(3) 臭氧电耗

臭氧电耗是指产生 1kg 臭氧消耗的电能，臭氧电耗为有功功率与臭氧产量的比值，按式(5-4)。

$$P=\frac{W}{D} \tag{5-4}$$

式中　P——臭氧电耗，kW·h/kg；

W——有功功率，kW；

D——臭氧产量，kg/h。

大型介质阻挡放电臭氧发生器空气源臭氧电耗为 13 ～ 17kW·h/kg，氧气源为 7 ～

11kW・h/kg；小型介质阻挡放电臭氧发生器臭氧电耗从十几到几十千瓦时每千克不等。

（4）使用寿命

使用寿命是指臭氧发生器主要部件和整个系统持续稳定运行的时间，单位为 h 或年。介质阻挡放电臭氧发生器寿命要求为 15 年左右。

臭氧产量和浓度关系到臭氧在工业应用中的效果，电耗和使用寿命则关系到臭氧设备的运行成本。在相同条件下，产量越大、浓度越高、电耗越低的臭氧设备技术越先进。另外，在臭氧设备技术指标先进的基础上还要实现运行中的稳定性、可靠性，从某种程度上讲稳定性和可靠性的重要程度更高，臭氧系统应在稳定可靠运行的基础上实现技术指标先进性。以上核心技术指标代表着臭氧设备的性能，也标志着从事臭氧设备制造公司的技术实力。

5.1.3 技术标准情况

（1）国际标准

1）德国的 DIN 19627：2018-01“Ozone generation plants for water treatment”

该标准替代了 DIN 19627：1993-03 以及更早的 DIN 19627：1980-01。本标准在历史上对臭氧技术发展起了重大的导向作用，臭氧行业的许多术语、定义、规则等内容都是在其基础上发展起来的。

2）美国的 NSF/ANSI 222—2006e“Ozone generators”

该标准内容全面详实，作为标准的作用较好，但标准内容中的气体标准状态的条件并不与国际接轨，适用范围也有限制等。

3）日本臭氧协会的《臭氧技术手册（2016 年修订版）》

该手册是近年比较系统地介绍臭氧技术应用的著作，以历史与发展篇、基础篇和应用篇分别介绍日本、北美、欧洲和中国以水处理为主的应用现状与展望；从理论角度详尽讲述臭氧的性质、反应特性和高级氧化特性，也介绍了臭氧对动物和人体的影响及安全标准与臭氧发生、测定方法；应用篇以多种水处理技术为主线详述臭氧处理系统的发生器、反应装置、排出臭氧处理装置的结构、控制与测量和基本设计原则，并简要介绍了臭氧在气体脱硝、纸浆漂白、半导体清洗、杀菌消毒、食品加工业和人体治疗等方面的应用，还介绍了臭氧在高级氧化中的应用、日本的臭氧操作相关安全标准和耐臭氧腐蚀材料。

（2）国内标准

国内臭氧发生器有关的标准主要有《水处理用臭氧发生器》（CJ/T 322—2010）、《水处理用臭氧发生器技术要求》（GB/T 37894—2019）、《臭氧消毒器卫生要求》（GB 28232—2020）、《环境保护产品技术要求　臭氧发生器》（HJ/T 264—2006）、《室外给水设计标准》（GB 50013—2018）等。

1）《水处理用臭氧发生器》（CJ/T 322—2010）

该标准由住房和城乡建设部标准定额研究所提出、住房和城乡建设部给水排水产品标准化技术委员会归口，由住房和城乡建设部发布，是对标准《臭氧发生器》（CJ/T 3028.1—1994）和《臭氧发生器臭氧浓度、产量、电耗的测量》（CJ/T 3028.2—1994）的修订。该标准规定了水处理用臭氧发生器的分类和规格、结构和材料、要求、试验方法、检验规则、标志、包装、运输和贮存；适用于生活饮用水、再生水、污水处理用的臭氧发生器，化工氧化、造纸漂白及食品工业消毒杀菌等应用的臭氧发生器可参照执行。

该标准是专门针对水处理用臭氧发生器设计、生产及检验的标准，参考了国际标准、并实现了与国际标准接轨，自实施以来对于规范臭氧发生器的设计、制造、检验、验收等起到了积极的推动作用，但限于当时行业的整体产品技术水平，该标准在技术指标、结构、安全、电源装置、谐波治理、噪声控制等方面已整体落后于目前的技术发展。

2）《水处理用臭氧发生器技术要求》（GB/T 37894—2019）

该标准由住房和城乡建设部提出、全国城镇给水排水标准化技术委员会归口，由国家市场监督管理总局和国家标准化管理委员会发布，规定了水处理用臭氧发生器的分类、型号标记和规格、结构设计和材料、一般规定、要求、试验方法、检验规则、标志、包装、运输和贮存，适用于采用介质阻挡放电方式产生臭氧、用于水和废水处理的臭氧发生器。

2019 年 8 月 30 日，国家标准化管理委员会发布了 2019 年第 10 号中国国家标准公告，发布了《水处理用臭氧发生器技术要求》（GB/T 37894—2019），该标准于 2020 年 7 月 1 日实施。该标准是在《水处理用臭氧发生器》（CJ/T 322—2010）标准的基础上进一步完善及全面提升的，将进一步规范和推动行业技术的发展。

3）《臭氧消毒器卫生要求》（GB 28232—2020）

该标准由国家卫生健康委员会提出并归口、国家市场监督管理总局和国家标准化管理委员发布，规定了臭氧消毒器的原材料要求、技术要求、应用范围、使用方法、检验方法、运输和贮存、铭牌和使用说明书，适用于通过介质阻挡放电、紫外线照射和电解方式产生臭氧的臭氧消毒器，用于空气消毒、水消毒、餐饮具和食品加工管道消毒、医疗器械和用品消毒、物体表面消毒。

该标准于 2020 年 4 月 9 日发布、2020 年 11 月 1 日实施，是对《臭氧发生器安全与卫生标准》（GB 28232—2011）的修订，侧重于将臭氧发生器用作消毒器时的使用技术要求数据，对臭氧发生器本身设计生产的指导价值不高。

4）《环境保护产品技术要求　臭氧发生器》（HJ/T 264—2006）

该标准由国家环境保护总局科技标准司提出，国家环境保护总局发布，是对标准《臭氧发生器》（HCRJ 058—1999）的修订，规定了用于环境污染处理和其他用途的臭氧发生器的产品分类、命名、技术要求、检验规则以及标志、包装、运输和储存等；适用于辉光放电产生臭氧的各种类型的臭氧发生器。

该标准内容靠近住建部标准《臭氧发生器》（CJ/T 3028.1—1994），其中考虑了发展中的多种类型发生器，过多涉及了臭氧发生器内部的制作要求，并较原 HCRJ 058—1999 标准增加了以冷却方式作为产品等级评价标准，是否偏离了对臭氧发生器的主要技术指标评价标准值得商榷。

5）《室外给水设计标准》（GB 50013—2018）

该标准由住房和城乡建设部、国家市场监督管理总局和国家标准化管理委员会联合发布，标准在第 9 章“水处理”的第 10 节“臭氧氧化”中，按一般规定、气源装置、臭氧发生装置、臭氧气体输送管道、臭氧接触池、尾气臭氧消除装置等几部分，从臭氧氧化工艺设计的角度提出了对臭氧发生器、臭氧系统的设备及管道的要求，提出了臭氧设备间、臭氧接触池及气体制备等建筑物或构筑物的结构及安全要求，以及相关的安全配置与操作要求等，是给水处理中臭氧应用重要的设计文件。

另外，作为水专项课题任务的《给水处理臭氧系统应用规程》（T/CAMIE 10—2020）标准和《给水处理臭氧系统检测评估技术规程》（T/CAQI 150—2020）标准都已发布实施。《给水处理臭氧系统应用规程》规定了给水处理臭氧系统的基本要求、臭氧发生器、气源装置、接触反应装置、尾气处理装置、仪器仪表与控制装置、安装调试与验收、运行与维护等，是为提高给水处理臭氧系统应用水平，保障给水处理中臭氧系统的工程设计、安装调试与验收、运行与维护质量，保证臭氧系统应用效果的标准；《给水处理臭氧系统检测评估技术规程》规定了给水处理臭氧系统的检测评估项目及要求、检测评估方法、检测评估结果判定和检测评估报告，是规范给水处理臭氧系统的设计建设与运行管理、保证臭氧系统的应用效果、对臭氧系统开展检测评估的标准。

5.2 行业调研

5.2.1 国内外生产状况

国外臭氧技术起步比我国早了近百年的时间，现有知名品牌主要有得利满公司的OZONIA、Xylem公司的WEDECO和MITSUBISHI等品牌，代表着世界臭氧技术的最高水平。经过近几十年的发展，国外臭氧技术日益成熟，臭氧发生器的集成化程度和系统配套水平越来越高。目前国外单台臭氧发生器的产量最高已经达到250kg/h，臭氧浓度（质量分数）已经可以达到14%（约合210mg/L），在实验室里已经可以达到300mg/L。同时由于采用计算机智能控制、新介质配方以及合理的电源匹配，使得产生相同浓度的电耗越来越低。

我国臭氧技术起步较晚，直至2000年，我国仍只能生产单机产量最大2kg/h的工频臭氧发生器。2000年后，我国工业用大型臭氧设备制造技术的研究飞速取得大量成果，臭氧放电管、熔断器、中高频电源等大型臭氧发生器制造的关键技术取得重大突破，相继研制成功的3kg/h、10kg/h、20kg/h、50kg/h、80kg/h、100kg/h、120kg/h等大型中频臭氧发生器，将我国臭氧技术逐步提升到国际先进水平。

（1）技术原理

臭氧制取技术是指产生臭氧的技术，在设备应用中主要有介质阻挡放电法、电解法和紫外线法。

1）介质阻挡放电法

介质阻挡放电法基本原理是将氧气或含氧气体通过由放电电极和绝缘介质构成的放电间隙，当电极间施加的外部交流高压电场超过气体的击穿电压时，气体发生充分电离，从高压电场获得能量的电子与氧分子发生非弹性碰撞，电子把能量转移给氧分子，气体被激励后，发生电子雪崩，形成等离子体。当电子从放电电场获得的能量大于6.0eV时，氧分子开始分解、电离，产生的有效的氧原子与氧分子结合，最终形成臭氧。臭氧主要通过以下两种路径产生：

$$\begin{aligned} e^- + O_2 &\longrightarrow e^- + O_2(A^3\Sigma_u^+) \qquad (6\text{eV}) \\ &\longrightarrow e^- + O(^3P) + O(^3P) \\ O_2 + O(^3P) &\longrightarrow O_3 \end{aligned} \tag{5-5}$$

$$\begin{aligned} e^- + O_2 &\longrightarrow e^- + O_2(B^3\Sigma_u^-) \qquad (8.4\text{eV}) \\ &\longrightarrow e^- + O(^3P) + O(^3D) \\ O_2 + O(^3P) &\longrightarrow O_3 \end{aligned} \tag{5-6}$$

介质阻挡放电臭氧发生原理见图 5-1。介质阻挡放电技术是工业应用臭氧发生器普遍采用的、应用市场占有率最高、应用最广的技术，尤其是大中型臭氧发生器。

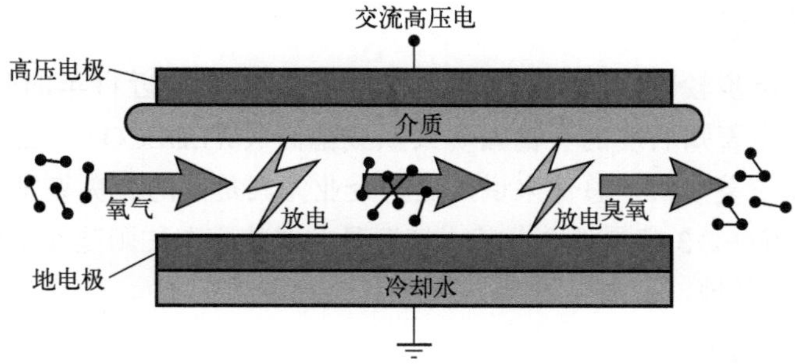

图 5-1 臭氧发生原理示意

2）电解法

电解法是运用“膜电极电解纯水技术”产生臭氧，其原理是：当外界输入直流电，在电场和催化剂的作用下，水中的 H^+ 通过阳离子交换膜的磺酸离子团链发生 H^+ 伴同水分子的迁移。电解臭氧发生原理如图 5-2 所示。

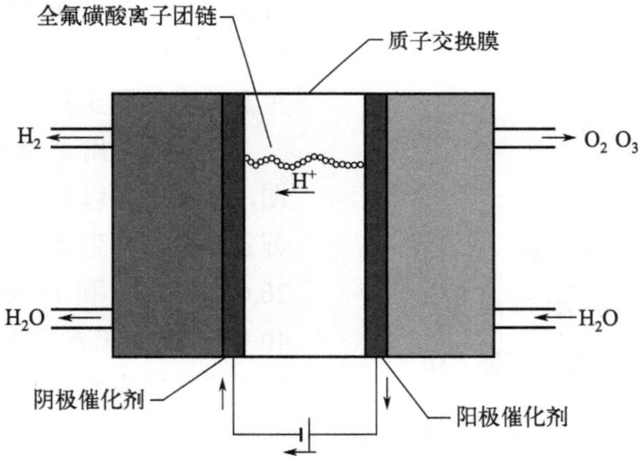

图 5-2 电解臭氧发生原理示意

电化学反应式为：

① 阴极析氢反应式：$2H^+ + 2e^- \longrightarrow H_2\uparrow$

② 阴极氧去极化反应式：$\frac{1}{2}O_2 + 2H^+ + 2e^- \longrightarrow H_2O$

③ 阳极主反应式：$H_2O \longrightarrow \frac{1}{3}O_3\uparrow + 2e^- + 2H^+$

④ 阳极副反应式：$H_2O \longrightarrow \frac{1}{2}O_2\uparrow + 2e^- + 2H^+$

电解法能制取高纯度臭氧和高浓度的臭氧水，使用和维修简单；但因臭氧产量难以做大、电极使用寿命短、臭氧不容易收集、制造成本相对较高，限制了其使用范围。目前电解臭氧发生器只在一些特定的小型设备上或某些特定场所使用，实现臭氧的工业规模应用还需不断的技术进步。

3）紫外线法

紫外线法是使用特定波长的紫外线照射氧分子，使氧分子分解成氧原子，再与氧分子结合而产生臭氧。这种方式臭氧产量低、相对能耗大、紫外线灯管使用寿命短，工业应用范围窄，且常常不归为单独一类臭氧发生器。

(2) 国外生产状况

我国臭氧技术起步较晚，国外臭氧技术起步比我国早了近百年的时间。国外臭氧发生器生产企业具有显著知名度的有德国赛莱默威德高（WEDECO）、法国得利满奥宗尼亚（OZONIA）和日本三菱电机，总体来说，这些企业尤其是前两者臭氧发生器的产品质量较国内臭氧发生器略好些。3 家国外企业基本情况是：威德高在沈阳建立了生产基地，奥宗尼亚在天津建立了生产基地，日本三菱仅在中国有应用。

(3) 国内生产状况

调研组调研的 105 家国内臭氧发生器制造企业中，86 家管式的，7 家板式的，7 家电解的，5 家既有管式的也有板式的（板式的均主要针对小型臭氧发生器）。从调研样本来看，管式占绝大多数（86.67%），板式和电解分别占比 11.43% 和 6.67%。共有 39 家企业能生产大型臭氧发生器（10kg/h 以上），其中管式 37 家占比 94.87%，板式仅 2 家占比 5.13%。电解法目前难以实现大产量臭氧发生器。详见图 5-3。

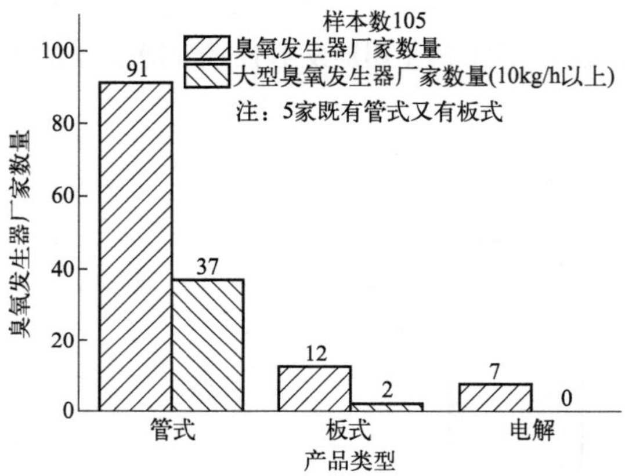

图 5-3　不同类型臭氧发生器分布

图 5-4 给出了臭氧发生器的省市分布图，从图中可以看出，山东省、广东省和江苏省是臭氧发生器企业前三名，占比分别为 26.67%、20% 和 19.05%。其中山东省共有 40 家，集中在青岛 15 家、济南 13 家和潍坊 9 家；广东省共有 21 家，集中在广州 13 家和深圳 3 家；江苏省共有 20 家，集中在南京和徐州，各 5 家。另外北京市有 8 家，排第四，占比 7.62%。大型臭氧发生器生产企业集中在山东省和江苏省，分别有 19 家和 13 家，占比分别为 48.72% 和 33.33%；广东大型臭氧发生器生产企业仅 2 家，主要以生产小型臭氧发生器的企业为主；此外，北京市、辽宁省各 2 家，福建省和河南省各有 1 家。

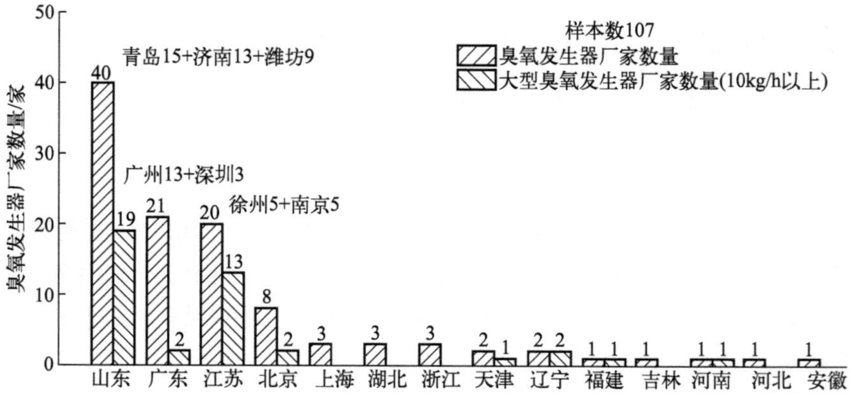

图 5-4　臭氧发生器省市分布

图 5-5 和图 5-6分别展示了空气源和氧气源大型臭氧发生器的臭氧浓度和臭氧电耗性能。从图中可以看出，空气源时臭氧浓度主要集中在 20 ～ 40mg/L，电耗主要集中在 12 ～ 18kW • h/kg（O_3）；氧气源时臭氧浓度主要集中在 100 ～ 150mg/L，电耗主要集中在 7 ～ 9kW • h/kg（O_3）。

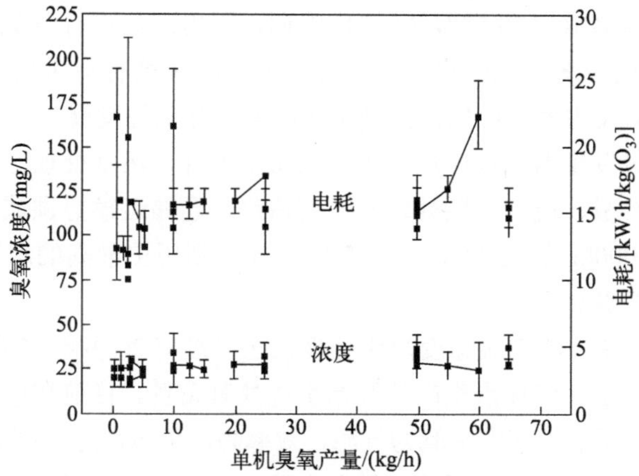

图 5-5　空气源臭氧发生器主要性能

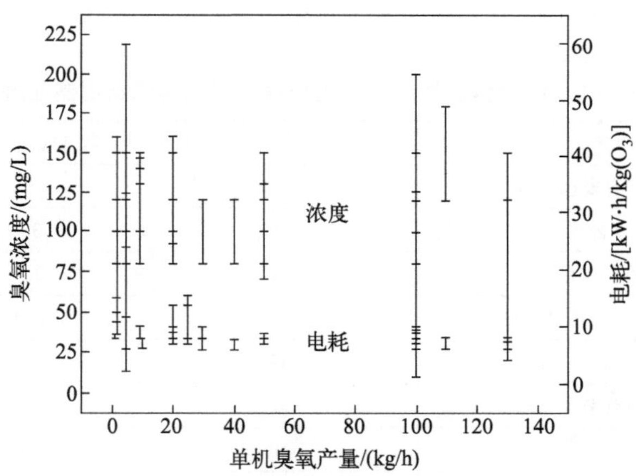

图 5-6　氧气源臭氧发生器主要性能

5.2.2　国内外应用状况

目前臭氧发生器已被广泛应用于饮用水处理、污水处理、纸浆漂白、中间体合成、纺织脱色、香料合成、废旧轮胎处理、疾病治疗、仓储运输等领域。

（1）国外应用状况

1902 年，世界第一座采用臭氧处理工艺的大型水厂在德国帕德博恩建立，目前臭氧工艺在欧美日等发达国家与地区已得到广泛应用，净化后的自来水可供直接饮用。例如，1937 年，世界上第一座使用臭氧处理的商业游泳池在美国启用，目前臭氧已成为奥运水中竞赛项目指定的水质消毒方式；1982 年瓶装水开始使用臭氧杀菌，目前矿泉水、纯净水厂家几乎都装备了臭氧设备；发达国家陆续建立了大规模的臭氧深度处理污水处理厂，日本在缺水地区将污水用臭氧深度处理后作为中水使用，臭氧 - 生物活性炭处理工艺在世界发达国家广泛应用于饮用水深度处理。

目前，国际上臭氧发生器最大的单机产品规格已达 200kg/h，由 OZONIA 制造，在加拿大有应用；另外 WEDECO 有 3 台 175kg/h，在巴西 VCP 纸厂应用。

（2）国内应用状况

我国臭氧技术起步较晚，20 世纪 70 年代中期，国内开始进行臭氧技术的研究开发；90 年代，随着矿泉水、纯净水臭氧消毒技术的推广应用，医药行业采用臭氧进行空气杀菌处理，以及小型家用臭氧发生器的应用，促进了我国臭氧行业的发展。

在我国，目前臭氧发生器已被广泛应用于饮用水处理、污水处理、纸浆漂白、中间体合成、纺织脱色、香料合成、废旧轮胎处理、疾病治疗、仓储运输等领域。近几年，我国每年新增臭氧量规模约 20000kg/h。臭氧发生与应用已经达到历史最高的水平与规模，中国臭氧市场成为世界上最大的臭氧市场。

我国饮用水采用臭氧 - 活性炭深度净化处理工艺已经有 20 多年的历史了。自 20 世纪 80 年代起，瓶装水等矿泉水、纯净水生产就开始引进臭氧设备。目前在市政自来水厂以氧气为气源的臭氧发生器一般采取以液态纯氧为气源，效率高，可靠性好，可用于中大规模的水厂。

经过调研发现，大中型水厂在用的臭氧发生器主要包括青岛国林、福建新大陆、志伟环保、金大万翔、康尔、OZONIA、WEDECO 等品牌，应用案例详见表 5-1，但实际应用不限于上述品牌。

表 5-1　部分臭氧饮用水深度处理实例及臭氧发生器品牌

序号	用户	供水规模/($10^4m^3/d$)	臭氧规模/(g/h)	品牌
1	江苏武进自来水公司	6	5	OZONIA
2	昆明市自来水公司（五厂）	30	33	OZONIA
3	上海市周家渡水厂（注：已拆除）	2	2.5	OZONIA
4	上海市自来水公司（南市）	60	130	OZONIA
5	深圳自来水公司（东湖）	39	24	OZONIA
6	江苏常州自来水公司	4	5	OZONIA
7	广州顺德自来水公司	10	10	OZONIA
8	广州顺德自来水公司二期	10	10	OZONIA
9	浙江桐乡自来水公司	6	10	OZONIA
10	浙江嘉兴自来水公司	17	30	OZONIA
11	深圳自来水公司（笔架山）	52	94	OZONIA
12	上海闸北自来水公司（杨树浦）	52	94	OZONIA
13	广州南州水厂	80	142	OZONIA
14	广州南州水厂二期	20	42	OZONIA
15	安徽阜阳铁路水厂	3	10	OZONIA
16	广州南沙水厂	20	44	OZONIA
17	浙江海宁实康水务公司	15	30	OZONIA
18	浙江嘉善水务投资公司	10	20	OZONIA
19	浙江平湖水务集团公司	8	30	OZONIA
20	苏州市自来水公司	30	40	WEDECO

续表

序号	用户	供水规模/($10^4m^3/d$)	臭氧规模/(g/h)	品牌
21	上海浦东自来水公司临江水厂	60	100	WEDECO
22	长沙自来水公司第二水厂	30	40	WEDECO
23	昆山自来水公司泾河水厂	60	80	WEDECO
24	昆山自来水公司第三水厂	40	60	WEDECO
25	杭州滨江自来水公司	15	30	WEDECO
26	深圳梅林水厂	90	135	WEDECO
27	杭州南星桥自来水厂	15	26	WEDECO
28	桐乡果园桥水厂	10	10	WEDECO
29	海盐自来水公司	5	9	WEDECO
30	嘉善自来水公司地面水厂	10	20	WEDECO
31	平湖古横桥水厂	6	12	WEDECO
32	海宁第二水厂	8	15	WEDECO
33	嘉兴港区供水有限公司凉亭桥水厂	5	9	WEDECO
34	苏州相城水厂	30	40	WEDECO
35	大庆石化公司水厂	3.6	9	WEDECO
36	昆山自来水集团第三水厂（三期）	20	20	青岛国林
37	昆山自来水集团第四水厂	30	40	青岛国林
38	上海市青浦区第二水厂	40	72	青岛国林
39	苏州市吴江第二水厂	90	40	青岛国林
40	上海市松江自来水公司	26	30	青岛国林
41	上海松江东部自来水厂	16	28	青岛国林
42	上海松江西部自来水厂	20	35	青岛国林
43	浙江嘉善幽澜自来水厂	21	20	青岛国林
44	杭州萧山第三水厂	60	20	青岛国林
45	上海市小昆山自来水厂	10	35	青岛国林
46	滨海自来水东坎净水厂	10	30	青岛国林
47	山东省济南市鹊华水厂	40	26	青岛国林
48	苏州市吴中区自来水厂	90	60	青岛国林
49	舟山市自来水有限公司	8	16	青岛国林
50	江苏省沭阳县自来水厂	5	8	青岛国林
51	江苏东台市自来水公司	30	10	青岛国林
52	上海市松江区车墩水厂	16	28	青岛国林
53	杭州水业有限公司清泰水厂	40	40	杭州乾仕
54	杭州水业有限公司南星水厂	40	40	杭州乾仕

5.2.3 典型应用案例

昆山水厂（昆山市自来水集团有限公司）深度处理采用臭氧＋生物活性炭工艺，是江苏省的第一个深度处理工程，也是当时国内最大的深度处理工程，在国内具有代表性。至今，昆山水厂采用臭氧发生器情况如下：

① 泾河水厂的生产能力 $60\times10^4m^3/d$，前臭氧的设计投加量为 1mg/L，主臭氧的设计投加量为 2mg/L，最大臭氧需求量为 75kg/h。采用了 4 台 WEDECO 单机产量为 19.5kg/h（20kg/h）的臭氧发生器及配套的前臭氧和主臭氧投加系统。

② 第三水厂（一、二期）的生产能力为 $40\times10^4m^3/d$，前臭氧的设计投加量为 1mg/L，主臭氧的设计投加量为 2mg/L，最大臭氧需求量为 50kg/h。采用了 3 台 WEDECO 单机产量为 19.5kg/h（20kg/h）的臭氧发生器及配套的前臭氧和主臭氧投加系统。

③ 第三水厂（三期）的生产能力为 $20\times10^4m^3/d$，采用了 1 台青岛国林单机产量为 20kg/h 的臭氧发生器及配套的前臭氧和主臭氧投加系统。

④ 第四水厂（一期）的生产能力为 $30\times10^4m^3/d$，采用了 2 台青岛国林单机产量为 20kg/h 的臭氧发生器及配套的前臭氧和主臭氧投加系统。

现以第四水厂（一期）为例，介绍深度处理工程和国产 20kg/h 臭氧系统的设计（部分资料来源：中国给水排水“给水深度处理机饮用水安全保障技术交流会”论文集，王文生，中国市政工程中南设计研究总院有限公司）。

（1）深度处理工程

工程采用如图 5-7 所示的预 O_3+ 常规处理 +O_3-BAC 工艺。

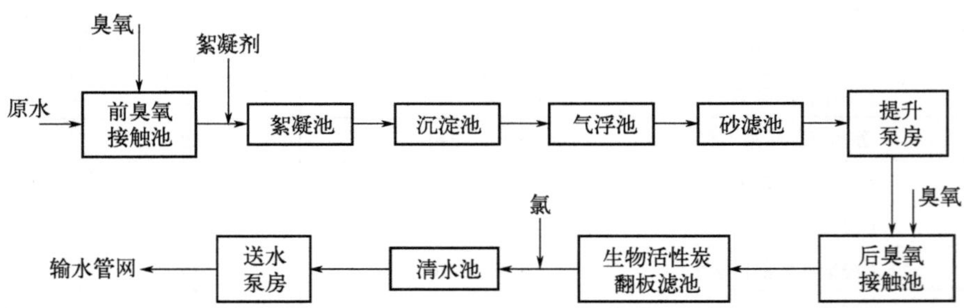

图 5-7 预 O_3+ 常规处理 +O_3-BAC 工艺流程

该工艺能有效地将水体中大分子有机物氧化成有利于生物降解的小分子有机物；同时有机物能有效地被活性炭吸附并能被其中滋生的微生物有效地降解，从而大大降低水中有机物量，全面提升出水水质。生物活性炭滤池型式采用翻板滤池，布水布气系统结构简单，便于土建施工；滤料流失率低，冲洗效果好，耗水量减少，出水水质好。

1）前臭氧接触池和混合池

前臭氧接触池和混合池按 $15\times10^4m^3/d$ 规模设计两座。每座前臭氧接触池设计水深 6.0m。O_3 投加量 0.5 ～ 1.0mg/L，接触时间 5min。臭氧投加采用微孔钛盘布气方式。

机械混合池平面尺寸 3.6m×3.6m，池深 5.4m，有效水深 4.1m，混合时间 30s。每座池设直径 $D=2.5m$ 机械搅拌机一套，转速 37r/min，功率 55kW。

2）砂滤水提升泵房

提升泵房内设 3 台水泵，2 用 1 备。单台水泵流量为 $6565m^3/h$，扬程为 6.2m，功率 185kW，其中两台变频。

3）后臭氧接触池

后臭氧接触池按 $30\times10^4m^3/d$ 规模设一座，分两格。平面总尺寸 29.6m×23.25m，水深

6.0m，超高 1.0m。O_3 投加量 1.0 ～ 1.5mg/L，接触时间 10min，分为串联的三级，每级分为接触及反应两段。三级接触反应时间分别为 3min、3min 和 4min（不计连通渠）。三段臭氧投加量依次为 50%、30% 和 20%。臭氧投加采用微孔钛盘布气方式。

4）生物活性炭翻板滤池

本工程采用翻板滤池。设一座 BAC 滤池，处理能力 $30\times10^4m^3/d$，分 14 格，单格平面尺寸 14.0m×7.5m，单格过滤面积 $105m^2$。滤池采用双排布置形式，总平面尺寸（包括配水渠）58.06m×45.1m。设计滤速 9m/h，接触时间 13.4min。滤料采用水处理煤质颗粒活性炭，直径 D = 1.5mm，长度 L = 0.8 ～ 1.6mm，炭层厚度 2.0m。滤料上水深 1.5m，设计工作周期 3 ～ 6d。

5）炭滤池反冲洗泵房

炭滤池反冲洗泵房按 $90\times10^4m^3/d$（注：第四水厂工程总规模为 $90\times10^4m^3/d$）规模设计，泵房平面尺寸 36.4m×11.1m，主要有反冲洗水泵、反冲洗鼓风机、空压机等设备。

6）臭氧发生间

臭氧发生间土建按 $90\times10^4m^3/d$ 规模设一座，设备按一期 $30\times10^4m^3/d$ 规模安装，所产臭氧供全厂所需。一期外购纯氧作氧源，远期考虑采用现场制备氧气的方式。

7）尾气臭氧分解

臭氧尾气破坏采用加热 - 催化混合型尾气臭氧分解方式。

（2）20kg/h 臭氧系统设计

20kg/h 氧气源臭氧系统主要包含 20kg/h 臭氧发生器、前臭氧扩散系统、后臭氧扩散系统、尾气臭氧破坏系统、检测及 PLC 监控系统、仪表空气及液氧补加空气系统。以下对系统核心部件臭氧发生器（含臭氧发生室组件和臭氧电源装置）进行介绍。图 5-8 是设备现场照片。

图 5-8 20kg/h 臭氧发生器运行现场照片

20kg/h 氧气源臭氧发生器主要技术参数如下：

臭氧产量：≥ 20kg(O_3)/h（冷却水进口温度为 25℃时）

臭氧浓度：≥ 10.0%（质量分数，冷却水进口温度为 25℃时）

调节范围：10% ～ 100%

功耗：8.5 ～ 9.5kW・h/kg(O_3)

1）臭氧发生室组件

臭氧发生室是高压放电产生臭氧的场所，是大型臭氧发生器的关键技术装置，外电极（冷却水套）采用管式特种不锈钢材料，内置高压电极，呈蜂窝状排布。高压电极采用 DTA 非玻璃放电体，每个放电单元的高压电极带有独立的熔断器，保证放电室整体正常、可靠、有效工作。

臭氧发生室组件带一体化安装底座及支架，配置产品气体臭氧浓度检测仪、臭氧流量计、电动调节阀、气动切断阀、进气过滤器、露点传感器、压力传感器、温度传感器、就地仪表及手动阀门等，与连接管路等一体化安装完毕，整体调试出厂。臭氧发生室组件配置原理如图 5-9 所示。

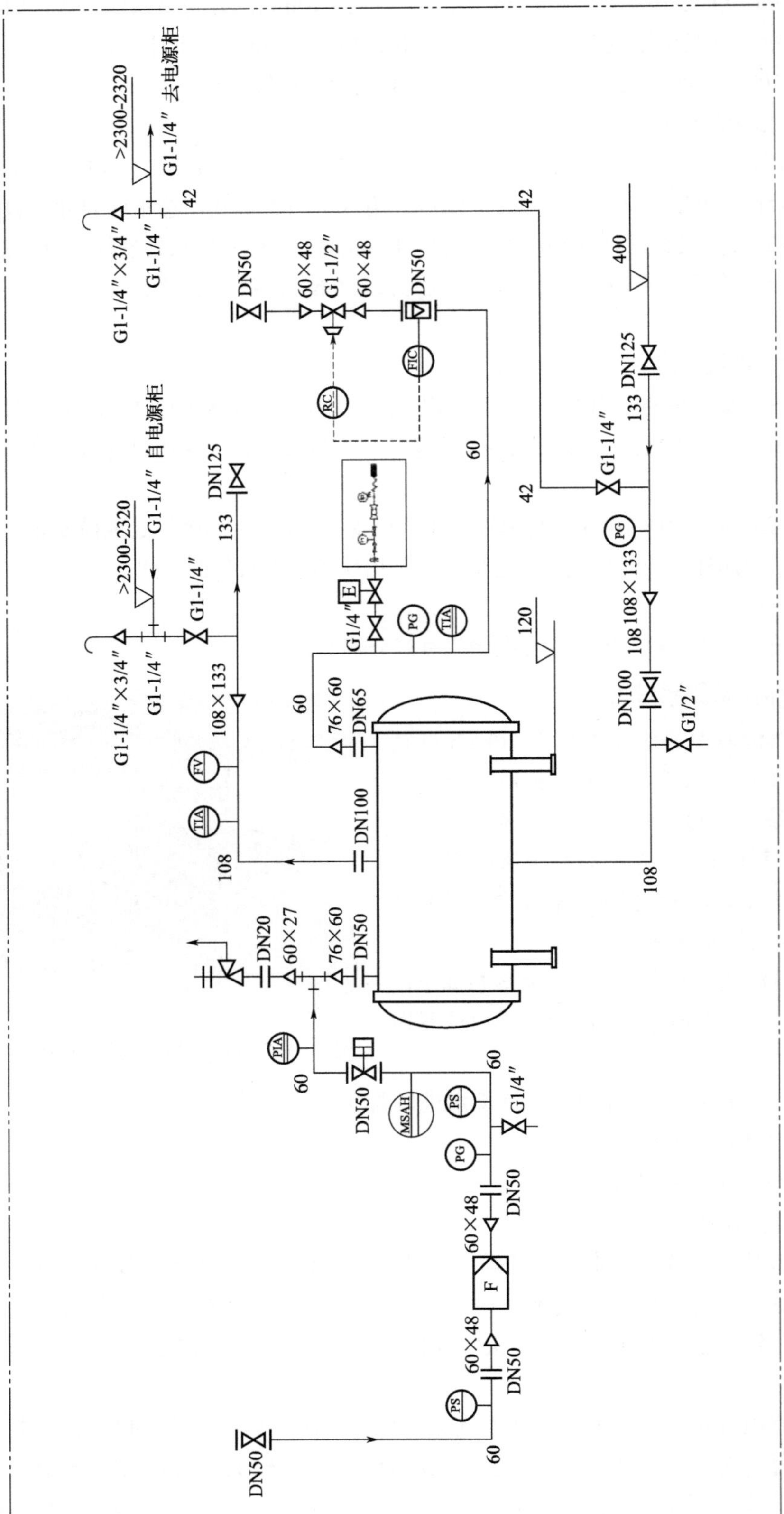

图 5-9 臭氧发生室组件配置原理

2）臭氧电源装置

臭氧电源装置设计为中频电源，采用全控整流逆变式大功率电源技术，由整流、逆变和升压回路组成。图 5-10 展示了臭氧电源装置控制原理。

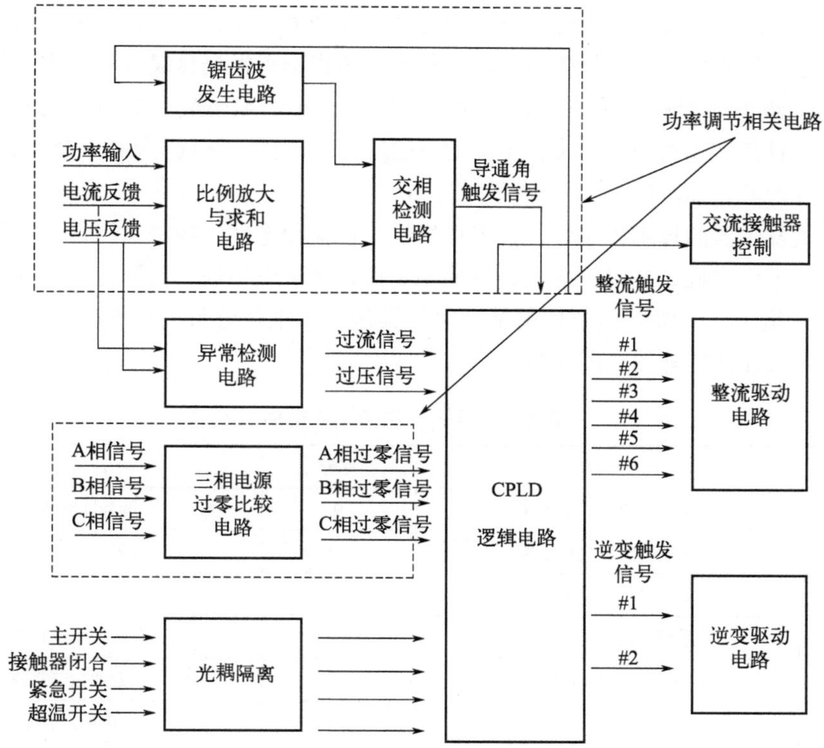

图 5-10　臭氧电源装置控制原理

CPLD 逻辑控制板设计了比例放大与求和电路、交相检测与锯齿波发生电路、异常检测电路、三相电源过零比较电路、开关信号检测电路（光耦隔离电路）、整流驱动及逆变驱动电路，是整个电源的控制核心，可实现对主电源电路的整流、逆变可控硅进行驱动和功率调节功能，以及过压、欠压和过流的信号反馈、保护功能。臭氧电源装置自带 PLC 控制系统，即就地 PLC 系统，实现就地手动 / 自动监控臭氧发生器、PSU 的运行并与臭氧系统的总控 PLC 进行通信，实现远距离控制监测的功能。

5.3　技术评估

建立适用于饮用水处理用的臭氧发生器成套设备标准化体系、评估体系，实现臭氧发生器成套设备产业化，整合成套装置中的臭氧发生器、臭氧投加设备、尾气破坏器、智能化控制系统等各个标准化、模块化装置，实现臭氧发生器成套设备的稳定性、可靠性，降低运行能耗及费用，在工艺及工程设计、运行、设备制造中都是非常重要的。

5.3.1 评估指标体系

参照《涉及饮用水卫生安全产品分类目录》（2011 年版）、《给水排水设计手册》（第三版）及材料设备功能、用途及用量等，对供水材料设备的臭氧发生器进行重点评估。

选取技术先进性、技术可靠性、性能稳定性、经济适用性、国际竞争力 5 项指标作为评价指标集，这 5 项指标作为一级评估指标，每个评估指标可根据臭氧发生器本身特性进一步细化分解为二级评估指标，如技术先进性分解为 A_1，A_2，$A_3 \cdots A_n$；技术可靠性分解为 B_1，B_2，$B_3 \cdots B_n$；性能稳定性分解为 C_1，C_2，$C_3 \cdots C_n$；经济适用性分解为 D_1，D_2，$D_3 \cdots D_n$；国际竞争力分解为 E_1，E_2，$E_3 \cdots E_n$。

结合臭氧发生器的技术先进性、技术可靠性、性能稳定性、经济适用性、国际竞争力等方面，选取技术先进性、技术可靠性、性能稳定性、经济适用性、国际竞争力 5 项指标作为一级评估指标集，在一级评估指标的基础上将其进一步细化分解为表 5-2 所列的 15 项二级评估指标，形成评估矩阵图（图 5-11）。

表 5-2　臭氧发生器评估指标

序号	评估指标	序号	评估指标
1	臭氧发生器臭氧产量	9	调节性能及范围
2	臭氧发生器臭氧浓度	10	臭氧系统建设成本
3	臭氧发生器臭氧电耗	11	臭氧系统运行成本
4	系统集成及配套能力	12	臭氧系统维护费用
5	额定技术指标衰减	13	企业生产规模
6	臭氧放电管击穿率	14	市场占有率
7	放电管寿命	15	是否出口
8	2h 内臭氧浓度与电耗变动		

5.3.2 评估指标赋值

臭氧发生器具体评估指标分配权重和赋分见表 5-3。

表 5-3　具体评估指标分配权重和赋分

一级评估指标	权重	二级评估指标	满分 / 分
U_1 技术先进性	0.25	A_1 臭氧发生器臭氧产量，kg/h	20
		A_2 臭氧发生器臭氧浓度，g/m^3	30
		A_3 臭氧发生器臭氧电耗，kW·h/kg	30
		A_4 系统集成及配套能力	20
U_2 技术可靠性	0.30	B_1 额定技术指标衰减，%	50
		B_2 臭氧放电管击穿率，%	50
U_3 性能稳定性	0.15	C_1 放电管寿命，年	35
		C_2 2h 内臭氧浓度与电耗变动，%	30
		C_3 调节性能及范围，%	35

续表

一级评估指标	权重	二级评估指标	满分 / 分
U_4 经济适用性	0.20	D_1 臭氧系统建设成本，万元 /kg	30
		D_2 臭氧系统运行成本，元 /kg	40
		D_3 臭氧系统维护费用，元 /kg	30
U_5 国际竞争力	0.10	E_1 企业生产规模，kg/h	45
		E_2 市场占有率，%	45
		E_3 是否出口	10

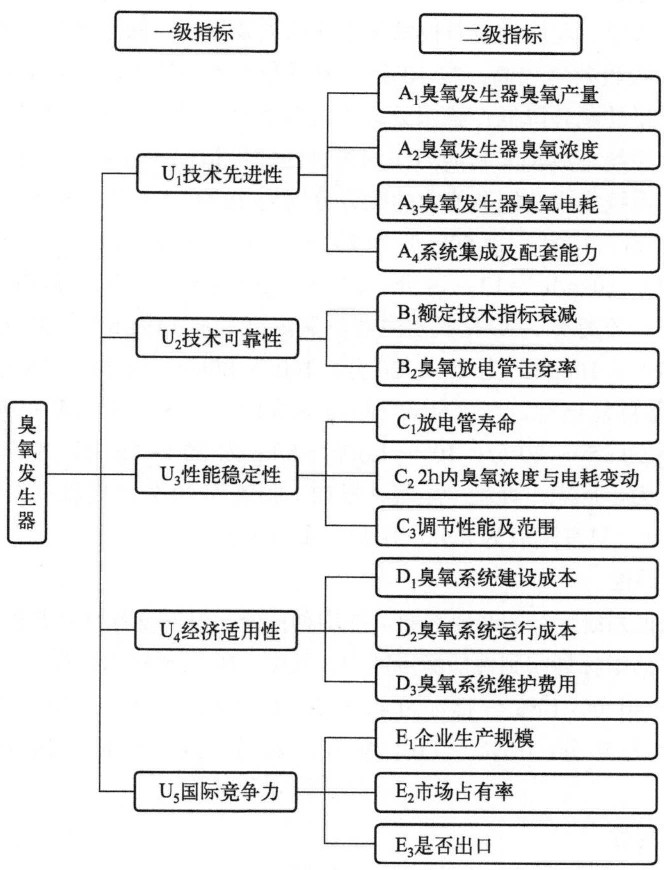

图 5-11　评估矩阵图

（1）臭氧发生器一级指标

初步确定技术先进性和技术可靠性是同等重要的指标，这两者在总分 1 中分别按 0.25 和 0.30。先进性表明产品的基本技术水平，可靠性表明产品能长期、稳定运行。产品如果不先进，即便是多么可靠，也会在市场应用选择中被淘汰；产品如果不可靠，即便是多先进，都不能保证用户运行，还不如指标差一点、但能保证可靠运行。

初步确定性能稳定性、经济适应性、国际竞争力在权重中总共按 0.45。对于臭氧发生器来讲，这三者中最重要的是经济适用性，按 0.20，表现在建设成本、运行成本、维护费用三方面，一般建设成本高的（系统设备配置高），运行成本、维护费用会相对低一些。由于给水处理中在一段时间内的运行工况是相对稳定的，所以性能稳定性对系统的影响不大，按0.15。从全球来说，国外发达国家已经建设完成，污染及治理需求不大，臭氧发生器主要是国内市场、在国内与进口品牌竞争，国产臭氧发生器具有较强的竞争力、但实际权重意义不大，按0.10。

（2）臭氧发生器二级指标

结合臭氧发生器的特点，分别对技术先进性、技术可靠性、性能稳定性、经济适用性及国际竞争力进行二级指标的细化和赋分。

1）U_1 技术先进性

初步按产量、浓度、电耗代表着技术先进性的主要指标，同等重要，各按30分；给水处理臭氧投加量低，吸收效率较高，按10分。按照专家咨询意见，给水处理中不需要较大的臭氧产量，臭氧产量的赋分降低；给水处理中的臭氧吸收效率属于设计范畴，不宜作为评估指标，宜增加应用系统集成及配套能力作为先进性评价指标。综合后，按照臭氧产量、臭氧浓度、臭氧电耗、系统集成及配套能力的赋分分别为20分、30分、30分、20分。其中，A_1 臭氧发生器臭氧产量，厂家：≥50kg/h为20分，50～30kg/h为20～16分，30～20kg/h为16～12分，20～10kg/h为12～8分，10～5kg/h为8～4分，5kg/h以下按具体数据酌情处理打分；用户：不打分。A_2 臭氧发生器臭氧浓度，≥148g/m^{3}为30分，148～120g/m^{3}为30～25分，120～100g/m^{3}为25～20分，100～80g/m^{3}为20～15分；空气源时不打分。A_3 臭氧发生器臭氧电耗，≤7.5kW·h/kg为30分，7.5～8.5kW·h/kg为30～25分，8.5～10kW·h/kg为25～20分，10～12kW·h/kg为20～15分；空气源时不打分。A_4 系统集成及配套能力，厂家：臭氧+尾气+投加+制氧为20分，臭氧+尾气+投加为16分，臭氧+尾气为12分，只有臭氧为8分；用户：不打分。

2）U_2 技术可靠性

各指标均为保证系统运行的必要参数，按均衡打分。根据设备材料课题专家咨询意见，将产品寿命类二级评估指标划归到性能稳定性中。其中，B_1 额定技术指标衰减，≤5%为50分，5%～10%为50～40分，10%～15%为40～30分，15%～20%为30～20分；B_2 臭氧放电管击穿率，≤0.5%为50分，0.5%～1.0%为50～40分，1.0%～1.5%为40～30分，≥1.5%为30～20分。

3）U_3 性能稳定性

各指标均为保证系统运行的必要参数，相对有微小区分。结合将放电管寿命划归到性能稳定性中，分别按35分、30分、35分。其中，C_1 放电管寿命，≥10年为35分，10～8年为35～25分，8～6年为25～15分；C_2 2h内臭氧浓度与电耗变动，≤2.5%为30分，2.5%～5%为30～20分；C_3 调节性能及范围，≤10%为35分，10%～20%为30～25分，20%～30%为25～20分，30%～40%为20～15分。

4）U_4 经济适应性

运行成本最重要，建设及维护成本次之，按建设成本、运行成本、维护费用分别为30分、40分、30分。其中，D_1 臭氧系统建设成本，≤15万元/kg为30分，15万～20万元/kg为30～25分，20万～25万元/kg为25～20分，25万～30万元/kg为20～15分，

30 万～ 35 万元 /kg 为 15 ～ 10 分；D_2 臭氧系统运行成本，≤ 21 元 /kg 为 40 分，21 ～ 22 元 /kg 为 40 ～ 35 分，22 ～ 23 元 /kg 为 35 ～ 30 分，23 ～ 24 元 /kg 为 30 ～ 25 分，24 ～ 25 元 /kg 为 25 ～ 20 分；D_3 臭氧系统维护费用，≤ 400 元 /kg 为 30 分，400 ～ 600 元 /kg 为 30 ～ 25 分，600 ～ 800 元 /kg 为 25 ～ 20 分，800 ～ 1000 元 /kg 为 20 ～ 15 分。

5）U_5 国际竞争力

生产规模和市场占有率基本一致，一般生产规模大的市场占有率同比也高，各按 45 分；国产臭氧发生器主要是国内市场，是否出口按 10 分。其中，E_1 企业生产规模，厂家：年度产能 ≥ 10000kg 为 45 分，10000 ～ 5000kg 为 45 ～ 40 分，5000 ～ 2500kg 为 40 ～ 35 分，2500 ～ 1000kg 为 35 ～ 30 分，1000 ～ 500kg 为 30 ～ 25 分；用户不打分。E_2 市场占有率，厂家：≥ 10% 为 45 分，10% ～ 5% 为 45 ～ 40 分，5% ～ 2.5% 为 40 ～ 35 分，2.5% ～ 1.5% 为 35 ～ 30 分，1.5% ～ 0.5% 为 30 ～ 25 分，＜ 0.5% 为 25 ～ 20 分；用户不打分。E_3 是否出口，厂家：出口占规模 10% 以上为 10 分，有出口、按比例为 10 ～ 5 分，无出口 0 分；用户不打分。

通过多次专家咨询与评审，建立了臭氧发生器产品的专家评估规则，确定了产品一级指标和二级指标相应的权重，据此对臭氧发生器产品进行了评估。该评估方法可指导并用于具体产品的评估。

5.3.3　评估指标体系应用

邀请涵盖高校研究机构、生产企业、设计院所等在内的 10 名专家根据建立的评估体系对臭氧发生器进行了专家评估，赋值结果显示国内臭氧发生器生产和应用的技术就绪度整体达到 8 级，具备行业大规模应用的条件。评估打分汇总及评估结果分别见表 5-4 和图 5-12。

表 5-4　臭氧发生器打分汇总

序号	U_1 技术先进性		U_2 技术可靠性		U_3 性能稳定性		U_4 经济适用性		U_5 国际竞争力	
	分值 / 分	权重	分值 / 分	权重	分值 / 分	权重	分值 / 分	权重	分值 / 分	权重
1	88	0.2	100	0.25	91	0.25	87	0.2	80	0.1
2	86	0.2	96	0.25	90	0.25	88	0.2	82	0.1
3	90	0.25	100	0.25	92	0.25	90	0.2	80	0.05
4	88	0.25	95	0.2	91	0.25	87	0.2	80	0.1
5	85	0.2	86	0.25	89	0.25	89	0.2	82	0.1
6	90	0.2	85	0.25	87	0.25	92	0.2	80	0.1
7	91	0.2	100	0.25	74	0.25	89	0.2	78	0.1
8	88	0.2	100	0.25	91	0.25	87	0.2	80	0.1
9	88	0.2	100	0.25	92	0.25	87	0.2	82	0.1
10	89	0.2	94	0.25	92	0.25	89	0.2	82	0.1
计算结果	技术就绪度（TRL）	明确需求（TRL1）	技术方案（TRL2）	通过论证（TRL3）	小试研究（TRL4）	中试研究（TRL5）	形成产品（TRL6）	三方评估（TRL7）	标准化（TRL8）	推广应用（TRL9）
	$B = WR$	0	0	0	0	0	0	0.70	2.78	1.62

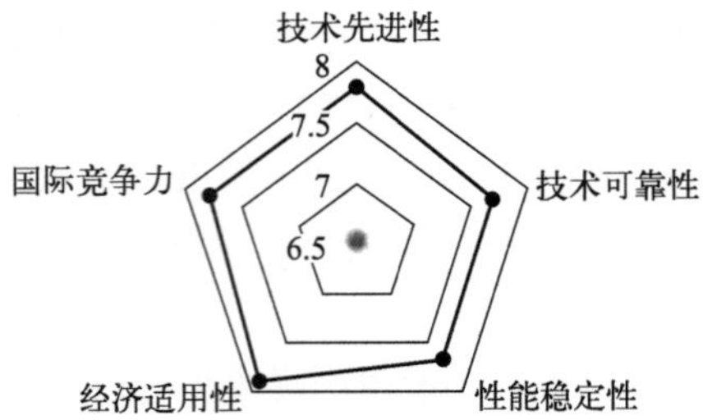

图 5-12　臭氧发生器评估结果图

5.4　应用验证

臭氧发生器验证指标体系的建立是在综合技术先进性、技术可靠性、性能稳定性、经济适用性和国际竞争力等方面，全面体现臭氧发生器性能指标、工艺效果指标和经济性指标。为研究指标与结果之间的相关性，可以利用相关性分析计算得出各指标与结果之间的相关系数，通过相关系数的大小来判断指标与结果之间相关度的大小以及指标对结果影响作用的强弱。但是在很多情况下，由于各指标之间相互影响，造成指标与指标之间具有重叠信息，从而造成直接相关系数的虚假性，因此为了消除这种虚假性，可以通过进行主成分分析的方法，提取出多因素的主成分，根据原始变量在主成分方向上的载荷，考察原始变量在主成分上与结果之间的相关系数。由于排除了不相关的因素，主成分分析更清晰地反映出指标与结果之间的关系，从而筛选出更能代表结果的指标。

通过前期对各种臭氧发生器在设备出厂检验、运行现场检验，并对国内的臭氧发生器生产厂家和用户进行调研，筛选臭氧发生器关键技术经济指标和典型应用案例，开展典型产品的生产和应用流程进行技术性能测试和技术经济性分析，建立臭氧发生器的科学验证体系，为臭氧发生器在整个行业的推广和应用提供了数据支撑，推动供水行业的进步。

5.4.1　验证指标筛选

利用臭氧系统实际应用中的高频指标作为重点，结合文献梳理和实地调查研究进行指标的海选。根据可观测性原则将数据无法获得的海选指标删除，保证初步筛选后的指标体系可以量化。通过评价指标体系的初筛及标准化、基于相关性分析的指标筛选、基于主成分分析的指标筛选以及定量筛选后的理性处理从 25 个海选指标中筛选出 13 个指标，表 5-5 中用“保留”标出。

表 5-5　臭氧发生器性能验证的相关 - 主成分分析筛选指标

序号	准则层	指标层	筛选结果
1	X_1 产品性能	$X_{1.1}$ 标准气量	相关性分析删除
2		$X_{1.2}$ 发生室气压	不可观测删除
3		$X_{1.3}$ 臭氧出气温度	相关性分析删除
4		$X_{1.4}$ 冷却水出水温度	保留

续表

序号	准则层	指标层	筛选结果
5	X_1 产品性能	$X_{1.5}$ 输入功率	相关性分析删除
6		$X_{1.6}$ 臭氧浓度	保留
7		$X_{1.7}$ 臭氧产量	保留
8		$X_{1.8}$ 臭氧电耗	保留
9	X_2 生产	$X_{2.1}$ 标准气量	相关性分析删除
10		$X_{2.2}$ 发生室气压	不可观测删除
11		$X_{2.3}$ 臭氧出气温度	主成分分析删除
12		$X_{2.4}$ 冷却水出水温度	保留
13		$X_{2.5}$ 输入功率	相关性分析删除
14		$X_{2.6}$ 臭氧浓度	保留
15		$X_{2.7}$ 臭氧产量	保留
16		$X_{2.8}$ 臭氧电耗	保留
17		$X_{2.9}$ 接触后臭氧浓度	保留
18		$X_{2.10}$ 排放臭氧浓度	保留
19		$X_{2.11}$ 后臭氧投加流量	保留
20		$X_{2.12}$ 处理水量	相关性分析删除
21		$X_{2.13}$ 后臭氧投加量	主成分分析删除
22		$X_{2.14}$ 耗氧量	保留
23		$X_{2.15}$ 溴离子	主成分分析删除
24		$X_{2.16}$ 溴酸盐	保留
25		$X_{2.17}$ 甲醛	主成分分析删除

5.4.2　验证指标体系及等级划分

通过对各准则层中标准化（消除量纲）的原始数据计算各指标的方差，将筛选后的指标协方差的迹 trS_s 和海选指标的协方差的迹 trS_h 代入公式，得到筛选后的指标对海选指标的信息贡献率为：

$$In = trS_s/trS_h = 2.905/2.976 = 97.6\%$$

在本臭氧发生器指标体系的建立中，从海选指标中筛选出原始信息，产品性能验证中用 4 项指标可反映出 99% 以上的原始信息，生产验证中用 9 项指标可反映出 96% 以上的原始信息，证明建立的指标体系是合理的。通过主成分分析筛选出的指标有臭氧浓度、臭氧产量、臭氧电耗、冷却水出水温度，可以作为臭氧发生器产品性能验证的指标；通过主成分分析筛选出的指标有臭氧浓度、臭氧产量、接触后臭氧浓度、排放臭氧浓度、后臭氧投加流量、臭氧电耗、溴酸盐、耗氧量、冷却水出水温度，可以作为臭氧发生器生产性能及工艺效能验证的指标。这些指标代表的数据能够较全面地覆盖性能、效果和经济层面，具有比较高的合理性。

将相关 - 主成分分析法得到的指标体系按照文献调查、实地调研及上述小试、中试和生产试验结果对评估指标进行等级划分，具体评估指标的等级见表 5-6。

表 5-6 评估指标的等级划分

指标	等级
臭氧浓度（氧气源）	≥ $150g/m^3$，优良；100 ～ $150g/m^3$，合格；＜ $100g/m^3$，不合格
臭氧产量	≥额定产量，合格；＜额定产量，不合格
臭氧电耗	≤ 7.5kW・h/kg，优良；7.5 ～ 11kW・h/kg，合格；≥ 11kW・h/kg，不合格
冷却水出水温度	≤ 30℃，合格；＞ 30℃，不合格
接触后臭氧浓度	＜ $15g/m^3$，合格；≥ $15g/m^3$ 不合格
排放臭氧浓度	≤ $0.2mg/m^3$，合格；＞ $0.2mg/m^3$，不合格
后臭氧投加流量	具有后投加计量功能，合格；没有后投加计量功能，不合格
耗氧量	＜ 2.0mg/L，合格；≥ 3.0mg/L，不合格
溴酸盐	＜ 0.1mg/L，合格；≥ 0.1mg/L，不合格

5.4.3 典型产品验证案例

本指标体系验证是以济南东部某水厂的运行数据来进行的。该水厂位于历城区，一期工程占地 $5.69hm^2$（约 85.35 亩），建设规模为 $10×10^4m^3/d$，采用高密度沉淀池 + 臭氧接触池 + 活性炭吸附池 +V 型滤池为核心的净水处理工艺，主要承担济南东部城区的供水任务。其中办公管理设施、臭氧发生间、加药间、加氯间等按 $20×10^4m^3/d$ 建设，设备按 $10×10^4m^3/d$ 购置。高密度沉淀池、臭氧接触池、活性炭吸附池、V 型滤池、清水池等呈直线布置，紧凑合理，利于减小水头损失，连接方便。臭氧系统采用 2 台 10kg/h 臭氧发生器，2016 年 11 月 20 投入运行。具体评估结果见表 5-7。

表 5-7 济南东部某水厂臭氧系统验证评估结果

指标	验证结果	评估结论
臭氧浓度（氧气源）	$148g/m^3$	合格
臭氧产量	12kg/h	合格
臭氧电耗	7.5kW・h/kg	优良
冷却水出水温度	26.4℃	合格
接触后臭氧浓度	$14.2g/m^3$	合格
排放臭氧浓度	≤ $0.2mg/m^3$	合格
后臭氧投加流量	$12.5m^3/h$	合格
耗氧量	1.4mg/L	合格
溴酸盐	0.004mg/L	合格

对济南东部某水厂臭氧系统进行验证，各项指标均合格或优良。

第6章 紫外线发生器

6.1 产品概述

6.1.1 产品分类

紫外线消毒设备是指通过紫外灯管照射水体而进行消毒的设备，由紫外灯、石英套管、镇流器、紫外线强度传感器和清洗系统等组成。紫外线消毒设备分为管式消毒设备和渠式消毒设备两种。管式消毒设备是指紫外灯管布置在闭合式的管路中的紫外线消毒设备，渠式消毒设备是指紫外灯管布置在敞开式的水渠中的紫外线消毒设备。

目前能够大规模应用于水处理工程中的紫外线消毒设备，根据紫外灯内汞蒸气压的不同又可分为低压、低压高强和中压三种。其中，低压汞灯灯内气压在 0.13 ～ 1.33Pa，中压汞灯灯内气压约为0.013～1.33MPa）。低压灯 90% 以上紫外输出在 253.7nm，单根灯管功率较低，功率范围从几十瓦到上百瓦，灯管运行温度在 40℃左右，寿命在 10000 ～ 15000h 不等。低压高强灯 90% 以上紫外输出在 253.7nm，单根灯管功率相对低压灯功率高，灯管运行温度在100℃左右，寿命在 10000 ～ 15000h 不等，其输出功率一般可根据水流和水质等变化进行调节。中压灯紫外输出在 200 ～ 300nm 波段多频谱输出，单根灯管功率一般在 400W 以上，目前最高功率可达 12kW，运行温度在 600 ～ 1000℃，寿命在 5000h 左右，其功率一般可根据水流和水质情况进行调节，中压灯系统的紫外能输出是所有紫外灯中最强的，对水体的穿透力强，消毒能力高。

紫外线消毒设备的核心部件是紫外灯。目前，国内紫外线发生器配备的紫外灯管除国产灯管外，进口灯管一般采用日本飞利浦、美国莱邵斯、德国贺利氏等品牌，套管一般为石英套管，灯管的清洗方式包括人工清洗、在线机械清洗、在线机械加化学清洗三种。

6.1.2 性能指标

决定紫外线消毒设备性能最重要的是消毒效果，其消毒效果与紫外灯、镇流器、控制元器件等均有关。因此，紫外线消毒设备的性能主要体现在消毒效果、紫外灯管性能、套管性能、清洗系统性能、镇流器性能、电气控制性能等方面。参照相关标准规范，梳理主要性能指标，包括紫外线强度、光电转化率、灯管老化系数、灯管环境系数、灯管运行寿命、套管紫外穿透率、紫外灯套管结垢系数、紫外线有效剂量等。其中紫外线强度、光电转化率、灯管老化系数、灯管运行寿命4个指标为灯管性能指标；套管紫外穿透率、紫外灯套管结垢系数2个指标为灯管套管性能指标；而紫外线有效剂量是整个消毒设备消毒效果的重要指标。

① 紫外线强度　指单位时间内与紫外线传播方向垂直的单位面积上接受到的紫外线能量，常用单位为 mW/cm^2 或者 W/m^2。

② 光电转化率　指紫外线消毒设备中紫外灯管用于杀菌的功率占总功率的比值。

③ 灯管老化系数　指紫外灯在寿命终点时的紫外能输出与新灯的紫外能输出的比值，根据加拿大国家水研究院（NWRI）规定，除非出具第三方验证等足够令人信服的证据，否则灯管老化系数应采用0.5的默认值。

④ 紫外灯套管结垢系数　指使用中的紫外灯套管的紫外线穿透率与洁净紫外灯套管的紫外线穿透率之比，根据加拿大国家水研究院（NWRI）规定，除非可以出具第三方验证等足够令人信服的证据，否则紫外灯的结垢系数应采用0.8的默认值。

⑤ 紫外线剂量　指单位面积上接收到的紫外线能量，即紫外线强度和曝光时间的乘积，以毫焦每平方厘米（mJ/cm^2）或焦每平方米（J/m^2）表示。

⑥ 紫外线有效剂量即生物检定剂量　指在一定的运行时间内紫外线消毒设备所能提供的微生物灭活紫外线剂量。要达到要求的消毒指标，其在设计或运行条件下及紫外灯使用寿命终点时所能实现的有效紫外剂量必须不小于设计要求的最小目标紫外剂量。而目标剂量的选取则是在对所用指标微生物达到一定程度的灭活时所需要的紫外生化剂量基础上考虑一定的安全系数得来的。

⑦ 紫外灯环境系数　指紫外灯辐射照度随环境温度的变化特性。低压紫外灯的光电参数与汞蒸气压密切相关，而汞蒸气压与温度相关，温度的变化会引起紫外输出的变化，不同的汞齐变化特性不同。

6.1.3　技术标准情况

（1）国外标准

1986年，美国环保署率先在其市政污水消毒手册（DMMWWD）中详细介绍了紫外线污水消毒技术的设计、安装、调试等。10年后，奥地利于1996年颁布了ONORM M5873-1，德国于1997年颁布了DVGW W294，这两个标准对饮用水紫外线消毒设备的技术标准做了规定。加拿大国家水研究院（NWRI）和美国水协会研究基金会（AWWARF）于2000年联合颁布了针对饮用水和回用水紫外线消毒的标准和规范（UDGDWWR），并于2003年颁布第二版。2003年6月，美国环保署公布了针对饮用水紫外线消毒的紫外线消毒指导手册（草稿），经过3年多的反复征求意见和修改，2006年11月正式颁布了最终稿（UDGM 2006），该手册反映了当前紫外线消毒技术在给水排水工程中的最新研究和应用成果。其间，澳大利亚和新西兰也以上述4个规范为蓝本颁布了自己的规范。以上几个规范中，以DMMWWD、ONORM M5873-1、UDGDWWR和UDGM 2006的影响最大，分别代表了该技术应用的不同阶段。相关标准清单如表6-1所列。

表 6-1　国外相关标准一览表

序号	标准名称	颁布国家及时间
1	Design Manual for Municipal Wastewater Disinfection (DMMWWD)	美国环保署，1986 年
2	Plants for the Disinfection of Water Using Ultraviolet Radiation Requirements and Testing Low Pressure Mercury Lamp Plants (ONORM M5873-1)	奥地利，1996 年
3	UV Systems for Disinfection in Drinking Water Supplies: Requirements and Testing(DVGW W294)	德国，1997 年
4	Ultraviolet Disinfection Guidelines for Drinking Water and Water Reuse (UDGDWWR)	加拿大和美国，2000 年（第一版），2003 年（第二版）
5	Ultraviolet Disinfection Guidance Manual for the Final Long Term 2 Enhanced Surface Water Treatment Rules (UDGM 2006, EPA 815-R-06-007)	美国，2006 年

（2）国内标准

《城市给排水紫外线消毒设备》（GB/T 19837—2005）标准是我国第一个有关紫外线消毒设备的国家标准，同年生效的还有新版《室外排水设计规范》（GB 50014—2006），这两个标准对紫外线消毒技术的发展应用起到了至关重要的推动作用。两个标准主要参考了UDGDWWR 中的内容，但在验证微生物和紫外线剂量的确定方面与上述几个国家有所不同。该标准没有采用 RED 的概念，而使用了设备紫外线有效剂量（reactor effective dose）的概念（又称生物验定剂量），由紫外线平均剂量乘以灯管老化系数和套管结垢系数求得。

《城市给排水紫外线消毒设备》（GB/T 19837—2005）标准颁布实施以来，随着消毒技术的不断推广应用，暴露出一系列问题，如灯管的选择和数量问题、水质影响问题、灯管与镇流器的匹配问题、设计和参数设定不合理问题、消毒后取样点选择问题等，为此，标准替代为《城镇给排水紫外线消毒设备》（GB/T 19837—2019），并于 2019 年 12 月正式发布实施。2015 年 6 月 1 日还颁布实施《紫外线消毒技术术语》（GB/T 32092—2015）和《紫外线水消毒设备　紫外线剂量测试方法》（GB/T 32091—2015）两个标准，标准详细说明了生物验证的应用方法。2012 年，环保部颁布实施《环境保护产品技术要求　紫外线消毒装置》（HJ 2522—2012），规定了包括饮用水在内的紫外线消毒装置的基本要求、性能要求、试验方法、检验规则以及标志、包装、运输和储存等的技术要求。

另外，紫外灯作为紫外线消毒设备的核心部件，2012 年，国家质量监督检验检疫总局和国家标准化管理委员会联合发布《紫外线杀菌灯》（GB/T 19258—2012）国家标准，规定了低气压汞蒸气放电紫外线杀菌灯的产品分类、技术要求、试验方法、检验规则及标志、包装、运输和储存，但仅适用于采用石英玻璃生产的紫外辐射峰值波长为 253.7nm 的双端、单端或自镇流灯，且要求适用于功率为 65W 以下的灯。该标准现最新为《杀菌用紫外辐射源　第 1 部分：低气压汞蒸气放电灯》（GB/T 19258.1—2022）和《杀菌用紫外辐射源　第 2 部分：冷阴极低气压汞蒸气放电灯》（GB/T 19258.2—2023）。2014 年广东省质量技术监督局发布《高强低压紫外线杀菌灯》（DB44/T 1357—2014）地方标准，规定了功率为 280 ～ 750W 直管型高强低压紫外线杀菌灯的分类、要求、试验方法、检测规则、标志、包装、运输和储存，适用于空气消毒、水处理杀菌灯场合使用的高强低压紫外线杀菌灯。国内相关标准清单如表 6-2 所列。

表 6-2　国内相关标准一览表

序号	标准名称	标准编号
1	城镇给排水紫外线消毒设备	GB/T 19837—2019
2	室外排水设计标准	GB 50014—2021
3	紫外线消毒技术术语	GB/T 32092—2015
4	紫外线水消毒设备　紫外线剂量测试方法	GB/T 32091—2015
5	杀菌用紫外辐射源　第 1 部分：低气压汞蒸气放电灯	GB/T 19258.1—2022
6	杀菌用紫外辐射源　第 2 部分：冷阴极低气压汞蒸气放电灯	GB/T 19258.2—2023
7	高强低压紫外线杀菌灯	DB44/T 1357—2014
8	环境保护产品技术要求　紫外线消毒装置	HJ 2522—2012

6.2　行业调研

6.2.1　国内外生产状况

6.2.1.1　技术原理

紫外线是电磁波频谱的一部分，波长在 100 ～ 400nm 之间，分为 4 个波段，有杀菌作用的波长位于 200 ～ 300nm 的光谱范围内，即 UV-C 和 UV-B 中的部分。其中，UV-A（长波段紫外线）波长在 315 ～ 400nm，UV-B（中波段紫外线）波长在 280 ～ 315nm，UV-C（短波段紫外线）波长在 200 ～ 280nm，真空 UV 波长在 100 ～ 200nm。紫外线分区如图 6-1 所示。

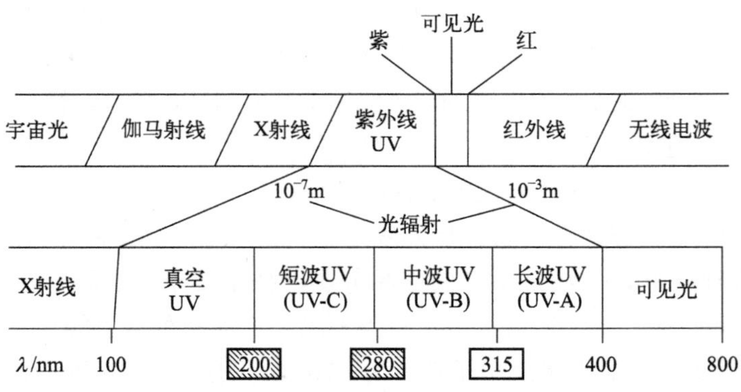

图 6-1　紫外线分区

紫外线消毒技术是一种物理消毒方式，不使用化学消毒剂，其原理是通过光化学作用破坏微生物的遗传物质核酸，使其不能分裂复制。微生物细胞的核糖核酸（RNA）和脱氧核糖核酸（DNA）能吸收短波紫外线射线的高能量，被吸收的强烈紫外线能量波长范围在 240 ～ 280nm 之间，可以导致邻近核苷形成新的结合物，在核酸中产生双倍结构或二聚物，细菌和病毒 DNA 中大量胸腺嘧啶二聚物的形成防止了 DNA 复制，从而导致细胞不能分解繁殖。

被破坏的细胞数量取决于被微生物吸收的紫外线剂量和它们对紫外线的抵抗力，多数细菌和病毒只需要较低的灭活剂量。紫外线剂量的需求量随细胞大小和细胞内 DNA 或 RNA 的数量增加而增加，例如原生动物包囊的抵抗力比 *E.coli* 高 10 ～ 15 倍，革兰阴性杆菌比革兰阳性球菌和长孢子对紫外线更敏感等。

紫外线剂量与微生物灭活率之间存在着特定的函数关系，可用紫外线剂量 - 灭活率响应曲线表达。紫外线剂量表达为进水中的紫外线强度与辐照时间的乘积。微生物灭活率表达为紫外线消毒反应器进、出口水中微生物浓度之间比值的对数值。

$$\lg I = \lg(N_0/N) \tag{6-1}$$

式中　$\lg I$——微生物灭活率；

N_0——紫外线辐照前水样中微生物浓度；

N——紫外线辐照一定时间后等量水样中残余微生物浓度。

$$D = It \tag{6-2}$$

式中　D——紫外线辐照剂量，mJ/cm^2；

I——紫外线辐照强度，mW/cm^2；

t——紫外线辐照时间，s。

$$\lg I = f(D) \tag{6-3}$$

在紫外线剂量与灭活率之间关系的有关研究中，一般认为典型的紫外线剂量 - 灭活率响应曲线可大致分为 3 个阶段：a. 在低辐照剂量阶段呈现为一段平坦的区域，可以认为几乎没有灭活现象出现，主要原因是暗修复和光修复作用的影响；b. 伴随着辐照剂量的增加灭活率直线增加，呈一级模式（但是一些微生物的响应曲线直接呈现一级反应，即不存在前段平坦区域）；c. 也有研究表明，在高辐照剂量阶段，曲线出现后段平坦区域，即拖尾现象，随着剂量的增加灭活变化不大（如轮状病毒和总大肠菌），认为拖尾现象主要归结为微生物的抗辐照性能和微生物结团所致。

基于此，影响紫外线消毒效果的因素主要包括以下几个方面。

（1）紫外线剂量

一般来说，紫外线剂量在 1 ～ 200mJ/cm^2 范围内，紫外线剂量 - 灭活率响应曲线遵循辐照强度与辐照时间可逆法则，即无论强度大小和辐照时间多少，固定的辐照剂量对应固定的灭活率。

（2）悬浮固体

悬浮物干扰并减少微生物对紫外线的吸收量。当悬浮物浓度增高，残存细菌数就会增多并引起消毒效果下降。

（3）紫外线穿透率

紫外线穿透率是以紫外线在液体中的穿透深度来测定，紫外线的穿透率随着水层厚度的增加而降低。实验中采用 254nm 紫外线下 1cm 石英比色皿测量紫外线穿透率。

（4）微生物的类型和数量

紫外线对细菌、病毒、真菌、芽孢等均有杀灭作用。一般情况下，革兰阴性杆菌最易被紫外线杀死，其次是葡萄球菌属、链球菌属和细菌芽孢，真菌孢子抵抗力最强，病毒对紫外线的抵抗力比细菌芽孢低。为达到好的杀菌效果，对紫外线不敏感、耐受力强的微生物，必须采用较大的辐照剂量。

6.2.1.2 国外生产现状

（1）基本状况

共调研国外紫外线发生器生产厂家 3 家，分别是加拿大特洁安公司、美国赛莱默公司、英国海诺威公司，各企业的基本情况见表 6-3。国外厂家除以上 3 家外，比较有影响力的厂家还有荷兰博生、美国卡尔冈炭素公司等，这些公司均具有较强的研发团队和较高的技术水平，并在国际市场中占有一席之地，但相关调研数据未能获得。

表 6-3　参加调研紫外线发生器厂家基本情况

序号	生产厂家名称	职工人数	生产规模 /（万元 / 年）	研发投入 /（万元 / 年）	国别
1	加拿大特洁安公司	500	500000	20000	加拿大
2	美国赛莱默公司	17000	600000	189	美国
3	英国海诺威公司	150	25000	1500	英国

调研收集了 3 家国外紫外线发生器生产厂家的产品标准和验收标准（表 6-4）。从验收标准方面来看，每个厂家验收标准不一，有的遵守国内《城镇给排水紫外线消毒设备》（GB/T 19837—2019）中规定的紫外线消毒设备标准，有的是以达到《生活饮用水卫生标准》（GB 5749）中的卫生学指标要求为标准，而有的是按照客户要求为验收标准。

表 6-4　参加调研的紫外线发生器生产厂家产品标准和验收标准

序号	生产厂家名称	产品标准	验收标准
1	加拿大特洁安公司	ISO 9001 质量体系认证 ISO 14001 环境体系认证 OHSAS 18001 职业健康安全体系认证，CE 认证，UL 认证，NSF 认证	《城镇给排水紫外线消毒设备》（GB/T 19837—2019）
2	美国赛莱默公司	德国饮用水的规定（TrinkwV 2001） 奥地利 ONORM 准则 EPA 紫外线消毒指导手册	满足当地国标要求的水质条件或项目验收标准
3	英国海诺威公司	NSF 认证，CE 认证，UL 认证	按照客户要求

（2）产品性能

图 6-2 为调研到的厂家产品的紫外线有效剂量与灯管功率。从调研结果来看，进口紫外线发生器有效剂量在 10 ～ 100mJ/cm^2 之间，根据不同的设备剂量不同。调研的几家国外生产企业产品基本经过了有资质的、独立的第三方检测机构进行的紫外线有效剂量验证，依据的标准是美国 EPA 紫外线消毒指导手册、CE 认证、UL 认证或 NSF 认证等。从剂量上来说，设备的紫外线剂量能根据不同的水质和应用场景进行调节或定制，满足消毒或高级氧化等不同应用目的；从剂量验证标准来说，依据的标准都是国际公认的标准或权威的第三方认证。另外，进口灯管功率范围也较大，从几十瓦到 12kW，从低压、低压高强到中压均有生产制造能力，可满足不同紫外线发生器设备的需求。

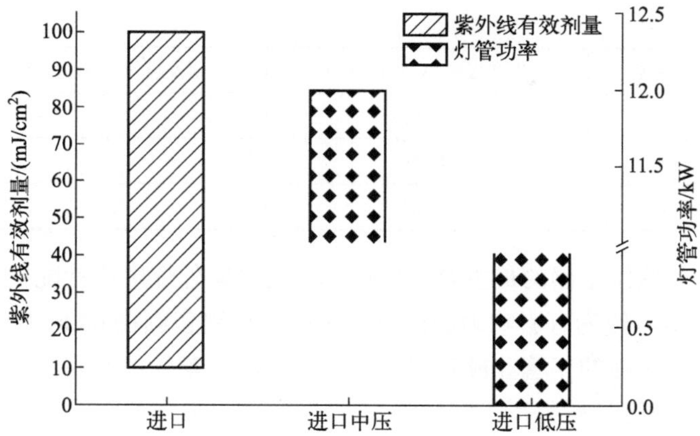

图 6-2　紫外线发生器产品紫外线有效剂量与灯管功率

从不同紫外类型紫外线发生器的光电转换效率的调研结果看，进口低压高强紫外线发生器的紫外光电转换效率在 28% ～ 42% 之间，中压紫外线发生器的紫外光电转换效率在 15% 左右。

从不同类型产品石英套管透光率、结垢系数以及灯管老化系数的调研结果看，石英套管透光率和老化系数基本在 0.9 左右，结垢系数在 0.85 ～ 0.9 之间。就灯管使用寿命而言，低压、低压高强紫外灯管寿命最长达 15000h，中压灯管寿命相对较短，最长在 8000h 以上。

6.2.1.3　国内生产现状

（1）基本状况

参加调研的国内紫外线发生器生产厂家基本情况如表 6-5 所列。从表 6-5 可以看出，国内紫外线生产厂家多分布于广东、北京、福建和江苏。从企业职工人数看，百人以上的企业仅有 3 家，其余均在百人以内。在生产规模和研发投入上，国内年销售额过亿的企业仅有 4 家，但该销售额还不仅是紫外线发生器单项产品。北京某厂家年销售 8000 万元，尽管销售额未进入亿元阶层，但其产品的市场份额占据比例较大。从研发投入看，超过 500 万元 / 年的有 2 家。

表 6-5　参加调研的国内紫外线发生器生产厂家基本情况

生产厂家	职工人数	生产规模 /（万元 / 年）	研发投入 /（万元 / 年）	省市
厂家 1	50	10000	500	广东省
厂家 2	280	31350	—	福建省
厂家 3	120	8000	150	北京市
厂家 4	35	1800	50	北京市
厂家 5	82	4000	650	北京市
厂家 6	130	8000	400	广东省
厂家 7	75	5000	200	广东省
厂家 8	15	1200	＞ 200	广东省
厂家 9	27	1000	50	江苏省

续表

生产厂家	职工人数	生产规模 /（万元 / 年）	研发投入 /（万元 / 年）	省市
厂家 10	80	13000	—	广东省
厂家 11	59	4000	—	广东省
厂家 12	19	2000	30	广东省

紫外灯管是紫外线发生器的最主要的部件，因此对紫外灯生产状况也做了简单调研。国内紫外灯管厂家较多，较为有影响力的厂家有 3 家，年销售额在 6000 万～ 8000 万元 / 年之间。该几家紫外灯管企业的年营业额差别不大，均为国家紫外灯产品标准的参编单位，主要分布在广东、江苏两省。

（2）产品执行标准 / 验收标准

调研收集了紫外线发生器生产厂家的产品标准和验收标准，如表 6-6 所列。由表 6-6 可以看出，国内紫外线发生器生产厂家仅 1 家执行了美国的 ANSI/NSF 55 标准，该标准规定了紫外线系统认证的最低标准，包括了原料安全、结构性完整、产品咨询和紫外线性能等内容。此外，各企业多以《城镇给排水紫外线消毒设备》（GB/T 19837—2019）作为紫外线发生器的产品标准，该标准规定了城镇给排水紫外线消毒设备的分类、技术要求、检验规则、标志、包装等。其中在设备紫外线有效剂量指标部分要求，紫外线消毒设备在工程设计和应用之前，应提供有资质的第三方用同类设备在类似水质中所做的检验报告。而我国目前尚无具备资质的第三方检测认证机构，具备检测条件的企业选择内部抽检，大多数不具备条件的企业则不进行检测，这就使得企业自说自话，整个紫外线市场鱼龙混杂。从验收标准方面来看，均以应用当地的水质要求为验收标准，《城镇给排水紫外线消毒设备》（GB/T 19837—2019）中规定紫外线消毒设备应用于生活饮用水时，应达到《生活饮用水卫生标准》（GB 5749）中的卫生学指标要求。

表 6-6　参加调研的紫外线发生器生产厂家产品标准和验收标准

生产厂家	产品标准	验收标准
厂家 1	《城镇给排水紫外线消毒设备》（GB/T 19837）	满足客户要求
厂家 2	《城镇给排水紫外线消毒设备》（GB/T 19837）、新大陆环保企业标准（Q/XDLH）	《生活饮用水卫生标准》（GB 5749）
厂家 3	《城镇给排水紫外线消毒设备》（GB/T 19837）、《紫外线微生物水处理系统》[ANSI/NSF 55（I18）—2004]、《紫外线微生物水处理设备》（ANSI/NS F 55—2004）、《生活饮用水紫外线消毒器》（CJ/T 204—2000）、《环境保护产品技术要求　紫外线消毒装置》（HJ 2522）	《生活饮用水卫生标准》（GB 5749）
厂家 4	企业标准（Q/MYSYS 0001）	《紫外线生活饮用水处理器》（Q/MYSYS 0001）
厂家 5	《生活饮用水卫生标准》（GB 5749）	细菌总数 ≤ 100CFU/mL 总大肠菌群不得检出
厂家 6	《城镇给排水紫外线消毒设备》（GB/T 19837）	《城镇给排水紫外线消毒设备》（GB/T 19837）
厂家 7	《城镇给排水紫外线消毒设备》（GB/T 19837） 《环境保护产品技术要求　紫外线消毒装置》（HJ 2522）	《生活饮用水卫生标准》（GB 5749）

续表

生产厂家	产品标准	验收标准
厂家 8	《城镇给排水紫外线消毒设备》（GB/T 19837）	《城镇污水处理厂污染物排放标准》（GB 18918）中的一级 A 排放标准
厂家 9	《城镇给排水紫外线消毒设备》（GB/T 19837）	《生活饮用水卫生标准》（GB 5749）
厂家 10	《城镇给排水紫外线消毒设备》（GB/T 19837）	《生活饮用水卫生标准》（GB 5749）
厂家 11	《城镇给排水紫外线消毒设备》（GB/T 19837）	《生活饮用水卫生标准》（GB 5749）
厂家 12	《城镇给排水紫外线消毒设备》（GB/T 19837）	《生活饮用水卫生标准》（GB 5749）

（3）性能评估指标

各调研企业评价性能的主要参数共涉及紫外线有效剂量、处理水量、灯管功率、光电转换效率、灯管寿命、灯管老化系数、套管透光率、套管结垢系数、清洗方式、重量 10 个性能指标，具体见表 6-7。从表 6-7 可以看出，采用最多的性能评价指标由多到少分别为紫外线有效剂量＞灯管功率＞灯管寿命，其中被调研的 8 家企业有 6 家采用紫外线有效剂量为评价指标。

表 6-7　参加调研企业性能评价主要参数一览表

生产厂家	紫外线有效剂量	处理水量	灯管功率	光电转换效率	灯管寿命	灯管老化系数	套管透光率	套管结垢系数	清洗方式	重量
厂家 1	√				√					
厂家 2			√	√	√	√	√	√		
厂家 3	√									
厂家 4	√									
厂家 5	√	√	√						√	
厂家 6	√									
厂家 7			√							√
厂家 8	√	√	√							

注：√表示选择该项指标作为紫外线发生器主要性能参数。

由于紫外线有效剂量是决定紫外线发生器消毒效果的重要因素之一，因此大部分企业将其作为紫外线发生器产品的主要性能参数。而对于特定的紫外线发生器，理论上，其紫外线剂量等于光强乘以水流在紫外发生器内的停留时间。影响光强的参数有灯管有效输出功率、套管及水流的透光率，其中，灯管有效输出功率等于灯管的电功率乘以光电转换效率，因此企业将灯管功率、光电转换效率作为性能评价参数。另外，影响水流停留时间的参数是流量，而套管结垢系数、灯管老化系数都将影响设备在运行过程中的灭菌效果，同时决定了套管的清洗频率和灯管的更换周期，因此，套管结垢系数、灯管老化系数以及处理水量、清洗方式等同样是紫外线发生器重要的性能评估参数。

（4）产品性能

① 紫外线有效剂量　紫外线发生器性能最重要的评估指标。目前我国市场上大多数产品配备的紫外线有效剂量是 300J/m^2，即 30mJ/cm^2，理论上满足《城镇给排水紫外线消毒设备》

（GB/T 19837）对消毒工艺的剂量要求。从调研结果来看，国产紫外线发生器有效剂量多标称大于 40mJ/cm²，个别厂家为 30mJ/cm²。但由于紫外线剂量的检测应由有资质的、独立的第三方检测机构进行，而目前国内检测机构缺失，使得大部分产品未经检测，因而对实际的有效剂量没有底数。参与调研企业产品紫外线有效剂量与灯管功率见图 6-3。

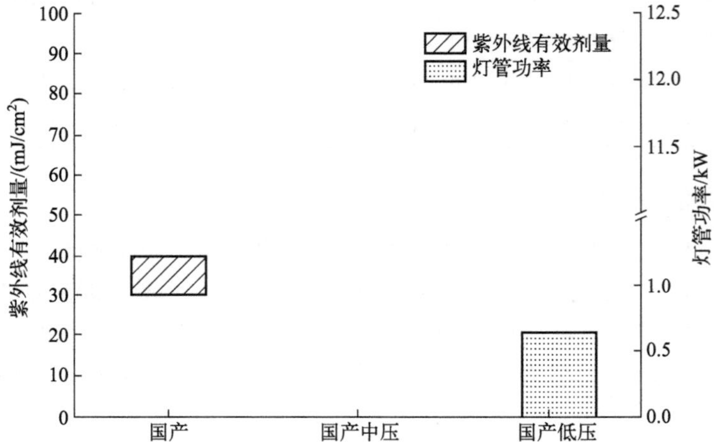

图 6-3　设备紫外线有效剂量与灯管功率

② 灯管功率　同时收集了 3 家国产紫外灯管企业生产的紫外灯的灯管功率，具体结果见表 6-8。可以看出，国产紫外灯管功率在 1W ～ 1kW 之间。而实际调研得到的紫外线发生器内的紫外灯功率最高能达到 10kW 左右，这是因为其采用了进口的紫外灯管作为零部件。

表 6-8　参加调研企业紫外灯管的产品性能参数

生产厂家	功率范围 /W	光电转换效率 /%	性能评估参数		灯管寿命 /h
			套管透光率 /%	灯管老化系数 /%	
厂家 1	75 ～ 1000	32 ～ 40	90	80	12000
厂家 2	1 ～ 500	26 ～ 32	≥ 90	≥ 85	12000
厂家 3	15 ～ 300	25 ～ 35	≥ 80	≥ 80	8000 ～ 13000

③ 光电转换效率　不同厂家不同类型紫外线发生器的光电转换效率差异较大。总体来说，中压紫外灯管的光电转换效率都比较低，一般在 15% 左右，低压紫外和低压高强紫外的光电转换效率比较接近，大部分在 30% ～ 40% 之间。

本调研同时收集了 3 家国产紫外灯管企业生产的紫外灯的光电转换效率性能参数，紫外灯管光电转换效率在 25% ～ 35% 之间。该数据与紫外线发生器所用灯管的光电转换效率略有差别。分析认为，一方面是很多国产大型紫外线发生器采用了进口灯管，国产灯管数量较少；另一个方面是紫外灯管规格型号众多，灯管的输出受镇流器、工作环境温度等因素影响，使得光电转换效率略有差别。

④ 灯管寿命　紫外灯管是紫外线发生器最重要的零部件，其寿命直接影响设备的先进性和稳定性。从调研结果来看，国产低压及低压高强紫外灯寿命一般 12000h 左右，个别为 8000h 和 10000h，最高可达到 13000h。由于大部分大型紫外线发生器采用的是进口紫外灯管，如莱绍斯、飞利浦和贺利氏等品牌或直接委托他们定制加工，因此大型国产紫外线发生

器内灯管的寿命与进口灯管寿命相当。本调研同时收集了 3 家国产紫外灯管企业生产的紫外灯的灯管寿命，紫外灯管寿命在 8000 ～ 16000h 之间，与设备内灯管寿命相差不大。

⑤ 灯管老化系数、套管结垢系数、套管透光率。各紫外线发生器厂家反馈的不同类型产品石英套管透光率、结垢系数以及灯管老化系数如图6-4所示。其中，石英套管的平均透光率为0.9，结垢系数为 0.81。根据企业反馈，不同类型（低压、低压高强、中压）紫外灯管老化系数差异较小，平均老化系数为 0.81。

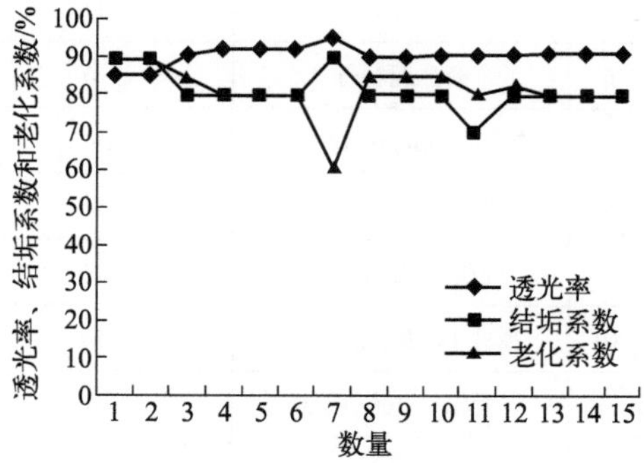

图 6-4　不同类型产品石英套管透光率、结垢系数以及灯管老化系数的分布

（5）市场格局

① 市场占有率。从调研数据来看，2018 年，紫外线发生器的整体市场规模为 6.66 亿元，其国内市场的国产品牌约占 50%，进口品牌约占 50%；从用户角度调研结果看，在小型设备应用中，主要用于二次供水领域的消毒，国产设备占有率高于进口设备，约为 70%；在大型设备应用中，进口品牌日处理量约为 300 万吨，国产设备处理量约为 200 万吨，即占比分别为 60%、40%，进口品牌占据主导地位。分析认为，相较于欧洲国家来说，国内在紫外线消毒技术方面的研究与应用起步较晚，生产厂家在成套设备制造精度和性能可靠性方面与外国知名品牌存在明显差距，大多数的国内企业通过引进国外技术，使用进口灯管，进行加工和整机组装，并没有掌握真正的技术，缺乏自主创新意识和市场核心竞争力；另外，国内紫外线发生器生产门槛较低，小作坊企业多，产品质量参差不齐，价格混乱，加之国内尚无具备资质的、独立的第三方检测认证机构，企业与企业间、产品与产品间没有统一的、客观的评估指标，产品实际性能难以辨别，导致用户对国产品牌的信任度较低。

② 进出口状况。目前紫外线发生器设备有出口业务的厂家有北京、广州等地的 3 家，年出口量之和约 500 万元，不及英国某公司出口量的 1/4，因此相比国外设备来说，国产设备的出口量极小，相应地在国外市场的占有率极低。

6.2.2　国内外应用状况

6.2.2.1　国外应用现状

统计显示，目前在欧洲超过 2000 座、北美超过 1000 座给水厂采用紫外线消毒技术。通过文献收集了 21 家自来水厂的处理规模、消毒工艺及建设时间等信息，具体见表 6-9。

表 6-9　国外典型自来水厂紫外线消毒案例

序号	工程地点	规模 /（$10^4m^3/d$）	目标污染物	消毒方式	建设时间
1	美国西雅图	68	两虫、病毒	$UV+O_3+Cl_2$	2002 ～ 2004 年
2	美国纽约	832	—	$UV+Cl_2$	2007 ～ 2008 年
3	加拿大维多利亚	58	两虫	$UV+Cl_2+NH_3$	2002 ～ 2004 年
4	美国中心湖	18		$UV+Cl_2$	1999 ～ 2002 年

续表

序号	工程地点	规模 / （$10^4m^3/d$）	目标污染物	消毒方式	建设时间
5	荷兰 PWN	9.6	臭和味、农药	$UV+H_2O_2+ClO_2$	2004 年
6	荷兰鹿特丹	47	消毒副产物	$UV+ClO_2$	2005 年
7	德国 Mulheim-Styrum	19.2	微生物	UV	2003 年
8	俄罗斯圣彼得堡	86	—	UV	2004 年
9	美国 Cedar Rapids	16	—	UV	2008 年
10	挪威 IVAR Stavanger	18	—	UV	2006 年
11	爱尔兰 Terryland	6	—	UV	2007 年
12	美国纽约 Croton	151	—	UV	2009 年
13	加拿大蒙特利尔	295	—	UV	—
14	新加坡柔佛	45.4	—	UV	—
15	美国华盛顿	113.5	—	UV	—
16	美国旧金山	120	—	UV	—
17	美国印第安纳波利斯	45.1+15.1	—	UV	—
18	美国辛辛那提	87	—	UV	—
19	美国波士顿	81.3	—	UV	—
20	美国华盛顿州 Bremerton	8.7	—	UV	—
21	澳大利亚 North East Water	0.144	两虫	UV	—

从表 6-9 可以看出，国外应用紫外线消毒的自来水厂的处理规模通常较大，例如美国纽约水厂，处理规模达到了 $8.32\times10^6m^3/d$，加拿大蒙特利尔、美国华盛顿、美国旧金山等几家水厂每天处理规模都在百万立方米以上。从建设时间看，美国中心湖自 1999 年就开始建设紫外线消毒项目，规模达到每日 18 万吨 /d，大部分水厂建设时间都在 2010 年以前，可见应用历史较长。从针对的目标污染物看，主要是为应对两虫、病毒、臭和味、农药及消毒副产物等。且特别近几年，随着人们对消毒副产物和控制抗氯病原体的关注，越来越多的北美洲和欧洲给水厂都开始采用紫外线消毒技术。

另外，了解水厂处理效果，美国西雅图 Cedar 水厂紫外线剂量 $40mJ/cm^2$，可以达到对隐孢子虫 3lg 单位（99.9%）的灭活率、贾第鞭毛虫 4lg 单位（99.99%）的灭活率以及病毒 5lg 单位（99.999%）的灭活率。维多利亚 Japan Gulch 水厂可实现对隐孢子虫 2lg 单位（99%）的灭活率、对贾第鞭毛虫 3lg 单位的灭活率、对病毒和细菌 4lg 的灭活率，且有效控制了三卤甲烷和卤乙酸类消毒副产物。荷兰鹿特丹水厂以紫外线消毒取代次氯酸钠作为主消毒手段，使得消毒副产物 THMs 由 30 ～ 50μg/L 降为 25μg/L。在运行费用方面，维多利亚 Japan Gulch 水厂由原来采用氯胺消毒改造为“紫外线 + 氯 + 氯胺”的三级消毒，项目改造方案分析表明臭氧消毒的工程投资是紫外线消毒的 1.5 倍，运行费用是紫外线消毒的 3 倍。

可见，紫外线消毒设备在国外的自来水厂早已被认可且大规模应用，设备运行稳定，出水水质可以保证，且有效解决了存在的两虫、消毒副产物、臭和味、农药等水质问题。

6.2.2.2　国内应用现状

（1）自来水厂用户

目前，紫外线消毒技术已在国内得到推广与应用，经不完全统计，约 30 家给水厂采用了紫外线消毒技术。收集了 15 家自来水厂的处理规模、消毒工艺、出水水质、运行成本以及采用的紫外线设备厂家 / 型号等信息，具体见表 6-10。

表 6-10　国内典型自来水厂紫外线消毒案例

序号	用户名称	处理规模 /($10^4m^3/d$)	消毒工艺	出水水质	设备品牌 / 型号	紫外类型	运行成本 /（元 /m^3）
1	拉萨纳金自来水厂	50.4	紫外 + 氯	99.99%/ 出水细菌总数小于 3 个 /L	安利斯 / Onyx-WH-12	中压管道	0.02
2	深圳上南水厂	2.5	紫外 + 氯	满足国标	新大陆 /NLQ-600K	低压高强管道	—
3	福清观音埔水厂	15	紫外 + 氯	100%	广州新奥 / XARG-320W-48	低压高强管道	0.006
4	上海临江水厂	60	紫外 + 氯	细菌总数＜100 个 /L	Xylem/K143	低压高强管道	0.006～0.008
5	北京房山良乡水厂	15.6	紫外 + 氯	细菌总数＜ 100 个 /L，粪大肠菌群不得检出	Xylem/ Quadron 系列	中压管道	0.018
6	北京郭公庄水厂	50	紫外 + 氯	满足国标	特洁安 / TrojanUVSwift	中压管道	0.01
7	兰州彭家坪净水厂、芦家坪净水厂	105	紫外 + 氯	满足国标	特洁安 / TrojanUVSwift	中压管道	0.01
8	大理第六自来水厂	2.5	紫外 + 氯	满足国标	特洁安 / TrojanUVSwift	中压管道	0.01
9	北京黄村自来水厂	18	紫外 + 氯	满足国标	特洁安 / TrojanUVSwift	中压管道	0.01
10	淄博新城自来水厂	30	紫外 + 氯	满足国标	特洁安 / TrojanUVSwift	中压管道	0.01
11	兰州第二水源地自来水厂	75	紫外 + 氯	满足国标	深圳迈拓瑞 /MTR-L30	中压管道	0.01 ～ 0.03
12	济南玉清水厂	20	紫外 + 氯	满足国标	特洁安 / TrojanUVSwift	中压管道	—
13	天津泰达自来水公司	20	紫外 + 氯	满足国标	特洁安 / TrojanUVSwift	中压管道	0.01
14	德州第四水厂	10	紫外 + 氯	满足国标	特洁安 / TrojanUVSwift	中压管道	0.01
15	北京第十水厂	50	紫外 + 氯	满足国标	特洁安 / TrojanUVSwift	中压管道	—
16	大庆东风水厂	5	紫外 + 氯	满足国标	—	—	—

从处理规模上看，自来水厂的处理规模通常较大，例如拉萨纳金自来水厂处理规模为 50.4 万吨 /d，上海临江水厂处理规模为 $6.0\times10^5m^3/d$，北京郭公庄水厂处理规模为 50 万吨 /d，兰州第二水源地自来水厂处理规模为 $7.5\times10^5m^3/d$，兰州彭家坪净水厂、芦家坪净水厂总处理规模为 $1.05\times10^5m^3/d$ 等，即使处理量小的自来水厂，日处理规模也在上万立方米（例如深圳上南水厂、大理第六自来水厂等）。除了表中罗列的自来水厂外，国内采用紫外线联合

消毒的供水厂还有广东东莞水厂、北京第九水厂、北戴河西部自来水厂等，处理规模也都在每日几十万立方米。

从组合工艺看，均采用紫外线联合氯消毒的方式对出水进行消毒。由于紫外线消毒在管网中没有持续的消毒效果，易造成二次污染，而紫外线联合氯消毒方式能够有效实现优势互补，既能高效灭活贾第虫、隐孢子虫、军团菌等致病微生物，还可以有效减少化学消毒剂的投加，进而降低水中消毒副产物的含量。同时，在紫外线消毒之后投加少量余氯，弥补了紫外线消毒技术无持续消毒作用的局限性，保证了管网中的生物安全性。因此，紫外线联合氯消毒被视为目前较好的消毒方式之一，在国内得到了大力推广。

从设备类型看，国内多数水厂均采用功率较大的中压管道式紫外反应器。中压紫外系统与低压紫外系统相比能产生更宽的紫外光谱，在灭杀微生物及病毒等方面更广谱，单只紫外灯管输出能力高，即紫外线剂量高，灭杀微生物及病毒更高效。另外，中压管道式紫外反应器占地面积小，能在结构紧凑或空间狭小的地方安装，更适用于大中型饮用水处理厂，尤其适用于老旧水厂的改造，因此被大部分水厂采用。然而，由于中压紫外灯的光电转换效率较低，使得中压反应器能耗较高，因此在实际运行中部分用户因费用问题停运。

从设备品牌来看，国内大部分水厂采用了进口设备，仅少数水厂采用国产设备。这一方面是我国紫外线反应器生产与欧美相比本身起步较晚，技术力量相对薄弱，销售服务相对滞后；另一方面是用户在意识上不信任国产设备，对国产设备厂家的接受度低，信息缺乏。

从运行效果看，拉萨纳金自来水厂采用的北京安力斯环境中压管道式紫外线设备 Onyx-WH-12，该款设备输入功率为 72kW，输出功率为 10.8kW，光电转换效率为 15%，有效剂量达到 40mJ/cm^2 以上，微生物灭活率高达 4lg 单位。设备采用自动电机在线机械清洗方式，通常每 12h 清洗一次，清洗效果达到 90% 以上。北京房山良乡水厂采用的是美国赛莱默（Xylem）公司的 Quadron 系列中压管道式紫外线消毒系统，设备带电动清洗装置，清洗效果良好。北京郭公庄水厂、北京黄村自来水厂、兰州彭家坪净水厂、兰州芦家坪净水厂、淄博新城自来水厂以及大理第六自来水厂均采用加拿大特洁安公司的中压管道式紫外线消毒器 TrojanUVSwift，光电转换效率基本在 15% 左右，设备采用机械加化学在线同步自动清洗的方式，清洗效果良好。福清观音埔水厂采用的是广州新奥环境技术有限公司的 XARG-320W-48 低压高强管道式紫外线消毒设备，设备也配有在线自动机械清洗装置，清洗频率为 4 次 /h，效果良好，运行稳定。深圳上南水厂采用的是福建新大陆 NLQ-600K 低压高强管道式紫外消毒设备，该系统的机械清洗频率为 1 次 /4h，清洗效果高达 90% 以上。调研到的工程案例的出水水质均能稳定达到国家《生活饮用水卫生标准》要求，消毒工艺能对微生物进行有效灭活，灭活率可达 100%。从运行成本看，中压紫外的运行费用约 0.01 元 /t 水，低压高强紫外的运行费用更低，低于 0.01 元 /t 水。

总之，紫外线消毒设备在自来水厂水处理中的应用已经得到认可，设备运行也较为稳定，出水水质可以保证。

（2）二次供水用户

收集了 100 多个紫外线消毒技术在二次供水中的应用案例，现选择具有代表性的二次供水用户 6 家，涵盖城市小区、综合办公楼、酒店、集团公司、商务会所等，同时考虑了不同品牌类型的紫外线设备，具体见表 6-11。

表 6-11　典型二次供水紫外线消毒案例

序号	用户名称	处理规模 /（m^3/d）	工艺流程	出水水质	设备厂家 / 型号	紫外类型	运行成本 /（元 /m^3）
1	苏州金巩世家小区	3840	市政管网—小区叠压供水—紫外线消毒	4lg 单位	安力斯 /EX-550	低压高强管道	＜ 0.02
2	苏州南环新村	250	总水厂（水体消毒）- 加压泵—水塔—紫外线消毒	4lg 单位	安力斯 /EX-40	低压管道	＜ 0.02
3	中国人民大学明德楼	960	市政管道—紫外线消毒	3lg 单位	北京双悦时代 / SYZW30-16	低压管道	0.5
4	上海香格里拉大酒店	2880	市政管网—水池、水泵、水箱联合供水—紫外线消毒	4lg 单位	安力斯 /EX-400	低压管道	＜ 0.02
5	苏州时尚舞台悦冬商务中心	5000	市政管网—紫外线消毒	—	福建新大陆 / NLC-50K	—	—
6	河南牧原集团总部大楼	240	井水—储水罐—消毒器—猪舍用水	6lg 单位	佛山柯维光电 / C450W45THQ	低压高强	0.05

国内二次供水大部分使用国产设备，采用紫外线消毒技术的二次供水主要分为城市新小区二次供水系统、老旧小区二次供水改造、高校及科研院所、高档小区等四大类。

其中，城市新小区二次供水系统基本的工艺流程为市政管网—小区叠压供水—紫外消毒，如苏州金巩世家小区，该小区日处理规模 3840m^3，采用的是北京安力斯环境的 EX-550 低压高强管道式紫外线消毒设备，紫外线有效剂量大于 40mJ/cm^2，对细菌灭活率达到 4lg 单位，出水细菌总数小于 3 个 /L。

老旧小区二次供水设备改造基本是在原有二次供水（管网 - 加压泵 - 水塔 - 用户）上增设紫外线消毒设备，如苏州南环新村，该小区采用的是北京安力斯环境的 EX-40 低压管道式紫外线消毒设备，细菌灭活率达到 4lg 单位。

高校、研究院所办公、试验大楼是紫外线消毒在二次供水中的一个重要应用领域。如中国人民大学明德楼日供水量为 960m^3，采用北京双悦时代公司“照光光”牌低压管道式紫外线消毒器（型号：SYZW30-16），出水水质灭菌率达到 99.9%。

另外，紫外线消毒技术已经广泛应用于高档酒店二次供水系统，如香格里拉大酒店（中山、上海、福州、苏州）、北京世奥国际大酒店、三亚洲际酒店等均采用紫外线发生器进行消毒。上海香格里拉大酒店日供水量约为 2880m^3，采用安利斯 EX-400 低压管道式紫外线消毒设备，出水细菌总数小于 3 个 /L。苏州时尚舞台悦冬商务中心采用福建新大陆的 NLC-50K 管道式紫外消毒器。

此外，调研发现市场上的大多数食品饮料生产厂家也在采用紫外线消毒技术，比如广东健力宝集团公司、天津可口可乐饮料有限公司、北京百事可乐饮料有限公司、广州可口可乐饮料有限公司、哈尔滨啤酒厂、燕京啤酒、青岛啤酒、娃哈哈、雪花啤酒、王老吉、蒙牛集团、百威啤酒、农夫山泉等著名企业，该行业对管道式紫外线消毒设备的需求量依然很大。

总之，紫外线消毒技术在二次供水中被广泛认可和应用，设备运行较为稳定，运行费用可以接受，但由于运行管理经验及对紫外设备的认知欠缺，导致部分用户紫外灯管超寿命运行或损坏后更换不及时等现象，势必对应用效果造成不良影响。但考虑到居民楼、酒店等二次供水系统的安全性以及尽可能降低消毒副产物，毒性、易燃易爆性化学消毒剂均不宜采用，紫外线消毒技术在二次供水行业将得到越来越多的青睐。

（3）村镇小型集中式供水用户

调研了6个采用紫外线消毒技术的农村集中式供水用户，具体运行情况如表6-12所列。

表6-12　典型农村集中式供水系统紫外线消毒案例

序号	用户名称	处理规模/($10^4m^3/d$)	消毒工艺	设计紫外线剂量/(mJ/cm^2)	设备品牌/型号	运行成本/(元/m^3)
1	北京房山区务滋村	0.144	泵+紫外	22	特洁安/UVLogic	0.01
2	北京平谷区周村	0.144	泵+紫外	22	特洁安/CSL-8R/60	0.01
3	北京大兴区通马房村	0.096	泵+紫外	40	特洁安	0.01
4	北京大兴区西航子村	0.072	泵+紫外	40	特洁安	0.01
5	北京大兴区堡林庄村	0.072	泵+紫外	40	特洁安/UVMAX-F	0.01
6	北京门头沟区清水镇李家庄村	0.072	泵+紫外	40	特洁安/HX04CDL	0.01

调研到的农村集中式供水均坐落于北京市，如表6-12所列，6个农村集中式供水规模均小于10000m^3/d，工艺较为简单，加压泵+紫外消毒。从设备品牌型号看，均采用了加拿大特洁安（Trojan）公司的产品。其中，北京房山区务滋村日供水量为1440m^3，采用Trojan/UVLogic管式紫外发生器，设计紫外线剂量为22mJ/cm^2；北京平谷区周村供水量与房山区务滋村相同，采用Trojan/CSL-8R/60，设计紫外线剂量为22mJ/cm^2；其余4个日供水量相对较低，设计紫外线剂量为40mJ/cm^2，但紫外线消毒设备运行维护成本均为0.01元/m^3水左右。

由于大多数厂家生产的紫外线消毒设备都能够根据水质水量进行智能控制，同时带有自动清洗装置，除定期更换灯管外（10000h左右），日常几乎不需要人为参与任何维护，对管理人员要求较低，因此对于农村集中式供水存在的管理技术力量薄弱、技术人员少、专业水平低、管理较粗放等问题，紫外线消毒能够有效解决其微生物超标的水质问题。因此，紫外线消毒技术适用于农村集中式供水，且具有很好的推广应用前景。但与二次供水相同，由于运行管理等原因造成的紫外灯管超寿命服役或灯管损坏更换不及时等问题，也是影响处理效果的主要因素。

6.2.3　典型应用案例

（1）天津泰达水厂

天津泰达水厂工程建设规模22×$10^4m^3/d$，三期工程采用紫外线+氯联合消毒的方式（工艺流程见图6-5），结合现有部分地下水源的条件，紫外线消毒按22×$10^4m^3/d$设计。在紫外线消毒间安装4台DN800封闭管道式紫外线消毒反应器。主要技术参数：紫外线透光率（253.7nm）90%（最小值），最低紫外线剂量40mJ/cm^2，紫外线输出调节范围50%～100%，光电转换效率≥15%，灯管数量6根/台。

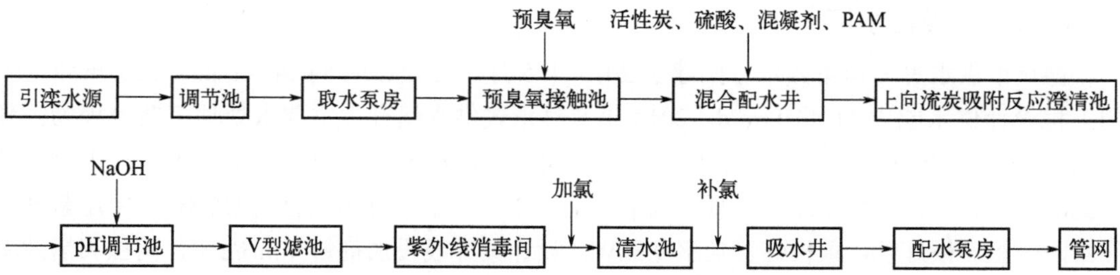

图 6-5　天津泰达水厂三期工艺流程

（2）上海临江水厂

上海临江水厂工程建设规模 60×10^{4}m^3/d，采用预臭氧 + 常规工艺 + 臭氧活性炭 + 紫外线 / 氯胺联合消毒的方式。共有 4 台 DN1200 的低压管道紫外反应器（3 用 1 备），单波长 254nm，紫外线投加剂量 270J/m^2，每组紫外灯管均根据流量启动，两虫灭活率 2.5lg 单位。水厂总体工艺流程如图 6-6 所示。

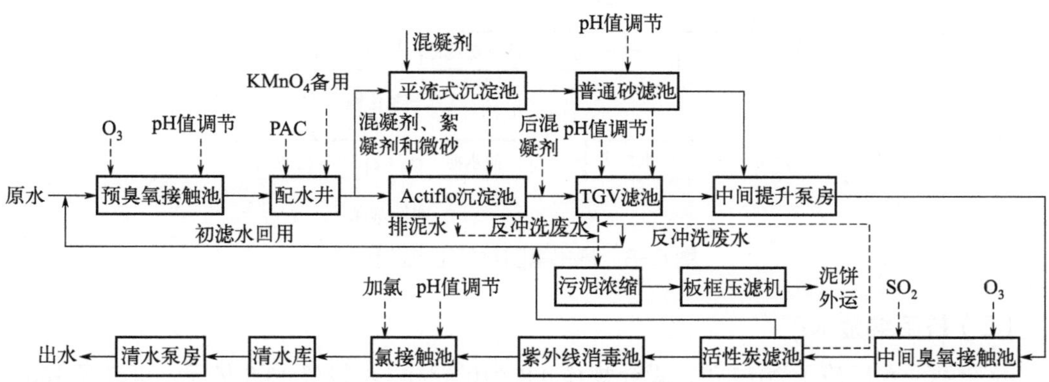

图 6-6　上海临江水厂总体工艺流程

（3）济南玉清水厂

济南玉清水厂工程建设规模 20×10^{4}m^3/d，采用紫外线 + 氯联合消毒的方式，4 台加拿大特洁安 UVSwift6L30 型中压紫外反应器，一组 16 根灯管，其余均为 6 根灯管，单根灯管功率 11.7kW，多波段消毒，紫外线投加剂量 40mJ/cm^2，两虫灭活效率 4lg 单位。水厂工艺流程如图 6-7 所示。

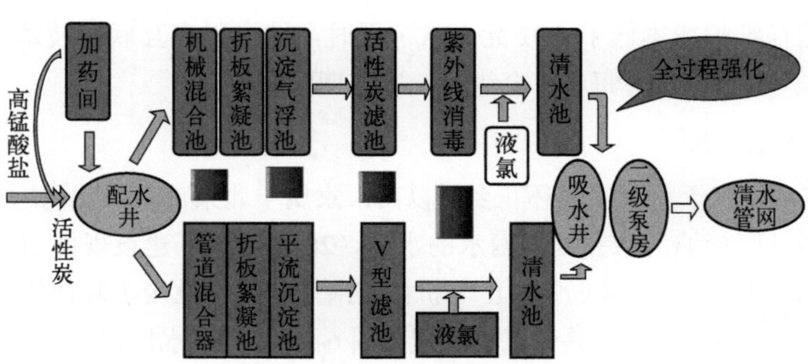

图 6-7　济南玉清水厂工艺流程

（4）德州第四水厂

德州市供水总公司第四水厂始建于 2013 年 5 月，工程占地 84 亩（1 亩 = 666.7m^2），一期工程设计供水能力 11×$10^4m^3/d$，2014 年 5 月正式供水运行。主要水处理工艺流程为：预（臭氧）处理 + 机械混合池 + 折板反应池 + 双层平流沉淀池 + 臭氧接触池 + 上向流生物活性炭滤池 +V 型滤池 + 紫外线 + 液氯。该水厂采用 2 台加拿大特洁安公司 UVSwift 中压紫外反应器，一组 6 根灯管，单根灯管功率 9.8kW，设计紫外线投加剂量 40mJ/cm^2，两虫灭活效率 4lg 单位。水厂工艺流程如图 6-8 所示。

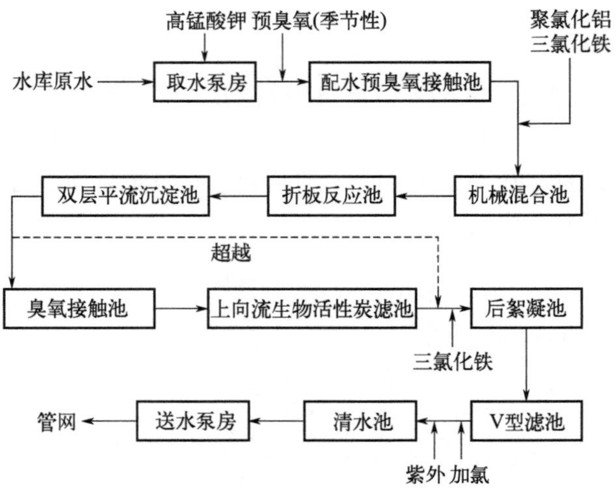

图 6-8　德州第四水厂工艺流程

（5）拉萨纳金水厂

拉萨纳金水厂建于 2017 年，设计规模 4.8×$10^5m^3/d$，总投资 13.8 亿元，可满足 100 万人的日常用水需求，是全球高原地区规模最大的地表水厂，供水范围覆盖拉萨城关区、柳梧新区、拉萨经济技术开发区、堆龙德庆区、教育城、文化创意园、达孜区等。该水厂采用北京安力斯环境中压管道式紫外线设备 Onyx-WH-12，该款设备输入功率为 72kW，输出功率为 10.8kW，光电转换效率为 15%，有效剂量达到 40mJ/cm^2 以上，微生物灭活率高达 4lg 单位。Onyx-WH-12 镇流器采用独立安装，可根据水质水量智能控制，并采用风扇 + 空调的方式进行冷却，灯管质保期限达 9000h。设备采用自动电机在线机械清洗方式，通常每 12h 清洗一次（可根据水质情况进行调整），清洗效果达到 90% 以上，实际操作简易方便，设备运行稳定，日常运行维护成本低于 0.02 元 /t 水。同时，结合现有互联网技术实现了实时监测设备情况并与水厂做好对接，每半年会进行一次定期回访检查。

（6）北京郭公庄水厂

北京郭公庄水厂位于北京南四环花乡桥以南，隶属于北京市南水北调配套工程，是南水北调水进京后第一座接纳南水并处理南水的水厂，2014 年水厂建设规模 50×$10^4m^3/d$，占地约 17hm^2。水厂采用了“预处理（预氧化）+ 机械澄清 + 臭氧活性炭 + 超滤膜 + 紫外 / 氯消毒”的长流程、多级屏障组合工艺（具体工艺流程如图 6-9 所示）。水厂采用特洁安 UVSwift6L30 的 8 台 DN800 的中压紫外线发生器，单台设备 6 根灯管，单根灯管功率 12kW。

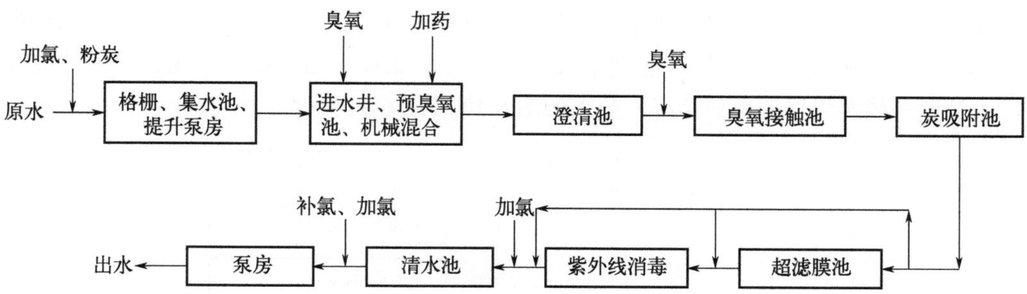

图 6-9　北京郭公庄水厂工艺流程

6.3　技术评估

从调研结果来看，厂家用于评估紫外线发生器的指标主要有紫外线有效剂量、流量、灯管功率、光电转换效率、灯管寿命、灯管老化系数、套管透光率、套管结垢系数、清洗方式、重量 10 个指标；从相关标准看，除调研涉及的部分指标外，对产品防护等级有要求，用户更关注产品标准、售后服务、吨水投资成本及运行维护成本等指标；另外，从行业来看，紫外灯依赖环境温度变化输出会有影响，因此越来越多人关注紫外灯环境温度系数。因此，根据调研结果，参照相关标准规范，结合生产企业和用户关注的主要问题筛选出 14 项评估指标，如表 6-13 所示。

表 6-13　紫外线发生器评估指标

序号	评估指标	序号	评估指标
1	光电转换效率	8	紫外灯环境温度系数
2	灯管寿命	9	灯管老化系数
3	紫外线有效剂量 / 功率	10	套管结垢系数
4	套管清洗效果	11	防护等级
5	产品标准	12	吨水投资成本
6	售后服务	13	运行维护成本
7	出口数量（金额）	14	市场占有率

由于二次供水用紫外线消毒设备与大型公共供水厂用紫外线消毒设备使用的侧重点和技术要求不同，为此，在大型紫外线发生器评估指标体系基础上针对二次供水用的紫外线发生器特点进行调整，形成二次供水用的紫外线发生器评估体系。对于二次供水而言，处理能力、清洗方式、防护等级、重量等指标一般不作为生产及用户重点考虑的性能指标，因此，筛选的评估指标是在大型设备基础上去除出口数量、防护等级、紫外灯环境温度系数 3 项指标，增加镇流器故障率 1 项指标。

6.3.1　评估指标体系

结合产品的技术先进性、技术可靠性、性能稳定性、经济适用性、国际竞争力等方面，选取技术先进性、技术可靠性、性能稳定性、经济适用性、国际竞争力 5 项指标作为一级评价指标集，根据筛选出的 14 项性能评估指标细化分解二级评估指标，形成大型紫外线发生器、小型紫外线发生器的评估矩阵，分别如图 6-10 和图 6-11 所示。

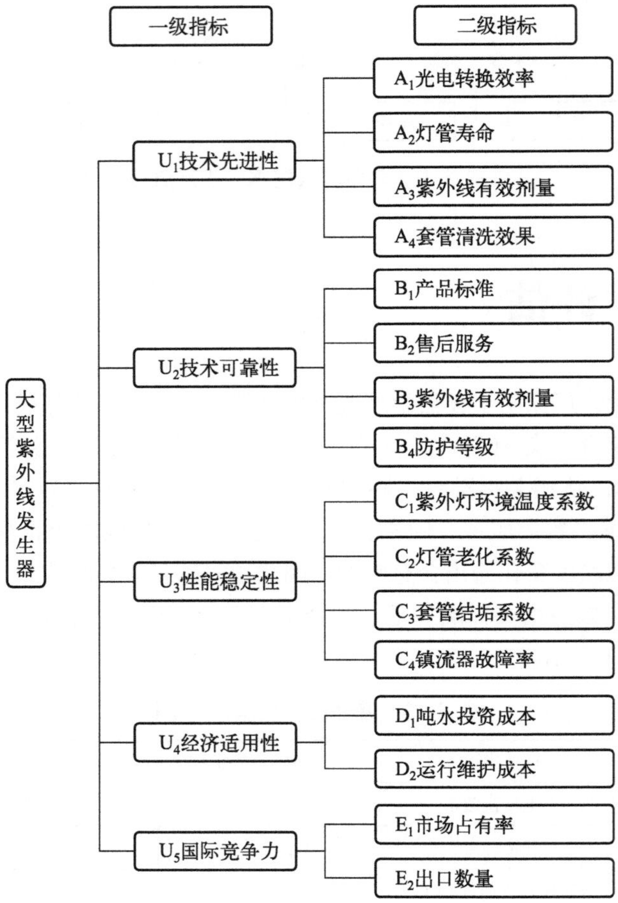

图 6-10　大型紫外线发生器评估矩阵

6.3.2　评估指标赋值

6.3.2.1　大型紫外线发生器一级指标权重建议赋值

结合大型紫外线发生器技术及设备特点，对 5 个一级指标赋予权重及建议值，分别为 U_2 技术可靠性（0.30）＞ U_3 性能稳定性（0.25）＞ U_1 技术先进性（0.20）＞ U_4 经济适用性（0.15）＞ U_5 国际竞争力（0.10）：

紫外线发生器作为消毒设备的时候，首先应保证技术可靠，能保障消毒效果和出水水质，因此将 U_2 技术可靠性放在权重首位，建议权重赋值最高，为 0.30；

其次，在保证技术可靠的前提下，其性能稳定性尤为重要，由于紫外线发生器在运行过程中，灯管会根据环境温度变化效率发生变化，也会随着燃点时间的延迟发生老化，且套管的结垢也会影响消毒效果，因此 U_3 性能稳定性放在权重第二位，建议赋值 0.25；

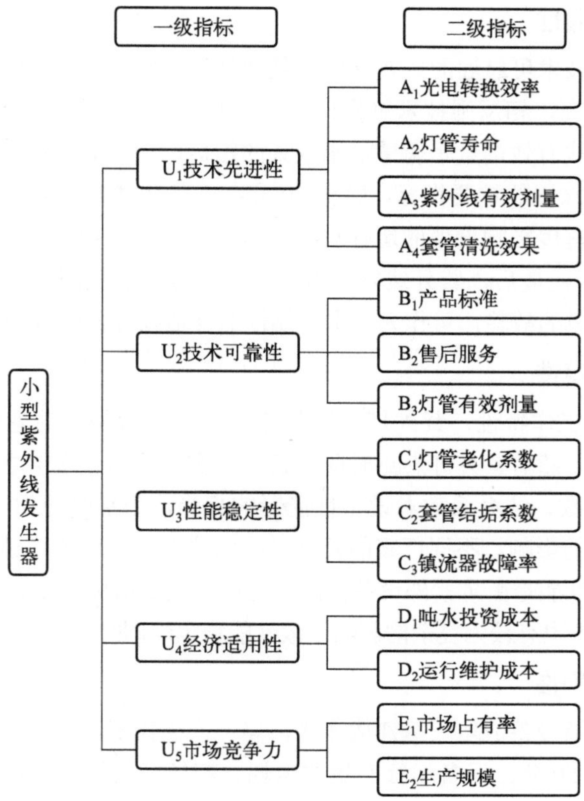

图 6-11　小型紫外线发生器评估矩阵

再次，对于紫外线发生器作为饮用水消毒产品，属先进的消毒技术，紫外线有效剂量、光电转换效率、套管清洗效果及灯管寿命等指标均体现至技术先进性，因此将 U_1 技术先进性放在权重第三位，建议赋值 0.20；

紫外线发生器作为先进消毒技术手段，其设备投入、基础建设及日常维护运行等经济适用性相对传统工艺不占优势，因此将 U_4 经济适用性放在权重第四位，建议赋值 0.15；

相对国际紫外线发生器发展现状，国内紫外线发生器仍处于发展初期，生产企业和用户考虑更多的是技术发展和应用效果，因此将 U_5 国际竞争力放在权重的最后一位，建议赋值 0.10。

6.3.2.2　大型紫外线发生器二级指标赋分

结合紫外线发生器技术及设备特点，分别对技术先进性、技术可靠性、性能稳定性、经济适用性及国际竞争力进行二级指标的细化和赋分。

（1）U_1 技术先进性

紫外线有效剂量、光电转换效率、套管清洗效果及灯管寿命等指标可体现紫外线发生器的技术先进性。其中，紫外线有效剂量的高低直接影响消毒效果，是评价紫外消毒效果和评价紫外线发生器优化设计技术的最有效、最权威的指标，故赋分最高 35 分；光电转换效率越高，说明电能转换成紫外光能的量越高，消毒效果越好，且耗能越低，故赋分 30 分；套管清洗效果直接影响紫外透过率，紫外透过率影响消毒效果，故赋分 20 分；灯管寿命也是评价设备技术水平的重要指标，但因目前市场上的灯管寿命都相差不大，故仅赋分 15 分。

（2）U_2 技术可靠性

产品标准是保证技术可靠性的重要指标，是产品生产质量的标尺，产品标准高，符合标准的产品技术可靠性高，相反则技术可靠性低，因此，产品标准赋分最高 35 分；其次是紫外线有效剂量，紫外线有效剂量是衡量消毒效果的指标，因此其不仅是技术先进性的重要指标，同时也是技术可靠性的重要指标，赋分 30 分；紫外线消毒作为一种新型消毒技术，其售后服务质量和及时程度影响设备的运行与维护质量，进而影响供水质量，因此作为技术可靠性指标，赋分 20 分；最后，紫外线发生器的部分零部件长期浸没在水中，防护水平高会减少因防护不到位造成的故障，可作为技术可靠性的评估指标，赋分 15 分。

（3）U_3 性能稳定性

根据紫外灯管的工作特性，紫外灯的紫外输出效率受紫外灯的老化系数、结垢系数影响，即影响消毒效果，随着紫外灯燃点时间的延长，实际输出效率会衰减，因此均作为性能稳定性指标，老化系数、结垢系数对设备性能影响相当，分别赋分 30 分。紫外灯的紫外输出效率受镇流器性能的影响，不同厂家的紫外灯与镇流器匹配程度、镇流器性能等亦各不相同，因此紫外镇流器性能是衡量紫外设备性能稳定性的重要指标，赋分 25 分。另外，环境温度对紫外灯的输出效率也有较为复杂的影响，故性能稳定性同时考虑了温度系数，赋分 15 分。

（4）U_4 经济适用性

吨水投资成本包括设备成本、基建成本等，属一次性投资，是用户进行水厂工艺改造考虑的经济因素，赋分 50 分；设备运行产生的电耗、药耗、耗材等运行维护成本是衡量运行经济的关键指标，赋分 50 分。

（5）U_5 国际竞争力

市场占有率是最直接体现行业内产品竞争能力的指标，市场占有率高，一方面说明产品竞争力强，同时能收到用户的反馈而不断改善产品、提高产品质量、完善服务体系，是走向国际提高国际竞争力的基础，故赋分 60 分；出口数量反映了企业产品在国际上的销售情况，直接体现在国际上的竞争能力，赋分 40 分。

具体评估指标分配及权重赋分和打分规则如表 6-14 和表 6-15 所列。

表 6-14　大型紫外线发生器评估指标分配及权重和赋分

一级指标	权重	二级指标	满分 / 分
U_1 技术先进性	0.20	A_1 光电转换效率	30
		A_2 灯管寿命	15
		A_3 紫外线有效剂量	35
		A_4 套管清洗效果	20
		汇总	100
U_2 技术可靠性	0.30	B_1 产品标准	35
		B_2 售后服务	20
		B_3 紫外线有效剂量	30
		B_4 防护等级	15
		汇总	100

续表

一级指标	权重	二级指标	满分 / 分
U_3 性能稳定性	0.25	C_1 紫外灯环境温度系数	15
		C_2 灯管老化系数	30
		C_3 套管结垢系数	30
		C_4 镇流器故障率	25
		汇总	100
U_4 经济适用性	0.15	D_1 吨水投资成本	50
		D_2 运行维护成本	50
		汇总	100
U_5 国际竞争力	0.10	E_1 市场占有率	60
		E_2 出口数量（金额）	40
		汇总	100

表 6-15　大型紫外线发生器技术评估打分规则

一级指标	二级指标	满分 / 分	打分规则
U_1 技术先进性（权重 0.20）	A_1 光电转换效率	30	≥ 35% 为满分 30 分，30% ～ 35% 为 25 ～ 29 分，25% ～ 30% 为 20 ～ 24 分，20% ～ 25% 为 15 ～ 19 分，15% ～ 20% 为 10 ～ 14 分，15% 以下按具体数据酌情处理打分
	A_2 灯管寿命	15	≥ 15000h 为满分 15 分，12000 ～ 15000h 为 10 ～ 14 分，8000 ～ 12000h 为 5 ～ 9 分，8000h 以下为 0 ～ 4 分
	A_3 紫外线有效剂量	35	≥ 40mJ/cm² 为满分 35 分，35 ～ 40mJ/cm² 为 30 ～ 34 分，30 ～ 35mJ/cm² 为 25 ～ 29 分，25 ～ 30mJ/cm² 为 20 ～ 24 分，20 ～ 25mJ/cm² 为 15 ～ 19 分，15 ～ 20mJ/cm² 为 10 ～ 14 分，15mJ/cm² 以下酌情打分 0 ～ 9 分
	A_4 套管清洗效果	20	≥ 95% 为满分 20 分，90% ～ 95% 为 15 ～ 19 分，80% ～ 90% 为 10 ～ 14 分，70% ～ 80% 为 5 ～ 9 分，70% 以下为 0 ～ 4 分
U_2 技术可靠性（权重 0.30）	B_1 产品标准	35	有包括产品标准、运维规程、设计及检测等成熟的标准体系为满分 35 分；仅有其中 3 个方面的标准，根据标准程度和发挥作用情况为 25 ～ 34 分；有 2 个方面的标准，根据标准程度和发挥作用情况为 15 ～ 24 分；有 1 个方面的标准，根据标准程度和发挥作用情况为 5 ～ 14 分；没有标准，根据情况为 0 ～ 4 分
	B_2 售后服务	20	综合考虑备品备件供货期、服务团队技术水平、服务响应时间等方面，赋分档次分别为 15 ～ 20 分、10 ～ 14 分、5 ～ 9 分、4 分以下
	B_3 紫外线有效剂量	30	≥ 40mJ/cm² 为满分 30 分，35 ～ 40mJ/cm² 为 25 ～ 29 分，30 ～ 35mJ/cm² 为 20 ～ 24 分，25 ～ 30mJ/cm² 为 15 ～ 19 分，20 ～ 25mJ/cm² 为 10 ～ 14 分，20mJ/cm² 以下酌情打分 0 ～ 9 分
	B_4 防护等级	15	综合考虑水上部分、水下部分等，以最优水下 IP65 为标准，赋分档次分别为 10 ～ 15 分、5 ～ 9 分、5 分以下
U_3 性能稳定性（权重 0.25）	C_1 紫外灯环境温度系数	15	根据检测方法、水温影响程度以及水温变化情况，赋分档次分别为 10 ～ 15 分、5 ～ 9 分、5 分以下
	C_2 灯管老化系数	30	≥ 85% 为满分 30 分，80% ～ 85% 为 20 ～ 29 分，75% ～ 80% 为 15 ～ 19 分，70% ～ 75% 为 10 ～ 14 分，65% ～ 70% 为 5 ～ 9 分，65% 以下 0 ～ 4 分

续表

一级指标	二级指标	满分 / 分	打分规则
U_3 性能稳定性（权重 0.25）	C_3 套管结垢系数	30	≥ 90% 为满分 35 分，85% ～ 90% 为 25 ～ 34 分，80% ～ 85% 为 20 ～ 24 分，75% ～ 80% 为 15 ～ 19 分，70% ～ 75% 为 10 ～ 14 分，70% 以下 0 ～ 9 分
	C_4 镇流器故障率	25	综合考虑镇流器性能、与灯管的匹配程度及故障率等，赋分档次分别为 20 ～ 25 分、10 ～ 19 分、0 ～ 9 分
U_4 经济适用性（权重 0.15）	D_1 吨水投资成本	50	综合考虑设备费、土建费等，赋分档次分别为 40 ～ 50 分、30 ～ 39 分、20 ～ 29 分、10 ～ 19 分、0 ～ 9 分
	D_2 运行维护成本	50	综合电费、药剂费、折旧费及配品备件等费用，以运行费用 0.02 元 /t 为最优标准，赋分档次分别为 40 ～ 50 分、30 ～ 39 分、20 ～ 29 分、10 ～ 19 分、0 ～ 9 分
U_5 国际竞争力（权重 0.10）	E_1 市场占有率	60	根据市场格局、占有份额等情况，以最高占有率为最优标准，赋分档次分别为 50 ～ 60 分、40 ～ 49 分、30 ～ 39 分、20 ～ 29 分、10 ～ 19 分、0 ～ 9 分
	E_2 出口数量（金额）	40	根据生产能力、生产规模及出口的金额等情况，以国际先进厂家为最优标准，赋分档次分别为 30 ～ 40 分、20 ～ 29 分、10 ～ 19 分、0 ～ 9 分

6.3.2.3 小型紫外线发生器一级指标权重建议赋值及二级指标赋分

结合小型紫外线发生器技术及设备特点，对5个一级指标赋予权重及建议值，分别为U_2技术可靠性（0.30）＞ U_3 性能稳定性（0.25）＞ U_1 技术先进性（0.20）＞ U_4 经济适用性（0.15）＞ U_5 市场竞争力（0.10）。

紫外线发生器作为消毒设备的时候，首先应保证技术可靠，能保障消毒效果和出水水质，因此将 U_2 技术可靠性放在权重首位，建议权重赋值最高，为 0.30；

其次，在保证技术可靠的前提下其性能稳定性尤为重要，由于紫外线发生器在运行过程中灯管会随着燃点时间的延迟发生老化，且套管的结垢也会影响消毒效果，因此 U_3 性能稳定性放在权重第二位，建议赋值 0.25；

再次，对于紫外线发生器作为饮用水消毒产品，属先进的消毒技术，紫外线有效剂量、光电转化效率、套管清洗效果及灯管寿命等指标均体现至技术先进性，因此将 U_1 技术先进性放在权重第三位，建议赋值 0.20；

紫外线发生器作为先进消毒技术手段，其设备投入、基础建设及日常维护运行等经济适用性相对传统工艺不占优势，因此将 U_4 经济适用性放在权重第四位，建议赋值 0.15；

相对国际紫外线发生器发展现状，国内紫外线发生器仍处于发展初期，生产企业和用户考虑更多的是技术发展和应用效果，尤其对二次供水而言，小型的二次供水设备目前主要瞄准国内市场，因此将 U_5 国际竞争力放在权重的最后一位，并改成市场竞争力，建议赋值 0.10。

小型紫外线发生器二级指标赋分规则与大型紫外线发生器相似，具体评估指标分配及权重赋分和打分规则如表 6-16 和表 6-17 所列。

表 6-16　小型紫外线发生器评估指标分配及权重和赋分

一级指标	权重	二级指标	满分 / 分
U_1 技术先进性	0.20	A_1 光电转换效率	30
		A_2 灯管寿命	15
		A_3 紫外线有效剂量	35
		A_4 套管清洗效果	20
		汇总	100
U_2 技术可靠性	0.30	B_1 产品标准	40
		B_2 售后服务	25
		B_3 紫外线有效剂量	35
		汇总	100
U_3 性能稳定性	0.25	C_1 灯管老化系数	35
		C_2 套管结垢系数	35
		C_3 镇流器故障率	30
		汇总	100
U_4 经济适用性	0.15	D_1 吨水投资成本	50
		D_2 运行维护成本	50
		汇总	100
U_5 市场竞争力	0.10	E_1 市场占有率	50
		E_2 生产规模	50
		汇总	100

表 6-17　小型紫外线发生器技术评估打分规则

一级指标	二级指标	满分 / 分	打分规则
U_1 技术先进性（权重 0.20）	A_1 光电转换效率	30	≥ 35% 为满分 30 分，30% ～ 35% 为 25 ～ 29 分，25% ～ 30% 为 20 ～ 24 分，20% ～ 25% 为 15 ～ 19 分，15% ～ 20% 为 10 ～ 14 分，15% 以下按具体数据酌情处理打分
	A_2 灯管寿命	15	≥ 15000h 为满分 15 分，12000 ～ 15000h 为 10 ～ 14 分，8000 ～ 12000h 为 5 ～ 9 分，8000h 以下为 0 ～ 4 分
	A_3 紫外线有效剂量	35	≥ 40mJ/cm^2 为满分 35 分，35 ～ 40mJ/cm^2 为 30 ～ 34 分，30 ～ 35mJ/cm^2 为 25 ～ 29 分，25 ～ 30mJ/cm^2 为 20 ～ 24 分，20 ～ 25mJ/cm^2 为 15 ～ 19 分，15 ～ 20mJ/cm^2 为 10 ～ 14 分，15mJ/cm^2 以下酌情打分 0 ～ 9 分
	A_4 套管清洗效果	20	≥ 95% 为满分 20 分，90% ～ 95% 为 15 ～ 19 分，80% ～ 90% 为 10 ～ 14 分，70% ～ 80% 为 5 ～ 9 分，70% 以下为 0 ～ 4 分
U_2 技术可靠性（权重 0.30）	B_1 产品标准	40	有包括产品标准、运维规程、设计及检测等成熟的标准体系为满分 40 分；仅有其中 3 个方面的标准，根据标准程度和发挥作用情况赋分 30 ～ 39 分；有 2 个方面的标准，根据标准程度和发挥作用情况赋分 20 ～ 29 分；有 1 个方面的标准，根据标准程度和发挥作用情况赋分 10 ～ 19 分；没有标准根据情况赋分 0 ～ 9 分
	B_2 售后服务	25	综合考虑备品备件供货期、服务团队技术水平、服务响应时间等方面，赋分档次分别为 25 分、20 ～ 24 分、15 ～ 19 分、10 ～ 14 分、10 分以下

续表

一级指标	二级指标	满分 / 分	打分规则
U_2 技术可靠性（权重 0.30）	B_3 紫外线有效剂量	35	≥ 40mJ/cm² 为满分 35 分，35 ～ 40mJ/cm² 为 30 ～ 34 分，30 ～ 35mJ/cm² 为 25 ～ 29 分，25 ～ 30mJ/cm² 为 20 ～ 24 分，20 ～ 25mJ/cm² 为 15 ～ 19 分，15 ～ 20mJ/cm² 为 10 ～ 14 分，15mJ/cm² 以下酌情打分 0 ～ 9 分
U_3 性能稳定性（权重 0.25）	C_1 灯管老化系数	35	≥ 85% 为满分 35 分，80% ～ 85% 为 25 ～ 34 分，75% ～ 80% 为 20 ～ 24 分，70% ～ 75% 为 15 ～ 19 分，65% ～ 70% 为 10 ～ 14 分，65% 以下 0 ～ 9 分
	C_2 套管结垢系数	35	≥ 90% 为满分 35 分，85% ～ 90% 为 25 ～ 34 分，80% ～ 85% 为 20 ～ 24 分，75% ～ 80% 为 15 ～ 19 分，70% ～ 75% 为 10 ～ 14 分，70% 以下 0 ～ 9 分
	C_3 镇流器故障率	30	综合考虑镇流器性能、与灯管的匹配程度及故障率等，赋分档次分别为 30 分、20 ～ 29 分、10 ～ 19 分、0 ～ 9 分
U_4 经济适用性（权重 0.15）	D_1 吨水投资成本	50	综合考虑设备费、土建费等，赋分档次分别为 40 ～ 50 分、30 ～ 39 分、20 ～ 29 分、10 ～ 19 分、0 ～ 9 分
	D_2 运行维护成本	50	综合电费、药剂费、折旧费及配品备件等费用，以运行费用 0.02 元 /t 为最优标准，赋分档次分别为 40 ～ 50 分、30 ～ 39 分、20 ～ 29 分、10 ～ 19 分、0 ～ 9 分
U_5 市场竞争力（权重 0.10）	E_1 市场占有率	50	根据市场格局、占有份额等情况，以最高占有率为最优标准，赋分档次分别为 40 ～ 50 分、30 ～ 39 分、20 ～ 29 分、10 ～ 19 分、0 ～ 9 分
	E_2 生产规模	50	根据生产能力、生产规模等情况，以国际先进厂家为最优标准，赋分档次分别为 40 ～ 50 分、30 ～ 39 分、20 ～ 29 分、10 ～ 19 分、0 ～ 9 分

注：二次供水设备一般采用低压或低压高强设备，故打分规则中不包含中压设备。

6.3.3 评估指标体系应用

邀请涵盖高校研究机构、生产企业、设计院所等在内的 10 名专家根据建立的评估体系对紫外线发生器进行专家评估，赋值结果显示国内紫外线发生器生产和应用的技术就绪度整体达到 8 级，仍需进一步提高对于进口产品的市场竞争力。评估打分表及评估结果图分别见表 6-18 和图 6-12。

表 6-18 专家评分汇总

序号	U_1 技术先进性		U_2 技术可靠性		U_3 性能稳定性		U_4 经济适用性		U_5 国际竞争力	
	分值 / 分	权重	分值 / 分	权重	分值 / 分	权重	分值 / 分	权重	分值 / 分	权重
1	84	0.2	82	0.3	83	0.25	98	0.15	50	0.1
2	84	0.2	82	0.3	83	0.25	98	0.15	50	0.1
3	84	0.2	82	0.3	83	0.25	96	0.15	43	0.1
4	81	0.2	82	0.3	80	0.25	97	0.15	50	0.1
5	83	0.15	84	0.35	91	0.22	98	0.2	60	0.08
6	78	0.2	90	0.3	81	0.25	92	0.15	45	0.1
7	81	0.2	83	0.3	76	0.25	93	0.15	45	0.1
8	73	0.2	89	0.3	86	0.25	95	0.15	45	0.1

续表

序号	U_1 技术先进性		U_2 技术可靠性		U_3 性能稳定性		U_4 经济适用性		U_5 国际竞争力	
	分值 / 分	权重	分值 / 分	权重	分值 / 分	权重	分值 / 分	权重	分值 / 分	权重
9	82	0.2	82	0.3	85	0.25	98	0.15	60	0.1
10	82	0.2	83	0.3	85	0.25	98	0.15	50	0.1
计算结果	技术就绪度（TRL）	明确需求（TRL1）	技术方案（TRL2）	通过论证（TRL3）	小试研究（TRL4）	中试研究（TRL5）	形成产品（TRL6）	三方评估（TRL7）	标准化（TRL8）	推广应用（TRL9）
	$B = WR$	0	0	0	0.82	0.2	0	0.4	2.56	1.13

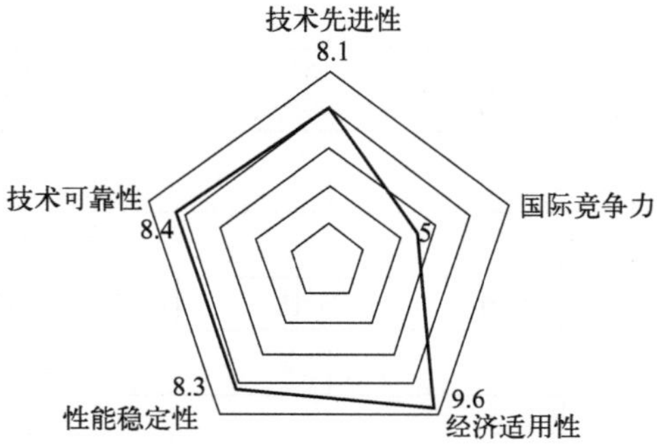

图 6-12　紫外线发生器评估结果图

6.4　应用验证

紫外线发生器的验证采用了实验室验证、中试验证及生产验证三种形式。其中，实验室验证主要针对紫外线生物验证剂量、套管结垢系数、灯管老化系数、光电转换效率等产品性能指标。中试验证主要通过 UV-H_2O_2 联用，选择 2-MIB（2- 甲基异莰醇）为主要目标污染物，考察不同类型紫外灯管、不同双氧水投加量、不同流量、不同紫外线剂量等条件下的污染物去除效率，以验证紫外线发生器的设备性能和应用效果。生产验证主要通过紫外联合消毒工艺中生物灭菌效果、消毒副产物生成情况、运行成本等考察设备性能和应用效果。产品验证技术路线如图 6-13 所示。

6.4.1　验证指标筛选

利用紫外线发生器设备实际应用中的高频指标作为重点，结合文献梳理和实地调查研究进行指标的海选。根据可观测性原则将数据无法获得的海选指标删除，保证初步筛选后的指标体系可以量化，然后对初步筛选的指标数据进行标准化分析，基于相关性分析将 X_1 准则层相关系数＞ 0.85，X_2、X_3 准则层相关系数大于 0.80 的指标筛选保留。在相关性分析的基础上利用主成分分析筛选各准则层内剩余的指标，筛选准则层 X_1 选取累积方差贡献率达到 85%、X_2 选取累积方差贡献率达到 80%、准则层 X_3 选取累积方差贡献率达到 80% 时各个主成分中准则层因子负载绝对值较大的指标。

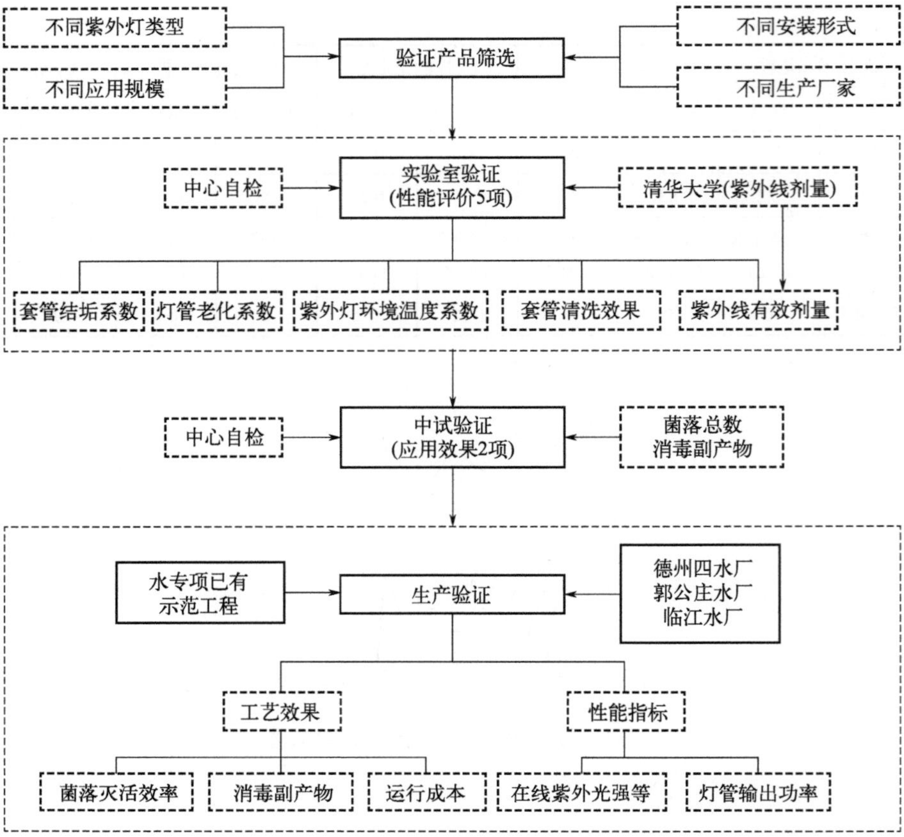

图 6-13　紫外线发生器产品验证技术路线

经过初步筛选和相关性、主成分定量筛选，从 52 个海选指标中筛选出分别适用于小试、中试、生产验证的 13 个指标，如表 6-19 所列。

表 6-19　紫外线发生器的指标筛选结果

序号	准则层	指标层	筛选结果
1	X_1 小试	$X_{1.1}$ 处理流量	主成分分析删除
2		$X_{1.2}$ 紫外线生物验证剂量	保留
3		$X_{1.3}$ UVT（紫外线透射率）	相关性分析删除
4		$X_{1.4}$ 灭菌率（取对数值）	主成分分析删除
5		$X_{1.5}$ 套管清洗效果	相关性分析删除
6		$X_{1.6}$ 紫外灯光电转换效率	保留
7		$X_{1.7}$ 灯管寿命	保留
8		$X_{1.8}$ 灯管老化系数	主成分分析删除
9		$X_{1.9}$ 灯套管结垢系数	保留
10		$X_{1.10}$ 设备功率	相关性分析删除
11		$X_{1.11}$ 产品标准	不可观测删除
12		$X_{1.12}$ 紫外灯环境温度系数	

续表

序号	准则层	指标层	筛选结果
13	X_1 小试	$X_{1.13}$ 售后服务	不可观测删除
14		$X_{1.14}$ 防护等级	
15		$X_{1.15}$ 运行维护成本	
16		$X_{1.16}$ 市场占有率	
17	X_2 中试	$X_{2.1}$ 处理流量	相关性分析删除
18		$X_{2.2}$ 紫外线生物验证剂量	保留
19		$X_{2.3}$ 土臭素去除率	相关性分析删除
20		$X_{2.4}$ 2-MIB 去除率	保留
21		$X_{2.5}$ TOC 去除率	主成分分析删除
22		$X_{2.6}$ UVT	保留
23		$X_{2.7}$ 功率	主成分分析删除
24		$X_{2.8}$ 光电转化效率	主成分分析删除
25		$X_{2.9}$ 双氧水投加量	保留
26		$X_{2.10}$ 产品标准	不可观测删除
27		$X_{2.11}$ 紫外灯环境温度系数	
28		$X_{2.12}$ 售后服务	
29		$X_{2.13}$ 防护等级	
30		$X_{2.14}$ 市场占有率	
31		$X_{2.15}$ 套管清洗效果	
32	X_3 生产	$X_{3.1}$ 单只灯管功率	主成分分析删除
33		$X_{3.2}$ 运行成本	保留
34		$X_{3.3}$ 单台处理水量	主成分分析删除
35		$X_{3.4}$ UVT	保留
36		$X_{3.5}$ 单台灯管运行数量	主成分分析删除
37		$X_{3.6}$ 输出 / 输入功率	相关性分析删除
38		$X_{3.7}$ 紫外灯光电转换效率	保留
39		$X_{3.8}$ 菌落总数	保留
40		$X_{3.9}$ 消毒剂消耗量	相关性分析删除
41		$X_{3.10}$ 三卤甲烷生产量	保留
42		$X_{3.11}$ 耗氧量	相关性分析删除
43		$X_{3.12}$ pH	主成分分析删除
44		$X_{3.13}$ 产品标准	不可观测删除
45		$X_{3.14}$ 紫外灯环境温度系数	
46		$X_{3.15}$ 出口数量（金额）	
47		$X_{3.16}$ 防护等级	
48		$X_{3.17}$ 吨水投资成本	

续表

序号	准则层	指标层	筛选结果
49	X_3 生产	$X_{3.18}$ 市场占有率	不可观测删除
50		$X_{3.19}$ 套管清洗效果	
51		$X_{3.20}$ 紫外线生物验证剂量	
52		$X_{3.21}$ 反应器功率调节范围	

6.4.2 验证指标体系及等级划分

紫外线发生器设备的性能指标之间存在一定的相关性，处理效果指标之间也存在不同的相关性。根据主成分分析，紫外线发生器设备的指标主要分为性能、效果、经济三方面，其中性能中主要起作用的指标为紫外线生物验证剂量，效果中主要起作用的包括 UVT（紫外线穿透率）、菌落总数、三卤甲烷生产量及灯管光电转换效率，而经济中主要起作用的是运行成本。不同设备的指标相关性会受检测条件的影响而有所变动。另外，紫外线发生器在高级氧化工艺应用中，影响效果的主要指标包括 UVT、目标污染物（如 2-MIB）去除率、氧化剂投加量（如双氧水）。而经过验证指标的筛选过程，初步筛选去掉了无法获取数据的指标，相关性分析删除了同一准则层内相关系数大的指标，避免了指标反映重复信息，主成分分析删除了主成分中因子负载系数绝对值小的指标，保证了筛选出的指标对评价结果有显著影响。即从 16 个小试测试指标中筛选出 4 个指标，从 15 个中试测试指标中筛选出 4 个指标，从 21 个生产测试指标中筛选出 5 个指标，主要包括紫外线生物验证剂量、紫灯管寿命、套管结垢系数、光电转换效率、水体 UVT、2-MIB 去除效率、双氧水投加量、出水细菌总数、出水三卤甲烷及运行成本等。这些指标涵盖了产品质量、应用效果、经济性能等几个方面，筛选出的指标具有较好的合理性。

将以上得到的指标体系按照文献调查、实地调研及上述小试、中试和生产测试结果对评估指标进行等级划分，其中紫外线有效剂量、出水细菌总数及出水三卤甲烷等指标分为合格、不合格两个等级，灯管寿命、套管结垢系数 2 项指标分为优良、中等、合格、不合格 4 个等级，光电转换效率、2-MIB 去除率及运行成本 3 项指标分为优良、中等、差 3 个等级。具体等级划分规则见表 6-20。

表 6-20 评估指标的等级划分

指标	等级
紫外线有效剂量	作为高级氧化时需根据处理目标确定。作为饮用水消毒时，峰值流量下灯管寿命终点前，≥ 40mJ/cm^2 为合格，否则为不合格
灯管寿命	低压灯和低压高强灯，≥ 14000h 为优良；≥ 13000h 为中等；≥ 12000h 为合格，＜ 12000h 为不合格
	中压灯，≥ 7000h 为优良；≥ 6000h 为中等；≥ 5000h 为合格；＜ 5000h 为不合格
套管结垢系数	≥ 0.9 为优良；≥ 0.7 为中等；≥ 0.6 为合格，＜ 0.6 为不合格
光电转换效率	低压和低压高强灯：≥ 35% 为优良；≥ 30% 为中等；＜ 30% 为差
水体 UVT	—
2-MIB 去除率	根据原水水质及微污染物去除目标确定。一般的，≥ 90% 为优良；≥ 60% 为中等；＜ 60% 为差

续表

指标	等级
双氧水投加量	根据原水水质及微污染物去除目标确定
出水细菌总数	≤ 100CFU/mL 为合格，否则为不合格
出水三卤甲烷	三氯甲烷＜ 60μg/L 为合格，否则为不合格 二氯一溴甲烷＜ 60μg/L 为合格，否则为不合格 一氯二溴甲烷＜ 100μg/L 为合格，否则为不合格 三溴甲烷＜ 100μg/L 为合格，否则为不合格
运行成本	≤ 0.01 元 /t 水为优良；≤ 0.03 元 /t 水为中等；＞ 0.03 元 /t 水为差

6.4.3　典型产品验证案例

基于建立的验证体系，以北京某水厂、济南某小区二次供水点为例，对紫外线消毒设备进行生产性验证。

北京某水厂，2014 年水厂建设规模 $50\times10^4m^3/d$，占地约 $17hm^2$。水厂采用了“处理（预氧化）+ 机械澄清 + 臭氧活性炭 + 超滤膜 + 紫外 / 氯消毒”的长流程、多级屏障组合工艺（具体工艺流程见图 6-14）。水厂采用 8 台进口的某品牌 DN800 中压紫外线发生器，单台设备 6 根灯管，单根灯管功率 12kW。

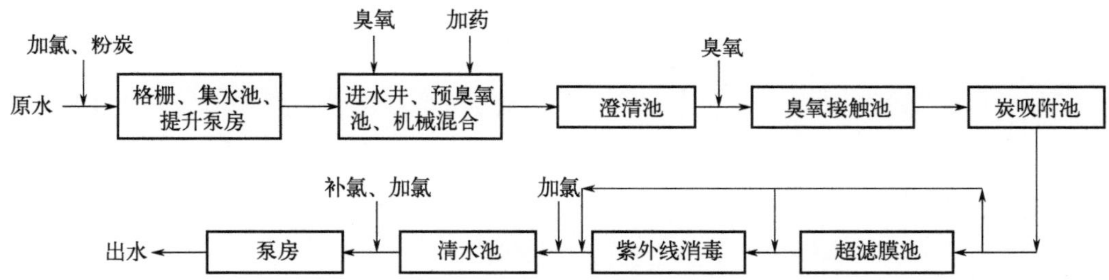

图 6-14　北京某水厂工艺流程

济南某小区二次供水处理规模 $25m^3/h$，该二次供水采用了“膜 + 紫外消毒”的工艺，紫外线消毒采用国产某紫外线设备。

两个应用案例均为紫外线消毒，故生产验证主要采用了出水细菌总数、出水三卤甲烷等衡量消毒效果的水质指标及光电转换效率、紫外线有效剂量两项设备性能指标，同时对运行成本进行验证。结果表明，出水细菌总数均为 0，出水三卤甲烷达到《生活饮用水卫生标准》（GB 5749—2022）要求，光电转换效率达到 15%，紫外线有效剂量均为 $40mJ/cm^2$，运行成本分别为 0.010 元 /t、0.015 元 /t。结合验证结果及等级划分规则，北京某水厂运行成本达优良等级，济南某二次供水运行成本达中等等级，其余各指标均合格。具体验证结果如表 6-21 所列。

表 6-21　紫外线消毒设备验证评估结果

验证指标	验证产品型号			
	国外某产品		国内某产品	
	验证结果	评估结论	验证结果	评估结论
出水细菌总数	0	合格	0	合格

续表

验证指标	验证产品型号			
	国外某产品		国内某产品	
	验证结果	评估结论	验证结果	评估结论
出水三氯甲烷 /(μg/L)	19 ～ 32	合格	＜ 60	合格
出水二氯一溴甲烷 /(μg/L)	28 ～ 40	合格	＜ 60	合格
出水一氯二溴甲烷 /(μg/L)	22 ～ 44	合格	＜ 100	合格
出水三溴甲烷 /(μg/L)	22 ～ 38	合格	＜ 100	合格
光电转换效率/%	15	—	30	—
紫外线有效剂量 /(mJ/cm^2)	40	合格	40	合格
运行成本 /(元 /t)	0.010	优良	0.015	中等

注：国外某产品为中压紫外灯，中压灯光电转换效率在文内未提出评估等级，故光电转换效率评估结论为“—”，表示不做评价。

第7章 二氧化氯发生器

7.1 产品概述

7.1.1 产品分类

二氧化氯发生器是使用反应原料发生化学反应生成主要产物为二氧化氯的设备。它是由釜式反应器通过耐酸导管和水射式真空机组组成。釜式反应器采用的是两级或多级反应器，主反应釜内设有空气分布器，副反应釜设置了平衡管，使反应更彻底，反应后的残液可达标排放。生成的二氧化氯制得水溶液，也可以制得稳定二氧化氯溶液。化学法二氧化氯发生器，由供料系统、反应系统、安全系统、自动控制系统和吸收投加系统组成。

按不同二氧化氯纯度分为纯二氧化氯发生器和复合二氧化氯发生器，两类发生器的二氧化氯收率见表 7-1。

表 7-1　两类二氧化氯发生器的二氧化氯收率

发生器类型	原料	二氧化氯收率 /%
纯二氧化氯发生器	亚氯酸钠、盐酸；氯酸钠、硫酸、过氧化氢（其他还原剂）	≥ 75
复合二氧化氯发生器	氯酸钠、盐酸	≥ 60

纯二氧化氯发生器与复合二氧化氯发生器原料转化率相差较大，纯二氧化氯发生器原料转化率较为稳定，平均原料转化率为 92.8%，而在复合二氧化氯发生器中不同的设备性能差异很大，平均原料转化率为 65.7%。

7.1.2 性能指标

衡量二氧化氯发生器的主要性能指标，包括二氧化氯产量、二氧化氯收率、二氧化氯纯度以及使用寿命等。

① 二氧化氯产量是指二氧化氯发生器在额定工作状态下单位时间生产的二氧化氯的量，单位一般为 g/h。

② 二氧化氯浓度是指二氧化氯发生器出口溶液中所含二氧化氯的质量，单位一般为 mg/L。

③ 二氧化氯收率是指一定时间内经测定的二氧化氯产量与按主反应方程式计算的理论值的百分比，纯二氧化氯发生器收率≥ 75%，复合二氧化氯发生器收率≥ 60%。

④ 二氧化氯纯度是指发生器在额定工作状态下出口溶液中二氧化氯浓度与所有氯氧化物浓度总和之百分比。纯二氧化氯发生器要≥ 95%。

⑤ 二氧化氯与氯气的质量比值，复合二氧化氯发生器应≥ 0.9。

⑥ 使用寿命是指二氧化氯发生器主要部件和整个系统持续稳定正常工作情况下允许的时间，单位为 h 或年。

通常，发生器的使用寿命不少于 5 年，平均无故障工作时间不少于 8000h；连续运转稳定性要求：发生器调试稳定后，72h 内平均制备二氧化氯不少于 10 次，发生器性能指标要满足《二氧化氯消毒剂发生器安全与卫生标准》（GB 28931—2012）要求。

二氧化氯纯度和二氧化氯产量稳定性关系到二氧化氯在给水厂中的应用效果，使用寿命则关系到二氧化氯设备的成本。在相同条件下，产量越稳定、纯度越高、电耗越低和寿命越长的二氧化氯设备技术越先进。

7.1.3 技术标准情况

为了加强对二氧化氯发生器市场的监管，从源头上遏制性能不达标的产品流入市场，二氧化氯发生器产品标准有《环境保护产品技术要求　化学法二氧化氯消毒剂发生器》（HJ/T 272—2006）、《化学法复合二氧化氯发生器》（GB/T 20621—2006）和《二氧化氯消毒剂发生器安全与卫生标准》（GB 28931—2012），另外，还有涉及二氧化氯消毒剂的标准《二氧化氯消毒剂卫生要求》（GB 26366—2021），各标准主要内容如表 7-2 所列。

表 7-2　二氧化氯发生器标准

标准名称	主要内容
《环境保护产品技术要求　化学法二氧化氯消毒剂发生器》（HJ/T 272—2006）	本标准规定了化学法二氧化氯消毒剂发生器的分类与命名、要求、试验方法、检验规则、标志、包装、运输和储存。适用于以化学反应产生二氧化氯或二氧化氯和氯气，用于饮用水消毒、废水处理、卫生防疫及工业生产的化学法二氧化氯消毒剂发生器
《化学法复合二氧化氯发生器》（GB/T 20621—2006）	本标准规定了化学法复合二氧化氯发生器的术语与定义、要求、试验方法、检验规则以及标志、标签、包装、运输、储存。适用于各种水体的杀菌、消毒、灭藻、除臭、漂白、脱色及氧化处理的化学法复合二氧化氯发生器
《二氧化氯消毒剂发生器安全与卫生标准》（GB 28931—2012）	本标准规定了化学法二氧化氯消毒剂发生器的技术要求、应用范围、使用方法、检验方法、标志与包装、运输和储存、使用说明书和铭牌与注意事项。适用于用于化学反应产生二氧化氯的发生器或消毒机
《二氧化氯消毒剂卫生要求》（GB 26366—2021）	本标准规定了二氧化氯消毒剂的原料和技术要求、应用范围、使用方法、检验方法、标志和包装、运输和储存、标签和说明书及注意事项。适用于以亚氯酸钠或氯酸钠为原料，通过化学反应能够产生二氧化氯的消毒剂

7.2 行业调研

7.2.1 技术原理和生产工艺

7.2.1.1 技术原理

二氧化氯发生器根据二氧化氯制备原理可分为化学法和电解法，目前饮用水消毒中应用最为普遍的是化学法。而根据反应原料的不同，化学法又可分为亚氯酸钠法和氯酸盐法。

亚氯酸钠法是以亚氯酸钠为主要原料生产二氧化氯的方法，主要有酸化法、氯氧化法、过硫酸盐氧化法、电化学法，以及有机物或过渡金属（如 Fe^{3+}）氧化法等，其中以酸化法应用较多。主要化学反应方程式见表 7-3。

表 7-3　亚氯酸钠法制备二氧化氯

方法	主要反应方程式
酸 - 亚氯酸钠	$4HCl+5NaClO_2 = 4ClO_2+5NaCl+2H_2O$ $2H_2SO_4+5NaClO_2 = 4ClO_2+2Na_2SO_4+NaCl+2H_2O$
氯气 - 亚氯酸钠	$Cl_2+2NaClO_2 = 2ClO_2+2NaCl$
液氯 - 亚氯酸钠	$Cl_2+H_2O = HOCl+HCl$ $HOCl+HCl+2NaClO_2 = 2ClO_2+2NaCl+H_2O$
过硫酸盐法	$2NaClO_2+Na_2S_2O_8 = 2ClO_2+2Na_2SO_4$

亚氯酸钠法在发生技术、二氧化氯产率和纯度上有一系列的优点，但在发生成本方面，由于采用亚氯酸钠为主料，成本相对较高。因此，亚氯酸钠法在发达国家普遍使用，而在国内，虽然产生二氧化氯的成本在一定程度上限制了其使用，但由于该法自身所具有的技术优越性，在国内也有一定的市场。

氯酸盐法主要是指氯酸盐在酸性条件下与不同还原剂反应制取二氧化氯的方法。因为氯酸钠价格便宜，在大规模生产中常被用作发生二氧化氯的主要原料。常用的还原剂有二氧化硫（SO_2）、氯离子（Cl^-）、甲醇（CH_3OH）和过氧化氢（H_2O_2）等，其中氯离子被认为是直接还原剂，其他则为间接还原剂。按照还原剂的不同，氯酸盐法主要分为 5 类，见表 7-4。

表 7-4　氯酸盐法制备二氧化氯

还原剂	制取方法
SO_2	马蒂逊法、R1 法、大曹法、佩尔松法
NaCl	R2 法、R3 法、R7 法、SVP 法
HCl	开斯汀法、R3 法、开麦蒂法、R4 ～ R6 法
CH_3OH	索尔维法、R8 法、R9 法、SVP-LITE 法、SVP-SCW 法、SVP-GAP/S 法
H_2O_2	R11 法、SVP-HP 法、SVP-HPA 法、SVP-GLS 法
$C_{12}H_{22}O_{11}$	蔗糖法
N_2H_4CO	尿素法

目前，使用二氧化氯进行消毒的水厂大多通过二氧化氯发生器制备二氧化氯，如深圳市观澜茜坑水厂、邛崃市自来水厂等。

7.2.1.2　生产工艺

我国二氧化氯发生器的生产已有 20 多年的时间了，目前有 200 多家二氧化氯发生器的生产企业，其主要采用的方法有：以亚氯酸钠为原料的酸化法，以氯酸钠为原料的 R5 法、R8 法和 R11 法。

① 最普遍采用氯酸钠和盐酸为原料的 R5 法。该方法的二氧化氯发生器在国内占主导地

位，由于国内各厂家对该方法的研究深度不同，采用的反应器材料、反应器结构、工艺条件的控制不同，因而发生器的性能差别很大。

② 亚氯酸钠酸化法的二氧化氯发生器。以该方法为原理的二氧化氯发生器的生产厂家原来不多，随着市场的发展，目前也越来越多，就其性能指标来说，差别没有复合二氧化氯发生器大，但同国外的发生器比较还是有一定的差距。

③ 以 R8 法为原理的二氧化氯制备装置。R8 法是氯酸钠在硫酸介质中以甲醇作还原剂，在高温、高负压条件下产生二氧化氯，是目前纸浆漂白用二氧化氯制备装置的主要方法。在国外，以该方法的二氧化氯制备装置应用已有几十年的时间了，在国内的造纸企业上应用也有十几年。

④ 以 R11 法为原理的二氧化氯发生器。R11 法是氯酸钠在硫酸介质中以双氧水作还原剂，在一定温度、一定负压条件下产生二氧化氯。国内目前的高纯型二氧化氯发生器大都以此原理生产，因我国的二氧化氯发生器的生产时间不长，以该法生产二氧化氯发生器的企业逐渐增多。

7.2.2 国内外生产状况

7.2.2.1 国外生产现状

国外专家从不同角度对二氧化氯发生原理、吸收剂、钝化剂、激活剂和稳定剂等方面进行了研究。目前二氧化氯的生产方法主要是二氧化氯发生器和化学试剂复配，以氯酸钠或亚氯酸钠为原料与活化剂盐酸或硫酸、柠檬酸、草酸、过氧化合物、过硫酸盐等组合而成。二氧化氯因活化剂种类和配比不同，活化后的含量亦不同。国外开发的二氧化氯含量可高达 95% ～ 97%。高纯度二氧化氯用于饮用水消毒几乎不产生致癌性有机卤代物，二氧化氯的主要副产物为亚氯酸盐和氯酸盐。低纯度二氧化氯消毒液中除二氧化氯之外，还同时含有氯、次氯酸盐、亚氯酸盐、氯胺和氯酸盐等，它们的存在给二氧化氯的分析测定带来了很多麻烦。对此，分析化学家们采用分光光度分析方法进行了研究，其中有不少测定方法不仅灵敏性好，而且选择性也好。电流滴定法是美国《水和废水标准测试方法》第 21 版中推荐的方法。二氧化氯发生器近年来相继在美、法、德、日等国被开发，国外小型商业二氧化氯发生器都是采用亚氯酸钠为主剂与氯气反应或与盐酸反应生成二氧化氯的。如美国的奥林公司、法国的 CIFEC、德国的 Prominent 公司的 Bellozon 二氧化氯发生器，其中德国的二氧化氯发生器最为先进，它是根据 SCV 法来制取二氧化氯，产气纯度高，反应容易控制，但产气成本较高。由于许多国家对饮用水卫生学指标提出了要求，二氧化氯发生器所产生的二氧化氯浓度及其主要消毒副产物亚氯酸盐（ClO_2^-）和氯酸盐（ClO_3^-）的浓度都给出了限定值。

7.2.2.2 国内生产现状

深圳市观澜自来水有限公司于 1997 年首次将 ClO_2 应用于国内的水消毒中。自 2006 年被写入新的《生活饮用水卫生标准》（GB 5749）之后，ClO_2 在水消毒中的应用便蓬勃兴起；在 2000 年左右，国产品牌已开始进入国内自来水行业。国家正通过科技项目对国产大型二氧化氯发生器的技术指标和稳定性进行攻关，各大高校对二氧化氯去除水中物质研究亦日趋增多，生产企业对目前二氧化氯发生器所使用的氯酸钠法制备二氧化氯的残液处理进行深入研究，包括残液性质组成、反应机理等，取得了大量的卓有成效的研究成果。

为进一步了解二氧化氯发生器国内生产现状，推动行业技术改革，选取了国内几十家二氧化氯发生器制造企业并进行详细调研，主要包含了以二氧化氯发生器为主营业务的企业以及少量涉及二氧化氯发生器销售的企业，其中在山东、四川两个省份的制造企业居多。

经调研发现，二氧化氯发生器生产厂家的生产规模如图 7-1 所示，生产制造的二氧化氯发生器均配有残液分离装置、原料校准装置、原料断流报警装置，只有少部分企业根据用户要求对以上装置选配。二氧化氯的产量波动范围基本控制在 ±10%。复合二氧化氯发生器和纯二氧化氯发生器的二氧化氯收率存在较大的区别，这是因为纯二氧化氯发生器系统的化工原料为硫酸和氯酸钠、双氧水及水的混合液，反应后的生成物中主要是二氧化氯，无氯气。有研究者曾做过实验，对高纯型二氧化氯发生器分别进行 5 ～ 8kg 的实变工况测定，二氧化氯的纯度可达 90% 以上，复合二氧化氯发生器的二氧化氯收率在 60% 以上。两类二氧化氯发生器的平均使用寿命均可在 10 年以上。

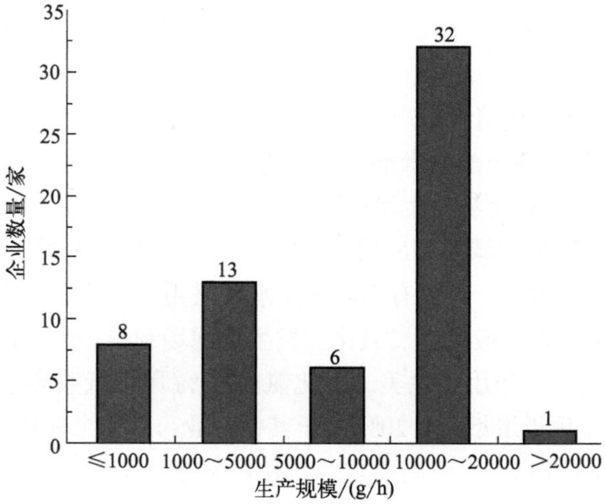

图 7-1　二氧化氯发生器生产规模分布

7.2.2.3　国内外生产现状对比

国外生产厂家生产纯二氧化氯发生器的企业居多，国外小型商业二氧化氯发生器都是采用亚氯酸钠为主剂与氯气反应或与盐酸反应生成二氧化氯的。发生器产生的二氧化氯纯度高，反应容易控制，且副产物较少，技术也较为成熟，但生产成本较高。目前，因市场需求，国内企业主要生产复合二氧化氯发生器，同时，也在积极推动纯二氧化氯发生器的生产。

国内大多数复合二氧化氯发生器的规格是以有效氯的生产能力来标注，纯二氧化氯发生器均是以二氧化氯的生产能力来标注，但是，以有效氯标注产能的方式目前存在争议。二氧化氯发生器主要技术指标包括维护维修成本、是否配残液分离装置、是否有原料校准装置、是否有原料断流报警装置、二氧化氯纯度（%）、二氧化氯收率（%）、产量波动范围（%）、平均使用寿命（年）和平均无故障工作时间（h）9 项，以上指标基本能反映技术的先进性和可靠性、性能的稳定性、经济适用性等方面有关情况。二氧化氯纯度、二氧化氯收率和产量波动范围关系到二氧化氯在给水厂中的应用效果，在相同条件下，产量越稳定、纯度和收率越高的二氧化氯设备技术越先进。维护维修成本、平均使用寿命和平均无故障工作时间可以充分体现设备性能的稳定性。这些技术指标代表着二氧化氯设备的性能，也标志着从事二氧化氯设备制造公司的技术实力。

7.2.3 市场格局

2019 年，二氧化氯发生器的整体市场规模为 7 亿元，主要以国产品牌为主，占 90% 以上，其中城镇供水领域应用的市场规模为 1 亿元。二氧化氯发生器的市场集中度比较高，前 10 位厂商约占整体市场的 52.2%。

7.2.4 国内外应用状况

7.2.4.1 国外应用现状

1944 年美国首次将二氧化氯用于处理纽约州尼亚加拉瀑布城的饮用水，用于去除水中臭和味及色度，截至目前，二氧化氯水厂应用已有 70 多年的历史。2017 年的统计表明，美国二氧化氯作为消毒剂应用于水厂占总水厂的 7% 左右，欧洲有近 1000 家水厂正使用二氧化氯进行饮用水消毒。

随着 20 世纪 70 年代氯代消毒副产物在饮用水中被检出并引起了重视，1998 年美国环境保护署（US EPA）颁布了第一部消毒剂与消毒副产物规程，规定了各类有机氯代消毒副产物的限值。自 1946 年，二氧化氯发生器开始应用于造纸行业漂白。从 20 世纪 50 年代开始，二氧化氯逐渐在饮用水消毒领域得到应用。1970 年二氧化氯作为饮用水消毒剂被广泛认可。到 1977 年，美国有 84 家水厂、欧洲有 500 多家水厂采用二氧化氯消毒，特别是法国、瑞士等使用非常普遍。二氧化氯一般通过二氧化氯发生器现场制得。另外，国外二氧化氯作为纸浆漂白剂等也发挥着巨大的作用。北美二氧化氯的 90% 用于纸浆和造纸业，剩余的用于其他行业；欧洲则为 80% 用于造纸业，20% 用于其他行业；日本二氧化氯 70% 用于造纸业。

美国环境保护署（US EPA）明确要求二氧化氯发生器生产二氧化氯的纯度最少要大于 95%。经过多年的研究，高纯型二氧化氯发生器二氧化氯纯度可以达到 98%，原料亚氯酸钠转化率达 95%。高纯型无论在技术上还是在性能上都优于复合型，对环境的友好性上高纯型也比复合型好。所以，在国外水厂，饮用水消毒更多采用纯二氧化氯发生器。例如：West Basin 再生水厂和 UOSA 再生水厂等。

7.2.4.2 国内应用现状

在我国，二氧化氯发生器在饮用水处理中主要用于中小型水厂。根据 2014 年全国二氧化氯使用情况的调查数据来看，国内使用二氧化氯水厂的规模 79.05% 为日处理能力在 50000t 以下的小型水厂。二氧化氯发生器在实际应用中，通常会用作预氧化剂和消毒剂。其中单独用于预氧化剂使用的水厂主要用于除铁锰、藻类等，此时多与液氯、次氯酸钠和氯胺等消毒剂联合投加使用，提高处理效果的同时还可以有效控制二氧化氯消毒副产物。饮用水消毒使用单独的消毒剂或方法，其效果不如多种技术联合的消毒效果，尤其是原水的污染因素较复杂时。研究发现，这样混合消毒剂的消毒协同作用能够获得更好的消毒效果。

二氧化氯在饮用水中与其他消毒剂联合使用的方式主要有以下两种：二氧化氯预氧化 + 其他消毒剂次级消毒，其他预氧化剂初级消毒 + 二氧化氯次级消毒。二氧化氯在实际中联合初级消毒剂或者次级消毒剂，主要都和氯相关。二氧化氯和氯联合消毒是近年来研究较多的一种替代单独使用氯或二氧化氯消毒的联合消毒方法。二氧化氯和氯联合消毒工艺可分为二氧化氯预氧化联合氯次级消毒、预氯化联合二氧化氯次级消毒。两种消毒方法都是利用了二氧化氯的强氧化性，与水中有机物发生氧化反应，因此减少了氯和有机物反应生成消毒副产物的量。

目前国内广泛使用的二氧化氯气体发生设备有两类：一类是复合二氧化氯发生器；另一类是纯二氧化氯发生器。其中，复合二氧化氯发生器是目前市场上应用较为广泛的一类产品。纯二氧化氯发生器的原料为亚氯酸钠 + 盐酸或氯酸钠 + 硫酸 + 双氧水；复合二氧化氯发生器的原料为氯酸盐和盐酸。复合二氧化氯发生器的使用量占总数的 92.15%，产生的二氧化氯中含有 20% ～ 55% 不等的氯气杂质，而纯二氧化氯发生器的二氧化氯纯度在 95% 以上。

水厂规模与使用数量的关系如图 7-2 所示，从图中我可以发现在我国二氧化氯发生器多应用于中小型水厂。其中，生产规模小于 $10\times10^4m^3/d$ 的水厂占样本总量的 78.3%，大型水厂二氧化氯发生器使用较少，超过 $15\times10^4m^3/d$ 规模的水厂仅占样本总量的 6.7%。这说明尽管二氧化氯发生器在我国饮用水消毒领域已经取得了广泛的应用，但由于成本和原料制约，我国二氧化氯发生器多应用于中小型水厂。这也极大限制了二氧化氯发生器在我国的推广。

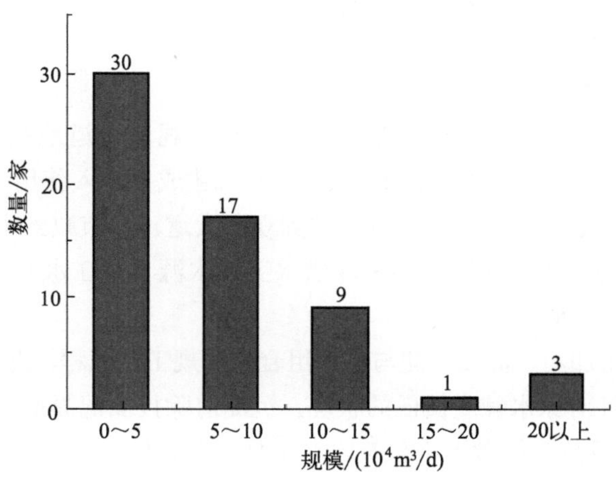

图 7-2　水厂规模与使用数量的关系

7.2.5　典型应用案例

（1）邛崃市自来水厂

邛崃市自来水厂原水取自地表水。原水自取水口经过一段约 4300m 的管道进入配水井。在配水井，通过投加二氧化氯液体和 PAC 实现预沉淀，然后原水进入 V 型滤池，在 V 型滤池实现杂质与水的分离。而后，水进入清水池，在清水池再次投加二氧化氯实现二次消毒；最后，水由送水泵房送至千家万户。流程如图 7-3 所示。

水厂规模为 $5\times10^4m^3/d$，加氯间配有二氧化氯发生器装置两台，型号均为 QL-5000，每台二氧化氯产量为 5000g/h。每台装置配有计量泵，根据水厂达到水质水量变化来控制原料的投加。二氧化氯的配制原料为氯酸钠和硫酸氢钠，原料自动配制，纯度和转化率均在 95% 以上。整套二氧化氯投加装置占地面积小、设备少、系统简单，同时可以实现原料的回收利用，真正达到“零排放”。投加到水中的二氧化氯为纯二氧化氯，提高了消毒效果，不会引起二次污染。

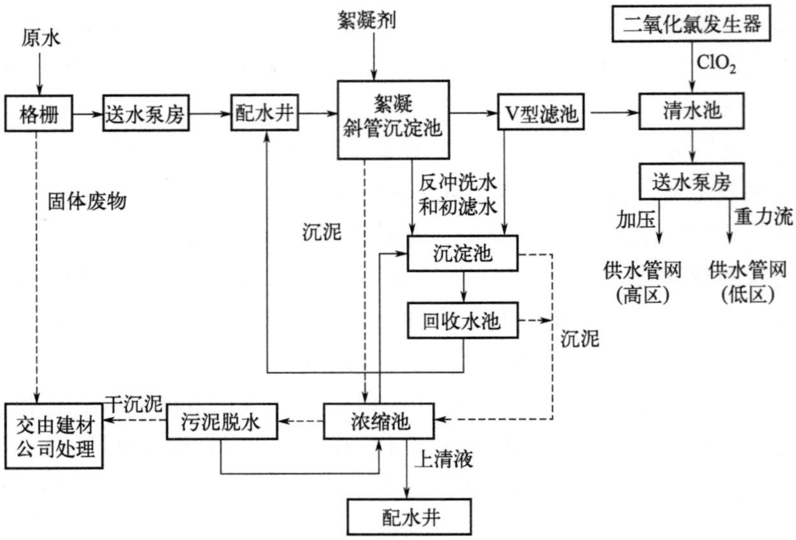

图 7-3　邛崃市自来水厂流程

（2）深圳市观澜茜坑水厂

观澜茜坑水厂占地面积 11.5hm^2，服务范围为整个观澜街道地区。水厂总规模为 30×10^{4}m^3/d，一期规模为 15×10^{4}m^3/d 且已于 2006 年 9 月建成并投入使用，配套的 2 根 DN1600 出厂给水管道也已建成通水，由水厂一直延伸到观澜大道，与市政给水管网相连，向整个观澜地区供水。水厂水源在正常情况下为东深供水工程水源（东江水），在东深供水工程检修期（每年 30d）从茜坑水库取水。

主要净水工艺采用加药、混凝沉淀与过滤组合的常规工艺流程，并增加原水预处理措施，以促进水质的改善。针对原水碱度偏低的状况，沉淀前除投加混凝剂外，加投石灰溶液调整 pH 值。考虑到原水已受到有机微污染和茜坑水库原水藻类对水质的影响，以及水的色度及腥味偏高的因素，在常规处理前端辅以化学药剂的预氧化处理措施（在反应池前投加高锰酸钾及二氧化氯等）。远期净水工艺则根据原水水质变化情况，依据出厂水水质需要，再增设臭氧 - 活性炭全套深度处理设施，并在观澜茜坑水厂的总体布局中预留用地。具体工艺如图 7-4 所示。

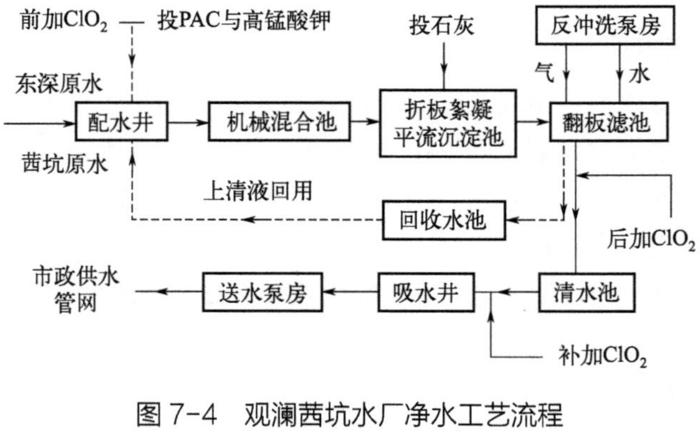

图 7-4　观澜茜坑水厂净水工艺流程

加氯间设备按 15×10^{4}m^3/d 安装，占地 352m^2，包括加氯间以及控制值班室。加氯系统主要为前加氯、滤后水加氯和补氯服务。前加氯点设在原水总管道上，一期至远期均为 1 个投加点，设计投加量为 1.5mg/L；滤后水加氯点设在滤池出水管道上，一期为 2 个投加点，设计投加量为 0.5 ～ 1.0mg/L；补氯点设在吸水井进口处，一期至远期均为 2 个投加点，设计投加量为 0.2 ～ 1.0mg/L。加氯装置为二氧化氯发生器，以盐酸和次氯酸钠为原料，确保出厂水余二氧化氯不低于 0.1mg/L，且管网末梢水余二氧化氯不低于 0.02mg/L。加氯间如图 7-5 所示。

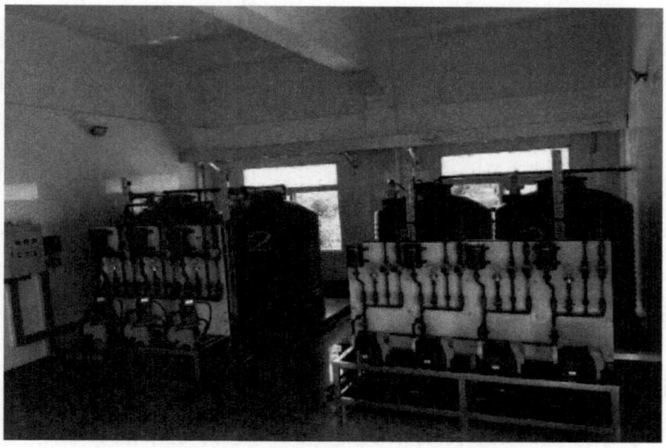

图 7-5　观澜茜坑水厂加氯间

观澜茜坑水厂一期工程于 2006 年 9 月建成投产使用，开始运行的三年多未发生停产检修维护现象，各单项构筑物和机电设备一直处于正常工作状态。运行以来的平均日供水量达 $13.34\times10^4m^3$，为设计规模的 89%；最大日供水量达 $16.4\times10^4m^3$，为设计规模的 109.3%。运行以来的出厂水最高浊度为 0.32NTU，最低浊度为 0.07NTU，平均浊度为 0.13NTU。经取样分析，出厂水的各项指标全部优于《生活饮用水卫生标准》（GB 5749）的要求。

7.3　技术评估

根据实际调研结果，依据二氧化氯发生器有关产品的国家标准，分析总结二氧化氯发生器的研究进展，充分考虑用户深切关注要素，最终筛选确定了 16 项二级评估指标。根据确定的模糊数学评估模型，按照技术先进性、技术可靠性、性能稳定性、经济适用性及国际竞争力 5 个一级评估指标类别，将 16 项二级评估指标进行了归类。

① 技术先进性指标包括二氧化氯与氯气的质量比值（仅适用于二氧化氯与氯混合消毒剂发生器）、二氧化氯纯度（%）（仅适用于纯二氧化氯发生器）和二氧化氯收率（%），共 3 项；

② 技术可靠性指标包括原料校准装置、原料断流报警装置和残液分离装置，共 3 项；

③ 性能稳定性指标包括二氧化氯产量波动范围（%）、余二氧化氯合格率（%）、微生物指标合格率（%）以及氯酸盐和亚氯酸盐合格率（%），共 4 项；

④ 经济适用性指标包括吨水建设费用（基建和设备等）、设备运行成本（原料消耗和电耗等）和设备维护费用，共 3 项；

⑤ 国际竞争力指标包括企业生产规模、行业认可度、是否出口等，共 3 项。

具体指标分类情况见表 7-5。

表 7-5 二氧化氯发生器评估指标

序号	指标名称	序号	指标名称
1	二氧化氯与氯气的质量比值（二氧化氯与氯混合消毒剂发生器）	9	微生物指标合格率（%）
2	二氧化氯纯度（%）（纯二氧化氯发生器）	10	氯酸盐和亚氯酸盐合格率（%）
3	二氧化氯收率（%）	11	吨水建设费用
4	原料校准装置	12	设备运行成本
5	原料断流报警装置	13	设备维护费用
6	残液分离装置	14	企业生产规模
7	二氧化氯产量波动范围（%）	15	行业认可度
8	余二氧化氯合格率（%）	16	是否出口

7.3.1 评估指标体系

根据课题研究需要和任务合同书要求，结合技术先进性、技术可靠性、性能稳定性、经济适用性、国际竞争力等方面，选取技术先进性、技术可靠性、性能稳定性、经济适用性、国际竞争力 5 项指标作为一级评估指标集，根据表 7-5 筛选的 16 项性能评估指标进一步细化分解二级评估指标（表 7-6），形成评估矩阵图（图 7-6）。

表 7-6 二氧化氯发生器评估指标分配及权重和赋分

一级评估指标	权重	二级评估指标	满分 / 分	
			二氧化氯与氯混合消毒剂发生器	纯二氧化氯发生器
U_1 技术先进性	0.20	A_1 二氧化氯与氯气的质量比值（二氧化氯与氯混合消毒剂发生器）	50	—
		A_2 二氧化氯纯度（%）（纯二氧化氯发生器）	—	50
		A_3 二氧化氯收率（%）	50	50
		汇总	100	100
U_2 技术可靠性	0.25	B_1 原料校准装置	40	40
		B_2 原料断流报警装置	40	40
		B_3 残液分离装置	20	20
		汇总	100	100
U_3 性能稳定性	0.25	C_1 二氧化氯产量波动范围（%）	40	40
		C_2 余二氧化氯合格率（%）	20	20
		C_3 微生物指标合格率（%）	20	20
		C_4 氯酸盐和亚氯酸盐合格率（%）	20	20
		汇总	100	100
U_4 经济适用性	0.20	D_1 吨水建设费用	50	50
		D_2 设备运行成本	25	25
		D_3 设备维护费用	25	25
		汇总	100	100
U_5 国际竞争力	0.10	E_1 企业生产规模	50	50
		E_2 行业认可度	40	40
		E_3 是否出口	10	10
		汇总	100	100

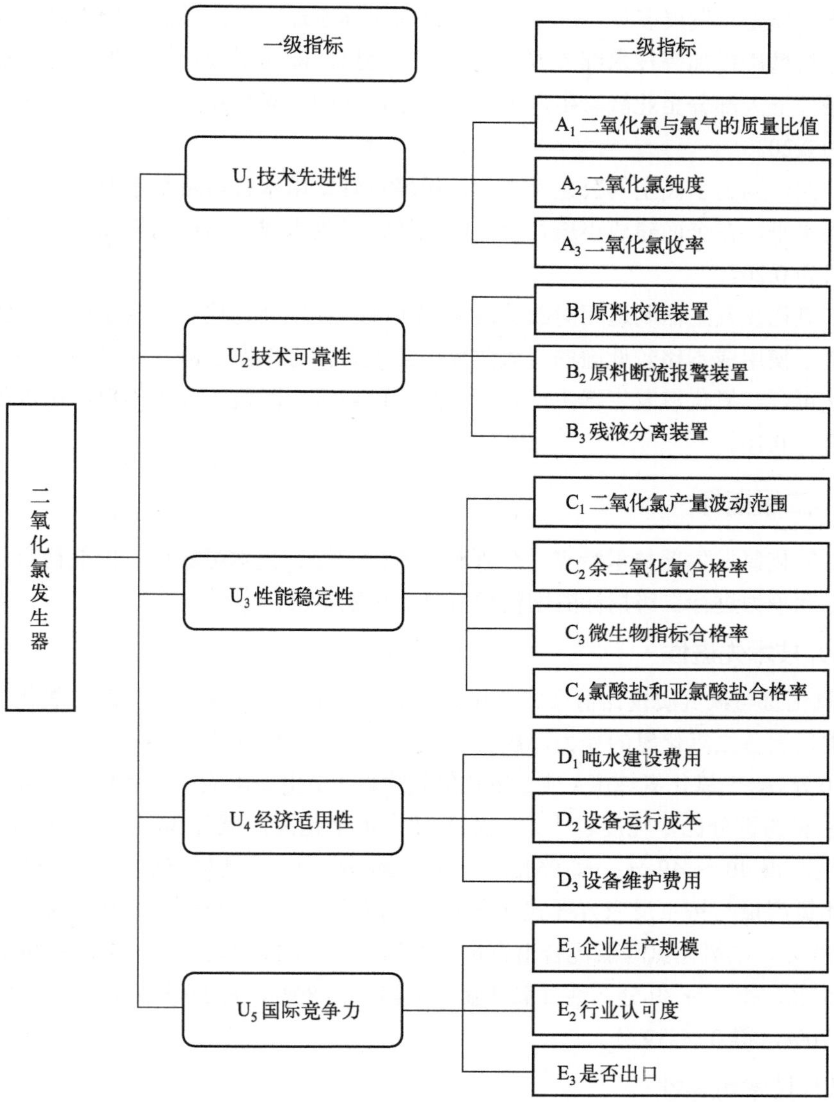

图 7-6　二氧化氯发生器评估矩阵

7.3.2　评估指标赋值

7.3.2.1　一级指标

将二氧化氯发生器指标分为技术先进性、技术可靠性、性能稳定性、经济适用性及国际竞争力 5 个，结合二氧化氯发生器技术特点，5 个一级评估指标的权重值及关系如下：U_2 技术可靠性（0.25）= U_3 性能稳定性（0.25）＞ U_1 技术先进性（0.20）= U_4 经济适用性（0.20）＞ U_5 国际竞争力（0.10），详见表 7-6。

消毒作为供水厂必不可少的工艺，二氧化氯发生器作为提供消毒剂的设备，消毒剂的产量和质量是否稳定可靠直接影响供水安全，因此技术可靠性和性能稳定性尤其重要，技术可靠性和性能稳定性权重建议值均为 0.25。

二氧化氯发生器发展多年，制备二氧化氯的化学原理明确，虽然个别生产企业在处理温度控制和原料精确投加等技术细节方面能力比较突出，能够引领行业发展，但是在现有平均技术水平条件下大部分企业能够生产出满足国家标准的二氧化氯发生器，所以技术先进性权重建议值为 0.20。

供水行业作为关乎民生的公益性事业，保障百姓饮用水合格是基本要求，综合考虑社会经济的发展水平，在全面建成小康社会之际应该接受供水成本的适当增加，所以经济适用性权重建议值为 0.20。

我国二氧化氯发生器制造相对欧美国家起步晚，在发展过程中，为了适应整体经济发展水平，制造了使用成本比较低廉的二氧化氯与氯混合消毒剂发生器，而这种产品并未得到欧美国家的认可，二氧化氯发生器生产企业仍处于国内推广阶段，尚未出口，所以国际竞争力权重建议值为 0.10。

7.3.2.2 二级指标

结合二氧化氯发生器技术特点，分别对技术先进性、技术可靠性、性能稳定性、经济适用性及国际竞争力进行二级指标的细化和赋分（见表 7-6）。

（1）U_1 技术先进性

A_1 二氧化氯与氯气质量比值（二氧化氯与氯混合消毒剂发生器）反映二氧化氯与氯混合消毒剂发生器制备二氧化氯的能力，赋分 50 分，≥ 1.1，得 50 分；0.9 ～ 1.1，得 40 ～ 49 分；＜0.9，得 0 分。A_2 二氧化氯纯度（纯二氧化氯发生器）是出口溶液中二氧化氯浓度与所有氯氧化物浓度总和的百分比，纯度越大，发生器技术水平越高，赋分 50 分，≥ 98%，得 50 分；95% ～ 98%，得 40 ～ 49 分；＜ 95%，得 0 ～ 39 分。A_3 二氧化氯收率指一定时间内经测定的二氧化氯产量与按主反应方程式计算的理论值的百分比，反映二氧化氯发生器的制备效率，赋分 50 分。二氧化氯与氯混合消毒剂发生器：≥ 70%，得 50 分；55% ～ 70%，得 40 ～ 49 分；＜ 55%，得 0 ～ 39 分。纯二氧化氯发生器：≥ 80%，得 50 分；70% ～ 80%，得 40 ～ 49 分；＜ 70%，得 0 ～ 39 分。

（2）U_2 技术可靠性

B_1 原料校准装置可以及时校准反应原料按照预期比例的投加，保证反应按照设计进行，赋分 40 分，原料校准装置，配备得 40 分；未配备得 0 分。B_2 原料断流报警装置在原料因故障不能投加时发出报警信号，消除单原料投加带来的安全隐患，赋分 40 分，原料断流报警装置，配备得 40 分；未配备得 0 分。B_3 残液分离装置是将产物同未反应的残液进行分离的装置，GB 28931 规定氯酸钠法制备二氧化氯应用于饮用水消毒时应具有残液分离功能，赋分 20 分，残液分离装置，配备得 20 分；未配备得 0 分。另外，采用亚氯酸钠法制备二氧化氯的发生器可以不配备该装置。

（3）U_3 性能稳定性

C_1 二氧化氯产量波动范围表征二氧化氯产量的稳定性，影响消毒剂准确计量投加，进而影响消毒效果和消毒副产物生成，赋分 40 分，≤额定值 ±10%，得 40 分；额定值 ±10% ～ ±15%，得 32 ～ 39 分；＞额定值 ±15%，得 0 分。选择反映二氧化氯应用效果的指标 C_2 余二氧化氯合格率、C_3 微生物指标合格率与 C_4 氯酸盐和亚氯酸盐合格率，作为评价发生器的性能稳定性的依据，均赋分 20 分。其中微生物指标包括总大肠菌群、耐热大肠菌群、大肠埃希氏菌和菌落总数。全年余二氧化氯合格率为 100%，得 20 分；90% ～ 100%，得 10 ～ 19 分；＜ 90%，得 0 ～ 9 分。全年微生物指标合格率为 100%，得 20 分；90% ～ 100%，得 10 ～ 19 分；＜ 90%，得 0 ～ 9 分。全年氯酸盐和亚氯酸盐合格率为 100%，得 20 分；90% ～ 100%，得 10 ～ 19 分；＜ 90%，得 0 ～ 9 分。

（4）U_4 经济适用性

D_1 吨水建设费用是指二氧化氯发生器最基本的配置，包括发生器、计量泵、化料器、原料罐和控制柜等投资费用除以日供水规模，单位为元 /t，是设备推广使用的重要因素，赋分 50 分，低于行业平均水平，50 分；与行业平均水平相当，40 分～ 49 分；高于行业平均水平，0 ～ 39 分。D_2 设备运行成本是指生产 1t 水消耗的原料和电能等费用，单位为元 /t，赋分 25 分，低于行业平均水平，25 分；与行业平均水平相当，20 ～ 24 分；高于行业平均水平，0 ～ 19 分。D_3 设备维护费用是指设备在使用期间日常维修维护的费用，赋分 25 分，低于行业平均水平，25 分；与行业平均水平相当，20 ～ 24 分；高于行业平均水平，0 ～ 19 分。

（5）U_5 国际竞争力

E_1 企业生产规模反映了企业取得的经济效益和社会效益，其大小能够反映国际竞争潜力，赋分 50 分，≥ 3000 万元 / 年，得 50 分；1000 万～ 3000 万元 / 年，得 25 ～ 49 分；＜ 1000 万元 / 年，得 0 ～ 24 分。E_2 行业认可度包括取得专利情况、参与标准制（修）订情况等，反映了企业的创新和行业引领能力，赋分 40 分，专利个数≥ 3 个，参与制（修）订标准（国家标准、行业标准、团体标准或地方标准）≥ 1 个，得 40 分；专利个数 1 ～ 2 个，参与制（修）订标准（国家标准、行业标准、团体标准或地方标准）≥ 1 个，得 20 ～ 39 分；无专利，无参与制（修）订标准，得 0 分。E_3 是否出口从一定程度上反映产品在国际市场上的位置，故赋分 10 分，出口，得 10 分；无出口，得 0 分。

7.3.3　评估指标体系应用

邀请涵盖高校研究机构、生产企业、设计院所等在内的 10 名专家根据建立的评估体系对二氧化氯发生器进行了专家评估，赋值结果显示国内二氧化氯发生器生产和应用的技术就绪度整体达到 8 级，具备行业大规模应用的条件。评估打分表及评估结果分别见表 7-7、表 7-8、图 7-7、图 7-8。

表 7-7　纯二氧化氯发生器打分汇总

序号	U_1 技术先进性		U_2 技术可靠性		U_3 性能稳定性		U_4 经济适用性		U_5 国际竞争力	
	分值 / 分	权重	分值 / 分	权重	分值 / 分	权重	分值 / 分	权重	分值 / 分	权重
1	88	0.2	100	0.25	91	0.25	87	0.2	80	0.1
2	86	0.2	96	0.25	90	0.25	88	0.2	82	0.1
3	90	0.25	100	0.25	92	0.25	90	0.2	80	0.05
4	88	0.25	95	0.2	91	0.25	87	0.2	80	0.1
5	85	0.2	86	0.25	89	0.25	89	0.2	82	0.1
6	90	0.2	85	0.25	87	0.25	92	0.2	80	0.1

续表

序号	U_1 技术先进性		U_2 技术可靠性		U_3 性能稳定性		U_4 经济适用性		U_5 国际竞争力	
	分值 / 分	权重	分值 / 分	权重	分值 / 分	权重	分值 / 分	权重	分值 / 分	权重
7	91	0.2	100	0.25	74	0.25	89	0.2	78	0.1
8	88	0.2	100	0.25	91	0.25	87	0.2	80	0.1
9	88	0.2	100	0.25	92	0.25	87	0.2	82	0.1
10	89	0.2	94	0.25	92	0.25	89	0.2	82	0.1
计算结果	技术就绪度（TRL）	明确需求（TRL1）	技术方案（TRL2）	通过论证（TRL3）	小试研究（TRL4）	中试研究（TRL5）	形成产品（TRL6）	三方评估（TRL7）	标准化（TRL8）	推广应用（TRL9）
	$B=WR$	0	0	0	0	0	0	0.72	2.75	1.64

表 7-8 复合二氧化氯发生器打分汇总

序号	U_1 技术先进性		U_2 技术可靠性		U_3 性能稳定性		U_4 经济适用性		U_5 国际竞争力	
	分值 / 分	权重	分值 / 分	权重	分值 / 分	权重	分值 / 分	权重	分值 / 分	权重
1	88	0.2	100	0.25	87	0.25	89	0.2	80	0.1
2	86	0.2	95	0.25	88	0.25	91	0.2	82	0.1
3	90	0.25	100	0.25	90	0.25	90	0.2	80	0.05
4	87	0.25	95	0.2	87	0.25	89	0.2	80	0.1
5	85	0.2	86	0.25	89	0.25	89	0.2	82	0.1
6	90	0.2	85	0.25	87	0.25	92	0.2	80	0.1
7	90	0.2	100	0.25	73	0.25	89	0.2	78	0.1
8	87	0.2	100	0.25	87	0.25	89	0.2	80	0.1
9	90	0.2	100	0.25	87	0.25	89	0.2	80	0.1
10	86	0.2	98	0.25	88	0.25	89	0.2	82	0.1
计算结果	技术就绪度（TRL）	明确需求（TRL1）	技术方案（TRL2）	通过论证（TRL3）	小试研究（TRL4）	中试研究（TRL5）	形成产品（TRL6）	三方评估（TRL7）	标准化（TRL8）	推广应用（TRL9）
	$B=WR$	0	0	0	0	0	0	0.83	3.25	1.01

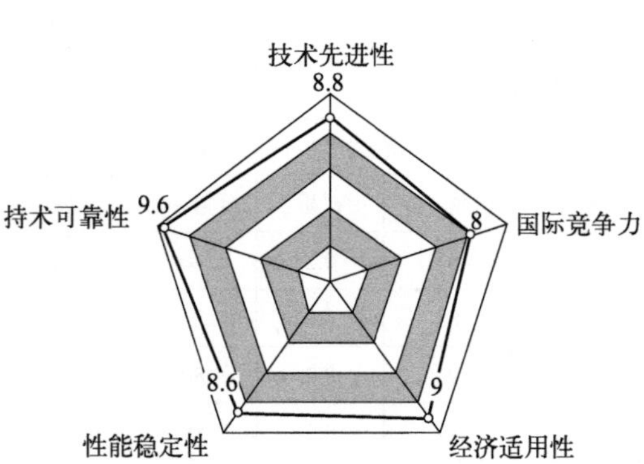

图 7-7 复合二氧化氯发生器评估结果

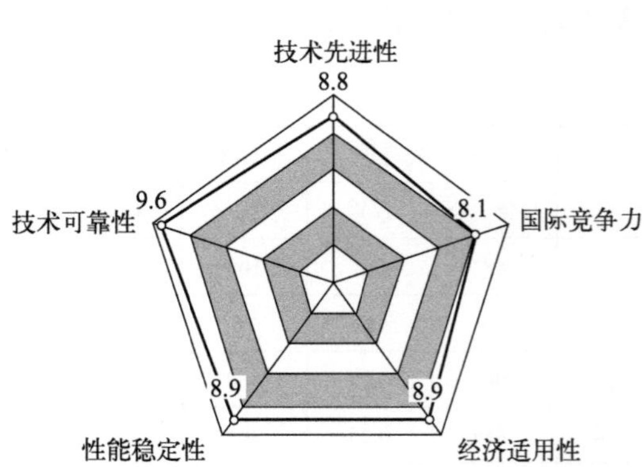

图 7-8 纯二氧化氯发生器评估结果

7.4 应用验证

根据二氧化氯发生器设备特点，在对我国二氧化氯发生器产品发展现状及应用情况进行系统调研的基础上，按照产品的技术先进性、技术可靠性、性能稳定性、经济适用性和国际竞争力 5 个方面筛选出的关键技术性能及经济指标，选择了黄河流域、珠江流域和长江流域的 7 个典型供水厂作为验证地点，开展了实际生产验证，收集了不同厂家设备性能指标以及各个水厂不同季节的应用效果数据，形成了针对二氧化氯发生器的验证评估标准化流程，基于数据统计分析构建了科学验证指标体系，为水厂评价二氧化氯发生器性能和应用效果提供了技术支撑。

7.4.1 验证指标筛选

以一级指标为纲，参照产品国家标准，充分考虑用户深切关注要素，保证指标的广泛性和丰富性，从产品性能指标、应用效果指标、经济性指标等方面，基于产品调研和评估成果以及验证目的，共确定 29 项评估指标，删除不可观测指标（不可观测指标包括数据数值趋同、数据可量化程度低和数据存疑的指标等），共保留 18 项指标。通过计算两个评价指标之间的相关系数，消除评价指标所反映的信息重复对评价结果的影响，简化指标体系。相关性分析筛选指标的优点在于剔除信息重复的指标，从而保证筛选出的指标反映信息的不重复。当 X_1 准则层中不同指标之间相关系数大于 0.80 时，保留其中一个指标。在相关性分析筛选出的指标的基础上利用主成分分析筛选准则层内剩余指标，选取累积方差贡献率达到 90% 时各个主成分中因子负载绝对值较大的指标。经过初步海选、不可观测删除和数学分析计算筛选，从 29 个海选指标中筛选出 6 个指标，保留的指标详见表 7-9。

表 7-9　二氧化氯发生器保留指标

序号	准则层	指标层	筛选结果
1	X_1 生产验证	$X_{1.1}$ 二氧化氯产量波动范围（%）	主成分分析删除
2		$X_{1.2}$ 二氧化氯纯度（%）	保留
3		$X_{1.3}$ 二氧化氯与氯气的质量比值	保留
4		$X_{1.4}$ 二氧化氯收率（%）	保留
5		$X_{1.5}$ pH 值	主成分分析删除
6		$X_{1.6}$ 余氯（mg/L）	不可观测删除
7		$X_{1.7}$ 余二氧化氯（mg/L）	保留
8		$X_{1.8}$ 亚氯酸盐（mg/L）	保留
9		$X_{1.9}$ 氯酸盐（mg/L）	主成分分析删除
10		$X_{1.10}$ 总大肠菌群（CFU/100mL）	不可观测删除
11		$X_{1.11}$ 耐热大肠菌群（CFU/100mL）	不可观测删除
12		$X_{1.12}$ 大肠埃希氏菌（CFU/100mL）	不可观测删除
13		$X_{1.13}$ 菌落总数（CFU/mL）	不可观测删除
14		$X_{1.14}$ 三氯甲烷（mg/L）	主成分分析删除
15		$X_{1.15}$ 一氯二溴甲烷（mg/L）	主成分分析删除

续表

序号	准则层	指标层	筛选结果
16	X_1 生产验证	$X_{1.16}$ 二氯一溴甲烷（mg/L）	主成分分析删除
17		$X_{1.17}$ 三溴甲烷（mg/L）	主成分分析删除
18		$X_{1.18}$ 二氯乙酸（mg/L）	主成分分析删除
19		$X_{1.19}$ 三氯乙酸（mg/L）	主成分分析删除
20		$X_{1.20}$ 需二氧化氯量（mg/L）	相关性分析删除
21		$X_{1.21}$ 二氧化氯投加量（mg/L）	保留
22		$X_{1.22}$ 制水消毒成本（元/t 水）	相关性分析删除
23		$X_{1.23}$ CT 值（消毒剂浓度 × 接触时间）	相关性分析删除
24		$X_{1.24}$ 吨水建设费用（万元 / 万吨水）	不可观测删除
25		$X_{1.25}$ 设备维护费用	不可观测删除
26		$X_{1.26}$ 企业生产规模	不可观测删除
27		$X_{1.27}$ 行业认可度	不可观测删除
28		$X_{1.28}$ 出口量	不可观测删除
29		$X_{1.29}$ 产品标准	不可观测删除

7.4.2 验证指标体系及等级划分

将相关 - 主成分分析法得到的指标体系按照文献调查、实地调研及生产试验结果对评价指标进行等级划分，具体评价指标的等级见表 7-10。

表 7-10 评价指标的等级划分

验证指标	等级划分
二氧化氯收率（%）（配备残液分离装置）	二氧化氯与氯混合消毒剂发生器：≥ 70%，优良；55% ～ 70%，合格；＜ 55%，不合格
	纯二氧化氯发生器：≥ 80%，优良；70% ～ 80%，合格；＜ 70%，不合格
二氧化氯纯度（%）（仅适用纯二氧化氯发生器）	≥ 98%，优良；95% ～ 98%，合格；＜ 95%，不合格
二氧化氯与氯气的质量比值（仅适用复合二氧化氯发生器）	≥ 1.1，优良；0.9 ～ 1.1，合格；＜ 0.9，不合格
二氧化氯投加量（mg/L）	二氧化氯投加量通常小于 1mg/L，该指标保证微生物指标、余氯和消毒副产物指标满足《生活饮用水卫生标准》要求时，均合格
余二氧化氯（mg/L）	余二氧化氯浓度：≥ 0.1mg/L 且＜ 0.8mg/L，合格；＜ 0.1mg/L 或＞ 0.8mg/L，不合格
亚氯酸盐（mg/L）	亚氯酸盐浓度：≤ 0.7mg/L，合格；＞ 0.7mg/L，不合格

7.4.3 典型产品验证案例

7.4.3.1 纯二氧化氯发生器

本验证评估指标体系通过四川邛崃某水厂（验证数据见表 7-11）和东营某水厂（验证数

据见表 7-12）的运行数据来验证。

表 7-11　四川邛崃某水厂纯二氧化氯发生器验证评估结果

验证指标	验证结果			
	第一次	第二次	第三次	评估结论
二氧化氯收率（配备残液分离装置）/%	89	90	90	优良
二氧化氯纯度（仅适用纯二氧化氯发生器）/%	97	96	97	合格
二氧化氯与氯气的质量比值（仅适用复合二氧化氯发生器）	—	—	—	—
二氧化氯投加量 /（mg/L）	0.8	0.75	0.5	合格
余二氧化氯 /（mg/L）	0.30	0.32	0.28	合格
亚氯酸盐 /（mg/L）	0.39	0.39	0.23	合格

表 7-12　东营某水厂纯二氧化氯发生器验证评估结果

验证指标	验证结果			
	第一次	第二次	第三次	评估结论
二氧化氯收率（配备残液分离装置）/%	87	85	85	优良
二氧化氯纯度（仅适用纯二氧化氯发生器）/%	95	96	95	合格
二氧化氯与氯气的质量比值（仅适用复合二氧化氯发生器）	—	—	—	—
二氧化氯投加量 /（mg/L）	0.20	0.25	0.30	合格
余二氧化氯 /（mg/L）	0.11	0.17	0.13	合格
亚氯酸盐 /（mg/L）	0.11	0.10	0.08	合格

四川邛崃某水厂，设计供水能力 $10\times10^4m^3/d$，实际供水规模 $8\times10^4m^3/d$，有 2 套净化生产线，每条净化生产线有两套混凝反应沉淀池，原水为天台山脉来的南河水，水质较好。该水厂原采用液氯消毒，于 2015 年改用纯二氧化氯发生器消毒，以氯酸钠、硫酸、还原剂为原料，2018 年增加一台 QL-5000 型二氧化氯发生器。

东营某水厂于 2009 年 12 月率先建成了国内第一座大型超滤工艺水厂，目前供水能力达到 $20\times10^4m^3/d$，一期工艺为沉淀 - 砂滤 - 活性炭过滤 - 超滤膜，二期工艺为气动絮凝 - 半沉淀 - 超滤膜，采用纯二氧化氯消毒，出水水质符合国标要求。

对四川邛崃某水厂纯二氧化氯发生器应用情况进行了验证，二氧化氯收率为优良，其他各项指标均为合格。

对东营某水厂纯二氧化氯发生器应用情况进行了验证，二氧化氯收率为优良，其他各项指标均为合格。

7.4.3.2　复合二氧化氯发生器

本验证评估指标体系通过福建晋江某水厂（验证数据见表 7-13）的运行数据来验证。

福建晋江某水厂一期工程供水规模 $10\times10^4m^3/d$，2008 年二期工程建成并投入使用，供水规模升至 $25\times10^4m^3/d$。公司制水核心工艺采用栅条和折板絮凝反应池、平流沉淀池、气

表 7-13　福建晋江某水厂复合二氧化氯发生器验证评估结果

验证指标	验证结果			
	第一次	第二次	第三次	评估结论
二氧化氯收率（配备残液分离装置）/%	70.9	70.2	71.0	优良
二氧化氯纯度（仅适用纯二氧化氯发生器）/%	—	—	—	—
二氧化氯与氯气的质量比值（仅适用复合二氧化氯发生器）	1.05	1.05	1.02	合格
二氧化氯投加量 /（mg/L）	0.6	0.7	0.6	合格
余二氧化氯 /（mg/L）	0.25	0.25	0.27	合格
亚氯酸盐 /（mg/L）	0.25	0.22	0.25	合格

水反冲 V 型洗滤池，以及安全高效的二氧化氯消毒工艺，整个工艺流程操作由集散型的计算机自动控制系统组成，对净水处理过程进行全程现代化、自动化监控管理。水源水来自晋江干流，初期消毒使用液氯，出于安全问题考虑，后期改为复合二氧化氯发生器。

对福建晋江某水厂复合二氧化氯发生器应用情况进行了验证，二氧化氯收率为优良，其他各项指标均为合格。

第8章 投药溶药设备

8.1 产品概述

投药溶药设备应用十分广泛，主要用于药剂的溶解及投加，具体结构又取决于投加药剂的种类、形态和投加浓度等，具体的药剂和配方由用户端确定。在市政给水处理中，水流进入投加池中，高分子聚合物等药剂原料利用投药溶药设备经过药剂配比投加水中，然后水流在相应构筑物中反应。在市政供水应急处理中，采用高锰酸钾预氧化、活性炭吸附等技术均需采用相应的投药溶药设备。

8.1.1 产品分类

投药溶药设备具有多种分类方式，按设备结构可分为一体式投药溶药设备、分体式投药溶药设备；按药剂形态可分为粉剂投药溶药设备、液体投药溶药设备；按投加方式可分为：干式投加设备、湿式投加设备；按自动化程度可分为全自动投药溶药设备、半自动投药溶药设备。目前，自来水加药设备主要是以添加粉末活性炭、混凝剂（聚氯化铝、聚丙烯酰胺等）以及高锰酸钾等为主。

常用的投药溶药设备核心部件有计量泵（柱塞式、隔膜式以及离心泵）、流量计、喷射器以及螺杆泵。计量泵多应用于液体药剂正压投加，流量计多搭配计量泵配套使用，喷射器多应用于粉体药剂负压投加场景中，螺杆泵多应用于粉体药剂正压投加场景中。

8.1.2 性能指标

投药溶药控制是市政供水净水处理工艺中最为重要的环节，也是最难管理的环节，由于现有的常规水处理工艺水平无法实现投药溶药智能控制，供水处理环境及工艺状况均具有频繁多变的特点。目前，国内市场整体投药溶药设备性能参差不齐，由于受水质、水量、药剂及客户工艺需求、投资程度等多方面影响，产品个性化差异较大，部分厂商产品性能如表 8-1 所列。投药溶药设备均依据客户需求定制，针对无统一标准的投药溶药设备，产品性能需从多个维度综合评估。

表 8-1　部分厂商投药溶药设备性能指标

序号	样本	投药溶药设备类别	相应设备性能指标
1	企业 1	分体式 PAC、PAM	PAC 制备量可达 4000L/h； PAM 制备量可达 8000L/h

续表

序号	样本	投药溶药设备类别	相应设备性能指标
2	企业 2	一体式 PAM、分体式 PAC	PAM 制备量 500 ～ 8000L/h； PAC 适应源水 pH5.0 ～ 9.0 范围均可凝聚
3	企业 3	一体式 PAM、PAC	投药能力：2 ～ 11kg/h、3 ～ 15kg/h、3.5 ～ 20kg/h； 单柱塞计量泵流量范围 200 ～ 1000L/h，双头隔膜计量泵流量范围 1000 ～ 3000L/h; 粉体药剂人工投加，水位及进水量具有报警功能； PAM/PAC 材质：箱体（玻璃钢，不耐碱），搅拌轴及桨叶（碳钢，普通防腐）; 配制时间：PAM，1 ～ 2h（对应浓度 2% ～ 5%）；PAC，0.2 ～ 0.5h（对应浓度 5% ～ 20%）
4	企业 4	一体式 PAM、PAC	PAM 干粉投加量：1 ～ 30kg/h，配置缺料报警； PAC 具有低液位停泵、计量泵及搅拌机故障声光报警功能； PAC 材质：搅拌轴（不锈钢），罐体（塑料或钢制），内部（衬胶）
5	企业 5	分体式石灰粉 / 乳	石灰粉的制备能力：5 ～ 10000kg/h；石灰乳的制备能力：100 ～ 100000kg/h（浓度 5% ～ 10%）
6	企业 6	分体式 PAC	配比浓度 10%，配置机械隔膜计量泵
7	企业 7	一体式 PAM	制备量 0 ～ 4000L/h，浓度 0.1% ～ 0.5%，投料均匀、分散，精度在 ±1% 以内； 材质：采用碳钢衬胶不锈钢和 PVC 组合材质
8	企业 8	一体式 PAM	制备能力：1000 ～ 3000kg/L； PAM 干粉投加量：2 ～ 11kg/h、3 ～ 15kg/h、3.5 ～ 20kg/h
9	企业 9	一体式 PAM	制备量：500 ～ 8000g/h； 熟化时间：20 ～ 70min； 材质：SS304 不锈钢，PP
10	企业 10	分体式 PAC/PAM	计量泵流量：1 ～ 8000L/h； 压力：0.1 ～ 25MPa； 计量泵计量精度：±1%； 材质：碳钢（碳钢衬胶）、不锈钢、非金属材质（PE、PVC、PP、PTFE），粉料槽具有抗凝结加热保温功能
11	企业 11	分体式活性炭	25kg 小袋（人工投加）/500kg 大袋（投入料仓部的破包机内，配置负压除尘器）
12	企业 12	一体式高锰酸钾	制备量：50 万吨制备水，最大投加量 5mg/L 条件下可实现 1040L/h，通常投加量根据制备吨位水容积调整为 1 ～ 5mg/L； 投加精准度：±3% 以内； 材质：不锈钢 AISI 304（或 AISI 316）罐体，并配有加热装置防止粉料结块； 配比浓度：1% ～ 5%

(1) 投、配、溶性能

国内市政供水领域中，大部分投药溶药设备在投、配、溶方面可实现全自动运行，但目前粉体药剂投加动作涉及人工辅助较多，全自动投加程度较低。采用液体药剂的投药溶药设备，在物料检测、液位控制、上下料自控、供料量调整、药剂投加调配、远程投加控制、流量直接控制等各运行节点基本可实现自动化运行。但在自主判断、分析投药环境的智能化方面，如根据水质水量变化、pH 值变化、环境温度变化等自动控制药剂调配浓度及投加量，实现投、配、溶药的各节点连续性及系统性自主控制的较少。国产品牌设备在流量反馈方式方面多数仍以间接的冲程和频率呈现，进口本土化品牌技术已可熟练实现直观反馈计量流量；流量调节上限范围，设备实际可实现 70% ～ 80%；制备能力根据不同的药剂种类所负担的制备量不同，市场调研反馈普遍厂商常见单体设备可承担的制备量（干剂）为 PAC ＜ 1000kg/h、PAM ＜ 10kg/h 以及石灰粉＜ 10000kg/h；单体投加设备投加量 PAC 可实现 300kg/h、PAM 可实现 10kg/h、石灰粉可实现 200kg/h、活性炭 25kg 小袋 /500kg 大袋，500kg 大袋多应用于大水厂；高锰酸钾在最大投加量 3mg/L 条件下，50 万吨水制备可实现 500kg/h。

药剂配制方面，常见厂商针对液体聚氯化铝混凝剂配制浓度标定为 10%，配比浓度为百分比，溶解时间为 40 ～ 50min；粉体聚丙烯酰胺絮凝剂配制投加浓度标定为 0.1% ～ 0.2%，配比浓度为千分比，溶解时间为 5 ～ 10min；石灰粉及石灰乳液配制投加浓度标定为 5% ～ 10%；高锰酸钾药剂配制投加浓度标定为 1% ～ 5%。

（2）设备部件性能

国内市场投药溶药设备商所选购配置或生产制造的计量泵、螺杆泵、喷射器等核心部件基本具有产品质量认证，符合产品出厂标准，并遵循 API、ASME、SSPC、IEC、ASTM、ANSI 等国际标准；

目前，针对投药溶药设备市政供水领域未出台强制性标准规范。但计量泵具有标准，柱塞型计量泵最短工作时间 3000 ～ 3800h，隔膜型计量泵最短工作时间大于 15000h。依据《环境保护产品技术要求　水处理用加药装置》（HJ/T 369—2007），水处理用加药装置使用寿命需大于 10000h。

（3）精度控制性能

投加精度控制方面，粉剂投加精准度要求普遍低于液剂投加。进口品牌已实现本土化生产，进口品牌设备投加精度表现较优于国产品牌，其中，部分已采用数字化计量控制技术，投加精度可实现＜ ±1%。

（4）预警性能

设备储药箱（溶药箱）高、低液位和计量泵（螺杆泵）、输液泵、压力表、搅拌设备的故障、缺料监控点等多节点均可实现实时监控与报警功能。

（5）阻塞控制性能

设备堵塞会引发投药溶药系统的故障与事故，投药溶药设备阻塞风险预防措施主要为在料仓中是否配置辅助下料（破拱）装置、在溶药系统是否配置过滤器、给水系统是否配有压力表反馈提示、投药设备干湿界面是否配置防潮装置等因素，并根据过滤器是否具有明确的定时清洗、定时排渣规定等。

（6）防腐性能

防腐性能方面，投药溶药设备所专攻的药剂种类不同，因此，根据不同药剂工艺可选择具有相应耐腐材料、具有多样化药剂投药溶药设备的生产及技术能力的厂商。

8.1.3　技术标准情况

投药溶药设备在产品方面所出台的标准（表 8-2）主要针对加药装置在粉剂及药剂原料投加的分类与命名、要求、试验方法、检验规则、标志、包装、运输和储存以及相关溶药搅拌设备与计量泵的产品分类、技术要求、试验方法、检验规则及包装和储运等。针对行业所出台的标准主要针对水处理应用，具体覆盖污水、给水等领域。

表 8-2 市政供水领域投药溶药设备相关标准

序号	标准名称	发布单位	标准实施时间	标准类型	标准介绍
1	《环境保护产品技术要求 水处理用加药装置》（HJ/T 369—2007）	国家环境保护总局	2008-01-20	行标	规定了水处理用加药装置（粉剂及液剂原料投加）的分类与命名、要求、试验方法、检验规则及标志、包装、运输和储存
2	《水处理设备性能试验 第4部分：加药装置》（DB44/T 841.4—2010）	广东省质量技术监督局	2011-04-01	地标	规定了水生产和供应业加药设备性能试验的要求、测量方法和试验报告的形式
3	《水处理用溶药搅拌设备》（CJ/T 3061—1996）	建设部	1997-02-01	行标	规定了水处理用溶药搅拌设备的产品分类、技术要求、试验方法、检验规则及包装和储运等
4	《计量泵》（GB/T 7782—2020）	国家市场监督管理总局 国家标准化管理委员会	2020-11-01	国标	规定了计量泵的信息确认、要求、试验和检验、交付准备、标志、包装及储存。适用于输送温度为 −30 ～ 150℃、黏度为 0.3 ～ 2000mm²/s 的液体的柱塞计量泵和隔膜计量泵
5	计量泵（容积式标准API675/往复式标准API674/回转泵标准API676）	美国石油学会	2012	国外标准	适用于石油、化工以及气体工业中使用的计量式容积泵、往复式泵、回转泵的最低要求。包括隔膜式和柱塞式泵

目前针对市政供水领域的投药溶药设备原标准出台时间都较早，在检验、试验技术指标、应用范围等许多方面已落后于目前的发展需要；同时，在化学药剂方面出台较多标准，但现行标准多以药剂的配比、运输、储存标准为主，针对市政供水应用的药剂投加溶药设备标准有待补充，尤其针对产品分类、结构标准的界定、产品整机出厂质量的统一检测指标、产品选型、设计结构、技术参数、性能以及维护等相关标准。目前，国内厂商多以自主专利产品为标准，并无统一的产品标准以及第三方检测认证机构标准。涉及的产品标准及市政供水行业应用领域标准亟待完善及提升。建议针对产品分类、结构标准的界定、产品整机出厂质量的统一检测指标、产品选型、设计结构、技术参数、性能以及维护等制定相关标准。

8.2 行业调研

8.2.1 技术原理

城镇供水领域应用的主要与所处理的水源水的类别、水质、加药方式和选用药品种类有直接关系。从投加方式来看，用于干式投加和用于湿式投加的投药溶药设备产品的技术和结构明显不同。

药剂的干式投加就是直接向水中投加固体药剂，目前在城镇供水领域主要用于石灰石及活性炭的投加。目前干式投加法的工艺设备一般由干粉投加机和药剂破碎设备组成。

湿式投加的药剂是液体状态，但投加的药剂可以是固体药剂的溶解溶液，也可以是药剂的成品溶液，一般成品药液浓度较高，需要稀释投加。湿式投加的工艺设备比较复杂，主要包括药品的搬运、调制、提升或自流、储液、投加、计量等。药剂的湿式投加目前普遍采用的投加技术有重力式投加和压力式投加两种。重力式投加操作简单、可靠性高、管理方便，但药液池投建成本较高、投加点及投药量受限制，目前在新建水厂已经较少应用；压力式投加主要通过水射器或加药泵来完成药剂的投加、计量和控制。水射器效率低、能耗大、易堵塞，目前已经较少应用。通过加药泵进行压力式投加的投药溶药设备是目前应用最广泛的湿式投加设备。

投药溶药设备具体结构涉及进水系统、溶药箱、搅拌系统、储液箱、投加系统、排污系统以及电控系统等，如图 8-1 所示。

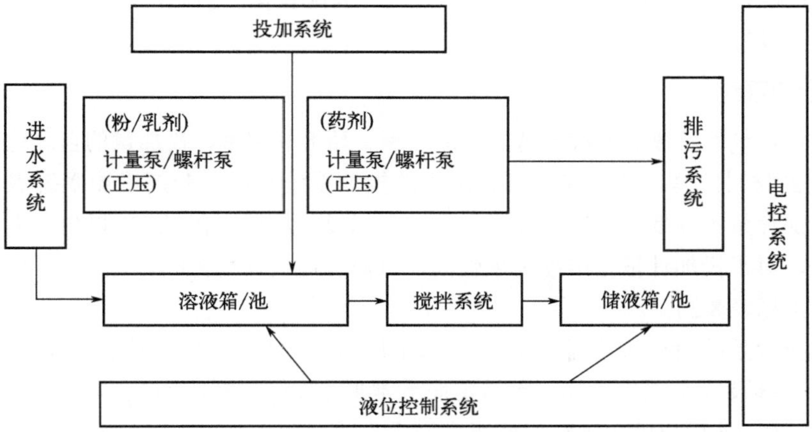

图 8-1 投药溶药设备工艺结构图

(1) 进水系统

进水系统主要以进水管、电动阀、进水阀组成，产品由厂商采购、集成。根据投药溶药药剂的腐蚀性，来选择进水管、电动阀和进水阀的材质；同时根据药剂制备量及制备效率进行进水管口径、水管压力大小选择，常见 DN15 和 DN25。

(2) 搅拌系统

搅拌系统主要以循环搅拌泵抽水、回流溶液至溶液箱。循环搅拌泵需在选型时考虑密封性、耐腐蚀性以及搅拌系统性能。目前搅拌泵涉及桨式、涡轮式以及推进式。根据用户针对搅拌内容的黏稠度及容量进行选型采购。

(3) 溶药箱 / 储液箱

溶药箱和储液箱主要配置液位控制系统，并涉及浮球传感器、计量泵、流量计。目前投药溶药设备配置的主流计量泵涉及柱塞型和隔膜型。在溶液压力涉及中高压时采用柱塞型计量泵，低压时选用隔膜型计量泵。同时，在液体溶液处于正压时选取计量泵应用；在粉剂投加及负压状态时，采用水射器配置。设计工艺时需考虑计量泵的价格、应用特点（参考表 8-3）、准确性以及调节精度范围、流量计所需的反馈方式。

表 8-3 计量泵选型

计量泵类别	价格	特点
柱塞式计量泵	较低	适用于流量 10% ～ 100% 范围内，计量精度在 ±1%，压力最大可达 350MPa，出口压力变化流量可保持稳定。不适用腐蚀性原料。轴封为填料密封，有泄漏，需周期性调节填料。填料与柱塞具有磨损性，无安全泄放装置
波纹管计量泵	较低	适用于无动密封，无泄漏。适用低温、高温介质。出口压力 0.4MPa 以下。计量精度较低
机械隔膜式计量泵	较低	适用于无动密封，无泄漏。适用腐蚀性强的原料。隔膜寿命低。出口压力 2MPa 以下，流量适用范围较低。计量精度 ±5%，压力变化时流量会随之变化，无安全泄放装置
液压隔膜式计量泵	较高	适用于无动密封，无泄漏，有安全泄放装置。维护简单。压力可达 35MPa，流量在 10 ∶ 1 范围内，计量精度可达 ±1%。压力增加流量减少。适用中等黏度介质

箱体材料依据溶剂腐蚀性进行选择。连接溶药箱及储液箱的管道系统水压需依据相关（JB/T 2932）标准设计。箱体在设计及安装阶段需要配置排空措施，箱体容积需根据药剂制备量及水处理量进行综合考虑。

（4）投加系统

投加系统在设计阶段需要综合考虑节能效率、药剂利用率、投加量的自动化程度以及直接接触药剂的材料选择。液剂和粉剂所配置的投加系统不同。粉剂投加系统需考虑干燥环境，对于投加计量不需要较精准的需求，目前普遍设计均控制在 ±5% 以内；液剂投加系统采用输液泵，对于投加计量精准度需求较高，目前普遍设计均控制在 ±3% 以内。不同种类的计量泵特点见表 8-3。

另外，投加系统设计时还需考虑投加自动化程度。目前液剂投加主要涉及自动化投加。粉剂投加主要涉及人工破袋投加，目前市面上常见 25kg 小袋和 500kg 大袋。小袋多以人工操作，500kg 大袋选用自动化进料站投加。

粉剂进料站以及液剂投加输液泵涉及厂商自行生产组装或外购集成。

（5）排污系统

排污系统具体需要设计、采购及组装排污管和排污阀。

（6）电控系统

电控系统厂商在设计方面，需要考虑加药设备控制方式，采用现场控制或远程控制。远程控制方式仅在现场配备机旁手动操作箱，无需 PLC 控制介入，并预留信号接口，可与水处理主操作室计算机连接，能接受运行、停止等指令信号并能输出运行状态和故障信号等。现场控制涉及现场手动控制和现场自动控制，现场手动控制仅配备机旁手动操作箱，现场自动控制则在机旁配置自动控制 PLC 柜。另外，厂商还在设计整体安全运行监控风险预警，需采购并集成电控箱、电控开关按钮和声光报警器。

综合来看，投药溶药设备具体应用技术是将所需药剂浓度在溶解箱内配制后，经搅拌器搅拌均匀后投入溶液箱，用计量泵（加药泵）向投药点或指定系统中输送所配制的溶液。

8.2.2 国内外生产状况

（1）基本状况

投药溶药设备应用领域较为广泛，可应用于市政、化工生产、医药制药等领域，本调研主要针对市政供水领域展开调研，根据调研数据分析，投药溶药设备主要应用于市政供水与污水等行业，其总市场规模在 5.83 亿元。投药溶药设备市场应用情况见图 8-2。

国内市政供水应用领域投药溶药市场集中度较低，生产厂商投药溶药生产规模年业绩能达到1000万～2500万元已为业内较大规模，普通生产企业投药溶药设备规模集中在100万～400 万元。目前，国内投药溶药设备厂商数量有 300 ～ 400 家，投药溶药设备厂家分布情况见图 8-3，其中主要以华东和华南地区为主，约占整体市场的 60%，其中华东地区主要以江苏、浙江为主。华中地区约占 17%，华北地区约占 10%，东北约占 9%，西部约占 4%。

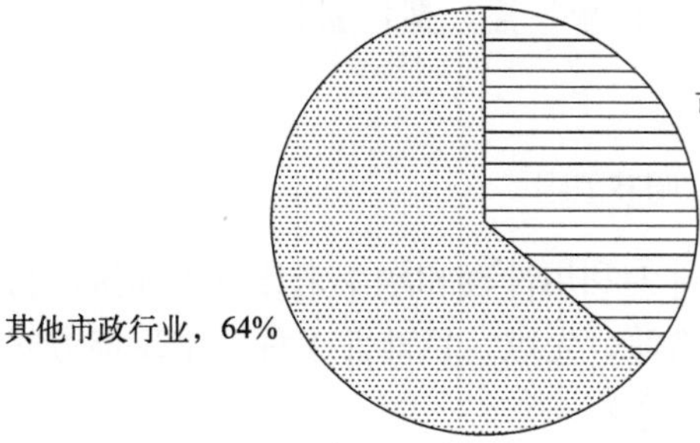

图 8-2 投药溶药设备市场应用情况

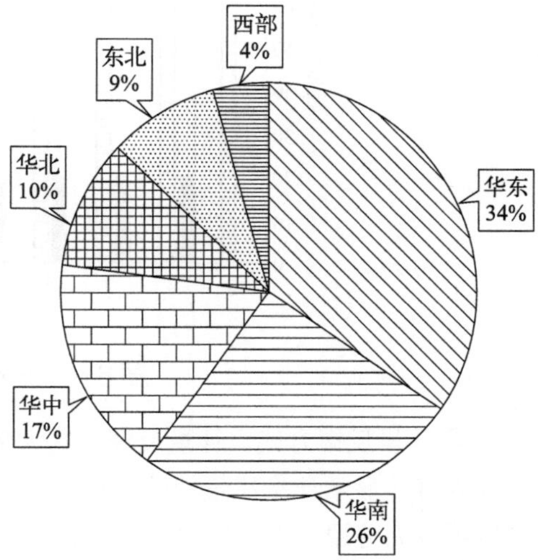

图 8-3 投药溶药设备厂家分布情况

在市政供水领域，如 2018 年投药溶药设备的市场规模约 2.1 亿元，厂商也更加分散，600 万～ 1200 万元已经是较大规模的厂商，250 万～ 600 万元为中等规模的厂商，还有一大批厂商每年在供水领域的销售业绩在 100 万元左右。

（2）产品性能

投药溶药产品优势倾向混凝、絮凝应用。现少数投药溶药厂商具有生产制造计量泵、药剂搅拌机（器）、喷射器、液位计等部件技术能力及生产条件，而且国外知名品牌设备的加工质量与运行稳定性普遍要好于国产品牌。

① 计量泵校准功能。评估计量泵是否具备定期校准功能。目前仅极少数进口品牌及规模较大国产品牌具备成熟的技术能力实现计量泵定期自动校准功能。大部分厂商实际应用中配备流量计或标定柱进行定期校准。

② 设备自动化程度。评估设备自动化连续自主实施程度以及投加药剂的灵活性。自动化程度主要依据是否可全面实现投加启动及停止、物料检测、振动辅助下料、溶药制备控制、液位控制等功能，能否实现流量比例控制、时间继电器控制等控制方式。可实现全面自动化流量比例控制、复合控制程度高的厂商较优秀，大部分厂商能实现较多自动化控制，重点集中于液位控制、比例控制；部分厂商涉及人工药剂投加，在投加量控制、药剂投加浓度调配等方面自动化程度相对较弱。同时调研发现国内用户自动化程度普遍不高。

③ 流量调节范围（图 8-4）。计量泵的流量调节范围可为 0% ～ 100%。较优秀的控制范

围可达 20% 以下与 80% 以上，较多设备流量调节范围在 30% ～ 80% 之间。一般的国产设备在低流量范围（20% 以下）下的流量调节不够稳定，而数字计量泵在全流量调节范围内的流量都较为稳定。

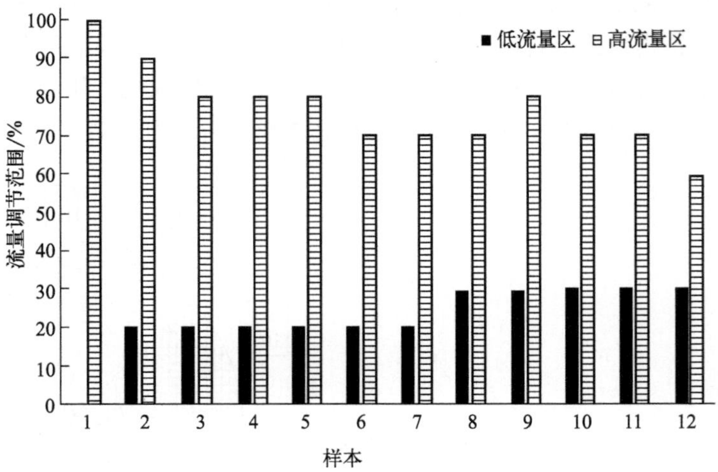

图 8-4　样本厂商设备流量调节范围

④ 计量反馈方式。计量反馈方式大多为两种：一种为利用冲程和频率来计算投加量；另一种为直接显示计量流量的计量反馈方式。后者更加简便、先进。目前前一种计量反馈方式的应用较为普遍，部分用户通过设置流量计来读取实际流量。

⑤ 药剂制备前投加环节精准度。针对单个药剂粉态或液态制备前投加环节精准度控制效果评估。在药剂制备时的投加环节，对于粉剂（如石灰）和液剂（液体 PAC）的控制精度在 ±1% ～ ±5% 之间。同时粉剂制备的控制精度要略低于液剂，粉剂的误差一般在 ±5%，液剂可以小于 ±3%。

⑥ 药剂制备后液态流量控制精准度。针对单个或多个药剂投加点制备后液态流量过程所控制的精准度控制效果评估。流量控制的准确度是计量泵的核心功能，给水计量泵的液态流量精确度＜ ±1% 为优秀，市面上的设备精度控制一般在 1% ～ 3%。在使用期内，进口品牌计量精度较稳定，国产品牌也可做到与进口品牌相同的效果，但鉴于成本控制，加工精度与进口品牌有所差距，国产品牌计量性能稍弱。而且在用户端，用户对精度控制重视不足，认为设备能够加药满足功能需求即可。

⑦ 投药、溶药系统阻塞风险控制。评估投药溶药管道、溶药系统阻塞风险程度。依据系统设备采取的阻塞风险预防、在料仓中是否配置辅助下料（破拱）装置、在溶药系统是否配置过滤器、给水系统是否配有压力表反馈提示、投药设备干湿界面是否配置防潮装置等因素，并根据过滤器是否具有明确的定时清洗、定时排渣规定等因素进行判断。

通过调研发现大部分厂商在料仓中配置辅助下料装置等，溶药系统中配置过滤器；部分厂家投药设备干湿界面配置防潮装置，防止结块；但压力反馈配置较少。许多厂家未明确过滤器定时清洗频率和排渣规定。可以说较为优秀的国产厂商可以做到和外资本土化品牌相同的阻塞风险控制，但一般的厂商在这方面还有所欠缺。实际中，石灰投加系统的堵塞问题出现较多，即使厂商在风险控制上做得比较好，但是依然离不开用户的及时维护。因此用户自身会根据使用经验对系统进行相关维护，控制阻塞风险发生。

(3) 市场竞争力

从国内市场上看（图 8-5），外资设备商目前也实现了国产化生产，在市场业绩上，国内厂商占比 80%，外资本土化厂商占比 20%。

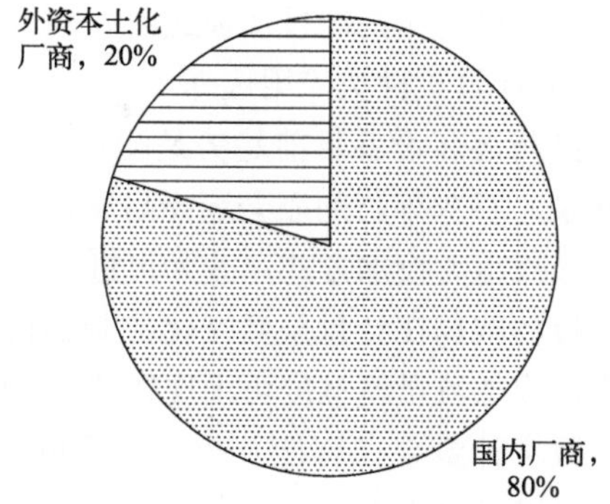

图 8-5　国内厂商与外资本土化厂商业绩占比

投药溶药设备核心部件，如常见隔膜式计量泵通常国产价格低的在 0.7 万～ 0.8 万元区间、价格高的在 1 万～ 2 万元区间，进口价格低的在 1 万～ 2 万元区间、价格高的在 4 万～ 5 万元区间；数字计量泵国产通常价格区间在 1 万～ 2 万元，进口价格区间通常在 2 万～ 3 万元。但国产设备的价格普遍较低，价格可低至原价格 1/10 ～ 1/2，在经济上有较大优势，一般的用户与厂商也较为青睐。普遍平均 1 年左右需进行易损零部件更换，如膜片、密封圈等易损件。但零部件损伤程度根据设备应用强度而定。

国产投药溶药设备厂商均有能力进行设备组装，少数厂商能具有生产设备核心部件如计量泵、流量计、液位计、喷射器、上下料设备、投料设备、搅拌机等能力。选择国产还是外资品牌均根据客户需求而定，市面上占比 30% 的投药溶药设备厂商会选择采购进口品牌核心部件进行装配。外资投药溶药设备厂商技术及生产能力综合较强。

8.2.3　国内外应用状况

(1) 整体应用情况

面对中国日益严苛的环境标准及客户对药剂投加系统的高涨的自动化控制的需求，智能加药系统是提高水处理现场管理水平的利器，可提高系统波动时的药剂稳定、减少人员变动对处理效果的影响，并且可降低现场人员工作强度。

在供水系统的水处理工艺中频繁发生结垢、腐蚀以及微生物沉淀等问题，主要由于水处理药剂方案设计与现场实施出现脱节，实际加药量与需求量出现脱节，系统难以得到足够保护。并且水处理简单的现场投加方式，如手动控制、连续控制、定时控制，已无法满足客户的需求。在新形势下，实现按需加药成为业界较为紧迫的需求，既要达到系统保护目标又要精准地动态控制加药量。对比国外市场应用情况，多数供水厂水处理现场检测手段主要还是手工监测，通常是一班一次取样进行常规分析，集中在水质参数，如 pH 值、浊度等，尚少检测对阻垢分散浓度的测定。针对中小型系统，客户往往没有专职水质分析人员，仅依靠水处理服务企业每周或每月进行一次水质检测，加剧了加药调整的滞后性。

目前在市政供水领域，国内的投药溶药设备厂商在 PAC 药剂以及石灰药剂的投加领域占据优势地位，而外资厂商的优势在于 PAM 药剂以及活性炭药剂投加。结合市场调研结果将应用分类阐述。

1）自动化程度方面

自动化程度应用需求方面，国内中小型水厂由于设备质量、技术能力、维护成本等方面影响限制，目前，较多采用人工控制投药，但在原水水质和水量发生变化的情况下，药量的调整不能达到及时性；国内大型水厂及国外供水水厂，针对节能降耗、保证水质等方面，基本已实现自动化药剂投加模式。

2）计量泵种类应用选择

投药溶药设备目前趋势是配置计量泵及螺杆泵，针对PAM黏度较大的溶剂侧重于采用螺杆泵，石灰等药剂还会选择耐腐蚀离心泵。目前传统老水厂在改造升级工程中，也逐渐淘汰虹吸式重力投加方式，改为可进一步提升的自动调节计量泵、螺杆泵及离心泵。

投药溶药在计量泵数字化控制的融入之后，投加功能进一步优化，尤其在液体药剂投加方面，投加流量精准度可由现在的 ±3% 精准至 ±1%。

数字计量泵在智能及数字化流量控制方面具有一定优势，可进行压力监测、流量计算、自动精准控制调整以及冲程速度自动调整等功能，并适用于高黏度介质控制。数字计量泵可根据需求实现流量自适应、自动脱气、自动校准、实时监控及自我诊断等方面的功能。同时，推动了泵机操作的简易化，可落实到远程控制。

3）流量计调控方式

根据国内发展现状，针对中小型水厂，偏向采用机械计量泵设置预设值后配合变频器及手动冲程设置进行半自动流量调控，配备转子流量计进行流量监控。针对大中型水厂，偏向采用PLC配合计量泵进行自动控制替代手动冲程搭配变频器的控制方式，并且可通过后续配置电磁流量计进行实际投加量的监控反馈及自动调节。

4）应用功能所涉及的工艺阶段

投药溶药设备依据应用功能涉及不同应用工艺段。除藻、除味等氧化，吸附药剂等涉及水质突发污染应急处理阶段；混凝剂、消毒剂等涉及沉淀分离药剂混合以及消毒环节工艺环节；pH值调节涉及沉淀分离过滤以及投药消毒工艺水处理工艺段。

5）投药溶药设备系统设计

水质净化过程，药剂是核心，因此设计合理可靠的加药系统是实现合理加药、科学加药、确保水质的基础。加药系统包括加药设备、加药管线、加药点等。加药设备选型是否恰当、管线布置是否合理、加药点的位置是否适宜，对于保障水质稳定会产生很大的影响。

设计内容包括加药设备选型、加药管线具体布管、加药间设计、加药点定位。加药设备选型包括加药设备形式、组成、数量和确切功能要求。加药管线具体布管包括确定加药管线的走向和加药管道的设置方式。加药间设计可按照常规规范和设计手册的要求进行。

（2）国内外应用差异分析

由于国内国外经济发展水平不同，在投药溶药设备的选择、设计与管理的理念上也会有所不同。

国外水厂对于设备性能的要求较高，他们认为水厂的投药设备性能是稳定的，一般不会出现问题；但反观国内的水厂，设备故障问题较为常见。这是因为国外发展水平较高，设备在选型配置上使用了质量最好的设备；而国内大部分水厂，由于投资的控制，无法使用最好的设备，大部分是在关键部位使用较好品牌，非关键位置降低采购标准，使得设备运行不够稳定。目前国内在制造水平上虽然有了长足的发展，但是在质量控制上依然与纯进口设备有所差距，导致经常有用户反映设备维修问题。但是也正是因为设计选型的差异，国内投药溶药设备系统在设计上更加注重模块化的集成与运行管理。

国外投药溶药设备系统自动化水平普遍较高。在水厂工艺的各个环节上，国外水厂会大量使用电动设备，例如在加药管道上的阀门，其进液、出液、反冲、连通阀等全部采用电动阀门，确保自控系统能根据实际情况任意调整该设备的工作状况；同时水厂投药溶药的自控系统并非一成不变，水厂的人员会根据水厂设备的故障情况完善设备的自控程序，这使得投药溶药设备运行更加稳定与可靠。而国内的自动化水平普遍不高，与之对应的是水厂需要配备较多的操作人员，对水厂的生产组织水平要求较高。

自动化水平还体现在设备实时的数据采集和故障诊断功能。虽然国内厂商有能力做到投药溶药设备实时的状态监测，但是由于用户经济水平与人员素质问题，导致设备日常运行故障的发现还是依靠人工巡检。

8.2.4　典型应用案例

（1）湖南绥宁虾子溪水厂

虾子溪水厂日供水量约为 20000m^3，进水浊度 8 ～ 9NTU，投加絮凝剂反应池无矾花形成，出水浊度偏高。因此水厂对投药溶药设备和混合工艺的设备进行了改造。

水厂混合工艺采用了 DN600 的涡轮动态管道混合器，投药溶药设备改造如表 8-4 所列。

表 8-4　投药溶药设备改造情况

序号	项目	改造前	改造后	改造原因
1	药剂选择	30% 固体 PAC	10% 液体 PAC	相比固体，液体杂质更少、配比更稳定，更便于智能精准投加，且省大量人工
2	配药方式	两个 4m^3 的池体，配两台搅拌机，人工加药后，持续搅拌	两个 20t 储液罐，两台卸料泵，两台风机。30t 槽罐车拖来，卸料泵一键操作，40min 即可卸完，定时气搅	省人工，环境更友好，设备间地面及墙面不再被药剂粘连
3	投加计量泵	用机械隔膜泵投加，两台	改用数字计量泵，两台，一用一备，每 8h 交换一次（轮换时间可设置）	数字投加泵由外部信号控制投加量大小，反应更灵敏，具有独特的快吸慢打、快吸快打模式，并能自由切换，保证精准投加的同时也延长了泵的使用寿命。数字投加泵独特的出药流量反馈机制，能时刻监控药剂有没有被投加出去
4	电控系统	立式电控柜，硬按键，人工操作	模型 +PLC+HMI+APP	集就地控制、远程控制、云端控制于一身，随时随地了解掌握水厂运行情况。
5	进水在线仪表	无	进水流量计 原水浊度仪 滤前水浊度仪 原水温度仪 原水 pH 仪	原水浊度和温度会影响每吨水的加药量，即浊度高加药量大、温度低加药量也大，两者浊度对吨水加药量影响最大。 原水 pH 仪：原水 pH 值过低和过高对矾花的形成都会有影响，pH 仪为原水是否要进行 pH 调节加药提供了重要判断依据
6	加药系统自动清洗	无	加装药管管路自动定时清洗组件	计量泵在轮换工作时，停止工作的数字泵管路内存留的药剂有可能结晶形成垢体，粘连于管壁内，长时间后可能堵塞管道，每天深夜定时自动清洗则可以避免发生此类情况
7	设备机架	碳钢	工业铝型材	长时间使用不会腐蚀

在药剂上选用了液体药剂，相比固体，液体杂质更少、配比更稳定，更便于智能精准投加，且省大量人工。在配药方式上选择储液罐加卸料泵，相对土建池体，该配药方式省人

工，环境更友好，设备间地面及墙面不再被药剂粘连。投加计量泵选用了数字泵，并使用撬装技术进行安装。数字投加泵由外部信号控制投加量大小，反应更灵敏，具有独特的快吸慢打、快吸快打模式，并能自由切换，保证精准投加的同时也延长了泵的使用寿命。数字投加泵独特的出药流量反馈机制，能时刻监控药剂有没有被投加出去。电控系统集就地控制、远程控制、云端控制于一身，随时随地了解掌握水厂运行情况。同时利用进水在线仪表对水厂 pH 值和浊度进行监控，对加药量的调节起到重要作用。由于计量泵内存留的药剂有可能结晶形成垢体，粘连于管壁内，长时间后可能堵塞管道，加药系统的自动清洗系统可以在每天深夜定时自动清洗，避免发生此类情况。设备机架材料选择铝材，增强了设备的抗腐蚀性能。加药间改造前后对比如图 8-6 所示。

(a) 改造前　　(b) 改造后

图 8-6　加药间改造前后对比

在改造后，投加絮凝剂第二格反应池形成矾花，沉淀池矾花明显减少，出水浊度下降，絮凝剂每天用量减少 100 ～ 150kg。

（2）沙洋水司岳飞城水厂

岳飞城水厂设计供水规模 50000m^3/d，以漳河水库为水源，总投资约 3.6 亿元。在 PAC 投药溶药设备设计中，该厂考虑到固体 PAC 杂质多、配比不稳定、费人工，改用液体 PAC（含量为 10%）。考虑到水厂水质变化，按吨水最大投加 60mg/L 来计算。PAC 有效成分为 10%，在实际使用中，配水使用为 5% 的溶液。

采用液体 PAC 药剂则根据液体 PAC 的氯离子氧化性和容器成本，选择有效容积 20m^3、耐腐蚀 PE 材质的立式储桶 3 个。按照设计，采用 PAC 液体投加时，每日 10% 浓度 PAC 的总投加量为 3000kg/d；则储桶可用天数：20000kg×3 个 /(3000kg/d) = 20d。

考虑到泵的互补及工艺，共 2 台数字泵（DDA-200-PVC，1 用 1 备），流量 200L/h，最大投加压力为 4bar（1bar = 10^{5}Pa），泵头材质为 PVC。

在自动化层面，根据进水的流量、温度、pH 值、源水浊度、滤前水仪表数值的变化，及时自动调整数字泵的投加量；采用格兰富数字泵，增加变频控制设备，将测量流量、温度、pH 值、源水浊度及滤前水浊度的各仪表数值采集后，通过控制设备自动改变数字泵的投加量，既实现精准投加，又避免因下大雨导致源水浊度陡然上升带来出厂水浊度无法达标的风险；在数字泵后面增加一套转子流量计，对 PAC 投加量进行计量，作为水厂运营管理的依据。控制系统具有报警功能，在出现故障时报警并停止整个系统的运行，使设备更安全可靠。

8.3　技术评估

从产品的性能情况、经济适用角度及生产应用情况选出了 16 项评估指标，分别是计量泵校准功能、设备自动化程度、流量调节范围、计量反馈方式、满足标准程度、药剂制备后液态流量控制精准度、药剂制备前投加环节精准度、设备运行风险预警监控数量、防腐性能、整套设备实际使用寿命、投加泵无故障运行时间、投药溶药系统阻塞风险控制、年度运维成本、吨水投资成本、供水领域应用规模、相关领域获取专利数量等。筛选的 16 项评估指标如表 8-5 所列。

表 8-5　投药溶药设备评估指标

序号	评估指标	序号	评估指标
1	计量泵校准功能	9	防腐性能
2	设备自动化程度	10	整套设备实际使用寿命
3	流量调节范围	11	投加泵无故障运行时间
4	计量反馈方式	12	投药溶药系统阻塞风险控制
5	满足标准程度	13	年度运维成本
6	药剂制备后液态流量控制精准度	14	吨水投资成本
7	药剂制备前投加环节精准度	15	供水领域应用规模
8	设备运行风险预警监控数量	16	相关领域获得专利数量

8.3.1　评估指标体系

结合产品的技术先进性、技术可靠性、性能稳定性、经济适用性、国际竞争力等方面，选取技术先进性、技术可靠性、性能稳定性、经济适用性、国际竞争力 5 项指标作为一级评估指标集，根据筛选的 16 项性能评估指标细化分解二级评估指标，形成投药溶药设备的评估矩阵（图 8-7）。

8.3.2　评估指标赋值

（1）一级指标

结合投药溶药设备特点，5 个一级指标权重及建议值：U_1 技术先进性（0.30）> U_2 技术可靠性（0.20）= U_3 性能稳定性（0.20）= U_4 经济适用性（0.20）> U_5 国际竞争力（0.10）。

首先，投药溶药设备经过技术的发展才大大地提高了设备的计量性能、自控能力，变得更加智能化与人性化，因此山技术先进性权重为 0.30。

其次，投药溶药设备应保证投加性能可靠，在设计时应充分考虑防腐蚀、防泄漏等风险防控能力，保障运行稳定，保证甚至延长设备的使用寿命，因此将 U_2 技术可靠性与 U_3 性能稳定性权重次之；在性能同等或差距不大的情况下，经济性将成为推广发展的主要因素，因此将 U_4 经济适用性放在权重第二位，因此它与 U_2 和 U_3 同等重要。

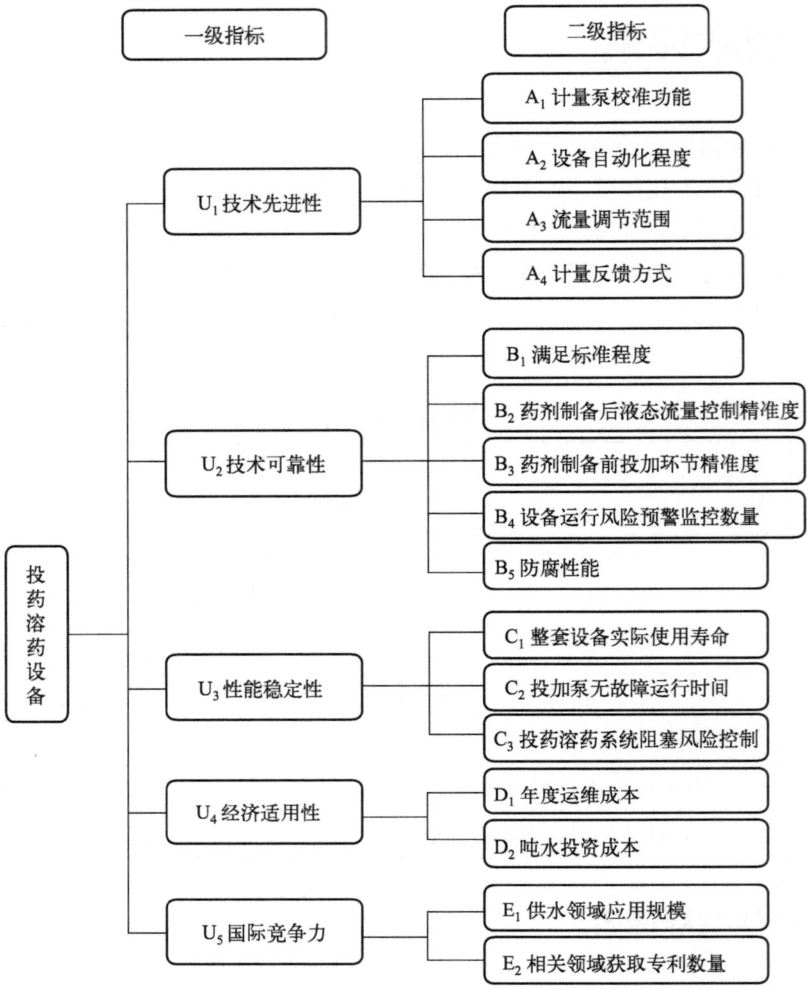

图 8-7　投药溶药设备评估矩阵

对于 U_5 国际竞争力指标，是通过国产投药溶药设备行业规模、质量、技术能力等，从侧面反映其质量及水平，该指标放到最后。

（2）二级指标

结合投药溶药设备技术及设备特点，分别对技术先进性、技术可靠性、性能稳定性、经济适用性及国际竞争力进行二级指标的细化和赋分。

1）U_1 技术先进性

投药溶药设备的调节流量范围是设备投加精准度的重要指标，流量调节范围大，设备较为先进，A_3 赋分 30 分；设备的投药、配药、溶药自动化程度，可实现的设备自动化连续自主实施和投加药剂的灵活性程度，以及计量反馈方式对企业的技术提出更高要求，反映了企业的技术能力，A_2、A_4 各赋分 35 分和 25 分；A_1 计量泵校准功能体现为核心部件实施的精准自动调节能力，代表未来发展方向，赋分 10 分。

2）U_2 技术可靠性

B_1 满足标准程度可依据产品、应用、药剂配制标准遵从程度进行评判，是产品可靠性的重要指标，赋分 20 分；B_2 和 B_3 药剂制备后液态流量控制精准度及药剂制备前投加环节精准度是投药溶药设备的精准度控制核心，各赋分 20 分；B_4 设备运行风险预警监控数量与设备安全运行有关，赋分 20 分；B_5 防腐性能与设备运行的可靠性有关，赋分 20 分。

3）U_3 性能稳定性

产品使用寿命是反映产品性能稳定的重要指标，C_1 整套设备实际使用寿命赋分 40 分；核心部件 C_2 计量泵或螺杆泵无故障运行最短工作时间赋分 30 分，其核心部件无故障运行时间也反映了产品的稳定性；C_3 投药溶药系统阻塞风险控制赋分 30 分。

4）U_4 经济适用性

价格是决定一种产品能否推广的重要因素，因此选用最直观反映经济性的采购单价作为该项的重要指标，D_2 吨水投资成本赋分 70 分。产品维护的成本与简便性也影响产品的选用，因此 D_1 年度运维成本赋分 30 分。

5）U_5 国际竞争力

国内厂商针对投药溶药设备均不涉及出口业务，根据在市政供水领域应用规模来衡量该企业综合实力及市场反馈结果，E_1 供水领域应用规模赋分 50 分；投药溶药设备厂商的技术投入及技术能力和未来发展潜力根据厂商投药溶药设备相关领域获取专利数量评估，E_2 相关领域获取专利数量赋分 50 分。

具体评估指标分配及权重赋分和打分规则如表 8-6、表 8-7 所列。

表 8-6 投药溶药设备评估指标分配及权重和赋分表

一级指标	权重	二级指标	满分 / 分
U_1 技术先进性	0.30	A_1 计量泵校准功能	10
		A_2 设备自动化程度	35
		A_3 流量调节范围	30
		A_4 计量反馈方式	25
		汇总	100
U_2 技术可靠性	0.20	B_1 满足标准程度	20
		B_2 药剂制备后液态流量控制精准度	20
		B_3 药剂制备前投加环节精准度	20
		B_4 设备运行风险预警监控数量	20
		B_5 防腐性能	20
		汇总	100
U_3 性能稳定性	0.20	C_1 整套设备实际使用寿命	40
		C_2 投加泵无故障运行时间	30
		C_3 投药溶药系统阻塞风险控制	30
		汇总	100
U_4 经济适用性	0.20	D_1 年度运维成本	30
		D_2 吨水投资成本	70
		汇总	100
U_5 国际竞争力	0.10	E_1 供水领域应用规模	50
		E_2 相关领域获取专利数量	50
		汇总	100

表 8-7　投药溶药设备技术评估打分规则

一级指标	二级指标	满分 / 分	打分规则
U_1 技术先进性（权重 0.30）	A_1 计量泵校准功能	10	配置，10 分；定制配置 6 ～ 9 分；未配置 0 ～ 5 分
	A_2 设备自动化程度	35	自动化程度高，28 ～ 35 分；中等，18 ～ 27 分；低，0 ～ 17 分
	A_3 流量调节范围	30	调节范围大，24 ～ 30 分；调节范围中等（下限在 20% ～ 30% 以上），18 ～ 23 分；调节范围低，0 ～ 17 分
	A_4 计量反馈方式	25	直接显示计量流量，22 ～ 25 分；冲程和频率调节；15 ～ 21 分，反馈方式落后，0 ～ 14 分
U_2 技术可靠性（权重 0.20）	B_1 满足标准程度	20	满足 4 种，18 ～ 20 分；满足 2 ～ 3 种，10 ～ 17 分；满足不到 2 种，0 ～ 9 分
	B_2 药剂制备后液态流量控制精准度	20	< ±1%，18 ～ 20 分；±1% ～ ±3%，12 ～ 17 分；> ±3%，0 ～ 11 分
	B_3 药剂制备前投加环节精准度	20	< ±1%，18 ～ 20 分；±1% ～ ±5%，12 ～ 17 分；> ±5%，0 ～ 11 分
	B_4 设备运行风险预警监控数量	20	3 个以上监控点，18 ～ 20 分；2 ～ 3 个，12 ～ 17 分；2 个以下，0 ～ 11 分
	B_5 防腐性能	20	采取较好防腐材料与措施，高于行业平均水平：16 ～ 20 分；采取普通防腐材料与措施，与行业平均水平相当：12 ～ 15 分；采取较差防腐材料与措施，低于行业平均水平：0 ～ 11 分
U_3 性能稳定性（权重 0.20）	C_1 整套设备实际使用寿命	40	10 年以上，38 ～ 40 分；≥ 8 年，28 ～ 37 分；≥ 6 年，18 ～ 27 分，< 6 年，0 ～ 17 分
	C_2 投加泵无故障运行时间	30	计量泵大于 2 年，螺杆泵大于 1 年，27 ～ 30 分；计量泵 1 ～ 2 年，螺杆泵 0.5 ～ 1 年，18 ～ 26 分；达不到上述要求，0 ～ 17 分
	C_3 投药溶药系统阻塞风险控制	30	有明确的风险控制装置与方法，24 ～ 30 分；有部分风险控制装置与方法，16 ～ 23 分；缺少风险控制装置与方法，0 ～ 15 分
U_4 经济适用性（权重 0.20）	D_1 年度运维成本	30	低于行业平均水平，24 ～ 30 分；与行业平均水平相当，15 ～ 23 分；高于行业平均水平，0 ～ 14 分
	D_2 吨水投资成本	70	低于行业平均水平，56 ～ 70 分；与行业平均水平相当，35 ～ 55 分；高于行业平均水平，0 ～ 34 分
U_5 国际竞争力（权重 0.10）	E_1 供水领域应用规模	50	高于行业平均水平，40 ～ 50 分；与行业平均水平相当，25 ～ 39 分；低于行业平均水平，0 ～ 24 分
	E_2 相关领域获取专利数量	50	≥ 5 个，40 ～ 50 分；2 ～ 5 个，30 ～ 39 分；2 个以下，0 ～ 29 分

8.3.3　评估指标体系应用

邀请涵盖高校研究机构、生产企业、设计院所等在内的 9 名专家根据建立的评估体系对投药溶药设备进行专家评估，赋值结果显示国内投药溶药设备产品的技术就绪度整体达到 8 级，与进口设备相比具有竞争力。评估打分汇总及评估结果分别见表 8-8、图 8-8。

表 8-8　专家评估打分汇总

序号	U_1 技术先进性		U_2 技术可靠性		U_3 性能稳定性		U_4 经济适用性		U_5 国际竞争力	
	分值 / 分	权重	分值 / 分	权重	分值 / 分	权重	分值 / 分	权重	分值 / 分	权重
1	84	0.2	81	0.25	84	0.25	85	0.2	80	0.1

续表

序号	U_1 技术先进性		U_2 技术可靠性		U_3 性能稳定性		U_4 经济适用性		U_5 国际竞争力	
	分值 / 分	权重	分值 / 分	权重	分值 / 分	权重	分值 / 分	权重	分值 / 分	权重
2	84	0.3	89	0.2	93	0.2	95	0.2	85	0.1
3	83	0.3	87	0.2	85	0.2	92	0.2	77	0.1
4	84	0.2	90	0.25	89	0.25	93	0.2	80	0.1
5	79	0.2	83	0.3	86	0.2	89	0.2	70	0.1
6	83	0.2	90	0.25	88	0.25	94	0.2	89	0.1
7	84	0.25	84	0.2	86	0.2	93	0.15	75	0.2
8	83	0.2	83	0.3	82	0.2	78	0.2	70	0.1
9	80	0.2	85	0.25	86	0.25	91	0.2	79	0.1
计算结果	技术就绪度（TRL）	明确需求（TRL1）	技术方案（TRL2）	通过论证（TRL3）	小试研究（TRL4）	中试研究（TRL5）	形成产品（TRL6）	三方评估（TRL7）	标准化（TRL8）	推广应用（TRL9）
	$B=WR$	0	0	0	0	0	0.21	0.87	3.07	0.77

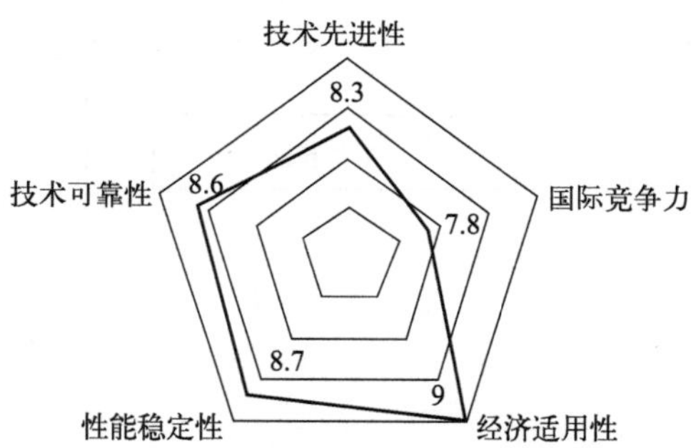

图 8-8　投药溶药设备评估结果

8.4　应用验证

投药溶药设备应用十分广泛，主要用于药剂的溶解及投加，具体结构又取决于投加药剂的种类、形态和投加浓度等。目前，自来水加药设备主要是以添加粉末活性炭、混凝剂（聚氯化铝、聚丙烯酰胺等）以及高锰酸钾等为主。常用的投药溶药设备核心部件有计量泵（柱塞式、隔膜式以及离心泵）、流量计、喷射器以及螺杆泵等。目前，国内市场整体投药溶药设备性能参差不齐，由于受水质、水量、药剂及客户工艺需求、投资程度等多方面影响，产品个性化差异较大。投药溶药设备均依据客户需求定制，针对无统一标准的投药溶药设备，产品性能需从多个维度综合评估。

投药溶药设备的验证采用了实验室验证及生产验证两种形式。其中，实验室验证有流量调节上限、流量调节下限、药剂制备前投加环节精准度、计量泵控制精准度、螺杆泵控制精准度等产品性能指标。生产验证主要通过药剂制备前投加环节精准度、计量泵控制精准度、螺杆泵控制精确度、整套设备使用寿命、投加泵无故障运行时间等指标考察设备性能和应用效果。产品验证技术路线如图 8-9 所示。

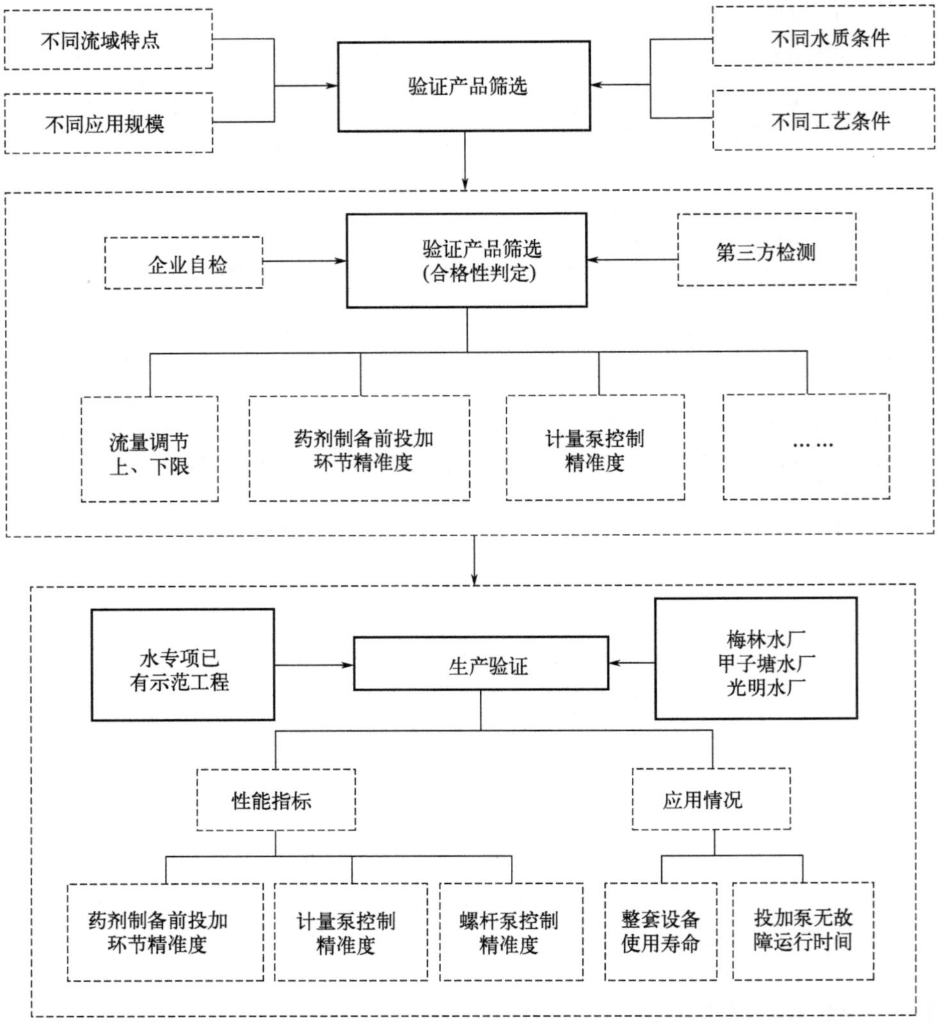

图 8-9　投药溶药设备产品验证技术路线

8.4.1　验证指标筛选

利用投药溶药设备实际应用中的高频指标作为重点，结合文献梳理和实地调查研究进行指标的海选。根据可观测性原则将数据无法获得的海选指标删除，保证初步筛选后的指标体系可以量化，然后对初步筛选的指标数据进行标准化分析，基于相关性分析将 X_1 准则层相关系数＞ 0.80、X_3 准则层相关系数＞ 0.80 的指标筛选保留。在相关性分析的基础上，利用主成分分析筛选各准则层内剩余的指标，筛选准则层 X_1 的累积方差贡献率达到 70%、准则层 X_3 的累积方差贡献率达到 70% 时各个主成分中因子负载绝对值较大的指标。

经过初步筛选和相关性、主成分定量筛选及理性处理，从 24 个海选指标中筛选出 7 个指标，如表 8-9 所列。

表 8-9　投药溶药设备指标筛选结果

序号	准则层	指标层	筛选结果
1	X_1 小试	$X_{1.1}$ 流量调节上限	主成分分析删除
2		$X_{1.2}$ 流量调节下限	保留
3		$X_{1.3}$ 药剂制备前投加环节精准度	主成分分析删除
4		$X_{1.4}$ 计量泵控制精准度	保留
5		$X_{1.5}$ 螺杆泵控制精准度	保留
6		$X_{1.6}$ 设备运行稳定性	主成分分析删除
7	X_3 生产	$X_{3.1}$ 药剂制备前投加环节精准度	保留
8		$X_{3.2}$ 计量泵控制精准度	保留
9		$X_{3.3}$ 螺杆泵控制精确度	主成分分析删除
10		$X_{3.4}$ 设备运行风险预警监控数量	主成分分析删除
11		$X_{3.5}$ 整套设备使用寿命	主成分分析删除
12		$X_{3.6}$ 投加泵无故障运行时间	保留
13		$X_{3.7}$ 吨水投资成本	保留
14		$X_{3.8}$ 产品运维成本	主成分分析删除
15		$X_{3.9}$ 投加泵使用寿命	主成分分析删除
16		$X_{3.10}$ 设备自动化程度	保留（理性处理）
17		$X_{3.11}$ 计量泵校准功能	不可观测指标
18		$X_{3.12}$ 满足标准程度	不可观测删除
19		$X_{3.13}$ 防腐性能	不可观测删除
20		$X_{3.14}$ 投药溶药系统阻塞风险控制	不可观测删除
21		$X_{3.15}$ 供水领域应用规模	不可观测删除
22		$X_{3.16}$ 用户体验	不可观测删除
23		$X_{3.17}$ 出口业绩	不可观测删除
24		$X_{3.18}$ 售后服务	不可观测删除

8.4.2　验证指标体系及等级划分

在进行投药溶药设备验证时，可以选取流量调节下限、计量泵控制精准度、螺杆泵控制精准度、药剂制备前投加环节精准度、投加泵无故障运行时间、设备自动化程度、吨水投资成本等指标进行，所筛选出的指标涵盖了产品质量、应用效果、经济性能等几个方面，因此筛选出的指标具有较好的合理性。将以上得到的指标体系按照文献调查、实地调研及上述小试和生产试验结果对评估指标进行等级划分，具体评估指标的等级见表 8-10。

表 8-10　评估指标的等级划分

指标	等级
流量调节下限	10% 以下，优良；10% ～ 20%，合格
计量泵控制精准度	生产时≤ ±1%，优良；生产时为 ±1% ～ ±3%，合格

续表

指标	等级
螺杆泵控制精准度	生产时≤ ±5%，合格
药剂制备前投加环节精准度	≤ ±5%，合格
投加泵无故障运行时间	计量泵无故障运行时间 1 ～ 2 年，螺杆泵 0.5 ～ 1 年，合格
设备自动化程度	在能够满足连续自动制备、自主加药、流量反馈、流量比例控制、液位控制的基础上，有中控室为优良；能够就地控制为合格；人工投加次之
吨水投资成本	4 ～ 20 元 /t，较经济

8.4.3 典型产品验证案例

基于建立的验证体系，利用深圳市某水厂投药溶药设备的建设与运行数据进行验证。该水厂 PAC 投加泵为某品牌机械隔膜计量泵，流量为 2000L/h，2006 年投入使用；石灰粉剂给料机为 0.55kW 的某品牌多螺旋给料机，2010 年投入使用。根据日常运行状况及设备出厂说明书对部分指标进行观测，记录水厂设备加药的质量与体积，利用实际投加量对投药溶药设备厂家产品进行相关指标检测。由划分的评估指标等级对验证地点指标进行验证，见表 8-11。

表 8-11　投药溶药设备验证评估结果

验证指标	验证结果	评估结论
流量调节下限	25%	不合格
计量泵控制精准度	±3%	合格
螺杆泵控制精准度	—	—
药剂制备前投加环节精准度	±2.5%	合格
投加泵无故障运行时间	1 ～ 1.5 年	合格
设备自动化程度	采用比例投加，并能够实现中控远程控制	优良
吨水投资成本	4.5 元 /t	较经济

对深圳市某水厂的投药溶药设备进行验证，流量调节下限为不合格，其主要原因是计量泵使用年限过长、零部件老化，在流量较低时控制精度下降；其余各项指标均合格。

第9章 气浮设备

9.1 产品概述

9.1.1 产品分类

气浮是在待处理水中通入或产生大量高度分散的微细气泡，使其与杂质、絮粒相互黏附，形成密度小于水的浮渣，依靠浮力浮上水面，以完成固液分离的一种净水方法。气浮技术起源于矿选行业，利用气浮技术产生的微气泡具有比表面积大、水中停留时间长、上升速度慢、气体溶解率高、能自身增压溶解、界面ζ电位高、能产生大量羟基自由基、强传质效率等特性。在给水处理领域，气浮技术能够解决传统沉淀工艺无法解决的难题，如低温低浊、高藻水体固液分离问题，具有投资少、占地面积小、自动化程度高、操作管理方便等特点。

气浮净水起初是应用在矿选业，采用加压溶气气浮方法，随着气浮技术应用的领域越来越广泛，气浮设备类型也逐渐丰富，主要分为溶气气浮设备、散气气浮设备、离子气浮设备、浅层气浮设备、电解气浮设备等。目前在国内外给水气浮中应用最广泛的是加压溶气气浮，溶气气浮设备能够产生数量较多、气泡微细、粒度均匀、密集度大、上浮稳定的微气泡，对液体扰动效果微小、气浮效果好，设备也相对简单，便于维护和管理，尤其是对疏松絮凝体、细小颗粒的固液分离效果显著。我国的天津芥园水厂采用溶气气浮工艺除藻，进水量$50\times10^4m^3/d$，叶绿素去除率达90%，浊度< 0.4NTU，出水水质良好，成为使用国内气浮技术的大型给水厂中的典型示范；资阳市二水厂应用溶气气浮除藻工艺进行改造，藻类平均去除率达到92.5%；深圳宝安区的长流陂水厂采用浅层气浮工艺进行除藻工作，藻类去除率达80%以上，排渣含水率高达99.3%，处理效果明显，可以代替传统的混凝沉淀工艺。目前，气浮设备已经广泛应用在给水处理领域，在保障饮用水安全方面发挥着越来越重要的作用。

9.1.2 性能指标

衡量气浮设备的主要性能指标包括溶气效率、气泡直径、气泡消失时间、溶解氧含量。

(1) 溶气效率

溶气效率可以用来评价溶气系统溶解空气的能力，即在一定压力条件下实际溶解的气体量与理论可溶解的气体量的比值，溶气效率是一个评价气浮系统设备性能的参数，但由于实际溶解于水中的气量测量较困难，因此在实际应用中采用释气效率这个指标来间接反映溶气效率，作为评价气浮系统设备性能的一项重要参数。

（2）气泡直径

气浮法主要是利用微气泡与水中的污染物黏附从而上浮分离，一般来说，气泡直径在100μm以下的才能很好地附着在悬浮物上面。如果形成大气泡，在上升过程中将产生剧烈的水力搅动，产生的惯性撞击力不仅不能使气泡很好地附着在颗粒物表面，反而会撞碎矾花颗粒，甚至把已附着的小气泡也撞开。微气泡的直径越小，产生的数量越多，才能更好地与悬浮物碰撞黏附。

（3）气泡消失时间

气泡消失时间即气泡能够在水中稳定的时间，气浮设备产生的微纳米气泡具有上浮速度慢、在水中停留时间长等特性，利用斯托克斯方程计算气泡上升速度与粒径的关系，可以通过气泡的稳定时间间接地测量气泡粒径。气泡稳定时间越长，其能在水中作用的时间就越长，能大大增加气泡与水中颗粒物的碰撞黏附概率。因此气泡消失时间可以作为评价气浮设备性能的一个重要参数，表征气浮设备溶气罐的溶气性能和释放器的释气性能。

（4）溶解氧含量

溶解氧含量是验证气浮设备处理效能的一项参数，气浮设备产生的微纳米气泡具有强化传质的效能，能提高气液传质效率，微纳米气泡上升时尺寸减小使气泡内气体形成增压效应，这种自身增压效应有效地强化了气液界面的传质效率。当微纳米气泡的收缩达到某一极限值时，气泡内部的气压将会趋于无限大，这种自增压效应会使微气泡溶于水中或者在水面处破裂消失。

9.1.3 技术标准情况

气浮设备主要包括溶气泵、空气压缩机（或射流器）、压力溶气罐、溶气释放器以及其他附属设备，相关标准见表9-1。

表9-1 相关标准一览表

序号	标准名称	标准编号
1	城镇给水气浮处理工程技术规程	T/CECS 791—2020
2	污水气浮处理工程技术规范	HJ 2007—2010
3	离心泵技术条件（Ⅲ类）	GB/T 5657—2013
4	给水排水构筑物工程施工及验收规范	GB 50141—2008
5	室外给水设计标准	GB 50013—2018
6	含藻水给水处理设计规范	CJJ 32—2011
7	环境保护产品技术要求　压力溶气气浮装置	HJ/T 261—2006
8	环境保护产品技术要求　浅池气浮装置	HJ/T 282—2006
9	水处理设备　技术条件	NB/T 10790—2021
10	微型往复活塞空气压缩机	GB/T 13928—2015
11	二次气浮过滤净水器	JB/T 6931—2020
12	容积式压缩机用铸铁件技术条件	JB/T 9104—2013
13	给排水设计手册（第3册）：城镇给水（第3版）	ISBN：9787112041466

《水处理设备 技术条件》（NB/T 10790—2021）对水处理设备的产品分类、型号编制、性能指标、设备性能试验、设计、材料、制造、防腐、检验、标志、包装、运输、储存等进行规范要求，其中就包含了针对压力容器的相关规定。《二次气浮过滤净水器》（JB/T 6931—2020）规定了二次气浮过滤净水器的结构型式与基本参数、技术要求、试验方法、运行与维护，检测规则和标志、包装、运输、储存，适用于含有疏水性和经药剂调整后成疏水性的相对密度接近 1 的污染物的废水净化处理，也适用于各类生物处理设备排出的生物泥膜使之与水分离和给水净化的净水器。《离心泵技术条件（Ⅲ类）》（GB/T 5657—2013）对离心泵的设计、材料、工厂检查和试验、发运准备等内容进行了规定，包含了 NPSH3 的规定和振动测量方法的要求。《环境保护产品技术要求 压力溶气气浮装置》（HJ/T 261—2006）和《环境保护产品技术要求 浅池气浮装置》（HJ/T 282—2006）分别规定了压力溶气气浮装置和浅池气浮装置的技术要求、试验方法和检验规则。《微型往复活塞空气压缩机》（GB/T 13928—2015）规定了风冷、单作用、一般用途的有油润滑微型往复活塞空气压缩机的型号和基本参数、要求、试验方法、检验规则及标志、包装和储存等要求。《污水气浮处理工程技术规范》（HJ 2007—2010）规定了污水处理工程中所采用的气浮工艺的总体要求、工艺设计、设备选型、检测和控制、运行管理的技术要求。《城镇给水气浮处理工程技术规程》（T/CECS 791—2020）填补了给水气浮处理相关规范的空白，提出了气浮设备性能测定的方法和限定值，更新了部分气浮技术的运行参数。

9.2 行业调研

9.2.1 国内外生产状况

（1）装置介绍

在给水处理中，应用最为广泛的是加压溶气气浮，加压溶气气浮设备主要由加压溶气装置、溶气释放装置和固液分离装置三部分组成。加压溶气装置也称为加压空气饱和装置，包括溶气泵、空气压缩机（或射流器）、压力溶气罐以及其他附属设备；溶气释放装置由溶气释放器和溶气水管路组成；气浮池是进行固液分离过程的池体，是将气泡与水中的悬浮物、胶体、大部分有机物等分离的场所。通过对各类组合设备的生产企业进行调研整理，发现我国气浮设备生产企业在山东、江苏、上海及浙江等省市分布较多，该区域位于东部沿海地区，工业制造业比较发达，交通便利，促进了这些区域企业经济的发展。

在进行气浮时，微气泡的直径尺寸大小是决定处理效率的关键性因素。根据国内气浮相关设计规范和标准要求，溶气罐推荐采用能耗低、溶气效率高的空压机供气的喷淋式填料罐，设计工作压力一般为 0.25 ～ 0.4MPa，截面负荷率 100 ～ 200$m^3/(h \cdot m^2)$，溶气罐的压力及回流比应根据原水气浮试验情况或参照相似条件下的运行经验确定，溶气压力可采用 0.2 ～ 0.4MPa，回流比可采用 5% ～ 15%。在实际工艺运行过程中，利用溶气泵高速旋转的叶轮将回流水和气体充分混合搅拌后和利用空气压缩机加压的空气一同以一定的压力送至溶气罐，溶气泵与空压机的工作压力与溶气罐的工作压力相联系，通过对国内运行比较良好的水厂进行调研发现，大多数水厂的溶气压力维持在 0.3 ～ 0.4MPa，气浮设备在江苏宜兴、山东诸城等地生产较多，调研数据见表 9-2。

表 9-2　我国部分压力溶气罐生产企业调研清单

产品名称	厂家 / 品牌	规格型号	生产规模	产品标准
KRG 系列压力溶气罐	诸城昊斯特	KRG-10	96 ～ 118m^3/h	工作压力 2 ～ 5MPa
RO 系列压力溶气罐	江苏华克莱	RO-10	96 ～ 145m^3/h	工作压力 0.3 ～ 0.45MPa
TR 系列压力溶气罐	诸城益海	YHQF-60	7m^3/h	工作压力 0.3 ～ 0.4MPa
TR 系列压力溶气罐	扬州三水	TR	3 ～ 375m^3/h	工作压力 0.3 ～ 0.5MPa
TR 系列压力溶气罐	江苏海恒	TR-2	2 ～ 4m^3/h	—
TR 系列压力溶气罐	无锡亿吉	TR-2	3 ～ 6m^3/h	—
TR 系列压力溶气罐	扬州天朗	TR-6	31 ～ 53m^3/h	—
TR 系列压力溶气罐	上海东亚	TR-3 ～ TR16	—	工作压力 0.6 ～ 1.6MPa
XTR 系列压力溶气罐	扬州新河水	XTR-2	3 ～ 375m^3/h	工作压力 0.3 ～ 0.5MPa
HQ 系列压力溶气罐	宜兴天健	HQ-1000	1000m^3/h	工作压力 0.6MPa
SY 系列压力溶气罐	诸城益海	SY-10	3 ～ 6m^3/h	工作压力 0.4MPa
RQ 系列压力溶气罐	蓬莱水特	RQ	10m^3/h	工作压力 0.3MPa
KC 系列压力溶气罐	诸城凯创	KC	5000m^3/h	工作压力 30MPa

溶气释放装置由溶气释放器和溶气水管路组成。释放器的作用是将压力容器水减压，使溶气水中的气体以微气泡的形式释放出来，使其能迅速、均匀地与水中的颗粒物质进行黏附。释放器喷嘴的尺寸对微气泡的直径大小的影响远大于溶气压力对气泡直径的影响，研究人员通过实验研究发现，在压力值一定的情况下，使用喷嘴尺寸为 0.6mm 的释放器时处理效率最高，且在喷嘴尺寸为 0.6mm 及以下时微气泡尺寸和流速随喷嘴尺寸的减小而减小。目前国内常用的溶气释放器为 TS 型、TJ 型及 TV 型溶气释放器，其中 TS 型除用于试验性装置外，在生产上已很少采用。通过对我国现有释放器品牌进行调研，获得的企业信息如表 9-3 所列。

表 9-3　我国溶气释放器生产企业调研清单

产品名称	厂家 / 品牌	规格型号	产品标准
TJ 型溶气释放器	无锡亿吉	TJ-3	工作压力 3 ～ 5MPa
AF 型溶气释放器	诸城奥丰	AF	工作压力＜ 0.6MPa
TV 型溶气释放器	成都莘明	TV-1	工作压力 0.95 ～ 1.51MPa
TS 型溶气释放器	无锡盛泰	TS	工作压力 0.1MPa
GTJ 型溶气释放器	无锡工源	GTJ	工作压力 0.2 ～ 0.4MPa
GTV 型溶气释放器	无锡工源	GTV	工作压力 0.15 ～ 0.5MPa
TV 型溶气释放器	无锡吉翔	TV-2.5	工作压力 2MPa
TS 型溶气释放器	广州绿烨	TS-2	工作压力 0.1 ～ 0.5MPa
TJ 型溶气释放器	江苏华克莱	TJ-5	工作压力＜ 0.6MPa
TS 型溶气释放器	宜兴苏友	TS	工作压力 0.1MPa

续表

产品名称	厂家 / 品牌	规格型号	产品标准
TJ 型溶气释放器	东莞宏强	TJ-3	工作压力＜ 0.6MPa
TV 型溶气释放器	泰州博达	TV-2.5	工作压力 0.4MPa
TS 型溶气释放器	宜兴绿吉	TS-1	工作压力 3MPa
TV 型溶气释放器	无锡绿逸	TV	工作压力 0.3MPa
TJ 型溶气释放器	宜兴海承	TJ-3	工作压力 2MPa
TJ 型溶气释放器	广州捷茂	TJ	工作压力 3MPa
TV 型溶气释放器	济宁金鑫	TV	工作压力 3MPa
TJ 型溶气释放器	潍坊绿科	TJ	工作压力 0.5 ～ 5MPa
TS 型溶气释放器	宜兴舒景裕	TS-3	工作压力 0.5MPa

气浮池由絮凝室、气泡接触室、分离室三部分组成。早期的气浮池属于浅池形式，表面负荷较低，且要求进水流速尽量稳定；到了二代和三代的气浮池，表面负荷量逐渐增加，扩大了池深，减小了占地面积，气浮池底部设有穿孔集水管，便于收集和排出水中的沉淀物质。溶气气浮机是采用新型高效的溶气设备代替传统的溶气设备向水中溶气，它由箱体、刮渣机、螺旋出料机等共同组成一个完整的气浮净水装置。根据长期的水厂工艺运行经验发现，传统的分离室内部布水不均匀，导致出水仅靠近池边出口附近的集水管，使得这部分穿孔集水管易堵塞，为解决这一问题，法国的得利满公司设计出一种 AquaDAF 高速气浮池（见图 9-1），在分离室内设置预制集水板，底部设有三层穿孔集水板，能够避免短流，更好地实现流量分配，呈现更一致的垂直流，使出水更均匀，固液分离效率更高；省去集水管，减少了因管道堵塞造成出水水质不佳的情况。这一设计在我国贵州清镇东郊水厂、澳门陆环水厂及澳门 MSR 水厂等都已应用，并取得了很好的治理效果。

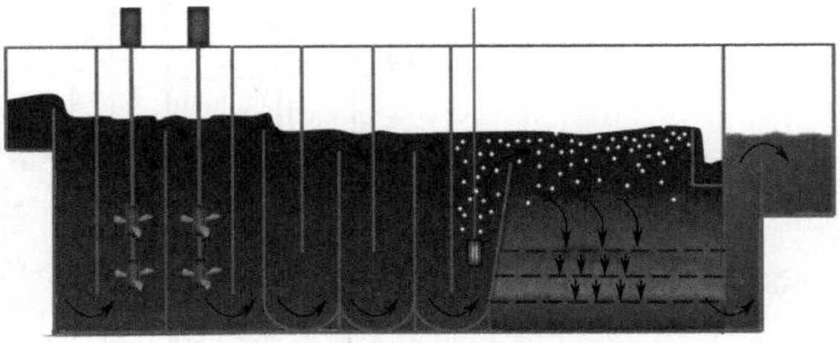

图 9-1　AquaDAF 高速气浮池

（2）组合工艺

1）共聚气浮

将传统气浮工艺中溶气水一次投加改为两次投加，先在絮凝反应时投加部分溶气水，反应结束后再加入其余部分溶气水，这样可在反应阶段微絮粒刚形成时，因微气泡加入而增加碰撞概率与加快凝聚速度，气浮与絮凝有机结合，强化絮凝过程及效果，共聚气浮工艺见图 9-2。另外，气泡直接参与凝聚而和絮粒共聚长大，气泡夹在絮粒中间，既充分发挥了气泡的凝聚作用，又牢固地把气泡黏附在絮粒上，从而使带气絮粒不仅在上浮过程中稳定，而且成为浮渣后也不轻易下沉，这种共聚作用良好的气浮称为“共聚气浮”。

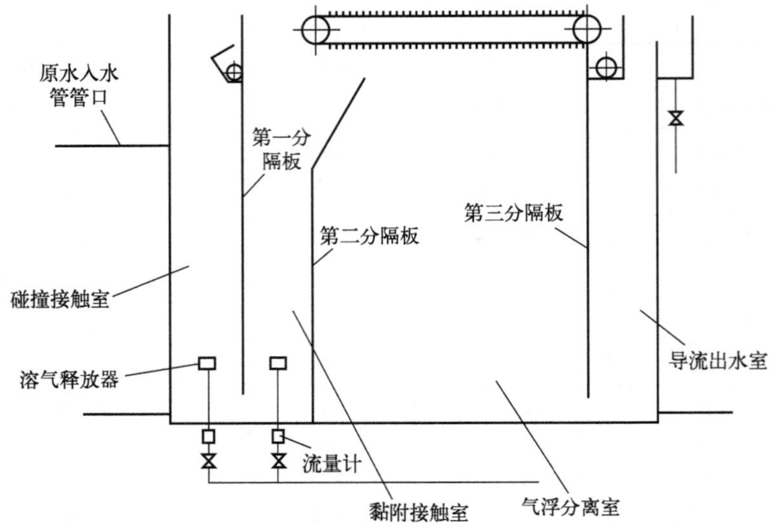

图 9-2　共聚气浮

2）气浮沉淀

为应对湖库水高藻、高有机物水质问题，研发了一种斜管浮沉池净水系统及净水方法，包括浮沉池和溶气发生装置，浮沉池包括混合池、絮凝室、气浮接触室、气浮分离室、斜管沉淀区和沉淀布水区，具体工艺构成见图 9-3。混合池的上部和絮凝室的上部连通，絮凝室的底部与气浮接触室的底部连通，气浮接触室的底部设有沉淀布水区的进水口，进水口

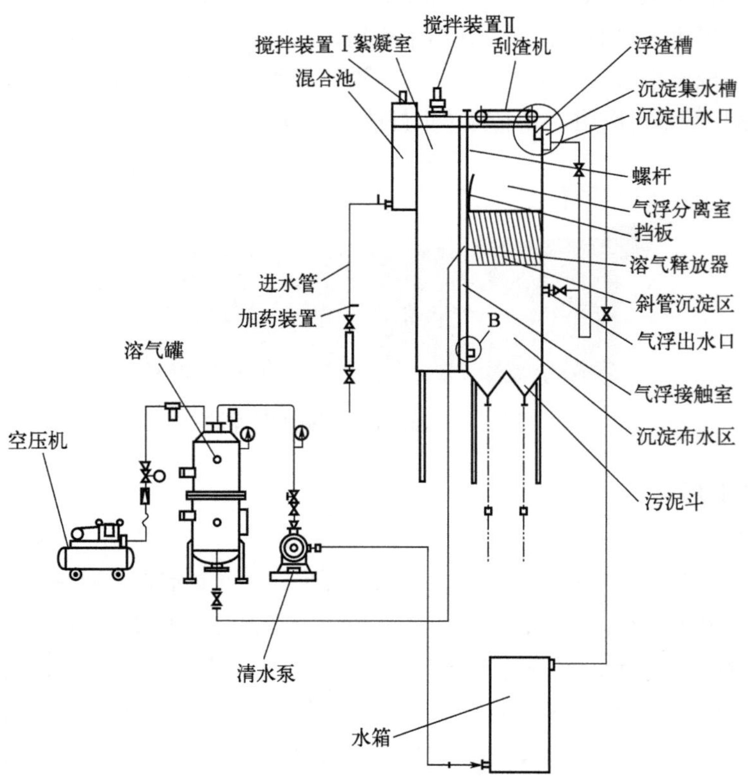

图 9-3　斜管浮沉池净水系统

设有闸板，斜管沉淀区位于沉淀布水区的上方，气浮分离室位于斜管沉淀区的上方，斜管沉淀区连通沉淀布水区和气浮分离室，气浮分离室顶部的上方设有刮渣机，气浮分离室顶部的外侧设有浮渣槽，浮渣槽外侧设有与浮渣槽通过溢流堰隔开的沉淀集水槽，沉淀布水区的上部和沉淀集水槽均设有出水口，气浮接触室的顶部与气浮分离室连通，原水进水管与混合池的底部连接，原水进水管上设有加药装置，溶气发生装置的溶气释放器设置在气浮接触室的中部。气浮沉淀池可针对湖库库水随季节、气候变化的水质、水温、水量选择不同的运行单元，达到事半功倍的效果。

3）气浮过滤

将溶气气浮与 V 型滤池有机结合，形成一种新型气浮滤池，气浮部分设碰撞接触区和黏附接触区，过滤采用炭砂深床过滤，强化气浮滤池的除污染效果。新型气浮滤池工艺见图 9-4。

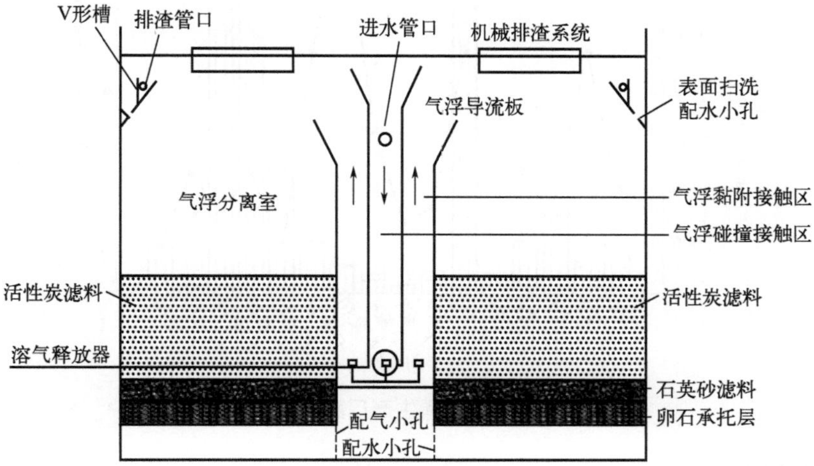

图 9-4　新型气浮滤池工艺流程

气浮滤池上方进水管口位于中部的气浮碰撞接触区，其底部设有排水管和排水闸板，两侧分别设有气浮黏附接触区，两个区底部连通内设有溶气释放器连接溶气水回流管，两个区上方口部设有斜向上的气浮导流板，滤池顶部设有机械排渣系统，滤池内过滤层为活性炭滤料、石英砂滤料和卵石承托层，滤池底部留有一个空间用来容纳过滤后的水，池底中部设有一封闭的底部空间，并设有配水方孔和配气小孔，连接有清水出水管、反冲洗进水管和反冲洗进气管，用于反冲洗，气浮滤池上方设有排渣管口和连接表面扫洗进水管的 V 形槽，以及设有若干个表面扫洗配水小孔的表面扫洗通道。

（3）国内外生产现状

1）基本状况

本项目调研的生产企业主要分布在华东地区，约占 70%，其次是华南地区，约占 12%，华北地区约占 8%，西南等其他地区约占 10%，其中山东诸城和江苏无锡、宜兴的气浮设备生产企业数量最多。生产规模比较大的设备生产厂家有 7 家，实力很强的设备生产厂家有 2 家。从图 9-5 可以看出，各企业规模的大小与职工人数、生产规模有着很大联系，企业规模越大，职工人数越多，生产规模也越大；各设备企业生产规模也以中小型的居多，且大部分是以国内销售为主、出口销售为辅，这从侧面说明我国的气浮设备生产厂商在国际上也占有一席之地；产品价格整体较为适中。整个企业的分布也是处于我国东部沿海地区，该地区交通便利，经济较为发达，也有利于各企业扩大生产规模，增强企业国际影响力，更好地发挥品牌效益。从整体上看，我国气浮设备生产企业地域分布极不平衡，东部地区的优势要明显大于西部地区。以气浮设备的运输为例，国内气浮设备包装运输的专业程度较低，在运输过程中可能对设备造成不可避免的损伤，这会给西部地区供水行业中气浮设备的使用带来额外的困难和问题。由此可见，我国气浮设备生产行业任重而道远。

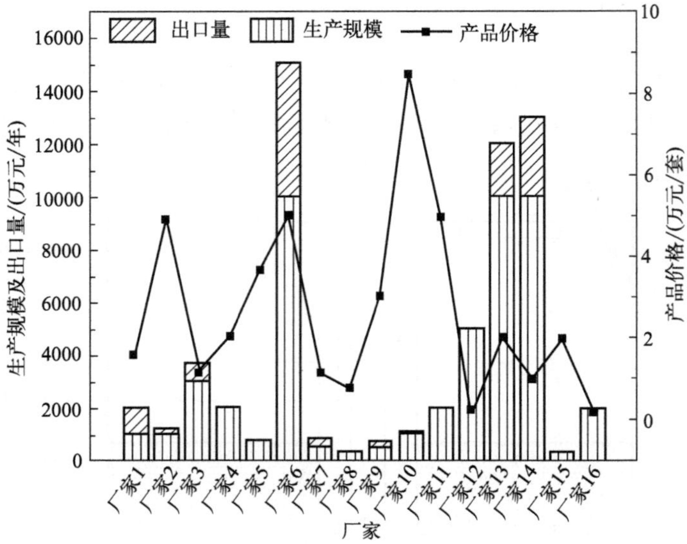

图 9-5　气浮设备生产厂家产量及价格

2）产品性能

① 气泡直径。即经溶气释放器释放的溶气水中，气泡的尺寸大小即气泡直径直接决定了气泡与污染物颗粒碰撞黏附概率的大小。从调研结果来看（具体见表 9-4），在调查的设备生产厂家中能达到气泡直径在 30μm 以下的占据 93.3%，气泡直径在 30 ～ 50μm 的占据 6.7%；而且有专家学者通过实验证明，在不同工况测量的微气泡数量不少于 1000 个的条件下，微气泡尺寸按照等概率分布，气泡直径在 20 ～ 75μm 区间内的概率约为 98%，但由于释放器的规格和实际测量的工况条件不同，微气泡能够达到的最高频率分布也不同，《城镇给水气浮处理工程技术规程》（T/CECS 791—2020）中规定释放器产生微气泡的平均直径范围为 20 ～ 60μm。

② 溶释气效率。气浮设备的溶释气效率决定了气泡大小，溶释气效率越高，气体的利用率越高，设备的经济性越好。从调研的结果来看（具体见表 9-5），在调研的生产厂家中溶释气效率在 90% 以上的占据 85.7%，溶释气效率在 80% ～ 100% 的占据 14.3%。从调研结果看，大部分生产厂家生产的气浮设备的溶释气效率能达到 99% 以上。在《环境保护产品技术要求　压力溶气气浮装置》（HJ/T 261—2006）中指出溶气罐的溶释气效率不应小于 80%，均满足这一要求。

表 9-4　溶气气浮机 / 溶气释放器气泡直径

生产厂家	设备名称	设备型号	气泡直径
厂家 1	溶气气浮机	HQ 型	30μm 以下

续表

生产厂家	设备名称	设备型号	气泡直径
厂家 2	溶气气浮机	DF-100	30μm 以下
厂家 3	溶气气浮机	GF	30μm 以下
厂家 4	溶气气浮机	S/H/F/V/E 系列	30μm 以下
厂家 5	溶气气浮机	QF 型	30μm 以下
厂家 6	溶气气浮机	ESCL-15	50μm 以下
厂家 7	溶气气浮机	QF-3	30μm 以下
厂家 8	溶气气浮机	MFYRF-80	30μm 以下
厂家 9	溶气气浮机	QTRF	30μm 以下
厂家 10	溶气释放器	TV-3、TS-2、TJ-2	30μm 以下
厂家 11	溶气释放器	TS-1、TV-1、TJ-1	30μm 以下
厂家 12	溶气释放器	TV-3、TJ-2	30μm 以下
厂家 13	溶气释放器	TV-3、TS-2、TJ-2	30μm 以下
厂家 14	溶气释放器	TS-1、TJ-1、	30μm 以下
厂家 15	溶气释放器	TV-3、TS-2、TJ-2	30μm 以下

表 9-5　气浮设备的溶释气效率

生产厂家	设备名称	设备型号	溶释气效率
厂家 1	溶气气浮机	HQ 型	比 TS、TJ、TV 高 30%
厂家 2	溶气气浮机	DF-100	99% 以上
厂家 3	溶气气浮机	ESCL-15	80% 以上
厂家 4	溶气气浮机	MFYRF-80	80% ～ 100%
厂家 5	溶气气浮机	QTRF	99% 以上
厂家 6	压力溶气罐	KRG 型	高达 98%
厂家 7	压力溶气罐	TR 系列	98% 以上
厂家 8	溶气释放器	TV-3、TS-2、TJ-2	99% 以上
厂家 9	溶气释放器	TS-1、TV-1、TJ-1	99% 以上
厂家 10	溶气释放器	TV-3、TJ-2	99% 以上
厂家 11	溶气释放器	TV-3、TS-2、TJ-2	99% 以上
厂家 12	溶气释放器	TS-1、TJ-1、	99% 以上
厂家 13	溶气释放器	TV-3、TS-2、TJ-2	99% 以上
厂家 14	溶气水泵	20QYB-1 型	80% ～ 100%

③ 除浊除藻排渣效能。除浊除藻排渣效能是检验气浮设备性能的主要和必要检测指标，应用气浮设备主要是为了应对高藻低浊度水，因此除浊除藻效能越好，对气浮设备的运行和推广有更重要的意义。从调研的结果来看，在应用气浮技术的城镇给水厂中，工艺出水的除浊除藻效能在 85% 以上，气浮池出水浊度均能达到后续工艺对水质的要求，刮渣排渣程度均能达到设定的要求，上层藻渣含水率在 95% ～ 99%，气浮池藻渣脱水采用板框压滤机或

离心法，脱水后含水率可降至 78% ～ 80%，藻渣采用厌氧消化法处理。阜阳市二水厂的除浊效能在 85% 以上，出水浊度≤ 1NTU；济南南康水厂的除浊除藻效能在 98% 以上；昆明第五水厂的除藻效能达 91.8%；胜利油田河口水厂的除浊效能在 95% 以上；济南南康水厂的除藻效能为 95%；四川资阳二水厂的除藻效能达 92.5%；长流陂水厂的除藻效能在 83%；胜利油田辛安水厂的除浊效能高于 92%，除藻效能高于 70%；广东中山水厂的除藻除浊效能达 98% 以上。在调研得到的水厂的去除效能数据中各去除效率参差不齐，可能与工艺的组合形式以及水质条件、刮渣方式和条件有关，但总体都达到了出水要求，除藻除浊排渣效能均能满足要求。

④ 溶气压力。溶气压力是保障气浮工艺正常运行的必备条件，是评价性能稳定性必不可少的重要指标，是影响气泡直径的直接因素。但溶气压力并不是越高越好，需要使其保持在一个相对稳定的范围，从而使设备发挥出最稳定的性能。从调研结果来看（具体见表 9-6 和表 9-7），设备厂家生产的各种气浮设备的压力以 0.2 ～ 0.4MPa 居多；大多数用户的使用压力在 0.3 ～ 0.4MPa。国外资料中溶气压力多采用 0.4 ～ 0.6MPa。根据我国的试验成果，提高溶气罐的溶气量及释放器的释气性能后，可适当降低溶气压力，以减少电耗。《城镇给水气浮处理工程技术规程》（T/CECS 791—2020）指出溶气压力可采用 0.2 ～ 0.5MPa。

表 9-6　生产企业的气浮设备溶气压力

生产厂家	设备名称	设备型号	溶气压力 /MPa
厂家 1	压力溶气罐	KRG-10	2 ～ 5
厂家 2	压力溶气罐	RQ-10	0.3 ～ 0.45
厂家 3	压力溶气罐	YHQF-60	0.3 ～ 0.4
厂家 4	压力溶气罐	SY-10	0.4
厂家 5	压力溶气罐	RQ	0.3
厂家 6	压力溶气罐	HQ-1000	0.6
厂家 7	释放器	TJ-3	3 ～ 5
厂家 8	释放器	GTJ	0.2 ～ 0.4
厂家 9	释放器	GTV	0.15 ～ 0.5
厂家 10	释放器	TS- Ⅱ	0.1 ～ 0.5
厂家 11	释放器	TJ-5	0.6
厂家 12	释放器	TJ-3	0.6
厂家 13	释放器	TV-2.5	0.4
厂家 14	释放器	TJ-3	2
厂家 15	释放器	TJ	0.5 ～ 5
厂家 16	空压机	BDX2VV50	1 ～ 1.5
厂家 17	空压机	90SDY-14.5	1.45
厂家 18	空压机	HL10A	0.7
厂家 19	空压机	BS-7.5P	0.8
厂家 20	空压机	V 系列	0.7 ～ 1.2
厂家 21	空压机	V22-8VSD	0.8

表 9-7　用户的气浮设备溶气压力

水厂名称	运行规模 /（m^3/d）	溶气压力 /MPa
潍坊白浪河水厂	12	0.35 ～ 0.4
天津芥园水厂	50	0.6 ～ 0.75
龙山水厂	15	0.3
潍坊寒亭水厂	12	0.35
潍坊眉村水厂	10	0.38
济南玉清水厂	20	0.3
济南南康水厂	11	0.28 ～ 0.32
资阳市二水厂	8	0.4
长流陂水厂	35	0.3 ～ 0.4
溧阳市区域供水中心水厂	15	0.3 ～ 0.5
珠海乾务水厂	4	0.6
河口水厂	5.5	0.35
东营辛安水厂	12	0.2 ～ 0.5
周口市二水厂	7	0.25 ～ 0.36

3）市场竞争力

生产规模直接体现了企业的经济实力，经济实力越强，生产规模越大，则其国际竞争力越强。生产规模与应用业绩成正比，应用业绩表现为企业的经营成果，即营业额或销售额，应用业绩从市场的角度体现了技术可靠性。从调研结果来看（具体见图 9-6），有 4 个厂家的应用业绩在 100 万～ 500 万元 / 年之间，占比 22.2%；有 8 个厂家的应用业绩在 500 万～ 2000 万元 / 年之间，占比 44.5%；有 6 个厂家的应用业绩在 2000 万元 / 年以上，占比 33.3%。

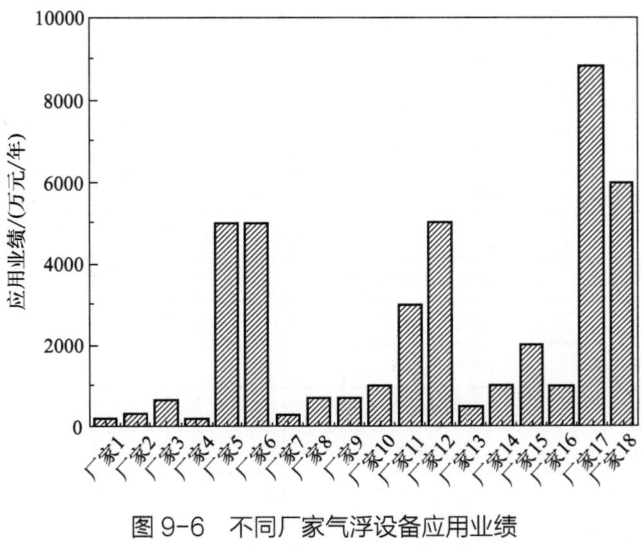

图 9-6　不同厂家气浮设备应用业绩

出口量体现了企业在国际上的销售情况和产品的国际认可度。一些大中型气浮设备生产企业，例如山东福星环保科技有限公司和义乌市聚鑫机电设备有限公司，其产品质量已经达到了国际标准。但从整体上看，我国气浮设备生产行业体量处于中上游水平，以中小型企业居多，这些中小型设备厂质检不严格、品种多、规格杂，出货质量难以满足使用要求。从调研结果来看（见表9-8），目前气浮设备有出口业务的大型厂家有8家，小型气浮设备厂家的出口能力相对较弱。我国气浮设备生产厂商也在国际上有一席之地。国外的大型气浮设备生产厂家有美国克拉福达（Krofta）、德国埃森伯格（Eitzenberger）、美国英格索兰（Ingersoll rand）、美国寿力（Sullair）等。目前国内的部分大型气浮设备生产厂家已具有出口全球的能力，且国内的生产骨干企业能够按ISO国际标准、欧盟CE认证等标准设计生产，但国内的部分产品存在易腐蚀、浮球开关易损坏等问题，配套设备与国外也存在一定差距，国产气浮设备在国际上的所占比重相对较小。

表9-8　气浮设备厂家规模及出口情况

生产厂家	职工人数/人	生产规模/（万元/年）	产品价格/（万元/套）	出口情况	
				是否出口	出口量/（万元/年）
厂家1	11～50	701～1000	1.5	是	701～1000
厂家2	51～100	701～1000	2～5	是	101～200
厂家3	51～100	2001～3000	1.2	是	501～700
厂家4	51～100	1001～2000	2	是	＜10
厂家5	51～100	—	1.2		
厂家6	11～50	501～700	3.6	是	31～50
厂家7	201～300	5001～10000	3.2～5	是	3001～5000
厂家8	51～100	301～500	1.2	是	201～300
厂家9	162	201～300	0.25～0.7	是	＜10
厂家10	24		2.5	是	
厂家11	301～500	301～500	1.5～3	是	101～200
厂家12	51～100	701～1000	2.8～8.5	是	51～100
厂家13	11～50	1001～2000	3～5		
厂家14	101～200	3001～5000	0.2		
厂家15	51～100	5001～10000	2	是	1001～2000
厂家16	51～100		0.24～0.59		
厂家17	101～200	5001～10000	1	是	2001～3000
厂家18	5～10	201～300	1～2		
厂家19	101～200	1001～2000	0.2		
厂家20	300	4500-8800	8	是	
厂家21	300	3000-6000	0.22～6	是	
厂家22	64000	170亿美元/年	6.2～8	是	
厂家23	79000	400亿美元/年	6	是	
厂家24	80000	320亿美元/年	22	是	

9.2.2　国内应用状况

调研结果显示，我国应用气浮设备的给水厂大多分布在沿海、沿河流域，其中以黄河流域居多，占全国总比例的 40%，长江流域约占 32%，海河流域约占 13%，淮河流域约占 7%，珠江流域约占 7%，其他流域约占 1%，这说明在低温低浊的流域气浮的应用更为广泛，这也验证了气浮工艺应用的条件是适用于处理温度＜ 10℃、浊度＜ 100NTU 及含有藻类等密度小的悬浮物质的原水。从整体上看，我国东部沿海地区因为人口密度大、用水量多、水厂密集等诸多因素，导致气浮设备的应用比例远大于西部地区。

9.2.3　典型应用案例

（1）潍坊白浪河水厂

潍坊白浪河水厂设计流量为 $12\times10^4m^3/d$，相应气浮上升流速为 2mm/s，在滤池内停留时间为 19min，接触区上升流速为 16.6mm/s，接触时间为 150s。回流比 $R=10\%$，溶气压力为 0.35 ～ 0.4MPa（图 9-7）。

图 9-7　潍坊白浪河水厂的气浮池

（2）济南玉清水厂

济南玉清水厂总规模为 $20\times10^4m^3/d$，气浮区包括导流区、接触室、分离区，气浮区总长度为 20.45m。每座气浮池按宽度方向均分为 4 格，单格宽度为 5.9m。沉淀出水经过导流区进入气浮接触室。为使絮凝的细小矾花不被破坏，进入接触室的水流速度控制在 0.1m/s 左右。接触室上升流速为 20mm/s，气浮接触时间为 122.5s，溶气水回流比最大为 10%，溶气罐溶气压力为 0.30MPa。分离区净长度为 16m，气浮出水通过设置在池体下部的大阻力穿孔配水板，开孔比约为 0.3%，确保出水负荷均匀（图 9-8）。

图 9-8　济南玉清水厂的气浮池

（3）济南南康水厂

济南南康水厂气浮池设计规模为 $11\times10^4m^3/d$，设置 6 组池组，每组由混合区、折板絮凝区、接触区和气浮区功能部分组成。单组设计流量为763.9m³/h。来水进入气浮池混合池，在混合池处投加PAC混凝剂，快速搅拌混合，然后进入折板絮凝池进行反应，最后进入气浮区进行气浮分离，采用微絮凝的原理，通过刮渣机将气浮到水表面的浮渣去除，达到对原水浊度、藻类等进行最大程度去除。清水穿过滤板进入2根DN400出水管再合并进入DN500出水管，进入总气浮池出水管DN900。刮渣水进入排水池，污泥经浓缩处理（图9-9）。

气浮池一楼设备间设置2台空压机和一个压力罐，为溶气罐提供气源；二楼每组池组设有一台溶气罐，回流泵加压后的水、压力罐的压缩空气进入溶气罐楼下，通过内置的填料的作用，将压缩空气溶入水；溶气水通过曝气盘，溶气水重新释放出微小气泡。气浮池主要设备包括机械混合搅拌机、往复式刮渣机等。

（4）东营胜利油田辛安水厂

接触溶气区平面尺寸为10.9m×1.25m。空气压缩机选用Z-0.2/7型，气量为0.2m³/min，最大压力为0.7MPa。溶气罐选用喷淋式填料型压力溶气罐（气水混合罐），材质选用不锈钢钢板，压力溶气罐型号为TR-10，直径1000mm，工作压力0.2～0.5MPa，过水量2262～3533m³/d。回流比控制在5%～10%，回流水泵为Omega80-370A型水泵，叶轮直径340mm，扬程37m，流量107m³/h。接触式水流上升流速一般取10～20mm，因受原池尺寸限制，上升流速偏大，约为23.3mm/s，水流在接触室内的停留时间约为120s。在气浮区底部设有穿孔排泥管，将池底积泥由此排至池外（图9-10）。

图9-9　济南南康水厂的气浮池

图9-10　辛安水厂的气浮区

9.3　技术评估

从产品调研结果来看，厂家用于评价气浮设备的指标主要有气泡直径、溶释气效率、溶气压力、除浊除藻效能和回流设备的可调范围5个指标；用户更关注除浊除藻排渣效能、吨水投资、吨水电耗、吨水药耗、应用业绩、售后服务等指标；另外，从行业来看，自控水平、产品质量认证、质量体系认证、生产规模以及出口量也可以反映产品的适用性和市场应用前景。因此，根据调研结果，参照相关标准规范，结合生产企业和用户关注的主要问题，筛选评估指标16项，具体见表9-9。

表 9-9　气浮设备评估指标

序号	评估指标	序号	评估指标
1	气泡直径	9	吨水药耗
2	溶释气效率	10	应用业绩
3	溶气压力	11	售后服务
4	除浊除藻效能	12	自控水平
5	回流设备的可调范围	13	产品质量认证
6	除浊除藻排渣效能	14	质量体系认证
7	吨水投资	15	生产规模
8	吨水电耗	16	出口量

9.3.1　评估指标体系

结合气浮设备的技术先进性、技术可靠性、性能稳定性、经济适用性、国际竞争力等方面，选取技术先进性、技术可靠性、性能稳定性、经济适用性、国际竞争力 5 项指标作为一级评估指标集。在一级评估指标的基础上，将其进一步细化分解为表 9-9 所列的 16 项二级评估指标，形成评估矩阵图，具体如图 9-11 所示。

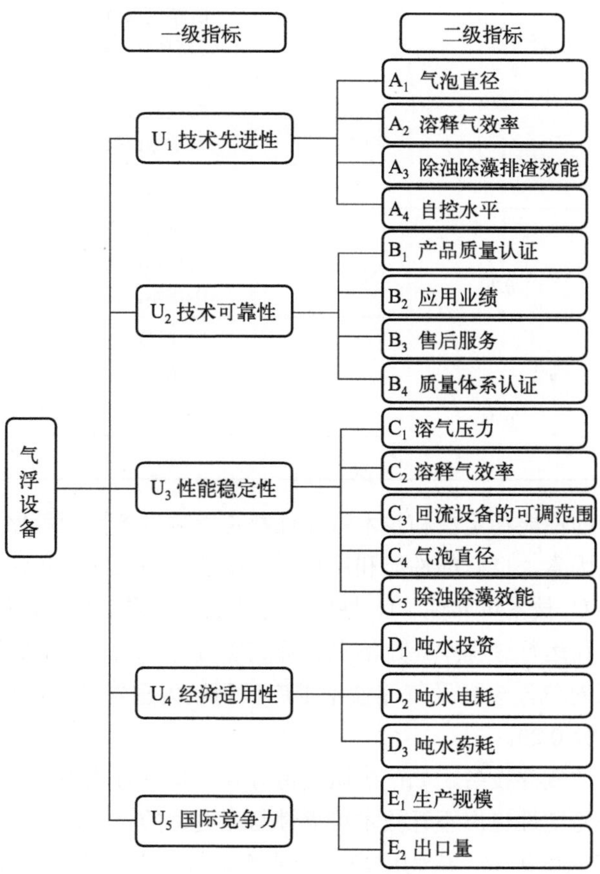

图 9-11　评估矩阵图

9.3.2 评估指标赋值

（1）气浮设备一级指标

结合气浮技术及设备特点，对 5 个一级指标分别赋予权重及建议值，气浮设备评估指标分配及权重和赋分见表 9-10，分别为 U_2 技术可靠性（0.30）= U_3 性能稳定性（0.30）＞ U_4 经济适用性（0.20）＞ U_1 技术先进性（0.15）＞ U_5 国际竞争力（0.05）。

表 9-10　气浮设备评估指标分配及权重和赋分

一级指标	权重	二级指标	满分 / 分
U_1 技术先进性	0.15	A_1 气泡直径	25
		A_2 溶释气效率	30
		A_3 除浊除藻排渣效能	30
		A_4 自控水平	15
		汇总	100
U_2 技术可靠性	0.30	B_1 产品质量认证	25
		B_2 应用业绩	30
		B_3 售后服务	20
		B_4 质量体系认证	25
		汇总	100
U_3 性能稳定性	0.30	C_1 溶气压力	20
		C_2 溶释气效率	20
		C_3 回流设备的可调范围	20
		C_4 气泡直径	20
		C_5 除浊除藻效能	20
		汇总	100
U_4 经济适用性	0.20	D_1 吨水投资	30
		D_2 吨水电耗	40
		D_3 吨水药耗	30
		汇总	100
U_5 国际竞争力	0.05	E_1 生产规模	70
		E_2 出口量	30
		汇总	100

首先，气浮设备的性能稳定性和技术可靠性都是影响设备性能可靠、保障运行稳定推动气浮设备发展的重要因素，良好的性能和用户认可度能提高气浮设备在市场上的竞争力，这是首要前提，因此将 U_2 技术可靠性、U_3 性能稳定性放在权重首位，建议赋分 0.30。

其次，由于气浮在运行过程中经过溶气、释气等过程，相较其他固液分离工序来说能耗较高，因此能耗高低对气浮设备及气浮技术推广应用较为重要，因此将 U_4 经济适用性放在权重第二位，建议赋分 0.20。

再次，对于先进的气浮设备，如产生微气泡方式、释气方式等，对气浮效能、能耗等起到较大影响，性能的稳定性也离不开技术可靠性与先进性的支撑，一体化、智能化、自动化的气浮设备扩大了其应用领域，成为用户和企业衡量气浮设备的重要因素，因此将 U_1 技术先进性放到第三位，建议赋分 0.15。

对于 U_5 国际竞争力指标，反映气浮设备规模、质量和国际认可度等，从侧面反映设备质量及水平，该指标放到最后，建议赋分 0.05。

（2）气浮设备二级指标

结合气浮技术及设备特点，分别对技术先进性、技术可靠性、性能稳定性、经济适用性及国际竞争力进行二级指标的细化和赋分，详见表 9-11。

表 9-11　气浮设备评估打分规则

一级指标	二级指标	满分 / 分	打分规则
U_1 技术先进性（权重 0.15）	A_1 气泡直径	25	≤ 50μm，20 ～ 25 分；50 ～ 150μm，10 ～ 19 分；≥ 150μm，0 ～ 9 分
	A_2 溶释气效率	30	80% ～ 100%，21 ～ 30 分；60% ～ 80%，10 ～ 20 分；＜ 60%，0 ～ 9 分
	A_3 除浊除藻排渣效能	30	总体效能≥ 90%，21 ～ 30 分；75% ～ 90%，10 ～ 20 分；≤ 75%，0 ～ 9 分
	A_4 自控水平	15	气浮设备整体自控化程度≥ 85%，11 ～ 15 分；50% ～ 85%，6 ～ 10 分；≤ 50%，0 ～ 5 分
U_2 技术可靠性（权重 0.30）	B_1 产品质量认证	25	具备产品质量认证两大标准，20 ～ 25 分；满足一种标准，6 ～ 19 分；无产品质量认证标准，0 ～ 5 分
	B_2 应用业绩	30	≥ 2000 万元 / 年，26 ～ 30 分；500 万～ 2000 万元 / 年，10 ～ 25 分；≤ 500 万元 / 年，0 ～ 9 分
	B_3 售后服务	20	用户满意度为优，12 ～ 20 分；用户满意度为良，6 ～ 11 分；用户满意度为差，0 ～ 5 分
	B_4 质量体系认证	25	企业具备产品质量认证两大标准，15 ～ 25 分；满足一种标准，6 ～ 14 分；无产品质量认证，0 ～ 5 分
U_3 性能稳定性（权重 0.30）	C_1 溶气压力	20	0.2 ～ 0.5MPa，15 ～ 20 分；高于 0.5MPa，10 ～ 14 分；低于 0.2MPa，0 ～ 9 分
	C_2 溶释气效率	20	80% ～ 100%，16 ～ 20 分；60% ～ 80%，10 ～ 15 分；＜ 60%，0 ～ 9 分
	C_3 回流设备的可调范围	20	≥ 15%，15 ～ 20 分；5% ～ 15%，10 ～ 14 分；低于 5%，0 ～ 9 分
	C_4 气泡直径	20	≤ 50μm，15 ～ 20 分；50 ～ 150μm，6 ～ 14 分；≥ 150μm，0 ～ 5 分
	C_5 除浊除藻效能	20	总体效能≥ 90%，15 ～ 20 分；75% ～ 90%，6 ～ 14 分；≤ 75%，0 ～ 5 分
U_4 经济适用性（权重 0.20）	D_1 吨水投资	30	低于行业平均水平：25 ～ 30 分；与行业平均水平相当：20 ～ 24 分；高于行业平均水平：0 ～ 19 分
	D_2 吨水电耗	40	低于行业平均水平：30 ～ 40 分；与行业平均水平相当：16 ～ 29 分；高于行业平均水平：0 ～ 15 分
	D_3 吨水药耗	30	低于行业平均水平：21 ～ 30 分；与行业平均水平相当：16 ～ 20 分；高于行业平均水平：0 ～ 15 分
U_5 国际竞争力（权重 0.05）	E_1 生产规模	70	生产规模≥ 2000 万元 / 年，60 ～ 70 分；500 万～ 2000 万元 / 年，50 ～ 59 分；≤ 500 万元 / 年，0 ～ 49 分
	E_2 出口量	30	出口量≥ 20%，20 ～ 30 分；20% ＞出口量≥ 10%，10 ～ 19 分；出口量＜ 10%，0 ～ 9 分

1）U_1 技术先进性

气浮设备的溶释气效率决定了气泡大小，溶释气效率越高，气体的利用率越高，设备的经济性越好，因此将溶释气效率赋分 30 分；应用气浮设备主要是为了应对高藻低浊水，因此除浊除藻排渣效能高，对气浮设备的运行和推广有着重要意义，故将除浊除藻排渣效能赋分 30 分；气泡直径直接决定了气泡与污染物颗粒碰撞黏附概率的大小，故赋分 25 分；自控水平反映了气浮设备运行时对人工需求的程度，自控化程度越高，对人工需求越少，越经济，但总体来说不如前三个指标的作用明显，故赋分 15 分。

2）U_2 技术可靠性

技术可靠性主要表现在除浊除藻效能的优劣，即整套工艺运行的效果，因此应用业绩是评价技术可靠性的重要指标，故赋分 30 分；产品质量认证和质量体系认证为质量认证的两个方面，是衡量企业及其产品可靠性的重要指标，故分别赋分 25 分；完善的售后服务有利于设备的运行和维护，故赋分 20 分。

3）U_3 性能稳定性

性能稳定性是评价设备的重要指标，保证性能可靠，保障运行稳定，才能取得较好的处理效果，这是首要前提，而溶气压力、溶气效率、回流设备的可调范围、气泡直径、除浊除藻效能等都是设备性能必不可少的重要指标，都是保障气浮工艺正常运行的必备条件，因此分别赋分 20 分。

4）U_4 经济适用性

吨水投资是指水厂建设的总投资额与每天处理的水量的比值，是衡量设备经济适用性的关键指标，故吨水投资赋分 30 分；吨水电耗在实际运行中占很大的比重，电耗影响投资，因此电耗是经济适用性的主导指标，故吨水电耗赋分 40 分；吨水药耗也是设备经济性的重要指标，如何能减少药耗提高处理效能也是提高经济性的表现，因此赋分 30 分。

5）U_5 国际竞争力

生产规模直接体现了企业的经济实力，经济实力越强，则其国际竞争力越强，故赋分 70 分；出口量反映了企业产品在国际上的销售情况，故赋分 30 分。

具体评估指标分配及权重赋分和打分规则如表 9-10 和表 9-11 所列。

9.3.3 评估指标体系应用

邀请涵盖高校研究机构、生产企业、设计院所等在内的 10 名专家根据建立的评估体系对气浮设备进行专家评估，赋分结果显示国内气浮设备生产和应用的技术就绪度整体达到 8 级，在城镇供水行业有一定的市场应用规模。评估打分汇总及评估结果分别见表 9-12 和图 9-12。

表 9-12 专家评分汇总

序号	U_1 技术先进性		U_2 技术可靠性		U_3 性能稳定性		U_4 经济适用性		U_5 国际竞争力	
	分值 / 分	权重	分值 / 分	权重	分值 / 分	权重	分值 / 分	权重	分值 / 分	权重
1	91	0.15	85	0.25	88	0.35	78	0.2	74	0.05
2	87	0.15	87	0.3	88	0.3	76	0.2	74	0.05
3	93	0.15	88	0.3	90	0.3	85	0.2	72	0.05

续表

序号	U_1 技术先进性		U_2 技术可靠性		U_3 性能稳定性		U_4 经济适用性		U_5 国际竞争力	
	分值 / 分	权重	分值 / 分	权重	分值 / 分	权重	分值 / 分	权重	分值 / 分	权重
4	89	0.15	87	0.3	88	0.3	76	0.2	74	0.05
5	95	0.15	94	0.3	94	0.3	95	0.2	94	0.05
6	91	0.15	88	0.3	91	0.3	80	0.2	75	0.05
7	90	0.15	87	0.3	90	0.3	79	0.2	75	0.05
8	87	0.15	86	0.3	88	0.3	78	0.2	72	0.05
9	89	0.2	85	0.25	88	0.25	82	0.25	70	0.05
10	92	0.15	84	0.3	89	0.3	78	0.2	75	0.05
计算结果	技术就绪度（TRL）	明确需求（TRL1）	技术方案（TRL2）	通过论证（TRL3）	小试研究（TRL4）	中试研究（TRL5）	形成产品（TRL6）	三方评估（TRL7）	标准化（TRL8）	推广应用（TRL9）
	$B=WR$	0	0	0	0	0	0.11	1.52	2.44	1.05

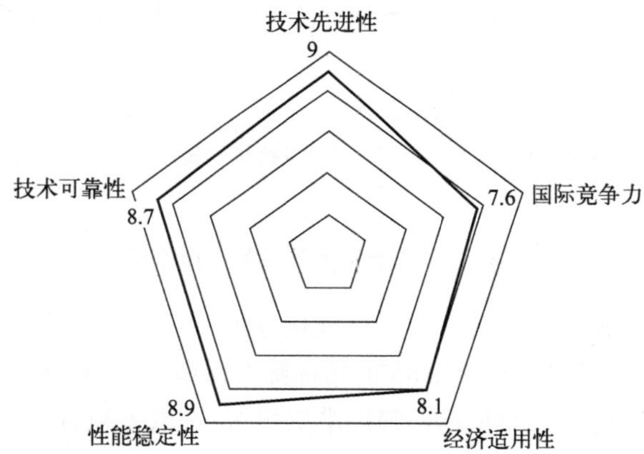

图 9-12 气浮设备评估结果图

9.4 应用验证

气浮设备的验证采用了实验室验证、中试验证及生产验证三种形式。其中，实验室验证主要针对气泡直径、溶释气效率、溶气压力、气泡消失时间、溶解氧含量等产品性能指标。中试验证首先对产品性能进行验证，然后通过在不同压力、不同混凝剂投加量以及不同回流比条件下的除浊除藻效能进行验证，以验证气浮设备性能和应用效果。生产验证主要通过对不同厂家的气浮设备的产品性能，气浮设备设施的除浊除藻排渣效能、回流设备的调节能力等考察设备性能和应用效果。产品验证技术路线如图 9-13 所示。

9.4.1 验证指标筛选

利用气浮设备实际应用中的高频指标作为重点，结合文献梳理和实地调查研究进行指标的海选。根据可观测性原则将数据无法获得的海选指标删除，保证初步筛选后的指标体系可

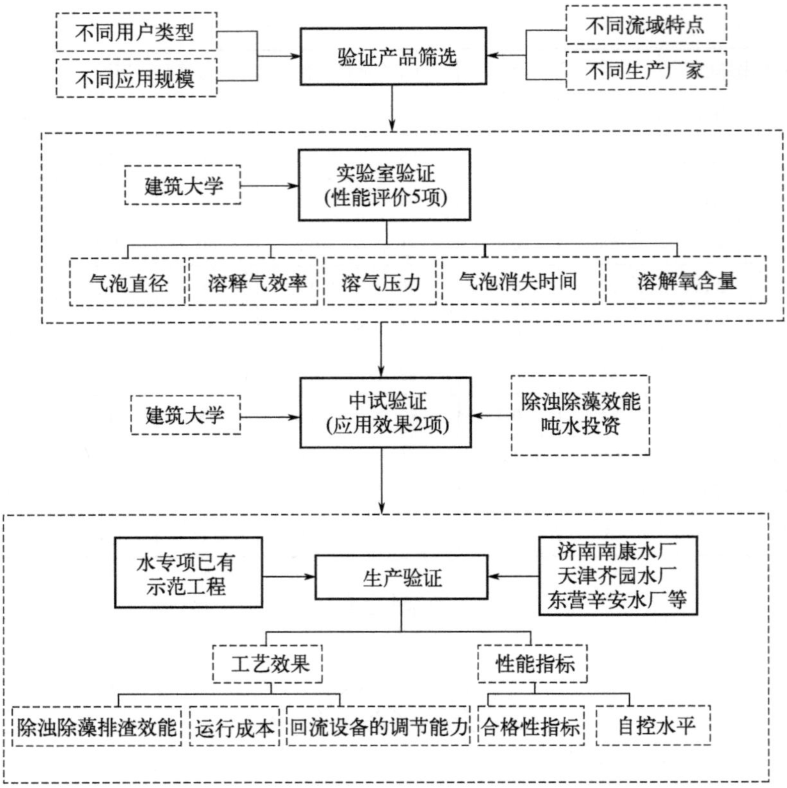

图 9-13 气浮设备产品验证技术路线

以量化，然后对初步筛选的指标数据进行标准化分析，基于相关性分析将 X_1 准则层相关系数＞ 0.9，X_2、X_3 准则层相关系数＞ 0.85 的指标筛选保留。在相关性分析的基础上，利用主成分分析筛选各准则层内剩余的指标，筛选准则层 X_1 选取累积方差贡献率达到 85%、准则层 X_2 选取累积方差贡献率达到 85%、准则层 X_3 选取累积方差贡献率达到 80% 时各个主成分中因子负载绝对值较大的指标。

经过初步筛选和相关性、主成分定量筛选，从 61 个海选指标中筛选出分别适用于小试、中试、生产试验的 15 个指标，如表 9-13 所列。

表 9-13 气浮设备验证的海选指标集

序号	准则层	指标层	筛选结果
1	X_1 小试试验指标	$X_{1.1}$ 气泡直径	保留
2		$X_{1.2}$ 释气量	主成分分析删除
3		$X_{1.3}$ 进气量	主成分分析删除
4		$X_{1.4}$ 溶解氧	保留
5		$X_{1.5}$ 气泡稳定时间	相关性分析删除
6		$X_{1.6}$ 溶气压力	主成分分析删除
7		$X_{1.7}$ 溶释气效率	主成分分析删除
8		$X_{1.8}$ 除浊效能	相关性分析删除
9		$X_{1.9}$ 除藻效能	保留

续表

序号	准则层	指标层	筛选结果
10	X_1 小试试验指标	$X_{1.10}$ 除 TOC 效能	相关性分析删除
11		$X_{1.11}$ 除 UV_{254} 效能	主成分分析删除
12		$X_{1.12}$ 除 THMFP 效能	主成分分析删除
13		$X_{1.13}$ 投药量	保留
14		$X_{1.14}$ 电耗	不可观测删除
15		$X_{1.15}$ 用户体验感	不可观测删除
16	X_2 中试试验指标	$X_{2.1}$ 释气量	主成分分析删除
17		$X_{2.2}$ 气泡直径	保留
18		$X_{2.3}$ 气水比	主成分分析删除
19		$X_{2.4}$ 溶解氧	主成分分析删除
20		$X_{2.5}$ 气泡稳定时间	主成分分析删除
21		$X_{2.6}$ 溶气压力	主成分分析删除
22		$X_{2.7}$ 溶释气效率	保留
23		$X_{2.8}$ 回流比	保留
24		$X_{2.9}$ 除浊效能	相关性分析删除
25		$X_{2.10}$ 除藻效能	主成分分析删除
26		$X_{2.11}$ 除 TOC 效能	相关性分析删除
27		$X_{2.12}$ 除 COD_{Mn} 效能	主成分分析删除
28		$X_{2.13}$ 除 THMFP 效能	主成分分析删除
29		$X_{2.14}$ 除 UV_{254} 效能	保留
30		$X_{2.15}$ 投药量	保留
31		$X_{2.16}$ 用户体验感	不可观测删除
32		$X_{2.17}$ 电能消耗	不可观测删除
33		$X_{2.18}$ 售后服务	不可观测删除
34	X_3 生产试验指标	$X_{3.1}$ 释气量	主成分分析删除
35		$X_{3.2}$ 气泡直径	保留
36		$X_{3.3}$ 溶解氧	保留
37		$X_{3.4}$ 气泡稳定时间	主成分分析删除
38		$X_{3.5}$ 溶气压力	保留
39		$X_{3.6}$ 溶释气效率	主成分分析删除
40		$X_{3.7}$ 回流比	主成分分析删除
41		$X_{3.8}$ 除浊效能	相关性分析删除
42		$X_{3.9}$ 除藻效能	主成分分析删除
43		$X_{3.10}$ 除 TOC 效能	相关性分析删除
44		$X_{3.11}$ 除 COD_{Mn} 效能	主成分分析删除
45		$X_{3.12}$ 除 UV_{254} 效能	主成分分析删除
46		$X_{3.13}$ 除 THMFP 效能	保留

续表

序号	准则层	指标层	筛选结果
47	X_3 生产试验指标	$X_{3.14}$ 投药量	保留
48		$X_{3.15}$ 吨水药耗	主成分分析删除
49		$X_{3.16}$ 吨水电耗	保留
50		$X_{3.17}$ 吨水投资	不可观测删除
51		$X_{3.18}$ 出口量	不可观测删除
52		$X_{3.19}$ 生产规模	不可观测删除
53		$X_{3.20}$ 自控水平	不可观测删除
54		$X_{3.21}$ 应用业绩	不可观测删除
55		$X_{3.22}$ 应用规模	不可观测删除
56		$X_{3.23}$ 质量体系认证	不可观测删除
57		$X_{3.24}$ 产品质量认证	不可观测删除
58		$X_{3.25}$ 售后服务	不可观测删除
59		$X_{3.26}$ 注册资本	不可观测删除
60		$X_{3.27}$ 市场占有率	不可观测删除
61		$X_{3.28}$ 产品价格	不可观测删除

9.4.2 验证指标体系

气浮设备的性能指标之间存在一定的相关性，处理效果指标之间也存在不同的相关性。根据主成分分析，气浮设备的指标主要分为性能、效果、经济三方面，性能中主要起作用的指标为气泡直径、溶释气效率，效果中主要起作用的包括除藻效能、除 UV_{254} 效能、回流比、除 THMFP 效能，经济中主要起作用的是吨水电耗。不同设备的指标相关性会受检测条件的影响而有所变动。而经过验证指标的筛选过程，初步筛选去掉了无法获取数据的指标；相关性分析删除了同一准则层内相关系数大的指标，避免了指标反映重复信息；主成分分析删除了主成分中因子负载系数绝对值小的指标，保证了筛选出的指标对评价结果有显著影响。即从 10 个小试试验指标中筛选出 4 个指标，从 13 个中试试验指标中筛选出 5 个指标，从 14 个生产试验指标中筛选出 6 个指标，主要包括气泡直径、溶解氧、除藻效能、投药量、溶释气效率、回流比、除 UV_{254} 效能、溶气压力、除 THMFP 效能、吨水电耗等。这些指标涵盖了产品质量、应用效果、经济性能等几个方面，筛选出的指标具有较好的合理性。

将以上得到的指标体系按照文献调查、实地调研及上述小试、中试及生产试验结果对评估指标进行等级划分，其中溶解氧、投药量、回流比、溶气压力 4 项指标分为合格、不合格两个等级，气泡直径、除藻效能、除 UV_{254} 效能、除 THMFP 效能、溶释气效率、吨水电耗 6 项指标分为优良、合格、不合格三个等级。具体等级划分规则见表 9-14。

表 9-14 评估指标的等级划分

指标	等级
气泡直径	气泡直径小于 50μm，优良；50 ～ 120μm，合格；大于 120μm，不合格

续表

指标	等级
除藻效能	藻类去除率大于 90%，优良；75% ～ 90%，合格；小于 75%，不合格
除 UV_{254} 效能	去除率大于 40%，优良；15% ～ 40%，合格；小于 15%，不合格
除 THMFP 效能	去除率大于 50%，优良；25% ～ 50%，合格；小于 25%，不合格
溶解氧	高于同温同压下的清水中的含量，合格；否则不合格
投药量	与行业水平相当，合格；否则不合格
溶释气效率	大于 80%，优良；60 ～ 80%，合格；小于 60%，不合格
回流比	5% ～ 15%，合格；小于 5% 或大于 15%，不合格
溶气压力	0.2 ～ 0.5MPa，合格；大于 0.5MPa 或小于 0.2MPa，不合格
吨水电耗	低于行业水平，优良；与行业水平相当，合格；高于行业水平，不合格

9.4.3　典型产品验证案例

基于建立的验证体系，以山东某水厂为例，对气浮设备进行生产验证。

山东某水厂采用高锰酸盐预处理 + 浮沉池 + 生物活性炭砂滤池 + 中压紫外线消毒工艺，采用浮沉池的处理工艺，气浮池与沉淀池合建，气浮池内水流流速控制在 0.1m/s 左右，上升流速是 20mm/s，停留时间是 122.5s；分离区表面负荷为 3.54mm/s，设置穿孔配水板，开孔比为 0.3%；溶气水回流比 10%，溶气压力 0.30MPa。每格气浮池接触室内布置 TJ 型溶气释放器 8 个，每座气浮池设置一台刮渣机，浮渣排入原沉淀池排泥水渠。

验证试验方法：取水厂沉淀池出水和气浮池出水进行水质指标检测，并对气浮设备的性能参数进行检测，结合水厂实际运行记录表进行验证。由划分的评估指标等级对验证地点指标进行验证。对山东某水厂的气浮设备进行验证，各项指标均合格，其中在气泡直径、溶气压力和吨水电耗等方面达到优良。具体验证结果见表 9-15。

表 9-15　气浮设备验证评估结果

验证指标	验证结果	评估结论
气泡直径 /μm	29.15	优良
除藻效能 /%	86.31	合格
除 UV_{254} 效能 /%	17.03	合格
除 THMFP 效能 /%	29.56	合格
溶解氧 /(mg/L)	12.89（同温同压下清水为 9.46）	合格
投药量 /(g/m^3)	11.83	合格
溶释气效率 /%	78.7	合格
回流比 /%	10	合格
溶气压力 /MPa	0.3	优良
吨水电耗 /（元 /m^3）	0.017	优良

第三篇

供水器材

经过100多年的发展，我国城镇供水工艺已经形成“混凝-沉淀-过滤-消毒”的成熟常规处理工艺，臭氧-活性炭、膜处理等深度处理工艺的应用也在逐步推广和普及。无论是常规水处理工艺还是深度处理工艺，膜材料及组件、斜管斜板、滤池配水器材、填料、过滤介质、滤布、管道混合器、曝气器、管材、管件等不同种类的净水器材在“从源头到龙头”的饮用水生产和输配过程中占据十分重要的地位，直接影响饮用水的质量安全。

根据使用功能，供水器材大致可分为两个小类，即输配水的管材管件和净水厂工艺处理的处理器材。其中管材的材质和种类繁多，主要包括镀锌管、铸铁管、PVC-U（硬聚氯乙烯）管、铝塑复合管、PPR（无规共聚聚丙烯）管、铜管、薄壁不锈钢水管、PE（聚乙烯）管等；管件是指管道系统中起连接、控制、变向、分流、密封、支撑等作用的零部件的统称，根据功能可以分为水射器、弯头、接头、三通、变径等管件；处理器材包括膜材料及其组件、斜管斜板、滤池配水系统（器材）、填料（弹性、悬浮等）、过滤介质、滤布、管道混合器、曝气器等。

据大量水质监测数据表明，导致管网水质恶化的主要原因之一是给水管道的严重锈蚀。例如，采用冷镀锌钢管，使用寿命不到5年就会发生锈蚀现象，并产生铁锈味，给用水安全带来隐患，1985年《生活饮用水卫生标准》（GB 5749）的颁布实施加速了镀锌钢管的淘汰替换，因此，这种传统的镀锌钢管在生活供水系统中慢慢被限制、淘汰，随后出现了铸铁水泥管、延性铸铁管、不锈钢管、聚乙烯管材等更加环保、健康的新型管材并得到了推广和使用。例如，塑料管材因比传统金属管道更加卫生安全、水流阻力小、耐腐蚀、耐压强度高、节省金属、节约能源、改善生活环境、使用寿命长、安装方便等，受到了管道工程界的青睐并占据了相当重要的位置。但是从管材强度上考虑，金属管材又有塑料管材无法比拟的优势。

在金属管封方面，我国20世纪50年代以前只有钢管、灰口铸铁管、陶土管和混凝土管。60年代研制了自应力混凝土管和预应力混凝土管。80年代中开始引进研制预应力钢筒混凝土管（PCCP管），有内衬式和埋置式两种结构，现在埋置式PCCP管的管径已在3m以上。80年代后期使用了离心球墨铸铁管，目前已替代了灰口铸铁管，并成为最广泛应用于埋地给水管道工程的管材之一，其最大管径可达2800mm。2005年以来，我国球墨铸铁管的用量开始逐年快速增长，各种大型水利工程项目对大口径球墨铸铁管的需求越来越多。目前我国自主研制的管径2600mm的离心球墨铸铁管在南水北调、引黄工程等大型调水项目中成功应用。随着我国城镇化进程的进一步加速，球墨铸铁管的应用将进一步拓展。我国城镇供水领域球墨铸铁管替代灰口铸铁管的进程已经收尾，但目前供水行业对球墨铸铁管的需求量仍然很大，其他非主流管材仍将逐步被球墨铸铁管替代，球墨铸铁管在技术和价格上的优势仍然十分明显。

化学管材有热塑性塑料和热固性塑料两种材质。国外早在20世纪50年代以前已将塑料管封用于管道工程，国内在60年代后期也开始将热塑性塑料管材用于农村给水和工业管道。到80年代中，国内开始推广应用化学管材，首先将硬聚氯乙烯（PVC-U）管用于建筑排水管道，替代传统的手工制作的排水铸铁管；90年代初，建设部组织PVC-U管用于埋地给水管道在各城市的试点工程后，即在国内推广应用。80年代后期，国外对高密度聚乙烯（HDPE80/100）的开发使国际上对PE管材的应用成上升趋势，国内于90年代中也开始引进各种HDPE管材。目前，我国市政供水管网使用PE管材管件已经普及。PE管材管件与金属、水泥管道相比卫生性好、寿命长、抗沉降性能突出，是目前市政供水管网的首要选择。据不完全统计，目前我国市政供水管道公称直径400mm及以下口径采用塑料管材的比例达到85%，特别是东部沿海经济发达地区，传统水泥、铸铁管材管件已经基本上改造升级为PE管材管件。

在处理器材方面，随着水源水质恶化、净水技术的发展和人们对饮用水质量要求的不断提高，氧化、吸附、生物降解、强化混凝沉淀、深度处理、安全消毒等处理工艺涉及的处理器材层出不穷。如20世纪60～70年代出现的斜管沉淀池因为沉淀效率大幅提高而逐渐替代平流沉淀池；90年代预处理技术的研究促使填料开始应用于预处理；进入21世纪，随着膜过滤如微滤、超滤、纳滤、反渗透、电渗析等技术的应用，膜材料及组件在饮用水处理领域快速发展。近年来，超滤膜及其组件在饮用水处理中成为膜技术的主流水处理器材之一。另外，斜管斜板、滤池配水器材、填料、膜材料及组件等水处理器材也随着城镇供水的水处理工艺发展而发展。斜管斜板是我国自来水厂沉淀池应用最广泛、最成熟的一种水处理器材。长期以来，国内斜管斜板产品相关技术发展相对缓慢，厂商对产品材质的升级、新型斜管的研发应用缺少推动力，未来需要根据不同沉淀池的池型开发具有针对性的斜管斜板产品，以提高斜管斜板沉淀池的使用效果及产品使用寿命。滤池配水器的作用在于使反冲洗水在整个过滤装置平面上均匀分布，其配水均匀性和结构强度对反冲洗效果的影响很大。生物填料作为生物滤池的重要组成部分，其比表面积、生物亲和性等性能影响生物预处理效果，填料的选择对工艺能否正常运行起到关键的作用，国内填料生产厂家数目巨大、质量参差不齐，也缺乏统一的设计、施工指导文件。

另外，根据工况网统计数据，2019年我国城镇供水应用的供水器材市场规模达到510亿元，其中水处理器材10.5亿元，管材管件498亿元，仅铸铁管和PE管就达到320亿元的市场规模。

可见，管材管件和处理器材在供水系统中占据了极其重要的地位。目前在城镇供水领域应用最广泛的金属管材为球墨铸铁管，非金属管为PE管，这两种管材也是原住建部主要推广的两种管材。随着人们对水质要求和管材制造技术的不断提高，不同管材的使用比例仍在不断发生变化。处理器材随着水处理技术的进步取得了长足的进步，但部分器材标准年代较早、适应性较差，部分器材还缺少相关标准，以斜管斜板为例，斜板因为没有国家标准和行业标准，塑料斜板的原理问题、老化问题一直没有得到很好的解决，不锈钢斜板因为价格问题短期内仍难以普及；蜂窝斜管近年来除材质外，管型及工艺性能几乎没有变化，长期处于停滞状态。

因此，通过网络、函调、专家咨询、电话调查及现场调研等多种方式，对膜材料及其组件、斜管斜板、滤池配水系统（器材）、填料（弹性、悬浮等）、过滤介质、滤布、管道混合器、曝气器8类管件器材进行调研，重点对象包括广泛应用的球墨铸铁管、PE管、填料、滤池配水器材、长期技术发展相对缓慢的斜管斜板、新型的膜材料及组件等关键器材，总结了生产及应用中存在的问题，评估并验证了其性能，找到与国际先进材料的差距，为产品的推广应用及关键技术突破提供数据支撑。

第 10 章 铸铁管及管件

10.1 产品概述

随着用水质量要求的不断提高，水处理工艺不断升级，相应的处理器材不断迭代更新。传统的镀锌钢管在生活供水系统中慢慢被限制、淘汰，更加环保、健康的新型管材得到了推广和使用。20 世纪 60 年代球墨铸铁管在城镇供水领域的应用始于欧洲，2005 年以来，我国球墨铸铁管的用量开始逐年快速增长，且替代灰口铸铁管的进程已经收尾，是目前市政供水管网的首要选择。因此，本章重点介绍铸铁管及管件。

10.1.1 产品分类

管材的材质和种类繁多，主要包括镀锌管、铸铁管、PVC-U 管、铝塑复合管、PPR 管、铜管、薄壁不锈钢管、PE 管等。管件是指管道系统中起连接、控制、变向、分流、密封、支撑等作用的零部件的统称，根据功能可以分为弯头、接头、三通、变径等产品。

球墨铸铁管材产品分为管道和管件，管道产品目前主流的管径为 DN80 ～ 2000，国内有新产品甚至可达到 DN3000。管件种类繁多，主要和管道配套使用，使用较多的管件有盘插、盘承、双承、弯头、渐缩管、三通、四通法兰等。按管的对接（接口）型式可分为滑入式（T 型）、机械式（K 型、N Ⅱ型、S Ⅱ型）和法兰式等三类接口型式。其中，在《水及燃气用球墨铸铁管、管件和附件》（GB/T 13295）国家标准中，DN80 ～ 1200 中小口径铸管采用 T 型接口，DN1400 为 STD 型接口，大于等于 DN1600 大口径铸管采用 T 型接口。N Ⅱ型、S Ⅱ型常用于输送气体的管道。

10.1.2 性能指标

离心球墨铸铁管国内目前采用《水及燃气用球墨铸铁管、管件和附件》（GB/T 13295—2019）标准生产，该标准与《输水用球墨铸铁管、管件、附件及接口》（ISO 2531:2009）标准等效。参考相关标准，主要性能指标如下。

（1）力学性能

① 抗拉强度。金属由均匀塑性形变向局部集中塑性变形过渡的临界值，也是金属在静拉伸条件下的最大承载能力。抗拉强度即表征材料最大均匀塑性变形的抗力，拉伸试样在承受最大拉应力之前变形是均匀一致的，但超出之后，金属开始出现缩颈现象，即产生集中变

形；对于没有（或很小）均匀塑性变形的脆性材料，它反映了材料的断裂抗力。

② 延伸率 δ。描述材料塑性性能的指标——延伸率 δ 和截面收缩率。延伸率即试样拉伸断裂后标距段的总变形 ΔL 与原标距长度 L 之比的百分数：$\delta=(\Delta L/L)\times 100\%$。

③ 布氏硬度。硬度试验是用来测定材料达到变形时的硬度。它用于度量材料抵抗塑性变形的能力。

离心球墨铸铁管的力学性能见表 10-1。

表 10-1　GB/T 13295—2019（ISO 2531:2009）标准中对力学性能的要求

铸件类型	抗拉强度 R_m/MPa DN40 ～ 2600	延伸率 δ/%		布氏硬度 /HBS
		DN40 ～ 1000	DN1100 ～ 2600	
离心球墨铸铁管	≥ 420	≥ 10	≥ 7	≤ 230
管件、附件、非离心球墨铸铁管	≥ 420	≥ 5	≥ 5	≤ 250

（2）涂层厚度

涂层厚度包含内外涂层厚度与锌层重量等指标，球墨铸铁管材防腐涂层应能稳定保护管材 50 年以上。

标准水泥衬层厚度应符合《压力和非压力管道用球墨铸铁管和配件　水泥砂浆内衬》（ISO 4179:2005）标准要求。《球墨铸铁管、管件、附件及其接头　外部镀锌　第 1 部分：终饰层用金属锌》（ISO 8179-1:2017）要求金属锌涂层厚度为 200g/m^2，锌铝合金为 400g/m^2。涂覆沥青漆层执行《球墨铸铁管　沥青涂层》（GB/T 17459—1998），沥青涂层厚度≥ 70μm。

（3）壁厚和公差

壁厚和公差即球墨铸铁管管壁厚度及其尺寸与重量公差。管可依据允许工作压力或壁厚进行分级。用户可根据工程需要选择压力分级或壁厚分级，或由制造商推荐合适的分级方式。

“K”级铸管的壁厚可按下式进行计算

$$e=K(0.5+0.001\text{DN}) \tag{10-1}$$

式中　e——标准壁厚，mm；

DN——管径（公称直径），mm；

K——壁厚级别系数，取 7、8、9、10、11、12、…。

“K”级离心球墨铸铁管的最小壁厚定为 6mm。

（4）球化率

原材料的金相性质主要为球化率，其性质的好坏与管道的力学性能有较大关系。从调研结果看，用于铸造球墨铸铁管道的原材料一般球化率≥ 80%。我国于 20 世纪 90 年代末开始在铸造业率先采用转包法、喷镁法和喂丝法等更为先进的球化处理方法，使铸管具有球化率高（90%）、石墨球细小、球化质量稳定等特点。

10.1.3　技术标准情况

国内外现行铸铁管标准见表 10-2。从标准数量上看，我国已编制了较多的铸铁管及其相关标准。从标准质量上看，目前我国球墨铸铁管标准 GB/T 13295—2019 与 ISO 2531:2009 标准等效，同时建立了较为完备的检测体系。

表 10-2 球墨铸铁管产品标准及相关检测标准

标准类型	项目	国内标准	国际标准
产品标准	球墨铸铁管及其管件	《水及燃气用球墨铸铁管、管件和附件》（GB/T 13295—2019）	《输水用球墨铸铁管、管件、附件及接口》（ISO 2531）； 《给水管线用球墨铸铁管、管件、附件及接头的要求与试验》（EN 545）
检验项目和方法标准	几何尺寸	《产品几何技术规范（GPS） 光滑工件尺寸的检验》（GB/T 3177—2009）	—
	金相组织	《球墨铸铁金相检验》（GB/T 9441—2021）	《铸铁微观结构　第 1 部分：通过目测分析进行石墨的分类》（ISO 945-1）
	镀层厚度	《金属和氧化物覆盖层　厚度测量　显微镜法》（GB/T 6462—2005）	《磁性基质的非磁性镀层　镀层厚度的测量　磁性法》（ISO 2178）
	镀锌层均匀性	《低压流体输送用焊接钢管》（GB/T 3091—2015 附录 C）	—
	锌层加终饰层	《球墨铸铁管外表面锌涂层　第 1 部分：带终饰层的金属锌涂层》（GB/T 17456.1—2009）	《球墨铸铁管、管件、附件及其接头　外部镀锌　第 1 部分：终饰层用金属锌》（ISO 8179-1）
	管壁厚度	《产品几何技术规范（GPS） 几何公差 检测与验证》（GB/T 1958—2017）	—
	拉伸性能	《金属材料　拉伸试验　第 1 部分：室温试验方法》（GB/T 228.1—2021）	《金属材料　拉伸试验　第 1 部分：室温试验方法》（ISO 6892-1）
	布氏硬度	《金属材料　布氏硬度试验　第 1 部分：试验方法》（GB/T 231.1—2018）	《金属材料　布氏硬度试验　第 1 部分：试验方法》（ISO 6506-1）
	水泥砂浆内衬	《球墨铸铁管和管件　水泥砂浆内衬》（GB/T 17457—2019）	《压力和非压力管道用球墨铸铁管和配件　水泥砂浆内衬》（ISO 4179）
	聚氨酯涂层	《球墨铸铁管和管件　聚氨酯涂层》（GB/T 24596—2021）	《球墨铸铁管、配件和附件　管道用外部聚氨酯涂层　要求和试验方法》（EN 15189）； 《球墨铸铁管、配件和附件　球墨铸铁管和配件有机衬里的要求和试验方法　管道和配件的聚氨酯衬里》（EN 15655-1）
	重防腐	《球墨铸铁管、管件及附件　环氧涂层（重防腐）》（GB/T 34202—2017）	《球墨铸铁管、配件和附件　球墨铸铁管件和附件环氧涂层（重防腐）　要求和试验方法》（EN 14901）

在球墨铸铁管的招标、施工方面，可参考的标准有《给水排水管道工程施工及验收规范》（GB 50268）、《球墨铸铁给排水管道工程施工及验收规范　技术要求》（T/CFA 02010202.03—2018）、《输水用球墨铸铁管管件及附件招标技术文件指南》（T/CFA 02010202.7—2017）。

从球墨铸铁管材的标准上看，该类产品经过多年发展与技术进步，市场对该产品较为了解与认同，标准体系较为完备。

10.2 行业调研

10.2.1 国内外生产状况

10.2.1.1 生产工艺

离心球墨铸铁管生产工艺流程为：高炉熔制铁液→混铁炉保温→电炉升温并调整（加入废钢、废料）铁液成分→铁液球化处理→离心铸管→退火处理→喷锌→内孔和承插口精整→水（气）压试验→水泥内衬→喷涂沥青漆→包装入库。

对于 DN80 ～ 1000（1200）中小口径铸管，采用水套式水冷金属型工艺。这种工艺具有铸管质量好（包括内在材质质量和内、外表面质量）、生产效率高和成本低等优点。但这种工艺未被使用于大口径铸管，其原因是大口径管模制造困难，使用寿命短、维修运行成本高。对 DN1000（1200）～ 2600 大口径铸管，采用涂料热模法工艺。涂料法比衬树脂砂法冷却速度快，故内在材质质量较好，且铸管内表面无龟纹翘起等缺陷；外表面更光洁平整，无表面粘砂和波纹等缺陷，因此国内生产企业普遍选用涂料热模法工艺。

球墨铸铁管配件生产工艺流程与普通铸铁件一样，具体流程为：冲天炉或电炉（少量用高炉）熔制铁液→铁液球化处理→砂处理＋造型＋制芯→清理→喷锌→内孔和承插口精整→水（气）压试验→水泥内衬→喷涂沥青漆 →包装入库。

由于管件的材质、尺寸大小、生产批量和生产条件的不同，国内管件的铸造生产处于多种工艺并存局面。在管件造型上目前常见的生产工艺有 3 种：

① 机械化 / 自动化的湿砂型＋冷芯盒砂芯，多用于≤ DN250 中小口径的管件。

② 真空消失模工艺，宜用于中小口径（DN80 ～ 1000）球铁管件生产。其中 DN80 ～ 600 管件，可上机械化铸造生产线；DN700 ～ 1000 管件，可采用组合造型＋振动台方式。

③ 冷硬树脂砂铸型＋砂芯生产工艺，宜用于口径≥ DN600 球铁管件生产。其生产的管件尺寸精度高、表面光洁度好。

10.2.1.2 国内外生产现状

（1）球墨铸铁管基本状况

目前世界离心球墨铸铁管的年产量 1100 万～ 1200 万吨，占铸铁管产量的 80% 以上，其中我国为 600 多万吨，占 50% 以上。日本、法国等工业发达国家，早在 20世纪 90 年代初离心球墨铸铁管占铸铁管产量的比例就达 95% ～ 98%。从世界各地区的球墨铸铁管年产量看，欧洲约 150 万吨，美洲（北美＋南美）约 300 万吨，亚洲 750 万～ 800 万吨，其他洲合计不超过 50 万吨。

美国主要生产厂商有 4 个，分别为美国铸造和铸管公司（U.S. Pipe and Foundry Co.）、美国铸铁管公司（American Cast Iron Pipe Co.）、美国格里飞管道公司（Griffin Pipe Product Co.）和美国麦克娃纳铸铁公司（McWame Cast Iron Co.）。美国产品仅供美国和美洲市场，占据着整个美洲市场。多年来，美国年产量变化不大，球墨铸铁管公司年产量合计近 200 万吨，自给自足。加上巴西、加拿大等国的产量，美洲（北美洲＋南美洲）的市场产销量接近 300 万吨。

欧洲的主要厂商是法国圣戈班管道系统公司，生产厂为法国穆松桥公司（Pont-A-

Mousson），近年来兼并了德国的 2 个公司，年产能达 120 多万吨。加上西班牙、意大利几家工厂，欧洲的年产能超过 180 万吨。

亚洲是离心球墨铸铁管的主要生产供应地。除我国的 600 多万吨外，日本目前规模比较大的有久保田公司（Kybota）和栗本公司（Kurimto），合计年产量不足 40 万吨，其市场在萎缩。印度近几年新建了多个球墨铸铁管厂，其产量在迅速增加，目前印度的年产量为 100 多万吨。韩国有 4 个生产工厂，但产量均不大。合计亚洲的离心球墨铸铁管年产量为 750 万～ 800 万吨。

我国球墨铸铁管的主要生产厂商有 30 多家，主要集中在河北和山西两省，占全国 60% ～ 70% 的产量，除以上两省外，山东、辽宁、河南、湖南、福建等省份也有一批生产厂商。目前我国自主生产的球墨铸铁管除了满足国内市场的需求外，还有部分产品出口，到目前为止累计出口到 100 多个国家和地区。

国内球墨铸铁管市场已经非常成熟且高度集中，年产量可达 600 万吨以上。作为国内最大的球墨铸铁管生产厂商，目前新兴铸管的产量占全国产量的 35% 左右，主流排名前五位的厂商的产量份额接近 55%。2012 ～ 2018 年国内知名离心球墨铸铁管公司的产量见表 10-3。

表 10-3　2012 ～ 2018 年我国知名离心球墨铸铁管公司产量

序号	公司	离心球墨铸铁管年产量 / 万吨						
		2012	2013	2014	2015	2016	2017	2018
1	厂家 1	143	157	170	164	191	216	230
2	厂家 2	28	44	57	51	51	70	40
3	厂家 3	23	17	19	24	18	18	15
4	厂家 4	19	21	25	26	26		31
5	厂家 5	14	14	17	24	24	27	30
6	厂家 6					20	20	20
7	厂家 7							20

（2）球墨铸铁管产品性能

1）球化率

国标 GB/T 13295 中对球墨铸铁管的金相性质无特别要求，但实际上用户与厂家对球墨铸铁管材的球化率有一定要求，其性质的好坏与管道的力学性能有较大关系。合格的管材应该有较好的金相性质，在调研同时抽检了市面上的球墨铸铁管与管件（图 10-1），大部分的产品能够通过测试，但依然有不达要求的产品，说明市场还需加强监管。

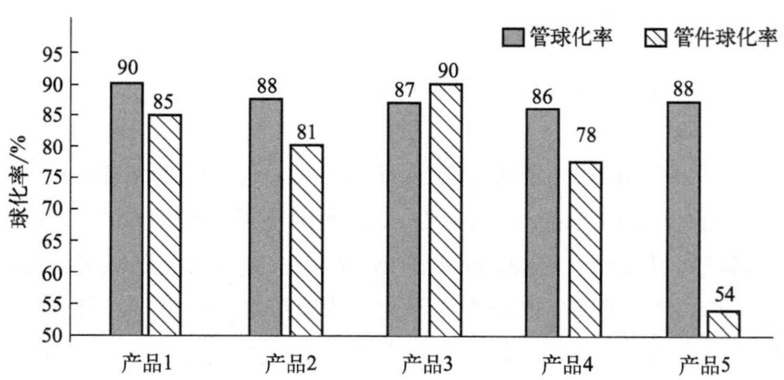

图 10-1　球化率测试结果

2）抗拉强度

拉伸试验系用拉力使试样发生拉伸形变，一般拉至断裂，以测试样品的力学性能。根据标准要求，管体与管件最小抗拉强度不小于 420MPa。目前企业一般可以将抗拉强度控制在 430MPa 以上，较好的产品可达到 460MPa。

3）断后伸长率

根据标准要求，DN100 ～ 1000 管体断后伸长率≥ 10%，DN1100 ～ 2000 管体断后伸长率≥ 7%。球墨铸铁管件断后伸长率≥ 5%。目前管体断后伸长率控制较好，企业普遍可在 12% 以上。同时，抽查了相关企业生产的 DN100 与 DN200 的球墨铸铁管，发现有的管材断裂伸长率可达 20.5%。

4）内防腐涂层平均厚度

作为球墨铸铁管的内壁防腐涂层，必须具有良好的水力性能及防腐性能，因此在选择球墨铸铁管内衬时就要衡量所要输送液体的腐蚀性、水流速度以及使用的环境温度等因素，水泥内衬是现在使用最广泛的内防腐涂层。不同的管径应该有不同的内衬厚度，DN40 ～ 300 公称值为 3mm，DN350 ～ 600 公称值为 5mm，DN700 ～ 1200 公称值为 6mm，DN1400 ～ 2000 公称值为 9mm，DN2200 ～ 2600 公称值为 12mm。

5）外防腐涂层平均厚度

埋地管线会受到各种腐蚀因素的影响，包括土壤环境和回填土的腐蚀性以及当地的地形和回填时造成的土壤极性。根据土壤腐蚀程度不同，外防腐涂层有多种选择，涂覆沥青层加锌层是使用最广泛的一种手段。涂覆沥青层厚度执行 GB/T 17459 标准，沥青涂层厚度≥ 70μm。从调研结果看，绝大多数厂家外防腐涂层平均厚度能够达到标准要求，部分厂家涂覆厚度可达 100μm 以上，说明对管材的保护有足够重视。

6）锌层重量

在调研最初实施时喷（涂）层按 GB/T 17456.1—2009（ISO 8179:2004）标准执行。锌层应无暴露的疤痕或缺陷，锌层重量应≥ 130g/m²。但在 2020 年 4 月后新版球墨铸铁管标准 GB/T 13295—2019 实施后，金属锌涂层重量提高至 200g/m²，该涂层重量与 ISO 8179-1: 2017 相对应。因此从标准的制定上看，我国对锌层的要求稍有滞后，但是部分厂商在球墨铸铁管材新标准出台前的生产已对标国际标准。在实际的生产中，大部分厂商主要是根据用户要求进行球墨铸铁管的生产与防腐涂层厚度控制，以此控制成本。

（3）市场竞争力

给水球墨铸铁管销售价格在 4000 ～ 8000 元 /t（K9 级球墨铸铁管出厂含税价），目前均价 6000 元 /t 左右。国外每吨铸管的生产成本高达 600 美元以上，北欧工厂的成本甚至高出国际市场价（成本达 800 ～ 900 美元 /t），因此欧洲和加拿大不少工厂已经倒闭。国内产品无疑具有成本优势。从整个行业的生产规模看，目前世界离心球墨铸铁管的年产量为 1100 万～ 1200 万吨，其中中国产量为 600 多万吨，占比达 50%。在出口业绩上，每个企业的市场导向不同，内销与出口比重也不同，目前国产球铁管出口 100 多个国家和地区，在国际上具有一定的认可度。

10.2.2 国内外应用状况

10.2.2.1 管材整体应用情况

根据中国城镇供水排水协会《中国城镇供水统计年鉴》，2002 ～ 2017 年间在全国城镇公共供水管道中，离心球墨铸铁管的铺设长度和使用比例有很大的提高。球墨铸铁管使用比例由 2002 年的 11.71% 增长到了 2017 年的 40.57%；而灰口铸铁管的使用比例由 2002 年的将近 50% 降到了 2017 年的 12.02%，见表 10-4。

表 10-4　2002 ～ 2017 年全国城市公共供水管道主要管材累计铺设长度和所占比例

项目		2002		2010		2017	
		合计长度 /10^4km	比例 /%	合计长度 /10^4km	比例 /%	合计长度 /10^4km	比例 /%
管道材质	球墨铸铁管	14225	11.71	97797	32.51	196228	40.57
	钢管	21161	17.43	35170	11.69	55212.20	11.42
	灰口铸铁管	59001	48.59	70091	23.3	58158.10	12.02
	PCCP 管	13433	11.06	21782	7.24	23042.60	4.76
	塑料管	12446	10.25	70911	23.57	151023.00	31.22
	石棉水泥管	1168	0.96	5068	1.68		0
	合计	121436	100	300819	100	483664.8	100

注：按中国城镇供水排水协会的《中国城镇供水统计年鉴》整理。

由图 10-2 可看出，球墨铸铁管与塑料管是目前使用量较大的管材，使用量呈增长趋势。球墨铸铁管的使用量在 2009 年就已超过灰口铸铁管，增长较为稳定，而灰口铸铁管在近 10 年来的铺设量有所下降。

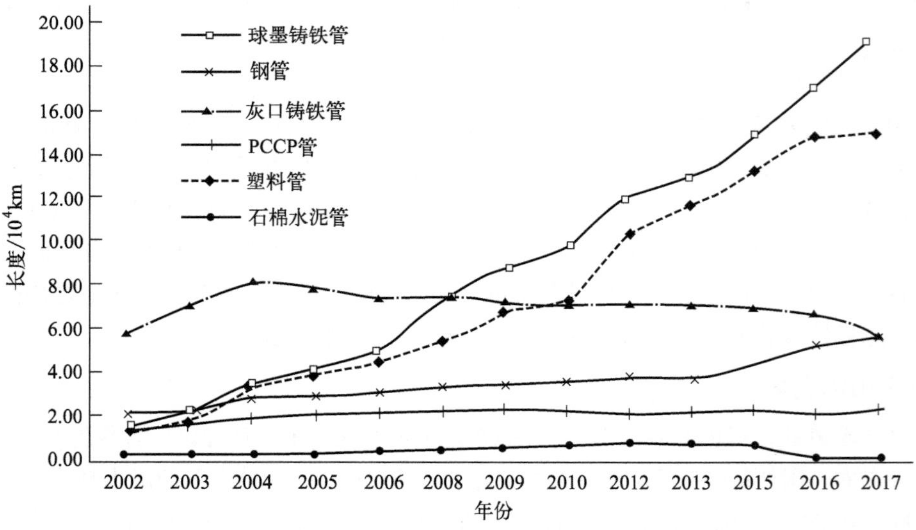

图 10-2　2002 ~ 2017 年全国城市公共供水管道 6 种主要管材累计铺设长度

根据公开资料测算，塑料管中我国聚乙烯管的长度也在逐年增长，预计占到塑料管道总长度的 42% ～ 50%。而 PVC 管的用量正在逐年下降，这是因为 PVC 管材在生产过程中需要加入含铅助剂，同时 PVC 单体可能进入水中造成污染。这些问题对人体可能会形成危害等原因，因此其使用在国内的一些地区受到了限制。

从管道的漏损控制上看，球墨铸铁管与聚乙烯管的漏损率要好于其他管材已是业界共识。根据相关文献对某市管网漏损率的研究（表 10-5）也证实，各种管材漏损率由大到小排序为：镀锌钢管＞灰口铸铁管＞石棉水泥管＞钢筋混凝土管＞塑料管（PE、PVC 等）＞球墨铸铁管。

表 10-5　不同管材的漏损率

项目	镀锌钢管	灰口铸铁管	塑料管（PE）	球墨铸铁管	其他
漏损率 /%	38.4	30.1	9.6	6.3	15.6

从供水管材的事故率（表 10-6）上看，我国早在 30 年前就统计过城市供水管材的事故率，统计结果表明，平均事故率球墨铸铁管 0.14 次 /km，灰口铸铁管 0.55 次 /km，钢管 0.5 次 /km，预应力管 0.54 次 /km，石棉水泥管 1.72 次 /km，塑料管 4.68 次 /km。球墨铸铁管平均事故率最低，是灰口铸铁管和钢管平均事故率的 1/4，是塑料管平均事故率的 1/33。

表 10-6　供水管材的事故率

项目	球墨铸铁管	灰口铸铁管	钢管	预应力管	石棉水泥管	塑料管
平均事故率 /（次 /km）	0.14	0.55	0.5	0.54	1.72	4.68

从抗震能力上看，球墨铸铁管的抗震能力明显最优；PE 管由于自身的柔软弯曲性，具有抗震特点，但其施工和热熔焊接质量不易控制，会发生爆管问题；铸铁管和水泥管，其自身较脆，抗震性能较弱。在地震时，不同管材受损程度不同，损害严重程度由重到轻排序为：水泥管（特别是自应力水泥管），灰口铸铁管，硬聚氯乙烯管，PE 管，球墨铸铁管。

从防腐性能上看，塑料管（PE 管）的防腐性能要优于金属管材，而在金属管材中，球墨铸铁管的防腐性能最好。灰口铸铁材质属脆性材料，在运输过程中大约有 5% 破损，石墨形态呈片状，容易产生应力集中，对突发应力，如对地震等动荷载，以及在运行过程中出现的各项应力适应能力较差，容易发生事故，尤其大口径灰铁管更为严重，往往造成管道断裂发生泄漏事故。钢管为管道工程常用管材，但其防腐问题为最大难题，即使在按国家有关规定进行防腐处理的条件下，其使用寿命也仅为 25 ～ 30 年。

兰州铁路地区既有给水管网普遍采用灰口铸铁管，经过长期运行其缺点逐渐暴露出来，经常出现管道漏水、爆管事故，导致铁路地区大面积停水。为此铁路供水部门已经采取措施，在大修及新建给水管道工程中全部采用球墨铸铁管。

10.2.2.2　国内外对比分析

球墨铸铁管方面，根据中国铸造协会铸管和管件分会的统计数据，2018 年全国离心球墨铸铁管的产量为 610 多万吨。2017 年全国供水管道总公里数量里离心球墨铸铁管使用比例约在 50%，与工业发达国家和地区的先进水平（占铸铁管的 85% 以上）相比尚有较大的差距，见表 10-7。因此未来 5 ～ 10 年内我国离心球墨铸铁管的产量和需求量还有进一步增加的可能。

表 10-7　各国（或地区）离心球墨铸铁管道占供水管道的比例

项目	中国	美国	英国	法国	德国	日本
占比 /%	50	81	83	95	90	98

同时国内球墨铸铁管不仅产量高，在技术上也较为先进，例如聚氨酯、环氧陶瓷等防腐涂层的开发及非开挖技术的推广等，而且国产球墨铸铁管也在国外得到不断应用，可以说国

内球墨铸铁管的生产技术与施工技术在国际上已达到较为先进的水平，但在大规模的精加工上还与国际先进企业有一定差距。

10.2.3 典型应用案例

（1）相关技术在球墨铸铁管中的应用

总体来说球墨铸铁管是市政供水的理想选择，在各种口径（尤其是DN300以上）的管道都有较为广泛的应用。近年来新型防腐涂层的开发应用、非开挖技术的应用（水平定向钻进、顶管施工等技术）给球墨铸铁管更加广阔的发展空间，我国厂家也积极地将国产产品推向国际市场。部分球墨铸铁管在调水、供水领域的应用案例见表10-8。

表10-8　球墨铸铁管在调水、供水领域的应用案例

序号	用户名称	厂家 / 品牌	管长 /km	规格型号	相关技术
1	土耳其 - 北塞浦路斯输水工程	新兴铸管股份有限公司	64	DN80 ～ 1500	Xanchor 自锚式接口
2	西安老旧管网改造朱宏路顶管工程	新兴铸管股份有限公司	2.3	DN1000	顶管
3	洛阳北控水务集团管网改造工程	山东国铭球墨铸管科技有限公司	20	DN200 ～ 1400	顶管
4	唐山市直饮水建设工程	山东国铭球墨铸管科技有限公司	4.9	DN800 ～ 1000	环氧树脂涂层
5	贵州省遵义中桥水库引水工程	新兴铸管股份有限公司	10	DN150 ～ 2400	内衬聚氨酯
6	天津滨海新区海水淡化内衬聚氨酯项目	新兴铸管股份有限公司	40	DN1400	内衬聚氨酯
7	河南范县球墨铸铁管 HDD 施工工程	新兴铸管股份有限公司	0.15	DN400	水平定向钻进（1m/min）
8	浙江嘉兴中达建设有限公司武原分公司	安钢集团永通球墨铸铁管有限责任公司	2.8	DN500	拖拉管
9	利比亚引水项目	新兴铸管股份有限公司	160	DN400 ～ 1400	外喷聚氨酯
10	广饶县工业水源转换工程	山东国铭球墨铸管科技有限公司	1.9	DN1200	自锚式接口
11	佛山市水业集团有限公司	新兴铸管股份有限公司	11	DN100 ～ 2600	
12	瑞安市公用事业投资集团有限公司（新江南水厂）	安钢集团永通球墨铸铁管有限责任公司	6.2	DN100 ～ 200	
13	湛江市水务投资集团有限公司	山东国铭球墨铸管科技有限公司	42	DN100 ～ 1200	
14	晋中供水有限责任公司	山西大通铸业有限公司	28	DN1400	
15	盐城市自来水有限公司	高平市泫氏铸管有限公司	—	DN600 ～ 1200	
16	沈阳沈北水务有限公司	本溪北台铸管股份有限公司	5.66	DN700	
17	广西蒙山县水务有限公司	高平市泫氏铸管有限公司	0.96	DN800	

续表

序号	用户名称	厂家 / 品牌	管长 /km	规格型号	相关技术
18	兰州城市供水（集团）有限公司	圣戈班管道系统有限公司	3	DN400	
19	广州市自来水公司城中村供水改造工程	安钢集团永通球墨铸铁管有限责任公司	269.1	DN100 ～ 600	
20	西班牙长距离引水工程	新兴铸管股份有限公司	30	DN1200 ～ 1500	

（2）自锚式接口在宁波南郊水厂的应用

球墨铸铁管广泛应用于城镇供水工程，具有很好的耐腐蚀性，以及强度高、韧性好、壁薄、质量轻、耐冲击、安装方便等优点。但通常在弯头、三通和异径管等处为了防止因应力的作用导致管线移位或接口脱落而需要设置支墩。在设计和施工中，对大管径的球墨铸铁管支墩的尺寸是相当大的。

南郊水厂（加压泵站）进出水管新建工程承担了原南郊水厂关停、功能置换后的输水任务，是关乎火车南站工程顺利推进的节点工程。工程管道全长 808m，DN1400 球墨管为 396m，其中南站规划道路下方使用自销式球墨管，长 166m。

宁波地区多为软土地基，管道容易发生沉降，球墨铸铁管的柔性接口部位是管网运行过程中的薄弱环节，往往会发生渗漏现象。本段管道为泵站进出水管，口径大，拐点多，且敷设于火车南站区域，施工环境复杂，周边其他市政管线互相交错，管线间的空间比较小，但是对管道运行安全性要求很高。因此，需要使用材料安全耐久、接口相对更加牢固的管材。综合分析工程情况，部分球墨管材决定试用新型的自锚式球墨铸铁管。自锚式球墨铸铁管保留了普通球墨铸铁管的上述性能优点，与普通球墨管相比，它在接口处增加了一套压兰压环，利用螺栓连接，这种接口的应用使得管道接口相对强度更大，不易脱开，特别是在管线弯头较多的位置效果明显，在保持管道柔性接口的基础上牢固地连接了管道承插口，接口地方很难脱落，大大地增加了管道输送介质的安全性。

经实践证明，自锚式接口（图 10-3）具有以下优点：

① 自锚式球墨铸铁管同时具备柔性接口和刚性接口的特点，具有良好的密封性、可挠性和防滑脱性。适于地基较差、地形复杂的地区以及坡度土壤，对管道水压造成的地基不均匀沉降或震动有一定适应性。

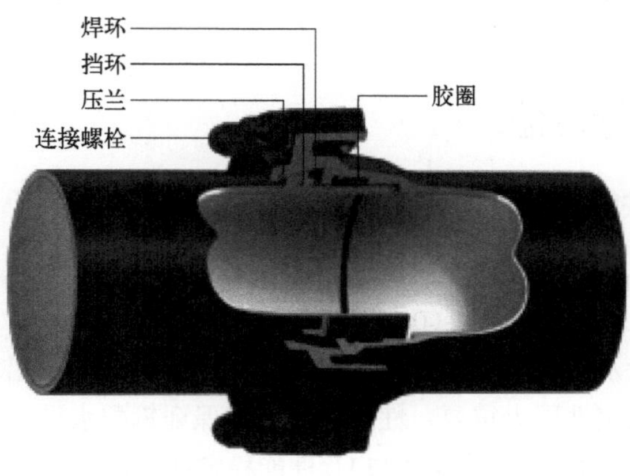

图 10-3 自锚式接口

② 施工简单迅速，使用简单工具（手拉葫芦、撬棍、活扳子）即可进行管道安装工作。

③ 不需要设置混凝土支墩。有效节省地下空间，方便地下其他管线的施工。并且，由于混凝土支墩用料量较大，自身较重，往往由于施工原因造成工程缺陷，影响管道运行安全。使用自锚式球墨管，可以有效减少该种可能存在的隐患。

④ 自锚式连接由于有压兰螺栓的紧固使管道能够承受更高的压力，扩大了球墨铸铁管的适用范围。

10.3 技术评估

从产品的性能情况、经济适用角度及生产应用情况选出了 13 项评估指标，分别是接口形式种类、防腐涂层种类、石墨大小（级别）、球化率、抗拉强度、断后伸长率、内防腐涂层平均厚度、外防腐涂层平均厚度、锌层重量、使用寿命、采购单价、企业生产规模、国外业绩数量等。筛选的 13 项评估指标如表 10-9 所列。

表 10-9　球墨铸铁管及其管件评估指标

序号	评估指标	序号	评估指标
1	接口形式种类	8	外防腐涂层平均厚度
2	防腐涂层种类	9	锌层重量
3	石墨大小（级别）	10	使用寿命
4	球化率	11	采购单价
5	抗拉强度	12	企业生产规模
6	断后伸长率	13	国外业绩数量
7	内防腐涂层平均厚度		

10.3.1 评估指标体系

结合产品技术先进性、技术可靠性、性能稳定性、经济适用性、国际竞争力等方面，选取技术先进性、技术可靠性、性能稳定性、经济适用性、国际竞争力 5 项指标作为一级评估指标集，根据表 10-9 筛选的 13 项性能评估指标进一步细化分解为二级评估指标，形成评估矩阵，如图 10-4 所示。

10.3.2 评估指标赋值

10.3.2.1 球墨铸铁管及其管件一级指标

结合球墨铸铁管及其管件特点，5 个一级指标权重及建议值：U_2 技术可靠性（0.25）= U_3 性能稳定性（0.25）> U_4 经济适用性（0.20）= U_1 技术先进性（0.20）> U_5 国际竞争力（0.10）。

首先，球墨铸铁管及其管件应保证技术可靠，能保障安全的输配水过程。在保证技术可靠的前提下，其性能稳定性同为重要，性能稳定才能保证输配水过程的安全，是保障水质稳定达标因素之一，因此将 U_2 技术可靠性与 U_3 性能稳定性放在权重首位。

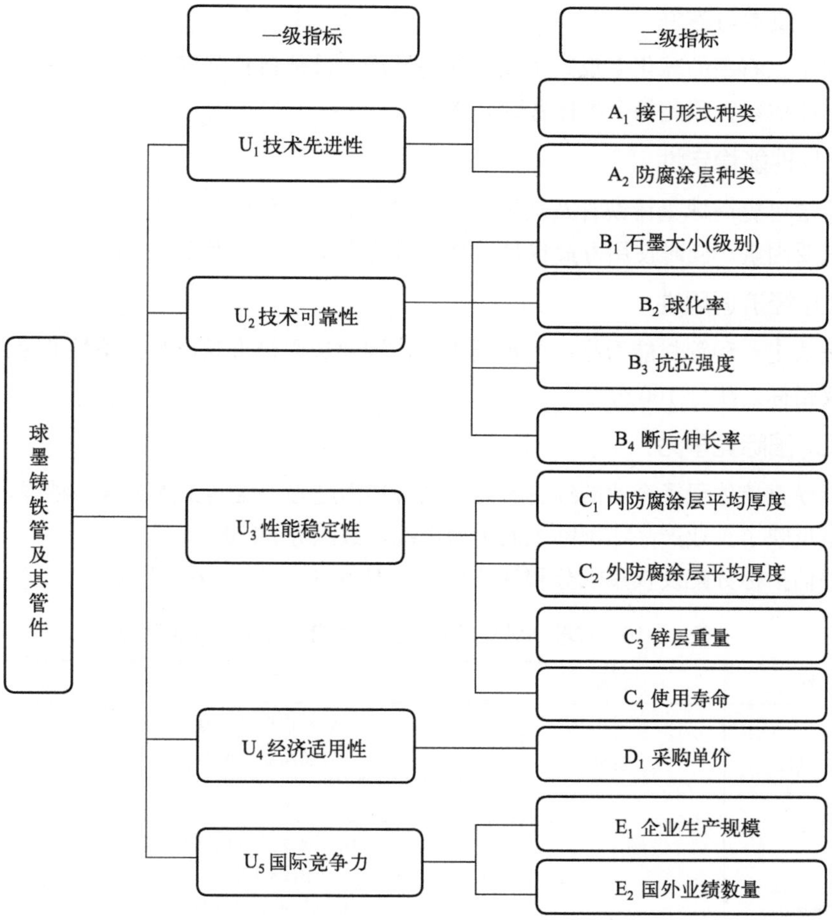

图 10-4　球墨铸铁管及其管件评估矩阵图

其次，在性能同等或差距不大的情况下，球墨铸铁管采购单价将成为推广的主要因素，因此将 U_4 经济适用性放在权重第二位；球铁管技术目前较为成熟，但技术创新才能推动行业进步，因此 U_1 技术先进性权重与 U_4 相同。

对于 U_5 国际竞争力指标，是反映国产球墨铸铁管及其管件行业规模、质量等，从侧面反映其质量及水平。但管材主要是国内市场，在国内与进口品牌竞争，因此该指标放到最后。

10.3.2.2　球墨铸铁管及其管件二级指标

结合球墨铸铁管及其管件技术与产品特点，分别对技术先进性、技术可靠性、性能稳定性、经济适用性及国际竞争力进行二级指标的细化和赋分。

（1）U_1 技术先进性

接口形式种类反映了球墨铸铁管之间接驳形式的灵活性与多样性，从侧面反映了球墨铸铁管对各种地形与环境的适应能力；防腐涂层种类反映了一个公司的研发能力，目前还有较多公司无法生产具有聚氨酯涂层的球墨铸铁管及其管件，因此给这两个指标各赋分 50 分。

（2）U_2 技术可靠性

石墨大小、石墨的球化率反映了原材料的性能，管体抗拉强度与断后伸长率是球墨铸铁管强度的重要体现，因此每个指标各赋分 25 分。

（3）U_3 性能稳定性

防腐涂层可提高球墨铸铁管及其管件的抗腐蚀能力，防腐涂层达标与否是球墨铸铁管性能稳定的重要因素，同时使用寿命也是球铁管材的重要指标，因此每个指标各赋分 25 分。

（4）U_4 经济适用性

价格是决定一种管材能否推广的重要因素，因此选用最直观反映经济性的采购单价作为该项的重要指标，赋分 100 分。

（5）U_5 国际竞争力

生产规模直接体现了企业的经济实力，经济实力越强，则其国际竞争力越强，故赋值 50 分；出口量反映了企业产品在国际上的销售情况，故赋分 50 分。

具体评估指标分配及权重赋分和打分规则如表 10-10、表 10-11 所列。

表 10-10　球墨铸铁管及其管件评估指标分配及权重赋分

一级指标	权重	二级指标	满分 / 分
U_1 技术先进性	0.20	A_1 接口形式种类	50
		A_2 防腐涂层种类	50
		汇总	100
U_2 技术可靠性	0.25	B_1 石墨大小（级别）	25
		B_2 球化率	25
		B_3 抗拉强度（MPa）	25
		B_4 断后伸长率（%）	25
		汇总	100
U_3 性能稳定性	0.25	C_1 内防腐涂层平均厚度（mm）	25
		C_2 外防腐涂层平均厚度（μm）	25
		C_3 锌层重量（g/m^2）	25
		C_4 使用寿命（年）	25
		汇总	100
U_4 经济适用性	0.20	D_1 采购单价（万元 /t）	100
		汇总	100
U_5 国际竞争力	0.10	E_1 企业生产规模（万吨 / 年）	50
		E_2 国外业绩数量	50
		汇总	100

表 10-11　球墨铸铁管及其管件评估打分规则

一级指标	二级指标	满分 / 分	打分规则
U_1 技术先进性（权重 0.20）	A_1 接口形式种类	50	≥ 4 种，50 分；2 ～ 4 种，20 ～ 50 分；0 ～ 2 种，0 ～ 20 分
	A_2 防腐涂层种类	50	≥ 4 种，50 分；2 ～ 4 种，20 ～ 50 分；0 ～ 2 种，0 ～ 20 分

续表

一级指标	二级指标	满分 / 分	打分规则
U_2 技术可靠性（权重 0.25）	B_1 石墨大小（级别）	25	7 ～ 8 级，22 ～ 25 分；6 ～ 7 级，15 ～ 22 分；小于 6 级，0 ～ 15 分
	B_2 球化率	25	≥ 80%，20 ～ 25 分；＜ 80%，0 ～ 20 分
	B_3 抗拉强度（MPa）	25	≥ 460MPa，25 分；420 ～ 460MPa，20 ～ 25 分；＜ 420MPa，0 ～ 20 分
	B_4 断后伸长率（%）	25	DN100 ～ 1000 管体伸长率 ≥ 10%，DN1100 ～ 2000 管体伸长率 ≥ 7%，球墨铸铁管件伸长率≥ 5%，15 ～ 25 分；不达要求，0 ～ 15 分
U_3 性能稳定性（权重 0.25）	C_1 内防腐涂层平均厚度（mm）	25	满足标准要求 15 ～ 25 分；不满足要求 0 ～ 15 分
	C_2 外防腐涂层平均厚度（μm）	25	满足标准要求 15 ～ 25 分；不满足要求 0 ～ 15 分
	C_3 锌层重量（g/m^2）	25	≥ 300g/m^2，20 ～ 25 分；200 ～ 300g/m^2，15 ～ 20 分，＜ 200g/m^2，0 ～ 15 分
	C_4 使用寿命（年）	25	达到 80 年，25 分；50 ～ 80 年，22 ～ 24 分，＜ 50 年；0 ～ 22 分
U_4 经济适用性（权重 0.20）	D_1 采购单价（万元 /t）	100	低于行业平均水平，80 ～ 100 分；与行业平均水平相当，50 ～ 80 分；高于行业平均水平，0 ～ 50 分
U_5 国际竞争力（权重 0.10）	E_1 企业生产规模（万吨 / 年）	50	高于行业平均水平，40 ～ 50 分；与行业平均水平相当，25 ～ 40 分；低于行业平均水平，0 ～ 25 分
	E_2 国外业绩数量	50	高于行业平均水平，40 ～ 50 分；与行业平均水平相当，25 ～ 40 分；低于行业平均水平，0 ～ 25 分

10.3.3　评估指标体系应用

邀请涵盖高校研究机构、生产企业、设计院所等在内的 10 名专家根据建立的评估体系对球墨铸铁管及其管件进行专家评估，赋分结果显示国内球墨铸铁管及其管件产品的技术就绪度整体达到 9 级，产品竞争力强，应用效果良好。评估打分汇总及计算评估结果分别见表 10-12、图 10-5。

表 10-12　专家评分汇总

序号	U_1 技术先进性		U_2 技术可靠性		U_3 性能稳定性		U_4 经济适用性		U_5 国际竞争力	
	分值 / 分	权重	分值 / 分	权重	分值 / 分	权重	分值 / 分	权重	分值 / 分	权重
1	92	0.2	94	0.25	94	0.25	90	0.2	98	0.1
2	91	0.2	93	0.25	91	0.25	90	0.2	93	0.1
3	90	0.2	91	0.25	89	0.25	88	0.2	85	0.1
4	96	0.2	90	0.25	91	0.25	90	0.2	95	0.1
5	92	0.2	93	0.25	92	0.25	90	0.2	95	0.1
6	92	0.2	95	0.25	89	0.25	92	0.2	97	0.1
7	91	0.2	90	0.25	92	0.25	90	0.2	90	0.1
8	90	0.2	90	0.25	92	0.25	90	0.2	95	0.1

续表

序号	U_1 技术先进性		U_2 技术可靠性		U_3 性能稳定性		U_4 经济适用性		U_5 国际竞争力	
	分值 / 分	权重	分值 / 分	权重	分值 / 分	权重	分值 / 分	权重	分值 / 分	权重
9	91	0.2	83	0.25	85	0.25	90	0.2	95	0.1
10	84	0.2	85	0.25	86	0.25	86	0.2	91	0.1
计算结果	技术就绪度（TRL）	明确需求（TRL1）	技术方案（TRL2）	通过论证（TRL3）	小试研究（TRL4）	中试研究（TRL5）	形成产品（TRL6）	三方评估（TRL7）	标准化（TRL8）	推广应用（TRL9）
	$B=WR$	0	0	0	0	0	0	0	2.33	2.73

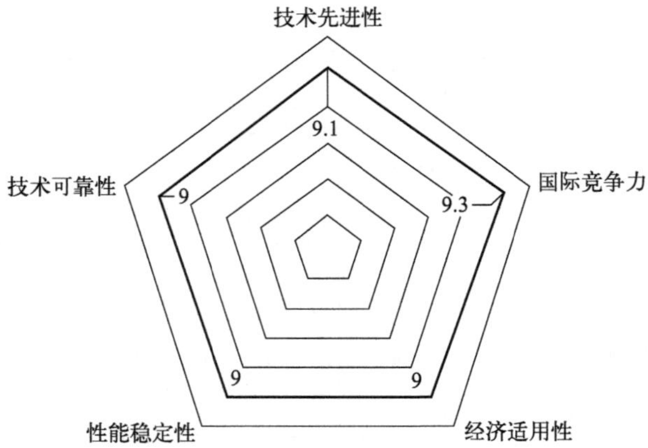

图 10-5　球墨铸铁管及其管件评估结果

10.4　应用验证

球墨铸铁管及其管件采用了实验室小试验证和生产验证两种形式。其中，球墨铸铁管材实验室性能验证指标有管壁平均厚度、管壁最小厚度、石墨大小、球化率、内防腐涂层平均厚度、内防腐涂层最小厚度、外防腐涂层平均厚度、外防腐涂层最小厚度、锌层重量、抗拉强度、断后伸长率、布氏硬度等。生产验证主要通过考察管材出水指标（水质综合达标率、浊度、pH 值、总氯、色度、细菌总数、铁等）以及防腐涂层种类、采购单价等指标数据进行验证指标筛选及应用效果验证。产品验证技术路线如图 10-6 所示。

10.4.1　验证指标筛选

利用球墨铸铁管及其管件实际应用中的高频指标作为重点，结合文献梳理和实地调查研究进行指标海选。根据可观测性原则将数据无法获得的海选指标删除，保证初步筛选后的指标体系可以量化，然后对初步筛选的指标数据进行标准化分析，基于相关性分析将 X_1 准则层相关系数大于 0.80 的指标筛选保留。在相关性分析的基础上，利用主成分分析筛选各准则层内剩余的指标，筛选准则层 X_1 选取累积方差贡献率达到 65%、准则层 X_3 选取累积方差贡献率达到 70% 时各个主成分中因子负载绝对值较大的指标。

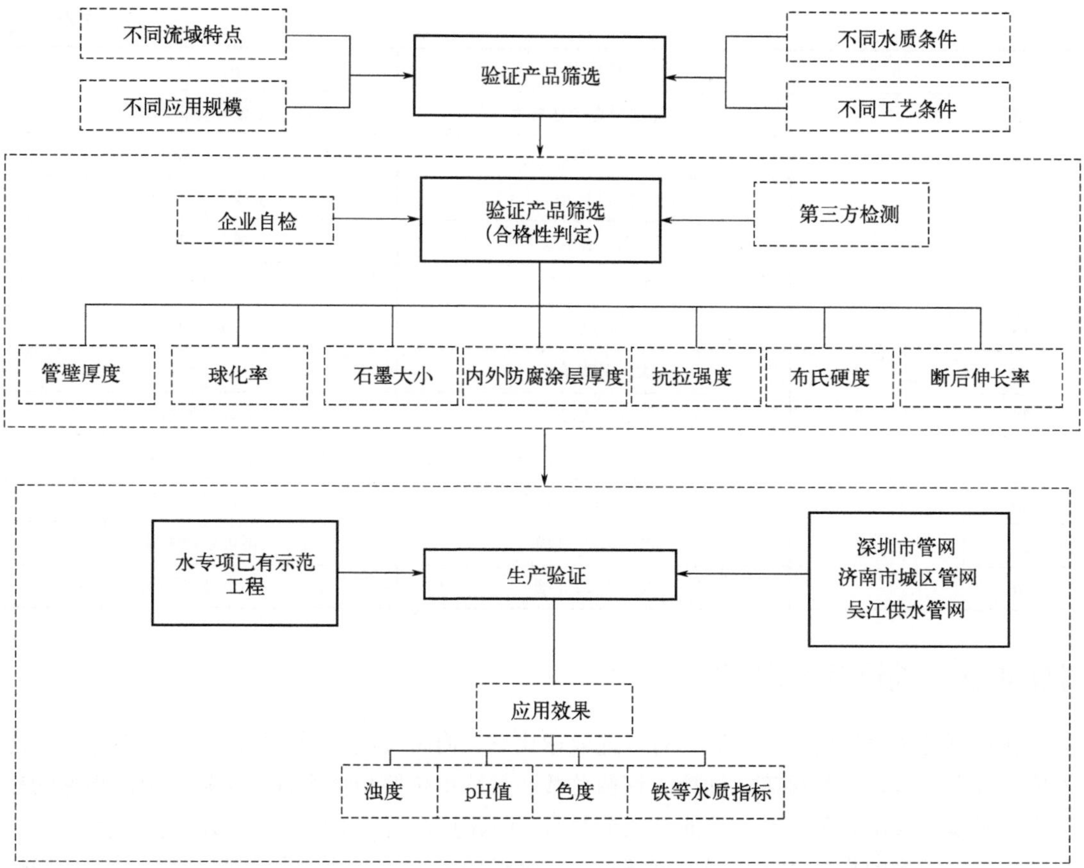

图 10-6 球墨铸铁管及其管件验证技术路线图

经过初步筛选和相关性、主成分定量筛选，从 24 个海选指标中筛选出分别适用于小试、生产试验的 7 个指标，如表 10-13 所列。

表 10-13 球墨铸铁管及其管件的指标筛选结果

序号	准则层	指标层	筛选结果
1	X_1 小试	$X_{1.1}$ 管壁平均厚度	主成分分析删除
2		$X_{1.2}$ 管壁最小厚度	相关性分析删除
3		$X_{1.3}$ 石墨大小	主成分分析删除
4		$X_{1.4}$ 球化率	保留
5		$X_{1.5}$ 内防腐涂层平均厚度	保留
6		$X_{1.6}$ 内防腐涂层最小厚度	相关性分析删除
7		$X_{1.7}$ 外防腐涂层平均厚度	保留
8		$X_{1.8}$ 外防腐涂层最小厚度	相关性分析删除
9		$X_{1.9}$ 锌层重量	保留（理性处理）
10		$X_{1.10}$ 抗拉强度	保留
11		$X_{1.11}$ 断后伸长率	相关性分析删除
12		$X_{1.12}$ 布氏硬度	主成分分析删除

续表

序号	准则层	指标层	筛选结果
13	X_3 生产	$X_{3.1}$ 水质综合达标率	主成分分析删除
14		$X_{3.2}$ 浊度	保留
15		$X_{3.3}$ pH 值	主成分分析删除
16		$X_{3.4}$ 总氯	主成分分析删除
17		$X_{3.5}$ 细菌总数	保留
18		$X_{3.6}$ 铁	主成分分析删除
19		$X_{3.7}$ 采购单价	保留
20		$X_{3.8}$ 色度	不可观测删除
21		$X_{3.9}$ 接口形式种类	不可观测删除
22		$X_{3.10}$ 防腐涂层种类	不可观测删除
23		$X_{3.11}$ 生产规模	不可观测删除
24		$X_{3.12}$ 出口业绩	不可观测删除

10.4.2 验证指标体系

在进行球墨铸铁管材验证时，可以选取球化率、内防腐涂层平均厚度、外防腐涂层平均厚度、锌层重量、抗拉强度、浊度、细菌总数、采购单价等指标进行，所筛选出的指标涵盖了产品质量、应用效果、经济性能等几个方面，因此筛选出的指标具有较好的合理性。

将以上得到的指标体系按照文献调查、实地调研及上述小试与生产试验结果对评价指标进行等级划分。具体等级划分规则如表 10-14 所列。

表 10-14 评价指标的等级划分

指标	等级
球化率	90% 以上，优良；达到 80%，合格；小于 80%，不合格
内防腐涂层平均厚度	DN40 ～ 300 公称值为 3mm，DN350 ～ 600 公称值为 5mm，DN700 ～ 1200 公称值为 6mm，DN1400 ～ 2000 公称值为 9mm，DN2200 ～ 2600 公称值为 12mm。满足要求为合格；不满足为不合格
外防腐涂层平均厚度	沥青涂层厚度≥ 70μm，合格；否则不合格
锌层重量	金属锌层重量≥ 200g/m^2，合格；否则不合格
抗拉强度	≥ 460MPa，优良；≥ 420MPa，合格；否则不合格
浊度	限值 1NTU，合格；否则不合格
细菌总数	限值 100CFU/mL，合格；否则不合格
采购单价	销售价格在 4000 ～ 8000 元 /t，较为经济（受原材料影响较大）

10.4.3 典型产品验证案例

本指标体系验证是基于南方某市球墨铸铁管道建设与运行数据来进行的。

验证实验方法：根据日常运行状况及管材出厂说明书对部分指标进行观测，并对管材厂家产品进行相关指标检测。由划分的评价指标等级对验证地点指标进行验证，评估结果见表 10-15。

表 10-15　南方某市球墨铸铁管验证评估结果

验证指标	球墨铸铁管 DN200	
	验证结果	评估结论
球化率 /%	87	合格
内防腐涂层平均厚度 /mm	3	合格
外防腐涂层平均厚度 /mm	84	合格
锌层重量 /(g/m^2)	434.6	合格
抗拉强度 /MPa	453	合格
浊度 /NTV	0.06 ～ 0.36	合格
细菌总数	未检出	合格
采购单价 /(元 /t)	6000	经济性较好

对南方某市内球墨铸铁管材进行验证（表 10-15），各项指标均为合格。

第 11 章 超滤膜材料及组件

11.1 产品概述

11.1.1 产品分类

11.1.1.1 超滤膜材料

超滤（ultrafiltration，UF），是一种以膜两侧的压力差为驱动力，以超滤膜为过滤介质，与膜孔径大小相关的筛分过程。超滤膜表面的微孔只允许水及小分子物质通过而成为渗透液，而粒径大于膜表面孔径的物质则被截留在膜的进液侧，成为浓缩液，从而实现对原液的净化、分离和浓缩的目的。如图 11-1 超滤膜分离过程所示，超滤是一种物理分离过程，不发生任何相变。

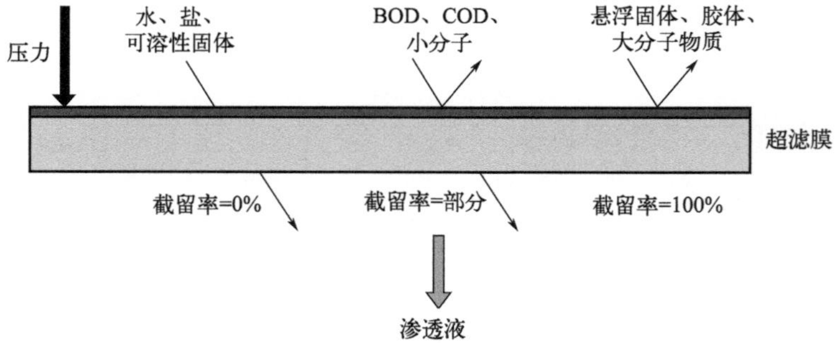

图 11-1 超滤膜分离过程示意

超滤膜一般为多孔性不对称结构，孔径在 0.002 ～ 0.1μm 之间，截留分子量为 1000 ～ 500000。超滤可有效截留原液中的胶体物质、大分子物质、颗粒、细菌、病毒和原生动物等，运行压力通常在 0.01 ～ 0.4MPa 之间。

超滤膜按制膜材料可分为无机材料和有机材料两大类。

① 无机材料一般采用陶瓷材料。陶瓷材料耐腐蚀性好，对酸、碱和氧化剂的耐受性最强，但其原料成本和制膜工艺均较为复杂，导致陶瓷材质超滤膜价格较高，使用受到限制。调研中也仅发现一家超滤膜厂商生产陶瓷材质的超滤膜，且尚未发现在市政饮用水处理领域的大规模应用。

② 制备超滤膜的有机材料种类较多，主要包括聚偏氟乙烯（PVDF）、聚砜（PS）、聚

醚砜（PES）、聚丙烯（PP）、聚丙烯腈（PAN）、聚氯乙烯（PVC）、醋酸纤维素（CA）等。早期的超滤膜一般采用醋酸纤维素作为主要制膜材料，但在应用过程中发现其对化学药剂的耐受能力相对较差且易于被生物降解，从而限制了其大规模应用。20 世纪 90 年代初，聚醚砜在商业上取得了应用，90 年代末，性能更优越的聚偏氟乙烯（PVDF）超滤膜开始被广泛地应用于水处理行业。目前用于饮用水处理的超滤膜材料主要有聚偏氟乙烯（PVDF）、聚醚砜（PES）、聚氯乙烯（PVC）等。

11.1.1.2　超滤膜组件

超滤膜组件（ultrafiltration membrane module），是由超滤膜、封装壳体、集水端头、密封件等组成的在膜过滤系统中可独立应用的最小功能元件。根据膜过滤系统结构形式不同，可分为浸没式膜组件、压力式膜组件两大类，其中压力式膜组件按过滤方向不同可分为压力式内压膜组件和压力式外压膜组件两种结构形式，浸没式膜组件按外形结构不同可分为帘片状浸没式膜组件和柱状浸没式膜组件。

（1）板框式超滤膜组件

板框式膜组件也称平板式膜组件，其外形类似于化工单元操作用的板框式压滤机，所不同的只是过滤介质不同。板框式膜组件最早是以传统的板框式压滤机为原型设计开发出来的，主要用于液体分离过程。它是以隔板、膜、支撑板、膜的顺序，多层重叠压紧，组装在一起制成的。隔板表面上有许多沟槽，可用作原液和未透过液的流动通道，支撑板上有许多孔，可用作透过液的流动通道。当原液进入系统后，沿沟槽流动，一部分将从膜的一面渗透到膜的另一面，并经支撑板上的小孔流向其边缘上的导流管排出。典型的板框式超滤膜组件如图 11-2 所示。

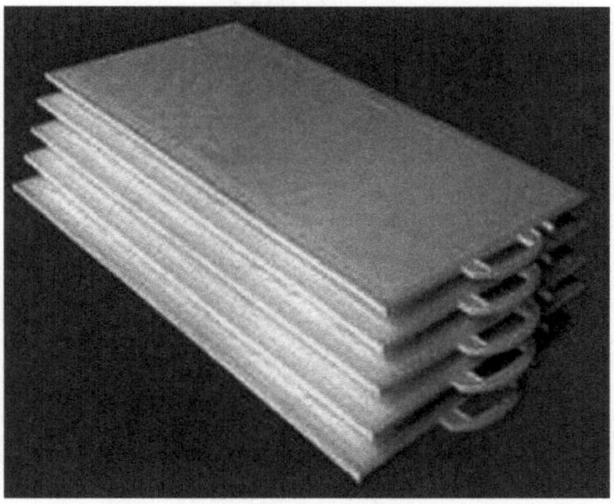

图 11-2　板框式超滤膜组件示意

（2）卷式超滤膜组件

螺旋卷式（简称卷式）膜组件是将制作好的平板膜密封成信封状膜袋，在两个膜袋之间衬以网状间隔材料，然后紧密地卷绕在一根多孔的中心管上而形成膜卷，再装入圆柱形压力容器内，构成膜组件。原料从一端进入组件，沿轴向流动，在驱动力作用下，透过液沿径向渗透通过膜至中心管导出，另一端则为浓缩液。

卷式膜组件首先是为反渗透过程开发的，其主要特点为：a. 结构紧凑，单位体积内膜的有效膜面积较大；b. 安装操作较方便；c. 在使用过程中一旦被污染，不易清洗，对原料的前处理要求较高。生产经验显示，卷式膜组件在制造和使用中应注意以下问题：防止中心管主要折弯处产生泄漏；膜及支撑材料在黏结线上会产生皱纹；胶线太厚可能会产生张力或压力的不均匀；支撑材料移动使膜的支撑不合适，出现平衡线移动现象等。

（3）中空纤维式超滤膜组件

中空纤维式超滤膜组件是把多达几万甚至更多的中空纤维膜（其外径 1mm 左右、内径数十至数百微米）制成膜束，并在纤维束的端头采用环氧树脂铸成封头，再装入圆筒形耐压容器内而制成的超滤膜组件。

中空纤维式超滤膜组件的特点是采用膜与支撑体为一体的自承式，纤维的管径较细，装填密度较大。单位组件体积内的有效膜面积一般可达 1000 ～ 10000m^2/m^3，远高于前两种形式。中空纤维式超滤膜组件装填密度大、占地面积小等优势使其在水处理领域应用广泛。调研结果显示，目前饮用水处理领域所采用的超滤膜几乎全部是中空纤维式超滤膜。

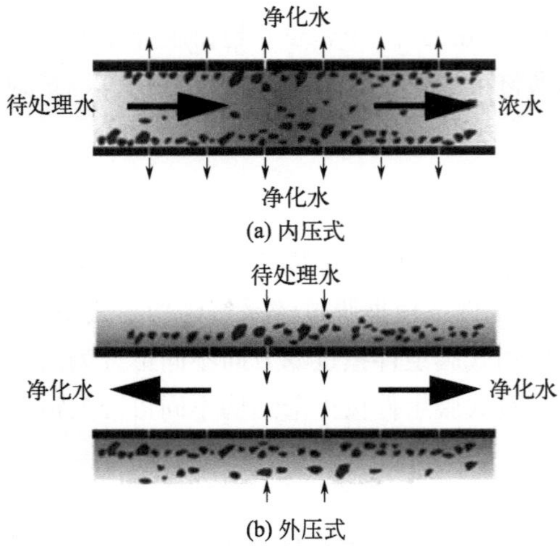

图 11-3　内压式和外压式超滤膜组件

根据超滤膜驱动压力方向的不同，中空纤维式超滤膜组件又可分为压力式超滤膜组件和浸没式超滤膜组件。压力式超滤膜组件采用正压驱动进水透过超滤膜，而浸没式超滤膜组件则通过抽吸或虹吸产生负压驱动进水透过超滤膜。其中，压力式超滤膜组件又可按过滤方向的不同分为内压式超滤膜组件和外压式超滤膜组件，如图 11-3 所示。

1）压力式超滤膜组件

压力式膜组件在使用时待过滤原水由正压驱动至膜组件的承压壳体内并透过超滤膜而实现过滤工作，压力式膜组件工作原理如图 11-4 和图 11-5 所示。

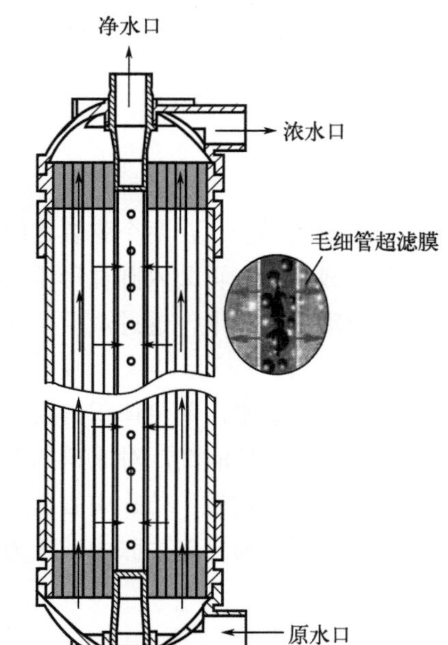

图 11-4　压力式内压膜组件工作原理示意

图 11-5　压力式外压膜组件工作原理示意

2）浸没式超滤膜组件

浸没式膜组件在使用时需保持完全淹没在待过滤原水中，利用虹吸或负压抽吸实现过滤工作，如图 11-6 所示。

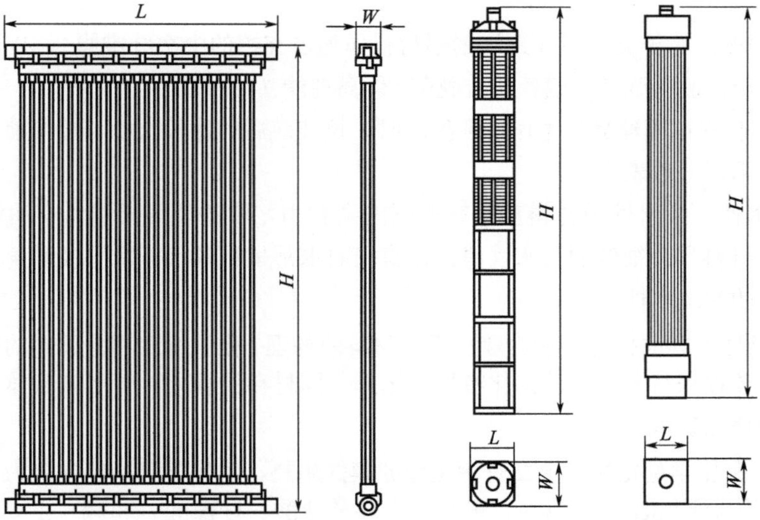

(a) 帘片状浸没式膜组件　　(b) 柱状浸没式膜组件

图 11-6　浸没式膜组件结构示意图

超滤膜组件在过滤使用时，原水中的颗粒悬浮物、胶体等会逐步积附在超滤膜表面形成膜污染，为控制膜污染，一般会规律性地采用反洗、正冲、降液或排空的方式来清洗膜表面积附污染，同时在浸没式膜组件、压力式外压膜组件采用增加曝气扰动膜丝的方法来清洗膜污染。当膜表面的有机物污染积累到一定程度，采用以上常规的物理清洗方式无法有效地降低膜污染时，可使用化学清洗的方法来进一步去除膜污染，以恢复膜过滤通量。

11.1.2　性能指标

11.1.2.1　超滤膜材料性能指标

影响超滤膜材料使用性能的指标很多，其中渗透性、截留性和抗污染性是决定膜材料优劣的 3 个重要性能指标，具体指标可分为以下几项。

① 纯水通量：是指在 25℃水温和 0.1MPa 水压下，单位时间内、单位膜面积所透过纯水的体积。（膜面积：指超滤膜过滤表面积之和。）

② 截留率：是指溶液中被截留的特定溶质的量所占溶液中特定溶质总量的比率。

③ 截留分子量：当 90% 的溶质被膜截留时，在截留曲线所对应该类溶质的最小分子量即为该膜的截留分子量。

④ 孔径及孔径分布：孔径可细分为表面孔径、物理孔径、截留孔径、最大孔径、平均孔径、公称孔径等。孔径及孔径分布的范围是表征膜孔径是否均匀的一种方法，孔径分布越窄，分离效果和抗污染性越好，测量孔径及孔径分布的方法有气体吸附 - 脱附法、热测孔法、渗透测孔法、液体置换法、截留（分类）测量法、透射电子显微镜法等。

⑤ 跨膜压差：被定义为驱动水透过膜所需的压力，为进水压力和过滤压力的差值。在水

温较低、通量较高以及发生污染时，跨膜压差也较高。

⑥ 拉伸强度：对于自支撑膜（本身具有自主支撑性能的中空纤维膜），以拉伸断裂强力反映膜丝的力学性能。拉伸断裂强力指单根中空纤维膜在进行拉伸断裂实验时所能承受的最大强力（N）。

⑦ 脱落强度：对于支撑膜（采用增强材料作为内支撑的中空纤维膜），以脱落强度反映膜丝的力学性能。脱落强度指膜丝的抗脱落 / 剥离性能（MPa）。

⑧ 断裂伸长率：膜丝受外力作用至拉断时，拉伸前后的伸长长度与拉伸前长度的比值称断裂伸长率，用百分数表示。

⑨ 亲疏水性：亲水性膜材料对水有较强的亲和力，膜的表面天然具有润湿的特性。反之，疏水性膜材料具有很低的吸水性能，在膜表面水常呈颗粒状。常用接触角测定仪的测试结果表征材料的亲疏水性。

⑩ 抗污染性：膜的抗污染能力取决于膜材料的物理 / 化学特性和分离体的物化特性之间的关系。通常要根据待分离体的物化特性，选择不同材料的膜。对于水溶液体系来说，亲水性膜的抗污染性比疏水性膜好。

⑪ 耐热、耐化学稳定性：主要是测定超滤膜的耐热、耐化学药品侵蚀能力。主要测试的内容有耐温范围、耐 pH 值的范围、耐酸（主要是盐酸、柠檬酸）和碱（主要是 NaOH）的浓度、耐氯（如 NaClO）的浓度、耐 H_2O_2 的浓度等，以及阴、阳离子表面活性剂对膜性能的影响。

⑫ 泡点压力：气体要通过已充满液体的膜孔必须克服液体的表面张力，在膜面上观察到第一个连续气泡时所对应的压力即为最小泡点压力。

⑬ 气检压力：组件完整性检查时的多点连续气泡压力，即膜组件气检压力。

⑭ 爆破压力：是对压力容器施加压力载荷使其发生破裂时的压力值。超滤反洗压力远大于正常制水压力，如发生超滤系统憋压、超压现象时，当压力超过爆破压力时，会造成膜元件爆破现象。

11.1.2.2 超滤膜组件性能指标

超滤膜组件的主要性能指标包括有效膜面积、设计通量、产水量、最大跨膜压差、最大进水压力、外形尺寸、使用温度、稳定性、曝气量等。

① 有效膜面积：指超滤膜组件的过滤表面积之和。

② 设计通量：指在 25℃水温和 0.1MPa 水压下，每小时通过膜组件的平均渗透通量。

③ 产水量：指在 25℃水温和 0.1MPa 水压下，单位时间内、单位膜面积所透过纯水的质量。

④ 最大跨膜压差：超滤膜组件在工程应用中，为避免深层污染，所容许的过滤时的最大跨膜压差值，超过最大跨膜压差应进行恢复性化学清洗。

⑤ 最大进水压力：超滤膜组件在工程应用中，所容许的最大进水压力值。

⑥ 外形尺寸：超滤膜组件主体结构的外形轮廓尺寸。

⑦ 使用温度：超滤膜组件能维持正常运行的最低水温、最高水温。

⑧ 稳定性：超滤膜组件在振动、冲击及其他可预见的外载荷下能够正常维持运行的能力。

⑨ 曝气量：通过曝气装置曝入水体中的气体的量，单位一般为 L/min。

11.1.3 技术标准情况

11.1.3.1 国际标准

国外关于超滤膜的标准主要有日本和美国两个标准体系，具体标准如下。

①《超滤组件的纯净水渗透性能测试方法》（JIS K3821:1990） 该标准是中空纤维超滤膜组件纯水渗透流测试方法。

②《超滤组件细菌内毒素抑制性的测试方法》（JIS K3824:1990） 该标准规定了使用来自S型大肠杆菌（大肠杆菌 O111 等）的内毒素作为检测液确定超滤组件内毒素抑制的测试方法。

③《超滤组件的细菌抑制性的测试方法》（JIS K3823:2006） 该标准是超滤组件的细菌抑制性的测试方法

④《截留分子量评价超滤膜》（ASTM E1343:1990） 该标准提供了一种方便、快速、可重复的测试方法，用于比较超滤膜的本质特性。测试方法包括对分子量在 4500 ～ 1000000之间的平板超滤膜的分子量截留的评估。

⑤《超滤渗透流速》（ASTM D5090:1990） 该标准涵盖超滤系统的渗透流标准化，做法适用于天然水域，包括咸水、海水和超纯水以及用于发电和微电子及制药生产的水。

11.1.3.2 国内标准

我国的膜行业起步较晚，分离膜相关的国家标准、地方标准较少。分离膜的相关标准中，涉及超滤膜材料及组件的标准更少。针对标准性质的不同可将我国现行超滤膜材料及组件的技术标准划分为基础标准、产品标准、检验方法标准和应用领域标准。截至 2019 年 10月，共有 16 项与超滤膜相关的标准，其中国家标准 8 项、行业标准 8 项。行业标准中大部分为海洋行业标准，共 6 项，占整个行业标准的 75%，而与城镇供水相关的城镇建设行业标准只有 1 项，即 2018 年发布的《饮用水处理用浸没式中空纤维超滤膜组件及装置》（CJ/T 530—2018）。在所有的标准中，有 50% 是有关检验方法的标准。

国内相关标准清单如表 11-1 所列。

表 11-1 国内相关标准一览表

序号	标准名称	标准编号	标准类别	种类
1	膜组件及装置型号命名	GB/T 20502—2006	国标	基础标准
2	膜分离技术 术语	GB/T 20103—2006	国标	基础标准
3	超滤膜测试方法	GB/T 32360—2015	国标	检验标准
4	中空纤维帘式膜组件	GB/T 25279—2022	国标	产品标准
5	中空纤维超滤膜测试方法	HY/T 050—1999	行标	检验标准
6	中空纤维超 / 微滤膜断裂拉伸强度测试方法	HY/T 213—2016	行标	检验标准
7	中空纤维超滤膜组件	HY/T 062—2002	行标	产品标准
8	卷式超滤技术 卷式超滤膜元件	HY/T 073—2003	行标	产品标准
9	卷式超滤技术 平板超滤膜	HY/T 072—2003	行标	产品标准
10	超滤膜及其组件	HY/T 112—2008	行标	产品标准
11	柱式中空纤维膜组件	HG/T 5111—2016	行标	产品标准
12	饮用水处理用浸没式中空纤维超滤膜组件及设备	CJ/T 530—2018	行标	产品标准

11.2 行业调研

11.2.1 国内外生产状况

11.2.1.1 技术原理

膜广泛存在于自然界生物体内，实质上是一种分离介质，是两相分离的手段和物质选择性传递的屏障，如图 11-7 所示。膜既可以是固态的，也可以是液态或气态的；既可以是均质的也可以是非均质的；既可以是中性的，也可以是带电的；既可以是对称的，也可以是非对称的。其厚度一般从几微米（甚至 0.1μm）到几毫米（图 11-8）。

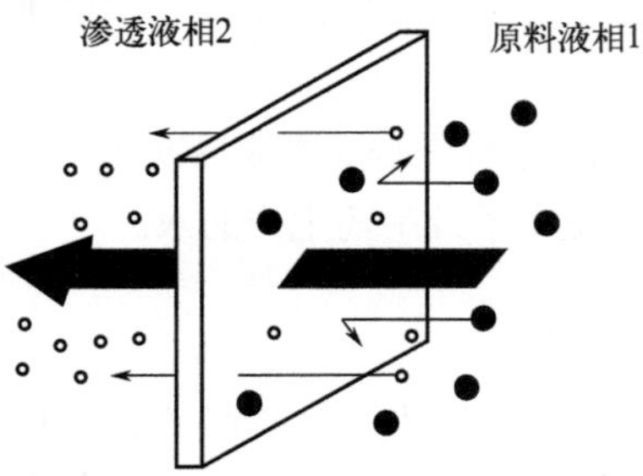

图 11-7 选择性透过膜示意

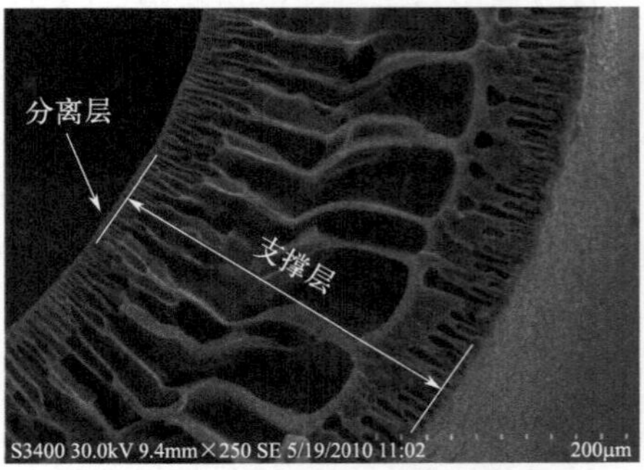

图 11-8 超滤膜支撑层与分离层

膜滤过程是以选择性透过膜为分离介质，在其两侧施加某种推动力，使原料侧组分选择性地透过膜，从而达到分离或提纯的目的。这种推动力可以是压力差、温度差、浓度差或电位差。在水处理领域中，广泛使用的推动力为压力差和电位差，其中压力差驱动膜滤工艺主要有微滤、超滤、纳滤、反渗透等，电位差驱动膜滤工艺主要有电渗析。压力差驱动膜滤对水中的杂质去除范围如图 11-9 所示，在允许压力差范围内，去除能力随压力差的升高而增大。

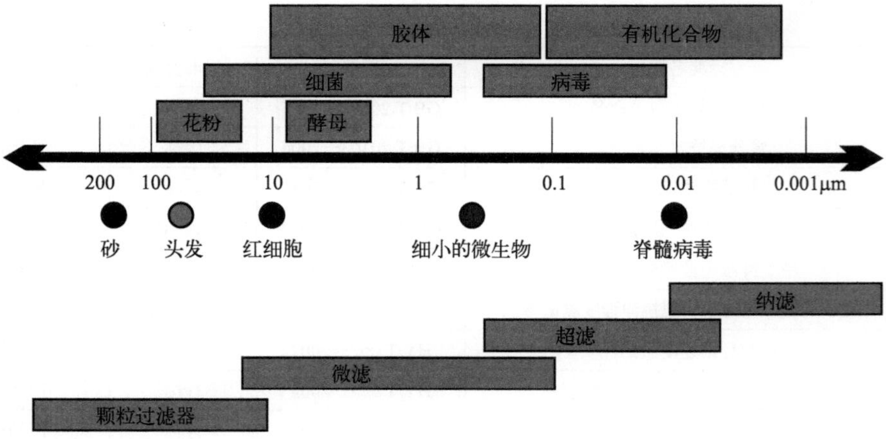

图 11-9 膜截留物质图谱

超滤是在静压差推动力作用下进行的液相分离过程，为筛孔分离过程，其工作原理如图 11-10 所示。在一定的压力差作用下，原料液中水和小的溶质粒子从高压侧透过膜到低压侧，产生透过液，而原料液中大粒子组分被膜截留，使剩余滤液中的浓度增大成为浓缩液。通常，超滤膜的截留分子量在 1000 ～ 500000 之间，只能截留更大分子的膜分离过程称为微滤。根据有无浓缩液流出，超滤膜有死端过滤和错流过滤两种操作模型。

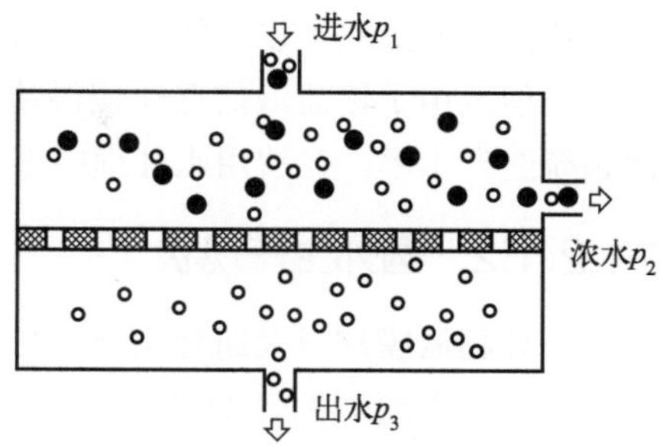

图 11-10　超滤膜工作基本原理

（1）死端过滤

死端过滤（dead-end filtration），也称无流动过滤，操作过程如图 11-11 所示。在死端过滤时，水和小于膜孔径的溶质在压力差的驱动下透过膜，大于膜孔径的颗粒被截留，堆积在膜面上。随着操作时间的延长及压力的影响，颗粒在膜面的厚度逐渐增大，过滤阻力也越来越大，在压力不变的情况下膜的渗透速率将下降。所以，死端过滤只能是间歇式的，必须周期性地停下来清洗膜表面的污染层或更换膜。

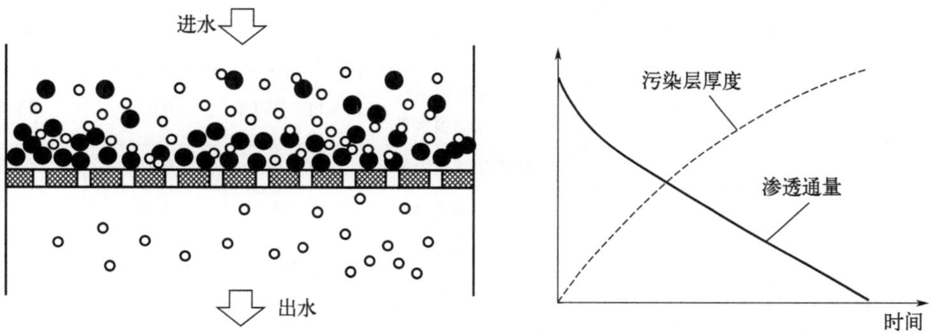

图 11-11　超滤膜死端过滤模式

在饮用水处理过程中，由于膜前一般存在混凝、沉淀或过滤等预处理，其固体含量一般均低于 0.1%，故一般均采用死端过滤模式。

（2）错流过滤

错流过滤（cross-flow filtration）操作过程如图 11-12 所示。原料液沿膜表面平行流出浓缩液，而渗透液则沿垂直膜的方向流出。与死端过滤操作不同的是原料液流经膜表面时产生的高剪切力可使沉积在膜表面的颗粒返回主体流，从而被带出微滤膜组件，使该污染层不再无限增厚而保持在一个较薄的稳定水平。因此一旦污染层达到稳定，膜的渗透速率就将在较长的一段时间内保持在相对高的水平。错流操作对减少浓差极化和结垢是必要和可能的。

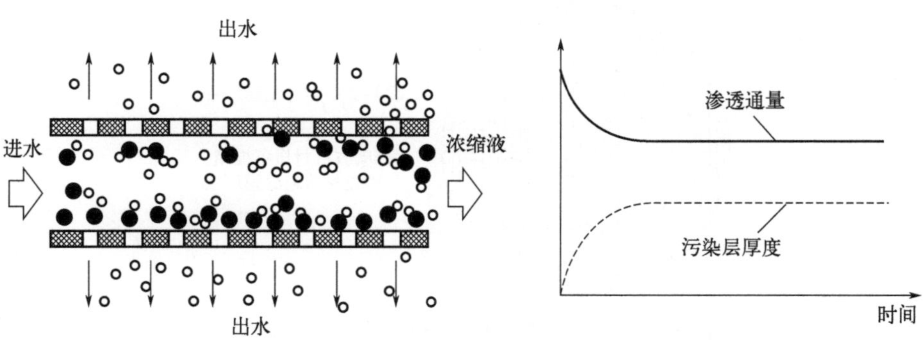

图 11-12　超滤膜错流过滤模式

错流过滤虽然可以将污染层保持在一个较薄的稳定水平，可以在一定程度上控制超滤膜污染，但是由于错流液的存在使得超滤系统的产水率较低，一般低于80%。因此，为保证超滤系统的产水率，在饮用水处理中很少使用错流过滤模式。

11.2.1.2 国外生产现状

国外超滤膜材料及组件生产企业知名度比较高的有滨特尔、懿华、杜邦、旭化成、海德能、科氏、东丽，见表11-2。在这些国外的生产企业中，生产的超滤膜组件已经在国内的城镇自来水厂得到规模化应用的企业有苏伊士、懿华、旭化成、杜邦、滨特尔等。

表 11-2 国外超滤膜材料及组件主要生产厂家情况

序号	区域	公司代码	主要产品	膜材质	公称孔径 /μm	内外孔径 /mm
1	美国	厂家 1	内压式超滤膜组件	PES/PVP	0.02	0.8/1.3
2		厂家 2	外压式超滤膜组件	PVDF	0.04	0.5/0.8
3		厂家 3	外压式超滤膜组件 内压式超滤膜组件	PES	0.02	0.8/1.4
4		厂家 4	内压式超滤膜组件 浸没式超滤膜组件	PS/PES/PVDF	0.03	0.9 /1.5
5		厂家 5	外压式超滤膜组件	PVDF	0.03	0.7/1.3
6	日本	厂家 6	外压式超滤膜组件	PVDF	0.01	0.7/1.3
7		厂家 7	外压式超滤膜组件 浸没式超滤膜组件	PVDF	0.1、0.08	0.7/1.2
8	新加坡	厂家 8	外压式超滤膜组件	PES		0.6/1.15
9	法国	厂家 9	外压式超滤膜组件 浸没式超滤膜组件	PVDF	0.02、0.04	0.66/1.1
10	德国	厂家 10	内压式超滤膜组件	PESM	0.02	0.9/1.5

11.2.1.3 国内生产现状

搜集的国内49家超滤膜材料及组件生产企业中，有44家企业生产有机材质的中空纤维超滤膜及组件，其余5家企业生产陶瓷材质的超滤膜及组件、有机材质的平板膜。从调研样本看，有机材质的中空纤维膜占绝大多数，达到89.8%，其他占比10.2%。超滤膜组件主要以有机材质的中空纤维膜为主，见图11-13。

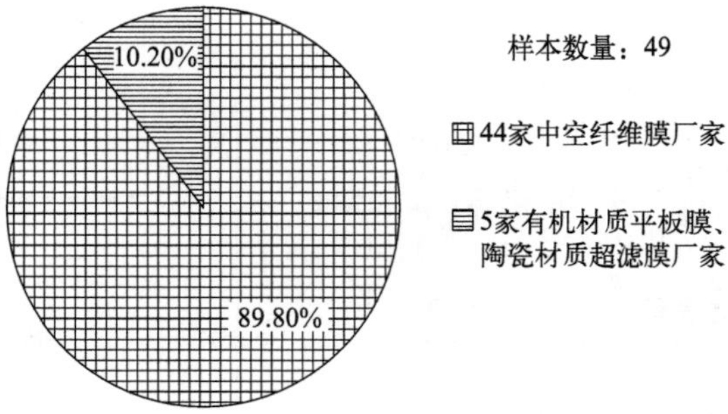

图 11-13 不同类型超滤膜及组件生产厂家分布

从调研情况看，超滤膜材料主要为 PVDF、PVC、PES、PS，另外还有少数厂家生产陶瓷超滤膜组件。从数据看，PVDF 材质超滤膜只用于生产外压式膜组件和浸没式膜组件，PVC 材质超滤膜主要用于内压式超滤膜组件和浸没式膜组件。目前将 PVC 材质超滤膜进行产业化并大规模应用的生产企业为海南立昇净水科技实业有限公司，同时该公司也对 PVDF 材质的超滤膜进行产业化及大规模应用。在调研样本中，生产 PVDF 超滤膜的生产企业占绝大多数，达到 91.8%。能提供两种以上结构形式膜组件的生产企业共有 18 家，占比 36.7%。

图 11-14 给出了超滤膜材料及组件生产企业的地区分布图，从图中可以看出，浙江、北京、江苏是超滤膜材料及组件生产企业较多的三个地区，占比分别为 20.4%、18.4%、16.3%，其中浙江共有 10 家，杭州有 7 家，宁波、湖州、诸暨各有 1 家；北京共有 9 家；江苏共有 8 家，南京 3 家，苏州 2 家，盐城、南通、宜兴各有 1 家。

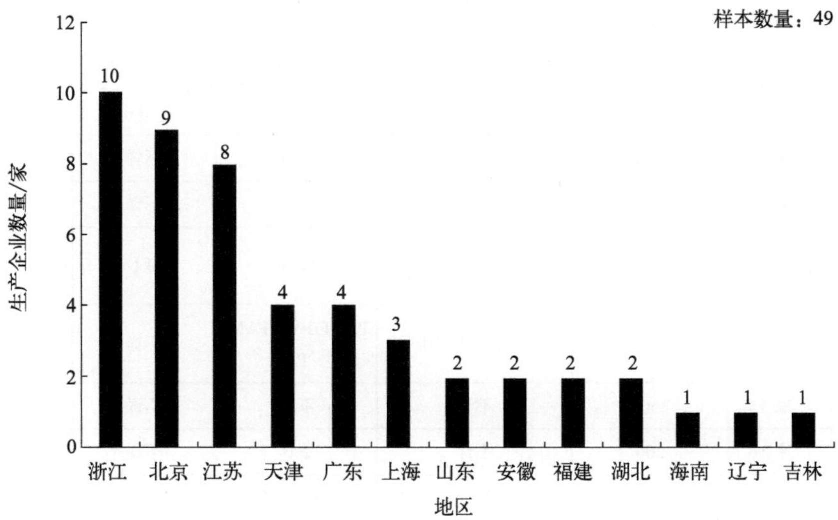

图 11-14　超滤膜材料及组件生产企业的地区分布

在城镇供水行业有规模化应用的超滤膜组件生产企业主要有立升、津膜、碧水源、求是、膜华、赛诺、美能、水艺、招金膜天共 9 家企业，占生产企业总数量的 20.4%。由于城镇供水行业单个水厂处理规模大、对产品质量和出水水质要求高、对产品服务要求高，因此超滤膜产品能成规模地应用在城镇自来水厂的膜生产企业数量仅是有限的几家。调研到的超滤膜材料及组件生产厂家基本情况见表 11-3。

表 11-3　调研到的超滤膜材料及组件厂家基本情况

序号	地区	公司代码	注册资金 / 万元	主要产品	膜材质	公称孔径 /μm	内外孔径 /mm
1	安徽	厂家 1	3500	不详	不详	不详	不详
2		厂家 2	1000	PLUM 有机管式膜	PVDF	不详	不详
3	北京	厂家 3	317051.1	内压式超滤膜组件 外压式超滤膜组件 浸没式超滤膜组件	PVDF	0.02	0.7/1.3
4		厂家 4	6789	内压式超滤膜组件	PS	不详	不详
				外压式超滤膜组件 浸没式超滤膜组件	PVDF	不详	不详

续表

序号	地区	公司代码	注册资金 / 万元	主要产品	膜材质	公称孔径 /μm	内外孔径 /mm
5	北京	厂家 5	1670	外压式超滤膜组件 浸没式超滤膜组件	PVDF	0.1	0.7/1.3
6		厂家 6	1500	内压式超滤膜组件	mPS	0.01	1.0/1.5
				外压式超滤膜组件 浸没式超滤膜组件	PVDF	0.05	0.7/1.3
7		厂家 7	500 美元	内压式超滤膜组件	PES	不详	不详
				浸没式超滤膜组件	PVDF	不详	不详
8		厂家 8	不详	卷式超滤膜	不详	不详	不详
9		厂家 9	680	不详	不详	不详	不详
10		厂家 10	600	外压式超滤膜组件	PVDF	0.02 ～ 0.04	0.65/1.35
				浸没式超滤膜组件	不详	＜ 0.04	不详
11		厂家 11	不详	不详	不详	不详	不详
12	福建	厂家 12	7700	超滤膜组件	PVDF	不详	不详
13		厂家 13	5000	外压式超滤膜组件 浸没式超滤膜组件	PVDF	0.1	0.6/1.2
14	广东	厂家 14	5000	外压式超滤膜组件	PADF/PVC/PAN/ PS	不详	不详
15		厂家 15	3000	不详	不详	不详	不详
16		厂家 16	200	不详	不详	不详	不详
17		厂家 17	50	内压式超滤膜组件	PVC/PVDF	不详	不详
				外压式超滤膜组件 浸没式超滤膜组件	PVC/PVDF	不详	不详
18	湖北	厂家 18	3800	外压式超滤膜组件	碳化硅	0.04、0.1	12 ～ 118
19		厂家 19	300	外压式超滤膜组件 内压式超滤膜组件	PVDF PVC	不详	不详
20	海南	厂家 20	1200	内压式超滤膜组件 外压式超滤膜组件 浸没式超滤膜组件	PVC PVDF	0.01 0.02	1.0/2.0
21	江苏	厂家 21	10555.4	超滤膜组件	陶瓷	0.001 ～ 0.1	不详
22		厂家 22	8293.7	浸没式超滤膜组件	PVDF	不详	不详
23		厂家 23	7000	浸没式超滤膜组件	PVDF	不详	不详
24		厂家 24	4000	浸没式超滤膜组件	PVDF	0.02	0.65/1.2
25		厂家 25	3344.4	外压式超滤膜组件	PVDF	0.03	0.7/1.3
26		厂家 26	3000	浸没式超滤膜	不详	不详	不详
27		厂家 27	2000	平板式超滤膜组件	PVDF+PET	不详	0.08/0.12
28		厂家 28	70 美元	外压式超滤膜组件	PVDF	0.03	0.7/1.3

续表

序号	地区	公司代码	注册资金 / 万元	主要产品	膜材质	公称孔径 /μm	内外孔径 /mm
29	吉林	厂家 29	不详	不详	不详	不详	不详
30	辽宁	厂家 30	4580	不详	PS/PES/PVP 共混	不详	0.8/1.3
31	上海	厂家 31	600	内压式超滤膜组件	PAN/PVDF	不详	0.9/1.5、1.2/2.0、1.6/2.5、2.0/3.0
32		厂家 32	400	不详	不详	不详	不详
33		厂家 33	104.46	卷式超滤膜组件	不详	不详	不详
34	山东	厂家 34	8732.6	内压式超滤膜组件	PSF/PES	不详	不详
				外压式超滤膜组件	PS	不详	不详
				浸没式超滤膜组件	不详	不详	不详
35		厂家 35	1000	外压式超滤膜组件 浸没式超滤膜组件	不详	不详	不详
36	天津	厂家 36	7800	外压式超滤膜组件 浸没式超滤膜组件	PVDF	0.03	0.7/1.3
37		厂家 37	1000	外压式超滤膜组件	不详	不详	不详
38		厂家 38	1000	不详	不详	不详	不详
39		厂家 39	不详	不详	不详	不详	不详
40	浙江	厂家 40	不详	外压式超滤膜组件	PE/PES/PS/PVC/PVDF	不详	不详
41		厂家 41	1000	外压式超滤膜组件	PVDF	不详	不详
42		厂家 42	不详	外压式超滤膜组件	PVDF	0.03	0.7/1.3
43		厂家 43	9500	不详	PVDF	不详	不详
44		厂家 44	8000	不详	PTFE	不详	不详
45		厂家 45	3600	外压式超滤膜组件	PVDF	0.04	0.7/1.3
				浸没式超滤膜组件	PVDF	0.03	0.7/1.3
46		厂家 46	3000	外压式超滤膜组件	PVDF	0.02	0.7/1.3
47		厂家 47	1388	不详	不详	不详	不详
48		厂家 48	500	不详	不详	不详	不详
49		厂家 49	不详	不详	不详	不详	不详

11.2.2 国内外应用状况

11.2.2.1 国外应用现状

目前在国外，已经有很多市政自来水厂应用超滤技术生产自来水，美国的超滤膜自来水厂总处理水量占美国自来水供应量的 2.5%，并且许多新建水厂和老水厂改造项目越来越多地采用超滤工艺；在欧洲，超滤工艺在水厂中的应用更为广泛，以小型水厂居多。英国已有 100 多家水厂采用超滤膜技术，总产水能力已超过 $1.1\times10^6m^3/d$；在亚洲，超滤膜技术的应用在近几年的增长也比较显著。新加坡已建成一期规模为 $2.75\times10^5m^3/d$ 的大型水厂，日本的超滤膜产水能力已近 $4.0\times10^6m^3/d$。新加坡、澳大利亚、荷兰、英国和以色列使用超滤工艺净化自来水的处理量分别占其自来水总供水量的 12.0%、4.0%、3.1%、2.0%、1.2%。

中东地区是水资源缺乏最严重的地方。为了解决这个问题，最早人们通常采用蒸馏技术。从 19 世纪 60 年代，膜技术被用于解决这些国家的缺水问题。但是，许多反渗透海水淡化系统面临着膜污染严重的问题。主要因为反渗透系统的传统预处理方法无法提供可靠的入水水质，因此，绝大多数淡化工厂在远远低于其设计出水量的情况下工作，甚至有些工厂的出水量达不到最初设计的 30%。小型淡化装置的研究非常清楚地表明，超滤系统可以非常有把握地控制海水的水质，为反渗透系统提供高质量的入水。长期试验也表明，超滤系统的出水 SDI（污染密度指数）值可以非常好地控制在 2 以下。这些测试在超滤系统前不必用任何预处理，并且适用各种海水水质。

在终端净水方面，发达国家的终端家用净水设备普及率普遍超过了 80%，美国的家用净水器普及率达到 90%，欧洲为 90%，日本为 80%，韩国为 95%。国外家用净水器产于 20 世纪 50 年末期，其高峰是在 70 年代以后，它的发展是在工业水处理的基础上发展而来的，随着技术水平的提高，以及健康意识的加强，终端家用净水越来越被企业和消费者重视。

11.2.2.2 国内应用现状

超滤技术能够有效去除颗粒物、藻类、细菌和病毒，可以一定程度替代或者优化传统工艺的处理效果。随着超滤技术的不断进步，超滤膜能在低压下正常运行，超滤系统具有低能耗、操作简单并且经济等优势，应用于不同规模、不同工艺的市政自来水厂。当自来水厂进水有机物含量不高并符合饮用水标准时，可直接采用原水 - 超滤工艺应用于饮用水处理。但是当原水水质有机物含量超标时，由于超滤对有机物的去除效果不是非常好，难以保证出水水质的有机物含量指标，水中的有机物会导致消毒副产物生成，影响人类健康。为了提高超滤对有机物的去除效果，采用传统工艺混凝、吸附、预氧化等不同处理工艺与超滤技术相结合，能够在多种原水情况下确保出水水质达标。

许多实践案例证明，超滤技术在市政自来水厂的合理利用能够有效降低 COD_{Mn}、NH_3-N、浊度、微生物、病毒及藻类，其中超滤出水浊度低于 0.1NTU，其他致病微生物均未检出。并且与传统工艺流程相比较，一方面超滤工艺的出水不会有消毒和混凝的副产物产生的风险，另一方面应用超滤工艺可将浊度控制在 0.2NTU 甚至 0.1NTU 以下，这样不仅改善出水水质的感官指标，也降低微生物的风险。

我国用水总量在 2013 年达到前期峰值，之后开始出现用水总量增速趋缓甚至下降现象，主要是随着国务院和各省区市的一系列最严格水资源管理制度政策出台，省市县全覆盖的“三条红线”控制指标体系基本建立，用水总量控制、用水效率控制、水功能区限制纳污“三条红线”指标逐级分解到省市县三级行政区，农业和工业用水效率逐步提升。2018 年全年总用水量达到了 6110 亿立方米，比上年增长 1.1%。其中，生活用水增长 1.4%，工业用水增长 0.6%，农业用水增长 1.1%，生态补水增长 3.8%。

在国内，超滤技术应用在市政自来水厂诞生于 20 世纪 90 年代，《生活饮用水卫生标准》（GB 5749—2022）促进了水厂提标增质，超滤技术刚好能够满足要求，2007 ～ 2019 年的十二年间，超滤技术用于市政自来水厂发展最为快速，大规模超滤膜法水厂迅速增加。据不完全统计，目前国内市政自来水厂中超滤膜法水厂规模已达 $880\times10^4m^3/d$，大约已经占全国总的自来水供水规模的 0.53%。

调研结果显示，目前超滤膜技术已在我国多个省、自治区、直辖市得到应用，其分布如表 11-4 所列。

表 11-4　超滤膜技术在我国的应用情况

省份	应用规模 /（$10^4m^3/d$）	省（自治区、直辖市）	应用规模 /（$10^4m^3/d$）
内蒙古	23.0	辽宁	3.0
甘肃	1.5	天津	30.5
新疆	15.4	陕西	18.0
宁夏	4.0	山西	5.7
四川	8.0	山东	90.0
云南	2.2	河南	20.0
贵州	10.0	江苏	82.6
安徽	8.0	上海	15.0
江西	2.0	浙江	139.0
海南	9.5	台湾	30.0
黑龙江	49.0	福建	11.0
河北	92.7	广东	72.5
北京	97.0		

终端净水行业在国内的发展已有几十年的历史，按照处理核心分类主要分为反渗透和超滤，随着国民生活水平的不断提高及水处理材料和技术的不断成熟，从 20 世纪 80 年代末开始国内终端净水开始不断发展，由中国净水器行业现状调研及发展前景分析报告（2015—2020）1513552 号报告数据显示：中国的终端净水设备普及率＜ 5%，北京、上海、广州、深圳等一线城市普及率目前已超过 15%，其中超滤净水设备占到 13% 左右，足以见得超滤技术在终端净水行业中的重要性。国内典型自来水厂超滤膜应用案例如表 11-5 所列。

表 11-5　国内典型自来水厂超滤膜应用案例

序号	名称	规模 /($10^4m^3/d$)	膜品牌	工艺	水源
1	深圳沙头角水厂	4	陶氏	絮凝＋沉淀＋炭砂＋超滤	
2	余杭仁和水厂	20	天创、碧水源	—	
3	杭州清泰水厂	30	旭化成	预臭氧＋混凝＋沉淀＋炭砂＋超滤	
4	宁波江东水厂	20	膜华	混凝＋沉淀＋活性炭＋超滤	水库水
5	广州北部水厂	60	美能	—	
6	无锡中桥水厂	15	西门子	絮凝＋沉淀＋炭砂＋超滤	太湖水
7	泰安三合水厂	10	膜华、碧水源	高锰酸盐预氧化＋粉末活性炭＋絮凝沉淀＋超滤膜	
8	泰安环湖水厂	2	膜华	—	
9	天津凌庄水厂	30	津膜	混凝＋沉淀＋超滤	河水
10	石家庄良村水厂	15	津膜	混凝＋沉淀＋超滤	南水北调水

续表

序号	名称	规模 /（$10^4m^3/d$）	膜品牌	工艺	水源
11	金坛第三水厂	5	津膜	高锰酸钾预处理＋活性炭＋超滤	
12	徐州丰县水厂	10	碧水源	混凝＋沉淀＋超滤	南水北调水
13	满洲里二水厂	3	招金膜天	浸没式	
14	济南东湖水厂	4	招金膜天	混凝＋沉淀＋活性炭＋超滤	水库水
15	大庆油田中引水厂	10	GE	混凝＋沉淀＋砂滤＋超滤	水库水
16	大庆油田东风水厂	5	滢格	混凝＋沉淀＋砂滤＋超滤	水库水
17	大庆南二水源	3.5	诺瑞特	混凝＋沉淀＋砂滤＋超滤	水库水
18	宁波桃源水厂	50	津膜	混凝＋沉淀＋超滤	
19	北京门头沟水厂	10	滢格	—	
20	宁夏吴忠市第一水厂	5	滢格	—	
21	绵阳燕儿河供水工程	4	滢格	—	
22	海南文昌会文水厂	0.8	立升	直接过滤	水库水
23	北京 309 水厂	8	立升	混凝＋超滤	南水北调水
24	东营南郊水厂	20	立升	混凝＋沉淀＋超滤	黄河水
25	廊坊市地表水厂	15	立升	混凝＋沉淀＋超滤	南水北调水
26	曹妃甸工业开发区水厂二期项目	5	立升	混凝＋沉淀＋超滤	水库水
27	唐山自来水公司净水厂	12.5	立升、津膜	混凝＋沉淀＋超滤	水库水（同曹妃甸）
28	上海青浦水厂	10	立升	混凝＋沉淀＋臭氧活性炭＋超滤	太浦河水

11.2.3 典型应用案例

（1）山东省某水厂

山东省某水厂是一座采用浸没式超滤膜的自来水厂，采用常规处理工艺应对微污染原水升级达标的范例，为我国市政水厂建设有中国特色的大型浸没式超滤系统做了一个很好的示范。

该水厂始建于 1993 年 3 月，设计规模为 $10\times10^4m^3/d$，分两期建设。一期 $5\times10^4m^3/d$，于 1998 年 5 月建成投产运行；2005 年 6 月完成了二期工程，能力达到 $10\times10^4m^3/d$。水厂以引黄水库水为原水，黄河水经过沉砂处理后进入南郊水库，水厂直接从水库取水，采用二氧化氯、液氯混合预氧化，混凝沉淀，砂滤，氯消毒常规处理工艺。出厂水水质能够达到国家标准《生活饮用水卫生标准》（GB 5749—85）的 35 项指标要求。

2009 年 5 月该水厂开始实施水质提标改造工程，由于其原水具有典型的黄河下游水库水的特性，水厂提升工艺主要解决冬季低温、低浊，夏季高藻、臭和味、微污染的问题，并注意溴化物（Br^-）转化溴酸盐的风险。根据设计在原有工艺上增加高锰酸钾预氧化系统、粉末活性炭投加系统和浸没式超滤车间，确保原水在受到微污染的情况下出厂水水质仍能达到国家《生活饮用水卫生标准》（GB 5749—2006）中的 106 项指标要求。改造后的处理工艺流程如图 11-15 所示。

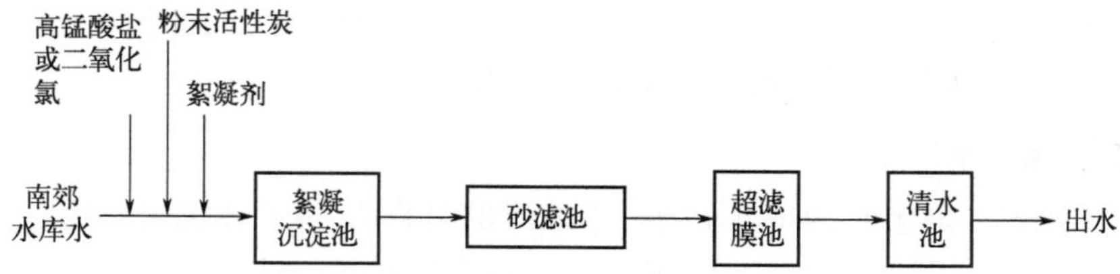

图 11-15　山东省某水厂处理工艺流程

水厂采用高锰酸盐预氧化＋粉末活性炭投加＋混凝沉淀＋超滤膜的组合工艺。该工艺构筑物少、管理简单、运行费用低，能够实现高浓度的含炭污泥回流，提升了絮凝效果，使活性炭充分利用，降低了制水成本，体现了超滤膜组合工艺的优点。其中混凝沉淀＋浓缩污泥回流（投加粉末活性炭）＋膜处理工艺，在原水低温、低浊时，浓缩污泥回流改善了絮凝和沉淀；不投加臭氧，避免了溴酸盐和其他臭氧副产物问题；由于原水浊度较低，少量粉末活性炭投加能得到高倍浓缩，获得去污染能力很好的活性污泥和生物粉末活性炭；该方案依靠超滤膜的绿色分离使藻类和微生物可以完全去除。生物粉末活性炭和膜，并结合高密度沉淀工艺，通过分工合作，将大中小等各种分子量的有机物对应去除，同时应用于饮用水处理时既不引入也不改变水中物质的性质，主要表现为自然的物理方式、绿色方式。因此该工艺是最为安全有效的藻类和微量有机物的去除方式，并规避了化学副产物和微生物风险。

浸没式超滤膜系统共设膜池 12 格，每格面积为 31.9m^2，设计水深为 3.2m，整个膜车间的总过滤面积约为 15m×10m（见图 11-16）。每个膜池含 6 个浸没式超滤膜装置，膜面积合计为 10800m^2。超滤膜设计通量为 30L/（m^2·h），冬季水温在 2 ～ 4℃时，膜通量一般控制在 28L/（m^2·h）左右运行；春季水温在 6 ～ 8℃时，膜通量一般控制在 30 ～ 32L/（m^2·h）运行；夏、秋两季水温在 10℃以上时，膜通量一般控制在 32 ～ 37L/（m^2·h）运行。

图 11-16　山东某水厂超滤膜车间

膜池的自动化控制系统的运行一直较为稳定可靠。运行初期，膜组的反冲洗周期为 6h，运行 3 个月后，反冲洗周期调整为 5h，每次反冲洗时间为 10min。反冲洗程序为：先曝气擦洗 90s，然后气水同时反冲洗 60s；气洗强度以膜池面积计为 60m^3/（m^2·h），水洗强度以膜面积计为 60L/（m^2·h）。设计超滤膜的恢复性化学清洗周期为 6 ～ 12 个月，采用 0.25% 次氯酸钠、1% 氢氧化钠和 1% 盐酸清洗，每次清洗时间为 4 ～ 6h。

（2）浙江省某水厂 1

浙江省某水厂 1 始建于 1930 年 6 月，占地面积 114 亩。水厂水源取自钱塘江，制水工艺为絮凝 - 沉淀 - 过滤 - 消毒的常规处理工艺，经多次扩建和技术改造，供水能力已达到 $30\times10^4m^3/d$。2006 年启动了升级改造工作。技术改造增加臭氧预处理和膜深度处理工艺，建成后处理规模为 $30\times10^4m^3/d$，总投资 3.55 亿元。2013 年底，$30\times10^4m^3/d$ 的膜处理系统投入运行。改造后的该水厂工艺流程如图 11-17 所示。

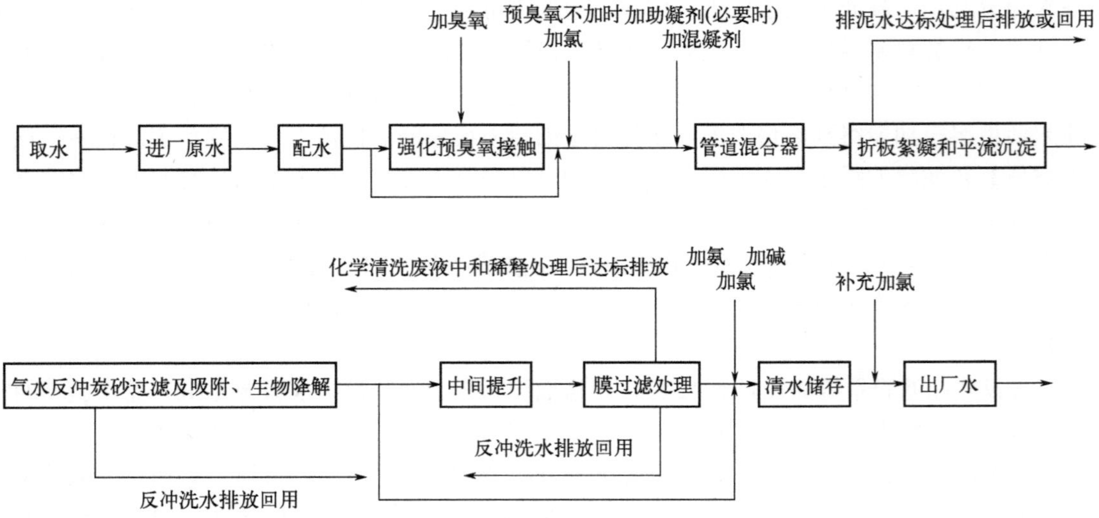

图 11-17　浙江省某水厂 1 工艺流程

膜系统（见图 11-18）主要由主过滤系统和水回收系统、反冲洗系统、化学清洗系统、中和系统、在线膜完整性检测系统、PLC 控制系统等部分组成。主过滤系统由两套完全独立的子过滤系统组成，每天净产水 $29.5\times10^4m^3$。水回收系统，负责主系统清洗水的回收过滤，每天净产水 $5000m^3$。主过滤系统包括 18 列膜架，每列膜架安装有 168 只膜柱，运行通量设计为 100L/（m^2·h）。每列膜架能够独立运行，也可同时运行，每过滤运行 30min 后自动进行 1 次水反洗 / 气洗，平均每 2d 进行 1 次维护性清洗，每 35d 进行 1 次恢复性化学清洗。水回收系统共 2 列膜架，每列安装有 86 只膜组件，运行通量设计为 60L/（m^2·h），每过滤运行 15min 后自动进行 1 次水反洗 / 气洗，每天进行 1 次维护性清洗，每 30d 进行 1 次恢复性化学清洗。

膜系统一周进行一次完整性检测。输入的气压在 150 ～ 200kPa，保压 5min，若前后相差小于 4kPa，则认为该膜架膜柱完好，没有断丝情况；若前后相差大于 4kPa，则系统报警，将安排再次进行完整性检测。若多次复查气压下降迅速，则该膜柱会停止运行，待找出原因解决漏气问题后再恢复运行。若大于 20kPa，该列膜架自动停用。

从近几年使用情况来看，膜系统完整性检测结果较好，没有出现大于 20kPa 的情况，但大于 4kPa 的报警时有出现，基本是由阀门关不到位和完整性检测气管连接管接头松动引起，修复后检测均正常。

图 11-18 浙江省某水厂 1 超滤膜车间

出水水质除满足国家现行《生活饮用水卫生标准》（GB 5749—2022）外，还满足《浙江省供水行业现代化企业水厂优质水出水标准》，这个标准是在卫生部《生活饮用水卫生规范》（2001）的基础上，同时参考美国 EPA 和欧盟等一些发达国家和地区的水质标准以及住建部的相关标准制定的，它在色度、浊度、耗氧量和亚硝酸盐等 12 个项目方面比卫生部《生活饮用水卫生规范》（2001）相应的项目要求更高。

（3）浙江省某水厂 2

浙江省某水厂 2 是新区内一座净水厂，2006 年水厂一期工程建成投产，规模为 $5\times10^4m^3/d$，2010 年水厂进行二期扩建，扩建规模也为 $5\times10^4m^3/d$，于 2011年投产运行。

水厂水源为水库水，主要供应约 $62km^2$ 范围内的生活、生产用水，供水水质稳定达到《生活饮用水卫生标准》（GB 5749—2022），其中平均出水浊度小于 0.5NTU。该水厂是国内第一家采用超滤 + 反渗透工艺的水厂，二期扩建工程深度处理仍采用该工艺。

水库来水主要是汛期从内河翻水补充，而内河来水主要是降雨和地下水补充。雨季时降雨量较大，内河水质基本为Ⅲ类水。但旱季时，由于降水量少，内河水受到一定程度的污染，水质超标，偶尔达到Ⅳ～Ⅴ类水。

根据水质分析，水库水水质主要存在以下几方面问题：

pH 值和碱度较高。根据监测，水厂进水月平均 pH 值介于 8.61 ～ 9.08 之间，高于 8.5 的生活饮用水标准上限值。

亚硝酸盐氮、耗氧量指标较高，水质存在轻微有机物污染。根据监测，水厂进水月平均耗氧量介于 5.65 ～ 7.31mg/L 之间。

盐分（氯化物）含量高。根据监测，水厂进水月平均氯化物含量介于 273.9 ～ 310.8mg/L 之间，高时达 380mg/L 以上，大大高于生活饮用水 250mg/L 的标准上限值。

基于以上问题，水厂在常规处理基础上设置了预处理和深度处理。

预处理主要是针对水库水 pH 值较高、有机污染物耗氧量较高的实际情况投加相关药剂，具体包括以下几种：a. 加投 98% 硫酸；b. 由于水库水 pH 值较高，在取水泵房设置了硫酸投加系统，以调节水厂进水 pH 值；c. 高锰酸钾复合盐和粉末活性炭，针对水库水质污染，在取水泵房设置了高锰酸钾复合盐以及粉末活性炭投加系统，以保证出水水质达标；d. 前加氯，考虑到夏季藻类暴发对后续处理造成影响，设置了前加氯系统，最大投氯量 4mg/L；e. 接触氧化池（预留），为应对远期内河水质的不断恶化，在水厂建设时预留用地，必要时可增加接触氧化池，强化预处理，保证出水水质。

常规处理根据水库水水质，结合水厂一期工程常规处理工艺，二期工程仍采用技术成熟、处理效果稳定、应用较为广泛的折板絮凝 + 平流沉淀 +V 型滤池组合工艺。结合一期经验，混凝剂采用液态聚合铝铁，平均投加量为 6mg/L。

深度处理则是超滤膜 + 反渗透除盐系统，从而去除水库水含量较高的氯化物。考虑到水库水含盐量一般不超过 400mg/L，出水仅需达到生活饮用水水质标准 250mg/L 以下，因此为降低运行成本，水厂二期扩建采取滤池部分出水经过超滤 + 反渗透处理，后与剩余滤池出水混合，使氯化物含量达到出水要求。

水厂二期工程 2011 年投产运行后，出水水质一直较为稳定，其出水浊度月平均值介于 0.22 ～ 0.49NTU 之间，最大值 0.8NTU 左右，旱季时水厂出水浊度低于雨季。出水氯化物含量月平均值介于 150 ～ 180.5mg/L 之间，最高值为 224.4mg/L，pH 值有效控制在 6.91 ～ 7.76 范围，耗氧量月平均值介于 1.42 ～ 1.86mg/L 之间，最高值为 2.64mg/L，其余各项指标也均满足《生活饮用水卫生标准》（GB 5749—2022）。

（4）广东省某水厂

广东省某水厂始建于 1994 年，设计供水能力 $4\times10^4m^3/d$，原采用常规处理工艺，供水范围 $4.4km^2$，服务人口约 16 万。水厂日常出厂水水质主要指标可满足《生活饮用水卫生标准》（GB 5749—2022）要求，但仍存在以下一些问题。

1）原水水质波动

水厂所用水源为水库水，原水水质总体达到《地表水环境质量标准》（GB 3838—2002）Ⅱ类标准。在雨洪季节，浊度等指标会大幅提高，浊度最高超过 100NTU。正坑水库是水厂备用水源，库容仅有 $38\times10^4m^3$，由于无固定水源补充，换水周期较长，4 ～ 10 月期间还会出现水生生物大量滋生问题，藻密度最高达到 1.78×10^7 个 /L，水厂常规工艺难以处理，需要采取切换水源等其他措施，水质生物安全风险较大。

2）设施老化破损

沉淀池斜管老化导致穿孔排泥管吸泥效果差，滤池隔墙穿孔导致滤池窜水等工艺构筑物问题影响出水水质。

3）设备故障

水厂大部分机电设备使用年限较长，故障率高，主要依靠员工手动操作，自动化管理水平较低。

为提升水厂供水水质，水厂进行了全面的升级改造，在常规工艺基础上增加活性炭 - 超滤联用深度处理工艺，改造后流程如图 11-19 所示。

所选超滤膜为外压式中空纤维膜，PVDF 材质，共有 6 组，每组由 56 支膜元件组成。改造后水厂出水水质相对原有工艺更为稳定，浊度、余氯、耗氧量等指标明显优于改造前。

（5）美国某水厂 1

该水厂位于美国亚利桑那州，工艺流程如图 11-20 所示。

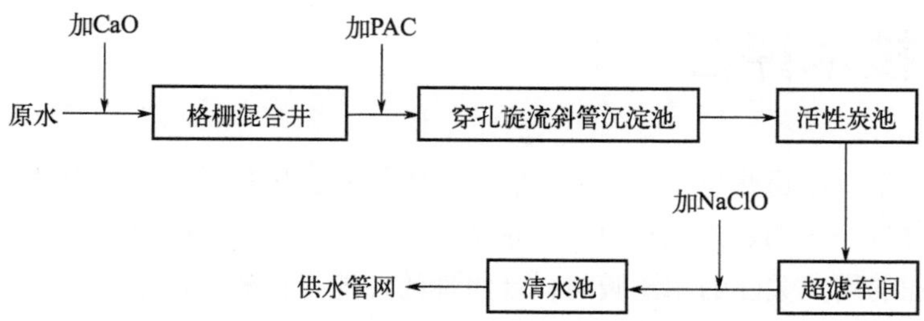

图 11-19　深圳某水厂净水工艺流程

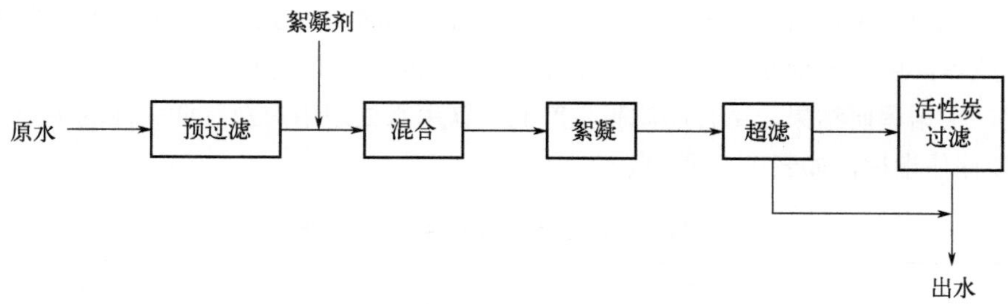

图 11-20　美国某水厂 1 工艺流程

水厂供水规模为 $11.4\times10^4m^3/d$，主要解决的水质问题是控制臭和味、去除无机污染物砷、控制消毒副产物前体物，省略了沉淀工艺，絮凝后的水直接进入超滤工艺，在超滤之后接颗粒活性炭工艺，控制水体中的臭和味。

水厂设置 10 格膜池，每格 6 个膜箱，每个膜箱有 52 帘膜组件（每个膜箱可以安置 64 帘膜组件，便于以后有需求）。同时需额外新建两个不安装膜组件的膜池备用。颗粒活性炭滤池的吸附容量需满足 12 个月运行。水质需保证 3lg 单位贾第虫和 4lg 单位病毒的去除率。

（6）美国某水厂 2

该水厂位于美国明达苏尼州，工艺流程如图 11-21 所示。

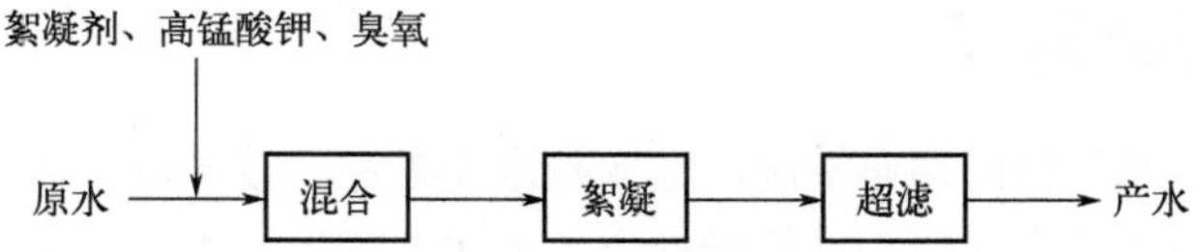

图 11-21　美国某水厂 2 工艺流程

水厂供水规模为 $26.5\times10^4m^3/d$，面对美国水质法规的压力，对老水厂进行改造，将传统的砂滤工艺改建为超滤工艺，采用超滤工艺的目的是去除“两虫”（贾第虫、隐孢子虫），保障饮用水的微生物安全性。

超滤膜系统使用 5 个不同频率的给水泵（4 用 1 备），分别给 4 列膜组件供水。每列有 9 个膜单元，每个膜单元在设计通量为 $97L/(m^2\cdot h)$ 条件下的处理量是 $8300m^3/d$。供水给每个膜单元前水经过滤径为 150μm 的自动反洗过滤器预过滤。反洗过程中自动反洗过滤器工作 2min/ 次。

每个膜单元有 28 个和 RO 系统中一样的压力容器，每个压力容器控制 4 个相连的膜组件，每个膜组件内的流道产水贯穿压力容器后进行分流。

11.3 技术评估

从调研结果来看，超滤膜生产厂商一般关注膜材料公称孔径、膜丝力学性能、膜丝纯水透过率、膜组件气检压力、产品标准（一般为企业标准）、膜丝化学稳定性 6 项指标；而广大的饮用水行业的用户关注的超滤膜材料及组件的性能指标较多，主要包括涉水产品卫生安全许可、膜组件产水水质、膜组件设计通量、膜组件清洗周期及恢复情况、膜组件防断丝技术、质保时间 6 项指标，而为了保证良好的售后服务及技术支持能力，用户还关注超滤膜生产商的企业规模、市场占有量和产品规格多样性等。同时，为了进一步降低超滤膜系统的投资和运行成本，用户与行业还关注膜组件价格、吨水电耗和药耗等。

因此，根据调研结果，结合超滤膜生产商、饮用水处理用户及行业关注的主要指标，筛选出 17 项评估指标，如表 11-6 所列。

表 11-6 超滤膜材料及组件评估指标

序号	评估指标	序号	评估指标
1	膜材料公称孔径	10	膜组件设计通量
2	膜丝力学性能	11	膜组件清洗周期及恢复情况
3	膜丝纯水透过率	12	膜丝化学稳定性
4	膜组件防断丝技术	13	膜组件价格
5	卫生安全许可	14	吨水电耗、药耗
6	膜组件产水水质	15	企业规模
7	膜组件气检压力	16	市场占有量
8	产品标准	17	产品规格多样性
9	质保时间		

11.3.1 评估指标体系

基于超滤膜材料及组件的调研情况，选取技术先进性、技术可靠性、性能稳定性、经济适用性、国际竞争力 5 项指标作为评价指标集。上述 5 项指标作为一级评估指标，每个评估指标再按超滤膜材料及组件特性进一步细化分解为二级评估指标（图 11-22）：技术先进性分解为 A_1、A_2、$A_3 \cdots A_n$；技术可靠性分解为 B_1、B_2、$B_3 \cdots B_n$；性能稳定性分解为 C_1、C_2、$C_3 \cdots C_n$；经济适用性分解为 D_1、D_2、$D_3 \cdots D_n$；国际竞争力分解为 E_1、E_2、$E_3 \cdots E_n$ 多个基本项。

11.3.2 评估指标赋值

11.3.2.1 超滤膜材料及组件一级指标

结合超滤膜材料及组件的技术特点，对 5 个一级指标分别赋予权重及建议值，分别为技术先进性（0.30）、技术可靠性（0.20）、性能稳定性（0.20）、经济适用性（0.20）及国际竞争力（0.10）。

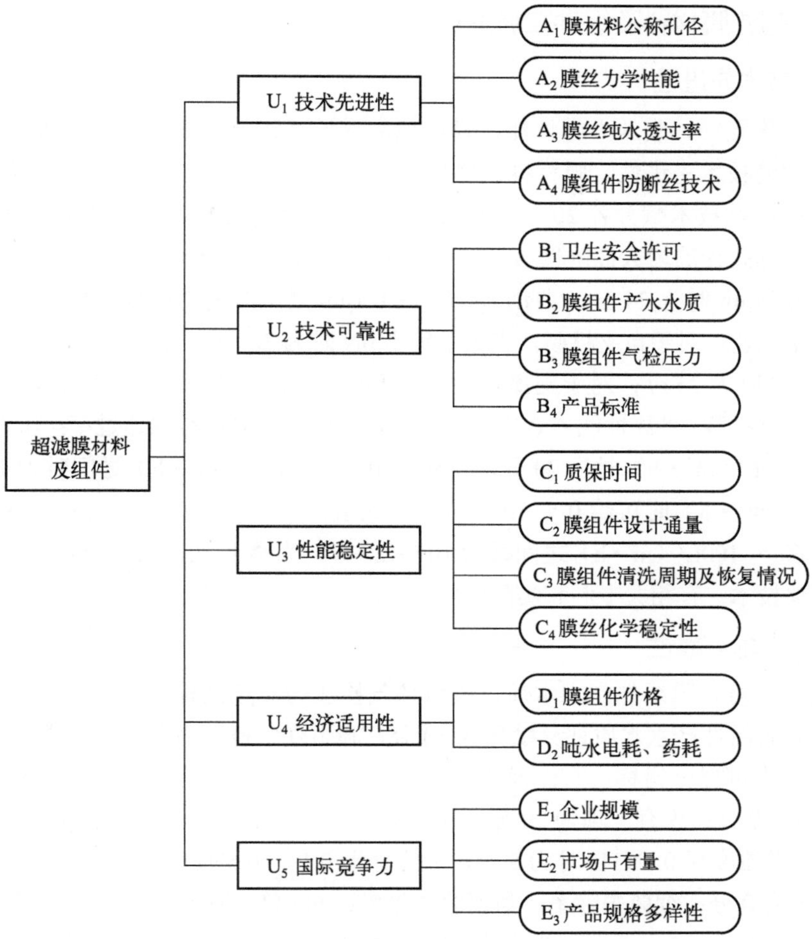

图 11-22　超滤膜材料及组件评估矩阵图

超滤技术作为取代常规处理工艺的新技术，应当体现其先进性。同时将膜的分离性能即孔径分配进技术先进性一级指标内，从根本上保证超滤膜对水中微生物及颗粒物的截留。因此将 U_1 技术先进性放在权重的首位，权重为 0.30。

技术可靠性是保证超滤出水水质的重要保障，包括卫生安全许可和产水水质要求等方面，因此 U_2 技术可靠性权重为 0.20。

在保证技术可靠性的前提下，超滤膜材料及组件的性能稳定性尤为重要，对于保障超滤膜系统的长效稳定运行具有重要意义。因此 U_3 性能稳定性权重为 0.20。

调研结果及生产运行经验显示，超滤膜系统的运行成本要高于传统的砂滤工艺。为促进超滤技术在饮用水处理领域的推广应用，需要对超滤膜材料及组件的经济适用性提出一定的要求，因此 U_4 经济适用性权重为 0.20。

相较于国际超滤膜材料及组件的生产和应用情况，国内超滤膜材料及组件仍处于发展前期阶段，生产企业和用户考虑更多的是技术发展和实际工程应用效果。但用户在选择超滤膜生产商时，从售后服务及技术支持等方面考虑，也看重超滤膜生产商的规模及市场占有量等，因此 U_5 国际竞争力的权重为 0.10。

11.3.2.2 超滤膜材料及组件二级指标

（1）U_1 技术先进性

膜材料公称孔径、膜丝力学性能、膜丝纯水透过率和膜组件防断丝技术等可体现超滤膜材料及组件的技术先进性。膜材料公称孔径和膜丝力学性能赋分各30分，膜丝纯水透过率和膜组件防断丝技术赋分各20分。膜材料公称孔径评分指标：当小于等于0.01μm为30分；随膜的公称孔径的增大而降低给分，当等于0.02μm时为28分，当等于0.03μm时为26分，当等于0.04μm时为24分，当介于0.05～0.1μm之间时为20分，大于0.1μm赋分为0分。膜丝力学性能：对于自支撑膜，当大于等于6N时为30分，当介于4～6N之间时为28分，当小于4N时为25分；对于支撑膜，当膜丝的抗脱落/剥离性能≥0.1MPa时赋分为30分，当膜丝的抗脱落/剥离性能＜0.1MPa时赋分为28分。膜丝纯水透过率：压力式膜组件，当大于等于250L/（m^2•h）时为20分，当介于100～250L/（m^2•h）之间时为10～20分，当小于100L/（m^2•h）时可给0～10分；浸没式组件，当大于等于100L/（m^2•h）时为20分，当介于60～100L/（m^2•h）之间时为10～20分，当小于60L/（m^2•h）时为0～10分。膜组件防断丝技术：有相关专利和实际应用为20分，无为18分。

（2）U_2 技术可靠性

卫生安全许可、膜组件产水水质、膜组件气检压力和产品标准等体现技术可靠性。卫生安全许可和膜组件产水水质评分赋分各30分、膜组件气检压力和产品标准评分均赋分20分。卫生安全许可评分指标：有涉及饮用水卫生安全产品卫生许可批件、NSF等国际认证两项及以上为30分；仅有一项为20分；无相关卫生许可批件为0分。膜组件产水水质：浊度（NTU），当浊度≤0.1NTU时为5分，浊度介于0.1～0.5NTU之间为3～4分，当浊度＞0.5NTU时为0分；细菌去除率，当细菌去除率≥6lg单位时为10分，当细菌去除率介于4～6lg单位之间时为5～9分，当细菌去除率＜4lg单位时为0分；病毒去除率，当病毒去除率≥4lg单位为15分，当病毒去除率介于2～4lg单位之间时为10分，当病毒去除率＜2lg单位为0分。膜组件气检压力：压力式膜组件，当气检压力≥150kPa时为20分，当气检压力介于50～150kPa时为15～20分，当气检压力＜50kPa时为0分；浸没式膜组件，当气检压力≥50kPa时为20分，当气检压力介于30～50kPa之间时为15～20分，当气检压力＜30kPa时为0分。产品标准：当符合国标/行标/企标等标准时为20分，不符合为0分。

（3）U_3 性能稳定性

质保时间、膜组件设计通量、膜组件清洗周期及恢复情况和膜丝化学稳定性等体现性能稳定性。质保时间和膜组件设计通量分别赋分30分，组件清洗周期及恢复情况和膜丝化学稳定性分别赋分20分。质保时间：当≥5年时为30分，当等于4年时为25分，当等于3年时为20分，当＜3年时为0分。组件设计通量：压力式膜组件，当≥150L/（m^2•h）时为30分，当介于50～150L/（m^2•h）之间时为20～29分，当＜50L/（m^2•h）时为10～19分；浸没式膜组件，当≥40L/（m^2•h）时为30分，当介于20～40L/（m^2•h）之间时为20～29分，当＜20L/（m^2•h）时为10～19分。膜组件清洗周期及恢复情况：当维护性化学清洗周期≥7d时为20分，当3～7d时为16～20分，当1～3d时为12～16分，当≤1d时为12分。膜丝化学稳定性：最大次氯酸钠耐受浓度，当最大次氯酸钠耐受浓度≥5000mg/L时为10分，当1000～5000mg/L之间时为6～10分，当＜1000mg/L时为5分；运行pH值范围：当运行pH范围

≥（2～10）时为 10 分，当介于（2～10）至（4～9）之间时为 6～10 分，当<（4～9）时为 0 分。

（4）U_4 经济适用性

组件价格和吨水电耗、药耗等体现经济适用性。组件价格和吨水电耗、药耗各赋分 50 分。组件价格：当组件价格≤ 100 元 /m^2 时为 50 分，当 100 ～ 200 元 /m^2 之间时为 40 ～ 49 分，当 200 ～ 300 元 /m^2 之间时为 20 ～ 39 分，当> 300 元 /m^2 时为 0 分。吨水电耗：对于浸没式超滤膜组件，当吨水电耗≤ 0.01kW • h/m^3 时为 25 分，当> 0.01kW • h/m^3 时为 0 ～ 24 分；对于压力式超滤膜组件，当吨水电耗≤ 0.1kW • h/m^3 为 25 分，当 0.1 ～ 0.15kW • h/m^3 之间时为 20 ～ 24 分，当 0.15 ～ 0.2kW•h/m^3 之间时为 15 ～ 19 分，当> 0.2kW•h/m^3 时为 0 ～ 14 分。吨水药耗：当吨水药耗≤ 0.05 元 /m^3 时为 25 分，当 0.05 ～ 0.1 元 /m^3 之间时为 15 ～ 24 分，当> 0.1 元 /m^3 时为 0 ～ 14 分。

（5）U_5 国际竞争力

企业规模、市场占有量和产品规格多样性等体现国际竞争力。企业规模和市场占有量各赋分 30 分，产品规格多样性赋分 40 分。企业规模：当注册资本≥ 20000 万元时为 30 分，当 10000 万～ 20000 万元之间时为 25 ～ 29 分，当< 10000 万元时为 20 ～ 24 分。市场占有率：当市政供水的市场占有率≥ 30% 时为 30 分，当 1% ～ 30% 之间时为 21 ～ 29 分，当< 1% 时为 20 分。产品规格多样性：当膜材质类型数≥ 2 且组件类型数≥ 2 时为 40 分，当膜材质类型数≥ 2 或组件类型数≥ 2 时为 38 分，当膜材质和组件类型数都仅有 1 款产品时为 36 分。

具体评估指标分配及权重和赋分，以及打分规则如表 11-7、表 11-8 所列。

表 11-7　超滤膜材料及组件评估指标分配及权重和赋分

评估指标	权重	二级评估指标	满分 / 分
U_1 技术先进性	0.30	A_1 膜材料公称孔径	30
		A_2 膜丝力学性能	30
		A_3 膜丝纯水透过率	20
		A_4 膜组件防断丝技术	20
		小计	100
U_2 技术可靠性	0.20	B_1 卫生安全许可	30
		B_2 膜组件产水水质	30
		B_3 膜组件气检压力	20
		B_4 产品标准	20
		小计	100
U_3 性能稳定性	0.20	C_1 质保时间	30
		C_2 膜组件设计通量	30
		C_3 膜组件清洗周期及恢复情况	20
		C_4 膜丝化学稳定性	20
		小计	100
U_4 经济适用性	0.20	D_1 膜组件价格	50
		D_2 吨水电耗、药耗	50
		小计	100
U_5 国际竞争力	0.10	E_1 企业规模	30
		E_2 市场占有量	30
		E_3 产品规格多样性	40
		小计	100

表 11-8　超滤膜材料及组件技术评估打分规则

评价指标	二级评价指标	满分 / 分	打分规则
U_1 技术先进性（权重 0.30）	A_1 膜材料公称孔径	30	$A_1 \leqslant 0.01\mu m$ 为 30 分；$A_1 = 0.02\mu m$ 为 28 分；$A_1 = 0.03\mu m$ 为 26 分；$A_1 = 0.04\mu m$ 为 24 分；$0.05\mu m \leqslant A_1 \leqslant 0.1\mu m$ 为 20 分；$A_1 > 0.1\mu m$ 为 0 分
	A_2 膜丝力学性能	30	自支撑膜（拉伸断裂强力）：$A_2 \geqslant 6N$ 为 30 分；$6N > A_2 \geqslant 4N$ 为 28 分；$A_2 < 4N$ 为 25 分
			支撑膜（抗脱落性能）：$A_2 \geqslant 0.1MPa$ 为 30 分；$A_2 < 0.1MPa$ 为 28 分
	A_3 膜丝纯水透过率	20	压力式膜组件（测试条件：0.1MPa@25℃）：$A_3 \geqslant 250L/(m^2 \cdot h)$ 为 20 分；$250L/(m^2 \cdot h) > A_3 \geqslant 100L/(m^2 \cdot h)$ 为 10 ～ 20 分；$A_3 < 100L/(m^2 \cdot h)$ 为 0 ～ 10 分
			浸没式膜组件（测试条件：0.02MPa@25℃）：$A_3 \geqslant 100L/(m^2 \cdot h)$ 为 20 分；$100L/(m^2 \cdot h) > A_3 \geqslant 60L/(m^2 \cdot h)$ 为 10 ～ 20 分；$A_3 < 60L/(m^2 \cdot h)$ 为 0 ～ 10 分
	A_4 膜组件防断丝技术	20	有相关专利和实际应用为 20 分，无为 18 分
U_2 技术可靠性（权重 0.20）	B_1 卫生安全许可	30	有涉及饮用水卫生安全产品卫生许可批件、NSF 等国际认证两项及以上为 30 分；仅有一项为 20 分；无相关卫生许可批件为 0分
	B_2 膜组件产水水质	30	浊度：浊度≤ 0.1NTU 为 5 分；浊度 0.1 ～ 0.5NTU 为 3 ～ 4 分；浊度＞ 0.5NTU 为 0 分
			细菌去除率：细菌去除率≥ 6lg 单位为 10 分；细菌去除率 4 ～ 6lg 单位为 5 ～ 9 分；细菌去除率＜ 4lg 单位为 0 分
			病毒去除率：细菌去除率≥ 4lg 单位为 15 分；细菌去除率 2 ～ 4lg 单位为 10 分；细菌去除率＜ 2lg 单位为 0 分
	B_3 膜组件气检压力	20	压力式膜组件：≥ 150kPa 为 20 分；50 ～ 150kPa 为 15 ～ 20 分；＜ 50kPa 为 0 分
			浸没式膜组件：≥ 50kPa 为 20 分；30 ～ 50kPa 为 15 ～ 20 分；＜ 30kPa 为 0 分
	B_4 产品标准	20	符合国标 / 行标 / 团标 / 企标等标准为 20 分；不满足国标和行标为 0 分（注：有国标以国标为基准）
U_3 性能稳定性（权重 0.20）	C_1 质保时间	30	≥ 5 年为 30 分；4 年为 25 分；3 年为 20 分；＜ 3 年为 0 分
	C_2 膜组件设计通量	30	压力式膜组件：$\geqslant 150L/(m^2 \cdot h)$ 为 30 分；$50 \sim 150L/m^2 \cdot h$ 为 20 ～ 29 分；$< 50L/m^2 \cdot h$ 为 10 ～ 19 分
			浸没式膜组件：$\geqslant 40L/(m^2 \cdot h)$ 为 30 分；$20 \sim 40L/(m^2 \cdot h)$ 为 20 ～ 29 分；$< 20L/(m^2 \cdot h)$ 为 10 ～ 10 分
	C_3 膜组件清洗周期及恢复情况	20	维护性化学清洗周期≥ 7d 为 20 分；3 ～ 7d 为 16 ～ 20 分；1 ～ 3d 为 12 ～ 16 分；≤ 1d 为 12 分
	C_4 膜丝化学稳定性	20	最大次氯酸钠耐受浓度：≥ 5000mg/L 为 10 分；1000 ～ 5000mg/L 为 6 ～ 10 分；＜ 1000mg/L 为 5 分
			运行 pH 范围：≥（2 ～ 10）为 10 分；（2 ～ 10）～（4 ～ 9）为 6 ～ 10 分；＜（4 ～ 9）为 0 分

续表

评价指标	二级评价指标	满分 / 分	打分规则
U$_4$ 经济适用性（权重 0.20）	D$_1$ 膜组件价格	50	≤ 100 元 /m^2 为 50 分；100 ～ 200 元 /m^2 为 40 ～ 49 分；200 ～ 300 元 /m^2 为 20 ～ 39 分；＞ 300 元 /m^2 为 0 分
	D$_2$ 吨水电耗、药耗	50	压力式膜组件： 吨水电耗：≤ 0.1kW • h/m^3 为 25 分；0.1 ～ 0.15kW • h/m^3 为 20 ～ 24 分；0.15 ～ 0.2kW • h/m^3 为 15 ～ 19 分；＞ 0.2kW • h/m^3 为 0 ～ 14 分 吨水药耗：≤ 0.05 元 /m^3 为 25 分；0.05 ～ 0.1 元 /m^3 为 15 ～ 24 分；＞ 0.1 元 /m^3 为 0 ～ 14 分
			浸没式膜组件： 吨水电耗：≤ 0.01kW • h/m^3 为 25 分；＞ 0.01kW • h/m^3 为 0 ～ 24 分 吨水药耗：≤ 0.05 元 /m^3 为 25 分；0.05 ～ 0.1 元 /m^3 为 15 ～ 24 分；＞ 0.1 元 /m^3 为 0 ～ 14 分
U$_5$ 国际竞争力（权重 0.10）	E$_1$ 企业规模	30	≥ 20000 万元为 30 分；10000 万～ 20000 万元为 25 ～ 29 分；＜ 10000 万元为 20 ～ 24 分
	E$_2$ 市场占有量	30	≥ 30% 为 30 分；1% ～ 30% 为 21 ～ 29 分；＜ 1% 为 20 分
	E$_3$ 产品规格多样性	40	膜材质类型数≥ 2，且膜组件类型数≥ 2 为 40 分；膜材质类型数≥ 2，或膜组件类型数≥ 2 为 38 分；仅 1 款产品为 36分

11.3.3 评估指标体系应用

邀请涵盖高校研究机构、生产企业、设计院所等在内的 10 名专家根据建立的评估体系对超滤膜材料及组件进行了专家评估，赋值结果显示国内超滤膜材料及组件生产和应用的技术就绪度整体达到 8 级，具备行业大规模应用的条件。评估打分汇总及评估结果分别见表 11-9、图 11-23。

表 11-9　超滤膜材料及组件产品专家评分汇总

序号	U$_1$ 技术先进性		U$_2$ 技术可靠性		U$_3$ 性能稳定性		U$_4$ 经济适用性		U$_5$ 国际竞争力	
	分值 / 分	权重	分值 / 分	权重	分值 / 分	权重	分值 / 分	权重	分值 / 分	权重
1	98	0.3	90	0.2	90	0.2	90	0.2	88	0.1
2	90	0.15	80	0.15	90	0.4	90	0.1	80	0.2
3	92	0.3	92	0.2	94	0.2	87	0.2	86	0.1
4	85	0.25	93	0.2	86	0.3	91	0.15	87	0.1
5	93	0.3	94	0.2	91	0.2	88	0.2	87	0.1
6	87	0.25	92	0.25	85	0.2	90	0.2	84	0.1
7	88	0.3	90	0.2	89	0.3	87	0.1	81	0.1
8	89.8	0.25	90	0.25	90.5	0.2	89	0.2	87	0.1
9	91	0.3	92	0.2	88	0.2	93	0.2	88	0.1
10	91	0.3	89	0.2	91	0.2	91	0.2	88	0.1
计算结果	技术就绪度（TRL）	明确需求（TRL1）	技术方案（TRL2）	通过论证（TRL3）	小试研究（TRL4）	中试研究（TRL5）	形成产品（TRL6）	三方评估（TRL7）	标准化（TRL8）	推广应用（TRL9）
	$B = WR$	0	0	0	0	0	0	0.2	3.16	1.62

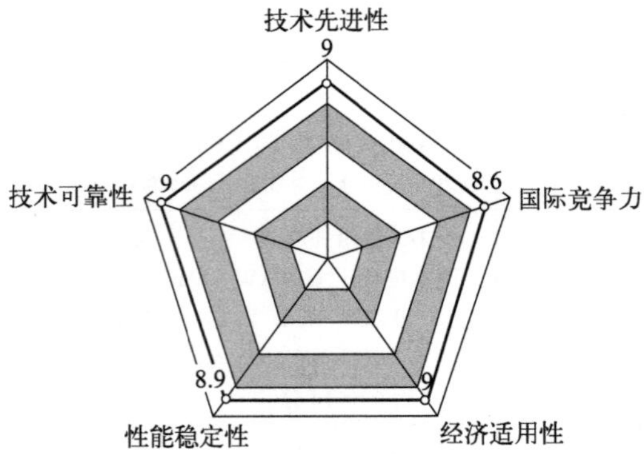

图 11-23 超滤膜材料及组件产品评估结果图

11.4 应用验证

通过前期对各种超滤膜材料及组件在实验室、生产上进行验证，并对国内外的超滤膜材料及组件生产厂家和用户进行调研，筛选超滤膜材料及组件关键技术经济指标和典型应用案例，开展典型产品的生产和应用流程的技术性能测试和技术经济性分析，建立超滤膜材料及组件的科学验证体系，为超滤膜材料及组件在整个行业的推广和应用提供数据支撑，推动供水行业的进步。

11.4.1 验证指标筛选

利用超滤膜材料及组件实际应用中的高频指标作为重点，结合文献梳理和实地调查研究进行指标的海选。根据可观测性原则将数据无法获得的海选指标删除，保证初步筛选后的指标体系可以量化，然后对初步筛选的指标数据进行标准化分析，基于相关性分析将 X_1 准则层相关系数大于 0.85，X_2、X_3 准则层相关系数大于 0.80 的指标筛选保留。在相关性分析的基础上利用主成分分析筛选各准则层内剩余的指标，筛选准则层 X_1 选取累积方差贡献率达到 85%，X_2 选取累积方差贡献率达到 80%、X_3 选取累积方差贡献率达到 80% 时各个主成分中因子负载绝对值较大的指标。

经过初步筛选、定量筛选，从 26 个海选指标中筛选出 9 个指标，保留的指标在表 11-10 中用“保留”标出。

表 11-10 超滤膜材料及组件的指标筛选结果

序号	准则层	指标层	筛选结果
1	X_1 小试	$X_{1.1}$ 膜材料公称孔径	主成分分析删除
2		$X_{1.2}$ 膜丝力学性能	主成分分析删除
3		$X_{1.3}$ 膜丝纯水透过率	保留
4		$X_{1.4}$ 膜组件防断丝技术	不可观测删除
5		$X_{1.5}$ 卫生安全许可	保留
6		$X_{1.6}$ 膜组件气检压力	保留

续表

序号	准则层	指标层	筛选结果
7	X_1 小试	$X_{1.7}$ 产品标准	不可观测删除
8	X_3 生产	$X_{3.1}$ 膜材料公称孔径	不可观测删除
9		$X_{3.2}$ 膜丝力学性能	不可观测删除
10		$X_{3.3}$ 膜丝纯水透过率	不可观测删除
11		$X_{3.4}$ 膜组件防断丝技术	不可观测删除
12		$X_{3.5}$ 卫生安全许可	不可观测删除
13		$X_{3.6}$ 原水浊度	主成分分析删除
14		$X_{3.7}$ 产水浊度	保留
15		$X_{3.8}$ 产水菌落总数	保留
16		$X_{3.9}$ 产水总大肠菌群	不可观测删除
17		$X_{3.10}$ 膜组件气检压力	保留
18		$X_{3.11}$ 产品标准	不可观测删除
19		$X_{3.12}$ 质保时间	保留
20		$X_{3.13}$ 产水通量	相关性分析删除
21		$X_{3.14}$ 跨膜压差	主成分分析删除
22		$X_{3.15}$ 膜组件清洗周期	保留
23		$X_{3.16}$ 膜丝化学稳定性	保留
24		$X_{3.17}$ 膜组件价格	相关性分析删除
25		$X_{3.18}$ 吨水电耗	主成分分析删除
26		$X_{3.19}$ 吨水药耗	保留

11.4.2　验证指标体系

将指标进行整合，筛选出膜丝纯水透过率、卫生安全许可、产水浊度、产水菌落总数、组件气检压力、质保时间、膜组件清洗周期、膜丝化学稳定性和吨水药耗 9 个指标，所筛选出的指标涵盖了产品质量、应用效果、经济性能等几个方面，因此筛选出的指标具有较好的合理性。

将相关 - 主成分分析法得到的指标体系按照文献调查、实地调研及上述小试及生产试验结果对评价指标进行等级划分，具体评价指标的等级见表 11-11。

表 11-11　评价指标的等级划分

指标	等级
膜丝纯水透过率	压力式膜≥ 250L/（m^2•h），浸没式膜≥ 100L/（m^2•h），优良；压力式膜介于 100 ～ 250L/（m^2•h）之间，浸没式膜介于 60 ～ 100L/（m^2•h）之间，合格；压力式膜＜ 100L/（m^2•h），浸没式膜＜ 60L/（m^2•h），不合格
卫生安全许可	两项及以上卫生安全许可，优良；一项卫生安全许可，合格；没有卫生安全许可，不合格
产水浊度	浊度≤ 0.1NTU 时，优良；0.1 ～ 0.5NTU 之间，合格；＞ 0.5NTU 时，不合格

续表

指标	等级
产水菌落总数	≤ 100CFU/mL，合格；＞ 100CFU/mL，不合格
膜组件气检压力	压力式膜≥ 150kPa，浸没式膜≥ 50kPa时，优良；压力式膜 50 ～ 150kPa之间，浸没式膜 30 ～ 50kPa之间，合格；压力式膜＜ 50kPa，浸没式膜＜ 30kPa时，不合格
质保时间	≥ 5 年时，优良；3 ～ 4 年时，合格；＜ 3 年时，不合格
膜组件清洗周期	≥ 7d，优良；1 ～ 7d，合格；＜ 1d，不合格
膜丝化学稳定性	最大次氯酸钠耐受浓度≥ 5000mg/L，运行 pH 范围≥（2 ～ 10），优良；浓度 1000 ～ 5000mg/L 之间，pH（2 ～ 10）～（4 ～ 9）之间，合格；浓度＜ 1000mg/L，pH ＜（4 ～ 9）时，不合格
吨水药耗	≤ 0.05 元 /m^3，优良；0.05 ～ 0.1 元 /m^3 之间，合格；＞ 0.1 元 /m^3，不合格

11.4.3 典型产品验证案例

基于建立的验证体系，以河北某自来水公司净水厂为例，对超滤膜材料及组件进行生产验证。

河北某自来水公司净水厂采用“混合 + 絮凝沉淀 + 超滤膜”工艺，使用某超滤膜厂家生产的超滤膜（已运行 3 年），材质为 PVDF 膜，孔径为 0.02μm，具有膜通量大、出水稳定、寿命长的特点，PVDF 膜还具有抗氧化能力、耐污染、易清洗的性能。每格膜池安装 730 支浸没式超滤膜组件，膜面积共有 25550m^2，设计通量为 19.17L/（m^2 • h），单位制水成本 0.08 元 /t（不含人工成本及水资源费）。膜车间分东西 2 个单元，每个单元 6 格膜池，每格膜池内净尺寸 5.8m×12m，改造后的内净尺寸 5.5m×11.70m（含北侧 0.82m 内挑走道），每个单元产水量 62500m^3/d，目前超滤膜运行压力 0.010 ～ 0.025MPa，总回收率 95.44%。

验证实验方法：取水厂膜元件进出水进行水质指标检测，并根据日常运行状况及膜元件出厂说明书对部分指标进行观测。由划分的评估指标等级对验证地点指标进行验证，验证结果如表 11-12 所列。

表 11-12　超滤膜材料及组件验证评估结果

验证指标	验证结果	评估结论
膜丝纯水透过率	82L/（m^2 • h）	合格
卫生安全许可	一项	合格
产水浊度	0.030 ～ 0.050NTU	优良
产水菌落总数	＜ 100CFU/mL	合格
膜组件气检压力	30kPa	合格
质保时间	5 年	优良
膜组件清洗周期	13d	优良
膜丝化学稳定性	可耐受次氯酸钠浓度≥ 5000mg/L	优良
吨水药耗	0.01 元 /m^3	优良

第 12 章 纳滤膜 / 反渗透膜材料及元件

12.1 产品概述

12.1.1 产品分类

12.1.1.1 纳滤膜

纳滤（nanofiltration，NF）膜是 20 世纪 80 年代末期问世的一种新型分离膜，拥有 1nm 左右的微孔结构，具有荷电性，可通过静电斥力排斥与膜上电性相同的离子并吸附电性相反的离子。这种荷电效应和纳米级孔径的筛分效应使其对二价、高价离子以及分子量大于 200 的有机物具有很好的截留作用。同时，纳滤膜的工作压力一般介于 0.5 ～ 1.5MPa 之间，具有运行成本低和安全性能高的优点。目前，纳滤膜已经广泛地应用于水处理、医药、生化、食品生产等各个领域，并在解决水资源短缺和水污染等方面发挥着越来越重要的作用。

按照膜材料，纳滤膜可以分为有机高分子材料纳滤膜、无机材料纳滤膜和无机 - 有机杂化材料纳滤膜。高分子膜材料包括醋酸纤维素类、芳香聚酰胺类、磺化聚砜类、聚亚酰胺类、聚酯类、聚电解质类等。无机纳滤膜材料主要有金属类、陶瓷类、分子筛类和玻璃类。无机材料纳滤膜能有效解决有机材料纳滤膜不耐溶剂、抗氯性差等缺陷，并且比较容易对膜进行清洗，但缺点是易碎。无机 - 有机杂化复合纳滤膜集合了有机材料纳滤膜和无机材料纳滤膜的优点，具有良好的抗氯性、耐污染性和分离性能。无机 - 有机杂化材料主要有碳纳米管与金属有机骨架化合物。

按照膜组件形式，纳滤膜可以分为管式、板框式、卷式和中空纤维式，不同的组件形式具有各自的优缺点和应用范围。其中，中空纤维式和卷式膜组件的填充密度高、造价低、组件内流体力学条件好；但是这两种膜组件的制造技术要求高，密封困难，使用中抗污染能力差，对料液预处理要求高。而板框式和管式膜组件清洗方便、耐污染，但膜的填充密度低、造价高。因此，在纳滤系统中多使用中空纤维式或卷式膜组件。

按照膜材料的荷电性，纳滤膜可以分为荷电纳滤膜和非荷电纳滤膜。荷电纳滤膜是指制备膜材料中带有荷电基团，从而使膜带有一定的荷电性。非荷电纳滤膜是指成膜材料中没有荷电基团，纳滤膜表现出电中性。荷电纳滤膜又可以分为荷正电纳滤膜、荷负电纳滤膜和荷电镶嵌膜。荷正电纳滤膜是指膜材料中含有季铵基和鏻基等阳离子活性基团，从而使纳滤膜荷正电。荷负电纳滤膜是指膜材料含有羧酸基和磺酸基等阴离子活性基团，从而使纳滤膜荷负电。荷电镶嵌膜是指同时含有阴离子和阳离子交换基团。

12.1.1.2 反渗透膜

反渗透（reverse osmosis，RO）技术是20世纪60年代发展起来的薄膜分离技术，指在高于渗透压差的压力作用下，溶剂（如水）通过半透膜进入膜的低压侧，而溶液中的其他组分（如盐）被阻挡在膜的高压侧并随浓溶液排出，从而达到有效分离的过程。反渗透膜能截留水中的各种无机离子、胶体物质和大分子溶质，从而取得净制的水，也可用于大分子有机物溶液的预浓缩。由于反渗透过程简单、能耗低，是近年来国内应用最成功、发展最快、普及最广的一种膜分离技术。现已广泛应用于水处理、环保、生物、化工、食品、医药、能源和电子等领域，最大领域仍为大型锅炉补给水、各种工业纯水，饮用水的市场规模次之，电子、半导体、制药、医疗、食品饮料、酒类、化工、环保等行业的应用也形成了一定规模。

根据膜形态，反渗透膜可以分为中空纤维膜和平板膜。中空纤维膜具有纤维状的外形和自支撑的结构，其致密层可在内表面也可在外表面，是一种典型的非对称结构的反渗透膜。而平板膜具有多种结构，分为非对称型和复合型结构，还可以加工成板式、管式或卷式反渗透膜。中空纤维膜和平板膜都有它们各自的优缺点。与平板膜相比，中空纤维膜具有成本低、易维护、耐压性能好、填充密度大等优点。但是中空纤维膜易断丝，寿命较短且需要频繁的清洗，后期要花费大量的时间去维护。这些缺点给人们在使用过程中带来了不少麻烦。而平板膜清洗周期较长且可在线清洗，后期无需花费大量时间维护。

根据膜材料，反渗透膜目前主要分为醋酸纤维素类和芳香聚酰胺类。醋酸纤维素膜是一种非对称膜，具有价格低廉、制备简单等优点，已经成为一种应用最为广泛的纤维素膜。由于表面较为光滑，其具有优异的抗污染性能。但醋酸纤维素膜耐热性差，容易在较高温度下发生分解，且与聚酰胺膜相比，醋酸纤维素膜在水通量、耐碱性、抗菌性等方面有一定的欠缺。芳香聚酰胺又分为线型芳香聚酰胺和交联芳香聚酰胺。其中，线型芳香聚酰胺多制成非对称膜的形式，而交联芳香聚酰胺则制成复合膜的形式。

12.1.2 性能指标

12.1.2.1 纳滤膜

纳滤膜的性能主要包括选择性、通量、截留能力及稳定性等。纳滤膜的选择性受膜孔径及其分布、组分在膜中溶解的扩散性、荷电性及密度、选择载体组分等因素的影响，但核心指标是水通量和脱盐率。同时，纳滤膜过滤性能还与膜的荷电性、膜制造的工艺过程（膜形态和结构）等有关，受离子浓度、共价离子、操作压力、温度等条件和筛分、道南效应等的影响。

（1）水通量和脱盐率

水通量是指在一定的操作条件下，单位膜面积、单位时间透过水的量。脱盐率表示纳滤膜脱除氯离子、钙离子或镁离子的能力，即通过纳滤膜从系统进水中去除可溶性杂质的百分比，透盐率是指进水中可溶性杂质透过膜的百分比，用公式表示如下：

$$\text{脱盐率}=(1-\text{产水含盐量}/\text{进水含盐量})\times 100\%$$

$$\text{透盐率}=100\%-\text{脱盐率}$$

膜元件的脱盐率在其制造成形时就已确定，脱盐率的高低取决于膜元件表面超薄脱盐层的致密度，脱盐层越致密脱盐率越高，同时产水量越低。

（2）低分子量有机物脱除率

低分子量有机物脱除率表示脱除低分子量有机物的能力。膜的通量及截留率受膜厚度、驱动力、供料组成、供料组分性质、渗透压等因素的影响，膜的稳定性则受膜的化学和机械稳定性、吸附、组件构型、供料速度和切向速度等因素的影响。对于一般的反渗透膜，脱盐率是膜分离性能的重要指标，但对于纳滤膜，仅用脱盐率还不能说明其分离性能，低分子量有机物脱除率也是其评价的重要指标。

（3）膜表面电荷

纳滤的分离性能不仅由其物理性能（含孔率、孔径分布）决定，也由其表面荷电性决定。膜表面的电力学性质会影响膜的通量和选择性。当前所有的对膜截留或污染的研究工作都是基于表面相互作用，这些表面相互作用可以改变物种的迁移状况。膜表面负电荷越多，对荷负电的自然有机物的截留率越高。膜过程的设计和操作需要对膜性能（尤其是表面电荷）有所了解。膜的表面电荷常常由 Zeta 电位或电动势表示，它是膜表面电荷重要而可靠的指标。

（4）膜面形状和结构

膜面形状和结构会影响纳滤膜的透水率、截留率和胶体污染行为。不管膜表面性质如何，膜内质子旋转晶格松弛加强了膜的透过率。膜的压实可产生密实而紧凑的构造，从而减小了膜的有效孔径，可强化过滤过程的截留性能，更多的分子因较小的孔径而截留。同时因更密实的结构，膜的表面电荷密度也增加。电荷密度的增加，增加了对带同种电荷的分子的排斥作用，从而溶质的截留率上升，但纳滤膜的压实会导致通量的下降。

（5）尺寸筛分效应

尺寸筛分效应指膜孔的大小和形状对溶质分子的筛分作用。在运行过程中不带电的中性粒子能否通过纳滤膜主要取决于粒子直径，直径小于纳滤膜孔径的粒子在运行压力下通过纳滤膜，反之则被完全截留。纳滤膜的尺寸筛分效应可用于判断纳滤膜的孔径分布。

（6）共离子和道南（Donnan）效应

纳滤膜对离子的截留率还受共离子的强烈影响。对同一种膜而言，在分离同种离子并在该离子浓度恒定条件下，共离子价数相等，共离子半径越小，膜对该离子的截留率越小。纳滤膜对二价离子的截留率较一价离子的截留率高得多。这主要是由于离子半径和离子的静电斥力作用影响造成的。Donnan 离子效应是溶质截留的主要机理之一，对于处理不同自由离子的离子选择性膜，离子的分布平衡会导致离子穿过膜（穿透率随离子浓度而变），这就是 Donnan 效应。

（7）离子浓度

离子浓度的增加会导致纳滤膜浓水侧的渗透压增大，降低有效渗透压力，从而使通量下降。此外，高离子浓度也会降低膜与荷电粒子间的吸引或排斥力，使溶质的截留率下降。水通量取决于进料液中离子浓度，高离子浓度会造成水通量的急剧减小；离子的截留率随离子浓度的增加而下降。用纳滤膜处理造纸厂废水时发现，盐浓度的增加会降低通量并使COD和氮化物的截留率降低。

另外，纳滤膜实际分离性能与纳滤过程的操作压力、溶液浓度、温度等条件有关。在实际操作过程中，膜的选择性往往已固定，可变的性能主要是膜的通量、截留能力和膜的稳定性。

12.1.2.2 反渗透膜

反渗透膜在高流速下应具有高效脱盐率、较高机械强度和较长使用寿命，能在较低操作压力下发挥功能，耐受化学或生化作用的影响，受pH值、温度等因素影响较小。由于反渗透膜自身结构上的特殊性，其分离性能除与膜材料自身的性质及制膜工艺有关外，还受操作条件、物质性质和组件构型3个方面的影响，主要技术指标包括以下几个。

（1）脱盐率和透盐率

反渗透膜对不同物质的脱除率主要由物质的结构和分子量决定，对高价离子及复杂单价离子的脱除率可以超过99%，对单价离子如钠离子、钾离子、氯离子的脱除率稍低，但也超过了98%；对分子量大于100的有机物脱除率也可达到98%，但对分子量小于100的有机物脱除率较低。

脱盐率指通过反渗透膜从系统进水中去除可溶性杂质的百分比。

$$脱盐率=(1-产水含盐量/进水含盐量)\times 100\%$$

透盐率指进水中可溶性杂质透过膜的百分比。

$$透盐率=100\%-脱盐率$$

与纳滤膜一样，反渗透膜元件的脱盐率在其制造成形时就已确定，脱盐率的高低取决于膜元件表面超薄脱盐层的致密度，脱盐层越致密脱盐率越高，同时产水量越低。

（2）产水量（水通量）

产水量（水通量）指反渗透系统的产能，即单位时间内透过膜水量，通常用t/h或lb/d（GPD）来表示。

渗透流率也是表示反渗透膜元件产水量的重要指标。渗透流率指单位膜面积上透过液的流率，通常用加仑每平方英尺每天（GFD）表示。过高的渗透流率将导致垂直于膜表面的水流速加快，加剧膜污染。

（3）回收率

回收率指膜系统中给水转化成为产水或透过液的百分比。膜系统的回收率在设计时就已经确定，是基于预设的进水水质而定的。回收率通常希望最大化以便提高经济效益，但是应该以膜系统内不会因盐类等杂质的过饱和发生沉淀为它的极限值。

$$回收率=(产水流量/进水流量)\times 100\%$$

另外，厚度均匀性、耐压性能、耐酸碱性能、低分子量有机物脱除率、气密性等，可作为非关键技术指标考察性能。

然而，目前国内纳滤膜/反渗透膜产品尚未形成统一的技术性能指标和标准体系，国内外纳滤膜/反渗透膜产品的性能评判标准不一，不同厂家根据自己的产品应用领域有选择地调整评判标准，构建企业的产品标准体系。

12.1.3 技术标准情况

12.1.3.1 国际标准

国际标准化组织和美国标准化机构没有针对纳滤膜 / 反渗透膜产品制定相关标准，只是针对相关产品制定了一些参数的检测方法，主要有《冷却水系统用杀菌剂效力的标准试验方法》（ASTM E645-07，Standard test method for efficacy of microbicides used in cooling water systems）、《塑料制品　薄膜和薄板　电晕处理薄膜的水接触角的测量》（ISO 15989:2004，Plastics—Film and sheeting—Measurement of water-contact angle of corona-treated films）、《半导电光催化材料的自清洁性能的试验方法：水接触角的测定》[ISO 27448:2009，Fine ceramics（advanced ceramics，advanced technical ceramics）—Test method for self-cleaning performance of semiconducting photocatalytic materials—Measurement of water contact angle] 等。

根据调研，目前国外纳滤膜 / 反渗透膜生产厂家均采用 ASTM 相关测试方法和 ISO 相关标准对产品性能进行表征，同时辅以企业标准和客户要求。鉴于国际标准的特殊性和各地区的差异性，目前尚无法制订产品标准和操作标准。由于国际标准中针对具体产品的检测方法较少，今后需为具体产品如卷式纳滤膜元件、中空纤维纳滤膜组件等制订检测方法标准。

12.1.3.2 国内标准

我国的纳滤膜制备、应用研究较晚，其标准化近 20 年才刚刚起步。目前国内发布的相关标准不多。而反渗透膜制备、应用研究起步较早，但形成产业化规模较晚，其标准化建设相对比较完善。针对反渗透膜，目前国内发布了一些相关标准，但尚未形成统一的技术性能指标和标准体系。

（1）产品标准

我国关于纳滤膜的产品标准共有 4 项。其中 2 项国家标准，有《膜分离技术　术语》（GB/T 20103—2006）、《膜组件及装置型号命名》（GB/T 20502—2006）；2 项行业标准，有《纳滤膜及其元件》（HY/T 113—2008）、《纳滤装置》（HY/T 114—2008）。

我国关于反渗透膜和设备的产品标准共有 8 项。其中 4 项国家标准，有《膜分离技术　术语》（GB/T 20103—2006）、《反渗透水处理设备》（GB/T 19249—2017）、《卷式聚酰胺复合反渗透膜元件》（GB/T 34241—2017）、《膜组件及装置型号命名》（GB/T 20502—2006）；4 项行业标准，有《中空纤维反渗透技术　中空纤维反渗透组件》（HY/T 054.1—2001）、《饮用纯净水制备系统 SRO 系列反渗透设备》（HY/T 068—2002）、《移动式反渗透淡化装置》（HY/T 211—2016）、《海岛反渗透海水淡化装置》（HY/T 246—2018）。

（2）测试标准

目前，有关纳滤 / 反渗透膜及设备测试的标准有 8 项。其中国家标准 4 项，有《纳滤膜测试方法》（GB/T 34242—2017）、《反渗透和纳滤装置渗漏检测方法》（GB/T 37200—2018）、《反渗透膜测试方法》（GB/T 32373—2015）、《海水淡化反渗透膜装置测试评价方法》（GB/T 32359—2015）；行业标准 4 项，有《中空纤维反渗透膜测试方法》（HY/T 049—1999）、《中空纤维反渗透技术　中空纤维反渗透组件测试方法》（HY/T 054.2—2001）、《卷式反渗透膜元件测试方法》（HY/T 107—2017）、《反渗透膜亲水性测试方法》（HY/T 212—2016）。这些标准很好地指导了我国纳滤膜/反渗透膜的研制、产业化生产及进口反渗透膜产品的表征，为纳滤膜/反渗透膜产品在我国的应用推广打下了坚实的基础。

（3）工程建设标准

目前，国内尚未对纳滤膜及设备在工程建设方面制订专门的标准，只是在相关的标准中给予规范，如《城镇给水膜处理技术规程》（CJJ /T 251—2017）；《城镇供水设施建设与改造技术指南》其中包括膜处理部分（55～63条），并已于2012年10月由住房和城乡建设部发布使用；山东省地方标准《南水北调受水区膜处理工艺技术指南》等。

反渗透膜及设备在我国应用推广相对较早，形成了系列的工程建设标准，标准共有6项。其中，国家标准3项，有《海水淡化反渗透系统运行管理规范》（GB/T 31328—2014）、《反渗透能量回收装置通用技术规范》（GB/T 30299—2013）、《反渗透系统膜元件清洗技术规范》（GB/T 23954—2009）；行业标准3项，有《反渗透海水淡化工程设计规范》（HY/T 074—2018）、《反渗透用能量回收装置》（HY/T 108—2008）、《反渗透用高压泵技术要求》（HY/T 109—2008）。这些标准的实施，对于规范我国反渗透膜及设备的推广应用起到了指导作用，规范了膜法水处理市场。

从纳滤膜/反渗透膜生产厂家执行相关标准过程看，国内纳滤膜/反渗透膜生产厂家均执行国家和行业标准的产品标准和检测标准，如《纳滤膜测试方法》（GB/T 34242—2017）、《反渗透和纳滤装置渗漏检测方法》（GB/T 37200—2018）、《膜组件及装置型号命名》（GB/T 20502—2006）、《纳滤膜及其元件》（HY/T 113—2008）、《卷式聚酰胺复合反渗透膜元件》（GB/T 34241—2017）、《反渗透膜测试方法》（GB/T 32373—2015）等，从而确保各公司产品的一致性，保证工程用纳滤膜/反渗透膜元件的可替代性

可见，目前国内纳滤膜及设备相关标准无论是产品标准还是测试标准、工程建设标准，均处于刚刚起步阶段，标准数量、相关性均无法满足日益发展的纳滤膜及设备发展的需要。反渗透膜标准涉及中空纤维反渗透膜和组件的测试方法、卷式反渗透膜元件测试方法、饮用水反渗透设备、反渗透用高压泵和能量回收装置等，与企业标准结合起来，基本满足膜行业中反渗透标准检测和给水处理中应用的需求。而随着生活饮用水国家标准的实施和国家对环境污染治理力度的加大，纳滤/反渗透技术起着越来越重要的作用，需要从国家层面上加大对应用于生活饮用水方面的纳滤膜/反渗透膜及相关产品进行标准化规范，更多的国家标准出台势在必行。同时，今后也需要加强纳滤膜/反渗透膜及设备在污水资源化方面的标准化建设工作，以满足日益增长的环保市场的需求。

12.2 行业调研

12.2.1 国内外生产状况

12.2.1.1 分离技术原理

（1）纳滤膜的分离机理

纳滤膜的分离机理是多方面的协同作用。目前大部分学者认为，纳滤膜的分离作用主要

有孔径筛分效应、静电排斥效应及介电效应。膜的尺寸效应也叫筛分效应，由溶质大小和膜孔径决定。当目标物质的分子量大于膜的切割分子量时，将被截留不能透过膜，反之则透过膜，根据孔径筛分效应，可以分离出不同分子量的物质，通常，非极性溶质通过纳滤膜时的截留率主要为孔径筛分效应。膜的静电（荷电）排斥效应又称为道南（Donnan）效应，是利用目标物质所带电荷与纳滤膜所带电荷的静电作用实现选择透过性，即膜表面电荷与分离物质电荷同性则相互排斥，膜表面电荷与分离物质电荷异性则相互吸引。

1）尺寸筛分效应

纳滤膜的分离层由纳米尺寸的孔结构组成，假定其是一种均一细孔结构的多孔材料，溶质在膜孔内的传递主要是在受限空间内扩散和对流两种流动类型，膜孔的直径即为膜的有效截留孔径。尺寸筛分效应较直观，一般认为纳滤膜对中性分子的截留主要依靠尺寸筛分作用。尺寸筛分效应可体现在 SHP（Steric Hinderance Pore，云体阻碍 - 细孔）模型中，该模型包括了溶质在受限空间中的对流和扩散过程。此模型可解释中性分子在多孔膜中的传输机制，也可用于拟合纳滤膜对中性分子的截留情况。尺寸筛分效应下忽略溶质分子与膜表面荷电性的作用，对分子量较大的物质进行截留，较小分子量物质予以透过。

2）静电排斥效应

纳滤膜的分离层通常是由活性单体在膜表面交联形成，活性单体所携带荷电基团赋予纳滤膜表面荷电性能。仅孔径筛分效应已不能解释纳滤膜对电解质溶液的传质行为，纳滤膜对荷电不同、分子量相近的小分子物质表现出较大截留性能差异。当溶质分子量大于纳滤膜切割分子量时，纳滤膜分离机理主要是孔径筛分效应对于分子量小于切割分子量的溶质，由静电排斥效应解释其截留机理。在纳滤膜孔径尺寸范围，静电排斥能够发挥较大的作用，可以由道南平衡解释其截留机理。道南平衡揭示了电解质在溶液中和带电膜内的浓度分配差异，与膜电性相同的离子价态增加则其截留率增加，与膜电性相反的离子价态增加则截留率降低。

3）介电效应

介电效应大致分为离子溶剂化能变化和镜像力作用两个方面。大部分纳滤膜内部的孔径在 1nm 左右，只可容纳少量的水分子（水分子大小约为 0.28nm）。水分子在此受限空间中排列方式不同于本体，所以在纳米孔中水的介电常数偏低。离子在低介电常数的溶剂中的溶剂化能较高。当离子从本体溶液中进入纳滤膜孔内时，其溶剂化能增加，即产生了能垒。这种由于离子溶剂化能变化导致的离子在纳米孔内和孔外的分配情况使两相界面处产生极化电荷，这种由离子引起的极化电荷反过来对离子产生排斥作用（称为镜像力）。这种排斥作用对于正、负价离子都存在，其大小与离子电荷数、水与膜材料的介电常数比值以及界面形状相关，在纳米孔中更突出。当纳米孔内表面带有较强电荷时，可忽略镜像力的作用，只需考虑离子溶剂化能变化。由于介电效应与离子的带电性质无关，常用于补充解释纳滤膜对多价离子的截留效应，尤其是对那些与膜电荷相反离子的高截留率。

（2）反渗透膜的分离机理

反渗透膜分离技术的实质是反渗透过程，即渗透的逆过程，是主要基于溶液吸附扩散原理的膜过程，在浓溶液一侧施加外部压力，若此压力高于溶液浓度差所产生的渗透压，则膜片两侧所产生的压力差成为水分子透过膜的主要推动力，迫使浓溶液中溶剂反向透过 RO 膜移动至稀溶液一侧，实现物质分离效果。反渗透过程的传质作用机理主要有以下 3 种。

1）溶解 - 扩散理论

Lonsdale 等提出解释反渗透现象的溶解 - 扩散模型。他们将反渗透的活性表面皮层看作为致密无孔的膜，并假设溶质和溶剂都能溶于均质的非多孔膜表面层内，各自在浓度或压力造成的化学势推动下扩散通过膜。溶解度的差异及溶质和溶剂在膜相中扩散性的差异影响着它们通过膜的能量大小。其具体过程分为：第一步，溶质和溶剂在膜的料液侧表面外吸附和溶解；第二步，溶质和溶剂之间没有相互作用，它们在各自化学位差的推动下以分子扩散方式通过反渗透膜的活性层；第三步，溶质和溶剂在膜的透过液侧表面解吸。

在以上溶质和溶剂透过膜的过程中，一般假设第一步、第三步进行得很快，此时透过速率取决于第二步，即溶质和溶剂在化学位差的推动下以分子扩散方式通过膜。由于膜的选择性，使气体混合物或液体混合物得以分离。而物质的渗透能力，不仅取决于扩散系数，并且决定于其在膜中的溶解度。

溶剂和溶质在膜中的扩散服从 Fick 定律，这种模型认为溶剂和溶质都可能溶于膜表面，因此物质的渗透能力不仅取决于扩散系数，而且取决于其在膜中的溶解度，溶质的扩散系数比水分子的扩散系数要小得多，因而透过膜的水分子数量就比通过扩散而透过去的溶质数量更多。

2）优先吸附 - 毛细孔流理论

当液体中溶有不同种类物质时，其表面张力将发生不同的变化。例如水中溶有醇、酸、醛等有机物质可使其表面张力减小，但溶入某些无机盐类反而使其表面张力稍有增加，这是因为溶质的分散是不均匀的，即溶质在溶液表面层中的浓度和溶液内部浓度不同，这就是溶液的表面吸附现象。当水溶液与高分子多孔膜接触时，若膜的化学性质使膜对溶质负吸附、对水是优先的正吸附，则在膜与溶液界面上将形成一层被膜吸附的一定厚度的纯水层。它在外压作用下将通过膜表面的毛细孔，从而可获取纯水。

3）氢键理论

氢键理论是由 C. E. Reid 等最早提出来并用于解释醋酸纤维素反渗透膜的分离机理，是基于水分子可与醋酸纤维素分子中的某些基团或元素结合并形成氢键作用。与“优先吸附 - 毛细孔流理论”不同，氢键理论认为反渗透膜的分离皮层为致密的无孔结构，并且存在大量的活化位点，这些活化位点可与水相结合形成一定数目的结合水，结合水由于失去溶剂化能力而不能溶解无机盐。因此，在反渗透分离过程中，盐水中的水分子在压力作用下与膜表面的活化位点缔合成氢键并形成新的结合水，同时压力会使得膜表面原有结合水的氢键发生解缔，解缔后的结合水会在压力的推动作用下向膜内部传递，再次形成氢键，这样“层层缔合 - 层层解缔 - 层层推进”的重复作用使得水分子逐步通过 RO 膜的分离皮层进入到多孔支撑层，再穿过支撑层和膜底层进入膜的另一侧。

12.2.1.2 制备技术原理

（1）纳滤膜

纳滤膜的制备方法主要包括 L-S 相转化法、层层自组装法、界面聚合法、表面接枝法和表面涂覆法等，其中界面聚合法是制备纳滤膜最成熟且应用最广泛的方法。界面聚合法是指将两种能够互相反应而生成高聚物的单体分别溶于两种互不相溶的液体中（通常为水和有机溶剂），形成水相和有机相，当两相接触时，在界面附近迅速发生缩聚反应，从而形成高分子聚合膜。该技术易于应用，通过控制两相单体的反应可以在 50nm 范围内形成极薄的功能层。在膜分离过程中，这层薄薄的活性层决定着整个膜的渗透性、对溶质的截留等膜性能。界面聚合法的关键环节是对多孔基膜的选取以及对反应单体在两相中扩散速度的控制。自 20 世纪 70 年代界面聚合技术首次被应用于复合膜的制备以来，界面聚合法由于其操作简单和反应可控等优点，成为国内外目前制备纳滤膜最常用的方法。界面聚合法制备得到的复合膜厚度较小，能够对二价盐实现高效截留，需要调控的参数过多，包括反应物浓度、反应物分配系数、反应物的整体动力学和渗透率、交联时间、副产物、水解作用、交联作用、后处理等。

纳滤膜的制备材料主要包括聚酰亚胺（polyimide，PI）、聚砜（polysulfone，PSU）、聚醚砜（polyether sulfone，PES）、聚丙烯腈（polyacrylonitrile，PAN）、聚丙烯（polypropylene，PP）、聚酰胺（polyamide，PA）和醋酸纤维素（cellulose acetate，CA）等。一般不同的应用方向需要的膜性能不同，而制备膜的材料会在很大程度上影响膜的性能，因此制备膜的材料是否具备良好的化学稳定性、机械稳定性以及加工难易与否都是制备纳滤膜中需要考量的问题。例如聚砜是一种耐酸碱、耐有机溶剂同时热稳定性和力学性能都较高的材料，但是其亲水性和抗污性都较差，采用聚砜制备的纳滤膜的通量会受到一定影响。

（2）反渗透膜

目前，国内外所采用的反渗透膜制备方法主要有界面聚合法、相转化法、表面接枝法、化学交联法、动态法等，但实际应用于工业化生产的方法主要是界面聚合法和相转化法。

相转化法是指将均相高分子铸膜液通过各种途径使高分子从均相溶液中沉析出来，使之分为两相：一相为形成高分子膜骨架的高分子富相；另一相为成为膜孔的高分子贫相。利用相转化法可以制备出不对称膜结构，其中致密的表层可以提高膜的选择性，多孔支撑层可以提供机械支撑而不会显著增加液体透过的流动阻力。相转化法制备反渗透膜的重点是选择合适的膜材料、铸膜液配方及铸膜工艺条件，其中铸膜液配方包括聚合物浓度、溶剂、添加剂种类及含量等，铸膜液工艺条件包括蒸发时间、相对湿度、凝固浴组成和温度以及空气浴时间、热处理温度及时间等。相转化包括许多不同的方法，如溶剂蒸发、控制蒸发沉淀、热沉淀、蒸气相沉淀及浸没沉淀，大部分的相转化膜利用浸没沉淀制得，相转化制膜法也叫溶液沉淀或聚合物沉淀法。目前，国内外商业化的相转化法制备的反渗透膜主要是醋酸纤维素反渗透膜，其他材质如聚醚砜、聚芳硫醚砜、聚砜等材料的相转化法反渗透膜制备技术，尚处于实验室研究阶段。

界面聚合法是利用两种反应活性很高的单体（或预聚物）在两个不互溶的溶剂界面处发生聚合反应，从而在多孔支撑层上形成一薄层。将支撑层（通常为微滤或超滤膜）浸入水溶液中，该水溶液中含有活泼单体或预聚物（最常用的是胺类）。然后将此膜浸入到另一个含有另一种活泼单体（通常是酰氯）的与水不溶的溶剂中，则两种活泼单体（即胺和酰氯）会相互反应，形成致密的聚合物层。通常要进行热处理，使界面反应完全，并使水溶性单体或预聚物交联。目前，国内外市场上的卷式有机反渗透膜均是采用界面聚合法制备的，聚酰胺复合反渗透膜制备工艺如图 12-1 所示。

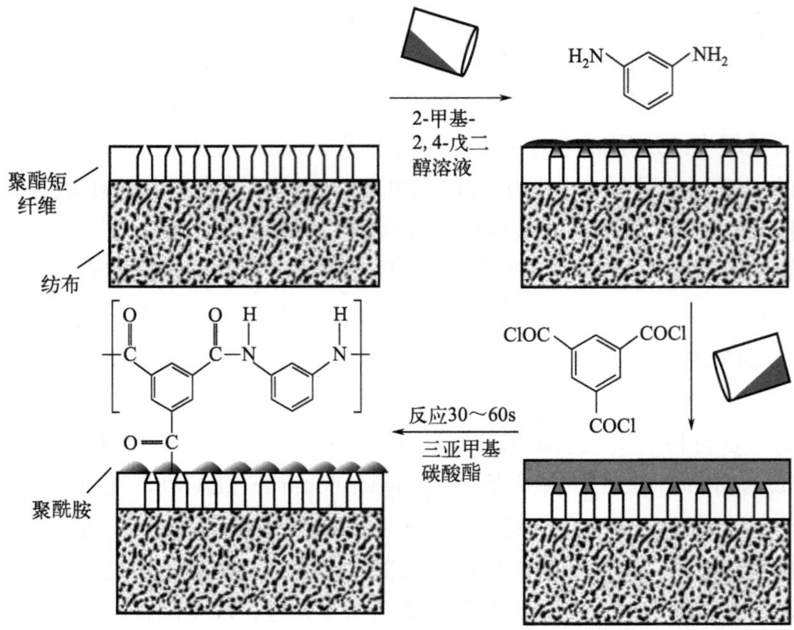

图 12-1　界面聚合法制备聚酰胺复合反渗透膜示意

12.2.1.3　国内外生产现状

（1）生产能力及规模

目前，纳滤膜 / 反渗透膜的国外知名生产厂家有美国陶氏公司、日本日东电工株式会社（美国海德能公司）、美国科氏公司、日本东丽株式会社（韩国世韩公司）、美国 GE 公司等。国外知名生产企业均拥有较长的发展历史，企业规模大、生产能力强，产能基本在 $2\times10^7m^2$ 以上。

陶氏 FilmTec 公司在世界上首先发明了实用性的复合膜，许多领域的开拓及其规模化应用均是从使用陶氏膜元件开始的，FilmTec™ 品牌的反渗透膜和纳滤膜产品被公认为性能更高、更一致且更稳定的分离膜，市场占有率世界第一。美国海德能公司拥有 15000m^2 的研发和生产基地，是世界反渗透和纳滤膜元件的最大供应商之一。美国海德能公司于 1989 年推出全新 CPA 系列反渗透膜以来，经过数十年的不懈努力，目前已成为世界分离膜制造业中产品规格最多、生产规模最大、取得专利最多的卷式反渗透膜元件制造商之一。目前美国海德能公司在全球设有 3 家分离膜产品制造厂，以最迅捷的方式向客户提供种类繁多、相同品牌和同样品质的分离膜产品。美国科氏公司生产全系列的膜产品（UF、MF、RO、NF）和各种系统，应用于饮用水、工业和市政污水、果汁、明胶、奶制品、葡萄酒、纸浆和造纸等行业的加工和过滤工艺中。日本东丽株式会社于 1968 年就开始了反渗透膜的研究开发，现在按不同用途生产 RO、NF、MF 等各种水处理膜，成为一个可以开发并生产所有种类液体分离膜的综合性膜制造厂家，这些膜已经广泛应用于不同的领域。

国内纳滤膜 / 反渗透膜元件生产厂家约有 20 家，知名生产厂家有北京时代沃顿科技有限公司、杭州水处理技术研究开发中心有限公司、北京碧水源膜科技股份有限公司、湖南沁森高科新材料有限公司、湖南澳维环保科技有限公司、浙江美易膜科技有限公司等，诸多纳滤及反渗透膜生产厂家是购买膜片组装成膜元件的，只有少数生产厂家自己生产。国产纳滤膜基本处于起步阶段，企业规模更小、生产能力更弱，除占有一定市场的只有时代沃顿的卷式纳滤膜，产能大于 $52.0\times10^6m^2$ 外，其他企业产能基本都小于 $1.0\times10^6m^2$，与进口企业实力相差相当悬殊。国内反渗透膜元件生产厂家相对纳滤膜来说起步早，亦较为成熟，但因规模小，导致成本高，市场竞争力较弱，目前只有北京时代沃顿科技有限公司一家生产规模较大。

北京时代沃顿科技有限公司主要从事反渗透膜和纳滤膜元件的研发、制造和服务，拥有膜片制造的核心技术和规模化生产能力，是规模复合反渗透膜专业化生产企业，也是拥有强大技术支持的系统设计与应用服务的提供商，公司拥有 9 个系列 50 多个规格品种的复合反渗透膜和纳滤膜产品，具有较强的市场竞争力，成为国产反渗透膜的主力军。杭州水处理技术研究开发中心有限公司主要进行卷式反渗透、纳滤、超滤及微滤元件的大规模生产，以取代国外进口产品，历经多年的努力，享有完全自主知识产权、由中国制造、具有民族品牌的高性能膜元件终于开始投放市场，为中国的水处理行业服务，为中国的膜工业发展贡献了一份力量，目前拥有年产大于 $1\times10^7m^2$ 复合反渗透膜和纳滤膜的生产能力，反渗透膜主要有海水淡化膜、低压反渗透膜和家用反渗透膜 3 种。北京碧水源膜科技股份有限公司是专业从事膜材料制造、膜设备制造和膜技术研发与技术服务的高新技术企业，是世界上同时拥有上述三项技术自主知识产权的少数企业之一，目前拥有年产 $6\times10^6m^2$ 复合反渗透膜和纳滤膜的生产能力。沁森高科有反渗透和纳滤膜片、膜元件及膜处理系统的研发、生产、销售和应用服务，年产 $6\times10^6m^2$ 的膜片及膜元件生产能力，形成了反渗透和纳滤两大系列、100 多个规格型号的膜片及膜元件产品，有海水淡化膜元件、苦咸水淡化膜元件、超低压反渗透膜元件、极低压反渗透膜元件 4 种工业膜元件及商用膜元件。

国内外主要厂家的生产规模如表 12-1 所列。

表 12-1　国内外部分 NF/RO 膜生产厂家与规模

国内				国外			
序号	生产厂家	产品类型	生产规模 / ($10^4m^2/a$)	序号	生产厂家	产品类型	生产规模 / ($10^4m^2/a$)
1	厂家 1	NF/RO	500/3000	1	厂家 11	NF+RO	≥ 5000
2	厂家 2	NF/RO	100/500	2	厂家 12	NF+RO	≥ 3000
3	厂家 3	NF/RO	30/130	3	厂家 13	NF+RO	0（近 3 年国内无销售）
4	厂家 4	NF/RO	50/250	4	厂家 14	NF+RO	≥ 3000
5	厂家 5	NF	150	5	厂家 15	NF+RO	≥ 2000
6	厂家 6	NF/RO	50/450				
7	厂家 7	NF/RO	40/160				
8	厂家 8	RO	30				
9	厂家 9	RO	30				
10	厂家 10	RO	100				

（2）产品性能

1）纳滤膜

调研涉及生产企业 13 家，从性能评估指标看，不同生产厂家评价的主要性能指标并不完全相同，根据不同需求，主要包括水通量、NaCl 脱除率、$MgSO_4$ 脱除率、有机物去除率等中的 2 ～ 4 项。

① 离子脱除率。纳滤膜离子脱除率是衡量纳滤膜性能和技术先进性的重要指标，用户选择纳滤膜及元件旨在去除多价离子和部分一价离子，因此应能较好地控制对不同价态离子的脱除效率。进口产品多以二价离子的脱除效率评价，对氯化钙的脱除率在 90% 左右，对硫酸镁的脱除效率在 97% ～ 99% 之间；国产纳滤膜的二价离子脱除率多以硫酸镁的脱除效率评价，脱除率在 95% ～ 97%，个别厂家以氯化钙脱除效率评价，脱除效率在 85% 左右。从对一价离子的脱除率看，个别进口产品对氯化钠的脱除率在 40% 左右，国产产品对氯化钠的脱除率在 20% ～ 75%。相关产品的离子脱除率调研结果见表 12-2。

表 12-2　纳滤膜水通量、离子脱除率等调研结果

序号	生产厂家	产品规格	产品性能
1	厂家 1	NF90-400	水通量≥ 11000GPD $CaCl_2$ 脱除率：90% $MgSO_4$ 脱除率：97% 有机物去除率：96%
2	厂家 2	ESNA1-K1（400）	水通量≥ 10500GPD $CaCl_2$ 脱除率：91% $MgSO_4$ 脱除率：97%
3	厂家 3	SU610	水通量≥ 12000GPD NaCl 脱除率：40% $MgSO_4$ 脱除率：99.5%
4	厂家 4	8040 HR	水通量≥ 9500GPD $MgSO_4$ 脱除率：98%
5	厂家 5	VNF1-8040	水通量≥ 10000GPD NaCl 去除率：30% $CaCl_2$ 去除率：85% 有机物去除率：90%
6	厂家 6	DF8040-R30（400）	水通量≥ 7500GPD NaCl 脱除率：20% ～ 40% 有机物去除率：99%
7	厂家 7	BDX8040N-70	水通量≥ 10000GPD NaCl 脱除率：65% ～ 75% $MgSO_4$ 脱除率：95%
8	厂家 8	NF2-8040F	水通量≥ 12000GPD NaCl 脱除率：30% ～ 50% $MgSO_4$ 脱除率：97%
9	厂家 9	JNF-8040-HF	水通量≥ 7500GPD NaCl 脱除率：40% ～ 60% $MgSO_4$ 脱除率：96%

注：水通量以 8040（400）膜元件统计。

可见，国产纳滤膜对二价离子的脱除效果与进口产品相当，但对一价离子的脱除效果与进口产品具有一定差距，国内不同厂家、不同型号的纳滤膜对一价离子的脱除率差异较大，说明我国在制造纳滤膜材料过程中对孔径和材料合成条件的控制技术与国际先进水平还有较大差距。

② 水通量。水通量是评价纳滤膜元件的重要指标，不同规格型号的纳滤膜元件水通量不尽相同，相同规格型号在一定操作条件下并对离子脱除效果相当的情况下，水通量越大表明水处理能力越强。以 8040 膜为例，对比国内外纳滤膜元件的水通量情况。从调研结果看，进口产品水通量在 9500 ～ 12000GPD 之间，国产产品水通量在 7500 ～ 12000GPD 之间。

③ 有机物去除率。根据《纳滤膜测试方法》（GB/T 34242—2017）的标准要求，纳滤膜的有机物去除率是通过测定聚乙二醇获得的，该指标没有标准限值，是为了评价小分子有机物的去除效果而产生的指标。因饮用水中小分子有机物通过常规处理工艺难以去除，有专家学者研究并提出了采用纳滤膜去除小分子有机物的新的深度处理工艺，产品对小分子有机物去除率越高，说明处理效果越好。从调研结果看，进口产品仅有陶氏提供了小分子有机物的去除效率，为 96%，国产产品时代沃顿、北京碧水源两个厂家提供的小分子有机物去除效率分别为 90%、99%。由于调研数据量较少，关于纳滤膜材料对有机物的去除效率实际情况还有待进一步调查研究。

④ 生产执行标准。国际标准化组织和美国标准化机构没有针对纳滤膜产品制定相关标准，只是针对相关产品制定了一些参数的检测方法，主要采用 ASTM 相关测试方法和 ISO 相关标准对产品性能进行表征，同时辅以企业标准和客户要求。国内纳滤膜生产厂家均执行国家和行业标准的产品标准和检测标准，如《纳滤膜测试方法》（GB/T 34242—2017）、《反渗透和纳滤装置渗漏检测方法》（GB/T 37200—2018）、《膜组件及装置型号命名》（GB/T 20502—2006）、《纳滤膜及其元件》（HY/T 113—2008）、《纳滤装置》（HY/T 114—2008）等。国内外纳滤膜生产厂家执行标准情况见表 12-3。

表 12-3　国内外纳滤膜生产厂家执行标准情况

<table>
<tr><th>序号</th><th>生产厂家</th><th>产品规格</th><th>执行标准</th></tr>
<tr><td>1</td><td>厂家 1</td><td>NF90-400</td><td rowspan="2">ASTM 测试方法 + 企业标准</td></tr>
<tr><td>2</td><td>厂家 2</td><td>ESNA1-K1（400）</td></tr>
<tr><td>3</td><td>厂家 3</td><td>SU610</td><td>企业标准</td></tr>
<tr><td>4</td><td>厂家 4</td><td>8040 HR</td><td>ASTM 测试方法 + 企业标准</td></tr>
<tr><td>5</td><td>厂家 5</td><td>VNF1-8040</td><td>《纳滤膜测试方法》（GB/T 34242—2017）、《纳滤膜及其元件》（HY/T 113—2008）</td></tr>
<tr><td>6</td><td>厂家 6</td><td>DF8040-R30（400）</td><td></td></tr>
<tr><td>7</td><td>厂家 7</td><td>BDX8040N-70</td><td></td></tr>
<tr><td>8</td><td>厂家 8</td><td>NF2-8040F</td><td></td></tr>
<tr><td>9</td><td>厂家 9</td><td>JNF-8040-HF</td><td></td></tr>
</table>

⑤ 膜寿命及清洗周期等。产品在运行中需要不断地反冲洗以恢复其水通量延长使用寿命，目前纳滤膜元件的清洗周期基本在 90d 以上，使用寿命在 3 年以上，膜通量下降率在 10% 以下。

2）反渗透膜

国际知名企业反渗透膜种类多且性能相对较高。陶氏反渗透膜按照应用领域分为海水淡化膜、污染高脱盐反渗透膜、低压反渗透膜等。例如，陶氏SW30-4021海水淡化反渗透膜元件，其运行压力为55bar（1bar = 10^5Pa，下同），产水量为800GPD，稳定脱盐率为99.4%；SW30-4040海水淡化反渗透膜元件，其运行压力为55bar，产水量为1950GPD，稳定脱盐率为99.4%；SW30HR-380元件制造过程中无需进行后处理，膜清洗pH值范围宽，清洗效率高，运行压力为55bar，产水量为600GPD，稳定脱盐率为99.7%。

国内时代沃顿的反渗透膜元件稳定脱盐率一般在99.5%～99.8%之间，水回收率在8%～15%之间，海水淡化膜元件运行压力为55bar，苦咸水淡化膜元件运行压力一般为15.5bar，超低压元件运行压力为10.3bar，产水量为10500GPD。杭州水处理技术研究开发中心有限公司海水淡化反渗透膜系列，如BDX8040S膜元件的运行压力为54.4bar，产水量为6600GPD，标准脱盐率为99.5%，水回收率为10%；低压反渗透膜系列BDX8040B-ULP膜元件的运行压力为10.5bar，产水量为9500GPD，标准脱盐率为99.2%，水回收率为15%。碧水源型号为R-SW8040-ULP（400）的膜元件运行压力为10.3bar，产水量为12300GPD，脱盐率为99.7%，水回收率为15%。沁森高科的超低压ULP-8040HR膜元件的运行压力为10.3bar，产水量为9000GPD，最低脱盐率为99.5%，水回收率为15%；ULP-8040MR膜元件的运行压力为10.3bar，产水量为10000GPD，最低脱盐率为99.4%，水回收率为15%；极低压反渗透膜元件如XLP-8040膜元件的运行压力为6.9bar，产水量为9000GPD，最低脱盐率为99.2%，水回收率为15%；XLP-8040HR膜元件的运行压力为6.9bar，产水量为11000GPD，最低脱盐率为99.0%，水回收率为15%。

总体来说，从调研到的产品性能指标看，国内外反渗透膜性能差异不大，在相同运行压力下脱盐率基本相当。

（3）市场格局

我国纳滤膜市场发展迅速，目前国外先进品牌占据主导地位，因市场需求量相比反渗透要少得多，价格相对较高。进口纳滤膜元件（8in，1in = 2.54cm）价格为5000～10000元/支，水处理用纳滤膜元件（8in）为5000元/支左右；国产纳滤膜普通工程纳滤膜元件（8in）价格为4000～5000元/支，水处理用纳滤膜元件（8in）为4000元/支左右。由于我国的制膜水平和材料选择的不同，加上关税的原因，我国产品的膜价格相对外国进口的要低。

随着各行各业的蓬勃发展，尤其是生活饮用水新版标准的实施，纳滤膜产品的需求量也随之增加。部分国内纳滤膜生产厂家根据现有产能和技术情况，计划增加现有纳滤膜产品的产量和纳滤膜品种，以满足不断增加的市场需求。

2017年我国纳滤膜行业市场规模达33.09亿元，其中饮用水处理及废水处理占纳滤市场74.6%的份额，随着纳滤膜行业应用范围的不断拓展，纳滤毫无疑问会渗透到更多的市场领域，包括食品饮料、化工、石化、制药与生物医药、冶金、农业、纺织，等等。未来，饮用水处理及废水处理仍然会保持纳滤最主要应用领域的地位，并且将以16.1%的复合增长率更迅速地发展。

现阶段我国纳滤膜应用主要集中在工业分离，污水、废水处理，再生水处理和海水淡化等领域。纳滤膜技术作为目前具有先进性和竞争力的工业分离和水处理技术，与我国目前提倡的打造节能减排社会、致力清洁生产、发展循环经济，实现可持续发展的理念是非常契合的，具有非常广阔的应用空间和发展前景。2018～2023年市场规模数据详见图12-2。

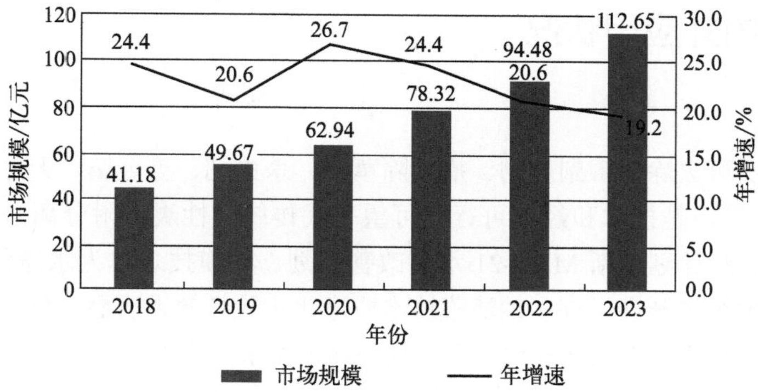

图 12-2　2018 ～ 2023 年中国纳滤膜行业市场规模

反渗透膜方面，随着应用规模不断扩大、产量不断提升，反渗透膜元件价格日趋降低。根据市场需求情况，进口海水淡化反渗透膜元件（8in）价格为 4000 ～ 8000 元 / 支，苦咸水淡化反渗透膜元件（8in、抗污染）价格为 3500 ～ 4000 元 / 支，普通反渗透纯水膜元件（8in）价格为 3000 ～ 3500 元 / 支。当然，膜元件价格与品牌、经销商销售策略、采购规模等相关，最终价格有一定的波动范围。由于国产反渗透膜厂家规模化受限，导致生产成本高，反渗透膜元件与进口产品相比价格略低；以时代沃顿产品为例，海水淡化反渗透膜元件（8in）价格为 4000 ～ 6000 元 / 支，普通反渗透纯水膜元件（8in）价格为 2000 ～ 2500 元 / 支，最终价格也会随经销商、采购规模等而有波动。

在大型工程如海水净化、工业生产等领域国外先进品牌仍占据主导地位，如美国陶氏公司与海德能公司生产的高端反渗透膜产品垄断了市场，即主要依赖进口。国产反渗透膜在国内市场上主要应用于中低端市场。2005 年，RO 膜销售额占全球膜销售额比例为 48.4%，2013 年提高到 55.3%。全球 RO 膜市场是一个由少数公司高度垄断的市场，详见图 12-3。

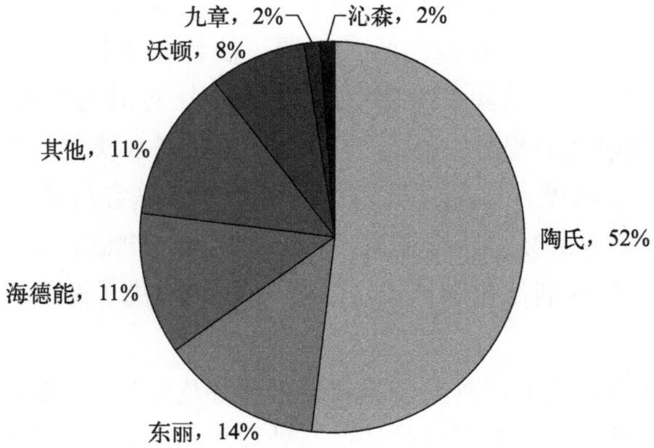

图 12-3　我国 8in 反渗透膜市场占有率（2017 年）

2018 年，我国反渗透膜市场规模为 646.3 亿元，同比增长 16.2%。随着我国海水淡化、市政环保、工业等应用领域快速发展，以及在相关政策的支持下，反渗透膜市场需求不断扩大，推动我国反渗透膜企业产能释放。近些年实际产能表明我国反渗透膜市场规模不断扩大，发展前景广阔。

12.2.2 国内外应用状况

（1）纳滤膜

纳滤膜分离法可去除消毒副产物、痕量除草剂、杀虫剂、重金属、天然有机物及部分硬度、SO_4^{2-} 和 NO_3^- 等，是技术和经济可行、可望替代传统活性炭吸附分离法的适宜方法。例如，日本的MAC-2l计划和新MAC-21水质改善计划，将膜技术作为水净化的最有效手段，欧、美等国家和地区也开展了许多纳滤膜法水质净化实验且效果明显。目前，纳滤分离技术在市政供水领域主要应用于水质软化、污染物脱除、海水淡化等方面。

1）水质软化

目前NF膜最大的应用领域之一就是饮用水的软化。膜法软化水主要考虑的因素有进料水质、渗透水质和回收率。是否加酸和防垢剂取决于进料水质和回收率，据渗透水质和水量，选择膜组件、组件的数量和排列方式，以及相关的操作条件。Film Tec公司NF70膜的主要应用就是水的软化，由此称为“水软化膜”，它的操作压力为0.5～0.7MPa，能脱除85%～95%的硬度以及70%的单价离子。

2）水质净化

纳滤膜截留有机物的分子量为200～800，截留溶解盐类的能力在20%～98%之间，尤其对二价离子的去除率更高，同时纳滤膜可以有效去除水中细菌，对地下水中无机盐（主要是硫酸盐、硝酸盐、氟化物等）也有较好的去除效果。江苏张家港第三水厂就是采用纳滤工艺处理微污染水源，目标是去除或杀灭水体中的微生物，控制有机物、消毒副产物，改善口感，为市民供应优质饮用水，是目前国内规模最大的超滤-纳滤组合膜工艺处理饮用水项目，亦是世界最大的纳滤膜饮用水厂。

3）海水及苦咸水的淡化

在海水或苦咸水的淡化过程中，通常需要对海水或苦咸水进行预处理。目前已有人提出海水淡化时在反渗透阶段之前采用纳滤进行预处理，从而提高淡化水的产量，降低成本，并且有效解决了传统海水淡化法对环境的污染问题。沙特盐水转化公司（SWCC）运用纳滤法，进行了海水淡化的试验。试验在2.2MPa的压力下，对最高水温为120℉（49℃）的海水进行处理，水质得到很大的提升。结合纳滤方法进行海水淡化具有很多显著的优势，主要表现在：出水中的离子浓度、微量有机物含量和TDS（总含盐量）均较低，浊度也较小，同时减少能量消耗25%～30%，经计算生产成本降低了27%左右；此外，由于试验过程中不添加酸、防垢剂和防沫剂等化学药品，从而有效地解决了海水淡化工艺对环境的污染问题。

从调研结果看，目前应用的国外纳滤膜材料及元件均经过了FDA认证并具有涉水批件，而国内产品虽有涉水批件，但没有国际认证；从处理出水的水质稳定性看，进口产品水质稳定达标率均在98%以上，国产产品水质稳定达标率在95%～98%之间；从运行成本看，纳滤膜工艺运行成本在0.5～0.6元/t水，主要包括电耗、药耗等；从应用范围看，我国纳滤膜产品主要应用在中小型项目、中低端市场。随着市场需求的不断扩大，技术研发创新不断进步，我国纳滤膜品牌如时代沃顿、沁森高科等，其竞争力将不断增强。

（2）反渗透膜

反渗透技术广泛应用于电力、石油化工、钢铁、电子、医药、食品饮料、市政及环保等领域，在海水及苦咸水淡化，锅炉给水、工业纯水及电子级超纯水制备，饮用纯净水生产，废水处理及特种分离过程中发挥着重要作用。

1）海水和苦咸水淡化

目前全球海水和苦咸水淡化技术超过 20 余种，包括反渗透、低温多效蒸馏、多级闪蒸、电渗析、压汽蒸馏、露点蒸发、水电联产、热膜联产和利用核能、太阳能、风能、潮汐能海水淡化技术等，以及微滤、超滤、纳滤等多项预处理和后处理工艺。从大的分类来看，主要分为蒸馏法（热法）和膜法两大类，其中低温多效蒸馏法、多级闪蒸法和反渗透膜法是全球主流技术。

反渗透海水（苦咸水）淡化技术发展很快，工程造价和运行成本持续降低，主要发展趋势为降低反渗透膜的操作压力、提高反渗透设备系统回收率、廉价高效预处理技术、增强系统抗污染能力等。反渗透法海水淡化成本一般包括化学药品、电力、膜更换费用，职工工资福利，固定资产折旧、设备检修维护费用，管理费，贷款利息等几部分。依照目前的海水淡化技术，就 10000t/d 反渗透海水淡化厂来说，一般化学药品消耗 0.3 ～ 0.5 元 /t 水，电力消耗 2.2 ～ 2.5 元 /t 水，膜更换费用 0.3 ～ 0.5 元 /t 水，职工工资福利约 0.2 元 /t 水，固定资产折旧费 0.9 ～ 1.2 元 /t 水，设备检修维护费用 0.2 ～ 0.4 元 /t 水，管理费小于 0.1 元 /t 水。这样在不考虑贷款利息情况下，一般膜法海水淡化工程的制水成本为 4.2 ～ 5.4 元 /t 水，其中电力成本及折旧是造水成本中最大的两部分。当然，海水淡化的成本是个复杂的问题，它不仅与淡化方法有关，而且与工艺设计、选材、给水和淡化的水质、比能耗、地理条件、当地能源价格、投资来源等密切相关。但是，比较各种淡化方法，反渗透淡化法的投资费和运行费都是很低的。

目前，大规模海水（苦咸水）淡化应用已有成功实践。沙特、以色列等国家 70% 的淡水资源来自海水（苦咸水）淡化，美国、日本、西班牙等国家为保护本国淡水资源也竞相发展海水（苦咸水）淡化产业。据不完全统计，截至 2018 年底，全球已有 160 多个国家和地区利用海水淡化技术，已建成和在建的海水淡化工厂接近 2 万个，合计淡化产能在 1.2×10^8t/d 以上。增长的主要力量来源于中国、摩洛哥、新加坡和海湾地区国家的公共事业部门和工业部门，后者凭借稳定的石油天然气价格整合了上下游海水淡化项目。目前全球海水淡化技术中反渗透占总产能的 65%，多级闪蒸占 21%，电去离子占 7%，电渗析占 3%，纳滤占 2%，其他占 2%。在迅速增长的海水产能之中，市政供水是海水淡化的主要应用领域。在已建装机容量中，市政供水占比最高，为 63.1%，已解决了 2 亿多人的生活用水问题；工业及电力次之，占比为 31.4%；其余用途约占 5.5%。

中国已成为仅次于北美、欧洲的全球第三大反渗透膜市场，是全球反渗透膜最有潜力的市场和国际反渗透膜厂商竞争的焦点地区。近年来，一些国外厂商为了能占有国内广阔的市场空间，采取合资或投建新生产线等方式入驻中国，但由于国内产业的不断崛起，部分外企呈现出市场萎缩的趋势。由于经济与地理等因素的影响，反渗透工程项目在山东省与大连地区较为集中。随着我国北方地区干旱化的加剧及工业、民用对水量、水质要求的不断提高，膜法海水淡化必然从现在的船用、岛用为主向工业、市政领域发展，市场的潜力巨大。目前反渗透海水淡化技术日益成熟，应用效果越来越好，已经受到海水（苦咸水）市场的青睐，这一技术将是21世纪海水淡化的主要方法，也必将成为越来越多的研究与改进的焦点。

2015年，我国海水淡化装置产能第一次突破百万大关。自然资源部发布的《2017年全国海水利用报告》中数据表明：截至2017年底，全国已建成投产的海水淡化装置136套，产能达到1.189×10^6t/d；全国建成万吨级以上海水淡化工程36个，千吨级以上、万吨级以下海水淡化工程38个，千吨级以下工程62个；已建成最大海水淡化工程规模为2.0×10^5t/d。截至2019年底，全国建成海水淡化工程超过160个，产能达到约1.7×10^6t/d（见图12-4）。

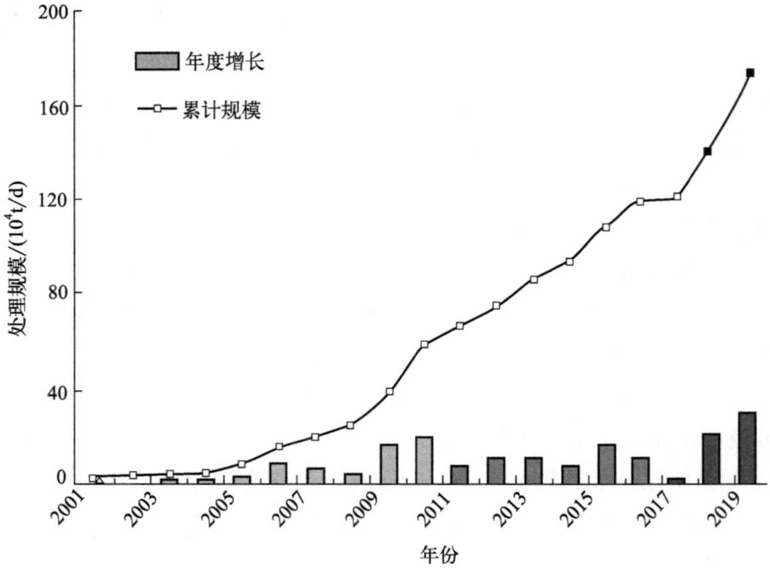

图12-4 我国海水淡化产能增长情况

2）纯水和超纯水制备

目前，各行各业需要大量的纯水，反渗透膜在诸多领域的纯水设备中得到了应用，如：锅炉补给水、除盐水设备，各种蒸汽锅炉、火力发电厂、热水炉、石化热力锅炉等补给水；电子工业用超纯水设备，单晶硅、半导体晶片、半导体芯片、引线框架、集成电路、液晶显示器、导电玻璃、显像管、线路板、光通信、电脑元件、电容器洁净产品及各种元器件等生产工艺用纯水；一般工业用纯水设备，镀膜玻璃、电镀、表面涂装、纺织印染、工业配液、工业产品清洗等用水；生物医药行业用纯水设备，针剂、粉针剂、大输液、生化制品、医用无菌水、口服液等符合GMP标准的用水；精细化工行业用纯水设备，化学药剂、化妆品等用纯水；饮料、食品行业水处理设备，饮用纯净水、蒸馏水、矿泉水、天然水、矿化水、啤酒生产用水、白酒勾兑用纯水；生活饮用水处理设备，给水处理、宾馆、楼宇、社区优质供水设备、直饮水工程等用水。反渗透设备在以上水处理领域均有广泛的应用，效果显著，市场需求量极大。

3）废水处理与资源化

应用于石油化工、电子、钢铁、市政、纺织印染等工业领域的中水、废水处理及回用。目前在以上领域中，反渗透技术得到了极为广泛的应用，尤其是废水资源化处理过程中得到了国家各部门的重视和助力推广。

1996 ～ 2013 年，我国工业生产总值快速增长了 7 倍，但工业耗水量只增加了 25%。与工业生产总值相比工业耗水量并未等同比例快速增长的原因中，除了政策和工业生产技术刺激了我国水资源储存与回用的快速增长外，以反渗透技术为核心的膜技术的大规模应用当属重要原因之一。IDA 近 30 年的反渗透膜厂清单数据结果表明，截至 2014 年，我国约有 $5.5\times10^6m^3/d$ 的反渗透产水规模；但据中国人民大学“膜技术创新与产业发展中心”推算，2018 年我国的反渗透膜应用规模为 $3.6\times10^7m^3/d$，远大于 IDA 的统计结果（见图 12-5）。

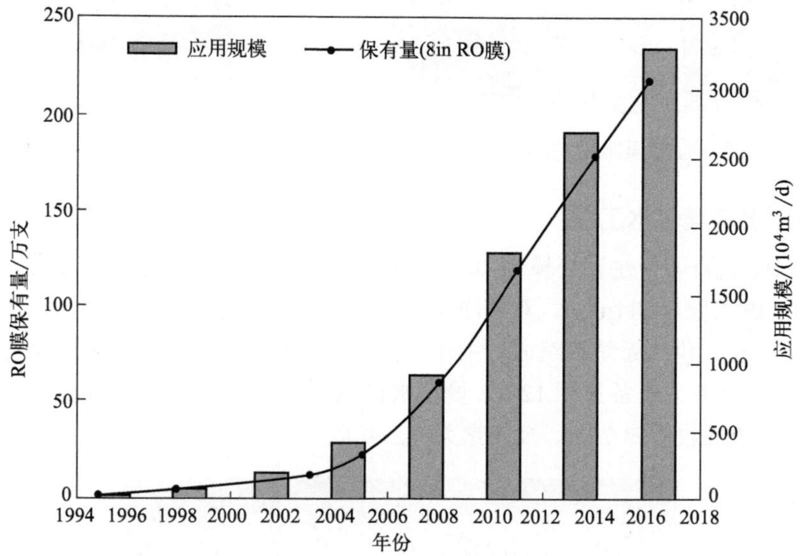

图 12-5　我国 8in 反渗透膜使用量和应用规模

4）工业分离中的应用

用于生物制品、化工产品及药物的分离、回收、浓缩、提纯。

反渗透技术可与其他膜分离技术集成应用，在上述领域的产品分离、提纯中进行推广应用，尤其是一些对纯度要求较高的热敏性产品的制备过程。

12.2.3　典型应用案例

（1）江苏某水厂

该水厂采用长江水作为水源，原处理工艺为絮凝 + 沉淀 + 过滤常规工艺。为了进一步去除或杀灭水体中的微生物、消毒副产物和改善饮用水口感，以及应对水体突发污染，控制有毒有害化学品及臭和味，对水厂进行提标改造，将原工艺升级为“机械搅拌 + 折板反应 + 超滤 + 纳滤（部分）”的双膜深度处理工艺，工程总处理规模 20 万吨 /d，纳滤规模 10 万吨 /d，工程 2020 年 11 月投入运行，是目前世界上规模最大的超滤 - 纳滤组合膜工艺处理饮用水项目，亦是国内最大的纳滤膜饮用水厂。该项目采用的是杜邦 FilmTec™ NF270 系列复合薄膜结构的纳滤膜元件，共 10 个膜组，每个膜组三段布置，段间比例 40 ∶ 25 ∶ 13，含 78 支膜壳、468 支膜芯，膜车间总膜 4680 支，设计回收率≥ 90%。水厂纳滤膜车间及纳滤膜材料如图 12-6、图 12-7 所示。

图 12-6　江苏某水厂纳滤车间

图 12-7　纳滤膜材料

（2）山东济南某供水工程

该供水工程水处理总建设规模为 $20\times10^4m^3/d$，其中双膜净水间设计工程规模为产水量 $6.0\times10^4m^3/d$，进水量 $84211m^3/d$。双膜净水间系统主要由浸没式超滤系统、反渗透系统、清洗系统、加药系统、供气系统等组成，主体工艺采用“浸没式超滤＋一级反渗透”，采用 GE 反渗透膜元件，反渗透设备见图 12-8。设计水温范围 5 ～ 30℃，浸没式超滤系统回收率≥ 95%、反渗透系统回收率≥ 75%、反渗透系统三年脱盐率≥ 95%。

图 12-8　采用 GE 反渗透膜装置一角

工艺流程：进水→超滤进水池→浸没式超滤装置→浸没式超滤产水池→反渗透进水泵（加阻垢剂、还原剂）→保安过滤器→高压泵→反渗透系统→反渗透产水池→用水点。

（3）福建某水厂

该水厂采用“超滤＋纳滤＋反渗透”的全膜法深度水处理工艺，总建筑面积 $5800m^2$，工程建设总投资 2.0 亿元，设计产水规模 10 万吨 /d，原水设计值氯化钠 1500mg/L、TDS 3750mg/L，产水水质要求氯化钠≤ 150mg/L（国标 250mg/L）、TDS ≤ 1000mg/L、氯化钠去除率 93%。该项目采用了蓝星东丽的纳滤及反渗透膜元件，运行结果显示，系统氯化钠去除率＞ 90%，总溶解性固体去除率＞ 90%，产水各项指标均满足《生活饮用水卫生标准》（GB

5749—2022）和设计要求，水资源利用率 90%，达到了世界领先水平，这也为国内其他水厂的升级改造提供了最佳蓝本。截至目前，整套纳滤系统运行状态良好。水处理工程现场见图 12-9、图 12-10。

图 12-9　工程现场超滤装置一角

图 12-10　工程现场纳滤、反渗透装置一角

（4）浙江某水厂

该水厂以山区水库水为主要水源，是国内大型的用“UF+RO 双膜法”深度处理工艺的城市自来水供水厂，日处理量为 50000t。近十年来一直使用美国陶氏膜产品，2013 年 5 月更换膜元件时部分采用了沁森高科反渗透系列“BW-8040”膜元件，反渗透装置见图 12-11。

图 12-11　沁森高科反渗透膜装置一角

产品运行至今，系统脱盐率稳定在98.9%～99.3%，产水量稳定，完全能达到客户的要求，膜元件的再生性也得到业主的一致好评。该项目采用国产反渗透膜，在改善了市政自来水质的同时，也极大降低了市政自来水生产成本。

12.3 技术评估

结合调研结果，厂家用于评价纳滤膜材料及元件的指标主要包括选择性、水通量、截留能力及稳定性等。其中，选择性受膜孔径及其分布、组分在膜中溶解的扩散性、荷电性及密度、选择载体组分等因素的影响，膜的通量及截留能力受膜厚度、驱动力、供料组成、供料组分性质、渗透压等因素的影响，而膜的稳定性则受膜的化学和机械稳定性、吸附性、组件构型、供料速度和切向速度等因素的影响。另外，纳滤膜的过滤性能还与膜的荷电性、膜制造的工艺过程等有关，纳滤膜技术实际分离性能还与纳滤过程的操作压力、溶液浓度、温度等条件有关。因此，根据调研结果，参照相关标准规范，结合课题研究任务、纳滤膜实际应用操作过程中及生产企业和用户关注的主要问题，筛选评估指标15项，如表12-4所列。

表12-4 纳滤膜元件评估指标

序号	评估指标	序号	评估指标
1	离子脱除率	9	清洗周期
2	水通量	10	水质稳定达标率
3	有机物去除率	11	产品价格
4	产品标准	12	运行成本
5	用户认可度	13	国产化率
6	卫生许可证	14	生产规模
7	膜寿命	15	出口量
8	通量下降率		

用于评价反渗透膜元件的性能指标主要有稳定脱盐率、水通量、完整性、卫生许可证、膜寿命、通量下降率、清洗周期7项指标；但从调研结果看，用户更加关注水质稳定性、产品标准、用户认可度、市场占有率、产品价格及运行维护成本等8项指标。另外，市场占有率、生产规模及出口量等也可体现产品的经济性、国际竞争力和市场应用前景。因此，根据调研结果和专家咨询会意见，参照相关标准规范，结合生产企业和用户关注的主要问题，筛选出评估指标15项，如表12-5所列。

表12-5 反渗透膜元件评估指标

序号	评估指标	序号	评估指标
1	稳定脱盐率	4	卫生许可证
2	水通量	5	产品标准
3	完整性	6	用户认可度

续表

序号	评估指标	序号	评估指标
7	市场占有率	12	通量下降率
8	生产规模	13	清洗周期
9	出口量	14	产品价格
10	水质稳定达标率	15	运行维护成本
11	膜寿命		

12.3.1 评估指标体系

结合产品的技术先进性、技术可靠性、性能稳定性、经济适用性、国际竞争力等方面，选取技术先进性、技术可靠性、性能稳定性、经济适用性、国际竞争力 5 项指标作为一级评估指标集，根据筛选的性能评估指标细化分解为二级评估指标，形成纳滤 / 反渗透膜材料及元件的评估矩阵，分别如图 12-12、图 12-13 所示。

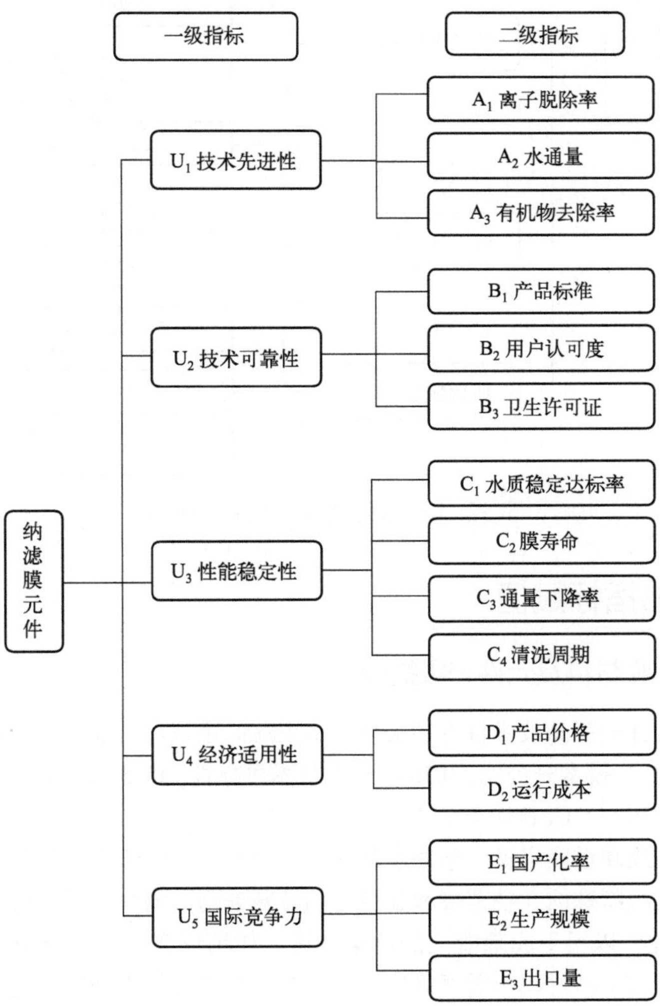

图 12-12 纳滤膜元件评估矩阵图

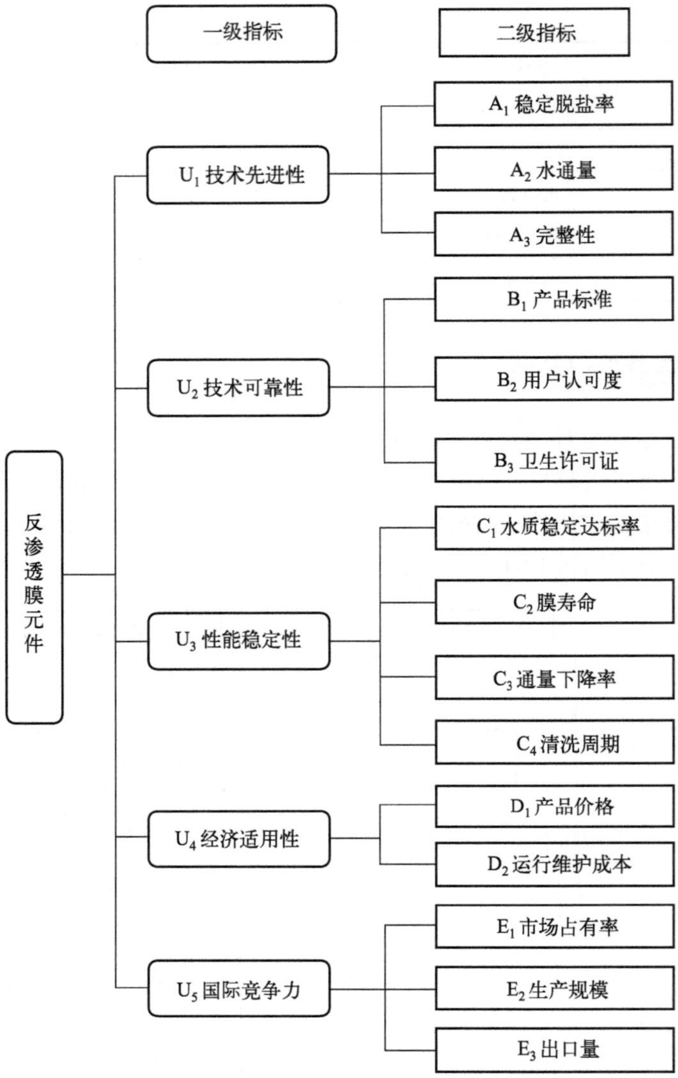

图 12-13　反渗透膜元件评估矩阵图

12.3.2　评估指标赋值

12.3.2.1　纳滤膜材料及元件一级指标

结合纳滤膜元件的产品技术特点和实际应用关注的重点，对 5 个一级指标分别赋予权重及建议值，分别为 U_1 技术先进性（0.30）＞ U_2 技术可靠性（0.25）＞ U_3 性能稳定性（0.20）= U_4 经济适用性（0.20）＞ U_5 国际竞争力（0.05），理由如下：

相对超滤膜、反渗透膜来说，纳滤膜是介于超滤膜和反渗透膜之间的一种截流特定分子量的膜，由于纳滤膜特殊的孔径范围和制备时的特殊处理，如复合后、荷电化等，使其具有较特殊的分离性能，以用于脱除既定的污染物质，如钙镁离子、小分子有机物、细菌病毒等。因此，在纳滤膜生产过程中需严格控制孔径范围并进行特殊处理，这对生产技术要求极高，故技术先进性权重最高，建议权重为 0.30。

纳滤膜及元件作为水处理器材，在实现特定污染物去除的基础上，要保证技术可靠，即应有严格的产品标准、保证有效地脱除目标污染物而适当保留不想脱除的有益物质，且膜材料及元件不会对水质产生二次污染，因此建议 U_2 技术可靠性权重赋值位于技术先进性之后，建议赋值 0.25。

在保证技术可靠的前提下，其性能稳定性尤为重要。由于膜寿命、通量下降率、清洗周期及处理后的水质稳定达标率等均影响纳滤膜的性能稳定性，这些都是实际应用中重点关注的问题，因此 U_3 性能稳定性放在权重第三位，建议赋值 0.20。

尽管从用户角度来说对于经济适用性关注度较高，且经济适用性也影响该技术的推广应用，但客观存在的研发投入、生产成本、建设成本、运行维护成本等均较传统工艺不占优势，因此建议 U_4 经济适用性权重赋值 0.20。

纳滤膜是一种新型的饮用水处理技术，其产品的生产研发、技术进步、产业化及大规模应用等均处于起步阶段，生产企业和用户考虑更多的是技术发展和应用效果，因此将 U_5 国际竞争力放在权重的最后一位，建议赋值 0.05。

12.3.2.2　纳滤膜材料及元件二级指标

结合纳滤膜及元件的技术特点，分别对技术先进性、技术可靠性、性能稳定性、经济适用性及国际竞争力进行二级指标的细化和赋分。

（1）U_1 技术先进性

水通量、离子脱除率、有机物去除率等指标是体现纳滤膜技术先进性的指标，三个指标均是纳滤膜的核心技术指标。水通量：4040 膜＞ 7.2m^3/d，8040 膜＞ 34m^3/d，30 ～ 40 分；4040 膜＜ 7.2m^3/d，8040 膜＜ 34m^3/d，0 ～ 30 分。离子脱除率：NaCl 去除率＞ 85%，$CaCl_2$ 去除率＞ 95%，25 ～ 30 分；NaCl 去除率 35% ～ 85%，$CaCl_2$ 去除率＞ 85%，20 ～ 25 分；NaCl 去除率＜ 35%，$CaCl_2$ 去除率≥ 60%，15 ～ 20 分；TOC 去除率≥ 95%，20 ～ 30 分；TOC 去除率≥ 70%，15 ～ 20 分；TOC 去除率≥ 60%，0 ～ 15 分。

（2）U_2 技术可靠性

产品标准是保证技术可靠性的重要指标，是产品生产质量的标尺，产品标准高，符合标准的产品技术可靠性高，相反则技术可靠性低，具备国家标准，30 分；行业标准，25 分；团标、地标，20 分；企标，10 分；无，0 分。另外，用户对产品的认可从侧面反映了技术的可靠程度，很大程度上依赖于产品执行的标准，根据用户认可程度，打分 0 ～ 35 分。涉水产品卫生许可证又叫“涉水证”，我国自 1997 年颁发《生活饮用水卫生监督管理办法》规定国家对供水单位和涉及饮用水卫生安全的产品开始实行卫生许可制度，要求我国境内生产或进口涉及饮用水卫生安全产品的企业证应当取得卫生局发放的涉水产品卫生许可批件后方可从事许可范围内涉水产品的生产，以保证所生产的产品对水质不产生二次污染，因此属于技术可靠性的重要评价指标，具备卫生许可批件，30 分；不具备，0 ～ 30 分。

（3）U_3 性能稳定性

作为水处理材料，对水质的处理效果，保证出水水质稳定是衡量性能稳定性的首要指标，水质稳定性达标率≥ 98%，30 ～ 35 分；90% ～ 98%，20 ～ 30 分；低于 90%，0 ～ 20 分。根据纳滤膜及元件的特性，膜材料本身具有一定的寿命，寿命的长短影响元件的性能稳定性，同时也影响运行维护成本，因此是性能稳定性的重要指标，其中3年以上，25～30分；1～3年，15～25分；小于1年，0～15分。在一定的操作条件下，膜通量下降一般由膜污染造成，随着膜及元件的使用，膜污染增加致使其水通量逐渐下降，因此通量下降率的高低也是表征性能稳定性的重要指标，1年内通量下降10%以内，15～20分；1年内下降10%～20%，10～15分；1年内下降大于20%，0～10分。产品在运行中需要不断地反冲洗以恢复其水通量延长使用寿命，清洗周期长短不仅影响产水量且影响运行维护成本，清洗周期大于90d，10～15分；40～90d，5～10分；小于40d，0～5分。

（4）U_4经济适用性

产品价格影响吨水投资，是用户进行水厂工艺改造考虑的最重要经济因素之一，膜元件价格低于行业平均水平（8in膜3000元每支），40～55分；与行业平均水平相当，25～40分；高于行业平均水平，0～25分。设备运行产生的电耗、药耗、耗材等是衡量运行经济的关键指标，大于0.8元/m^3，0～20分；0.3～0.8元/m^3，21～30分；小于0.3元/m^3，31～45分。

（5）U_5国际竞争力

此处国产化率实际表示市场占有率，是最直接体现行业内产品竞争能力的指标，国产化率高，一方面说明产品竞争力强，另一方面能收到用户的反馈而不断改善产品、提高产品质量、完善服务体系，是走向国际提高国际竞争力的基础，市场占有率高于70%，25～40分；在50%～70%，15～25分；低于50%，0～15分。生产规模反映了企业产品的生产能力，是出口的基础和必要条件，年产能力$300\times10^4m^2$，30分，（100～300）$\times10^4m^2$，16～29分；小于$100\times10^4m^2$，0～15分。出口量反映了企业产品在国际上的销售情况，直接体现在国际上的竞争能力，出口得5～30分，未出口0分。

具体评估指标分配及权重赋分和打分规则如表12-6、表12-7所列。

表12-6　纳滤膜元件评估指标分配及权重赋分

一级指标	权重	二级指标	满分/分
U_1技术先进性	0.30	A_1离子脱除率	30
		A_2水通量	40
		A_3有机物去除率	30
		汇总	100
U_2技术可靠性	0.25	B_1产品标准	35
		B_2用户认可度	35
		B_3卫生许可证	30
		汇总	100
U_3性能稳定性	0.20	C_1水质稳定达标率	35
		C_2膜寿命	30
		C_3通量下降率	20
		C_4清洗周期	15
		汇总	100
U_4经济适用性	0.20	D_1产品价格	55
		D_2运行成本	45
		汇总	100

续表

一级指标	权重	二级指标	满分 / 分
U_5 国际竞争力	0.05	E_1 国产化率 E_2 生产规模 E_3 出口量	40 30 30
		汇总	100

表 12-7　纳滤膜元件评估指标打分规则

权重	一级指标	二级指标	满分 / 分	评分指标
0.30	U_1 技术先进性	A_1 离子脱除率	30	NaCl 去除率大于 85%，$CaCl_2$ 去除率大于 95%，25 ～ 30 分；NaCl 去除率 35% ～ 85%，$CaCl_2$ 大于 85%，20 ～ 25 分；NaCl 去除率小于 35%，$CaCl_2$ 去除率≥ 60%，15 ～ 20 分
		A_2 水通量	40	4040 膜大于 7.2m³/d，8040 膜大于 34m³/d，30 ～ 40 分；4040 膜小于 7.2m³/d，8040 膜小于 34m³/d，0 ～ 30 分
		A_3 有机物去除率	30	TOC 去除率≥ 95%，20 ～ 30 分；TOC 去除率≥ 70%，15 ～ 20 分；TOC 去除率≥ 60%，0 ～ 15 分
0.25	U_2 技术可靠性	B_1 产品标准	35	具备国家标准，30 分；行业标准，25 分；团标、地标，20 分；企标，10 分；无，0 分
		B_2 用户认可度	35	根据用户认可程度，0 ～ 35 分
		B_3 卫生许可证	30	具备卫生许可批件，30 分；不具备，0 分
0.20	U_3 性能稳定性	C_1 水质稳定达标率	35	达标率≥ 98%，30 ～ 35 分；90% ～ 98%，20 ～ 30 分；低于 90%，0 ～ 20 分
		C_2 膜寿命	30	3 年以上，25 ～ 30 分；1 ～ 3 年，15 ～ 25 分；小于 1 年，0 ～ 15 分
		C_3 通量下降率	20	1 年内通量下降 10% 以内，15 ～ 20 分；1 年内下降 10% ～ 20%，10 ～ 15 分；1 年内下降大于 20%，0 ～ 10 分
		C_4 清洗周期	15	大于 90d，10 ～ 15 分；40 ～ 90d，5 ～ 10 分；小于 40d，0 ～ 5 分
0.20	U_4 经济适用性	D_1 产品价格	55	低于行业平均水平（8in 膜 3000 元每支），40 ～ 55 分；与行业平均水平相当，25 ～ 40 分；高于行业平均水平，0 ～ 25 分
		D_2 运行成本	45	大于 0.8 元 /m³，0 ～ 20 分；0.3 ～ 0.8 元 /m³，21 ～ 30 分；小于 0.3 元 /m³，31 ～ 45 分
0.05	U_5 国际竞争力	E_1 国产化率	40	市场占有率高于 70%，25 ～ 40 分；50% ～ 70%，15 ～ 25 分；低于 50%，0 ～ 15 分
		E_2 生产规模	30	年产能力 $300\times10^4m^2$，30 分；（100 ～ 300）$\times10^4m^2$，16 ～ 29 分；小于 $100\times10^4m^2$，0 ～ 15 分
		E_3 出口量	30	出口，5 ～ 30 分；未出口，0 分

12.3.2.3　反渗透膜材料及元件一级指标

结合反渗透膜元件产品性能及应用特点，对 5 个一级指标赋予权重及建议值，分别为 U_1 技术先进性（0.30）＞ U_2 技术可靠性（0.25）＞ U_3 性能稳定性（0.20）＞ U_4 经济适用性（0.15）＞ U_5 国际竞争力（0.10），理由如下：

首先，反渗透膜元件在市政供水行业尚未取得规模化应用，属于行业先进技术和产品，对技术先进性要求较高，国产产品应能满足国产先进产品性能参数要求，方可在国内应用，因而 U_1 权重最高，建议赋值 0.30；

其次，U_2 技术可靠性指标是保证反渗透膜元件稳定运行的条件和措施，取得卫生许可证是在市政自来水行业应用的前提，对保障卫生安全性有重要影响，元件生产执行的产品标准和良好的用户认可度均代表了产品的技术可靠性，产品技术可靠才能取得良好的应用，因此将 U_2 技术可靠性放在次位，建议赋值 0.25；

再次，确保反渗透膜元件的性能可靠、稳定运行，这是保障水质稳定达标和经济高效运行的前提，因此将 U_3 性能稳定性放在权重第三位，建议赋值 0.20；

另外，对于反渗透工艺来说，反渗透膜元件产品价格占有较大比重，其运行维护成本很大，不同品种和规格的元件价格差异也很大，因此经济因素是影响元件推广的重要因素，所以将 U_4 经济适用性放在权重第四位，建议赋值 0.15；

最后，U_5 国际竞争力反映了反渗透膜元件的市场占有率、规模、质量和国际认可度，反映了我国反渗透膜元件生产及应用的整体水平，该指标放在最后，建议赋值 0.10。

12.3.2.4 反渗透膜材料及元件二级指标

结合反渗透膜元件特点，分别对技术先进性、技术可靠性、性能稳定性、经济适用性及国际竞争力进行二级指标的细化和赋分。

（1）U_1 技术先进性

包括稳定脱盐率、水通量和完整性。根据 GB 34914—2021 及 GB/T 34241—2017、HY/T 107—2017 的要求，需重点关注反渗透产品水通量、稳定脱盐率、完整性等性能指标。稳定脱盐率大于 99%，20 ～ 30 分；98% ～ 99%，10 ～ 20 分；小于 98%，0 ～ 10 分。水通量（GPD）以 8040 膜为例，大于 10500，赋 30 ～ 40 分；10000 ～ 10500 之间，赋 20 ～ 30 分；低于 10000，赋 0 ～ 20 分。完整性：判定为合格，30 分；不合格，0 分。

（2）U_2 技术可靠性

膜元件执行的产品标准，国际标准，35 分；国家标准，30 分；行业标准，25 分；团标或地标，20 分；企标，10 分；无，0 分。用户认可程度体现了一般用户对产品的认可水平，用户认可度高，25 ～ 35 分；认可度中等，15 ～ 25 分；认可度低，0 ～ 15 分。具备卫生许可批件，30 分；不具备，0 分。

（3）U_3 性能稳定性

出水水质稳定达标率是反映反渗透膜性能稳定最直接的指标，稳定达标率≥ 98%，30 ～ 35 分；达标率在 95% ～ 98%，20 ～ 30 分；低于 95%，0 ～ 20 分。根据反渗透膜及元件的特性，膜材料本身具有一定的寿命，寿命的长短影响元件的性能稳定性，同时也影响运行维护成本，因此是性能稳定性的重要指标，其中膜使用寿命 3 年以上，25 ～ 30 分；1 ～ 3 年，15 ～ 25 分；小于 1 年，0 ～ 15 分。在一定的操作条件下，膜通量下降一般由膜污染造成，随着膜及元件的使用，膜污染增加致使其水通量逐渐下降，因此通量下降率的高低是表征性能稳定性的重要指标，也是标准膜污染程度的重要方面。1 年内通量下降 10% 以内，15 ～ 20 分；下降 10% ～ 20%，10 ～ 15 分；下降大于 20%，0 ～ 10 分。此处的清洗周期指化学清洗周期。反渗透膜及元件在水处理中前面增加常规预处理单元，投加阻垢剂、软化剂及加酸调节 pH 值的手段均是为了延长其清洗周期，从而延长使用寿命，清洗周期长短不仅影响产水量且影响运行维护成本。清洗周期大于 90d，10 ～ 15 分；40 ～ 90d，5 ～ 10 分；小于 40d，0 ～ 5 分。

（4）U_4 经济适用性

产品价格影响吨水投资，是用户进行水厂工艺改造考虑的最重要经济因素之一，也是影响产品推广应用的重要因素。低于行业平均水平（8in 膜 3000 元每支），40 ～ 55 分；与行业平均水平相当，25 ～ 40 分；高于行业平均水平，0 ～ 25 分。反渗透工艺运行成本主要考虑包括电耗、药耗等费用，是衡量运行经济的关键指标。大于 1.3 元 /m^3，2 ～ 20 分；1 ～ 1.3 元 /m^3，20 ～ 30 分；小于 1 元 /m^3，30 ～ 45 分。

（5）U_5 国际竞争力

市场占有率高表明品牌竞争力强，市场占有率高于 10%，25 ～ 40 分；市场占有率在 5% ～ 10%，15 ～ 25 分；市场占有率低于 5%，0 ～ 15 分。生产规模反映了企业产品的生产能力，是较高市场占有率和出口的基础与必要条件。年产能力大于 $500\times10^4m^2$，30 分；（300 ～ 500）$\times10^4m^2$，16 ～ 29 分；小于 $300\times10^4m^2$，0 ～ 15 分。出口量反映了企业产品在国际上的销售情况，直接体现在国际上的竞争能力，故赋分为 30 分。出口量占公司实际生产 50% 以上，20 ～ 30 分；出口量占 5% ～ 50%，10 ～ 20 分；出口量小于 5% 或无出口，0 ～ 10 分。

具体评估指标分配及权重赋分及打分规则如表 12-8、表 12-9 所列。

表 12-8　反渗透膜元件评估指标分配及权重赋分

一级指标	权重	二级指标	满分 / 分
U_1 技术先进性	0.30	A_1 稳定脱盐率 A_2 水通量 A_3 完整性	30 40 30
		汇总	100
U_2 技术可靠性	0.25	B_1 产品标准 B_2 用户认可度 B_3 卫生许可证	35 35 30
		汇总	100
U_3 性能稳定性	0.20	C_1 水质稳定达标率 C_2 膜寿命 C_3 通量下降率 C_4 清洗周期	35 30 20 15
		汇总	100
U_4 经济适用性	0.15	D_1 产品价格 D_2 运行维护成本	55 45
		汇总	100
U_5 国际竞争力	0.10	E_1 市场占有率 E_2 生产规模 E_3 出口量	40 30 30
		汇总	100

表 12-9　反渗透膜元件评估指标打分规则

权重	一级指标	二级指标	满分 / 分	评分依据
0.30	U_1 技术先进性	A_1 稳定脱盐率	30	大于 99%，20 ～ 30 分；98% ～ 99%，10 ～ 20 分；小于 98%，0 ～ 10 分
		A_2 水通量	40	水通量（GPD）以 8040 膜为例，大于 10500，30 ～ 40 分；10000 ～ 10500，20 ～ 30 分；低于 10000，0 ～ 20 分
		A_3 完整性	30	完整性合格，30 分；不合格，0 分
0.25	U_2 技术可靠性	B_1 产品标准	35	国际标准，35 分；国家标准，30 分；行业标准，25 分；团标或地标，20 分；企标，10 分；无，0 分
		B_2 用户认可度	35	高，25 ～ 35 分；中等，15 ～ 25 分；低，0 ～ 15 分
		B_3 卫生许可证	30	具备卫生许可批件，30 分；不具备，0 分
0.20	U_3 性能稳定性	C_1 水质稳定达标率	35	达标率 ≥ 98%，30 ～ 35 分；95% ～ 98%，20 ～ 30 分；低于 95%，0 ～ 20 分
		C_2 膜寿命	30	3 年以上，25 ～ 30 分；1 ～ 3 年，15 ～ 25 分；小于 1 年，0 ～ 15 分
		C_3 通量下降率	20	1 年内通量下降 10% 以内，15 ～ 20 分；下降 10% ～ 20%，10 ～ 15 分；下降大于 20%，0 ～ 10 分
		C_4 清洗周期	15	大于 90d，10 ～ 15 分；40 ～ 90d，5 ～ 10 分；小于 40d，0 ～ 5 分
0.15	U_4 经济适用性	D_1 产品价格	55	低于行业平均水平（8in 膜 3000 元每支）：40 ～ 55 分；与行业平均水平相当，25 ～ 40 分；高于行业平均水平，0 ～ 25 分
		D_2 运行成本	45	大于 1.3 元 /m^3，2 ～ 20 分；1 ～ 1.3 元 /m^3，20 ～ 30 分；小于 1 元 /m^3，30 ～ 45 分
0.10	U_5 国际竞争力	E_1 市场占有率	40	高于 10%，25 ～ 40 分；5% ～ 10%，15 ～ 25 分；低于 5%，0 ～ 15 分
		E_2 生产规模	30	年产能力大于 $500\times10^4m^2$，30 分；（300 ～ 500）$\times10^4m^2$，16 ～ 29 分；小于 $300\times10^4m^2$，0 ～ 15 分
		E_3 出口量	30	出口量占 50%，20 ～ 30 分；5% ～ 50%，10 ～ 20 分；小于 5% 或无出口，0 ～ 10 分

12.3.3　评估指标体系应用

邀请涵盖高校研究机构、生产企业、设计院所等在内的 10 名专家根据建立的评估体系对纳滤膜 / 反渗透膜材料及元件进行专家评估，赋值结果显示，国内纳滤膜材料及元件生产和应用的技术就绪度整体达到 7 级，在供水行业产品应用标准化方面具有一定差距；反渗透膜材料及元件生产和应用的技术就绪度整体达到 8 级，已实现了元件的国产化并形成了一定市场应用规模。评估打分表及评估结果图分别见表 12-10、图 12-14 和表 12-11、图 12-15。

表 12-10　纳滤膜材料及元件产品专家评分汇总

序号	U_1 技术先进性		U_2 技术可靠性		U_3 性能稳定性		U_4 经济适用性		U_5 国际竞争力	
	分值 / 分	权重	分值 / 分	权重	分值 / 分	权重	分值 / 分	权重	分值 / 分	权重
1	100	0.3	100	0.25	100	0.2	80	0.2	60	0.05
2	89	0.29	90	0.23	91	0.19	90	0.18	89	0.11
3	95	0.2	80	0.2	75	0.3	95	0.1	73	0.2

续表

序号	U_1 技术先进性		U_2 技术可靠性		U_3 性能稳定性		U_4 经济适用性		U_5 国际竞争力	
	分值 / 分	权重	分值 / 分	权重	分值 / 分	权重	分值 / 分	权重	分值 / 分	权重
4	83	0.3	76	0.25	76	0.2	95	0.2	54	0.05
5	74	0.3	80	0.2	90	0.25	99	0.15	58	0.1
6	83	0.3	77	0.15	77	0.3	97	0.2	58	0.05
7	78	0.3	79	0.25	83	0.2	96	0.2	58	0.05
8	77	0.25	73	0.3	82	0.2	90	0.2	52	0.05
9	76	0.3	82	0.3	85	0.2	94	0.15	57	0.05
10	70	0.25	86	0.25	92	0.25	96	0.2	59	0.05
计算结果	技术就绪度（TRL）	明确需求（TRL1）	技术方案（TRL2）	通过论证（TRL3）	小试研究（TRL4）	中试研究（TRL5）	形成产品（TRL6）	三方评估（TRL7）	标准化（TRL8）	推广应用（TRL9）
	$B = WR$	0	0	0	0	0.79	0.1	1.5	1.3	1.33

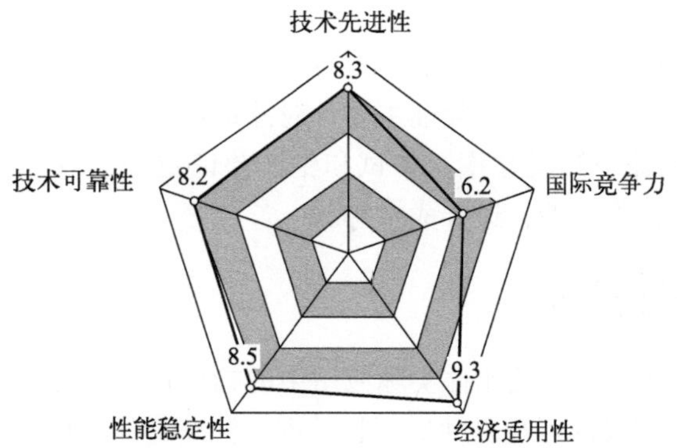

图 12-14　纳滤膜材料及元件产品评估结果图

表 12-11　反渗透膜材料及元件产品专家评分汇总

序号	U_1 技术先进性		U_2 技术可靠性		U_3 性能稳定性		U_4 经济适用性		U_5 国际竞争力	
	分值 / 分	权重	分值 / 分	权重	分值 / 分	权重	分值 / 分	权重	分值 / 分	权重
1	100	0.3	80	0.25	100	0.2	100	0.15	100	0.1
2	90	0.29	89	0.24	90	0.18	81	0.15	90	0.14
3	86	0.25	86	0.3	89	0.2	89	0.15	65	0.1
4	84	0.3	90	0.25	77	0.2	80	0.15	45	0.1
5	87	0.3	78	0.2	89	0.25	85	0.15	55	0.1
6	89	0.3	80	0.15	79	0.3	95	0.15	50	0.1
7	83	0.3	76	0.25	84	0.2	87	0.15	50	0.1
8	86	0.2	80	0.2	80	0.3	85	0.1	70	0.2
9	77	0.3	87	0.3	89	0.2	85	0.1	56	0.1
10	81	0.25	78	0.3	92	0.2	85	0.15	65	0.1
计算结果	技术就绪度（TRL）	明确需求（TRL1）	技术方案（TRL2）	通过论证（TRL3）	小试研究（TRL4）	中试研究（TRL5）	形成产品（TRL6）	三方评估（TRL7）	标准化（TRL8）	推广应用（TRL9）
	$B = WR$	0	0	0	0.29	0.2	0.29	1.06	2.48	0.58

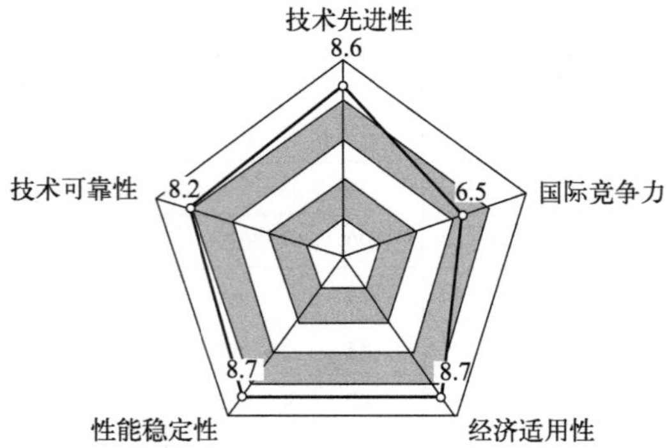

图 12-15　反渗透膜材料及组件产品评估结果图

12.4　应用验证

纳滤膜材料及元件的验证采用了实验室验证、中试验证及生产验证三种形式。其中，纳滤膜/反渗透膜材料及元件的实验室验证主要针对渗透性能和完整性指标，其中渗透性能主要测试水通量、离子脱除率和脱盐率。中试和生产验证主要针对一定运行条件下的应用效果，包括处理出水水质、稳定性、运行成本等。

12.4.1　验证指标筛选

利用纳滤膜/反渗透膜材料及元件实际应用中的指标作为重点，结合文献梳理和实地调查研究进行指标的海选。根据可观测性原则将数据无法获得的海选指标删除，保证初步筛选后的指标体系可以量化，然后对初步筛选的指标数据进行标准化分析，基于相关性分析中的相关系数进行指标筛选，纳滤膜材料及元件与反渗透膜材料及元件相关系数均大于 0.8 的指标筛选保留。在相关性分析的基础上，利用主成分分析筛选各准则层内剩余的指标，其中纳滤膜材料及元件筛选准则层 X_1、X_2 的累积方差贡献率均达到 80% 时各个主成分中因子负载绝对值较大的指标，反渗透膜材料及元件筛选准则层 X_1、X_2 的累积方差贡献率也均达到 80% 时各个主成分中因子负载绝对值较大的指标。

经过初步筛选和相关性、主成分定量筛选，纳滤膜材料及元件从 44 个海选指标中筛选出分别适用于小试、中试、生产试验的 10 个指标，如表 12-12 所示；反渗透膜材料及元件从 44 个海选指标中筛选出分别适用于小试、中试、生产试验的 8 个指标，如表 12-13 所列。

表 12-12　纳滤膜元件的指标筛选指标

序号	准则层	指标层	筛选结果
1	X_1 小试试验	$X_{1.1}$ 水通量	保留
2		$X_{1.2}$ 操作压力	保留
3		$X_{1.3}$ 脱盐率	保留
4		$X_{1.4}$ 进水盐浓度	相关性分析删除

续表

序号	准则层	指标层	筛选结果
5	X_1 小试试验	$X_{1.5}$ 温度	主成分分析删除
6		$X_{1.6}$ pH 值	主成分分析删除
7		$X_{1.7}$ 回收率	保留
8		$X_{1.8}$ 钙离子去除率	相关性分析删除
9		$X_{1.9}$ 完整性	主成分分析删除
10		$X_{1.10}$ 有机物去除率	相关性分析删除
11		$X_{1.11}$ 氯离子去除率	相关性分析删除
12		$X_{1.12}$ 膜寿命	保留（理性处理）
13		$X_{1.13}$ 清洗周期	不可观测删除
14	X_2 中试及生产试验	$X_{2.1}$ COD_{Mn} 去除率	保留
15		$X_{2.2}$ UV_{254} 去除率	相关性分析删除
16		$X_{2.3}$ TOC 去除率	相关性分析删除
17		$X_{2.4}$ 浑浊度去除率	主成分分析删除
18		$X_{2.5}$ TDS 去除率	主成分分析删除
19		$X_{2.6}$ 总碱度去除率	主成分分析删除
20		$X_{2.7}$ 氯化物去除率	保留
21		$X_{2.8}$ 钠离子去除率	主成分分析删除
22		$X_{2.9}$ 钾离子去除率	相关性分析删除
23		$X_{2.10}$ 钙离子去除率	相关性分析删除
24		$X_{2.11}$ 镁离子去除率	相关性分析删除
25		$X_{2.12}$ 重碳酸盐去除率	相关性分析删除
26		$X_{2.13}$ 硝酸盐去除率	相关性分析删除
27		$X_{2.14}$ 总硬度去除率	保留
28		$X_{2.15}$ 脱盐率	主成分分析删除
29		$X_{2.16}$ 硫酸盐去除率	主成分分析删除
30		$X_{2.17}$ 跨膜压差	主成分分析删除
31		$X_{2.18}$ 单位产水能耗	主成分分析删除
32		$X_{2.19}$ 运行成本	保留
33		$X_{2.20}$ 膜通量	保留
34		$X_{2.21}$ 荧光性物质去除率	主成分分析删除
35		$X_{2.22}$ 运行压力	主成分分析删除
36		$X_{2.23}$ 回收率	保留
37		$X_{2.24}$ 清洗周期	主成分分析删除
38		$X_{2.25}$ AOX（有机卤化物）去除率	主成分分析删除
39		$X_{2.26}$ 三卤甲烷前体物去除率	相关性分析删除
40		$X_{2.27}$ 产品标准	不可观测删除

续表

序号	准则层	指标层	筛选结果
41	X_2 中试及生产试验	$X_{2.28}$ 用户认可度	不可观测删除
42		$X_{2.29}$ 卫生许可	保留（理性处理）
43		$X_{2.30}$ 膜寿命	保留（理性处理）
44		$X_{2.31}$ 化学清洗药剂	不可观测删除

表 12-13　反渗透膜元件的指标筛选指标

序号	准则层	指标层	筛选结果
1	X_1 小试试验	$X_{1.1}$ 脱盐率	保留
2		$X_{1.2}$ 操作压力	保留
3		$X_{1.3}$ 完整性	保留
4		$X_{1.4}$ 回收率	保留
5		$X_{1.5}$ 水通量	主成分分析删除
6		$X_{1.6}$ 温度	主成分分析删除
7		$X_{1.7}$ 进水盐浓度	主成分分析删除
8		$X_{1.8}$ pH 值	主成分分析删除
9		$X_{1.9}$ 膜寿命	保留（理性处理）
10		$X_{1.10}$ 清洗周期	不可观测删除
11	X_2 中试及生产试验	$X_{2.1}$ 钠离子去除率	相关性分析删除
12		$X_{2.2}$ 氯化物去除率	相关性分析删除
13		$X_{2.3}$ COD_{Mn} 去除率	主成分分析删除
14		$X_{2.4}$ TDS 去除率	主成分分析删除
15		$X_{2.5}$ UV_{254} 去除率	相关性分析删除
16		$X_{2.6}$ 总硬度去除率	主成分分析删除
17		$X_{2.7}$ 钙离子去除率	相关性分析删除
18		$X_{2.8}$ 镁离子去除率	相关性分析删除
19		$X_{2.9}$ 钾离子去除率	相关性分析删除
20		$X_{2.10}$ 膜通量	保留
21		$X_{2.11}$ 运行压力	保留
22		$X_{2.12}$ 硝酸盐去除率	相关性分析删除
23		$X_{2.13}$ 单位产水能耗	主成分分析删除
24		$X_{2.14}$ 膜表面粗糙度	主成分分析删除
25		$X_{2.15}$ Zeta 电位	主成分分析删除
26		$X_{2.16}$ 回收率	主成分分析删除
27		$X_{2.17}$ 清洗周期	主成分分析删除
28		$X_{2.18}$ 重碳酸盐去除率	相关性分析删除
29		$X_{2.19}$ 接触角	主成分分析删除

续表

序号	准则层	指标层	筛选结果
30	X_2 中试及生产试验	$X_{2.20}$ TOC 去除率	相关性分析删除
31		$X_{2.21}$ 颗粒数去除率	主成分分析删除
32		$X_{2.22}$ 总碱度去除率	相关性分析删除
33		$X_{2.23}$ 硫酸盐去除率	相关性分析删除
34		$X_{2.24}$ 运行成本	保留
35		$X_{2.25}$ 氟化物去除率	相关性分析删除
36		$X_{2.26}$ 卫生许可	保留（理性处理）
37		$X_{2.27}$ 产品标准	不可观测删除
38		$X_{2.28}$ 用户认可度	不可观测删除
39		$X_{2.29}$ 膜寿命	保留（理性处理）
40		$X_{2.30}$ 化学清洗药剂	不可观测删除
41		$X_{2.31}$ 阻垢剂和还原剂	不可观测删除
42		$X_{2.32}$ 自控水平	不可观测删除
43		$X_{2.33}$ 扫描电镜观测	不可观测删除
44		$X_{2.34}$ 原子力扫描电镜观测	不可观测删除

12.4.2　验证指标体系

（1）纳滤膜材料及元件

经过上述指标海选、相关性分析、主成分分析等，将纳滤膜材料及元件得到的指标进行整合，筛选出膜通量、脱盐率、操作压力、回收率、COD_{Mn} 去除率、氯化物去除率、总硬度去除率、运行成本、膜寿命和卫生许可证共 10 个指标，所筛选出的指标涵盖了产品质量、应用效果、经济等几个方面，筛选出的指标具有较好的合理性。

将以上得到的指标体系按照文献调查、实地调研及上述小试、中试和生产试验结果对评估指标进行等级划分，纳滤膜材料及元件的膜通量、操作压力、回收率、卫生许可证等 4 项指标分为合格、不合格两个等级，脱盐率、COD_{Mn} 去除率、氯化物去除率、总硬度去除率、运行成本、膜寿命 6 项指标分为优良、合格、不合格三个等级，具体等级划分规则见表 12-14。

表 12-14　纳滤膜材料及元件评估指标的等级划分规则

指标	等级
膜通量（测试液为 2000mg/L NaCl）	4040 膜大于 7.2m^3/d，8040 膜大于 34m^3/d，合格；4040 膜小于 7.2m^3/d，8040 膜小于 34m^3/d，不合格
脱盐率	NaCl 去除率 30% ～ 50%，$CaCl_2$ 去除率 80% ～ 90%，优良；NaCl 去除率 20% ～ 30%、50% ～ 70%，$CaCl_2$ 去除率 70% ～ 80%、90% ～ 95%，合格；NaCl 去除率小于 20% 或大于 70%，$CaCl_2$ 去除率小于 70% 或大于 95%，不合格
操作压力	0.4 ～ 0.6MPa，合格；小于 0.4MPa 或大于 0.6MPa，不合格

续表

指标	等级
回收率（单支膜回收率）	10% ~ 15%，合格；小于 10% 或大于 15%，不合格
COD_{Mn} 去除率	大于 95%，优良；65% ~ 95%，合格；小于 65%，不合格
氯化物去除率	85% ~ 90%，优良；30% ~ 85%，合格；小于 30%，不合格
总硬度去除率	80% ~ 95%，优良；50% ~ 80%，合格；小于 50%，不合格
运行成本	小于 0.3 元 /m^3，优良；0.3 ~ 0.8 元 /m^3，合格；大于 0.8 元 /m^3，不合格
膜寿命	3 年以上，优良；1 ~ 3 年，合格；小于 1 年，不合格
卫生许可证	具备卫生许可批件，合格；不具备卫生许可批件，不合格

（2）反渗透膜材料及元件

经过上述指标海选、相关性分析、主成分分析等，将反渗透膜材料及元件得到的指标进行整合，筛选出运行压力、脱盐率、回收率、完整性、运行成本、膜通量、膜寿命和卫生许可证共 8 个指标，所筛选出的指标涵盖了产品质量、应用效果、经济性能等几个方面，筛选出的指标具有较好的合理性。

将以上得到的指标体系按照文献调查、实地调研及上述小试、中试和生产试验结果对评估指标进行等级划分，反渗透膜材料及元件的膜通量、运行压力、回收率、完整性、卫生许可证 5 项指标分为合格、不合格两个等级，脱盐率、运行成本、膜寿命 3 项指标分为优良、合格、不合格三个等级，具体等级划分规则见表 12-15。

表 12-15　反渗透膜材料及元件评价指标的等级划分规则

指标	等级
膜通量 （测试液为 2000mg/L NaCl）	4040 膜大于 7.2m^3/d，8040 膜大于 34m^3/d，合格；4040 膜小于 7.2m^3/d，8040 膜小于 34m^3/d，不合格
脱盐率	NaCl 去除率大于 99%，优良；NaCl 去除率 98% ~ 99%，合格；NaCl 去除率小于 98%，不合格
运行压力	超低压膜：0.6 ~ 0.75MPa，合格；否则不合格 低压膜：0.8 ~ 1.2MPa，合格；否则不合格 苦咸水膜：1.4 ~ 1.7MPa，合格；否则不合格 海水淡化膜：4.5 ~ 6.5MPa，合格；否则不合格
回收率（单支膜回收率）	10% ~ 20%，合格；小于 10% 或大于 20%，不合格
完整性	膜组件完整，合格；膜组件不完整，不合格
运行成本	小于 1 元 /m^3，优良；1 ~ 1.3 元 /m^3，合格；大于 1.3 元 /m^3，不合格
膜寿命	3 年以上，优良；1 ~ 3 年，合格；小于 1 年，不合格
卫生许可证	具备卫生许可批件，合格；不具备卫生许可批件，不合格

12.4.3　典型产品验证案例

12.4.3.1　纳滤膜材料及元件验证

纳滤膜材料及元件的验证是基于山东某市直饮水系统的运行数据来进行的，该系统供给居民用户 40000 户，户均日用水量 25L，最高日用水量 960m^3，该出水水质符合《食品安全国家标准　饮用天然矿泉水》（GB 8537—2018），水处理时间 22h，处理规模 60m^3/h，该供水收费是通过 IC 卡自动控制，远程水表无需入户计量。

验证试验方法：取系统膜元件进出水进行水质指标检测，并根据日常运行状况及膜元件出厂说明书对部分指标进行观测。由划分的评估指标等级对验证地点指标进行验证，具体结果见表 12-16。

表 12-16　山东某市直饮水系统纳滤膜元件验证评估结果

验证指标	时代沃顿 VNF1-4040	
	验证结果	评估结论
膜通量（测试液为 2000mg/L NaCl 溶液）/（m^3/d）	8.2	合格
脱盐率 /%	68.7	合格
操作压力 /MPa	0.6	合格
进水盐浓度	—	—
回收率（单支膜回收率）/%	14	合格
COD_{Mn} 去除率 /%	98.1	优良
氯化物去除率 /%	74.6	合格
总硬度去除率 /%	85.4	优良
运行成本 /（元 /m^3）	0.5	合格
膜寿命	3 年以上	合格
卫生许可证	涉水许可	合格

对山东某市直饮水系统的纳滤膜元件进行验证，COD_{Mn} 去除率、总硬度去除率达到优良，其余各项指标均为合格。

12.4.3.2　反渗透膜材料及元件验证

反渗透膜材料及元件的验证是基于浙江某水厂的运行数据来进行的。该水厂采用“UF+RO 双膜法”工艺，使用陶氏抗污染反渗透膜 BW30FR-365（已运行 8 年）和沃顿抗污染反渗透膜 PURO-1（已运行 6 年），该工程投资 775 元 /（t • d），单位制水成本 1.15 元 /t。膜排列方式：16∶8，6 芯，共 8 套；32∶16，6 芯，共 4 套，产水量 1600m^3/h，运行压力 1MPa，总回收率 75%。

验证实验方法：取水厂膜元件进出水进行水质指标检测，并根据日常运行状况及膜元件出厂说明书对部分指标进行观测。由划分的评价指标等级对验证地点指标进行验证，具体结果见表 12-17。

表 12-17　浙江某水厂反渗透膜元件验证评估结果

验证指标	验证产品型号			
	BW30FR-365		PURO-1	
	验证结果	评估结论	验证结果	评估结论
膜通量 （测试液为 2000mg/L NaCl）/（m^3/d）	18.8	不合格	20.6	不合格

续表

验证指标	验证产品型号			
	BW30FR-365		PURO-1	
	验证结果	评估结论	验证结果	评估结论
脱盐率 /%	99.1	优良	99.2	优良
运行压力 /MPa	1.0	合格	1.0	合格
温度	—	—	—	—
回收率（单支膜回收率）/%	13	合格	13	合格
完整性	完整	合格	完整	合格
Zeta 电位 /mV	−16.66	—	−21.19	—
运行成本 /（元 /m^3）	1.15	合格	1.15	合格
膜寿命	3 年以上	优良	3 年以上	优良
卫生许可证	FDA 认证 + 涉水许可	合格	涉水许可	合格

对浙江某水厂的反渗透膜元件进行验证，膜通量为不合格，其原因主要是膜元件运行时间长、膜污染严重，膜表面有污染物附着造成通量的下降；脱盐率和膜寿命方面达到优良，其余各项指标均为合格。

第 13 章 斜管斜板

13.1 产品概述

13.1.1 产品分类

斜管和斜板是斜管（板）沉淀池的主要设备，在沉淀池容积一定的条件下，可有效增加沉淀面积，提高悬浮颗粒的去除率。理论上，沉淀池分为 n 层，其处理能力是原来的 n 倍，但是分层排泥的难度随之增加。为解决排泥问题，将众多分层的水平隔板改为倾斜隔板，并预留排泥区间，这就变成了斜板沉淀池。用管状组件代替斜板，即为斜管沉淀池。

斜管是常用的高效沉淀装置，过水直径小、湿周大、Fr 大、Re 小，为沉淀提供了最优的水力条件，处理能力高于水平沉淀、加速澄清、脉冲方式数倍。其液面负荷高、投资省、效果好、管理方便，广泛适用于水处理沉淀池和沉淀设备中，既适用于新建工程又适用于旧池的改造。

斜管（图 13-1）主要为定制化产品，根据形状主要分为蜂窝斜管、交叉式斜管。蜂窝斜管在使用过程中较交叉式斜管沉淀效果好、处理效率高，为目前的主流斜管。

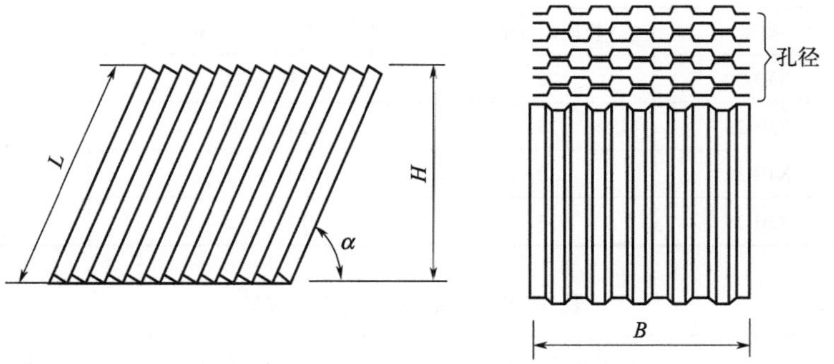

图 13-1 蜂窝斜管示意图

L—斜管长度；B—斜管宽度；H—斜管高度；α—斜管倾角

13.1.2 性能指标

13.1.2.1 斜管通用性能指标

斜管的通用性能指标（表 13-1）主要包括产品的材质种类、管壁厚度、管口水平面承压强度、侧面承压变形率、抗拉强度、耐冲击强度等。

表 13-1　斜管通用性能指标

序号	性能指标	具体内容
1	材质种类	多种材质，如聚乙烯、聚氯乙烯、不锈钢材质
2	管壁厚度	管壁厚度标准为 0.05 ～ 0.08mm
3	管口水平面承压强度	单组斜管管口水平面承压强度应不小于 1.4kPa
4	侧面承压变形率	单组斜管 A 向在承受 0.6kPa 压强后，其外形尺寸变化率应小于 1%
5	抗拉强度	聚乙烯的抗拉强度应不小于 25MPa；聚氯乙烯塑料的抗拉强度应不小于 45MPa；不锈钢的抗拉强度应不小于 520MPa
6	耐冲击强度	单组斜管应以 A 向自由跌落至平整混凝土地面，跌落高度为 1.0m 时，塑料斜管的焊接点或黏结处的脱焊数或开裂数应不大于 2 处，不锈钢斜管的焊接点的脱焊数应不大于 1 处

13.1.2.2　斜板性能指标

斜板的性能指标（表 13-2 ～表 13-4）主要包括斜板厚度、板间距、安装倾角等。目前关于斜板并没有像斜管一样性能指标比较完善，基本是企业根据市场需求定制的产品，且很多生产斜管的厂商也会生产斜板，所以在检测斜板的产品质量时会部分参考斜管的相关指标。

表 13-2　侧向流斜板规格、性能

材质	斜板长度 × 宽度 /mm	斜板厚度 /mm	板间距 /mm	安装倾角 /（°）	垂直层数	水平组数
ABS	1200×1000	1.2 ～ 1.5	60 ～ 100	60	3 ～ 5	4 ～ 6
	1000×1000					
PVC	1200×1000	1.0 ～ 1.2				
	1000×1000					

表 13-3　小间距斜板规格、性能

材质	型号	板间距 /mm	清水区上升流速 /（mm/s）	单元几何尺寸 /mm
乙丙共聚物	XJB-20	20	2.0 ～ 2.5	1000×1000×500
	XJB-25	25	1.8 ～ 2.0	
	XJB-30	30	1.5 ～ 1.8	
	XJB-35	35	1.3 ～ 1.5	

表 13-4　波纹板箱规格、性能

材质	斜波长 /mm	板波长 /mm	斜板间距 /mm	板间倾角 /（°）	外形尺寸 /mm	设计水平流速 /（mm/s）	容积负荷 /[m^3/（m^2·h）]	水力停留时间 /min
ABS 或不锈钢	500	100	60	55 ～ 60	根据设计要求	5 ～ 20	10	5 ～ 7

13.1.3　技术标准情况

目前国内涉及斜管斜板的标准（表 13-5）有 3 个，分别是《水处理用斜管》（CJ/T 83—

2016)、《侧向流倒 V 型斜板沉淀池设计标准》(T/CECS 587—2019)、《室外给水设计标准》(GB 50013—2018)，分别是行标、团标和国标，内容涵盖产品标准、设计标准，缺少安装工程技术标准。如斜管斜板的安装技术标准参考《室外给水设计标准》(GB 50013—2018) 中的相关安装要求，无专用工程技术标准。因斜管斜板现场的施工质量受到多方面因素的影响，如设备、施工人员技术水平、环境因素等，进而导致斜管斜板焊接质量不稳定。

表 13-5　斜管斜板相关标准

序号	标准名称	发布单位	标准实施时间	标准类型	标准内容
1	《水处理用斜管》(CJ/T 83—2016)	中华人民共和国住房和城乡建设部	2017 年 2 月	行标	本标准规定了水处理用斜管的术语和定义、分类和型号、材料、要求、试验方法、检验规则、标志、包装、运输和储存
2	《侧向流倒 V 型斜板沉淀池设计标准》(T/CECS 587—2019)	中国工程建设标准化协会	2019 年 10 月	团标	规范给水排水工程中侧向流倒 V 型斜板沉淀池的设计
3	《室外给水设计标准》(GB 50013—2018)	中华人民共和国住房和城乡建设部	2018 年 12 月 26 日	国标	规范了斜管沉淀池和斜管的技术要求

13.2　行业调研

13.2.1　国内外生产状况

13.2.1.1　技术原理

斜管沉淀池的工作原理是浅池理论，即悬浮颗粒在理想沉淀池中的去除率只与沉淀池的表面负荷有关，而与其他因素如水深、池长、水平流速和沉淀时间等均无关。设斜管沉淀池池长为L，池中水平流速为v，颗粒沉速为u_0，在理想状态下$L/A = v/u_0$，可见L与v值不变时，池身越浅，可被去除的悬浮物颗粒越小。若用水平隔板，将H分成 3 层，每层层深为$H/3$，在L与v不变的条件下，只需$L/3$，就可以将沉速为u_0的颗粒去除。也即总容积可减少到原来的 1/3。如果池长不变，由于池深为$H/3$，则水平流速可增加到$3v$，仍能将沉速为u_0的颗粒除去，也即处理能力提高 3 倍。同时将沉淀池分成n层就可以把处理能力提高n倍。

因此，在沉淀池有效容积一定的条件下，增加沉淀面积，可使颗粒去除率提高。根据这一理论，过去曾经把普通平流式沉淀池改建成多层多格的池子，使沉淀面积增加。但由于排泥理论没有得到解决，因此无法推广。为解决排泥问题，依据浅池理论斜板（管）沉淀池发展了起来。

13.2.1.2　国内外生产现状

（1）基本状况

目前国内的斜管斜板应用普遍，厂商比较多，且主要集中在浙江地区。据了解，斜管斜板国内起步时间较早，且斜管斜板沉淀工艺应用于水净化技术已日臻成熟和完善。

斜管斜板市场集中度并不高，全国约 500 家企业生产斜管斜板，以中小规模企业为主。国内厂家分布情况见图13-2，其中主要以华东和华南地区为主，约占整体市场的59%，华东地区约135家企业，华南地区约100家企业，华中地区约70家，华北地区数量比较少，约40家，东北地区主要以哈尔滨地区为主，约30家，西部地区生产斜管斜板的厂商相对较少，约25家。

国内不同生产规模企业占比见图13-3，斜管斜板产品年生产规模达到2000万元以上的企业业绩较为优秀，约占10%；1000万～2000万元次之，约占20%；大部分企业都在100万～1000万元区间，约占60%；100万元以下企业规模较小，约占10%。

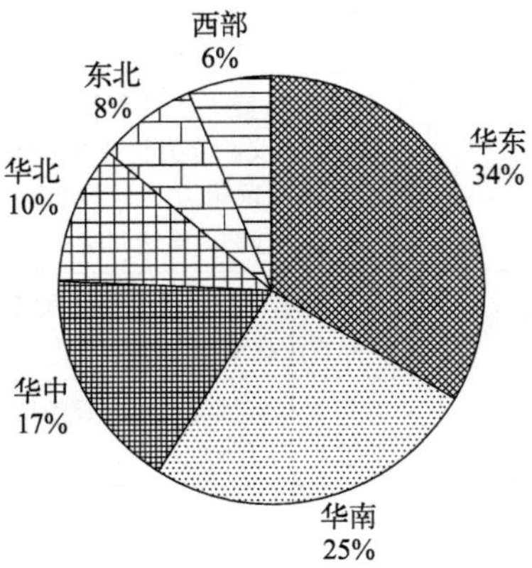

图13-2　国内厂家分布情况

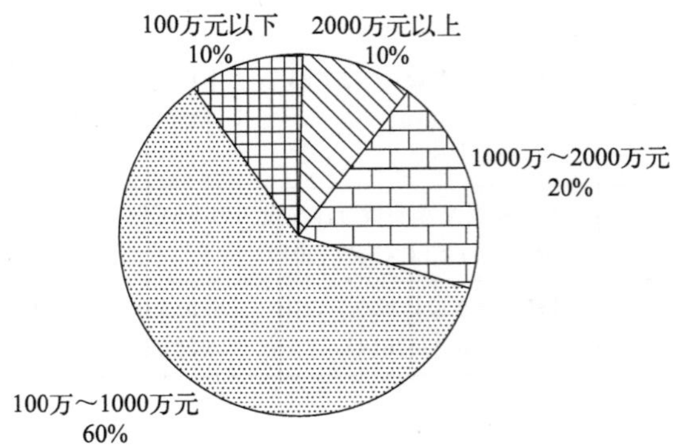

图13-3　斜管斜板不同生产规模企业占比

由于厂家众多，调研组搜集了国内不同规模的代表性斜管斜板厂商进行分析，如表13-6所列。

表13-6　斜管斜板生产厂家调研样本汇总

序号	厂家代码	注册资金/万元	职工人数	产品名称	产品数量/种	产品参照标准	产品专利数量	用户区域分布	是否出口
1	厂家1	13000	400	全塑共聚级蜂窝斜管、U形高效沉淀（浓缩）斜管、不锈钢斜管、侧向流斜板、迷宫式斜板、小间距斜板	6	CJ/T 83—2016	2	国内及海外市场	是
2	厂家2	5080	112	乙丙共聚斜管、不锈钢斜管、乙丙共聚小间距斜板、不锈钢斜板、PP组合交叉式斜管、PP侧向流斜板、PVC侧向流斜板、ABS测向流斜板、ABS侧向流波形斜板	9	CJ/T 83—2016	1	国内及海外市场	是
3	厂家3	8588	130	乙丙共聚蜂窝斜管、UPVC蜂窝斜管、不锈钢蜂窝斜管、乙丙共聚小间距斜板、不锈钢斜板（兰美拉）、ABS波形斜板、不锈钢波形斜板、UPVC侧向流斜板	8	CJ/T 83—2016	3	国内及海外市场	是
4	厂家4	12588	168	乙丙共聚斜管、不锈钢斜管、不锈钢斜板、PVC斜板	4	CJ/T 83—2016	1	国内及海外市场	是
5	厂家5	3798	164	UPVC横向分流式斜板、ABS横向分流式斜管、不锈钢横向分流式斜板、塑料斜管、不锈钢斜管、U型斜管	6	CJ/T 83—2016	1	国内及海外市场	是

续表

序号	厂家代码	注册资金/万元	职工人数	产品名称	产品数量/种	产品参照标准	产品专利数量	用户区域分布	是否出口
6	厂家6	6215	83	不锈钢蜂窝斜管、PP 蜂窝斜管、PVC 蜂窝斜管、不锈钢斜板、PP 斜板、PVC 斜板	6	CJ/T 83—2016	2	国内及海外市场	是
7	厂家7	5500	85	小间距斜板、PP 蜂窝斜管	2	CJ/T 83—2016	1	国内及海外市场	是
8	厂家8	3180	90	六角形蜂窝斜管（聚丙烯、聚氯乙烯、不锈钢）、不锈钢斜板、聚丙烯斜板	3	CJ/T 83—2016	0	江苏、福建、上海等	否
9	厂家9	5500	300	乙丙共聚六角形蜂窝斜管、聚丙烯六角形蜂窝斜管、聚氯乙烯六角形蜂窝斜管、不锈钢六角形蜂窝斜管	4	CJ/T 83—2016	0	湖南、湖北、安徽、江西等	否
10	厂家10	1002	54	不锈钢蜂窝斜管、PP 蜂窝斜管、PVC 蜂窝斜管、不锈钢斜板、PP 斜板、PVC 斜板	6	CJ/T 83—2016	2	国内及海外市场	是
11	厂家11	300	35	PP 蜂窝斜管、PVC 蜂窝斜管、PP 乙丙共聚斜板、乙丙共聚级塑料斜板	4	CJ/T 83—2016	0	河北、江苏地区	否
12	厂家12	558	45	聚氯乙烯蜂窝斜管、聚丙烯蜂窝斜管、乙丙共聚蜂窝斜管、不锈钢蜂窝斜管	4	CJ/T 83—2016	0	江苏地区为主	否

据相关数据，行业前 10 企业的斜管斜板市场约占整个市场规模的 21.3%，其中企业 1 的斜管斜板营业收入达到 3000 万元，占整体市场份额的 5.7%。这也是唯一市场占比超过 5% 的企业，其他企业市场占有率均小于 5%。斜管斜板竞争格局见图 13-4。

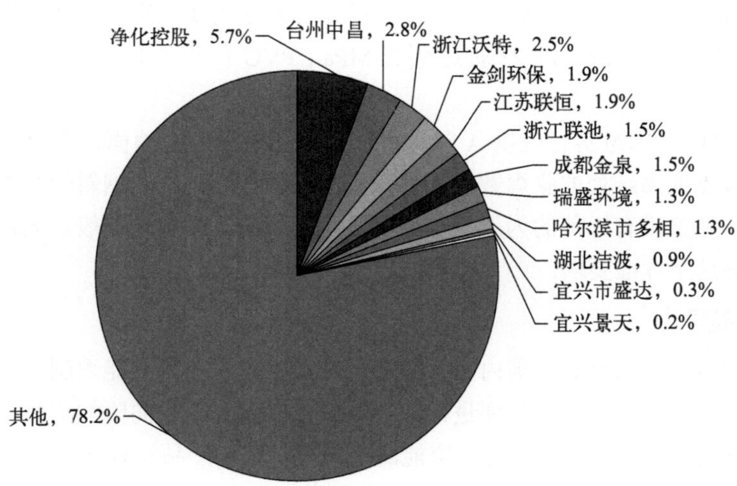

图 13-4　斜管斜板竞争格局

斜管斜板的技术门槛低，研发成本也比较低。国内大部分厂商并不投入研发，只有较大的厂商会投入相应的研发经费，通常斜管斜板的研发成本约占整体销售额的 5%。

（2）产品性能

① 管口水平承压强度（图 13-5）。单组斜管管口水平面承压强度应不小于 1.4kPa。目前市场上大部分企业的管口水平承压强度都能达到要求，单组斜管管口水平承压强度等于 1.4kPa，能力较强的能达到 1.42kPa 以上，这类企业约占 25%。

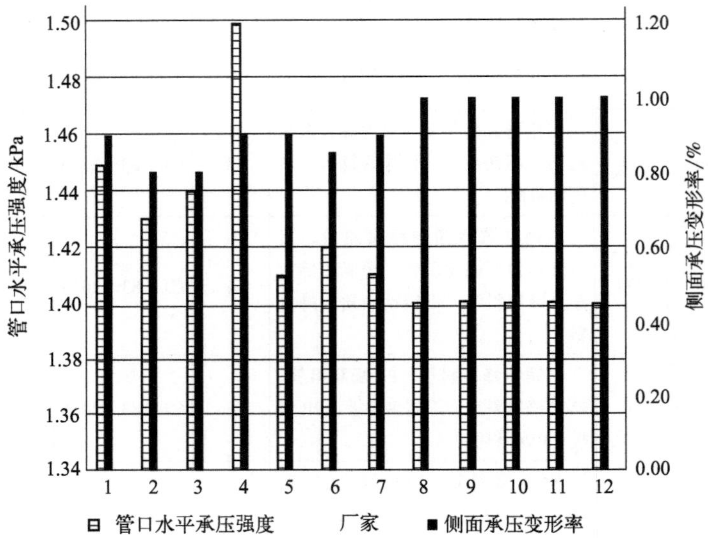

图 13-5 产品管口水平承压强度和侧面承压变形率

② 侧面承压变形率（图 13-5）。单组斜管 A 向在承受 0.6kPa 压强后，其外形尺寸变化率应小于 1%。大部分企业基本都能满足要求，达到 1%；较好的企业能达到 0.9%，虽然在被调研企业中能达到 0.9% 的企业较多，但在实际的所有厂商中能达到该标准（0.9%）的企业较少。

③ 抗拉强度。PP 塑料抗拉强度应不小于 25MPa，PVC 塑料抗拉强度应不小于 45MPa，不锈钢的抗拉强度应不小于 520MPa。要保证塑料的抗拉强度，就要控制回收料的使用。大部分企业基本能满足要求，PP 材质达到 25MPa；PVC 材质的抗拉强度更好，在 45MPa 以上。

④ 耐冲击强度。单组斜管应以 A 向自由跌落至平整混凝土地面，跌落高度为 1.0m 时，塑料斜管的焊接点或黏结处的脱焊数或开裂数应不大于 2 处，不锈钢斜管的焊接点的脱焊数应不大于 1 处。斜管没有脱落的为质量较好，脱落 2 处的产品质量一般。调研企业斜管耐冲击强度情况能够满足标准要求。

（3）市场竞争力

斜管斜板的技术门槛不高，国内大多数环保产品生产企业均有能力制作，国产供应商基本能满足国内市场需求，基本不需要进口。另外，由于斜管斜板的附加值低、体积大、运输成本高，且依赖现场人工安装，国内厂家能满足需求，进口产品没有优势。

从价格上看，质量要求较高的斜管斜板价格达 1000 元 /m^2 以上，一般斜管斜板价格为 800 ～ 1000 元 /m^2，价格较低的斜管斜板为 500 ～ 800 元 /m^2，甚至可达到 500 元 /m^2 以下。而不锈钢材质的斜管斜板的价格比较高，为塑料产品的 5 ～ 6 倍。目前出于成本考虑，大部分的斜管斜板厂商主要生产塑料材质的斜管斜板。当然，不锈钢斜管斜板也有自身优势，如使用寿命长、加工精度高等。

国内厂商除满足国内市场的需求外，还会有一定的出口，出口国家与地区主要集中在东南亚与非洲。以东南亚、非洲为代表的发展中国家和欠发达国家经济水平落后，原水水源浊度高，目前采用的仍是性价比高的斜管斜板沉淀技术。目前，国内很多主流的斜管斜板厂商出口规模都在增长，未来将会有更多的企业布局海外市场，提升市场份额。

13.2.2 国内外应用状况

资料显示，自 1972 年武汉地区开始使用低质蜂窝斜管沉淀池以来，斜管斜板已在城建系统和各工业部门逐步推广。实践证明，斜管斜板沉淀具有适用范围广、处理效率高、占地面积小等优点，在给水行业适用于各种规模水厂的混凝沉淀（高浊度水、低温低浊度水），取水头部除砂、沉砂等处理。从调研结果来看，斜管斜板沉淀池多用于中小型规模的水厂（10 万吨以下）与规模量较大但用地紧张的水厂，比较典型的就是深圳市东湖水厂，其处理规模 35 万吨 /d，但其沉淀池全为斜管沉淀工艺。斜管斜板产品技术较为成熟，应用范围广，根据使用条件可以分为斜管（板）式沉淀池和平流式沉淀池，其适用条件和优缺点见表 13-7。

表 13-7　斜管斜板适用条件

形式	适用条件	优缺点
斜管（板）式	（1）可用于各种规模水厂； （2）宜用于老沉淀池的改建、扩建和挖潜； （3）适用于需保温的低温地区； （4）单池处理水量不宜过大	优点： （1）沉淀效率高； （2）池体小、占地少
		缺点： （1）斜管（板）耗用较多材料，老化后尚需更换，费用较高； （2）对原水浊度适应性较平流沉淀池差； （3）不设机械排泥装置时排泥较困难，设机械排泥时，维护较平流式麻烦
平流式	一般用于大、中型净水厂	优点： （1）造价较低； （2）操作管理方便，施工较简单； （3）对原水浊度适应性强，潜力大，处理效果稳定； （4）带有机械排泥设备，排泥效果好
		缺点： （1）占地面积较大； （2）需维护机械排泥设备

从应用情况来看（图 13-6），斜管约占有斜管斜板应用市场的 90%，斜板约为 10%。这主要是由于我国水源原水浊度一般较大，侧向流斜板很难做到在池子的起端布水和末端集水均匀，造成水流在斜板体内产生密度异重流，影响斜板的沉淀效果；而异向流斜管则能较好地解决这一问题，使其作用得到较好的发挥；同时斜管沉淀还具有比侧向流斜板沉淀占地面积节省的优点。

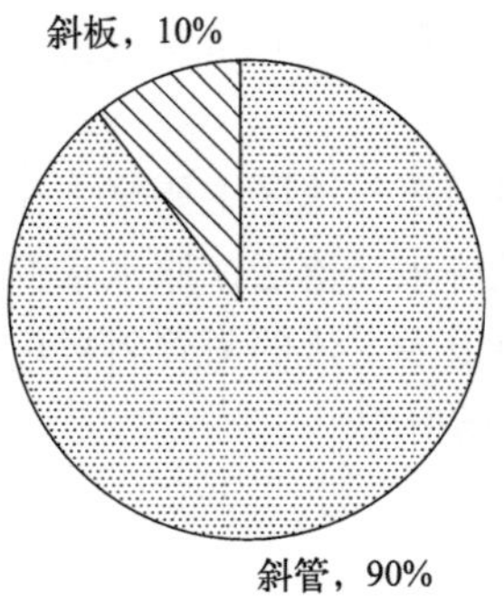

图 13-6　斜管斜板应用占比

例如四川省达州市凤岭水厂的平流沉淀池，池长为 28m，池宽为 1.4m，日产水量约 8000t，另外设有分流隔板式混合槽和直径为 5m 的旋流式反应池。为使该沉淀池的日产水量增大到 25000t，对平流沉淀池进行改造，在池末端增设斜管，将起端 4.8m 长改建为高效格网反应池，在反应池的上部设分流隔板式混合池，改造后水量达到了设计水量，出水水质良好，运行正常。

在国外，有公司对斜管斜板进行了进一步的技术提升，开发出几种新型沉淀池。

法国 Degremont 公司研究出一种新型沉淀池——高密度沉淀池（Densadeg），沉淀池由絮凝区、推流区、沉淀区和浓缩区以及泥渣回流系统和剩余泥渣排放系统组成。其沉淀区域采用斜管沉淀布置，当用作澄清时斜管区的上升流速采用 5.6 ～ 8.3mm/s。高密度沉淀池已在欧洲和美洲应用多年，其中法国 Morsang-Sur-Seine 水厂（$9.2\times10^4m^3/d$）、西班牙 Manises 水厂（$18\times10^4m^3/d$）、阿根廷 Rosairio 水厂（$16\times10^4m^3/d$）等均采用此类型的高密度沉淀池。国内新疆乌鲁木齐石墩子山水厂（$20\times10^4m^3/d$）、上海南市水厂（$50\times10^4m^3/d$）和杨树浦水厂（$36\times10^4m^3/d$）也都采用了这一工艺。

Actiflo 沉淀池为法国威立雅公司开发应用的一种沉淀池，其主要特点是利用 45 ～ 150μm 的细砂作为絮凝的核心物质，以形成较易沉降的絮粒，加快沉淀过程，缩小斜管沉淀池面积。由于采用了细砂回流，絮凝时间可以缩短至 8min，斜管的上升流速可以提高到 11 ～ 17mm/s，大大缩小了沉淀池面积，由于有细砂作缓冲，对水量和水质适应性较好。其在北京水源九厂（$34\times10^4m^3/d$）和上海临江水厂（$20\times10^4m^3/d$）已得到应用。

我国对斜管斜板产品也有突破性的应用。上海市政工程设计研究总院（集团）有限公司开发出了中置式高密度沉淀池，也采用了机械混合和斜管沉淀方式，其最大特点是将混合絮凝区置于沉淀区中部，以达到各反应区的优化布置，并减小整个池体的占地面积。该产品已在嘉兴石臼禄水厂（$8\times10^4m^3/d$）和南郊水厂（$15\times10^4m^3/d$）等工程中使用，沉淀区上升流速可达到 3.6 ～ 4.4mm/s。

斜管斜板产品在国内乃至世界拥有较多应用，部分相关应用案例见表 13-8。

表 13-8　斜管斜板典型应用案例

序号	用户名称	用户规模 / ($10^4m^3/d$)	厂家 / 品牌	规格型号	流域
1	北京自来水集团第九水厂	150	台州中昌水处理设备	异向流斜板 ABS 波纹板	海河流域
2	成都市自来水六厂	140	浙江联池水务设备	斜板	长江流域
3	上海杨树浦水厂	148	金剑环保	斜板	长江流域
4	上海临江水厂	60	台州中昌水处理设备	斜管	长江流域
5	济南市东区水厂	12	浙江联池水务设备	斜管	黄河流域
6	成都市温江区金强寿安水厂	40	成都金泉净化水处理	蜂窝斜管	长江流域
7	广州市东溪供水有限公司东部水厂	10	成都金泉净化水处理	斜管	珠江流域

续表

序号	用户名称	用户规模 /（$10^4m^3/d$）	厂家 / 品牌	规格型号	流域
8	靖江市华汇供水有限公司	10	靖江市通源净化设备	蜂窝斜管	长江流域
9	西安市自来水有限公司曲江水厂	10	净化控股集团	斜管	黄河流域
10	宣城市第三水厂（昭亭水厂）	10	浙江沃特水处理设备	斜管	长江流域
11	福建省石狮供水股份有限公司	20	江苏联恒环保	斜管	闽江流域
12	无锡市自来水总公司中桥水厂	30	成都金泉净化水处理	蜂窝斜管	长江流域
13	兴化市自来水总公司二水厂	10	靖江市苏江水务设备	斜管	长江流域
14	河北良村开发区地表水厂	30	金山环保集团	斜管	海河流域
15	嘉兴市石臼漾水厂	25	浙江联池水务设备	斜管	长江流域
16	深圳市福永凤凰水厂	15	成都金泉净化水处理	蜂窝斜管	珠江流域
17	新开河水厂	10	浙江志联环保净化设备	斜管	长江流域
18	山东聊城市凤凰水厂	20	浙江联池水务设备	斜管	黄河流域
19	广东石岩湖水厂	8	浙江沃特水处理设备	斜管	珠江流域
20	广东五指耙水厂	10	浙江沃特水处理设备	斜管	珠江流域
21	盐田港上坪水厂	15	净化控股集团	斜管	珠江流域
22	珠海市供水有限公司龙井水厂	5	成都金泉净化水处理	斜管	珠江流域
23	平顶山市自来水有限公司白龟山水厂	14.5	湖北洁波净化股份	斜管	黄河流域
24	柬埔寨金边水厂	10	浙江沃特水处理设备	PVC 蜂窝斜管	海外
25	长春市自来水公司三水厂	20	浙江沃特水处理设备	蜂窝斜管	松花江流域
26	西安市自来水有限公司南郊水厂	50	净化控股集团	侧向流斜板	黄河流域
27	香港沙田滤水厂（南厂）	55	—	高速斜板沉淀池	珠江流域
28	柬埔寨七星海度假旅游区水厂	0.5	浙江联池水务设备	不锈钢斜板	海外

13.2.3 典型应用案例

（1）山东省某水厂

山东省某水厂原工艺分为南、北两组，每组工艺设计供水能力 $10\times10^4m^3/d$，均采用图 13-7 所示的处理工艺流程。

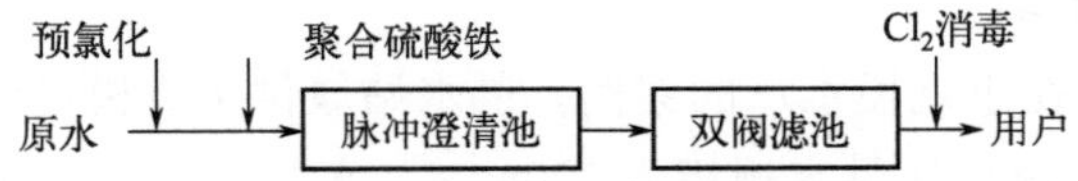

图 13-7 山东省某水厂工艺改造前工艺流程

原工艺缺乏高效的预氧化手段，处理微污染水体效果很差，混凝澄清效果不好，澄清池出水浊度≥ 3NTU，无法满足 GB 5749—2022 新标准对出厂水水质的要求。

为此，该水厂对南组工艺进行改造。改造后其工艺流程如图 13-8 所示，采用立管式微涡混合器进行混合，絮凝阶段采用小网格折板反应池，在斜管沉淀池中进行絮体沉淀，经 V

型滤池过滤、氯气消毒后蓄存于清水池供用户使用。

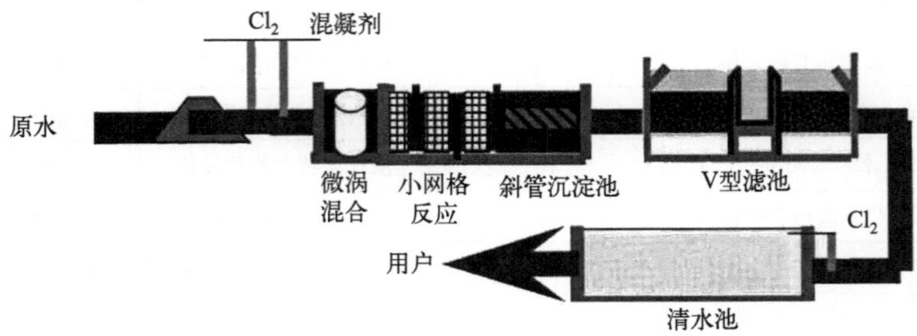

图 13-8　山东省某水厂南组改造后工艺流程示意

改造后混凝与斜管沉淀池主要工艺参数：

① 采用机械搅拌混合池，每格平面尺寸 1.5m×1.5m，每格设置美国凯米尼尔搅拌机一台，转速 1400r/min，功率 1.5kW。

② 絮凝池（单格 $2.5\times10^4m^3/d$）；每格絮凝池设计平面尺寸 9.2m×10.15m；反应时间：19.6min。

③ 斜管沉淀池：每格平面尺寸 15.2m×10.15m，布水区高度 1.91m，斜管高度 0.87m，清水区高度 1.00m，穿孔泥斗槽高 600mm，总高度 4.10m，清水区上升流速 1.875mm/s。斜管采用内切圆为 25mm 的蜂窝六角形管。斜管沉淀池俯视图见图 13-9。

图 13-9　斜管沉淀池俯视图

改造后斜管沉淀后浊度在 1NTU 左右，通过在线仪器对出厂水的浊度检测发现，工艺改造后，出厂水的浊度可稳定在 0.06NTU 左右，满足出厂水要求。

（2）四川省某供水站

该案例为斜管斜板在小规模水厂的案例。供水站原供水规模设计为解决 5 个镇共 2500 人的饮水安全问题，工程设计供水规模为 $320m^3/d$，水泵每天工作时间 8h，水厂处理能力 $40m^3/h$。工艺流程如图 13-10 所示。

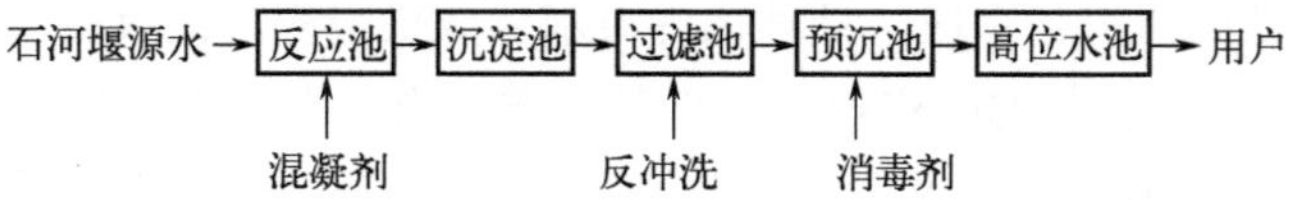

图 13-10　供水站净水工艺流程图

净水工艺如下。

① 孔室旋流反应池：反应时间 20min，由 6 级反应室串联而成，各室间采用孔口连接，各格进出水孔上下对角交错布置，孔口断面逐级放大，反应室尺寸 100cm×100cm×340cm，有效水深 2.70m，它具有絮凝效果好、结构简单、施工方便等优点。

② 斜管沉淀池：采用蜂窝六角形 PVC 斜管，内径 30mm，斜管长 80cm，斜管水平倾角 60°，沉淀时间 2 ～ 5min，沉淀池尺寸 240cm×240cm×340cm，有效水深 3.7m，它具有水力条件好、沉淀效率高等优点。

③ 无阀滤池：设计流量 $40m^3/h$，尺寸 210cm×210cm×445cm，反冲洗水箱尺寸 210cm×190cm×275cm，它具有管理操作简单、过滤效果好等优点。

工程实施后，供水站出水达到了国家饮用水水质标准的要求。

（3）U 形斜管的应用

U 形斜管是一种新兴的高效斜管沉淀技术，与蜂窝斜管相比，U 形斜管具有更大的过水断面、更短的沉降距离和更优的安装方法，理论上可有效改善因水力负荷增加导致沉淀池效果差的问题。

深圳某水厂始建于 20 世纪 90 年代，设计供水能力为 $3.0×10^4m^3/d$。水厂原水来自本地水库，供水工艺采用混凝 - 沉淀 - 过滤 - 消毒，其中沉淀池采用传统的蜂窝斜管，在设计流量范围内时，水厂出水水质可满足《生活饮用水卫生标准》（GB 5749—2022）和水厂内控要求。但随着经济社会不断发展，供应人口增多，供水量需求逐年增加，供水量逼近甚至超过设计能力，造成沉淀池水力停留时间不足，导致两方面问题出现：一是絮体沉降效率降低，导致出水浊度升高；二是蜂窝斜管沉泥量大，但下滑效率不够，斜管内积泥，导致沉淀池污泥上浮。

为保障出水水质，该水厂采用 U 形斜管进行了改造。沉淀采用异向流斜管沉淀形式。关键设计参数为沉淀池表面负荷、上升流速、水力停留时间、斜管尺寸及安装角度，设计值分别为斜管沉淀池表面负荷 $9m^3/（m^2·s）$、斜管沉淀池上升流速 1.3mm/s、水力停留时间 90min、斜管直径 35mm、斜管长度 1.0m、安装水平倾角 60°，材质为乙丙共聚物。

改造后，沉后水浊度、滤后水浊度和出厂水浊度明显改善，沉后水浊度去除率范围由 73.0% ～ 80.9% 提高至 73.6% ～ 89.0%，滤后水浊度范围由 0.18 ～ 0.25NTU 降低至 0.10 ～ 0.13NTU，降低了 45.3%。沉淀池改造不仅大幅提高了固液分离效率，降低了出水浊度，也显著缓解了滤池的运行负担，提高了滤池运行效率。

13.3　技术评估

从产品的性能情况、经济适用角度及生产应用情况选出了 12 项评估指标，分别是产品材质种类、管壁厚度偏差、管口水平面承压强度、侧面承压变形率、抗拉强度、耐冲击强度（脱焊数）、出水浊度范围、使用寿命、价格水平、维护成本水平、生产规模、出口比例。筛选出的 12 项评估指标如表 13-9 所列。

表 13-9　斜管斜板评估指标

序号	评估指标	序号	评估指标
1	产品材质种类	7	出水浊度范围
2	管壁厚度偏差	8	使用寿命
3	管口水平面承压强度	9	价格水平
4	侧面承压变形率	10	维护成本水平
5	抗拉强度	11	生产规模
6	耐冲击强度（脱焊数）	12	出口比例

13.3.1　评估指标体系

结合产品的技术先进性、技术可靠性、性能稳定性、经济适用性、国际竞争力等方面，选取技术先进性、技术可靠性、性能稳定性、经济适用性、国际竞争力 5 项指标作为一级评估指标集，根据筛选的 12 项性能评估指标细化分解为二级评估指标，形成斜管斜板产品的评估矩阵，如图 13-11 所示。

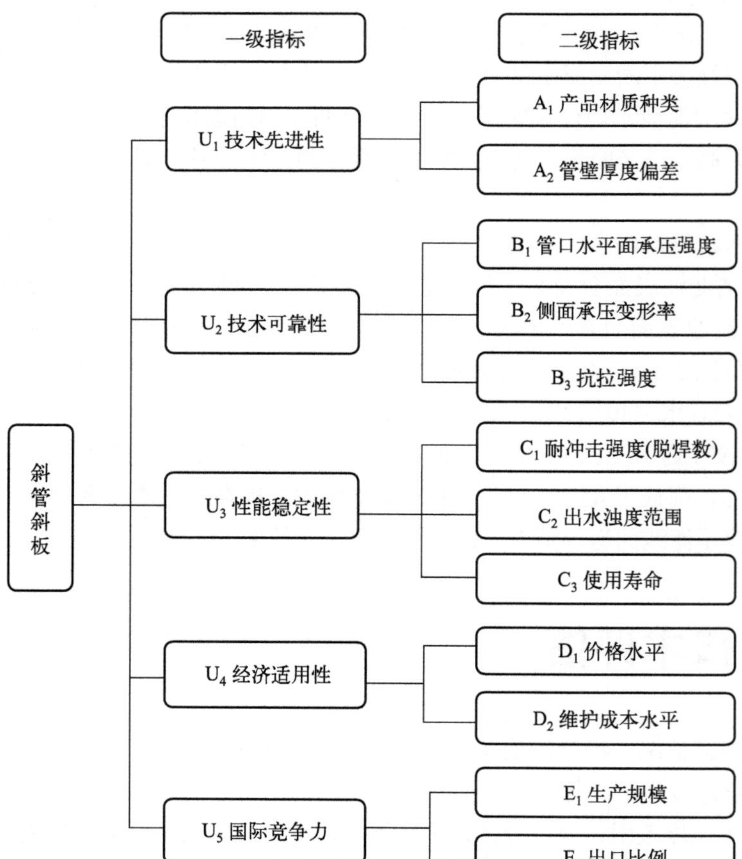

图 13-11　斜管斜板评估矩阵图

13.3.2　评估指标赋值

13.3.2.1　斜管斜板一级指标

结合斜管斜板特点，5 个一级指标权重及建议值：U_2 技术可靠性（0.25）= U_3 性能稳定性（0.25）＞ U_1 技术先进性（0.20）= U_4 经济适用性（0.20）＞ U_5 国际竞争力（0.10）。

首先，斜管斜板产品应保证各方面性能达标，才能保证结构稳定可靠，从而保证出水水质和长期稳定运行，因此将 U_2 技术可靠性与 U_3 性能稳定性放在权重首位，建议权重赋值最高，为 0.25。

其次，在性能同等或差距不大的情况下，斜管斜板采购单价将成为推广的主要因素，因此将 U_4 经济适用性放在权重第二位；斜管斜板产品目前较为成熟，但技术创新才能推动行业进步，因此 U_1 技术先进性权重与 U_4 相同，建议赋值 0.20。

对于 U_5 国际竞争力指标，是反映国产斜管斜板产品行业规模、质量等，从侧面反映其质量及水平，该指标放到最后，建议赋值 0.10。

13.3.2.2　斜管斜板二级指标

结合斜管斜板技术及设备特点，分别对技术先进性、技术可靠性、性能稳定性、经济适用性及国际竞争力进行二级指标的细化和赋分，具体情况如下。

(1) U_1 技术先进性

能生产多种材质的斜管斜板反映了企业的生产能力，尤其是近年来出现的不锈钢斜管斜板，更体现了行业先进的生产能力，该指标赋分 40 分。管壁厚度偏差反映了产品表面的光滑程度，可体现斜管斜板的沉淀能力，该指标赋分 60 分。

(2) U_2 技术可靠性

管口水平承压强度是斜管斜板强度的核心指标，即将单组斜管水平放置在沉淀池内，不易断裂，故赋分 50 分；侧面承压变形率是斜管斜板承压重要指标，即将斜管斜板侧放置沉淀池内时不易变形、断裂，故赋分 30 分；抗拉强度为材料力学性能指标，表示斜管斜板的抗拉强度要强、不易变形，该指标建议赋分 20 分。

(3) U_3 性能稳定性

耐冲击强度与使用寿命对性能稳定有重要影响，分别赋分 40 分、30 分。出水浊度范围能直接反映产品性能的优劣，赋分 30 分。

(4) U_4 经济适用性

价格是决定一种产品能否推广的重要因素，因此选用最直观反映经济性的采购单价作为该项的重要指标，赋分 70 分。产品维护的成本与简便性也影响产品的选用，因此该项赋分 30 分。

(5) U_5 国际竞争力

生产规模即产品的营收直接体现了企业的综合实力，故赋分 80 分；可以出口比例衡量国际竞争力，但斜管斜板产品从销售的角度上看，出口与进口都不多，赋分 20 分。

具体评估指标分配和权重赋分以及打分规则如表 13-10、表 13-11 所列。

表 13-10 斜管斜板评估指标分配及权重和赋分

一级指标	权重	二级指标	满分 / 分
U_1 技术先进性	0.20	A_1 产品材质种类	40
		A_2 管壁厚度偏差（%）	60
		汇总	100
U_2 技术可靠性	0.25	B_1 管口水平面承压强度（kPa）	50
		B_2 侧面承压变形率（%）	30
		B_3 抗拉强度（MPa）	20
		汇总	100
U_3 性能稳定性	0.25	C_1 耐冲击强度（脱焊数）	40
		C_2 出水浊度范围（NTU）	30
		C_3 使用寿命（年）	30
		汇总	100
U_4 经济适用性	0.20	D_1 价格水平（元 /m^2）	70
		D_2 维护成本水平（冲洗周期）	30
		汇总	100
U_5 国际竞争力	0.10	E_1 生产规模（万元 / 年）	80
		E_2 出口比例	20
		汇总	100

表 13-11 斜管斜板技术评估打分规则

一级指标	二级指标	满分 / 分	打分规则
U_1 技术先进性（权重 0.20）	A_1 产品材质种类	40	≥ 4 种，40 分；3 种，30 分；2 种，20 分；1 种，10 分
	A_2 管壁厚度偏差（%）	60	±（0.05% ～ 0.08%），54 ～ 60 分；±（0.08% ～ 0.1%），36 ～ 54 分；> ±0.1%，0 ～ 36 分
U_2 技术可靠性（权重 0.25）	B_1 管口水平面承压强度（kPa）	50	≥ 1.42kPa，45 ～ 50 分；1.4 ～ 1.42kPa，30 ～ 45 分，＜ 1.4kPa，0 ～ 30 分
	B_2 侧面承压变形率（%）	30	≤ 0.9%，27 ～ 30 分；0.9% ～ 1%，18 ～ 27 分；大于 1%，0 ～ 18 分
	B_3 抗拉强度（MPa）	20	标准要求 PP 的抗拉强度≥ 25MPa，PVC 的抗拉强度≥ 45MPa，达到要求则 12 ～ 20 分；否则 0 ～ 12 分
U_3 性能稳定性（权重 0.25）	C_1 耐冲击强度（脱焊数）	40	脱焊数为 0 处，40 分；为 1 处，32 分；为 2 处，24 分；大于 2 处，0 分
	C_2 出水浊度范围（NTU）	30	≤ 1NTU，27 ～ 30 分；1 ～ 3NTU，18 ～ 27 分；≥ 3NTU，0 ～ 18 分
	C_3 使用寿命（年）	30	≥ 8 年，27 ～ 30 分；6 ～ 8 年，18 ～ 27 分；＜ 6 年，0 ～ 18 分
U_4 经济适用性（权重 0.20）	D_1 价格水平（元 /m^2）	70	低于行业平均水平，56 ～ 70 分；与行业平均水平相当，35 ～ 56 分；高于行业平均水平，0 ～ 35 分
	D_2 维护成本水平（冲洗周期）	30	低于行业平均水平，21 ～ 30 分；与行业平均水平相当，15 ～ 21 分；高于行业平均水平，0 ～ 15 分
U_5 国际竞争力（权重 0.10）	E_1 生产规模（万元 / 年）	80	高于行业平均水平，64 ～ 80 分；与行业平均水平相当，40 ～ 64 分；低于行业平均水平，0 ～ 40 分
	E_2 出口比例	20	企业自身的出口比例≥ 20%，18 ～ 20 分；10% ～ 20%，12 ～ 18 分；0% ～ 10%，0 ～ 12 分

13.3.3　评估指标体系应用

邀请涵盖高校研究机构、生产企业、设计院所等在内的 9 名专家根据建立的评估体系对斜管斜板进行了专家评估。结果显示，国内斜管斜板产品的技术就绪度整体达到 9 级，斜管斜板产品行业发展较为全面。评估打分及评估结果分别见表 13-12、图 13-12。

表 13-12　专家评分汇总

序号	U_1 技术先进性		U_2 技术可靠性		U_3 性能稳定性		U_4 经济适用性		U_5 国际竞争力	
	分值 / 分	权重	分值 / 分	权重	分值 / 分	权重	分值 / 分	权重	分值 / 分	权重
1	88	0.1	87	0.25	89	0.25	96	0.2	94	0.2
2	90	0.2	91	0.25	92	0.25	98	0.2	87	0.1
3	92	0.2	89	0.25	91	0.25	96	0.2	88	0.1
4	93	0.15	90	0.25	93	0.25	96	0.15	92	0.2
5	91	0.1	90	0.25	93	0.25	100	0.2	96	0.2
6	92	0.2	91	0.25	94	0.25	96	0.2	93	0.1
7	90	0.2	89	0.25	93	0.25	94	0.15	85	0.15
8	87	0.2	90	0.25	91	0.25	96	0.2	91	0.1
9	88	0.2	89	0.25	94	0.25	95	0.2	89	0.1
计算结果	技术就绪度（TRL）	明确需求（TRL1）	技术方案（TRL2）	通过论证（TRL3）	小试研究（TRL4）	中试研究（TRL5）	形成产品（TRL6）	三方评估（TRL7）	标准化（TRL8）	推广应用（TRL9）
	$B = WR$	0	0	0	0	0	0	0	1.91	3.11

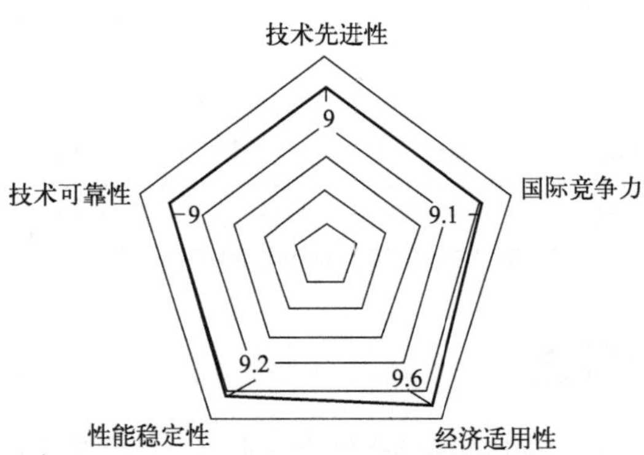

图 13-12　斜管斜板产品评估结果图

13.4　应用验证

目前斜管有产品标准《水处理用斜管》（CJ/T 83—2016）作为评价依据，但斜板产品偏向定制化与专利化，无相关产品标准。由于二者原理相近，生产材料与工艺相近，因此标准中也有斜管斜板产品的通用指标，故在性能验证过程中斜板验证指标亦参考斜管验证指标。

斜管斜板的验证采用了实验室验证及生产验证两种形式。其中，实验室验证抗拉强度、耐冲击强度、管壁厚度偏差、管口水平面承压强度、侧面承压变形率等产品性能指标。生产验证主要通过出水水质、产品材质、使用寿命、产品价格水平、维护周期等指标考察设备性能和应用效果。产品验证技术路线如图 13-13 所示。

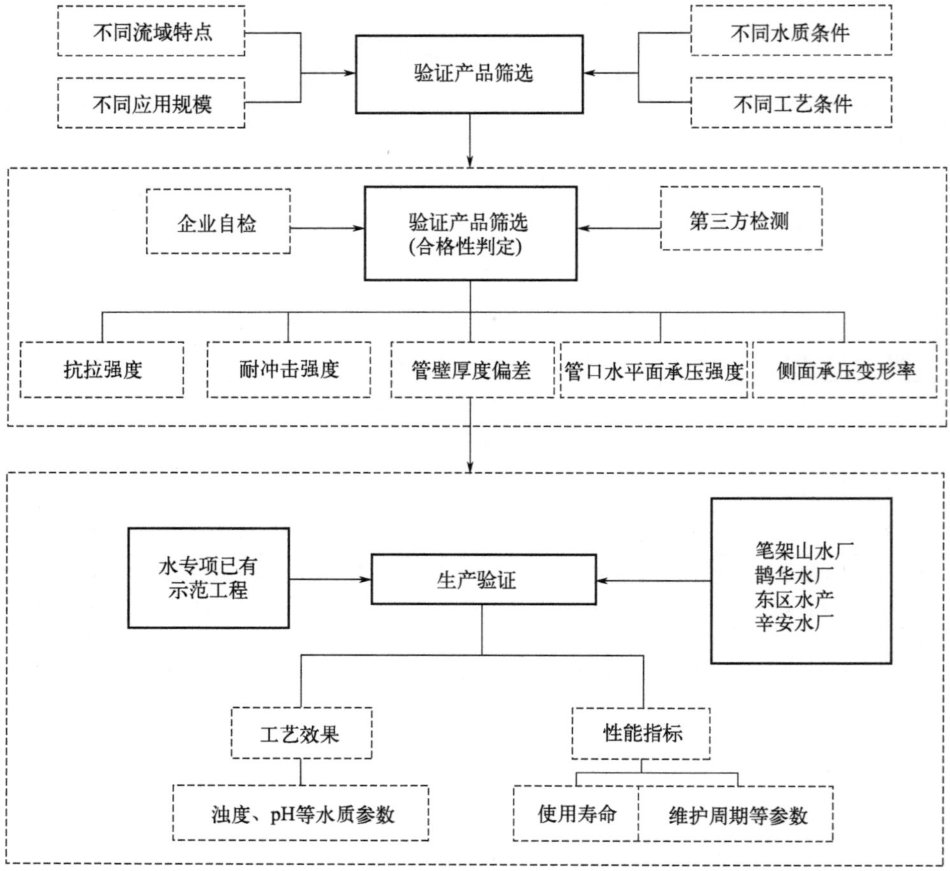

图 13-13　斜管斜板产品验证技术路线

13.4.1　验证指标筛选

利用斜管斜板产品实际应用中的高频指标作为重点，结合文献梳理和实地调查研究进行指标的海选。根据可观测性原则将数据无法获得的海选指标删除，保证初步筛选后的指标体系可以量化，然后对初步筛选的指标数据进行标准化分析，基于相关性分析将 X_1 准则层相关系数＞ 0.80、X_3 准则层相关系数＞ 0.80 的指标筛选保留。在相关性分析的基础上，利用主成分分析筛选各准则层内剩余的指标，筛选准则层 X_1 选取累积方差贡献率达到 80%、准刚层 X_2 选取累积方差贡献率达到 70%、准则层 X_3 选取累积方差贡献率达到 80% 时各个主成分中因子负载绝对值较大的指标。

经过初步筛选和相关性、主成分定量筛选，从 20 个海选指标中筛选出分别适用于斜管斜板验证的 6 个指标，如表 13-13 所列。

表 13-13　斜管斜板的指标筛选结果

序号	准则层	指标层	筛选结果
1	X_1 小试	$X_{1.1}$ 抗拉强度	保留
2		$X_{1.2}$ 耐冲击强度	保留
3		$X_{1.3}$ 管壁厚度偏差	主成分分析删除
4		$X_{1.4}$ 管口水平面承压强度	主成分分析删除
5		$X_{1.5}$ 侧面承压变形率	保留
6	X_3 生产	$X_{3.1}$ 浊度	保留
7		$X_{3.2}$ pH	删除
8		$X_{3.3}$ 使用寿命	保留
9		$X_{3.4}$ 价格水平	保留
10		$X_{3.5}$ 维护周期	主成分分析删除
11		$X_{3.6}$ 浊度去除率	主成分分析删除
12		$X_{3.7}$ 余氯	主成分分析删除
13		$X_{3.8}$ 生产规模	不可观测删除
14		$X_{3.9}$ 产品材质种类	不可观测删除
15		$X_{3.10}$ 用户体验	不可观测删除
16		$X_{3.11}$ 售后服务	不可观测删除
17		$X_{3.12}$ 出口业绩	不可观测删除
18		$X_{3.13}$ 应用规模	不可观测删除
19		$X_{3.14}$ 注册资本	不可观测删除
20		$X_{3.15}$ 体系认证	不可观测删除

13.4.2　验证指标体系

在进行斜管斜板验证时，可以选取抗拉强度、耐冲击强度、侧面承压变形率、浊度、价格水平、使用寿命等指标进行，所筛选出的指标涵盖了产品质量、应用效果、经济性能等几个方面，因此筛选出的指标具有较好的合理性。将以上得到的指标体系按照文献调查、实地调研及上述小试和生产试验结果对评价指标进行等级划分，具体评价指标的等级如表 13-14 所列。

表 13-14　评价指标的等级划分

指标	等级
抗拉强度	聚乙烯塑料的抗拉强度应不小于 25MPa，合格；聚氯乙烯塑料的抗拉强度应不小于 45MPa，合格；不锈钢的抗拉强度应不小于 520MPa，合格
耐冲击强度	单组斜管应以 A 向自由跌落至平整混凝土地面，跌落高度为 1.0m 时，塑料斜管的焊接点或黏结处的脱焊数或开裂数为应不大于 2 处，合格；不锈钢斜管的焊接点的脱焊数应不大于 1 处，合格
侧面承压变形率	单组斜管 A 向在承受 0.6kPa 压强后，其外形尺寸变化率应＜ 1%，合格
浊度	斜管斜板沉淀池出水浊度一般应＜ 3NTU，合格
价格水平	一般斜管斜板价格为 800 ～ 1000 元 /m^2，合格；500 ～ 800 元 /m^2，价格较低
使用寿命	8 年以上，优良；达到 6 年，合格；小于 6 年，不合格

13.4.3 典型产品验证案例

基于建立的验证体系，利用深圳市某水厂的建设与运行数据来进行验证。该水厂一期沉淀池设计处理量 $32\times10^4m^3/d$，该沉淀池于2003年采用小孔距加长型蜂窝斜管，通过增大沉淀面积，减小水力半径，使沉淀池负荷增大。设计采用内切圆直径为25mm、长为1.2m的塑料蜂窝斜管，并采用桁车刮泥，穿孔管排泥。2015年，水厂对老旧斜管进行了换新，以解决老旧斜管的积泥与滑泥不畅的问题，斜管老化问题对沉淀池出水水质并无明显影响。该水厂斜管斜板验证评估结果见表13-15。

表 13-15 深圳市某水厂斜管斜板验证评估结果

验证指标	蜂窝斜管（内切圆直径为25mm、长为1.2m）	
	验证结果	评估结论
抗拉强度 /MPa	25.7	合格
耐冲击强度	开裂数 0	合格
侧面承压变形率 /%	＜1	合格
浊度 /NTU	0.25 ～ 1.41	合格
价格水平 /（元 /m^2）	964	合格
使用寿命	2003 ～ 2015 年；2015 年至今	优良

对深圳市某水厂的斜管进行验证，各项指标均为合格，其中斜管使用寿命方面达到优良。

第 14 章 滤池配水器材

14.1 产品概述

14.1.1 产品分类

滤池的配水系统有大阻力、中阻力、小阻力三种形式，近些年来，由于节能等原因，大多数滤池已采用小阻力配水系统。在小阻力配水系统中，一般滤池开孔比为 1.25% ～ 2%，水头损失< 0.5m，代表产品有预制滤板及滤头、整体浇筑滤板及可调式长柄滤头、面包管布水布气管。以目前大中型水厂应用较广的 V 型滤池为例，采用“滤板 + 滤头”的气水反冲洗系统，技术成熟、效果良好。在中阻力配水系统中，一般滤池开孔比为 0.6% ～ 0.8%，水头损失 0.5 ～ 3m，代表产品为滤砖。大阻力配水系统属于早期产品，目前已逐步淘汰，一般滤池开孔比为 0.2% ～ 0.28%，水头损失> 3m，代表产品为丰字形管。

滤池的进出水系统中，根据滤池形式不同，有堰板、V 形槽、排水槽等。且在滤池工作过程中，反冲洗阶段是非常重要的，如果配水布气不均匀，容易造成滤池反冲洗短流、反冲洗不彻底，给滤池正常运行带来困扰。所以配水布气系统配水的均匀性、安装的简单程度对滤池来说是非常重要的。保持配水配气均匀性的方法就是要提高配水孔和配气孔的流速，从而增加反冲洗及过滤时的水头损失和压力损失，通过增大配水配气渠道断面尺寸降低配水配气渠道流速，从而提高配水配气的均匀性。

以最常用的滤板 + 滤头的气水反冲洗系统为例，滤池配水器材中的滤板按材料可分为混凝土滤板、不锈钢滤板、玻璃钢滤板、塑料滤板，按施工方式可分为单块预制滤板和整体浇筑滤板。滤头由具有缝隙的滤帽和滤柄组成，按材料分为 ABS 滤头、PP 滤头、不锈钢滤头，按长度分为短柄滤头和长柄滤头，滤帽形状有蘑菇形、圆柱形、半球形等。不锈钢滤板和滤头示意见图 14-1。

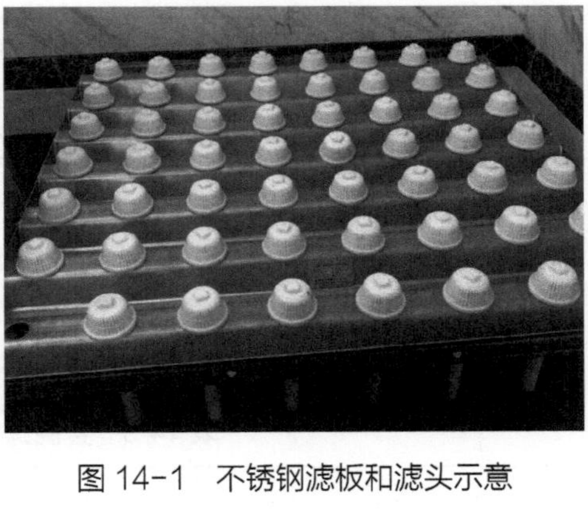

图 14-1　不锈钢滤板和滤头示意

14.1.2 性能指标

14.1.2.1 滤头性能指标

滤头的性能指标（表 14-1）参数主要包括滤头滤帽水平高程误差、ABS 拉伸强度、ABS

冲击强度、ABS 硬度、PP 滤杆 / 预埋座拉伸强度、PP 滤杆 / 预埋座冲击强度、PP 滤杆 / 预埋座硬度、滤帽缝隙宽度误差、滤帽缝隙长度误差等。

表 14-1 通用滤头性能指标

序号	性能指标	具体内容
1	滤头滤帽水平高程误差	表面的水平高程误差不得大于 ±5mm
2	ABS 拉伸强度	拉伸强度为 35 ～ 45MPa
3	ABS 冲击强度	冲击强度为 9 ～ 30kJ/m^2
4	ABS 硬度	洛氏硬度为 98 ～ 108 度
5	滤帽缝隙宽度误差	滤帽缝隙宽度误差为 ±0.05mm
6	滤帽缝隙长度误差	滤帽缝隙长度误差为 ±1.0mm
7	PP 滤杆 / 预埋座拉伸强度	35 ～ 40MPa
8	PP 滤杆 / 预埋座冲击强度	62 ～ 240kJ/m^2
9	PP 滤杆 / 预埋座硬度	洛氏硬度 60 ～ 70 度

滤头细分产品中，不同产品的技术规格也有差异，如长柄滤头通过混凝土滤板上的预埋件安装，单块预制滤板多为固定式长柄滤头，整体浇筑滤板使用可调式长柄滤头。长柄滤头长度 300 ～ 400mm，缝隙宽度 0.25 ～ 0.4mm，每平方米滤板上安装长柄滤头 50 ～ 60 个，开孔比约 1.5%。研究表明，长柄滤头的水头损失与流速有关，而与缝隙的开口形状无关。而可调式滤头可以将整个滤池滤头的滤杆进气、进水孔调整到同一水平高程，使滤池配气布水最大程度达到均匀理想。

目前国产滤头性能良好，经调研，因水下封闭环境不易受到外界干扰，滤头使用寿命较长，一般在滤池整体改造时进行更换，有的水厂在运行 10 年以上才可能有个别滤头出现问题，滤头使用寿命一般在 10 ～ 15 年。

14.1.2.2 滤板性能指标

滤板的性能指标（表 14-2）包括滤板误差、混凝土滤板抗压强度、滤板使用寿命等。

表 14-2 滤板性能指标

尺寸	滤板误差	混凝土滤板抗压强度	使用寿命	安装密度	滤板厚度误差	滤板直角边垂直误差
1000mm×1000mm×100mm	≤ 2mm	C25 ～ C30	＞ 20 年	36 ～ 64 个 /cm^2	±1mm	≤ 2mm

目前混凝土滤板是主流，单块预制混凝土滤板尺寸一般按照设计要求都可定制，常见尺寸为 1000mm×1000mm×100mm，整体浇筑滤板则在现场采用专制塑料模板（ABS 或 UPR）或可拆钢模板，单格滤池整体浇筑钢筋混凝土。混凝土强度等级不低于 C25，钢筋直径 $\varphi10$ 或 $\varphi12$。整浇滤板与不锈钢滤板常见技术规格见表 14-3。

表 14-3 整浇滤板与不锈钢滤板常见技术规格

类型		开孔比 /%	技术规格（$L \cdot B \cdot H \cdot \delta$）/mm	承载能力 /(kN/m^2)
整浇滤板	A	1.4 ～ 1.6	1138×617×100×5	双向≥ 80
	B		963×467×80×5	
	C		964×950×40×4	

续表

类型		开孔比 /%	技术规格（$L \cdot B \cdot H \cdot \delta$）/mm	承载能力 /(kN/m²)
不锈钢滤板	气水反冲洗	1.4	长度：按滤池尺寸布置，中间无拼缝；宽度：可任意定制；厚度：60	双向≥ 98
	单水反冲洗	1.6		

整体浇筑滤板没有任何接缝，彻底消除了传统小块预制滤板可能存在滤板间密封不严密的隐患，从而杜绝了翻板、漏砂等弊病。

在产品质量和施工质量合格的前提下混凝土滤板的使用寿命应达到 20 年以上。对于整浇滤板，滤板与池壁结合处是控制渗漏的要点。经调研发现，密封胶、密封垫等密封材料的性能可保持 10 年以上。

14.1.2.3 滤砖性能指标

滤砖分为两种：Ⅰ型滤砖和Ⅱ型滤砖。Ⅰ型滤砖多用于市政给水工程，该滤砖为二次或二次以上配水配气滤砖；Ⅱ型滤砖多用于市政污水与再生水工程，其性能指标见表 14-4。按照《水处理用滤砖》(CJ/T 47—2016）标准规定，滤砖聚乙烯原料应符合《聚乙烯（PE）树脂》(GB/T 11115—2009）中的规定，添加回用料仅限于本厂同类产品回用料且比例应不高于 5%；混凝土应符合 GB 50164 规定，且强度不低于 C35。

表 14-4 滤砖的性能指标

指标	Ⅰ型滤砖	Ⅱ型滤砖
耐压强度 /kN	≥ 15	≥ 20
耐寒性能 /℃	−20±2	−20±2
耐热性能 /℃	80±2	80±2
耐冲击强度 /（kJ/m²）	≥ 25	—
耐氧化性能	10%次氯酸钠溶液浸泡，干燥后的质量变化率不应大于 ±0.5%。膨胀率不应大于 0.5%。颜色及外观不应有明显变化	10%次氯酸钠溶液浸泡，干燥后的质量变化率不应大于 ±0.5%。膨胀率不应大于 ±0.5%。颜色及外观不应有明显变化（外壳）
跌落强度	2m 无破裂	—

14.1.2.4 配水配气管性能指标

配水配气管的指标（表 14-5）包括材质、允许承压强度、管壁厚、布气孔孔径、布水孔孔径、配水配气纵管型号、滤池开孔比、拉伸强度、拉伸屈服强度、断裂伸长率、氧化诱导期等。

表 14-5 配水配气管规格与性能

项目	参数	备注
配水配气横管（宽 × 高）/mm	161×185	长度根据设计要求制作
	138×169	
材质	HDPE 工程塑料或不锈钢材质	
允许承压强度 /（N/cm²）	38	

续表

项目	参数	备注
管壁厚 /mm	5（HDPE 材质）	
	2（不锈钢材质）	
布气孔孔径 /mm	2.5 ～ 3.5	根据设计要求开孔
布水孔孔径 /mm	15 ～ 20	
配水配气纵管型号	配水管 D89，配气管 D30	可根据设计要求进行变更
滤池开孔比 /%	0.8 ～ 1.25	
拉伸强度 /MPa	≥ 18	
拉伸屈服强度 /MPa	≥ 16	
断裂伸长率 /%	≥ 350	
氧化诱导期 /min	＞ 30	

14.1.3 技术标准情况

目前，国内的滤池配水器材标准（表 14-6）有 5 个，其中有 2 个标准是和滤池相关的，分别为中国工程建设标准化协会 2010 年发布的《彗星式纤维滤池工程技术规程》和 2016 年发布的《上向流滤池设计规程》；还有 2 个标准是和滤池配水器材密切相关的，分别为中国工程建设标准化协会 2009 年发布的《气水冲洗滤池整体浇筑滤板及可调式滤头技术规程》和中华人民共和国住房和城乡建设部 2016 年发布的《水处理用滤砖》；还有 1 个标准是和滤池配水器材相关的设计标准，为 2018 年中华人民共和国住房和城乡建设部发布的《室外给水设计标准》。由此可见，目前滤池配水器材主要是行业标准和设计标准，还缺少相关产品标准，且滤池配水器材的现场施工质量也受到多方面因素如设备、施工人员技术水平、环境因素等的影响，故亟须制定相关的产品标准、安装技术标准，以规范滤池配水器材整个市场的运作。

表 14-6　滤池配水器材标准

序号	标准名称	标准编号	发布时间	发布单位	起草单位	实施时间
1	彗星式纤维滤池工程技术规程	CECS 276—2010	2010 年 5 月 12 日	中国工程建设标准化协会	中国市政工程华北设计研究总院、浙江省德安集团	2010 年 8 月 1 日
2	气水冲洗滤池整体浇筑滤板及可调式滤头技术规程	T/CECS 178—2023	2023 年 12 月 1 日	中国工程建设标准化协会	上海市政工程设计研究总院（集团）有限公司	2009 年 9 月 1 日
3	上向流滤池设计规程	CECS 451—2016	2016 年 9 月 27 日	中国工程建设标准化协会	中国市政工程中南设计研究总院有限公司	2017 年 1 月 1 日
4	水处理用滤砖	CJ/T 47—2016	2016 年 11 月 15 日	中华人民共和国住房和城乡建设部	中国市政工程中南设计研究总院有限公司、厦门飞华环保器材有限公司、宜兴市产品质量监督检验所、台州中昌水处理设备有限公司、宏禹建设有限公司、福建中宏建设投资有限公司	2017 年 5 月 1 日
5	室外给水设计标准	GB 50013—2018	2018 年 12 月 26 日	中华人民共和国住房和城乡建设部	上海市政工程设计研究总院（集团）有限公司	2019 年 8 月 1 日

纵观目前市政供水行业中滤池配水器材的标准，主要有以下几方面的问题：

① 标准体系不健全：从国标到行标再到地方标准都有所缺失，数量少，覆盖不够全面，滤池配水器材细分产品的标准缺失，关于滤池配水器材的相关标准《气水冲洗滤池不锈钢滤板及配套滤头》目前还在制定过程中。另外，滤池配水器材的加工生产无法找到权威的标准进行参考。

② 已有标准不完善：目前滤池配水器材有相关的产品标准，但是常用的滤头滤板未有相关的产品标准，导致滤池配水器材未有标准的检测方法，进而导致滤池配水器材质量难以定量评定，且滤池配水器材的现场施工质量也受到多方面因素如设备、施工人员技术水平、环境因素等的影响，进而导致滤池配水器材安装时出现质量不稳定的问题。

针对上述问题，亟须制定产品标准，以健全国内滤池配水器材行业标准体系，更好地规范及指导滤池配水器材行业的健康发展。

14.2　行业调研

14.2.1　国内外生产状况

14.2.1.1　技术原理

配水系统的作用在于使反冲洗水在整个过滤装置平面上均匀分布，同时过滤时可均匀收集过滤出水。配水系统的配水均匀性对反冲洗效果的影响很大。配水不均匀会造成部分滤层膨胀不足，而另一部分滤层膨胀过甚，在膨胀不足区域滤料冲洗不干净，在膨胀过甚区域会导致“跑砂”，如承托层卵石发生移动，会造成“漏砂”现象。

滤池配水器材是滤池配水系统的关键部分，其主要作用是使某一短时段内进入滤池的水能在滤池内混合均匀，依靠承托滤板和滤头的阻力作用使水在滤板上均匀、均质分布，并通过滤板上的滤头而均匀流入滤池下部；滤池配水系统除作为滤池正常运行时布水用外，也作为定期对滤池进行反冲洗时布水布气用。在气、水联合反冲洗时，缓冲配水区还起到均匀配气作用，气垫层也在滤板下的区域中形成。

以滤头滤板系统举例，混凝土浇筑滤板起着固定滤头、承载生物滤料、间隔配水配气室和反应池的作用。滤头的滤帽弧面上均匀开有加工均匀的长条细缝，既能防止滤料的漏出，又能确保配气和配水均匀。滤杆是一根塑料管，顶端开有一个小孔，靠近底部有两条进气条缝，压缩空气进入滤板下面的空间后缓慢地形成空气层，并逐渐变厚，空气层下面的水不断下降，直到水面降至滤杆下部的长条进气条缝处时，这时空气开始由条缝孔流入滤杆。当流进的空气流量与经滤帽缝隙流走的流量相等时，水面便停止下降，稳定在一定位置上，进入的空气经滤杆上升通过滤帽的缝隙喷射到滤料层中去，由于多个滤头的交叉喷射均匀分布，达到良好的反冲洗效果。

14.2.1.2　国内生产现状

（1）基本状况

目前国内的滤池配水器材应用普遍，由于技术门槛低，国内多数环保产品生产企业均有能力制作，经过几十年的发展技术相对成熟，厂商也比较多。据了解，全国滤池配水器材生产厂商约 400 家，主要以中小规模企业为主，且主要集中在四川、河南及江浙地区。滤池配水器材国内厂家分布见图 14-2。

滤池配水器材不同生产规模企业占比见图 14-3，滤池配水器材产品生产规模达到 3000 万元以上业绩较为优秀，约占 10%；1500 万～3000 万元次之，约占 20%；大部分企业都在 500 万～1500 万元区间，约占 45%；500 万元以下企业规模较小，约占 25%。

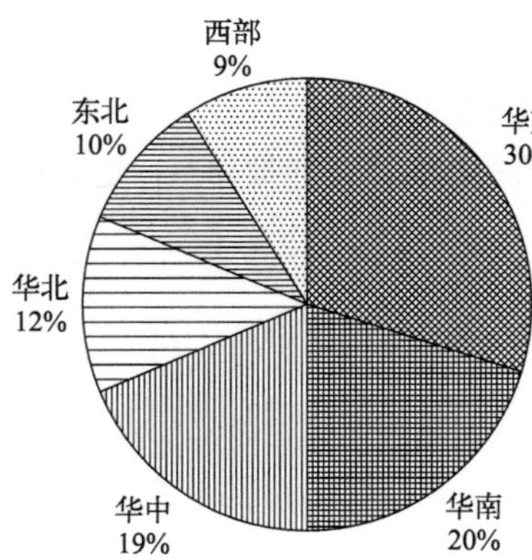

图 14-2 滤池配水器材国内厂家分布图

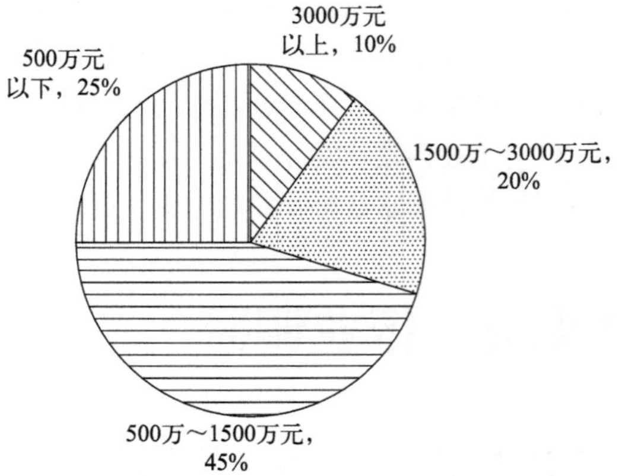

图 14-3 滤池配水器材不同生产规模企业占比图

由于厂家众多，调研组搜集了国内不同规模的知名滤池配水器材厂商进行分析，如表 14-7 所列。

表 14-7 滤池配水器材生产厂家调研样本汇总

序号	企业名称	注册资金 / 万元	产品名称	产品种类 / 种	产品参照标准	产品专利数量	用户区域分布	是否出口
1	企业 1	13000	高精度滤板、钢模板整浇滤板、ABS 整浇滤板	3	CECS 178—2009	3	国内及海外市场	是
2	企业 2	8588	高精度混凝土滤板、增强 PPR 滤板、FS 型反冲洗滤头、BX 型表冲洗装置	4	CECS 178—2009	4	国内及海外市场	是
3	企业 3	5080	整体浇筑滤板、可调式滤头、单块滤板、ABS 滤头、U 形面包管、翻板阀、高密度聚乙烯滤砖	7	CECS 178—2009	7	国内及海外市场	是
4	企业 4	3798	无模整浇滤板、高精度不锈钢滤板、滤头	3	CECS 178—2009	10	国内及海外市场	是
5	企业 5	1002	滤头、高精度混凝土滤板	2	CECS 178—2009	1	国内及海外市场	是
6	企业 6	12588	ABS 长柄滤头、BAF 滤池专用滤头、一次性整体浇筑滤板、整浇滤板可调式滤头	4	CECS 178—2009	2	国内及海外市场	是
7	企业 7	5500	滤头、滤板	2	CECS 178—2009	0	国内及海外市场	是

续表

序号	企业名称	注册资金 / 万元	产品名称	产品种类 / 种	产品参照标准	产品专利数量	用户区域分布	是否出口
8	企业 8	10530	高精度混凝土滤板、滤头、滤砖	3	CECS 178—2009	3	国内及海外市场	是
9	企业 9	500	滤头、预制分体式滤板、微孔陶瓷过滤砖、微孔陶瓷过滤板	4	CECS 178—2009	1	国内及海外市场	是
10	企业 10	200	BAF 滤池混凝土滤板、长柄滤头、整体浇筑滤板、BAF 滤池滤头	4	CECS 178—2009	0	河南、河北等地区	否
11	企业 11	5180	滤板、滤头	2	CECS 178—2009	0	江苏、浙江、河南等地区	否
12	企业 12	2000	高精度混凝土滤板、ABS 滤头	2	CECS 178—2009	0	重庆、湖南、浙江、宁夏等地区	否

滤池配水器材的技术门槛比较低，多数生产斜管斜板的厂家也生产滤池配水器材。排名前 10 企业约占整体市场规模的 27.2%，其中企业 1 滤池配水器材营业收入达到 5000 万元，占整体市场份额的 7.0%。这也是唯一市场占比超过 5% 的企业，其他企业市场占有率均小于 5%。

滤池配水器材的技术门槛低，研发成本也比较低。一般较大的厂商会投入相应的研发经费，通常滤池配水器材的研发成本占整体销售额的 2% ～ 5%。但是目前大多数厂商并不注重研发，仅仅维持现状。

（2）产品性能

1）单格滤池水平误差、滤板误差

对于单格滤池水平误差，《室外给水设计标准》（GB 50013—2018）规定，同格滤池所有滤头滤帽或滤柄顶表面的水平高程误差不得大于 ±5mm。对于滤板误差，根据经验，滤板制作误差应不大于 ±2mm，整个池内板面的水平误差不得大于 ±2mm。调研结果表明，大部分企业将上述标准作为企业的要求，但也有用户表示由于工程总包等原因，部分小厂家的施工质量难以保证。

2）混凝土滤板抗压强度

滤板是承载滤料层和布水布气的关键，除了平整度外，滤板还应具有足够的强度，并保证整体受力均匀。《气水冲洗滤池整体浇筑滤板及可调式滤头技术规程》（T/CECS 178—2023）规定，混凝土强度等级不低于 C30，滤板承载正向强度和反向强度均不小于 $80kN/m^2$。

3）滤头性能指标

① 滤帽拉伸强度：滤帽直接接触滤池介质，不论外形如何，要求结构合理、连接牢固、承压强度高、缝隙不变形、踩碰不破碎。为反映 ABS 材质的力学性能，CECS 178 规定拉伸强度应不小于 32MPa。

② 滤帽冲击强度：力学性能指标，CECS 178 规定冲击强度应不小于 $16kJ/m^2$。

③ 滤帽硬度：力学性能指标，CECS 178 规定洛氏硬度应不小于 80。

④ 滤杆、预埋座拉伸强度：可调式滤头的滤帽和滤杆是分体式的，旋转滤杆可上下调整进气孔在同一水平高度，预埋座将滤头和滤板连接固定。换言之，滤头上的各个部件都应具有一定的强度，都要承受一定的压力。CECS 178 规定滤杆及预埋座材料宜采用改性聚丙烯为反映改性聚丙烯材质的力学性能，CECS 178 规定拉伸强度应不小于 32MPa。

⑤ 滤杆、预埋座冲击强度：材质力学性能指标，CECS 178 规定冲击强度应不小于 16kJ/m^2。

⑥ 滤杆、预埋座硬度：材质力学性能指标，CECS 178 规定洛氏硬度不小于 80。

调研结果显示，被调研企业的上述指标都能够达到要求。经市场与用户的反馈发现，在实际应用过程中，因 ABS 材质本身性能的影响，可能出现邵氏硬度稍低的问题，因此有些用户使用洛氏硬度（62 ～ 86 度）衡量滤头性能。因 PP 材质本身性能的影响，可能出现拉伸强度稍低的问题，有用户认为拉伸强度在 21 ～ 28MPa 已足够，而且从用户调研看，ABS 与 PP 材质的滤头实际使用效果较好。

（3）市场竞争力

滤池配水器材的技术门槛不高，国内大多数环保产品生产企业均有能力制作，国产供应商基本能满足国内市场需求，从国外进口的比较少，通常资金充足的自来水厂选择滤池配水器材会采用进口品牌。

伴随着我国生活用水量逐年增长，滤池配水器材的需求量逐渐变大。虽然滤池配水器材厂家竞争愈发激烈，但是近几年混凝土原材料价格上涨和人工安装成本不断增大导致滤池配水器材价格还会保持上涨，滤池配水器材价格见表 14-8。通常滤头的价格比较便宜，滤板价格偏贵，而滤砖价格要远高于滤头滤板的组合，价格要比滤头滤板高出 1 ～ 2 倍，故一般在给水系统中应用亦不普遍。

表 14-8　滤池配水器材价格

滤池配水器材类型	当前价格
滤头	6 ～ 20 元 / 套
混凝土预制滤板	1000 ～ 1500 元 /m^2
整体浇筑滤板	1500 ～ 2500 元 /m^2

目前，国内滤池配水器材的厂商主要集中在江浙、四川等地。且国内厂商除满足国内市场的需求外，还会有一定的出口，出口国家与地区主要集中在东南亚与非洲，因东南亚和非洲地区水处理厂工艺较为落后，所以一些水处理设备需要进口。据统计，2018 年滤池配水器材的整体市场规模为 7.1 亿元，其中出口约 7000 万元。目前，国内很多主流的滤池配水器材厂商出口规模都在增长，未来将会有更多的企业布局海外市场，提升市场份额。

14.2.2　国内外应用状况

滤池配水器材应用领域比较广，主要在水处理环节使用。据了解，滤池配水器材国内起步时间较早，且滤池配水器材的过滤工艺应用于水净化技术已日臻成熟和完善。滤池配水器材是在滤池迅速发展的基础上逐步应用起来的。主流产品有预制滤板滤头、整体浇筑滤板滤头。滤砖在给水系统中应用极少，主要在污水处理环节使用滤砖。

此外，滤池配水器材在市政水务领域应用较多，且主要在水厂的过滤环节的配水系统使用。配水系统经过了大阻力系统、中阻力系统和小阻力系统三个阶段的发展，我国已大范围接受小阻力配水系统，随之而来的也是滤头滤板等配水形式的滤池配水器材的蓬勃发展。不同的配水系统与滤池配水器材见表 14-9。

表 14-9 不同的配水系统与滤池配水器材

配水系统类别	常见配水形式	开孔比 /%	水头损失 /m
大阻力	带有干管（渠）和穿孔支管的“丰”字形配水系统	0.20 ～ 0.28	＞ 3
中阻力	（1）滤球式 （2）管板式 （3）二次配水滤砖 （4）三角形内孔的二次配水（气）滤砖	0.6 ～ 0.8	0.5 ～ 3.0
小阻力	（1）豆石滤板 （2）格栅式 （3）平板孔式 （4）三角槽孔板式 （5）滤头 （6）面包布水布气管	1.25 ～ 2.00	＜ 0.5

30 多年的实践证明，滤头滤板水处理工艺无论从净水工艺出水的化学稳定性方面来看，还是从经济运行成本方面来看，都是目前值得推广的净水技术。因干旱持续多发，我国多地通过调用长江、黄河水等作为饮用水源以及受地下水、地表水污染的影响，保障居民用水安全已愈发迫切，对饮用水进行深度处理已经引起各级政府重视，各地都在加速进行自来水厂深度处理改造，对滤池配水器材的需求也越来越多。

2018 年自来水厂滤池配水器材中滤板规模达到 $40\times10^4m^2$，滤头规模达到 2000 万个，未来随着新建水厂以及改造项目的增多，相关机构推测滤池配水器材滤板规模将达到 $50\times10^4m^2$，滤头规模达到 2500 万个，产值高达 8 亿元。

从滤头滤板的形式来看，整浇滤板是近 20 年来引进我国的产品。早在 20 世纪 60 年代西欧各国就开始应用，90 年代英国政府以 BOT 形式在上海泰晤士水厂采用了这种工艺，之后在上海、萧山、宁波、南京、三峡等地有所应用，并逐步延伸到株洲、常熟、马鞍山等地的滤池改造工程中，中地海外建设有限公司还将非洲尼日利亚水厂改造为整体浇筑水厂。整浇滤板在施工方面，现场绑扎钢筋，采用商品混凝土连续浇筑，使质量控制、现场监督十分容易；又由于是模块化，所以施工进度快、周期短。

一般县级或镇级水厂应用单块预制滤板情况较多，市级水厂近几年更换的滤板采用整体浇筑滤板情况较多。不锈钢滤板因成本太高，目前应用情况较少。具体应用滤池配水器材的类型与自来水厂的规模大小、预算和当地对水质要求有关联。

从国外的滤池配水器材应用看，除了滤头滤板外，滤砖也是主推的滤池配水器材。从性能稳定性来看，滤砖使用寿命和滤板时间相似，都在 20 年以上，比滤头寿命更高。滤砖在 20 世纪 80 年代中期在我国开始出现，虽然能降低土建施工的费用和配水配气系统的安装成本，但其价格较高，导致在国内未大面积推广。

近年来市场出现了高精度不锈钢滤板，该类型滤池配水系统采用优质不锈钢板机械模压成型，具有强度高、成型精度准、运输方便、现场组装、板面平整等特点，安装后无漏气、漏水、漏砂现象发生，它克服了传统混凝土滤板制作安装周期长、搬运笨重、质量不稳定等弊端。但是该产品购买成本过高，无相关标准，故致应用案例不多。

滤池配水器材产品相关应用案例见表 14-10。

表 14-10　滤池配水器材应用案例

序号	用户名称	流域	用户规模 / ($10^4m^3/d$)	厂家 / 品牌	规格型号
1	深圳红木山水厂	珠江流域	20	浙江沃特水处理设备	ABS 滤头、钢筋混凝土预制滤板
2	深圳朱坳水厂	珠江流域	10	浙江沃特水处理设备	ABS 滤头、钢筋混凝土预制滤板
3	盐田港上坪水厂	珠江流域	7	净化控股集团	ABS 滤头、钢筋混凝土预制滤板
4	珠海市西区水厂	珠江流域	28	成都金泉净化水处理	ABS 滤头、钢筋混凝土预制滤板
5	宣城市第三水厂（昭亭水厂）	长江流域	10	浙江沃特水处理设备	ABS 滤头、钢筋混凝土预制滤板
6	安阳市第六水厂	黄河流域	30	净化控股集团	ABS 滤头、钢筋混凝土预制滤板
7	安阳市第四水厂	黄河流域	10	净化控股集团	ABS 滤头、钢筋混凝土预制滤板
8	济南市东区水厂	黄河流域	20	浙江联池水务设备	ABS 滤头、钢筋混凝土预制滤板
9	濮阳市自来水公司	黄河流域	12	厦门飞华环保器材	复合气水反冲洗滤砖
10	山东莒南县自来水公司	淮河流域	5	浙江联池水务设备	高精度不锈钢滤板
11	广州市北部水厂一期工程	珠江流域	80	净化控股集团	可调式滤头、整体浇筑滤板
12	湛江市供水一期工程（西厅水厂）	珠江流域	25	净化控股集团	可调式滤头、整体浇筑滤板
13	莆田市妈祖城自来水公司莆田市第三水厂	闽江流域	25	台州中昌水处理设备	可调式滤头、整体浇筑滤板
14	太原呼延水厂	黄河流域	40	台州中昌水处理设备	可调式滤头、整体浇筑滤板
15	浙江省诸暨市城北水厂	长江流域	20	浙江联池水务设备	可调式滤头、整体浇筑滤板
16	中地海外建设有限公司（尼日利亚水厂）	海外	10	台州中昌水处理设备	可调式滤头、整体浇筑滤板
17	柬埔寨金边水厂	海外	10	浙江沃特水处理设备	滤板、滤头
18	珠海市南区水厂	珠江流域	27	浙江联池水务设备	滤板、滤头
19	吉林长春市第二净水厂	松花江流域	25	台州中昌水处理设备	滤砖
20	兴化市自来水总公司二水厂	长江流域	10	靖江市苏江水务设备	滤砖 144m^2
21	赣州水务集团赣县自来水有限公司赣县第二水厂	长江流域	6	浙江联池水务设备	长柄滤头（19404 个）、滤板（396 个）
22	成都市温江区金强寿安水厂	长江流域	40	成都金泉净化水处理	滤头 57000 个、滤板 1200m^2
23	杭州萧山供水有限公司第三水厂	长江流域	10	浙江联池水务设备	整体浇筑滤板

14.2.3　典型应用案例

（1）深圳市某水厂

深圳市某水厂位于福田区北环大道东段、笔架山西麓，厂区占地面积 11.64hm^2，设计规模 52 万吨 /d。水厂一期工程为水力混合 + 折板絮凝 + 斜管沉淀 +V 型滤池 + 次氯酸钠消毒，二期工程为水力混合 + 网格絮凝 + 平流沉淀 +V 型滤池 + 次氯酸钠消毒。一期工程处理规模为 32 万吨 /d，在 2006 年，二期工程正式投产，新增常规处理能力 20 万吨 /d、“臭氧 - 生物活性炭”深度处理工艺 26 万吨 /d。

目前水厂两期滤池均为 V 型滤池。一期滤池 1993 年建造，滤池平面尺寸 20.20m×69.51m，共 8 格，单格尺寸 12m×8.4m，设计滤速 8.7m/h；采用均质石英砂滤料，反冲洗方式为三段式气水联合反冲洗 + 表面扫泥。二期滤池 2006 年建造，平面尺寸 23.3m×96.55m，共 8 格，单格面积 132m^2，滤速 8.1m/h，采用均质石英砂滤料，反冲洗方式为三段式气水联合反冲洗 + 表面扫泥，过滤 - 反冲洗周期通常为 24h。

目前水厂两期的滤池均为小阻力配水系统，滤池配水器材均采用的是钢筋混凝土预制滤板，滤头为 ABS 材质长柄滤头。由于滤池在建设时施工质量较好，滤板与滤头的安装精度较高，滤池运行较为稳定。从滤池配水器材产品来看，20 多年来，滤池滤板未出现过故障问题。从运行管理的角度来看，滤头滤板的配水系统维护较为简便，这也与产品质量不可分。

水厂还有臭氧活性炭处理工艺，其活性炭吸附池处理能力为 20 万吨 /d，活性炭吸附池与臭氧接触池、臭氧制备间合建组合成一集团式构筑物。活性炭吸附池设计均采用双排布置，每排 4 格，共 8 格，单格面积 112m^2。每格活性炭吸附池设气动进水板闸、气动调节出水蝶阀、反冲排水板闸、气动反冲洗蝶阀。每格池可单独放空检修。该滤池布水布气系统为滤板滤头布水布气系统。该水厂翻板滤池布水布气系统经技术经济比较后采用国内成熟的长柄滤头滤板，该系统施工精度相对要求高。由于翻板滤池中间没有 H 渠，整个池面都需布置滤板滤头。为保证布水布气均匀，在滤板下面设置配水配气渠，渠下部布置布水孔，上部设置竖向不锈钢布气管，竖向不锈钢管顶部和下部开孔，以形成双气垫层，从而保证反冲洗均匀。

在技术经济比较时曾考虑过使用拱形穿孔管布水布气系统。由底板上部横向 PE 拱形穿孔管和下部纵向不锈钢布水布气管组成。此布水布气系统施工简单，但投资较高，因此选用了滤头滤板布水布气系统。

目前 V 型滤池出水浊度稳定在 0.1 ～ 0.3NTU，活性炭吸附池出水浊度在 0.1NTU 左右，满足 GB 5749—2022 要求。

（2）成都市某水厂

该案例为整体浇筑滤板与可调式滤头在滤池改造时的应用。

水厂设计规模为 10×10^{4}m^3/d，设 4 组移动罩滤池，每组 24 格，单格尺寸为 3m×2m，共计 576m^2，设计滤速为 7 ～ 9m/h（单层石英砂滤料）。原有滤板采用钢混结构浇筑而成，与滤池池体（四周）采用嵌缝连接，采用十字架配水系统，承托层采用 5 级砾石层分层平铺而成。滤料采用石英砂滤料，层高 700mm。

由于移动罩滤池使用时间较长，出现以下问题：

① 滤板老化破损严重，特别是在滤板与滤板之间、滤板与池壁之间的嵌缝等处；

② 部分十字穿孔配水系统脱落；

③ 滤料漏失严重；

④ 滤料含泥量持续偏高，形成较大泥球，最大直径可达 5 ～ 10cm；

⑤ 过滤周期明显缩短、过滤出水浊度明显升高。

为此，水厂对 4 组移动罩滤池进行了改造，主要为拆除全部原有的滤板，进行整体滤板的浇筑及可调式滤头的安装，重新铺装承托层和滤料。滤板模板及滤头材质均采用 ABS 工程塑料，滤板厚度为 80mm，滤头采用 QSK-Ⅱ型可调式短柄滤头，缝隙宽度为 0.3mm、高度为 34mm，36 条均匀布置，单个滤头缝隙总面积为 3.67cm^2，单个滤格面积为 6m^2，共布置 240（20×12）个滤头，开孔比为 1.46%。

在施工时应注意严格控制单组滤池内滤板表面的平整度，要求单组滤池内板面水平误差控制在 ±5mm，单格滤池内板面水平误差控制在 ±2mm，单格滤池内滤头安装的水平误差应控制在 ±2mm；滤头预埋套应完好，位置、尺寸合格。在浇筑滤板的过程中需保证同一滤格一次浇筑完成，不得出现两次混浇的情况，以免影响滤板结构安全。在浇筑后，需及时进行二次收光处理，同时做好防雨、防晒、防冻等措施，待养护到规定强度后（28d）方可拆除预埋件的施工盖，进入下一个施工阶段。

改造后，在滤池进水量维持在 2200m^3/h 左右的情况下，计算滤速在 15m/h 左右，沉淀出水平均浊度约为 1.50NTU，滤后水浊度平均值为 0.20NTU，整体平均去除率为 86%，运行情况良好。对滤池日常运行状况的监测以及专项测试结果表明，滤池在常规工艺负荷及强制滤速状态下（高制水量、高滤速）连续运行，滤后水水质良好，未出现曝池现象，滤速、运行周期均满足技术改造要求。

14.3 技术评估

从产品的性能情况、经济适用角度及生产应用情况选出了 18 项评估指标，分别是单格滤池水平误差、滤板误差、混凝土滤板抗压强度、ABS 滤帽拉伸强度、ABS 滤帽冲击强度、ABS 滤帽硬度、滤杆和预埋座拉伸强度、滤杆和预埋座冲击强度、滤杆和预埋座硬度、滤帽缝隙宽度误差、滤帽缝隙长度误差、滤板使用寿命、滤头使用寿命、密封材料使用寿命、单位造价（元 /m^2）、维护成本（大修周期）、生产规模（万元 / 年）、滤头滤板出口业绩等，具体见表 14-11。

表 14-11 滤池配水器材评估指标

序号	评估指标	序号	评估指标
1	单格滤池水平误差	7	滤杆和预埋座拉伸强度
2	滤板误差	8	滤杆和预埋座冲击强度
3	混凝土滤板抗压强度	9	滤杆和预埋座硬度
4	ABS 滤帽拉伸强度	10	滤帽缝隙宽度误差
5	ABS 滤帽冲击强度	11	滤帽缝隙长度误差
6	ABS 滤帽硬度	12	滤板使用寿命

续表

序号	评估指标	序号	评估指标
13	滤头使用寿命	16	维护成本（大修周期）
14	密封材料使用寿命	17	生产规模（万元 / 年）
15	单位造价（元 /m^2）	18	滤头滤板出口业绩

14.3.1　评估指标体系

结合产品的技术先进性、技术可靠性、性能稳定性、经济适用性、国际竞争力等方面，选取技术先进性、技术可靠性、性能稳定性、经济适用性、国际竞争力 5 项指标作为一级评估指标集，根据筛选的 18 项性能评估指标细化分解为二级评估指标，形成滤池配水器材产品的评估矩阵，如图 14-4 所示。

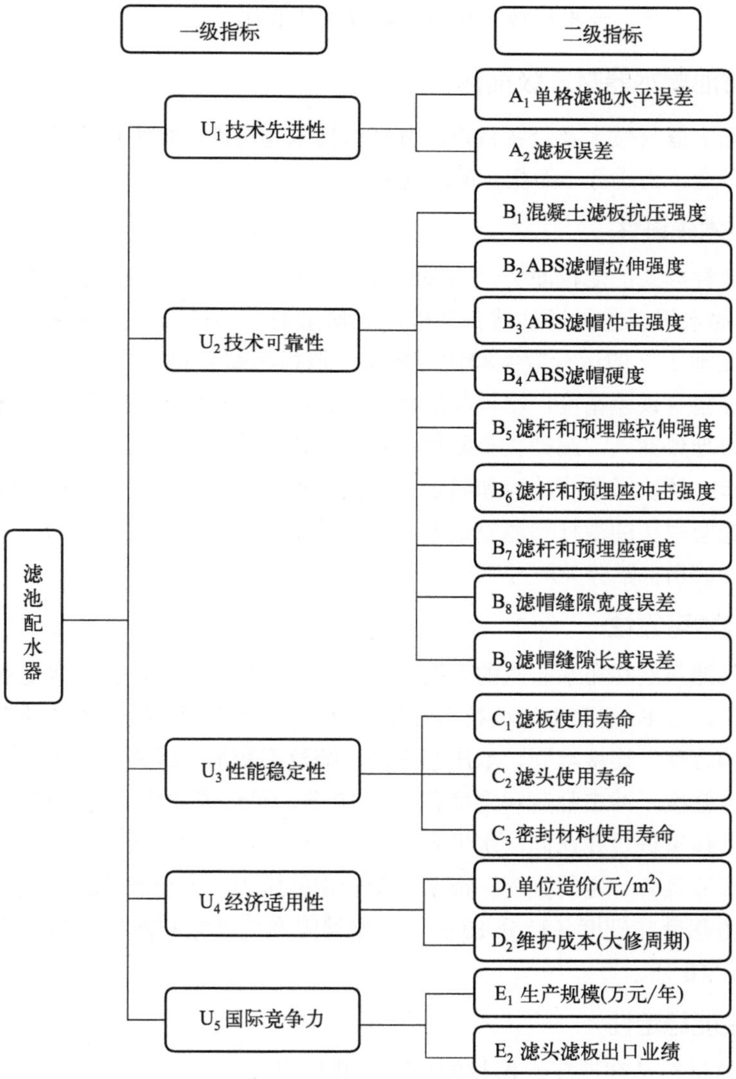

图 14-4　滤池配水器材评估矩阵图

14.3.2 评估指标赋值

14.3.2.1 滤池配水器材一级指标

结合滤池配水器材特点，5 个一级指标权重及建议值：U_2 技术可靠性（0.25）= U_3 性能稳定性（0.25）＞ U_1 技术先进性（0.20）= U_4 经济适用性（0.20）＞ U_5 国际竞争力（0.10）。

首先，滤池配水器材产品应各方面性能达标才能保证结构稳定可靠以及配水配气的均匀性，从而使出水水质达标，因此将 U_2 技术可靠性与 U_3 性能稳定性放在权重首位，建议权重赋值最高，为 0.25。

其次，在性能同等或差距不大的情况下滤池配水器材采购单价将成为推广的主要因素，因此将 U_4 经济适用性放在权重第二位；滤池配水器材产品目前较为成熟，但技术创新才能推动行业进步，因此 U_1 技术先进性权重与 U_4 相同，建议赋值 0.20。

最后，对于 U_5 国际竞争力指标，是反映国产滤池配水器材产品行业规模、质量等，从侧面反映其质量及水平，该指标放到最后，建议赋值 0.10。

14.3.2.2 滤池配水器材二级指标

结合滤池配水器材技术及设备特点，分别对技术先进性、技术可靠性、性能稳定性、经济适用性及国际竞争力进行二级指标的细化和赋分。

（1）U_1 技术先进性

不论采用何种形式的滤板滤头，归根结底是为了保证滤池反冲洗配水配气的均匀性。因此，A_1 单格滤池水平误差是评估滤头滤板施工质量的核心指标，直接决定滤池反冲洗的效果，同时影响滤池工艺的运行效率和运行费用，该指标赋分 60 分。对于 A_2 滤板误差来说，滤板首先要保证自身误差精度，滤板与滤板之间、滤板与池壁之间的密封应避免开裂、脱胶等隐患，否则将导致漏气、漏砂甚至翻板。整体浇筑滤板和可调式滤头是气水冲洗滤池配水布气系统的进步，解决了预制滤板和固定式滤头这种传统组合方式的诸多弊端。对于预制滤板而言，由于配套滤头的滤杆和滤帽是连成一体的，只能依靠小块滤板的水平度来间接控制滤头的水平度，该指标赋分 40 分。

（2）U_2 技术可靠性

滤板是承载滤料层和布水布气的关键，除了平整度外，滤板还应具有足够的强度，并保证整体受力均匀，故 B_1 混凝土滤板抗压强度赋分 20 分。滤帽直接接触滤池介质，不论外形如何，要求结构合理、连接牢固、承压强度高、缝隙不变形、踩碰不破碎，故反映滤帽材料力学性能的拉伸强度、冲击强度和硬度各赋分 10 分。可调式滤头的滤帽和滤杆是分体式的，旋转滤杆可上下调整进气孔在同一水平高度，预埋座将滤头和滤板连接固定。换言之，滤头上的各个部件都应具有一定的强度，都要承受一定的压力，为反映滤杆和预埋座力学性能的拉伸强度、冲击强度和硬度各赋分 10 分。滤帽缝隙宽度误差和滤帽缝隙长度误差反映了尺寸精度，各赋分 10 分。

（3）U_3 性能稳定性

滤头与密封材料是滤池配水器材的核心，其使用寿命反映了产品的稳定性，各赋分 40

分。其次是滤板的使用寿命，赋分 20 分。

（4）U_4 经济适用性

价格是决定一种产品能否推广的重要因素，因此选用最直观反映经济性的采购单价作为该项的重要指标，赋分 80 分。产品维护的成本与简便性也影响产品的选用，因此该项赋分 20 分。

（5）U_5 国际竞争力

生产规模直接体现了企业的综合实力，故赋分 80 分；可以从出口比例衡量国际竞争力，但滤池配水器材产品从销售的角度来看，出口与进口都不多，赋分 20 分。

具体评估指标分配及权重赋分和打分规则如表 14-12、表 14-13 所列。

表 14-12　滤池配水器材评估指标分配及权重和赋分

一级指标	权重	二级指标	满分 / 分
U_1 技术先进性	0.20	A_1 单格滤池水平误差	60
		A_2 滤板误差	40
		汇总	100
U_2 技术可靠性	0.25	B_1 混凝土滤板抗压强度	20
		B_2 ABS 滤帽拉伸强度	10
		B_3 ABS 滤帽冲击强度	10
		B_4 ABS 滤帽硬度	10
		B_5 滤杆和预埋座拉伸强度	10
		B_6 滤杆和预埋座冲击强度	10
		B_7 滤杆和预埋座硬度	10
		B_8 滤帽缝隙宽度误差	10
		B_9 滤帽缝隙长度误差	10
		汇总	100
U_3 性能稳定性	0.25	C_1 滤板使用寿命	20
		C_2 滤头使用寿命	40
		C_3 密封材料使用寿命	40
		汇总	100
U_4 经济适用性	0.20	D_1 单位造价（元 /m^2）	80
		D_2 维护成本（大修周期）	20
		汇总	100
U_5 国际竞争力	0.10	E_1 生产规模（万元 / 年）	80
		E_2 滤头滤板出口业绩	20
		汇总	100

表 14-13　滤池配水器材技术评估打分规则

一级指标	二级指标	满分 / 分	打分规则
U_1 技术先进性（权重 0.20）	A_1 单格滤池水平误差	60	＜ 3%，54 ～ 60 分；3% ～ 5%，36 ～ 54 分；＞ 5%，0 ～ 36 分
	A_2 滤板误差	40	＜ ±1mm，32 ～ 40 分；±(1 ～ 2) mm，18 ～ 32 分；＞ ±2mm，0 ～ 18 分

续表

一级指标	二级指标	满分 / 分	打分规则
U$_2$ 技术可靠性（权重 0.25）	B$_1$ 混凝土滤板抗压强度	20	＞ C30，18 ～ 20 分；C25 ～ C30，12 ～ 18 分；＜ C25，0 ～ 12 分
	B$_2$ABS 滤帽拉伸强度	10	＞ 45MPa，10 分；35 ～ 45MPa，6 ～ 9 分；＜ 35MPa，0 ～ 6 分
	B$_3$ABS 滤帽冲击强度	10	＞ 30kJ/m^2，10 分；9 ～ 30kJ/m^2，6 ～ 9 分；＜ 9kJ/m^2，0 ～ 6 分
	B$_4$ABS 滤帽硬度	10	＞ 108 度，10 分；98 ～ 108 度，6 ～ 9 分；＜ 98 度，0 ～ 6 分
	B$_5$ 滤杆和预埋座拉伸强度	10	＞ 40MPa，10 分；35 ～ 40MPa，6 ～ 9 分；＜ 35MPa，0 ～ 6 分
	B$_6$ 滤杆和预埋座冲击强度	10	＞ 240kJ/m^2，10 分；62 ～ 240kJ/m^2，6 ～ 9 分；＜ 62kJ/m^2，0 ～ 6 分
	B$_7$ 滤杆和预埋座硬度	10	＞ 70 度，10 分；60 ～ 70 度，6 ～ 9 分；＜ 60 度，0 ～ 6 分
	B$_8$ 滤帽缝隙宽度误差	10	达到 ±0.01mm，10 分；±0.02mm，8 分；±0.03mm，6 分；±0.04mm，4 分；±0.05mm，2 分
	B$_9$ 滤帽缝隙长度误差	10	达到 ±0.02mm，10 分；±0.04mm，8 分；±0.06mm，6 分；±0.08mm，4 分；±1.0mm，2 分
U$_3$ 性能稳定性（权重 0.25）	C$_1$ 滤板使用寿命	20	＞ 25 年，18 ～ 20 分；20 ～ 25 年，12 ～ 18 分；＜ 20 年，0 ～ 12 分
	C$_2$ 滤头使用寿命	40	＞ 14 年，36 ～ 40 分；10 ～ 14 年，24 ～ 36 分；＜ 10 年，0 ～ 24 分
	C$_3$ 密封材料使用寿命	40	＞ 14 年，36 ～ 40 分；10 ～ 14 年，24 ～ 36 分；＜ 10 年，0 ～ 24 分
U$_4$ 经济适用性（权重 0.20）	D$_1$ 单位造价（元 /m^2）	80	低于行业平均水平，64 ～ 80 分；与行业平均水平相当，40 ～ 64 分；高于行业平均水平，0 ～ 40 分
	D$_2$ 维护成本（大修周期）	20	低于行业平均水平，16 ～ 20 分；与行业平均水平相当，12 ～ 16 分；高于行业平均水平，0 ～ 12 分
U$_5$ 国际竞争力（权重 0.10）	E$_1$ 生产规模（万元 / 年）	80	高于行业平均水平，64 ～ 80 分；与行业平均水平相当，40 ～ 64 分；低于行业平均水平，0 ～ 40 分
	E$_2$ 滤头滤板出口业绩	20	企业自身的出口比例＞ 20%，18 ～ 20 分；10% ～ 20%，12 ～ 18 分；0% ～ 10%，0 ～ 12 分

14.3.3 评估指标体系应用

邀请涵盖高校研究机构、生产企业、设计院所等在内的 9 名专家根据建立的评估体系对滤池配水器材进行专家评估。结果显示，国内滤池配水器材产品的技术就绪度整体达到9级，滤池配水器材产品行业发展较为全面，在技术可靠性方面还应进一步加强。评估打分及评估结果分别见表 14-14、图 14-5。

表 14-14　专家评分汇总

序号	U$_1$ 技术先进性		U$_2$ 技术可靠性		U$_3$ 性能稳定性		U$_4$ 经济适用性		U$_5$ 国际竞争力	
	分值 / 分	权重	分值 / 分	权重	分值 / 分	权重	分值 / 分	权重	分值 / 分	权重
1	93	0.1	83	0.25	89	0.25	94	0.2	93	0.2
2	92	0.2	88	0.25	95	0.25	96	0.2	89	0.1
3	91	0.2	88	0.25	90	0.25	96	0.2	93	0.1

续表

序号	U_1 技术先进性		U_2 技术可靠性		U_3 性能稳定性		U_4 经济适用性		U_5 国际竞争力	
	分值 / 分	权重	分值 / 分	权重	分值 / 分	权重	分值 / 分	权重	分值 / 分	权重
4	93	0.15	91	0.25	95	0.25	97	0.15	93	0.2
5	91	0.1	88	0.25	93	0.25	94	0.2	95	0.2
6	93	0.1	90	0.25	95	0.25	95	0.2	94	0.2
7	92	0.2	89	0.25	75	0.25	94	0.2	90	0.1
8	91	0.2	88	0.25	93	0.25	95	0.2	92	0.1
9	92	0.2	85	0.25	90	0.25	96	0.2	91	0.1
计算结果	技术就绪度（TRL）	明确需求（TRL1）	技术方案（TRL2）	通过论证（TRL3）	小试研究（TRL4）	中试研究（TRL5）	形成产品（TRL6）	三方评估（TRL7）	标准化（TRL8）	推广应用（TRL9）
	$B = WR$	0.45	0	0	0	0	0	0	1.42	3.55

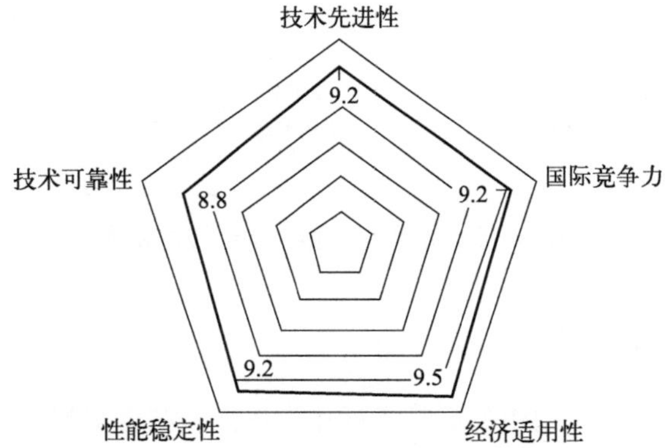

图 14-5　滤池配水器材评估结果图

14.4　应用验证

滤池的配水系统有大阻力、中阻力、小阻力三种形式，近些年来，由于节能等原因，大多数滤池已采用小阻力配水系统。在滤池工作过程中，反冲洗阶段非常重要，如果配水布气不均匀，容易造成滤池反冲洗短流，反冲洗不彻底，给滤池正常运行带来困扰。为保持配水配气均匀性，要提高配水孔和配气孔的流速，从而增加反冲洗及过滤时的水头损失和压力损失，通过增大配水配气渠道断面尺寸降低配水配气渠道流速。

滤池配水器材的验证采用了实验室验证及生产验证两种形式。其中，实验室验证滤板抗压强度、滤帽拉伸强度、滤帽冲击强度、滤帽硬度、滤杆和预埋座拉伸强度、滤杆和预埋座冲击强度、滤杆和预埋座硬度、滤头误差等产品性能指标。生产验证主要通过出水水质、水平误差、使用寿命、产品价格水平、维护周期等指标考察设备性能和应用效果。产品验证技术路线如图 14-6 所示。

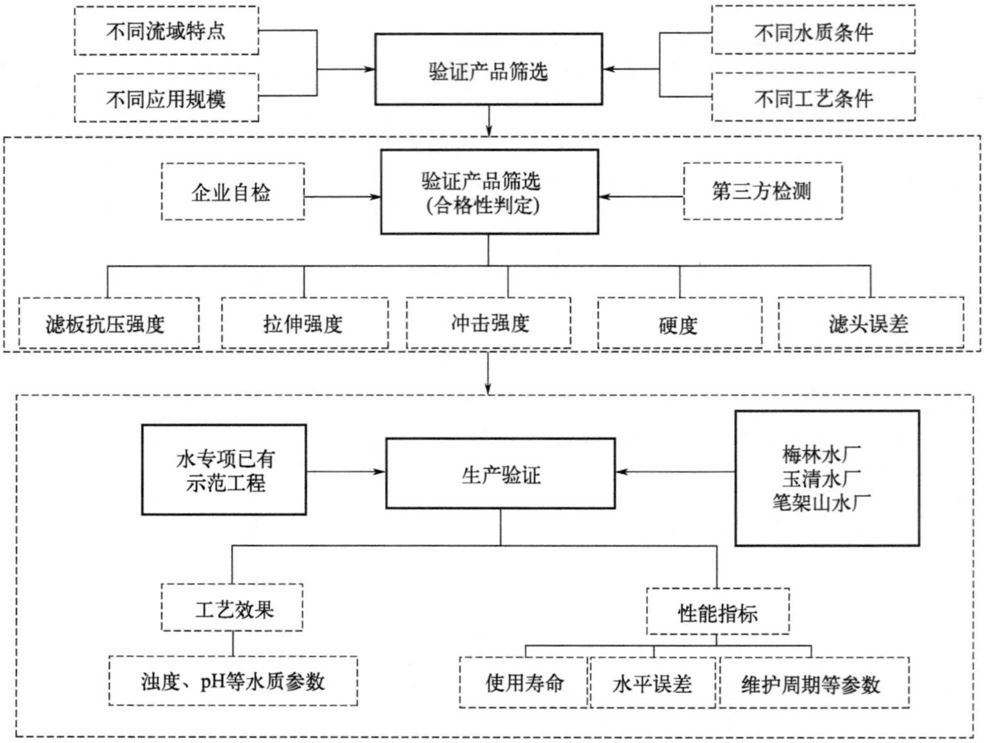

图 14-6　滤池配水器材验证技术路线

14.4.1　验证指标筛选

利用滤池配水器材实际应用中的高频指标作为重点，结合文献梳理和实地调查研究进行指标的海选。根据可观测性原则将数据无法获得的海选指标删除，保证初步筛选后的指标体系可以量化，然后对初步筛选的指标数据进行标准化分析，基于相关性分析将 X_1 准则层相关系数＞ 0.80、X_3 准则层相关系数＞ 0.80 的指标筛选保留。在相关性分析的基础上，利用主成分分析筛选各准则层内剩余的指标，筛选准则层 X_1 选取累积方差贡献率达到 80%、准则层 X_3 选取累积方差贡献率达到 70% 时各个主成分中因子负载绝对值较大的指标。

经过初步筛选和相关性、主成分定量筛选，从 24 个海选指标中筛选出 7 个指标，如表 14-15 所列。

表 14-15　滤池配水器材指标筛选结果

序号	准则层	指标层	筛选结果
1	X_1 小试	$X_{1.1}$ 滤板抗压强度	保留
2		$X_{1.2}$ 滤帽拉伸强度	主成分分析删除
3		$X_{1.3}$ 滤帽冲击强度	保留
4		$X_{1.4}$ 滤帽硬度	相关性分析删除
5		$X_{1.5}$ 滤杆和预埋座拉伸强度	主成分分析删除
6		$X_{1.6}$ 滤杆和预埋座冲击强度	保留
7		$X_{1.7}$ 滤杆和预埋座硬度	主成分分析删除

续表

序号	准则层	指标层	筛选结果
8	X_1 小试	$X_{1.8}$ 滤头误差	主成分分析删除
9	X_3 生产	$X_{3.1}$ 浊度	保留
10		$X_{3.2}$ pH	主成分分析删除
11		$X_{3.3}$ 单格滤池水平误差	保留
12		$X_{3.4}$ 滤板使用寿命	主成分分析删除
13		$X_{3.5}$ 滤头使用寿命	主成分分析删除
14		$X_{3.6}$ 密封材料使用寿命	保留
15		$X_{3.7}$ 产品价格水平	保留
16		$X_{3.8}$ 浊度去除率	主成分分析删除
17		$X_{3.9}$ 余氯	主成分分析删除
18		$X_{3.10}$ 维护周期	不可观测删除
19		$X_{3.11}$ 生产规模	不可观测删除
20		$X_{3.12}$ 用户体验	不可观测删除
21		$X_{3.13}$ 售后服务	不可观测删除
22		$X_{3.14}$ 出口业绩	不可观测删除
23		$X_{3.15}$ 注册资本	不可观测删除
24		$X_{3.16}$ 体系认证	不可观测删除

14.4.2 验证指标体系

在进行滤池配水器材验证时，可以选取滤板抗压强度、滤帽冲击强度、滤杆和预埋座冲击强度、浊度、单格滤池水平误差、密封材料使用寿命、产品价格水平等指标，所筛选出的指标涵盖了产品质量、应用效果、经济性能等几个方面，因此筛选出的指标具有较好的合理性。将以上得到的指标体系按照文献调查、实地调研及上述小试、中试和生产试验结果对评估指标进行等级划分，具体评估指标的等级见表 14-16。

表 14-16　评估指标的等级划分

指标	等级
滤板抗压强度	混凝土强度等级高于 C30，优良；不低于 C25，合格；低于 C25，不合格
滤帽冲击强度	ABS 材质不小于 $9kJ/m^2$，合格；ABS 材质小于 $9kJ/m^2$，不合格
滤杆和预埋座冲击强度	PP 材质不小于 $62kJ/m^2$，合格；PP 材质小于 $62kJ/m^2$，不合格
浊度	浊度小于 1NTU，合格
单格滤池水平误差	单格滤池所有滤头滤帽或滤柄顶表面的水平高程误差不大于 ±5mm，合格
密封材料使用寿命	14 年以上，优良；10 年，合格
产品价格水平	一般滤板价格在 1200 元 $/m^2$，合格；质量要求较高的滤板价格较高，在 2000 元 $/m^2$ 以上；滤板在 1000 元 $/m^2$ 以下，价格较低

14.4.3 典型产品验证案例

基于建立的验证体系，对深圳市某水厂的建设与运行数据进行验证（表 14-17）。该水厂目前水厂滤池均为小阻力配水系统，滤池配水器材均采用的是钢筋混凝土预制滤板，规格为 1140mm×975mm×100mm，滤头为 ABS 材质长柄滤头，滤帽直径 50mm，缝隙面积 2.0 ～ 2.5cm^2，缝隙宽 0.2mm。由于滤池在建设时施工质量较好，滤板与滤头的安装精度较高，滤池运行较为稳定。从滤池配水器材产品来看，20 多年来，滤池滤板未出现过质量问题，滤池运行状况良好。从运行管理的角度来看，滤头滤板的配水系统维护较为简便，这也与产品质量不可分。

表 14-17 深圳市某水厂滤池配水器材验证评估结果

验证指标	钢筋混凝土预制滤板，规格为 1140mm×975mm×100mm；滤头为 ABS 材质长柄滤头，滤帽直径 50mm，缝隙面积 2.0 ～ 2.5cm^2，缝隙宽 0.2mm	
	验证结果	评估结论
滤板抗压强度	C30	合格
滤帽冲击强度 /（kJ/m^2）	140	合格
滤杆和预埋座冲击强度 /（kJ/m^2）	202	合格
浊度 /NTU	0.09 ～ 0.15	合格
单格滤池水平误差 /mm	±2.5 ～ ±4	合格
密封材料使用寿命 / 年	14	优良
产品价格水平 /（元 /m^2）	滤板 1426	合格

对深圳市某水厂的滤池配水器材进行验证，各项指标均为合格，其中密封材料使用寿命方面达到优良。

第四篇

小型供水设备

随着城镇化进程的发展，饮用水水源地遭受了不同程度的污染，尤其是作为主要供水类型的地表水。随着《生活饮用水卫生标准》要求的不断提升，对饮用水水质提出了更高的要求，同时人们对水质安全和身体健康关注度的升高，推动了小型供水设备产品的快速发展。此次小型供水设备调研主要采用网络调研、实际调研等形式，调研范围覆盖了松辽流域、黄河流域、海河流域、长江流域、珠江流域、京津冀、太湖流域等七大重点流域和地区，调研内容包括各种小型设备的发展历程、技术原理、性能参数等生产情况以及产品标准、产量、市场格局等应用情况。

随着科研水平和制造技术的不断提升，小型供水设备的种类也越来越多，目前常用的主要包括一体化供水装置、膜分离装置、二次供水设备等几大类。

20 世纪 70 年代以来，我国广大村镇对自来水的需求带动了一体化供水装置的发展，出现了一批自主品牌的生产厂商，但以中小型企业为主，数量多而分散，生产的产品除一体化供水装置外，还包括其他的净水设备。这些企业生产的一体化供水装置主要以定制为主，大多数不是规模化生产的标准产品。随着产品生产规模逐步增加，一体化供水装置发展到现阶段也形成了部分标准，目前主要标准有《村镇供水工程技术规范》（SL 310—2019）、《水处理设备性能试验》（GB/T 13922—2011）、《水处理设备　技术条件》（NB/T 10790—2021）等，但针对一体化供水设备质量和制造的标准较少，更多标准侧重设计、施工质量、材料性能等，而且目前没有对一体化供水装置检测评估标准规范。

膜分离装置，包括反渗透装置、超滤装置、纳滤装置、电渗析装置、家用净水机、小区自动售水机等，主要利用膜技术进行水质净化处理以达到饮用的目的。进入 21 世纪以后，广大居民对饮水安全日益重视，对膜分离装置的需求也逐步提升。全国膜分离装置生产厂商数量较多，但主要以中小规模的厂商为主，而且大多数膜分离装置厂商既生产供水领域应用的膜分离装置，也生产工业领域应用的膜分离装置。目前涉及膜工艺及装置的标准有 33 项，其中国家标准 9 项，海洋行业标准 10 项，化工、环境等行业标准 14 项。反渗透膜工艺及膜装置相关标准最多，应用也最为广泛，共有 14 项标准。其中涉及反渗透装置通用标准有 2 项［《反渗透系统膜元件清洗技术规范》（GB/T 23954—2009）、《反渗透能量回收装置通用技术规范》（GB/T 30299—2013）］，市政低盐水标准 1 项［《反渗透水处理设备》（GB/T 19249—2017）］，纯水机及家用净水器反渗透装置标准 4 项［《纯水机》（CJ/T 168—2002）、《家用和类似用途纯净水处理器》（QB/T 4144—2019）、《家用生活饮用水反渗透处理器具拆装和维修服务技术规范》（SB/T 10869—2012）、《饮用纯净水制备系统 SRO 系列反渗透设备》（HY/T 068—2002）］。超滤装置的相关标准共计 4 项，包括《超滤水处理设备》（CJ/T 170—2018）、《饮用水处理用浸没式中空纤维超滤膜组件及装置》（CJ/T 530—2018）、《水处理设备性能试验　第 1 部分：超滤》（DB44/T 841.1—2010）和《全自动连续微 / 超滤净水装置》（HG/T 4111—2009）。纳滤装置的标准较少，仅有 1 项标准，为《纳滤装置》（HY/T 114—2008）。

20 世纪 70 ～ 80 年代，随着我国社会经济发展和城市化建设步伐加快，高层、小高层建筑和高层集中式住宅小区日趋密集，原有的城市管网输配水系统供水压力不能满足高层供水的压力需求，二次供水装置开始大量应用。由于供水方式、设备质量、监管方式等原因，在应用中二次供水环节存在“跑、冒、滴、漏”严重、供水服务不规范、水质污染风险高、隐患多等诸多问题，严重影响了居民安全用水。为保证水质安全、实现节能降耗，二次供水方式逐渐发展出多种设备 / 设施类型，由最初的“高位水箱二次供水系统”发展到了目前“无负压二次供水系统”，带动了二次供水设备的技术发展。目前国内市场上能够提供二次供水设备的厂商数量大约 500 家，但在全国范围内有影响力的二次供水厂商相对较少，威派格、南方泵业、青岛三利、上海熊猫等厂商产品和服务可以覆盖全国大多数市场，具有较高的行业知名度，其他大部分地方性中小厂商技术含量较低、具有明显的地域属性。随着二次供水设备的发展，相关的标准体系也逐步完善，2008 年住建部先后发布了《箱式无负压供水设备》（CJ/T 302—2008）和《稳压补偿式无负压供水设备》（CJ/T 303—2008）；2013 年又发布了《城镇供水管网加压泵站无负压供水设备》（CJ/T 415—2013），2014 年住建部先后发布了管网叠压无负压供水设备、变频供水设备等产品的标准，2015 年随着国家智能制造的提出，中国工程建设标准化协会发布了《数字集成全变频控制恒压供水设备应用技术规程》（CECS 393—2015）；2019 年国家市场监督管理总局和国家标准化管理委员会发布了《数字集成全变频控制恒压供水设备》（GB/T 37892—2019），并于 2020 年 7 月 1 日实施，推动了二次供水设备的智能化发展。

综上所述，我国小型供水设备整体发展迅速、设备种类繁多、未来市场规模巨大，据不完全统计，截至 2019 年，我国小型供水设备市场规模已经达到 105 亿元，而且还在逐年快速增加。其中一体化供水装置 14 亿元，膜分离装置 13.5 亿元，而二次供水设备 77.5 亿元。

由于相关产品标准化程度参差不齐，小型供水设备市场依然十分混杂，设备生产不够规范，也缺乏相应的市场准入机制。由于生产厂家的不同、生产流程的差异，小型供水设备的技术性能参数和产品质量也千差万别。在今后的工作中，应结合小型供水设备的生产流程开展技术性能测试和经济性分析，系统评估小型供水设备在不同条件下的产品适用性、技术可靠性、性能稳定性，构建产品性能标准化评估方法，进而提高小型供水设备的净化效能，促进行业的可持续发展。

第 15 章 常规一体化供水装置

15.1 产品概述

随着我国社会、经济的快速发展，村镇和偏远农村的供水问题逐渐得到重视。目前常规一体化供水装置在农村供水、分散式供水及县镇供水等领域得到广泛应用，其大多数采用“混凝 - 沉淀 - 过滤 - 消毒”的常规处理工艺，是集成加药、水力絮凝、斜管沉淀以及过滤等设施的综合设备。将絮凝、沉淀、过滤工艺紧凑合理地组合成一体，能有效地将常规地表水原水处理成符合国家卫生标准的生活饮用水，适用于广大农村、村镇和市政供水工程，并且具有简单实用、安装方便等特点。

15.1.1 产品分类

早期的一体化净水器采用滤罐、过滤器等形式，出水浊度按≤ 3NTU 控制。随着以上小型供水设备工艺弊端的凸显以及国家标准《生活饮用水卫生标准》（GB 5749—2022）对于饮用水水质要求的不断提升，小型供水设备开始集成大型市政水厂的成熟工艺，形成了以“水力循环澄清池 + 重力式无阀滤池”为主体工艺的一体化净水装置。各地陆续推出了饮用水水质的地方标准，相应水质指标要求进一步提高，特别是以浙江为代表的《浙江省城市供水现代化水厂评价标准》出厂水优质标准评价要求：出水浊度≤ 0.1NTU。为响应各地的水质指标要求，形成了以“网格絮凝 + 斜管 / 斜板沉淀 + 气水反冲洗滤池”为核心的常规一体化供水装置，并且在不同工艺段开展了一系列的强化研究，以提高装置的处理效果。

15.1.2 性能指标

决定常规一体化供水装置最重要的指标是出水水质，但原水水质情况以及装置的工艺形式、运维控制、故障率等均有重大影响。因此常规一体化供水装置的性能主要体现在原水适应性、工艺集成能力、吨水生产成本等方面。

① 原水适应性：考察一体化供水装置对于高浊、低温低浊、高藻、微污染等各类原水水质的适用情况。

② 工艺集成能力：考察一体化供水装置工艺的整体性和综合处理能力，是供水设备应对不同原水水质净化目标最有效的方式。

③ 吨水生产成本：一体化供水装置吨水生产成本仅包括供水装置及其配套系统的运行费用（电费、药剂费用等），不包括取水、供水系统以及人工成本。

④ 自动化程度：一体化供水装置运行控制系统的自动化、智能化程度。

⑤ 故障率：反映一体化供水装置质量的重要指标之一。

⑥ 过载能力：超过额定限值以后能够承受的能力范围。

⑦ 吨水造价：一体化供水装置本身的一次性投资。

⑧ 自耗水率：一体化供水装置自身运行所需的自用水量占处理水量的比重，其中自用水量主要包括反应沉淀工艺段的排泥及滤池工艺段的反冲洗。

15.1.3　技术标准情况

目前，国外对于常规一体化供水装置暂无明确的设计、制造标准，仅仅对于水质有明确要求。相比国外，国内一体化供水装置标准的种类较多，涉及行业标准、团体标准以及部分企业标准。但是，各类标准涉及部门众多，缺乏统一归口，不利于规范化管理。其中，由中国工程建设标准化协会颁布的《一体化给水处理装置应用技术规程》（T/CECS 349—2024），是截至目前关于常规一体化供水装置从工艺流程、设计和生产到现场施工安装与调试运行以及后期运行维护管理最全面的应用标准之一。该标准设定原水的水质要求不低于地表水Ⅲ类水体，出水水质应符合《生活饮用水卫生标准》（GB 5749—2022）。针对不同原水情况设计了不同的净水工艺流程，为常规一体化供水装置的设计、生产、安装提供了参考，也为调研评估验证体系的技术参数指标提供参考依据。另外，针对生产企业企标情况的调研数据表明，绝大部分生产企业没有产品企标，甚至极少参与标准的编制过程，因此对企业产品的质量管控力度有所不足。

常规一体化供水装置不仅涉及工艺流程设计，还包括相关的制造标准，如表 15-1 所列。这些标准对原材料、工艺设计、设备焊接和组装以及电气自动化等进行规范，也为一体化供水装置的电气自控、工艺集成能力、材质耐久性能等评估指标提供了重要的参考依据。

表 15-1　常规一体化供水装置相关标准汇总

序号	标准名称	标准号
1	原材料等基础标准	
1.1	碳素结构钢	GB/T 700
1.2	碳素结构钢冷轧钢板及钢带	GB/T 11253
1.3	碳素结构钢和低合金结构钢热轧钢板和钢带	GB/T 3274
1.4	不锈钢热轧钢板和钢带	GB/T 4237
1.5	不锈钢冷轧钢板和钢带	GB/T 3280
1.6	钢制对焊管件　类型与参数	GB/T 12459
1.7	气焊、焊条电弧焊、气体保护焊和高能束焊的推荐坡口	GB/T 985.1
1.8	工程机械　焊接件通用技术条件	JB/T 5943
1.9	生活饮用水输配水设备及防护材料的安全性评价标准	GB/T 17219

续表

序号	标准名称	标准号
2	饮用水水质标准	
2.1	生活饮用水水源水质标准	CJ 3020
2.2	地表水环境质量标准	GB 3838
2.3	地下水质量标准	GB/T 14848
2.4	生活饮用水卫生标准	GB 5749
3	设计标准	
3.1	室外给水设计标准	GB 50013
3.2	村镇供水工程技术规范	SL 310
3.3	低温低浊水给水处理设计规程	T/CECS 110
3.4	含藻水给水处理设计规范	CJJ 32
3.5	高浊度水给水设计规范	CJJ 40
3.6	城镇给水微污染水预处理技术规程	CJJ/T 229
3.7	低压成套开关设备和控制设备　第 1 部分：总则	GB 7251.1
3.8	通用用电设备配电设计规范	GB 50055
3.9	电力装置的继电保护和自动装置设计规范	GB/T 50062
3.10	电力工程电缆设计标准	GB 50217
4	现场施工及验收	
4.1	给水排水管道工程施工及验收规范	GB 50268
4.2	现场设备、工业管道焊接工程施工规范	GB 50236
4.3	工业设备及管道防腐蚀工程技术标准	GB/T 50726
4.4	现场设备、工业管道焊接工程施工质量验收规范	GB 50683
4.5	风机、压缩机、泵安装工程施工及验收规范	GB 50275
5	产品及应用标准	
5.1	一体化给水处理装置应用技术规程	T/CECS 349
5.2	二次气浮过滤净水器	JB/T 6931
5.3	强化絮凝沉淀　全自动净水成套装置	HG/T 4084

15.1.3.1 原水适应性依据的相关标准

原水水质是一体化供水装置工艺流程选择的重要依据，也是体现设备技术先进的重要指标。其原水水质不低于地表水Ⅲ类水体标准，应符合现行国家标准《地表水环境质量标准》（GB 3838—2002）或《地下水质量标准》（GB/T 14848—2017）的规定，且处理之后的水质要符合现行国家标准《生活饮用水卫生标准》（GB 5749—2022）。同时在《一体化给水处理装置应用技术规程》（T/CECS 349—2024）中规定了根据原水不同的浊度、温度、微污染、藻类等指标一体化供水装置的处理工艺流程。

① 原水浊度不超过 1000NTU 时，可采用如图 15-1 所示工艺流程。

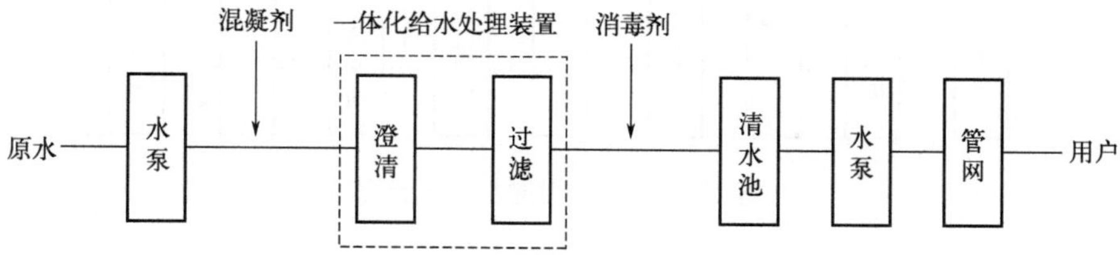

图 15-1　原水浊度不超过 1000NTU 时处理工艺流程

② 原水浊度不超过 200NTU 时，可采用如图 15-2 所示工艺流程。

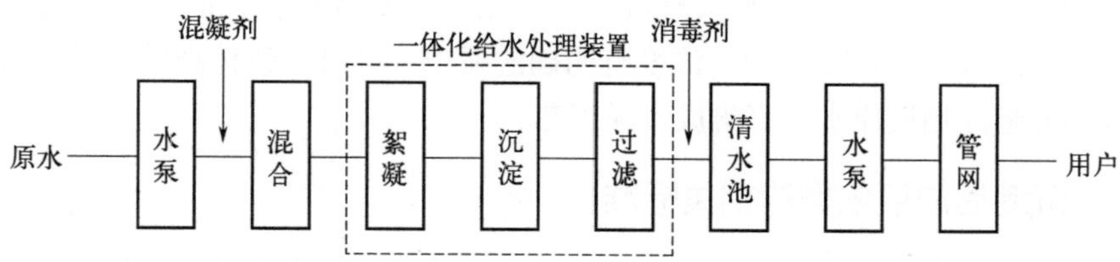

图 15-2　原水浊度不超过 200NTU 时处理工艺流程

③ 原水浊度不超过 20NTU，且小型集中式供水和分散式供水出水浊度不超过 3NTU 时，可采用如图 15-3 所示工艺流程。

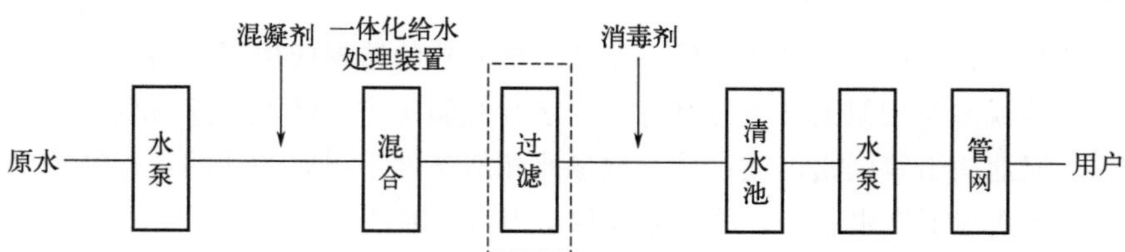

图 15-3　低浊度原水或小型分散式供水处理工艺流程

④ 低温低浊及含有藻类等密度小的悬浮物质的原水，可采用如图 15-4 所示工艺流程。

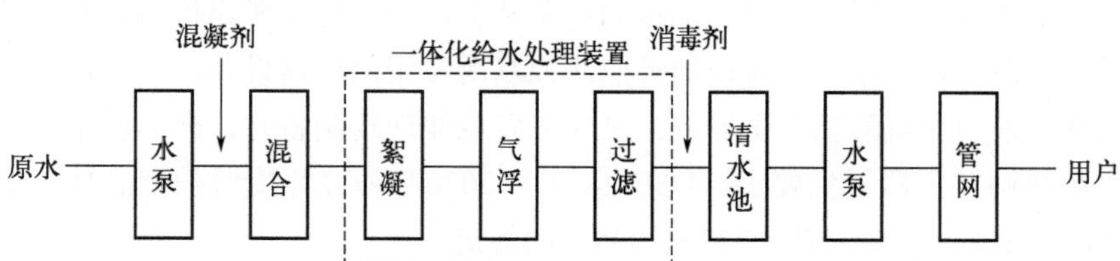

图 15-4　低温低浊及含有藻类原水处理工艺流程

⑤ 原水浊度长期超过 1000NTU，可采用如图 15-5 所示工艺流程。

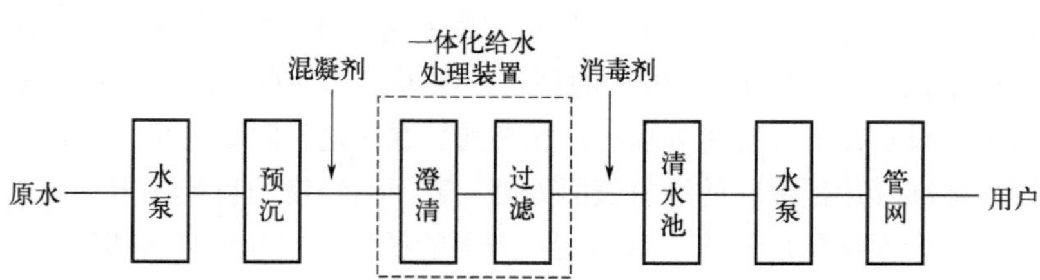

图 15-5

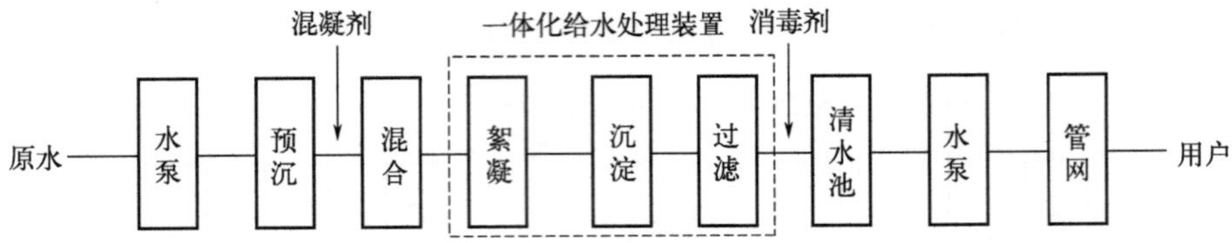

图 15-5 高浊度原水工艺流程

15.1.3.2 水处理工艺集成能力依据的相关标准

水处理工艺集成能力直接反映系统功能的全面程度。该评估指标涉及传统工艺、预处理、深度处理及设备安装组装的相关标准。在采用高锰酸钾预氧化时，对高锰酸钾的投加量、投加时间、最终投加高锰酸钾的浓度有明确的要求；同时，该标准针对低温低浊及含有藻类等密度小的悬浮物质原水，可集成气浮工艺。

15.1.3.3 沉淀后浊度依据的相关标准

沉淀后浊度一方面体现了絮凝沉淀工艺的处理效果，另一方面是后续滤池正常运行的保障。沉淀池出水浊度宜控制在 3NTU 以下。对于斜管、斜板沉淀池要定期清洗斜管（斜板）表面及斜管管内沉积产生的絮体泥渣。

15.1.3.4 冲洗方式及滤速依据的相关标准

滤速及冲洗方式直接决定过滤效果。滤池冲洗方式的选择应根据滤料层组成、配水配气形式，通过试验或参考相似条件下已有滤池的运行经验确定；滤池滤速应根据进水水质、滤后水质要求、滤池构造等因素，通过试验或参照相似条件下已有滤池的运行经验确定。通常所采用的冲洗方式包括气水联冲、单水冲洗和水力自动冲洗。

15.1.3.5 加药、消毒投加剂量精准度依据的相关标准

加药、消毒投加剂量的精准度是影响絮凝效果及消毒效果的直接因素。消毒剂投加系统应有控制投加量的措施和指示瞬时投加量的计量装置，必要时应考虑投加设备的备用，有条件时宜采用自动控制投加系统。对投加量监测控制所使用的仪器设备决定了加药、消毒投加计量的精准度。采用次氯酸钠发生器或二氧化氯发生器现场制备时，产品质量应符合国家现行标准《次氯酸钠发生器卫生要求》（GB 28233—2020）和《环境保护产品技术要求　化学法二氧化氯消毒剂发生器》（HJ/T 272—2006）的规定。

15.1.3.6 材质耐久性依据的相关标准

材质耐久性是影响设备使用寿命的重要因素。一体化供水装置的主体宜采用普通碳素结构钢板焊制，应做防腐处理，其合理设计使用年限不应低于 15 年；钢材力学性能应符合现行国家标准《碳素结构钢》（GB/T 700）的规定；在采用其他材料时，应符合国家现行相关产品标准的规定。设备在进行防腐处理时，涂装前装置应进行除锈处理，处理后的金属表面应符合现行国家标准《涂覆涂料前钢材表面处理　表面洁净度的目视评定　第 1 部分：未涂覆过的钢材表面和全面清除原有涂层后的钢材表面的锈蚀等级和处理等级》（GB/T 8923.1—2011）中除锈等级 St2 级的规定。

15.1.3.7　设备出水综合合格率依据的相关标准

设备出水综合合格率表征出水水质稳定性，检测指标主要为浊度、有机物、微生物、重金属、藻类及氟化物等。对于出水指标所依据的标准需要符合现行国家标准《生活饮用水卫生标准》（GB 5749—2022），该标准既适用于城乡各类集中式供水的生活饮用水，也适用于分散式供水的生活饮用水。其中，出水的浊度≤ 1NTU，微生物菌落总数≤ 100CFU/mL，氟化物≤ 1mg/L，有机物和重金属也要符合其标准要求。

15.1.3.8　年故障次数依据的相关标准

年故障次数直观反映设备运行状态的好坏，其包含仪器仪表故障、泵及风机等设备故障、供水装置主体（含管道混合器）故障等。为减少设备出现故障的频率，对其进行日常维护与检修成为了一项重要的工作。定期维护应由维修人员负责，并应每年进行 1 ～ 2 次专业性的检查、清扫、维修与测试；应每日检查设备阀门的运行状况；每日应对加药及消毒设备进行清洁与场地清扫；对泵与风机等设备应保持周围环境的清洁，按设备说明书要求定期添加或更换润滑剂，当泵与风机等设备出现异常，应查看原因并及时进行处理。

15.1.3.9　过载能力依据的相关标准

过载能力也是评定装置设计、运行性能的一项重要指标。一体化给水处理装置应按照设计工况运行，运行负荷不宜超过设计值的 15%，且为稳定运行需要，澄清池运行负荷应在设计范围内。

15.2　行业调研

15.2.1　国内生产状况

15.2.1.1　常规一体化供水装置制造商分布

根据前期调研，总结了 121 家具有一体化供水设备生产规模的厂家，如表 15-2 所列。根据设备的核心工艺，主要分为三大类一体化供水装置，即以常规工艺为核心的一体化供水装置以超滤工艺为核心的一体化供水装置和以反渗透为核心的一体化供水装置。主要分布在我国的东北、华北、东南、西北和西南地区。华北地区以山东省生产一体化供水设备的制造商最多，数量占全国的 28.9%。东南地区是制造商最密集的地区，一体化供水设备制造商多达 43 家，占全国的 35.5%。可以看出，华北和东南沿海是国内一体化供水装置生产的主要地区，这两大区域也覆盖了我国的黄河流域、长江流域和珠江流域，原水水质情况也各不相同，因此该区域制造商的一体化供水装置具有较强代表性。

表 15-2　国内一体化供水装置制造厂家地域分布情况

序号	区域	厂家数	序号	区域	厂家数
1	京津冀地区	7	2	山东地区	35

续表

序号	区域	厂家数	序号	区域	厂家数
3	江浙地区	25	6	湘鄂川地区	18
4	广东地区	18	7	西北地区	8
5	云黔桂地区	4	8	东北地区	6

常规净水工艺通常包括“混凝＋沉淀＋过滤”三段式，以该工艺为核心的一体化供水装置技术成熟度高、可靠性好，因此在农村分散式供水保障工程、模块化自来水厂建设、偏远地区净水工程中都有非常广泛的应用。在调查样本中，以常规工艺为核心的一体化供水装置生产企业共66家，占国内市场的54.5%。因此，常规一体化供水装置目前在国内应用中占主流地位。同时，常规一体化供水装置制造商主要分布在华北、东南、西北和西南区域。华北地区中的潍坊具有生产规模的有12家；东南地区宜兴7家，绍兴4家，佛山4家。西北地区西安7家，西南地区成都5家。在表15-3中7个具有代表性的地区中，共计42家制造商，占一体化供水装置总制造商的63.6%。根据这些结果可以看出制造商在区域内呈现“小分散，大聚集”的特点。因此，这7个城市应该是实地考察和现场调研验证的重点。

表15-3 国内常规一体化供水装置部分制造商分布情况

序号	地区	厂家数	序号	地区	厂家数
1	山东潍坊	12	5	湖北武汉	3
2	江苏宜兴	7	6	四川成都	5
3	浙江绍兴	4	7	陕西西安	7
4	广东佛山	4			

15.2.1.2 常规一体化供水装置工艺与参数分析

（1）混合工艺

混合作为常规一体化供水装置的首步工艺，也是后续工艺正常运行的保障。根据调研数据分析可知，目前国内常规一体化供水装置以管道混合器和机械搅拌混合两者应用得最为广泛，占总数的90%以上，其中采用管道混合工艺的常规一体化供水装置数量最多。在管道混合技术当中，大部分生产企业仍采用传统的翼片式管道混合器，虽然能保证混合效果，但是水头损失较大。因此，有部分生产企业通过对混合技术的不断探索优化了管道混合器的内部结构，在加强药剂投加混合效果的同时有效地降低了管道混合器水头损失，研发创新了一系列的微（无）阻力管道混合器产品，详见图15-6。

（2）絮凝工艺

絮凝工艺是决定絮体形状好坏的关键过程。国内以网格、折板、隔板和吸附工艺应用得最为广泛，占总数的80%，如图15-7所示。通过类似设计可极大缩短絮凝反应时间、强化絮凝效果。在网格絮凝池的实际应用中发现，其絮凝形成的矾花颗粒及密度较大，且具备絮

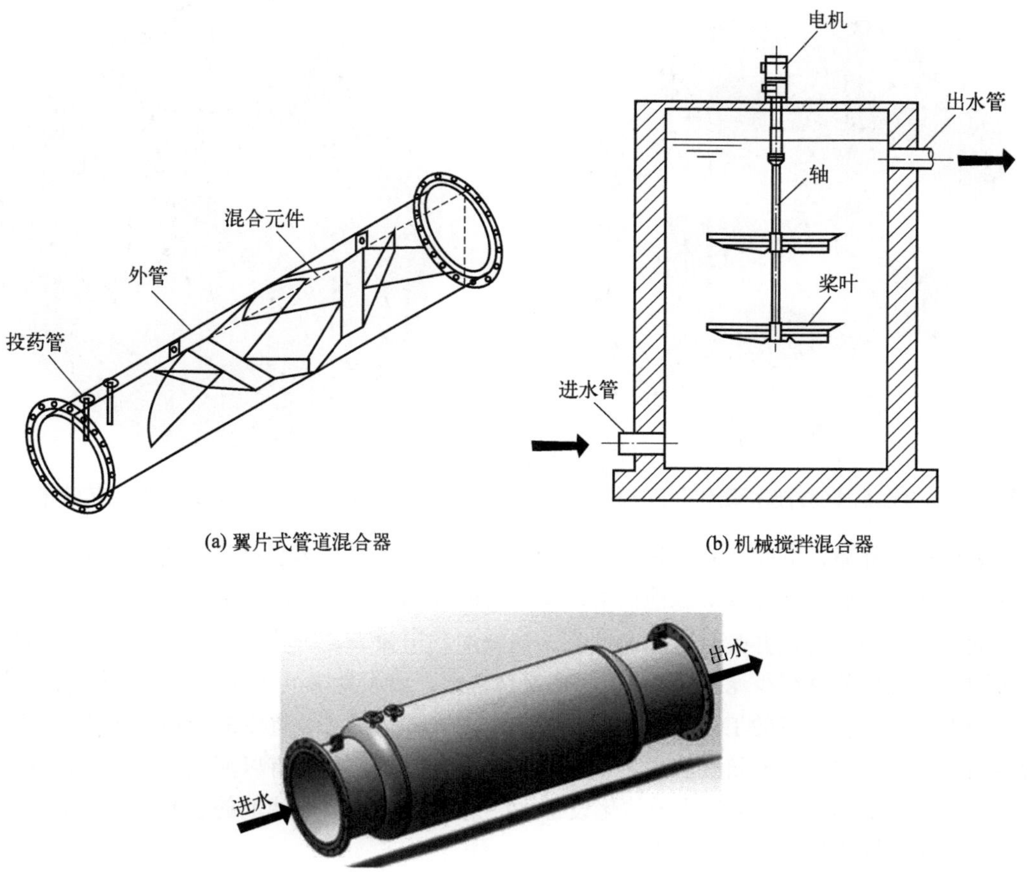

(a) 翼片式管道混合器　　(b) 机械搅拌混合器

(c) 微(无)阻力管道混合器

图 15-6　不同混合工艺展示

凝时间短、构造简单等优点，因此在近几年的一体化供水装置中的应用越来越广泛。不同生产企业也根据自身产品特点，开发了包括涡旋流反应装置等在内的各类网格絮凝装置。特别是针对含高藻处理的一体化供水装置还会设置高浓度絮凝层，以提高藻类的去除效果和能力。

(3) 沉淀工艺

如图 15-8 所示，在常规一体化供水装置中斜管沉淀工艺应用最多，占总体的 85%。斜管沉淀池的优点主要表现在沉淀时间短、工作效率高、占地面积小，并且出水比较稳定，但是其同样存在过水和滑泥之间的顶撞混流问题。因此，部分生产企业通过分层导流的结构形式开发了横向分流式斜板等新型沉淀工艺，将“浅层沉淀”理论应用到极致，一方面极大缩短了颗粒沉淀距离，另一方面实现了同等液面负荷下沉淀面积 2 倍以上的提升。同时，结合双通道沉淀形式，实现了水平过水通道与垂直滑泥通道分流的高效沉淀。

(4) 过滤工艺

过滤是保证出水浊度最重要的工艺步骤。如图 15-9 所示，实际应用中普通快滤池、重力无阀滤池和虹吸滤池占所有过滤工艺的 82%，其中无阀滤池应用较广泛。多数普通快滤池以

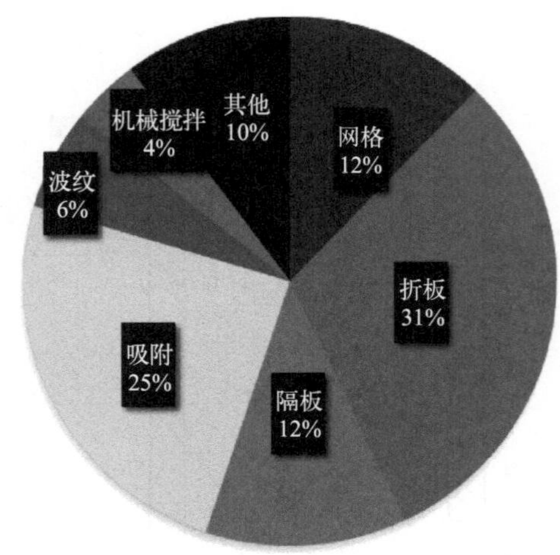

图 15-7　混凝 / 絮凝技术采用的工艺分布

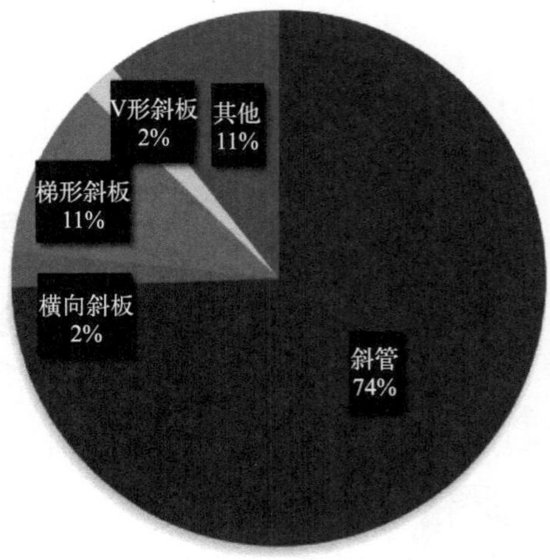

图 15-8　沉淀技术采用的工艺分布

石英砂为过滤介质，同时还有无烟煤、活性炭、聚苯乙烯层等多层过滤。V 型滤池相较于普快滤池、重力无阀滤池和虹吸滤池而言，其本身的结构形式在滤池进水配水、反冲洗布水布气方面有更大的优势，并具有过滤时间长、滤料层利用效率高等特点。同时，V 型滤池独有的表面扫洗结构能够减少滤池 1% ～ 2% 的反冲洗水，极大地降低了滤池的自耗水量。然而，V 型滤池虽然具有较多的工艺优势，但是其在常规一体化供水装置中的应用并不广泛，大多数应用于传统土建（构）筑物当中。根据市场调研结果，目前仅有以浙江联池水务设备股份有限公司为代表的 LC 型装配式一体化设备水厂采用组装式 V 型滤池的过滤工艺，其余生产企业均采用普快或者无阀滤池等形式。

冲洗方式和滤速是过滤工艺中的关键考核指标。如图 15-10 所示，滤池反冲洗工艺形式主要有单水冲洗、水力自动冲洗和气水联冲三种形式。一般来说，反冲洗方式、效果优劣对比：气水联冲效果最好；其次是单水冲洗；水力自动冲洗效果较差。而目前约 72% 的生产企业只生产无阀滤池配合水力自动冲洗工艺形式的供水装置。能够生产并成熟应用气水联冲洗工艺形式设备的生产企业仅占 6%。

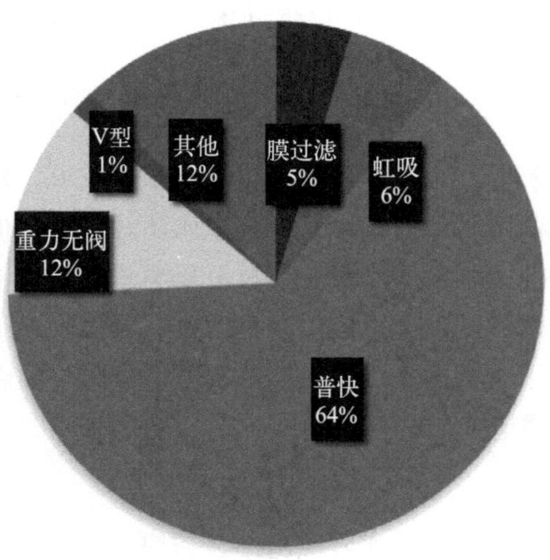

图 15-9　过滤技术采用的工艺分布

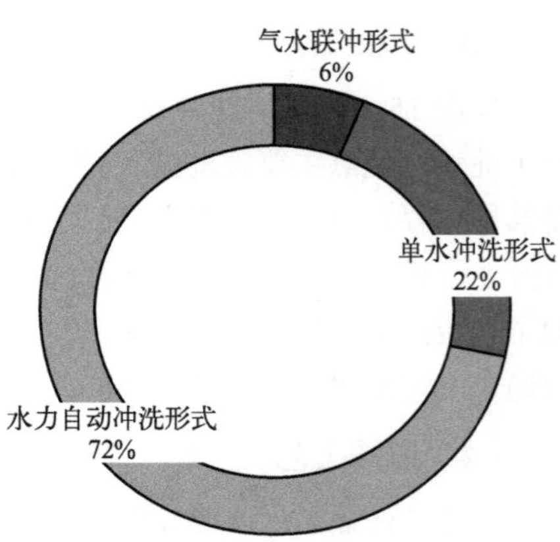

图 15-10　滤池反冲洗工艺形式占比

而滤池滤速的设定主要分为 3 个层次：＜ 7m/h、7 ～ 9m/h 和＞ 9m/h。一般而言，滤速设定得越低，过滤效果越好，但占地面积会偏大。大部分（约占比 90%）供水装置滤池的运行滤速在 7 ～ 9m/h 区间范围内，均能达到运行要求。

（5）加药 / 消毒工艺

加药 / 消毒效果是一个综合性较强的指标，在调研过程中通过以下几个方面来进行评估：

① 加药 / 消毒药剂投加的精度；

② 加药后的混合效果；

③ 清水池出水余氯含量及稳定曲线。

根据调研资料分析，目前 90% 以上的常规一体化供水装置生产企业采用隔膜计量泵进行投加，通过调节计量泵的功率与冲程以及药剂浓度来控制投加精度。此方式在药剂投加精度方面偏差较大，部分企业通过增加电磁流量计来进行计量提高投加精度。7% 左右的生产企业采用数字计量泵进行药剂投加控制，可以实现精准加药。在药剂混合效果以及余氯含量控制方面，少数生产企业实现了在线监测仪表数据反馈与处理水量和药剂投加量之间的自动化控制，当然，大部分的生产企业仍停留在人工经验值调整加药量的状态。

15.2.1.3　常规一体化供水装置性能指标分析

（1）出水水质指标分析

国内对于一体化供水装置出水水质提出了浊度、余氯和 pH 值等的指标要求，其中浊度是判断处理效果是否合格最重要的指标。如图 15-11所示，在出水浊度分布中有 32 家制造商的一体化供水装置出水浊度能够保证介于 0.5 ～ 1NTU 之间，占总体的 58.3%；有 13 家制造商的一体化供水装置保证出水浊度介于 1 ～ 3NTU 之间，占总体的 25%；其次是保证出水浊度介于 3 ～ 5NTU 之间的一体化供水装置制造商有 5 家；特别有 3 家制造商的一体化供水装置保证出水浊度小于 0.5NTU。另外，几乎所有的一体化供水装置的余氯和 pH 值均能够分别满足＞ 0.3mg/L 和介于 6.5 ～ 8.5 之间的出水水质范围指标。基于常规工艺的一体化供水装置净化下限浊度往往在 0.5NTU，同时大多数集中在 0.5 ～ 1NTU 之间。常规工艺耦合超滤的一体化供水装置的出水浊度一般可以＜ 0.3NTU。根据进水浊度不同，出水浊度往往也受到不同程度的影响。

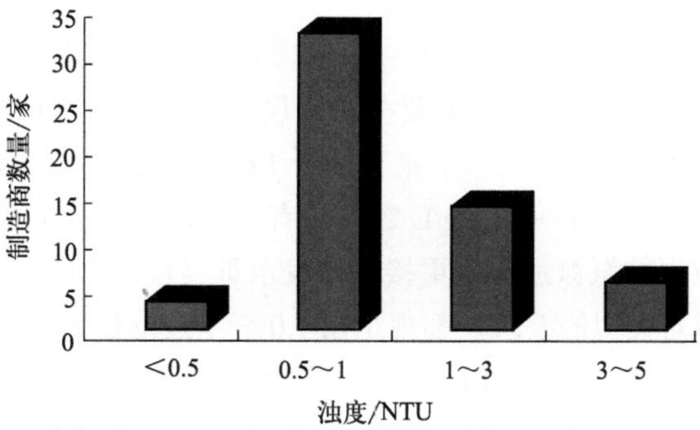

图 15-11　制造商的出水浊度分布

在特殊的原水水质情况下，部分生产企业以及用户也会对于耗氧量、铁、锰等指标进行规范要求，水质指标满足《生活饮用水卫生标准》(GB 5749—2022)。探究出水效果最优企业的工艺优势，发现其处理效果的保障主要来源于以下两个方面：

① 装置在设计过程中通过优化设计参数等形式来保障净水效果；

② 通过集成多种工艺模块组合来保障出水水质指标。

(2) 原水适用性分析

目前国内常规一体化供水装置对原水适应性方面的要求，首先体现在浊度方面。如图 15-12 所示，56 家制造商的有效样本中，适用于原水浊度在 3000NTU 以上的生产企业仅有 1 家，可应用于黄河流域、长江流域等高浊度原水水质；适用于原水浊度在 1000 ～ 3000NTU 的制造商有 30 家，主要应用于地表Ⅲ类以上江河湖库原水水质条件；适用于原水浊度在 500 ～ 1000NTU 的制造商有 9 家；适用于原水浊度在 100 ～ 500NTU 的一体化供水装置厂家有 12 家；适用于原水浊度小于 100NTU 的厂家有 4 家，主要应用于低温低浊的原水情况。同时，一体化供水装置生产企业根据不同原水浊度情况适时调整装置的工艺设计参数，增加或者减少强化处理措施。例如在混凝 / 絮凝工艺中，增加药剂的投加量以增强混凝效果；在沉淀工艺中，运用聚丙烯材料的双层斜管沉淀，以增加沉淀负荷；在过滤工艺中，使用新材料的多孔过滤基质增加过滤效果。由此可以看出，大多数生产企业能够满足常规地表Ⅲ类以上江河湖库原水水质条件，但是对于高浊度原水或低温低浊原水的适应性较差。

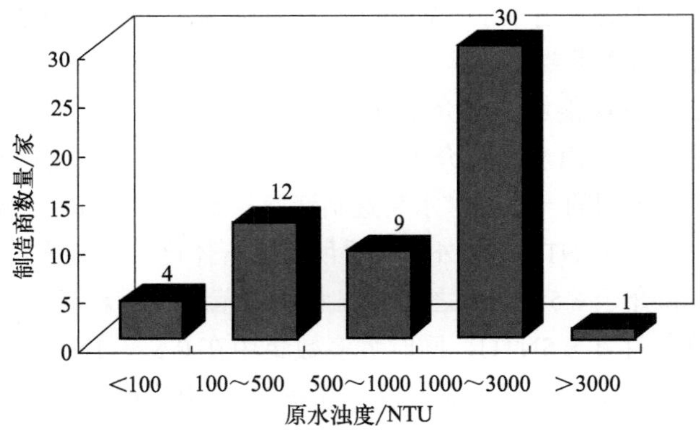

图 15-12　制造商原水浊度适应性分布

在 56 家具有代表性的制造商样本中，有 48 家制造商对原水的氨氮和矿化物 / 氟化物也做了具体的规定。其中，氨氮指标主要分 3 个层次，要求原水中氨氮小于 1.0mg/L 的设备有 27 家，占总体的 56.3%；要求原水氨氮介于 1.0～ 2.0mg/L 之间的有 14 家，占总体的 29.2%；要求原水氨氮介于 2.0 ～ 10mg/L 之间的有 7 家，占总体的 14.5%。由此可以看出，常规一体化供水装置原水的氨氮适应性更接近地表水Ⅲ类及以上的水质标准。另外，对原水硬度的适应性往往有相对类似的要求，都规定在 1.0 ～ 1.5mg/L 范围以下。

如图 15-13 所示，有 10% 占比的生产企业，通过产品的专一性来实现某一类污染指标的去除效果，例如专门的气浮设备厂家等。目前也有一些生产企业在工艺上谋求突破，例如通过不同处理工艺模块的组合、集成来适应原水微污染、高藻等各类水质，提高装置的原水适应性。

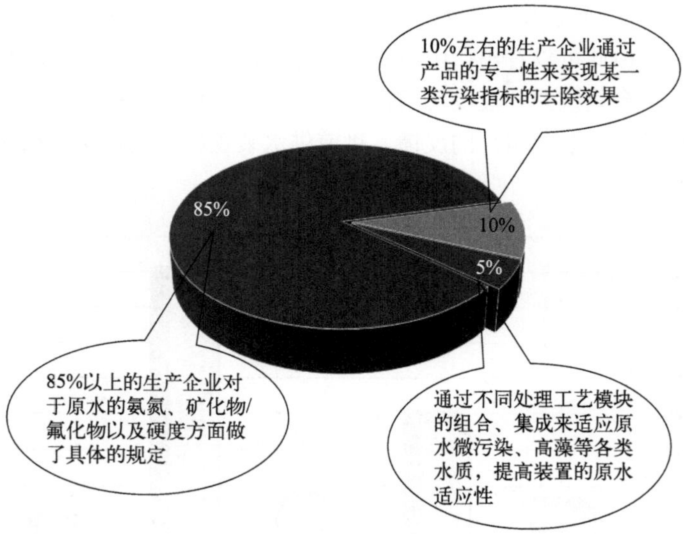

图 15-13　原水其他指标适应性生产企业占比

（3）工艺集成能力分析

当传统的三段式工艺不能满足区域饮用水水质要求时，后置超滤技术的一体化供水装置随着市场需求应运而生。三段式＋超滤的一体化供水装置明显改善出水水质。例如，某水务公司采用压力式运行方式，集成了絮凝、斜管沉淀池、普通快滤池和超滤的工艺组合。出水浊度＜ 0.2NTU，余氯＞ 0.05mg/L，满足《饮用净水水质标准》（CJ/T 94—2005）。通过三段的预处理过程有效延长了超滤膜的使用寿命，更换周期在 2 年以上。同时还配备了 TDS 实时监测设备，有效保证出水水质要求。也有针对三段式工艺进行不同工艺组合的一体化供水装置。例如，某环保设备公司通过预氧化、絮凝、沉淀、高效气浮、过滤、活性炭吸附、消毒七段工艺的集成设计，有效保证了出水浊度＜ 1NTU。但是目前仅 1 家生产企业提出了多段工艺组合搭配，实现各类原水的给水处理目标，并且实现了预氧化、预沉、气浮、高级氧化、深度处理（臭氧活性炭）、膜处理、生产废水处理等所有净水处理工艺模块的组合集成。因此一体化供水装置的集成能力是供水设备提高处理效果的强化方式，可考察一体化供水装置的整体性和综合水处理水平。

（4）吨水生产成本分析

吨水生产成本仅包括供水装置及其配套系统的运行费用（电费、药剂费用等），不包括取水、供水系统。在供水装置运行电耗方面主要体现在反冲洗水泵、风机、加药计量泵等较大功率的设备上，而药耗主要体现在絮凝剂投加、消毒剂投加等方面。根据调研数据分析可知，68% 的供水装置吨水生产成本为 0.05 ～ 0.2 元，26% 的供水装置吨水生产成本达到 0.2 ～ 0.5 元。同时也有部分生产企业通过优化各工艺段（体现在反冲洗周期、反冲洗程序等方面）的处理效果来降低药耗、电耗。

（5）自动化程度分析

国内常规一体化供水装置的自动化程度主要分为人工操作、水力自控、PLC 控制、中控室控制、云平台远程监控系统五个级别。如图 15-14 所示，从调研结果来看，采用中控室控制的占比达到 57%；其次是水力自控，占比约为 25%；最后是 PLC 控制、人工操作以及云平台远程监控系统。由此可以看出，中控室控制是国内常规一体化供水成套装置自动化程度的主流水平，而云平台系统的开发及使用极少，在调研数据中仅有 2 家生产企业具备远程监管能力。但是根据生产企业及用户的反馈，目前供水装置的控制系统正在往云平台等“智慧水务”新方向转变。

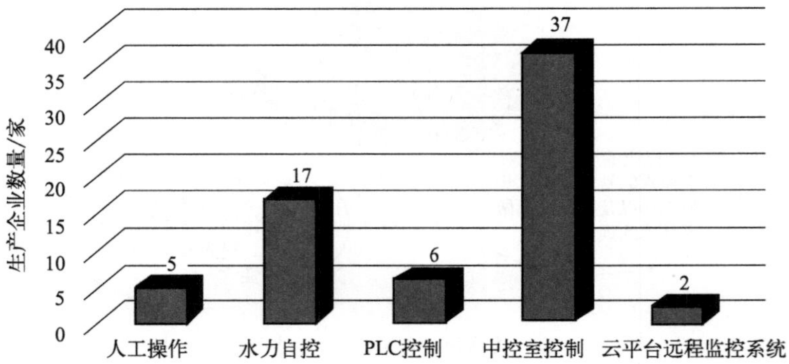

图 15-14　自动化程度制造商分布

同时，自动化的先进性不仅体现在对装置整体控制上，还体现在对三段工艺的参数精准调节。对运行过程中絮凝能力、沉淀效果和过滤表现的准确把握不仅能够提高一体化供水装置的净水能力，还能节省电耗，降低自耗水率和吨水生产成本。例如，某水务设备公司生产的一体化净水设备，在混凝过程中采用泵前加药技术，用先进的仪表控制加药量，靠原水泵的吸力在吸水的同时吸入混凝剂，这种方式方便简洁，同时节省费用。当不具备泵前加药能力的情况时，可以考虑采用计量泵的方式进行加药控制。在沉淀工艺中，设置泥沙浓缩室、设置自动排泥阀，对沉淀的泥沙进行浓缩脱水，达到预定时间定期排泥。在过滤工艺中，在普通快滤池的基础上进行多介质过滤设计，同时设置自动反冲洗控制，及时对多介质滤层进行反冲洗，提高过滤效果。通过工艺的自动化控制，可以将吨水生产成本控制在 0.23 元 /t，自耗水量低于 5%，电耗在 0.08 元 /t。

（6）故障率分析

常规一体化供水装置故障率是反映装置质量的重要指标。目前 80% 以上生产企业故障率较高，故障率达到 3 ～ 8 次 / 年，并且后续遗留问题较多，维修困难。同时，此类生产企业还面临着售后服务人员缺少的问题，不能及时到现场进行故障修复，影响供水的民生事业。当然以上故障率指标主要体现在小型企业，而在大型企业当中，一方面由于企业本身较高的设计、生产、安装能力，装置的故障率较低，基本能够实现在质保期内故障率为零的目标或者通过设计备用设备来实现不停水维护；另一方面由于企业较好的服务能力，在保修期或者超过保修期后发生故障也会在极短时间内到达现场，及时进行维修，服务地区供水事业。

（7）过载能力分析

过载能力即超过额定限值以后能够承受的能力范围，现在市场上绝大部分供水装置的超负荷能力在设计流量上浮 5% 左右，少数厂家在 10%，但是长时间过载运行会严重影响设备的出水水质和使用寿命。约 5% 的生产企业，通过合理的结构设计，能够使装置的过载能力达到设计量的 110% ～ 115%，并在设计时考虑溢流等功能，在运行负荷较大时通过损失一部分水量保证供水装置的正常运行。

（8）吨水造价分析

常规一体化供水装置的投资成本主要包括土地投资、装置本身投资等。在土地投资方面，大部分的一体化供水装置都有占地面积小的优势。根据调研数据分析，市场中常规一体化供水装置的吨水造价在 400 ～ 1200 元 /t，相较于土建处理构筑物而言有较大优势。而装置本身投资方面的差异，则受限于装置的材质、工艺形式、配套设备的品牌等。

（9）自耗水率分析

常规一体化供水装置的自用水主要包括反应沉淀工艺段的排泥及滤池工艺段的反冲洗，而装置在反应沉淀工艺段的排泥水量为处理水量的 1.5% ～ 2%（根据原水情况不同有所差异）。但是在滤池反冲洗方面，由于滤池形式以及反冲洗方式不同，装置自耗水率为处理水量的 2% ～ 5%。根据调研数据分析，采用水力自动反冲洗的无阀滤池或普通快滤池、单水反冲洗形式，其反冲洗水量为水厂处理水量的 4% ～ 5%。而采用 V 型滤池、普通快滤池并结合气水反冲洗形式的供水企业，由于滤池结构以及反冲洗形式的优化，其反冲洗水量为水厂处理水量的 2% ～ 3%，极大地节省了水厂的自耗水量。

（10）系统安全性及使用寿命分析

一体化供水装置系统安全性主要包括噪声声压级、机械安装防护装置、防腐措施、电器安全措施等方面。目前市场上 80% 的生产企业在设计及生产安装过程中对于安全性问题的考虑有所疏忽，例如在扶手栏杆等安全防护装置上未达到相关国家标准要求，在电器安全措施方面未能设置多重保护的措施，存在安全隐患。同时 90% 以上的生产企业忽略了装置及配套系统的安全标识。

在使用寿命方面，目前市场上常见的一体化供水装置材质仍以碳钢（Q235）为主，配合符合卫生许可的防腐措施。但是此类产品存在锈蚀问题，长期运行过程中需要间断性进行除锈再防腐，因此使用寿命仅能达到 20 年左右。目前也有部分生产企业通过改进装置材质、加工及焊接形式来提高使用寿命。例如，浙江联池水务设备股份有限公司在 2016 年即开始采用不锈钢 304 板材组装一体化供水装置。由于材质提升以及加工工艺的优化，极大地提高了装置的使用寿命，并且不存在除锈再防腐的问题，使装置的理论寿命不低于土建水厂钢筋混凝土构筑物。另外，常规一体化供水装置的使用寿命与用户有效的维护保养工作有较大的关联，有效、及时的维护保养可以增加装置的使用寿命。

15.2.2　国内应用状况

目前国内在一体化供水装置方面应用较为广泛，尤其是在村镇饮用水方面，表现为处理规模小、装置需求量大的分散式供水。根据数据显示，在践行“绿水青山就是金山银山”理念、全力推进农村饮用水达标提标行动过程中，全国共建小型一体化供水装置上万台，其中仅浙江省安吉县，投产 60 余套小型一体化供水装置。

表 15-4 所列为常规一体化供水装置应用部分案例，根据应用案例数据分析，现阶段许

多新建水厂和老水厂改扩建项目越来越多采用一体化供水装置，并且正在往大型市政水厂发展，不再局限于中小型的村镇供水。部分城市为应对高峰供水，选择一体化供水装置来解决施工周期、占地等问题。以四川省南充市为例，城市总供水量为43.0×$10^4m^3/d$，其中一体化供水装置日供水量达到15.6×10^4m^3，占城市总供水量的36%以上。在国家饮用水安全保障、农村改水等政策引导下，我国每年建设一体化供水装置的供水规模呈不断上升趋势。根据不完全统计，目前我国供水一体化装置的总供水规模已达到8.0×$10^6m^3/d$，单台（套）装置最大的处理规模为7.5×$10^4m^3/d$。

表 15-4　常规一体化供水装置应用部分案例

序号		用户名称	处理规模 /（m^3/d）	处理工艺 / 自动化程度	设备品牌 / 型号	备注
大中型市政供水工程项目	1	临安自来水有限公司龙岗水厂	150000	微阻力管道混合＋涡旋流絮凝反应＋横向分流式斜板沉淀＋组装式V型滤池	浙江联池 2×LC-3300	
	2	范县水建投资开发有限公司	65000	微阻力管道混合＋涡旋流絮凝反应＋横向分流式斜板沉淀＋组装式V型滤池	浙江联池 2×LC-1450	
	3	阆中市新区水厂	60000	微阻力管道混合＋斜管预沉＋涡旋流絮凝反应＋横向分流式斜板沉淀＋组装式V型滤池	浙江联池 3×LC-880	
	4	长沙水业集团有限公司洋湖水厂	50000	微阻力管道混合＋涡旋流絮凝反应＋横向分流式斜板沉淀＋组装式V型滤池	浙江联池 2×LC-1100	
	5	南充水务投资（集团）有限公司	50000	微阻力管道混合＋斜管预沉＋涡旋流絮凝反应＋横向分流式斜板沉淀＋组装式V型滤池	浙江联池 2×LC-1100	
	6	温岭市供水有限公司	35000	微阻力管道混合+ABS网格＋横向分流式斜板沉淀＋高效气浮	浙江联池 2×LC-750	
	7	贵阳花溪水厂	40000	静态混合器＋网格反应＋斜管沉淀＋普通快滤池	青岛鑫源 4×SK-10000	
	8	宁波市海曙区石碶街道办事处	20000	曝气生物滤池＋微阻力管道混合涡旋流絮凝反应＋横向分流式斜板沉淀＋组装式V型滤池	浙江联池 LC-880	
	9	江西南城润泉供水有限公司泰佰路水厂	15000	静态管道混合器＋隔板反应＋斜管沉淀＋无阀滤池	浙东环保 3×ZD-220	
	10	德江县供水公司	10000	静态管道混合器＋网格絮凝＋斜管沉淀＋无阀滤池	广西宇达	
	11	文成县公用事业投资有限公司	5000	静态管道混合器＋网格絮凝＋斜管沉淀＋普通快滤池	华晨环保	

续表

序号		用户名称	处理规模 /（m^3/d）	处理工艺 / 自动化程度	设备品牌 / 型号	备注
分散式村镇供水工程项目	1	安吉县农村饮用水达标提标工程	26000	微阻力管道混合 + 涡旋流絮凝反应 + 横向分流式斜板沉淀 + 组装式 V 型滤池	浙江联池 LC-10 ～ LC-100	单台 200 ～ 2000m^3/d，共 69 台
	2	临安区 2020 年度农村饮用水达标提标工程	4080	微阻力管道混合 + 涡旋流絮凝反应 + 横向分流式斜板沉淀 + 组装式 V 型滤池	浙江联池 LC-10 ～ LC-50	单台 500 ～ 1200m^3/d，共 14 台
	3	安吉羊石坑供水站	300	静态管道混合器 + 絮凝反应 + 斜管沉淀 + 无阀滤池	浙江海蓝环保	
	4	宁波市海曙区章水镇人民政府供水站	200	隔板絮凝 + 斜管沉淀 + 无阀滤池	北京资顺晨化	
	5	杭州临安区抗洪救灾应急供水工程	1600	微阻力管道混合 + 涡旋流絮凝反应 + 横向分流式斜板沉淀 + 组装式 V 型滤池	浙江联池 LC-10 ～ LC-30	单台 200 ～ 700m^3/d，共 3 台

15.2.3　典型应用案例

杭州市某区地形西北高东南低，落差近 1800m，特别是中西部地区，横亘天目山、大明山等，群山环绕。特殊的地形地势，使得区域范围内农村饮用水项目建设、管理难度非常大，导致农村饮用水面临工程覆盖面不广、建设标准不高、维护管理不到位等问题。当地自来水公司通过规模化集中式供水工程建设，以龙岗水厂项目为引领、联村供水为重点、单点工程为补充的供水模式，并且充分利用一体化供水装置建设周期短、占地面积省、出水水质有保障等优势，有效解决了农村供水不平衡、不充分的问题，实现城乡供水“同网、同质、同服务”。

15.2.3.1　大型集中供水工程应用

为深化区域内城乡供水一体化建设，杭州某自来水有限公司在充分调研的基础上采用一体化供水装置取代原传统设计的折板絮凝平流沉淀池加 V 型滤池的土建单元。通过合理设计清水池容积和结构形式，以上下叠加式设计方案，一次性规划建设 $15.0\times10^4m^3/d$ 处理规模，如图 15-15 所示。

(a)　　(b)

图 15-15　大型集中供水工程应用案例效果图及现场实景

项目建成后，自西向东沿线受益范围惠及8个镇街，超过64个行政村，受益人口10.8万人以上。

15.2.3.2 联村（村镇）供水工程应用

（1）联村供水工程应用

杭州某自来水有限公司在综合考虑水资源条件、人口密度、管理和制水成本等因素后，通过合理确定供水范围，打破了村镇供水地域限制，以一体化供水装置为基础，采用"微阻力管道混合＋涡旋式混合反应器＋横向分流式斜板＋组装式V型滤池"的组合工艺，利用已建成的山塘水库为取水水源，新建跨镇村规模化供水工程12个，惠及人口8.5万人，应用案例见图15-16～图15-18。

图15-16 联村供水工程1应用实景

（水厂供水规模5000m^3/d，供水范围覆盖9个行政村，受益人口11858人）

图15-17 联村供水工程2应用实景

（水厂供水规模2000m^3/d，供水范围覆盖5个行政村，受益人口8000余人）

（2）村镇供水工程应用

杭州市某自来水公司某水厂因供水服务区域增加，供水规模急需新增1.0×10^{4}m^3/d。由于厂区内扩建用地限制（实际可利用场地不到400m^2）无法采用传统土建的水处理构筑物，因此采用一体化供水装置，配套加药、消毒以及反冲洗系统则采用原有设施，工艺流程详见图15-19。

图 15-18　联村供水工程 3 应用实景

（水厂供水规模 2070m^3/d，供水范围覆盖 5 个行政村，受益人口 10516 人）

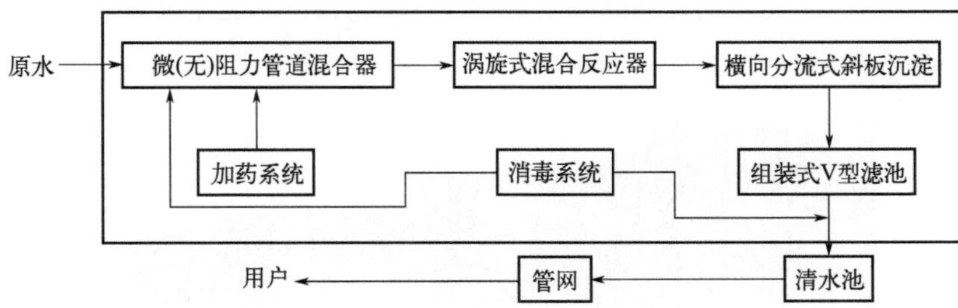

图 15-19　一体化供水装置工艺流程

1）工艺介绍

① 混合工艺。采用微（无）阻力管道混合器，如图 15-20 所示，周边喷射雾式加药、内外双腔精密制造、引流形成高效水力混合，大幅降低水头损失，节能降耗和提增水量明显。

② 反应絮凝。采用涡旋状杯式网格、梅花形规律性密布的反应器（图 15-21），分层组装形成多级涡旋式混合反应器，固定安装在反应区内，原水上下翻流时不断形成湍流微涡旋，使絮体逐步形成密实均匀的颗粒，为高效沉淀创造良好的前提条件。

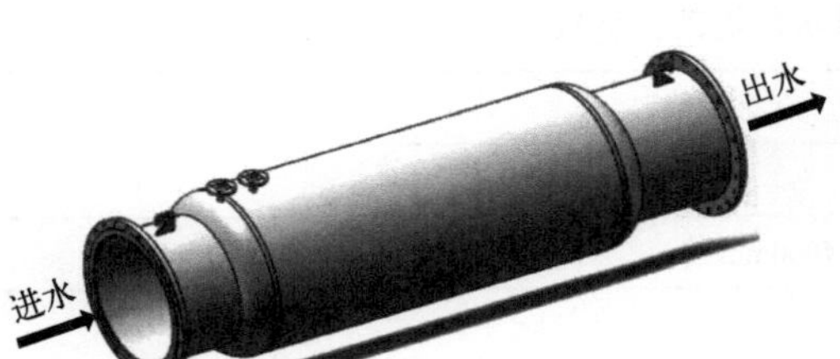

图 15-20　微（无）阻力管道混合器

图 15-21　涡旋式混合反应器

③ 沉淀工艺。以浅层沉淀理论为研制基础，颠覆了常规斜管斜板沉淀池异向流进出水方式，全平流工艺，使沉淀水顺横向分层流通过多组模块化斜板，集约化高效沉淀；大幅压缩了沉淀池竖向高度，底部排泥与反应区的排泥采用 V 型、长形斗浓缩集泥排泥，大幅度缩小了设备体积。因此，大大减少了占地面积。如图 15-22 所示。

图 15-22　横向分流式斜板

④ 过滤工艺。采用组装式 V 型滤池和均质滤料，占地小；气水反冲洗采用标准化、专业化、装配式高精度滤头和不锈钢滤板，安装、拆卸便捷，施工工期短，产水量高、水质好。如图 15-23 所示。

图 15-23　模块化 V 型滤池过滤区实景

2）工艺参数

一体化供水装置工艺参数详见表 15-5。

表 15-5　水厂一体化供水装置工艺参数

项目	工艺参数
净水能力	$1.0\times10^4m^3/d$
箱体外形尺寸	长 × 宽 × 高 = 15600mm×11200mm×4000mm
箱体材质	不锈钢 304
出水浊度	≤ 0.1NTU（优于国家标准）
絮凝形式	网格涡旋式反应，反应时间 18min
沉淀池形式	横向分流式斜板，沉淀负荷 $6.0m^3$（水）/m^3（斜板）
滤池形式	V 型滤池形式，分 2 格，双边 V 型槽
滤料	均质石英砂滤料，粒径 0.8 ～ 1.2mm，不均匀系数 $K_{80}<1.4$
滤速	8.0m/h

续表

项目	工艺参数
冲洗形式	先气洗，再气水联洗，最后水漂洗，并全程表扫 气洗：气冲强度 $q_{气}=15L/(m^2 \cdot s)$；反冲气量 $Q=26m^3/min$；反冲历时 $T_1=2min$ 联洗：气冲强度 $q_{气}=15L/(m^2 \cdot s)$；水冲强度 $q_{水}=3.0L/(m^2 \cdot s)$；反冲历时 $T_2=4min$ 水洗：水冲强度 $q_{水}=6L/(m^2 \cdot s)$；反冲水量 $Q=620m^3/h$; 反冲历时 $T_3=5min$ 表扫：表扫强度 $q_{扫}=2.3L/(m^2 \cdot s)$，全程 反冲洗风机和水泵利用水厂现有冲洗设备，采取变频措施

3）运行效果

水厂采用一体化供水装置后，有效解决了服务辖区高峰应急供水问题。在厂区用电量只增长 9.4% 的情况下，供水量同比增长了 44.7%，增产水量每千吨水电耗仅为 9.2kW・h；对比原混凝土水厂设施，反冲洗水耗下降了 86%、电耗下降了 60.7%，制水成本平均值含原水费为 0.38 元 /m^3，低于原土建净水工程的成本 0.408 元 /m^3，现场实景见图 15-24。

图 15-24　水厂一体化供水装置实景

15.3　技术评估

从常规一体化供水装置产品调研结果来看，其评价的主要性能指标有工艺集成度、混合效果、絮凝效果、沉淀效果、过滤效果、加药 / 消毒效果、配套系统的完整性、过载能力、可维护程度、自耗水率、自动化程度 11 个指标；从相关标准看，除调研涉及的部分指标外，对原水适应性、生产加工精度、系统安全性及使用寿命等亦有要求；而用户同时也对设备出水综合合格率、故障率、吨水造价（投资成本）、吨水生产成本等指标有所关注；另外，从整个常规一体化供水装置行业来看，产品标准、是否出口及比例、市场占有率等指标亦对产品的整体评价有所影响。因此，根据调研结果，参照相关标准规范，结合生产企业和用户关注的主要问题，考虑行业的发展等筛选出常规一体化供水装置评估指标 21 项，具体详见表 15-6。

表 15-6 常规一体化供水装置评估指标

序号	评估指标	序号	评估指标
1	原水适应性	12	系统安全性及使用寿命
2	自动化程度	13	设备出水综合合格率
3	工艺集成度	14	故障率
4	产品标准（参编）	15	过载能力
5	混合效果	16	可维护程度
6	絮凝效果	17	吨水造价（投资成本）
7	沉淀效果（沉后水浊度）	18	自耗水率
8	过滤效果	19	吨水生产成本
9	加药 / 消毒效果	20	是否出口及比例
10	配套系统的完整性	21	市场占有率
11	生产加工精度		

15.3.1 评估指标体系

根据课题研究需要和任务合同书要求，选取技术先进性、技术可靠性、性能稳定性、经济适用性、国际竞争力 5 项指标作为一级评估指标集，根据表 15-6 筛选的 21 项性能评估指标进一步细化分解二级评估指标形成评估矩阵图，详见图 15-25。

15.3.2 评估指标赋值

15.3.2.1 常规一体化供水装置一级指标

将常规一体化供水装置评估一级指标分为技术先进性、技术可靠性、性能稳定性、经济适用性及国际竞争力 5 个方面，结合常规一体化供水装置的技术及产品特点，对 5 个一级指标赋予权重建议值，分别为 U_2 技术可靠性（0.30）＞ U_3 性能稳定性（0.25）＞ U_1 技术先进性（0.20）＞ U_4 经济适用性（0.20）＞ U_5 国际竞争力（0.05）。

常规一体化供水装置作为饮用水净化装置的时候，首先应保证技术可靠，才能保障装置处理效果和出水水质。因此将 U_2 技术可靠性放在权重首位，建议权重赋值最高，为 0.30。

其次，在保证技术可靠的前提下，其性能稳定性尤为重要。常规一体化供水装置作为民生供水工程的核心系统，安全、稳定地给周边居民提供优质的饮用水是其最大的社会职能。因此 U_3 性能稳定性放在权重第二位，建议赋值 0.25。

在面对微污染、高藻、高浊、新污染物等不同的原水水质时，作为安全供水的保证，常规一体化供水装置需根据原水的水质情况选择有效的处理工艺，并实现不同处理工艺模块间的组合与集成。同时在装置的运行过程中不断提高自动化运行能力，通过在线监测仪表的反馈与中控系统的智能化运行系统实现“模块化智能化全流程”的饮用水安全保障装备。以上指标均体现至技术先进性，因此将 U_1 技术先进性放在权重第三位，建议赋值 0.20。

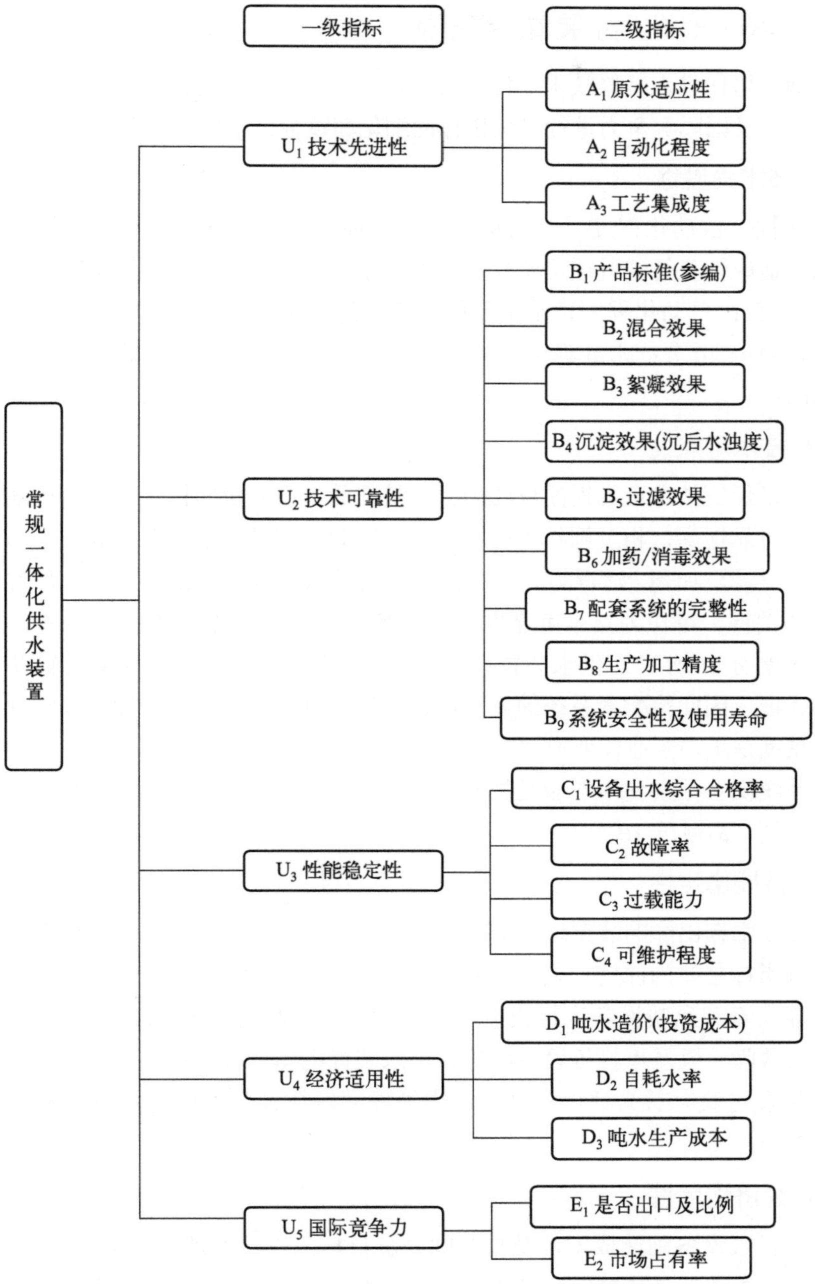

图 15-25　常规一体化供水装置评估矩阵图

供水装置不同的生产企业之间遵循的工艺技术路线以及生产水平不同，影响着装置本身的造价成本、运行成本以及自耗水率等经济指标，因此将 U_4 经济适用性放在权重第四位，建议赋值 0.20。

在国际竞争力方面，国外的类似装置较少，后续有较大的出口量需求。而国内的生产企业多而繁杂，从生产企业和用户综合考虑来说最重要的是工艺技术发展和应用效果，因此将 U_5 国际竞争力放在权重的最后一位，建议赋值 0.05。

15.3.2.2 常规一体化供水装置二级指标

结合常规一体化供水装置技术及设备特点，分别对技术先进性、技术可靠性、性能稳定性、经济适用性及国际竞争力进行二级指标的细化和赋分。

（1）U_1 技术先进性

原水适应性、自动化程度、工艺集成度等指标可体现常规一体化供水装置的技术先进性。其中原水适应性表征装置适用于什么样的原水水质条件，是体现设备技术先进性的重要指标，赋分 40 分；自动化程度也是重要的技术先进性指标，以智能化运行、无人值守、远程监管为佳，赋分 40 分；水处理工艺集成度直接反映装置处理工艺的全面程度及水处理效果，赋分 20 分。

（2）U_2 技术可靠性

产品标准是保证技术可靠性的重要指标，是产品生产质量的标尺，产品标准高，符合标准的产品技术可靠性高，相反则技术可靠性低，因此，产品标准赋分最高，为 20 分。混合、絮凝、沉淀、过滤、加药 / 消毒等处理工艺的目的是保障装置的出水水质，是常规一体化供水装置的核心关键，可作为技术可靠性的评估指标，除过滤最高赋分 20 分外，其他各工艺段的处理效果赋分 10 分。而供水装置作为一个整体而言，处理工艺配套的辅助系统是工艺正常运行的保证，因此将配套系统的完整性作为技术可靠性的评估指标，故赋分 5 分。装置的生产加工精度是生产企业需要遵守的基本原则，也是技术可靠性的评估指标，故赋分 5 分。供水装置的系统安全性及使用寿命是技术可靠性最直观的衡量指标，并直接关系到用户后续供水工作的规划，故赋分 10 分。

（3）U_3 性能稳定性

性能稳定性筛选出影响装置运行的 4 项重要指标，其中，设备出水综合合格率表征水质稳定性，检测指标主要为浊度、余氯、pH 值、微生物、藻类、有机物等，故赋分 40 分。故障率及过载能力直观反映设备运行状态的好坏，故两者均赋分 20 分，其中，故障率统计中包含仪器仪表故障、泵及风机等设备故障、供水装置主体（含管道混合器）故障等，过载能力以额定流量及过载时长为评价标准。可维护程度表征设备出现问题后恢复正常运行的能力，故赋分 20 分。

（4）U_4 经济适用性

吨水造价代表设备制造成本，是重要的经济指标，以日处理量参考，赋分 40 分。自耗水率及吨水生产成本都是装置运行最直观的经济指标。其中，自耗水率直接影响产水量，赋分 20 分；对于吨水生产成本，为方便计算，且为了反映装置本身的属性，仅由吨水电耗、吨水药耗及吨水氯耗组成，不含人工及折旧费用，故赋分 40 分。

（5）U_5 国际竞争力

市场占有率是最直接体现行业内产品竞争能力的指标，市场占有率高，一方面说明产品竞争力强，另一方面可通过收到的用户反馈而不断改善产品、提高产品质量、完善服务体系，是走向国际提高国际竞争力的基础，故赋分 50 分；是否出口及出口比例反映了企业产品在国际上的销售情况，直接体现国际竞争能力，故赋分 50 分。

具体评估指标分配及权重赋分和打分规则如表 15-7、表 15-8 所列。

表 15-7　常规一体化供水装置评估指标分配及权重和赋分

一级指标	权重	二级指标	满分 / 分
U_1 技术先进性	0.20	A_1 原水适应性	40
		A_2 自动化程度	40
		A_3 工艺集成度	20
		汇总	100
U_2 技术可靠性	0.30	B_1 产品标准（参编）	20
		B_2 混合效果	10
		B_3 絮凝效果	10
		B_4 沉淀效果（沉后水浊度）	10
		B_5 过滤效果	20
		B_6 加药 / 消毒效果	10
		B_7 配套系统的完整性	5
		B_8 生产加工精度	5
		B_9 系统安全性及使用寿命	10
		汇总	100
U_3 性能稳定性	0.25	C_1 设备出水综合合格率	40
		C_2 故障率	20
		C_3 过载能力	20
		C_4 可维护程度	20
		汇总	100
U_4 经济适用性	0.20	D_1 吨水造价（投资成本）	40
		D_2 自耗水率	20
		D_3 吨水生产成本	40
		汇总	100
U_5 国际竞争力	0.05	E_1 是否出口及比例	50
		E_2 市场占有率	50
		汇总	100

表 15-8　常规一体化供水装置技术评估打分规则

一级评估指标	二级评估指标	满分 / 分	打分规则
U_1 技术先进性（0.20）	A_1 原水适应性	40	满足高浊、低温低浊、高藻、苦咸水、微污染水处理需求，35 ～ 40 分；满足高浊、低温低浊、苦咸水、微污染水处理需求，25 ～ 35 分；满足高浊、低温低浊、微污染水处理需求，15 ～ 25 分；满足高浊、低温低浊水处理需求，5 ～ 15 分；不满足高浊、低温低浊水处理需求，0 ～ 5 分
	A_2 自动化程度	40	无人值守、可远程控制，35 ～ 40 分；中控室控制，25 ～ 35 分；PLC 控制，15 ～ 25 分；水力自控，5 ～ 15 分；人工操作，0 ～ 5 分
	A_3 工艺集成度	20	在传统工艺基础上集成预处理、深度处理（或膜处理）及排泥水处理，20 分；在传统工艺基础上集成预处理、深度处理（或膜处理）、排泥水处理工艺其中两项，15 ～ 20 分；在传统工艺基础上集成深度处理或排泥水处理工艺，10 ～ 15 分；仅有传统工艺，5 ～ 10 分；仅有膜处理工艺，0 ～ 5 分

续表

一级评估指标	二级评估指标	满分 / 分	打分规则
U_2 技术可靠性（0.30）	B_1 产品标准（参编）	20	国家标准，20 分；行业标准，15 分；团标、地标，10 分；企标，5 分；无，0 分
	B_2 混合效果	10	混合效果较好，8 ～ 10 分；混合效果一般，5 ～ 8 分；混合效果较差，0 ～ 5 分
	B_3 絮凝效果	10	矾花生成较好，8 ～ 10 分；矾花生成一般，5 ～ 8 分；矾花生成较差，0 ～ 5 分
	B_4 沉淀效果（沉后水浊度）	10	＜ 1NTU，8 ～ 10 分；1 ～ 2NTU，5 ～ 8 分；2 ～ 3NTU，0 ～ 5 分
	B_5 过滤效果	20	气水联冲，15 ～ 20 分；单水冲洗，8 ～ 15 分；水力自动冲洗，0 ～ 8 分
	B_6 加药 / 消毒效果	10	使用数字泵实时显示投加量，且系统进出水均设有在线监测设备，8 ～ 10 分；使用电磁或隔膜计量泵投加，但具有流量计等监测仪器监测投加量，5 ～ 8 分；无投加量监测，0 ～ 5 分
	B_7 配套系统的完整性	5	加药系统、反冲洗系统、自控系统、压缩空气系统、管道阀门系统、标识系统等每增加 1 项得 1 分，满足 5 项以上得满分
	B_8 生产加工精度	5	加工精度 ±2mm 以内，5 分；±5mm 以内，4 分；±8mm 以内，3 分；±10mm 以内，2 分；±12mm 以内，1 分；大于 ±12mm，0 分
	B_9 系统安全性及使用寿命	10	使用寿命大于 20 年，10 分；15 ～ 20 年，8 ～ 10 分；10 ～ 15 年，5 ～ 8 分；5 ～ 10 年，3 ～ 5 分；小于 5 年，0 ～ 3 分
U_3 性能稳定性（0.25）	C_1 设备出水综合合格率	40	≥ 98%，20 ～ 40 分；＜ 98%，0 ～ 20 分
	C_2 故障率	20	全年无故障，20 分；故障未导致停机且故障数＜ 3 次，15 ～ 20 分；故障未导致停机且故障数 3 ～ 5 次，10 ～ 15 分；故障未导致停机且故障数＞ 5 次，5 ～ 10 分；因故障导致停机，0 ～ 5 分
	C_3 过载能力	20	最大负荷超过 120%，15 ～ 20 分；最大负荷达到 120%，10 ～ 15 分；最大负荷达到 110%，0 ～ 10 分
	C_4 可维护程度	20	可在 12h 内进行故障排除及设备其他维护工作，且无需停机及排空，15 ～ 20 分；可在 24h 内进行故障排除及设备其他维护工作，且无需停机及排空，10 ～ 15 分；故障排除及设备其他维护工作时间＞ 24h，无需停机及排空，5 ～ 10 分；故障排除及设备其他维护工作时间＞ 24h，且需要停机及排空，0 ～ 5 分
U_4 经济适用性（0.20）	D_1 吨水造价（投资成本）	40	＜ 400 元 /t，35 ～ 40 分；400 ～ 800 元 /t，25 ～ 35 分；800 ～ 1200 元 /t，15 ～ 25 分；＞ 1200 元 /t，0 ～ 15 分
	D_2 自耗水率	20	＜ 3%，18 ～ 20 分；3% ～ 5%，12 ～ 18 分；5% ～ 8%，8 ～ 12 分；＞ 8%，0 ～ 8 分
	D_3 吨水生产成本	40	＜ 0.3 元 /t，30 ～ 40 分；0.3 ～ 0.5 元 /t，20 ～ 30 分；0.5 ～ 0.8 元 /t，10 ～ 20 分；＞ 0.8 元 /t，0 ～ 10 分
U_5 国际竞争力（0.05）	E_1 是否出口及比例	50	出口，25 ～ 50 分；未出口，0 分
	E_2 市场占有率	50	＞ 10%，40 ～ 50 分；5% ～ 10%，30 ～ 40 分；3% ～ 5%，20 ～ 30 分；1% ～ 3%，10 ～ 20 分；＜ 1%，0 ～ 10 分

15.3.3 评估指标体系应用

邀请涵盖高校研究机构、生产企业、设计院所等在内的 9 名专家根据建立的评估体系对常规一体化供水装置进行专家评估，赋值结果显示国内常规一体化供水装置生产和应用的技术就绪度整体达到 8 级，具备国际竞争力。评估打分表及评估结果分别见表 15-9、图 15-26。

表 15-9　常规一体化供水装置专家评分汇总

序号	U_1 技术先进性		U_2 技术可靠性		U_3 性能稳定性		U_4 经济适用性		U_5 国际竞争力	
	分值 / 分	权重	分值 / 分	权重	分值 / 分	权重	分值 / 分	权重	分值 / 分	权重
1	82	0.1	70	0.25	83	0.25	74	0.2	90	0.2
2	85	0.2	85	0.3	87	0.25	77	0.2	63	0.05
3	85	0.2	82	0.3	83	0.25	88	0.2	80	0.05
4	82	0.2	85.5	0.2	87	0.25	86	0.15	87	0.2
5	75	0.1	92	0.2	85	0.2	77	0.2	90	0.3
6	76	0.2	78	0.3	84	0.25	75	0.2	68	0.05
7	83	0.15	83	0.3	87	0.25	87	0.2	90	0.1
8	85	0.2	68	0.25	87	0.25	83	0.15	68	0.15
9	78	0.15	77	0.3	81	0.25	79	0.2	70	0.1
计算结果	技术就绪度（TRL）	明确需求（TRL1）	技术方案（TRL2）	通过论证（TRL3）	小试研究（TRL4）	中试研究（TRL5）	形成产品（TRL6）	三方评估（TRL7）	标准化（TRL8）	推广应用（TRL9）
	$B=WR$	0	0	0	0	0	0.66	1.22	2.99	0.11

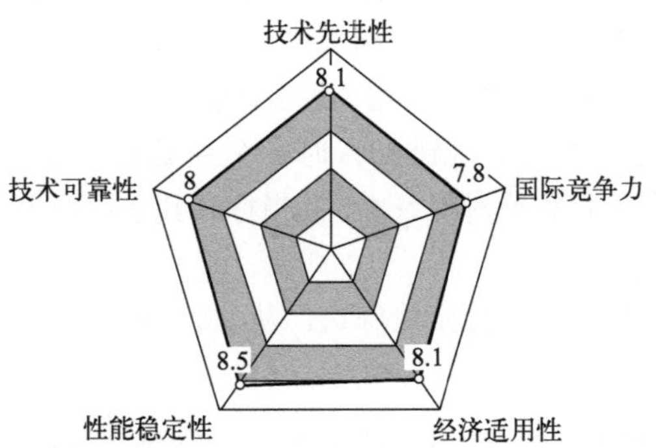

图 15-26　常规一体化供水装置评估结果图

15.4 应用验证

常规一体化供水装置的验证采用了产品出厂检验和生产验证两种形式。其中，出厂检验主要针对装置原材料合格情况、外观、出厂前质量检验等产品性能指标，生产验证主要通过考察紫外联合消毒工艺中生物灭菌效果、消毒副产物生成情况、运行成本等考察设备性能和应用效果。产品验证技术路线如图 15-27 所示。

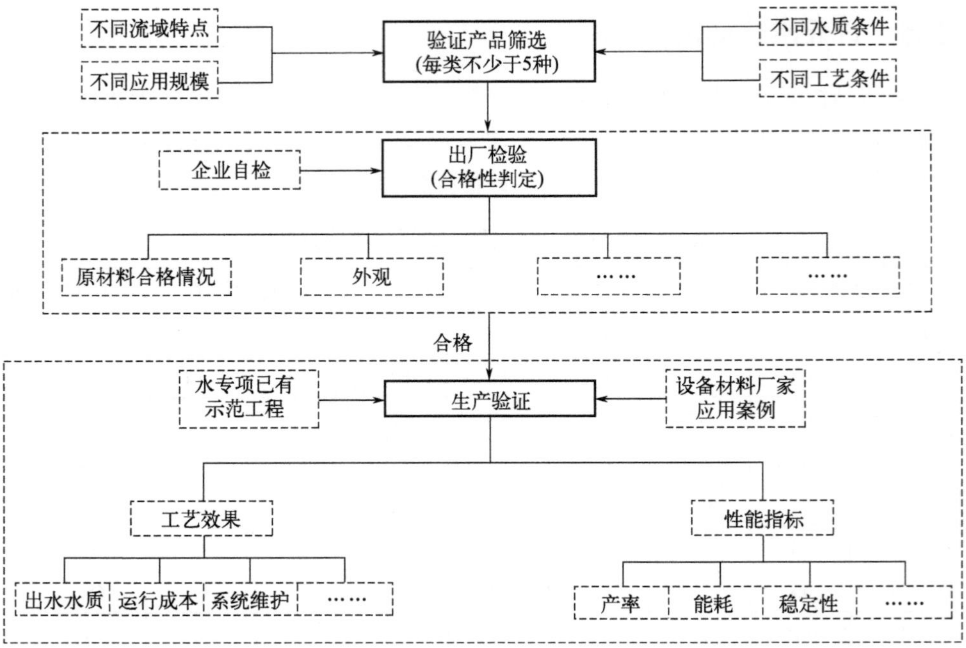

图 15-27 常规一体化供水装置产品验证技术路线

15.4.1 验证指标筛选

利用常规一体化供水装置实际应用中的高频指标作为重点，结合文献梳理和实地调查研究进行指标的海选。根据可观测性原则将数据无法获得的海选指标删除，保证初步筛选后的指标体系可以量化，然后对初步筛选的指标数据进行标准化分析，基于相关性分析将 X_1 准则层相关系数＞ 0.8 的指标筛选保留。在相关性分析的基础上，利用主成分分析筛选准则层内剩余指标，选取累计方差贡献率达到 80% 时各个主成分中因子负载绝对值较大的指标。这里选取第一主成分中因子负载绝对值＞ 0.9 的指标和其他主成分中因子负载绝对值最大的指标。

经过初步筛选和相关性、主成分定量筛选，从 29 个海选指标中筛选出生产验证的 4 个指标，如表 15-10 所列。

表 15-10 常规一体化供水装置的指标筛选结果

序号	准则层	指标层	筛选结果
1	X_1 生产	$X_{1.1}$ 浊度去除率	保留（与絮凝时间呈相关性，作为结果指标保留）
2		$X_{1.2}$ Fe 去除率	主成分分析删除
3		$X_{1.3}$ Mn 去除率	相关性分析删除
4		$X_{1.4}$ COD_{Mn} 去除率	主成分分析删除
5		$X_{1.5}$ UV_{254} 去除率	相关性分析删除
6		$X_{1.6}$ NH_4^+-N 去除率	主成分分析删除
7		$X_{1.7}$ TN（总氮）去除率	

续表

序号	准则层	指标层	筛选结果
8	X_1 生产	$X_{1.8}$ TP（总磷）去除率	相关性分析删除
9		$X_{1.9}$ 出水余氯	主成分分析删除
10		$X_{1.10}$ 出水流量误差	
11		$X_{1.11}$ 供水系统噪声声压级（正常运行）	不可观测删除
12		$X_{1.12}$ 供水系统噪声声压级（反冲洗）	
13		$X_{1.13}$ 预沉絮凝时间	
14		$X_{1.14}$ 预沉沉淀负荷 / 澄清池液面负荷	
15		$X_{1.15}$ 絮凝时间	相关性分析删除
16		$X_{1.16}$ 沉淀负荷 / 澄清池液面负荷	保留
17		$X_{1.17}$ 气浮微絮凝时间	不可观测删除
18		$X_{1.18}$ 气浮接触时间	
19		$X_{1.19}$ 气浮分离时间	
20		$X_{1.20}$ 滤速	保留
21		$X_{1.21}$ 混合时间	主成分分析删除
22		$X_{1.22}$ 水头损失	
23		$X_{1.23}$ 造价成本	保留
24		$X_{1.24}$ 供水电耗	主成分分析删除
25		$X_{1.25}$ 供水药耗	
26		$X_{1.26}$ 供水氯耗	
27		$X_{1.27}$ 自耗水率	
28		$X_{1.28}$ 运维人数	不可观测删除
29		$X_{1.29}$ 占地面积	

15.4.2　验证指标体系及等级划分

常规一体化供水装置的性能指标之间存在一定的相关性，处理效果指标之间也存在不同的相关性。根据相关性分析，絮凝时间与浊度去除率具有显著的相关性；Fe 去除率与 Mn 去除率具有显著的相关性，COD_{Mn} 去除率与 UV_{254} 去除率具有显著的相关性；沉淀负荷 / 澄清池液面负荷与 TP 去除率具有显著的相关性，沉淀负荷 / 澄清池液面负荷与 Mn 去除率具有显著的相关性。根据主成分分析，常规一体化供水装置的指标主要分为性能、效果、经济三方面，性能中主要起作用的指标为沉淀负荷 / 澄清池液面负荷、滤速，效果中主要起作用的指标是浊度去除率，经济中主要起作用的指标是造价成本。不同装置的指标相关性会受检测条件的影响而有所变动。而经过验证指标的筛选过程，初步筛选去掉了无法获取数据的指标；相关性分析删除了同一准则层内相关系数大的指标，避免了重复信息；主成分分析删除了主成分中因子负载系数绝对值小的指标，保证了筛选出的指标对评价结果有显著影响。即从 29 个生产测试指标中筛选出 4 个指标，分别为浊度去除率、沉淀负荷 / 澄清池液面负荷、滤速、造价成本。这些指标涵盖了产品性能、应用效果、经济性能等几个方面，筛选出的指标具有较好的合理性。

将以上得到的指标体系按照文献调查、实地调研及上述生产试验结果对评估指标进行等级划分，划分为优良、合格、不合格三个等级，具体等级划分规则见表 15-11。

表 15-11 评估指标的等级划分

指标	等级
浊度去除率（以出水浊度为指标）/NTU	浊度＜0.5，优良；0.5≤浊度＜1.0，合格；1.0≤浊度，不合格
沉淀负荷 / 澄清池液面负荷 /［m^3/(m^2·h)］	6≤负荷≤9，优良；5≤负荷＜6，9＜负荷≤14，合格；负荷＜5，负荷＞14，不合格
滤速 /（m/h）	7≤滤速≤8.5，优良；6≤滤速＜7，8.5＜滤速≤9，合格；滤速＜6，滤速＞9，不合格
造价成本（仅包含装置本体及配套反冲洗、加药消毒、自控等内容）/（元 /t）	500≤成本≤800，优良；400≤成本＜500，800＜成本≤1000，合格；成本＜400，成本＞1000，不合格

15.4.3 典型产品验证案例

基于建立的验证体系，以东营某水厂为例，对常规一体化供水装置进行生产验证。该水厂属于黄河流域，水源为湖泊水，处理工艺采用“静态管道混合器 + 网格板絮凝装置 + 斜管沉淀装置 + 普通快滤池”工艺，处理规模为 6000m^3/d。

验证方法：取水厂常规一体化供水装置进出水进行水质指标检测，并根据日常运行状况对部分指标进行观测。由划分的评估指标等级对验证地点指标进行验证，具体见表 15-12。

表 15-12 东营某水厂常规一体化供水装置验证结果

验证指标	验证结果	评估结论
浊度去除率（以出水浊度为指标）/NTU	0.6	合格
沉淀负荷 / 澄清池液面负荷 /［m^3/(m^2·h)］	8.5	优良
滤速 /（m/h）	8.0	优良
造价成本 /（元 /t）	400	合格

对东营某水厂常规一体化供水装置进行验证，各项指标均合格，其中在沉淀负荷 / 澄清池液面负荷、滤速等方面达到优良。

第16章 超滤膜装置

16.1 产品概述

16.1.1 产品分类

超滤膜装置是指以超滤膜组件为核心处理元件及由机架、布水布气管路、阀门、过程仪表系统（主要指压力、流量等参数的控制系统）、动力单元和自动控制系统等构成的可独立运行的过滤单元。

按应用场景不同，超滤膜装置除前述的机架、管路、阀门等外，还可能配备一定的在线水质仪表等。由于在线水质仪表价格较高，且不同应用场景对水质参数的要求不同，因此在线水质仪表一般不是超滤膜装置的标准配置。

超滤膜装置的结构和运行特性主要受超滤膜组件的形式控制，由于在饮用水处理领域采用的超滤膜组件均为中空纤维式超滤膜组件，因此超滤膜装置也均为配合中空纤维式超滤膜组件而设计和制造的。

由于饮用水处理领域的中空纤维超滤膜分为压力式和浸没式两种组件类型，因此超滤膜装置也分为压力式超滤膜装置和浸没式超滤膜装置两种。

16.1.1.1 压力式超滤膜装置

压力式超滤膜装置是由压力式中空纤维超滤膜组件、机架、布气管路、阀门、仪表管道及控制系统构成的可独立运行的过滤单元。

压力式超滤膜装置主要包含进水系统、产水系统、反洗系统、清洗系统、排污系统和仪表控制系统等几个部分。由于压力式中空纤维超滤膜组件按过滤水流方向的不同可以分为内压式和外压式两种组件形式，压力式超滤膜装置亦可分为内压式超滤膜装置和外压式超滤膜装置两种形式。一般情况下，两种压力式超滤膜装置结构形式基本相同，但外压式超滤膜装置还应具有曝气系统。

压力式超滤膜装置的运行主要包括过滤、反冲洗及化学清洗（包括维护性化学清洗）等三种工况。

（1）过滤工况

进水通过增压泵提升经预过滤器后从膜单元进水口进入超滤膜，悬浮微粒、胶体、微生物、细菌等被超滤膜截留，随浓水从上排污口排出，净水从产水口进入产水箱。

(2)反冲洗工况

内压式超滤膜装置：经过一段时间的过滤，中空纤维超滤膜内壁表面上污染物会越来越多，为了维持超滤膜装置产水量的稳定，要定期进行反冲洗，使超滤膜产水通量得以恢复。反冲洗采用反冲洗泵从超滤产水箱内取水加压后反向打入超滤膜内，将膜表面污染物冲洗干净，整个反冲洗过程由顺冲 - 上反冲 - 下反冲 - 顺冲四部分组成。

外压式超滤膜装置：经过一段时间的过滤，超滤膜外壁上截留物会越来越多，为了维持超滤膜组件产水量的稳定，要定期进行反冲洗，使超滤膜产水通量得以恢复。反冲洗采用反冲洗泵从超滤产水箱内取水反向打入超滤膜内，同时辅助曝气清洗，将膜表面污染物冲洗干净，整个反冲洗过程由曝气 - 气水联合反冲洗 - 排污三部分组成。

(3)化学清洗工况

超滤系统的化学清洗可分为维护性化学清洗、恢复性化学清洗两种。

① 维护性化学清洗：为了延长恢复性清洗周期，使超滤膜的通量维持在一个相对稳定的水平，可根据需要选用化学药剂对超滤膜进行维护性化学清洗。通常，采用 100 ～ 200mg/L 的次氯酸钠和 500mg/L 的盐酸浸泡 30min 后冲洗干净。维护性化学清洗周期一般为 3 ～ 30d，具体根据实际运行情况而定。

② 恢复性化学清洗：相对维护性清洗而言，通过恢复性清洗可以使膜通量得以彻底地恢复。恢复性清洗常通过清洗循环泵进行循环、浸泡，常用药剂为氢氧化钠、次氯酸钠、盐酸或柠檬酸。恢复性化学清洗周期一般为 3 ～ 6 个月，分碱洗和酸洗两步，每步用时 4 ～ 6h，根据具体进水水质、运行情况而定。

典型的压力式超滤膜装置的工艺流程见图 16-1。

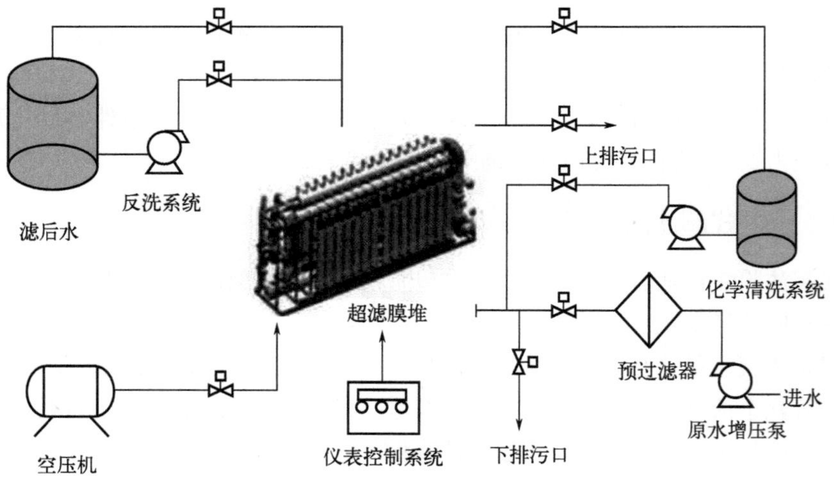

图 16-1　压力式超滤膜装置工艺流程

16.1.1.2　浸没式超滤膜装置

浸没式超滤膜装置是由浸没式超滤膜组件（浸没在待处理水中运行的中空纤维式超滤膜组件）、机架、布气管、阀门、仪表管道及控制系统构成的可独立运行的过滤单元。

浸没式超滤膜装置主要包含进水系统、产水（抽吸）系统、反洗系统、化学清洗系统、排污系统、仪表控制系统、曝气系统几个部分。典型的浸没式超滤膜装置的工艺流程见图 16-2。

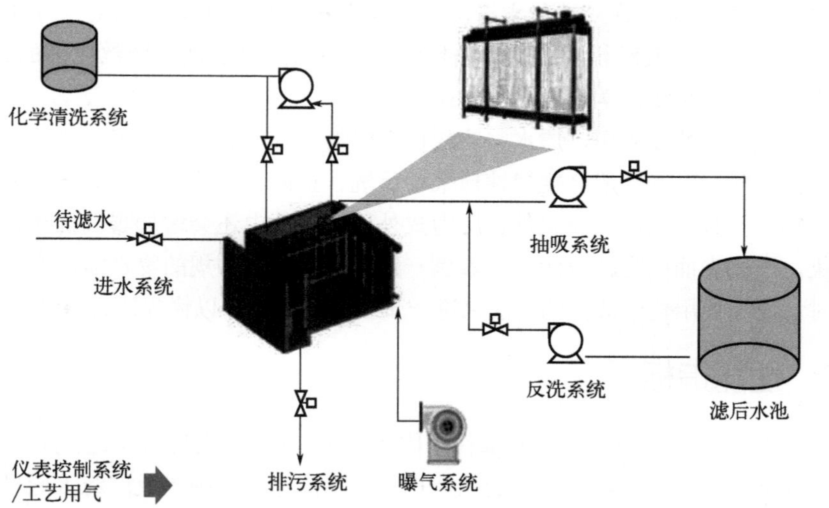

图 16-2　浸没式超滤膜装置工艺流程

浸没式超滤膜装置的运行也包括过滤、反冲洗及清洗 3 种工况。

（1）过滤工况

进水通过进水管和进水控制阀进入超滤膜池，抽吸泵（或虹吸）通过负压抽吸把待滤水从中空纤维膜外侧抽吸过膜壁，收集于集水管。每个膜池中的所有产水汇集到产水母管中，进入下一个处理工艺或者清水池。过滤周期一般为 1 ～ 3h。

近年来，随着超滤膜技术的发展，超滤膜跨膜压差越来越低、超滤膜的抗污染性能也越来越强，虹吸式运行的浸没式超滤膜系统也越来越多，超滤膜的运行费用得到大幅降低。

（2）反冲洗工况

在运行过程中，进水中的颗粒物会逐渐累积在膜的外表面，从而使过滤系统的跨膜压差增加，超滤系统要停止过滤，进行周期性的反冲洗。

反冲洗过程中一方面将超滤产水反向透过中空纤维膜，同时在浸没式膜堆底部通过曝气擦洗中空纤维膜丝表面去除沉积物，反洗结束后将膜池中的液体排到废液池或污水管。整个反洗过程约 5min。

为进一步更好地控制超滤膜污染进程，可以采用在两种反冲洗过程之间增加曝气擦洗的步骤，但曝气擦洗结束后需将浸没式超滤膜装置停机静置数分钟，以利膜表面污染物的沉降。

为进一步提高浸没式超滤膜装置的产水率，可以减少排污频率，即两次或多次反冲洗后排污一次的方式。但需要注意控制膜池内的污染物浓度，以减轻超滤膜污染。

（3）化学清洗工况

超滤膜长期运行后，膜表面和膜丝内部积累的污染物通过正常的气水反冲洗不能被很好去除，此时，就需要进行化学清洗。化学清洗又分为维护性化学清洗和恢复性化学清洗。通常泛指的化学清洗是指恢复性化学清洗。

① 维护性化学清洗：维护性清洗的周期为 7 ～ 15d。为保证超滤膜系统运行的稳定性，通常周期性地采用低浓度次氯酸钠溶液对超滤膜进行短时间的浸泡。

② 恢复性化学清洗：恢复性化学清洗的周期为 6 ～ 12 个月，也就是一年 1 ～ 2 次化学清洗。通常用碱液和酸液对超滤膜进行循环浸泡，以去除膜表面和膜丝内部的各种污染物，分为离线化学清洗和在线化学清洗两种方式。

超滤膜组件在过滤使用中，原水中的颗粒悬浮物、胶体等会逐步积附在超滤膜表面形成膜污染，为控制膜污染，一般会规律性地采用反洗、正冲、降液或排空的方式来清洗膜表面积附的污染物，并且在浸没式膜组件、压力式外压膜组件中还会增加曝气扰动膜丝的方法来清洗膜污染，当膜表面的有机物污染积累到一定程度，以上常规的物理清洗方式无法有效降低膜污染时，还会使用化学清洗的方法来进一步去除膜污染，以恢复膜过滤通量。

16.1.2 性能指标

超滤膜组件是超滤膜装置的核心部件，因此第 11 章超滤膜材料及组件中所述的超滤膜材料和组件性能指标均为超滤膜装置的性能指标。除前述文件中提及的纯水通量、截留分子量、孔径及其分布、跨膜压差、膜面积、拉伸强度、剥落强度、断裂伸长率、亲疏水性、抗污染性、耐热及耐化学稳定性、泡点压力、气检压力、爆破压力、最大跨膜压差、最大进水压力等之外，还包括以下性能指标：

① 额定产水流量：在规定的运行条件下，组件 / 滤芯安装测试出水水质符合卫生安全要求，净水流量不少于标称净水流量，且组件 / 滤芯对污染物去除率满足标准要求时的累积过水量。

② 装置耐压性：以水为介质，装置加压至设计压力的 1.25 倍，保压 10 ～ 30min 各部分无渗漏现象。

③ 装置负载性：装置安装完毕后，在额定压力下，各启动元件（包括运行开关、阀门等）应启闭灵活、准确，测量仪表显示准确，装置操作运转平稳，无泄漏、无异常噪声。

④ 物理冲洗强度（包括水反洗或空气）：不小于设计的额定值。

⑤ 噪声：设备的运转噪声不应大于 80dB。

⑥ 出水水质：a. 出水浊度应符合《生活饮用水卫生标准》（GB 5749—2022）的规定，目前市场上成熟的超滤膜装置出水浊度均在 0.5NTU 以下；b. 出水的菌落总数、总大肠菌群、大肠埃希氏菌应符合《生活饮用水卫生标准》（GB 5749—2022）的规定，目前市场上成熟的超滤膜装置出水不应检出上述微生物指标。

⑦ 材料：应具有涉水产水卫生许可批件，同时其耐压耐腐蚀性能在产品合格证书上确认。

⑧ 外观：目测法检查。

16.1.3 技术标准情况

16.1.3.1 国际标准

国外关于超滤膜的标准主要有日本和美国两个标准体系，具体标准包括：

①《超滤组件的纯净水渗透性能测试方法》（JIS K3821:1990） 该标准是中空纤维超滤膜组件纯水渗透流测试方法。

②《超滤组件细菌内毒素抑制性的测试方法》（JIS K3824:1990） 该标准规定了使用来自 S 型大肠杆菌（大肠杆菌 O111 等）的内毒素作为检测液确定超滤膜组件内毒素抑制的测试方法。

③《超滤组件的细菌抑制性的测试方法》（JIS K3823:2006）　该标准是超滤膜组件的细菌抑制性的测试方法

④《截留分子量评价超滤膜》（ASTM E1343—1990）　该标准提供了一种方便、快速、可重复的测试方法，用于比较超滤膜的本质特性。测试方法包括对分子量在 4500 ～ 1.0×10^6 之间的平板超滤膜的分子量截留的评估。

⑤《超滤渗透流速》（ASTM D5090—1990）　该标准涵盖超滤（UF）系统的渗透流标准化，做法适用于天然水域，包括咸水、海水和超纯水以及用于发电和微电子及制药生产的水。

16.1.3.2　国内标准

我国的膜行业起步较晚，分离膜相关的国家标准、地方标准较少。分离膜的相关标准中，涉及超滤膜材料及组件的标准更少。针对标准性质的不同可将我国现行超滤膜材料及组件的技术标准划分为基础标准、产品标准、检验方法标准和应用领域标准。截至 2019 年 10 月，共有 16 项与超滤膜相关的标准，其中国家标准 8 项、行业标准 8 项。行业标准中大部分为海洋行业标准（HY），共 6 项，占整个行业标准的 75%，而与城镇供水相关的城镇建设行业标准只有 1 项，即 2018 年发布的《饮用水处理用浸没式中空纤维超滤膜组件及装置》（CJ/T 530—2018）。在所有的标准中，50% 是关于检验方法的标准。相关标准与超滤膜相同，清单如表 11-1 所列。

16.2　行业调研

16.2.1　国内外生产状况

16.2.1.1　技术原理

超滤膜装置是以超滤膜组件为核心部件，以机架、阀门管道、仪器仪表等为辅件，将核心部件和辅件有机结合起来的过程称为超滤膜装置的制备生产工艺。

超滤膜装置是由多个超滤膜组件和安装机架、阀门管道及其他功能部件组成的过滤模块单元，膜过滤系统中包含一个或多个这样的过滤模块单元。

16.2.1.2　国外生产现状

国外超滤膜生产起步较早，企业发展较为成熟。国外超滤膜装置生产企业（表 16-1）知名度较高的包括滨特尔、懿华、海德能、科氏、陶氏、苏伊士、滢格、旭化成、东丽等，上述企业生产的超滤膜装置已在国内城镇自来水厂得到规模化应用的企业包括苏伊士、懿华、旭化成、陶氏等。国外生产的超滤膜装置集成度较高，所具备的清洗功能、完整性检测、泄漏保护和自动控制系统等较为齐备，但价格较高。

表 16-1　国外超滤膜装置主要生产厂家情况

序号	区域	公司名称	网址
1	美国	Pentair Corparate Governance（滨特尔）	www.pentair.com/en/china-contact-us

续表

序号	区域	公司名称	网址
2	美国	Evoqua Water Technology（懿华）	www.evoqua.com/cn
3		Hydranautics-A Nitto Group Company（海德能）	www.hydranautics.com
4		Koch Industries Inc（科氏）	www.kochmembrane.com/zh-cn
5		Dow Inc 陶氏	www. dow.com/zh-cn
6	日本	Toray Membrane Innovation by chemistry（东丽）	www.toraywater.com/cn/about/
7		旭化成株式会社	www.asahi-kasei.co.jp/asahi/jp
8	新加坡	Hyflux Ltd（凯发）	www.hyfluxmembranes.com
9	法国	Suez Environnement Group Company（苏伊士，原 GE）	www.suez.com/en
10	德国	inge GmbH（滢格）	www.inge.basf.com/ev/internet/inge/cn

16.2.1.3 国内生产现状

据膜工业协会《2017—2018 中国膜产业发展报告》统计，目前国内涉及膜生产制造、膜工程商、膜服务商及与膜工程有关的配套设施建造公司达到 1102 家。其中，各类膜生产企业近 300 家。在总销售量中，反渗透膜占 50%，超滤、微滤和电渗析占 30%，剩下 20% 被气体分离膜、无机陶瓷膜、透气膜及其他类型占据。超滤膜的市场占有率虽然不高，但是超滤膜的未来发展空间为多数业内人士看好。虽然目前市场上超滤膜生产厂商较多，但有能力批量生产定型超滤装置的企业还较少，多数企业以生产超滤膜材料和组件为主。搜集国内共 47 家主要的超滤膜装置生产商并进行归类，参加调研超滤膜材料及组件厂家基本情况见表 16-2，因此，超滤膜产品能成规模地应用在城镇自来水厂的膜生产企业数量仅几家。

表 16-2　参加调研超滤膜材料及组件厂家基本情况

序号	地区	公司名称	注册资金 / 万元
1	安徽	合肥世杰膜工程有限责任公司	3000
2	北京	中国蓝星（集团）股份有限公司	1536558.919
3		北京碧水源科技股份有限公司	317051.1
4		蓝星工程有限公司	11000
5		北京坎普尔环保技术有限公司	5000
6		北京科泰兴达高新技术有限公司	2010
7		北京赛诺膜技术有限公司	1670
8		北京九州清源科技发展有限公司	800
9		北京中润枫科膜技术有限公司	600
10		北京先路水处理新技术公司	500
11		北京共创富来水处理设备有限公司	300
12		北京洁明伟业环境工程有限公司	200
13		北京畅源宏业净水技术有限公司	50

续表

序号	地区	公司名称	注册资金 / 万元
14	福建	三达膜科技（厦门）有限公司	8105
15		福州盈科水处理有限公司	600
16		嘉戎科技（厦门）有限公司	200
17		泉州索爱膜科技开发有限公司	170
18	甘肃	甘肃江源水处理工程有限公司	100
19	广东	广州美能材料科技有限公司	5000
20		广州凯源水处理设备有限公司	110
21	海南	海南立昇净水科技实业有限公司	15000
22	河南	河南大河水处理有限公司	3000
23	湖北	武汉艾科滤膜有限公司	300
24	吉林	吉林市金赛科技开发有限公司	3712.9
25	江苏	江苏久吾高科技股份有限公司	10555.4
26		江苏蓝天沛尔膜业有限公司	4800
27		苏州膜华材料科技有限公司	4000
28		江苏大孚膜科技有限公司	500
29		美泰克斯膜技术江苏有限公司	500
30		南京美泓环保科技有限公司	100
31		无锡市安吉尔电器有限公司	50
32	山东	山东水发环境科技有限公司	17300
33		山东招金膜天股份有限责任公司	8732.6
34		山东金汇膜科技股份有限公司	2531.9799
35		烟台金正环保科技有限公司	2000
36		山东新盛环保工程有限公司	1000
37	上海	上海一鸣过滤技术有限公司	3000
38		上海伊美特实业有限公司	1000
39		上海朗极膜分离设备工程有限公司	500
40		上海斯纳普膜分离科技有限公司	104.5
41	深圳	深圳市超纯环保股份有限公司	3000
42		深圳市嘉泉膜滤设备有限公司	100
43	天津	天津膜天膜科技股份有限公司	7800
44	新疆	德蓝水技术股份有限公司	10436
45	浙江	宁波水艺膜科技发展有限公司	10000
46		杭州求是膜技术有限公司	3000
47		杭州迈纳膜技术有限公司	1000

16.2.2 国内外应用状况

16.2.2.1 国外应用现状

目前在国外，已经有很多市政自来水厂应用超滤技术生产自来水。美国的超滤膜自来水厂总处理水量占美国自来水供应量的2.5%，并且许多新建水厂和老水厂改造项目越来越多地采用超滤工艺。在欧洲，超滤工艺在水厂中的应用更为广泛，以小型水厂居多。英国已有100多家水厂采用超滤技术，总产水能力已超过1.1×10^{6}m^3/d。在亚洲，超滤技术的应用在近几年的增长也比较显著。新加坡已建成一期规模为27.5×10^{4}m^3/d的大型水厂，日本的超滤膜产水能力已近4.0×10^{6}m^3/d。新加坡、澳大利亚、荷兰、英国和以色列使用超滤工艺净化自来水的处理量分别占其自来水总供水量的12.0%、4.0%、3.1%、2.0%、1.2%。

中东地区是水资源缺乏最严重的地方。为了解决这个问题，最早人们通常采用蒸馏技术。从19世纪60年代，膜技术被用于解决这些国家的缺水问题。但是，许多反渗透海水淡化系统面临着膜污染严重的问题。主要因为反渗透系统的传统预处理方法无法提供可靠的入水水质，因此，绝大多数海水淡化工厂在远远低于其设计出水量的情况下工作，甚至有些工厂的出水量达不到最初设计的30%。小型海水淡化装置的研究非常清楚地表明，超滤系统可以非常有把握地控制海水的水质，为反渗透系统提供高质量的入水。长期试验也表明，超滤系统的出水SDI值可以非常好地控制在2以下。这些测试在超滤系统前不必用任何预处理，并且适用各种海水水质。

在终端净水方面，发达国家的终端家用净水设备普及率普遍超过了80%，美国的家用净水器普及率达到90%，欧洲为90%，日本为80%，韩国为95%。国外家用净水器产生于20世纪50年末期，其高峰是在70年代以后，它的发展是在工业水处理的基础上发展而来的，随着技术水平的提高，以及健康意识的加强，终端家用净水器越来越被企业和消费者重视。

16.2.2.2 国内应用现状

（1）市政自来水

我国国内水厂普遍还是采用传统水处理工艺，主要以“混凝 - 沉淀 - 过滤 - 氯消毒”为主体的第一代城市饮用水净化工艺为主，该工艺对于常规情况下的有机污染物有一定的去除效果，而对于特殊情况下的原生动物等微生物污染的水质得不到有效的保证，例如两虫问题，同时对于消毒副产物、藻类问题无法有效控制，出水水质难以实现100%达标。

超滤技术能有效去除浊度、病原微生物、藻类及降低消毒副产物产生风险，在应用方面装置集成化、自动化程度高，被认为是传统饮用水处理技术的替代品，也是饮水安全的保障，所以超滤技术已经大量被应用到市政自来水处理中，而且会随着时间应用规模不断增加。超滤膜装置在市政自来水厂的应用主要包括以下几个方面。

1）代替砂滤池

传统的“混凝 - 沉淀 - 砂滤”工艺经过上百年的不断发展，技术已非常成熟，为保障我国城市饮用水安全做出了重要贡献。随着水源污染不断加剧，原有的常规工艺逐步得到升级强化。近年来，随着膜过滤技术的日趋成熟，超滤与常规工艺的联合应用已得到逐步推广，在保障出厂水水质安全及提升水质方面效果显著，且已较大规模应用于国内自来水厂工艺升级改造及新水厂建设中。

用超滤取代传统水处理工艺中的砂滤池，形成混凝 - 沉淀 - 超滤的水处理工艺，这种水处理工艺清除效果极好，产水质量稳定，能够保证出水浊度低于 0.1NTU，有效过滤水中 99.99% 的胶体物质、细菌、悬浮物和其他有害物质，克服了砂滤池可能被微生物穿透的风险，更好地保障了饮用水的生物安全性。

2）混凝 - 超滤

在处理水水质处于微污染状态时，超滤还可以与混凝直接组合在一起形成一种短流程工艺，处理水在投加混凝剂后直接进入超滤，这种工艺流程短、造价低、占地小，且运行管理简单，有很高的经济适用性。

混凝与超滤联用，能有效去除微污染水中的浊度，对包括隐孢子虫、贾第鞭毛虫在内的病原微生物有很好的去除效果，可以减缓膜通量的下降，有效降低跨膜压差，延长超滤膜的使用寿命。国内典型自来水厂超滤膜应用案例见表 11-5。

（2）饮用水终端处理

自来水在输水过程中可能会受到二次污染，超滤技术运行简单、管理方便，易于实现自动化控制，可以方便地应用于饮用水终端处理。上海国际航运中心洋山深水港区处于城市供水管网末梢，水质较差。为提高港区供水水质，采用了超滤膜装置作为终端处理技术，出水浊度稳定低于 0.1NTU，极大地保证了饮用水安全性。

（3）作为纳滤或反渗透的预处理

为了保证反渗透和纳滤系统可以稳定运行，对给水的严格预处理就必不可少。预处理的目的就是去除给水中会对反渗透和纳滤膜产生污染或导致劣化的物质。一旦预处理系统不能发挥作用，有污染物进入反渗透和纳滤系统，这些物质可能会在膜表面堆积，若给水中含有微生物，它的繁殖会导致更严重的后果。准确把握原水的特性，设计并选择合适的预处理工艺是非常重要的。

将超滤用作预处理工艺，过滤的水质稳定、设备管理比较简单，不会产生过滤残渣，可以完全去除不溶解物质，降低颗粒物的污染风险，提高纳滤 / 反渗透的设计水通量。

（4）农村饮用水处理

目前农村饮用水处理面临的主要问题是用水分散、供水规模小、运行管理水平低，从而难以保证饮用水安全。而超滤的出水水质与运行条件基本无关，且超滤膜装置自动化水平高，可以实现无人值守和远程控制，因此能够用于解决农村饮用水处理所面临的运行管理水平低的问题。同时，超滤膜装置具有集成度高的特点，可以适用于不同规模的场合，从而超滤膜装置成为保障农村饮用水安全的首选技术。目前国内已有近万个超滤设备应用在农村改水项目，未来将会更加快速地发展。

16.2.3 典型应用案例

（1）上海某水厂

2012 年上海市某大型超滤水厂全面建成投产，水厂一期日处理规模 10 万吨，二期规划日处理规模 25 万吨。水厂以水库水为水源，采用“预臭氧 + 混凝沉淀（中置式高密度沉淀池）+ 臭氧活性炭（上向流）+ 超滤膜（浸没式）”工艺有效地保证水厂的出水水质。水厂超滤膜车间见图 16-3。

图 16-3　上海某水厂超滤膜车间

该水厂的膜处理工艺采用的是 PVC 超滤膜，超滤膜系统运行压力低、通量大，化学清洗的周期长，系统稳定性良好，出水水质安全性高。由于超滤膜系统自动化程度高，使用药剂少，它的日常运行成本要低于传统水厂，综合考虑，超滤膜在大中型自来水厂中应用的建设成本与传统工艺接近。

（2）浙江某水厂

该水厂建于 20 世纪 90 年代初，总设计规模为 $3\times10^4m^3/d$，分两期建成，一期规模为 $1\times10^4m^3/d$，二期规模为 $2\times10^4m^3/d$。由于当时设计标准低，水处理工艺落后，加之运行时间久，部分构筑物损坏，其中一期 $1\times10^4m^3/d$ 生产线无法供水，已停止运行多年，此前该水厂实际供水规模为 $0.8\times10^4m^3/d$。近年来，随着城市发展、新区开发建设，城市供水量已不能满足要求，所以对水厂停运多年的 $1\times10^4m^3/d$ 生产线进行了改造，经过专家论证后，确定采用浸没式超滤膜工艺、虹吸式出水。改造工程无新增占地面积，改造后工艺产水量翻倍，达到 $2\times10^4m^3/d$，满足了城市发展的需要。

水厂使用的超滤膜为热法 PVDF 中空纤维膜，其结构特点是：断面为三维互穿网络，非对称型孔结构，膜外表面孔径最小，从外向内孔径逐渐增大，内表面孔径最大。实际工程运行表明，膜通量大，能在超低压条件下运行；强度高，韧性好，在使用中不易断丝；截留精度高，产水水质好；抗污染能力强，产水周期长；耗能少，运行成本低。

浸没式超滤膜工艺主要包括产水、气水反洗、曝气、维护性化学清洗与恢复性化学清洗等流程。产水周期为 1.5h，反洗频率为 16 次 /d，反洗时间为 100s，曝气频率为 32 次 /d，曝气时间为 60s，维护性清洗周期为 1 次 /45d，恢复性清洗周期为 1 次 / 年。膜滤池与清水池的液位差为 1.5m，实现了低液位差的虹吸运行。当产水量为设计产水量（$2\times10^4m^3/d$）时，实际产水量为 $2.08\times10^4m^3/d$，膜通量为 35L /（$m^2\cdot h$），跨膜压差为 5kPa。用水高峰期时，产水量可达 $3\times10^4m^3/d$，膜通量为 50.4L /（$m^2\cdot h$），跨膜压差为 10kPa。产水平均回收率超过 96%。工程投运以来，系统运行稳定，实现了在虹吸运行条件下产水量翻倍的目标，技术和经济指标达到设计要求，进水浊度在 5 ～ 80NTU 波动时，膜的产水浊度为（0.025±0.005）NTU，产水水质优良。

（3）江苏某水厂

该水厂原水取自太湖，主要供应市中心及城南地区用水，原采用混凝 + 沉淀 + 消毒的常规水处理工艺，建设规模为 $60\times10^4m^3/d$，分两期建设，各为 $30\times10^4m^3/d$，一期工程于 1992 年 6 月建成投产，二期工程于 1996 年 6 月竣工投产。

随着近年来太湖水源污染加剧，以及我国新生活饮用水卫生规范和城市供水水质标准的颁布，现有常规生产工艺的局限性越来越明显，已逐渐不能满足城市和广大人民群众对水质的要求。近几年，太湖水源水的藻类数量有时可高达 1.1×10^5 个 /mL，水质处于Ⅳ～Ⅴ类。而常规工艺对藻类的去除率一般为 99%，在藻类暴发时出厂水中藻类数量仍为每升几万个至几十万个。2007 年 5 月底，太湖蓝藻暴发，整个西太湖原水水质全面恶化，造成整个城市的生活饮用水危机。

2008 年 11 月，无锡市自来水总公司组织专家对水厂深度处理工艺方案进行了论证，初步确定了以粉末活性炭 + 超滤膜处理工艺为主的水厂深度处理改造方案。所选用的工艺流程见图 16-4。

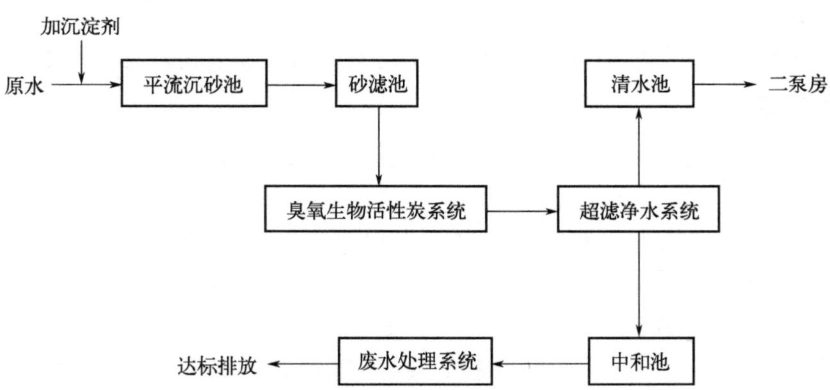

图 16-4　江苏某水厂工艺流程

该系统的主要特点如下：

① 不设反洗水泵，在反洗时采用压缩空气反向压出膜腔内滤液，同时膜丝外表面用空气擦洗，效果更好更安全，大幅节省能耗，系统回收率高达 97% 以上。

② 膜组件采用上下两端进水、两端出水设计，大大改善了过滤和反洗过程的配水均匀性。

③ 膜元件、膜组件以及膜堆的上下连接件均为标准化、模块化设计，膜装置布置紧凑，接口少，占地面积小，便于实现自动控制。

④ 扩展性好，每个膜堆都预留了新增膜组件的安装位置。

该水厂在超滤膜装置的运行中，根据实际进水水质情况、膜污染情况、清洗效果等因素进行系统优化和调整，在多次对比试验的基础上对系统运行参数进行优化。通过优化，在保证产水总量不变的情况下改善了清洗效果，降低了清洗频次，跨膜压差增长缓慢，系统运行稳定，节约电耗。水厂优化前后效果对比见表 16-3。

表 16-3 水厂清洗效果对比

项目	优化前	优化后
反洗周期 /min	30	45
维护性清洗	次氯酸钠＋盐酸，清洗周期 2d	次氯酸钠＋（磷酸＋柠檬酸），清洗周期 3d
化学清洗	次氯酸钠＋（盐酸＋柠檬酸）	次氯酸钠＋（磷酸＋柠檬酸）
平均膜通量 /［L/（m^2・h）］	89	86
跨膜压差 /kPa	60 ～ 120	50 ～ 80
进水母管压力 /kPa	150	90 ～ 120

在运行过程中还要定期进行膜完整性检测（PDT）。在膜系统运行过程中膜丝会产生个别破损现象，这时进水会直接通过破损的膜丝进入产水侧，影响出水水质。水厂超滤膜系统可以定期自动进行压力测试，根据在规定时间内压力的衰减速率计算出完整性检测的结果。若衰减过快，表明存在膜丝破损，可通过超声检测定位并将其隔离或修补。

该水厂超滤膜深度处理工程出水水质全面达到且部分优于《生活饮用水卫生标准》（GB 5749—2022）。特别是对浊度、藻类、细菌、“两虫”等有非常好的去除效果，产水浊度一般能保持在平均为 0.05NTU 以下，几乎能全部去除藻类、细菌和“两虫”，极大地提高了饮用水的生物安全性。藻类的去除还能够大大减少由于消毒导致藻细胞破裂而释放的藻毒素。

（4）浙江某水厂

浙江该水厂的原水取自当地水库下游的地表水，水库水水质优良，基本达到国家Ⅰ类地表水标准。

该水厂工程改造重点为过滤工艺，即在保留现状混凝沉淀工艺的基础上将原有的虹吸滤池改造为浸没式膜滤池，改造完成后向外供水能力达到 $20\times10^4m^3/d$。

改造建设南北两座膜池，分为 4 排，每排 6 格，共 24格膜池，每格膜池一个膜系统，24 个系统互相平行运行，其中每排 6 格膜池共用一套抽真空系统，每座 12 格膜池共用一套反洗系统、气洗系统、维护性清洗系统，所有 24 格膜池共用恢复性化学清洗系统和气检系统。表 16-4 为所用超滤膜组件基本参数。

表 16-4 水厂超滤膜组件基本参数

项目	参数
膜材料形式	中空纤维膜
膜材料	热法 PVDF
过滤孔径 /μm	0.05
膜丝外径 /mm	1.6
膜丝内径 /mm	1.0
有效过滤面积 /m^3	38.5
膜丝抗拉强度 /N	8.5
耐受温度 /℃	1 ～ 45
运行 pH 值	6 ～ 9
最大抽吸压力 /kPa	40（膜池接管点）

超滤处理工艺来水通过进水阀控制进入超滤膜池，在抽吸泵形成的负压驱动下，水从中空纤维膜外侧进入到内侧，汇集于每个膜组件的集水管，之后汇集到每个膜架的产水支管，每个膜架上的产水支管连接到膜池的产水管，滤后水经各膜池的产水管，由抽吸泵输送到出水渠并进入清水池。浸没式超滤系统采用间歇产水方式，设计产水周期约为 60min，包括过滤产水约 59min、气水反洗约 1min（30s 空气擦洗 +30s 气水反洗）。本工艺中气反洗压力为 35 ～ 50kPa，气反洗流量为 1350 ～ 1925m^3/ h，水反洗流量为 650 ～ 700m^3/ h，气擦洗时间和气水反洗时间各约 30s。

（5）新加坡某水厂

新加坡某水厂一期处理规模 27.3×10^4m^3/d，于 2003 年建成；二期处理规模达 47.8×10^4m^3/d，采用某国外品牌浸没式超滤膜。水厂采用“细格栅 + 混凝 + 浸没式超滤”短流程工艺。原水水库水经管道自流通过 1mm 的细格栅后，在管道中投加铝盐实行强化混凝，同时投加石灰调控 pH 值，出水通过重力流进膜池过滤。由于膜池液位比下游清水池液位高 9m，利用虹吸原理原水透过浸没式超滤膜完成过滤达到净化，整个水厂的设计简单，短流程工艺有效地节省了占地和基建费用，虹吸运行大大地节省了运行费用。膜过滤后的出水，经过液氯消毒后，供给居民饮用。该水厂的工艺流程见图 16-5。

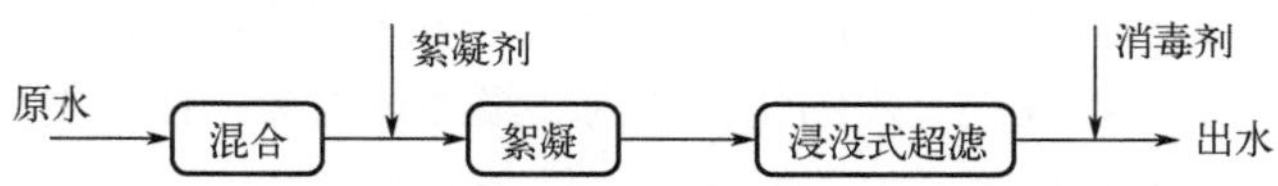

图 16-5　新加坡某水厂工艺流程

与传统工艺相比，强化混凝超滤工艺去除色度和总有机碳效率高，处理后出水水质见表 16-5。所用絮凝剂量低，这显著地降低了处理浓水的费用。水厂采用虹吸式的设计形成真空压从而获得过滤后的出水，整个水厂的设计简单，占地和运行费用（能耗）都极大地降低。

表 16-5　该水厂超滤膜出水水质

指标	原水	处理后出水
浊度 /NTU	5.4	＜ 0.3
色度（Hazen 单位）	22	＜ 5
UV_{254}/cm^{-1}	0.14	＜ 0.014
铝 /（mg/L）	0.1	＜ 0.05

16.3　技术评估

从调研结果来看，超滤膜生产厂商一般关注膜装置的膜堆的集成度、膜装置的自清洗功能、膜装置系统的完整性 3 项指标；而广大的饮用水行业的用户关注的超滤膜装置的性能指标主要包括水接触部件的卫生安全许可、膜装置的产水水质、膜装置自带的渗漏保护 3 项指标，而为了保证良好的售后服务及技术支持能力，用户还关注超滤膜生产商的企业规模、市场占有率等。膜装置作为超滤膜材料和组件的集成设备，行业普遍关注膜装置内膜材料及组件的技术先进性、技术可靠性、性能稳定性 3 项指标。同时，为了进一步降低超滤膜系统的投资和运行成本，用户与行业还关注膜装置价格、吨水电耗和药耗等。

因此，根据调研结果，结合超滤膜生产商、饮用水处理用户及行业关注的主要指标，筛选出 13 项评估指标，如表 16-6 所列。

表 16-6　超滤膜装置评估指标

序号	评估指标	序号	评估指标
1	膜材料及组件的技术先进性	8	膜材料及组件的性能稳定性
2	膜装置的自清洗功能	9	膜装置的产水水质
3	膜堆的集成度	10	膜装置价格
4	膜材料及组件的技术可靠性	11	吨水电耗、药耗
5	水接触部件的卫生安全许可	12	企业规模
6	膜装置系统的完整性	13	市场占有率
7	膜装置自带的渗漏保护		

16.3.1　评估指标体系

结合超滤膜装置的调研情况，选取技术先进性、技术可靠性、性能稳定性、经济适用性、国际竞争力 5 项指标作为评估指标集。上述 5 项指标作为一级评估指标，每个评估指标再按超滤膜材料及组件特性进一步细化分解为二级评估指标：技术先进性分解为 A_1、A_2、$A_3 \cdots A_n$；技术可靠性分解为 B_1、B_2、$B_3 \cdots B_n$；性能稳定性分解为 C_1、C_2、$C_3 \cdots C_n$；经济适用性分解为 D_1、D_2、$D_3 \cdots D_n$；国际竞争力分解为 E_1、E_2、$E_3 \cdots E_n$ 多个基本项。最终形成图 16-6 超滤膜装置评估矩阵图。

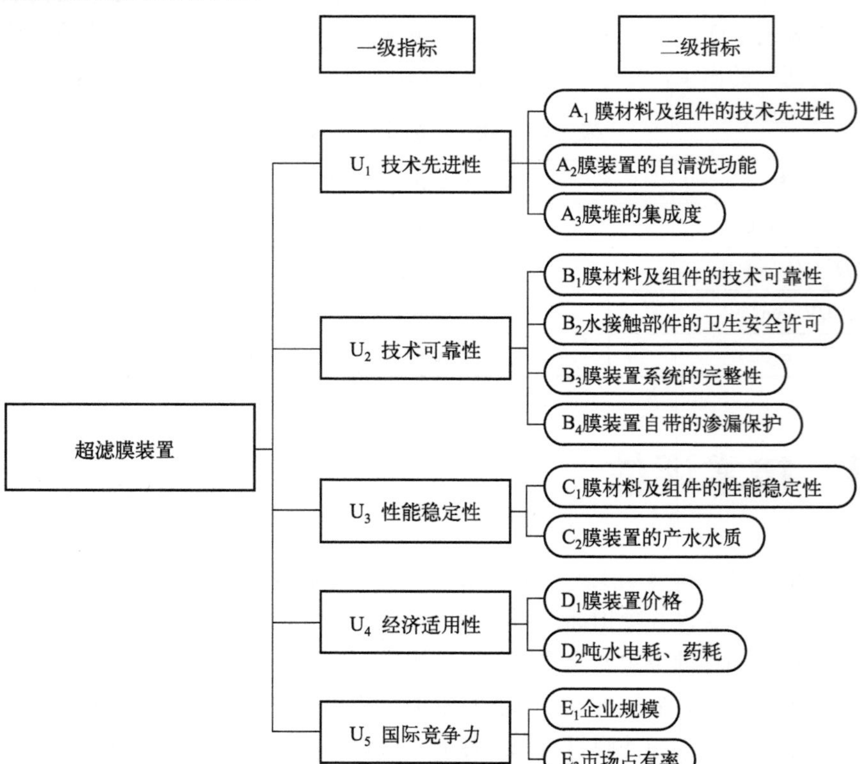

图 16-6　超滤膜装置评估矩阵图

上述指标的二级指标及量化形式根据超滤膜装置的特征进行充实和定义，结合超滤膜材料及组件、超滤膜装置专家评估会，对二级指标进行了制定。

16.3.2　评估指标赋值

16.3.2.1　超滤膜材料及组件一级指标

超滤膜装置评估体系的一级指标赋分情况为技术先进性（0.25）、技术可靠性（0.20）、性能稳定性（0.25）、经济适用性（0.25）及国际竞争力（0.05）。

超滤技术作为取代常规处理工艺的新技术，应当体现其先进性。同时将膜材料及组件的技术先进性分配进技术先进性一级指标内，从根本上保证超滤膜装置对水中微生物及颗粒物的截留，因此将 U_1 技术先进性放在权重的首位，权重为 0.25。

技术可靠性是保证超滤出水水质的重要保障，包括膜材料及组件的技术可靠性、水接触部件的卫生安全许可和膜装置系统的完整性等方面，因此 U_2 技术可靠性权重为 0.20。

在保证技术可靠性的前提下，超滤膜装置性能稳定性尤为重要，对于保障超滤膜系统的长效稳定运行具有重要意义，因此 U_3 性能稳定性权重为 0.25。

调研结果及生产运行经验显示，超滤膜系统的运行成本要高于传统的砂滤工艺。为促进超滤技术在饮用水处理领域的推广应用，需要对超滤膜装置的经济适用性提出一定的要求，因此 U_4 经济适用性权重为 0.25。

相较于国际超滤膜材料及组件的生产和应用情况，国内超滤膜材料及组件仍处于发展前期阶段，生产企业和用户考虑更多的是技术发展和实际工程应用效果。但用户在选择超滤膜生产商时，从售后服务及技术支持等方面考虑，也看重超滤膜生产商的规模及市场占有率等，因此 U_5 国际竞争力权重为 0.05。

16.3.2.2　超滤膜材料及组件二级指标

（1）U_1 技术先进性

超滤膜材料及组件的技术先进性、膜装置的自清洗功能、膜堆的集成度等体现技术先进性。超滤膜材料及组件的技术先进性赋分 70 分，装置的自清洗功能赋分 20 分，膜堆的集成度赋分 10 分。超滤膜材料及组件的技术先进性：膜材料及组件的技术先进性的总分数 ×0.7。膜装置的自清洗功能：高效物理清洗技术的相关专利数量大于等于 3 时为 20 分；专利数量等于 2 时为 18 分；专利数量等于 1 时为 16 分；无相关专利为 14 分。膜堆的集成度：压力式装置，当装置单位占地面积产水量大于 500m^3/m^2 时为 10 分，当 100 ～ 500m^3/m^2 之间时为 6 ～ 10 分，当小于 100m^3/m^2 时为 0 分；浸没式装置，当装置单位占地面积产水量大于 800m^3/m^2 时为 10 分，当 200 ～ 800m^3/m^2 之间时为 6 ～ 10 分，当小于 200m^3/m^2 时为 0 分。

（2）U_2 技术可靠性

超滤膜材料及组件的技术可靠性、水接触部件的卫生安全许可、膜装置系统的完整性和膜装置自带的渗漏保护等体现技术可靠性。膜材料及组件的技术可靠性赋分 70 分，水接触部件的卫生安全许可、膜装置系统的完整性和膜装置自带的渗漏保护各赋分 10 分。膜材料及组件的技术可靠性：膜材料及组件的技术可靠性的总分数 ×0.7。水接触部件的卫生安全许可：超滤膜装置所含有的水接触部件（泵、管道、阀门）有涉及饮用水卫生安全产品卫生许可批件，为 10 分；所含部件没有卫生批件，为 5 分。膜装置系统的完整性：同时具备预过滤系统、反洗系统、化学清洗系统、完整性检测系统、仪表自控，为 10 分；预过滤系统、反洗系统、化学清洗系统、完整性检测系统、仪表自控，缺一个及以上，为 5 分。膜装置自带的渗漏保护：超滤膜装置自带对膜组件产水进行隔离的阀门为 10 分；没有自带对膜组件产水进行隔离的阀门为 5 分。

（3）U_3 性能稳定性

超滤膜材料及组件的性能稳定性和膜装置的产水水质等体现性能稳定性。超滤膜材料及组件的性能稳定性赋分 70 分，膜装置的产水水质赋分 30 分。超滤膜材料及组件的性能稳定性：膜材料及组件的性能稳定性的总分数 ×0.7。膜装置的产水水质：出水浊度小于等于 0.1 NTU 为 30 分；在 0.1 ～ 0.5 NTU 之间则为 5 ～ 30 分；大于 0.5 NTU 为 0 ～ 5 分。

（4）U_4 经济适用性

膜装置价格和吨水电耗、药耗等体现经济适用性。膜装置价格和吨水电耗、药耗各赋分 50 分。膜装置价格：当单位膜面积价格小于等于 100 元 /m^2 时为 50 分，当介于 100 ～ 200 元 /m^2 之间时为 40 ～ 49 分，当介于 200 ～ 300 元 /m^2 之间时为 20 ～ 39 分，当大于 300 元 /m^2 时为 0 分。吨水电耗：压力式装置，当吨水电耗小于等于 0.05kW • h/m^3 时为 25 分，当介于 0.05 ～ 0.1kW • h/m^3 之间时为 20 ～ 25 分，当介于 0.1 ～ 0.2kW • h/m^3 时为 15 ～ 20 分，当大于 0.2kW•h/m^3 时为 0 ～ 15 分；浸没式装置，当吨水电耗小于等于 0.01kW•h/m^3 时为 25 分，当大于 0.01kW • h/m^3 时为 0 ～ 25 分。吨水药耗：压力式装置，当吨水药耗小于等于 0.005 元 / m^3 时为 25 分，当介于 0.005 ～ 0.01 元 / m^3 之间时为 15 ～ 25 分，当大于 0.01 元 / m^3 时为 0 ～ 15 分；浸没式装置，当吨水药耗小于等于 0.005 元 /m^3 时为 25 分，当介于 0.005 ～ 0.01 元 /m^3 之间时为 15 ～ 25 分，当大于 0.01 元 /m^3 时为 0 ～ 15 分。

（5）U_5 国际竞争力

企业规模和市场占有率等体现国际竞争力。企业规模赋分 30 分，市场占有率赋分 70 分。企业规模：当注册资金大于等于 20000 万元时为 30 分，当介于 10000 万～ 20000 万元之间时为 25 ～ 30 分，当小于 10000 万元时为 20 分。市场占有率：当市场占有率大于等于 30% 时为 70 分，当介于 1% ～ 30% 之间时为 50 ～ 70 分，当小于 1% 时为 50 分。

经过多次专家咨询与评审，建立了超滤膜装置的专家评估规则，确定了产品一级指标和二级指标相应的权重，据此对超滤膜装置进行了评价。

具体评估指标分配及权重赋分和打分规则见表 16-7、表 16-8。

表 16-7　超滤膜装置评估指标分配及权重和赋分

一级指标	权重	二级指标	满分 / 分
U_1 技术先进性	0.25	A_1 膜材料及组件的技术先进性 A_2 膜装置的自清洗功能 A_3 膜堆的集成度	70 20 10
		小计	100

续表

一级指标	权重	二级指标	满分 / 分
U_2 技术可靠性	0.20	B_1 膜材料及组件的技术可靠性 B_2 水接触部件的卫生安全许可 B_3 膜装置系统的完整性 B_4 膜装置自带的渗漏保护	70 10 10 10
		小计	100
U_3 性能稳定性	0.25	C_1 膜材料及组件的性能稳定性 C_2 膜装置的产水水质	70 30
		小计	100
U_4 经济适用性	0.25	D_1 膜装置价格 D_2 吨水电耗、药耗	50 50
		小计	100
U_5 国际竞争力	0.05	E_1 企业规模 E_2 市场占有率	30 70
		小计	100

表 16-8　超滤膜装置技术评估打分规则

一级指标	二级指标	满分 / 分	打分规则
U_1 技术先进性（权重 0.25）	A_1 膜材料及组件的技术先进性	70	膜材料及组件的技术先进性的总分数 ×0.7
	A_2 膜装置的自清洗功能	20	高效物理清洗技术的相关专利数量大于等于 3 时，为 20 分；专利数量等于 2 时，为 18 分；专利数量等于 1 时，为 16 分；无相关专利，为 14 分
	A_3 膜堆的集成度	10	压力式装置：当装置单位占地面积产水量大于 $500m^3/m^2$ 时，为 10 分；当介于 100 ～ $500m^3/m^2$ 之间时，为 6 ～ 10 分；当小于 $100m^3/m^2$ 时，为 0 分。浸没式装置：当装置单位占地面积产水量大于 $800m^3/m^2$ 时，为 10 分；当介于 200 ～ $800m^3/m^2$ 之间时，为 6 ～ 10 分；当小于 $200m^3/m^2$ 时，为 0 分
U_2 技术可靠性（权重 0.2）	B_1 膜材料及组件的技术可靠性	70	膜材料及组件的技术可靠性的总分数 ×0.7
	B_2 水接触部件的卫生安全许可	10	超滤膜装置所含有的水接触部件（泵、管道、阀门）有涉及饮用水卫生安全产品卫生许可批件，为 10 分；所含部件没有卫生批件，为 5 分
	B_3 膜装置系统的完整性	10	同时具备预过滤系统、反洗系统、化学清洗系统、完整性检测系统、仪表自控，为 10 分；预过滤系统、反洗系统、化学清洗系统、完整性检测系统、仪表自控，缺一个及以上，为 5 分
	B_4 膜装置自带的渗漏保护	10	超滤膜装置自带对膜组件产水进行隔离的阀门，为 10 分；没有自带对膜组件产水进行隔离的阀门，为 5 分
U_3 性能稳定性（权重 0.25）	C_1 膜材料及组件的性能稳定性	70	膜材料及组件的性能稳定性的总分数 ×0.7
	C_2 膜装置的产水水质	30	浊度：≤ 0.1 NTU 为 30 分；0.1 ～ 0.5 NTU 为 5 ～ 30 分；＞ 0.5 NTU 为 0 ～ 5 分

续表

一级指标	二级指标	满分 / 分	打分规则
U_4 经济适用性（权重 0.25）	D_1 膜装置价格	50	≤ 100 元 /m^2 为 50 分；100 ～ 200 元 /m^2 为 40 ～ 49 分；200 ～ 300 元 /m^2 为 20 ～ 39 分；＞ 300 元 /m^2 为 0 分
	D_2 吨水电耗、药耗	50	压力式装置： 吨水电耗，≤ 0.05kW · h/m^3 为 25 分，0.05 ～ 0.1kW · h/m^3 为 20 ～ 25 分，0.1 ～ 0.2kW · h/m^3 为 15 ～ 20 分，＞ 0.2kW · h/m^3 为 0 ～ 15 分；吨水药耗，≤ 0.005 元 /m^3 为 25 分，0.005 ～ 0.01 元 /m^3 为 15 ～ 25 分；＞ 0.01 元 /m^3 为 0 ～ 15 分 浸没式装置： 吨水电耗，≤ 0.01kW · h/m^3 为 25 分，＞ 0.01kW · h/m^3 为 0 ～ 25 分；吨水药耗，≤ 0.005 元 /m^3 为 25 分，0.005 ～ 0.01 元 /m^3 为 15 ～ 25 分，＞ 0.01 元 /m^3 为 0 ～ 15 分
U_5 国际竞争力（权重 0.05）	E_1 企业规模	30	注册资金：≥ 20000 万元为 30 分；20000 万～ 10000 万元为 20 ～ 30 分；＜ 10000 万元为 20 分
	E_2 市场占有率	70	≥ 30% 为 70 分；1% ～ 30% 为 50 ～ 70 分；＜ 1% 为 50 分

16.3.3 评估指标体系应用

邀请涵盖高校研究机构、生产企业、设计院所等在内的 10 名专家根据建立的评估体系对超滤膜装置进行专家评估，结果显示国内超滤膜装置生产和应用的技术就绪度整体达到 8 ～ 9 级，具备行业大规模应用的条件。评估打分表及评估结果图分别见表 16-9 和图 16-7。

表 16-9　专家评估打分汇总

序号	U_1 技术先进性		U_2 技术可靠性		U_3 性能稳定性		U_4 经济适用性		U_5 国际竞争力	
	分值 / 分	权重	分值 / 分	权重	分值 / 分	权重	分值 / 分	权重	分值 / 分	权重
1	91	0.3	93	0.2	98	0.2	88	0.25	88	0.05
2	90	0.2	90	0.2	95	0.3	90	0.1	85	0.2
3	90	0.25	91	0.2	95	0.25	88	0.15	85	0.15
4	91	0.25	89	0.2	88	0.3	90	0.2	91	0.05
5	96	0.25	94	0.2	97	0.25	89	0.2	88	0.1
6	88	0.2	93	0.25	93	0.25	90	0.25	82	0.05
7	86	0.2	92	0.3	94	0.2	82	0.25	80	0.05
8	88	0.25	89	0.2	93	0.25	76	0.25	84	0.05
9	90	0.25	91	0.2	95	0.25	85	0.25	81	0.05
10	90	0.25	91.9	0.2	91	0.25	91	0.25	90	0.05
计算结果	技术就绪度（TRL）	明确需求（TRL1）	技术方案（TRL2）	通过论证（TRL3）	小试研究（TRL4）	中试研究（TRL5）	形成产品（TRL6）	三方评估（TRL7）	标准化（TRL8）	推广应用（TRL9）
	$B = WR$	0	0	0	0	0	0	0.2	2.74	2.14

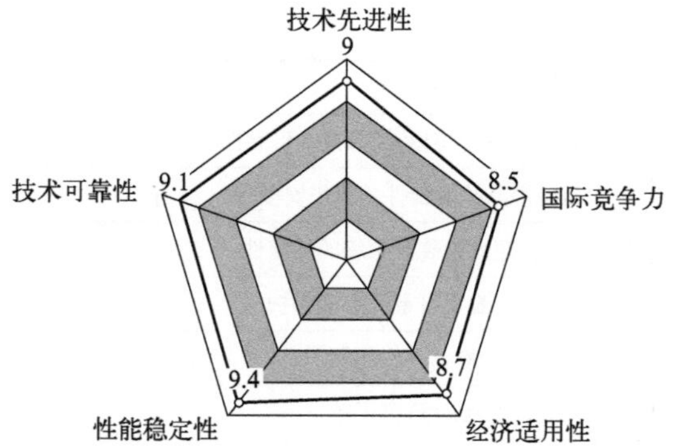

图 16-7　超滤膜装置评估结果图

16.4　应用验证

通过前期对各种超滤膜装置在实验室、生产上进行测试，并对国内外的超滤膜装置生产厂家和用户进行调研，筛选超滤膜装置关键技术经济指标和典型应用案例，开展典型产品的生产和应用流程技术性能测试与技术经济性分析，建立超滤膜装置的科学验证体系，为超滤膜装置在整个行业的推广和应用提供了数据支撑，推动供水行业的进步。

16.4.1　验证指标筛选

利用超滤膜材料及组件实际应用中的高频指标作为重点，结合文献梳理和实地调查研究进行指标的海选。根据可观测性原则将数据无法获得的海选指标删除，保证初步筛选后的指标体系可以量化，然后对初步筛选的指标数据进行标准化分析，基于相关性分析将 X_1 准则层相关系数＞ 0.85，X_2、X_3 准则层相关系数＞ 0.80 的指标筛选保留。在相关性分析的基础上利用主成分分析筛选各准则层内剩余的指标，筛选准则层 X_1 选取累积方差贡献率达到 85%、准则层 X_2 选取累积方差贡献率达到 80%、准则层 X_3 选取累积方差贡献率达到 80% 时各个主成分中因子负载绝对值较大的指标。

经过初步筛选、定量筛选，从 22 个海选指标中筛选出 5 个指标，保留的指标在表 16-10 中用“保留”标出。

表 16-10　超滤膜装置的指标筛选结果

序号	准则层	指标层	筛选结果
1	X_3 生产	$X_{3.1}$ 膜材料公称孔径	不可观测性删除
2		$X_{3.2}$ 膜丝力学性能	不可观测性删除
3		$X_{3.3}$ 膜丝纯水透过率	不可观测性删除
4		$X_{3.4}$ 膜组件防断丝技术	不可观测性删除
5		$X_{3.5}$ 膜材料及组件的技术先进性	不可观测性删除
6		$X_{3.6}$ 装置的自清洗功能	不可观测性删除
7		$X_{3.7}$ 膜堆的集成度	保留

续表

序号	准则层	指标层	筛选结果
8	X_3 生产	$X_{3.8}$ 超滤膜材料及组件技术可靠性	不可观测性删除
9		$X_{3.9}$ 涉及接触部件的卫生安全性	不可观测性删除
10		$X_{3.10}$ 超滤膜装置系统的完整性	不可观测性删除
11		$X_{3.11}$ 装置自带的渗漏保护	保留
12		$X_{3.12}$ 产水通量	相关性分析删除
13		$X_{3.13}$ 跨膜压差	主成分分析删除
14		$X_{3.14}$ 原水浊度	相关性分析删除
15		$X_{3.15}$ 产水浊度	保留
16		$X_{3.16}$ 产水菌落总数	相关性分析删除
17		$X_{3.17}$ 产水总大肠菌群数	不可观测性删除
18		$X_{3.18}$ 价格	不可观测性删除
19		$X_{3.19}$ 产水率	主成分分析删除
20		$X_{3.20}$ 清洗周期	不可观测性删除
21		$X_{3.21}$ 吨水电耗	保留
22		$X_{3.22}$ 吨水药耗	保留

16.4.2 验证指标体系及等级划分

将指标进行整合，筛选出膜堆的集成度、装置自带的渗漏保护、产水浊度、吨水电耗和吨水药耗 5 个指标，所筛选出的指标涵盖了产品质量、应用效果、经济性能等几个方面，因此筛选出的指标具有较好的合理性。

将相关 - 主成分分析法得到的指标体系按照文献调查、实地调研及上述生产试验结果对评估指标进行等级划分，具体评估指标的等级见表 16-11。

表 16-11 评估指标的等级划分

指标	等级
膜堆的集成度	装置单位占地面积产水量＞ $500m^3/m^2$ 时为优良；介于 100 ～ $500m^3/m^2$ 之间时为合格；＜ $100m^3/m^2$ 时为不合格
装置自带的渗漏保护	自带对膜组件产水进行隔离的阀门，为合格；没有自带对膜组件产水进行隔离的阀门，为不合格
产水浊度	浊度≤ 0.1NTU 时，为优良；浊度介于 0.1 ～ 0.5NTU 之间时，为合格；浊度＞ 0.5NTU 时，为不合格
吨水电耗	压力式装置≤ $0.05kW \cdot h/m^3$，浸没式装置≤ $0.01kW \cdot h/m^3$ 时为优良；压力式装置 0.05 ～ $0.1kW \cdot h/m^3$，浸没式装置为 0.01 ～ $0.2kW \cdot h/m^3$ 时为合格；压力式装置＞ $0.1kW \cdot h/m^3$，浸没式装置＞ $0.2kW \cdot h/m^3$ 时为不合格
吨水药耗	压力式装置≤ 0.005 元 / m^3，浸没式装置≤ 0.005 元 /m^3 时为优良；压力式装置介于 0.005 ～ 0.01 元 /m^3 之间，浸没式装置介于 0.005 ～ 0.01 元 /m^3 之间时为合格；压力式装置＞ 0.01 元 /m^3，浸没式装置＞ 0.01 元 /m^3 时为不合格

16.4.3 典型产品验证案例

基于建立的验证体系，以海南某水厂为例，对超滤膜装置进行生产验证。

海南省某水厂采用“在线絮凝 + 自清洗预过滤器 + 超滤膜”工艺，使用某超滤膜生产商的超滤膜装置，该工程投资 385 元 /（t • d），单位制水成本 0.12 元 /t（不含人工成本及水资源费）。超滤膜装置共 7 套；产水量 8500m^3/d，运行压力 0.035 ～ 0.085MPa，系统总回收率 92.93%。

验证实验方法：根据日常运行状况及超滤膜装置说明书对部分指标进行观测。由划分的评估指标等级对验证地点指标进行验证，验证结果见表 16-12。

表 16-12　超滤膜装置验证评估结果

验证指标	验证结果	评估结论
膜堆的集成度	175m^3/m^2	合格
装置自带的渗漏保护	集成隔离阀门	合格
产水浊度	0.030NTU	优良
吨水电耗	0.093kW • h/m^3	合格
吨水药耗	0.002 元 /m^3	优良

对海南省某水厂超滤膜装置进行验证，膜堆的集成度、吨水电耗、装置自带的渗漏保护等指标为合格，产水浊度、吨水药耗等方面达到优良。

第 17 章 纳滤装置

17.1 产品概述

17.1.1 产品分类

以膜装置的产水量和应用场景分类，将市场上的膜供水装置种类分为三类：第一类以天然水为原水，为市政级集中纳滤水厂；第二类为一体化供水装置，主要应用于村镇集中供水；第三类以自来水为原水，为二次供水装置，多为商用，规模一般较小。

第一类装置为中大型纳滤装置或市政自来水厂纳滤系统，主体工艺流程为“混凝沉淀→多级过滤→纳滤→消毒”。多级过滤的主要目的是保障纳滤系统的进水水质，提高纳滤系统的运行状态，降低清洗频率，延长其使用寿命。

在不同的工程实例中，根据项目实际情况的不同，可以选用多种多级过滤的方式，比较常见的有：

① 砂滤→保安过滤→纳滤，实例如法国巴黎某水厂等；

② 砂滤→超滤→保安过滤→纳滤，实例如张家港某水厂、中宁县某水厂等；

③ 超滤→保安过滤→纳滤，实例如太仓某水厂等。

第二类装置主要为一体化的小型装置，在村镇供水及应急供水应用居多，产水量 5 ～ 50m^3/h，主体工艺流程为“混凝沉淀→多级过滤→消毒”。

第三类装置以市政自来水为原水，多为小型纳滤装置，产水量 0.2 ～ 5m^3/h，主体工艺流程为“预处理→纳滤（→活性炭吸附）→消毒”。此类装置俗称为净水器、直饮机、纯水机等，主要应用在家庭、校园、写字楼、机场、公园等场所，需求量大，企业根据标准生产系列化的产品，满足不同的市场需要，用户可根据产水量和产水水质等直接选购。

17.1.2 性能指标

纳滤装置的技术指标参数与大多数膜装置类似，脱盐率或有机物脱除率、膜通量、水回收率是纳滤过程中的关键参数，除此以外，还关注进水压力、清洗频率、膜更换周期、电控系统智能性等指标。

① 脱盐率或有机物脱除率（rejection）：指通过纳滤膜脱除特定组分如二价离子或有机物的百分数，是纳滤装置最重要的性能指标，与原水水质、出水标准、膜元件性能、pH 值等及环境因素相关。

② 膜通量（membrane flux）：指单位面积纳滤膜在单位时间内透过的水量，通常以 L/（m^2 • h）表示，简写 LMH。

③ 水回收率（recovery）：指产水量与给水总量之百分比，设置在浓水管道上的浓水阀可以调节并设定回收率。水回收率常常希望最大化以便获得最大的产水量，降低经济成本，但是应该以膜系统内不会因盐类等杂质的过饱和发生沉淀为它的极限值。

④ 进水压力 / 膜前压力（inlet pressure）：指纳滤单元的进水压力，单位为 MPa。当透过水量一定时，是纳滤系统的节能指标，此压力可通过给水高压泵后的节流阀调节。

⑤ 膜后压力（outlet pressure）：指纳滤浓水的出水侧压力，可通过浓水排放节流阀调节。

⑥ 膜的背压（backpressure）：指纳滤系统产水侧的压力，该值越高，用于脱盐的有效压力就越低。而且，该值不能太高，否则纳滤膜可能破裂，由此原因引起的膜损坏多发生在最后一支膜。

⑦ 清洗周期（cleaning period）：指纳滤膜系统在单位时间内清洗的次数，单位为 d。

⑧ 膜更换周期（membrane replacement period）：指为保证纳滤膜系统的出水质量，膜更换两次的时间间隔，单位为年。

⑨ 电控系统智能性（intellectuality of electronic control system）：指在无人干预的情况下能自主地驱动智能机器实现控制电控系统的性能，包括智能控制生产系统、进出水水质压力监测、后台专家决策系统等。

17.1.3 技术标准情况

17.1.3.1 国际标准

自 20 世纪 60 年代起，反渗透技术开始在美国水处理领域得到应用，自 80 年代起，纳滤膜技术得到应用，从 90 年代起逐步制定系列相关标准和指南。2006 年 LT2ESWTR（Long Term 2 Enhanced Surface Water Treatment Rule，长期加强地表水处理规则二期）中将膜过滤技术列为一项专项技术，明确了微滤、超滤、纳滤及反渗透的定义，自此以后有关纳滤的标准文件越来越丰富，如表 17-1 所列。

表 17-1　国外相关标准一览表

序号	归口	编号	名称
1	USEPA	815-R-06-009（2005）	Membrane filtration guidance manual 膜过滤指导手册
2	ANSI/AWWA	B110-2009	Membrane systems 膜系统
3	ANSI/AWWA	B114-2016	Reverse osmosis and nanofiltration systems for treatment 水处理用反渗透和纳滤系统
4	AWWA	M46-2007	Reverse osmosis and nanofiltration manual of water supply practices 反渗透和纳滤供水实践手册
5	ASTM	D6161-19（2019）	Standard terminology used for microfiltration，ultrafiltration，nanofiltration，and reverse osmosis membrane processes 用于微滤、超滤、纳滤和反渗透膜工艺的术语

续表

序号	归口	编号	名称
6	ASTM	D4195-08（2014）	Standard guide for water analysis for reverse osmosis and nanofiltration application 反渗透和纳滤应用水质分析指南
7	ASTM	D4194-03（2014）	Standard test methods for operating characteristics of reverse osmosis and nanofiltration devices 反渗透和纳滤装置运行检测方法
8	ASTM	D4472-08（2014）	Standard guide for recordkeeping for reverse osmosis and nanofiltration systems 反渗透和纳滤系统运行记录指南
9	ASTM	D3923-08（2014）	Standard practices for detecting leaks in reverse osmosis and nanofiltration devices 反渗透和纳滤设备渗漏检测的实践
10	ASTM	D4692-01（2017）	Standard practice for calculation and adjustment of sulfate scaling salts（$CaSO_4$，$SrSO_4$，and $BaSO_4$）for reverse osmosis and nanofiltration 用于反渗透和纳滤的硫酸盐结垢盐（$CaSO_4$、$SrSO_4$ 和 $BaSO_4$）的计算和调整的实践

17.1.3.2 国内标准

膜技术标准是膜产品进入国际市场的消费导向信息，是保障膜产品质量、规范膜市场的有力手段，相关标准的制定对促进膜产业科学化、规范化管理，引导膜产业朝着健康有序的方向发展，推动膜技术广泛应用起到了重要的技术支撑作用。

由于我国膜行业起步较晚，现行与膜分离设备相关的标准较少，包括国标和行业标准，行业标准中大部分为海洋行业标准（HY），其余则为环境保护行业标准（HJ）、城镇建设行业标准（CJ）、轻工行业标准（QB）等。现行的膜标准对微滤膜、超滤膜、纳滤膜、反渗透膜及电渗析膜均有涉及，其中有关反渗透及超滤的标准最多。微滤与超滤主要应用于污水处理与回用，纳滤主要用于给水净化，反渗透主要用于海水淡化，电渗析的应用集中于苦咸水的淡化。

纳滤膜技术是在反渗透基础上最晚发展起来的膜分离技术，饮用水领域的膜标准较污水领域明显偏少，所以城镇供水行业纳滤技术相关标准极为有限，汇总列举如表 17-2 所列。调研发现，专门针对纳滤技术的标准仅有两项，且为海洋行业标准，家用和类似用途用饮用水处理装置的相关标准较多，此类标准多针对二次供水装置，为各种商用的饮水设备。

表 17-2 国内纳滤装置相关标准

序号	标准名称	标准编号
1	膜分离技术　术语	GB/T 20103—2006
2	水处理设备性能试验	GB/T 13922—2011
3	纳滤装置	HY/T 114—2008
4	纳滤膜及其元件	HY/T 113—2008
5	家用和类似用途饮用水处理装置	GB/T 30307—2023

续表

序号	标准名称	标准编号
6	家用和类似用途饮用水处理装置性能测试方法	GB/T 35937—2018
7	家用和类似用途反渗透净水机、纳滤净水机专用加压泵	QB/T 4697—2014
8	家用和类似用途反渗透净水机、纳滤净水机用储水罐	QB/T 4828—2015

17.2　行业调研

17.2.1　国内外生产状况

17.2.1.1　技术原理

与超滤、反渗透相比，纳滤膜技术发展较晚，市面绝大多数纳滤膜都是在反渗透膜的技术上发展起来的。纳滤膜孔径约为 1nm，介于反渗透膜和超滤膜之间，截留分子量在 200 ～ 1000，操作压力主要集中在 0.3 ～ 1MPa。纳滤膜选择分离性强，可去除有机污染物、消毒副产物前体物和离子，降低水的硬度。超滤膜孔径相对较大，对于金属离子和小分子有机物几乎没有去除能力。纳滤和反渗透对不同有机物的处理效果都较好，但纳滤的操作压力比反渗透低，且纳滤膜对离子具有选择性，对二价和多价离子有较高的截留率，而对一价离子截留率却较低。所以，纳滤膜技术在饮用水处理中主要作为深度处理工艺，不仅可以去除水中残留的微量化学物质（如农药、杀虫剂等）以及消毒副产物，而且能够保留水中部分对人体有益的矿物质。

纳滤融合了筛分效应和道南（Donnan）效应两种截留机理。膜的筛分效应，是指膜孔径为纳米级，可以选择性截留分子量大于纳米级孔径的溶质。筛分效应主要选择性截留不带电荷的物质，基于分子量或分子大小和形状（不管其离子电荷如何）将不同分子量的物质进行选择性分离。膜的道南效应又称为电荷效应，是指带负电的膜与溶液中盐分的阴离子之间的电斥力作用，而选择性截留带有正电荷的多价正离子，提高脱盐率，如图 17-1 所示。纳滤膜可高度截留多价盐（截留率≥ 96%），如硫酸镁；对于一价盐，例如氯化钠，典型截留率为 0 ～ 50%，取决于进料浓度。因除筛分效应外尚具有道南效应，因此截留机理复杂，不能简单地理解纳滤去除高价离子、保留低价离子。由于纳滤膜研制发展快，现对 TDS 已具有可选择性。对于地表水自来水净化厂，应选择能高效去除有机污染物而又尽可能地保留水中原有益于健康的矿物质离子，使居民喝到高度净化又保留有益离子的健康水。

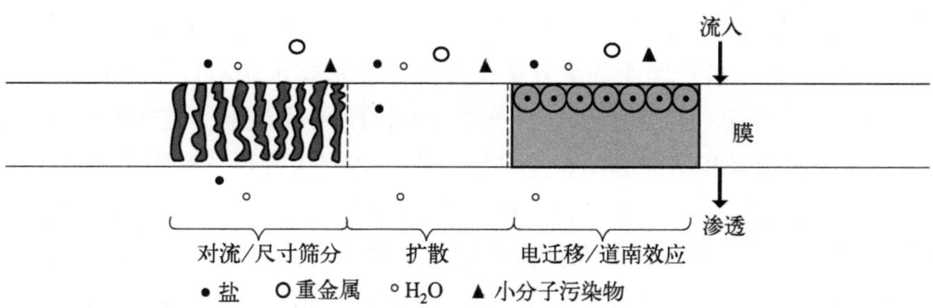

图 17-1　纳滤膜分离机理示意

纳滤各单元组成定义如下。

① 膜元件：将纳滤膜膜片与进水流道网格、产水流道材料、产水中心管和抗应力器等用胶黏剂等组装在一起，能实现进水与产水分开的纳滤过程最小单元；

② 膜组件：膜元件安装在受压力的压力容器外壳内构成膜组件，由纳滤膜元件、壳体、内连接件、端板和密封圈等组成；

③ 膜装置：由纳滤膜组件及其他配套设备构成的一套完整的可独立运行的膜分离设备，配套设备包括电控、仪表、管道、阀门、水泵及化学清洗接口等；

④ 膜系统：针对特定水源条件和产水要求设计的，由预处理、加药装置、增压泵、水箱、膜装置和电气仪表连锁控制的完整膜法水处理工艺过程。

17.2.1.2　生产现状

（1）第一类市政级的装置

市政自来水厂纳滤系统的供应厂商主要为纳滤系统设计公司和膜生产厂家，此类厂商具有较强的工程系统设计建设能力与膜产品技术优势。

国外膜生产企业向国内供应纳滤膜，占据了大部分纳滤膜市场份额，主流厂商来自美国和日本等国家。美国陶氏杜邦化学公司（DowDuPont）在世界上首先发明了实用性的复合膜以来，膜及其应用技术就得到了前所未有的发展，许多领域的开拓及其规模化应用均是从使用陶氏膜元件开始的，该品牌的纳滤膜产品被公认为性能更高、更一致且更稳定，市场占有率世界第一。陶氏纳滤膜已有不少应用，例如世界首座纳滤膜法市政供水厂——巴黎梅里奥塞（Mery-sur-Oise）水厂已具有 20 多年成功的运行管理经验。美国海德能（Hydranautics）公司持续专注于为水处理行业开发出创新的、高效的膜产品，在美国和日本有两个研发中心，是全球拥有丰富经验的膜产品公司之一，提供全面的膜产品线和服务，为每个水处理需求提供独特定制技术解决方案——集成膜解决方案（IMS）。日本东丽（Toray）公司是著名的以有机合成、高分子化学、生物化学为核心技术的高科技跨国企业，现在按不同用途生产 RO、NF、UF、MF 等各种水处理膜，成为一个可以开发并生产所有种类液体分离膜的综合性膜制造厂家。国际领先企业研发实力强，产品性能优异，产品线丰富，销售渠道广，高端市场占有率高，具有丰富的项目经验。

近 20 年，金科环境、碧水源、时代沃顿、沁森高科等国内厂家迅速崛起，正逐渐缩小国内外差距，并试图在某些细分领域实现技术引领。金科环境股份有限公司具备自主研发的膜通用平台装备技术、膜系统应用技术、膜系统运营技术等三大核心技术，拥有丰富的工程经验。杭州水处理技术研究开发中心有限公司，生产技术完全来源于日本东丽，2010 年先后将世界先进的反渗透、纳滤生产技术引入中国，进行本土化生产，是集研究开发、设计咨询、产品生产、装备制造、系统集成、EPC（设计 - 采购 - 施工总承包模式）和 BOT（建设 - 运营 - 移交模式）一体的水处理业务全方案供应商。北京碧水源科技股份有限公司是一家集膜材料研发、膜设备制造、膜工艺应用于一体的高科技环保企业，建有膜研发、制造基地，2012 年陆续建成反渗透膜和纳滤膜两条生产线。贵阳时代沃顿科技有限公司是全球专业的规模化卷式分离膜制造商之一，2011 年开始在反渗透膜技术的基础上主攻纳滤膜研发生产，拥有年产 3000 万平方米复合反渗透膜和纳滤膜的生产能力。沁森环保高科有限公司 2010 年从美国引进的膜生产工艺及自动化生产流水线，具备年产 300 万平方米的 RO 膜和 NF 膜、6

万支以上多种不同规格膜元件的生产能力。国内领先企业产品的品质达到国内一流水平，品牌知名度得到国内市场的认可，且具有价格优势。

（2）第二类工厂级的装置

工厂级的装置应用在村镇供水及应急供水居多，由于应用场景、处理水量、水源和目标水质差异性较大，但需求量有限，此类产品多可以根据进出水条件和去除率需要，选用任意膜生产厂家的产品，进行定制化生产，现场调试通水后交付业主。此类厂商不生产膜元件，只做系统设计与制造，具有装置集成的优势，厂家品牌众多，如莱特莱德北京水处理公司、德兰梅勒膜分离设备研究中心、南京启瑞水处理设备工程有限公司等，无明显的技术优势。上述以市政级装置膜元件生产为主的厂商，也有部分生产工厂级装置。

（3）第三类商用级的装置

此类装置俗称为净水器、直饮机、纯水机等，主要应用在家庭、学校、写字楼、机场、高档小区、公园等场所，需求量大，企业根据标准生产系列化的产品，满足不同的市场需要，用户可根据产水量和水质特征等直接选购。我国净水设备制造商主要分布在长江三角洲和珠江三角洲地区，其中浙江（慈溪和余姚）、广东（中山和顺德）、江苏（昆山和南京）、上海等是主要产地。

世界范围内，21 世纪以来纳滤技术在市政供水领域的应用发展迅猛，世界万吨级水厂与中国纳滤膜行业市场规模的统计情况如表 17-3 和表 17-4 所列。

表 17-3　世界万吨级纳滤水处理工程统计

项目	1993	2018	2019
纳滤水厂累计规模 / （$10^4m^3/d$）	14	约 30	约 45
纳滤水厂数量	1 座 （法国）	约 10 座 （法国、美国、比利时、沙特阿拉伯等）	约 12 座 （法国、美国、比利时、沙特阿拉伯、中国等）

表 17-4　2015 ～ 2017 年中国纳滤膜行业市场规模

项目	2015	2016	2017
市场规模 / 亿元	21.32	26.03	33.09

中国商用净水市场起步于 20 世纪 90 年代初期。90 年代后期，由于市场的无序竞争使得业内出现大量“黑心桶”等质量问题，行业快速陷入低谷阶段。21 世纪以来，卫生监管加强、产品技术与质量提升、外资企业切入，净水市场走上良性快速增长通道，进入重新崛起阶段。2012 ～ 2017 年，中国净水设备市场稳定增长，到 2017 年中国净水设备零售量为 1366 万台，零售额为 329 亿元。2017 ～ 2019 年，市场增速开始放缓，行业增长通道收窄。

随着净水技术的发展与居民生活水平的提高，膜分离供水装置成为商用净水设备的重要组成部分。细分不同的膜工艺净水器的市场份额，统计 2010 ～ 2017 年的结果如图 17-2 所示。2012 年前，超滤装置的销售额占比 50% 以上，具有绝对的优势，但是超滤装置占比呈现持续走低的态势，而反渗透装置不断增多。到 2017 年，反渗透装置占比 80% 以上，具有绝对的优势，因为反渗透技术解决了水源微污染、硬度超标等多个问题。而纳滤装置在 2012 年开始规模化生产，市场销售额占比持续处于 5% ～ 6%，比较稳定。

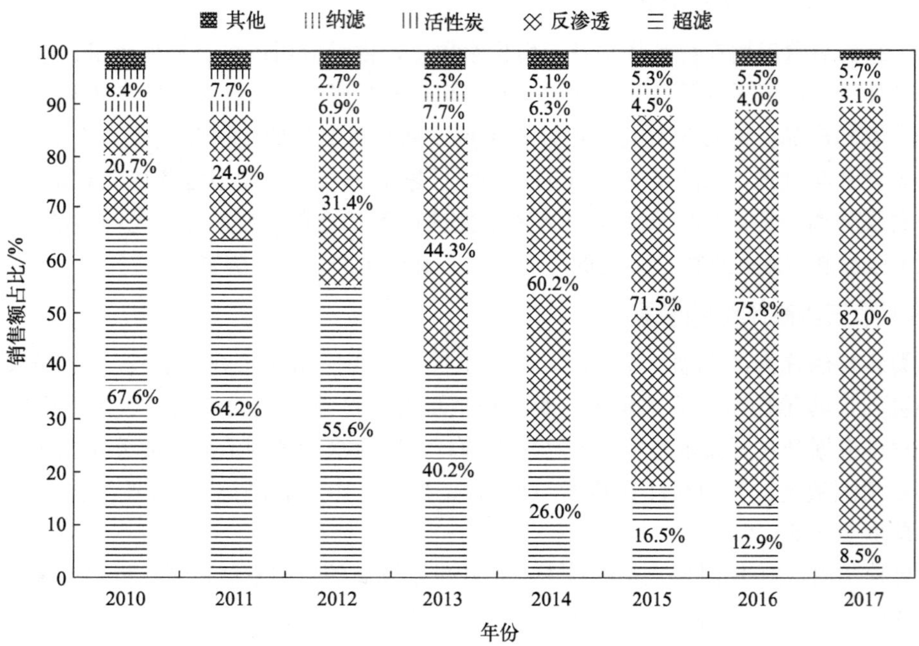

图 17-2　不同的膜工艺净水器的市场份额

纳滤和反渗透装置是近年来的主流机型和未来的发展趋势，2013 年起，开始发布针对商用膜分离供水装置的标准，标准体系日渐完善，强制性地约束了供水市场的规范生产，倒逼技术革新，加快了行业的洗牌，为用户的安全健康饮水提供了重要保障。

2019 年，教育部发布的《中小学膜处理饮水设备技术要求和配备规范》（JY/T 0593—2019）受到净水行业广泛关注，其中提到：（中小学水处理设备）宜采用超滤、纳滤的过滤方式（只有在原水污染风险较大地区可使用反渗透方式，当原水水质达标后更换成纳滤或超滤方式进行处理），去除水中的有害物质，保留矿物元素，兼顾了饮水的安全性与健康性，这为日后商用膜分离装置的发展提供了方向。

预测未来净水器市场增速将进一步放缓，但市场仍具备一定潜力，净水设备有望成为居民的必需品。

17.2.2　国内应用状况

纳滤膜从最早应用于特种分离、物料浓缩等领域，逐步扩展到污水处理零排放的分盐技术，近十年来开始在自来水厂深度处理中得到应用。对截至 2019 年 6 月国内已投入运行及在建的项目进行统计，其中，国内纳滤膜技术用于自来水厂深度处理项目，纳滤系统产水总规模超过 $1.0\times10^6 m^3/d$。

为探明纳滤膜技术工程应用现状，对国内大部分饮用水纳滤水厂进行调研，统计结果见表 17-5。

表 17-5 饮用水纳滤水厂项目统计结果

序号	用户	地区	厂家	规模 /（$10^4m^3/d$）	投运年份	水源类别
1	福州长乐某水厂	福建	蓝星东丽	8.8	2018	季节性离子类（氯化物）
2	太仓某水厂	江苏	碧水源	5	2020	有机类
3	张家港某水厂	江苏	金科环境	10	2020	复合类（氯化物和有机物）
4	宁夏某四个水厂	宁夏	金科环境	5	2013 ～ 2017	持续性离子类（硬度、硫酸盐）
5	和田某水厂	新疆	金科环境	3	2017	持续性离子类（氟离子）
6	西安某水厂	陕西	碧水源、东丽（膜）	6	2016	持续性离子类（硫酸盐、氯化物）
7	盐城某水厂	江苏	碧水源	0.2	2016	持续性离子类（氯化物）
8	阳泉某水厂	山西	碧水源	3.5	2015	持续性离子类（硬度）
9	平和某水厂	福建	碧水源	4	2016	持续性离子类（硝酸盐）
10	临汾某水厂	山西	蓝星工程	2.4	2010	持续性离子类（硬度、硫酸盐）
11	孝义某水厂	山西	蓝星工程	1.3	2013	持续性离子类（硬度、硫酸盐）
12	青岛某水厂	山东	招金膜天	0.5	2020	持续性离子类（硬度、硫酸盐）
13	东营某水厂	山东	时代沃顿	0.3	2020	有机类

注：统计规模系纳滤产水规模。

市面绝大多数纳滤膜都是在反渗透膜的技术上发展起来的，以卷式膜为主。分析目前纳滤膜技术的应用地区与场景，将其适用的水源分为无机盐类、有机类和复合类三种类型，纳滤膜技术可以高效去除水中有机污染物，选择性去除无机盐离子，降低水的硬度，同时保留水中部分对人体有益的矿物元素。纳滤装置进水压力 0.2 ～ 0.9MPa，膜通量 16 ～ 30L/($m^2 \cdot h$)，对不同价态离子有选择性，二价离子的去除率通常在 90% 以上，一价离子的去除率在 60% 以下，TOC 去除率可达 85% 以上，能满足高品质饮用水水质的要求，与国际水平相当。建设成本 800 ～ 1500 元 /m^3，运行成本在 0.3 ～ 1.0 元 /m^3。

17.2.3 典型应用案例

(1) 太仓市某水厂

太仓市某水厂原主体工艺为“混凝絮凝 + 平流沉淀 + 过滤 + 消毒”，处理规模 $30\times10^4m^3/d$，存在药品和个人护理品（PPCPs）、内分泌干扰物（EDCs）、全氟化合物（PFCs）等痕量有机物（TrOCs）问题，为供应高品质饮用水，对原有工艺进行升级改造。改造内容包括 $25\times10^4m^3/d$ 的“V 型滤池 + 臭氧接触 + 活性炭过滤”深度处理工程和 $5\times10^4m^3/d$ 采用“浸没式超滤 + 纳滤”的高品质饮用水工程，如图 17-3 所示。

纳滤产水 TDS 去除率为 25%，钙镁硬度去除率为 27%，且表现出了纳滤膜对盐类的选择性去除特性，保留了大部分的矿物质盐，使产水 TDS 在健康饮水的范围内；同时，COD 去除的对比结果也凸显出纳滤膜高效去除有机物的巨大优势。纳滤系统高效去除痕量有机物以及重金属物质，同时保留对人体有益的钙、镁、碳酸氢根等离子，无次生副产物，脱盐率低于 50%，微量有机物去除率高，TrOCs 综合去除率 ≥ 85%，产水水质稳定优于国标 106 项标准，实现安全饮水。系统回收率可达 85% 以上，同时可减少消毒剂的投加量，减少消毒副产物的生成，实现绿色制水。双膜系统投资成本 1200 ～ 1500 元 /m^3，运行成本

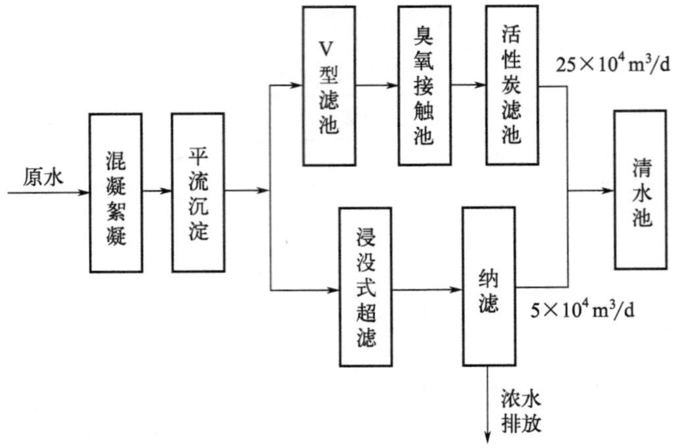

图 17-3　太仓市某水厂升级改造工艺流程

$\leqslant$ 0.318 元 /m^3。

（2）宁夏回族自治区地下苦咸水系列工程

宁夏回族自治区系列工程项目采用地下水水源，地下水主要以硫酸盐混合水为主，水化学类型主要为HCO_3-SO_4-Ca-Mg，含有铁、锰、钙、镁和其他固体可溶物，矿化度小于 1g/L，但作为饮用水来说硬度偏高。水源水质硬度和溶解性固体接近国标上限（硬度国标 450mg/L，实测 450mg/L；溶解性固体国标 1000mg/L，实测 780mg/L），为了提升供水水质，选用纳滤工艺对供水系统进行提标改造。

系列工程项目总规模：超滤系统 $10\times10^4m^3/d$，纳滤系统 $5\times10^4m^3/d$。系列项目水源特性与采用工艺类似，均为“超滤＋纳滤”双膜核心工艺：原水→除铁锰滤池→超滤→保安过滤器→纳滤→消毒，如图 17-4 所示。超滤产水与纳滤出水 1∶1 勾兑，确保勾兑后的硬度在 150 ～ 200mg/L，其余水质达到国家标准《生活饮用水卫生标准》（GB 5749—2022）的相关规定。

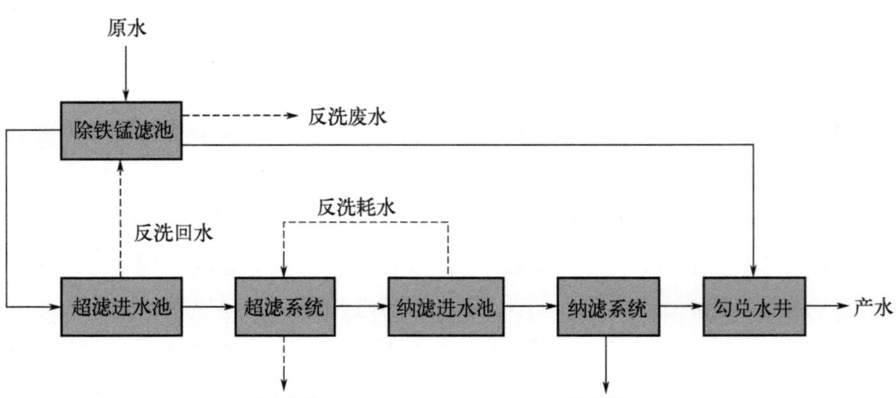

图 17-4　宁夏地区系列工程工艺流程

采用纳滤技术对Ca^{2+}、Mg^{2+}、SO_4^{2-}、HCO_3^-的去除率分别在98.6%、98.9%、95.8%、94.4%，均在 90% 以上，而对Na^+、Cl^-的去除率却在 80% 左右，可见对于以二价离子为主的微咸水，采用纳滤技术即可达到水质要求。

纳滤系统设备成本为 1870 万元，其中膜组件为 500 万元，按 5 年换一次膜组件计算，设备寿命按 30 年计算，则设备成本折合到吨水为 0.667 元 /m^3。该纳滤系统吨水能耗为 2.5kW • h/m^3，如果电费按 0.44 元计算，则吨水电费为 1.1 元 /m^3，再加上吨水加药费 0.3 元 /m^3，则吨水运行费为 1.4 元 /m^3，合计吨水成本为 2.067 元 /m^3。

（3）福州市某水厂

福州市某水厂由于取水口受海水倒灌等影响，导致水厂出厂水氯化物阶段性超标，根据水厂 2017 年 10 ～ 12 月水质监测结果，咸潮期出厂水氯化物含量达 250 ～ 750mg/L，部分时段氯化物含量高达 1000 ～ 1500mg/L。水厂目前最大供水规模为 11×10^4m^3/d，采用的主要供水工艺流程为：原水→折板絮凝（加矾）→平流沉淀→ V 型滤池→清水池（液氯消毒）→二泵增压→用户。厂区内现有水处理构筑物对氯化物并无明显去除效果。

为改善居民生活用水质量，保障用水安全、提升供水水质，福州市决定在不更换外部水源及不增加外部管网接入的情况下，采用以纳滤膜为核心的全膜法处理工艺对水厂进行升级改造，如图 17-5 所示。为保证产水设计规模，提高产水率，去除氯化物的膜工艺至少考虑两级，此外为确保纳滤膜或反渗透膜安全，一般在之前才增加超滤膜作为预处理工艺。考虑到纳滤膜产水率相对较高，一般去除氯化物的一级膜处理工艺采用纳滤膜（除盐率按 90% 计算），本工程考虑对一级纳滤系统产生的浓水进行二次处理，二级处理工艺可采用纳滤膜（除盐率按 85% 计算）或反渗透膜（除盐率按 99% 计算）。

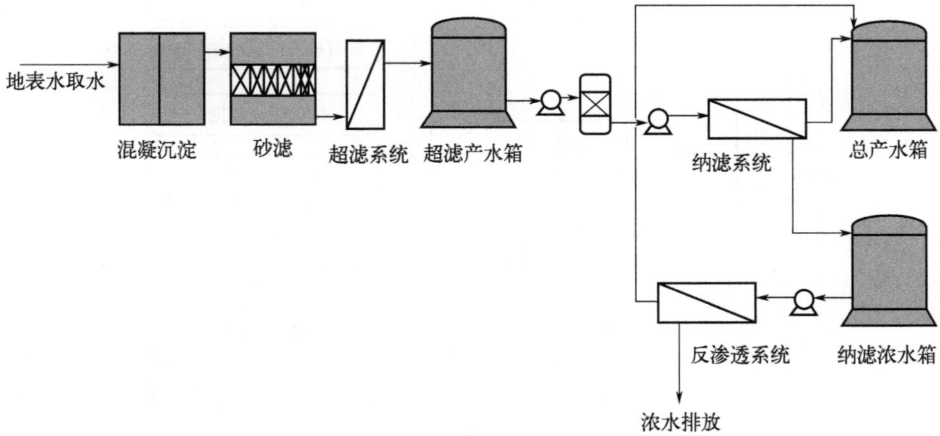

图 17-5　福州某水厂工艺流程

本工程设计规模为 10×10^4m^3/d，其中超滤产水量约为 11×10^4m^3/d，一级纳滤产水量约为 8.8×10^4m^3/d，一级纳滤浓水量约为 2.2×10^4m^3/d，浓水反渗透产水量约为 1.4×10^4m^3/d。根据计算，原水氯化物含量小于 750mg/L 时，出厂水氯化物含量不大于 70mg/L。

17.3　技术评估

根据调研结果，参照相关标准规范，结合生产企业和用户关注的主要问题，筛选可量化或易于考核的指标进行评价，指标主要包括装置水回收率、膜通量、进水压力、电控系统智能性、产品标准、装置脱盐率、有机微污染物去除率、膜更换周期、清洗频率、建设成本、运行成本、膜组件国产化、国产装置出口情况 13 项指标。

17.3.1 评估指标体系

结合产品的技术先进性、技术可靠性、性能稳定性、经济适用性、国际竞争力等方面，选取技术先进性、技术可靠性、性能稳定性、经济适用性、国际竞争力 5 项指标作为一级评估指标集，根据筛选的 13 项性能评估指标细化分解为二级评估指标，形成纳滤装置的评估矩阵，见图 17-6。

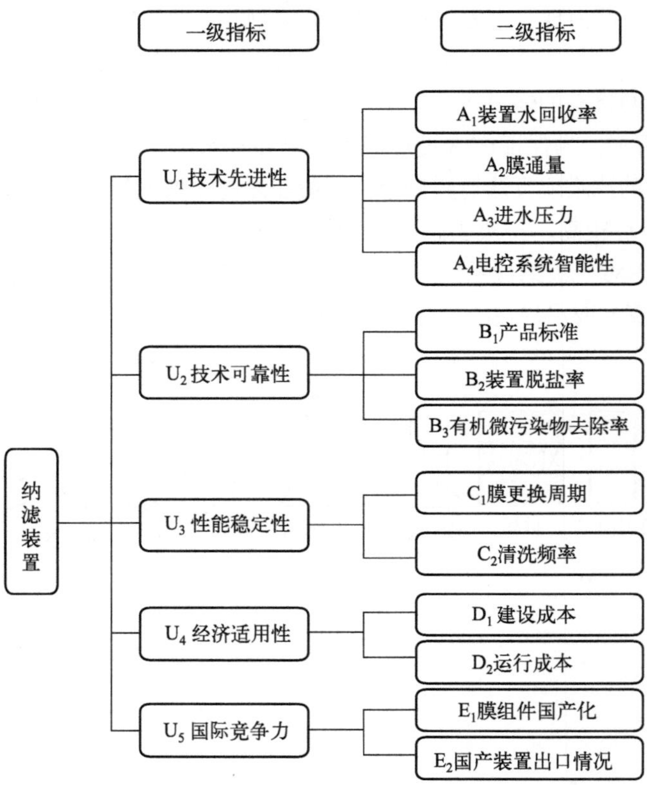

图 17-6 纳滤装置评估矩阵

17.3.2 评估指标赋值

17.3.2.1 一级指标

结合纳滤装置技术及设备特点，对 5 个一级指标分别赋予权重及建议值，分别为 U_4 经济适用性（0.30）＞ U_1 技术先进性（0.20）= U_2 技术可靠性（0.20）= U_3 性能稳定性（0.20）＞ U_5 国际竞争力（0.10）。

纳滤装置作为前沿的水质净化手段，其设备投入、基础建设及维护运行等经济指标相对传统工艺不占优势，是现阶段推广应用的阻力所在，因此将 U_4 经济适用性放在权重第一位，引导技术向降低成本的方向发展，建议赋值 0.30；

纳滤技术用于饮用水净水产品，属先进的技术，装置水回收率、膜通量、进水压力、电控系统智能性等指标均体现了技术先进性，因此将 U_1 技术先进性放在权重第二位，建议赋值 0.20；

作为净水设备保证技术可靠，才能保障消毒效果和出水水质，因此将 U_2 技术可靠性放在权重并列第二位，建议赋值 0.20；

在保证技术可靠的前提下，膜更换周期越长、化学清洗频率越低，证明性能越稳定，性能稳定才能保证水质稳定达标，因此 U_3 性能稳定性权重并列第二位，建议赋值 0.20；

相对国际纳滤装置发展现状，国内纳滤装置仍处于发展初期，生产企业和用户考虑更多的是技术提升和应用效果，因此将 U_5 国际竞争力放在权重的最后一位，建议赋值 0.10。

17.3.2.2 二级指标

结合纳滤装置技术及设备特点，分别对技术先进性、技术可靠性、性能稳定性、经济适用性及国际竞争力进行二级指标的细化和赋分。

（1）U_1 技术先进性

A_1 装置水回收率，指纳滤膜系统的出水量与进水量的比值，表征了水的利用效率，是技术先进性的重要体现，赋分 30 分；

A_2 膜通量，指单位时间内通过单位膜面积上的流体量，与进水压力指标相关联，体现了膜的透过性能，赋分 20 分；

A_3 进水压力，指纳滤单元的进水压力，压力越大，所需驱动电能越大，与经济指标相关，赋分 20 分；

A_4 电控系统智能性，指智能控制系统就是在无人干预的情况下能自主地驱动智能机器，实现控制电控系统的自动控制技术，是评价纳滤装置区别于评价纳滤膜的重要指标，赋分 30 分。

（2）U_2 技术可靠性

B_1 产品标准，保证技术可靠性的重要指标，是产品生产质量的标尺，产品标准高，符合标准的产品技术可靠性高，相反则技术可靠性低，赋分 30 分；

B_2 装置脱盐率，指通过纳滤膜从系统进水中去除水中阴、阳离子的量占原量的百分数，R =（1− 产水中离子浓度 / 进水中离子浓度）×100%，是评价纳滤装置去除离子效果最重要的指标，赋分 40 分；

B_3 有机微污染物去除率，指通过纳滤膜从系统进水中去除水中有机物占原量的百分数，R' =（1− 产水中有机物浓度 / 进水中有机物浓度）×100%，是评价纳滤装置去除有机物最重要的指标，赋分 30 分。

（3）U_3 性能稳定性

C_1 膜更换周期，指在保证纳滤膜系统出水质量条件下膜更换的时间间隔，反映了装置的稳定性能，赋分 40 分；

C_2 清洗频率，指纳滤膜系统两次化学清洗的时间间隔，是纳滤装置运维中反映稳定性最重要的指标，赋分 60 分。

（4）U_4 经济适用性

D_1 建设成本，指建设纳滤装置平均到吨水的费用，包括设备成本、基建成本等，属一次性投资，是次重要的经济指标，赋分 40 分；

D_2 运行成本，指运维期间装置每生产 1t 水所产生的费用，包括化学药剂、电费等，是最重要的经济指标，赋分 60 分。

（5）U_5 国际竞争力

E_1 膜组件国产化，指膜装置国产化情况，引进膜组件产品和技术时逐步将国外引进的设备、产品、零部件转化为在本国生产制造应用，以及国产装置市场占有率等情况，是现阶段最重要的指标，赋分 60 分；

E_2 国产装置出口情况，直接体现在国际上的竞争能力，目前还是以进口为主，所以是次重要指标，赋分 40 分。

具体评估指标分配及权重赋分和打分规则如表 17-6、表 17-7 所列。

表 17-6 纳滤装置评估指标分配及权重和赋分

一级指标	权重	二级指标	满分 / 分
U_1 技术先进性	0.20	A_1 装置水回收率 A_2 膜通量 A_3 进水压力 A_4 电控系统智能性	30 20 20 30
		汇总	100
U_2 技术可靠性	0.20	B_1 产品标准 B_2 装置脱盐率 B_3 有机微污染物去除率	30 40 30
		汇总	100
U_3 性能稳定性	0.20	C_1 膜更换周期 C_2 清洗频率	40 60
		汇总	100
U_4 经济适用性	0.30	D_1 建设成本 D_2 运行成本	40 60
		汇总	100
U_5 国际竞争力	0.10	E_1 膜组件国产化 E_2 国产装置出口情况	60 40
		汇总	100

表 17-7 纳滤装置评估打分规则

一级指标	二级指标	满分 / 分	打分规则 / 现状参考
U_1 技术先进性（权重 0.20）	A_1 装置水回收率	30	回收率越高，评分越高；国内系统回收率在 77% ～ 85% 之间，均值略低于国际水平
	A_2 膜通量	20	膜通量越高，评分越高；国内系统膜通量通常在 16 ～ 30L/（$m^2 \cdot h$），国际平均水平为 28L/（$m^2 \cdot h$）

续表

一级指标	二级指标	满分 / 分	打分规则 / 现状参考
U_1 技术先进性（权重 0.20）	A_3 进水压力	20	压力越低，评分越高；国内系统进水压力通常在 0.2 ～ 0.9MPa，国际平均水平为 0.6MPa
	A_4 电控系统智能性	30	智能控制生产系统、进出水水质监测、压力监测、后台专家决策系统等，系统越完备，评分越高
U_2 技术可靠性（权重 0.20）	B_1 产品标准	30	标准体系越完善，评分越高；国内标准颁布晚，体系有待完善
	B_2 装置脱盐率	40	（1）目标脱盐时：目标离子去除率越高，评分越高； （2）目标去除有机物时，尽可能保留有益矿物质，离子选择性越佳，评分越高
	B_3 有机微污染物去除率	30	目前，装置脱盐率需进一步提高离子选择性： （1）目标脱盐时，有机物去除率 60% ～ 95%； （2）目标去除有机物时，有机物去除率 85% ～ 95%，去除率越高，评分越高。 目前，有机物去除率基本达标，还有待进一步提高
U_3 性能稳定性（权重 0.20）	C_1 膜更换周期	40	时间越长评分越高；目前，质保多在 3 ～ 5 年
	C_2 清洗频率	60	时间越长评分越高；目前，化学清洗周期 40 ～ 90d，与国际水平相当
U_4 经济适用性（权重 0.30）	D_1 建设成本	40	费用越低，评分越高；建设成本与装置国产化率相关联，国产化率高的装置，建设成本较低，约 1000 元 /m^3
	D_2 运行成本	60	费用越低，评分越高；运行成本 0.3 ～ 1.0 元 /m^3 之间，略低于国外平均水平 1.4 元 /m^3
U_5 国际竞争力（权重 0.10）	E_1 膜组件国产化	60	近年国内大力发展纳滤技术，装备的研发与制造能力逐步增强，与国外的差距正在缩小
	E_2 国产装置出口情况	40	目前仍以进口为主

17.3.3　评估指标体系应用

邀请涵盖高校研究机构、生产企业、设计院所等在内的10名专家根据建立的评估体系对纳滤装置进行专家评估，赋值结果显示国内纳滤装置生产和应用的技术就绪度整体达到8级，仍需进一步提高相比进口产品的市场竞争力。评估打分汇总及评估结果图分别见表 17-8、图 17-7。

表 17-8　评估打分汇总

序号	U_1 技术先进性		U_2 技术可靠性		U_3 性能稳定性		U_4 经济适用性		U_5 国际竞争力	
	分值 / 分	权重	分值 / 分	权重	分值 / 分	权重	分值 / 分	权重	分值 / 分	权重
1	89	0.2	80	0.15	80	0.35	90	0.1	80	0.2
2	78	0.25	84	0.2	85	0.2	80	0.25	80	0.1
3	89	0.21	88	0.19	89	0.2	88	0.29	85	0.11
4	83	0.3	81	0.2	84	0.2	84	0.2	77	0.1
5	89	0.2	85	0.2	85	0.2	82	0.3	80	0.1
6	84	0.2	76	0.2	80	0.25	91	0.25	70	0.1
7	84	0.2	84	0.2	88	0.2	85	0.3	80	0.1

续表

序号	U_1 技术先进性		U_2 技术可靠性		U_3 性能稳定性		U_4 经济适用性		U_5 国际竞争力	
	分值 / 分	权重	分值 / 分	权重	分值 / 分	权重	分值 / 分	权重	分值 / 分	权重
8	87	0.2	80	0.2	90	0.25	80	0.25	82	0.1
9	89	0.2	84	0.2	84	0.2	82	0.3	87	0.1
10	90	0.2	75	0.2	83	0.2	70	0.3	65	0.1
计算结果	技术就绪度（TRL）	明确需求（TRL1）	技术方案（TRL2）	通过论证（TRL3）	小试研究（TRL4）	中试研究（TRL5）	形成产品（TRL6）	三方评估（TRL7）	标准化（TRL8）	推广应用（TRL9）
	0	0	0	0	0	0	0.3	1.42	3.22	0.1

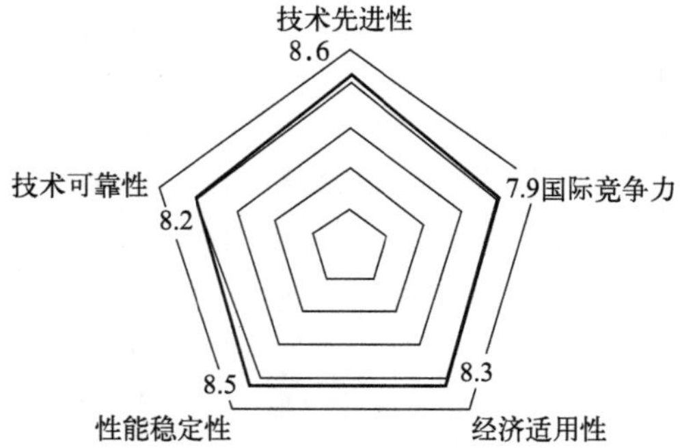

图 17-7　纳滤装置评估结果图

17.4　应用验证

通过前期对各种纳滤装置进行生产验证，结合国内外纳滤装置生产厂家和用户进行调研，筛选纳滤装置关键技术经济指标和典型应用案例，开展典型产品的生产和应用流程的技术性能测试和技术经济性分析，建立纳滤装置的科学验证体系，为纳滤装置在整个行业的推广和应用提供了数据支撑，推动供水行业的进步。验证技术路线如图 17-8 所示。

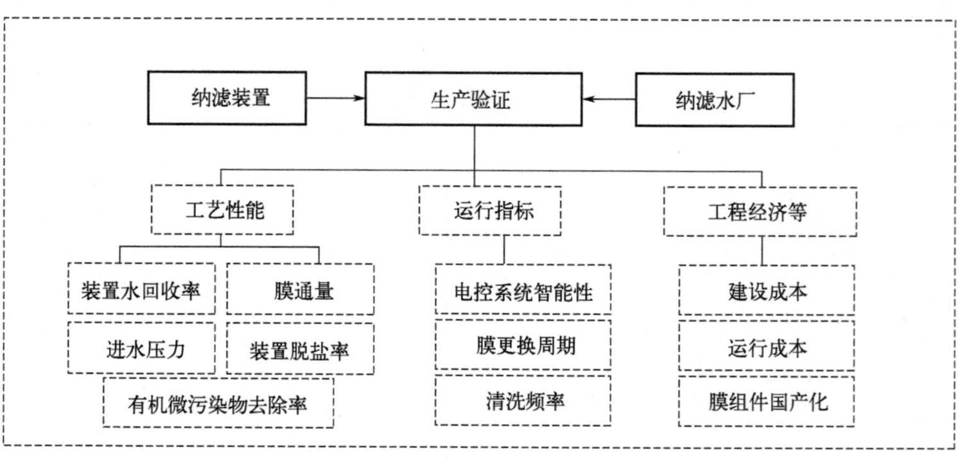

图 17-8　纳滤装置验证技术路线

17.4.1　验证指标筛选

利用纳滤工艺实际应用中的高频指标作为重点，结合文献梳理和实地调查研究进行指标的海选。通过相关性分析删除同一准则层内相关系数大的指标，避免了指标反映信息重复；通过主成分分析删除主成分中因子负载系数绝对值小的指标，保证了筛选出的指标对评价结果有显著影响；根据因子分析用方差表示信息含量的思路，将筛选后的指标反映的海选指标信息含量作为指标体系构建合理性的判定标准，解决了指标体系的合理性判定缺乏定量标准的问题。

经综合分析，在进行纳滤装置验证时，从 13 个海选指标中选取进水压力、膜更换周期、有机微污染物去除率、建设成本、装置水回收率、装置脱盐率 6 项指标进行评估，可以较全面地代表整个纳滤装置运行体系中需要考虑的因素，如表 17-9 所列。

表 17-9　纳滤装置的指标筛选结果

序号	准则层	指标层	筛选结果
1	X_3 生产	$X_{3.1}$ 装置水回收率	保留
2		$X_{3.2}$ 膜通量	主成分分析删除
3		$X_{3.3}$ 进水压力	保留
4		$X_{3.4}$ 电控系统智能性	不可观测性删除
5		$X_{3.5}$ 产品标准	不可观测性删除
6		$X_{3.6}$ 装置脱盐率	保留
7		$X_{3.7}$ 有机微污染物去除率	保留
8		$X_{3.8}$ 膜更换周期	保留
9		$X_{3.9}$ 清洗频率	主成分分析删除
10		$X_{3.10}$ 建设成本	保留
11		$X_{3.11}$ 运行成本	相关性分析删除
12		$X_{3.12}$ 膜组件国产化	不可观测性删除
13		$X_{3.13}$ 国产装置出口情况	不可观测性删除

17.4.2　验证指标体系及等级划分

将相关性 - 主成分分析法得到的指标体系按照文献调查、实地调研及上述试验结果对评价指标进行等级划分，具体评估指标的等级见表 17-10。

表 17-10　评估指标的等级划分

指标	等级
装置水回收率	大于 90%，为优良；70% ～ 90%，为合格；小于 70%，为不合格
进水压力	0.2 ～ 0.7MPa，为优良；0.7 ～ 1.0MPa，为合格；大于 1.0MPa，为不合格
装置脱盐率	满足设计出水水质要求，为合格；否则不合格
有机微污染物去除率	以有机污染物为处理目标时，大于 80%，为优良；50% ～ 80%，为合格；小于 50%，为不合格
膜更换周期	不小于 3 年，为合格；否则不合格
建设成本	700 ～ 1200 元 /m^3，为优良；1200 ～ 1800 元 /m^3，为合格；大于 1800 元 /m^3，为不合格

17.4.3 典型产品验证案例

基于建立的验证体系，以太仓某水厂和东营某水厂为例，对纳滤装置进行生产验证。太仓某水厂水源存在药品和个人护理品（PPCPs）、内分泌干扰物（EDCs）、全氟化合物（PFCs）等痕量有机物（TrOCs）问题，采用“浸没式超滤＋纳滤”工艺，规模 $5\times10^4m^3/d$，使用某国产纳滤膜。

东营某水厂设计，为解决地下水源存在硬度偏高的问题，采用“炭滤＋超滤＋纳滤”双膜核心工艺，规模 $2\times10^4m^3/d$，2014 年投产运行。水源经组合工艺处理后，能适当降低水的硬度，并有效去除重金属离子和有机物，保留对人体有益的矿物成分和微量元素。纳滤系统采用 96 支汇通 VNF1-8040 纳滤膜组件。

由筛选的评估指标对验证地点指标进行验证。对太仓某水厂纳滤装置进行验证，各项指标均为合格，其中在进水压力和建设成本方面达到优良。对东营某水厂纳滤装置进行验证，各项指标均为合格，其中在建设成本方面达到优良。详见表 17-11。

表 17-11 纳滤装置验证评估结果

验证指标	太仓某水厂		东营某水厂	
	验证结果	评估结论	验证结果	评估结论
装置水回收率 /%	85	合格	72	合格
进水压力 /MPa	0.24	优良	0.71	合格
装置脱盐率 /%	32	合格	88	合格
有机微污染物去除率 /%	60	合格	—	—
膜更换周期 / 年	8	合格	4	合格
建设成本 /（元 /m^3）	800	优良	880	优良

第18章 反渗透装置

18.1 产品概述

18.1.1 技术原理

反渗透装置是将原水经过精细过滤器、颗粒活性炭过滤器、压缩活性炭过滤器等，再通过泵加压，利用孔径为1/10000μm（相当于大肠杆菌大小的1/6000，病毒的1/300）的反渗透膜，使较高浓度的水变为低浓度水，同时将有机污染物、重金属、细菌、病毒等水中的杂质隔离，从而达到饮用规定的理化指标及卫生标准。

18.1.2 性能指标

反渗透装置的性能指标主要包括水回收率、进水压力、膜通量、脱盐率、清洗频率、膜更换周期、电控系统智能性、有效能量转换效率等指标。

① 水回收率：反渗透膜系统的出水量与进水量的比值，单位为%。

② 进水压力：反渗透单元的进水压力，单位为MPa。

③ 膜通量：单位时间内通过单位膜面积上的流体量，单位为$L/(m^2 \cdot h)$。

④ 脱盐率：通过反渗透膜从系统进水中去除水中阴、阳离子的量占原量的百分数，单位为%。

⑤ 清洗频率：反渗透膜系统两次化学清洗的时间间隔，单位为年/次。

⑥ 膜更换周期：为保证反渗透膜系统的出水质量，膜更换的时间间隔，单位为年。

⑦ 电控系统智能性：在无人干预的情况下能自主地驱动智能机器实现控制电控系统的性能，包括智能控制生产系统、进出水水质压力监测、后台专家决策系统等。

⑧ 有效能量转换效率：能量回收装置高压输出能量与输入能量回收装置总能量的比值，单位为%。

18.1.3 技术标准情况

18.1.3.1 国际标准

自20世纪60年代起，反渗透技术开始在美国水处理领域得到应用，相关的标准逐步形成（见表18-1）。

表 18-1　美国反渗透技术相关标准

序号	名称	标准号
1	Membrane filtration guidance manual 膜过滤指导手册	USEPA 815-R-06-009（2005）
2	Membrane systems 膜系统	ANSI/AWWA B110-2009
3	Reverse osmosis and nanofiltration systems for water treatment 水处理用反渗透和纳滤系统	ANSI/AWWA B114-2016
4	Reverse osmosis and nanofiltration manual of water supply practices 反渗透和纳滤供水实践手册	AWWA M46-2007
5	Reverse osmosis drinking water treatment systems 反渗透饮用水处理系统	ANSI/NSF 58-2015
6	Standard guide for water analysis for reverse osmosis and nanofiltration application 反渗透和纳滤应用水质分析指南	ASTM D4195-08（R2014）
7	Standard terminology used for microfiltration，ultrafiltration，nanofiltration，and reverse osmosis membrane processes 用于微滤、超滤、纳滤和反渗透膜工艺的术语	ASTM D6161-19（2019）
8	Standard test methods for operating characteristcs for reverse osmosis and nanofiltration devices 反渗透和纳滤装置运行检测方法	ASTM D4194-03（2014）
9	Standard guide for recordkeeping for reverse osmosis and nanofiltration systems 反渗透和纳滤系统运行记录指南	ASTM D4472-08（2014）
10	Standard practices for detecting leaks in reverse osmosis and nanofiltration devices 反渗透和纳滤设备渗漏检测的实践	ASTM D3923-08（2014）
11	Standard practice for calculation and adjustment of sulfate scaling salts（$CaSO_4$，$SrSO_4$，and $BaSO_4$）for reverse osmosis and nanofiltration 用于反渗透和纳滤的硫酸盐结垢盐（$CaSO_4$、$SrSO_4$ 和 $BaSO_4$）的计算和调整的实践	ASTM D4692-01（2017）

注：1. USEPA，US Environmental Protection Agency，美国环境保护局。
2. ANSI，American National Standards Institute，美国国家标准学会。
3. AWWA，American Water Works Association，美国给水工程协会。
4. ASTM，American Society for Testing Material，美国材料试验学会。

18.1.3.2　国内标准

目前，国内关于反渗透装置的相关国家标准共计 9 项，主要涵盖产品标准 2 项、管理标准 1 项、方法标准 4 项、技术标准 1 项和基础标准 1 项（见表 18-2）。

表 18-2　国内反渗透装置相关国家标准

序号	名称	标准号	主要内容	适用范围	备注
1	反渗透水处理设备	GB/T 19249—2017	规定了反渗透水处理设备的术语和定义、分类与型号、要求、试验方法、检验规则、标志、包装、运输与储存	适用于采用反渗透膜（卷式、碟管式）技术对水进行除盐、净化、分离处理的设备	产品标准

续表

序号	名称	标准号	主要内容	适用范围	备注
2	家用和类似用途饮用水处理装置	GB/T 30307—2023	规定了家用和类似用途的饮用水处理装置的术语和定义、分类与命名、技术要求、试验方法、检验规则及标志、包装、运输、贮存	适用于家用和类似用途的饮用水处理装置	产品标准
3	海水淡化反渗透系统运行管理规范	GB/T 31328—2014	规定了海水淡化反渗透系统运行管理的工作内容，包括运行准备、运行管理、安全、健康和环境要求等	适用于日产千吨级以上的海水淡化反渗透系统的运行管理，其他反渗透系统的运行管理参照使用	管理标准
4	净水机水效限定值及水效等级	GB 34914—2021	规定了净水机的水效限定值及等级、技术要求和试验方法	适用于市政自来水或其他集中式供水为原水，以反渗透膜或纳滤膜作为主要净化单元，供家庭或类似场所使用的小型净水机	方法标准
5	家用和类似用途饮用水处理装置性能测试方法	GB/T 35937—2018	规定了家用和类似用途的饮用水处理装置的术语和定义、试验方法	适用于家用和类似用途的饮用水处理装置的性能测试	方法标准
6	反渗透和纳滤装置渗漏检测方法	GB/T 37200—2018	规定了反渗透或纳滤装置整体渗漏检测、膜组件渗漏检测和膜组件内渗漏点的检测方法	适用于以脱盐为目的的市政及工业水处理系统中安装有卷式膜元件的反渗透或纳滤装置的渗漏检测，安装其他类型的反渗透和纳滤膜元件的装置可参照执行	方法标准
7	海水淡化反渗透膜装置测试评价方法	GB/T 32359—2015	规定了开展海水淡化反渗透膜装置测试评价的要求、项目以及对膜装置进行测试、计算和评价的方法	适用于以海水为进水，产水规模不小于 $100m^3/d$，采用能量回收技术的一级反渗透海水淡化装置。其他规模和类型的海水淡化反渗透膜装置测试评价可参照使用	方法标准
8	反渗透能量回收装置通用技术规范	GB/T 30299—2013	规定了反渗透能量回收装置的分类与型号、要求、试验方法、检验规则，以及标志、包装、运输和贮存的要求	适用于反渗透法海水淡化、苦咸水淡化等脱盐系统的功交换式能量回收装置	技术标准
9	膜分离技术术语	GB/T 20103—2006	界定了膜分离技术领域的术语，即电渗析、反渗透、纳滤、超滤、微滤、气体膜分离及其他膜分离过程中的常用术语	适用于膜与膜材料、膜组器、各种溶液、气体分离及其他膜分离过程中涉及的术语	基础标准

18.2 行业调研

18.2.1 国内外生产状况——重点厂商的产品构成及技术特点

（1）第一类市政级的装置

市政自来水厂反渗透系统的供应厂商主要为反渗透系统设计公司和膜生产厂家，此类厂商具有较强的工程系统设计建设能力与膜产品技术优势。

国外膜生产企业向国内供应反渗透膜，占据了大部分反渗透膜市场份额，主流厂商来自美国和日本等国家。美国陶氏杜邦化学公司（DowDuPont）在世界上首先发明实用性的复合膜以来，膜及其应用技术就得到了前所未有的发展，许多领域的开拓及其规模化应用均是从使用陶氏膜元件开始的。美国海德能（Hydranautics）公司持续专注于为水处理行业开发出创新的、高效的膜产品，在美国和日本有两个研发中心，是全球拥有丰富经验的膜产品公司之一。提供全面的膜产品线和服务，为每个水处理需求提供独特定制技术解决方案——集成膜解决方案（IMS）。日本东丽（Toray）公司是著名的以有机合成、高分子化学、生物化学为核心技术的高科技跨国企业，世界上最早从事反渗透膜技术开发的企业之一，早在 20 世纪 60 年代就开始了膜技术的研究，从原材料的选用、制膜技术的开发以及膜元件构造的设计等，于 1968 年就开始了反渗透膜的研究开发，现在按不同用途生产 RO、NF、UF、MF 等各种水处理膜，成为一个可以开发并生产所有种类液体分离膜的综合性膜制造厂家。

最近 20 年，金科环境、时代沃顿、沁森高科、招金膜天、杭州水处理中心等国内厂家迅速崛起，正逐渐缩小国内外差距，并试图在某些细分领域实现技术引领。金科环境股份有限公司具备自主研发的膜通用平台装备技术、膜系统应用技术、膜系统运营技术等三大核心技术，拥有丰富的工程经验。杭州水处理技术研究开发中心有限公司生产技术完全来源于日本东丽，2010 年先后将世界先进的反渗透、纳滤生产技术引入中国，进行本土化生产，是集研究开发、设计咨询、产品生产、装备制造、系统集成、EPC 和 BOT 一体的水处理业务全方案供应商。贵阳时代沃顿科技有限公司是全球专业的规模化卷式分离膜制造商之一，2011 年开始在反渗透膜技术的基础上主攻纳滤膜研发生产，拥有年产 3000 万平方米复合反渗透膜和纳滤膜的生产能力。沁森环保高科有限公司 2010 年从美国引进的膜生产工艺及自动化生产流水线，具备年产 300 万平方米的 RO 膜和 NF 膜、6 万支以上多种不同规格膜元件的生产能力。

（2）第二类工厂级的装置

工厂级的装置应用在村镇供水及应急供水居多，由于应用场景、处理水量、水源和目标水质差异性较大，但需求量有限，此类产品多可以根据进出水条件和去除率需要选用任意膜生产厂家的产品，进行定制化生产，现场调试通水后交付业主。此类厂商不生产膜元件，只做系统设计与制造，具有装置集成的优势，厂家品牌众多，如莱特莱德北京水处理公司、德兰梅勒膜分离设备研究中心、南京启瑞水处理设备工程有限公司等，无明显的技术优势。上述以市政级装置膜元件生产为主的厂商，也有部分生产工厂级装置。

（3）第三类商用级的装置

此类装置俗称为净水器、直饮机、纯水机等，主要应用在家庭、学校、写字楼、机场、高档小区、公园等场所，需求量大，企业根据标准生产系列化的产品，满足不同的市场需要，用户可根据产水量和水质特征等直接选购。

从反渗透产品的流量上可以看出，400 加仑以上的大通量产品在 2019 年基本成为市场的主旋律。其中，仅 400 加仑的零售额的份额达到了 29.5%，其零售量的份额达到了 28.2%。而总体小于 400 加仑的所有产品的集合，占零售额的份额约 35%。

18.2.2　国内应用状况

目前，国内用于饮用水行业的反渗透海水淡化工程日产量为 50 万～ 60 万吨。其中，国内建成投产的海水淡化规模最大的是青岛百发淡化水厂，处理规模为 10 万吨 /d。反渗透在非海水淡化饮用水行业的应用范围在 7 万～ 10 万吨 /d。

调研了 14 家反渗透自来水厂，收集了应用地区、装置厂家、处理规模、水源类别，以及浓水处理方式等信息，具体见表 18-3。

表 18-3　饮用水反渗透装置用户清单

序号	用户	地区	厂家	规模 /（$10^4m^3/d$）	水源类别	浓水处理方式
1	宁波某水厂	浙江	沁森	1.2	海水倒溯水	直接排放
2	二连浩特某水厂	内蒙古	科泰	2.16	地下水	砂滤、超滤、排入污水处理厂
3	商都县某水厂	内蒙古	科泰	1	地下水	砂滤、超滤、排入污水处理厂
4	固阳县某水厂	内蒙古	科泰	0.24	地下水	砂滤、超滤、排入污水处理厂
5	苏尼特左旗满都某水厂	内蒙古	科泰	0.6	地下水	砂滤、超滤、排入污水处理厂
6	长乐某水厂	福建	蓝星东丽	0.046	纳滤浓水	直接排放
7	红寺堡区某水厂	宁夏	金科环境	1.2	地下水	直接排放
8	石嘴山市某水厂	宁夏	金科环境	1.2	地下水	直接排放
9	某部队供水工程	北京	科泰	0.094	地下水	砂滤、超滤、排入污水处理厂
10	椒江某水厂	浙江	金科环境	0.6	地下水	直接排放
11	永兴岛某海水淡化厂	海南	蓝水科技	0.1	海水	直接排放
12	嵊泗县某水厂	浙江	杭州水处理中心	0.1	海水	直接排放
13	砀山县某水厂	安徽	润蓝环保	0.156	地下水	吸附法
14	青岛某水厂	山东	招金膜天	0.012	地下水	直接排放

反渗透装置在饮用水中的应用主要在沿海地区和西北地区；处理对象可分为海水和非海水，非海水主要是地下水；处理规模通常偏小，120 ～ 21600m^3/d 不等；反渗透装置生产厂家主要为国内自主品牌厂家，如沁森、科泰、金科环境等；反渗透装置浓水处理方式分为直接排放和处理后排放，处理后排放主要为进入污水处理厂处理。

18.2.3　典型应用案例

（1）二连浩特市某水厂

1）项目简介

该项目原水以深井地下水为主，净水处理总规模达 15000m^3/d。采用“UF+RO”双膜法深度处理工艺，反渗透规模为 11200m^3/d。

2）工艺流程

工艺流程见图 18-1。

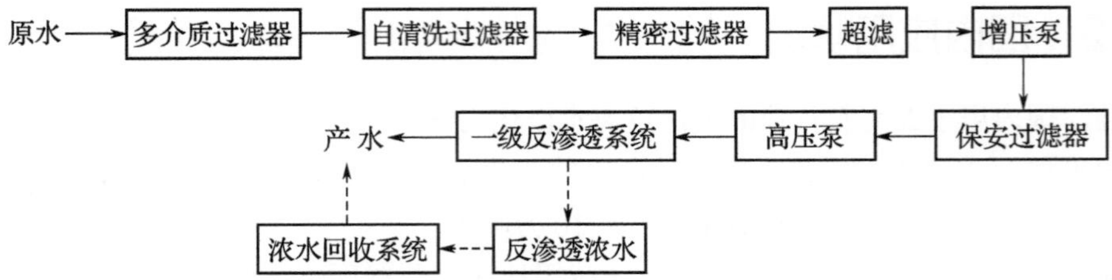

图 18-1　二连浩特市某水厂工艺流程

3）设计参数

设计参数见表 18-4。

表 18-4　反渗透设计参数

项目	参数值	项目	参数值
排列方式	10 ： 5（6 芯装）	进水压力 /MPa	1.1
		脱盐率 /%	≥ 98
回收率 /%	89.57	清洗频率 /（年 / 次）	2.5
膜通量 /LMH	≤ 23	膜更换周期 / 年	6

4）原水水质

原水水质指标见表 18-5。

表 18-5　原水水质指标

项目	分析值 /（mg/L）
氟化物	1.56
锰	0.26
总铁	0.42
硫酸盐	360
总硬度	580
总溶解性固体	1300

5）出水水质

满足《生活饮用水卫生标准》（GB 5749—2022）。

6）成本

运行成本：1.0 ～ 1.1 元 /m^3；建设成本：828 元 /m^3。该水厂现场照片见图 18-2。

图 18-2　二连浩特市某水厂现场照片

（2）长乐某水厂

1）项目简介

该项目原水以海水倒溯水为主，净水处理总规模达 100000m^3/d。采用“UF+NF”双膜法深度处理工艺，RO 处理 NF 浓水以提高系统的回收率，反渗透规模为 462m^3/d。

2）工艺流程

工艺流程见图 18-3。

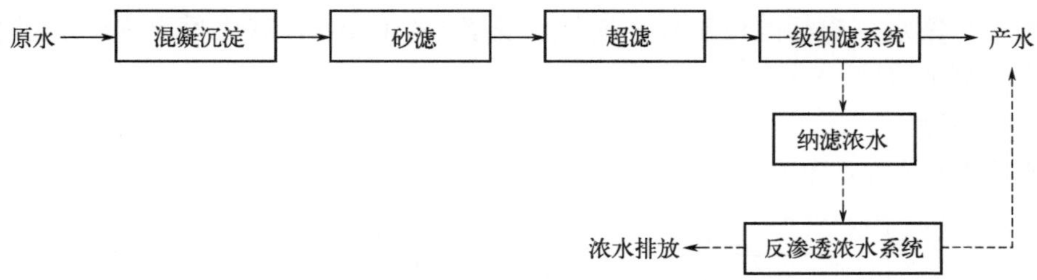

图 18-3　长乐某水厂工艺流程

3）设计参数

设计参数见表 18-6。

表 18-6　反渗透设计参数

反渗透浓水系统			
总产水量	462m³/h	总套数	4 套
单套膜数量	156 支	总膜元件数量	624 支
单套系统			
设计参数	单套产水量	115.5m³/h	
	回收率	50%	
	系统通量	20LMH	
系统配置	膜元件型号	TML20H-400	
	压力容器数量	26 支	
	压力容器型号	6EL/PV	
	膜元件数量	156 支	

4）原水水质

该水厂水源靠近海洋，在冬季过程中随着海水倒流的影响，水厂水质会发生较大波动，氯离子含量会超过 1000mg/L，同时总离子含量也会随之上升，达不到《生活饮用水卫生标准》（GB 5749—2022）的相关规定。

5）出水水质

满足《生活饮用水卫生标准》（GB 5749—2022）。该水厂现场照片见图 18-4。

图 18-4　长乐某水厂现场照片

（3）石嘴山市某水厂

1）项目简介

石嘴山市某水厂提标改造工程近期供水规模 $3\times10^4m^3/d$，其中反渗透产水规模 $1.2\times10^4m^3/d$，与剩余的量 $1.8\times10^4m^3/d$ 勾兑。

2）工艺流程

该水厂工艺流程见图 18-5。

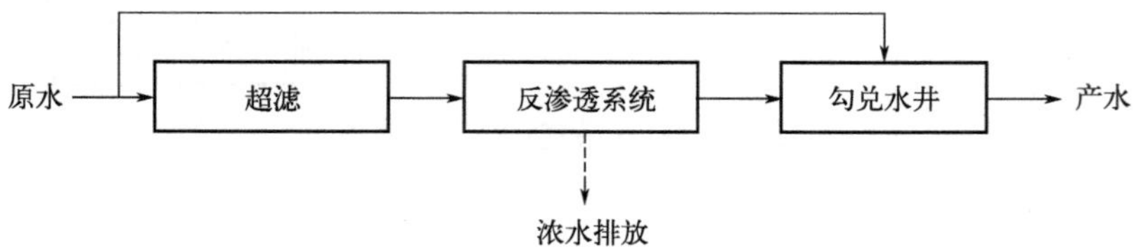

图 18-5　石嘴山市某水厂工艺流程

3）设计参数

反渗透设计参数见表 18-7。

表 18-7　反渗透设计参数

项目	参数值	项目	参数值
设计通量	≤ 26LMH	进水压力	0.89 ～ 0.98MPa
回收率	≥ 80%	清洗频率	4 ～ 6 个月 / 次
脱盐率	≥ 97%	膜更换周期	3 年

4）原水水质

以地下水为水源，氟化物超标。

5）出水水质

出水水质中氟化物含量＜ 1.0mg/L，其余水质项目达到现行国家标准《生活饮用水卫生标准》（GB 5749—2022）的相关规定。

6）成本

运行成本：1.27 元 /m^3；建设成本：917 元 /m^3。

（4）某部队供水工程

1）项目简介

该项目原水以地下水为主，净水处理总规模达 $1400m^3/d$。采用“UF+RO”双膜法深度处理工艺，反渗透规模为 $940m^3/d$。

2）运行参数

该项目反渗透系统运行参数见表 18-8。

表 18-8　反渗透系统运行参数

项目	参数值	项目	参数值
回收率	86.25%	进水压力	1.1MPa
膜通量	21.18LMH	清洗频率	2 年 / 次
脱盐率	97.47%	膜更换周期	6 年

3）原水水质

总硬度 457mg/L，硝酸盐 29.8mg/L，均超过《生活饮用水卫生标准》（GB 5749—2022）。

4）出水水质

出水水质达到现行国家标准《生活饮用水卫生标准》（GB 5749—2022）的相关规定。

5）成本

运行成本：1.09 元 /m^3；建设成本：793 元 /m^3。

（5）永兴岛某海水淡化厂

1）项目简介

该项目采用“UF+RO”双膜法深度处理工艺，反渗透规模为 1000m^3/d。

2）运行参数

反渗透系统运行参数见表 18-9。

表 18-9　反渗透系统运行参数

项目	参数值	项目	参数值
回收率	40%	进水压力	5MPa
膜通量	14.23LMH	清洗频率	0.25 年 / 次
脱盐率	98.55%	膜更换周期	3 年

3）原水水质

原水为海水，含盐量超过 30000mg/L，超过《生活饮用水卫生标准》（GB 5749—2022）。

4）出水水质

出水水质达到现行国家标准《生活饮用水卫生标准》（GB 5749—2022）的相关规定。

5）运行成本

运行成本：7.27 元 /m^3；建设成本：7389.08 元 /m^3。

（6）嵊泗县某水厂

1）项目简介

该项目采用“多介质过滤 +RO”双膜法深度处理工艺，反渗透规模为 1000m^3/d。

2）运行参数

反渗透系统运行参数见表 18-10。

表 18-10　反渗透系统运行参数

项目	参数值	项目	参数值
回收率	40.3%	进水压力	4.9MPa
膜通量	35.8LMH	清洗频率	0.5 年 / 次
脱盐率	99.4%	膜更换周期	3 年

3）原水水质

原水为海水，含盐量达到 20806mg/L，超过《生活饮用水卫生标准》（GB 5749—2022）。

4）出水水质

出水水质达到现行国家标准《生活饮用水卫生标准》（GB 5749—2022）的相关规定。

5）成本

运行成本：3.5 元 /m^3；建设成本：5000 元 /m^3。

18.3 技术评估

从调研结果来看，厂家用于评价反渗透装置的指标主要有脱盐率、水回收率、浓水、膜通量 4 个指标；用户更关注产品标准、清洗频率、膜更换周期、运行成本和建设成本；从相关标准看，除调研涉及的部分指标外，对进水压力、有效能量转换效率、电控系统智能性有要求；另外，从行业来看，反渗透膜组件和配套组件国产化越来越多，市场占有率逐步上升。因此，根据调研结果，参照相关标准规范，结合生产企业和用户关注的主要问题，认为浓水不易作为量化指标进行评价，故筛选出 13 项评估指标，如表 18-11 所列。

表 18-11 反渗透装置评估指标

序号	评估指标	序号	评估指标
1	装置水回收率	8	清洗频率
2	膜通量	9	膜更换周期
3	进水压力	10	运行成本
4	电控系统智能性	11	建设成本
5	有效能量转换效率	12	膜组件国产化
6	装置脱盐率	13	国产装置出口情况
7	产品标准		

18.3.1 评估指标体系

结合反渗透装置的生产及应用等方面，选取技术先进性、技术可靠性、性能稳定性、经济适用性、国际竞争力 5 项指标作为一级评估指标集，在一级评估指标的基础上将其进一步细化分解为表 18-11 的 13 项二级评估指标，形成评估矩阵图。具体如图 18-6 所示。

18.3.2 评估指标赋值

18.3.2.1 反渗透装置一级指标

将反渗透装置评估一级指标分为技术先进性、技术可靠性、性能稳定性、经济适用性及国际竞争力 5 个，结合反渗透装置技术及设备特点对 5 个一级指标分别赋予权重及建议值，分别为 U_4 经济适用性（0.30）＞ U_1 技术先进性（0.20）＝ U_2 技术可靠性（0.20）＝ U_3 性能稳定性（0.20）＞ U_5 国际竞争力（0.10）。

反渗透装置作为典型的膜处理工艺，其设备投入、基础建设及维护运行等经济指标高于传统工艺，因此将 U_4 经济适用性放在权重第一位，引导技术向降低成本的方向发展，建议赋值 0.30。

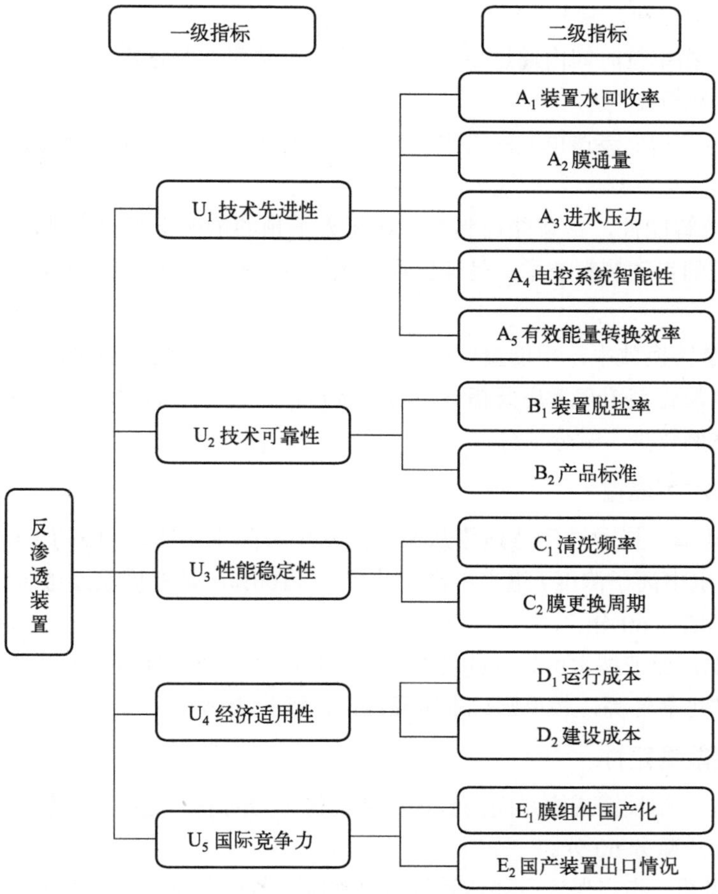

图 18-6　反渗透装置评估矩阵图

对于反渗透技术作为饮用水净水产品，装置水回收率、膜通量、进水压力、电控系统智能性、有效能量转换效率等指标均体现了技术先进性，因此将 U_1 技术先进性放在权重第二位，建议赋值 0.20。

作为净水设备只有保证技术可靠，才能保障消毒效果和出水水质，因此将 U_2 技术可靠性放在权重并列第二位，建议赋值 0.20。

在保证技术可靠的前提下，膜更换周期越长、化学清洗频率越低，证明性能越稳定，性能稳定才能保证水质稳定达标，因此 U_3 性能稳定性权重并列第二位，建议赋值 0.20。

相对国际反渗透装置发展现状，我国生产企业和用户对国内反渗透装置考虑更多的是技术提升和应用效果，因此将 U_5 国际竞争力放在权重的最后一位，建议赋值 0.10。

18.3.2.2　反渗透装置二级指标

结合反渗透装置技术及设备特点，分别对技术先进性、技术可靠性、性能稳定性、经济适用性及国际竞争力进行二级指标的细化和赋分。

(1) U_1 技术先进性

A_1 装置水回收率，指反渗透膜系统的出水量与进水量的比值，表征了水的利用效率，是技术先进性的重要体现，赋分 30 分。

A_2 膜通量，指单位时间内通过单位膜面积上的流体量，与进水压力指标相关联，体现了膜的透过性能，赋分 20 分。

A_3 进水压力，指反渗透单元的进水压力，压力越大，所需驱动电能越大，与经济指标相关，赋分 20 分。

A_4 电控系统智能性，指智能控制系统在无人干预的情况下能自主地驱动智能机器，实现控制电控系统的自动控制技术，是评价反渗透装置区别于评价反渗透膜的重要指标，赋分 25 分。

A_5 有效能量转换效率，指能量回收装置高压输出能量与输入能量回收装置总能量的比值，反渗透海水淡化装置需考虑此指标，与经济指标相关。考虑到国内反渗透海水淡化用于市政饮用水的案例较少，赋分 5 分。

（2）U_2 技术可靠性

B_1 装置脱盐率，指通过反渗透膜从系统进水中去除水中阴、阳离子的量占原量的百分数，R =（1− 产水中离子浓度 / 进水中离子浓度）×100%，是评价反渗透装置去除离子效果最重要的指标，赋分 60 分。

B_2 产品标准，保证技术可靠性的重要指标，是产品生产质量的标尺，产品标准高，符合标准的产品技术可靠性高，相反则技术可靠性低，赋分 40 分。

（3）U_3 性能稳定性

C_1 清洗频率，指反渗透膜系统两次化学清洗的时间间隔，是反渗透装置运维中反映稳定性最重要的指标，赋分 60 分。

C_2 膜更换周期，指在保证反渗透系统的出水质量条件下膜更换的时间间隔，反映了装置的稳定性能，赋分 40 分。

（4）U_4 经济适用性

D_1 运行成本，指运维期间装置每生产 1t 水所产生的费用，包括化学药剂费、电费等，是最重要的经济指标，赋分 60 分。

D_2 建设成本，指建设反渗透装置平均到吨水的费用，包括设备成本、基建成本等，属一次性投资，是次重要的经济指标，赋分 40 分。

（5）U_5 国际竞争力

E_1 膜组件国产化，指膜组件装置国产化情况，引进膜组件产品和技术时逐步将国外引进的设备、产品、零部件转化为在本国生产制造应用，以及国产装置市场占有率等情况，是现阶段最重要的指标，赋分 60 分。

E_2 国产装置出口情况，直接体现在国际上的竞争能力，目前还是以进口为主，所以是次重要指标，赋分 40 分。

通过多次专家咨询与评审，建立了反渗透装置的专家评估规则，确定了产品一级指标和二级指标相应的权重，据此对国内反渗透装置进行了评价。

具体评估指标分配及权重赋分等如表 18-12 和表 18-13 所列。

表 18-12 反渗透装置评估指标分配及权重和赋分

一级指标	权重	二级指标	满分 / 分
U_1 技术先进性	0.20	A_1 装置水回收率 A_2 膜通量 A_3 进水压力 A_4 电控系统智能性 A_5 有效能量转换效率	30 20 20 25 5
		汇总	100
U_2 技术可靠性	0.20	B_1 装置脱盐率 B_2 产品标准	60 40
		汇总	100
U_3 性能稳定性	0.20	C_1 清洗频率 C_2 膜更换周期	60 40
		汇总	100
U_4 经济适用性	0.30	D_1 运行成本 D_2 建设成本	60 40
		汇总	100
U_5 国际竞争力	0.10	E_1 膜组件国产化 E_2 国产装置出口情况	60 40
		汇总	100

表 18-13 反渗透装置技术评估打分规则

一级评估指标	二级评估指标	满分/分	打分规则
U_1 技术先进性（权重 0.20）	A_1 装置水回收率	30	对于非海水淡化反渗透装置：＞80% 为 20 ～ 30 分；70% ～ 80% 为 10 ～ 20 分；＜ 70% 为 0 ～ 10 分。对于海水淡化反渗透装置：＞ 39% 为 20 ～ 30 分；30% ～ 39% 为 10 ～ 20 分；＜ 30% 为 0 ～ 10 分。值越高，评分越高
	A_2 膜通量	20	对于非海水淡化反渗透装置：21 ～ 25L/（m^2 • h）为 15 ～ 20 分；18 ～ 21L/（m^2 • h）为 10 ～ 15 分；＜ 18L/（m^2 • h）为 0 ～ 10 分。对于海水淡化反渗透装置：10 ～ 20L/（m^2 • h）为 10 ～ 20 分，＜ 10L/（m^2 • h）为 0 ～ 10 分
	A_3 进水压力	20	对于非海水淡化反渗透装置：0.6 ～ 1.1MPa 为 15 ～ 20 分；1.1 ～ 1.6MPa 为 10 ～ 15 分；＞ 1.6MPa 为 0 ～ 10 分。对于海水淡化反渗透装置：4.5 ～ 5.5MPa 为 15 ～ 20 分；5.5 ～ 6.0MPa 为 10 ～ 15 分；6.0 ～ 6.5MPa 为 0 ～ 10 分
	A_4 电控系统智能性	25	不能自动运行的，0 ～ 10 分；仅具有恒通量全自动运行的，10 ～ 15 分；具备数据远程传输的，15 ～ 20 分；具有膜供应商后台诊断功能，20 ～ 25 分。系统越完备，评分越高
	A_5 有效能量转换效率	5	＞99% 为 4 ～ 5 分；95% ～ 99% 为 2 ～ 4 分；＜95% 为 0 ～ 2 分。值越高，评分越高
U_2 技术可靠性（权重 0.20）	B_1 装置脱盐率	60	＞98% 为 40 ～ 60 分；95% ～ 98% 为 20 ～ 40 分；＜95% 为 0 ～ 20 分。值越高，评分越高
	B_2 产品标准	40	产品标准越完善，评分越高

续表

一级评估指标	二级评估指标	满分/分	打分规则
U_3 性能稳定性（权重 0.20）	C_1 清洗频率	60	2～3年/次为40～60分；1～2年/次为20～40分；0～1年/次为0～20分。值越高，评分越高
	C_2 膜更换周期	40	7～8年为25～40分；5～6年为10～25分；＜5年为0～10分。值越高，评分越高
U_4 经济适用性（权重 0.30）	D_1 运行成本	60	对于非海水淡化反渗透装置：1.0～1.1元/m^3为40～60分；1.1～1.3元/m^3为20～40分；＞1.3元/m^3为0～20分。对于海水淡化反渗透装置：3.5～6.5元/m^3为40～60分；6.5～7.5元/m^3为20～40分；＞7.5元/m^3为0～20分。值越低，评分越高
	D_2 建设成本	40	800～1000元/m^3为20～40分；超过1000元/m^3为0～20分。值越低，评分越高
U_5 国际竞争力（权重 0.10）	E_1 膜组件国产化	60	主要膜元件为国产设备，40～60分；主要膜元件为进口设备，0～40分。国产化率越高，评分越高
	E_2 国产装置出口情况	40	产品出口率越高，评分越高

18.3.3 评估指标体系应用

邀请涵盖高校研究机构、生产企业、设计院所等在内的10名专家根据建立的评估体系对反渗透装置进行专家评估，结果显示国内反渗透装置生产和应用的技术就绪度整体达到8级，具备行业大规模应用的条件。评估打分汇总及评估结果分别见表18-14、图18-7。

表 18-14 反渗透装置专家评分汇总

序号	U_1 技术先进性		U_2 技术可靠性		U_3 性能稳定性		U_4 经济适用性		U_5 国际竞争力	
	分值/分	权重	分值/分	权重	分值/分	权重	分值/分	权重	分值/分	权重
1	90	0.19	87	0.19	89	0.21	88	0.3	87	0.11
2	86	0.2	80	0.2	80	0.2	80	0.3	90	0.1
3	82	0.15	90	0.2	80	0.35	85	0.1	70	0.2
4	91	0.2	85	0.2	80	0.2	84	0.3	82	0.1
5	83	0.2	85	0.2	82	0.2	88	0.3	82	0.1
6	88	0.2	90	0.2	80	0.25	91	0.25	85	0.1
7	83	0.2	86	0.2	86	0.2	91	0.3	88	0.1
8	87	0.2	85	0.2	82	0.2	90	0.3	87	0.1
9	86	0.2	84	0.2	86	0.25	83	0.25	87	0.1
10	88	0.2	89	0.2	81	0.2	92	0.25	87	0.15
计算结果	技术就绪度 TRL	明确需求（TRL1）	技术方案（TRL2）	通过论证（TRL3）	小试研究（TRL4）	中试研究（TRL5）	形成产品（TRL6）	三方评估（TRL7）	标准化（TRL8）	推广应用（TRL9）
	$B = WR$	0	0	0	0.82	0.2	0	0.4	2.56	1.13

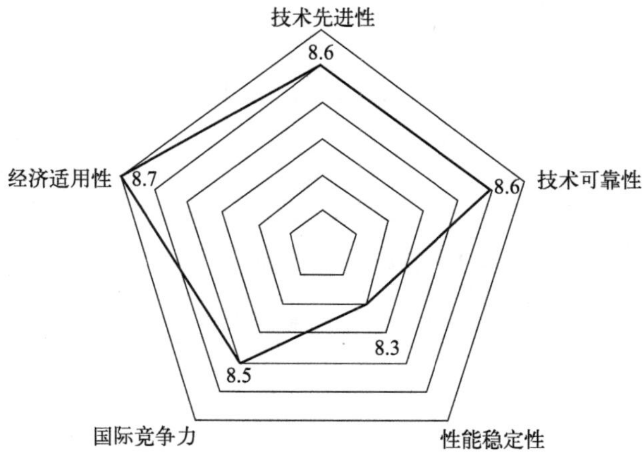

图 18-7　反渗透装置评估结果

18.4　应用验证

反渗透装置验证指标体系的建立是在综合技术先进性、技术可靠性、性能稳定性、经济适用性和国际竞争力等方面，全面体现反渗透的装置性能指标、工艺效果指标和经济性指标。为研究指标与结果之间的相关性，可以利用相关性分析计算得出各指标与结果之间的相关系数，通过相关系数的大小可以判断指标与结果之间相关度的大小以及指标对结果影响作用的强弱。但是在很多情况下，由于各指标之间相互影响，造成指标与指标之间具有重叠信息，从而造成直接相关系数的虚假性，因此为了消除这种虚假性，可以通过进行主成分分析的方法提取出多因素的主成分，根据原始变量在主成分方向上的载荷考察原始变量在主成分上与结果之间的相关系数。由于排除了不相关的因素，主成分分析更清晰地反映出指标与结果之间的关系，从而筛选出更能代表结果的指标。

通过前期对各种反渗透装置在生产上进行实验，并对国内的反渗透装置生产厂家和用户进行调研，筛选反渗透装置关键技术经济指标和典型应用案例，开展典型产品的生产和应用流程技术性能测试和技术经济性分析，建立反渗透装置的科学验证体系，为反渗透装置在整个行业的推广和应用提供数据支撑，推动供水行业的进步。

产品验证技术路线如图 18-8 所示。

18.4.1　验证指标筛选

利用反渗透工艺实际应用中的高频指标作为重点，结合文献梳理和实地调查研究进行指标的海选。通过相关性分析删除同一准则层内相关系数大的指标，避免了指标反映信息重复；通过主成分分析删除主成分中因子负载系数绝对值小的指标，保证了筛选出的指标对评价结果有显著影响；根据因子分析用方差表示信息含量的思路将筛选后的指标反映的海选指标信息含量作为指标体系构建合理性的判定标准，解决了指标体系的合理性判定缺乏定量标准的问题。

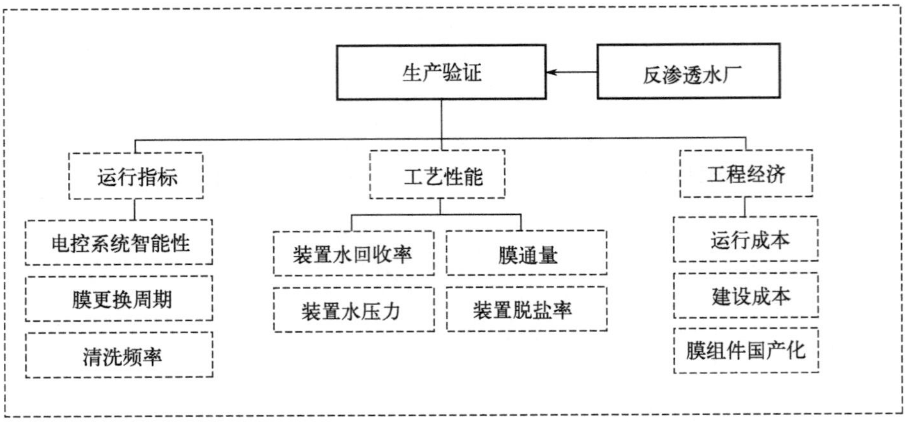

图 18-8　反渗透装置产品验证技术路线

在进行纳滤装置验证时，经综合分析，从 17 个海选指标中选取装置水回收率、进水压力、装置脱盐率、清洗频率、有效能量转换效率、运行成本 6 项指标进行评估，可以较全面地代表整个纳滤装置运行体系中需要考虑的因素，如表 18-15 所列。

表 18-15　反渗透装置的指标筛选结果

序号	准则层	指标层	筛选结果
1	X_3 生产	$X_{3.1}$ 装置进水量	主成分分析删除
2		$X_{3.2}$ 装置出水量	相关性分析删除
3		$X_{3.3}$ 装置水回收率	保留
4		$X_{3.4}$ 膜通量	主成分分析删除
5		$X_{3.5}$ 进水压力	保留
6		$X_{3.6}$ 进水含盐量	相关性分析删除
7		$X_{3.7}$ 出水含盐量	相关性分析删除
8		$X_{3.8}$ 装置脱盐率	保留
9		$X_{3.9}$ 清洗频率	保留
10		$X_{3.10}$ 膜更换周期	相关性分析删除
11		$X_{3.11}$ 有效能量转换效率	保留
12		$X_{3.12}$ 建设成本	相关性分析删除
13		$X_{3.13}$ 运行成本	保留
14		$X_{3.14}$ 产品标准	不可观测性删除
15		$X_{3.15}$ 电控系统智能性	不可观测性删除
16		$X_{3.16}$ 膜组件国产化	不可观测性删除
17		$X_{3.17}$ 国产装置出口情况	不可观测性删除

18.4.2　验证指标体系及等级划分

将相关性 - 主成分分析法得到的指标体系按照文献调查、实地调研及上述试验结果对评估指标进行等级划分，具体评估指标的等级见表 18-16。

表 18-16　反渗透装置评估指标的等级划分

指标	等级
装置水回收率	非海水淡化：＞ 80% 为优良；70% ～ 80% 为合格；＜ 70% 为不合格
	海水淡化：＞ 39% 为优良；30% ～ 39% 为合格；＜ 30% 为不合格
进水压力	非海水淡化：0.6 ～ 1.1MPa 为优良；1.1 ～ 1.6MPa 为合格；＞ 1.6MPa 为不合格
	海水淡化：4.5 ～ 5.5MPa 为优良；5.5 ～ 6.0MPa 为合格；6.0 ～ 6.5MPa 为不合格
装置脱盐率	＞ 98% 为优良；95% ～ 98% 为合格；＜ 95% 为不合格
清洗频率	具体根据原水水质确定清洗频率，0.25 ～ 3 年进行一次化学清洗为合格
有效能量转换效率	海水淡化：＞ 99% 为优良；95% ～ 99% 为合格；＜ 95% 为不合格
运行成本	非海水淡化：1.0 ～ 1.1 元 /m^3 为优良；1.1 ～ 1.3 元 /m^3 为合格；＞ 1.3 元 /m^3 为不合格
	海水淡化：3.5 ～ 6.5 元 /m^3 为优良；6.5 ～ 7.5 元 /m^3 为合格；＞ 7.5 元 /m^3 为不合格

18.4.3　典型产品验证案例

海水淡化反渗透装置体系验证是基于永兴岛某海水淡化厂的运行数据来进行的。该水厂水源为海水，含盐量超过 30000mg/L，采用“UF+RO”双膜法深度处理工艺，反渗透规模为 1000m^3/d。由筛选的评估指标等级对验证地点指标进行验证（见表 18-17）。

表 18-17　永兴岛某海水淡化厂反渗透装置验证评估结果

验证指标	验证结果	评估结论
装置水回收率 /%	40	优良
进水压力 /MPa	5	优良
装置脱盐率 /%	98.55	优良
清洗频率 /（年 / 次）	0.25	合格
有效能量转换效率 /%	97	合格
运行成本 /（元 /m^3）	7.27	合格

对永兴岛某海水淡化厂反渗透装置进行验证，各项指标均为合格，其中在装置水回收率、进水压力和装置脱盐率方面达到优良。

非海水淡化反渗透装置体系验证是基于内蒙古自治区某水厂的运行数据来进行的。该水厂水源为深井地下水，主要是氟超标，采用“UF+RO”双膜法深度处理工艺，反渗透规模为 11200m^3/d。由筛选的评估指标等级对验证地点指标进行验证（见表 18-18）。

表 18-18　内蒙古自治区某水厂反渗透装置验证评估结果

验证指标	验证结果	评估结论
装置水回收率 /%	89.57	优良
进水压力 /MPa	1.0	优良
装置脱盐率 /%	≥ 98	优良
清洗频率 /（年 / 次）	2.5	合格
运行成本 /（元 /m^3）	1.0 ～ 1.1	优良

对内蒙古自治区某水厂反渗透装置进行验证，各项指标均为合格，其中在装置水回收率、进水压力、装置脱盐率和运行成本方面达到优良。

第 19 章 无负压二次供水设备

19.1 产品概述

19.1.1 产品分类

二次供水是城市供水的重要组成部分，从设备类型看，二次供水设备分为高位蓄调设备、变频设备、无负压设备、普通直连设备以及直饮水设备。高位蓄调设备、变频设备和无负压设备在我国使用较多。普通直连设备常使用在日本、欧美这些市政管网水压较大且高层建筑数量和密集度相对较低的区域。

无负压供水设备（non-negative pressure water supply equipment）是由管路、压力传感器、水泵机组、流量控制器、双向补偿器、恒压稳流罐体及高压补偿罐体等组成，且供水过程全密闭，不与外界空气接触，能有效防止水质污染，通过水泵机组变频或工频运行对水压及水量进行控制，满足用户用水需求，同时确保对公共供水管网压力不产生负压影响的二次供水设备。

目前，市场上所用的无负压供水设备主要有：密封式、稳流罐式和调节水箱式 3 种。但细节上也有不同之处。

① 密封式：该方式将电机、水泵等设备完全密封于不锈钢容器内，杜绝了水质二次污染，占地少，安装灵活，可安装在楼梯间、地下池子等地方，施工周期短，但无储备水量，城市公共供水管网停水时易出现断水现象。

② 稳流罐式：该方式在水泵前装设可承压的流量调节器，靠其调节作用，可进一步降低对城市公共供水管网的影响。

③ 调节水箱式：该方式设有不承压的调节水箱，调节水箱与水泵并联，通过电控装置使调节水箱内的水每天至少循环两次，确保水质不变。当市政管网的水量、水压条件能满足无负压供水方式要求时，直接从市政管网取水；否则，从调节水箱取水。可用于自来水管网供水不稳定的区域。由于存在水箱，仍要按规定进行清洗消毒。

19.1.2 性能指标

无负压二次供水设备技术主要性能指标包括生产材料及工艺、产品控制系统、技术性能等，从产品调研情况分析，具体指标主要包括外观、节能、控制柜安全、供水压力控制精度、无负压功能、小流量保压功能、超压保护功能、抗干扰能力、智慧管理、噪声、振动等。

设备功能性指标是评价二次供水设备的重要指标，其中无负压功能、超压保护和小流量保压等功能是设备必备的功能，其功能设置和达标是确保设备性能稳定的必要条件。

设备抗干扰能力和自我防护水平直接反映设备运行的稳定性和可靠性。

供水压力控制精度是用户易感指标和重要的技术参数，是反映二次供水设备运行稳定的重要指标之一。

噪声和振动控制反映制造商设备制造技术和产品质量，其控制水平不仅影响设备使用寿命，还关系到用户的应用体验。

智慧管理系统是设备自动化程度及高效运行管理的重要体现。

选泵就是无负压二次供水设备为满足工程实际对流量、压力的要求而确定出水泵的型号和台数，是安全供水和节能的关键所在。

控制柜安全指标主要包括接地电阻、绝缘电阻和温升等涉及用电安全的指标。

19.1.3　技术标准情况

随着我国城镇化建设快速发展，城镇居民对高质量饮用水的稳定供应也提出了越来越高的要求，城镇供水行业正面临着新一轮水厂深度处理工艺提升建设任务。这些建设改造任务对产品适用性强、技术可靠性高和产品性能稳定的供水关键材料设备的需求量日趋加大，同时供水行业的高速发展更加需要成套化、标准化的饮用水安全保障技术与装备。

二次供水（secondary water supply）指当民用与工业建筑生活饮用水对水压、水量的要求超过城镇公共供水或自建设施供水管网能力时，通过储存、加压等设施经管道供给用户或自用的供水方式。二次供水是整个城市供水系统的重要组成部分，也是最终保障供水水质和供水安全的重要环节。近年来，随着城市建设的快速发展和高层建筑规模的不断扩大，二次供水问题越来越突出。从全国看，城市的二次供水形式多样、随意性强，二次供水设施建设和设备质量参差不齐，二次供水管理缺乏统一规范，二次供水的安全稳定特别是水质安全已经成为当前城市供水安全的薄弱环节。此外，没有统一标准对无负压二次供水设备进行性能检测，设备中关键部件不能正确使用，极易形成安全隐患。2005 年 8 月北京市自来水公司在讨论无负压二次给水设备技术安装会上，提出在北京市安装此设备的适用条件。对无负压二次给水设备提出了适用范围：在医院、化工、制药等行业禁用此设备；对于适用条件、供水管网压力、接管口径、楼前供水管径等细节都提出了具体要求；对于单套无负压供水设备的规模也提出了具体指标。如此种种都表现出市场亟需相应的产品标准以及应用规范的研究。虽然现行的《建筑给水排水设计规范》《室外给水设计规范》《住宅设计规范》等标准涵盖了对二次供水的部分技术要求，但目前总的来看对二次供水的技术规定还是不系统、不全面，仍然存在急需解决的问题。为确保社会公众身体健康和供水安全，为了规范无负压给水设备市场，住房和城乡建设部决定制定行业标准，以确保二次供水质量。

根据住建部发布的《城镇供水设施建设与改造技术指南》，二次供水设施的建设与改造应重点解决水压不足和二次污染问题，改善用户的用水条件和“龙头水”水质，提高节能降耗水平。二次供水系统具体选用时应综合比较安全、能耗、投资、运行管理等因素。一般的优选顺序是无负压供水、变频调速供水、高位水箱供水。

在无负压供水系统建设过程中，建设方应根据国家制定的《建筑给水排水设计标准》（GB 50015—2019）进行工程设计选型流程，并进行运行分析、规划以及节能分析流程，从而有目的、有计划地开展建设工作。一般来说，供水系统覆盖区域的具体情况会根据自来水进水量、楼层高度、住户实际用水量和用水设备等因素的变化而发生变化，从而影响工程选型的计算公式与计算方法，需要设计方与建设方根据实际情况加以分别计算整理。

二次供水水质应符合现行国家标准《生活饮用水卫生标准》(GB 5749—2022)。二次供水设施必须符合《二次供水设施卫生规范》(GB 17051)，取得当地卫生行政部门签发的《卫生许可证》后方可供水。通过设施所供出的饮用水必须符合国家《生活饮用水卫生标准》(GB 5749—2022)。

建设部标准定额所 2005 年委托青岛三利主编了《无负压给水设备》标准，编号为 CJ/T 265—2007。该标准最新版为 CJ/T 265—2016，已由住房和城乡建设部于 2016 年 8 月 8 日发布，2017 年 2 月 1 日实施。无负压产品的国家标准《无负压管网增压稳流给水设备》(GB/T 26003—2010) 已由国家质量监督检验检疫总局和国家标准化管理委员会于 2011 年 1 月 10 日正式发布，2011 年 10 月 1 日实施。

《二次供水工程技术规程》(CJJ 140—2010) 适用于新建、扩建或改建民用与工业建筑生活给水二次供水工程的设计、施工、安装调试、验收与运行管理，不适用于消防给水、再生水、管道直饮水的二次供水工程。

《箱式无负压供水设备》(CJ/T 302—2008) 是城镇建设行业标准，适用于民用及工业建筑中生活或生产给水系统的箱式无负压供水设备。箱式无负压供水设备主要功能全、保险系数高，设备局部出现故障时能启用应急主要功能继续供水。该设备可与市政供水网自动并网运行，并具有双变频主要功能，既能满足生活生产用水的正常压力和流量，又能在出现火情时自动转换为高压大流量供水，可一机多用。

《稳压补偿式无负压供水设备》(CJ/T 303—2008) 是城镇建设行业标准，适用于新建住宅楼、办公楼、宾馆、饭店、医院、商场和体育馆等场所；城市自来水市政管网压力不能满足消火栓和喷淋系统消防用水的场合；工矿企业的生产和生活用水，特别适用于对水质要求较严格的用水场所。稳压补偿式无负压供水设备：可直接与供水管网连接，不产生负压，且能够补偿流量和稳定压力的设备。

《无负压一体化智能给水设备》(CJ/T 381—2011) 适用于工作压力不大于 1.6MPa、配套功率不大于 30kW 的生活、生产给水系统用无负压一体化智能给水设备的生产、检测和使用。文中明确定义：利用供水管网压力直接加压供水，并对供水管网不产生负压，将电气控制和加压装置全部设置在无负压智能紊流器内，并集成为一整体式结构的全自动加压给水设备。

《城镇供水管网加压泵站无负压供水设备》(CJ/T 415—2013) 适用于城镇供水管网直接加压的无负压供水设备。与城镇供水管网直接连接，利用城镇供水管网的压力，能够调节流量和稳定压力，消除水锤的供水设备。由缓冲补偿罐、双向补偿调节装置、能量储存器、水锤消除装置、水泵机组、控制柜、阀门、管路系统、配套附件组成。

《无负压管网增压稳流给水设备》(GB/T 26003—2010) 适用于生活和生产给水系统的无负压管网增压稳流给水设备的生产和检验。是直接连接到市政给水管网或其他有压管网上，采用稳流补偿和真空抑制技术全密闭供水，有效利用管网原有压力，对管网不产生负压且能稳定和调节流量的给水设备。

湖南省工程建设地方标准《城市二次供水设施技术规范》(DBJ 43/002—2009) 适用于湖

南省行政区域内建制镇及以上城市新建、扩建、改建工程中二次供水设施的设计、施工、监理、设施验收与监督管理。除执行本规范外，还应符合国家现行的有关标准、规范的要求。目的是要从源头上降低二次供水水质污染风险，提高智慧化二次供水设施建设水平。

山西省工程建设地方标准《二次供水系统技术规程》(DBJ 04/T300—2013）中规定从城镇供水管网直接取水的无负压供水系统，允许的最大设计水量和城镇给水干管最低供水服务压力，应由当地供水行政主管部门及供水企业根据城镇供水的实际情况，经技术经济及可靠性比较后确定。

19.2 行业调研

19.2.1 国内外生产状况

19.2.1.1 生产工艺

无负压二次供水设备又称管网叠压式供水设备，是在恒压变频供水设备之上延伸而成的一种设备，它是一种更为节能的设备，而叠压设备则是将其与市政供水管网直接相连，它可以在市政管网压力的基础上对水进行二次加压，因此比传统的二次供水设备更为节能。无负压供水设备是近年来出现的一种新型供水设备，全套无负压供水设备由稳流罐（与自来水管网连接消除负压)、真空抑制器、变频调速水泵机组（加压)、压力传感器、变频器控制柜（智能控制设备运行)、反相器（可选配)、消毒器（可选配）和小流量压力容器等组成。市政供水管网引来的进水管与稳流罐进水口直接相连接，稳流罐的出水口经消毒装置后与压力泵组的进水管相连接，压力机的出水管与用户的用水管相连接，直接向用户管网供水。无负压供水设备直接和市政供水管网进行连接，在其剩余压力的基础上串联叠压供水，从而确保市政供水管网压力不小于设定保护压力。

由于使用的需求不同，了解无负压供水设备相关的参数配置十分重要。

(1) 按辅助供水方式分类

可分为无辅助供水、小型水泵辅助供水、小型气压水罐辅助供水3种。

① 无辅助供水：同型号水泵互为备用，小流量供水时效率较低；

② 小型水泵辅助供水：有两种以上规格的水泵（主泵和副泵)，大流量条件下主泵运行，小流量条件下启用副泵，夜间流量接近零时仍然存在能量浪费；

③ 小型气压水罐辅助供水：小流量条件下切换到气压供水方式，避免能量浪费，隔膜式气压水罐可缓冲水锤压力波动。

(2) 按稳流罐构造分类

可分为气水分离、气水接触2种。

① 气水分离：利用胶囊将水和空气隔离，空气与水无接触，卫生条件好，对水锤压力波动有缓冲作用；

② 气水接触：消除负压时空气通过过滤器进入稳流罐，空气与水有接触，卫生条件取决于过滤器质量。

（3）按供水压力分类

可分为恒压变量、变压变量 2 种。

① 恒压变量：供水量随用水量变化，但供水水压保持设定值的供水方式，控制简单，但节能不充分；

② 变压变量：供水量随用水量变化，供水水压按设定供水工作曲线或配水管网终端多点压力控制的供水方式，节能充分，控制系统比较复杂，管网压力有波动。

19.2.1.2 生产状况及市场格局

随着国民经济水平不断提高，促使城市建设越来越高端化，二次供水是城市供水的重要组成部分，通过结合二次供水设备能够降低饮用水中的杂质，对平衡供水量及其压力有着重要的作用。如表 19-1 所列，从设备类型看，二次供水设备分为高位蓄调设备、变频设备、无负压直连增压设备、普通直连增压设备以及直饮水设备系统。高位蓄调设备、变频设备和无负压直连增压设备在我国使用较多。普通直连增压设备常使用在日本、欧美这些市政管网水压较大，且高层建筑数量和密集度相对较低的区域；而直饮水设备系统直连增压市场主要在日本、欧美等发达国家和地区，中国一些高端的住宅小区、酒店以及一些高校也已经导入。

表 19-1 二次供水设备分类

类型	特点	国家或地区
高位蓄调设备	通过水箱与市政管网连接，并在楼顶也设置一个水箱	新加坡、中国一些早期老旧二次供水设备
变频设备	通过水箱与市政管网连接，楼顶不再设置水箱	日本、欧美地区、中国一些供水管网条件较差的地区
无负压直连增压设备	直接与市政管网连接，楼顶不设置水箱，增加了紊流补偿、小流量保压、双向补偿等防止产生市政管网负压的装置	中国。根据住建部发布的《城镇供水设施建设与改造技术指南》规定：二次供水设施的建设与改造应重点解决水压不足和二次污染问题，改善用户的用水条件和“龙头水”水质，提高节能降耗水平……二次供水系统具体选用时应综合比较安全、能耗、投资、运行管理等因素。一般的优选顺序是无负压供水、变频调速供水、高位水箱供水
普通直连增压设备	直接与市政管网连接，楼顶不设置水箱	日本、欧美这些市政管网水压较大，且高层建筑数量和密集程度相对较低的区域
直饮水设备系统	与现有市政管网、二次供水系统共同构成分质供水系统	日本、欧美等发达国家和地区，以及中国一些高端的住宅小区、酒店和一些高校

总体来看，二次供水作为市政基础设施，各个国家采取的方式与各自水资源情况、管网发展情况、居民用水需求情况存在密切联系。各个国家的二次供水方式汇总情况如图 19-1 所示。

近些年，随着国民经济的不断增长，我国城镇化进程飞速加快，越来越多的高层住宅和超高层建筑拔地而起，高层住宅二次供水建设日益增多。据统计，近年来我国二次供水设备行业市场规模稳定增长，截至 2018 年中国二次供水设备行业市场规模达到约 200 亿元，同比增长 19.57%，如图 19-2 所示。

全国性二次供水厂商的产品和服务覆盖全国市场，具有较高的行业品牌知名度。二次供水行业的市场参与者主要有全国性二次供水设备厂商、地方性二次供水设备厂商和以水泵为主兼营二次供水设备的厂商三类。目前行业内只有少数几家厂商在全国范围内建立了营销渠道，具备全国市场开拓能力和售后服务能力，例如威派格、青岛三利、上海熊猫等；地方性二次供水设备厂商普遍技术含量较低，品牌影响力低，规模不大，跨区域市场开拓能力有限；以水泵为主兼营二次供水设备的厂商主要有中金环境（原南方泵业）、新界泵业、上海中韩杜科泵业制造有限公司等。

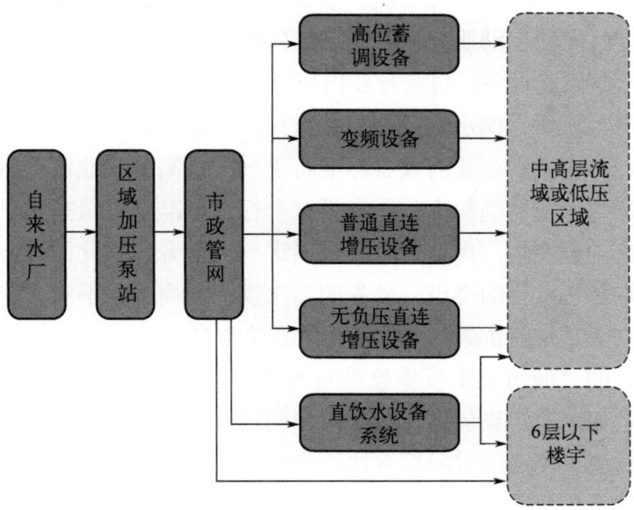

图 19-1　二次供水方式汇总

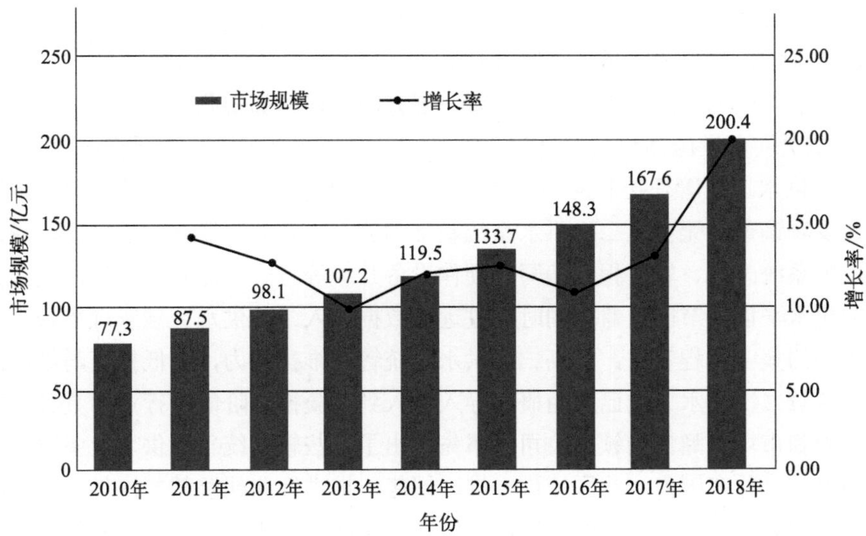

图 19-2　2010 ~ 2018 年中国二次供水设备行业市场规模及增长率

无负压二次供水设备是一种定制化配置的专用设备，需要按照《建筑给水排水设计规范》的规定，根据加压楼宇数量、楼层数及高度，市政供水水压、出水口数量、泵房位置、出水管口径、居民总户数等，进行方案设计，再根据方案进行设备型号和功能配置，组织设备部件生产和集成。因此，二次供水设备的供给数量取决于市场需求情况，行业总体供给能力取决于行业内参与厂商的总体数量、企业规模、技术创新能力。

据不完全统计，市场上能够提供二次供水设备的厂商数量有500家以上，但全国性品牌的二次供水厂商仅有若干家，大部分是地方性的小品牌，技术含量较低，主要面向本地区的市场销售。

从供应的设备类型结构来看，普通变频二次供水设备的技术门槛相对低于无负压二次供水设备，相关生产厂商较多；无负压二次供水设备具有更高的技术门槛，能够提供性能稳定设备的厂商相对较少；而能主动研发、生产、推广适应集中化管理需求，具备一定智能化水平的变频或无负压二次供水设备，目前行业内还较少。

随着民众和政府对环保、饮水安全的日益重视，供水企业“统建统管”的加快覆盖，智慧供水的推广普及，二次供水行业的设备标准将进一步提高、行业监管将趋于严格、行业需求将更加综合性。在这种发展趋势下，业内不符合行业标准、质量技术不过关、靠区域性低价竞争的企业将面临竞争淘汰，市场集中度有望进一步提升。与此同时，伴随着二次供水设施“统建统管”和智慧化运行的推进，领先的二次供水厂商也在不断完善提升产品和服务能力，完善销售渠道，探索并创新盈利模式，构建竞争壁垒。

根据住建部发布的《城镇供水设施建设与改造技术指南》：二次供水设施的建设与改造应重点解决水压不足和二次污染问题，改善用户的用水条件和“龙头水”水质，提高节能降耗水平。二次供水系统具体选用时应综合比较安全、能耗、投资、运行管理等因素。一般的优选顺序是无负压供水、变频调速供水、高位水箱供水。从目前市场应用情况来看，普通变频调速和无负压是主要采用的二次供水解决方案，一般根据不同的水压情况、管网条件，考虑安全、节能等因素选用，少数情况下还会进行两种方案的组合应用。与此同时，随着市场的普及推广，在普通变频调速或无负压基础上进行升级的智慧变频或智慧无负压二次供水系统也开始逐步推广，在一些地区已经投入应用。

此外，智能化成为二次供水方式的重要发展方向。在四部委联合下发的《关于加强和改进城镇居民二次供水设施建设与管理确保水质安全的通知》中强调“要充分利用物联网技术，建立二次供水远程管理控制网络，提高管理效率和服务水平”。智慧二次供水系统就是在延续普通变频调速、无负压二次供水系统基础功能上，融入工业互联的理念，通过结构设计创新、控制系统改进、软件程序编写、硬件设备升级等方式，提升二次供水设备的供水安全性、智能化水平以及节能效益，同时通过远程数据接入二次供水智慧管理平台，实现地区二次供水设备的集中远程管控，提高二次供水系统管理维护能力，降低投资与维护的综合成本。目前，智慧二次供水方式已经由概念导入进入到试验推广阶段，行业内具备较强软硬件综合研发能力和市场前瞻性的领先公司已率先推出了一些较传统二次供水设备更加安全、智能、高效的产品，并在国内一些区域进行推广销售，推进行业朝智慧二次供水方式的方向发展。而伴随着智慧二次供水方式的发展，传统的变频或无负压二次供水设备在硬件和控制系统方面都将面临升级需求。

本书调研的二次供水设备生产企业主要分布在华东地区，约占46%，其次是华北地区，约占25%，华中地区约占16%，西南等其他地区约占13%，其中上海市和北京市的二次供水设备生产企业数量最多。二次供水设备用户主要分布在黄河流域，约占60%，其次是长江流域，约占30%，其他流域10%。

19.2.2　国内外应用状况

19.2.2.1　国内应用情况

随着城市的发展，城市生活供水二次加压泵站已经是居民小区和城市高层建筑给水中不可缺少的组成部分，这是因为目前城市给水管网局部水压不够高，还不能将水直接送到高层用户，这样就必须先将市政自来水泄至水池或水箱，然后通过二次加压泵站将水供给到用户，以保证每一个用户的用水要求。但由于管理不善，水池、水箱缺乏定期的清洗，二次消毒措施失效以及系统本身的缺陷，造成的水质二次污染已直接影响了供水水质安全，甚至产生了严重的水质污染事故。因此保障二次加压泵站饮用水质量与安全已不仅是卫生、水务、自来水公司等政府部门的头等大事，同时也是用户管理单位与供水设备生产厂家急需解决的问题。另外随着国民经济的高度发展与社会的进步，各地自来水公司的供水能力不断加强，曾经的定时定量供水已成为历史，也为开发与研制新型环保节能供水设备提供了决定性的条件。

正是在以上相关的背景下，无负压给水设备的成功研制并引入市场弥补了传统供水方式的不足。我国第一台无负压供水设备于 20 世纪 90 年代中期研制成功并投放市场，但由于供水系统的法规要求和消费者的观念滞后，无负压产品一直没能得到推广使用。我国《城市供水条例》中曾规定：“禁止在城市管网公共供水管道上直接装泵抽水。”这是因为抽水时可能产生的负压会干扰水力工况，影响周围用水，甚至造成管网损坏。所以在工程设计时首先建一个水池或水箱，再用增压泵加压到用户供水管网。直到 2003 年“非典”期间，人们才对二次供水污染的严重性有了清醒的认识，特别是经过北京局部区域使用后，无负压供水设备所具备的彻底解决二次供水污染、节约能耗等优点终于引起人们广泛的关注。2004 年，北京市政府文件中将上述《城市供水条例》相关条款解禁，山东等省份紧随其后相继出台试用细则。现该类产品在北京已有近千台套在使用中，山东、福建、天津、广州等地区应用也较多。加之这种设备在节能、节水、节地、节省建设资金等方面具有显著优势，成为了取代水池、水箱等传统二次供水设施的首选设备，从而导致市场需求骤然升温。

无负压供水系统是在传统变频恒压供水系统的基础上发展起来的一种新型供水方式，它不是水泵、管件阀门、罐体和控制柜的简单组合，而是集机械、电子、信息、自控技术为一体的高科技产品。随着无负压供水概念发展的深入，越来越多的科研单位及生产企业对无负压技术进行了深入的研究，并取得了比较丰硕的成果。在国内无负压技术根据市场上现有无负压的给水设备工作原理进行分析，无负压供水系统主要由变频调速水泵机组、稳流补偿器、真空抑制器、压力和流量传感器、预压自平衡器、控制柜、过滤器、倒流防止器等设备组成。根据其实现无负压功能原理的不同，大体可以分为以下几种形式。

（1）稳流补偿器和真空抑制器控制模式

当市政管网供水不足或用户用水量大于市政管网供给能力时，真空抑制器打开，空气进入稳流补偿器中，使原本封闭的补偿器变为断流水箱，抑制负压产生，另在稳流补偿器中设置液位控制，当低于低位时，水泵停止工作，如图 19-3 所示。

（2）自控限流控制模式

当市政管网供水不足或用户用水量大于市政管网供给能力时，通过压力传感信号的反

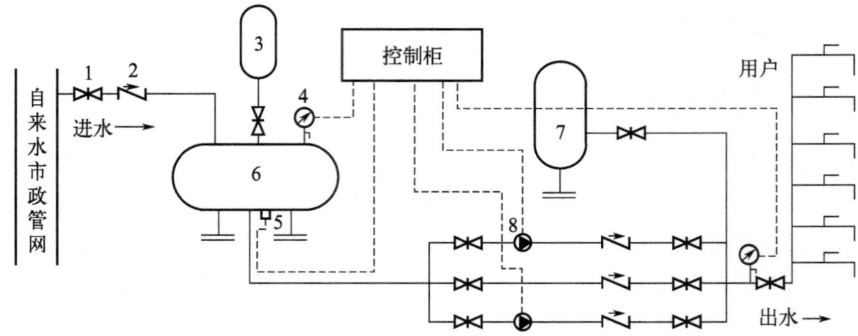

图 19-3　真空抑制器控制模式

1—闸阀；2—逆止阀；3—真空消除器；4—控制压力表；5—液压控制器；6—调节罐；7—稳压罐；8—加压水泵

馈，采取限制变频器，使水泵不超量取水，而当市政管网供水满足要求时，系统恢复正常，如图 19-4 所示。

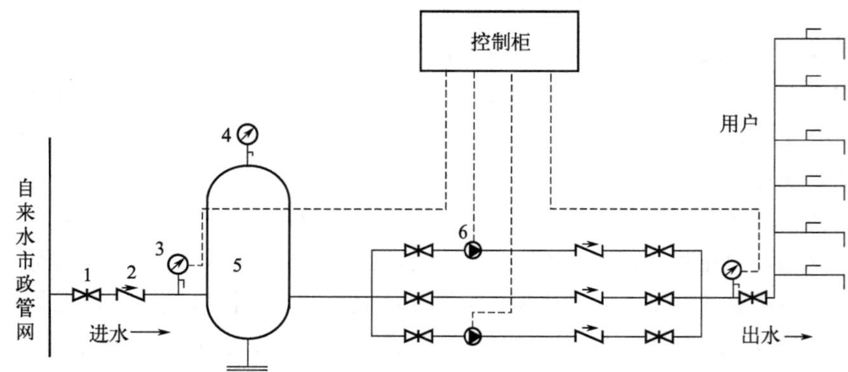

图 19-4　自控限流控制模式

1—闸阀；2—逆止阀；3—控制压力表；4—压力表；5—稳压罐；6—加压水泵

（3）压力控制点方式

当市政管网供水不足或用户用水量大于市政管网供给能力时，直接启动变流量恒压供水泵，待供水满足要求后，系统恢复正常。

目前无负压二次供水设备主要应用范围如下：

① 用于生活供水系统（包括居住小区、住宅、办公、商场等）的必须为卫生、节能和压力稳定的生活二次供水设备；

② 用于消防供水系统的必须为水量足够、压力保障和安全可靠的消防二次供水设备；

③ 用于学校的应为能适应集中用水量变化的学校专用二次供水设备；

④ 用于城镇中途提升加压的应为高性能、节能省地和多功能控制的水厂泵站专用二次供水设备；

⑤ 用于超高层建筑的应为承压安全、节能和节资的超高层建筑专用无负压变量分压供水设备；

⑥ 用于市政自来水直接供给社区居民用户的，要求消除自来水在二次加压环节中的水质污染，并且无负压供水系统在市政管网的供水压力基础之上再加压，可避免电能浪费，节约能源，减少污染和对环境的破坏。

19.2.2.2　国外应用情况

无负压二次供水即管网叠压供水技术是由日本研发的。在 20 世纪 80 年代中期，日本就已经开始了关于“直接给水方式”的必要性和可行性的探讨以及技术研究，它不仅涉及技术层面，而且在法律和行政管理、市场需求和供水者义务、城市建筑物中高层化的供水模式等社会系统层面上的讨论也已经展开。在这样的背景下，日本厚生省在国家施策方针性文件“面向 21 世纪的供水系统改造和再构筑的长期目标”中将直接给水系统列入规划，并在 1990 年修订了给水设计规范，将管网末端服务压力由 0.15MPa 提高为 0.2MPa；国家提供研究基金在千叶县建立了一定规模的实验场；组织了由学者、科研机构、供水企业及产品制造厂商参加的队伍；筹措了运作资金，开展“直接给水”的研究，完成“推进直接给水系统”的指导原则和方针文件，为此进行大量的课题研究工作。到了 20 世纪 90 年代末期，管网叠压供水技术已在日本、美国、西欧等国家和地区得到普遍应用。

19.2.2.3　供需状况分析

近几年来，随着二次供水方式的大量应用，无负压二次供水产品在全国范围内已经得到较为广泛的认可与应用。无负压二次供水产品是二次供水系统的主要组成部分，而无负压供水技术是在变频供水基础上发展起来的新型供水方式。相比传统的高位水箱二次供水系统，无负压二次供水技术具有不用建水池和水箱、安装方便、节能、减少二次污染、充分利用市政管网水压等优点，其技术在节能、安全卫生、节约投资、管理方便等方面效果显著。从目前市场应用情况来看，无负压二次供水主要采用的是二次供水解决方案之一，一般会根据不同的水压情况、管网条件，考虑安全、节能等因素进行产品选用，少数情况下还会进行多种方案的组合应用。与此同时，随着市场的普及推广，在无负压基础上进行升级的智慧无负压二次供水系统也开始逐步推广，在一些地区已经投入应用。此外，随着中国城镇化的逐步推进以及对城市老旧城区的全面改造，新的供水设施投入和老旧供水设施的改造都蕴含着无限的商机。伴随着三、四线城市的快速发展，二次供水市场还存在着巨大的发展空间。

针对二次供水长期存在设施建设和管理多元化、运行维护责任不到位、监管职责不明晰的情况，目前全国越来越多的区域都开始推行“统建统管”模式，一些率先采用“统建统管”模式并取得良好管理效果的地区也在全国形成了良好的示范效应。而“统建统管”的发展，也从多方面驱动二次供水市场需求发展。

（1）老旧二次供水设施改造

制约老旧二次供水设施改造的因素主要包括改造费用（含设备采购费用）缺乏以及改造责任主体不明晰等。在“统建统管”模式下，一般由供水企业牵头进行统一的改造规划，同时依托财政资金支持或者水价调整的方式解决改造资金来源问题，从而可以解决制约二次供水改造的两大难题，加快老旧二次供水设施的改造步伐。

（2）中高端二次供水设施需求空间

在“统建统管”模式下，供水企业采购二次供水设备时，除首要考虑二次供水的水质安全外，还要求设备能长期保持低故障率，并具有较好的节能效果，减少统一管理阶段的维护成本。因此，供水企业实施“统建统管”有利于行业提升产品质量，水质安全将得以更加有效的保障，配套有稳定售后服务能力的中高端二次供水设备将会持续挤占低端二次供水设备的市场，其市场空间将会拓展。

2015 年我国国内二次供水设备需求总量为 6.65 万套，其中变频供水设备需求量为 3.14 万套，占比为 47.2%；无负压供水设备需求总量为 2.81 万套，需求占比为 42.3%。随着我国城镇化的逐步推进以及对城市老旧城区的全面改造，新的供水设施投入和老旧供水设施的改造都蕴含着无限的商机。伴随着三、四线城市的快速发展，二次供水市场还存在着巨大的发展空间。2015 年 3 月，国家住房和城乡建设部、发展和改革委员会、公安部及卫生计生委联合发出通知，要求供水企业加强、改进二次供水设施管理，不符合要求的供水设施要在 5 年内完成改造，鼓励供水企业实施专业运行维护，未来二次供水行业前景非常广阔，预计到 2025 年我国二次供水设备需求总量将增长至 31.92 万套，见图 19-5。

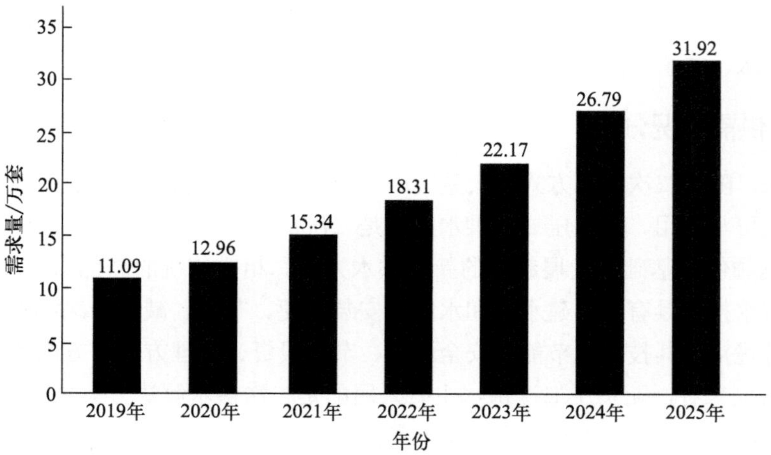

图 19-5　2019 ～ 2025 年我国二次供水设备需求量增长趋势

随着智能控制技术、传感器技术及其他信息化技术的推广与应用，二次供水节能系统与各种新技术的结合愈加紧密，衍生出多种新的功能与应用。与此同时，科技进步带来相关产品升级优化，使二次供水服务行业的成本不断下降，有利于提高二次供水产品的市场普及率和升级换代速度。受益于不断延伸和扩展的新技术应用，二次供水系统将得到进一步优化，促进并带动二次供水服务产业升级。未来行业内企业只有以智能化控制系统为核心技术，依托强大的节能方案设计能力以及丰富的工程安装经验，为客户提供定制化的整体节能解决方案，才能赢得更多的市场发展空间。

（3）产量走势分析

20 世纪 70 年代以来，我国高层建筑逐渐出现，同时随着社会经济发展和城市化建设步伐的加快，高层、小高层建筑和高地集中式住宅小区日趋密集，原有的供水压力越来越不能满足供水需求，二次供水方式应运而生。从图 19-6 可以看出，近年来我国二次供水设备产量平均增速为 12.9%。据统计，2010 年我国二次供水设备产量为 3.75 万套，2018 年增长至 9.85 万套，同比增长 15.75%。

具体产品分类产量方面，2018 年高位水箱产量 0.78 万套，同比增长 20%，无负压供水设备产量 3.99 万套，同比增长 14.66%，变频供水设备产量 4.62 万套，同比增长 16.37%，其他设备产量 0.22 万套，同比增长 15.79%，如图 19-7 所示。

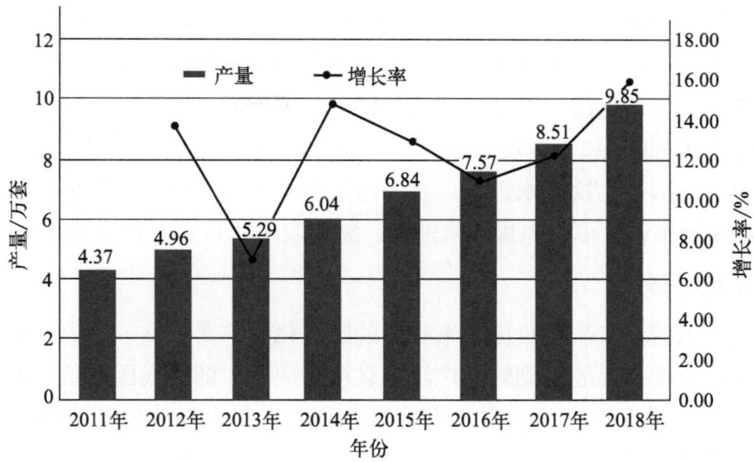

图 19-6　2011 ～ 2018 年我国二次供水设备产量及增长率

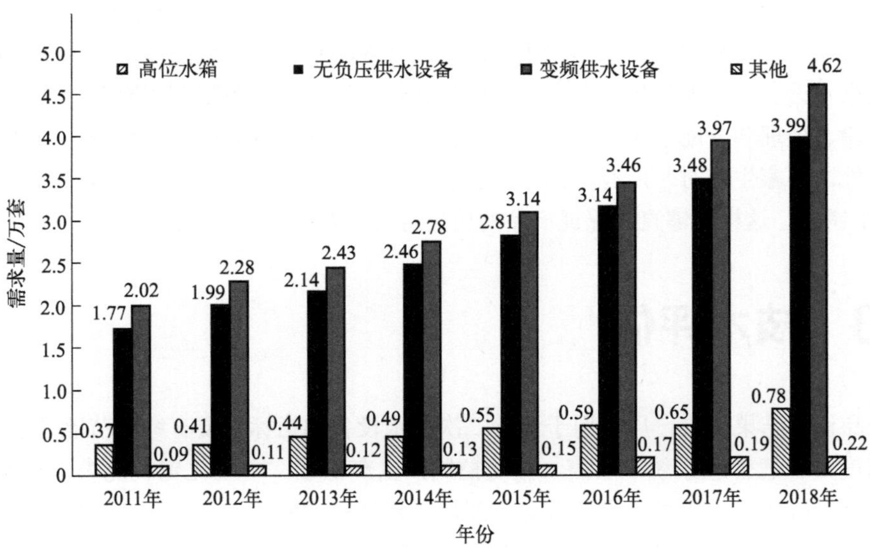

图 19-7　2011 ～ 2018 年我国二次供水设备分类需求量统计

目前，由于二次供水设备的需求分布在全国各地，较为零散，同时中小规模厂商特别是地方性二次供水设备厂商在各地区市场中占据了一定市场空间，使得行业整体还较为分散，市场集中度不高。不过，随着二次供水设备市场不断发展，智慧城市的不断发展带动智慧水务产业的稳步推进和国家及地方两个层面水务政务服务机构“统建统管”政策的推进，未来这一市场的竞争会日趋激烈，但是靠质量、服务和智慧化平台搭建等实力说话的厂家则有较多希望在本场角逐里中流击水、拔得头筹。

事实上，二次供水设备市场与城镇化水平息息相关，城镇化水平提升，城市基础设施建设必然要适应城市发展，将推动与城市公共供水设施及其重要环节二次供水设施的建设。2013 ～ 2017 年，我国城镇化率由 53.73% 提升至 58.52%，相应地每年生活供水总量由 537.30 亿立方米增长至 593.76 亿立方米，供水管道长度由 64.64 万公里增加至 79.74 万公里。二次供水不仅适用于高层、小高层（通常为六层以上）以上的建筑物，当城市供水水量、水压无法满足城市人口用水需求时，低层建筑物也需要用到二次加压设备。城镇化的持续推进及城镇供水普及率的提升，促使城镇供水总量逐年递增，城镇供水设施建设不断增加，伴随着二次供水设施规模也不断扩大。这必然导致对无负压二次供水产品需求量的增加，随之各个生产厂家的产品产量也会增加，以满足用户等日益增长的需求。据不完全统计，市场上能够提供二次供水设备的厂商数量有500家以上，在未来的十几年内二次供水行业“统建统管”等规范化发展步伐进一步加快，全国性二次供水设备厂商纷纷把握行业规范整合发展的新机遇，依托竞争优势，通过拓展营销渠道、推广先进技术理念、完善服务体系等方式加大对市场的开拓力度。

（4）进出口状况分析

据不完全统计表明，二次无负压供水产品的国产化生产率较高，国内许多优秀企业的二次供水产品在全国范围内已经得到较为广泛的认可与应用。随着我国城镇化的逐步推进以及对城市老旧城区的全面改造，新的供水设施投入和老旧供水设施的改造都蕴含着无限的商机。伴随着三、四线城市的快速发展，无负压二次供水产品的需求来源主要还是以国内为主。但是，供水设备零部件的质量是保证设备品质的基础。某些生产厂家的供水产品的核心零部件会采用国际一线品牌。例如，电器元器件一般会优先采用法国施耐德或者德国西门子，水泵会采用丹麦格兰富，阀门采用德国沃德（WODE）等。这些零部件为生产厂家提供用于二次供水设备、水循环周期各个阶段的整体性解决方案，包括利用有效的方法进行海水淡化、运输、处理和分配水源，以及为循环再用水研究和发现新的使用用途，以及确保废水处理可靠性。厂家生产时，所有零部件及安装附件均优于国家标准，每种材质一定是食品级SUS304不锈钢，这样能够直接保证产品的质量寿命，获得优异的产品。

19.3 技术评估

从产品调研结果来看，厂家用于评价二次供水设备的指标主要有绿色节能证书，供水压力控制精度，智慧管理系统，噪声、振动控制，生产工艺，个性化定制能力，标准化体系，控制柜安全，核心组件质量，设备方案合理性，系统建设投资，企业规模，创新能力，年产规模14个指标；从相关标准看，除调研涉及的部分指标外，对设备抗干扰能力和自我防护水平有要求；而用户更关注设备功能、售后服务、设备电耗、用户评价、故障率及维护费用等指标；因此，根据调研结果，参照相关标准规范，结合生产企业和用户关注的主要问题，筛选20项评估指标，如表19-2所列。

表19-2　二次供水设备评估指标

序号	评估指标	序号	评估指标
1	绿色节能证书	8	用户评价
2	供水压力控制精度	9	控制柜安全
3	智慧管理系统	10	售后服务
4	噪声、振动控制	11	设备功能
5	生产工艺	12	核心组件质量
6	个性化定制能力	13	设备抗干扰能力和自我防护水平
7	标准化体系	14	设备方案合理性

续表

序号	评估指标	序号	评估指标
15	系统建设投资	18	企业规模
16	设备电耗	19	创新能力
17	故障率及维护费用	20	年产规模

19.3.1　评估指标体系

根据课题研究需要和任务合同书要求，结合技术先进性、技术可靠性、性能稳定性、经济适用性、国际竞争力等方面，选取技术先进性、技术可靠性、性能稳定性、经济适用性、国际竞争力 5 项指标作为一级评估指标集，根据表 19-2 筛选的 20 项性能评估指标进一步细化分解为二级评估指标，形成评估矩阵，见图 19-8。

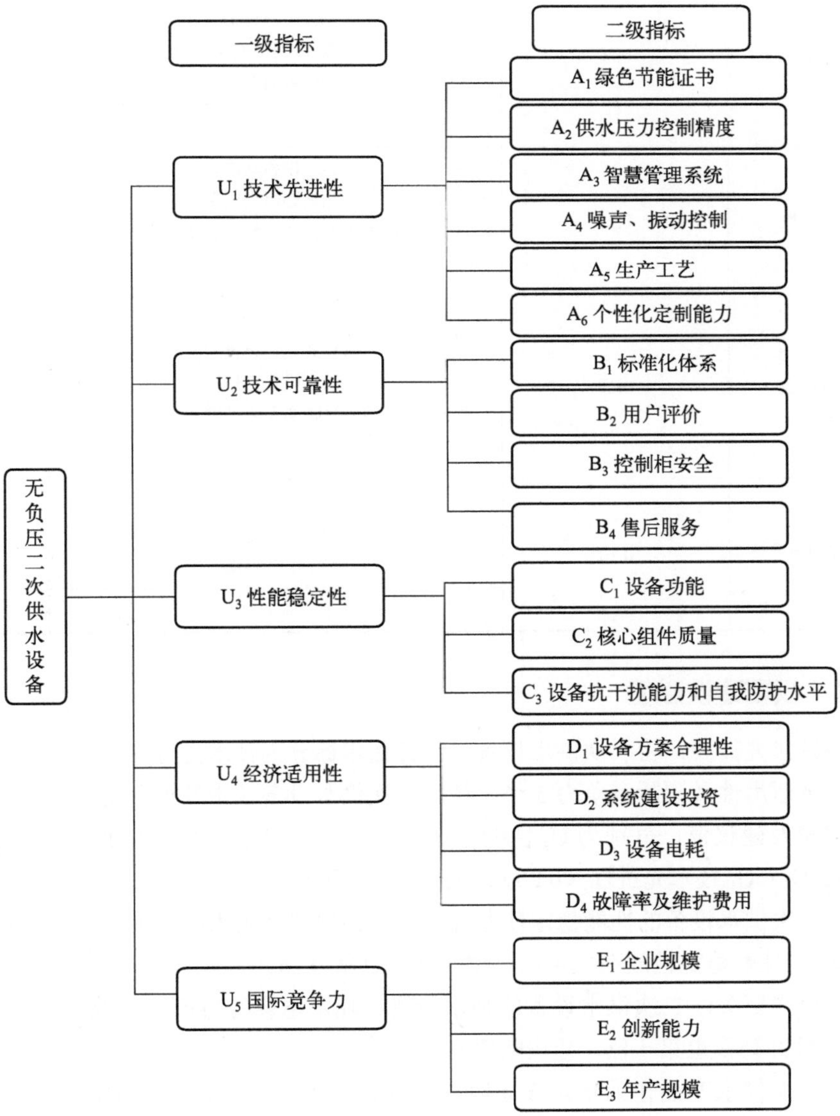

图 19-8　二次供水设备评估矩阵

19.3.2 评估指标赋值

具体评估指标分配及权重赋分等如表 19-3 所列。

表 19-3 二次供水设备评估指标分配及权重和赋分

一级指标	权重	二级指标	满分 / 分
U_1 技术先进性	0.20	A_1 绿色节能证书	10
		A_2 供水压力控制精度	20
		A_3 智慧管理系统	10
		A_4 噪声、振动控制	20
		A_5 生产工艺	20
		A_6 个性化定制能力	20
		汇总	100
U_2 技术可靠性	0.20	B_1 标准化体系	20
		B_2 用户评价	30
		B_3 控制柜安全	30
		B_4 售后服务	20
		汇总	100
U_3 性能稳定性	0.25	C_1 设备功能	35
		C_2 核心组件质量	35
		C_3 设备抗干扰能力和自我防护水平	30
		汇总	100
U_4 经济适用性	0.25	D_1 设备方案合理性	30
		D_2 系统建设投资	25
		D_3 设备电耗	25
		D_4 故障率及维护费用	20
		汇总	100
U_5 国际竞争力	0.10	E_1 企业规模	40
		E_2 创新能力	30
		E_3 年产规模	30
		汇总	100

19.3.2.1 权重建议赋值

根据课题研究需要，将二次供水设备一级评估指标分为技术先进性、技术可靠性、性能稳定性、经济适用性及国际竞争力 5 个，结合二次供水设备技术及设备特点对 5 个一级指标分别赋予权重及建议值，分别为 U_3 性能稳定性（0.25）= U_4 经济适用性（0.25）＞ U_2 技术可靠性（0.20）= U_1 技术先进性（0.20）＞ U_5 国际竞争力（0.10）。

首先，二次供水设备的性能稳定性尤为重要，必须保证用水高峰期管道压力稳定和水池水位，因此 U_3 性能稳定性放在权重第一位，建议赋值 0.25。

其次，用户更关注二次供水设备的吨水投资、吨水电耗等方面，因此 U_4 经济适用性与 U_3 性能稳定性并列权重第一位，建议赋值 0.25。

再次，二次供水产品作为供水设备时，应保证技术稳定，才能保障供水效率和产品标准，因此将 U_2 技术可靠性放在权重第三位，建议赋值 0.20。

同时，二次供水设备属先进的供水技术，绿色节能证书、供水压力控制精度、智慧管理系统、噪声和振动控制、生产工艺、个性化定制能力等指标均体现技术先进性，因此将 U_1 技术先进性与 U_2 技术可靠性并列权重第三位，建议赋值 0.20。

相对国际二次供水设备发展现状，国内二次供水设备仍处于发展初期，生产企业和用户考虑更多的是技术发展和应用效果，因此将 U_5 国际竞争力放在权重的最后一位，建议赋值 0.10。

19.3.2.2　赋分

结合二次供水设备技术及设备特点，分别对技术先进性、技术可靠性、性能稳定性、经济适用性及国际竞争力进行二级指标的细化和赋分。

（1）U_1 技术先进性

绿色节能证书，供水压力控制精度，智慧管理系统，噪声、振动控制，生产工艺，个性化定制能力等指标可体现二次供水设备的技术先进性。首先，供水压力控制精度是用户易感指标和重要的技术参数，赋分 20 分；同时，噪声和振动控制反映制造商设备制造技术和产品质量，其控制水平不仅影响设备使用寿命还关系到用户的应用体验，赋分 20 分；此外，设备的生产工艺和质量控制是决定产品质量的关键因素，赋分 20 分；特殊需求的设备定制能力和现有设备的改造能力是反映制造商技术水平的重要体现，因此个性化定制能力赋分 20 分；其次，节能是设备主要特点之一，是否取得绿色节能证书作为一项评估内容，赋分 10 分；同时，智慧管理系统是设备自动化程度及高效运行管理的重要体现，赋分 10 分。

（2）U_2 技术可靠性

首先，控制柜防护等级涉及设备运行安全，控制柜安全性更高的产品技术可靠性高，相反则技术可靠性低，因此，控制柜安全赋分最高 30 分；同时，用户对可靠性的满意度评价是能直接反映二次供水设备工作效果的重要考核指标，用户评价赋分 30 分；其售后服务质量和及时程度影响设备的运行与维护质量，进而影响供水质量，因此作为技术可靠性指标，售后服务赋分 20 分；最后，标准化体系是保证技术可靠性的重要指标，严格按照相关产品标准生产和检验对于技术可靠性有重要意义，因此标准化体系赋分 20 分。

（3）U_3 性能稳定性

根据二次供水设备的工作特性，设备功能、核心组件质量、设备抗干扰能力和自我防护水平，随着设备使用时间的延长，实际工作效率会衰减。性能稳定性是评价设备的重要指标，无负压功能、超压保护和小流量保压等功能是该设备必备的功能，功能设置和达标是确保设备性能稳定的必要条件，设备功能赋分 35 分；设备的控制系统和泵、电机、变频器、传感器等核心组件的质量是成套设备性能稳定性的决定要素，核心组件质量赋分 35 分；另外，设备抗干扰能力和自我防护功能则是设备运行稳定性的辅助手段，不可或缺，故性能稳定性同时考虑了这项指标，设备抗干扰能力和自我防护水平赋分 30 分。

（4）U_4 经济适用性

设备设计方案合理性是决定投资的主要因素之一，合理的方案既可避免“小马拉大车”情况的超负荷运行，也可防止出现高配造成的资金和运行费用的浪费。系统建设投资、设备电耗、故障率及运行维护费用是直接反映经济适用性的重要因素，也是用户最为关心的经济问题，该项调研主要以用户反馈为主，设备方案合理性、系统建设投资、设备电耗、故障率及维护费用等分别赋分 30 分、25 分、25 分、20 分。

（5）U_5 国际竞争力

企业规模是直接体现行业内产品竞争能力的指标，企业规模大，说明产品竞争力强，同时能收到用户的反馈而不断改善产品、提高产品质量、完善服务体系，是走向国际提高国际竞争力的基础，故赋分 40 分；创新能力是企业健康和可持续发展的重要条件，也是新时代企业竞争力的必备要素，创新能力越强，国际竞争力也会相应越高，故赋分 30 分；年产规模则是企业生产能力和市场占有率的一项直接指标，故赋分 30 分。

无负压二次供水设备技术评估打分规则见表 19-4。

表 19-4　无负压二次供水设备技术评估打分规则

一级评估指标	二级评估指标	满分 / 分	打分规则
U_1 技术先进性（权重 0.20）	A_1 绿色节能证书	10	具备有效节能证书的产品得 10 分；不具备的不得分
	A_2 供水压力控制精度	20	供水压力达到 0.01MPa，得 20 分；在 0.01 ～ 0.03MPa 之间，得 15 分；在 0.03 ～ 0.05MPa 之间，得 10 分；＞ 0.05MPa，得 0 分
	A_3 智慧管理系统	10	系统功能完备、具备全网接入能力、人机界面友好，得 8 ～ 10 分；系统功能一般、有专网或专线接入，得 4 ～ 7 分；无此系统，得 0 分
	A_4 噪声、振动控制	20	噪声≤ 55dB，得 10 分；在 55 ～ 60dB 之间，得 7 ～ 9 分；60 ～ 65dB，得 4 ～ 6 分；≥ 65dB，得 0 分
			振动烈度≤ 0.71，得 10 分；在 0.71 ～ 1.8 之间，得 7 ～ 9 分；在 1.8 ～ 2.8 之间，得 4 ～ 6 分；＞ 2.8，得 0 分
	A_5 生产工艺	20	对于产品的质量控制严格，10 ～ 20 分；控制不足的，0 ～ 9 分
	A_6 个性化定制能力	20	能够满足更大范围内的用户需求的定制能力的二次供水设备相应得分更高
U_2 技术可靠性（权重 0.20）	B_1 标准化体系	20	若二次供水产品生产和质量检验标准化体系健全、出厂检验制度执行好，则得分较高，在 10 ～ 20 分；若产品生产和质量检验标准化体系不健全或出厂检验制度执行不严格，则得分较低，在 0 ～ 9 分
	B_2 用户评价	30	用户非常满意，得 26 ～ 30 分；用户较满意，得 10 ～ 25 分；用户不满意，得 0 ～ 9 分
	B_3 控制柜安全	30	控制柜防护等级高、布线规范、接地良好的，得 26 ～ 30 分；控制柜防护等级一般、布线较规范和接地情况一般的，得 10 ～ 25 分；控制柜防护等级低、布线不规范、接地较差的，得 0 ～ 9 分
	B_4 售后服务	20	有售后服务且服务非常到位，得 15 ～ 20 分；有售后服务且服务一般，得 10 ～ 14 分；无售后服务，得 0 ～ 9 分
U_3 性能稳定性（权重 0.25）	C_1 设备功能	35	设备具有无负压、超压保护和小流量保压等功能，测试合格，停机保压时间≥ 20s 的，得 20 ～ 35 分；存在缺项或不足的、停机保压时间≥ 10s 的，得 10 ～ 19 分；严重不足或停机保压时间≥ 5s 或不具备停机保压功能的，得 0 ～ 9 分
	C_2 核心组件质量	35	泵、电机、变频器、传感器等核心组件选用国际知名品牌，用户认可度高的，得 21 ～ 35 分；采用一般品牌、用户认可度一般的，得 11 ～ 20 分；采用非知名品牌、用户评价差的，得 0 ～ 10 分
	C_3 设备抗干扰能力和自我防护水平	30	具备故障自动保护、雷击防护、泵组轮换、水淹检测及报警等自我防护功能，相对齐全的，得 21 ～ 30 分；设备自我防护功能不全、存在缺项的，得 10 ～ 20 分；无此功能则不得分

续表

一级评估指标	二级评估指标	满分 / 分	打分规则
U_4 经济适用性（权重 0.25）	D_1 设备方案合理性	30	泵的流量扬程选配科学、数量及大小配备合理、用户满意度高的，得 21 ～ 30 分；方案设计与用户满意度一般的，得 11 ～ 20 分；方案不合理、用户反映差的，得 0 ～ 10 分
	D_2 系统建设投资	25	低于行业平均水平，得 21 ～ 25 分；与行业平均水平相当，得 16 ～ 20 分；高于行业平均水平，得 0 ～ 15 分
	D_3 设备电耗	25	耗电量 ≤ 0.5kW·h/（m³·MPa），得 21 ～ 25 分；耗电量 0.5 ～ 0.7kW·h/（m³·MPa），得 16 ～ 20 分；耗电量 0.7 ～ 0.9kW·h/（m³·MPa），得 5 ～ 15 分；耗电量 > 0.9kW·h/（m³·MPa），得 0 ～ 4 分
	D_4 故障率及维护费用	20	年故障率 ≤ 2 次、维护费用低于行业平均水平，得 16 ～ 20 分；年故障率 3 ～ 5 次之间、维护费用与行业平均水平相当，得 11 ～ 15 分；年故障率 6 次及以上、维护费用高于行业平均水平，得 0 ～ 10 分
U_5 国际竞争力（权重 0.10）	E_1 企业规模	40	大型企业，30 ～ 40 分；中型企业，20 ～ 29 分；小型企业，0 ～ 19 分
	E_2 创新能力	30	有独立的研发部门和团队、自主知识产权（标准、专利、著作权等）数量 ≥ 20 项的，得 20 ～ 30 分；数量在 10 ～ 20 项之间的，得 10 ～ 19 分；无研发部门，自主知识产权数量 < 10 项的，得 0 ～ 9 分
	E_3 年产规模	30	年产 ≥ 5000 台（套），得 20 ～ 30 分；年产 1000 ～ 5000 台（套），得 10 ～ 19 分；年产 < 1000 台（套），得 0 ～ 9 分

19.3.3　评估指标体系应用

邀请涵盖高校研究机构、生产企业、设计院所等在内的 9 名专家根据建立的评估体系对无负压二次供水设备进行专家评估，赋值结果显示国内外无负压二次供水设备生产和应用的技术就绪度整体达到 8 级，具有国际竞争力。评估打分汇总及计算就绪度结果分别见表 19-5、图 19-9。

表 19-5　专家评分汇总

序号	U_1 技术先进性		U_2 技术可靠性		U_3 性能稳定性		U_4 经济适用性		U_5 国际竞争力	
	分值 / 分	权重	分值 / 分	权重	分值 / 分	权重	分值 / 分	权重	分值 / 分	权重
1	85	0.1	84	0.25	83	0.25	84	0.2	90	0.2
2	88	0.2	84	0.2	82	0.25	87	0.2	83	0.15
3	88	0.2	86	0.2	85	0.25	83	0.25	88	0.1
4	84	0.15	87	0.2	83	0.25	84	0.2	93	0.2
5	81	0.1	83	0.2	83	0.25	84	0.25	85	0.2
6	83	0.2	85	0.25	90	0.25	84	0.15	83	0.15
7	85	0.2	85	0.25	86	0.25	83	0.2	86	0.1
8	84	0.2	84	0.2	83	0.25	81	0.25	79	0.1
9	85	0.15	80	0.2	85	0.25	83	0.25	86	0.15
计算结果	技术就绪度（TRL）	明确需求（TRL1）	技术方案（TRL2）	通过论证（TRL3）	小试研究（TRL4）	中试研究（TRL5）	形成产品（TRL6）	三方评估（TRL7）	标准化（TRL8）	推广应用（TRL9）
	$B=WR$	0	0	0	0	0	0	0.22	4.72	0.11

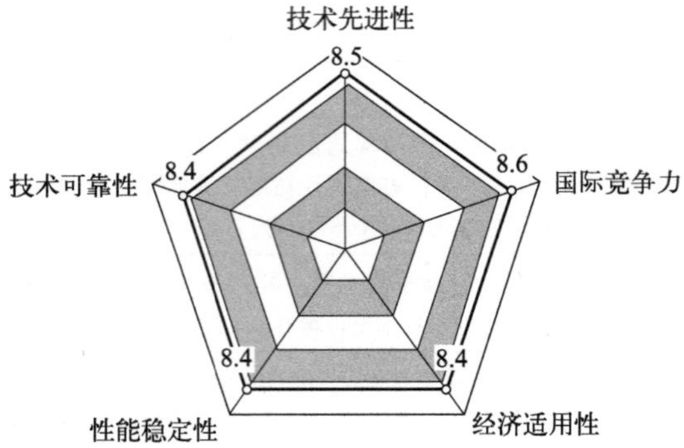

图 19-9　无负压二次供水设备计算评估结果

19.4　应用验证

二次供水设备验证数据包含实验室验证和生产验证两部分组成，其中生产验证包含上海珠溪新苑、福建西湖一号、天津滨海新区振业铂雅轩、广州市肇庆区香江国际、杭州余杭区江南雅居、六盘水威龙住宅、广东省中山市黄圃镇横石片区、陕西延安小砭沟 8 处二次供水项目。

关键指标主要涵盖关系设备本身性能的吨水电耗、噪声、无负压保护功能、设备稳定性响应时间、压力控制误差等 30 项指标。

19.4.1　验证指标筛选

利用无负压二次供水设备实际应用中的高频指标作为重点，结合文献梳理和实地调查研究进行指标的海选。根据可观测性原则将数据无法获得的海选指标删除，保证初步筛选后的指标体系可以量化，然后对初步筛选的指标数据进行标准化分析，基于相关性分析将 X_1 准则层相关系数＞ 0.85，X_2、X_3 准则层相关系数＞ 0.80 的指标筛选保留。在相关性分析的基础上，利用主成分分析筛选各准则层内剩余的指标，筛选准则层 X_1 选取累积方差贡献率达到 85%、准则层 X_2 选取累积方差贡献率达到 80%、准则层 X_3 选取累积方差贡献率达到 80% 时各个主成分中因子负载绝对值较大的指标。

经过初步筛选和相关性、主成分定量筛选，从 30 个海选指标中筛选出生产验证的 5 个指标，如表 19-6 所列。

表 19-6　无负压二次供水设备指标筛选结果

序号	准则层	指标层	筛选结果
1	X_1 实验室测试	$X_{1.1}$ 外观	不可观测性删除
2		$X_{1.2}$ 吨水电耗 /［kW·h/（m^3·MPa）］	保留
3		$X_{1.3}$ 噪声 /［dB（A）］	保留
4		$X_{1.4}$ 振动 /（mm/s）	保留
5		$X_{1.5}$ 无负压保护功能	不可观测性删除

续表

序号	准则层	指标层	筛选结果
6	X_1 实验室测试	$X_{1.6}$ 设备稳定性响应时间	保留
7		$X_{1.7}$ 压力控制误差	保留
8		$X_{1.8}$ 超压保护功能	不可观测性删除
9		$X_{1.9}$ 小流量保压功能	不可观测性删除
10		$X_{1.10}$ 设备供水能力	不可观测性删除
11		$X_{1.11}$ 绝缘电阻	不可观测性删除
12		$X_{1.12}$ 安全接地	不可观测性删除
13		$X_{1.13}$ 设备泵组轮换功能	不可观测性删除
14		$X_{1.14}$ 自动启停功能	不可观测性删除
15		$X_{1.15}$ 设备抗干扰能力	不可观测性删除
16	X_2 生产验证	$X_{2.1}$ 外观	不可观测性删除
17		$X_{2.2}$ 吨水电耗 /[kW · h/（m^3 · MPa）]	保留（理性处理）
18		$X_{2.3}$ 噪声 /[dB（A）]	保留（理性处理）
19		$X_{2.4}$ 振动 /（mm/s）	保留
20		$X_{2.5}$ 无负压保护功能	不可观测性删除
21		$X_{2.6}$ 设备稳定性响应时间	保留
22		$X_{2.7}$ 压力控制误差	保留
19		$X_{2.8}$ 超压保护功能	不可观测性删除
24		$X_{2.9}$ 小流量保压功能	不可观测性删除
25		$X_{2.10}$ 设备供水能力	不可观测性删除
26		$X_{2.11}$ 绝缘电阻	不可观测性删除
27		$X_{2.12}$ 安全接地	不可观测性删除
28		$X_{2.13}$ 设备泵组轮换功能	主成分分析删除
29		$X_{2.14}$ 自动启停功能	不可观测性删除
30		$X_{2.15}$ 设备抗干扰能力	不可观测性删除

19.4.2 验证指标体系及等级划分

将相关性 - 主成分分析法得到的指标体系按照文献调查、实地调研及实验室测试和生产试验结果对评估指标进行等级划分，具体评估指标的等级见表 19-7。

表 19-7　评估指标的等级划分

指标	等级
吨水电耗	≤ 0.38kW · h/（m^3 · MPa），为优秀；0.39 ～ 0.7kW · h/（m^3 · MPa），为良好；0.7 ～ 0.9kW · h/（m^3 · MPa），为合格；＞ 0.9kW · h/（m^3 · MPa），为不合格
噪声	≤ 55dB（A），为优秀；56 ～ 60dB（A），为良好；61 ～ 65dB（A），为合格；＞ 65dB（A），为不合格

续表

指标	等级
振动	振动烈度≤ 0.71mm/s，为优秀；0.72 ～ 1.80mm/s，为良好；1.81 ～ 2.80mm/s，为合格；＞ 2.80mm/s，为不合格
设备稳定性响应时间	≤ 5s，为优秀；6 ～ 10s，为良好；11 ～ 20s，为合格；＞ 20s，为不合格
压力控制误差	≤ 0.01MPa，为优秀；0.01 ～ 0.03MPa，为良好；0.03 ～ 0.05MPa，为合格；＞ 0.05MPa，为不合格

19.4.3 典型产品验证案例

按照指标等级验证体系分别对济南市某小区和上海市某小区二次供水设施的无负压二次供水设备进行验证评估。济南市某小区采用山东省某供水设备有限公司生产的管网无负压稳流增压供水设备供水，设计供水规模 192m^3/d。设备型号：WHG8-60-2。二次供水设备技术参数：额定扬程 60m、流量 8m^3/h、设备总功率 2.2kW、水泵数量 2 台；进水管管径 50mm、出水管管径 50mm。上海市某小区采用上海市某泵业有限公司生产的无负压供水设备（管网叠压供水设备）供水，设计供水规模 380m^3/d。设备型号：HK16-70-3。二次供水设备技术参数：额定扬程 70m、流量 16m^3/h、设备总功率 8kW、水泵数量 3 台；进水管管径 100mm、出水管管径 100mm。具体结果见表 19-8。

表 19-8　无负压二次供水设备验证评估结果

验证指标	济南某小区		上海某小区	
	验证结果	评估结论	验证结果	评估结论
吨水电耗 /［kW·h/（m^3·MPa）］	1.02	不合格	1.57	不合格
噪声 /dB（A）	72.8	不合格	70.2	不合格
振动 /（mm/s）	1.32	良好	1.04	良好
设备稳定性响应时间 /s	20	合格	15	合格
压力控制误差 /MPa	0.011	良好	0.012	良好

验证评估结果显示：上述两小区二次供水设施的无负压二次供水设备，吨水电耗和噪声两项不合格；振动和压力控制误差方面达到良好，设备稳定性响应时间均为合格。

第五篇

检测仪表设备

我国城镇供水领域检测仪表设备产品的发展是由城镇供水的检测需求推动的。1985年，《生活饮用水卫生标准》（GB 5749—85）推出，为了解决工业化污染水源、确保饮用水的质量，开始从国外引进在线和实验室应用的水质检测仪器仪表用于饮用水生产和输配过程的水质检测。水表、流量计等过程检测和控制仪表在我国城镇供水领域的应用则远早于水质分析仪表。20世纪初，自来水计量收费需求推动水表在用户端的普及和应用，此后随着用户用水量的增加以及水厂现代化生产的需求，压力表、流量计、液位计等过程检测与控制仪表在水厂与供水管网中的应用逐步普及。20世纪80年代，随着人口不断增长，科技进步和工业化、城镇化进一步发展，对自来水的需求量越来越大，城镇供水管网的压力也逐步增加；同时，水源污染问题日益严重，为了确保饮用水的质量，城镇供水领域生产和输配的各个工艺段对压力、流量、温度、物（液）位等过程检测与控制仪表的需求日益增加。我国一些大型水厂开始从国外引进成套水质检测仪表设备。这一时期，微电子技术高速发展推动国外城镇供水领域检测仪表装备产品不断发展与完善，我国自主知识产权的压力表、流量计、液位计等过程检测与控制仪表产品也开始用于城镇供水系统，并开始自主设计水厂控制系统。

我国《生活饮用水卫生标准》（GB 5749—2022）的实施带动水质在线检测仪表在水厂中的使用。《地表水环境质量标准》（GB 3838—2002）和《地下水质量标准》（GB/T 14848—2017）更是推动全国主要流域的重点断面安装水质自动检测仪表，实现水质监测指标的实时在线检测和数据上传。除了全工艺流程的水质监测指标在线检测外，《城镇供水厂运行、维护及安全技术规程》（CJJ 58—2009）规定了城镇供水系统实验室水质监测指标和检测频率。此外，应对水污染事件的应急监测和流动监测是部分供水公司和供排水监测中心的标配。《生活饮用水卫生标准》（GB 5749—2022）的实施更是对水质检测提出了更高的要求。以上标准先后推动了在线水质检测仪表、实验室检测仪表以及应急和便携式检测仪表产品在我国的应用和普及。

城镇供水领域应用的仪表设备分为两类：一类是水质检测仪表，如检测水的浊度、pH值、氨氮、溶解氧、余氯等，直接检测生产和输配过程中水的状态和成分是否满足相应标准；另一类是过程检测仪表，如检测温度、压力、液位、流量等，这类仪表一般与显示控制仪表联用，实现自来水生产和输配过程的自动化，同时确保水的质量满足相应标准。目前国内从事水质检测仪表和过程检测与控制仪表的厂商达上千家之多。随着一系列政策和标准的落地实施，国家对水源污染的重视度不断提升、对饮用水的品质要求不断提升，推动了城镇供水领域对水质检测仪表和过程检测与控制仪表产品的需求快速增长。2019年，我国城镇供水领域检测仪表设备的应用规模达到125亿元，其中水质检测仪表市场规模30亿元，过程检测与控制仪表市场规模94.2亿元，集成检测装备0.8亿元。

目前，国内市场上的供水检测自控仪表设备种类繁多，但相关标准化程度参差不齐，其产品适用性、技术可靠性、性能稳定性和市场应用前景尚不明确。“十一五”“十二五”水专项实施以来，虽然对有关城镇供水水质技术、材料和设备开展了大量研究，初步构建了实验室检测、在线监测和移动检测三位一体的水质检测技术及装备体系，但针对用于供水水质检测计量的关键仪表设备仍缺乏系统性的行业调研和验证评估，产品标准化程度相对较低。由于缺乏相关产品和应用标准的有效支撑，供水自控检测仪表设备的技术性能、检测精度和准确度等参数难以满足城镇供水安全保障能力发展的需求。

水质检测仪表按使用环境可分为水质在线监测仪表（pH值、浊度、COD、电导率、高锰酸盐指数、氨氮、溶解氧、综合毒性等）、实验室检测仪器仪表（固相萃取、ICP-MS、GC-MS、光度计等）、移动检测仪表设备（便携式监测仪表、移动检测车）三类。一系列政策和标准的落地实施，拉动了我国水质检测仪表的生产数量快速增长。2018 年，我国仅水质监测设备的销售量已经超过 20000 台（套），截至 2019 年，我国从事水质监测行业的企业已经有 400 余家，城镇供水领域的市场需求规模接近 30 亿元。目前城镇供水领域应用的水质检测仪表技术仍在发展之中，仪表生产仍然以集成、装配和检测为主，核心元器件大多数采购自第三方供应商，部分产品与欧美、日本、韩国、澳大利亚等国家和地区生产厂商设备仍有一定差距。水质在线监测仪表中针对常规监测指标，包括水温、pH 值、电导率、浊度、溶解氧、高锰酸盐指数、TOC、氨氮、总磷、亚硝酸盐等检测设备，国内外厂商均有成熟的产品。生物综合毒性、颗粒计数等新兴水质检测仪表生产技术相对落后。实验室水质分析仪器的研发和生产相比国外起步较晚，目前大部分高端水质分析仪器设备仍然以进口为主，2019 年的整体产量约为 400 台（套）。水质移动检测车的生产涉及监测业务的专业性和复杂性，通常是采用“检测车集成”的生产模式，由改装车生产企业和移动实验室集成商共同完成。我国主要的水质检测移动实验室集成商是以聚光科技为代表的水质分析仪器仪表生产和系统集成商。

在水质在线监测仪表领域，目前我国本土企业自主生产的产品从市场规模和应用数量来看，已经超越进口产品。整体上来看，2019 年我国城镇供水领域应用的在线水质监测仪表设备中，本土厂商所占的业绩规模已经达到 60%，而外资厂商所占的比例为 40%。国产品牌中力合科技、聚光科技、河北先河、广州怡文等厂商的在线水质分析仪表占比较大。细分应用领域来看，用于水源水监测的 pH 值、溶解氧、水温、浊度、电导率、高锰酸盐指数、氨氮、总磷、总氮等在线分析仪市场，以力合科技为代表的本土厂商占据市场 75% 以上的份额；而在水厂过程监测和管网监测常用的氨氮、高锰酸盐指数、总有机碳、pH 值、温度、余氯、总氯、一氯胺、二氧化氯、臭氧、浊度等分析仪表市场，本土企业的市场份额正在逐步超越以哈希为代表的外资厂商。但是颗粒计数器、激光超低量程浊度仪等灵敏度更高、更精准反映水质状况、更准确实现水质监测的在线分析仪表仍然以哈希为代表的进口产品为主。

在实验室水质分析仪器领域，目前安捷伦、岛津、赛默飞、耶拿等厂商的进口产品仍然占据优势地位。整体上来看，2019 年我国城镇供水领域应用的实验室检测仪器仪表设备中，本土厂商所占的业绩规模已经达到 28%，而外资厂商所占的比例为 72%。特别是技术领先、检测效率高、检测精度高的电感耦合等离子体质谱仪、气相色谱 - 质谱联用仪以及样品前处理相关固相萃取仪等实验室仪器仪表设备领域，以安捷伦、岛津、赛默飞为代表的国外进口产品占据了该市场 85% 以上的份额，呈现外资厂商进口产品高度集中的市场格局。大多数用户认为进口实验室水质分析仪器价格昂贵、但又不得不采购使用，主要原因是本土自主知识产权的实验室水质分析仪器仪表产品虽然价格优势明显，但检测精度、检测效率、产品可靠性、产品适用性、性能稳定性等方面与进口产品相比仍有明显差距。

便携式水质分析仪下游应用市场相对较为分散，目前在线水质监测仪表和实验室水质检测仪器仪表的本土和外资厂商大部分有自主知识产权的便携式水质分析仪产品，但在城镇供水领域的销量都在 1000 万元以下。哈希、赛默飞等外资厂商的便携式水质分析仪产品在城镇供水领域的应用规模因为业绩太小，大部分会与在线水质分析仪或实验室分析仪器合并统计。本土厂商中，在线和实验室水质分析仪表有便携式水质分析仪用于城镇供水领域，但业绩规模也相对较小。

城镇供水领域应用的过程检测与控制仪表，主要包括水表（含智能水表）、压力表（含远传压力表）、液位计、温度计、流量计、漏损检测仪表、显示仪表、控制仪表（含执行器）及相关部件（仪表盘、控制台）等。过程检测与控制仪表在我国城镇供水领域的应用历史相对较长，应用规模都远高于水质检测仪表。目前我国本土企业生产的机械式压力表、机械水表以及智能水表的产量和质量均已经位居世界领先地位；而我国流量计的生产企业仍以外资企业为主，本土流量计生产企业虽然数量不少，但仍然以中小规模的生产企业为主，但在城镇供水领域，国内厂商生产的流量计应用比例远高于石化、化工、冶金等领域；与国外相比，我国从事漏损控制设备生产的企业较少，管网漏损监控仪表的国产化率仍然很低。

我国城镇供水领域应用的水表、压力表、流量计等过程检测与控制仪表，无论国外厂商还是本土厂商大部分实现了本土化生产或组装。以科隆、恩德斯豪斯为例，其在我国城镇供水领域应用的流量计大部分在上海、苏州等工厂实现本土化生产，只有极少量的特殊型号或系列的产品需要从国外进口。从以流量计和智能水表为主的过程检测仪表的应用来看，国内的上海肯特、拓安信、汇中仪表、迈拓、威尔泰、江苏德高等厂商均有较多的应用，国外的科隆、ABB、西门子等也有用户应用。以压力表和流量计为例，对产品的市场应用格局进行了分析，结果显示，2019 年，本土厂商在我国城镇供水领域压力表和压力变送器市场占据 70% 的市场份额。在压力表市场基本上以本土厂商为主，占据 90% 以上的市场份额；而压力变送器 70% 的市场份额是由艾默生、横河电机、西门子为代表的外资厂商占据。本土品牌的流量计在城镇供水领域占据 60% 的市场份额。上海肯特、深圳拓安信、重庆川仪、上海光华等厂商的电磁流量计在城镇供水领域的应用份额保持稳定增长，但是德国科隆的优势地位短期内仍然难以撼动。

近年来，随着社会进步和科技的高速发展，城镇供水检测自控仪表设备行业发展迅速，形成了一批具有自主知识产权的相关产品，常规在线监测仪表、实验室小型检测设备、部分过程检测自控仪表性能已与进口产品相当，在供水行业形成了规模化应用。“十一五”水专项实施以来，我国在供水水质检测设备（GC-MS、ICP-MS）、在线监测仪表系统（综合毒性、颗粒计数）、漏损监测控制设备等方面开展了大量研发研制，突破了多项关键技术，并形成了一批具有自主知识产权的检测仪表等配套化产品，但针对新型仪器设备仍缺乏系统性的行业调研和验证评估，产品标准化程度相对较低。亟需通过开展供水自控检测仪表设备市场需求和发展现状调研，梳理、规整自控检测仪表设备发展方向和在饮用水领域的应用情况，形成自控检测设备清单及国内外应用状况评估报告，通过开展技术性能测试和经济性分析系统评估自控检测仪表设备在不同环境条件下的产品适用性、技术可靠性、性能稳定性，构建产品性能标准化评估方法，以此提高自控检测仪表设备的饮用水安全保障能力和综合服务水平，促进行业的健康持续发展。

研究重点针对生物鱼法综合毒性仪、发光菌法综合毒性仪、颗粒计数仪、GC-MS、ICP-MS、水质监测移动实验室 6 项水质检测产品以及智能水表、漏损监控仪表 2 项过程检测自控仪表进行了行业系统性调研，在深入调研我国城镇供水系统自控检测仪表行业生产与应用状况的基础上明确市场需求及行业发展方向，为城镇供水水质在线监测仪器设备的国产化、标准化和规模化应用提供支撑。

第20章 综合毒性仪（生物鱼法）

20.1 产品概述

20.1.1 产品分类

综合毒性生物在线监测技术是通过受试生物在不同水平上针对突变的水环境质量所发生的变化实现对水环境质量变化的实时监测，达到对水环境的在线监测，从而实现对于水环境突发性事故的预警。目前世界上主要的水质综合毒性生物在线监测技术根据受试生物的不同分为发光细菌生物监测、生物传感器在线监测、鱼类生物监测、藻类生物监测和水蚤生物监测五类。

发光细菌生物监测是以发光细菌作指示生物，以其发光强度的变化为指标，测定环境中有害有毒物质的生物毒性的一种方法。发光细菌的发光过程与光呼吸有关，发光细菌通过氧化代谢或呼吸作用获得能量，水体中的有毒有害物质将会抑制发光细菌的呼吸作用，进而抑制其发光强度，通过其发光强度的变化实现对水质的在线监测。水样毒性的强弱，可以通过光线变弱的程度与对照空白实验的发光强度比较来表示。毒物的毒性越强，抑制代谢作用越强，发光强度被抑制程度越高。基于 Microtox 毒性检测系统，美国 SDI（Strategic Diagnostics Inc.）研制了 Deltatox 便携式毒性分析仪，在出现饮用水污染紧急事故时能快速评估水样的化学污染和生物污染，在许多欧美国家得到应用。

生物传感器在线监测是以酶、细胞或 DNA 作为识别元件的传感器，包括酶传感器、微生物传感器、DNA 传感器和免疫传感器等。微生物内包含多种酶系，依靠其体内的各种酶系和代谢系统进行检测和识别底物，从而实现污染物质综合毒性检测。

鱼类生物监测是应用最早的生物预警方法之一，特别是考察污染波动对鱼类趋流性影响，当有污染物存在时，鱼类就表现出趋流性——游到下游或寻找更安全的生存环境，是一种回避行为。随着计算机技术的发展，在较大的水箱中采用摄像技术，记录鱼类的游泳速度、转弯次数、鱼群信息等参数进行水质预警。此外，一些非接触类的生物电场也得到了发展，用测试管内鱼的呼吸和运动行为对电场的影响来感知其行为生态变化的仪器，提供迅速、灵敏的水体毒性测试。

藻类生物监测是利用藻类的生长速率及耗氧的变化反映水质状况。水体中重金属和有机污染物对藻类的毒性表现在可抑制其光合作用、呼吸作用、酶的活性和生长等。将培养的标准藻添加到水样中，通过检测叶绿素的光合作用强度来反映藻类的生长状况。如果藻遭到伤害，例如受到除草剂的伤害，必然引起藻的活性降低，间接地引起氧产生量的降低。当这种降低达到预先设定的一个限值时，就产生报警。

水蚤生物监测是利用水蚤的死亡率或繁殖能力作为毒性测试指标测试水体综合毒性。水蚤（daphnia）是浮游动物中体形较小的一类，当水体受到污染时有毒物质会影响水蚤的生长，干扰水蚤的生殖和发育，甚至导致蚤类个体死亡。一些学者发现采用水蚤生理或行为上的变化（如捕食行为、趋光行为及代谢过程等）作为毒性测试指标可以达到早期预报控制的目的。有研究表明水蚤对有机磷农药尤其敏感。受污染物刺激，水蚤的运动速率变快，运动的随机性增强，随着暴露时间的延长游泳能力下降，并根据这种特征反应判断污染事件。有学者采用高速摄像系统测定水蚤的运动速度，形成了“微型无需培养基即时生物测试”的概念，其研究结果投入使用并被称为微型生物即时毒性测试仪。还有一些系统则是通过垂直管中水蚤在水柱内单位时间的位移能力来监测水质的污染状况，或选择正趋光品系的水蚤，记录其在设有光源的水柱内的垂直分布。受污染物影响，趋光能力下降，正趋光系数变小。

另外，还有通过双壳软体动物进行生物监测。双壳软体动物生物监测是利用双壳类软体动物的开壳呼吸和摄食动作模式在污染物存在时发生很大的、具有特异性的变化，监测这种变化量，以实现水体毒性检测，如贝壳平均张开幅度的降低、贝壳完全关闭的时间比平时明显增加、贝壳张开和关闭的频率加快等。也有通过颤蚓、长臂虾、淡水钩虾的运动行为的细微变化监测反映水体的污染情况的研究。

综合毒性仪（生物鱼法）是一种基于生物传感技术的毒性检测仪器，通过测定鱼的行为变化或行为强度来判断水中污染物的毒性大小，该方法具有快速、廉价的优点，并且获得最贴近人类的实验结果，主要用于水库、泵站、水厂的水质监测，能对多种有毒有害物质给出警告提示，为城市给水安全、大型赛事用水安全、反恐安全等提供技术支持，实现对水质的连续监测、对水质污染事件的及时预警。按照采用的生物鱼种的不同，可以分为斑马鱼、青鳉鱼、孔雀鱼、虎皮鱼、鲦鱼、金鱼、青衣鱼等鱼类的综合毒性仪。按照监测参数的不同，可以分为监测鱼的行为变化（运动行为、呼吸行为、群体行为等），以及监测鱼的行为强度变化两类综合毒性仪。按照采用监测方法的不同，可以分为图像解析法和传感器法两类综合毒性仪。

20.1.2 性能指标

综合毒性仪（生物鱼法）的性能主要体现在灵敏度（响应时间）、零点漂移、温度控制误差、运行时间、受试生物更换频率等方面。因此，衡量综合毒性（生物鱼法）在线监测仪器的主要性能指标包括灵敏度、零点漂移、温度控制误差、平均无故障运行时间、受试生物更换频率。

① 灵敏度：应将标准模式受试鱼类置入充满正常水体的生物监测区域内，30min 后待受试鱼类适应环境且行为稳定后，向生物监测区域通入一定毒性单位的标准溶液，连续自动采集受试鱼类生物行为趋势变化数据并计时，至系统报警时所经过的时间为预警时间，该过程为预警监测周期，所使用的标准溶液浓度为毒性检测的灵敏度，以毒性效应浓度和响应时间表征。

② 零点漂移：当仪器运行稳定后，连续测试新制备的纯水 2h，每隔 5min 记录一次零点示值，绝对值最大的零点示值为该仪器的零点漂移。

③ 温度控制误差：用温度测量装置每隔 10min 测量进入生物监测区域的水体温度，共测量 6 次，分别计算读数相对设定值的偏差值，取绝对值最大的偏差作为温度控制误差。

④ 平均无故障运行时间：统计期内设备正常运行累计时间与发生故障次数的比值。平均无故障连续运行时间的测试期不应小于 3 个月。

⑤ 受试生物更换频率：受试鱼类的更换频率。受试生物的续航能力即生物原位可连续在线监测的最长时间，更换频率依据续航能力以及测试水体设定。

20.1.3　技术标准情况

目前国内外相关的主要标准见表 20-1。

表 20-1　国内外相关标准

标准编号	标准名	标准类别
GB/T 13267—91	水质　物质对淡水鱼（斑马鱼）急性毒性测定方法	中国国家标准
GB/T 21281—2007	危险化学品鱼类急性毒性分级试验方法	中国国家标准
GB/T 21807—2008	化学品　鱼类胚胎和卵黄囊仔鱼阶段的短期毒性试验	中国国家标准
GB/T 27861—2011	化学品　鱼类急性毒性试验	中国国家标准
GB/T 31270.12—2014	化学农药环境安全评价试验准则　第 12 部分：鱼类急性毒性试验	中国国家标准
SN/T 3946—2014	化学品　急性鱼类毒性试验　阈值法	中国商检行业标准
NY/T 3152.4—2017	微生物农药　环境风险评价试验准则　第 4 部分：鱼类毒性试验	中国农业行业标准
ASTM E1192—1997（2014）	进行鱼类、大型无脊椎动物和两栖动物的水环境样本和废水的急性毒性试验的标准指南	美国材料试验协会（ASTM）标准
ASTM E1711—1995（2008）	鱼类毒性试验过程中特性测量的标准导则	美国材料试验协会（ASTM）标准
ASTM E1711—2012	鱼毒性试验期间行为测量指南	美国材料试验协会（ASTM）标准
BS EN ISO 15088:2008	水质　废水对斑马鱼（*Danio rerio*）胚胎急性毒性的测定	英国标准
DIN EN ISO 15088:2009	水质　废水对斑马鱼（*Danio rerio*）胚胎急性毒性的测定	德国标准
DIN 38412-31:1989	德国检验水、废水和污泥的标准方法　水有机物试验方法　生物测定（L 组）：采用（L 31）稀释法测定鱼类对污水毒性的耐受度	德国标准
ISO 15088:2007	水质　废水对斑马鱼（*Danio rerio*）胚胎急性毒性的测定	国际标准化组织标准

环境保护部发布的 GB/T 13267—91 参照采用国际标准《水质——物质对淡水鱼（斑马鱼 *Brachydanio rerio*）急性致死毒性的测定》（ISO 7346　1-3），实现了与国际标准对标，是国内第一部对淡水鱼（斑马鱼）急性致死浓度的测定方法标准。标准规定了在确定的试验条件下测定水溶性物质引起斑马鱼急性致死毒性大致范围的方法——静水法、换水法和流水法，对于规范采用生物鱼作为指标生物的水质毒性监测设备的监测方法与试验条件起到了极大的参考作用。该标准适用于水中单一化学物质的毒性测定，工业废水的毒性测定也可使用此方法。

国家质量监督检验检疫总局和国家标准化委员会发布的标准 GB/T 21807—2008 等同采用经济合作与发展组织（OECD）化学品测试导则 No.212（1998 年）《鱼类胚胎和卵黄囊仔鱼阶段的短期毒性试验》（英文版），规定了化学品鱼类胚胎和卵黄囊仔鱼阶段的短期毒性试验的方法概述、试验准备、试验程序等，适用于确定化学品对受试鱼种在特定阶段的致死效应和一定程度上的亚致死效应。

国家质检总局发布的标准 GB/T 21281—2007 规定了危险化学品鱼类急性毒性分级试验方法的试验样品、试验动物、试验步骤和试验结果。该标准适用于对危险化学品进行鱼类急性毒性的试验测定。

国家质检总局发布的标准 GB/T 27861—2011 规定了化学品鱼类急性毒性试验的方法原理、试验准备、试验、质量控制。该标准适用于测试和评价化学品的鱼类急性毒性。

国家质检总局发布标准 GB/T 31270.12—2014 侧重于化学农药鱼类急性毒性试验的材料、条件、操作、质量控制、数据处理等的基本要求，推荐使用的鱼种为斑马鱼、鲤鱼、虹鳟鱼、青锵或稀有鮈鲫等的幼鱼。

农业部发布的标准 NY/T 3152.4—2017 规定了微生物农药对鱼类毒性试验的材料、条件、试验操作质量控制、试验报告等的基本要求，推荐使用的鱼种为斑马鱼、鲤鱼、虹鳟鱼、青锵或稀有鮈鲫等的幼鱼。

英国标准 BS EN ISO 15088:2008、德国标准 DIN EN ISO 15088:2009、国际标准 ISO 15088:2007 规定了一种测定稀释法，该方法可衡量废水在 48h 内对鱼卵的急性毒性作用。该国际标准适用于城市污水和工业废水。

由上可以看出：

① 标准数量不多，标准的年份相对久远；

② 检验试验方法标准居多，规定了鱼类对水溶性物质、危险化学品、化学品、化学农药、微生物农药的检验方法，但是缺乏监测产品标准，产品要在市场上流通必须获得市场准入资格，而产品获得市场准入的重要条件是产品应当符合技术法规和相关标准的规定；

③ 单个标准应用涵盖面窄，尚缺乏各领域相关特定标准。

20.2 行业调研

20.2.1 国内外生产状况

20.2.1.1 技术原理

在众多被应用于生物预警系统的生物体中，鱼类是最早被应用于水质监测和水环境质量评价的生物，到目前为止也是被认为最合适最受欢迎的选择，主要基于以下几点：

① 鱼类生活在水中，可以直接接触被污染水体且方便连续观察；

② 个体较大，信号捕捉和识别方便；

③ 生长发育期短，生命周期较长，续航能力强，可实现较长时间的连续监测；

④ 易于获得，饲养方便；

⑤ 作为水生生物的高级类群，位于食物链的上方，可客观反映水环境的生物状况；

⑥ 在生态毒理等方面应用广泛，提供了大量的科学依据。

利用鱼类作为指示生物，主要水质预警的模式在于环境胁迫对鱼类行为的影响，包括运动行为、呼吸行为和群体行为三种。生物为了保持内稳态，发展了很多复杂的形态和生理适应，其中最简单最普遍的方法是借助于行为的适应，例如借助于行为回避不利的环境条件。

生物可以通过行为机制的调节在很大程度上将体内环境控制在一个适宜的水平上，大大增加生物活动时间、空间，减少对于体外环境的依赖性。并且，无论是内稳态生物还是非内稳态生物，随着环境内某一种影响因子浓度的升高，最先发生变化的就是生物的行为运动能力，因此，在水环境质量的监测中，如果能够首先观察到水生生物行为生态的非正常变化，就可以推断外界环境内某一种或一些因子的浓度超出了适宜水生生物生存的正常值，并由此推断水质变化的程度。

运动行为强度是描述环境刺激对鱼类行为反应最常用的变量。应激，尤其是急性应激，会引起鱼类行为强度非常明显的变化，一种常见的应激行为反应就是行为强度持续增大的逃避行为，即能够主动避开受污染水环境，游向未受污染的清洁水区的行为。逃避行为作为水生生物对水环境污染所产生的第一层次行为变化，是对环境污染的第一反应，对于研究环境污染，尤其是突发性、剧烈的事故性变化，具有非常重要的作用。在环境变化的刺激下，鱼的行为强度的变化呈现一定规律性，即在一定浓度的污染物干扰下，行为强度的变化与时间成相关性；而在一定的暴露时间下，其行为强度与污染物浓度成相关性。以鱼对污染物的耐受阈值为基础，鱼的行为强度的变化主要经历无效应、调节、适应和毒性效应四个阶段，基本符合环境压力模型。

鱼类呼吸系统的变化能迅速反映出机体自身机能的变化，它们对外环境变化敏感，是反映机体机能状态的重要指标。鱼的呼吸系统主要是鳃，污染物暴露对其的影响主要表现在鳃盖运动频率、呼吸频率、呼吸深度、咳嗽频率等。由于呼吸运动，水中的污染物不断积聚于鳃组织表面，鱼类启动自我洗涤保护功能，鱼鳃呼吸加快且无规律。污染物对鳃部呼吸系统造成的影响在一定的实验条件下和鱼在水箱中的游动深度相关，毒性作用使鱼的鳃部缺氧，故更多地集中在水面附近以便获得更多的氧气。

作为一种群居鱼类，斑马鱼的群聚和通信行为也具有一定的规律，在一定空间中鱼群中有“领袖”领着整个鱼群运动，鱼与鱼之间的距离和分布都有其群体性。在群体中一条鱼的行为变化就会影响其他鱼的运动模式，整个鱼群之间原有的分布和默契沟通也会受到影响。和个体鱼相比，集群后可以互相沟通，快速传导信息，能快速获得更大的感知范围，及时侦测到危险的讯号。

目前，国内外各综合毒性仪（生物鱼法）的检测方法是指利用斑马鱼、青鳉鱼等作为指示生物，以鱼类活动能力的改变为指标，通过检测分析技术反映出原水对水生生物的综合毒性，达到水质综合毒性的检测目标。表 20-2 是国内外各综合毒性仪（生物鱼法）的主要监测原理。

表 20-2　综合毒性仪（生物鱼法）主要监测原理

序号	名称	原理
1	水质毒性生物监测系统（RTB）	运动行为图像解析法：利用高速的视频图像跟踪处理和识别技术实时监测斑马鱼的游动行为，通过运动行为解析软件包分析斑马鱼的运动行为参数，如鱼的位置、速度、高度、分布、平均距离及运动轨迹的分形维数等，建立起斑马鱼的运动行为与不同污染物种类、浓度之间的效应关系，物质毒性计算模块积累 5min 以内的鱼数目、平均速度、平均高度、平均转弯次数、平均加速度、平均距离、分散度、分形维数数据与毒性数据库模块中的数据进行比对，并设定临界阈值，与采集到的鱼类行为模式及变化情况进行比较，由此判断其运动行为是否异常，实现对水质污染状况进行检测预警

续表

序号	名称	原理
2	水质在线生物安全预警系统（BEWS）	生物行为传感器法：指以受试鱼类作为指示生物，以生物鱼的运动行为电信号作为预警。采用四极阻抗技术，自动连接记录受试鱼类接触被监测水体后的行为强度，对生物行为数据进行实时分析并计时，确定其综合行为强度变化值，以此判断水质污染状况进行监测预警。结合行为强度在一定时间内的变化幅度，并参考生物行为内在变化规律，判断水体突变程度
3	在线生物毒性预警系统（BTA）	结合水生生物行为学变化特点和物理信号采集滤除技术，以电场信号屏蔽为基础。在传感器内，四个电极，一对电极通过低压交流电产生正弦波信号，另一对电极采集生物行为学。根据最近行为强度信号变化，设定行为临界值
4	德国 BBE 鱼毒性仪	现代的 BBE 鱼毒性仪观测鱼在连续水流影响下的行为，在线追踪鱼的每步移动，设备记录鱼的行为的所有变化。如果出现突发污染事件，仪器会给出早期警报
5	日本正兴电机 SNBD07-E01 系统	对青鳉鱼受到水中毒物影响后的异常举动，如头浮出水面、急速游动或者停止游动（死亡），进行三维图像解析，判断水质异常
6	新加坡鱼行为生物监测系统（FAMS）	通过检测、跟踪和分析虎皮鱼局域群数量、社交作用力、群体内鱼的空间分布，判断鱼群行为异常来早期预警水污染

20.2.1.2 国内外生产现状

（1）基本状况

目前国内利用生物鱼法进行综合毒性监测的生产厂家仍然较少，调研到共有 3 家，见表 20-3，其中企业规模以中国科学院为首。

表 20-3 国内生产厂家

序号	地区	公司名称	注册资金 / 万元	网址	主要产品	受试鱼	监测原理
1	深圳	深圳市水务科技有限公司	2000	www.waterchina.com	水质毒性生物监测系统（RTB）	斑马鱼	图像解析法
2	北京	中国科学院生态环境研究中心	4578	www.rcees.ac.cn	水质在线生物安全预警系统（BEWS）	斑马鱼	生物行为传感器法
3	福建	福州怡景环境技术有限公司	100	—	在线生物毒性预警系统（BTA）	斑马鱼	生物行为传感器法

（2）产品性能

① 技术创新成果：专家或权威机构成果鉴定，体现产品技术先进性的论文、专著发表情况和专利。从调研情况来看，3 个产品都各自具有体现创新性的专利和论文，但未发表专著。

② 灵敏度：生物行为的变化与污染物毒性和作用剂量、时间相关，监测系统采集图像或行为信号监测生物行为模式或强度变化和趋势需要足够数据解析和判断。为防止误报，依据剂量 - 反应关系、毒理学和响应时间设计灵敏度。从调研情况来看，国外产品的灵敏度能达到 10^{-6} 级，经实际检测，国内产品对于各类毒物灵敏度也能达到 10^{-6} 级，但在同样灵敏度条件下，响应时间与国际先进产品有一定差距。

③ 受试鱼更换频率：在最佳生存环境下，斑马鱼续航能力达 30d。从调研情况来看，有两个产品的更换频率刚好为 30d，有一个产品更换频率为 15d。

④ 受试鱼适用范围：从调研情况来看，国内产品适用于原水、水厂工艺水、供水管网、地表水等的监测，但是有国外产品已经在污水厂进行了应用。

⑤ 水体预处理装置：从调研情况来看，国内设备都可根据实际情况配置制冷制热装置、机械曝气装置、脱氯装置等水质预处理装置，以及水体自动清洗装置。

⑥ 产品标准：为保证产品的适用性，综合毒性仪的某些或全部要求必须达到国际或国家现有标准。国内产品的设计都依据了《水质　物质对淡水鱼（斑马鱼）急性毒性测定方法》（GB/T 13267—91）等标准。

⑦ 产品认证：从调研情况来看，综合毒性仪作为特殊性、新型产品，没有现行鉴定标准等，国内产品只根据企业标准在质检部门进行了检测。

⑧ 设备误报警率：设备误报警率低可提升用户的认可度，是一个非常重要的指标。从调研情况来看，由于环境、个体因素的干扰，各产品存在 5% 左右的误报警率。

⑨ 使用年限：从调研情况来看，各产品的主体使用年限都在 10 年以上。

⑩ 零点漂移：从调研情况来看，综合毒性仪（生物鱼法）的零点漂移 2h 都能达到 ±10%，满足检测要求。为提高产品核心竞争力，可进一步提升零点漂移值。

⑪ 温度控制：根据国标《水质　物质对淡水鱼（斑马鱼）急性毒性测定方法》（GB/T 13267—91），斑马鱼对于水样的温度要求（23±1）℃，故各产品都配有恒温装置。从调研情况来看，各产品的温度控制误差在 ±1℃左右，满足要求。

⑫ 运行维护频次：从调研情况来看，各产品的管路、监测设备每两周都会进行一次检查维修。

⑬ 平均无故障运行时间：从调研情况来看，综合毒性仪（生物鱼法）的各产品平均无故障运行时间都≥ 720h/ 次，符合行标 CJJ/T 271—2017 要求。

（3）市场竞争力

① 产品价格：从调研情况来看，国外综合毒性仪（生物鱼法）产品价格普遍高于国内产品价格 2 倍以上。

② 运行成本：从调研情况来看，综合毒性仪（生物鱼法）使用期间的单位运行成本、单位受试鱼类消耗以及占地、人工指标，国内产品运行成本在 400 ～ 500 元 / 月，国外产品需购买青鳉鱼，运行成本高。

③ 企业生产规模：从调研情况来看，综合毒性仪（生物鱼法）国内厂家生产规模现均＜ 10 台 / 年，产量较低。

④ 国内市场占有率：从调研情况来看，国内市场中，国外综合毒性仪（生物鱼法）市场占有率在 10% 左右。

20.2.2　国内外应用状况

20.2.2.1　用途概述

具备常规多参数和特征污染物两组参数的在线监测系统，还是不可能对毒性物质进行全面监测，需要采用生物检测方法来扩大检测范围。随着计算机技术的发展，生物在线监测系统可进行信息采集、数据传输，并通过先进的信息技术进行计算以及过程控制，从国内外的研究现状来看，虽然其发展史比较短，研究与应用不到 40 年，但已经在水质监测中得到广泛的认可，长期使用生物监测已成为水体污染监测和评价的重要措施。出于水质污染对生态环境和人类健康影响方面评估的重视，生物鱼在环境水质毒性检测中的研究应用日益增多。

主要有这几个方面的应用：

① 饮用水源水质监测预警：饮用水源水质综合毒性安全监测预警是生物鱼在线监测仪应用最为广泛的地方。饮用水水质安全，关系到人民群众的生命健康，也关系到社会政治稳定，是一件民生大事。水质综合毒性安全监测预警主要运用在饮用水源地、自来水厂以及供水泵站。为预防水质突发事件，政府还增强了饮用水源地水环境安全监测预警能力，建设了多个饮用水源地自动监测站，以掌握突发事件引起的水质急性毒性等生物指标。

② 应对恐怖袭击以及突发事件应急检测：在发生地震、危险化学品倾倒、投毒等威胁水质安全的事件中，由于情况紧急，生物鱼毒性检测法是一种行之有效的应急检测法。如2008年四川汶川地震，以及类似的紧急状态下，没有时间和其他更好的方法来检测水源，利用生物鱼毒性监测仪是检测水质综合毒性非常合适的选择。

③ 重污染行业废水毒性的监测评估：工业污染源废水以及在处理之后排放的废水，用常规理化指标难以检测、评估其对环境污染的严重性。在利用常规理化指标进行监测的同时，可以利用生物毒性进行评估监测。

④ 重大赛事等场合饮用水安全监测预警：国家在进行重大赛事时，采用生物鱼毒性监测仪实时监测水质综合毒性，保证运动员与观众的饮用水安全。

20.2.2.2 应用情况及效果

综合毒性仪（生物鱼法）主要对水源中有毒有害污染物进行实时监测，实现了生物行为信息采集、运动行为解析、水质毒性指数的评估、水质预警信息的发布、远程监控及其他管理功能，为水源的水质监测提供了及时、高效的水质监测服务，实现无人监测的水质预警目标，有效提高水源水质监测的智能化和信息化程度，达到实时持续在线监测水质的目的，为水质异常现象提供了参考依据。目前我国国内市场的综合毒性仪（生物鱼法）以水质毒性在线生物毒性预警系统（RTB）、水质在线生物安全预警系统（BEWS）的应用为主，RTB目前已在山东、河南、上海、云南、深圳、浙江、新疆等地的50多个水源地或水厂、泵站进行了安装使用，并有效保障了2011年大运会等重大活动的水质安全，BEWS在北京、上海、广州、深圳、重庆、西安、天津、石家庄、济南、沈阳、宁波等60余个不同水源地以及2008年奥运会、汶川地震、2010年世博会、2011年亚运会、十七大、十八大及两会进行了安装使用，使用效果良好，能准确实时监测水质综合毒性指数，保证了水质安全。目前综合毒性仪在国内典型用户清单如表20-4所列。

表20-4　生物在线检测仪器在国内应用状况

序号	企业名称	产品类型	受试生物种类	水源类型	所在区域	所在流域	运行成本 /（元 / 月）
1	海南安定县罗温村定城水厂	产品1	斑马鱼	水厂原水	海南安定县	海南地区	450
2	河南焦作苏蔺水厂	产品1	斑马鱼	水厂原水	河南焦作	海河流域	450
3	山东济南分水岭水厂	产品1	斑马鱼	水厂原水	山东济南	黄河流域	450
4	山东济南卧虎山水库	产品1	斑马鱼	地表水	山东济南	黄河流域	450

续表

序号	企业名称	产品类型	受试生物种类	水源类型	所在区域	所在流域	运行成本 /（元 / 月）
5	浙江宣城昭亭水厂	产品 1	斑马鱼	水厂原水	浙江宣城	长江流域	450
6	深圳观澜茜坑泵站	产品 1	斑马鱼	原水	广东深圳	珠江流域	450
7	山东济南商河县丰源水厂	产品 1	斑马鱼	水厂原水	山东济南	黄河流域	450
8	贵州遵义新蒲三坝村中桥水厂	产品 1	斑马鱼	水厂原水	贵州遵义	长江流域	450
9	佛山水业沙口水厂	产品 1	斑马鱼	水厂原水	广东佛山	珠江流域	450
10	澳门自来水股份有限公司路环水厂	产品 1	斑马鱼	水厂原水	澳门	珠江流域	450
11	秦皇岛引青管理局西线管理处	产品 1	斑马鱼		秦皇岛	海河流域	450
12	深圳宝安朱坳水厂	产品 1	斑马鱼	水厂原水	广东深圳	珠江流域	450
13	河南中原油田第七管理区	产品 1	斑马鱼	水厂原水	河南	黄河流域	450
14	深圳宝安石岩湖水厂	产品 1	斑马鱼	水厂原水	广东深圳	珠江流域	450
15	新疆水磨河流域管理处	产品 1	斑马鱼		新疆	新疆内流区	450
16	深圳市笔架山水厂	产品 1	斑马鱼	水厂出水	广东深圳	珠江流域	450
17	深圳市沙头角水厂	产品 1	斑马鱼	水厂原水	广东深圳	珠江流域	450
18	深圳市东湖水厂	产品 1	斑马鱼	水厂原水	广东深圳	珠江流域	450
19	浙江长兴第二水厂	产品 1	斑马鱼	水厂原水	浙江长兴	长江流域	450
20	深圳市梅林水厂	产品 1	斑马鱼	水厂原水	广东深圳	珠江流域	450
21	北京密云水库	产品 2	斑马鱼	地表水	北京	海河流域	500
22	唐山市环境监测站	产品 2	斑马鱼	地表水	河北唐山	海河流域	500
23	东营引黄水库	产品 2	斑马鱼	地表水	山东东营	黄河流域	500
24	潍坊峡山水库	产品 2	斑马鱼	地表水	山东潍坊	黄河流域	500
25	北京水源九厂	产品 2	斑马鱼	水厂原水	北京	海河流域	500
26	北京团城湖引水渠	产品 2	斑马鱼	地表水	北京	海河流域	500
27	宁波肖镇取水口	产品 2	斑马鱼	地表水	浙江宁波	长江流域	500
28	宁波雅戈尔东北区污水处理厂	产品 2	斑马鱼	出厂水	浙江宁波	长江流域	500
29	宁波雅戈尔印染分厂污水处理厂	产品 2	斑马鱼	出厂水	浙江宁波	长江流域	500
30	重庆渝中水厂	产品 2	斑马鱼	水厂原水	重庆	长江流域	500
31	上海杨树浦水厂	产品 2	斑马鱼	水厂原水	上海	长江流域	500
32	济南锦绣川水库	产品 2	斑马鱼	地表水	山东济南	黄河流域	500
33	济南郎茂山水库	产品 2	斑马鱼	地表水	山东济南	黄河流域	500
34	济南玉清水厂	产品 2	斑马鱼	水厂原水	山东济南	黄河流域	500

续表

序号	企业名称	产品类型	受试生物种类	水源类型	所在区域	所在流域	运行成本 /（元 / 月）
35	成都水源六厂	产品 2	斑马鱼	水厂原水	四川成都	长江流域	500
36	西安曲江水厂	产品 2	斑马鱼	水厂原水	陕西西安	黄河流域	500
37	天津武清水厂	产品 2	斑马鱼	水厂原水	天津	海河流域	500

注：产品 1 代表图像解析法产品；产品 2 代表传感器法产品。

20.2.3 典型应用案例

（1）案例一：广东省某水厂

该水厂位于深圳市，厂区占地面积 11.64hm^2，设计规模 52 万吨 /d，服务人口约 110 万。该水厂用“常规处理 + 臭氧 - 生物活性炭”深度处理工艺，是国家重大科技水专项“南方地区安全饮用水保障技术研究”的示范工程水厂。

该水厂主要使用由东湖泵站加压送至水厂的深圳水库原水，也可使用自流原水。两路水源可交替使用或同时使用。此外，梅林水库也可作为该水厂的应急备用水源。原水水质为地表Ⅱ类水质，存在季节性水质波动风险（臭和味、pH 值、锰、藻类等）。冬季原水浊度在 1 ～ 2NTU，夏季一般在 10NTU 左右。水厂一期工程为“水力混合 + 折板絮凝 + 斜管沉淀 + V 型滤池 + 次氯酸钠消毒”，二期工程为“水力混合 + 网格絮凝 + 平流沉淀 +V 型滤池 + 次氯酸钠消毒”。一期工程处理规模为 32 万吨 /d。在 2006 年，二期工程正式投产，新增常规处理能力 20 万吨 /d，以及 26 万吨 /d“臭氧 - 生物活性炭”深度处理工艺。至此，经多次升级改造，笔架山水厂总规模达 78 万吨 /d，其中常规处理工艺规模 52 万吨 /d、深度处理规模 26 万吨 /d。

该水厂的综合毒性监测设备采用的是水质毒性生物监测仪，于 2010 年安装使用，截至目前已经正常运行 10 年以上，自运行以来一直在监测综合毒性指数，监测出厂水的综合毒性。水质毒性生物监测仪所需电源为 AC 220V±20%、50Hz，该仪器的功耗是 0.8kW。采用的受试生物为斑马鱼。水质毒性生物监测仪为精密一体化集成系统，主要由系统显示区域、数据处理及控制电路区域、水处理装置区域、生物监测区域、留样脱氯区域 5 个功能区域组成。

（2）案例二：深圳市某泵站

该泵站 1994 年 5 月投入运行，占地面积为 18258m^2（27.4 亩），日供水能力为 1.08×10^6m^3。设有原水前加氯工艺和原水水质预警系统。泵站已连续运行 20 余年，其功能是提升深圳水库的原水并输送至笔架山水厂、梅林水厂、大涌水厂以及梅林水库、西丽水库、铁岗水库等。

该泵站取水口是从粤港供水有限公司对港供水三期工程 4m 输水隧洞中接出一条长约 176m 的 DN300 输水钢管，泵站出水管为 DN2700 和 DN2000 的两条钢管。为防止贝壳类生物寄生在管道中，在进水 DN300 管道处进行连续式预加氯。水泵进水管为 DN1600，装有 DN1600 电动蝶阀；出水管为 DN1400，装有日本 KUBOTA 公司 DN1200 球阀、开封仪表厂 DN1400 电磁流量计和铁岭阀门厂 DN1400 手动蝶阀。其中，出水球阀具有消除水锤、调流、闸阀的功能，在国内供水行业中应用如此之大直径的球阀尚属首例。

该泵站的综合毒性监测设备采用的是水质毒性生物监测仪，于 2009 年安装使用，截至目前已经正常运行 10 多年，自运行以来一直在监测综合毒性指数。水质毒性生物监测仪尺寸是 1725mm×611mm×660mm，所需电源为 AC 220V±20%、50Hz，该仪器的功耗是 0.8kW。采用的受试生物为斑马鱼。

20.3　技术评估

从产品技术角度选择技术创新成果、灵敏度、受试鱼更换频率、受试鱼适用范围、水体预处理装置 5 个指标；从产品应用角度选择产品标准、产品认证、设备误报警率、使用年限、零点漂移、温度控制误差、运行维护频次、平均无故障运行时间、企业生产规模、国内市场占有率、是否出口及比例 11 个指标；从经济适用性角度选择产品价格、运行成本作为量化指标进行评价，故筛选 18 项评估指标，如表 20-5 所列。

表 20-5　综合毒性仪（生物鱼法）评估指标

序号	评估指标	序号	评估指标
1	技术创新成果	10	设备误报警率
2	灵敏度	11	运行维护频次
3	受试鱼更换频率	12	平均无故障运行时间
4	受试鱼适用范围	13	使用年限
5	水体预处理装置	14	企业生产规模
6	产品标准	15	国内市场占有率
7	产品认证	16	产品价格
8	零点漂移	17	运行成本
9	温度控制误差	18	是否出口及比例

20.3.1　评估指标体系

结合技术先进性、技术可靠性、性能稳定性、经济适用性、国际竞争力等方面，选取技术先进性、技术可靠性、性能稳定性、经济适用性、国际竞争力 5 项指标作为一级评估指标集，根据表 20-5 筛选的 18 项性能评估指标进一步细化分解为二级评估指标，形成评估矩阵，如图 20-1 所示。

20.3.2　评估指标赋值

20.3.2.1　评估一级指标权重建议赋值

结合综合毒性仪（生物鱼法）特点，5 个一级指标权重及建议值：U_3 性能稳定性（0.30）＞ U_2 技术可靠性（0.25）＞ U_1 技术先进性（0.20）＞ U_4 经济适用性（0.15）＞ U_5 国际竞争力（0.10）。

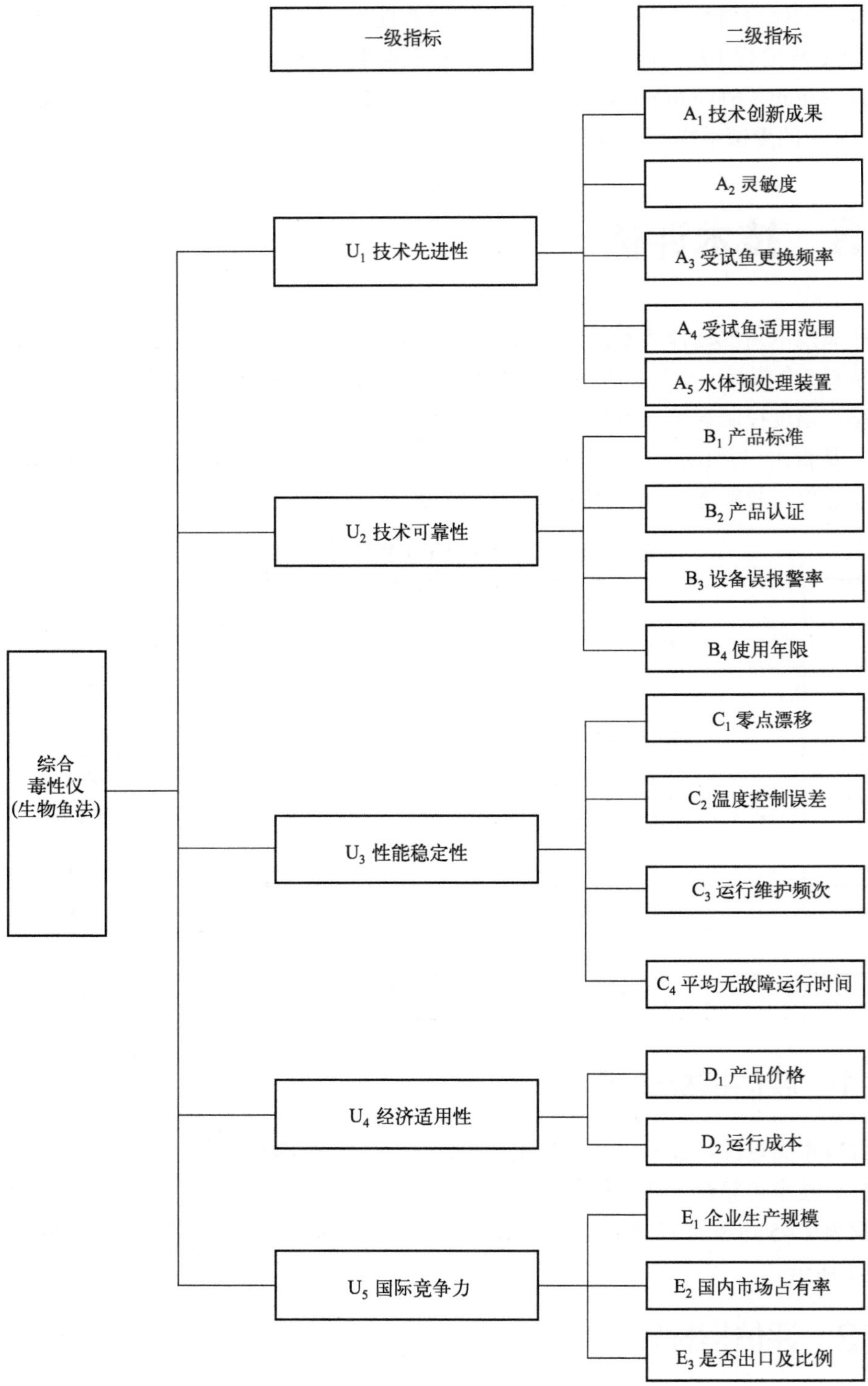

图 20-1　综合毒性仪（生物鱼法）评估矩阵图

稳定性的好坏也可以直接影响到最终用户所关心的“响应时间”，所以说稳定性测试是性能测试中非常重要的一环。作为常应用于水厂水质监测预警的重要监测仪器，设备性能的稳定性具有重大意义，是保证仪器能有效保障水体安全的重要指标。并且，性能稳定性的好坏也可以直接影响到最终用户关心的“灵敏度”，所以说性能稳定性是非常重要的一环，因此 U_3 性能稳定性权重最高，为 0.30。

公司研发的设备是否建立国家标准、行业标准等，或者通过了质量认证等，对于设备来说是遵循与追求的目标，设备误报警率和使用年限是在行业与系统层面上对设备可靠性认同的指标，因此，技术可靠性放在权重第二位，为 0.25。

国内外综合毒性仪产品种类多，各有其技术优势，而且国外综合毒性仪已实际研发应用多年且技术先进，综合毒性仪（生物鱼法）只有通过技术创新提高技术先进性才能提高竞争力，因此 U_1 技术先进性权重为 0.20。

在性能同等或差距不大的情况下，经济适用性将成为推广的主要因素，因此将 U_4 经济适用性放在权重第四位，为 0.15。

对于 U_5 国际竞争力指标，是反映国产综合毒性仪（生物鱼法）行业规模、市场占有率等，从侧面反映其质量及水平，该指标放到最后，权重为 0.10。

20.3.2.2　评估二级指标赋分

结合综合毒性仪（生物鱼法）技术及设备特点，分别对技术先进性、技术可靠性、性能稳定性、经济适用性及国际竞争力进行二级指标的细化和赋分。

（1）U_1 技术先进性

灵敏度是衡量仪器仪表性能的主要技术指标，反映了仪器能测量的最小被测量，最能体现仪器的技术先进性，对于综合毒性仪的推广优势具有重要意义，分值最高，赋分 30 分。技术创新成果从侧面反映仪器的创新性，赋分 20 分。受试鱼更换频率和水体预处理装置是影响到仪器灵敏度的重要条件，分别赋分 20 分和 10 分。受试鱼适用范围对保证仪器性能稳定至关重要，赋分 20 分。

（2）U_2 技术可靠性

产品标准为产品生产、检验、验收等提供依据，是衡量产品可靠性的重要指标，赋分 30 分；产品认证是通过第三方检验评定确认产品是否具备持续稳定地生产符合标准要求产品的能力，赋分 30 分。设备误报警率和使用年限是体现设备功能和质量可靠的重要指标，分别赋分 20 分。

（3）U_3 性能稳定性

零点漂移、温度控制误差是监测结果准确性的重要保证，运行维护频次、平均无故障运行时间是设备性能稳定的主要体现，分别赋分 25 分。

（4）U_4 经济适用性

国外综合毒性仪以及国内其他类型综合毒性仪种类繁多，价格也将是产品选用的一项决定因素，将决定其能否大力推广，因此选用最直观反映经济性的产品价格作为该项的重要指标，赋分 60 分。为控制成本，产品的运行成本也是经济性考虑的因素，因此赋分 40 分。

（5）U_5 国际竞争力

企业生产规模、国内市场占有率、是否出口及比例反映产品的国际竞争力。企业生产规模和国内市场占有率是产品竞争力的重要体现，故分别赋分 45 分；根据调研情况综合毒性仪（生物鱼法）目前基本无出口，此项分值调低，赋分 10 分。

具体评估指标分配及权重赋分和打分规则如表 20-6、表 20-7 所列。

表 20-6　综合毒性仪（生物鱼法）评估指标分配及权重和赋分

一级指标	权重	二级指标	满分 / 分
U_1 技术先进性	0.20	A_1 技术创新成果	20
		A_2 灵敏度	30
		A_3 受试鱼更换频率	20
		A_4 受试鱼适用范围	20
		A_5 水体预处理装置	10
		汇总	100
U_2 技术可靠性	0.25	B_1 产品标准	30
		B_2 产品认证	30
		B_3 设备误报警率	20
		B_4 使用年限	20
		汇总	100
U_3 性能稳定性	0.30	C_1 零点漂移	25
		C_2 温度控制误差	25
		C_3 运行维护频次	25
		C_4 平均无故障运行时间	25
		汇总	100
U_4 经济适用性	0.15	D_1 产品价格	60
		D_2 运行成本	40
		汇总	100
U_5 国际竞争力	0.10	E_1 企业生产规模	45
		E_2 国内市场占有率	45
		E_3 是否出口及比例	10
		汇总	100

表 20-7　综合毒性仪（生物鱼法）评估指标建议值

一级指标	二级指标	满分 / 分	打分规则
U_1 技术先进性（权重 0.20）	A_1 技术创新成果	20	专家或权威机构成果鉴定，有体现产品技术先进性的论文、专著发表和专利，每种得 5 分
	A_2 灵敏度	30	设备系统的灵敏度基于毒性效应指数（Ceti）和系统响应时间（RT）来表征，应符合以下要求：RT ＜ 48h 时，0.05TU ≤ Ceti ＜ 1TU；RT ＜ 2h 时，1TU ≤ Ceti ＜ 10TU。领先以上要求，得 27 ～ 30 分；符合这一要求，得 18 ～ 27 分；低于这一要求，得 0 ～ 18 分
	A_3 受试鱼更换频率	20	更换频率较慢于受试生物的续航能力，得 16 ～ 20 分；更换频率符合受试生物的续航能力，得 12 ～ 16 分；更换频率快于受试生物的续航能力，得 0 ～ 12 分
	A_4 受试鱼适用范围	20	受试鱼适用于原水、水厂工艺水、供水管网水、地表水等，得 16 ～ 20 分；不适用于以上水体，得 0 ～ 16 分
	A_5 水体预处理装置	10	设备配有制冷制热装置、机械曝气装置、脱氯装置等水质预处理装置以及水体自动清洗装置，每配有一种装置可得 3 分

续表

一级指标	二级指标	满分 / 分	打分规则
U_2 技术可靠性（权重 0.25）	B_1 产品标准	30	具备国际标准、国标，30 分；具备团标、地标，20 分；具备企业标准，10 分；无，0 分
	B_2 产品认证	30	具有国家强制性认证或属于四新范围经企业技术认证的，30 分；具有国家非强制性认证，15 分；无，0 分
	B_3 设备误报警率	20	0%，20 分；0 ～ 10%，10 ～ 20 分；＞ 10%，0 ～ 10 分
	B_4 使用年限	20	≥ 10 年，15 ～ 20 分；5 ～ 10 年，10 ～ 15 分；＜ 5 年，0 ～ 10 分
U_3 性能稳定性（权重 0.30）	C_1 零点漂移	25	≤ ±10%，20 ～ 25 分；＞ ±10%，0 ～ 20 分
	C_2 温度控制误差	25	低于 ±1℃，20 ～ 25 分；±1℃，20 分；高于 ±1℃，0 ～ 20 分
	C_3 运行维护频次	25	运行维护频次高于两周一次，20 ～ 25 分；两周一次，20 分；低于两周一次，0 ～ 20 分
	C_4 平均无故障运行时间	25	设备系统平均无故障运行时间应≥ 720h/ 次，领先行标 CJJ/T 271—2017 要求，20 ～ 25 分；符合行标 CJJ/T 271—2017 要求，5 ～ 20 分；不符合行标 CJJ/T 271—2017 要求，0 ～ 5 分
U_4 经济适用性（权重 0.15）	D_1 产品价格	60	低于行业平均水平，40 ～ 60 分；与行业平均水平相当，20 ～ 40 分；高于行业平均水平，0 ～ 20 分
	D_2 运行成本	40	综合使用期间的单位能耗、单位受试鱼类消耗以及占地、人工指标，低于行业平均水平，30 ～ 40 分；与行业平均水平相当，20 ～ 30 分；高于行业平均水平，0 ～ 20 分
U_5 国际竞争力（权重 0.10）	E_1 企业生产规模	45	高于行业平均水平，36 ～ 45 分；与行业平均水平相当，23 ～ 36 分；低于行业平均水平，0 ～ 23 分
	E_2 国内市场占有率	45	市场占有率高于 30%，36 ～ 45 分；10% ～ 30%，23 ～ 36 分；低于 10%，0 ～ 23 分
	E_3 是否出口及比例	10	有出口得 5 分，近三年每个有效业绩得 1 分；无出口，得 0 分

20.3.3 评估指标体系应用

邀请涵盖高校研究机构、生产企业、设计院所等在内的 10 名专家根据建立的评估体系对综合毒性仪（生物鱼法）进行专家评估，赋值结果显示综合毒性仪（生物鱼法）生产和应用的技术就绪度整体达到 8 级，已实现了综合毒性仪（生物鱼法）设备的国产化，具有可替代进口产品的能力。评估打分汇总及评估结果分别见表 20-8、图 20-2。

表 20-8　综合毒性仪（生物鱼法）专家评分汇总

序号	U_1 技术先进性		U_2 技术可靠性		U_3 性能稳定性		U_4 经济适用性		U_5 国际竞争力	
	分值 / 分	权重	分值 / 分	权重	分值 / 分	权重	分值 / 分	权重	分值 / 分	权重
1	70	0.1	70	0.35	80	0.3	100	0.15	60	0.1
2	83	0.2	81	0.3	85	0.3	87	0.1	74	0.1
3	79	0.2	83	0.25	89	0.3	85	0.15	76	0.1
4	84	0.3	80	0.2	78	0.2	80	0.1	65	0.2
5	84	0.2	86	0.25	92	0.3	92	0.15	78	0.1

续表

序号	U_1 技术先进性		U_2 技术可靠性		U_3 性能稳定性		U_4 经济适用性		U_5 国际竞争力	
	分值 / 分	权重	分值 / 分	权重	分值 / 分	权重	分值 / 分	权重	分值 / 分	权重
6	81	0.2	81	0.25	85	0.3	85	0.15	76	0.1
7	84	0.2	84	0.25	90	0.3	90	0.15	76	0.1
8	80	0.15	85	0.25	91	0.3	89	0.2	70	0.1
9	79	0.2	84	0.25	91	0.3	90	0.15	76	0.1
10	85	0.2	82	0.25	93	0.3	90	0.15	78	0.1
计算结果	技术就绪度（TRL）	明确需求（TRL1）	技术方案（TRL2）	通过论证（TRL3）	小试研究（TRL4）	中试研究（TRL5）	形成产品（TRL6）	三方评估（TRL7）	标准化（TRL8）	推广应用（TRL9）
	$B=WR$	0	0	0	0	0.11	0.42	1.44	2.53	0.6

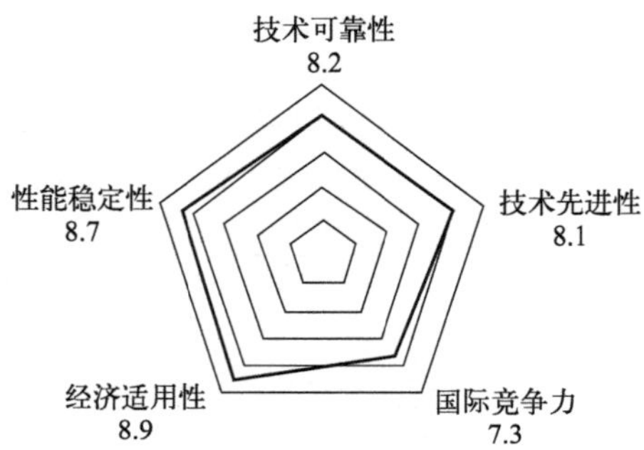

图 20-2　综合毒性仪（生物鱼法）评估结果

20.4　应用验证

综合毒性仪（生物鱼法）采用了实验室验证和生产验证两种形式。其中，综合毒性仪（生物鱼法）实验室验证指标有灵敏度、温度控制误差、零点漂移、无故障运行时间、产品价格等。生产验证主要通过灵敏度、温度控制误差、零点漂移、无故障运行时间、产品价格等指标数据进行验证指标筛选及应用效果验证。产品验证技术路线如图 20-3 所示。

20.4.1　验证指标筛选

利用综合毒性仪（生物鱼法）实际应用中的高频指标作为重点，结合文献梳理和实地调查研究进行指标的海选。根据可观测性原则将数据无法获得的海选指标删除，保证初步筛选后的指标体系可以量化，然后对初步筛选的指标数据进行标准化分析，基于相关性分析将 X_1 准则层相关系数＞ 0.80、X_3 准则层相关系数＞ 0.80 的指标筛选保留。在相关性分析的基础上，利用主成分分析筛选各准则层内剩余的指标，筛选准则层 X_1 选取累积方差贡献率达到 70%、准则层 X_3 选取累积方差贡献率达到 70% 时各个主成分中因子负载绝对值较大的指标。

经过初步筛选、定量筛选，从 20 个海选指标中筛选出 5 个指标，保留的指标在表 20-9 中用“保留”标出。

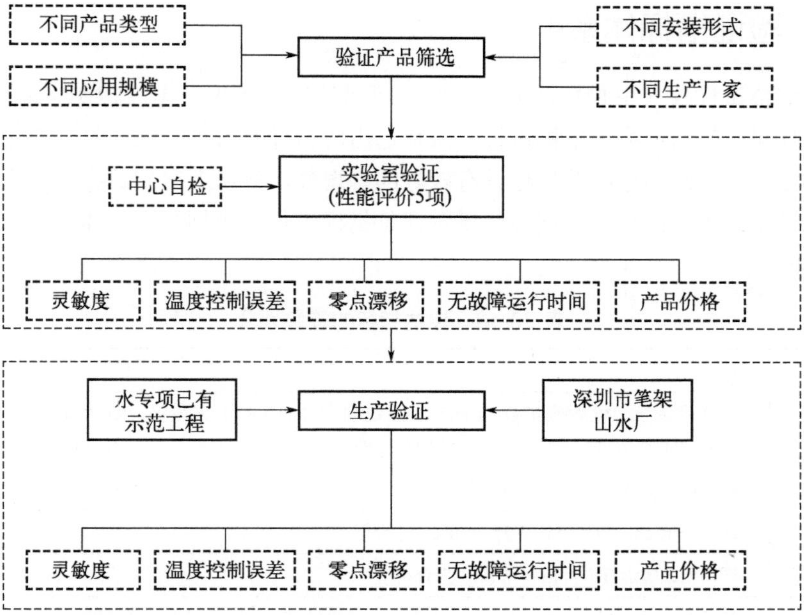

图 20-3 综合毒性仪（生物鱼法）产品验证技术路线

表 20-9 综合毒性仪（生物鱼法）验证的相关 - 主成分分析筛选指标

序号	准则层	指标层	筛选结果
1	X_1 小试	$X_{1.1}$ 灵敏度	保留
2		$X_{1.2}$ 零点漂移	主成分分析删除
3		$X_{1.3}$ 温度控制误差	保留
4		$X_{1.4}$ 无故障运行时间	保留
5		$X_{1.5}$ 重复性	主成分分析删除
6		$X_{1.6}$ 受试鱼更换周期	主成分分析删除
7		$X_{1.7}$ 防护等级	不可观测性删除
8	X_3 生产	$X_{3.1}$ 灵敏度	保留
9		$X_{3.2}$ 零点漂移	保留
10		$X_{3.3}$ 温度控制误差	主成分分析删除
11		$X_{3.4}$ 无故障运行时间	保留
12		$X_{3.5}$ 重复性	主成分分析删除
13		$X_{3.6}$ 误报警率	主成分分析删除
14		$X_{3.7}$ 受试鱼费用	主成分分析删除
15		$X_{3.8}$ 产品价格	保留
16		$X_{3.9}$ 运行维护频率	主成分分析删除
17		$X_{3.10}$ 运营能耗	主成分分析删除
18		$X_{3.11}$ 水体预处理装置	不可观测性删除
19		$X_{3.12}$ 用户认可度	不可观测性删除
20		$X_{3.13}$ 售后服务	不可观测性删除

20.4.2 验证指标体系

在进行综合毒性仪（生物鱼法）验证时，可以选取灵敏度、温度控制误差、零点漂移、无故障运行时间、产品价格等指标进行，所筛选出的指标涵盖了产品质量、应用效果、经济性能等几个方面，因此筛选出的指标具有较好的合理性。将以上得到的指标体系按照文献调查、实地调研及上述小试和生产试验结果对评价指标进行等级划分，具体评估指标的等级划分见表 20-10。

表 20-10 评估指标的等级划分

指标	等级
灵敏度	灵敏度基于毒性效应指数（Ceti）和系统响应时间（RT）来表征，RT ＜ 48h 时，0.05TU ≤ Ceti ＜ 1TU；RT ＜ 2h 时，1TU ≤ Ceti ＜ 10TU；RT ＜ 12min 时，Ceti ≤ 10TU，为合格
温度控制误差	配有恒温装置，装置的温度控制误差应在 ±1℃左右，为合格
零点漂移	连续测试 2h，零点漂移应为 ±10%，为合格
无故障运行时间	平均无故障运行时间应≥ 720h，为合格
产品价格	30 万元以下，经济性优；30 万～ 50 万元，较为经济；50 万元以上，经济性差

20.4.3 典型产品验证案例

基于建立的验证体系，利用深圳市某水厂的建设与运行数据进行验证。该水厂于 2009 年安装使用水质毒性监测仪，截至目前已经正常运行 10 年以上，自运行以来一直在监测综合毒性指数。水质毒性监测仪所需电源为 AC 220V±20%、50Hz，该仪器的功耗是 0.8kW。采用的受试生物为斑马鱼。取水厂水质毒性监测仪进出水进行水质指标检测，根据日常运行状况及水质毒性监测仪设备出厂说明书对部分指标进行观测，并对设备厂家产品进行相关指标检测。由划分的评估指标等级对验证地点指标进行验证（表 20-11）。

表 20-11 深圳市某水厂综合毒性仪（生物鱼法）验证评估结果

验证指标	验证结果	评估结论
灵敏度	RT ＜ 48h 时，0.05TU ≤ Ceti ＜ 1TU；RT ＜ 2h 时，1TU ≤ Ceti ＜ 10TU；RT ＜ 12min 时，Ceti ≥ 10TU	合格
温度控制误差 /℃	±1	合格
零点漂移 /h	2（±10%）	合格
无故障运行时间 /h	≥ 720	合格
产品价格 / 万元	38	较为经济

对深圳市某水厂的综合毒性仪（生物鱼法）进行验证，各项指标均为合格。

第21章 综合毒性仪（发光细菌法）

21.1 产品概述

21.1.1 产品分类

综合毒性仪是一种利用生物传感器，通过生物毒性测试方法对水质进行在线监测的设备。综合毒性仪的应用，从生物学的角度出发，利用相应的指示生物，对所对应的水环境污染状况进行监测和评价。综合毒性仪（发光细菌法）以发光细菌为受试生物，通过对细菌发光强度的检测对水质进行评价。常用发光细菌类型有费氏弧菌、明亮发光杆菌和青海弧菌等，其中费氏弧菌、明亮发光杆菌属于海洋细菌，青海弧菌属于淡水细菌。发光细菌在无毒性的水体中可以正常发光，但水体受到有毒污染物的影响时，发光便会受到抑制，受抑制程度与有毒污染物的浓度有较好的相关性。综合毒性仪（发光细菌法）使用新培养的发光细菌作为生物感应器。在发光细菌暴露到被检测样品前后检测发光强度，计算光损失百分比。

21.1.2 性能指标

参照相关标准规范，产品主要性能指标包括抑制率、半数效应浓度（EC_{50}）、零点漂移、平均无故障运行时间、温度控制误差、重复性等。结合生产企业和用户关注的主要问题，还应包括安装环境要求、受试生物更换频率、运行维护频率、维修频率、控制系统的自动化程度以及防水、防腐、防震等性能指标。

① 抑制率：在规定条件下，待测水样与发光细菌接触后，细菌发光强度变化的百分比。

② 半数效应浓度（EC_{50}）：能引起50%毒性效应的浓度。指发光细菌发光强度或产电细菌产电量减低达到50%时毒性物质的浓度。

③ 零点漂移：以新制备的纯水为试样连续测试，综合毒性在线监测设备的指示值在一定时间内变化的幅度。

④ 平均无故障运行时间（MTBF）：水质综合毒性在线监测设备在规定的评价期内运行时间与发生故障次数的比值。

21.1.3 技术标准情况

21.1.3.1 国际标准

国际标准化组织在1998年颁布发光细菌方法的标准《水质　水样对费氏弧菌光发射抑制作用测定（发光细菌试验）》（ISO 11348-1 ～ 11348-3），其菌种为 *Vibrio harveyi*，细菌的状态有液体干燥细菌、冷冻干燥细菌以及新制的细菌三种检测状态。而在1999年法国标准化协会颁布的发光细菌应用于毒性检测的标准，规定了 *Vibrio harveyi* 冻干粉的应用方法（NF T90-320-3:1999），即利用冻干细菌复苏之后，直接用于检测。相关标准见表21-1。

表 21-1　国外相关标准

序号	标准名称	颁布组织（国家）及时间	类型
1	水质　水样对费氏弧菌光发射抑制作用测定（发光细菌试验）第3部分：使用冻干细菌法（ISO 11348-3:1998）	国际标准化组织，2007年	急性毒性测试
2	水质　水样对费氏弧菌光发射抑制作用测定（发光细菌试验）第3部分：使用冻干细菌法（NF T90-320-3:2009）	法国标准化协会，1999年（第一版）	急性毒性测试
3	使用发光海生细菌毒性试验法评定化学污染的水和土壤微生物去毒的标准试验方法［ASTM D5660:96（2004）］	美国，1996年	急性毒性测试

21.1.3.2 国内标准

我国在1995年颁布了发光细菌法检测水中急性毒性的标准（GB/T 15441—1995），直到2016年以后才出现了综合毒性仪（发光细菌法）在线监测技术要求的相关标准DB44/T 1946—2016、CJJ/T 271—2017。目前国内外关于综合毒性仪产品及应用标准都相对较少，其中大部分是急性毒性测试相关标准。广东省环境保护厅和广东省质量技术监督局于2016年首次联合发布了综合毒性仪（发光细菌法）的技术要求《生物毒性水质自动在线监测仪技术要求　发光细菌法》（DB44/T 1946—2016）；2017年住建部发布的行标《城镇供水水质在线监测技术标准》（CJJ/T 271—2017）附录中对综合毒性仪（发光细菌法）、综合毒性仪（生物鱼法）技术要求进行了规定。不同方法类型的综合毒性仪产品主要标准体系见表21-2。

表 21-2　综合毒性仪（发光细菌法）国内相关标准

序号	标准名称	颁布时间	类型
1	水质　急性毒性的测定　发光细菌法（GB/T 15441—1995）	1995年	急性毒性测试
2	水质　物质对淡水鱼（斑马鱼）急性毒性测定方法（GB/T 13267—91）	1991年	急性毒性测试
3	水质　物质对蚤类（大型蚤）急性毒性测定方法（GB/T 13266—91）	1991年	急性毒性测试
4	城镇供水水质在线监测技术标准（CJJ/T 271—2017）	2017年	在线监测
5	生物毒性水质自动在线监测仪技术要求　发光细菌法（DB44/T 1946—2016）	2016年	在线监测

21.2 行业调研

21.2.1 国内外生产状况

21.2.1.1 技术原理

发光细菌在正常的生理条件下能够发射荧光光谱的范围为 420 ～ 670nm，最大发射波长在 475 ～ 485nm，为单一发射峰，最大发射波长和半高宽有种属差异，在黑暗处肉眼可见。发光细菌的细菌生长初期发光强度很弱，对数生长中期发光强度达到高峰，稳定期时发光强度下降。

研究发现细菌细胞合成的“自诱导物”在对数中期大量积累导致发光迅速增强是基因及其操纵子表达与调控的结果。*Lux* 基因系统包括结构基因 *LuxA*、*LuxB*、*LuxC*、*LuxD*、*LuxE* 和调节基因 *LuxI*、*LuxR* 等。*LuxA* 基因编码 α 亚单位，是细菌荧光脂酶的活性位点所在和功能亚单位；*LuxB* 为细菌生物发光所必需，基因编码 β 亚单位，α 亚单位与 β 亚单位共同组成具有强活性的荧光脂酶 αβ 异质二聚体。*LuxC*、*LuxD*、*LuxE* 基因编码脂肪酸还原酶。调节基因 *LuxI* 和 *LuxR* 的编码产物分别参与对发光反应的诱导和调控。*LuxR* 基因编码一种调节蛋白，也称为 Lux 操纵子转录激活体。*LuxI* 基因编码合成“自诱导物”的酶类。

利用从发光细菌中提取的荧光酶，再加入一些必需的发光底物，重组发光系统来研究细菌发光的机理。研究结果表明，不同种类的发光细菌其发光机理是基本一致的，都必须有细菌荧光素酶（E）、还原性的黄素单核苷酸（$FMNH_2$）、氧气、长链脂肪醛（RCHO）的参与，过程见图 21-1，其中Ⅰ、Ⅱ、Ⅲ、Ⅳ均为反应的中间产物，☆为光的发射物。中间产物Ⅳ为光的发射者，推测它可能是荧光素酶与黄素的复合物，处于辐射状态，当它退激回复到基态的时候将多余的能量以光子辐射出来，其最大发射波长在 490nm 左右。

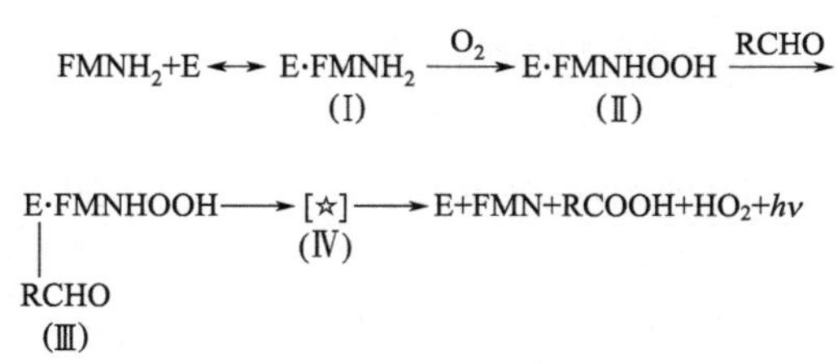

图 21-1　发光细菌发光机理

在正常情况下，细菌代谢正常进行，则细菌的发光强度恒定，可以维持相当长的时间，但是一旦遇到不利因素（如无机、有机毒性物质，抑菌剂等），影响到发光细菌的代谢时，就会立即影响其发光强度。通常表现为发光受到抑制，其抑制的程度与所遭遇的物质的毒性大小及其浓度呈正相关，因而可以由此估算物质的毒性大小。根据这一特性，利用发光细菌对环境中有毒样品进行测定，以光电倍增管等装置放大检测其抑制程度，综合判断样本毒性大小，荷兰 MicroLAN B.V. 公司最早采用费氏弧菌作为指示生物研制了在线毒性测定仪（TOXcontrol），用于水质在线监测，该方法与传统的用鱼类或其他动物进行的毒理学试验具有很好的线性关系。外来受试物通过下面几个途径导致细菌发光减弱：第一，直接抑制参与发光反应的酶类活性；第二，抑制细胞内的生理代谢过程（如细胞呼吸）；第三，毒性物质加快细菌的死亡。

21.2.1.2 国内外生产现状

（1）基本状况

欧洲是综合毒性仪（发光细菌法）生产的发源地，国外综合毒性仪（发光细菌法）的生产厂家主要有荷兰 MicroLAN、比利时 AppliTek 等厂家，无论是生产规模、市场占有率还是应用客户均较多。国内综合毒性仪（发光细菌法）的生产厂家 10 余家，除深圳朗石、力合科技、杭州绿洁、北京金达清创外，其余厂家规模均较小。调研国内外综合毒性仪（发光细菌法）生产厂家基本情况见表 21-3。其中深圳市朗石科学仪器有限公司联合南京大学和中国科学院共同研制的 LumiFox 8000 是国内首台在线发光细菌水质毒性监测系统，为国家“863”重大科技项目“环境风险预警生物传感器”产业化成果。国内设备生产厂家销售额较大的为深圳朗石、力合科技、杭州绿洁三家。进口设备生产厂家主要为荷兰 MicroLAN 以及比利时 AppliTek。

表 21-3　国内外综合毒性仪（发光细菌法）主要生产厂家

厂家名称	仪器名称	仪器型号
山东东润仪表科技股份有限公司	生物毒性在线分析仪	DR-2090
杭州聚光科技有限公司	水质综合毒性在线监测系统	TOX-2000
杭州绿洁水务科技有限公司	在线综合毒性监测仪	GR-8800
南京微清机械设备科技有限公司	水质生物毒性在线监测仪	—
无锡点创科技有限公司	生物毒性在线分析仪	DCT-TOX-150
力合科技（湖南）股份有限公司	水质生物综合毒性分析仪	LFTOX-2010
深圳耐思特科学仪器有限公司	综合生物毒性水质在线监测仪	NTOX-1000
深圳市朗石科学仪器有限公司	在线发光细菌毒性监测系统	LumiFox 8000
北京金达清创环境科技有限公司	水质急性毒性在线分析仪	JQ TOX-online
荷兰 MicroLAN	—	TOXcontrol
比利时 AppliTek	—	Vibrio Tox

目前暂无综合毒性仪（发光细菌法）相关产品国家或国际标准，调研结果显示，国内外综合毒性仪（发光细菌法）产品测试方法均执行国际标准《水质　水样对费氏弧菌光发射抑制作用测定（发光细菌试验）　第 3 部分：使用冻干细菌法》（ISO 11348-3:2007），部分国内产品在国际标准的基础上执行国家标准《水质　急性毒性的测定　发光细菌法》（GB/T 15441—1995）。荷兰 MicroLAN 公司执行 TOXcontrol 国际标准《水质　水样对费氏弧菌光发射抑制作用测定（发光细菌试验）　第 3 部分：使用冻干细菌法》（ISO 11348:2007）以及中国国家标准《水质　急性毒性的测定　发光细菌法》（GB/T 15441—1995）、美国《使用发光海生细菌毒性试验法评定化学污染的水和土壤微生物去毒的标准试验方法》［ASTM D5660:96（2004）］等多个国家标准。

（2）产品性能

调研各企业评价性能的主要参数共涉及受试生物种类、半数效应浓度（EC_{50}）、零点漂移、重复性、菌种更换周期、空白通道数 6 个性能指标，具体见表 21-4。

表 21-4　国内外综合毒性仪（发光细菌法）产品主要性能参数对比

厂家名称	EC_{50}	零点漂移 /%	重复性（实际水样）/%	菌种更换周期	空白通道数	受试生物
山东某公司	3 ～ 10mg/L	3	5	2 周	2	费氏弧菌
浙江某公司	≤ 6mg/L（$ZnSO_4 \cdot 7H_2O$）	3	5	30d	2	费氏弧菌
杭州某公司	≤ 3mg/L（Zn^{2+}）	2	5	7 ～ 14d	2	费氏弧菌
南京某公司	—	3	5	1 ～ 2 周	2	费希尔弧菌
湖南某公司	≤ 5mg/L（Zn^{2+}）	5	5	7 ～ 10d	2	费氏弧菌、明亮发光杆菌
广东某公司	10mg/L（$ZnSO_4 \cdot 7H_2O$）	3	5	1 ～ 2 周	2	费氏弧菌
深圳某公司	3 ～ 10mg/L（$ZnSO_4 \cdot 7H_2O$）	2	5	2 周	2	明亮发光杆菌
北京某公司	2.0mg/L（Zn^{2+}）	3	10	1 周	2	费氏弧菌
荷兰某公司	2.2mg/L（Zn^{2+}）	3	5	2 周	2	费氏弧菌
比利时某公司	2.2mg/L（Zn^{2+}）	3	3	28d	2	费氏弧菌

（3）市场竞争力

2018 年，综合毒性仪的整体市场规模约 500 台，其中国产品牌约占 65%。而国产设备中主要以力合科技（湖南）股份有限公司、深圳市朗石科学仪器有限公司、杭州绿洁水务科技有限公司等为主。相较于国外来说，中国在综合毒性仪方面的研究与应用起步较晚，整体市场需求量较小，2010 年以前进口设备占领绝大部分市场。近年来，水质污染事件频发，综合毒性仪的市场需求不断扩大，加之技术的发展，国产设备市场占比逐步增大。越来越多选择国产品牌主要源于成本的降低以及更为便利的售后服务。除了前期设备的投入外，发光细菌菌种的更换是后续运维中一项重要的成本投入。设备应用初期，发光细菌冻干粉主要依赖进口，高成本成为制约综合毒性仪推广应用的一个重要瓶颈。随着技术的不断发展，深圳朗石、杭州绿洁等越来越多的厂家实现了发光细菌冻干粉的自主研制生产，极大地降低了应用成本，推动了国产品牌综合毒性仪的市场化应用。据杭州绿洁、力合科技等厂家反馈，国内综合毒性仪（发光细菌法）主流产品性能与国外相当。尽管如此，进口品牌综合毒性仪依然占有较高的市场份额，主要原因如下：虽然部分企业的综合毒性仪性能达到甚至优于国外知名品牌，但从国内综合毒性仪厂家整体技术上来讲，在成套设备制造精度和性能可靠性方面，国外知名品牌确实优于国内企业。目前整个综合毒性仪（发光细菌法）行业没有出口。

21.2.2　国内应用状况

综合毒性仪（发光细菌法）仪器能够实时操作，以各类发光细菌作为传感器，可以为评价水质提供较理想的连续信息。理论上，这些仪器是基于探测有毒物质进入水体事故的早期预警系统，报警条件应该既可以在当地实现预警也可以实现远程通信。该类系统需要具备敏感性和可靠性两个基本要求，通过与连续、在线的化学监测仪器相结合，它们可以为保护纳污水体或饮用水供水系统提供第一道防线。

结合综合毒性仪的应用特点和作用，国内应用情况主要包括流域水质监测与管理、水源地水质管理和供水水质管理。综合毒性仪在城市供水系统中主要用于水源地和水厂进水的监测。调研共涉及综合毒性仪（发光细菌法）用户159家（典型用户见表21-5），其中供水系统用户59家，环保系统地表水站用户100家。收集两种类型综合毒性仪（发光细菌法）应用现状调查样本45个。

表21-5　供水行业典型用户

序号	用户	地区	所属流域
1	东莞市水质检测中心	广东	珠江流域
2	城门水厂	福建	东南沿海流域
3	白眉水库	福建	东南沿海流域
4	济南鹊华水厂	山东	黄河流域
5	济南鹊山水库	山东	黄河流域
6	崇州市自来水厂	四川	长江流域
7	都江堰市自来水厂	四川	长江流域
8	成都市自来水厂	四川	长江流域
9	彭州市自来水厂	四川	长江流域
10	太湖水厂	浙江	太湖流域
11	城北水厂	浙江	太湖流域
12	杭州九溪水厂	浙江	钱塘江流域
13	浙江定海虹桥水厂	浙江	舟山海岛湖
14	嘉兴石臼水厂	浙江	太湖流域
15	嘉兴贯泾港水厂	浙江	太湖流域
16	浙江杭州老虎潭水库	浙江	太湖流域
17	富阳水厂站	浙江	钱塘江流域
18	北京京九水厂	北京	辽河海河流域
19	北京密云水库站	北京	辽河海河流域
20	江苏昆山二水厂	江苏	长江流域
21	保定南水北调水厂	河北	黄河流域
22	北京自来水项目	北京	辽河海河流域
23	北京冬奥会项目	北京	辽河海河流域
24	太仓第二自来水厂	江苏	长江流域
25	山东金乡自来水公司	山东	淮河流域
26	合肥市自来水	安徽	淮河流域
27	东营自来水公司	山东	黄河流域
28	青岛自来水公司	山东	黄河流域

设备用户按流域分布总数以长江流域最多，其次为太湖流域；供水系统用户钱塘江流域最多，其次为太湖流域。按省份分布统计，以浙江省最多。综合来看，仪器的运行维护和管理不到位影响了其应用效果，部分用户由专业人员或委托专业团队进行仪器设备的运行维

护，管理工作到位，综合毒性仪长期稳定运行，在水质安全保障中发挥了重要作用；也有相当一部分用户，仪器安装后未能长期运行或由于管理和运行维护工作不到位，影响了仪器的监测效果。

21.2.3 典型应用案例

（1）太湖流域某自动监测站

2010 年 10 月，浙江省环境保护科学设计研究院在该水质自动监测站安装生物综合毒性监测仪，用于国家水专项“浙江省太湖流域水质目标管理技术示范”课题研究，监控监测太湖入湖口水质自动监测站水质目标管理情况，为提高浙江省太湖流域水生态环境质量管理水平提供了设备支撑，为国家水专项课题研究提供了大量水质综合毒性监测仪数据。

ToxSniffer 综合毒性仪在该水源地进行了不间断的毒性检测，建立了当地的生物毒理性基线，通过计算得出所测定区域水样的生物毒理性基线下限值 $D = -19.3\%$，上限值 $D = 34.7\%$。由此建立该区域的生物毒理性基线作为当地水样水质毒性的判断依据。在毒性测定中，发光细菌与水样混合后，正常代谢被有毒物质抑制，导致发光强度减弱，从而造成光强度损失，毒性值为正。若水中毒素含量低，而可同化有机碳（AOC）或生物可降解溶解性有机碳（BDOC）含量高，导致发光细菌光强度的增加量大于光强度的减弱量，结果使得光增益，此时毒性为负值。建立当地生物毒理性基线对该水源地进行了为期一年的连续监测，以校正因子 CF 值表示发光细菌的活力值，ISO 标准规定 CF 在 0.6 ～ 1.8 之间说明发光细菌处于正常的代谢，测定的毒性值正常。试验期间，ToxSniffer 综合毒性仪使用的发光细菌校正因子 CF 值在 0.61 ～ 1.70 之间，说明在此期间测定的毒性值均可使用。测定的毒性值在 −18.7% ～ 32%，在该地水质生物毒理性基线范围内，可认为该地水源水满足水厂取水要求。试验期间，ToxSniffer 综合毒性仪具有运行稳定性高、故障率低、耗水量少、发光细菌和盐水更换频率低、无积盐等诸多显著优势，可实现对水质的长期本底监测。

（2）浙江省某水务公司

该水务公司为国有独资企业，主要承担着供排水管网投资建设、管网维护、自来水销售服务、产业废水和生活污水的收集及截污改造、农村生活污水设施长效运维管理等职能。作为原水提供者，原水公司不太关心水质的不明显的波动，因为这些波动由水厂消化。原水公司只关心比较重大的水质污染事件。所以，从原水公司的角度出发，生物毒性监测是他们最理想的选择。生物毒性监测可以检测到几乎任何重大的污染事件，无论污染物是哪种化学物质。因此，该水务公司采用生物综合毒性仪预警重大污染事件，运行至今，仪器性能稳定、数据无重大偏移。

21.3 技术评估

从综合毒性仪（发光细菌法）产品调研结果来看，厂家用于评价综合毒性仪（发光细菌法）的指标主要有性能指标，包括半数效应浓度（EC_{50}）、零点漂移、实际水样测试重复性、平均无故障运行时间、温度控制误差、运维频次等 10 个指标；从相关标准看，除调研涉及的部分指标外，对产品防护等级有要求；而用户更关注产品认证、产品标准、适用范围、维修频次、售后服务、使用寿命、受试生物更换频率及运行维护成本等指标。因此，根据调研结果，参照相关标准规范，结合生产企业和用户关注的主要问题，筛选指标 19 项，具体见表 21-6。

表 21-6　综合毒性仪（发光细菌法）评估指标

序号	评估指标	序号	评估指标
1	适用范围	11	温度控制误差
2	EC_{50}	12	零点漂移
3	菌种更换周期	13	重复性
4	先进成果	14	平均无故障运行时间
5	产品标准	15	产品价格
6	产品认证	16	运行维护成本
7	用户认可度	17	市场占有率
8	使用寿命	18	生产规模
9	维修频次	19	是否出口及比例
10	运维频次		

21.3.1　评估指标体系

结合综合毒性仪（发光细菌法）的技术先进性、技术可靠性、性能稳定性、经济适用性、国际竞争力等方面，选取技术先进性、技术可靠性、性能稳定性、经济适用性、国际竞争力 5 项指标作为一级评估指标集，在一级评估指标的基础上将其进一步细化分解为表 21-6 所列的 19 项二级评估指标，形成评估矩阵图，具体如图 21-2 所示。

21.3.2　评估指标赋值

21.3.2.1　评估一级指标

将综合毒性仪（发光细菌法）评估指标分为技术先进性、技术可靠性、性能稳定性、经济适用性及国际竞争力 5 个，结合综合毒性仪（发光细菌法）技术及设备特点对 5 个一级指标赋予权重及建议值，分别为 U_3 性能稳定性（0.30）＞ U_2 技术可靠性（0.25）＞ U_1 技术先进性（0.20）＞ U_4 经济适用性（0.15）＞ U_5 国际竞争力（0.10）。

综合毒性仪（发光细菌法）作为水质监测设备，性能稳定性和技术可靠性尤为重要，能保障稳定可靠的水质监测效果，因此将 U_3 性能稳定性、U_2 技术可靠性放在权重最高和次高，建议权重赋值分别为 0.30、0.25。

其次，对于综合毒性仪（发光细菌法）作为水质监测设备，属先进的监测技术，能够反映水质的综合毒性污染状况，EC_{50}、菌种更换周期、先进成果等指标均体现了技术先进性，因此将 U_1 技术先进性放在权重第三位，建议赋值 0.20。

综合毒性仪（发光细菌法）作为生物监测手段，其设备投入、试剂耗材以及运行维护等经济适用性相对传统监测技术不占优势，因此将 U_4 经济适用性放在权重第四位，建议赋值 0.15。

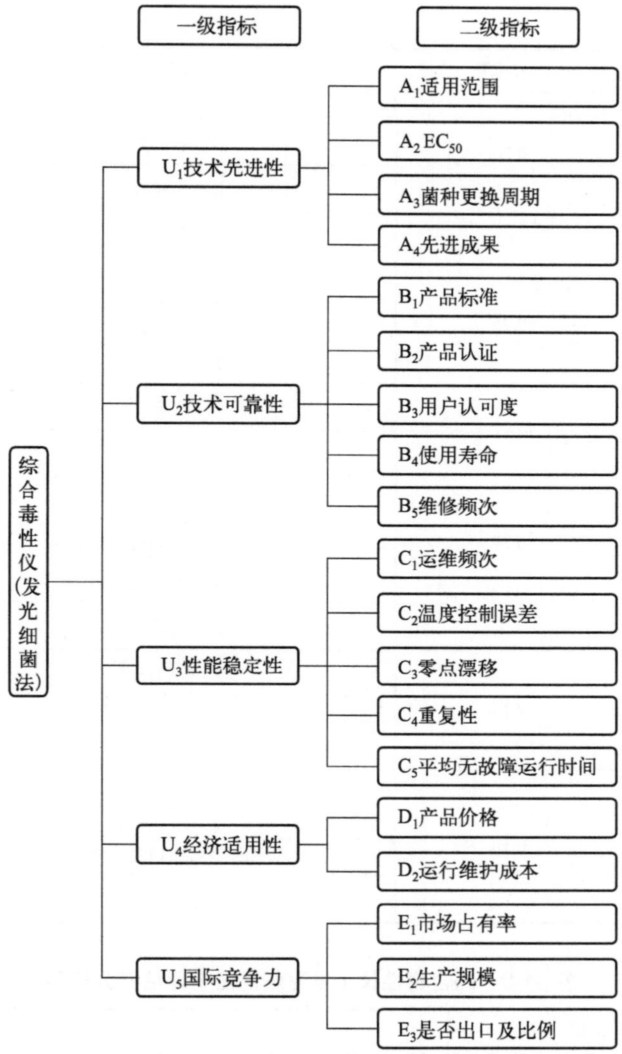

图 21-2　综合毒性仪（发光细菌法）评估矩阵图

相对国际综合毒性仪（发光细菌法）发展现状，国内综合毒性仪（发光细菌法）仍处于发展初期，生产企业和用户考虑更多的是技术发展和应用效果，因此将 U_5 国际竞争力放在权重的最后一位，建议赋值 0.10。

21.3.2.2 评估二级指标

结合综合毒性仪（发光细菌法）技术及设备特点，分别对技术先进性、技术可靠性、性能稳定性、经济适用性及国际竞争力进行二级指标的细化和赋分（见表 21-7、表 21-8）。

表 21-7　综合毒性仪（发光细菌法）评估指标分配及权重和赋分

一级指标	权重	二级指标	满分 / 分
U_1 技术先进性	0.20	A_1 适用范围	30
		A_2 EC_{50}	30

续表

一级指标	权重	二级指标	满分 / 分
U_1 技术先进性	0.20	A_3 菌种更换周期 A_4 先进成果	20 20
		汇总	100
U_2 技术可靠性	0.25	B_1 产品标准 B_2 产品认证 B_3 用户认可度 B_4 使用寿命 B_5 维修频次	30 20 20 20 10
		汇总	100
U_3 性能稳定性	0.30	C_1 运维频次 C_2 温度控制误差 C_3 零点漂移 C_4 重复性 C_5 平均无故障运行时间	20 20 20 20 20
		汇总	100
U_4 经济适用性	0.15	D_1 产品价格 D_2 运行维护成本	60 40
		汇总	100
U_5 国际竞争力	0.10	E_1 市场占有率 E_2 生产规模 E_3 是否出口及比例	45 45 10
		汇总	100

表 21-8 综合毒性仪（发光细菌法）评估打分规则

一级评估指标	二级评估指标	满分 / 分	打分规则
U_1 技术先进性（权重 0.20）	A_1 适用范围	30	主要为综合毒性仪是否能应用于各种水体的基础条件。以国际先进厂家为最优标准，赋分档次分别为 21 ～ 30 分、11 ～ 20 分、0 ～ 10 分
	A_2 EC_{50}	30	以硫酸锌为标准毒性物质，以国际先进厂家为最优标准，结果以 Zn^{2+} 计，赋分档次分别为 21 ～ 30 分、11 ～ 20 分、0 ～ 10 分
	A_3 菌种更换周期	20	菌种更换周期为 2 周或 2 周以上，赋分 20 分；菌种更换周期为 1 周以上 2 周以下，赋分 15 ～ 19 分；菌种更换周期为 1 周及以下，赋分 0 ～ 14 分
	A_4 先进成果	20	根据产品研发及应用发表的论文、专利或专著等情况，以国际先进厂家为最优标准，赋分档次分别为 16 ～ 20 分、11 ～ 15 分、6 ～ 10 分、0 ～ 5 分
U_2 技术可靠性（权重 0.25）	B_1 产品标准	30	具备国际标准、国标，赋分 30 分；具备团标、地标，赋分 20 分；具备企标，赋分 10 分；无相关标准，赋分 0 分
	B_2 产品认证	20	根据产品取得国际、国内认证情况，以国际先进厂家为最优标准，赋分档次分别为 16 ～ 20 分、11 ～ 15 分、6 ～ 10 分、0 ～ 5 分
	B_3 用户认可度	20	综合应用效果及用户反馈情况，以国际先进厂家为最优标准，赋分档次分别为 16 ～ 20 分、11 ～ 15 分、6 ～ 10 分、0 ～ 5 分
	B_4 使用寿命	20	综合运行维护及使用等情况，以国际先进厂家为最优标准，赋分档次分别为 16 ～ 20 分、11 ～ 15 分、6 ～ 10 分、0 ～ 5 分

续表

一级评估指标	二级评估指标	满分 / 分	打分规则
U_2 技术可靠性（权重 0.25）	B_5 维修频次	10	综合运行维护及使用等情况，以国际先进厂家为最优标准，赋分档次分别为 8 ～ 10 分、5 ～ 7 分、0 ～ 4 分
U_3 性能稳定性（权重 0.30）	C_1 运维频次	20	综合使用、耗材更换及故障等情况，以国际先进厂家为最优标准，赋分档次分别为 16 ～ 20 分、11 ～ 15 分、6 ～ 10 分、0 ～ 5 分
	C_2 温度控制误差	20	高于菌种贮存单元控温精度≤ ±0.5℃、反应模块控温精度≤ ±1℃的要求，赋分 19 ～ 20 分；符合菌种贮存单元控温精度≤ ±0.5℃、反应模块控温精度≤ ±1℃要求，赋分 18 分；低于菌种贮存单元控温精度≤ ±0.5℃、反应模块控温精度≤ ±1℃要求，赋分 0 ～ 17 分
	C_3 零点漂移	20	领先行标 CJJ/T 271—2017 要求，赋分 19 ～ 20 分；符合行标 CJJ/T 271 ～ 2017 要求，赋分 18 分；不符合行标 CJJ/T 271—2017 要求，赋分 0 ～ 17 分
	C_4 重复性	20	领先行标 CJJ/T 271—2017 要求，赋分 19 ～ 20 分；符合行标 CJJ/T 271 ～ 2017 要求，赋分 18 分；不符合行标 CJJ/T 271—2017 要求，赋分 0 ～ 17 分
	C_5 平均无故障运行时间	20	领先行标 CJJ/T 271—2017 要求，赋分 19 ～ 20 分；符合行标 CJJ/T 271—2017 要求，赋分 18 分；不符合行标 CJJ/T 271—2017 要求，赋分 0 ～ 17 分
U_4 经济适用性（权重 0.15）	D_1 产品价格	60	综合考虑仪器价格、耗材等费用，以国际先进厂家为最优标准，赋分档次分别为 41 ～ 60 分、31 ～ 40 分、0 ～ 30 分
	D_2 运行维护成本	40	综合电费、水费、折旧费及配品备件等费用，以国际先进厂家为最优标准，赋分档次分别为 31 ～ 40 分、21 ～ 30 分、0 ～ 20 分
U_5 国际竞争力（权重 0.10）	E_1 市场占有率	45	根据市场格局、占有份额等情况，以最高占有率为最优标准，赋分档次分别为 36 ～ 45 分、26 ～ 35 分、16 ～ 25 分、0 ～ 15 分
	E_2 生产规模	45	根据生产能力、生产规模及出口的金额等情况，以国际先进厂家为最优标准，赋分档次分别为 40 ～ 45 分、30 ～ 39 分、20 ～ 29 分、10 ～ 19 分、0 ～ 9 分
	E_3 是否出口及比例	10	根据出口情况及比例，赋分 1 ～ 10 分；未出口则赋 0 分

（1）U_1 技术先进性

适用范围、EC_{50}、菌种更换周期、先进成果等指标可体现综合毒性仪（发光细菌法）的技术先进性。4 项指标中 EC_{50} 作为衡量灵敏度的主要参数，和适用范围两者对于综合毒性仪的运行和推广都具有重要意义，故分别赋分 30 分；菌种更换周期影响到设备的运行维护成本，技术先进成果作为产品先进性的重要参数，分别赋分 20 分。

（2）U_2 技术可靠性

产品标准是保证技术可靠性的重要指标，产品标准为产品生产、检验、验收等提供依据，是衡量产品可靠性的重要指标，故赋分 30 分；产品认证从第三方层面客观、公正地反映产品的可靠性，赋分 20 分；用户认可度是从产品用户层面对产品的综合评价，与使用寿命同样赋分 20 分；维修频次也是体现产品技术可靠性的重要参数，赋分 10 分。

（3）U_3 性能稳定性

运维频次、平均无故障运行时间是决定设备性能稳定性的核心指标，零点漂移、重复性、温度控制误差是监测结果准确性的重要保证，5 项参数重要性相当，分别赋分 20 分。

(4)U_4 经济适用性

产品价格是影响产品推广的重要因素，故赋分 60 分；运行维护成本，赋分 40 分。

(5)U_5 国际竞争力

生产规模、市场占有率是产品竞争力的重要体现，生产规模大、市场占有率高，说明产品竞争力强，同时能收到用户的反馈而不断改善产品、提高产品质量、完善服务体系，是走向国际提高国际竞争力的基础，故分别赋分 45 分；根据调研情况综合毒性仪目前基本无出口，“是否出口及比例”项分值调低，赋分 10 分。

21.3.3 评估指标体系应用

邀请涵盖高校研究机构、生产企业、设计院所等在内的 10 名专家根据建立的评估体系对综合毒性仪（发光细菌法）进行专家评估，赋值结果显示国内综合毒性仪（发光细菌法）生产和应用的技术就绪度整体达到 7 ～ 8 级，仍需进一步提高对于进口产品的市场竞争力。评估打分汇总及评估结果分别见表 21-9、图 21-3。

表 21-9　综合毒性仪（发光细菌法）专家评分汇总

序号	U_1 技术先进性		U_2 技术可靠性		U_3 性能稳定性		U_4 经济适用性		U_5 国际竞争力	
	分值 / 分	权重	分值 / 分	权重	分值 / 分	权重	分值 / 分	权重	分值 / 分	权重
1	67	0.1	75	0.35	87	0.3	100	0.15	80	0.1
2	76	0.2	83	0.25	85	0.3	92	0.15	71	0.1
3	70	0.2	79	0.25	83	0.3	85	0.15	65	0.1
4	70	0.15	75	0.25	85	0.3	85	0.2	70	0.1
5	78	0.2	83	0.25	88	0.3	95	0.15	70	0.1
6	70	0.2	78	0.25	80	0.3	82	0.15	62	0.1
7	71	0.2	80	0.25	86	0.3	90	0.15	65	0.1
8	77	0.15	82	0.25	86	0.3	91	0.2	70	0.1
9	71	0.2	80	0.25	86	0.3	90	0.15	65	0.1
10	71	0.2	81	0.25	85	0.3	88	0.15	66	0.1
计算结果	技术就绪度（TRL）	明确需求（TRL1）	技术方案（TRL2）	通过论证（TRL3）	小试研究（TRL4）	中试研究（TRL5）	形成产品（TRL6）	三方评估（TRL7）	标准化（TRL8）	推广应用（TRL9）
	$B = WR$	0	0	0	0	0	1.19	1.53	1.89	0.39

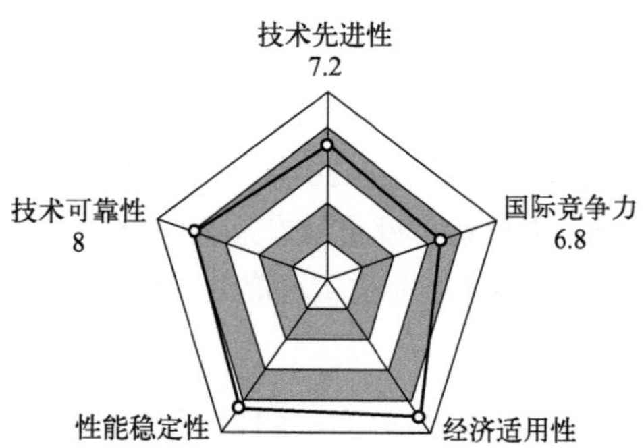

图 21-3　综合毒性仪（发光细菌法）评估结果图

21.4　应用验证

综合毒性仪（发光细菌法）验证采用了实验室验证和生产验证两部分，其中，实验室验证主要针对半数效应浓度（EC_{50}）、零点漂移、重复性、温控误差等产品性能指标。生产验证主要通过考察监测数据有效率、菌种更换周期、运行成本等考察设备性能和应用效果。验证涵盖黄河流域、长江流域、海河流域、岷江流域等多个流域，成都市水五厂饮用水源地、淄博太河水库入口水源地、浮桥河水库、湖州城北水厂、梅家铺省界水质自动监测站、北京第九水厂、济南鹊山水库等验证点。

产品验证技术路线如图 21-4 所示。

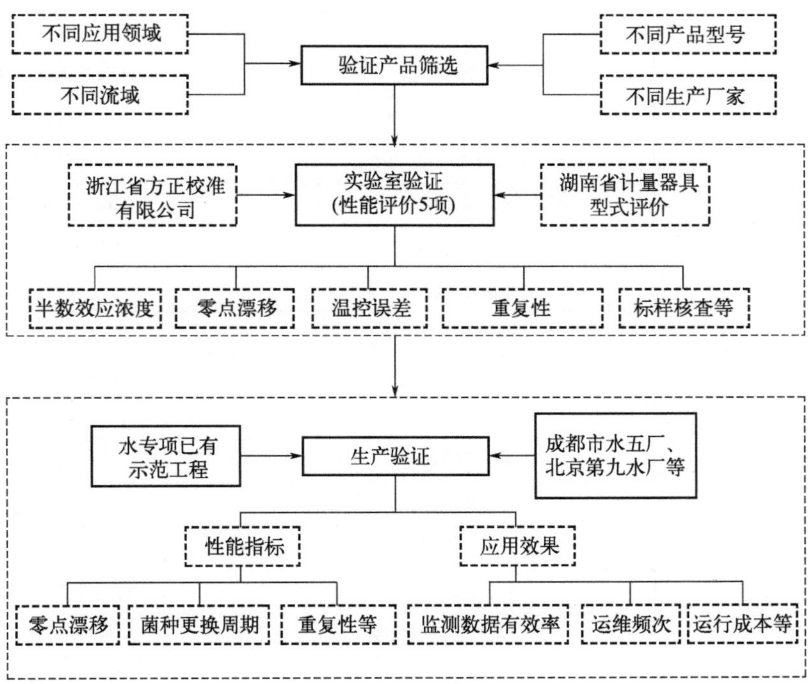

图 21-4　综合毒性仪（发光细菌法）产品验证技术路线

21.4.1　验证指标筛选

利用综合毒性仪（发光细菌法）应用中的高频指标作为重点，结合文献梳理和实地调查研究进行指标的海选。根据可观测性原则将数据无法获得的海选指标删除，保证初步筛选后的指标体系可以量化，然后对初步筛选的指标数据进行标准化分析，基于相关性分析将 X_1 准则层相关系数＞ 0.85、X_2 准则层相关系数＞ 0.9 的指标筛选保留。在相关性分析的基础上，利用主成分分析筛选各准则层内剩余的指标，筛选准则层 X_1 选取累积方差贡献率达到 85%、X_2 选取累积方差贡献率达到 80% 时各个主成分中因子负载绝对值较大的指标。

经过初步筛选、定量筛选，从 29 个海选指标中筛选出 9 个指标，保留的指标在表 21-10 中用“保留”标出。

表 21-10　评估指标筛选结果

序号	准则层	指标层	筛选结果
1	X_1 实验室	$X_{1.1}$ 半数效应浓度（EC_{50}）	保留
2		$X_{1.2}$ 零点漂移	保留
3		$X_{1.3}$ 标样核查	主成分分析删除
4		$X_{1.4}$ 菌种储存单元温控误差	相关性分析删除
5		$X_{1.5}$ 反应模块温控误差	保留
6		$X_{1.6}$ 重复性	主成分分析删除
7		$X_{1.7}$ 平均无故障运行时间	主成分分析删除
8		$X_{1.8}$ 阻抗绝缘	不可观测性删除
9		$X_{1.9}$ 外观	不可观测性删除
10		$X_{1.10}$ 防护等级	不可观测性删除
11		$X_{1.11}$ 菌种更换周期	保留
12	X_2 生产	$X_{2.1}$ 半数效应浓度（EC_{50}）	保留
13		$X_{2.2}$ 零点漂移	主成分分析删除
14		$X_{2.3}$ 标样核查精密度	主成分分析删除
15		$X_{2.4}$ 菌种储存单元温控误差	保留
16		$X_{2.5}$ 反应模块温控误差	保留
17		$X_{2.6}$ 菌种更换周期	相关性分析删除
18		$X_{2.7}$ 重复性	保留
19		$X_{2.8}$ 菌种费用	保留
20		$X_{2.9}$ 其他耗材	主成分分析删除
21		$X_{2.10}$ 电耗	主成分分析删除
22		$X_{2.11}$ 运维频次	相关性分析删除
23		$X_{2.12}$ 监测数据有效率	主成分分析删除
24		$X_{2.13}$ 使用寿命	不可观测性删除
25		$X_{2.14}$ 产品价格	不可观测性删除
26		$X_{2.15}$ 产品标准	不可观测性删除
27		$X_{2.16}$ 用户认可度	不可观测性删除
28		$X_{2.17}$ 售后服务	不可观测性删除
29		$X_{2.18}$ 市场占有率	不可观测性删除

21.4.2 验证指标体系

将实验室验证、生产验证筛选指标进行整合，筛选出菌种储存单元温控误差、反应模块温控误差、重复性、零点漂移、半数效应浓度（EC_{50}）、菌种费用等指标，所筛选出的指标涵盖了产品性能、经济性两个主要方面，因此筛选出的指标具有较好的合理性。将相关 - 主成分分析法得到的指标体系按照文献调查、实地调研及上述小试和生产试验结果对评估指标进行等级划分，具体评估指标的等级见表 21-11。

表 21-11　评估指标的等级划分

指标	等级
菌种储存单元温控误差 /℃	±0.3 以内，为优良；±0.5 以内，为合格；超出 ±0.5，为不合格
反应模块温控误差 /℃	±0.5 以内，为优良；±1 以内，为合格；超出 ±1，为不合格
重复性 /%	±3 以内，为优良；±5 以内，为合格；超出 ±5，为不合格
零点漂移 /%	±3 以内，为优良；±5 以内，为合格；超出 ±5，为不合格
半数效应浓度（EC_{50}）/（mg/L）	≤ 3，为合格；＞ 3，为不合格
菌种费用 / 元	≤ 25000，为合格；＞ 25000，为不合格

21.4.3　典型产品验证案例

基于建立的验证体系，以成都市某饮用水源地水质自动监测站为例，对综合毒性仪（发光细菌法）设备进行生产验证。该指标体系验证是基于运行数据来进行的。该水厂属于二级水源地，安装综合毒性仪器为力合科技（湖南）股份有限公司 LFTOX-2010，启用时间为 2020 年 1 月。连续 6 个月运行期间，该水厂采集到的 1048 条数据，其中有 3 条数据由于仪器故障测试值异常为无效数据，该站点测试数据有效率为 99.7%；在 6 个月的数据中，除了 2021 年 1 月 5 日因检测池脏出现大值，2021 年 1 月 24 日由于缺少纯水出现大值，其他监测数据毒性值皆在 ±30% 之内，划分水体等级为无毒至低毒，符合该站点水质要求。根据日常运行状况对部分指标进行观测，由划分的评估指标等级对验证地点指标进行验证，各项指标均为合格，其中重复性指标达到优良（见表 21-12）。

表 21-12　成都市某饮用水源地水质自动监测站综合毒性仪（发光细菌法）验证评估结果

指标	验证结果	评估结论
菌种储存单元温控误差 /℃	±0.5	合格
反应模块温控误差 /℃	±0.9	合格
重复性 /%	≤ 1.34	优良
零点漂移 /%	≤ ±4.4	合格
半数效应浓度（EC_{50}）/（mg/L）	2.92	合格
菌种费用 / 元	23400	合格

第22章 颗粒计数仪

22.1 产品概述

颗粒计数仪（particle count monitor）能够检测出被测水样中颗粒物的粒径和各粒径对应的颗粒物数量。颗粒物作为污染物之一，成为水体呈现浑浊的主要原因，是饮用水中主要的感官指标和微生物指标。在市政给水的处理工艺中，主要是以去除水中颗粒物为目的，因为这些颗粒物的成分很复杂，不仅本身是有害的污染物，而且水中的颗粒物具有很大的表面积，成为水中微污染物的附着载体和化学反应界面，在很大程度上决定了微污染物在环境中的迁移、转化、循环。颗粒计数仪在水厂的混凝、沉淀、过滤及膜工艺中使用，能快速有效地监测各工艺段水中颗粒物的数量和粒径分布，对水厂水质监控，优化混凝、降低药剂成本，监测优化和评估过滤效果，实时监测膜穿透与断丝以及管网的水质监测与安全预警都具有十分重要的意义。

22.1.1 产品分类

现有的颗粒计数仪所运用的技术分为以下几种。

（1）遮光技术

流动水样含有的颗粒物可遮挡由发光二极管发出的光束和脉冲，颗粒物含量与颗粒物的投影面积成正比。遮光型颗粒计数仪的检测幅度较大，粒径为 1 ～ 100μm 的颗粒均可分辨，而且在相同粒径范围内其测量精确度较散射型高，成本也低，可用来监测原水水质和处理过程。

（2）电气遥感技术

将水样稀释于电解液中，通过两个有恒定电压的电极，当颗粒物通过传感区，会引起电阻的变化，电阻与颗粒体积成正比，通过计算颗粒体积转换为颗粒粒径以及浓度。

（3）激光散射技术

水样品里面的微小粒子通过检测通道，激光光束照射到样品，水中颗粒物遮挡了光线，在光电检测器上留下阴影，检测器检测光线的吸光度。光散射型颗粒计数仪的检出下限低（＜ 0.5μm），其检出上限在粒径＜ 20μm 左右，对粒径＞ 20μm 的颗粒只计总数而不区分大小。

颗粒计数仪安装应用场景主要分为台式颗粒计数仪和在线颗粒计数仪。

22.1.2　性能指标

颗粒计数仪是采用狭小、明亮的激光光束垂直入射被检测的液体流向，颗粒物通过时就会阻挡光束，产生光强的变化，这种瞬时的光强变化引起光电二极管接收电压信号的变化。不同粒径大小的颗粒物产生的电压信号的变化不同，它与被检测的颗粒物的截面积成正比，每一个颗粒物通过光束时引起一个电压脉冲信号，脉冲信号的多少反映了粒子的数量。不同粒径的颗粒物数目用不同的测量频道获得，颗粒计数仪的测定结果可以直接反映颗粒物的物理参数。

（1）分辨率

分辨率就是指测量粒径的统计精度，用百分比来表示，比较分辨率时要比较在同一粒径时的数值。分辨率一般在 5% ～ 20%，分辨率越小，粒径的测量越精确。

（2）流量相对误差

流量相对误差指颗粒计数仪测量颗粒物时对水流的流量检测相对误差。测量单位体积的颗粒物数量需用检测的颗粒物数量除以检测期间流经计数仪的水的总体积，流量的误差直接关系到最后检测结果的精度。市场上常见的颗粒计数仪的流量误差为 2% ～ 15%，该值越小其精度越高。

（3）测量范围

测量范围一般为 1μm ～ 1mm，随着测量范围的加宽，分辨率会下降，在水处理过程中主要关注粒径范围在 2 ～ 25μm 之间。

（4）信噪比

信噪比指检测到的信号幅度与机器本身的噪声信号的特征幅度的比值。这个比值越大，说明能辨认检测信号的确定性越强，反之就越不确定。在测量下限相同的情况下，信噪比越大越好。

（5）计数效率

计数效率即计数误差，通过分辨率和敏感度确定。计数效率随粒径的增大而增大，在某一阈值达 100%，比较时看 50% 的粒径点和 100% 的粒径点。

（6）相对误差

相对误差指颗粒计数值的相对误差，用百分比表示。同一台计数仪的一致性随所测样品中颗粒物浓度的增加而增加，在颗粒物数量＜ 6000 粒 /mL 时，一致性＜ 5%；在测量高颗粒物浓度的水样时，一致性＜ 10%。

（7）测量上限

测量上限指可检测的最大颗粒物浓度为计数误差 10% 的临界浓度。

22.1.3　技术标准情况

22.1.3.1　国际标准

（1）美国

美国 EPA 膜过滤指南手册（Membrane Filtration Guidance Manual），是由美国环境保护

局，地下水、饮用水管理局，标准和风险管理局，技术支持中心联合编写的。该指南手册的目的是为膜过滤的使用和应用技术提供信息技术，设计符合远期要求的地表水处理工艺以及其他的辅助技术指导。该指导手册第5章的目的在于描述间接完整性监测最普遍使用的技术，并讨论其满足 LT2ESWTR（the Long Term 2 Enhanced Surface Water Treatment Rule）的使用，也谈及选择其他间接完整性监测法的考虑。其中包括：浊度监测，讨论浊度监测作为默认间接完整性监测技术在 LT2ESWTR 中的使用，有应用方法、控制界限、优点及局限；颗粒计数与监测，讨论颗粒计数或颗粒监测作为间接完整性监测中浊度监测的一种替代的方法使用，有应用方法、控制界限、优点及局限。

另外，美国地表水处理协会、美国五大湖 - 密西西比河上游省级公共卫生和环境管理机构、美国国家科学基金会（NSF）颁布的水厂处理标准建议（Recommended Standards For Water Works），其中包含许多对颗粒计数仪运用于水厂的优化运营。

（2）英国

英国水质专家协会对颗粒计数监测技术的作用表示肯定，并在相关文件中做了推荐，如表 22-1 所列。

表 22-1　Badenoch/Bouchier 颗粒监测主要建议

引用文献	建议内容
Recommendation 14.20（Badenoch 1990）	"Water companies should install monitors to make it possible to measure the turbidity on each rapid filter…" 各水司应尽可能地安装监测仪来检测快速过滤中的浊度……
Recommendation 22（Badenoch 1995）	"Water utilities should ensure that the design and operation of treatment plants is optimised in a cost-effective way for particle removal taking into account the level of risk identified at each plant." 各水司应确保自来水厂的运行设计最优，以达到节省成本、水体颗粒物去除效果好、降低供水安全风险的目的
Recommendation 5.4.4（Bouchier 1998）	"Water utilities should define for each of their treatment works the value and duration that constitute a significant deviation in turbidity of the final water，irrespective of its relationship to the regulatory standard ; for example，it may be that at a large water treatment works alarms should be set to be triggered by any increase in turbidity in the final water of greater than 50%of the normal average or suitably representative level…" 各水司应对旗下各自来水厂明确指出出水浊度监测的价值，同时对构成出水浊度明显的持续性偏差，无论是否与规范相符，都应记录。例如，一个大型自来水厂，一旦出厂水的增加浊度高于正常值的 50%，就会发出警报……
Recommendation 5.4.7（Bouchier 1998）	"The Group encourages the use of particle count monitors to provide additional information to that provided by turbidity measurement." 组织鼓励、建议使用颗粒计数监测系统为水厂提供除浊度以外的辅助数据

（3）新西兰

新西兰卫生部颁布的新西兰饮用水标准（Drinking Water standards for New Zealand，2005），简称 DWSNZ，于 2005 年 12 月 31 日正式施行。DWSNZ 包含了多条关于颗粒计数仪的应用规定，具体涉及"3.3 饮用水中优先测定物质""5.4 水厂絮凝沉淀过滤处理的标准准则""5.12.2 监测标准准则"等。

（4）澳大利亚

澳大利亚水质指导方针（National Water Quality Management Strategy—Australian Drinking Water Guidelines 6，2004）中，将水中颗粒物含量归入到水质监测的参数中，并多次提到浊度指标也可以用颗粒物含量代替。

22.1.3.2　国内标准

国内城镇给水系统应用颗粒计数仪已有十几年，但应用的面不广、普及度有限、标准体系尚不完善，也造成了国内外市场上颗粒计数仪的标准化程度参差不齐，其产品适用性、技术可靠性、性能稳定性和市场应用前景尚不明确。目前涉及颗粒仪的相关标准（含应用指导等）主要见表 22-2。

表 22-2　国内颗粒计数相关标准

序号	标准名称	标准号
1	液体颗粒计数器检定规程	JJG 1061—2010
2	城镇供水水质在线监测技术标准	CJJ/T 271—2017
3	城镇给水膜处理技术规程	CJJ/T 251—2017
4	浙江省城市供水现代化水厂评价标准（2018 版）	—

中华人民共和国住房和城乡建设部发布的《城镇供水水质在线监测技术标准》（CJJ/T 271—2017）附录 L 中提到颗粒物在线监测仪技术要求，如表 22-3 所列。国家市场监督管理总局发布的《液体颗粒计数器检定规程》（JJG 1061—2010）中对于测量水介质类仪器的计量性能要求，如表 22-4 所列。

表 22-3　CJJ/T 271—2017 颗粒物在线监测仪性能

项目	性能
量程 /（个 /mL）	0 ～ 18000
粒径范围 /μm	2 ～ 400
重复性 /%	≤ 3
流量比对试验误差 /%	±3
零点漂移 /（个 /mL）	≤ 5
比对试验误差 /%	±10
平均无故障连续运行时间（MTBF）/h	≥ 720

表 22-4　JJG 1061—2010 测量水介质类仪器的计量性能要求

计量性能	性能指标	备注
取样体积相对误差	±3%	不具有体积测量功能的仪器免做此项
粒径挡设定或粒径测量的相对误差	±10%	—
粒径测量重复性	≤ 3%	固定粒径挡和可调粒径挡类仪器免做此项
粒径测量分辨力	A 级：$R \geqslant 90\%$ B 级：$68\% \leqslant R < 90\%$	电阻法仪器免做此项

续表

计量性能	性能指标	备注
计数相对误差	±20%	—
计数重复性	≤ 3%	

22.2 行业调研

22.2.1 国内外生产状况

(1) 技术原理

颗粒计数仪采用精确的激光二极管光源，通过形成一束非常狭小又非常明亮的激光，垂直流向入射被检测的液体，颗粒物通过时就会阻挡光束，产生光强的变化，瞬时的光强变化引起光电二极管接收电压信号的变化，形成一个电压脉冲信号，脉冲信号的多少反映了粒子的数量，不同粒径大小的颗粒物产生的电压信号的变化不同，它与被检测的颗粒物的截面积成正比，不同粒径的颗粒物数目用不同的测量频道获得（图 22-1）。

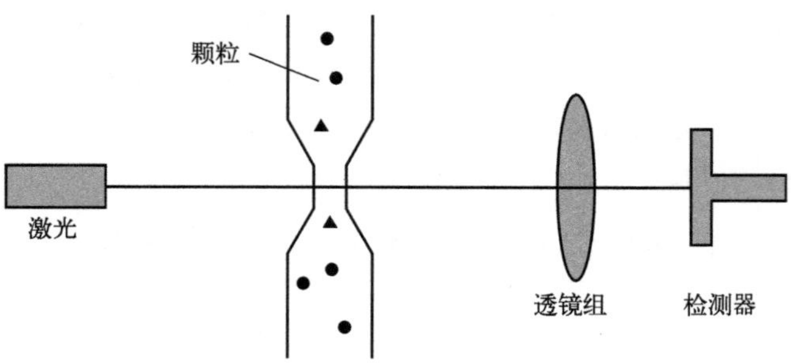

图 22-1 颗粒计数仪原理图

半导体激光器（LD）发射出狭小激光束，该光束与被检测的液体流向垂直，并照射在光电二极管（PD）上。当光束被水中的粒子阻挡而减弱时，发生瞬时的光强变化，这种变化被 PD 捕捉到，并输出瞬时变化的对应电流信号，该信号与粒子通过光束时的截面积成正比，颗粒物粒径越大，电流信号变化越强，即不同粒径产生不同幅值的电流信号。PD 捕捉到的信号首先经过前置放大，而后分别经过两次放大和一次滤波，最后微弱的电流信号被转换成放大的电压信号传输给系统计数（如图 22-2）。用积分电路来做系统反馈和预警。放大电路增益固定，那么信号的放大倍数也将固定，但是为防止信号过度放大而超出系统采集信号幅值能力范围，在电路的最后一级放大上加个钳制，保证小信号被完全放大，而大信号被钳制放大。不同粒径的颗粒对应不同的输出电压，信号脉冲个数代表颗粒数，但是当单位体积的颗粒数（颗粒浓度）超过一定数量，输出信号不再是逐个脉冲式地输出，而是变成两个脉冲合成一个脉冲输出，甚至更多合成一体输出，颗粒信号出现丢失状况，在出现颗粒丢失情况下对应的单位体积颗粒数为最大颗粒物浓度。

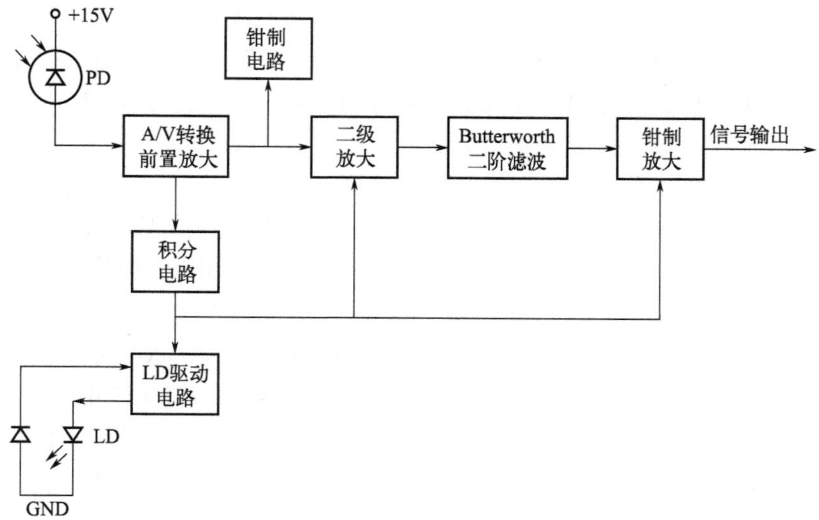

图 22-2　信号放大电路

（2）生产状况

1）美国哈希（HACH）

哈希水质分析仪器（上海）有限公司是哈希中国总部。哈希公司成立于 1947 年，1999 年加入美国 Danaher（丹纳赫）集团，现在是 Danaher 集团下属的一级子公司。哈希旗下拥有许多知名品牌，包括 GLI、American Sigma、Hydrolab、OTT、Radiometer、Lachat、Polymetron、Orbisphere、ELE 等，工厂分别位于美国、德国、瑞士、法国和英国，并也在中国建立了生产基地。产品本地化的工作，在保证产品质量的同时减少了众多复杂的工作环节，从而使更多的客户可以使用到哈希技术的高质量产品，使得产品的交货期缩短并可以享受到便捷及时的售后服务支持。

哈希公司旗下的颗粒计数部有 MET ONE 及 HIAC，PCX2200 是一款针对自来水厂的特殊需要而设计的颗粒计数仪，在全国水厂已有十多年的应用经验。2013 年贝克曼库尔特公司生命科学事业部宣布，将把旗下的颗粒特性业务与哈希公司的颗粒计数业务进行合并。此举将融合贝克曼库尔特公司在细胞活力、颗粒计数与分析领域和哈希公司在空气 / 液态颗粒计数领域的专业知识，并为全球客户提供更加专业的颗粒特性解决方案。自合并业务后，贝克曼颗粒计数仪未在国内自来水行业大规模推广，因此目前所销售的颗粒计数仪仍以哈希 PCX2200 为主。

制约于国内水厂大部分保留着 20 世纪的水处理技术，深度处理工艺应用较少（截至 2016 年底统计数据，全国深度处理工艺水厂不到 10%），在这些深度处理工艺水厂中仅部分采用臭氧活性炭工艺及膜处理工艺的水厂选择在线激光颗粒计数器，所以颗粒计数仪应用普及度很低，据不完全数据统计，近几年哈希的颗粒仪销售量平均不超过 50 套 / 年。

2）美国 ChemTrac

1985 年以来，ChemTrac 公司一直是用于水、废水和其他工业过程的过程监控和控制仪器的制造商，生产流动电流仪及粒子检测、有机物监测、消毒剂监测等设备。该公司生产的液体粒子计数器 PC3400 前些年依托设计院推广，在自来水行业销售了几十台，近几年由于国内代理公司经营问题，售后服务等工作没跟上，导致该品牌的颗粒计数仪逐渐被其他品牌替代，保守估算每年的销售量不超过 10 台。现今市场上英国 PI、英国 Bebur 的颗粒计数仪在销售，销售的颗粒计数仪与 ChemTrac 的颗粒计数仪硬件、性能基本一样，每年销售量也不超过 10 台。

3）中国杭州绿洁

杭州绿洁环境科技股份有限公司创建于 2008 年，总部位于中国杭州，是一家专注于水质分析技术与设备的研发、生产和销售的高新技术企业，也是国内领先的水质分析整体解决方案的提供商，致力于为环境水质分析、水资源管理、市政工艺过程、地下水模型、扬尘监测等领域提供先进、可靠的分析仪器设备及配套的增值服务。绿洁水务公司经过国家择优评审，作为项目申报单位承担了国家“水体污染控制与治理科技重大专项”中的子课题——“颗粒物计数仪研发与应用”的研发工作。十多年来，从最早的 GR-1000 颗粒计数仪历经多个版本不断优化升级到现在的 GR-1501 颗粒计数仪，颗粒计数仪在行业内业绩占了一半以上。

目前在我国市场上销售的颗粒物分析仪主要是美国的 IBR、HACH、Chem Trac 等品牌，最早是 2004 年引进的 IBR 颗粒物分析仪，2008 年杭州绿洁水务科技有限公司整体收购了 IBR 颗粒物分析仪产品线。与进口产品比较，国产品牌具有检测限宽、价格低、国产化率高、操作简便、与国内系统集成匹配度高，特别是具有自主的知识产权等优点，具体参数比较见表 22-5。

表 22-5　在线颗粒计数仪主流品牌仪器主要指标参数对比

项目	厂家 1	厂家 2	厂家 3
对比产品	产品 1	产品 2	产品 3
尺寸 /mm	200×200×132	350×210×178	305×280×127
测量通道数量	8	8	8
粒径范围（上下限）/μm	1.5 ～ 400	2 ～ 750	2 ～ 900
粒径测量分辨力	5%@10μm	—	10μm 时优于 10%
粒径测量相对误差	≤ 9%@2μm	—	10μm 时优于 10%
颗粒数范围 /（粒 /mL）	0 ～ 18000	0 ～ 9999	0 ～ 20000
计数相对误差	10%@18000 粒 /mL	未提及	10%@18000 粒 /mL
零点漂移 /（个 /mL）	＜ 5	＜ 5	＜ 5
传感器无故障寿命 /h	60000 ～ 80000	未提及	75000
显示屏	彩色触摸屏	LCD 液晶屏	LCD 背光屏
显示方式	区间 / 下限（8 通道）	区间（单通道显示）	区间
数据显示形式	数字 / 柱形	数字	数字
数值趋势	实时总数曲线	无	实时总数曲线
报警设置	单通道 / 总数	未提及	单通道 / 总数 / 过流单元状态 / 激光头状态
继电器输出	选配（2 通道）	有	2 个干接点继电器
传输方式	RS232/RS485，4 ～ 20mA，PROFIBUS	4 ～ 20mA，RS485/232	RS232/RS485，以太网，4 ～ 20mA，PROFIBUS

续表

项目	厂家 1	厂家 2	厂家 3
流量 /（mL/min）	60	100	75
流量稳定性 /%	＜ 5	＜ 5	＜ 5
计数补偿方式	流量补偿	流量控制，无补偿	流量控制，无补偿
产品标准	企业标准、行业标准	企业标准	企业标准
平均无故障时间 /h	720	720	720
信噪比	＞ 3 ∶ 1	3 ∶ 1	2 ∶ 1
在线设备价格 / 万元	6	9	8
台式设备价格 / 万元	9	15	13

通过厂家和用户的调研，综合近十年各个厂家销售情况，对比不同品牌颗粒计数器首次采购成本费和后续运行成本（不含水电费），由于不同地区不同项目的价格有所偏差，此处采用的数据为历史价格平均值；关于人工投入，同一个产品在不同工艺中应用所耗费的时间差异较大，如颗粒计数器安装在超滤膜后等水质条件好的工况下，维护周期超过 3 个月 / 次，为方便比较不同品牌颗粒计数器，此处用臭氧活性炭滤后的颗粒计数器维护周期进行分析比较，见表 22-6。

表 22-6　运行成本及维护周期

序号	厂家	产品	首次成本 / 元	每年运行成本（不含人工）/ 元	维护周期（浊度＞ 0.1NTU）/d	维护周期（浊度 ≤ 0.1NTU）/ 月
1	厂家 1	产品 1	55000	800	40	3
2	厂家 2	产品 2	92000	1500	20 ～ 30	1
3	厂家 3	产品 3	79000	1500	20 ～ 30	1

22.2.2　国内外应用状况

（1）用途概述

颗粒计数监测主要应用于城市供水处理、油田废水处理、膜工艺、水产养殖、材料制造等行业。

① 优化混凝剂投加量，在供水水厂中颗粒计数仪主要用于监测水质以及改善处理工艺，通过监测水中颗粒实时监测絮凝过程中颗粒物的动力学变化结果，为优化絮凝过程的设计和操作提供可靠的依据，提高处理后的水质。

② 监控优化过滤过程，通过使用颗粒计数仪监测滤池的进水、出水，用来准确选择滤池反洗周期、及时发现滤池穿透、确定初滤水的排放时间、发现滤池设备损坏、监测滤池过滤效率、选择滤池的合理流量等，准确选择滤池的反洗时间，节省大量反洗用水。

③ 膜法水处理的水质监测，颗粒仪的高灵敏度可实现实时的监测膜穿透与拉丝，为膜的反冲洗提供有效依据。

④ 水质监测中对颗粒技术的监测也作为细菌和“两虫”指标的替代手段，颗粒计数仪可以定量检测出水中颗粒物的量，能取代生物测试法来检测出厂水中的病原微生物，为贾第鞭

毛虫和隐孢子虫的监测提供有力的依据，有效地保障饮用水的安全性，在管网的水质监测与安全预警方面起到重要作用。

⑤ 管网的水质监测与安全预警应用，通过监控出厂水与管网节点的颗粒物数量差别快速有效地判断管网二次污染发生的管段和时间点。

（2）应用情况及效果

《全国城镇供水设施改造与建设“十二五”规划及2020年远景目标》提出，至2020年基本形成与全面建成小康社会要求相适应的城镇供水安全保障体系，实现城镇公共供水全面普及，供水能力协调发展，供水水质稳定达标。然而相对新的《生活饮用水卫生标准》实施要求，部分水厂净化设施改造和技术升级尚有一定差距，需进一步加快推进，确保供水水质安全。浙江、江苏、河北、广东、山东、安徽、河南、内蒙古、新疆等省（自治区）都有相关政策支持水厂改造新建增加深度处理工艺，目前已建成膜工艺处理水厂70座左右，臭氧活性炭工艺水厂突破200个，每个膜工艺水厂配置颗粒计数仪5台以上，每个臭氧活性炭工艺水厂配置颗粒计数仪2台以上，加上管网水颗粒物监测和二次供水颗粒物监测，按此推算颗粒计数仪的市场保有量将以万台为单位。

饮用水的处理实际上是在通过加药使水中的小颗粒凝结成大颗粒，然后通过后续的沉淀、过滤和消毒过程使水变得洁净，各个阶段不同粒径颗粒物的数据可有效反映水质变化情况，可用于优化絮凝剂的加入量，优化絮凝器的设计和操作条件，监测和评估过滤器的过滤效率，优化过滤器的操作和维护（如反洗频率），定量监测出水颗粒物，为控制有害病原体提供更多的信息等。水中浊度接近或低于0.1NTU以后，浊度仪已无法满足监测需求，难以反映水质的变化情况，颗粒计数仪可有效弥补监测需求，颗粒计数仪的应用对于控制生产过程、提高出水质量、降低原材料的消耗都起到了十分重要的作用。部分用户分布见表22-7。

表22-7　典型用户基本信息

序号	用户	所在地	水厂应用工艺段	仪器数量/台
1	南通崇海水厂	江苏南通	水厂—臭氧活性炭	2
2	嘉兴贯泾港水厂	浙江嘉兴	水厂—砂滤	4
3	南通洪港水厂	江苏南通	水厂—臭氧活性炭	1
4	杭州九溪水厂	浙江杭州	水厂—臭氧活性炭	4
5	杭州清泰水厂	浙江杭州	水厂—压力式超滤膜	2
6	杭州祥符水厂	浙江杭州	水厂—臭氧活性炭	1
7	杭州余杭仁和水厂	浙江杭州	水厂—浸没式超滤膜/臭氧活性炭/砂滤	30
8	衢州石头坪水厂	浙江衢州	水厂—砂滤	3
9	温州瑞安江北水厂	浙江温州	水厂—砂滤	1
10	绍兴平水江水厂	浙江绍兴	水厂—臭氧活性炭	3
11	湖州太湖水厂	浙江湖州	水厂—臭氧活性炭	2
12	嘉兴桐乡运河水厂	浙江嘉兴	水厂—臭氧活性炭	1
13	宁波江东水厂	浙江宁波	水厂—浸没式超滤膜	9
14	舟山自来水	浙江舟山	水厂—臭氧活性炭	4
15	东营南郊水厂	山东东营	水厂—超滤膜	5

续表

序号	用户	所在地	水厂应用工艺段	仪器数量 / 台
16	镇江市自来水	江苏镇江	砂滤后＋炭滤后	1
17	石家庄供排水公司	河北石家庄	炭滤后	3
18	瑞源供水总公司	山东德州	膜后出水	1
19	济南水务	山东济南	膜后出水	6

22.2.3　典型应用案例

1）杭州市某水厂

该水厂的饮用净水深度处理系统改造工程，是杭州市“五水共治”重点工程之一。该工程深度处理系统采用目前国际上最成熟和使用最广泛的工艺流程，即“预臭氧接触 - 混凝沉淀 - 砂滤 - 后臭氧接触 - 生物活性炭过滤 - 消毒”的水处理工艺流程，以钱塘江珊瑚沙段为水源，钱塘江干流全长 483km，一般流量在 5000m^3/s，枯水年平均泄水量 300m^3/s（95% 保证率）。

该水厂安装在线颗粒计数仪 4 台，南、北两个炭滤池的南侧出水及北侧出水各 1 台，运行至今仪器性能稳定、运行良好，为水厂工艺运行，尤其是炭滤池的出水监控提供良好数据支撑（见图 22-3）。

图 22-3　现场照片

2）嘉兴市某水厂

该水厂位于市区正南，设计总规模为 45×10^{4}m^3/d，分三期建设，一期工程供水能力为 15×10^{4}m^3/d，于 2007 年 6 月 28 日建成投入试运行。水厂的出厂水水质目标是全面达到《浙江省城市供水现代化水厂评价标准》中的优质水水质标准。该水厂取水为双水源设计，即长水塘与南郊河两处水源可以通过工程设施切换取水，确保水厂有能力应对突发性水源水污染事件，从源头上为水厂提供了供水安全保障。深度处理的核心环节的生物活性炭滤池采用了先进的上向流生物活性炭滤池。

该水厂于 2015 年在砂滤池出水安装了 4 台在线颗粒计数仪，其中总管 1 台、支管 3 台。运行至今仪器性能稳定、运行良好，为水厂工艺运行，尤其是炭滤池的出水监控提供良好数据支撑。利用在线颗粒计数仪和在线浊度仪对超低浊度（0.5NTU 以下）进水的砂滤池运行情况进行了在线监控研究。结果表明，反冲洗结束后 10min 内，滤池出水浊度可降至 0.1NTU

以下，粒径＞2μm的颗粒物总数可降至50个/mL以下；稳定运行后，滤池出水浊度维持在0.05NTU以下，粒径＞2μm的颗粒物总数维持在30个/mL以下，滤池运行周期为48h。当滤池出水水质发生波动时在线颗粒计数仪比浊度仪的响应更迅速。在线颗粒计数监测技术作为在线浊度监测技术的补充，可以有效提高出水的生物安全性，保障饮用水安全，为自来水厂的运行管理提供强有力的技术支撑。

3）东营市某水厂

该水厂位于东营市东城区，是东城区范围内的主供水厂，供水范围包括东城及东营经济开发区。该水厂以引黄水库为水源，黄河水经过沉砂处理后进入南郊水库，水厂直接从水库取水，采用国际先进的以超滤膜为核心的“高锰酸盐预氧化＋粉末活性炭吸附＋混凝沉淀＋砂滤＋超滤膜”水处理组合工艺。

该水厂先后于2013年、2016年、2018年分别在膜池后安装多台在线颗粒计数仪，运行至今仪器性能稳定、运行良好，对实现膜法处理实时监控、保障饮用水安全等方面起到积极的作用。颗粒仪的高灵敏度可实现实时的监测膜穿透与拉丝，为膜的反冲洗提供有效依据。

22.3 技术评估

从产品调研结果来看，厂家用于评价在线颗粒计数仪的指标主要有颗粒粒径范围、粒径测量分辨力、颗粒数范围、粒径区间设置、计数补偿方式、粒径测量相对误差、计数相对误差、零点漂移、流量稳定性、计数重复性10个指标；从相关标准看，基本覆盖调研涉及的全部指标；而用户更关注产品标准、建设成本、运行成本等指标；另外，从行业来看，企业生产规模、市场占有率、是否出口及比例代表企业竞争力也备受关注。因此，根据调研结果、参照相关标准规范、结合生产企业和用户关注的主要问题筛选出16项评估指标，见表22-8。

表22-8　在线颗粒计数仪评估指标

序号	评估指标	序号	评估指标
1	颗粒粒径范围	9	零点漂移
2	粒径测量分辨力	10	流量稳定性
3	颗粒数范围	11	计数重复性
4	粒径区间设置	12	建设成本
5	产品标准	13	运行成本
6	计数补偿方式	14	企业生产规模
7	粒径测量相对误差	15	市场占有率
8	计数相对误差	16	是否出口及比例

22.3.1 评估指标体系

根据课题研究需要和任务合同书要求，结合技术先进性、技术可靠性、性能稳定性、经济适用性、国际竞争力等方面，选取技术先进性、技术可靠性、性能稳定性、经济适用性、国际竞争力5项指标作为一级评估指标集，根据表22-8筛选的16项性能评估指标进一步细化分解为二级评估指标，形成评估矩阵（见图 22-4）。

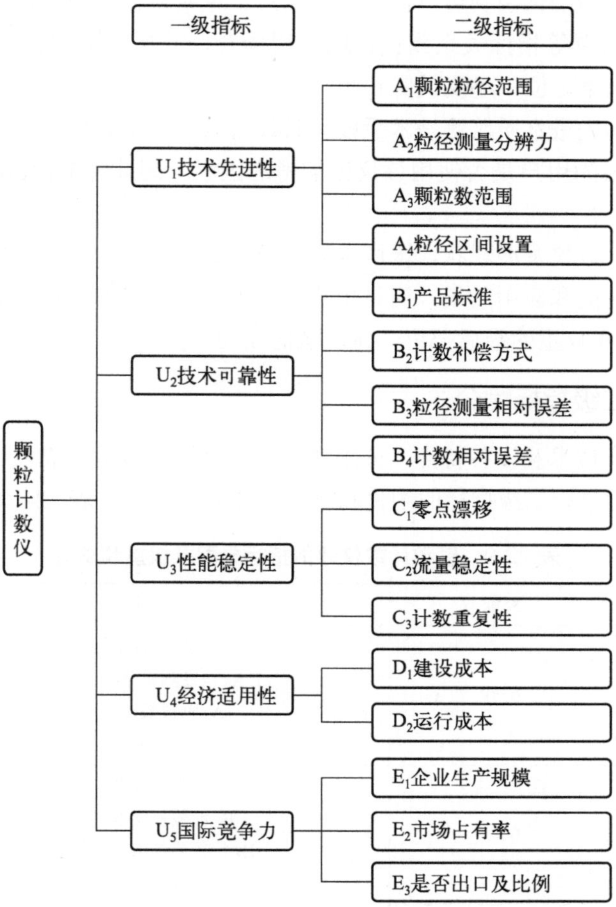

图 22-4　在线颗粒计数仪评估矩阵图

22.3.2　评估指标赋值

22.3.2.1　颗粒计数仪一级指标

根据课题研究需要和任务合同书要求，将在线颗粒计数仪评估一级指标分为技术先进性、技术可靠性、性能稳定性、经济适用性及国际竞争力 5 个，结合在线颗粒计数仪技术及设备特点，对 5 个一级指标赋予权重建议值，分别为 U_2 技术可靠性（0.30）＞ U_3 性能稳定性（0.25）＞ U_1 技术先进性（0.20）＞ U_4 经济适用性（0.15）＞ U_5 国际竞争力（0.10）。

颗粒计数仪作为水中颗粒数监测的设备，最重要的是测试结果的可靠，这样才能为生产决策提供真实依据，仪器首先应保证技术可靠，保障颗粒计数的准确性，因此将 U_2 技术可靠性放在权重首位，建议权重赋值最高，为 0.30。

其次，在保证技术可靠的前提下，其性能稳定性尤为重要。由于颗粒计数仪在运行过程中需要持续投入人力物力维持仪器的正常运行，如果仪器稳定性差，将会花费用户大量的时间金钱。由于流量、计数补偿方式等因素会对测试结果的稳定造成影响，需要重点评估稳定性，因此 U_3 性能稳定性放在权重第二位，建议赋值 0.25。

再次，对于颗粒计数仪作为饮用水水质监测设备，特别是低浊水的精细监测，测试指标的多样性、先进性对精细化控制可以提供更多信息。颗粒粒径范围、粒径测量分辨力、颗粒数范围、粒径区间设置等指标关系到仪器的应用场合、数据丰富性、研究需求，因此将 U_1 技术先进性放在权重第三位，建议赋值 0.20。

颗粒计数仪作为先进水质监测技术手段，其设备投入、基础建设及日常维护运行等指标影响用户的选型，成为用户是否使用该仪器的考虑因素，因此将 U_4 经济适用性放在权重第四位，建议赋值 0.15。

相对国际颗粒计数仪发展现状，国内水质颗粒计数仪仍处于发展初期，生产企业和用户考虑更多的是仪器性能和应用效果，而且用户以国内为主，对海外市场的关注度不高，因此将 U_5 国际竞争力放在权重的最后一位，建议赋值 0.10。

22.3.2.2 评估二级指标赋分

结合颗粒计数仪技术及设备特点，分别对技术先进性、技术可靠性、性能稳定性、经济适用性及国际竞争力进行二级指标的细化和赋分（详见表 22-9、表 22-10）。

表 22-9　颗粒计数仪评估指标分配及权重和赋分

一级指标	权重	二级指标	满分 / 分
U_1 技术先进性	0.20	A_1 颗粒粒径范围	30
		A_2 粒径测量分辨力	25
		A_3 颗粒数范围	25
		A_4 粒径区间设置	20
U_2 技术可靠性	0.30	B_1 产品标准	25
		B_2 计数补偿方式	15
		B_3 粒径测量相对误差	30
		B_4 计数相对误差	30
U_3 性能稳定性	0.25	C_1 零点漂移	50
		C_2 流量稳定性	20
		C_3 计数重复性	30
U_4 经济适用性	0.15	D_1 建设成本	60
		D_2 运行成本	40
U_5 国际竞争力	0.10	E_1 企业生产规模	40
		E_2 市场占有率	50
		E_3 是否出口及比例	10

表 22-10　颗粒计数仪技术评估打分规则

一级指标	二级指标	满分 / 分	分值区间
U_1 技术先进性（权重 0.20）	A_1 颗粒粒径范围	30	粒径范围大于 1.5 ～ 40μm，15 ～ 30 分；小于 1.5 ～ 40μm，0 ～ 15 分
	A_2 粒径测量分辨力	25	分辨力≥ 90%，20 ～ 25 分；68% ～ 90%，10 ～ 20 分；小于 68%，0 ～ 10 分
	A_3 颗粒数范围	25	范围大于 10 ～ 3000 个 /mL，15 ～ 25 分；小于 10 ～ 3000 个 /mL，0 ～ 15 分
	A_4 粒径区间设置	20	区间设置数 2 个，10 分；每增加 1 个，得 2 分，最多 20 分

续表

一级指标	二级指标	满分 / 分	分值区间
U_2 技术可靠性（权重 0.30）	B_1 产品标准	25	仅有其中 3 个方面的标准，根据标准程度和发挥作用情况赋分 15 ~ 25 分；有 2 个方面的标准，根据标准程度和发挥作用情况赋分 10 ~ 15 分；有 1 个方面的标准，根据标准程度和发挥作用情况赋分 5 ~ 10 分；没有标准，根据情况 0 ~ 5 分
	B_2 计数补偿方式	15	无补偿方式得 0 分；有计数补偿方式得 10 分；补偿方式多种且稳定的得 15 分
	B_3 粒径测量相对误差	30	≤ 3%，20 ~ 30 分；3% ~ 5%，10 ~ 20 分
	B_4 计数相对误差	30	±10% 以内，10 ~ 30 分；＞ 10% 或＜ -10%，0 ~ 10 分
U_3 性能稳定性（权重 0.25）	C_1 零点漂移	50	≤ 5 个 /mL，30 ~ 50 分；＞ 5 个 /mL，0 ~ 30 分
	C_2 流量稳定性	20	±10% 以内，20 分；＞ 10% 或＜ -10%，0 分
	C_3 计数重复性	30	≤ 3%，20 ~ 30 分；3% ~ 5%，10 ~ 20 分；≥ 5%，0 ~ 10 分
U_4 经济适用性（权重 0.15）	D_1 建设成本	60	低于平均建设成本，40 ~ 60 分；与平均建设成本相当，30 ~ 40 分；高于平均建设成本，0 ~ 30 分
	D_2 运行成本	40	低于平均运行成本，30 ~ 40 分；与平均运行成本相当，20 ~ 30 分；高于平均运行维护成本，0 ~ 20 分
U_5 国际竞争力（权重 0.10）	E_1 企业生产规模	40	高于平均生产规模，30 ~ 40 分；与平均生产规模相当，20 ~ 30 分；低于平均生产规模，0 ~ 20 分
	E_2 市场占有率	50	市场占有率高于 30%，40 ~ 50 分；市场占有率 10% ~ 30%，20 ~ 40 分；市场占有率低于 10%，0 ~ 20 分
	E_3 是否出口及比例	10	有出口，5 ~ 10 分；未出口，0 分

（1）U_1 技术先进性

颗粒粒径范围、粒径测量分辨力、颗粒数范围、粒径区间设置等指标可体现颗粒计数仪的技术先进性。其中，颗粒粒径范围的大小直接影响颗粒计数范围，是评价颗粒计数仪计数范围能力和评价颗粒计数仪优化设计技术的最有效、最权威的指标，粒径范围大于 1.5 ~ 40μm 得 15 ~ 30 分，小于得 0 ~ 15 分。分辨力越高，粒径的测量越精确，使后续的应用可信度越高，效果越好，分辨力≥ 90%，20 ~ 25 分；68% ~ 90%，10 ~ 20 分；小于 68%，0 ~ 10 分。颗粒数范围直接反映颗粒计数仪计数的准确性及适用范围，范围大于 10 ~ 3000 个 /mL，15 ~ 25 分；小于 10 ~ 3000 个 /mL，0 ~ 15 分。粒径区间设置也是评价设备技术水平的重要指标，区间设置数 2 个，10 分；每增加 1 个，得 2 分，最多 20 分。

（2）U_2 技术可靠性

产品标准是保证技术可靠性的重要指标，是产品生产质量的标尺，产品标准高，符合标准的产品技术可靠性高，相反则技术可靠性低，每项标准可得 5 分。计数补偿方式是指颗粒计数仪对监测数据的校正补偿方法，直接影响最终测试结果的可靠性，可作为技术可靠性的评价指标，有计数补偿方式且可选择得 10 ~ 15 分，有计数补偿方式不可选择得 5 ~ 10 分，无计数补偿方式得 0 ~ 5 分。粒径测量相对误差是指所测的颗粒粒径的相对误差，代表测试粒径的准确性，因此作为技术可靠性重要评价指标，≤ 3%，20 ~ 30 分；3% ~ 5%，10 ~ 20 分。当颗粒物浓度增高时，所测计数与实际颗粒数会出现差异，浓度越高，误差越大，计数相对误差直接代表测试结果的准确性，是技术可靠性的重要评价指标，±10% 以内，10 ～ 30 分；＞ 10% 或＜ -10%，0 ～ 10 分。

（3）U_3 性能稳定性

零点漂移是指颗粒计数仪测试空白样品的稳定性，该指标直接影响水样测试结果的稳定性，因此作为性能稳定性评价的重要指标，漂移≤ 5 个 /mL，30 ～ 50 分；＞ 5 个 /mL，0 ～ 30 分。颗粒计数仪测试过程保持流量的稳定十分重要，流量作为测试结果的一个影响因子，其稳定性直接影响测试结果的稳定性，作为性能稳定性的重要评价指标，±10% 以内，20 分；＞ 10% 或＜ -10%，0 分。另外，计数重复性直接关系同一样品每次测试结果的重复性，作为性能稳定性的重要评价指标，≤ 3%，20 ～ 30 分；3% ～ 5%，10 ～ 20 分；≥ 5%，0 ～ 10 分。

（4）U_4 经济适用性

建设成本包括设备成本、基建成本等，属一次性投资，是用户进行水厂工艺改造考虑的经济因素，高于平均建设成本的得 0 ～ 30 分；与平均建设成本相当的得 30 ～ 40 分；低于平均建设成本的得 40 ～ 60 分。设备运行产生的电耗、药耗、耗材、人力成本等是衡量运行经济的关键指标，高于平均运行成本的得 0 ～ 20 分；与平均运行成本相当的得 20 ～ 30 分；低于平均运行成本的得 30 ～ 40 分。

（5）U_5 国际竞争力

市场占有率是最直接体现行业内产品竞争能力的指标，市场占有率高，一方面说明产品竞争力强，另一方面能收到用户的反馈而不断改善产品、提高产品质量、完善服务体系，是走向国际提高国际竞争力的基础，市场占有率高于 30% 得 40 ～ 50 分；市场占有率 10% ～ 30% 得 20 ～ 40 分；市场占有率低于 10% 得 0 ～ 20 分。企业生产规模反映了企业的生产能力，包括质量保证及数量保证等，直接反映企业的市场竞争力，高于平均生产规模 30 ～ 40 分；与平均生产规模相当 20 ～ 30 分；低于平均生产规模 0 ～ 20 分。是否出口及比例反映了企业产品在国际上的销售情况，直接体现在国际上的竞争能力，有出口得 5 ～ 10 分，未出口 0 分。

通过多次专家咨询与评审，建立了颗粒计数仪产品的专家评估规则，确定了产品一级指标和二级指标相应的权重，可以据此对国内颗粒计数仪产品进行评价。

22.3.3 评估指标体系应用

邀请涵盖高校研究机构、生产企业、设计院所等在内的 10 名专家根据建立的评估体系对颗粒计数仪进行了评估赋值，赋值结果显示，颗粒计数仪生产和应用的技术就绪度整体达到 8 级，已实现了颗粒计数仪设备的国产化，具有可替代进口产品的能力。评估打分汇总及评估结果分别见表 22-11 和图 22-5。

表 22-11　专家评分汇总

序号	U_1 技术先进性		U_2 技术可靠性		U_3 性能稳定性		U_4 经济适用性		U_5 国际竞争力	
	分值 / 分	权重	分值 / 分	权重	分值 / 分	权重	分值 / 分	权重	分值 / 分	权重
1	88	0.1	87	0.35	85	0.3	100	0.15	85	0.1
2	86	0.2	81	0.3	87	0.25	92	0.15	76	0.1

续表

序号	U_1 技术先进性		U_2 技术可靠性		U_3 性能稳定性		U_4 经济适用性		U_5 国际竞争力	
	分值 / 分	权重	分值 / 分	权重	分值 / 分	权重	分值 / 分	权重	分值 / 分	权重
3	90	0.2	80	0.3	82	0.25	84	0.15	75	0.1
4	89	0.2	81	0.3	86	0.25	88	0.15	79	0.1
5	87	0.2	83	0.3	84	0.25	90	0.15	80	0.1
6	90	0.2	80	0.3	81	0.25	90	0.15	80	0.1
7	89	0.2	80	0.3	86	0.25	87	0.15	75	0.1
8	87	0.2	83	0.3	85	0.25	90	0.15	80	0.1
9	85	0.2	85	0.3	86	0.3	88	0.1	80	0.1
10	85	0.15	85	0.3	85	0.3	85	0.1	75	0.15
计算结果	技术就绪度（TRL）	明确需求（TRL1）	技术方案（TRL2）	通过论证（TRL3）	小试研究（TRL4）	中试研究（TRL5）	形成产品（TRL6）	三方评估（TRL7）	标准化（TRL8）	推广应用（TRL9）
	$B=WR$	0	0	0	0	0	0	1.22	3.68	0.2

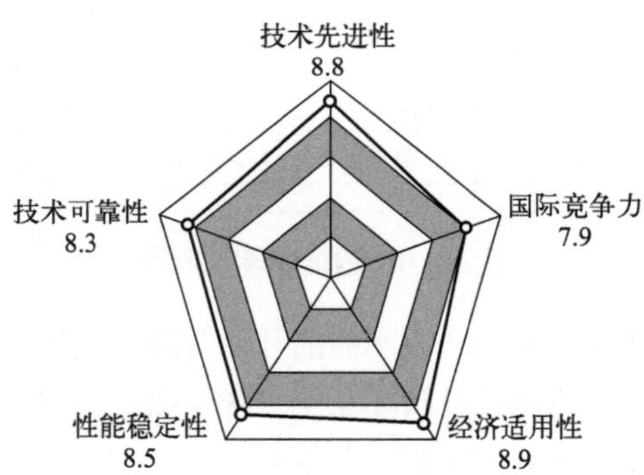

图 22-5　颗粒计数仪评估结果图

22.4　应用验证

依据《城镇供水水质在线监测技术标准》（CJJ/T 271—2017）等规范标准，根据"十三五"水专项设备材料课题城镇给水颗粒计数仪相关验证评估任务，开展颗粒计数仪相关验证工作。通过验证评估颗粒计数仪各项性能指标及考察仪器实际应用情况，为其在整个行业的推广应用提供数据支撑，推动供水行业的全面进步。综合分析各项指标验证所需条件和环境，选取技术先进性、技术可靠性、性能稳定性、经济适用性等指标（见图 22-6）。

22.4.1　验证指标筛选

根据整体评估方案，结合我国供水关键材料设备的需求和发展现状，在深入调研评估颗粒计数仪产品性能及应用状况的基础上建立一套科学合理且有效的评估指标体系，邀请行业专家对评估指标进行评估判断并给出合理分值，汇总相关数据，建立评估矩阵，采用模糊数学

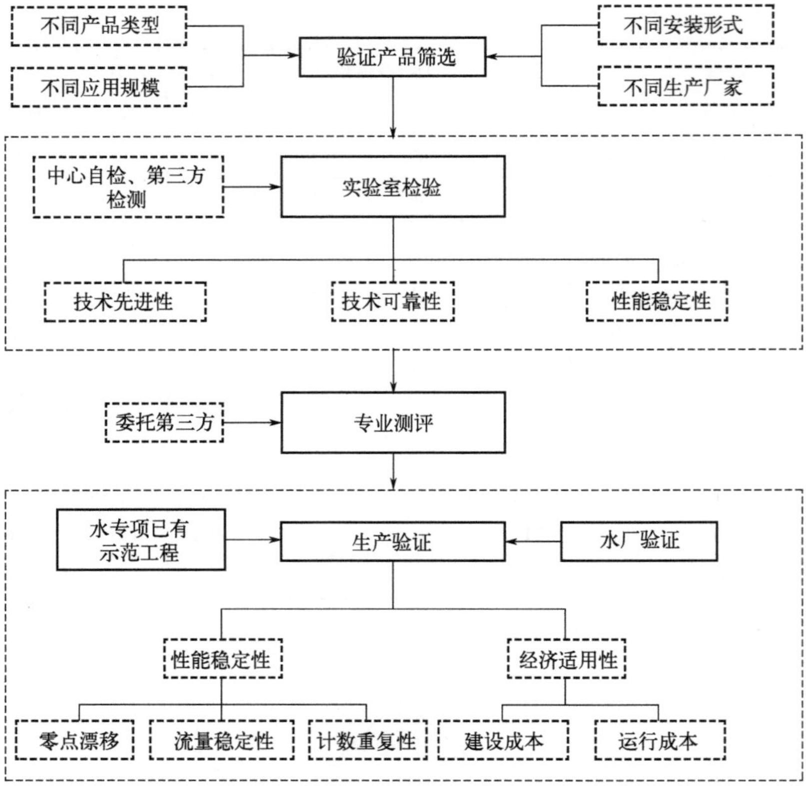

图 22-6 验证步骤及流程

方法进行模糊计算，根据计算结果判断该产品的行业就绪度水平，同时根据技术先进性、技术可靠性、性能稳定性、经济适用性、国际竞争力等一级指标的单项得分对产品性能进行全方位综合判断，为今后产品提升主要性能提供参考。

经过初步筛选、定量筛选，从颗粒计数仪 26 个验证指标体系中筛选出 5 个实验室验证关键指标，筛选出 4 个生产验证关键指标，验证颗粒计数仪设备的性能。根据主成分分析，指标主要分为性能、经济两个方面，性能中主要起作用的指标为粒径区间设置、计数重复性、流量稳定性和平均无故障运行时间，经济中主要起作用的是运行成本。不同设备的指标相关性会受检测条件的影响而有所变动。在进行颗粒计数仪设备验证时，可以选取粒径区间设置、计数重复性、流量稳定性、平均无故障运行时间和运行成本等指标进行，可以较全面地代表整个颗粒计数仪设备运行体系中需要考虑的因素。因此，根据调研结果，参照相关标准规范，结合生产企业和用户关注的主要问题，利用 SPSS 软件计算相关系数，规定 X_1 准则层相关系数＞ 0.85、X_2 准则层相关系数＞ 0.85、指标相关系数均小于规定值，不删除。评估指标筛选结果见表 22-12。

表 22-12 评估指标筛选结果

序号	准则层	指标层	筛选结果
1	X_1 实验室	$X_{1.1}$ 颗粒数范围	保留
2		$X_{1.2}$ 粒径测量分辨力	主成分分析删除
3		$X_{1.3}$ 粒径区间设置	不可观测性删除

续表

序号	准则层	指标层	筛选结果
4	X_1 实验室	$X_{1.4}$ 产品标准	不可观测性删除
5		$X_{1.5}$ 颗粒粒径范围	保留
6		$X_{1.6}$ 粒径测量相对误差	保留
7		$X_{1.7}$ 零点漂移	保留
8		$X_{1.8}$ 流量稳定性	不可观测性删除
9		$X_{1.9}$ 计数重复性	保留
10		$X_{1.10}$ 建设成本	不可观测性删除
11		$X_{1.11}$ 运行成本	不可观测性删除
12	X_2 生产	$X_{2.1}$ 颗粒粒径范围	不可观测性删除
13		$X_{2.2}$ 粒径测量分辨力	不可观测性删除
14		$X_{2.3}$ 颗粒数范围	不可观测性删除
15		$X_{2.4}$ 粒径区间设置	保留
16		$X_{2.5}$ 计数补偿方式	不可观测性删除
17		$X_{2.6}$ 计数重复性	保留
18		$X_{2.7}$ 零点漂移	不可观测性删除
19		$X_{2.8}$ 流量稳定性	主成分分析删除
20		$X_{2.9}$ 平均无故障运行时间	保留
21		$X_{2.10}$ 建设成本	主成分分析删除
22		$X_{2.11}$ 运行成本	保留
23		$X_{2.12}$ 产品标准	不可观测性删除
24		$X_{2.13}$ 企业生产规模	不可观测性删除
25		$X_{2.14}$ 是否出口及比例	不可观测性删除
26		$X_{2.15}$ 市场占有率	不可观测性删除

22.4.2　验证指标体系

将相关性 - 主成分分析法得到的指标体系按照文献调查、实地调研及上述小试及生产试验结果对评价指标进行等级划分，具体评价指标的等级见表 22-13。

表 22-13　评价指标的等级划分

指标	等级
颗粒数范围	＞ 10 ～ 3000 个 /mL，为优良；10 ～ 3000 个 /mL，为合格；＜ 10 ～ 3000 个 /mL，为不合格
粒径测量相对误差	≤ 3% 以内，为优良；3% ～ 5% 以内，为合格；＞ 5%，为不合格
零点漂移	≤ 5 个 /mL，为优良；5 ～ 10 个 /mL 以内，为合格；＞ 10 个 /mL，为不合格
计数重复性	≤ 3%，为优良；3% ～ 5% 以内，为合格；＞ 5%，为不合格
粒径区间设置	＞ 6 个，为优良；2 ～ 6 个以内，为合格；＜ 2 个，为不合格

续表

指标	等级
平均无故障运行时间	＞ 1440h，为优良；720 ～ 1440h，为合格；＜ 720h，为不合格
运行成本	低于平均运行成本，为优良；与平均运行成本相当，为合格；高于平均进行成本 1.5 倍，为不合格
颗粒粒径范围	粒径＞ 1.5 ～ 40μm，为合格；粒径＜ 1.5 ～ 40μm，为不合格

22.4.3 典型产品验证案例

本指标体系验证是基于实验室验证及东营市某水厂、杭州市某水厂、宁波市某水厂以及济市 2 两座水厂的运行数据来进行的。在连续运行期间，5 座水厂仪器都正常运行，且与水质变化情况一致。

对东营市某水厂 PVC-A 和 PVC-C 颗粒计数仪数据进行分析，2015 年 6 月至 2020 年 3 月颗粒仪水样测试变化趋势：PVC-A 中水样过超滤膜超滤后颗粒总数大部分时间能稳定在 50 个 /mL 内，水质好的时候可维持在 20 个 /mL 内；PVC-C 中超滤膜未得到及时更换，使用两年后过滤效果大幅降低。

杭州市某水厂 1#（西侧）、2#（东侧）颗粒计数仪数据进行分析，2019 年 11 月至 2020 年 11 月颗粒计数仪水样测试变化及膜出水浊度变化趋势：该水厂两组超滤膜后颗粒数与浊度一年数据的对比，可看出浊度的变化会引起颗粒数变化，但是浊度变化缓慢，颗粒数变化迅速。两组超滤膜后颗粒数与浊度一年数据的对比，可看出浊度灵敏度不高，颗粒数在较大范围内波动时浊度只在 0.02 ～ 0.06NTU 内变化。从该水厂两组超滤膜后颗粒数一年的数据变化，可看出超滤膜后颗粒数基本稳定在 50 个 /mL 内，绝大部分时间稳定在 20 个 /mL 内。

从宁波市某水厂两组超滤膜后颗粒数 3 个月数据的对比，可看出超滤膜后颗粒总数大部分时间能稳定在 50 个 /mL 内，水质好的时候可维持在 20 个 /mL 内。综合 3 个月的数据及日数据，可看出超滤膜后颗粒总数随工艺运行呈周期性波动，在反冲洗时间段颗粒总数波动大，稳定出水后颗粒总数维持稳定，大部分时间稳定在 50 个 /mL 内，水质好的时候可维持在 20 个 /mL 内。综合两组超滤膜工艺的运行情况，建议超滤膜后颗粒总数控制在 20 个 /mL 内。

对济南市水厂颗粒计数仪数据进行分析，2020 年 4 月至 2021 年 2 月颗粒计数仪水样测试变化趋势：颗粒总数基本保持在 500 个 /mL 内，水质较好时颗粒总数可控制在 50 个 /mL 内。对另一水厂 1#、2# 颗粒计数仪数据进行分析，2020 年 10 ～ 11 月颗粒计数仪水样测试变化趋势：砂滤后的颗粒总数基本保持在 1000 个 /mL 内，水质较好时颗粒总数可控制在 50 个 /mL 内。故建议在条件允许时，尤其是砂滤作为水处理工艺最后一道去除颗粒的工艺时，可将内控指标控制在 50 个 /mL 内，精细管理提升出厂水质。

根据实验室验证及日常运行状况对部分指标进行观测，由划分的评估指标等级对验证地点指标进行验证，各项指标均为合格，其中零点漂移指标测试结果良好（见表 22-14）。

表 22-14　济南某水厂颗粒计数仪验证评估结果

指标	验证结果	评估结论
颗粒数范围 /（个 /mL）	10 ～ 3000	合格

续表

指标	验证结果	评估结论
粒径测量相对误差 /%	≤ 4.5	合格
零点漂移 /（个 /mL）	≤ 5	良好
计数重复性 /%	5	合格
粒径区间设置	2 ～ 100μm 可设置 4 个	合格
平均无故障运行时间 /h	≥ 720	合格
运行成本 /（元 / 年）	约 1200	合格
颗粒粒径 /μm	2 ～ 100	合格

第23章 GC-MS 检测仪

23.1 产品概述

气相色谱 - 质谱联用技术，即将气相色谱仪与质谱仪通过接口组件进行连接，以气相色谱作为试样分离、制备手段，将质谱作为检测手段进行定性、定量分析，再辅以相应的数据采集与控制系统构建而成的联用技术。气质联用法广泛应用于药品检测、环境分析、火灾调查、炸药成分研究、生物样品中药物与代谢产物定性定量分析及未知样品成分的确定。气质联用法也被用于机场安检中，用于行李或随身携带物品的检测。

23.1.1 产生背景

色谱法是一种很好的分离手段，可以将复杂混合物中的各种组分分离开，但它的定性、鉴定结构的能力较差，并且气相色谱需要多种检测器来解决不同化合物响应值的差别问题。质谱对未知化合物的结构有很强的鉴别能力，定性专属性高，可提供准确的结构信息，灵敏度高，检测快速，但质谱法的不同离子化方式和质量分析技术有其局限性，且对未知化合物进行鉴定需要高纯度的样本，否则杂质形成的本底对样品的质谱图产生干扰，不利于质谱图的解析。气相色谱法对组分复杂的样品能进行有效的分离，可提供纯度高的样品，正好满足了质谱鉴定的要求。气相色谱 - 质谱联用（gas chromatography - mass spetrometry），GC-MS 技术综合了气相色谱和质谱的优点，具有 GC 的高分辨率和质谱的高灵敏度、强鉴别能力。GC-MS 可同时完成待测组分的分离、鉴定和定量，被广泛应用于复杂组分的分离与鉴定。

用质谱仪作为气相色谱的检测器是20世纪50年代期间由Roland Gohlke和Fred Mclafferty首先开发的。当时所使用的敏感的质谱仪体积庞大、容易损坏，只能作为固定的实验室装置使用。价格适中且小型化的电脑的开发为这一仪器使用的简单化提供了帮助，并且大大地减少了分析样品所花的时间。1964 年，美国电子联合公司（Electronic Associates Inc.，EAI）——美国模拟计算机供应商的先驱在 Robert E. Finnigan 的指导下开始开发电脑控制的四极杆质谱仪。到了 1966 年，Finigan 和 Mike Uthe 的 EAI 分部合作售出 500 多台四极杆残留气体分析仪。1967 年，Finnigan 仪器公司（Finnigan Instrument Corporation，FIC）组建就绪，1968 年初就给斯坦福大学和普渡大学发送了第一台 GC-MS 的最早雏形。FIC 最后重新命名为菲尼根公司（Finnigan Corporation），并且继续坚持 GC-MS 系统研发。

1966 年，当时最尖端的高速 GC-MS单元（the top-of-the-line high-speed GC-MS units）在不到 90s 的时间里完成了火灾助燃物的分析。然而，如果使用第一代 GC-MS 至少需要 16min。到 2000 年使用四极杆技术的电脑化的 GC-MS 仪器已经成为化学研究和有机物分析的必不可少的仪器。今天电脑化的 GC-MS 仪器被广泛地用在水、空气、土壤等的环境检测中，同时也用于农业调控、食品安全以及医药产品的探索和生产中。

23.1.2　技术特点

（1）气相色谱技术

气相色谱技术是利用一定温度下不同化合物在流动相（载气）和固定相中分配系数的差异使不同化合物按时间先后在色谱柱中流出，从而达到分离分析的目的。保留时间是气相色谱进行定性的依据，而色谱峰峰高或峰面积是定量的手段，所以气相色谱对复杂的混合物可以进行有效的定性定量分析。其特点在于高效的分离能力和良好的灵敏度。由于一根色谱柱不能完全分离所有化合物，以保留时间作为定性指标的方法往往存在明显的局限性，特别是对于同分异构化合物或者同位素化合物的分离效果较差。

（2）质谱技术

质谱技术是将汽化的样品分子在高真空的离子源内转化为带电离子，经电离、引出和聚焦后进入质量分析器，在磁场或电场作用下，按时间先后或空间位置进行质荷比（质量和电荷的比，m/z）分离，最后被离子检测器检测。其主要特点是先进的结构鉴定能力，能给出化合物的分子量、分子式及结构信息。在一定条件下所得的 MS 碎片图及相应强度犹如指纹图，易于辨识，方法专属灵敏。但质谱技术最大的不足之处在于要求样品是单一组分，无法满足复杂物质的分析。

（3）气相色谱 - 质谱联用技术

气相色谱 - 质谱联用技术（GC-MS）是基于气相色谱和质谱技术的基础上，不断充分利用气相色谱对复杂有机化合物的高效分离能力和质谱对化合物的准确鉴定能力进行定性和定量分析的一门技术。在 GC-MS 中气相色谱是质谱的预处理器，而质谱是气相色谱的检测器。两者的联用不仅仅获得了气相色谱中保留时间、强度信息，还有质谱中质荷比和强度信息。同时，计算机的发展提高了仪器的各种性能，如运行时间、数据采集处理、定性定量、谱库检索及故障诊断等。因此 GC-MS 联用技术的分析方法不但能使样品的分离、鉴定和定量快速地完成，还对于批量物质的整体和动态分析起到了很大的促进作用。

23.1.3　气相色谱 - 质谱联用系统组成

气相色谱 - 质谱联用系统由气相色谱单元、质谱单元、计算机和接口四大部分组成，基本组成结构见图 23-1，其中气相色谱单元一般由载气控制系统、进样系统、色谱柱与控温系统组成，质谱单元由离子源、离子质量分析器及其扫描部件、离子检测器和真空系统组成；接口是样品组分的传输线以及气相色谱单元、质谱单元工作流量或气压的匹配器；计算机控制系统不仅用于数据采集、存储、处理、检索和仪器的自动控制，而且还拓宽了质谱仪的性能。

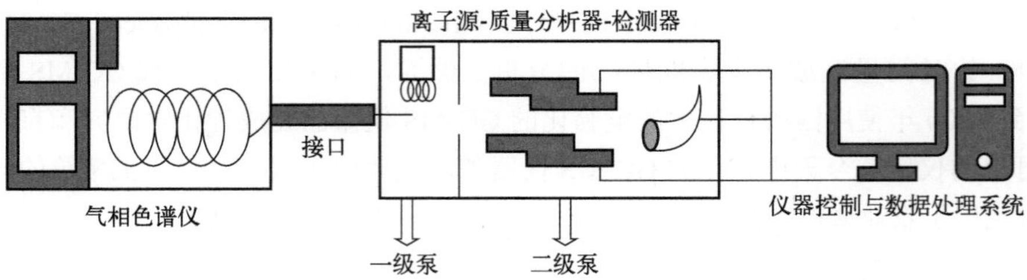

图 23-1　GC-MS 联用仪基本组成结构

23.2　行业调研

23.2.1　国内外生产状况

GC-MS 技术主要掌握在国外几个仪器厂商中，从质量分析器的技术而言，有四极杆质谱、飞行时间质谱、磁质谱、离子阱质谱，以及多检测器同时测量型质谱。GC-MS 主流的产品为四极杆质谱，其次是离子阱质谱。Agilent 和岛津的 GC-MS 每年占据极高的市场份额。ThermoFisher ISQ LT 单级四极杆 GC-MS，引入真空锁装置，实现了离子源的不卸真空切换，满足了关注高通量、高灵敏度和永不停歇的实验室的需求。国内在 2006 年，北京东西分析仪器有限公司推出了四极杆气质联用仪 GC-MS 3100。之后，东西分析、普析通用、天瑞仪器、聚光科技（离子阱 GC-MS）等国内厂商纷纷推出各自的质谱仪。

从整体来看，质谱有 3 大应用市场：a. 定性为主、定量为辅的科研型质谱；b. 以定量为主的检测类质谱；c. 针对某一种或几种特殊的应用的质谱。科研型质谱应用主要见于科技论文（例如 SCI 期刊），由于我国的科研人员投稿的期刊很多在国外，所以科研型仪器使用国外的居多，国内企业很难有所成就。大部分质谱整机应用市场，首选的是以定量为主的检测类质谱，主要是四极杆类的 GC-MS、ICP-MS 和 LC-MS/MS，这些质谱可以适应于国家标准。但由于起步晚，初始核心部件依靠进口和产品初创阶段有可能面临巨大的竞争和极低的利润，需要很大的投入。但由于定量检测的市场巨大，通过坚持和继续提高仪器性能及客户口碑，一定会有长远的突破。在针对某一种或几种特殊应用的质谱市场方面，我国和发达国家差异的应用市场在于环境、食品安全、快检、军事用途。另外，在发达国家正在进攻的临床质谱领域，我国由于已经储备了一些技术，有可能切入临床质谱的独特应用领域。

23.2.1.1　单四极杆 GC-MS

单四极杆 GC-MS 以定量为主，国家标准和行业标准里都有大量的标准方法，是最通用的 GC-MS。国外有 Agilent、PerkinElmer、岛津、赛默飞，国内有东西分析、普析通用、天瑞仪器、舜宇恒平、天美、聚光科技。

GC-MS 3100 型气相色谱 -（四极杆）质谱联用仪在 2006 年发布，是国内近年来首台商品化的气质联用仪。所配备的气相色谱仪是东西分析的 GC4000A 系列，为保证仪器的性能，倍增管、高真空的分子泵及部分电器元件采用了进口部件；其从诞生之初就采用了国产四极杆核心部件，以及国产离子源灯丝、真空密封圈、汽化室衬管等。该产品获得 2007 年中国创新设计红星奖和 2007 年 BCEIA 金奖，用于环境监测、食品安全等领域；而且，东西分析在 GC-MS 3100 上开拓了大量的应用。GC-MS 3200 型气相色谱 - 质谱联用仪 2013 年推出，在 GC-MS 3100 基础上经过改进提升研制而成。外形有了较大的改观，其所用 GC 是东西分析专为 GC-MS 3200 研发的 GC4100 型，气相控温精度达到国际一流水平，第Ⅱ代电子压力 / 流量控制模块使测试重复性得到最大程度的提高。质谱部分的主要改进是：增加了正化学源（PCI），但其他灵敏度等参数未见变化。东西分析的这两款质谱，因出品较早，在国内的装机量应该是最大的，有 100 多台。GC-MS 6800 是 2012 年天瑞仪器上市后重点推出的产品，四极杆、真空泵均为进口，NIST 谱库也是购买的授权版本。灯丝为自主研发，降低了成本。重点用在环境、农药残留、塑化剂检测和 RoHS 中 PBDE（多溴二苯醚）阻燃剂的检测。

普析通用在 2009 年推出 M6，可配置 7890A 气相色谱以及 7683 自动进样器。M7 选用普析通用新一代的分子泵，灵敏度有所提高。针对自来水水质检测设计了专门的自动化软件，增强了用户体验，降低了对操作人员的要求。M8 的灵敏度进一步提升，是国内制造的质谱中灵敏度最高的。使用了自主生产的 131mm 金属钼四极杆，实现了核心器件的国产化。其余的多采用进口仪器的主流设计，如二次离轴检测器，进一步去除中性粒子提高信噪比；双模式射频电流，不同质量范围内有不同射频频率，进一步提高分辨率；新一代 Enrichent 惰性离子源，进一步提高离子传输效率。

舜宇恒平 2015 年推出了 MSQ 8100，并获得 2015 BCEIA 金奖，与其专门设计的全 EPC 模块控制的 GC1290 配套。采用九院六所的四极杆对尖锐的色谱峰也能稳定地采集。

天美在 2014 年购买了布鲁克的前瓦里安的 GC-MS 产品线，获得 SCION GC-MS 产品，除具有 EI 源外，还具有 PCI 和 NCI 源，气相色谱部分来自瓦里安气相色谱。操作简单，易于维护，具有无透镜离子化通道设计，调谐更简单；加热惰性离子源，无需频繁清洗。可用于食品安全、环境保护、农药残留、石化、临床等领域的检测。

23.2.1.2 离子阱 GC-MS

聚光科技 2011 年推出的 Mars-6100 离子阱气质联用仪，关键部件和耗材均系国产部件或自主研发。其中采用基于离子阻塞的脉冲式内离子源技术和专利的样品区域驻留技术，减少了离子在传输时的损失，保证了样品在离子阱内最长时间的驻留，使得仪器具备极高的灵敏度，能够应对痕量有机物的日常分析；增强型碰撞诱导裂解（ECID）技术和经典四极场 3D 离子阱质量分析器，改进了质量峰形和稳定性，CID 裂解效率相对传统仪器提高了 30%；样品区域驻留技术提高了载气在质量分析器中的驻留，与同类产品相比，载气耗气量减少 20% 以上；自锁式气质接口技术轻松实现气质接口部分的装配和精确的定位，提高了系统的维护性和可靠性。

23.2.2 国内外应用状况

23.2.2.1 用途概述

饮用水的质量直接影响到人们的健康，饮用水中的 VOCs 给人体健康带来的危害已经受到极大的重视。为了保护人体健康，我国提出的 68 种优先污染物名单中有 20 种污染物是 VOCs。气相色谱 - 质谱联用技术，辅以相应的数据采集与控制系统对质谱图进行相应的分析处理，能对样品进行定量分析及未知产品成分的确定。气质联用法广泛应用于供水、环保、水利、疾控、第三方检测及高校研究等行业，此外还用于食品质检、生物样品有机物污染物检测、药物滥用监测、兴奋剂监测等其他行业。

23.2.2.2 应用情况及效果

GC-MS 检测仪已广泛应用于各领域，成为分析复杂混合物最为有效的手段之一，如供排水、环保、水利、疾控、高校以及科研院所，典型用户清单见表 23-1。国家城市供水水质监测网某站采用安捷伦气质联用仪 5975C 开展了对石家庄两大库水以及经过处理后的地表水出厂水中挥发性和半挥发性有机物的监测工作，以了解其有机物的组成，对水质处理工艺具有重要的指导意义；国家城市供水水质监测网某站利用安捷伦 7890A-5975C 及其他仪器依据国家标准，每日对贵阳市多个水厂的进、出厂水和城市管网监测点的水质进行常规 9 项检测，每月进行一次常规 35 项检测，每半年进行一次全部 106 项检测，为贵阳市城市供水安全提供有力保障。

表 23-1　典型用户清单

<table>
<tr><th rowspan="2">序号</th><th rowspan="2">国家监测站名称</th><th colspan="3">GC-MS 仪器</th></tr>
<tr><th>品牌</th><th>型号</th><th>购买时间</th></tr>
<tr><td>1</td><td>国家城市供水水质监测网北京站</td><td>安捷伦</td><td>5975C</td><td>—</td></tr>
<tr><td>2</td><td>国家城市供水水质监测网成都站</td><td>安捷伦</td><td>5977B</td><td>2017 年</td></tr>
<tr><td>3</td><td>国家城市供水水质监测网太原站</td><td>赛默飞</td><td>DSQ- Ⅱ</td><td>2006 年</td></tr>
<tr><td>4</td><td>国家城市供水水质监测网陕西站</td><td>安捷伦</td><td>7200B QTOF</td><td>2014 年</td></tr>
<tr><td>5</td><td>国家城市供水水质监测网贵阳站</td><td>安捷伦</td><td>7890A-5975C</td><td>—</td></tr>
<tr><td>6</td><td>国家城市供水水质监测网滨海站</td><td>安捷伦</td><td>5975C</td><td>2010 年以前</td></tr>
<tr><td>7</td><td>国家城市供水水质监测网广州站</td><td>赛默飞</td><td>Focus-ISQ</td><td>—</td></tr>
<tr><td>8</td><td>国家城市供水水质监测网青岛站</td><td>安捷伦</td><td>5977B</td><td>2011 ～ 2015 年</td></tr>
<tr><td>9</td><td>国家城市供水水质监测网济南站</td><td>安捷伦</td><td>5977B</td><td>2011 ～ 2015 年</td></tr>
<tr><td>10</td><td>国家城市供水水质监测网杭州站</td><td>安捷伦</td><td>5975C</td><td>2010 年以前 /2011 ～ 2015 年</td></tr>
<tr><td>11</td><td>国家城市供水水质监测网大连站</td><td>安捷伦</td><td>5975C</td><td>2010 年以前</td></tr>
<tr><td>12</td><td>国家城市供水水质监测网石家庄站</td><td>安捷伦</td><td>5975C</td><td>2015 年后</td></tr>
<tr><td>13</td><td>国家城市供水水质监测网福州站</td><td>安捷伦</td><td>5975C</td><td>2011 ～ 2015 年</td></tr>
<tr><td rowspan="2">14</td><td rowspan="2">国家城市供水水质监测网温州站</td><td rowspan="2">安捷伦</td><td>5975C</td><td>2015 年后</td></tr>
<tr><td>5977B</td><td>2011 ～ 2015 年</td></tr>
<tr><td>15</td><td>国家城市供水水质监测网厦门站</td><td>岛津</td><td>QP2010plus</td><td>—</td></tr>
<tr><td rowspan="2">16</td><td rowspan="2">国家城市供水水质监测网天津站</td><td>安捷伦</td><td>5977B</td><td>2011 ～ 2015 年</td></tr>
<tr><td>赛默飞</td><td>TSQ8000</td><td>2016 年</td></tr>
</table>

续表

序号	国家监测站名称	GC-MS 仪器		
		品牌	型号	购买时间
17	国家城市供水水质监测网银川站	安捷伦	5977B	2011 ～ 2015 年
18	呼和浩特市供排水监测中心	安捷伦	5977B	2011 ～ 2015 年
			7000（MS-MS）	2015 年后
19	国家城市供水水质监测网长春站	安捷伦	5977B	2011 ～ 2015 年
20	国家城市供水水质监测网乌鲁木齐站	安捷伦	5975C	2010 年
21	国家城市供水水质监测网南京站	安捷伦	5977A	2011 ～ 2015 年
			5975C	2011 ～ 2015 年
22	国家城市供水水质监测网郑州站	安捷伦	5977B	2015 年后
			5973i	2010 年以前

23.3　技术评估

GC-MS 验证指标体系的建立是在综合技术先进性、技术可靠性、性能稳定性、经济适用性和国际竞争力等方面的基础上，全面体现 GC-MS 性能指标、应用效果指标和经济性指标。为研究指标与结果之间的相关性，可以利用相关性分析计算得出各指标与结果之间的相关系数，通过相关系数的大小判断指标与结果之间相关度的大小以及指标对结果影响作用的强弱。但是在很多情况下，由于各指标之间相互影响，造成指标与指标之间具有重叠信息，从而造成直接相关系数的虚假性，因此为了消除这种虚假性，可以通过进行主成分分析的方法提取出多因素的主成分，根据原始变量在主成分方向上的载荷考察原始变量在主成分上与结果之间的相关系数。由于排除了不相关的因素，主成分分析更清晰地反映出指标与结果之间的关系，从而筛选出更能代表结果的指标。

通过前期对各种 GC-MS 在实验室进行实验，并对国内的 GC-MS 生产厂家和用户进行调研，筛选 GC-MS 关键技术经济指标和典型应用案例，开展典型产品的应用流程进行技术性能测试和技术经济性分析，建立 GC-MS 的科学验证体系，为 GC-MS 在整个行业的推广和应用提供了数据支撑，推动供水行业的进步。

23.3.1　评估指标体系

结合技术先进性、技术可靠性、性能稳定性、经济适用性、国际竞争力等方面，选取技术先进性、技术可靠性、性能稳定性、经济适用性、国际竞争力 5 项作为一级评估指标集，根据筛选的 22 项性能评价指标进一步细化分解为二级评估指标，形成评估矩阵图，详见图 23-2。

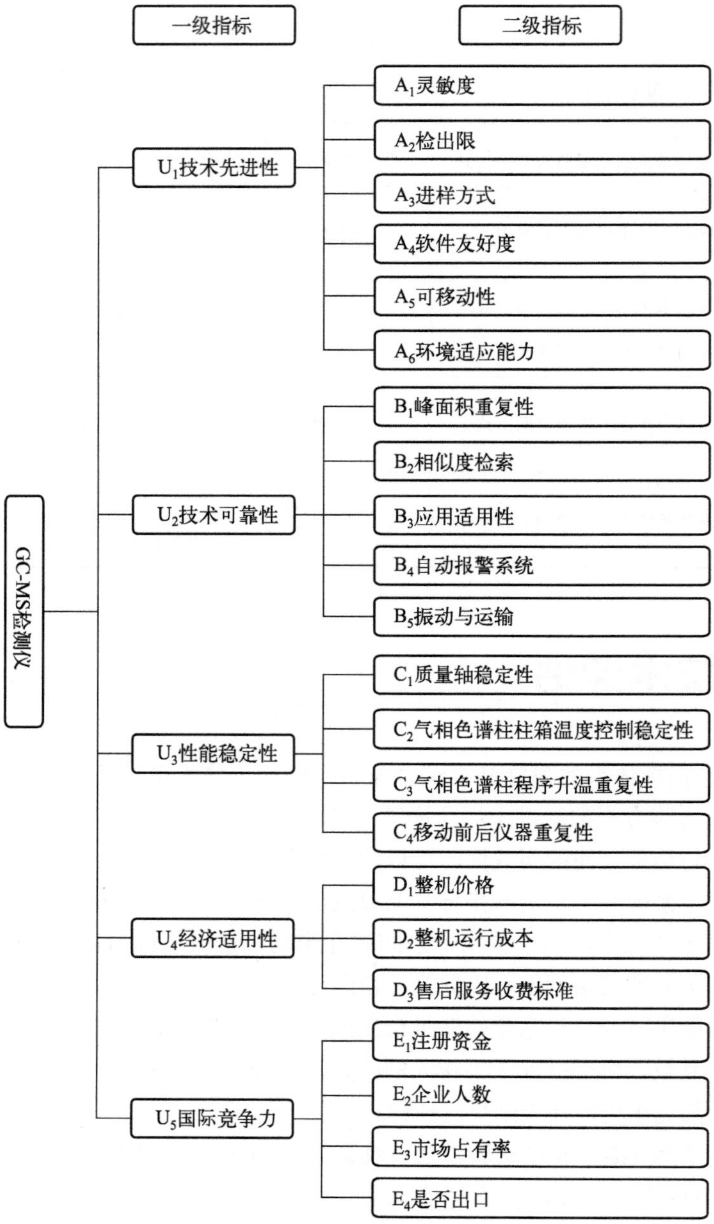

图 23-2　GC-MS 检测仪评估矩阵图

23.3.2　评估指标赋值

23.3.2.1　评估一级指标权重建议赋值

将 GC-MS 检测仪评估一级指标分为技术先进性、技术可靠性、性能稳定性、经济适用性、国际竞争力 5 个，结合 GC-MS 检测仪技术及其特点对 5 个一级指标分别赋予权重建议值，分别为 U_1 技术先进性（0.30）= U_2 技术可靠性（0.30）＞ U_3 性能稳定性（0.20）＞ U_4 经济适用性（0.10）= U_5 国际竞争力（0.10）。

技术先进性和技术可靠性这两者在总权重中各按 0.30。先进性表明产品的基本技术水平，可靠性表明产品能长期、稳定运行。技术先进性和技术可靠性是保障产品稳定、可靠运行的必要条件和前提，这两者权重相同。

性能稳定性、经济适应性、国际竞争力的权重分别为 0.20、0.10、0.10。对于 GC-MS 检测仪来讲，这三者中最重要的是性能稳定性，在保证产品的性能稳定和技术可靠的前提下，技术越先进越好，因此该项权重为 0.20；经济适用性主要取决于设备购买成本、维护成本，通常与技术先进性、技术可靠性、性能稳定性负相关。国际竞争力反映了对应品牌产品的国内外市场竞争能力，根据目前国内产品均以本土销售为主的情况，此次评估中按照较低的权重进行分配，因此经济适用性和国际竞争力权重各为 0.10。

23.3.2.2　评估二级指标赋分

结合 GC-MS 检测仪技术先进性、技术可靠性、性能稳定性、经济适用性、国际竞争力进行二级指标的细化和赋分。

（1）U_1 技术先进性

技术先进性中，灵敏度、检出限和环境适应能力为代表技术先进性的主要技术指标，各按 20 分。灵敏度根据八氟萘测试信噪比进行评分，S/N < 10 ∶ 1（峰峰值），得 0 分；S/N ≥ 10 ∶ 1（峰峰值），得 15 分；S/N ≥ 100 ∶ 1（峰峰值），得 20 分。根据《生活饮用水标准检验方法　第 8 部分：有机物指标》（GB/T 5750.8—2023）与《水质　有机氯农药和氯苯类化合物的测定　气相色谱 - 质谱法》（HJ 699—2014）对检出限进行评价，不符合标准，得 0 分；符合其中一个标准，得 10 分；符合两个标准，得 20 分。环境适应能力，能在 15 ～ 25℃工作，得 10 分；能在 0 ～ 30℃工作，得 15 分；能在 –10 ～ 40℃工作，得 20 分。进样方式和软件友好度次之，各按 15 分。进样方式按照仪器主机具备的进样方式进行评分，如液体进样、SPME 进样、吸附热解吸进样等。按照主机配备的进样方式，具备一项，得 5 分；具备两项，得 10 分；大于两项，得 15 分。软件友好度按是否满足全中文，带自动调谐、自动校准一键操作功能，皆满足，15 分；满足任意一个，10 分。考虑调研结果中大部分设备不具有可移动能力，可移动性满分按 10 分，体积＞ 60cm×60cm×60cm，重量＞ 50kg，得 4 分；体积≤ 60cm×60cm×60cm，重量≤ 50kg，得 6 分，其中一项不满足得 5 分；体积≤ 45cm×45cm×30cm，重量≤ 25kg，得 10 分，其中一项不满足得 8 分。

（2）U_2 技术可靠性

技术可靠性中，峰面积重复性最重要，是仪器的基础指标，按 30 分，六氯苯，连续 6 次，RSD ＞ 20%，得 0 分；RSD ＞ 10% 且≤ 20%，得 10 分；RSD ＞ 5% 且≤ 10%，得 20 分；RSD ≤ 5%，得 30 分。相似度检索、应用适用性以及自动报警系统提供了可靠的使用基础，各按 20 分。相似度检索按六氯苯，连续 6 次，RSD ＞ 20%，得 0 分；六氯苯，连续 6 次，RSD ＞ 10% 且≤ 20%，得 10 分；六氯苯，连续 6 次，RSD ＞ 5% 且≤ 10%，得 20 分。应用适用性以是否满足生活饮用水标准 GB 5749—2022、地表水标准 GB 3838—2002 和地下水标准 GB 14848—2017 检测要求，满足三项，得 20 分；满足两项，得 15 分；满足一项，得 10 分；全部不满足，得 0 分。自动报警系统按不具备自动报警系统，得 0 分；具备自动报警系统，得 20 分。其余指标按 10 分，振动与运输不符合 GB/T 4857（系列标准），得 0 分；符合 GB/T 4857（系列标准），得 10 分。

（3）U_3 性能稳定性

性能稳定性中，质量轴稳定性和移动前后仪器重复性为保证系统稳定运行的必要参数，各按 30 分。根据《便携式气相色谱 - 质谱联用仪技术要求及试验方法》(GB/T 32210—2015)，质量轴稳定性＞ 0.3amu/8h，得 0 分；＞ 0.2amu/8h 且≤ 0.3amu/8h，得 10 分；＞ 0.1amu/8h 且≤ 0.2amu/8h，得 20 分；≤ 0.1amu/8h，得 30 分。移动前后仪器重复性以硬脂酸甲酯进行评价，卸真空断电 2h 后重新上电准确定性判断硬脂酸甲酯相似度检索＞ 75%，＜ 0.5h，30 分；0.5 ～ 1h，20 分；1 ～ 2h，10 分；＞ 2h，0 分。气相色谱柱柱箱温度控制稳定性和气相色谱柱程序升温重复性各按 20 分。根据《气相色谱 - 质谱联用仪校准规范》(JJF 1164—2018）要求，气相色谱柱柱箱温度控制稳定性＞ 0.5%，得 0 分；≤ 0.5%，得 20 分。根据《气相色谱 - 质谱联用仪校准规范》(JJF 1164—2018）要求，气相色谱柱程序升温重复性＞ 1%，得 0 分；≤ 1%，得 20 分。

（4）U_2 经济适用性

经济适用性中，整机价格是设备的一次投入建设费用，费用的高低对于用户的采购意愿有直接的影响，最为重要，按 40 分，根据整机标准配置价格＞ 100 万元，得 25 分；≤ 100 万元，得 40 分。整机运行成本和售后服务收费标准是衡量运行经济的关键指标，相对次之，各按 30 分。整机运行成本根据功耗＞ 600W，得 10 分；功耗≤ 600W 且＞ 300W，得 20 分；功耗≤ 300W，得 30 分。售后服务收费标准以工程师上门服务工时费进行评分，价格越低越适用，≤ 300 元，得 30 分；300 ～ 500 元，得 20 分；≥ 500 元，得 10 分。

（5）U_5 国际竞争力

国际竞争力中，企业规模与注册资金和人数相关，其业绩和市场占有率基本一致，一般企业规模及业绩大的市场占有率同比也高，注册资金、企业人数、市场占有率各按 30 分。企业注册资金越多者越有竞争力，≥ 5000 万元，得 30 分；100 万～ 5000 万元，得 20 分；≤ 100 万元，得 10 分。企业人数越多者越有竞争力，≥ 500 人，得 30 分；100 ～ 500 人，得 20 分；≤ 100 人，得 10 分。市场占有率越大者越有竞争力，≥ 3%，得 30 分；1% ～ 3%，得 20 分；≤ 1%，得 10 分。国产 GC-MS 分析仪主要是国内市场，是否出口按 10 分，以是否具有国外市场销售业绩进行评分，国外市场份额占比：≥ 5%，得 10 分；0% ～ 5%，得 0 ～ 5 分。

通过多次专家咨询与评审，建立了 GC-MS 检测仪的专家评估规则，确定了产品一级指标和二级指标相应的权重，据此对国内 GC-MS 检测仪进行了评估。具体评估指标分配及权重赋分如表 23-2 所列。

表 23-2　GC-MS 检测仪评估指标分配及权重赋分

一级指标	权重	二级指标	赋分 / 分
U_1 技术先进性	0.30	A_1 灵敏度	20
		A_2 检出限	20
		A_3 进样方式	15
		A_4 软件友好度	15
		A_5 可移动性	10
		A_6 环境适应能力	20
		汇总	100

续表

一级指标	权重	二级指标	赋分 / 分
U_2 技术可靠性	0.30	B_1 峰面积重复性 B_2 相似度检索 B_3 应用适用性 B_4 自动报警系统 B_5 振动与运输	30 20 20 20 10
		汇总	100
U_3 性能稳定性	0.20	C_1 质量轴稳定性 C_2 气相色谱柱柱箱温度控制稳定性 C_3 气相色谱柱程序升温重复性 C_4 移动前后仪器重复性	30 20 20 30
		汇总	100
U_4 经济适用性	0.10	D_1 整机价格 D_2 整机运行成本 D_3 售后服务收费标准	40 30 30
		汇总	100
U_5 国际竞争力	0.10	E_1 注册资金 E_2 企业人数 E_3 市场占有率 E_4 是否出口	30 30 30 10
		汇总	100

23.3.3 评估指标体系应用

邀请涵盖高校研究机构、生产企业、设计院所等在内的 10 名专家根据建立的评估体系对 GC-MS 仪进行了专家评估，赋值结果显示国内 GC-MS 仪生产和应用的技术仍需进一步提高对于进口产品的市场竞争力。评估打分表及评估结果分别见表 23-3、图 23-3。

表 23-3 GC-MS 检测仪专家评分汇总

序号	U_1 技术先进性		U_2 技术可靠性		U_3 性能稳定性		U_4 经济适用性		U_5 国际竞争力	
	分值 / 分	权重	分值 / 分	权重	分值 / 分	权重	分值 / 分	权重	分值 / 分	权重
1	80	0.25	81	0.35	73	0.2	100	0.15	75	0.05
2	75	0.3	83	0.3	78	0.2	89	0.1	76	0.1
3	73	0.3	89	0.3	76	0.2	92	0.1	76	0.1
4	80	0.25	86	0.35	76	0.2	70	0.15	83	0.05
5	75	0.3	85	0.3	79	0.2	93	0.1	76	0.1
6	76	0.3	85	0.3	80	0.2	89	0.1	74	0.1
7	76	0.3	85	0.3	80	0.2	89	0.1	74	0.1
8	75	0.3	81	0.3	80	0.2	91	0.1	72	0.1
9	73	0.3	83	0.3	76	0.2	92	0.1	72	0.1
10	73	0.3	81	0.3	80	0.2	92	0.1	76	0.1

续表

序号	U_1 技术先进性		U_2 技术可靠性		U_3 性能稳定性		U_4 经济适用性		U_5 国际竞争力	
	分值 / 分	权重	分值 / 分	权重	分值 / 分	权重	分值 / 分	权重	分值 / 分	权重
11	77	0.2	84	0.3	81	0.3	92	0.1	69	0.1
计算结果	技术就绪度（TRL）	明确需求（TRL1）	技术方案（TRL2）	通过论证（TRL3）	小试研究（TRL4）	中试研究（TRL5）	形成产品（TRL6）	三方评估（TRL7）	标准化（TRL8）	推广应用（TRL9）
	$B=WR$	0	0	0	0	0	0.2	2.71	1.47	0.64

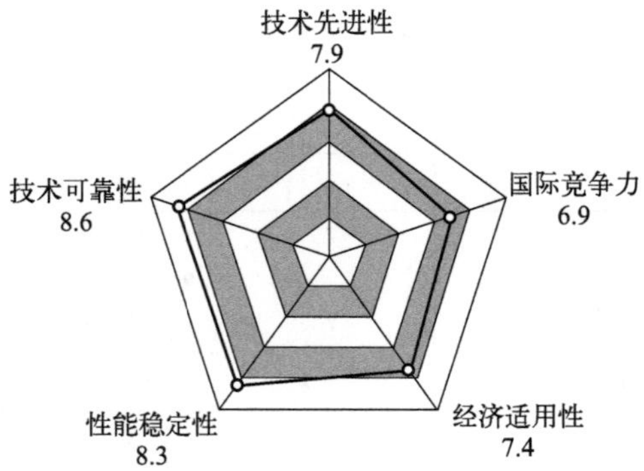

图 23-3　GC-MS 检测仪评估结果图

在调研的基础上，经专家评估，GC-MS 检测仪生产和应用的技术就绪度整体达到 7 ～ 8 级，已实现了设备的国产化并形成了一定市场应用规模。

23.4　应用验证

23.4.1　验证指标筛选

验证地点及验证设备信息见表 23-4。

表 23-4　验证地点及验证设备信息

序号	验证单位	所在流域	厂家	设备型号
1	山东省城市供排水水质监测中心	黄河流域	岛津	TQ8030
2	乌鲁木齐市水务集团	黄河流域	安捷伦	5975C
3	绵阳市水务集团	长江流域	安捷伦	5975C
4	武汉市水务集团	长江流域	安捷伦	5975C
5	郑州市水务集团	淮河流域	安捷伦	5977B
6	南京市水务集团	淮河流域	安捷伦	5977A
7	广州市水务集团	珠江流域	赛默飞	Focus-ISQ
8	国家城市供水水质监测网深圳站	珠江流域	安捷伦	5977A

利用 GC-MS 检测仪实际应用中的高频指标作为重点，结合文献梳理和调查研究进行指

标的海选。根据可观测性原则将数据无法获得的海选指标删除，保证初步筛选后的指标体系可以量化。

为保证该数据分析过程中各指标的广泛性和丰富性，GC-MS 检测仪验证体系中的数据来源是在数据库筛查、专题调研以及单向解析的基础上进行，针对产品性能特点，并根据 GC-MS 检测仪在不同流域、不同环境、不同水质条件下的应用情况，从产品性能指标、应用效果指标、经济性指标等方面对 GC-MS 检测仪的各项指标进行筛选验证，标准化验证工作程序主要是进行性能检验。结合前期的实验内容和实验数据，以及通过查阅文献和实地调研的结果，以 GC-MS 检测仪的性能和实际应用评价指标建立城镇供水 GC-MS 检测仪验证海选指标体系，建立的海选指标集见表 23-5。根据可观测性原则将数据无法获得的海选指标删除，保证初步筛选后的指标体系可以量化，然后对初步筛选的指标数据进行标准化分析，基于相关性分析将 X_1 准则层相关系数＞ 0.90 的指标筛选保留。在相关性分析的基础上，利用主成分分析筛选各准则层内剩余的指标，筛选准则层 X_1 的累积方差贡献率达到 78% 时各个主成分中因子负载绝对值较大的指标。经过初步筛选、定量筛选，从 21 个海选指标中筛选出 5 个指标，保留的指标在表 23-5 中用“保留”标出。

表 23-5　GC-MS 检测仪的海选指标集

序号	准则层	指标层	筛选结果
1	X_1 小试	$X_{1.1}$ 质量范围	主成分分析删除
2		$X_{1.2}$ 质量分辨率	保留
3		$X_{1.3}$ 质量准确性	主成分分析删除
4		$X_{1.4}$ 信噪比	主成分分析删除
5		$X_{1.5}$ 峰面积重复性	保留
6		$X_{1.6}$ 保留时间重复性	保留
7		$X_{1.7}$ 气相色谱柱柱箱温度控制稳定性	主成分分析删除
8		$X_{1.8}$ 气相色谱柱柱箱程序升温重复性	保留
9		$X_{1.9}$ 谱库检索	保留
10		$X_{1.10}$ 振动与运输	不可观测性删除
11		$X_{1.11}$ 进样方式	不可观测性删除
12		$X_{1.12}$ 软件友好度	不可观测性删除
13		$X_{1.13}$ 自动报警系统	不可观测性删除
14		$X_{1.14}$ 问题自诊断系统	不可观测性删除
15		$X_{1.15}$ 问题自诊断系统	不可观测性删除
16		$X_{1.16}$ 整机价格	不可观测性删除
17		$X_{1.17}$ 售后服务收费标准	不可观测性删除
18		$X_{1.18}$ 注册资金	不可观测性删除
19		$X_{1.19}$ 企业人数	不可观测性删除
20		$X_{1.20}$ 市场占有率	不可观测性删除
21		$X_{1.21}$ 是否出口	不可观测性删除

23.4.2 验证指标体系及等级划分

将相关性 - 主成分分析法得到的指标体系按照文献调查、实地调研及上述小试对评估指标进行等级划分，具体评估指标的等级见表 23-6。

表 23-6 评估指标的等级划分

指标	等级
质量分辨率	质量分辨率，≤ 1amu，为合格；＞ 1amu，为不合格
峰面积重复性	对样品连续进行 6 次试验，RSD ≤ 5%，为优良；5% ＜ RSD ＜ 20%，为合格；RSD ≥ 20%，为不合格
保留时间重复性	保留时间重复性，≤ 1%，合格；＞ 1%，不合格
气相色谱柱柱箱程序升温重复性	气相色谱柱程序升温重复性，≤ 1%，合格；＞ 1%，不合格
谱库检索	对 10ng 硬脂酸甲酯物质分析后，进行谱库检索，相似度≥ 75%，为合格；相似度＜ 75%，为不合格

23.4.3 验证体系应用

本指标体系验证是基于淮河流域的运行数据来进行的，该流域河南省某水务集团和国家城市供水水质监测网某监测站分别采用安捷伦 5977B 和安捷伦 5977A，河南省某水务集团 2020 年供水量 45581.98 万立方米，最高日供水量 153.06 万立方米，水质合格率 99.93%，管网压力合格率 99.97%，管网漏损率 7.61%；国家城市供水水质监测网某监测站设有 9 座污水处理厂，污水日处理能力 275 万立方米，占全市污水处理能力的 70%。

验证实验方法：采用上述典型产品进行技术性能测试，由划分的评估指标等级对验证地点指标进行验证，结果见表 23-7。

表 23-7 评估指标的等级划分

验证指标	安捷伦 5977B		安捷伦 5977A	
	验证结果	评估结论	验证结果	评估结论
质量分辨率	≤ 1amu	合格	≤ 1amu	合格
峰面积重复性	RSD ≤ 5%	优良	RSD ≤ 5%	优良
保留时间重复性	≤ 1%	合格	≤ 1%	合格
气相色谱柱柱箱程序升温重复性	≤ 1%	合格	≤ 1%	合格
谱库检索	相似度≥ 75%	合格	相似度≥ 75%	合格

第24章 ICP-MS 检测仪

24.1 产品概述

电感耦合等离子体质谱（inductively coupled plasma mass spectrometry，ICP-MS）是 20 世纪 80 年代后发展起来的分析测试技术，它是以独特的接口技术将电感耦合等离子体（ICP）的高温电离特性与四极杆质量分析器（MS）的快速灵敏扫描的优点相结合而形成的一种元素和同位素分析技术。ICP-MS 具有样品制备和进样技术简单、质量扫描速度快、运行周期短、所提供的离子信息受干扰程度小等优点。对于大多数元素而言，有着极低的检出限。几乎可以取代传统的元素分析技术，被公认为最理想的无机元素分析方法。ICP-MS 广泛应用于环境监测、地质科学、生物科学、农业生产、材料科学、冶金工业、医药学领域、食品检测、法医检测以及最新的毒品检测、新能源检测等领域。

24.1.1 产品分类

采用 ICP 作为离子源的质谱仪器包括几种类型，如电感耦合等离子体四极杆质谱仪（ICP-Q-MS）、扇形磁场电感耦合等离子体质谱仪（SF-ICP-MS）或被称为高分辨率电感耦合等离子体质谱仪（HR-ICP-MS）、多接收器电感耦合等离子体质谱仪（MC-ICP-MS）（主要用于高精度的同位素的比值分析）、电感耦合等离子体飞行时间质谱仪（ICP-TOF-MS）。

24.1.2 仪器系统

ICP-MS 仪器系统由进样系统（雾化器、雾化室、蠕动泵、半导体制冷装置等）、等离子体炬、接口又称锥口（由采样锥与截取锥体组成）、离子透镜、碰撞反应池、四极杆滤质器、检测仪、仪器控制和数据处理的计算机系统几部分组成，另外辅助装置为真空系统和循环冷却水系统。典型的 ICP-MS 仪器的基本结构见图 24-1。

现代等离子体质谱系统中绝大多数还包括碰撞 / 反应池系统，利用碰撞反应消除或减少多原子离子干扰，扩大仪器的应用范围。

24.1.3 性能指标

主要的性能指标包括质量范围、灵敏度、分辨率、检出限、丰度灵敏度、背景噪声、氧化物离子产率、双电荷离子产率、质量稳定性、同位素丰度比、短期稳定性、长期稳定性等。

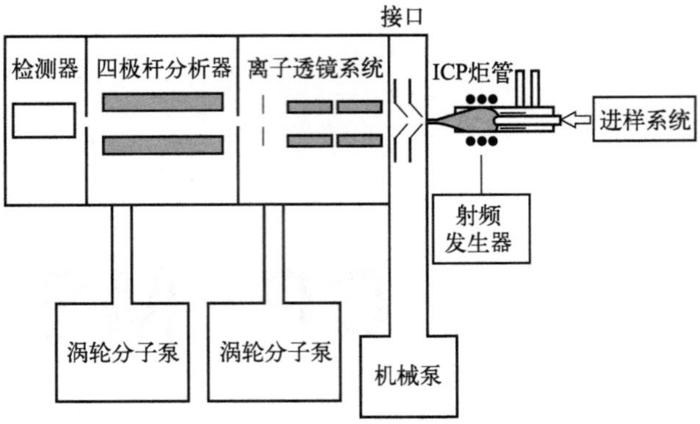

图 24-1 典型 ICP-MS 结构示意

24.1.4 技术标准情况

24.1.4.1 仪器标准

相关仪器标准有《四极杆电感耦合等离子体质谱仪校准规范》（JJF 1159—2006），适用于四极杆电感耦合等离子体质谱仪主要性能指标的校准，规定了仪器关键术语、计量单位、性能指标以及性能测试方法等内容。

24.1.4.2 方法标准

我国标准有《水质 65 种元素的测定 电感耦合等离子体质谱法》（HJ 700—2014）、《固体废物 金属元素的测定 电感耦合等离子体质谱法》（HJ 766—2015）、《空气和废气 颗粒物中铅等金属元素的测定 电感耦合等离子体质谱法》（HJ 657—2013）。

国外的有美国环保标准 EPA Method 200.8、EPA Method 6020A、EPA Method 200.1 和国际标准化组织（ISO）起草的 ISO 17294-2 等。

国内饮用水安全、环境监测、食品安全等行业标准的建设对于多种重金属元素全分析的需求发展趋势日趋显著，国际上对于水体重金属分析也多推荐 ICP-MS 作为标准方法。

24.2 行业调研

24.2.1 国内外生产状况

ICP-MS 技术主要掌握在国外几个仪器大厂手里，国内有一些单位在从事研究和产品开发，目前为止仅有少数成熟的产品面世，如东西分析在 2009 年北京分析仪器展上推出过一台台式 ICP-MS；北京纳克仪器也在进行 ICP-MS 的产品开发工作，目前尚处于前期阶段；江苏天瑞仪器股份有限公司于 2012 年 3 月在北京召开质谱产品发布会；聚光科技在 2015 年推出 EXPEC 700 ICP-MS。至此，国产 ICP-MS 面市。

目前世界上 ICP-MS 技术较多，从质量分析器的技术而言，有四极杆质谱、飞行时间质谱、磁质谱、离子阱质谱，以及多检测器同时测量型质谱。ICP-MS 主流的产品为四极杆质谱，有部分场合采用飞行时间质谱、高分辨场合采用磁质谱，在 ICP-MS 上采用离子阱质谱技术的较少。

ICP-MS 产业经过多年的发展，生产厂家之间通过并购后，国外生产厂商主要剩下 Thermo、PerkinElmer（PE）、Agilent、Bruker（收购原 Varian 的质谱）、GBC、Nu Instruments、LECO、Spectro 等几家供应商，国内厂家主要有聚光科技（杭州）股份有限公司、江苏天瑞仪器股份有限公司、钢研纳克检测技术有限公司、北京普析通用仪器有限责任公司。各厂家的产品情况如表 24-1 所列。

表 24-1 各厂家的产品情况

生产厂商	型号	质谱仪类型	备注
Agilent	8900	三重四极杆	2016 年最新推出，增加轴向场池技术，单纳米颗粒分析具有显著优势，即使粒径小于 10nm 纳米颗粒也能获得极佳的分析效果
	8800	三重四极杆	2012 年最新推出，碰撞池新增反应模式
	7700	四极杆	2009 年推出，八极杆碰撞池
PerkinElmer	NexION 2000	三重四极杆	2017 年最新推出，专为适应所有基体、克服一切干扰、挑战任何纳米颗粒检测而打造
	NexION 300	四极杆	2010 年最新推出，碰撞池新增碰撞模式
	Elan 900	四极杆	四极杆动态反应池
Thermo	iCAP TQ	三重四极杆	2017 年最新推出，易用的系统，支持超低检测限和强大的抗干扰能力，适用于分析有挑战性的基质
	iCAPQ	四极杆	2012 年最新推出，方形四极杆碰撞池，新增动能歧视模式
	Ⅻ系列	四极杆	2003 年推出，第三代碰撞池（六极杆）
Bruker	M90	四极杆	2011 年最新推出，革新 CRI Ⅱ技术
	810	四极杆	专利的 90° 离子反射镜
	820	四极杆	碰撞反应界面，其他与 810 相同
GBC	Optimass 8000	飞行时间	
Nu Instruments	Attom Plasma 1700	飞行时间	
LECO	Renaissance	飞行时间	
Spectro	Spectro MS	磁感	双聚焦扇形场质谱，多通道监测器同时测量
聚光科技	EXPEC 7000	四极杆	EXPEC 7000 另一大亮点就是车载应用，作为全球首款可车载式的 ICP-MS，EXPEC 7000 可实现元素特别是重金属元素的现场分析，并且已经在杭州、山东、北京等多地实地检测，证明车载仪器的稳定性和可靠性。EXPEC 7000 是目前国内首款具有自主知识产权的高端 ICP-MS
天瑞仪器	ICP-MS 2000	四极杆	
钢研纳克	PlasmaMS 300	四极杆	
普析通用	ELEXPLORER	四极杆	

24.2.2 国内外应用状况

从第一台商品仪器问世至今，ICP-MS 发展相当迅速，从最初的地质科学研究迅速发展到环境、冶金、石油、生物、医学、半导体、核材料分析等领域。尽管 ICP-MS 技术已经是比较成熟的技术，但近年来有关仪器分析性能的研究和改进一直没有停止。例如，围绕着解决四极杆 ICP-MS 的多原子离子干扰新途径的研究（如动态碰撞 / 反应池技术）以及提高同位素比值分析精密度的新途径（如多接收器扇形磁场等离子体质谱仪和时间飞行等离子体质谱仪），各种联用技术在形态分析和微区分析中的应用等。

当然，目前“ICP-MS”的概念已经不仅仅是最早起步的普通四极杆质谱仪（ICP-Q-MS）了。它包括后来相继推出的其他类型的等离子体质谱技术，例如高分辨扇形磁场等离子体质谱仪（ICP-SFMS）、多接收器等离子体质谱仪（MC-ICP-MS）、飞行时间等离子体质谱仪（ICP-TOF-MS）以及离子阱三维四极等离子体质谱仪（DQMS）等。四极杆 ICP-MS 仪器也不断升级换代，由于诸如动态 / 碰撞反应池等技术的引入，分析性能大大改善。各种联用技术，如液相和气相色谱以及毛细管电泳等分离技术与 ICP-MS 的联用，激光剥蚀 ICP-MS 等联用技术发展迅速。

基于质谱仪具有直接测量物质的本质特征，以及高分辨、高灵敏度、大通量和高准确度的特性，它的应用领域十分广泛，涉及高端医疗器械、环境检测、生物医药、食品安全等几乎所有的分析测试领域，是百亿级体量的产业，并能够推动万亿级的产业。而随着人们对环境保护、食品安全等问题的日益重视，质谱仪市场需求越来越多、越来越迫切。

根据相关调查结果（见图 24-2）显示，ICP-MS 在用户分布上基本集中在食品、土壤、水质三大领域，其次是化工、地质、半导体等行业。从用户群分析，目前国家相关法律法规要求的有毒、重金属元素依然是 ICP-MS 的主要应用用户群体，尤其是环保和食品领域的重金属检测，环保相关的土壤、水质监测。

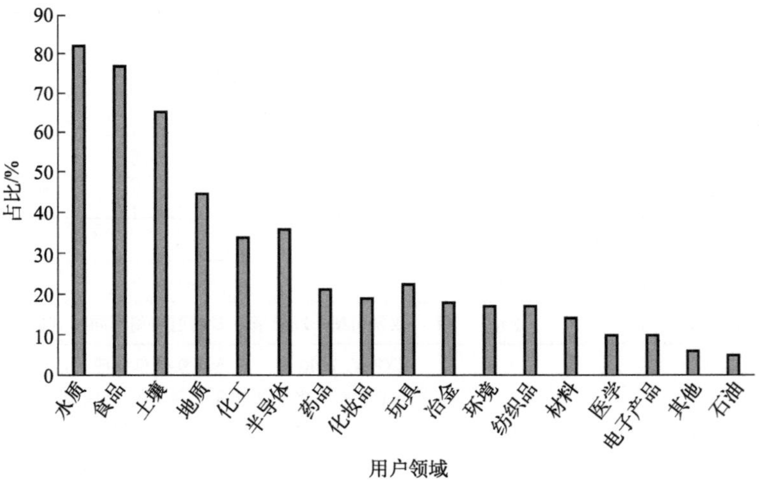

图 24-2　ICP-MS 检测仪用户群体分析

从 2019 年的中标信息数目统计分析，ICP-MS 检测仪采购数目较多的三大单位分别是监管机构、高校与科研院所。其中监管机构包括食品药品监督管理局、环境监测部门、检验检疫局、疾病预防控制中心、海关监管部门等，这些单位采购量占比约为 66%，而且基本上采购的是进口仪器；高校和科研院所的采购量共占比 34%，覆盖部分国产仪器。

2019 年下半年全国共计有 25 个省、自治区、直辖市进行采购（见图 24-3），其中广东省共计采购 13 台仪器，北京市、河北省分别采购 10 台、9 台，占据 ICP-MS 检测仪采购总数的前三名，广东省采购单位来自监管机构的占比达 85%。

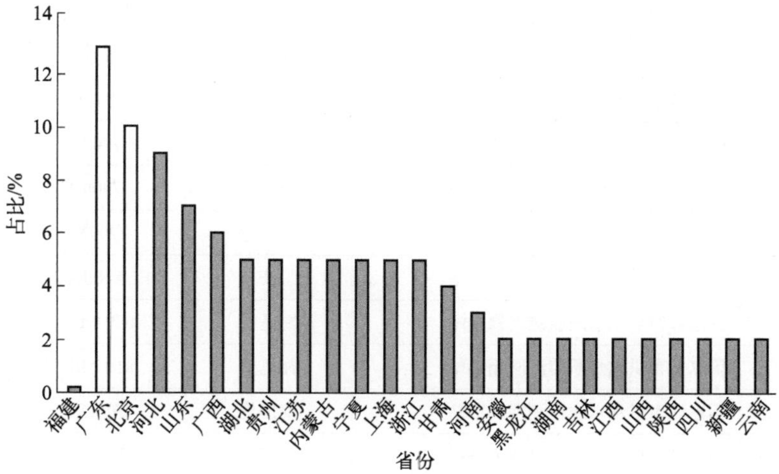

图 24-3 2019 年下半年 ICP-MS 招标单位地域分布

国家城市供水水质监测网，由住房和城乡建设部城市供水水质监测中心和直辖市、省会城市及计划单列市等经过国家质量技术监督部门资质认定的城市供水水质监测站组成，业务上接受国务院建设主管部门指导。从调研的共约 42 家具备资质的城市供水水质监测站来看，有 36 家站点购置了共计 41 台各个厂商不同型号的 ICP-MS 仪器（见表 24-2），用于日常各类水质重金属指标检测，表明了 ICP-MS 检测仪在国家城市供水水质监测中起到举足轻重的作用。越来越多的国家城市供水水质监测站点对 ICP-MS 检测仪的招标采购也说明 ICP-MS 检测仪在国家供水行业扮演着越来越重要的角色。同时，还有部分单位如苏州市自来水公司水质检测中心也具备 ICP-MS 仪器并参与了标准《水质 65 种元素的测定 电感耦合等离子体质谱法》（HJ 700—2014）的编制与验证工作，彰显了 ICP-MS 仪器的普及性及对行业标准的贡献能力也在不断增强，逐渐成为供水行业强力需求趋势。调研的 36 家城市供水水质监测站点共配备 ICP-MS 检测仪 41 台，均为进口仪器。其中，安捷伦（含瓦里安）18 台，占比 43.9%；赛默飞 12 台，占比 29.2%；PE 11 台，占比 26.8%。

表 24-2 ICP-MS 检测仪供水系统典型用户清单

序号	国家监测站名称	ICP-MS		
		品牌	型号	购买时间
1	国家城市供水水质监测网南昌站	安捷伦	7500a	2016 年
2	国家城市供水水质监测网成都站	赛默飞	X Series 2	2017 年
3	国家城市供水水质监测网合肥站	赛默飞	iCAP Q	2016 年前
4	国家城市供水水质监测网太原站	安捷伦	7500	2013 年后
5	国家城市供水水质监测网陕西站	热电	iCPA RQ	2018 年
6	国家城市供水水质监测网上海站	PE	Elan9000	2012 年前
7	国家城市供水水质监测网哈尔滨站	安捷伦	7500a	2016 年前
8	国家城市供水水质监测网深圳站	安捷伦	7700	2015 年后

续表

序号	国家监测站名称	ICP-MS		
		品牌	型号	购买时间
9	国家城市供水水质监测网贵阳站	安捷伦	7500a	2016 年前
10	国家城市供水水质监测网珠海站	安捷伦	7900	2017 年前
11	国家城市供水水质监测网长沙站	安捷伦	7900	2015 年
12	国家城市供水水质监测网株洲站	安捷伦	7700X	2019 年前
13	国家城市供水水质监测网武汉站	PE	ELAN 9000	2018 年前
14	国家城市供水水质监测网佛山站	瓦里安	ICP-MS	2015 年
15	国家城市供水水质监测网无锡站	瓦里安	810-MS	2015 年
16	国家城市供水水质监测网北京站	安捷伦	7500CX	2017 年前
17	国家城市供水水质监测网滨海站	PE	NexION 2000	2017 年后
18	国家城市供水水质监测网广州站	赛默飞	X Series 2	2016 年后
		PE	NexION 2000	2017 年后
19	国家城市供水水质监测网青岛站	PE	NexION 300	2011 ～ 2015 年
20	国家城市供水水质监测网济南站	PE	NexION 300	2015 年前
			NexION 2000	2017 年后
21	国家城市供水水质监测网杭州站	赛默飞	iCPA RQ	2016 年后
22	国家城市供水水质监测网宜昌站	PE	NexION 2000	2017 年后
23	国家城市供水水质监测网大连站	安捷伦	7800	2015 年后
		赛默飞	X Series 2	2016 年后
			iCPA RQ	2016 年后
24	国家城市供水水质监测网石家庄站	安捷伦	7700	2011 ～ 2015 年
25	国家城市供水水质监测网福州站	安捷伦	7700	2015 年后
26	国家城市供水水质监测网温州站	PE	NexION 300X	201 ～ 2015 年
27	国家城市供水水质监测网西宁站	赛默飞	iCPA TQ	2017 年后
28	国家城市供水水质监测网厦门站	安捷伦	7500	2014 年
29	国家城市供水水质监测网天津站	赛默飞	iCPA RQ	2016 年后
30	国家城市供水水质监测网重庆站	赛默飞	iCPA RQ	2016 年后
31	国家城市供水水质监测网银川站	安捷伦	7700	2011 ～ 2015 年
32	内蒙古自治区供排水监测中心	PE	NexION 350	2015 年后
33	国家城市供水水质监测网长春站	PE	ELAN drc-e	2018 年前
34	国家城市供水水质监测网乌鲁木齐站	赛默飞	X series 2	2016 年前
			iCPA RQ	2016 年后
35	国家城市供水水质监测网南京站	安捷伦	7700	2015 年后
36	国家城市供水水质监测网郑州站	安捷伦	7900	2015 年后

24.2.3　典型应用案例

国内典型应用案例如表 24-3 所列。

表 24-3　国内典型应用案例

地点	应用
山东省城市供排水水质监测中心	水中 21 种金属元素监测
天津塘沽中法供水公司	水中 23 种金属元素监测
四川广元西湾水厂	水中锑元素监测
湖北省环境监测站	地表水中 18种元素
中国环境监测总站	土壤中重金属、烷基汞检测
大连市环境监测中心	HPLC-ICP-MS 在有机锡、砷形态，有机铅、铬形态分析中的应用
杭州九溪水厂	饮用水监测
湖北省环境监测站	地表水中 18种元素
河南省环境监测站	空气中 20 种元素

24.3　技术评估

ICP-MS 检测仪验证指标体系的建立是在综合技术先进性、技术可靠性、性能稳定性、经济适用性和国际竞争力等方面，全面体现 ICP-MS 检测仪性能指标、应用效果指标和经济性指标。为研究指标与结果之间的相关性，可以利用相关性分析计算得出各指标与结果之间的相关系数，通过相关系数的大小判断指标与结果之间相关度的大小以及指标对结果影响作用的强弱。但在很多情况下，由于各指标之间相互影响，造成指标与指标之间有重叠信息，从而造成直接相关系数的虚假性，因此为了消除这种虚假性，可以通过主成分分析的方法提取出多因素的主成分，根据原始变量在主成分上的载荷考察原始变量在主成分上与结果之间的相关系数。由于排除了不相关的因素，主成分分析更清晰地反映出指标与结果之间的关系，从而筛选出更能代表结果的指标。

通过前期对各种 ICP-MS 检测仪在实验室进行实验，并对国内的 ICP-MS 检测仪生产厂家和用户进行调研，筛选 ICP-MS 检测仪关键技术经济指标和典型应用案例，开展典型产品的应用流程技术性能测试和技术经济性分析，建立 ICP-MS 检测仪的科学验证体系，为 ICP-MS 检测仪在整个行业的推广和应用提供了数据支撑，推动供水行业的技术进步。

24.3.1　评估指标体系

选取 ICP-MS 检测仪的技术先进性、技术可靠性、性能稳定性、经济适用性、国际竞争力 5 项指标作为一级评估指标集，在一级评估指标的基础上将其进一步细化分解为 21 项二级评估指标，形成评估矩阵图，具体如图 24-4 所示。

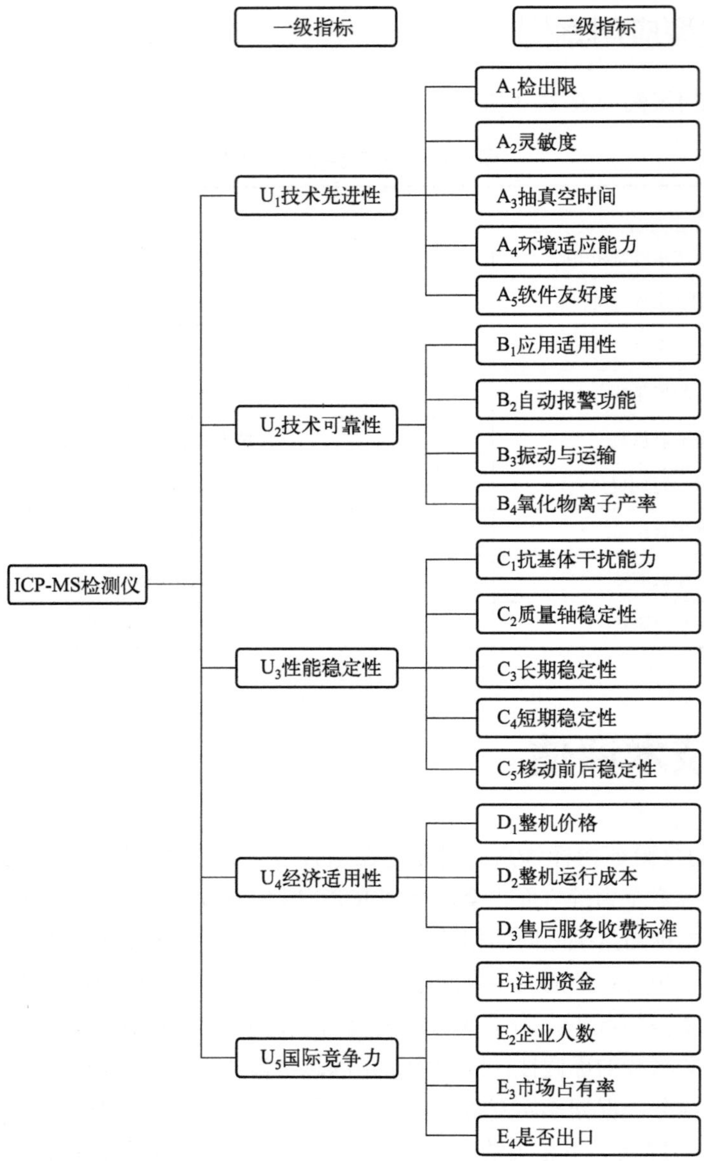

图 24-4　ICP-MS 检测仪评估矩阵

24.3.2　评估指标赋值

24.3.2.1　评估一级指标权重建议赋值

将 ICP-MS 检测仪评估指标分为技术先进性、技术可靠性、性能稳定性、经济适用性及国际竞争力 5 个，结合 ICP-MS 检测仪技术及性能特点对 5 个一级指标赋予权重及建议值，分别为 U_1 技术先进性（0.30）= U_2 技术可靠性（0.30）＞ U_3 性能稳定性（0.20）＞ U_4 经济适用性（0.10）= U_5 国际竞争力（0.10）。

技术先进性和技术可靠性是同等重要的指标，这两者在总分 1 中建议各按 0.30 赋值。技术先进性反映 ICP-MS 检测仪产品的基本技术水平，能实现元素检测灵敏和检出的性能，是检测检出和准确的基础。技术可靠性依赖先进性及性能稳定性，代表专项检测的符合程度，并表征仪器自我诊断预防和出现异常及故障的报警情况，产品先进性不达标，无法谈论检测；如果可靠性不达标，则无法谈论定性定量的能力。

性能稳定性表明产品能长期、稳定运行，是在能够检测的基础上实现稳定的基础；也是实现检测数据准确性和稳定性的保障。相对技术先进性与可靠性而言重要程度次之，相对经济适用性及国际竞争力重要程度高些，故按 0.20 赋值。

经济适应性、国际竞争力在权重中均为 0.10。对于 ICP-MS 检测仪来讲，经济适用性主要取决于设备购买成本、运行成本及售后服务成本，主要关系到资金成本上是企业单位较关注的因素；国际竞争力反映了对应品牌产品的国内外市场竞争能力，由于目前国内产品均以本土销售为主，处于创新、研发及产业化阶段，初步建立我国具有自主知识产权的 ICP-MS 检测仪技术体系，此次评估中按照较低的权限进行分配。

24.3.2.2　评估二级指标赋分

结合 ICP-MS 检测仪技术先进性、技术可靠性、性能稳定性、经济适用性、国际竞争力进行二级指标的细化和赋分。

（1）U_1 技术先进性

检出限是指分析物被识别和检测的最低浓度，代表着质谱仪器的高端水平以及质谱仪器能否对复杂基体样品、痕量元素进行精确测量，赋分 20 分。按照 JJF 1159—2006 要求，以 Be、In、Bi 灵敏度的大小来评分。检出限越低者越先进：Be ≤ 2ng/L、In ≤ 0.1ng/L、Bi ≤ 0.5ng/L，20 分；Be ≤ 5ng/L、In ≤ 0.5ng/L、Bi ≤ 2ng/L，15 分；Be ＞ 5ng/L、In ＞ 0.5ng/L、Bi ＞ 2ng/L，5 分。灵敏度与样品、分辨率、扫描速度、进样方式以及电离程度密切相关，灵敏度高体现了产品的先进性，赋分 25 分，按照 JJF 1159—2006 要求，以 Be、In、Bi 灵敏度的大小来评分。灵敏度越高者越先进：Be ≥ 10Mcps/（mg•L^{-1}）、In ≥ 100Mcps/（mg•L^{-1}）、Bi ≥ 80Mcps/（mg•L^{-1}），25 分；Be ≥ 5Mcps/（mg•L^{-1}）、In ≥ 80Mcps/（mg•L^{-1}）、Bi ≥ 60Mcps/（mg•L^{-1}），15 分；Be ＜ 5Mcps/（mg•L^{-1}）、In ＜ 80Mcps/（mg•L^{-1}）、Bi ＜ 60Mcps/（mg•L^{-1}），5 分。目前，行业内多数 ICP-MS 未充分考虑抽真空时间，真空的建立是影响快速启动的关键因素，是现场应急监测的重要指标、衡量设备是否具有快速启停能力的依据，故赋分 20 分，以真空保持技术为评分标准。抽真空时间越小者越先进：≤ 30min，得 20 分；30 ～ 60min，得 10 分；≥ 60min，得 5 分。对环境要求越苛刻在环境变化时可靠性会降低。采用仪器能够正常工作温度范围作为指标可以较好地反映仪器的技术可靠性，赋分 15 分，能在 15 ～ 25℃工作，得 5 分；能在 10 ～ 30℃工作，得 10 分；能在 5 ～ 35℃工作，得 15 分。软件友好度：全中文操作系统、可自动调谐、自动校准一键操作功能，反映仪器在调谐和校准的使用功能性，同时考虑国内使用人员操作系统的方便性，赋分 20 分；满足任意一个，得 10 分。

（2）U_2 技术可靠性

技术可靠性是保证水质监测 ICP-MS 检测仪能可靠运行的重要指标，主要从应用适用性、自动报警功能、振动与运输四方面考虑。应用适用性：ICP-MS 对《生活饮用水卫生标准》（GB 5749—2022）、《地表水环境质量标准》（GB 3838—2002）和《地下水质量标准》（GB/T 14848—2017）检测要求的符合性程度决定能否实现水质监测的目的，赋分 30 分，以是否满足《生活饮用水卫生标准》(GB 5749—2022)、《地表水环境质量标准》(GB 3838—2002)和《地下水质量标准》(GB/T 14848—2017)检测要求作为评估依据。满足三项，30 分；满足两项，20 分；满足一项，10 分；全部不满足，0 分。自动报警功能：当仪器出现异常故障时能够出现报警提示信息，提醒如何操作能有效保障仪器可靠运行，避免因故障或者误操作造成更严重的损失，赋分 30 分，以软件是否具有自动报警功能来评分。是，30 分；否，0 分。振动与运输：依据《包装　运输包装件基本实验》(GB/T 4857)(系列标准)对仪器在购置、搬运及转移的过程中可能涉及的振动和运输过程对仪器性能的影响作为评价依据，赋分 20 分，不符合 GB/T 4857(系列标准)，得 0 分；符合 GB/T 4857(系列标准)，得 20 分。氧化物离子产率：某元素原子在等离子体中电离时生成氧化物离子与该元素的单电荷离子的比值，按照 JJF 1159—2006 标准来进行评价，氧化物产率越小者越优，赋分 20 分，≤ 1.5%，20 分；≤ 3%，10 分；> 3%，0 分。

(3) U_3 性能稳定性

抗基体干扰能力、质量轴稳定性、短期稳定性、长期稳定性以及移动前后稳定性是保障 ICP-MS 能正常工作的重要性能指标。抗基体干扰能力：ICP-MS 在检测过程中会受到质谱干扰，采用碰撞池 / 反应池技术可以有效地降低基体干扰能力，所以以是否具有碰撞池、反应池功能评判仪器消除基体干扰能力的程度，赋分 20 分，以是否具有碰撞池、反应池功能进行评分。满足两项，20 分；满足一项，10 分；全部不满足，0 分。短期稳定性是衡量质谱仪能否准确测量的基本指标，长期稳定性是质谱离子光学、锥接口设计水平的重要指标，好的设计可以减少仪器的漂移，适用于长时间准确分析样品，故各赋分 20 分。短期稳定性按照 JJF 1159—2006 标准来进行评分，RSD ≤ 3%，20 分；RSD > 3%，0 分。长期稳定性按照 JJF 1159—2006 标准来进行评分，RSD ≤ 5%，20 分；RSD > 5%，0 分。质量轴稳定性是代表着质谱核心部件四极杆的结构设计、驱动电路以及校正算法水平高低的重要指标，赋分 15 分，按照 JJF 1159—2006 来进行评分。偏移越小者越稳定，≤ 0.05amu/8h，15 分；≤ 0.1amu/8h，5 分；> 0.1amu/8h，0 分。移动前后稳定性：仪器能否实现移动实验室如车载功能决定着仪器能否更加方便快捷地用于快速、应急检测；移动前后仪器性能指标的稳定性对仪器能否实现移动走航检测有重要影响，赋分 25 分，卸真空断电 2h 后，重新上电，进调谐液，灵敏度满足 JJF 1159—2006 要求。Be ≥ 10Mcps/($mg \cdot L^{-1}$)、In ≥ 100Mcps/($mg \cdot L^{-1}$)、Bi ≥ 80Mcps/($mg \cdot L^{-1}$)，25 分；Be ≥ 5Mcps/($mg \cdot L^{-1}$)、In ≥ 80Mcps/($mg \cdot L^{-1}$)、Bi ≥ 60Mcps/($mg \cdot L^{-1}$)，15 分；Be < 5Mcps/($mg \cdot L^{-1}$)、In < 80Mcps/($mg \cdot L^{-1}$)、Bi < 60Mcps/($mg \cdot L^{-1}$)，5 分。

(4) U_4 经济适用性

ICP-MS 检测仪整机价格是设备的一次投入建设费用，费用的高低对于用户的采购意愿有直接影响，最为重要，赋分 40 分。以整机标准配置，≤ 80 万元，40 分；80 万～ 120 万元，30 分；≥ 120 万元，20 分。ICP-MS 的整机运行成本，作为等离子体工作气的氩气首当其冲，单位时间消耗氩气总量也是重要经济成本，降低此能耗才能使产品被更多人应用；此外工程师售后服务收费标准反映了售后服务成本，是衡量仪器后期故障上门维护维修的标准，此两项均赋分 30 分。整机运行成本：以仪器正常使用中功耗和氩气的消耗量的多少进行评分，分值占比各 1/2。功耗越小者越适用，≤ 4500W，30 分；4500 ～ 6000W，20 分；≥ 6000W，

10 分。氩气消耗越小者越适用，≤ 15L/min，30 分；15 ～ 20L/min，20 分；≥ 20L/min，10 分。售后服务收费标准：以工程师上门服务工时费进行评分，价格越低越适用，≤ 300 元，30 分；300 ～ 500 元，20 分；≥ 500 元，10 分。

（5）U_5 国际竞争力

注册资金：企业注册资金越多，规模越大，产品研发、设计、生产以及服务能力越强，创新能力更强，在国际市场上竞争能力也越强，赋分 30 分。注册资金越多者越有竞争力，≥ 5000 万元，30 分；100 万～ 5000 万元，20 分；≤ 100 万元，15 分。企业人数：企业人数越多越有竞争力，赋分 30 分，≥ 500 人，30 分；100 ～ 500 人，15 分；≤ 100 人，5 分。市场占有率：直接反映了企业产品的市场接受度、成熟度及其在国内市场上的竞争力，故也赋分 30 分，占有率越多者越有竞争力，≥ 3%，30 分；1% ～ 3%，15 分；≤ 1%，0 分。是否出口：直接反映了企业产品在国际上的竞争力，赋分 10 分，国外市场份额占比≥ 5%，10 分；0% ～ 5%，0 ～ 5 分。

具体评估指标分配及权重赋分等见表 24-4 所示。

表 24-4　ICP-MS 检测仪评估指标分配及权重和赋分

一级评估指标	权重	二级评估指标	满分 / 分
U_1 技术先进性	0.30	A_1 检出限（ng/L）	20
		A_2 灵敏度［$Mcps/(mg \cdot L^{-1})$］	25
		A_3 抽真空时间	20
		A_4 环境适应能力	15
		A_5 软件友好度	20
		汇总	100
U_2 技术可靠性	0.30	B_1 应用适用性	30
		B_2 自动报警功能	30
		B_3 振动与运输	20
		B_4 氧化物离子产率	20
		汇总	100
U_3 性能稳定性	0.20	C_1 抗基体干扰能力	20
		C_2 质量轴稳定性	15
		C_3 长期稳定性	20
		C_4 短期稳定性	20
		C_5 移动前后稳定性	25
		汇总	100
U_4 经济适用性	0.10	D_1 整机价格	40
		D_2 整机运行成本	30
		D_3 售后服务收费标准	30
		汇总	100
U_5 国际竞争力	0.10	E_1 注册资金	30
		E_2 企业人数	30
		E_3 市场占有率	30
		E_4 是否出口	10
		汇总	100

24.3.3 评估指标体系应用

在调研的基础上，组织行业内相关专家进行了 ICP-MS 产品评估（见表 24-5），评估结果显示 ICP-MS 检测仪生产和应用的技术就绪度整体达到 6 ～ 7 级，已实现了设备的国产化并形成了一定市场应用规模，评估效果图见图 24-5。

表 24-5 ICP-MS 检测仪专家评分汇总

序号	U_1 技术先进性		U_2 技术可靠性		U_3 性能稳定性		U_4 经济适用性		U_5 国际竞争力	
	分值 / 分	权重	分值 / 分	权重	分值 / 分	权重	分值 / 分	权重	分值 / 分	权重
1	64	0.25	79	0.3	75	0.2	100	0.1	75	0.15
2	76	0.3	85	0.3	78	0.2	92	0.1	65	0.1
3	70	0.3	98	0.3	78	0.2	93	0.1	67	0.1
4	70	0.3	90	0.3	86	0.2	63	0.1	87	0.1
5	70	0.3	88	0.3	80	0.2	94	0.1	67	0.1
6	70	0.3	91	0.3	80	0.2	69	0.1	65	0.1
7	72	0.3	90	0.3	81	0.2	89	0.1	65	0.1
8	74	0.3	87	0.3	77	0.2	89	0.1	62	0.1
9	70	0.3	87	0.3	76	0.2	93	0.1	72	0.1
10	70	0.3	91	0.3	80	0.2	93	0.1	65	0.1
11	70	0.2	89	0.3	84	0.3	92	0.1	63	0.1
计算结果	技术就绪度（TRL）	明确需求（TRL1）	技术方案（TRL2）	通过论证（TRL3）	小试研究（TRL4）	中试研究（TRL5）	形成产品（TRL6）	三方评估（TRL7）	标准化（TRL8）	推广应用（TRL9）
	$B=WR$	0	0	0	0	0	1.62	1.28	1.19	0.91

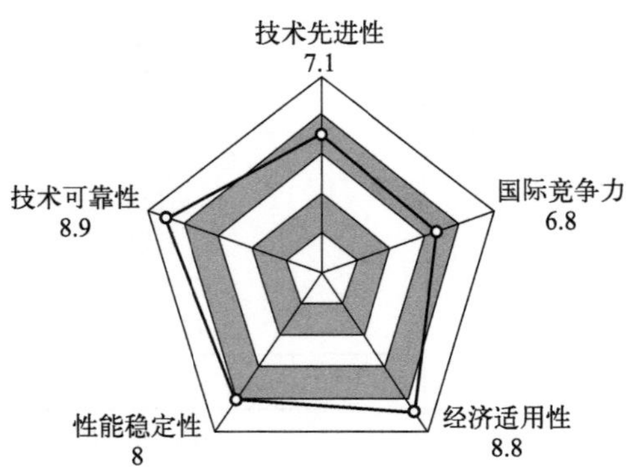

图 24-5 ICP-MS 检测仪产品评估结果图

24.4 应用验证

ICP-MS 检测仪验证采用按照相关性 - 主成分分析结果，结合车载移动 ICP-MS 检测仪对性能指标和实际应用指标开展验证评估。

24.4.1 验证指标筛选

（1）ICP-MS 检测仪的海选指标集

为保证该数据分析过程中，各指标的广泛性和丰富性，ICP-MS 检测仪验证体系中的数据来源是在数据库筛查、专题调研以及单项解析的基础上进行，针对产品性能特点，并根据 ICP-MS 检测仪在不同流域、不同环境、不同水质条件下的应用情况，从产品性能指标、应用效果指标、经济性指标等方面对 ICP-MS 检测仪的各项指标进行筛选验证，标准化验证工作程序主要是进行性能检验。结合前期的实验内容和实验数据，以及通过查阅文献和实地调研的结果，以 ICP-MS 检测仪的性能和实际应用评价指标建立城镇供水 ICP-MS 检测仪验证海选指标体系。

（2）对指标数据进行标准化分析

将上述得出的各项指标对不可观测的指标进行剔除，将剩余的指标进行标准化分析，原始数据和处理后的数据见表 24-6。

表 24-6 ICP-MS 检测仪的海选指标集

序号	准则层	指标层	筛选结果
1	X_1 生产	$X_{1.1}$ Li 灵敏度	主成分分析删除
2		$X_{1.2}$ Co 灵敏度	保留
3		$X_{1.3}$ In 灵敏度	主成分分析删除
4		$X_{1.4}$ U 灵敏度	主成分分析删除
5		$X_{1.5}$ 氧化物离子产率（CeO^+/Ce^+）	保留
6		$X_{1.6}$ 双电荷离子产率（Ba^{2+}/Ba^+）	保留
7		$X_{1.7}$ Li 检出限	保留
8		$X_{1.8}$ Co 检出限	主成分分析删除
9		$X_{1.9}$ In 检出限	保留
10		$X_{1.10}$ U 检出限	主成分分析删除
11		$X_{1.11}$ 短期稳定性（RSD）	主成分分析删除
12		$X_{1.12}$ 长期稳定性（RSD）	保留（理性处理）
13		$X_{1.13}$ 抽真空时间	不可观测性删除
14		$X_{1.14}$ 人机交互	不可观测性删除
15		$X_{1.15}$ 仪器自诊断功能	不可观测性删除
16		$X_{1.16}$ 自动报警功能	不可观测性删除
17		$X_{1.17}$ 抗基体干扰能力	不可观测性删除
18		$X_{1.18}$ 整机价格	保留（理性处理）
19		$X_{1.19}$ 整机运行成本	不可观测性删除
20		$X_{1.20}$ 售后服务收费标准	保留（理性处理）

（3）基于相关性分析的指标筛选

利用软件计算相关系数，规定 X_1 准则层相关系数大于 0.9，此指标筛选结果见表 24-6。

利用表 24-6 中得出的标准化数据，应用分析软件进行相关性分析计算，得出筛选结果。对于准则层 X_1，通过给定临界值 0.9，选出 4 组相关性较高的数据，但是由于 Li 灵敏度、Co 灵敏度、In 灵敏度、U 灵敏度分别代表低中高质量数元素的灵敏度，不能简单地用哪个指标代替另一个指标，故在此不予删除。

（4）基于主成分分析的指标筛选

在相关性分析的基础上，利用主成分分析筛选各准则层内剩余的指标，准则层 X_1 选取累积方差贡献率达到 90%，对于准则层 X_1，选取累积方差贡献率达到 90% 时各个主成分中因子负载绝对值较大的指标，这里选取第一主成分中因子负载绝对值大于 0.90 的指标和第二主成分及第三主成分中因子负载绝对值最大的指标。

利用软件分析得到的数据，对于准则层 X_1，选择第一主成分中因子负载绝对值大于 90% 的，其中 Co 灵敏度的第一主成分的方差贡献率已超过 90%，即保留 Co 灵敏度，第二主成分中因子负载绝对值最大的指标为氧化物离子产率（CeO^+/Ce^+），第三主成分中因子负载绝对值最大的指标为 Li 检出限，第四主成分中因子负载绝对值最大的指标为双电荷离子产率（Ba^{2+}/Ba^+），第五主成分中因子负载绝对值最大的指标为 In 检出限，因此保留这 5 个指标，删除其他指标。经过初步筛选、定量筛选，从 20 个海选指标中共筛选出 5 个指标。

（5）定量筛选后的理性处理

定量筛选仅仅针对观测对象的指标数据差异进行筛选，往往会造成本不相关的指标数据之间的巧合相关性或者高频重要指标的数据差异性小而被误删，同时不可观测指标虽无法量化，但有一些指标的存在是非常必要的。所以，在定量筛选指标之后进行理性处理，从而对比较重要的指标进行补充，是非常必要的。

在本评价体系中，对长期稳定性指标，不可观测指标“整机价格”及“售后服务收费标准”等涉及仪器应用性能以及经济性表征的相关指标进行理性处理，补充到 ICP-MS 检测仪验证指标体系。筛选出的最终指标如表 24-6 所示。

24.4.2 验证指标体系

将相关性 - 主成分分析法得到的指标体系按照文献调查、实地调研及上述生产试验结果对评估指标进行等级划分，具体评估指标的等级见表 24-7。

表 24-7 ICP-MS 检测仪评估指标的等级划分

指标	等级
Co 灵敏度	≥ 20Mcps/（mg・L^{-1}），为合格；＜ 20Mcps/（mg・L^{-1}），为不合格
氧化物离子产率（CeO^+/Ce^+）	≤ 3%，为合格；＞ 3%，为不合格
双电荷离子产率（Ba^{2+}/Ba^+）	≤ 3%，为合格；＞ 3%，为不合格
Li 检出限	≤ 10ng/L，为合格；＞ 10ng/L，为不合格
In 检出限	≤ 2ng/L，为合格；＞ 2ng/L，为不合格
长期稳定性（RSD）	≤ 3%（2h），为合格；＞ 3%（2h），为不合格
整机价格	≤ 120 万元，为优良；＞ 150 万元，为一般
售后服务价格	≤ 300 元（上门服务工时费用），为优良；＞ 300 元（上门服务工时费用），为一般

24.4.3　典型产品验证案例

本指标体系验证是基于山东省某水质监测中心的运行情况来进行的。验证实验方法：取出厂水用车载移动 ICP-MS 检测仪分别对性能指标和实际应用指标进行验证评估。由划分的评估指标等级对验证地点指标进行验证（见表 24-8）。

表 24-8　山东省某水质监测中心 ICP-MS 检测仪验证评估结果

验证指标	验证结果	评估结论
Co 灵敏度 /[Mcps/(mg・L^{-1})]	27	合格
氧化物离子产率（CeO^+/Ce^+）/%	2.36	合格
双电荷离子产率（Ba^{2+}/Ba^+）/%	1.81	合格
Li 检出限 /(ng/L)	8.16	合格
In 检出限 /(ng/L)	0.30	合格
长期稳定性（RSD）/%	2.82	合格
整机价格 / 万元	95	优良
售后服务收费标准 / 元	100	优良

第25章 水质监测移动实验室

25.1 产品概述

移动实验室（mobile laboratory）是为满足特定目的和要求，由成套装置组成的，在可移动的设施和环境中进行检测、校准或科学实验等活动的实验室，由仪器设备、载具［用于承载和（或）运送移动实验舱及相关装置的工具］、实验舱（用于承载移动实验室实验人员、设备及相关专业设施的舱体）、保障系统、救护与逃生系统等组成。水质监测移动实验室是通过搭载水质监测便携仪器、车载仪器等以实现现场水质监测的移动实验室。

25.1.1 产品分类

水质监测移动实验室按功能分属于综合移动实验室，可实现水质多种理化、生物指标检测；按运载方式同样可划分为自行式、拖挂式和方舱式三种类型，其中以自行式和方舱式最为常见；按内部实际使用面积可划分为小型、中型和大型实验室，主要根据监测指标以及仪器设备的不同进行选择配置。

纵观国内外水质监测移动实验室的发展，按照各发展阶段的产品技术、应用特点可分为第一代、第二代以及第三代产品。

第一代水质监测移动实验室起源于突发环境事件的应急监测，通常配置现场快速检测仪器设备，以实现水质应急事件的快速、定性半定量检测，通常检测指标非常有限，不具备准确定量功能；此类移动实验室采用小型客车通过简单改装而成，仅仅提供简单的操作平台，操作空间和保障条件非常有限。随着多参数水质检测仪（电化学、光谱法等技术）的发展，行业内出现将此类产品安装于检测车的应用，对应的车辆提供更加充裕的操作空间，同时在保障条件方面（如供电、供水、空调系统等）给予更加完善的设计，由此产生了第二代水质监测移动实验室。

第一代、第二代水质监测移动实验室总体来说只能满足水质常规指标的检测，不能满足覆盖《生活饮用水卫生标准》（GB 5749—2022）（以下简称 GB 5749）以及《地表水环境质量标准》（GB 3838—2002）（以下简称 GB 3838）大部分水质指标的重金属、有机物指标以及微生物指标的检测需求，定性及定量能力均非常有限，无法适应复杂水质应急事件的监测以及日常督查需求。

第三代水质监测移动实验室是严格遵守移动实验室标准体系，搭载行业内最为先进的 ICP-MS、GC-MS 以及 LC-MS 等一系列检测仪器，提供前处理区、检测区、生物安全操作区等全面的操作功能区间以及完善的实验室保障条件（水、电、气、空调系统等），可实现 GB 5749 以及 GB 3838 全部水质指标的快速、准确检测，能满足复杂水质应急事件监测以及日常督查需求的移动实验室。

25.1.2　性能指标

车辆性能主要包含动力性、承载能力、密闭性、通过性以及驻车平衡等，以及检测能力、空间布局、通信能力、实验室信息管理能力、发电机供电能力、市电接入能力、供电稳定性、供气能力、实验室温控性能、通排风能力、自动上下车负载能力、抗污染能力以及供排水系统等。

25.1.3　技术标准情况

目前国际上有由国际标准化组织 ISO/CASCO（国际标准化组织 / 合格评定委员会）制定的实验室管理标准《检测和校准实验室能力的通用要求》（ISO/IEC 17025：2017）[转化为国标《检测和校准实验室能力的通用要求》（GB/T 27025—2019）]，在其中对离开固定设施的实验室提出了相关要求，但没有专门针对移动实验室的技术标准。

为着力解决我国现场应急检测领域难题，规范产业健康发展，中国国家标准化管理委员会于 2010 年 9 月 8 日批准成立了“全国移动实验室标准化技术委员会”（编号：SAC/TC 509），主要负责移动实验室相关的国家标准制（修）订工作。全国移动实验室标准化技术委员会根据国内移动实验室发展现状，完成了我国移动实验室标准体系初步框架及标准体系的完善。如表 25-1 所列，将标准体系分成基础标准、技术标准和管理标准等。

表 25-1　移动实验室相关标准

标准类型	标准号	标准名称
基础标准	GB/T 29473—2020	移动实验室分类、代号及标记
	GB/T 29479—2012	移动实验室通用要求
	GB/T 31017—2014	移动实验室　术语
	GB/T 31018—2014	移动实验室　模块化设计指南
	GB/T 31019—2014	移动实验室　人类工效学设计指南
	GB/T 31020—2014	移动实验室移动特性
	GB/T 33710—2017	移动实验室　分类分级方法
技术标准	GB/T 29475—2012	移动实验室设计原则及基本要求
	GB/T 29477—2012	移动实验室实验舱通用技术规范
	GB/T 31016—2021	样品采集与处理移动实验室通用技术规范
	GB/T 33709—2017	移动实验室　仪器设备量值溯源与传递指南
	GB/T 33253—2016	移动实验室　载具通用技术规范
产品标准	QC/T 41—1992	环境监测车
	GB/T 12503—1995	电视车通用技术条件

续表

标准类型	标准号	标准名称
产品标准	EJ/T 981—2012	核设施环境监测车通用规范
	QC/T 776—2017	旅居车
	GB/T 25021—2010	轨道检查车
	QC/T 826—2019	桥梁检测车
	GB/T 29471—2020	食品安全检测移动实验室通用技术规范
	GB/T 31023—2014	移动实验室　设备工况测试通用技术规范
	GB/T 33712—2017	药品检测移动实验室通用技术规范
	GB/T 35401—2017	地下水检测移动实验室通用技术规范
设施标准	GB 24820—2024	实验室家具通用技术条件
	GB/T 29474—2012	移动实验室内部装饰材料通用技术规范
	GB/T 29476—2012	移动实验室仪器设备通用技术规范
	GB/T 29600—2012	移动实验室用温湿度控制系统技术规范
	GB/T 33247—2016	移动实验室供、排水系统设计指南
	GB/T 33711—2017	移动实验室　信息传输系统通用技术规范
	GB/T 33246—2016	移动实验室　操作台通用技术规范
管理标准	GB/T 29472—2012	移动实验室安全管理规范
	GB/T 29478—2012	移动实验室有害废物管理规范

25.2 行业调研

国外移动实验室主要应用在军事、食品安全和疫情等领域。美国、德国、法国等西方发达国家已经拥有比较成熟的移动实验室技术。德国 Bruker 生产的核生化移动实验室配置化学、生物、辐射单元，能够在突发事件、环境监测、核生化恐怖袭击等情况下快速可靠地完成核生化威胁的确定和验证工作。法国 LABOVER 公司开发的 BSL-3 移动实验室搭载实时荧光 PCR 仪、全自动旋转式核酸提取仪、测序仪、核酸快速定量仪、全自动病原微生物核酸检测系统等，用于重大传染病疫情的检验。国内移动检测车已广泛应用于食品、药品、农产品、环境、大气、水质、特种设备、卫生防御等领域。食品安全检测车是应用较多的一种检测车，搭载一些便携式分光光度计、酶标仪等设备，安装信息平台，提供查询、统计分析、评估、快速预警、信息快速传输以及上报等功能。大气环境监测移动实验室搭载便携气质联用仪、傅里叶红外分析仪及大气多参数分析仪等设备，应用也比较广泛。在水环境检测领域，国内生产的较成熟的水质监测移动实验室多搭载一些电化学法和光谱法的水质检测仪或便携式仪器设备，用于水质指标的定性半定量检测；或配备在线监测设备，用于水质指标的连续自动监测；或研发生产搭载光谱、质谱等仪器的能覆盖地表水和生活饮用水标准中更多指标的移动实验室。

25.2.1　国内外生产状况

25.2.1.1　技术原理与生产制造工艺

水质监测移动实验室的生产首先根据用户需求、应用领域、车辆功能需求、空间需求及其总质量等进行底盘选型，应满足国家或行业标准的要求，具备足够的动力、良好的侧翻稳定性和平顺性，可适用于各种复杂路况；底盘选型确定之后，在原有的车厢内或者拼装方舱内根据移动实验室集成商提供的改装需求对车体进行改装集成施工，同时集成水质检测仪器设备，以满足水质监测移动实验室的检测需要。

水质监测移动实验室的改装通常包括原厂车体改装和方舱两种形式。原厂车体改装形式工艺简单、生产周期短、生产成本低，在行业内已经获得较为广泛的应用，但是由于车体本身空间的有限以及对改装工作的限制，因此原厂车体改装的产品在应用过程中往往存在较大的局限性；方舱形式工艺相对复杂、生产周期长、生产成本高，但是由于其具有良好的性能和改装空间，已经在水质监测移动实验室行业推广应用。

（1）原厂车体改装工艺

国内通常选用南京依维柯、福特全顺、上汽大通等商务车或轻客底盘，在选定底盘的基础上根据使用需要进行改装，例如图 25-1 所示。

图 25-1　水质监测移动实验室（原厂车体改装式）

（2）骨架蒙皮结构

骨架蒙皮结构工艺，即客车制作工艺，一般包含底架制作，车身五大块制作，底架上车安装，车身骨架焊接，涨拉蒙皮，水电气安装，铺设地板，安装门、窗，进行淋雨试验等。骨架蒙皮结构水质监测移动实验室如图 25-2 所示。

（3）大板方舱改装工艺

由于方舱式水质监测移动实验室具有很好的保温保湿性和抗电磁干扰性、实验空间大等一系列优势，在恶劣的环境下仍然可以有效开展实验，因此可搭载更多的仪器设备，覆盖的水质检测指标更加丰富，可提供更加完善的实验室保障条件和操作功能区间，基本接近固定

图 25-2　水质监测移动实验室（客车制作工艺）

实验室的环境水平。一般情况下，如图 25-3 ～图 25-5 所示，大板方舱为改装车厂自制拼装方舱，舱体涉及的材料按照国家标准或行业标准进行验收。

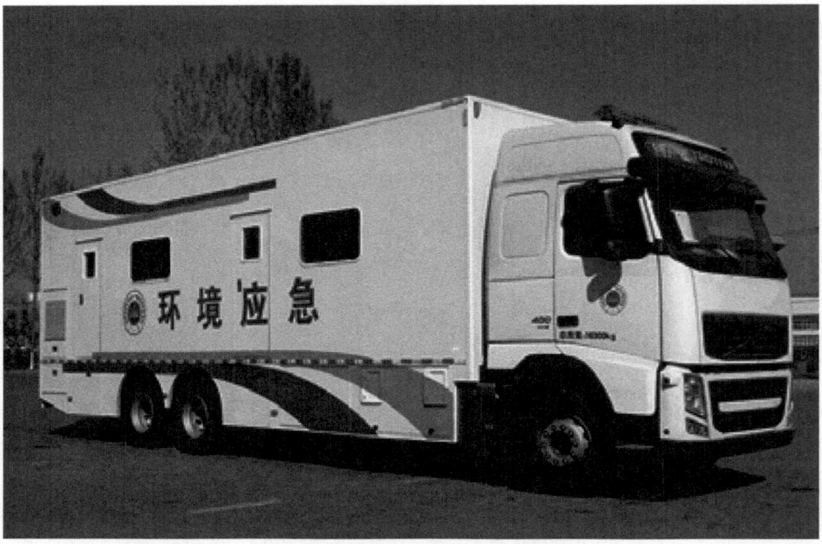

图 25-3　水质监测移动实验室（方舱式）

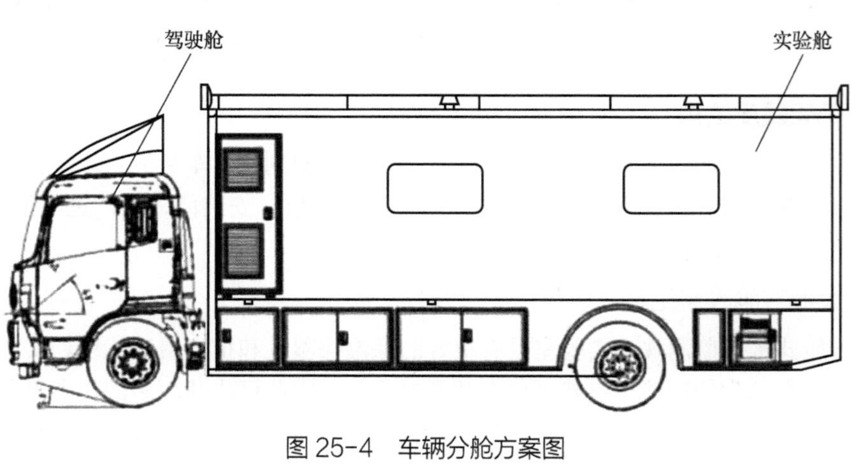

图 25-4　车辆分舱方案图

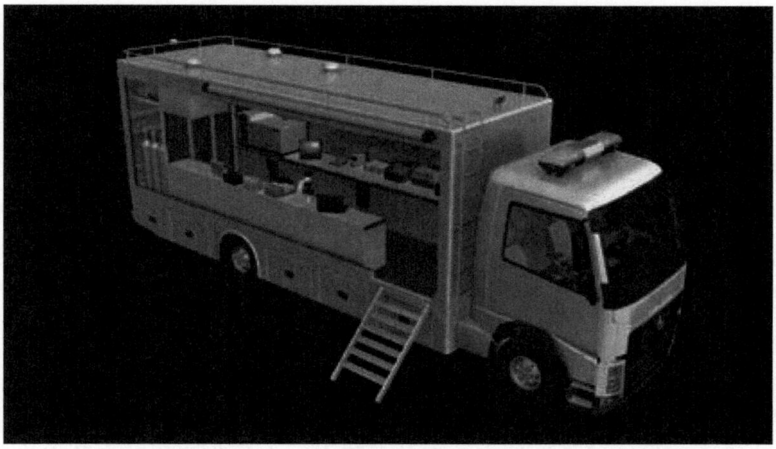

图 25-5　水质监测移动实验室模型图

25.2.1.2　国内主要生产厂家

目前国内水质监测移动实验室产品（系统）生产厂家主要有中天高科、聚光科技、湖南力合、杭州绿洁、青岛佳明、武汉境辉、江铃集团等，厂家具体信息见表 25-2。其中聚光科技水质监测移动实验室产品市场保有量超过 30 台（套），力合科技水质监测移动实验室产品市场保有量超过 60 台（套），杭州绿洁水质监测移动实验室产品市场保有量超过 10 台（套），青岛佳明水质监测移动实验室产品市场保有量超过 10 台（套），中天高科水质监测移动实验室产品市场保有量超过 80 台（套）。目前，国内厂家产品尚无出口。

表 25-2　国内典型水质监测移动实验室厂家样本调研总汇

序号	品牌	所属区域	制造商类型
1	中天高科特种车辆有限公司	天津	车辆改装企业
2	聚光科技（杭州）股份有限公司	浙江	系统集成企业
3	力合科技（湖南）股份有限公司	湖南	系统集成企业
4	杭州绿洁科技股份有限公司	浙江	系统集成企业
5	青岛佳明测控科技股份有限公司	山东	系统集成企业
6	武汉境辉环保科技有限公司	湖北	系统集成企业
7	重庆迪马工业有限责任公司	重庆	车辆改装企业
8	江铃集团改装车股份有限公司	江西	车辆改装企业

25.2.2　国内外应用状况

水质监测移动实验室的应用按使用目的可分为应急监测、日常巡测、督查性监测、执法监测、重大事件保障监测等。水质监测移动实验室在我国的应用，按行业主要可分为供水、环保、水利等。水质监测移动实验室的应用非常广泛，难以对每个领域的应用情况进行逐一阐述，同时为了聚焦“饮用水安全保障技术及标准化”项目，仅针对部分水环境污染应急救援案例进行介绍。

25.2.2.1 应用概述

移动实验室不同于传统意义上的固定实验室，主要应用于现场检测、在线监测和实时监测方面。从这个意义上讲，移动实验室可以认为是固定实验室功能的延伸，在移动实验室获得能力认可的前提下，它还可以作为一个独立的检测机构，从事检测、校准或科学实验活动。从检测功能上看，移动实验室可以用于现场快速筛查检测，也可进行定量检测。移动实验室在满足行政执法需求、解决公共安全事件、实现重大装备现场检测、确保生产和科研在线监控、促进移动实验技术发展中发挥着固定实验室不可替代的作用。

25.2.2.2 应用情况及效果

在“四川广元紧急应对陇南锑泄漏水污染事故”“3·28伊春鹿鸣矿业尾矿库泄漏事故”“渌江湖南醴陵段遭跨省铊污染”等应急事故保障中，水质监测移动实验室为当地应急快速控制提供了有效数据支撑。国家住房与城建部通过“国家供水应急救援能力建设”项目实施，在全国华北、华东、华中、华南、东北、西南、西北、新疆8个区域，依托当地供水公司等单位建立国家供水应急救援中心，并设置区域保养基地，每个基地配置移动实验室两台，一台以有机物检测为主，另一台以无机和微生物检测为主，能够完成水中几十项水质指标的检测。水质监测移动实验室在众多企业及单位均有应用案例，典型用户及其配备的产品信息如表25-3所示。国家供水应急救援中心以八大基地为辐射源，带动周边地区进一步提升应急处置救援的专业水平，显著提升我国抢险救灾的能力。国家应急供水救援中心可在多种突发事件下实现快速响应，应急供水装备在灾后12h内可到达灾区，24h后供水能力倍增，最大距离达到540km，服务范围覆盖90万平方公里。

表25-3 水质监测移动实验室典型用户清单

序号	调研用户	供应商	产品类型
1	中国城市规划设计研究院	聚光科技	方舱
2	山东省（济南）供排水监测中心	聚光科技	方舱
3	广州市自来水有限公司	聚光科技	方舱
4	抚顺市供水（集团）有限公司	聚光科技	方舱
5	南京水务集团有限公司	聚光科技	方舱
6	绵阳市水务（集团）有限公司	聚光科技	方舱
7	郑州自来水投资控股有限公司	聚光科技	方舱
8	乌鲁木齐水业集团有限公司	聚光科技	方舱
9	武汉市水务集团有限公司	聚光科技	方舱
10	深圳市水务（集团）有限公司	聚光科技	商务车
11	成都市环境监测中心站	湖南力合	骨架蒙皮
12	南水北调中线干线工程建设管理局	湖南力合	骨架蒙皮
13	东莞市环境监测中心站	湖南力合	商务车
14	福州市供排水管理中心	湖南力合	商务车
15	洋浦经济开发区生态环境保护局	杭州绿洁	商务车

续表

序号	调研用户	供应商	产品类型
16	张家口市供水总公司	杭州绿洁	商务车
17	中国地质科学院水文地质环境地质研究所	青岛佳明	骨架蒙皮
18	郑州市环境保护监测中心站	青岛佳明	商务车
19	上海市供水调度监测中心	中天高科	骨架蒙皮
20	大连市环境污染事件应急指挥部办公室	中天高科	商务车

25.2.3　典型应用案例

（1）住建部中国城市规划设计研究院供排水中心国家应急救援中心

应急状况下的供水安全保障能力事关灾后群众的饮水安全和基本生活保障，为实现多种突发事件下的快速响应，在国家层面构建城镇供水应急救援体系意义十分重大。住建部于 2015 年启动实施“国家供水应急救援能力建设”项目，在辽宁抚顺、山东济南、江苏南京、湖北武汉、广东广州、河南郑州、四川绵阳、新疆乌鲁木齐建设了八个国家供水应急救援中心，设置保养基地，分别配备移动检测实验室，结合了实验室级环境、保障、仪器和质控等体系，可实现水质常规、微生物、有机物和重金属等共 145 项指标的现场检测，基本覆盖《生活饮用水卫生标准》（GB 5749—2022）、《地表水环境质量标准》（GB 3838—2002）、《地下水质量标准》（GB/T 14848—2017）等主要水质标准及其他项目，填补了我国供水应急救援能力的空白，全面提升了我国救灾供水应急能力。2020 年 7 月 21 日，湖北恩施清江上游屯堡乡马者村沙子坝发生滑坡，致使水源地受泥石流影响，城区供水中断，45 万群众供水受到影响。为保障居民安全用水，国家供水应急救援华中基地迅速开展应急救援工作，火速集结由 7 台国家供水应急救援车（含 1 台通信指挥车、4 台净水车、2 台水质检测车）为核心的应急供水车队，连夜赶赴恩施进行应急供水驰援。经过几个昼夜的连续奋战，恩施市二水厂、三水厂恢复部分产能，城区逐步恢复了分片区分时段供水。国家供水应急救援车队顺利完成应急供水任务，有序关停制水车辆设备并撤离恩施市。此次供水应急救援，是 8 个国家供水应急救援基地组建以来首次进行的实战应急供水救援。

（2）上海市供水调度监测中心

上海市已建成长江青草沙、陈行、崇明东风西沙和黄浦江金泽四大集中式饮用水水源地，实现了“两江并举、集中取水、水库供水、一网调度”的原水供应格局。但作为上海的两大水源，长江及黄浦江均为开放式、多功能流动性水域，影响水质的因素众多，易发生突发性水污染事故。近年来两大水源一直受到突发性水污染的威胁，如何在水污染事故发生后第一时间掌握水质情况、评估原水供应安全风险是目前水质应急工作中的重点和难点。为提高上海市供水水质应急检测能力，提高供水行业应对突发事件的能力，上海市供水调度监测中心购置了水质监测移动实验室，内部的实验舱配置了两台气相色谱 - 质谱联用仪、连续流动分析仪等国内外先进仪器及远程传输系统。具备挥发性、半挥发性有机物，挥发酚，氰化物等 44 项特征污染物检测能力，加上便携式设备的 20 多项监测指标，形成覆盖 60 多项监测指标的应急监测能力。

25.3 技术评估

从前期水质监测移动实验室的调研结果来看，评估水质监测移动实验室的指标主要分车辆性能、保障条件及应用性 3 个方面。车辆性能主要有动力性、承载能力、密闭性、路况通过性、驻车平衡 5 个指标；保障条件方面，通信能力、实验室信息管理水平、制冷能力、平衡装置承载能力、输出电源质量是移动实验室能正常运行的指标；而用户层面则更关注水质监测移动实验室的检测能力、空间布局的合理性、是否满足 CMA（中国计量认证）认证条件、车载使用准备时间、装备建设费用、装备维护费用、准驾能力要求等指标；另外，从市场来看，注册资金、企业人数、市场占有率及是否出口等指标可以衡量国产设备与国际先进水平相比的差异。因此，根据调研结果，参照相关标准规范，结合生产企业和用户关注的主要问题，考虑行业的发展等，筛选出移动实验室评估指标 22 项。

25.3.1 评估指标体系

结合移动实验室的技术先进性、技术可靠性、性能稳定性、经济适用性、国际竞争力等方面，选取技术先进性、技术可靠性、性能稳定性、经济适用性、国际竞争力等 5 项指标作为一级评估指标集，在一级评估指标的基础上将其进一步细化分解为图 25-6 的 22 项二级评估指标，形成评估矩阵图。

25.3.2 评估指标赋值

25.3.2.1 评估一级指标权重建议赋值

将移动实验室评估一级指标分为技术先进性、技术可靠性、性能稳定性、经济适用性、国际竞争力 5 个，结合移动实验室技术及其特点对 5 个一级指标赋予权重建议值，分别为 U_2 技术可靠性（0.30）= U_3 性能稳定性（0.30）＞ U_1 技术先进性（0.20）＞ U_4 经济适用性（0.10）= U_5 国际竞争力（0.10）。

性能稳定性、技术可靠性在权重中各按 0.30。对于移动实验室而言，性能稳定性和技术可靠性是保障移动实验室稳定、可靠运行的必要条件和前提，是最基本的指标。考虑到性能稳定性和技术可靠性属于同等重要的评估指标，这两者权重相同。

技术先进性反映了移动实验室在行业内的先进程度，在权重中按 0.20。在保证产品的性能稳定和技术可靠的前提下，技术越先进越好。对于水质监测移动实验室来讲，检测能力、空间布局的合理性、通信能力、实验室信息管理水平、是否满足 CMA 认证条件都体现了其先进性。

经济适应性、国际竞争力在权重中各按 0.10。对于水质监测移动实验室来讲，经济适用性主要取决于设备购买成本、维护成本及车辆准驾能力，通常与技术先进性、技术可靠性、性能稳定性负相关；国际竞争力反映了对应品牌产品的国内外市场竞争能力，由于目前国内产品均以本土销售为主，此次评估中按照较低的权限进行分配。

25.3.2.2 评估二级指标赋分

结合移动实验室技术先进性、技术可靠性、性能稳定性、经济适用性、国际竞争力，按照表 25-4 对其进行二级指标的细化和赋分。

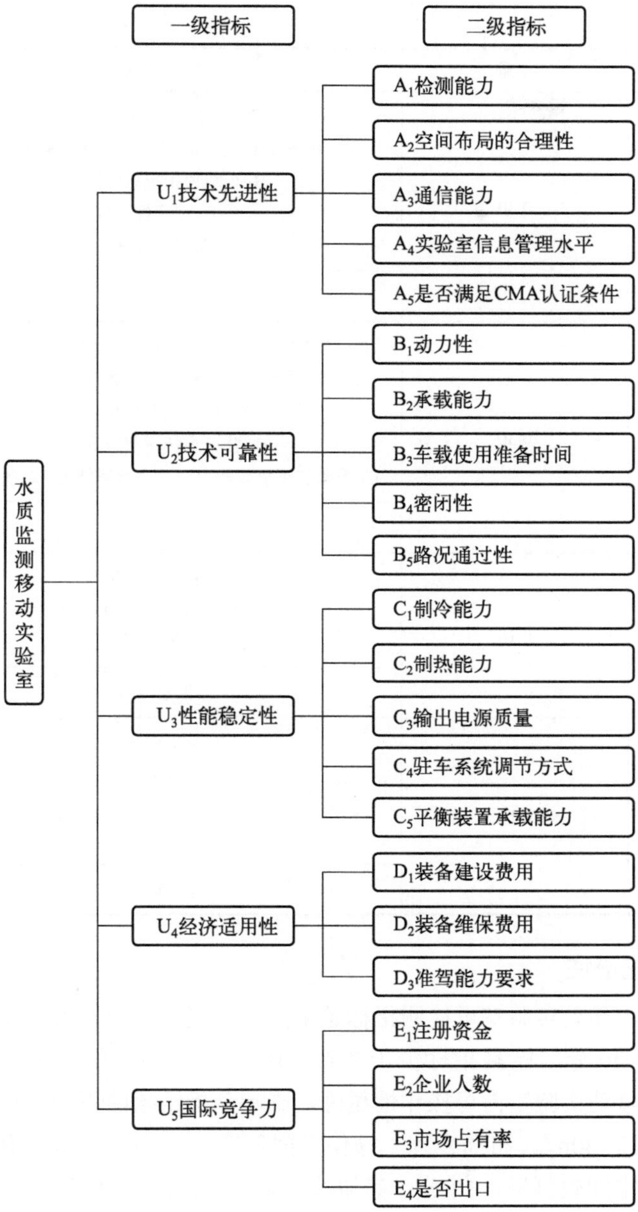

图 25-6　水质监测移动实验室评估矩阵

表 25-4　水质监测移动实验室评估指标分配及权重和赋分

一级评估指标	权重	二级评估指标	满分 / 分
U_1 技术先进性	0.20	A_1 检测能力	30
		A_2 空间布局的合理性	20
		A_3 通信能力	20
		A_4 实验室信息管理水平	20
		A_5 是否满足 CMA 认证条件	10
		汇总	100

续表

一级评估指标	权重	二级评估指标	满分 / 分
U_2 技术可靠性	0.30	B_1 动力性（比功率） B_2 承载能力（总质量 – 整备质量） B_3 车载使用准备时间 B_4 密闭性 B_5 路况通过性	25 20 25 15 15
		汇总	100
U_3 性能稳定性	0.30	C_1 制冷能力（空调额定制冷量 / 实验舱体积） C_2 制热能力（空调额定制热量 / 实验舱体积） C_3 输出电源质量 C_4 驻车系统调节方式 C_5 平衡装置承载能力（四腿承载能力 / 总质量）	25 25 20 10 20
		汇总	100
U_4 经济适用性	0.10	D_1 装备建设费用 D_2 装备维保费用 D_3 准驾能力要求	50 40 10
		汇总	100
U_5 国际竞争力	0.10	E_1 注册资金 E_2 企业人数 E_3 市场占有率 E_4 是否出口	30 30 30 10
		汇总	100

（1）U_1 技术先进性

检测能力越强，移动实验室可检测指标越多，所配置的仪器设备越先进，是先进性最为重要的指标，赋分 30 分，检测指标少于 9 项，10 分；9 ～ 42 项，20 分；＞ 42 项，30 分。空间布局越合理，移动实验室内可操作性越强，影响分析结果的不确定性因素越少，故赋分 20 分，实验舱体积＞ 30m^3、布局合理、操作空间舒适，20 分；实验舱体积 20 ～ 30m^3、布局基本合理、操作空间较舒适，15 分；其他按照 10 分打分。通信能力越强，移动实验室在野外环境下的安全应急能力越强，故赋分 20 分，同时具备卫星、运营商网络两种以上通信方式，20 分；具备一种通信方式，10 分；不具备通信方式，0 分。实验室信息管理系统的使用可提升移动实验室信息化管理水平，提高实验室管理、工作效率，节省人力资源投入，提高检测结果的可溯源性，故赋分 20 分，同时具备 LIMS（化验室信息管理系统）、接入现场仪器数据、支持数据上传功能，20 分；同时具备两项功能，15 分；具备一项功能，10 分；不具备，0 分。是否满足 CMA 认证条件是检测数据是否合法有效的重要依据，综合考虑目前市场上的移动实验室满足 CMA 认证条件的还比较少，故赋分 10 分，满足，10 分；不满足，0 分。

（2）U_2 技术可靠性

动力性指标越高，移动实验室载具动力性越好，其加速性能以及操控性更好，应用也更加可靠，赋分 25 分，比功率＜3kW/t，10 分；3～6kW/t，15 分；6～9kW/t，20 分；＞9kW/t，25 分。承载能力越强，移动实验室能承载的设备越多，扩展性越强，赋分 20 分，承载力＜2000kg，10 分；承载力 2000～6000kg，15 分；承载力＞6000kg，20 分。车载使用准备时间越短，现场越能快速投入使用，可实现现场快速响应，故也赋分 25 分，移动实验室到达现场后，关键设备冷启动到分析状态，所需时间越少者越可靠，≤1h，25 分；1～2h，15 分；2～4h，10 分；≥4h，0 分。密闭性越好，外部环境对移动实验室内影响越小，同时尽量减少移动实验室内环境对外部环境的影响，赋分 15 分，淋雨测试通过，15 分；不通过，0 分。路况通过性越强，移动实验室越能适用于更多复杂、恶劣的路况，能抵达更加复杂的现场应急环境，故赋分 15 分，接近角 15°～20°、离去角 5°～15°，10 分；接近角 20°～30°、离去角 15°～25°，15 分。

（3）U_3 性能稳定性

制冷能力越强，移动实验室实验舱在夏季高温环境下越能快速降低实验舱内温度，并能更好地将室温稳定在合理温度范围内，是保障实验室仪器设备稳定运行的重要因素，赋分 25 分，无，0 分；0～200W/m^3，10 分；200～300W/m^3，15 分；300～400W/m^3，20 分；＞400W/m^3，25 分。制热能力越强，移动实验室实验舱在冬季低温环境下越能快速提升实验舱内温度，并能更好地将室温稳定在合理温度范围内，同样是保障实验室仪器设备稳定运行的重要因素，赋分 25 分，无，0 分；0～200W/m^3，10 分；200～300W/m^3，15 分；300～400W/m^3，20 分；＞400W/m^3，25 分。输出电源质量越好，移动实验室内仪器设备运行越稳定，其分析检测结果更加可靠，赋分 20 分，220V±10%，5 分；220V±5%，10 分；220V±2%，20 分。平衡装置承载能力越强，移动实验室在承载更多的仪器设备时其驻车稳定性越好，赋分 20 分，四腿承载能力 / 总质量＜1，0 分；1～2，10 分；≥2，20 分。驻车系统调节方式自动化程度越高，现场驻车调节越简单、快速，越能快速响应现场监测要求，赋分 10 分，以快速可靠的驻车调节方式进行评定，无，0 分；单腿调节，5 分；一键式自动调节，10 分。

（4）U_4 经济适用性

装备建设费用越高，用户对于移动实验室的经济承受能力越弱，直接影响移动实验室在行业内的推广应用，赋分 50 分，移动实验室购置费用＜200 万元，50 分；200 万～400 万元，40 分；400 万～600 万元，30 分；＞600 万元，20 分。装备保养费用越高，移动实验室的日常运行、使用成本越高，同样影响移动实验室在行业内的推广应用，赋分 40 分，含车辆和装备的保养维护≤10 万元 / 年，40 分；10 万～15 万元 / 年，30 分；＞15 万元 / 年，20 分。准驾能力要求越高，移动实验室对于驾驶员的要求越高，同样对其经济适用性产生影响，赋分 10 分，C_1，10 分；B_1、B_2，7 分；A_1、A_2，5 分。

（5）U_5 国际竞争力

企业注册资金越多，规模越大，创新能力更强，在国际市场上竞争能力也越强，赋分 30 分，注册资金≤2000 万元，5 分；2000 万～5000 万元，10 分；5000 万～10000 万元，20 分；≥10000 万元，30 分。企业人数越多，其产品研发、设计、生产以及服务能力越强，国际竞争力越强，赋分 30 分，以企业总人数多少进行评分，人数≥500 人，30 分；人数 100～500 人，20 分；人数≤100 人，10 分。企业市场占有率越高，产品市场接受度、市场应用成熟度越高，其竞争力也就越强，故也赋分 30 分，≤ 5%，10 分；5% ～ 10%，15 分；10% ～ 15%，20 分；15% ～ 20%，25 分；≥ 20%，30 分。是否出口直接反映了企业产品在国际上的竞争力，赋分 10 分，无，0 分；有，10 分。

25.3.3 评估指标体系应用

在调研的基础上，经专家评估，水质监测移动实验室生产和应用的技术就绪度整体达到 7 ～ 8 级，已实现了设备的国产化并形成了一定市场应用规模。评估打分表及评估结果分别见表 25-5 和图 25-7。

表 25-5 专家评分汇总

序号	U_1 技术先进性		U_2 技术可靠性		U_3 性能稳定性		U_4 经济适用性		U_5 国际竞争力	
	分值 / 分	权重	分值 / 分	权重	分值 / 分	权重	分值 / 分	权重	分值 / 分	权重
1	79	0.2	96	0.3	89	0.3	87	0.1	90	0.1
2	73	0.15	81	0.3	79	0.35	73	0.1	62	0.1
3	76	0.2	86	0.3	82	0.3	71	0.1	67	0.1
4	77	0.2	85	0.3	83	0.3	71	0.1	68	0.1
5	80	0.2	87	0.3	83	0.3	69	0.1	67	0.1
6	82	0.2	85	0.3	79	0.3	72	0.1	67	0.1
7	79	0.2	87	0.3	82	0.3	72	0.1	78	0.1
8	79	0.2	86	0.3	80	0.3	74	0.1	66	0.1
9	80	0.2	87	0.3	83	0.3	69	0.1	67	0.1
10	79	0.2	86	0.2	90	0.3	76	0.2	63	0.1
11	80	0.25	85	0.25	81	0.3	80	0.1	60	0.1
计算结果	技术就绪度（TRL）	明确需求（TRL1）	技术方案（TRL2）	通过论证（TRL3）	小试研究（TRL4）	中试研究（TRL5）	形成产品（TRL6）	三方评估（TRL7）	标准化（TRL8）	推广应用（TRL9）
	$B = WR$	0	0	0	0	0.1	0.91	2	1.93	0.1

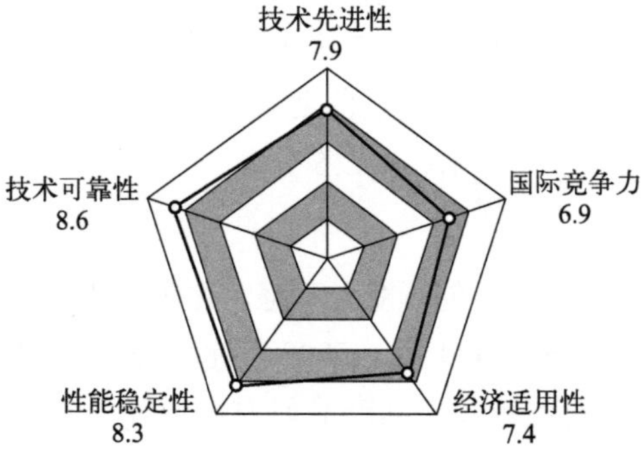

图 25-7 水质监测移动实验室评估结果

25.4 应用验证

25.4.1 验证指标筛选

25.4.1.1 验证地点及验证设备信息

验证地点及验证设备信息见表 25-6。

表 25-6　验证地点及验证设备信息

序号	验证单位	所在流域	厂家	设备型号
1	国家城市供水水质监测网济南站	黄河流域	聚光科技	移动实验室（方舱）
2	国家城市供水水质监测网乌鲁木齐站	黄河流域	聚光科技	移动实验室（方舱）
3	国家城市供水水质监测网绵阳站	长江流域	聚光科技	移动实验室（方舱）
4	国家城市供水水质监测网武汉站	长江流域	聚光科技	移动实验室（方舱）
5	国家城市供水水质监测网郑州站	淮河流域	聚光科技	移动实验室（方舱）
6	国家城市供水水质监测网南京站	淮河流域	聚光科技	移动实验室（方舱）
7	国家城市供水水质监测网广州站	珠江流域	聚光科技	移动实验室（方舱）
8	国家城市供水水质监测网深圳站	珠江流域	聚光科技	移动实验室（方舱）

25.4.1.2 验证指标筛选

根据调研、评估及验证实验建立了水质监测移动实验室技术经济水平的海选指标体系，如表 25-7 所列，水质监测移动实验室不涉及小试试验和中试试验，只进行生产验证。

水质监测移动实验室的检测能力、空间布局的合理性、通信能力、实验室信息管理水平、是否满足 CMA 认证条件、抗污染能力、密闭性、驻车系统调节方式、准驾能力要求、是否出口等无法用具体的数字进行量化，因此将上述指标列为不可观测指标先进行删除，以保证初步筛选后的指标体系可以量化。根据可观测性原则将数据无法获得的海选指标删除，保证初步筛选后的指标体系可以量化，然后对初步筛选的指标数据进行标准化分析，基于相关性分析将 X_1 准则层相关系数大于 0.90 的指标筛选保留。在相关性分析的基础上，利用主成分分析筛选各准则层内剩余的指标，筛选 X_1 准则层的累积方差贡献率达到 90% 时各个主成分中因子负载绝对值较大的指标。经过初步筛选、定量筛选，从 58 个海选指标中筛选出 12 个指标，保留的指标在表 25-7 中用“保留”标出。

表 25-7　水质监测移动实验室的海选指标集

序号	准则层	指标层	筛选结果
1	X_1 生产	$X_{1.1}$ GC-MS 质量分辨率移动前	保留
2		$X_{1.2}$ GC-MS 质量分辨率移动后	主成分分析删除
3		$X_{1.3}$ GC-MS 质量准确性移动前	主成分分析删除
4		$X_{1.4}$ GC-MS 质量准确性移动后	保留
5		$X_{1.5}$ GC-MS 信噪比移动前	主成分分析删除

续表

序号	准则层	指标层	筛选结果
6	X_1 生产	$X_{1.6}$ GC-MS 信噪比移动后	主成分分析删除
7		$X_{1.7}$ GC-MS 峰面积重复性移动前	保留
8		$X_{1.8}$ GC-MS 峰面积重复性移动后	主成分分析删除
9		$X_{1.9}$ GC-MS 保留时间重复性移动前	保留
10		$X_{1.10}$ GC-MS 保留时间重复性移动后	主成分分析删除
11		$X_{1.11}$ GC-MS 气相色谱柱程序升温重复性移动前	保留
12		$X_{1.12}$ GC-MS 气相色谱柱程序升温重复性移动后	主成分分析删除
13		$X_{1.13}$ GC-MS 谱库检索移动前	主成分分析删除
14		$X_{1.14}$ GC-MS 谱库检索移动后	保留
15		$X_{1.15}$ ICP-MS 灵敏度 Li 移动前	主成分分析删除
16		$X_{1.16}$ ICP-MS 灵敏度 Li 移动后	保留
17		$X_{1.17}$ ICP-MS 灵敏度 Co 移动前	主成分分析删除
18		$X_{1.18}$ ICP-MS 灵敏度 Co 移动后	主成分分析删除
19		$X_{1.19}$ ICP-MS 灵敏度 In 移动前	主成分分析删除
20		$X_{1.20}$ ICP-MS 灵敏度 In 移动后	主成分分析删除
21		$X_{1.21}$ ICP-MS 灵敏度 U 移动前	主成分分析删除
22		$X_{1.22}$ ICP-MS 灵敏度 U 移动后	主成分分析删除
23		$X_{1.23}$ ICP-MS 氧化物离子移动前	主成分分析删除
24		$X_{1.24}$ ICP-MS 氧化物离子移动后	主成分分析删除
25		$X_{1.25}$ ICP-MS 双电荷离子移动前	主成分分析删除
26		$X_{1.26}$ ICP-MS 双电荷离子移动后	主成分分析删除
27		$X_{1.27}$ ICP-MS 检出限 Li 移动前	主成分分析删除
28		$X_{1.28}$ ICP-MS 检出限 Li 移动后	主成分分析删除
29		$X_{1.29}$ ICP-MS 检出限 Co 移动前	保留
30		$X_{1.30}$ ICP-MS 检出限 Co 移动后	主成分分析删除
31		$X_{1.31}$ ICP-MS 检出限 In 移动前	主成分分析删除
32		$X_{1.32}$ ICP-MS 检出限 In 移动后	主成分分析删除
33		$X_{1.33}$ ICP-MS 检出限 U 移动前	主成分分析删除
34		$X_{1.34}$ ICP-MS 检出限 U 移动后	主成分分析删除
35		$X_{1.35}$ ICP-MS 短期稳定性移动前	保留
36		$X_{1.36}$ ICP-MS 短期稳定性移动后	主成分分析删除
37		$X_{1.37}$ ICP-MS 长期稳定性移动前	主成分分析删除
38		$X_{1.38}$ ICP-MS 长期稳定性移动后	主成分分析删除
39		$X_{1.39}$ 检测能力	保留（理性处理）
40		$X_{1.40}$ 空间布局合理性	不可观测性删除
41		$X_{1.41}$ 通信能力	不可观测性删除

续表

序号	准则层	指标层	筛选结果
42	X_1 生产	$X_{1.42}$ 实验室信息管理水平	不可观测性删除
43		$X_{1.43}$ 是否满足 CMA 认证条件	不可观测性删除
44		$X_{1.44}$ 动力性（比功率）	不可观测性删除
45		$X_{1.45}$ 承载能力（总质量 − 整备质量）	不可观测性删除
46		$X_{1.46}$ 车载使用准备时间	保留（理性处理）
47		$X_{1.47}$ 抗污染能力（内饰材质）	不可观测性删除
48		$X_{1.48}$ 密闭性	不可观测性删除
49		$X_{1.49}$ 路况通过性	不可观测性删除
50		$X_{1.50}$ 承载能力（四腿承载能力 / 总质量）	不可观测性删除
51		$X_{1.51}$ 驻车系统调节方式	不可观测性删除
52		$X_{1.52}$ 装备建设费用	保留（理性处理）
53		$X_{1.53}$ 装备维保费用	不可观测性删除
54		$X_{1.54}$ 准驾能力要求	不可观测性删除
55		$X_{1.55}$ 注册资金	不可观测性删除
56		$X_{1.56}$ 企业人数	不可观测性删除
57		$X_{1.57}$ 市场占有率	不可观测性删除
58		$X_{1.58}$ 是否出口	不可观测性删除

25.4.2 验证指标体系

将指标进行整合，筛选出 ICP-MS 灵敏度 Li 移动后、ICP-MS 检出限 Co 移动前、ICP-MS 短期稳定性移动前、GC-MS 峰面积重复性移动前、GC-MS 保留时间重复性移动前、GC-MS 谱库检索移动后、GC-MS 质量准确性移动后、GC-MS 质量分辨率移动前、GC-MS 气相色谱柱程序升温重复性移动前、检测能力、车载使用准备时间及装备建设费用 12 个指标，如表 25-8 所列，所筛选出的指标涵盖了产品质量、应用效果、经济性能等几个方面，因此筛选出的指标具有较好的合理性。

表 25-8　评估指标的等级划分

指标	等级
ICP-MS 灵敏度 Li 移动后	≥ 10Mcps/（mg・L^{-1}），为合格；＜ 10Mcps/（mg・L^{-1}），为不合格
ICP-MS 检出限 Co 移动前	≤ 5ng/L，为合格；＞ 5ng/L，为不合格
ICP-MS 短期稳定性移动前	≤ 2%（20min），为合格；否则为不合格
GC-MS 峰面积重复性移动前	100pg 八氟萘，RSD ≤ 10%（$n=6$），为合格；否则为不合格
GC-MS 保留时间重复性移动前	≤ 1%，为合格；否则为不合格
GC-MS 谱库检索移动后	10ng 硬脂酸甲酯，相似度≥ 75%，为合格；否则为不合格
GC-MS 质量准确性移动后	在 ±0.3amu，为合格；否则为不合格
GC-MS 质量分辨率移动前	≤ 1amu，为合格；否则为不合格

续表

指标	等级
GC-MS 气相色谱柱程序升温重复性移动前	≤ 1%，为合格；否则为不合格
检测能力	＜ 9 项，为一般；9 ～ 42 项，为良好；＞ 42 项，为优良
车载使用准备时间	＞ 3h，为不合格；1 ～ 3h，为合格；＜ 1h，为优良
装备建设费用	—

25.4.3 验证指标体系应用

本指标体系验证是基于湖北某水务集团水质监测移动实验室的运行情况来进行的。

验证实验方法：取出厂水用水质监测移动实验室分别对移动前后的产品性能指标和实际应用指标进行验证评估。由划分的评估指标等级对验证地点指标进行验证，水质监测移动实验室验证评估结果如表 25-9 所列。

表 25-9 湖北某水务集团水质监测移动实验室验证评估结果

验证指标	验证结果	评估结论
ICP-MS 灵敏度 Li 移动后	16.9Mcps/(mg・L^{-1})	合格
ICP-MS 检出限 Co 移动前	0.39ng/L	合格
ICP-MS 短期稳定性移动前	1.80%	合格
GC-MS 峰面积重复性移动前	5.81%	合格
GC-MS 保留时间重复性移动前	0.11%	合格
GC-MS 谱库检索移动后	82.62%	合格
GC-MS 质量准确性移动后	0.15amu	合格
GC-MS 质量分辨率移动前	0.68amu	合格
GC-MS 气相色谱柱程序升温重复性移动前	0.22%	合格
检测能力	80 项	优良
车载使用准备时间	1h	合格
装备建设费用	—	—

对湖北某水务集团的移动实验室的验证结果显示，各项指标均为合格，其中在检测能力方面达到优良。

第26章 漏损监控仪

26.1 产品概述

26.1.1 产品分类

由于社会的快速发展、国内经济建设的需要，各地供水公司的供水量和管网长度爆炸性增长，造成供水管网漏损量只增不减、居高不下，水的供需矛盾日益突出，已成为我国乃至全世界所面临的一大严重问题。据统计，国内660多个城市供水管网的平均漏损率超过15%，最高达70%以上；另一项针对408个城市的统计表明，城市公共供水系统的管网漏损率平均为21.5%。

在供水安全保障方面，在水资源日益紧缺而用水量增加的供需矛盾下，在城市遭受水源水质污染事故、干旱等情况时，控制管网漏损变得更为必要。另外，管网漏损会使外部物质侵入管网而导致管网水质污染，影响供水安全。因此，在供水安全方面需要管网漏损控制设备开发作为管网漏损控制的技术支撑。

为解决供水管道漏损问题，一些发达国家早在20世纪80年代就开始研究供水管道的漏损检测技术，在漏损控制、检测以及定位等方面取得一系列成果。随着对泄漏信号特征的更多研究及传感器技术的提高，采用互相关技术的泄漏检测定位仪器相继出现。国内相关研究起步较晚，目前的漏损检测技术和国外相比仍有较大差距，国内研发的漏损检测设备还是以模仿外国产品为主，无论是检测算法、软件平台、硬件研发还是外观设计都和国外存在一定的差距。

目前普遍使用的管道漏损监测设备可以分流量法、压力法、噪声法、其他方法几类。流量法设备主要为流量计、水表；压力法设备主要为普通压力表、高频压力计；噪声法设备主要为相关仪、听漏仪、Smartball智能球、Sahara智能球等；其他方法设备主要为探地雷达、管道示踪剂、光纤光栅等。

26.1.2 性能指标

流量法设备的主要性能参数有管材、管径、采样频率、计量误差、使用寿命。压力法设备的主要性能参数有管材、管径、采样频率、定位精度、使用寿命。噪声法设备的主要性能参数有管材、管径、定位精度、采样频率、监测距离、使用寿命。

26.1.3 技术标准情况

26.1.3.1 国际标准

自 20 世纪 80 年代起，漏损检测技术开始在供水领域得到应用，相关的标准逐步形成，如表 26-1 所示。

表 26-1 国际漏损检测技术相关标准一览表

序号	名称	标准号
1	Non-destructive testing—Acoustic emission testing（AT）—Leak detection by means of acoustic emission 无损检测 声发射测试（AT） 通过声发射进行泄漏检测	ISO 18081:2016
2	Non-destructive testing—Leak testing—Calibration of reference leaks for gases 无损检测 泄漏检测 气体参考泄漏的校准	ISO 20486:2017
3	Non-destructive testing—Leak testing—Tracer gas method 无损检测 泄漏检测 示踪气体法	ISO 20485:2017
4	Water efficiency management systems—Requirements with guidance for use 水效率管理系统 要求和使用指导	ISO 16837:2019
5	Guidelines for the management of assets of water supply and wastewater systems—Part 1: Drinking water distribution networks 供水和废水系统资产管理准则 第 1 部分：饮用水分配网络	ISO 24516-1:2016
6	IEC standard hydrophone IEC 标准水听器	IEC 60500 ed1.0
7	General practices for the repair of water-leakage cracks in concrete structures 修复混凝土结构漏水裂缝的一般做法	ISO/TR 16475:2020

注：ISO，International Standards Organization，国际标准化组织；IEC，International Electrotechnical Commission，国际电工委员会。

26.1.3.2 国内标准

我国漏损检测仪表相关的标准仍然不够完善，目前已经发布的标准主要包括产品标准 1 项：《供水管网漏水检测听漏仪》（CJ/T 525—2018）；技术标准 2 项：《城镇供水管网漏水探测技术规程》（CJJ 159—2011）、《城镇供水管网漏损控制及评定标准》（CJJ 92—2016）。

26.2 行业调研

26.2.1 国内外生产状况

26.2.1.1 国内外主要生产厂家

国内外典型漏损厂家调研样本包括 8 家国外品牌的 16 款漏损监测产品以及 7 家国内品牌的 12 款漏损监测产品，部分汇总如表 26-2 所列。调研产品涵盖了目前自来水公司主要使用的漏损监测产品，如流量计、压力表、听音棒、相关仪、智能球等。

表 26-2　国内外典型漏损厂家样本调研部分汇总

序号	品牌	产品	备注
1	法国 Hydreka	HydrINS 插入式电磁流量计	进口
2	加拿大 Pure Technologies	Smartball 泄漏检测设备	进口
		Sahara 泄漏检测设备	
3	西班牙 Aganova	Nautilus 泄漏检测设备	进口
4	北京埃德尔	ADC-WIFI 型紫侠相关仪	国产
		ADL-PRO 数字听漏仪	
		紫台多功能漏损监测仪系列	
		紫川渗漏预警系列	
5	扬州捷通	JT-3Ax 管道泄漏检测仪	国产
		JTTL 机械式听漏棒	
6	浙江和达	LD18 噪声监测仪	国产
7	浙江迪元	AF3 高精度型电磁流量计	国产
8	南京惠然	惠然 C-MAG 电磁水表	国产
		SITRANS 变送器 P200/P210/P220	
9	上海肯特	KEFN 型智能电磁流量计	国产
10	江苏迈拓	NB-IoT 超声水表	国产

26.2.1.2　国内外产品对比

主要从技术先进性、技术可靠性和性能稳定性、经济适用性等方面展开国内外漏损监控仪表对比分析。

① 从技术先进性的角度分析，瑞士 VonRoll hydro 公司的 Ortomat-MTC 噪声监测相关仪、加拿大 Pure Technologies 公司的 Smartball 和 Sahara 检测技术、西班牙 Aganova 公司的 Nautilus 检测技术最具有代表性，这些产品也代表了未来泄漏检测技术的发展方向，但目前技术的使用成本较高，影响其推广应用。技术方案可以分为网络式布置监测和管内移动式检测两类。目前，国内还没有生产厂家研制出类似的管道漏损检测产品用于实际工程，和国外其他同类型产品相比，国内产品的技术方案一直是在模仿国外的先进产品。从图 26-1 可以看出，国内相关企业研发投入比例较低，因此相关企业应增加相关研发投入，研发人员应该进一步增强自主研发和创新能力，结合国内实际情况，研发适合于本国使用的漏损检测产品。

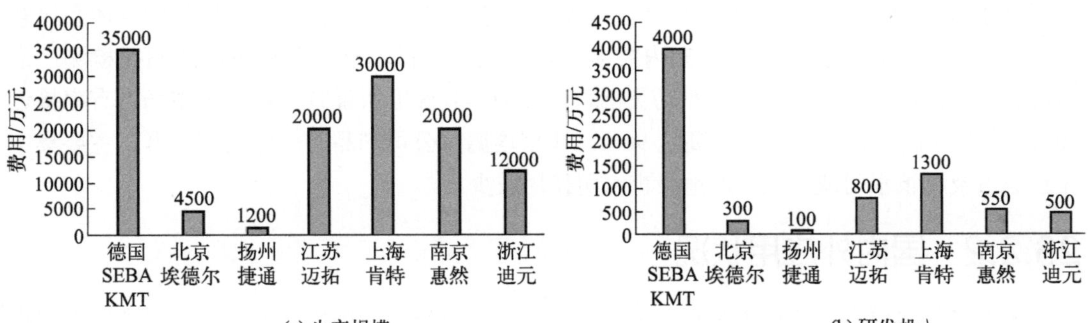

图 26-1　不同公司漏损监控仪表的生产规模及研发投入对比

② 从技术可靠性和性能稳定性的角度分析，泄漏检测设备使用的核心技术大部分是互相关时延估计，关键还是如何降低或去除噪声的干扰。国内产品在设计理念、制作工艺、检漏精度和稳定性、抗干扰能力等方面都处于落后阶段，缺乏自主创新的关键性技术，产品的整体性能较低，从公司生产规模和研发投入上也能看出国内企业整体研发投入占比明显低于进口品牌。国内产品主要集中于中低端产品，例如听音杆、听漏仪、相关仪，在高端产品很难见到国产设备，例如多探头相关仪、管内移动式检测球等。

③ 如图 26-2 所示，从经济适用性的角度分析，和国外产品相比，国内产品价格低，大约为国外同类产品价格的 1/10，例如国产相关仪一台 2 万元，而国外产品一般在 20 万元左右。但由于国内产品检测效果较差，目前大部分水司还是使用国外产品。但是对于市场上的低端泄漏检测设备，大部分水司还是使用价格低廉的国内产品，如机械式听音杆。

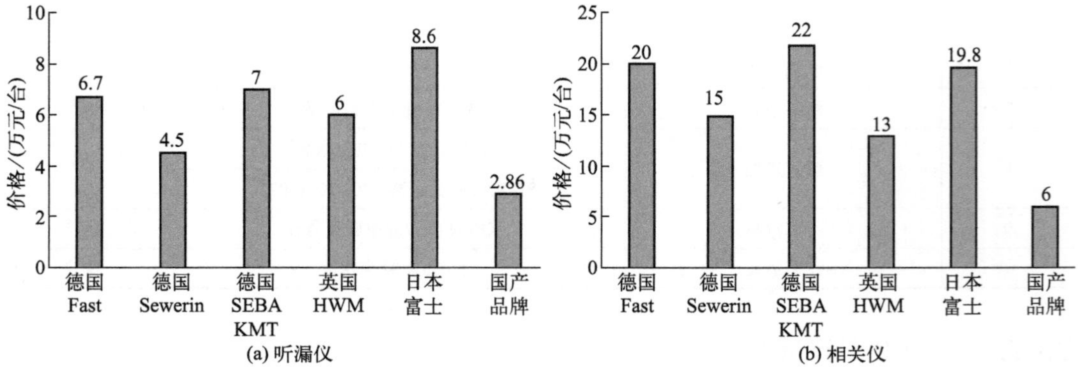

图 26-2 不同品牌漏损仪表的价格对比

④ 从替代进口性的角度分析，北京埃德尔公司具有明显的技术优势，已经具有一套完整的漏损检测产品体系，产品种类丰富、功能齐全、价格较低，每款产品在国内市场都占有一定的比例。扬州捷通供水技术设备有限公司的 JT 系列产品由于外形近似日本富士产品，价格低廉，深受检漏个人和私营企业的喜爱。产品用户主要集中在县级市及村镇水司或企业，但地级市水司使用较少。

26.2.1.3 市场格局

目前大部分水司还是使用国外产品，其中德国 SEBA KMT 公司、英国 HWM 公司、日本富士公司的产品最有代表性。德国 SEBA KMT 公司的漏损检测产品在中国的市场份额占中国供水行业 30% 以上。英国 HWM 公司是一家老牌的水行业公司，产品和价格体系比较稳定，相关仪的性价比较高，在国内被多个水司采用。日本富士公司生产的漏损检测产品和欧美国家的产品相比质量轻、小巧灵活，例如 HG-10A Ⅱ听漏仪，在全国市场占有率接近 50%，尤其江浙一带市场占有率高达 90%。北京埃德尔公司产品有一定的用户群，主要集中在县级市及村镇水司或企业，但地级市水司使用较少。

26.2.2 国内外应用状况

国外产品主要占据着国内漏损监控仪表的中高端市场，而国内产品主要占据着国内漏损监控仪表的低端市场。按全国各级水司的地理区域进行分类，一共调研 36 家水司或企业，包括东北地区 5 家、华北地区 4 家、华东地区 11 家、华南地区 8 家、华中地区 5 家、西北地区 2 家、西南地区 1 家。各种不同品牌占比如图 26-3 所示。

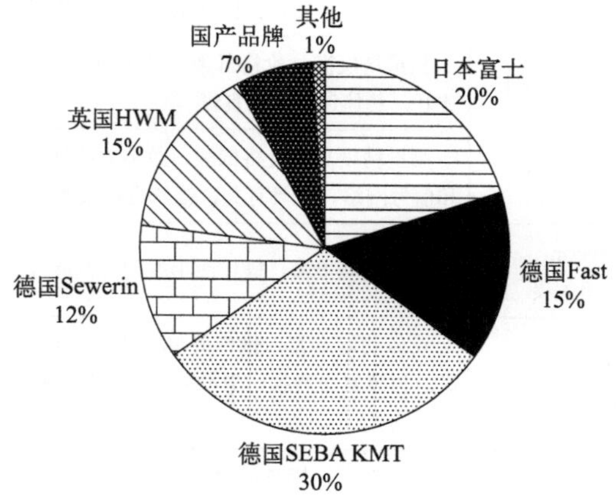

图 26-3　调研企业品牌占比

26.2.3　典型应用案例

根据调研 36 家水司或企业的漏损监测仪表使用情况，总结出 10 家供水系统典型用户，如表 26-3 所列。

表 26-3　供水系统典型用户清单

序号	企业名称	产品品牌 / 型号	应用效果
1	四川成都水司	德国 SEBA KMT Correlux C3 复合相关仪	设备功能丰富，操作简单方便，检测精度高、稳定性好，但使用成本高，是国内使用较多的一款产品
		德国 SEBA KMT HL7000 数字听漏仪	设备功能丰富，操作简单方便，检测效果好，但使用成本高，SEBA KMT 的经典产品，国内市场占比高
2	江苏无锡水司	瑞士 VONROLL HYDRO LOG3000 智能相关仪	体积小，重量轻，定位效果好，实际操作简单方便，但使用成本高，总体使用效果良好
		江苏某电磁水表	测量精度高，价格低廉，故障频率低，但测量稳定性稍差，总体使用效果良好
3	山东淄博水司	德国 Fast Aqua M300D 智能听漏仪	设备功能丰富，检测精度高，具有气体漏水检测模式，操作人员需要进行培训，总体使用良好
		江苏某管道泄漏检测仪	设备轻巧，操作简单方便，价格低廉，但设备稳定性差，抗干扰能力差，耳机易坏
		德国 SEBA KMT Correlux C3 复合相关仪	设备功能丰富，操作简单方便，检测精度高、稳定性好，但使用成本高，是国内使用较多的一款产品
		德国 SEBA KMT HL7000 数字听漏仪	设备功能丰富，操作简单方便，检测效果好，但使用成本高，SEBA KMT 的经典产品，国内市场占比高
4	吉林舒兰水司	德国 SEBA KMT Correlux C3 复合相关仪	设备功能丰富，操作简单方便，检测精度高、稳定性好，但使用成本高，是国内使用较多的一款产品
		德国 SEBA KMT HL7000 数字听漏仪	设备功能丰富，操作简单方便，检测效果好，但使用成本高，SEBA KMT 的经典产品，国内市场占比高

续表

序号	企业名称	产品品牌 / 型号	应用效果
4	吉林舒兰水司	浙江某噪声监测仪	操作简单方便，价格低廉，但设备稳定性差，抗干扰能力差
		浙江某压力传感器	测量精度高，价格低廉，故障频率低，按月定期比对检测，维修维护服务好，总体使用效果良好
		上海某电磁流量计	测量精度高，价格低廉，故障频率低，但测量稳定性差，传感器易损坏，和信号网络、天气有关，维修维护服务好，总体使用效果良好
5	浙江绍兴水司	德国 Sewerin Secorr 08 相关仪	设备功能丰富，操作简单方便，检测效果好，但使用成本高
		英国 HWM Water Soundsens 相关仪	设备功能丰富，操作简单方便，检测精度高、稳定性好，但使用成本较高。传感器易磨损，更换频率和检测次数有关，传感器更换瓷片大约 10000 元一次
		日本富士地探株式会社 HG-10A Ⅱ听漏仪 DNR-18 数字听漏仪	设备轻巧，操作简单方便，检测精度高、稳定性好，适合检漏工人进行现场作业，总体使用效果良好。服务维修费：手柄线 500 元每根，拾音器 1000 元一次
		德国 Fast Aqua M100D、M300D 听漏仪	设备功能丰富，检测精度高，具有气体漏水检测模式，操作人员需要进行培训，总体使用效果良好
		德国 Fast LOKAL 300 新型多功能相关仪	功能丰富，操作简单方便，检测精度高、稳定性好，但使用成本高，市场占有率低，总体使用效果良好
		北京某渗漏预警系统	设备功能丰富，操作简单方便，价格低廉，但设备稳定性差，抗干扰能力差
		浙江某噪声监测仪	操作简单方便，价格低廉，但设备稳定性差，抗干扰能力差
6	北京水司	北京某多功能漏损监测仪	设备功能丰富，操作简单方便，价格低廉，但设备稳定性差，总体使用效果良好
		北京某渗漏预警系统	设备功能丰富，操作简单方便，价格低廉，但设备稳定性较差
7	广东广州水司	英国 HWM Water Permanet + 无线远传漏损监控系统	远程配置包含采样频率等所有设备参数；快速识别潜在漏损区域；需要二次辅助确认；使用成本较高
		德国 SEBA KMT Sebalog N3 噪声记录仪	设备功能丰富，操作简单方便，检测精度高，但使用成本高，总体使用效果良好
		德国 SEBA KMT Correlux C3 复合相关仪	设备功能丰富，操作简单方便，检测精度高、稳定性好，但使用成本高，是国内使用较多的一款产品
		德国 SEBA KMT HL7000 数字听漏仪	设备功能丰富，操作简单方便，检测效果好，但使用成本高，SEBA KMT 的经典产品，国内市场占比高
8	新疆乌鲁木齐水司	日本富士地探株式会社 Zcorr 相关仪	设备轻巧，操作简单方便，检测精度高、稳定性好，但使用成本较高，总体使用效果良好
		日本富士地探株式会社 HG-10A Ⅱ听漏仪 DNR-18 数字听漏仪	设备轻巧，操作简单方便，检测精度高、稳定性好，适合检漏工人进行现场作业，总体使用效果良好。服务维修费：手柄线 500 元每根，拾音器 1000 元一次
		日本富士地探株式会社 LXP1500 机械式听音杆	听音杆韧性好、强度高，对特定漏水音频频段的响应灵敏度有明显的提升，总体使用效果良好

续表

序号	企业名称	产品品牌 / 型号	应用效果
9	浙江湖州水司	科隆分体电磁流量计 IFC300	测量效果稳定、精度高，较少发生故障
		浙江某压力传感器	测量精度高，价格低廉，故障频率低，按月定期比对检测，维修维护服务好，总体使用效果良好
10	广东顺控水司	浙江某高精度型电磁流量计	测量精度高，价格低廉，故障频率低，但测量稳定性差，传感器易损坏，和信号网络、天气有关，维修维护服务好，总体使用效果良好
		江苏某管道泄漏检测仪	设备轻巧，操作简单方便，价格低廉，但设备稳定性差，抗干扰能力较差

26.3　技术评估

从调研结果来看，目前，各地水司在漏损监控方面主要应用听漏仪进行日常管网巡查，应用最为广泛，经济条件好一些的水司会配备相关仪对噪声异常管段进行精确定位，还有部分水司安装了在线漏损监测仪用于管道漏损监测。综上，听漏仪在水司管道漏损巡查中应用最多，故选用听漏仪作为典型漏损监控仪表，开展技术评估。

从产品标准来看，拾音器灵敏度、拾音器频率范围、信号增益、滤波功能、静音功能、连续工作时间 6 个指标；从产品应用角度，选择产品认证、故障率、每百次检出率、用户认可度、定位精度等级、产品标准、是否出口及比例、市场占有率等 8 个指标；从经济适用性角度，选择产品价格、使用寿命、维护维修成本 3 个指标作为量化指标进行评价，故筛选指标 17 项，评估指标见表 26-4。

表 26-4　听漏仪评估指标

序号	评估指标	序号	评估指标
1	拾音器灵敏度	10	用户认可度
2	拾音器频率范围	11	定位精度等级
3	信号增益	12	产品价格
4	滤波功能	13	使用寿命
5	静音功能	14	维护维修成本
6	连续工作时间	15	产品标准
7	产品认证	16	是否出口及比例
8	故障率	17	市场占有率
9	每百次检出率		

26.3.1　评估指标体系

结合产品的技术先进性、技术可靠性、性能稳定性、经济适用性、国际竞争力等方面，选取技术先进性、技术可靠性、性能稳定性、经济适用性、国际竞争力 5 项指标作为一级评估指标集，根据筛选的17项性能评估指标细化分解为二级评估指标，形成评估矩阵，如图26-4所示。

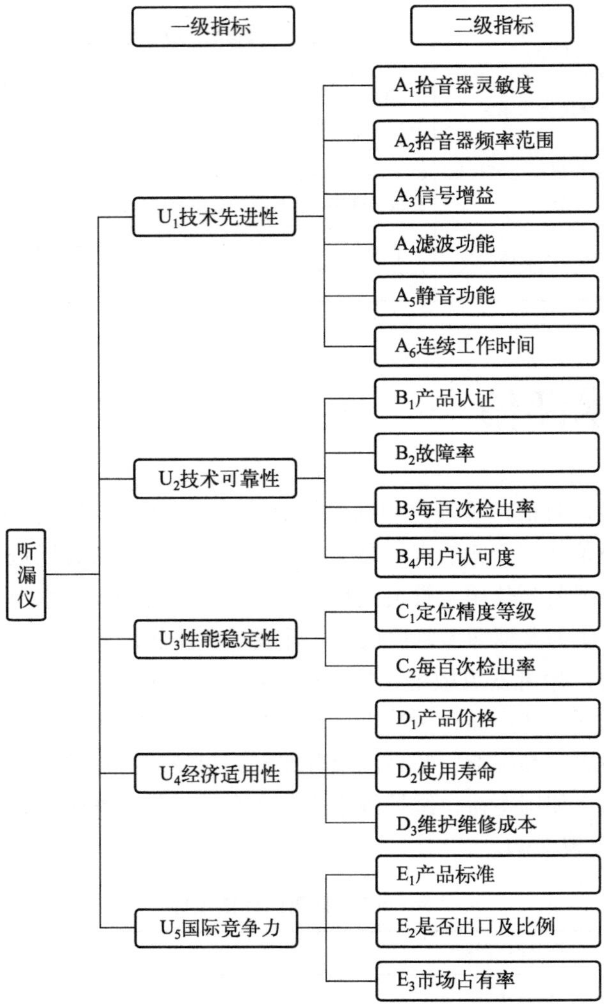

图26-4 听漏仪评估矩阵图

26.3.2 评估指标赋值

26.3.2.1 一级指标赋值

结合听漏仪技术及设备特点，将一级指标分为技术先进性、技术可靠性、性能稳定性、经济适用性及国际竞争力5个，结合设备特点对5个一级指标赋予权重建议值，分别为U_1技术先进性（0.30）＞U_3性能稳定性（0.25）＞U_2技术可靠性（0.20）＞U_4经济适用性（0.15）＞U_5国际竞争力（0.10）。

听漏仪技术先进性直接影响漏损检出结果，因此将U_1技术先进性放在权重首位，建议权重赋值最高，为0.30。

其次，在保证技术可靠的前提下，其性能稳定性尤为重要。漏损设备的定位精度等级及每百次检出率都直接决定漏损检出效果，因此U_3性能稳定性放在权重第二位，建议赋值0.25。

再次，对于听漏仪来说，最终应用结果还是为了降低管网漏损率，因此将产品认证、故障率、每百次检出率、用户认可度体现至技术可靠性，将 U_2 技术可靠性放在权重第三位，建议赋值 0.20。

在调研过程中发现各地水司为了取得良好的控漏效果，更愿意购置价格较高、性能更加稳定可靠的产品，因此经济适用性并不是企业重点考虑的指标，将 U_4 经济适用性放在权重第四位，建议赋值 0.15。

相对国际听漏仪发展现状，国内仍处于发展初期，生产企业和用户考虑更多的是技术发展和应用效果，因此将 U5 国际竞争力放在权重的最后一位，建议赋值 0.10。

26.3.2.2　二级指标赋分

结合听漏仪技术及设备特点，分别对技术先进性、技术可靠性、性能稳定性、经济适用性及国际竞争力进行二级指标的细化和赋分。

（1）U_1 技术先进性

拾音器灵敏度、拾音器频率范围、信号增益、滤波功能、静音功能、连续工作时间指标可体现听漏仪的技术先进性。其中，拾音器是听漏仪接收信号最关键的部件，灵敏度直接影响设备应用效果，故赋分最高 30 分，灵敏度＞ 60V/g，21 ～ 30 分；10 ～ 60V/g，10 ～ 20 分；≤ 10V/g，0 ～ 9 分。拾音器频率范围大小直接决定设备是否能收集破损管道的信号，故赋分 10 分，范围≥（20Hz，8000Hz），8 ～ 10 分；≥（80Hz，4000Hz），4 ～ 7 分；＜（80Hz，4000Hz），0 ～ 3 分。信号增益决定了是否能把收集到的微弱信号增强到适当范围，故赋分 20 分，增益强度≥ 100dB，16 ～ 20 分；40 ～ 100dB，11 ～ 15 分；≤ 40dB，0 ～ 10 分。滤波功能决定了设备能否将非破损管道声波滤除，也是影响听漏仪的重要指标，故赋分 20 分，≥（50Hz，5000Hz）且滤波频段≥ 4 个，16 ～ 20 分；≥（80Hz，4000Hz）且滤波频段 3 个，11 ～ 15 分；＜（80Hz，4000Hz）且滤波频段≤ 2 个，0 ～ 10 分。静音功能能有效保证设备使用者更好地使用，故赋分 10 分，静音效果良好，5 ～ 10 分；静音效果较差，0 ～ 4 分。因为听漏仪往往都是携带户外作业，因此连续工作时间也是设备技术先进性的重要指标，故赋分 10 分，≥ 60h，9 ～ 10 分；60h ＞ T ≥ 24h，5 ～ 8 分；＜ 24h，0 ～ 4 分。

（2）U_2 技术可靠性

产品认证是保证技术可靠性的重要指标，是产品生产质量认可的重要标尺，因此，赋分最高 35 分，有产品认证书，15 ～ 35 分；无产品认证书，0 ～ 15 分。产品故障率是证明技术可靠性的重要指标，因此赋分 20 分，＜ 1%，16 ～ 20 分；1% ～ 5%，11 ～ 15 分；＞ 5%，0 ～ 10 分。每百次检出率也是判定听漏仪设备技术可靠性的重要指标之一，赋分 30 分，≥ 85 次，21 ～ 30 分；≥ 60 次，10 ～ 20 分；＜ 60 次，0 ～ 9 分。最后，用户在设备使用过程中对产品性能掌握较全，因此用户认可度可作为技术可靠性的评价指标，赋分 15 分，用户认可度较好，10 ～ 15 分；用户认可度较差，0 ～ 9 分。

（3）U_3 性能稳定性

根据听漏仪的工作特性，定位精度等级是体现设备性能稳定性最关键的指标，赋分 60 分，≤ ±0.3m，51 ～ 60 分；±0.3m ＜定位精度≤ ±1m，26 ～ 50 分；＞ ±1m，0 ～ 25 分。其次，每百次检出率除了体现技术可靠性外，也是性能稳定性的重要指标，赋分 40 分，

≥ 85 次，26 ～ 40 分；≥ 60 次，10 ～ 30 分；＜ 60 次，0 ～ 9 分。

（4）U_4 经济适用性

购置产品设备的费用属一次性投资，是用户采购时考虑的经济因素，赋分 40 分，产品价格低于行业平均水平，31 ～ 40分；与行业平均水平相当，16 ～ 30分；高于行业平均水平，0 ～ 15 分。如果购置价格较低，但使用寿命短，也会变相增加相应费用，因此使用时间长短也是经济适用性的重要指标，赋分 50，高于行业平均水平，31 ～ 50 分；与行业平均水平相当，21 ～ 30 分；低于行业平均水平，0 ～ 20 分。另外设备维护维修成本也是衡量经济性的重要指标，赋分 10 分，≤ 0.5 万元 / 年，5 ～ 10 分；＞ 0.5 万元 / 年，0 ～ 5 分。

（5）U_5 国际竞争力

形成产品标准也是相应设备具有国际竞争力的重要指标，故赋分 30 分，具备国家标准，30 分；行业标准，25 分；团标、地标，20 分；企标，10 分；无，0 分。是否出口及比例反映了企业产品在国际上的销售情况，直接体现在国际上的竞争能力，赋分 30 分，有出口，5 ～ 30 分；无出口，0 ～ 4 分。除此之外，市场占有率高，一方面说明产品竞争力强，同时能收到用户的反馈而不断改善产品、提高产品质量、完善服务体系，是走向国际提高国际竞争力的基础，赋分 40 分，市场占有率高于 30%，26 ～ 40 分；市场占有率在 20% ～ 30%，16 ～ 25 分；市场占有率低于 20%，0 ～ 15 分。

听漏仪评估指标权重分配及赋分汇总见表 26-5。并且通过多次专家咨询与评审建立了听漏仪产品的专家评估规则，见表 26-6，确定了产品一级指标和二级指标相应的权重，据此对国内外听漏仪产品进行了评价。该评估方法可指导并用于具体听漏仪产品的评估。

表 26-5 听漏仪评估指标权重分配及赋分

一级指标	权重	二级指标	满分 / 分
U_1 技术先进性	0.30	A_1 拾音器灵敏度	30
		A_2 拾音器频率范围	10
		A_3 信号增益	20
		A_4 滤波功能	20
		A_5 静音功能	10
		A_6 连续工作时间	10
		汇总	100
U_2 技术可靠性	0.20	B_1 产品认证	35
		B_2 故障率	20
		B_3 每百次检出率	30
		B_4 用户认可度	15
		汇总	100
U_3 性能稳定性	0.25	C_1 定位精度等级	60
		C_2 每百次检出率	40
		汇总	100
U_4 经济适用性	0.15	D_1 产品价格	40
		D_2 使用寿命	50
		D_3 维护维修成本	10
		汇总	100

续表

一级指标	权重	二级指标	满分 / 分
U_5 国际竞争力	0.10	E_1 产品标准 E_2 是否出口及比例 E_3 市场占有率	30 30 40
		汇总	100

表 26-6　听漏仪技术评估打分规则

一级评估指标	二级评估指标	满分 / 分	打分规则
U_1 技术先进性（权重 0.30）	A_1 拾音器灵敏度	30	灵敏度＞60V/g，21～30 分；10～60V/g，10～20 分；≤10V/g，0～9 分
	A_2 拾音器频率范围	10	范围≥（20Hz，8000Hz），8～10 分；≥（80Hz，4000Hz），4～7 分；＜（80Hz，4000Hz），0～3 分
	A_3 信号增益	20	增益强度≥100dB，16～20 分；40～100dB，11～15 分；≤40dB，0～10 分
	A_4 滤波功能	20	≥（50Hz，5000Hz）且滤波频段≥4 个，16～20 分；≥（80Hz，4000Hz）且滤波频段 3 个，11～15 分；＜（80Hz，4000Hz）且滤波频段≤2 个，0～10 分
	A_5 静音功能	10	静音效果良好，5～10 分；静音效果较差，0～4 分
	A_6 连续工作时间	10	≥60h，9～10 分；60h＞T≥24h，5～8 分；＜24h，0～4 分
U_2 技术可靠性（权重 0.20）	B_1 产品认证	35	有产品认证书，15～35 分；无产品认证书，0～15 分
	B_2 故障率	20	＜1%，16～20 分；1%～5%：11～15 分；＞5%，0～10 分
	B_3 每百次检出率	30	≥85 次，21～30 分；≥60 次，10～20 分；＜60 次，0～9 分
	B_4 用户认可度	15	用户认可度较好，10～15 分；用户认可度较差，0～9 分
U_3 性能稳定性（权重 0.25）	C_1 定位精度等级	60	≤±0.3m，51～60 分；±0.3m＜定位精度≤±1m，26～50 分；＞±1m，0～25 分
	C_2 每百次检出率	40	≥85 次，26～40 分；≥60 次，10～30 分；＜60 次，0～9 分
U_4 经济适用性（权重 0.15）	D_1 产品价格	40	低于行业平均水平，31～40 分；与行业平均水平相当，16～30 分；高于行业平均水平，0～15 分
	D_2 使用寿命	50	高于行业平均水平，31～50 分；与行业平均水平相当，21～30 分；低于行业平均水平，0～20 分
	D_3 维护维修成本	10	≤0.5 万元 / 年，5～10 分；＞0.5 万元 / 年，0～5 分
U_5 国际竞争力（权重 0.10）	E_1 产品标准	30	国家标准，30 分；行业标准，25 分；团标、地标，20 分；企标，10 分；无，0 分
	E_2 是否出口及比例	30	有出口，5～30 分；无出口，0～4 分
	E_3 市场占有率	40	市场占有率高于 30%，26～40 分；市场占有率在 20%～30%，16～25 分；市场占有率低于 20%，0～15 分

26.3.3　评估指标体系应用

邀请涵盖高校研究机构、生产企业、设计院所等在内的 10 名专家根据建立的评估体系对听漏仪进行了专家评估，赋值结果显示国内外听漏仪生产和应用的技术就绪度整体达到8级，已实现了听漏仪设备的国产化，但在设备性能方面与国外品牌还有一定差距。评估打分汇总及评估结果分别见表26-7、图26-5。

表26-7　评估打分汇总

序号	U_1 技术先进性		U_2 技术可靠性		U_3 性能稳定性		U_4 经济适用性		U_5 国际竞争力	
	分值/分	权重	分值/分	权重	分值/分	权重	分值/分	权重	分值/分	权重
1	92	0.25	90	0.30	85	0.15	85	0.20	85	0.10
2	92	0.25	90	0.30	85	0.15	85	0.20	85	0.10
3	92	0.25	88	0.30	83	0.15	91	0.20	85	0.10
4	91	0.25	93	0.30	89	0.15	81	0.20	72	0.10
5	92	0.25	90	0.30	85	0.15	85	0.20	85	0.10
6	87	0.25	88	0.30	81	0.15	86	0.20	81	0.10
7	92	0.25	90	0.30	86	0.15	90	0.20	85	0.10
8	92	0.25	90	0.30	85	0.15	85	0.20	85	0.10
9	91	0.25	90	0.30	85	0.15	89	0.20	81	0.10
10	92	0.25	90	0.30	85	0.15	85	0.20	85	0.10
计算结果	技术就绪度TRL	明确需求（TRL1）	技术方案（TRL2）	通过论证（TRL3）	小试研究（TRL4）	中试研究（TRL5）	形成产品（TRL6）	三方评估（TRL7）	标准化（TRL8）	推广应用（TRL9）
	$B = WR$	0	0	0	0	0	0	0.11	3.84	1.13

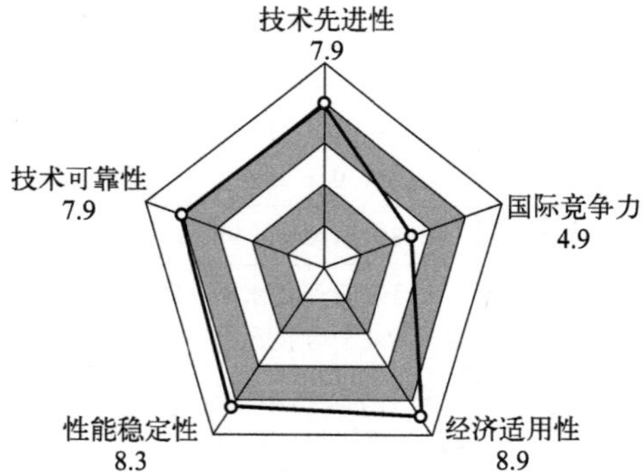

图26-5　听漏仪评估结果图

26.4 应用验证

听漏仪验证数据包含国内生产厂家与典型用户两部分组成，其中生产厂家2家，典型用户36家水司或企业，包括东北地区5家、华北地区4家、华东地区11家、华南地区8家、华中地区5家、西北地区2家、西南地区1家。验证数据覆盖德国Fast的Aqua M300D智能听漏仪、英国HWM Water的智能电子听漏仪Lmic、德国SEBA KMT的HL7000数字听漏仪、德国 Sewerin、瑞士 VONROLL HYDRO、北京埃德尔的 ADL-PRO 听漏仪、日本富士地探株式会社的 HG-10A Ⅱ听漏仪和 DNR-18 数字听漏仪、扬州捷通供水技术设备有限公司的 JT-3Ax 听漏仪等在水司应用较广的国内外主要听漏仪品牌。

关键指标主要涵盖关系设备本身性能的拾音器灵敏度、拾音器频率范围、信号增益、滤波功能、静音功能、连续工作时间，以及涉及产品认证、故障率、每百次检出率、用户认可度、定位精度等级，与关于产品成本有关的产品价格、使用寿命、维护维修成本、产品标准、是否出口及比例、市场占有率。

26.4.1　验证指标筛选

利用听漏仪设备实际应用中的高频指标作为重点，结合文献梳理和实地调查研究进行指标的海选。根据可观测性原则将数据无法获得的海选指标删除，保证初步筛选后的指标体系可以量化，然后对初步筛选的指标数据进行标准化分析，基于相关性分析将 X_1 准则层相关系数＞ 0.85，X_2、X_3 准则层相关系数＞ 0.80 的指标筛选保留。在相关性分析的基础上，利用主成分分析筛选各准则层内剩余的指标，筛选准则层 X_1 选取累积方差贡献率达到 85%、准则层 X_2 选取累积方差贡献率达到 80%，准则层 X_3 选取累积方差贡献率达到 80% 时各个主成分中因子负载绝对值较大的指标。

经过初步筛选和相关性、主成分分析定量筛选，从 17 个海选指标中筛选出生产性验证的 6 个指标，如表 26-8 所列。

表 26-8　听漏仪设备关键指标筛选结果

序号	准则层	指标层	筛选结果
1	X_1 生产	X_1 拾音器灵敏度	主成分分析删除
2		X_2 拾音器频率范围	主成分分析删除
3		X_3 信号增益	保留
4		X_4 滤波功能	相关性分析删除
5		X_5 静音功能	不可观测性删除
6		X_6 连续工作时间	主成分分析删除
7		X_7 产品认证	不可观测性删除
8		X_8 故障率	主成分分析删除
9		X_9 每百次检出率	保留
10		X_{10} 用户认可度	不可观测性删除
11		X_{11} 定位精度等级	保留
12		X_{12} 产品价格	保留
13		X_{13} 使用寿命	保留
14		X_{14} 维护维修成本	保留
15		X_{15} 产品标准	不可观测性删除
16		X_{16} 是否出口及比例	主成分分析删除
17		X_{17} 市场占有率	不可观测性删除

26.4.2 验证指标体系及等级划分

将相关性 - 主成分分析法得到的指标体系按照文献调查、实地调研及实际生产试验结果对评估指标进行等级划分，其中信号增益、每百次检出率、定位精度等级3项指标分为优秀、合格和不合格，产品价格指标分为优秀、合格，使用寿命、维护维修成本2项指标分为合格、不合格。具体评价指标的等级见表 26-9。

表 26-9 验证指标体系及等级划分

验证指标	等级
信号增益	≥ 100dB，优秀；≥ 40dB，合格；＜ 40dB，不合格
每百次检出率	≥ 85 次，优秀；≥ 60 次，合格；＜ 60 次，不合格
定位精度等级	≤ ±0.3m，优秀；±0.3m ＜定位精度≤ ±1m，合格；＞ ±1m，不合格
产品价格	≤ 5 万元，优秀；＞ 5 万元，合格
使用寿命	≥ 5 年，合格；＜ 5 年，不合格
维护维修成本	≤ 0.5 万元 / 年，合格；＞ 0.5 万元 / 年，不合格

26.4.3 典型产品验证案例

本次产品验证采用山东某水司采购的北京某公司生产的听漏仪。该公司设计供水能力 20 万吨 /d，供水管网长度为 870km，服务人口 70 万。设备采购自 2014 年，每台设备 4 万元，通过听漏仪等相关设备的应用，产销差明显由 25% 降至 13% 左右。该验证数据采用听漏仪实测与历史监测数据。

验证实验方法：取听漏仪应用过程中的实测与历史数据进行验证分析，并根据设备出厂说明书对部分指标进行观测。由划分的评估指标体系及等级对产品指标进行验证，验证结果见表 26-10。

表 26-10 山东某水司听漏仪验证评估结果

验证指标	听漏仪 ADL-V	
	验证结果	评估结论
信号增益	60dB	合格
每百次检出率	75 次	合格
定位精度等级	±0.3m ＜定位精度≤ ±1m	合格
产品价格	4 万元	优秀
使用寿命	应用 6 年	合格
维护维修成本	0.2 万元 / 年（平均）	合格

综上，对该水公司应用的听漏仪进行验证，各项指标均为合格，其中在产品价格方面与国外同类产品相比具有明显优势，达到优秀。

参考文献

[1] 曹旭平，张丽媛．中国活性炭产业国际竞争战略选择 [J]．林业经济问题，2011，31（5）：416-419.

[2] 蒋煜，刘德钱，解强．我国煤基活性炭生产技术现状及发展趋势 [J]．洁净煤技术，2018，24（1）：26-32.

[3] 曹旭平，吴蓉蓉，沈杰．中国活性炭国际竞争力评价 [J]．西北林学院学报，2009，24（1）：161-164.

[4] 张加延，何跃，李清泽，等．我国杏壳活性炭的产销现状与应用前景 [J]．辽宁农业科学，2005（5）：23-25.

[5] 刘强．粉末状木质活性炭的生产方法与工艺探索 [J]．炭素，2005（1）：40-41.

[6] 郭俊春．煤基活性炭生产技术工艺及发展 [J]．生物化工，2018，4（5）：134-136.

[7] 段友丽，周婷，王晋．煤质活性炭在饮用水处理中的应用 [J]．中国给水排水，2012，28（8）：31-34.

[8] 时运铭，沈铁焕，魏青，等．粉状活性炭的生产方法及工艺技术改进趋势 [J]．石家庄师范专科学校学报，2000，2（4）：36-38.

[9] 李艳芳，孙仲超．国内外活性炭产业现状及我国活性炭产业的发展趋势 [J]．新材料产业，2012（11）：4-9.

[10] 梁大明．中国煤质活性炭 [M]．北京：化学工业出版社，2008.

[11] 沈曾民，张文辉，张学军，等．活性炭材料的制备与应用 [M]．北京：化学工业出版社，2006.

[12] 张文辉，梁大明．我国煤基活性炭发展趋势探析 [J]．煤质技术，2003（4）：26-28.

[13] 李艳芳，梁大明，刘春兰．国内外活性炭应用发展趋势分析 [J]．洁净煤技术，2009，15（1）：5-8.

[14] 孙仲超．我国煤基活性炭生产现状与发展趋势 [J]．煤质技术，2010（4）：49-52.

[15] 钱慧娟．国外活性炭生产和市场回顾与展望 [J]．林产化工通讯，2001，35（6）：30-33.

[16] 张文辉，阎文瑞．配煤技术在活性炭生产中的应用 [J]．洁净煤技术，2000，6（2）：28-31.

[17] 张军，解强，李兰亭．煤质活性炭脱灰工艺的研究进展 [J]．煤化工，2007，35（2）：20-23.

[18] 李艳芳．活性焦烟气联合脱硫脱硝技术 [J]．煤质技术，2009（1）：36-39

[19] 张文辉，王岭，李书荣．我国活性炭技术与标准化发展 [J]．煤质技术，2005（6）：6-7.

[20] 解强，胡维淳，张玉柱，等．对我国活性炭工业发展的思考与建议 [J]．煤炭加工与综合利用，2003（5）：36-39.

[21] 2018—2023 年中国环保活性炭行业竞争分析及发展前景预测报告 [R]．北京：中国产业研究院，2018.

[22] 2018—2023 年环保活性炭行业深度分析及发展趋势研究报告 [R]．北京：中国产业研究院，2018.

[23] 2018—2023 年中国煤质活性炭行业供需市场调研分析及投资战略研究报告 [R]．北京：中国产业研究院，2018.

[24] 2018—2023 年活性炭行业深度分析及“十三五”发展规划指导报告 [R]．北京：中国产业研究院，2018.

[25] 刘媛．活性炭在水处理中的应用 [J]．化工管理，2020（4）：122.

[26] 蔡璇．饮用水深度处理技术研究进展及应用现状 [J]．净水技术，2015（s1）：4447.

[27] 万蓉芳，高乃云，伍海辉，等．颗粒活性炭吸附饮用水中卤乙酸特性研究 [J]．给水排水，2005，31（12）：5-10.

[28] 解炜．我国煤基活性炭的应用现状及发展趋势 [J]．煤炭科学技术，2017，45（10）：16-23.

[29] 刘冬冬．不定型煤基活性炭结构演变机制及调控方法研究 [D]．哈尔滨：哈尔滨工业大学，2017.

[30] 梅胜权，陆晓东，申甄华．煤基活性炭在饮用水处理中的应用现状及发展趋势 [J]．洁净煤技术，2018，24（s1）：76-79.

[31] 陈国光，朱慧峰，钱静汝．上海供水现状及深度处理工艺改造进展情况 [J]．给水排水，2015，41（12）：11-13.

[32] 安东，李伟光，崔福义，等．固定化生物活性炭强化饮用水深度处理 [J]．中国给水排水，2005，21（4）：9-12.

[33] Zaitlin B, Watson S B. Actinomycetes in relation to taste and odour in drinking water. myths, tenets and truths[J]. Water Res, 2006, 40 (9): 1741-1753.

[34] 刘俊良，等．水处理填料与滤料 [M]．北京：化学工业出版社，2015.

[35] 马卫东．武汉市白沙洲水厂出厂水控浊技术改造前期研究 [J]．中国给水排水，2017，33（14）：13-17.

[36] 纪银传，庄金练，曾华屹，等．梅岭水厂 V 型滤池黑化石英砂滤料解决方案 [J]．城镇供水，2010（1）：22-25.

[37] 王利平，张世华，王峰慧，等．均质石英砂滤料过滤性能的试验研究 [J]．西安建筑科技大学学报，1996，28（1）65-69.

[38] 丁卫，胡小芳，巢猛，等．炭砂滤池去除有机物的生产性示范工程研究 [J]．中国给水排水，2015，31（7）：43-45.

[39] 李浩，贾瑞宝，刘衍波，等．济南鹊华水厂深度处理改造工程设计及运行分析 [J]．给水排水，2012，38（4）：22-25.

[40] 郭敬华，刘衍波，李世俊，等. 济南玉清水厂技改工程的设计、施工与运行 [J]. 中国给水排水，2012，28（18）：57-59.
[41] 李润生，沈开义，李凯. 我国水处理混凝剂的发展新趋势 [J]. 中国给水排水，2010，26（8）：145-146.
[42] 李为兵，金雪中，张红春，等. 处理低温低浊水的混凝剂优选 [J]. 中国给水排水，2006，22（13）：49-52.
[43] 秦建昌，冯雪冬，栾兆坤，等. 聚合硫酸铝的制备及形态特征 [J]. 环境化学，2004，23（5）：515-519.
[44] Shi B，Li G. Removal of direct dyes by coagulation：The performance of preformed polymeric aluminum species[J]. J Hazard Mater，2007，143：567-574.
[45] 高宝玉，岳钦艳，黄红杉. 水处理无机混凝剂的研究进展 [J]. 油气田环境保护，1998（2）：41-43.
[46] Geng C, Cao N, Xu W, et al. Molecular characterization of organics removed by a covalently bound inorganic-organic hybrid coagulant for advanced treatment of municipal sewage[J]. Environmental Science & Technology, 2018, 52: 12642-12648.
[47] 高宝玉，王燕，岳钦艳，等. PAC 与 PDMDAAC 复合絮凝剂中铝的形态分布 [J]. 中国环境科学，2002，22（5）：89-93.
[48] Allouche L, Dr C G. Al_{30}: A giant aluminum polycation[J]. Angewandte Chemie International Edition, 2000, 39 (3): 511-514.
[49] Chadwick D J, Whelan J, et al. Aluminium in Biology and Medicine (Ciba Foundation Symposium No. 169) [M]. Chichester: Wiley, 1992.
[50] Jugdaohsingh R, Reffitt D M, Oldham C, et al. Oligomeric but not monomeric silica prevents aluminum absorption in humans[J]. Am J Clin Nutr, 2000, 71: 944-949.
[51] 程俊，樊丽华，张丽红. 水处理絮凝剂的应用及研究进展 [J]. 安全与环保，2008，15（4）：50-53.
[52] 刘明华. 混凝和混凝技术 [M]. 北京：化学工业出版社，2011.
[53] Zouboulis A I, Traskas G, Ntolia A. Comparable evaluation of iron-based coagulants for the treatment of surface water and contaminated tap water[J]. Sep Sci Tech, 2007, 42: 803-817.
[54] Gordon G, Adam L C, Bubnis B P, et al. Water Treatment Laboratories//Controlling the Formation of Chlorate Ion in Liquid Hypochlorite Feedstocks[J]. Journal (American Water Works Association), 1993, 85 (9): 89-97.
[55] Ronco C, Mishkin G J, et al. Disinfection by Sodium Hypochlorite: Dialysis Applications [M] Basel: S Karger AG, 2007: 7-24.
[56] Adam L C, Gordon G. Hypochlorite ion decomposition: Effects of temperature, ionic strength, and chloride ion[J]. Inorganic Chemistry, 1999, 38 (6): 1299-1304.
[57] Bolyard M, Fair P S, Hautman D P, et al. Occurrence of chlorate in hypochlorite solutions used for drinking water disinfection[J]. Environmental Science & Technology, 1992, 26: 1663-1665.
[58] 刘丽君，周娅琳，阮建明，等. 次氯酸钠消毒剂的分解特性及氯酸盐副产物形成规律探讨 [J]. 给水排水，2019，45（6）：54-58.
[59] 秦晔. 次氯酸钠消毒工艺在水厂中的应用 [J]. 供水技术，2014，8（3）：21-23.
[60] 王秋生. 次氯酸钠消毒在自来水厂中的应用及优化 [J]. 科技经济导刊，2017，32（15）：91-98.
[61] 2017 Water Utility Disinfection Survey Report [R]. AWWA, 2007: 7-34.
[62] 孔瑞，韩建华. 用含氯废气生产次氯酸钠溶液 [J]. 氯碱工业，2002（1）：38-39.
[63] 杨峰. 次氯酸钠溶液的生产方法 [J]. 氯碱工业，1990（4）：28-30.
[64] 白玉华，张欣宇，刘百仓. 次氯酸钠消毒系统在呼延水厂的应用设计 [J]. 水处理技术，2021，47（8）：124-127.
[65] DIN19627: 1993 Ozonerzeugungsanlagen zur Wasseraufbereitung.
[66] NSF/ANSI 222-2006e Ozone generator.
[67] 津野洋，日本臭氧协会. 臭氧技术手册（2016 年修订版）.
[68] GB 50013—2018.
[69] 生活饮用水卫生标准：GB 5749[S].
[70] 水处理用臭氧发生器：CJ/T 322—2010 [S].

[71] 臭氧消毒器卫生要求：GB 28232—2020 [S].

[72] 李汉忠，王占生．生活饮用水净化用臭氧系统设备选用指南．北京：中国建筑工业出版社，2013.

[73] 环境保护产品技术要求　臭氧发生器：HJ/T 264—2006 [S].

[74] 水处理用臭氧发生器技术要求：GB/T 37894—2019 [S].

[75] 紫外线消毒技术术语：GB /T 32092—2015[S].

[76] 紫外线水消毒设备　紫外线剂量测试方法：GB /T 32091—2015[S].

[77] 城市给排水紫外线消毒设备：GB /T 19837—2019[S].

[78] 刘文君．高度重视饮用水微生物学安全性强化紫外线消毒技术研究与应用 [J]．给水排水，2011，37（8）：1-5.

[79] 孙文俊，吕东明，贾瑞宝，等．紫外设备剂量标准化验证方法及必要性 [J]．净水技术，2019，38（5）：1-6.

[80] 294 D-W. UV Systems for disinfection in drinking water supplies: Requirements and testing[Z]. 2006.

[81] USEPA. Ultraviolet disinfection guidance manual [R]. 2006.

[82] 中国工控网 2019 年调研统计数据 .

[83] 王润娟，黄宇，陈阳，等．上海居民小区二次供水紫外消毒示范应用效果 [J]．给水排水，2016，42（增刊）：141-144.

[84] 吕东明，饮用水多屏障消毒策略及紫外消毒技术的应用 [J]．净水技术，2019，38（1）：1-6.

[85] 郄燕秋，朱晓辉，吕东明，等．饮用水紫外线消毒——实施安全消毒的重要技术选择 [J]．给水排水，2008，34（6）：9-13.

[86] 孙文俊．饮用水紫外线消毒生物安全性研究 [D]．北京：清华大学，2010.

[87] 李奎海，李连香，李晓琴，等．光强和水温对紫外线消毒灯运行特性的影响研究 [J]．北京水务，2020（5）：36-40.

[88] 黄孟斌，王长平，张 毅等．净水厂紫外消毒工艺改造工程实践 [J]．水处理技术，2020，46（8）：132-134.

[89] 周娜，孙志民，卢静．紫外消毒剂量计算及其对水质指标的影响 [J]．净水技术，2020，39（3）：28-35.

[90] 茹临锋，潘晓．低压高强紫外线消毒系统在上海临江水厂的工程应用 [J]．给水排水，2011，37（8）：17-21.

[91] 孙淑琴，常华．紫外线消毒技术在天津泰达净水厂中的应用 [J]．中国给水排水，2013，29（11）：44 -46.

[92] 方自毅，何凤华，刘文君，等．紫外线消毒技术在天津开发区净水厂三期工程中的应用 [J]．给水排水，2010，36（1）：12 -14.

[93] 张伟，陈仁灼．北美给水厂紫外线消毒系统设计方法简介 [J]．中国给水排水，2010，26（8）：50-53.

[94] 环境保护产品技术要求　紫外线消毒装置：HJ 2522—2012[S].

[95] 紫外线杀菌灯：GB 19258—2012[S].

[96] 高强低压紫外线杀菌灯：DB44/T 1357—2014[S].

[97] 陈天文，肖光参．化学法二氧化氯发生器的现状及发展趋势 [J]．中国石油和化工，2002（1）：26-28.

[98] 吴明松，徐勋，黄君礼，等．次氯酸钠与二氧化氯在给水消毒中的应用进展 [J]．世界科技研究与发展，2017，39（2）：144-148.

[99] 贺启环．化学法复合二氧化氯发生器的评估与改进 [J]．中国石油和化工标准与质量，2008，28（1）：19-24.

[100] 岳银铃，鄂学礼，凌波，等．二氧化氯消毒技术在北京农村水厂应用现状调查 [J]．中国卫生检验杂志，2009，20（4）：773-775.

[101] 尤作亮，王春，陈均贤．我国饮用水二氧化氯净化的主要问题与技术对策分析 [J]．城镇供水，2014（5）：5.

[102] 张金松，卢小艳．饮用水消毒工艺及副产物控制技术发展 [J]．给水排水，2016，42（9）：1-3.

[103] 汤杰，于衍真，贾瑞宝，等．二氧化氯在饮用水处理中的应用研究进展 [J]．城镇供水，2012（2）：76-79.

[104] 黄君礼，吴明松．饮用水二氧化氯消毒技术的现状 [J]．净水技术，2010，29（4）：16-19.

[105] 徐贤英．二氧化氯在饮用水消毒中的应用研究 [J]．湖北师范学院学报：自然科学版，2006，21（3）：63-67.

[106] 闫云涛，马春元．二氧化氯制备过程中氯酸盐控制技术 [J]．净水技术，2018，37（8）：56-60.

[107] 时文歆，杨观乐，黄进，等．高纯二氧化氯消毒饮用水的工程应用研究 [J]．哈尔滨商业大学学报：自然科学版，2003，19（5）：543-546.

[108] 邹启光，关小红．二氧化氯取代液氯消毒剂的可行性研究 [J]．净水技术，2002，21（3）：13-16.

[109] 薛平正，董燕，曲莹，等. 新型纯二氧化氯消毒设备在水厂中的应用 [J]. 给水排水，2015，41（11）：46-48.
[110] 晋日亚，刘欣欣，乔怡娜，等. 二氧化氯消毒研究进展 [J]. 中国消毒学杂志，2018，35（2）：138-142.
[111] 李英. 二氧化氯发生器在饮用水消毒中的广泛应用 [C]//2017 年全国水质安全与二氧化氯应用技术研讨会. 中国山东青岛，2017：14-18.
[112] 王欣玮. 二氧化氯在饮用水消毒应用的探讨 [J]. 中央民族大学学报：自然科学版，2012，21（3）：76-79.
[113] 陈利敏. 二氧化氯消毒在生活饮用水消毒中的应用 [J]. 中国卫生产业，2014，11（1）：194-195.
[114] 鞠婷，韩明贺，戈学珍. 蔗糖法高纯二氧化氯发生器的研制 [J]. 城镇供水，2019（2）：10-13.
[115] Sorlini S, Gialdini F, Biasibetti M, et al. Influence of drinking water treatments on chlorine dioxide consumption and chlorite/chlorate formation[J]. Water Research, 2014, 54 (1): 44-52.
[116] Rubio J, Souza M L, Smith R W. Overview of flotation as a wastewater treatment technique[J]. Minerals Engineering, 2002, 15 (3): 139-155.
[117] Chen F, Liu W, Pan Z, et al. Characteristics and mechanism of chitosan in flocculation for water coagulation in the Yellow River diversion reservoir [J]. Journal of Water Process Engineering, 2020, 34: 101191.
[118] 王永磊，刘威，田立平，等. 气浮工艺中微纳米气泡应用特性与检测技术研究 [J]. 工业水处理，2020（4）40：18-23.
[119] Mccowen H M C. A Flotation Process for Water Purification[J]. Journal, 1952, 44 (8): 719-726.
[120] Edzwald J K. Dissolved air flotation and me[J]. Water Research, 2010, 44 (7): 2077-2106.
[121] 肖敏杰，邬亦俊，沈裘昌. 新型气浮滤池的设计 [J]. 给水排水，2005，31（12）：6-9.
[122] 刘强，王晓昌. 新型浮滤池处理微污染源水的研究 [J]. 中国给水排水，2006，22（11）：6-8.
[123] 黄慧，王梅芳，王长平，等. 浅层气浮除藻工艺中试试验 [J]. 净水技术，2015，34（6）：55-59.
[124] 黄秀文. 给水厂气浮除藻工艺设计经验 [J]. 广东化工，2020，47（24）：115-116.
[125] 熊永磊，杨小丽，宋海亮. 微纳米气泡在水处理中的应用及其发生装置研究 [J]. 环境工程，2016，34（6）：23-27.
[126] 刘颖. 絮凝体表面物化特性调理与微气泡作用机制 [D]. 西安：西安建筑科技大学，2018.
[127] 周游. 黄铁矿浮选过程中气泡 - 颗粒相互作用研究 [D]. 徐州：中国矿业大学，2019.
[128] 任浏祎. 细粒锡石颗粒 - 气泡间相互作用及其对浮选的影响 [D]. 长沙：中南大学，2012.
[129] 黄璐. 油滴 - 气泡尺度对模拟含油废水气浮效果的影响 [D]. 上海：东华大学，2012.
[130] 刘文君，王小毛，王占生. 饮用水水质标准的发展：从卫生、安全到健康的理念 [J]. 给水排水，2017，43（10）：1-3，61.
[131] Hilal N, Al-Zoubi H, Darwish N A, et al. A comprehensive review of nanofiltration membranes: Treatment, pretreatment, modelling, and atomic force microscopy[J]. Desalination, 2004, 170 (3): 281-308.
[132] 杨银，丰桂珍，徐璠璠，江立文. 净水处理中膜技术应用研究进展 [J]. 净水技术，2019，38（1）：25-30，37.
[133] 张平允，殷一辰，周文琪，等. 纳滤膜技术在饮用水深度处理中的应用现状 [J]. 净水技术，2017，36（10）：23-34.
[134] Mohammad A W, Teow Y H, Ang W L, et al. Nanofiltration membranes review: Recent advances and future prospects[J]. Desalination, 2015, 356: 226-254.
[135] 周强. 生活饮用水氯化物处理工艺研究——超滤 + 纳滤 + 反渗透技术 [J]. 福建建筑，2019（8）：96-100.
[136] Costa A R, Pinho M N D. Performance and cost estimation of nanofiltration for surface water treatment in drinking water production[J]. Desalination, 2006, 196 (1-3): 55-65.
[137] 李艾铧，朱云杰，朱昊辰，等. 纳滤技术在饮用水处理中的应用 [J]. 净水技术，2019，38（6）：51-56.
[138] 高雪，陈才高，杨唯艺，翟婷婷. 商用膜分离供水装置应用进展 [J]. 净水技术，2020，39（S1）：101-105.
[139] 蒋莉蓉. 家用净水器技术与其展望 [J]. 中山大学研究生学刊（自然科学、医学版），2016，37（1）：25-34.
[140] 查湘义. 家用净水器的应用现状及展望 [J]. 科技风，2018（17）：5.
[141] 曾庆品，李星，杨艳玲，等. 活性炭 / 超滤工艺提升和保障二次供水安全性研究 [J]. 中国给水排水，2018，34（15）：44-48.

[142] 中国膜产业发展报告（2017—2018）[R]．中国膜工业协会．

[143] 2018 中国净水行业消费白皮书 [R]．中国质量检验协会净水设备专业委员会．

[144] 中华人民共和国生态环境部．2019 年中国生态环境状况公报 [EB/OL]．(2020-06-02). http://www.mee.gov.cn/hjzl/sthjzk/zghjzkgb/202006/P020200602509464172096.pdf.

[145] 杨银，丰桂珍，徐瑶瑶，等．净水处理中膜技术应用研究进展 [J]．净水技术，2019，38（1）：25-30，37.

[146] 侯立安，赵海洋，高鑫，等．反渗透技术在我国饮用水安全保障中的应用 [J]．给水排水，2017，43（4）：135-141.

[147] 乔惠平．浅析反渗透技术在供水工程中的应用 [J]．给水排水，2012，38（4）：64.

[148] 闫佳伟，王红瑞，朱中凡，等．我国海水淡化若干问题及对策 [J]．南水北调与水利科技，2020（2）：199-210.

[149] 周栋，傅寅翼，薛立新，等．采用高效纳滤 - 低压反渗透集成膜工艺的海水淡化研究 [J]．膜科学与技术，2016，36（3）：62-70.

[150] 陈侠，詹志斌，陈丽芳，等．纳滤作为反渗透海水淡化预处理的研究 [J]．膜科学与技术，2013，33（5）：59-63.

[151] 张淑荣，孙业山，曲航．适用于分布设点的小型高效海水淡化装置的研制 [J]．膜科学与技术，2016，36（6）：113-118.

[152] 邹士洋，张建平，伍俊荣，等．直接微滤用于舰船反渗透海水淡化预处理的可行性研究 [J]．膜科学与技术，2011，31（4）：70-73.

[153] 王晓楠，刘小骐，刘昱，等．反渗透海水淡化水的电导率、氯化物及硼指标分析 [J]．中国给水排水，2019，35（22）：10-14.

[154] 中华人民共和国自然资源部．2018 年全国海水利用报告 [EB/OL]．（2020-02-04）．http://gi.mnr.gov.cn/202002/t20200204_2498859.html.

[155] 王晓楠，潘献辉，郝军，等．反渗透海水淡化水的市政应用研究 [J]．海洋开发与管理，2017（12）：77-80.

[156] 邢思初．三沙市永兴岛海水淡化厂工程设计 [J]．给水排水，2019，45（3）：17-20.

[157] 田林，李东洋，王晓丽，等．反渗透技术在小钦岛海水淡化工程中的应用 [J]．工业水处理，2018，38（9）：100-103.

[158] 王菁，孟祥周，陈玲，等．苦咸水成因及其淡化技术研究进展 [J]．甘肃农业科技，2010（7）：39-42.

[159] 曹宁，高莹，徐根祺．苦咸水反渗透淡化技术的研究 [J]．硅酸盐通报，2017，36（4）：1241-1244.

[160] 刘娟，田军仓．宁夏地区地下苦咸水人饮淡化技术适宜性研究 [J]．中国农村水利水电，2019（3）：5-10.

[161] 赵统刚．马莲河苦咸水淡化中试项目 [J]．水处理技术，2013，39（9）：101-104.

[162] 范功端，苏昭越，魏忠庆，等．超滤 / 反渗透一体化装置处理苦咸水的中试研究 [J]．中国给水排水，2015，31（17）：7-11.

[163] 吕建国，王春辉．利用反渗透技术解决甘肃省环县人畜饮水安全问题 [J]．给水排水，2013，39（s1）：62-64.

[164] 王劲松，张鹤鹏．家用苦咸水淡化装置研究 [J]．膜科学与技术，2010，30（5）：80-83.

[165] 潘春佑，李露，刘筱昱，等．苦咸水淡化工程系统设计 [J]．净水技术，2016，35（s1）：134-136.

[166] 张晓健，陈超．应对突发性水源污染的城市应急供水的进展与展望 [J]．给水排水，2011，37（10）：9-18.

[167] 周星星，蒯琳萍．反渗透法处理核电站事故情况下应急生活饮用水研究 [J]．水处理技术，2015，41（4）：81-84.

[168] 闫冠宇，刘文朝，荣光，等．灾区灾民安置点应急供水模式 [J]．中国农村水利水电，2015（12）：94-96.

[169] 赵丽芹．超滤 - 反渗透应急饮用水处理试验研究 [D]．杭州：浙江大学，2016.

[170] 刘丽．双膜法应急饮用水处理运用研究 [J]．资源节约与环保，2019（1）：84-94.

[171] 何忠，王志良，杨绍贵，等．基于纳滤、反渗透膜工艺的饮用水安全研究 [J]．环境科技，2016，29（2）：29-31.

[172] 郭庆龄，赵丽芹，甘树，等．突发自然灾害应急饮用水反渗透处理工艺研究 [J]．浙江大学学报（理学版），2017，44（6）：666-674.

[173] 苗雪娜，李红岩，祁誉，等．以超滤与反渗透为主体工艺的应急净水车设计方案 [J]．净水技术，2019，38（8）：17-20，25.

[174] 左俊芳，宋延东，王晶．新型碟管式反渗透移动应急供水设备 [J]．现代化工，2011，31（s1）：397-401.

[175] 杨品璐．生活饮用水中氯化消毒副产物的检测与现状研究 [J]．化工管理，2019（32）：46-47.

[176] 景澍闽，陆志惠，叶秋明，等．上海市二次供水水质状况的调查与研究 [J]．城镇供水，2017（1）：73-77.

[177] 林明利．我国城市“最后一公里”饮用水安全保障问题与对策建议 [J]．净水技术，2020，39（2）：1-5.

[178] 王德东，周金华，钟嶷，等．两台常用家庭净水器净水功能比较 [J]．医学动物防制，2019，35（3）：283-286.

[179] 张彦鲁，王新魁．反渗透净水器的净化效果分析 [J]．广东化工，2016，43（17）：170-171.

[180] 郭志伟，陈伟，洪飞宇．城市二次供水污染源分析及其改造 [J]．能源与环境，2011（2）：10-12.

[181] 韩晶，张雪，张璐．国内典型城市二次供水管理模式研究 [J]．供水技术，2011，5（4）：57-61.

[182] 刘希华．无负压供水设备在城市二次供水改造中的应用 [J]．科技创业家，2012（19）：215.

[183] 舒诗湖．城市二次供水加压方式与管理模式探讨 [J]．中国给水排水，2016，32（4）：16-18.

[184] 吴正易．关于降低水泵运行能耗成本的研究 [J]．给水排水，2005，31（9）：137-138.

[185] 何建荣．高层住宅二次供水改造设计案例分析 [J]．给水排水，2018，44（5）：88-91.

[186] 张铁磐．上海市住宅小区二次供水设施改造调研分析 [J]．给水排水，2019，45（6）：103-107.

[187] 沈亚辉，周良法．二次供水技术及方案比选 [J]．中国给水排水，2007，23（18）：55-58.

[188] 郭乃溶，刘志强，等．基于用水规律的住宅二次供水系统优化及节能分析 [J]．给水排水，2013，39（11）：146-150.

[189] 刘建，华明九．叠压（无负压）供水设备应用探讨 [J]．给水排水，2014，40（3）：84-86.

[190] 柳兵，张于，等．二次供水设备技术发展趋势 [J]．城镇供水，2011（4）：42-43，40.

[191] 黄毅，张金松，韩小波，等．斑马鱼群体行为变化用于水质在线预警的研究 [J]．环境科学学报，2014，34（2）：6.

[192] 黄毅．基于斑马鱼行为变化的水质预警研究 [D]．西安：西安建筑科技大学，2015.

[193] 霍韶波．水质毒性生物预警设备中预处理装置的研发 [D]．哈尔滨：哈尔滨工业大学，2011.

[194] ISO 15839: 2003, Water quality - On-line sensors/analysing equipment for water - Specifications and performance tests[S], ISO, 2003.

[195] 杜宗军，王翔红，李海峰，等．发光细菌的研究和应用 [J]．高技术通讯，2003（12）：103-106.

[196] 王兆群，司皖甦，严刚．发光细菌法在环境监测中的应用 [J]．环境监控与预警，2009，1（2）：14-17.

[197] 周世明，舒为群，赵清．发光菌在水环境污染物检测中的应用研究进展 [J]．环境与健康杂志，2007，24(10)：837-839.

[198] 黄正，王家岭．发光细菌的生理特性及其在环境监测中的应用 [J]．环境科学，1995，16（3）：87-90.

[199] Huck P M, Coffey B M, Anderson W B, et al. Using turbidity and particle counts to monitor *Cryptosporidium* removals by filters [J]. Water Supply, 2002, 2 (3): 65-71.

[200] 王东升，陈勇生．在线激光颗粒计数仪在水处理中的应用 [J]．中国给水排水，2003，19（9）：29-31.

[201] 崔红梅，张素霞，陈克诚，等．颗粒计数仪在北京第九水厂水处理中的应用 [J]．净水技术，2004，23（3）：32-35.

[202] 何元春，许超伟．颗粒物计数仪在生物活性炭工艺中的应用 [J]．中国给水排水，2004，20（4）：71-73.

[203] 冯霞，鲁彬，黄年龙．深圳笔架山水厂翻板活性炭滤池工艺设计探讨 [J]．给水排水，2006，32（10）：1-4.

[204] 戴婕．颗粒计数仪器在给水处理工艺中的应用探索 [J]．给水排水，2007，33（9）：27-30.

[205] 戴婕，孙博雅，陈洪斌，等．颗粒计数法用于给水厂滤池运行的研究 [J]．给水排水，2008，34（7）：14-18.

[206] 黄小红，周圣东，王海湧，等．活性炭滤池中颗粒物数量和粒径分布的研究 [J]．供水技术，2013，7（1）：18-21.

[207] 张磊．水中颗粒物的检测技术研究 [D]．北京：北京工业大学，2009.

[208] 梁华炎．水体中颗粒物主要检测方法综述 [J]．广东化工，2010，37（5）：296-298.

[209] 杨艳玲，李星，丛丽，等．优化监测与净水工艺提高致病原生动物去除率 [J]．给水排水，2003，29（6）：22-26.

[210] 李俐，武长城，钟林．颗粒计数器在给水处理中的应用探讨 [J]．给水排水，2011，37（352）：43-44.

[211] 田青，范茜，陈爱因．水处理膜组件完整性检测方法研究进展 [J]．天津科技，2014，41（4）：16-19.

[212] 林颖，赵志领，孔德方，等．输配水系统中颗粒物与浊度演变特征研究 [J]．供水技术，2014，8（1）：26-30.

[213] 刘宏远，周晓龙，朱海涛，等．在线颗粒计数仪在自来水厂水质监控中的应用 [J]．中国给水排水，2014，30（3）：44-47.

[214] 王永磊，李军，张克峰，等．炭砂双层滤料浮滤池工艺处理藻污染水库水的试验研究 [J]．化工学报，2014，65（6）：2335-2343.

[215] 气相色谱 - 质谱联用仪校准规范：JJF 1164—2018 [S].

[216] 水质　挥发性有机物的测定　吹扫捕集 / 气相色谱 - 质谱法：HJ 639—2012 [S].

[217] 水质　有机氯农药和氯苯类化合物的测定　气相色谱 - 质谱法：HJ699—2014 [S].

[218] 土壤和沉积物　半挥发性有机物的测定　气相色谱 - 质谱法：HJ 834—2017 [S].

[219] 土壤和沉积物　有机氯农药的测定　气相色谱 - 质谱法：HJ 835—2017 [S].

[220] 水质　松节油的测定　吹扫捕集 - 气相色谱 - 质谱法：HJ 866—2017 [S].

[221] 环境空气　酞酸酯类的测定　气相色谱 - 质谱法：HJ 867—2017 [S].

[222] 固定污染源废气　酞酸酯类的测定　气相色谱法：HJ 869—2017 [S].

[223] 固体废物丙烯醛、丙烯腈和乙腈的测定　顶空 - 气相色谱法：HJ 874—2017 [S].

[224] 麦克法登．气相色谱 - 质谱联用技术 [M]．北京：科学出版社，1983.

[225] 王清琪，杜美．气相色谱 - 质谱联用技术在环境检测中的应用 [J]．科技创新导报，2016，13（6）：95-96.

[226] 郭艳，杨斌，金清．顶空 - 气相色谱 - 质谱法分析饮用水中挥发性有机物 [A]// 中国环境科学学会环境工程分会．中国环境科学学会 2022 年科学技术年会——环境工程技术创新与应用分会场论文集（二）[C]．中国环境科学学会环境工程分会，《环境工程》编辑部．

[227] Fang L, Huang L, Yang G, et al. Development of a water matrix certified reference material for volatile organic compounds analysis in water[J]. Molecules, 2021, 26 (14): 4370.

[228] Saber A N, Zhang H, Yang M. Optimization and validation of headspace solid-phase microextraction method coupled with gas chromatography-triple quadrupole tandem mass spectrometry for simultaneous determination of volatile and semi-volatile organic compounds in coking wastewater treatment plant[J]. Environ Monit Assess, 2019, 191 (7): 411.

[229] 周子航，邓也，吴柯颖，等．成都市典型工艺过程源挥发性有机物源成分谱 [J]．环境科学，2019，40（9）：3949-3961.

[230] Halder S, Xie Z, Nantz M H, et al. Integration of a micropreconcentrator with solid-phase microextraction for analysis of trace volatile organic compounds by gas chromatography-mass spectrometry[J]. J Chromatogr A, 2022, 1673: 463083.

[231] 蔡彦明．无机痕量元素分析的好帮手：安捷伦 ICP-MS 7500i[J]．农业环境与发展，2006，23（4）：19-21.

[232] 王培智，田地，龙涛，等．二次离子质谱仪中二次中性粒子空间分布研究 [J]．质谱学报，2016，37（3）：222-228.

[233] Fielding O H, Johnson P, Large R. Linking gold mineralization to regional-scale drivers of mineral systems using in situ U-Pb geochronology and pyrite LA-ICP-MS element mapping[J]. Geoscience Frontiers, 2019, 10 (1): 89-105.

[234] Simon M N. Inductively Coupled Plasma Mass Spectrometry Handbook[M]. Oxford: Blackwell Publishing Ltd, 2005: 12-20.

[235] Liu Y, Zhaochu H U, Shan G, et al. In situ analysis of major and trace elements of anhydrous minerals by LA-ICP-MS without applying an internal standard[J]. Chemical Geology, 2008, 257 (1): 34-43.

[236] 刘虎生，邵宏翔．电感耦合等离子体质谱技术及应用 [M]．北京：化学工业出版社，2005：1-5.

[237] Ohno T, Muramatsu Y, Shikamori Y, et al. Determination of ultratrace 129I in soil samples by Triple Quadrupole ICP-MS and its application to Fukushima soil samples[J]. Journal of Analytical Atomic Spectrometry, 2018, 28 (8): 1283-1287.

[238] 齐文启，孙宗光．ICP-MS 的发展现状及其在环境监测中的应用 [J]．现代科学仪器，1998（6）：40-44.

[239] 陈登云．应用 ICP-MS 技术分析土壤及污泥中的关键元素的方法研究（一）[J]．环境化学，2002，21（5）：97-98.

[240] Albarède F, Albalat E, Télouk P. Instrumental isotope fractionation in multiple-collector ICP-MS[J]. Journal of Analytical Atomic Spectrometry, 2015, 30 (8): 1736-1742.

[241] Foster J J. The construction and development of SHRIMP Ⅰ: An historical outline [J]. Precambrian Research. 2010,

183 (1): 1-8.

[242] 王培智，田地，包泽民，等. TOF-SIMS 样品光学成像系统设计 [J]. 质谱学报，2015，36（3）：282-288.

[243] Xu X, Chen J, Li B, et al. Single particle ICP-MS-based absolute and relative quantification of *E. coli* O157 16S rRNA using sandwich hybridization capture[J]. Analyst, 2019, 144 (5): 1725-1730.

[244] 李冰，杨红霞. 电感耦合等离子体质谱（ICP-MS）技术在地学研究中的应用 [J]. 地学前缘，2003，10（2）：367-379.

[245] Szabo I. New ion-optical devices utilizing oscillatory electric fields. Ⅰ. Principle of operation and analytical theory of multipole devices with two-dimensional electric fields[J]. International Journal of Mass Spectrometry and Ion Processes, 1986, 73 (3): 197-235.

[246] Hagg C, Szabo I. New ion-optical devices utilizing oscillatory electric fields. Ⅱ. Stability of ion motion in a two-dimensional hexapole field [J]. International Journal of Mass Spectrometry and Ion Processes, 1986, 73 (3): 237-275.

[247] Mackevica A, Olsson M E, Hansen S F. Quantitative characterization of TiO_2 nanoparticle release from textiles by conventional and single particle ICP-MS[J]. Journal of Nanoparticle Research, 2018, 20 (1): 6.

[248] Hagg C, Szabo I. New ion-optical devices utilizing oscillatory electric fields. Ⅲ. Stability of ion motion in a two-dimentional octapole field[J]. Int J Mass Spectrom Ion Processes, 1986, 73 (3): 277-294.

[249] Slaets S, Adams F, Pereiro I R, et al. Optimization of the coupling of multicapillary GC with ICP-MS for mercury speciation analysis in biological materials[J]. Journal of Analytical Atomic Spectrometry, 2017, 14 (5): 851-857.

[250] Hagg C, Szabo I. New ion-optical devices utilizing oscillatory electric fields. Ⅳ. Computer simulations of the transport of an ion beam through an ideal quadrupole, hexapole, and octopole operating in the RF-only mode[J]. International Journal of Mass Spectrometry and Ion Processes, 1986, 73 (3): 295-312.

[251] Gros M, Lorand J-P, Luguet A. Analysis of platinum group elements and gold in geological materials using NiS fire assay and Te coprecipitation；the NiS dissolution step revisited[J]. Chemical Geology, 2002, 185 (3): 179-190.

[252] Niskavaara Heikki, Esko Kontas. Reductive coprecipitation as a separation method for the determination of gold, palladium, platinum, rhodium, silver, and tellurium in geological samples by graphite furnace atomic absorption spectrometry[J]. Analytica Chimica Acta, 1990, 231: 273-282.

[253] 乐淑葵，段永梅. 电感耦合等离子体质谱法（ICP-MS）测定土壤中的重金属元素 [J]. 中国无机分析化学，2015，5（3）：16-19.

[254] Chen S, Wang X H, Niu Y L, et al. Simple and cost-effective methods for precise analysis of trace element abundances in geological materials with ICP-MS[J]. Science Bulletin, 2017, 62 (4): 277-289.

[255] Hoffman E L, Naldrett A J, van Loon J C, et al. The determination of all the platinum group elements and gold in rocks and ore by neutron activation analysis after preconcentration by a nickel sulphide fire-assay technique on large samples[J]. Analytica Chimica Acta, 1978, 102: 157-166.

[256] 蔡江帆，王志洪. 微波消解 - 电感耦合等离子体质谱（ICP-MS）法同时测定紫菜中 16 种稀土元素 [J]. 中国无机分析化学，2017，7（3）：19-24.

[257] Hulbert L J, Gregoire D C. Re-Os isotope systematics of the Rankin Inlet Ni ores；an example of the application of ICP-MS to investigate Ni-Cu-PGE mineralization and the potential use of Os isotopes in mineral exploration[J]. the Canadian Mineralogist, 1993, 31 (4): 861-876.

[258] Jackson S E, Fryer B, Gosse W, et al. Determination of the precious metals in geological materials by inductively coupled plasma-mass spectrometry (ICP-MS)with nickel sulphide fire-assay collection and tellurium coprecipitation[J]. Chemical Geology, 1990, 83 (1): 119-132.

[259] 万兵，孙立欣，贾雨薇，等. 电感耦合等离子体质谱（ICP-MS）法测定地球化学样品中的碘 [J]. 中国无机分析化学，2017，7（4）：57-59.

[260] 贾维斯 K E，格雷 A L，霍克 R S. 电感耦合等离子体质谱手册 [M]. 尹明，李冰，译. 北京：原子能出版社，1997：85.

[261] Jarvis K E, et al. Quantitative determination of the platinum-group elements and gold using NiS fire assay with laser ablation-inductively coupled plasma-mass spectrometry (LA-ICP-MS)[J]. Chemical Geology, 1995, 124 (1): 37-46.

[262] 余兴．电感耦合等离子体四极杆质谱离子光学系统的现状与进展 [J]．冶金分析，2011，31（1）：23-29.

[263] Zeman H D. Deflection of an ion beam in the two-dimensional electrostatic quadrupole field[J]. Review of Scientific Instruments, 1977, 48 (8): 1079-1085.

[264] Li C Y, Zhang R Q, Ding X, et al. Dating cassiterite using laser ablation ICP-MS[J]. Ore Geology Reviews, 2016, 72: 313-322.

[265] 李冰，胡静宇，赵墨田．碰撞 / 反应池 ICP-MS 性能及应用进展 [J]．质谱学报，2010，31（1）：1-11.

[266] Peters R, Herrerarivera Z, Undas A, et al. Single particle ICP-MS combined with a data evaluation tool as a routine technique for the analysis of nanoparticles in complex matrices[J]. Journal of Analytical Atomic Spectrometry, 2015, 30 (6): 1274-1285.

[267] Gibson J R, Taylor S. Numerical investigation of the effect of electrode size on the behaviour of quadrupole mass filters, Rapid Commun[J]. Mass Spectrom, 2001, 15: 1960-1964.

[268] Douglas D J, Konenkov N V. Influence of the sixth and tenth spatial harmonics on the peak shape of quadrupole mass filter with round rods', Rapid Commun[J]. Mass Spectrom, 2002, 16: 1425-1431.

[269] Balcaen L, Bolea-Fernandez E, Resano M, et al. Inductively coupled plasma - Tandem mass spectrometry (ICP-MS/MS): A powerful and universal tool for the interference-free determination of (ultra)trace elements – A tutorial review[J]. Analytica Chimica Acta, 2015, 894: 7-19.

[270] 杜秉初，汪健如．电子光学 [M]．北京：清华大学出版社，2002：176-179.

[271] 刘长江，韩梅，贾娜，等．电感耦合等离子体 - 质谱（ICP-MS）技术及其应用 [J]．广东化工，2015，42（11）：148-149.

[272] 潘柏申．迎接质谱技术进入检验医学领域 [J]．中华检验医学杂志，2017，40（10）：733-736.

[273] Jannetto P J, Fitzgerald R L. Effective use of mass spectrometry in the clinical laboratory [J]. Clin Chem, 2016, 62 (1): 92-98.

[274] 韩丽乔，庄俊华，黄宪章．质谱技术及其在临床检验中的应用 [J]．检验医学，2013，28（3）：252-256.

[275] 张自强，李岩．质谱技术在临床生化检测中的应用 [J]．检验医学，2015，30（5）：407-409.

[276] 李水军，王思合．液相色谱 - 串联质谱技术的临床应用进展 [J]．临床检验杂志，2016，34（12）：881-884.

[277] Vogeser M, Seger C. Quality management in clinical application of mass spectrometry measurement systems[J]. Clin Biochem, 2016, 49 (13-14): 947-954.

[278] 徐洁，邓超，鲜啟鸣．固相萃取 - 高效液相色谱 - 串联质谱测定水中 5 种大环内酯类抗生素 [J]．中国测试，2017，43（3）：58- 62.

[279] 惠欣欣，蔡柳燕，梁春实，等．洋葱中恶喹酸残留量的快速检测方法 [J]．农产品加工，2015（22）：47-49.

[280] 刘建军，王玉功，倪能，等．电感耦合等离子体质谱（ICP-MS）法测定农产品地土壤中铅、镉、铬消解方法的改进 [J]．中国无机分析化学，2016，6（1）：10-13.

[281] Silva, F. A. M., Porto Da Silveira, C. L., Miekeley, N., & Kuechler, I. L. Multi-element analysis of saline matrices by inductively coupled plasma mass spectrometry following on-line preconcentration using a knotted reactor. Analytical Sciences, 2004, 20 (9), 1295-1299.

[282] Tsung-Ting Shih, Wei-Yu Chen, Yuh-Chang Sun. Open-channel chip-based solid-phase extraction combined with inductively coupled plasma-mass spectrometry for online determination of trace elements in volume-limited saline samples. Journal of Chromatography A, 2011, 1218 (16): 2342-2348.

[283] Bluemlein K, Raab A, Meharg A A, et al. Can we trust mass spectrometry for determination of arsenic peptides in plants: Comparison of LC-ICP-MS and LC-ES-MS/ICP-MS with XANES/EXAFS in analysis of *Thunbergia alata*[J]. Analytical & Bioanalytical Chemistry, 2008, 390 (7): 1739-1751.

[284] 鲁照玲，胡红云，姚洪．土壤中重金属元素电感耦合等离子体质谱定量分析方法的研究 [J]．岩矿测试，2012，

31（2）：241-246.

[285] Zmozinski A V, Toni L M, López-Sánchez J F, et al. Establishment of a method for determination of arsenic species in seafood by LC-ICP-MS[J]. Food Chemistry, 2015, 173 (173): 1073-1082.

[286] 王初丹，罗盛旭．固体标准物质绘制工作曲线在 ICP-MS 法测定土壤中重金属的应用 [J]．化学分析计量，2013，22（6）：11-13.

[287] 肖亚兵，蔡国瑞，王伟．电感耦合等离子体质谱（ICP-MS）技术进展 [J]．食品研究与开发，2013，34（8）：124-128.

[288] 刘珂珂，霍现宽，褚艳红，等．超声辅助 - 王水提取法在测定土壤中重金属元素的应用 [J]．冶金分析，2019，39（1）：48-53.

[289] 文典，严冬，赵沛华．快速高通量全消解 ICP-MS 法测定《全国土壤污染状况详查》项目中 14 种元素 [J]．环境化学，2018，37（6）：1432-1435.

[290] Lee S, Bi X, Reed R B, et al. Nanoparticle size detection limits by single particle ICP-MS for 40 elements [J]. Environmental Science & Technology, 2014, 48 (17): 10291-300.

[291] 移动实验室通用要求：GB/T 29479—2012[S].

[292] 移动实验室分类、代号及标记：GB/T 29473—2020[S].

[293] 移动实验室　术语：GB/T 31017—2014[S].

[294] 移动实验室　模块化设计指南：GB/T 31018—2014[S].

[295] 移动实验室　人类工效学设计指南：GB/T 31019—2014[S].

[296] 移动实验室移动特性：GB/T 31020—2014[S].

[297] 移动实验室　分类分级方法：GB/T 33710—2017[S].

[298] 移动实验室设计原则及基本要求：GB/T 29475—2012[S].

[299] 移动实验室舱通用技术规范：GB/T 29477—2012[S].

[300] 样品采集与处理移动实验室通用技术规范：GB/T 31016—2021[S].

[301] 移动实验室　仪器设备量值溯源与传递指南：GB/T 33709—2017[S].

[302] 移动实验室　载具通用技术规范：GB/T 33253—2016[S].

[303] 移动实验室内部装饰材料通用技术规范：GB/T 29474—2012[S].

[304] 移动实验室仪器设备通用技术规范：GB/T 29476—2012[S].

[305] 移动实验室用温湿度控制系统技术规范：GB/T 29600—2012[S].

[306] 移动实验室供、排水系统设计指南：GB/T 33247—2016[S].

[307] 移动实验室　信息传输系统通用技术规范：GB/T 33711—2017[S].

[308] 孟令春，张文志．移动实验室的利弊及发展对策 [J]．现代农业科技，2011（3）：33.

[309] 黄超越，那宏坤．移动实验室发展现状及标准化工作对策研究 [J]．品牌与标准化，2012（12）：9-10.

[310] 张土桥，邵昱．城镇供水管网漏损监测与控制技术及应用 [J]．中国环境管理，2017，9（2）：109-110.

[311] 王杉月，张葵．供水管网漏损检测与识别技术研究进展 [J]．净水技术，2020，39（8）：49-55.

[312] 黄哲骢，李康均，苏键，等．供水管网漏损现状及漏损检测方法研究综述 [J]．科技通报，2020，36（4）：10-16.

[313] 惠云涛．城市供水管道漏损检测技术浅究 [J]．科技视界，2016（16）：256.

[314] 刘新宏，韩祥福．浅谈噪声相关仪在供水测漏中的应用 [J]．城镇供水，2010（6）：96-97.

[315] 鲁平显，张兴武．多探头相关仪在供水管网检漏中的应用 [J]．供水技术，2010，4（1）：59-60.

[316] 李永刚．多探头相关仪的特点与应用 [J]．中国给水排水，2007，23（2）：106-108.

[317] 崔建伟，翟东力．一种新型多功能便携式听漏仪 [J]．测控技术，2009，28（1）：12-15.

[318] 高连周．地下水管的漏水检测 [J]．盐业与化工，2016，45（12）：47-49.

[319] 王众娇，马洪坤，潘拓，等．卫星在管线探漏的应用探讨 [J]．山西建筑，2020，46（21）：159-161.

[320] 李康均，叶子豪，等．复杂覆土路面下基于探地雷达技术的供水管道漏损检测 [J]．科技通报，2021，37（3）：81-85.

索 引

E

F

G

H

J

K

L

M

N

P

Q

R

S

T

W

X

Y

其他